Make it reality with Murata

Murata's ceramic electronic components – leading the next generation of automotive electronics.

Murata is dedicated to high reliability and maximum performance in Automotive Electronics. ISO/TS certified around the world, we offer leading edge components specifically for automotive, so designers can use them safely. Now and in the future.

Murata's electronic modules and components provide excellent solutions in applications such as :

Information:	Telematic, Car Navigation, ETC/DSRC, CAN safety
Comfort / Accessory:	RKE, AC, Instrument Clusters, EPM, W-LAN
Powertrain:	Engine Control, HEV/EV, AT/CVT, FlexRay
Safety:	HID, TPMS, AFS, ABS, Airbag, ESC

For more information, please contact us at **info@murata.eu** or visit our website at **www.murata.com/auto/index.html**

Murata Elektronik Gmbh - Holbeinstr. 23 - 90441 Nuernberg - Tel: +49 (0) 911 6687-0

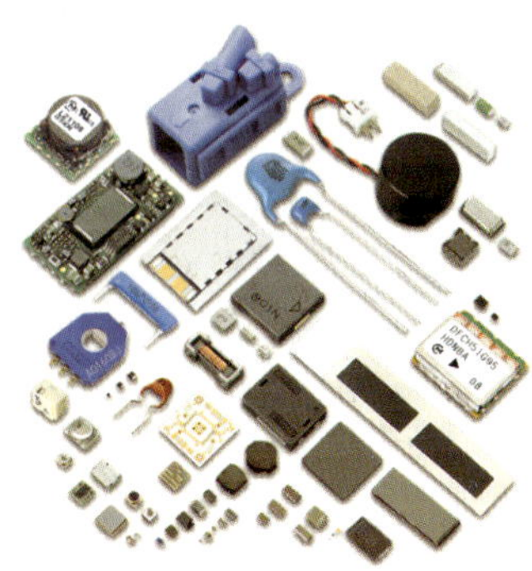

muRata

Innovator in Electronics

Konrad Reif (Hrsg.)

Bosch Autoelektrik und Autoelektronik

Konrad Reif (Hrsg.)

Bosch Autoelektrik und Autoelektronik

Bordnetze, Sensoren und elektronische Systeme

6., überarbeitete und erweiterte Auflage

Mit 595 Abbildungen und 43 Tabellen

Bosch Fachinformation Automobil

VIEWEG+
TEUBNER

Bibliografische Information der Deutschen Nationalbibliothek
Die Deutsche Nationalbibliothek verzeichnet diese Publikation in der Deutschen Nationalbibliografie; detaillierte bibliografische Daten sind im Internet über <http://dnb.d-nb.de> abrufbar.

Bis zur 5. Auflage erschien dieses Werk unter dem Titel:
Autoelektrik/Autoelektronik
herausgegeben von der Robert Bosch GmbH, Plochingen

3., aktualisierte und erweiterte Auflage 1998
4., vollständig überarbeitete und erweiterte Auflage 2002
5., vollständig überarbeitete und erweiterte Auflage 2007
6., überarbeitete und erweiterte Auflage 2011

Lektorat: Ewald Schmitt | Gabriele McLemore

Vieweg+Teubner Verlag ist eine Marke von Springer Fachmedien.
Springer Fachmedien ist Teil der Fachverlagsgruppe Springer Science+Business Media.
www.viewegteubner.de

Umschlaggestaltung: KünkelLopka Medienentwicklung, Heidelberg
Satz: FROMM MediaDesign, Selters/Ts.
Druck und buchbinderische Verarbeitung: MercedesDruck, Berlin
Gedruckt auf säurefreiem und chlorfrei gebleichtem Papier
Printed in Germany

ISBN 978-3-8348-1274-2

Vorwort

Die Technik im Kraftfahrzeug hat sich in den letzten Jahrzehnten stetig weiterentwickelt. Der Einzelne, der beruflich mit dem Thema beschäftigt ist, muss immer mehr tun, um mit diesen Neuerungen Schritt zu halten. Mittlerweile spielen viele neue Themen der Wissenschaft und Technik in Kraftfahrzeugen eine große Rolle. Dies sind nicht nur neue Themen aus der klassischen Fahrzeug- und Motorentechnik, sondern auch aus der Elektronik und aus der Informationstechnik. Diese Themen sind zwar für sich in unterschiedlichen Publikationen gedruckt oder im Internet dokumentiert, also prinzipiell für jeden verfügbar; jedoch ist für jemanden, der sich neu in ein Thema einarbeiten will, die Fülle der Literatur häufig weder überblickbar noch in der dafür verfügbaren Zeit lesbar. Aufgrund der verschiedenen beruflichen Tätigkeiten in der Automobil- und Zulieferindustrie sind zudem unterschiedlich tiefe Ausführungen gefragt.

Gerade heute ist es so wichtig wie früher: Wer die Entwicklung mit gestalten will, muss sich mit den grundlegenden wichtigen Themen gut auskennen. Hierbei sind nicht nur die Hochschulen mit den Studienangeboten und die Arbeitgeber mit Weiterbildungsmaßnahmen in der Pflicht. Der rasche Technologiewechsel zwingt zum lebenslangen Lernen, auch in Form des Selbststudiums.

Hier setzt die Schriftenreihe „Bosch Fachinformation Automobil" an. Sie bietet eine umfassende und einheitliche Darstellung wichtiger Themen aus der Kraftfahrzeugtechnik in kompakter, verständlicher und praxisrelevanter Form. Dies ist dadurch möglich, dass die Inhalte von Ingenieuren der Bosch-Entwicklungsabteilungen sowie von Mitarbeitern aus weiteren Unternehmen verfasst wurden, die genau an den dargestellten Themen arbeiten. „Bosch Autoelektrik und Autoelektronik" ist als umfassendes Buch so gestaltet, dass sich auch ein Leser zurechtfindet, für den das Thema neu ist.

Das vorliegende Buch ***Bosch Autoelektrik und Autoelektronik*** behandelt elektrische und elektronische Systeme im Kraftfahrzeug. Dabei wird besonders auf Vernetzung und Bussysteme sowie auf Sensoren eingegangen. Aber auch die Themen Mechatronik, Steuergeräte, Elektronik, Software, Architekturen, Aktoren, Bordnetze, Batterien, Generatoren, Starter, EMV und auch Hybridantriebe werden behandelt. Neu bearbeitet und ergänzt wurden die Themen Hybridantriebe, Architekturen, Elektronik und Software. Neu erstellt wurde das Stichwortverzeichnis, um die Inhalte dieses Buchs rasch zu erschließen.

Friedrichshafen, im November 2010 — Konrad Reif

Inhalt

10 Elektrische und elektronische Systeme im Kfz
10 Übersicht
13 Motormanagement Motronic
24 Elektronische Dieselregelung EDC
32 Lichttechnik
46 Elektronisches Stabilitätsprogramm ESP
54 Adaptive Fahrgeschwindigkeitsregelung (ACC)
62 Insassenschutzsysteme

70 Grundlagen der Vernetzung
70 Netzwerktopologie
74 Netzwerkorganisation
76 OSI-Referenzmodell
78 Steuerungsmechanismen

82 Vernetzung im Kfz
82 Systemübergreifende Funktionen
83 Anforderungen an Bussysteme
85 Klassifizierung von Bussystemen
85 Einsatzgebiete im Kfz
87 Kopplung von Netzwerken
87 Beispiele vernetzter Fahrzeuge

92 Bussysteme
92 CAN-Bus
106 LIN-Bus
112 MOST-Bus
122 Bluetooth
132 FlexRay
144 Diagnoseschnittstellen

152 Architektur elektronischer Systeme
152 Historie
153 Stand der Technik
154 Begriffsdefinitionen
155 Modelle der E/E-Architektur
158 Entwicklung von E/E-Architekturen
160 Entwicklungstendenz

162 Mechatronik
162 Mechatronische Systeme und Komponenten
164 Entwicklungsmethodik
166 Ausblick

168 Elektronik
168 Grundlagen der Halbleitertechnik
171 Diskrete Halbleiterbauelemente
186 Monolithische integrierte Schaltungen
188 Herstellung von Halbleiterbauelementen und Schaltungen

198 Steuergeräte
198 Einsatzbedingungen
198 Aufbau
198 Datenverarbeitung
202 Digitalbausteine im Steuergerät

206 Software
206 Ziel der Elektronikentwicklung
207 Anforderungen an die Software im Kraftfahrzeug
208 Funktionsweise der Software im Kraftfahrzeug
211 Aufbau von Software im Kraftfahrzeug
214 Der Entwicklungsprozess
215 Qualitätssicherung in der Softwareentwicklung
216 Abläufe der Softwareentwicklung im Kraftfahrzeug

230 Sensoren im Kraftfahrzeug
230 Grundlagen und Überblick
233 Einsatz im Kraftfahrzeug
236 Angaben zum Sensormarkt
237 Besonderheiten von Kfz-Sensoren
238 Sensorklassifikation
240 Fehlerarten und Toleranzanforderungen
241 Zuverlässigkeit
244 Hauptanforderungen, Trends
251 Übersicht der physikalischen Effekte für Sensoren
253 Übersicht und Auswahl der Sensortechnologien

254 Sensormessprinzipien
254 Positionssensoren
281 Drehzahl- und Geschwindigkeitssensoren
293 Beschleunigungssensoren
298 Drucksensoren
301 Kraft- und Drehmomentsensoren
310 Durchflussmesser
316 Gassensoren und Konzentrationssonden
320 Temperatursensoren
330 Bildsensoren (Video)

332 Sensorausführungen
332 Motordrehzahlsensoren
334 Hall-Phasensensoren
335 Drehzahlsensoren für Getriebesteuerung
338 Raddrehzahlsensoren
342 Mikromechanische Drehratesensoren
345 Piezoelektrischer Stimmgabel-Drehratesensor
346 Mikromechanische Drucksensoren
348 Hochdrucksensoren
349 Temperatursensoren
350 Fahrpedalsensoren
352 Lenkwinkelsensoren
354 Positionssensoren für Getriebesteuerung
357 Achssensoren
358 Heißfilm-Luftmassenmesser

361 Piezoelektrische Klopfsensoren
362 OMM-Beschleunigungssensoren
364 Mikromechanische Bulk-Silizium-Beschleunigungssensoren
365 Piezoelektrische Beschleunigungssensoren
366 Kraftsensor iBolt™
368 Drehmomentsensor
369 Regen-/Lichtsensor
370 Zweipunkt-Lambda-Sonden
374 Planare Breitband-Lambda-Sonde LSU4

376 Aktoren
376 Elektromechanische Aktoren
381 Fluidmechanische Aktoren
382 Elektrische Maschinen

388 Hybridantriebe
388 Prinzip
389 Betriebsmodi
391 Start-/Stopp-Funktion
392 Hybridisierungsgrade
394 Antriebskonfigurationen

401 Betrieb von Hybridfahrzeugen
401 Hybridsteuerung
402 Betriebsstrategien für Hybridfahrzeuge
404 Betriebspunktoptimierung
407 Auslegung des Verbrennungsmotors

410 Regeneratives Bremssystem
410 Strategien der regenerativen Bremsung

414 Elektroantriebe für Hybridfahrzeuge
414 Antriebe für Parallelhybrid-Fahrzeuge
415 E-Maschine für den IMG-Antrieb
420 Steuergerät für Hybridantriebe
423 DC/DC-Wandler für die 12-V-Versorgung
424 Funktionen des E-Antriebs

426 Bordnetze für Hybridfahrzeuge
426 Bordnetze für Fahrzeuge mit Start/Stopp-System
428 Bordnetze für Mild- und Full-Hybridfahrzeuge
431 Aufbau des Batteriesystems
433 Batteriemanagementsystem
436 Elektrische Energiespeicher

440 Bordnetze
440 Elektrische Energieversorgung im Pkw
443 Elektrisches Energiemanagement
445 Zwei-Batterien-Bordnetz
447 Bordnetze für Nkw
450 Kabelbäume
452 Steckverbindungen

456 Starterbatterien
456 Aufgaben und Anforderungen
458 Aufbau
463 Arbeitsweise
467 Batterieausführungen
474 Kenngrößen der Batterie
478 Typenbezeichnungen
479 Praxis- und Labortests von Batterien
483 Batteriewartung

490 Generatoren
490 Elektrische Energieerzeugung im Fahrzeug
491 Funktionsweise des Generators
499 Spannungsregelung
504 Überspannungsschutz
507 Kennlinien
509 Leistungsverluste
509 Generatorschaltungen
511 Generatorausführungen

518 Startanlagen
518 Übersicht
518 Starter
528 Weitere Startertypen
532 Startanlagen
537 Auslegung
540 Startertypen im Überblick

542 Elektromagnetische Verträglichkeit (EMV) und Funkentstörung
542 EMV-Bereiche
543 EMV zwischen verschiedenen Systemen im Kraftfahrzeug
550 EMV zwischen Fahrzeug und Umgebung
554 Sicherstellung der Störfestigkeit und Funkentstörung

556 Schaltzeichen und Schaltpläne
556 Schaltzeichen
564 Schaltpläne
575 Kennzeichnung von elektrischen Geräten
577 Klemmenbezeichnungen

580 Sachwortverzeichnis
Sachworte
Abkürzungen

Redaktionelle Kästen
52 ABS-Ausführungen
53 Radar-Geschichte(n)
69 Mikromechanik
81 Vergleich Bussysteme
201 Leistungsfähigkeit der Steuergeräte
319 Piezo-Effekt
455 Generator-Geschichte(n)
482 Batterie-Geschichte(n)

Autoren

Elektrische und elektronische Systeme im Kfz
Dipl.-Ing. Bernhard Mencher;
Dipl.-Ing. (BA) Ferdinand Reiter;
Dipl.-Ing. Andreas Glaser;
Dipl.-Ing. Walter Gollin;
Dipl.-Ing. (FH) Klaus Lerchenmüller;
Dipl.-Ing. Felix Landhäußer;
Dipl.-Ing. Doris Boebel,
Automotive Lighting Reutlingen GmbH;
Dr.-Ing. Michael Hamm,
Automotive Lighting Reutlingen GmbH;
Dipl.-Ing. Tilman Spingler,
Automotive Lighting Reutlingen GmbH;
Dr.-Ing. Frank Niewels;
Dipl.-Ing. Thomas Ehret;
Dr.-Ing. Gero Nenninger;
Prof. Dr.-Ing. Peter Knoll;
Dr. rer. nat. Alfred Kuttenberger.

Vernetzung
Dipl.-Inform. Jörn Stuphorn,
Universität Bielefeld;
Dr. Rainer Constapel,
Daimler AG Sindelfingen;
Dipl.-Ing. (FH) Stefan Powolny;
Dipl.-Ing. Peter Häußermann,
Daimler AG, Sindelfingen;
Dr. rer. nat. Alexander Leonhardi,
Daimler AG, Sindelfingen;
Dipl.-Inform. Heiko Holtkamp,
Universität Bielefeld;
Dipl.-Ing. (FH) Norbert Löchel.

Architektur elektronischer Systeme
Dr. Wolfgang Stolz,
Robert Bosch GmbH, Heilbronn;
Tino Sommer,
Bosch Engineering GmbH, Heilbronn.

Mechatronik
Dipl.-Ing. Hans-Martin Heinkel;
Dr.-Ing. Klaus-Georg Bürger.

Elektronische Bauelemente
Dr. rer. nat. Ulrich Schaefer;
Prof. Dr. Ing. Klemens Gintner,
Hochschule Karlsruhe.

Steuergeräte
Dipl.-Ing. Martin Kaiser;
Dr. rer. nat. Ulrich Schaefer;
Dipl.-Ing. (FH) Gerhard Haaf.

Software
Jürgen Crepin,
ETAS GmbH, Stuttgart.

Sensoren
Dr.-Ing. Erich Zabler;
Dr. rer. nat. Stefan Finkbeiner;
Dr. rer. nat. Wolfgang Welsch;
Dr. rer. nat. Hartmut Kittel;
Dr. rer. nat. Christian Bauer;
Dipl.-Ing. Günter Noetzel;
Dr.-Ing. Harald Emmerich;
Dipl.-Ing. (FH) Gerald Hopf;
Dr.-Ing. Uwe Konzelmann;
Dr. rer. nat. Thomas Wahl;
Dr.-Ing. Reinhard Neul;
Dr.-Ing. Wolfgang-Michael Müller;
Dr.-Ing. Claus Bischoff;
Dr. Christian Pfahler;
Dipl.-Ing. Peter Weiberle;
Dipl.-Ing. (FH) Ulrich Papert;
Dipl.-Ing. Christian Gerhardt;
Dipl.-Ing. Klaus Miekley;
Dipl.-Ing. Roger Frehoff;
Dipl.-Ing. Martin Mast;
Dipl.-Ing. (FH) Bernhard Bauer;
Dr. Michael Harder;
Dr.-Ing. Klaus Kasten;
Dipl.-Ing. Peter Brenner,
ZF Lenksysteme GmbH, Schwäbisch Gmünd;
Dipl.-Ing. Frank Wolf;
Dr.-Ing. Johann Riegel.

Aktoren
Dr.-Ing. Rudolf Heinz;
Dr.-Ing. Robert Schenk.

Hybridantriebe
Dipl.-Ing. Michael Bildstein;
Dipl.-Ing. Boyke Richter;
Dr. rer. nat Richard Aumayer;
Dr.-Ing. Karsten Mann;
Dipl.-Ing. Tim Fronzek,
Toyota Deutschland GmbH;
Dipl.-Ing. Hans-Peter Wandt,
Toyota Deutschland GmbH.

Bordnetze
Dipl.-Ing. Clemens Schmucker;
Dipl.-Ing. (FH) Hartmut Wanner;
Dipl.-Ing. (FH) Wolfgang Kircher;
Dipl.-Ing. (FH) Werner Hofmeister;
Dipl.-Ing. Andreas Simmel.

Starterbatterien
Dipl.-Ing. Ingo Koch,
VB Autobatterie GmbH & Co. KGaA, Hannover;
Dipl.-Ing. Peter Etzold;
Dipl.-Kaufm. techn. Torben Fingerle.

Generatoren
Dipl.-Ing Reinhard Meyer.

Startanlagen
Dipl.-Ing. Roman Pirsch;
Dipl.-Ing. Hartmut Wanner.

Elektromagnetische Verträglichkeit
Dr.-Ing. Wolfgang Pfaff

sowie die Redaktion in Zusammenarbeit mit den zuständigen Fachabteilungen unseres Hauses.

Soweit nicht anders angegeben, handelt es sich um Mitarbeiter der Robert Bosch GmbH.

Elektrische und elektronische Systeme im Kfz

Der Anteil der Elektronik im Fahrzeug stieg in den letzten Jahren stark an und wird auch in Zukunft noch weiter zunehmen. Die technische Entwicklung in der Halbleitertechnik ermöglicht mit der zunehmenden Integrationsdichte immer komplexere Funktionen. Die Funktionalität der in Kraftfahrzeugen eingebauten elektronischen Systeme übertrifft mittlerweile die Leistungsfähigkeit der Raumkapsel Apollo 11, die 1969 den Mond umkreiste.

Übersicht

Entwicklung elektronischer Systeme

Die Geschichte des Automobils ist nicht zuletzt deswegen so erfolgreich, weil kontinuierlich Innovationen Eingang in die Fahrzeuge gefunden haben. Das Ziel war in den 1970er-Jahren schon, mit neuen Techniken einen Beitrag für sichere, saubere und sparsame Autos zu leisten. Dabei lassen sich Sparsamkeit und Sauberkeit durchaus mit weiterem Kundennutzen wie Fahrspaß verbinden. Dies zeigt der europäische Dieselboom, den Bosch maßgeblich geprägt hat. Parallel dazu erlebt die Entwicklung des Ottomotors mit der Benzin-Direkteinspritzung, die im Vergleich zur Saugrohreinspritzung den Kraftstoffverbrauch senkt, weitere Fortschritte

Eine Erhöhung der Fahrsicherheit wurde mit elektronischen Bremsregelsystemen erreicht. 1978 wurde das Antiblockiersystem (ABS) eingeführt und immer weiter entwickelt, sodass es heute in Europa zur Standardausrüstung jedes Fahrzeugs gehört. Auf diesem Weg befindet sich das 1995 erstmals eingesetzte Elektronische Stabilitätsprogramm (ESP), in dem das ABS integriert ist.

Aktuelle Entwicklungen berücksichtigen auch Komfortaspekte. Hier ist beispielsweise die Funktion Hill Hold Control (HHC) zu nennen, die das Anfahren am Berg erleichtert. Diese Funktion ist im ESP integriert.

1 Elektronik im Kraftfahrzeug

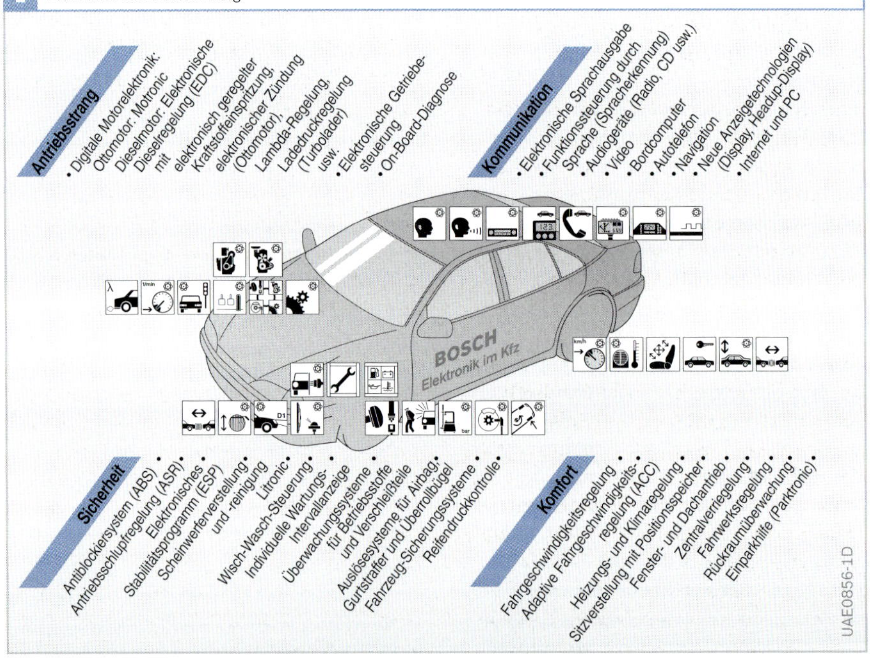

2 Marktvolumen Elektrik/Elektronik in Europa (Schätzungen)

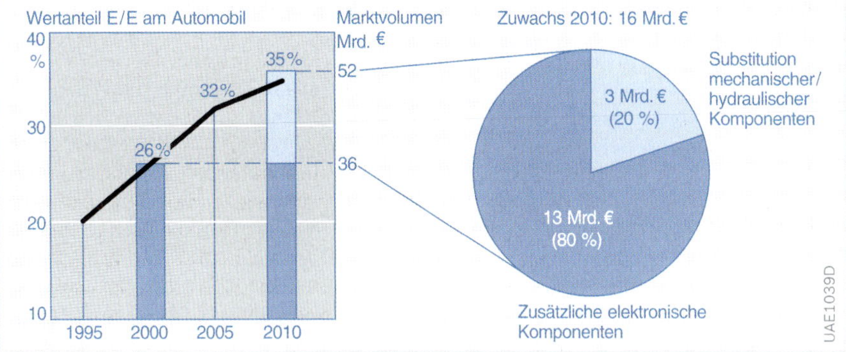

Neue Funktionen erscheinen vielfach in Verbindung mit Fahrerassistenzsystemen. Deren Umfang geht weit über die heutigen Serienprodukte wie Parkpilot oder elektronisches Navigationssystem hinaus. Ziel ist das „sensitive Fahrzeug", das mittels Sensoren und Elektronik die Fahrzeugumgebung wahrnimmt und interpretiert, Mit Ultraschall-, Radar- und Videosensorik sind Lösungen entstanden, die beispielsweise durch eine verbesserte Nachtsicht oder Abstandsregelung den Autofahrer maßgeblich unterstützen können.

Wertschöpfungsstruktur der Zukunft

Aktuelle Studien belegen, dass die Produktionskosten eines durchschnittlichen Pkw trotz weiterer Innovationen bis zum Jahr 2010 nur geringfügig zunehmen werden. Auf dem Gebiet Mechanik/Hydraulik wird für bestehende Systeme trotz des zu erwartenden Mengenzuwachs kein maßgeblicher Wertzuwachs erwartet. Ein Grund hierfür ist u.a. die Elektrifizierung bislang mechanisch oder hydraulisch realisierter Funktionen. Am Beispiel der Bremsregelsysteme lässt sich dieser Wandel eindrucksvoll nachzeichnen. War das konventionelle Bremssystem nahezu vollständig durch mechanische Komponenten geprägt, kamen bei der ABS-Bremsregelung verstärkt elektronische Komponenten in Form von Sensorik und einem elektronischen Steuergerät zum Einsatz. Bei den neueren Entwicklungen von ESP sind die zusätzlichen Funktionen wie z.B. HHC nahezu ausschließlich über Elektronik realisiert.

Obwohl bei den etablierten Lösungen eine sehr starke Kostendegression zu beobachten ist, wird der Wert der Elektrik und Elektronik insgesamt zunehmen (Bild 1). Dieser wird 2010 gut ein Drittel der Produktionskosten eines durchschnittlichen Fahrzeugs ausmachen. Diese Annahme stützt sich nicht zuletzt darauf, dass der größere Teil zukünftiger Funktionen auch durch Elektrik und Elektronik bestimmt sein wird.

Die Zunahme von Elektrik und Elektronik ist mit einem Zuwachs an Software verbunden. Bereits heute sind die Softwareentwicklungskosten nicht mehr vernachlässigbar gegenüber den Hardwarekosten. Aus der daraus resultierenden Komplexitätssteigerung des Gesamtsystems Fahrzeug ergeben sich für die Softwareerstellung zwei Herausforderungen: die Bewältigung der Menge und eine klar strukturierte Architektur. Die Autosar-Iniative (Automotive Open Systems Architecture), der verschiedene Automobilhersteller und Zulieferfirmen angehören, arbeitet an einer Standardisierung der Elektronikarchitektur mit dem Ziel, die Komplexität mittels vermehrter Wiederverwendbarkeit und Austauschbarkeit von Softwaremodulen zu reduzieren.

Aufgabe eines elektronischen Systems

Steuern und Regeln

Die Zentrale eines elektronischen Systems ist das Steuergerät. Bild 3 zeigt die Systemblöcke eines Motormanagements Motronic. Im Steuergerät laufen alle Steuer- und Regelalgorithmen des elektronischen Systems ab. Den Kern des Steuergeräts bildet ein Mikrocontroller mit dem Programmspeicher (Flash-EPROM), in dem der Programmcode für alle Funktionen, die das Steuergerät ausführen soll, abgelegt ist.

Die Eingangsgrößen für die Ablaufsteuerung werden aus den Signalen von Sensoren und Sollwertgebern abgeleitet. Sie beeinflussen die Berechnungen in den Algorithmen und damit die Ansteuersignale für die Aktoren. Diese wandeln die elektrischen Signale, die der Mikrocontroller ausgibt und in Endstufenbausteinen verstärkt werden, in mechanische Größen um. Das kann z. B. von einem Stellmotor erzeugte mechanische Energie (Fensterheber) oder von einer Glühstiftkerze erzeugte Wärmeenergie sein. .

Kommunikation

Viele Systeme beeinflussen sich gegenseitig. Zum Beispiel ist es u. U. notwendig, dass das Elektronische Stabilitätsprogramm im Falle von durchdrehenden Rädern nicht nur einen Bremseneingriff durchführt, sondern auch das Motormanagement auffordert, das Drehmoment zu reduzieren und somit dem Durchdrehen der Räder entgegenzuwirken. Ebenso gibt das Steuergerät des Automatikgetriebes eine Anforderung an das Motormanagement, beim Schaltvorgang das Drehmoment zu reduzieren, um einen weichen Schaltvorgang zu ermöglichen. Hierzu werden die Systeme miteinander vernetzt, d. h., sie können über Datenbusse (z. B. CAN, LIN) miteinander kommunizieren.

In einem Fahrzeug der Oberklasse verrichten bis zu 80 Steuergeräte ihren Dienst. Die folgenden Beispiele sollen einen Einblick in die Funktionsweise solcher Systeme geben.

3 Funktionsblöcke eines elektronischen Systems

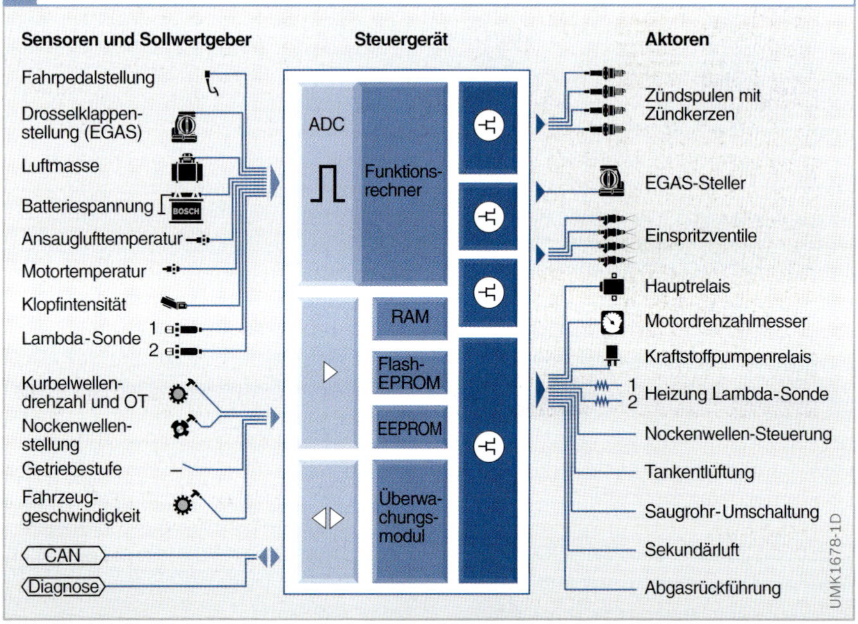

Motormanagement Motronic

Motronic ist die Bezeichnung für ein Motormanagementsystem, das die elektronische Steuerung und Regelung des Ottomotors in einem einzigen Steuergerät ermöglicht.

Es gibt Motronic-Varianten für Motoren mit Saugrohreinspritzung (ME-Motronic) sowie für Benzin-Direkteinspritzung (DI-Motronic). Eine weitere Variante ist die Bifuel-Motronic, die zusätzlich den Motorbetrieb mit Erdgas steuert.

Systembeschreibung

Aufgaben

Die primäre Aufgabe des Motormanagement Motronic ist,

- das vom Fahrer gewünschte und über das Fahrpedal vorgegebenen Drehmoment einzustellen,
- den Motor so zu betreiben, dass die Forderungen der immer strengeren Abgasgesetzgebung eingehalten werden,
- geringstmöglichen Kraftstoffverbrauch aber gleichzeitig
- hohen Fahrkomfort und Fahrspaß zu gewährleisten.

Komponenten

Die Motronic umfasst sämtliche Komponenten, die den Ottomotor steuern und regeln (Bild 1, nächste Seite). Das vom Fahrer geforderte Drehmoment wird über Aktoren bzw. Wandler eingestellt. Im Wesentlichen sind dies

- die elektrisch ansteuerbare Drosselklappe (Luftsystem): sie regelt den Luftmassenstrom in die Zylinder und damit die Zylinderfüllung.
- Die Einspritzventile (Kraftstoffsystem): sie messen die zur Zylinderfüllung passende Kraftstoffmenge zu.
- Die Zündspulen und Zündkerzen (Zündsystem): sie sorgen für die zeitgerechte Zündung des im Zylinder vorliegenden Luft-Kraftstoff-Gemischs.

Je nach Fahrzeug sind verschiedene Maßnahmen erforderlich, um die an das Motormanagement gestellten Anforderungen (z. B. bezüglich Abgasverhalten, Leistung und Kraftstoffverbrauch) zu erfüllen. Die Motronic kann z. B. die Komponenten folgender Systeme steuern:

- Variable Nockenwellensteuerung: Über die Variabliltät von Ventilsteuerzeiten und Ventilhüben kann das Verhältnis von Frischgas zu Restgas sowie die Gemischbildung beeinflusst werden.
- Externe Abgasrückführung: Einstellung des Restgasanteils über eine gezielte Rückführung von Abgas aus dem Abgasstrang (Einstellung über das Abgasrückführventil).
- Abgasturboaufladung: geregelte Aufladung der Verbrennungsluft (d. h. Erhöhung der Frischluftmasse im Brennraum) zur Steigerung des Drehmoments.
- Kraftstoffverdunstungs-Rückhaltesystem: zur Rückführung von Kraftstoffdämpfen, die aus dem Kraftstofftank entweichen und in einem Aktivkohlebehälter aufgefangen werden.

Betriebsgrößenerfassung

Die Motronic erfasst über Sensoren die für die Steuerung und Regelung des Motors erforderlichen Betriebsgrößen (z. B. Motordrehzahl, Motortemperatur, Batteriespannung, angesaugte Luftmasse, Saugrohrdruck, Lambda-Wert des Abgases).

Sollwertgeber (z. B. Schalter) erfassen vom Fahrer vorgenommene Einstellungen (z. B. Stellung des Zündschlüssels, Fahrgeschwindigkeitregler).

Betriebsgrößenverarbeitung

Aus den Eingangssignalen erkennt das Motorsteuergerät den aktuellen Betriebszustand des Motors und berechnet daraus, sowie aus Anforderungen von Nebenaggregaten und vom Fahrer (Fahrpedalsensor sowie Bedienschalter), die Stellsignale für die Aktoren.

1 Komponenten für die elektronische Steuerung eines DI-Motronic-Systems (dargestellt am Saugmotor, λ = 1)

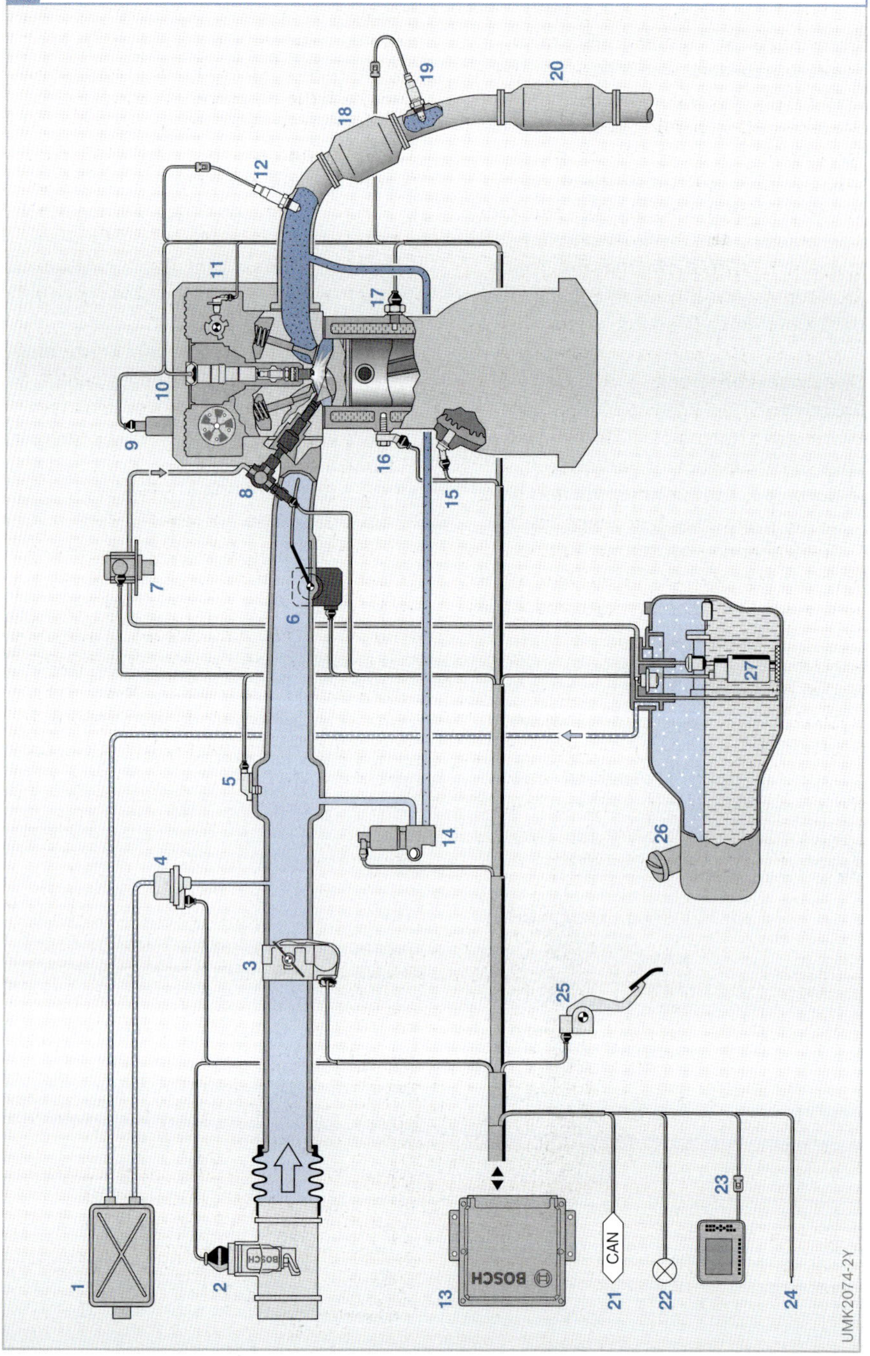

Bild 1

1 Aktivkohlebehälter
2 Heißfilm-Luftmassenmesser
3 Drosselvorrichtung (EGAS)
4 Tankentlüftungsventil
5 Saugrohrdrucksensor
6 Ladungsbewegungsklappe
7 Hochdruckpumpe
8 Rail mit Hochdruck-Einspritzventil
9 Nockenwellenversteller
10 Zündspule mit Zündkerze
11 Nockenwellen-Phasensensor
12 Lambda-Sonde (LSU)
13 Motronic-Steuergerät
14 Abgasrückführventil
15 Drehzahlsensor
16 Klopfsensor
17 Motortemperatursensor
18 Vorkatalysator
19 Lambda-Sonde
20 Hauptkatalysator
21 CAN-Schnittstelle
22 Diagnoselampe
23 Diagnoseschnittstelle
24 Schnittstelle zum Immobilizer-Steuergerät (Wegfahrsperre)
25 Fahrpedalmodul
26 Kraftstoffbehälter
27 Kraftstofffördermodul mit Elelktrokraftstoffpumpe

Luftsystem

Zur Einstellung des gewünschten Drehmoments ist ein bestimmtes Luft-Kraftstoff-Gemisch erforderlich. Die Drosselklappe (Bild 1, Pos. 3) regelt hierzu die für die Gemischbildung benötigte Luft, indem sie den Durchflussquerschnitt im Ansaugkanal für die von den Zylindern angesaugte Frischluft einstellt. Dies geschieht über einen in der Drosselvorrichtung integrierten Gleichstrommotor (Bild 2), der vom Motronic-Steuergerät angesteuert wird. Über einen Positionssensor wird die Stellung der Drosselklappe dem Steuergerät rückgemeldet, sodass eine Lageregelung möglich ist. Dieser Sensor kann z. B. als Potenziometer ausgeführt sein. Da es sich bei der Drosselvorrichtung um eine sicherheitsrelevante Komponente handelt, ist der Sensor redundant ausgelegt.

Die angesaugte Luftmasse (Luftfüllung) wird von Sensoren (z. B. Heißfilm-Luftmassenmesser, Saugrohrdrucksensor) erfasst.

Kraftstoffsystem

Das Steuergerät (Bild 1, Pos. 13) berechnet aus der angesaugten Luftmasse und dem aktuellen Betriebszustand des Motors (z. B. Saugrohrdruck, Drehzahl) die erforderliche Kraftstoffmenge sowie den Zeitpunkt, zu dem die Einspritzung zu erfolgen hat. Bei Benzineinspritzsystemen mit Saugrohreinspritzung wird der Kraftstoff in den Einlasskanal vor die Einlassventile eingebracht. Hierzu fördert die Elektrokraftstoffpumpe (27) den Kraftstoff (Systemdruck bis ca. 450 kPa) zu den Einspritzventilen. Jedem Zylinder ist ein Einspritzventil zugeordnet, das den Kraftstoff intermittierend einspritzt. Das im Einlasskanal entstandene Luft-Kraftstoff-Gemisch strömt im Ansaugtakt in den Zylinder. Korrekturen für die Einspritzmenge kommen z. B. von der Lambda-Regelung (Lambda-Sonde, 12) und der Tankentlüftung (Kraftstoffverdunstungs-Rückhaltesystem, 1, 4).

Bei der Benzin-Direkteinspritzung strömt Frischluft in den Zylinder. Der Kraftstoff wird über Hochdruck-Einspritzventile (Bild 1, Pos. 8) direkt in den Brennraum eingespritzt, wo er mit der angesaugten Luft das Luft-Kraftstoff-Gemisch bildet. Hierzu ist ein höherer Kraftstoffdruck erforderlich, der von der zusätzlichen Hochdruckpumpe (7) aufgebracht wird, Über ein integriertes Mengensteuerventil kann der Druck abhängig vom Betriebspunkt variabel eingestellt werden (bis 20 MPa).

2 Drosselvorrichtung mit potenziometrischer Lagerückmeldung

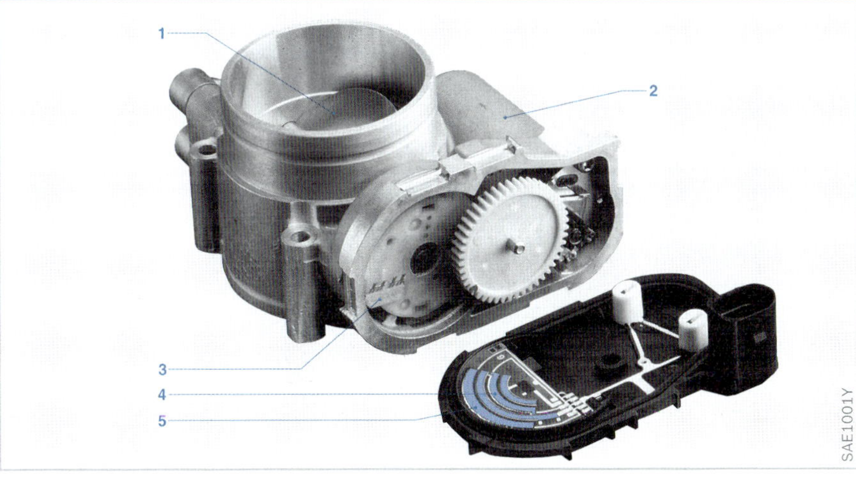

Bild 2
1 Drosselklappe
2 Gleichstrommotor
3 Schleifer
4 Widerstandsbahn 1
5 Widerstandsbahn 2

Einspritzventil für Saugrohreinspritzung

Aufgabe

Elektrisch angesteuerte Einspritzventile spritzen den unter Systemdruck stehenden Kraftstoff in das Saugrohr ein. Sie erlauben es, eine genau an den Bedarf des Motors angepasste Kraftstoffmenge zuzumessen. Sie werden über Endstufen, die im Motorsteuergerät integriert sind, mit dem vom Motormanagement berechneten Signal angesteuert.

3 Elektromagnetisches Einspritzventil EV14

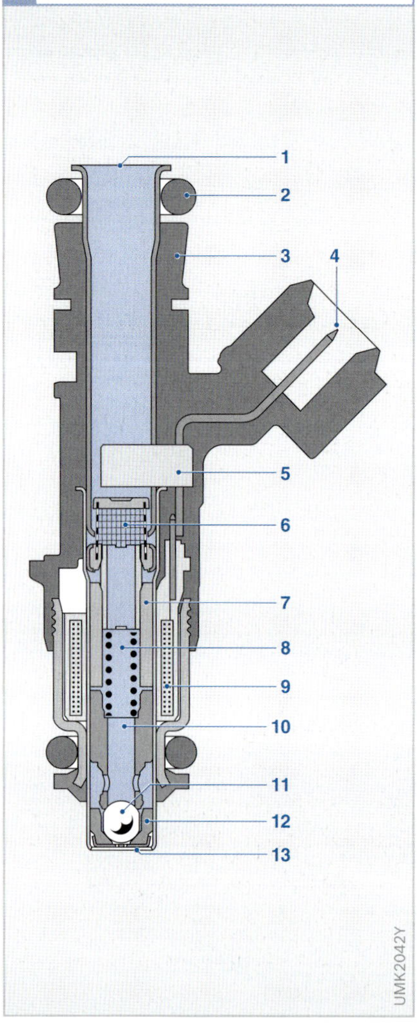

Bild 3
1 Hydraulischer Anschluss
2 O-Ring
3 Ventilgehäuse
4 elektrischer Anschluss
5 Plastikclip mit eingespritzten Pins
6 Filtersieb
7 Innenpol
8 Ventilfeder
9 Magnetspule
10 Ventilnadel mit Anker
11 Ventilkugel
12 Ventilsitz
13 Spritzlochscheibe

Aufbau und Arbeitsweise

Elektromagnetische Einspritzventile (Bild 3) bestehen im Wesentlichen aus

- dem Ventilgehäuse (3) mit elektrischem (4) und hydraulischem Anschluss (1),
- der Spule des Elektromagneten (9),
- der beweglichen Ventilnadel (10) mit Magnetanker und Ventilkugel (11),
- dem Ventilsitz (12) mit der Spritzlochscheibe (13) sowie der
- Ventilfeder (8).

Um einen störungsfreien Betrieb zu gewährleisten, ist das Einspritzventil im Kraftstoff führenden Bereich aus korrosionsbeständigem Stahl gefertigt. Ein Filtersieb (6) im Kraftstoffzulauf schützt das Einspritzventil vor Verschmutzung.

Anschlüsse

Bei den gegenwärtig verwendeten Einspritzventilen verläuft die Kraftstoffzuführung in axialer Richtung zum Einspritzventil von oben nach unten (Top feed). Die Kraftstoffleitung ist mit einer Klemm-/Spannvorrichtung am hydraulischen Anschluss befestigt. Halteklemmen sorgen für eine zuverlässige Fixierung. Der Dichtring (O-Ring) am hydraulischen Anschluss (2) dichtet das Einspritzventil gegen das Kraftstoffverteilerrohr ab.

Der elektrische Anschluss des Einspritzventils ist mit dem Motorsteuergerät verbunden.

Funktion des Ventils

Bei stromloser Spule drücken die Feder und die aus dem Kraftstoffdruck resultierende Kraft die Ventilnadel mit der Ventilkugel in den kegelförmigen Ventilsitz. Hierdurch wird das Kraftstoffversorgungssystem gegen das Saugrohr abgedichtet. Wird die Spule bestromt, entsteht ein Magnetfeld, das den Magnetanker der Ventilnadel anzieht. Die Ventilkugel hebt vom Ventilsitz ab und der Kraftstoff wird eingespritzt. Wird der Erregerstrom abgeschaltet, schließt die Ventilnadel wieder durch Federkraft.

Kraftstoffaustritt
Die Zerstäubung des Kraftstoffs geschieht mit einer Spritzlochscheibe, die ein oder mehrere Löcher besitzt. Mit den gestanzten Spritzlöchern wird eine hohe Konstanz der abgespritzten Kraftstoffmenge erzielt. Die Spritzlochscheibe ist auch unempfindlich gegenüber Kraftstoffablagerungen. Das Strahlbild des austretenden Kraftstoffs ergibt sich durch die Anordnung und die Anzahl der Spritzlöcher.

Die gute Ventildichtheit im Bereich des Ventilsitzes ist durch das Dichtprinzip Kegel/Kugel gewährleistet. Das Einspritzventil wird in die dafür vorgesehene Öffnung am Saugrohr eingeschoben. Der untere Dichtring dichtet das Einspritzventil gegen das Saugrohr ab.

Die abgespritzte Kraftstoffmenge pro Zeiteinheit ist im Wesentlichen bestimmt durch

- den Systemdruck im Kraftstoffversorgungssystem,
- den Gegendruck im Saugrohr und
- die Geometrie des Kraftstoffaustrittsbereichs.

Elektrische Ansteuerung
Ein Endstufenbaustein im Motronic-Steuergerät steuert das Einspritzventil mit einem Schaltsignal an (Bild 4a). Der Strom in der Magnetspule steigt (b) und bewirkt eine Anhebung der Ventilnadel (c). Nach Ablauf der Zeit t_{an} (Anzugszeit) ist der maximale Ventilhub erreicht. Sobald die Ventilkugel aus ihrem Sitz abhebt, wird Kraftstoff abgespritzt. In Bild 4d ist die während eines Einspritzimpulses insgesamt abgespritzte Menge dargestellt.

Nach Abschalten der Ansteuerung fließt kein Strom mehr. Aufgrund der Massenträgheit schließt das Ventil aber nur langsam. Nach Ablauf der Zeit t_{ab} (Abfallzeit) ist das Ventil wieder vollständig geschlossen.

Bei vollständig geöffnetem Ventil ist die Einspritzmenge proportional der Zeit. Die Nichtlinearitäten während der Ventilanzugs- und Ventilabfallphase müssen über die Zeitdauer der Ansteuerung (Einspritzzeit) kompensiert werden. Die Geschwindigkeit, mit der die Ventilnadel von ihrem Sitz abhebt, ist zudem von der Batteriespannung abhängig. Eine batteriespannungsabhängige Einspritzzeitverlängerung (Bild 5) korrigiert diese Einflüsse.

4 Ansteuerung des EV14

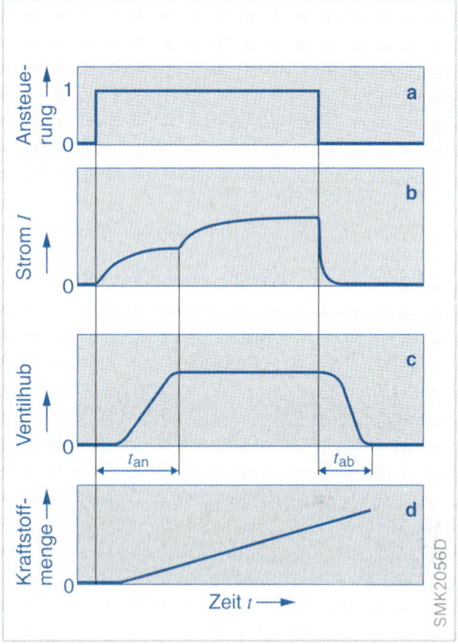

Bild 4
a Ansteuerungssignal
b Stromverlauf
c Ventilhub
d eingespritzte Kraftstoffmenge

5 Spannungsabhängige Einspritzzeitkorrektur

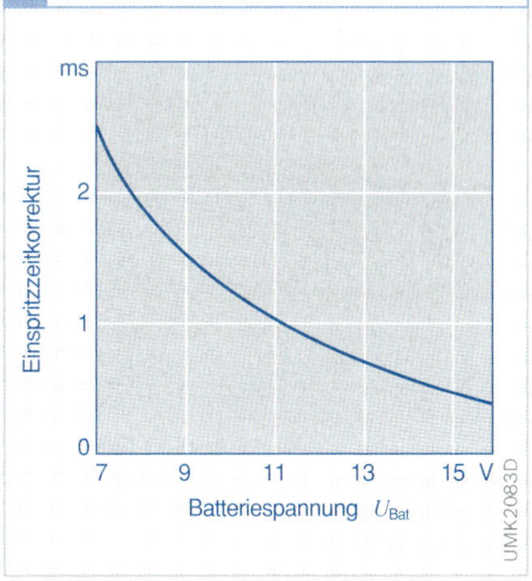

Hochdruck-Einspritzventil für Benzin-Direkteinspritzung

Aufgabe

Aufgabe des Hochdruck-Einspritzventils (HDEV) ist einerseits den Kraftstoff zu dosieren und andererseits durch dessen Zerstäubung eine gezielte Durchmischung von Kraftstoff und Luft in einem bestimmten räumlichen Bereich des Brennraums zu erzielen. Abhängig vom gewünschten Betriebszustand wird der Kraftstoff im Bereich um die Zündkerze konzentriert (geschichtet) oder gleichmäßig im gesamten Brennraum zerstäubt (homogene Verteilung).

Aufbau und Arbeitsweise

Das Hochdruck-Einspritzventil (Bild 6) besteht aus den Komponenten
- Zulauf mit Filter (1),
- elektrischer Anschluss (2),
- Feder (3),
- Spule (4),
- Ventilhülse (5),
- Düsennadel mit Magnetanker (6) und
- Ventilsitz (7).

Bei stromdurchflossener Spule wird ein Magnetfeld erzeugt. Dadurch hebt die Ventilnadel gegen die Federkraft vom Ventilsitz ab und gibt die Ventilauslassbohrungen (8) frei. Aufgrund des Systemdrucks wird nun der Kraftstoff in den Brennraum gedrückt. Die eingespritzte Kraftstoffmenge ist dabei im Wesentlichen von der Öffnungsdauer des Ventils und dem Kraftstoffdruck abhängig.

Bei Abschalten des Stroms wird die Ventilnadel aufgrund der Federkraft in den Ventilsitz gepresst und unterbricht den Kraftstofffluss.

Durch eine geeignete Düsengeometrie an der Ventilspitze wird eine sehr gute Zerstäubung des Kraftstoffs erreicht.

Anforderungen

Wesentlicher Unterschied der Benzin-Direkteinspritzung im Vergleich zur Saugrohreinspritzung sind ein höherer Kraftstoffdruck und eine deutlich kürzere Zeit, die für die Einbringung des Kraftstoffs direkt in den Brennraum zur Verfügung steht.

6 Aufbau des Hochdruck-Einspritzventils HDEV5

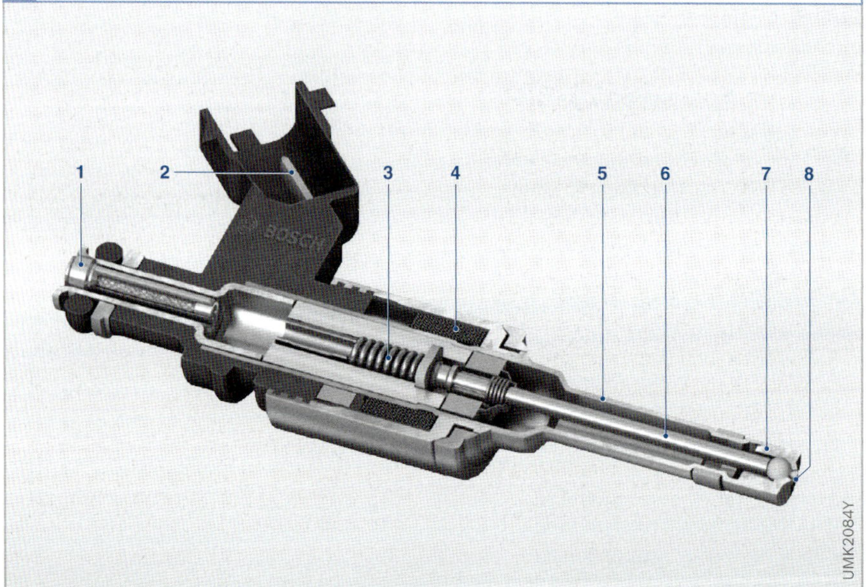

Bild 6
1 Kraftstoffzulauf mit Filter
2 elektrischer Anschluss
3 Feder
4 Spule
5 Ventilhülse
6 Düsennadel mit Magnetanker
7 Ventilsitz
8 Ventilauslassbohrungen

Bild 7 zeigt die Anforderungen an das Einspritzventil. Bei der Saugrohreinspritzung stehen zwei Kurbelwellenumdrehungen zur Verfügung, um den Kraftstoff in das Saugrohr einzuspritzen. Das entspricht bei einer Drehzahl von 6000 min^{-1} einer Einspritzdauer von 20 ms.

Bei der Benzin-Direkteinspritzung steht deutlich weniger Zeit zur Verfügung. Für den Homogenbetrieb muss der Kraftstoff im Ansaugtakt eingespritzt werden. Somit steht nur eine halbe Kurbelwellenumdrehung für den Einspritzvorgang zur Verfügung. Bei 6000 min^{-1} entspricht das einer Einspritzdauer von 5 ms.

Bei der Benzin-Direkteinspritzung ist der Kraftstoffbedarf im Leerlauf im Verhältnis zur Volllast sehr viel geringer als bei der Saugrohreinspritzung (Faktor 1:12). Daraus ergibt sich eine Einspritzzeit im Leerlauf von ungefähr 0,4 ms.

Ansteuerung des Einspritzventils HDEV

Um einen definierten und reproduzierbaren Einspritzvorgang zu gewährleisten, muss das Hochdruck-Einspritzventil mit einem komplexen Stromverlauf angesteuert werden (Bild 8). Der Mikrocontroller im Motorsteuergerät liefert nur ein digitales Ansteuersignal (a). Aus diesem Signal erzeugt ein Endstufenbaustein (ASIC) das Ansteuersignal (b) für das Einspritzventil.

Ein DC/DC-Wandler im Motorsteuergerät erzeugt die Boosterspannung von 65 V. Sie wird benötigt, um den Strom in der Boosterphase möglichst rasch auf einen hohen Stromwert zu bringen. Das ist erforderlich, um die Einspritzventilnadel möglichst schnell zu beschleunigen. In der Anzugsphase (t_{an}) erreicht die Ventilnadel anschließend den maximalen Öffnungshub (c). Bei geöffnetem Einspritzventil reicht ein geringer Ansteuerstrom (Haltestrom) aus, um das Ventil offen zu halten.

Bei konstantem Ventilnadelhub ergibt sich eine zur Einspritzdauer proportionale Einspritzmenge (d).

7 Vergleich zwischen Benzin-Direkteinspritzung und Saugrohreinspritzung

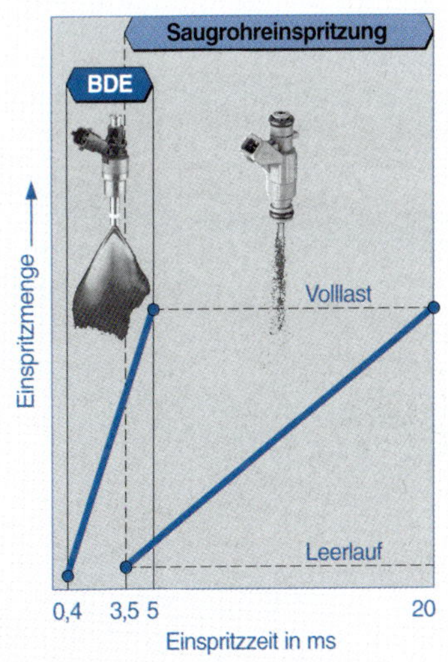

8 Ansteuerung des Hochdruck-Einspritzventils HDEV

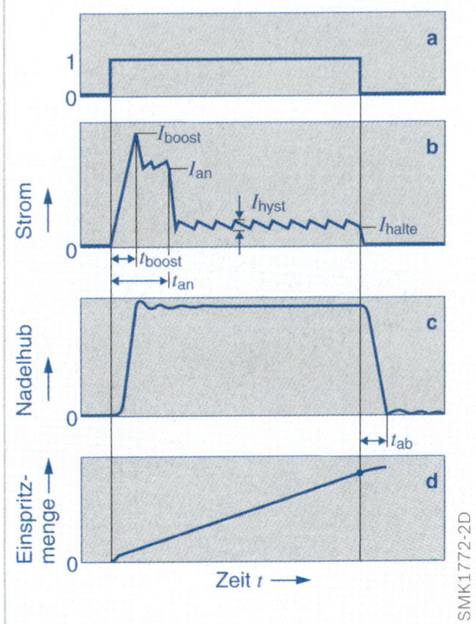

Bild 7
Einspritzmenge als Funktion der Einspritzzeit

Bild 8
a Ansteuersignal
b Stromverlauf im HDEV
c Nadelhub
d eingespritzte Kraftstoffmenge

Induktive Zündanlage

Die Zündung des Luft-Kraftstoff-Gemischs im Ottomotor erfolgt elektrisch durch einen Funkenüberschlag zwischen den Elektroden der Zündkerze. Die in dem Funken umgesetzte Energie der Zündspule entzündet das verdichtete Gemisch, die anschließend von dieser Stelle ausgehende Flammenfront sorgt für die Entflammung des Gemischs im gesamten Brennraum. Die induktive Zündanlage erzeugt in jedem Arbeitstakt die für den Funkenüberschlag erforderliche Hochspannung und die für die Entflammung notwendige Funkendauer. Die elektrische Energie wird dem Bordnetz entnommen und in der Zündspule zwischengespeichert.

Aufbau

Bild 9 zeigt den prinzipiellen Aufbau des Zündkreises einer induktiven Zündanlage Er besteht aus den Komponenten

- Zündungsendstufe (4), die im Motronic-Steuergerät oder in der Zündspule integriert ist,
- Zündspulen (3), ,
- Zündkerzen (5) sowie
- Verbindungs- und Entstörmittel.

Erzeugen des Zündfunkens

In der Zündspule wird ein Magnetfeld aufgebaut, wenn im Primärkreis ein Strom fließt. In diesem Magnetfeld ist die für die Zündung erforderliche Zündenergie gespeichert.

Der Strom in der Primärwicklung erreicht aufgrund der induzierten Gegenspannung erst allmählich seinen Sollwert. Da die in der Zündspule gespeicherte Energie vom Strom abhängt ($E = {}^{1}/_{2}LI^{2}$), ist eine gewisse Zeit (Schließzeit) erforderlich, um die für die Zündung erforderliche Energie zu speichern. Diese Schließzeit hängt u. a. von der Bordnetzspannung ab. Das Steuergeräteprogramm berechnet aus der Schließzeit und dem Zündzeitpunkt den Einschaltzeitpunkt und schaltet über die Zündungsendstufe die Zündspule ein und im Zündzeitpunkt wieder aus.

Das Unterbrechen des Spulenstroms im Zündzeitpunkt führt zum Zusammenbruch des Magnetfelds. Diese schnelle Magnetfeldänderung induziert auf der Sekundärseite der Zündspule aufgrund der großen Windungszahl (Übersetzungsverhältnis ca. 1:100) eine hohe Spannung (Bild 10). Bei Erreichen der Zündspannung kommt es an der Zündkerze zum Funkenüberschlag und das komprimierte Luft-Kraftstoff-Gemisch entzündet sich.

Gemischentflammung

Nach dem Funkenüberschlag fällt die Spannung an der Zündkerze auf die Brenn-

9 Zündkreis einer induktiven Zündanlage

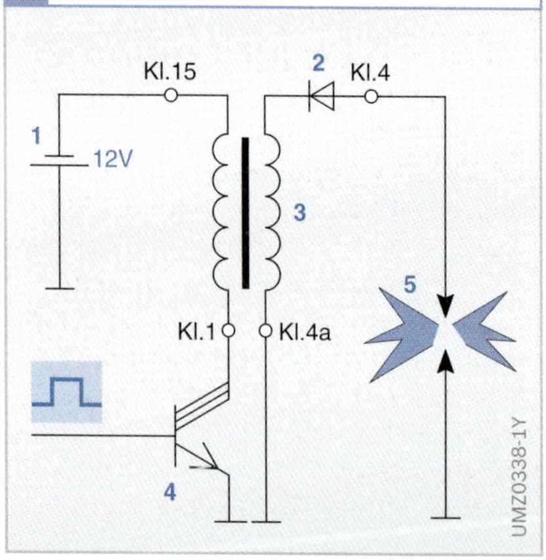

10 Spannungsverlauf an den Elektroden

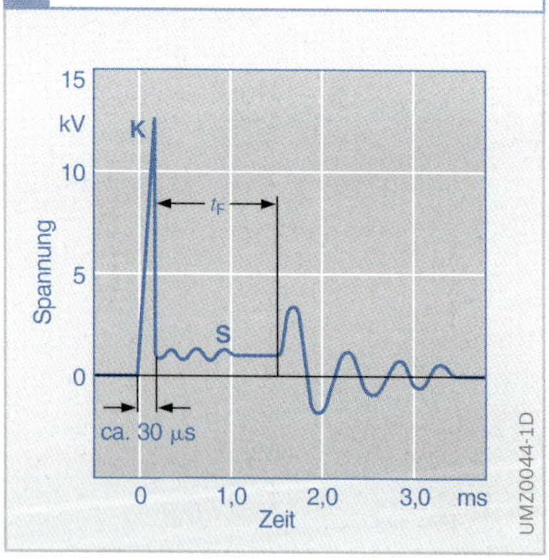

Bild 9
1 Batterie
2 EFU-Diode (in der Zündspule integriert)
3 Zündspule mit Eisenkern, Primär- und Sekundärwicklung
4 Zündungsendstufe (alternativ im Motronic-Steuergerät oder in der Zündspule integriert)
5 Zündkerze

Kl. 1, Kl. 4, Kl. 4a, Kl. 15 Klemmenbezeichnungen

Bild 10
K Funkenkopf
S Funkenschwanz
t_F Funkendauer

spannung ab (Bild 10). Die Brennspannung hängt von der Länge des Funkenplasmas ab (Elektrodenabstand und Auslenkung durch Strömung) und liegt im Bereich von wenigen hundert Volt bis deutlich über 1 kV. Während der Brenndauer des Zündfunkens von wenigen 100 µs bis über 2 ms wird Energie der Zündspule im Zündfunken umgesetzt. Nach dem Funkenabriss schwingt die Spannung gedämpft aus.

Der elektrische Funke zwischen den Elektroden der Zündkerze erzeugt ein Hochtemperaturplasma. Der entstehende Flammkern entwickelt sich bei zündfähigen Gemischen an der Zündkerze und ausreichender Energiezufuhr durch die Zündanlage zu einer sich selbstständig ausbreitenden Flammfront.

Zündzeitpunkt

Der Zeitpunkt, an dem der Zündfunke das Luft-Kraftstoff-Gemisch im Brennraum zündet, muss sehr genau eingestellt werden. Diese Größe hat entscheidenden Einfluss auf den Motorbetrieb und bestimmt das abgegebene Drehmoment, die Abgasemissionen und den Kraftstoffverbrauch.

Die Einflussgrößen, die den Zündzeitpunkt im Wesentlichen bestimmen, sind Motordrehzahl und Motorlast bzw. Drehmoment. Zusätzlich werden noch weitere Größen, wie z. B. die Motortemperatur zur Bestimmung des günstigsten Zündzeitpunkts herangezogen. Diese Größen werden von Sensoren erfasst und dem Motorsteuergerät (Motronic) zugeführt. Aus Kennfeldern und Kennlinien wird der Zündzeitpunkt berechnet und das Ansteuersignal für die Zündungsendstufe erzeugt.

Klopfende Verbrennungen treten auf bei einem zu frühen Zündzeitpunkt. Dauerhaftes Klopfen kann zu Motorschäden führen. Deshalb werden Klopfsensoren eingesetzt, die das Verbrennungsgeräusch überwachen. Nach einer klopfenden Verbrennung wird der Zündzeitpunkt nach spät verstellt, dann langsam wieder auf den Vorsteuerwert geführt. So wird dauerhaftem Klopfen entgegengewirkt.

Spannungsverteilung

Die Spannungsverteilung erfolgt auf der Primärseite der Zündspulen (Ruhende Spannungsverteilung, RUV).

Anlage mit Einzelfunken-Zündspulen
Jedem Zylinder ist eine Zündungsendstufe und eine Zündspule zugeordnet (Bild 11a und 11b). Das Motorsteuergerät steuert entsprechend der Zündfolge die Zündungsendstufen an. Allerdings muss die Anlage über einen Nockenwellensensor zusätzlich mit der Nockenwelle synchronisiert werden.

Anlage mit Zweifunken-Zündspulen
Eine Zündungsendstufe und eine Zündspule sind jeweils zwei Zylindern zugeordnet (Bild 11c). Die Enden der Sekundärwicklung sind an jeweils eine Zündkerze in unterschiedlichen Zylindern angeschlossen. Die Zylinder sind so gewählt, dass sich im Verdichtungstakt des einen Zylinders der zweite gerade im Ausstoßtakt befindet (nur bei geradzahligen Zylinderzahlen möglich). Die Anlage muss deshalb nicht mit der Nockenwelle synchronisiert sein. Im Zündzeitpunkt erfolgt an beiden Zündkerzen ein Funkenüberschlag.

11 Schematische Darstellung von Zündspulen

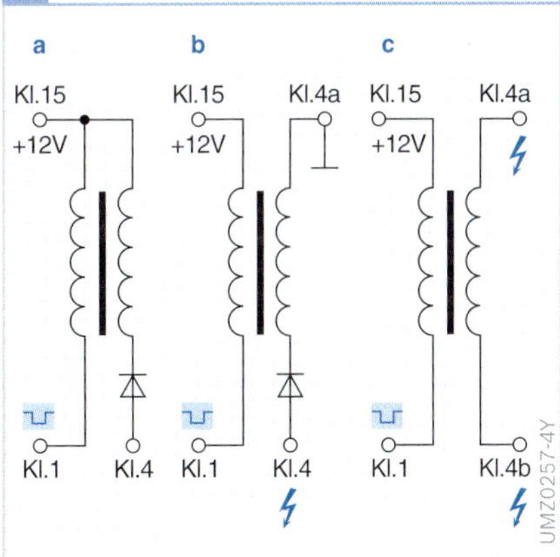

Bild 11
- a Einzelfunken-Zündspule in Sparschaltung
- b Einzelfunken-Zündspule
- c Zweifunken-Zündspule

Zündspulen

Kompaktzündspule

Aufbau

Der Magnetkreis der Kompaktzündspule besteht aus dem O-Kern und dem I-Kern (Bild 12), auf dem die Primär- und die Sekundärwicklungen aufgesteckt sind. Diese Anordnung wird in das Zündspulengehäuse eingebaut. Die Primärwicklung (mit Draht bewickelter I-Kern) wird mit dem Primärsteckanschluss elektrisch und mechanisch verbunden. Ebenfalls verbunden wird der Wicklungsanfang der Sekundärwicklung (mit Draht bewickelter Spulenkörper). Der zündkerzenseitige Anschluss der Sekundärwicklung befindet sich im Gehäuse und die elektrische Kontaktierung wird bei der Montage der Wicklungen hergestellt.

Im Gehäuse integriert ist der Hochspannungsdom, der einerseits das Kontaktteil zur Zündkerzenkontaktierung trägt und andererseits den Silikonmantel zur Isolation der Hochspannung zu außen liegenden Teilen und dem Zündkerzenschacht aufnimmt.

Nach dem Zusammenbau der Bauteile wird das Innere des Gehäuses mit einem Imprägnierharz unter Vakuum vergossen und anschließend ausgehärtet. Das ergibt eine hohe mechanische Festigkeit, einen guten Schutz vor Umwelteinflüssen und eine hervorragende Isolation der Hochspannung. Abschließend wird der Silikonmantel auf den Hochspannungsdom aufgeschoben und fixiert.

12 Aufbau der Kompaktzündspule

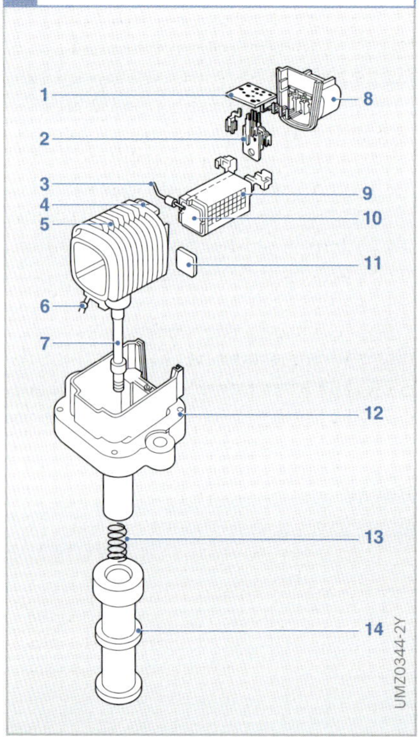

Bild 12
1 Leiterplatte
2 Zündungsendstufe
3 EFU-Diode (Einschaltfunkenunterdrückung)
4 Sekundärspulenkörper
5 Sekundärdraht
6 Kontaktblech
7 Hochspannungsbolzen
8 Primärstecker
9 Primärdraht
10 I-Kern
11 Permanentmagnet
12 O-Kern
13 Feder
14 Silikonmantel

Wegbau- und COP-Variante

Aufgrund der kompakten Bauweise der Zündspule ist der in Bild 12 dargestellte Aufbau möglich. Diese Bauart wird als COP bezeichnet (Coil on Plug). Die Zündspule wird direkt auf die Zündkerze montiert, sodass zusätzliche Hochspannungs-Verbindungskabel entfallen. Damit ergibt sich eine geringere kapazitive Belastung des Sekundärkreises der Zündspule. Zusätzlich wird durch die Bauteilreduzierung die Funktionssicherheit erhöht (z. B. kein Marderverbiss der Zündkabel mehr möglich).

Bei der selteneren Wegbauvariante werden die Kompaktzündspulen im Motorraum mit Schrauben befestigt. Hierzu sind Befestigungsaugen oder ein zusätzlicher Halter vorgesehen. Die Hochspannungsverbindung wird über jeweils ein Hochspannungs-Zündkabel von der Zündspule zur Zündkerze bewerkstelligt.

COP- und Wegbauvariante sind nahezu gleich aufgebaut. An die Wegbauvariante (Karosserieanbau) werden jedoch geringere Anforderungen hinsichtlich Temperatur- und Schüttelbedingungen gestellt, da hier geringere Belastungen auftreten.

Stabzündspule

Die Stabzündspule ermöglicht eine optimale Ausnutzung der Platzverhältnisse im Motorraum. Durch die zylindrische Bauform kann der Zündkerzenschacht als Montageraum mitbenutzt werden und ermöglicht eine bauraumoptimierte Anordnung im Zylinderkopf.

Stabzündspulen werden immer direkt auf die Zündkerze montiert, daher sind keine zusätzlichen Hochspannungs-Verbindungskabel erforderlich.

13 Aufbau der Stabzündspule

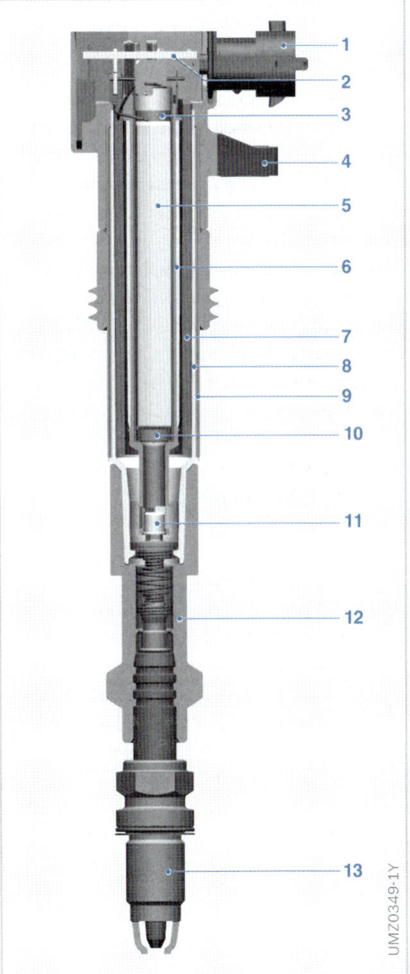

Aufbau und Magnetkreis

Stabzündspulen (auch als „Pencil Coil" bezeichnet) arbeiten wie Kompaktzündspulen nach dem induktiven Prinzip. Aufgrund der Rotationssymmetrie unterscheiden sie sich im Aufbau jedoch deutlich von Kompaktzündspulen.

Der Magnetkreis besteht zwar aus den gleichen Materialien, der im Zentrum liegende Stabkern (Bild 13, Pos. 5) wird hier aus verschieden breit gestanzten Blechlamellen annähernd kreisrund gestapelt und paketiert. Der magnetische Kreis wird über das Rückschlussblech (9) als gerollte und geschlitzte Hülse - ebenfalls aus Elektroblech, teilweise aus mehreren Lagen - hergestellt.

Im Gegensatz zu Kompaktzündspulen liegt die Primärwicklung (7) mit größerem Durchmesser über der Sekundärwicklung (6), deren Spulenkörper gleichzeitig den Stabkern aufnimmt; hierfür sind konstruktive und funktionale Vorteile maßgebend. Die kompakte Bauform der Stabzündspule lässt bei gegebener Geometrie hinsichtlich der elektrischen Auslegung nur eine sehr eingeschränkte Variation des Magnetkreises (Stabkern, Rückschlussblech) und Wicklungen zu.

Bei den meisten Stabzündspulenanwendungen werden - aufgrund des eingeschränkten Bauraums - zur Erhöhung der Funkenenergie Permanentmagnete eingesetzt.

Die Kontaktierung der Zündkerze und der Anschluss an den Motorkabelbaum ist bei Stabzündspulen vergleichbar mit den Kompaktzündspulen.

Bild 13
1 Steckanschluss
2 Leiterplatte mit Zündungsendstufe
3 Permanentmagnet
4 Befestigungsarm
5 lamellierter Elektroblechkern (Stabkern)
6 Sekundärwicklung
7 Primärwicklung
8 Gehäuse
9 Rückschlussblech
10 Permanentmagnet
11 Hochspannungsdom
12 Silikonmantel
13 aufgesteckte Zündkerze

Elektronische Dieselregelung EDC

Systemübersicht

Die elektronische Steuerung des Dieselmotors erlaubt eine exakte und differenzierte Gestaltung der Einspritzgrößen. Nur so können die vielen Anforderungen erfüllt werden, die an einen modernen Dieselmotor gestellt werden. Die Elektronische Dieselregelung EDC (Electronic Diesel Control) wird in die drei Systemblöcke Sensoren/Sollwertgeber, Steuergerät und Stellglieder (Aktoren) unterteilt.

Anforderungen

Die Senkung des Kraftstoffverbrauchs und der Schadstoffemissionen (NO_X, CO, HC, Partikel) bei gleichzeitiger Leistungssteigerung bzw. Drehmomenterhöhung der Motoren bestimmt die aktuelle Entwicklung auf dem Gebiet der Dieseltechnik. Konventionelle indirekt einspritzende Motoren (IDI) konnten die gestellten Anforderungen nicht mehr erfüllen.

Stand der Technik sind heute direkt einspritzende Dieselmotoren (DI) mit hohen Einspritzdrücken für eine gute Gemischbildung. Die Einspritzsysteme unterstützen mehrere Einspritzungen: Voreinspritzung (VE), Haupteinspritzung (HE) und Nacheinspritzung (NE). Die Einspritzungen werden zumeist elektronisch gestellt (VE bei UIS-Pkw jedoch mechanisch).

Weiterhin wirken sich die hohen Ansprüche an den Fahrkomfort auf die Entwicklung moderner Dieselmotoren aus. Auch an die Schadstoff- und Geräuschemissionen werden immer höhere Forderungen gestellt.

Daraus ergeben sich gestiegene Ansprüche an das Einspritzsystem und dessen Regelung in Bezug auf:

- hohe Einspritzdrücke,
- Einspritzverlaufsformung,
- Voreinspritzung und gegebenenfalls Nacheinspritzung,
- Anpassung von Einspritzmenge, Ladedruck und Spritzbeginn an den jeweiligen Betriebszustand,
- temperaturabhängige Startmenge,
- lastunabhängige Leerlaufdrehzahlregelung,
- geregelte Abgasrückführung,
- Fahrgeschwindigkeitsregelung,
- geringe Toleranzen der Einspritzzeit und -menge und hohe Genauigkeit während der gesamten Lebensdauer (Langzeitverhalten),
- Unterstützung von Abgasnachbehandlungssystemen.

1 Systemblöcke der EDC

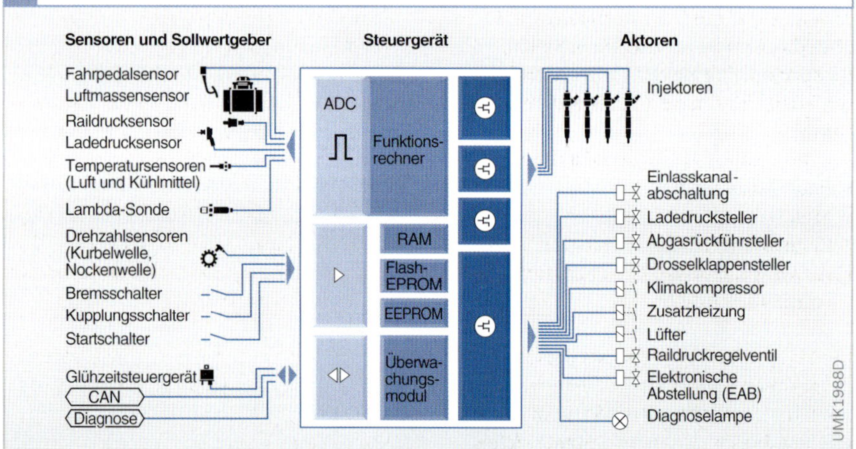

Die herkömmliche mechanische Drehzahlregelung erfasst mit diversen Anpassvorrichtungen die verschiedenen Betriebszustände und gewährleistet eine hohe Qualität der Gemischaufbereitung. Sie beschränkt sich allerdings auf einen einfachen Regelkreis am Motor und kann verschiedene wichtige Einflussgrößen nicht bzw. nicht schnell genug erfassen.

Die EDC entwickelte sich mit den steigenden Anforderungen zu einer komplexen elektronischen Motorsteuerung, die eine Vielzahl von Daten in Echtzeit verarbeiten kann. Über die reine Motorsteuerung hinaus wird eine Reihe von Komfortfunktionen (z. B. Fahrgeschwindigkeitsregler) unterstützt. Die EDC kann Teil eines elektronischen Fahrzeuggesamtsystems sein (drive by wire). Durch die zunehmende Integration der elektronischen Komponenten kann die komplexe Elektronik auf engstem Raum untergebracht werden.

Arbeitsweise

Die Elektronische Dieselregelung (EDC) ist durch die in den letzten Jahren stark gestiegene Rechenleistung der verfügbaren Mikrocontroller in der Lage, die genannten Anforderungen zu erfüllen.

Im Gegensatz zu Dieselfahrzeugen mit konventionellen mechanisch geregelten Einspritzpumpen hat der Fahrer bei einem EDC-System keinen direkten Einfluss auf die eingespritzte Kraftstoffmenge, z. B. über das Fahrpedal und einen Seilzug. Die Einspritzmenge wird vielmehr durch verschiedene Einflussgrößen bestimmt. Dies sind z. B.:

- Fahrerwunsch (Fahrpedalstellung),
- Betriebszustand,
- Motortemperatur,
- Eingriffe weiterer Systeme (z. B. ASR),
- Auswirkungen auf die Schadstoffemissionen usw.

Die Einspritzmenge wird aus diesen Einflussgrößen im Steuergerät errechnet. Auch der Einspritzzeitpunkt kann variiert werden. Dies bedingt ein umfangreiches Überwachungskonzept, das auftretende Abweichungen erkennt und gemäß den Auswirkungen entsprechende Maßnahmen einleitet (z. B. Drehmomentbegrenzung oder Notlauf im Leerlaufdrehzahlbereich). In der EDC sind deshalb mehrere Regelkreise enthalten.

Die Elektronische Dieselregelung ermöglicht auch einen Datenaustausch mit anderen elektronischen Systemen wie z. B. Antriebsschlupfregelung (ASR), Elektronischer Getriebesteuerung (EGS) oder Fahrdynamikregelung mit dem Elektronischen Stabilitätsprogramm (ESP). Damit kann die Motorsteuerung in das Fahrzeug-Gesamtsystem integriert werden (z. B. Motormomentreduzierung beim Schalten des Automatikgetriebes, Anpassen des Motormoments an den Schlupf der Räder usw.).

Das EDC-System ist vollständig in das Diagnosesystem des Fahrzeugs integriert. Es erfüllt alle Anforderungen der OBD (On-Board-Diagnose) und EOBD (European OBD).

Systemblöcke

Die Elektronische Dieselregelung (EDC) gliedert sich in drei Systemblöcke (Bild 1):

1. *Sensoren und Sollwertgeber* erfassen die Betriebsbedingungen (z. B. Motordrehzahl) und Sollwerte (z. B. Schalterstellung). Sie wandeln physikalische Größen in elektrische Signale um.

2. *Das Steuergerät* verarbeitet die Informationen der Sensoren und Sollwertgeber in mathematischen Rechenvorgängen (Steuer- und Regelalgorithmen). Es steuert die Stellglieder mit elektrischen Ausgangssignalen an. Ferner stellt das Steuergerät die Schnittstelle zu anderen Systemen und zur Fahrzeugdiagnose her.

3. *Stellglieder* (Aktoren) setzen die elektrischen Ausgangssignale des Steuergeräts in mechanische Größen um (z. B. Hub der Magnetventilnadel).

Datenverarbeitung

Die wesentliche Aufgabe der Elektronischen Dieselregelung (EDC) ist die Steuerung der Einspritzmenge und des Einspritzzeitpunkts. Das Speichereinspritzsystem Common Rail regelt auch den Einspritzdruck. Außerdem steuert das Motorsteuergerät bei allen Systemen verschiedene Stellglieder an. Die Funktionen der Elektronischen Dieselregelung müssen auf jedes Fahrzeug und jeden Motor angepasst sein. Nur so können alle Komponenten optimal zusammenwirken (Bild 3).

Das Steuergerät wertet die Signale der Sensoren aus und begrenzt sie auf zulässige Spannungspegel. Einige Eingangssignale werden außerdem plausibilisiert. Der Mikroprozessor berechnet aus diesen Eingangsdaten und aus gespeicherten Kennfeldern die Lage und die Dauer der Einspritzung und setzt diese in zeitliche Signalverläufe um, die an die Kolbenbewegung des Motors angepasst sind. Das Berechnungsprogramm wird „Steuergeräte-Software“ genannt.

Wegen der geforderten Genauigkeit und der hohen Dynamik des Dieselmotors ist eine hohe Rechenleistung notwendig. Mit den Ausgangssignalen werden Endstufen angesteuert, die genügend Leistung für die Stellglieder liefern (z. B. Hochdruck-Magnetventile für die Einspritzung, Abgasrückführsteller und Ladedrucksteller). Außerdem werden weitere Komponenten mit Hilfsfunktionen angesteuert (z. B. Glührelais und Klimaanlage).

Diagnosefunktionen der Endstufen für die Magnetventile erkennen auch fehlerhafte Signalverläufe. Zusätzlich findet über die Schnittstellen ein Signalaustausch mit anderen Fahrzeugsystemen statt. Im Rahmen eines Sicherheitskonzepts überwacht das Motorsteuergerät auch das gesamte Einspritzsystem.

2 Funktionsdarstellung am Beispiel einer Stromregelung

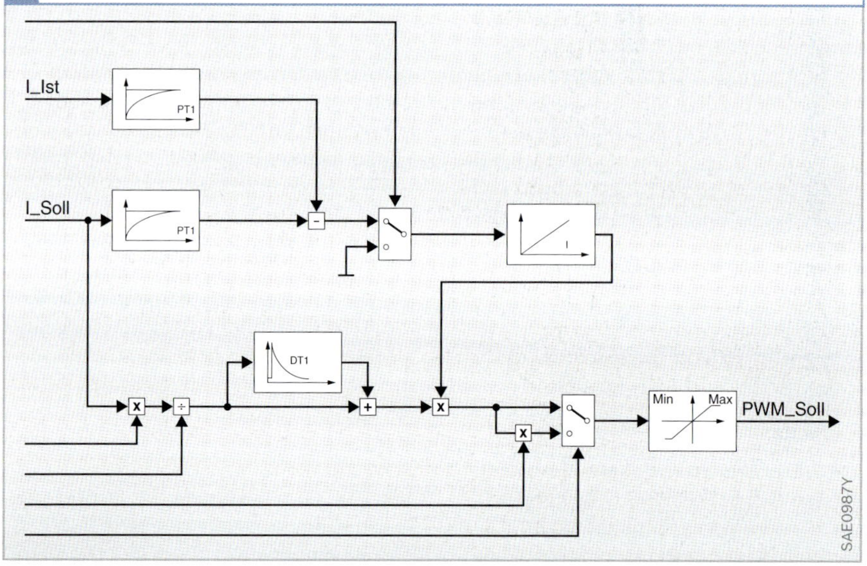

3 Prinzipieller Ablauf der Elektronischen Dieselregelung

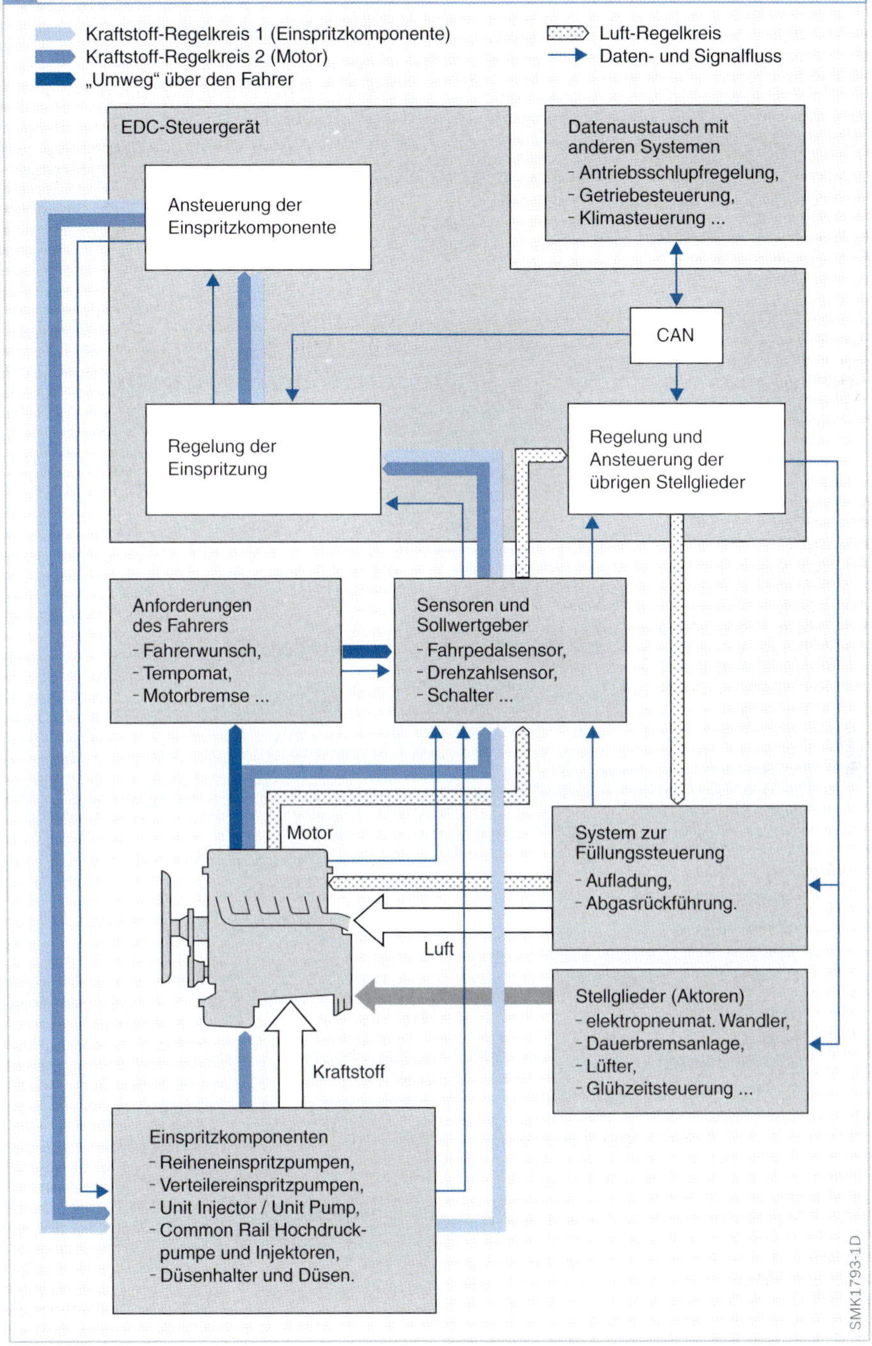

Regelung der Einspritzung

Tabelle 1 gibt eine Übersicht über die EDC-Funktionen, die bei den verschiedenen Einspritzsystemen realisiert sind. Bild 4 zeigt den Ablauf der Einspritzberechnung mit allen Funktionen. Einige Funktionen sind Sonderausstattungen. Sie können bei Nachrüstungen auch nachträglich vom Kundendienst im Steuergerät aktiviert werden.

Damit der Motor in jedem Betriebszustand mit optimaler Verbrennung arbeitet, wird die jeweils passende Einspritzmenge im Steuergerät berechnet. Dabei müssen verschiedene Größen berücksichtigt werden. Bei einigen magnetventilgesteuerten Verteilereinspritzpumpen erfolgt die Ansteuerung der Magnetventile für Einspritzmenge und Spritzbeginn über ein separates Pumpensteuergerät PSG.

1 Funktionsübersicht der EDC-Varianten für Kraftfahrzeuge

Einspritzsystem	Reiheneinspritzpumpen PE	Kantengesteuerte Verteilereinspritzpumpen VE-EDC	Magnetventilgesteuerte Verteilereinspritzpumpen VE-M, VR-M	Unit Injector System und Unit Pump System UIS, UPS	Common Rail System CR
Funktion					
Begrenzungsmenge	•	•	•	•	•
Externer Momenteneingriff	• ³)	•	•	•	•
Fahrgeschwindigkeitsbegrenzung	• ³)	•	•	•	•
Fahrgeschwindigkeitsregelung	•	•	•	•	•
Höhenkorrektur	•	•	•	•	•
Ladedruckregelung	•	•	•	•	•
Leerlaufregelung	•	•	•	•	•
Zwischendrehzahlregelung	• ³)	•	•	•	•
Aktive Ruckeldämpfung	• ²)	•	•	•	•
BIP-Regelung	–	–	•	•	–
Einlasskanalabschaltung	–	–	•	• ²)	•
Elektronische Wegfahrsperre	• ²)	•	•	•	•
Gesteuerte Voreinspritzung	–	–	•	• ²)	•
Glühzeitsteuerung	• ²)	•	•	• ²)	•
Klimaabschaltung	• ²)	•	•	•	•
Kühlmittelzusatzheizung	• ²)	•	•	• ²)	•
Laufruheregelung	• ²)	•	•	•	•
Mengenausgleichsregelung	• ²)	–	•	•	•
Lüfteransteuerung	–	•	•	•	•
Regelung der Abgasrückführung	• ²)	•	•	•	•
Spritzbeginnregelung mit Sensor	• ¹) ³)	•	•	•	•
Zylinderabschaltung	–	–	• ³)	• ³)	• ³)
Inkrementwinkel-Lernen	–	–	–	•	•
Inkrementwinkel-Verschleifen	–	–	–	• ²)	–

Tabelle 1

¹) Nur Hubschieber-Reiheneinspritzpumpen

²) nur Pkw

³) nur Nkw

4 Berechnung der Einspritzung im Steuergerät

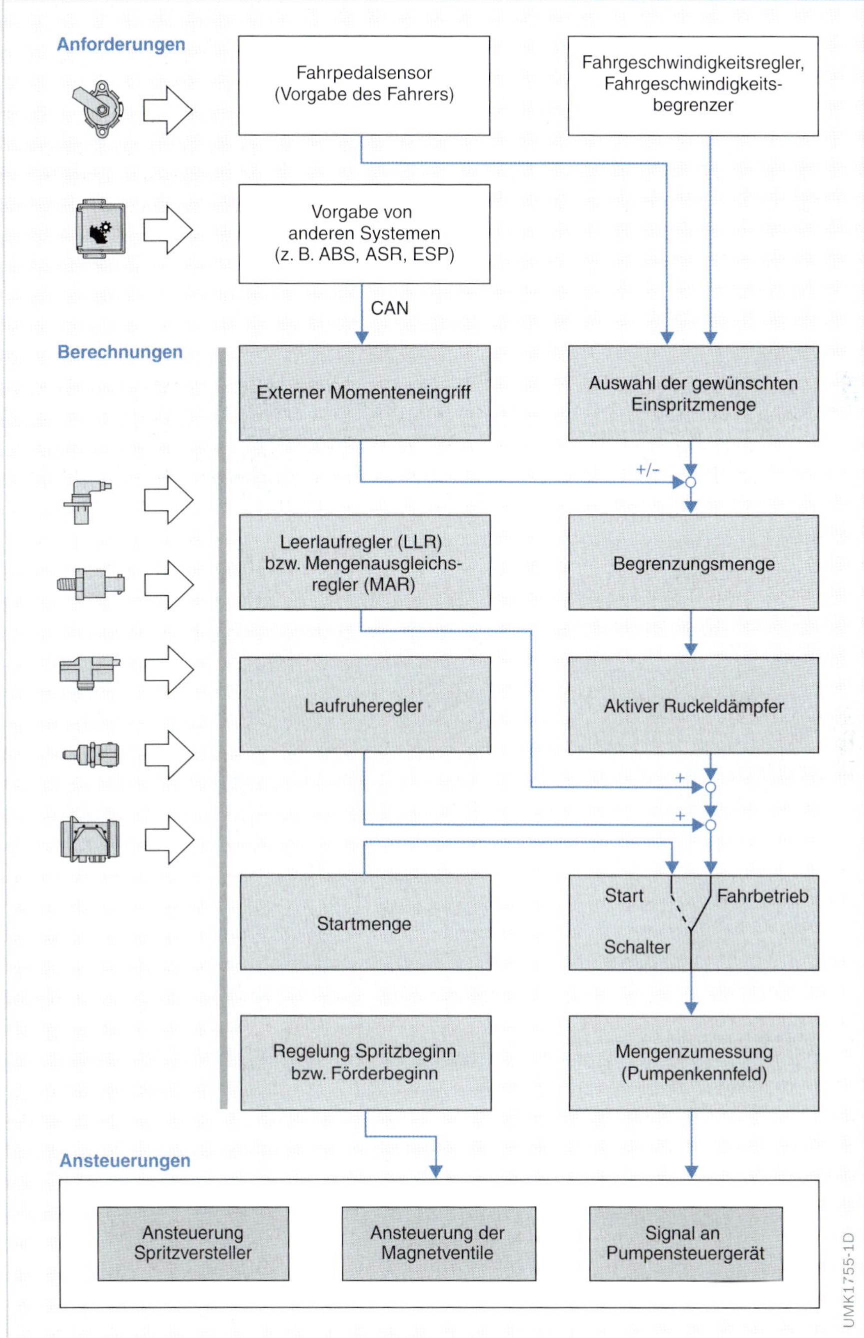

Momentengeführte EDC-Systeme

Die Motorsteuerung wird immer enger in die Fahrzeuggesamtsysteme eingebunden. Fahrdynamiksysteme (z. B. ASR), Komfortsysteme (z. B. Tempomat) und die Getriebesteuerung beeinflussen über den CAN-Bus die Elektronische Dieselregelung EDC. Andererseits werden viele der in der Motorsteuerung erfassten oder berechneten Informationen über den CAN-Bus an andere Steuergeräte weitergegeben.

Um die Elektronische Dieselregelung künftig noch wirkungsvoller in einen funktionalen Verbund mit anderen Steuergeräten einzugliedern und weitere Verbesserungen schnell und effektiv zu realisieren, wurden die Steuerungen der neuesten Generation einschneidend überarbeitet. Diese momentengeführte Dieselmotorsteuerung wird erstmals ab EDC16 eingesetzt. Hauptmerkmal ist die Umstellung der Modulschnittstellen auf Größen, wie sie im Fahrzeug auch entsprechend auftreten.

Kenngrößen eines Motors

Die Außenwirkung eines Motors kann im Wesentlichen durch drei Kenngrößen beschrieben werden: Leistung P, Drehzahl n und Drehmoment M.

Bild 5 zeigt den typischen Verlauf von Drehmoment und Leistung über der Motordrehzahl zweier Dieselmotoren im Vergleich. Grundsätzlich gilt der physikalische Zusammenhang:

$$P = 2 \cdot \pi \cdot n \cdot M$$

Es genügt also, z. B. das Drehmoment als Führungsgröße unter Beachtung der Drehzahl vorzugeben. Die Motorleistung ergibt sich dann aus der obigen Formel. Da die Leistung nicht unmittelbar gemessen werden kann, hat sich für die Motorsteuerung das Drehmoment als geeignete Führungsgröße herausgestellt.

Momentensteuerung

Der Fahrer fordert beim Beschleunigen über das Fahrpedal (Sensor) direkt ein einzustellendes Drehmoment. Unabhängig davon fordern andere externe Fahrzeugsysteme über die Schnittstellen ein Drehmoment an, das sich aus dem Leistungsbedarf der Komponenten ergibt (z. B. Klimaanlage, Generator). Die Motorsteuerung errechnet daraus das resultierende Motormoment und steuert die Stellglieder des Einspritz- und Luftsystems entsprechend an. Daraus ergeben sich folgende Vorteile:

- Kein System hat direkten Einfluss auf die Motorsteuerung (Ladedruck, Einspritzung, Vorglühen). Die Motorsteuerung kann so zu den äußeren Anforderungen auch noch übergeordnete Optimierungskriterien berücksichtigen (z. B. Abgasemissionen, Kraftstoffverbrauch) und den Motor dann bestmöglich ansteuern.
- Viele Funktionen, die nicht unmittelbar die Steuerung des Motors betreffen, können für Diesel- und Ottomotorsteuerungen einheitlich ablaufen.
- Erweiterungen des Systems können schnell umgesetzt werden.

5 Beispiel des Drehmoment- und Leistungsverlaufs zweier Pkw-Dieselmotoren mit ca. 2,2 *l* Hubraum über der Drehzahl

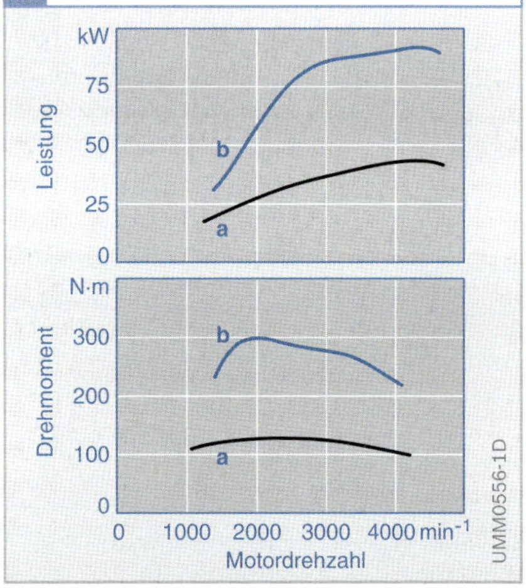

Bild 5
a Baujahr 1968
b Baujahr 1998

Ablauf der Motorsteuerung

Die Sollwertvorgaben werden im Motorsteuergerät weiterverarbeitet. Zum Erfüllen ihrer Aufgaben benötigen alle Steuerungsfunktionen der Motorsteuerung eine Fülle von Sensorsignalen und Informationen von anderen Steuergeräten im Fahrzeug.

Vortriebsmoment

Die Fahrervorgabe (d. h. das Signal des Fahrpedalsensors) wird von der Motorsteuerung als Anforderung für ein Vortriebsmoment interpretiert. Genauso werden die Anforderungen der Fahrgeschwindigkeitsregelung und -begrenzung berücksichtigt.

Nach dieser Auswahl des Soll-Vortriebsmoments erfolgt gegebenenfalls bei Blockiergefahr eine Erhöhung bzw. bei durchdrehenden Rädern eine Reduzierung des Sollwerts durch das Fahrdynamiksystem (ASR, ESP).

Weitere externe Momentanforderungen

Die Drehmomentanpassung des Antriebsstrangs muss berücksichtigt werden (Triebstrangübersetzung). Sie wird im Wesentlichen durch die Übersetzungsverhältnisse im jeweiligen Gang sowie durch den Wirkungsgrad des Wandlers bei Automatikgetrieben bestimmt. Bei Automatikfahrzeugen gibt die Getriebesteuerung die Drehmomentanforderung während des Schaltvorgangs vor, um mit reduziertem Moment ein möglichst ruckfreies, komfortables und das Getriebe schonendes Schalten zu ermöglichen. Außerdem wird ermittelt, welchen Drehmomentbedarf weitere vom Motor angetriebene Nebenaggregate (z. B. Klimakompressor, Generator, Servopumpe) haben. Dieser Drehmomentbedarf wird aus der benötigten Leistung und Drehzahl entweder von diesen Aggregaten selbst oder von der Motorsteuerung ermittelt.

Die Motorsteuerung addiert die Momentenanforderungen auf. Damit ändert sich das Fahrverhalten des Fahrzeugs trotz wechselnder Anforderungen der Aggregate und Betriebszustände des Motors nicht.

Innere Momentanforderungen

In diesem Schritt greifen der Leerlaufregler und der aktive Ruckeldämpfer ein.

Um z. B. eine unzulässige Rauchbildung durch zu hohe Einspritzmengen oder eine mechanische Beschädigung des Motors zu verhindern, setzt das Begrenzungsmoment, wenn nötig, den internen Drehmomentbedarf herab. Im Vergleich zu den bisherigen Motorsteuerungssystemen erfolgen die Begrenzungen nicht mehr ausschließlich im Kraftstoff-Mengenbereich, sondern je nach gewünschtem Effekt direkt in der jeweils betroffenen physikalischen Größe.

Die Verluste des Motors werden ebenfalls berücksichtigt (z. B. Reibung, Antrieb der Hochdruckpumpe). Das Drehmoment stellt die messbare Außenwirkung des Motors dar. Die Steuerung kann diese Außenwirkung aber nur durch eine geeignete Einspritzung von Kraftstoff in Verbindung mit dem richtigen Einspritzzeitpunkt sowie den notwendigen Randbedingungen des Luftsystems erzeugen (z. B. Ladedruck, Abgasrückführrate). Die notwendige Einspritzmenge wird über den aktuellen Verbrennungswirkungsgrad bestimmt. Die errechnete Kraftstoffmenge wird durch eine Schutzfunktion (z. B. gegen Überhitzung) begrenzt und gegebenenfalls durch die Laufruheregelung verändert. Während des Startvorgangs wird die Einspritzmenge nicht durch externe Vorgaben (wie z. B. den Fahrer) bestimmt, sondern in der separaten Steuerungsfunktion „Startmenge“ berechnet.

Ansteuerung der Aktoren

Aus dem resultierenden Sollwert für die Einspritzmenge werden die Ansteuerdaten für die Einspritzpumpen bzw. die Einspritzventile ermittelt sowie der bestmögliche Betriebspunkt des Luftsystems bestimmt.

Lichttechnik

Lichtquellen für Kfz

Die wichtigsten Lichtquellen für die Beleuchtungssysteme an Fahrzeugfront und Fahrzeugheck sind Halogenlampen, Glühlampen, Gasentladungslampen und LED.

Temperaturstrahler

Temperaturstrahler erzeugen das Licht durch Wärmeenergie. Nachteil der Temperaturstrahler ist vor allem der niedrige Wirkungsgrad (unter 10 %) und die damit gegenüber Gasentladungslampen relativ geringe Lichtausbeute.

Glühlampe (Vakuumlampe)

Zu den Temperaturstrahlern gehört die Glühlampe (Bild 1), deren Wolfram-Glühwendel (2) von einem Glaskolben (1) umschlossen ist. Im Inneren des Glaskolbens herrscht Vakuum, daher wird die Glühlampe auch als Vakuumlampe bezeichnet.

Die Lichtausbeute einer Glühlampe ist mit 10...18 lm/W (Lumen/Watt) vergleichsweise gering. Während des Betriebs der Glühlampe verdampfen Wolframpartikel der Glühwendel. Der Lampenkolben schwärzt sich dadurch mit zunehmender Gebrauchsdauer. Das Verdampfen der Partikel führt letztendlich zum Bruch der Glühwendel und somit zum Ausfall der Lampe. Deshalb wurden die Glühlampen als Lichtquellen für Frontscheinwerfer durch Halogenlampen abgelöst. Für Leuchten und als Lichtquellen im Fahrzeuginnenraum werden jedoch aus Kostengründen weiterhin Glühlampen eingesetzt. Auch die Beleuchtung passiver Anzeigeelemente (z. B. Gebläse-, Heizungs- und Klimaregler, LCD-Displays) erfolgt in der Regel mit Glühlampen, deren Lichtfarbe je nach Anwendung und Design mit Farbfiltern geändert wird.

Halogenlampe

Halogenlampen gibt es in zwei Ausführungen: mit einer oder mit zwei Glühwendeln aus Wolfram. Die Halogenlampen H1, H3, H7, HB3 und HB4 (s. Tabelle am Kapitelende) haben nur eine Glühwendel. Sie werden als Lichtquellen für Abblend-, Fern- und Nebellicht eingesetzt.

Der Lampenkolben besteht aus Quarzglas. Das Quarzglas dient zur Filterung des geringen UV-Lichtanteils, den Halogenlampen abstrahlen. Der Kolben einer Halogenlampe besitzt im Unterschied zur Glühlampe eine Halogenfüllung (Jod oder Brom). Dadurch lässt sich die Glühwendel bis nahe an den Schmelzpunkt des Wolframs (ca. 3400 °C) aufheizen und eine

1 Glühlampe

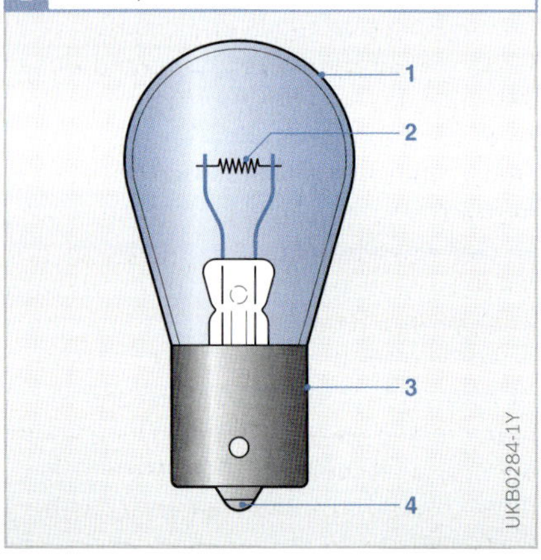

Bild 1
1 Lampenkolben
2 Glühwendel
3 Lampensockel
4 elektrischer Anschluss

2 Halogenlampe H4 (Ausschnitt aus Bild 3)

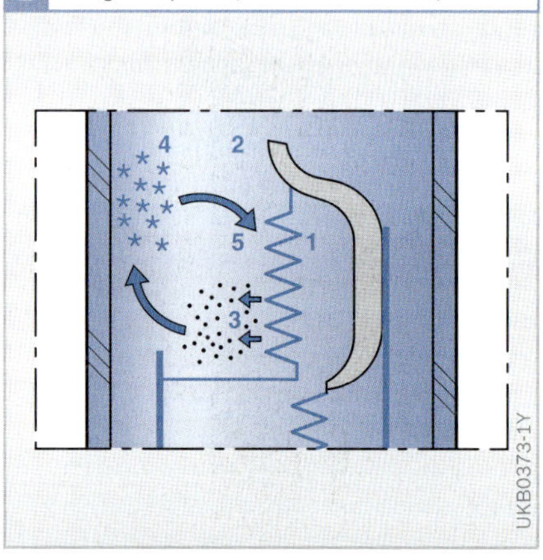

Bild 2
1 Wolfram-Glühwendel
2 Halogenfüllung (Jod oder Brom)
3 verdampftes Wolfram
4 Wolframhalogenid
5 Wolframablagerung

entsprechend hohe Lichtleistung erzielen. Verdampfte Wolframpartikel verbinden sich in der Nähe der heißen Kolbenwand mit dem Füllgas zu einem lichtdurchlässigen Gas (Wolframhalogenid). Dieses ist im Temperaturbereich von ca. 200...1400 °C stabil. Gelangt es wieder in die Nähe der Wendel, zersetzt es sich infolge der hohen Wendeltemperatur und bildet dort eine gleichmäßige Wolframablagerung. Dieser Kreisprozess (Bild 2) begrenzt den Verschleiß der Glühwendel. Um den Kreisprozess aufrechtzuerhalten, ist eine Außentemperatur des Lampenkolbens von ca. 300 °C erforderlich. Der Kolben umschließt daher die Wendel eng. Er bleibt während der gesamten Lebensdauer der Lampe klar.

Der Glühwendelverschleiß wird auch durch den hohen Druck begrenzt, der im Glaskolben herrscht und die Verdampfungsrate des Wolframs begrenzt.

Die Halogenlampe H4 erzeugt die Lichtstrahlung nach dem gleichen Prinzip, verfügt jedoch über zwei Glühwendeln (Bild 3, Pos. 2 und 3). Für Abblend- und Fernlicht wird dadurch nur eine Lampe je Scheinwerfer benötigt.

Der untere Teil der Abblendlichtwendel wird mit einer im Scheinwerfer integrierten Strahlenblende abgedeckt. Damit wird nur Licht in den oberen Reflektorteil abgegeben (Bild 8) und so die Blendung anderer Verkehrsteilnehmer vermieden.

Beim Umschalten von Abblendlicht auf Fernlicht wird die zweite Glühwendel aktiviert. Halogenlampen mit 60/55 W[1] Leistung strahlen etwa doppelt so viel Licht ab wie Glühlampen mit 45/40 W. Die hohe Lichtausbeute von ungefähr 22...26 lm/W ist primär eine Folge der hohen Wendeltemperatur.

[1]) Fernlicht/Abblendlicht

3 Halogenlampe H4

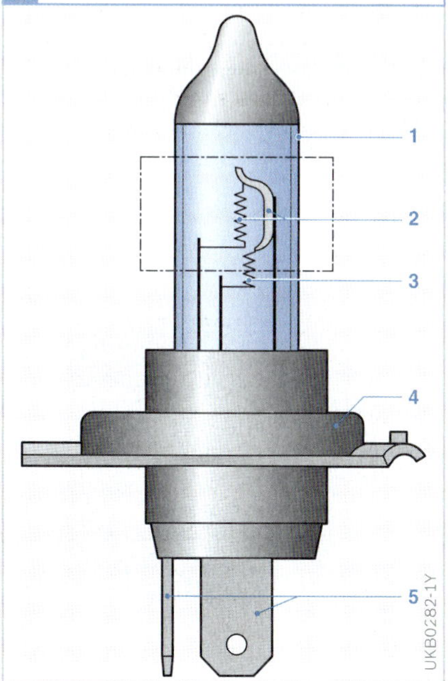

Bild 3
1 Lampenkolben
2 Glühwendel für Abblendlicht mit Abdeckkappe
3 Glühwendel für Fernlicht
4 Lampensockel
5 elektrischer Anschluss

Gasentladungslampen

Gasentladung beschreibt die elektrische Entladung beim Durchgang eines elektrischen Stroms durch ein Gas, wobei Strahlung emittiert wird (Beispiele: Natriumdampflampen für Straßenbeleuchtung, Leuchtstofflampen für Innenraumbeleuchtung).

Der Entladungsraum der Gasentladungslampe (Bild 4, Pos. 3) ist mit dem Edelgas Xenon und einer Mischung aus Metallhalogeniden gefüllt. Zwischen zwei in den Brenner ragende Elektroden (4) wird die elektrische Spannung angelegt. Für den Einschaltvorgang und den Betrieb ist ein elektronisches Vorschaltgerät erforderlich. Beim Anlegen der Zündspannung von 10...20 kV wird das Gas zwischen den Elektroden leitend (ionisiert) und damit ein Lichtbogen gezündet. Mit dem angelegten Wechselstrom (400 Hz) verdampft die metallische Füllsubstanz aufgrund des Temperaturanstiegs im Brenner und strahlt dabei Licht ab.

Die Lampe erreicht ihre volle Helligkeit normalerweise erst nach mehreren Sekunden, wenn alle Teilchen ionisiert sind. Um diesen Vorgang zu beschleunigen, fließt bis dahin ein erhöhter Anlaufstrom.

Sobald die volle Lichtleistung erreicht ist, wird der Lampenstrom begrenzt. Es genügt eine Betriebsspannung von 85 V, um den Lichtbogen zu erhalten.

Lichtquellen mit Gasentladung gewinnen für Kraftfahrzeuge in Verbindung mit dem elektronischen Beleuchtungssystem „Litronic" zunehmend an Bedeutung. Im Vergleich zu Glühlampen hat diese Technik entscheidende Vorteile:

- größere Reichweite des Scheinwerferlichts,
- hellere und gleichmäßigere Fahrbahnausleuchtung,
- höhere Lebensdauer, da kein mechanischer Verschleiß auftritt,
- hohe Lichtausbeute (ca. 85 lm/W) aufgrund des Emissionsspektrums, das vorwiegend im sichtbaren Spektralbereich liegt,
- verbesserter Wirkungsgrad durch geringere thermische Verluste,
- kompakte Scheinwerferbauformen für flache Fahrzeugfronten.

Die Kfz-Gasentladungslampen der D2-/D4-Serien sind mit hochspannungsfestem Sockel und UV-Schutzglaskolben ausgeführt. Bei den Modellen der D1-/D3-Serien ist zusätzlich die für das Zünden erforderliche Hochspannungselektronik im Lampensockel integriert. Alle Serien gliedern sich in jeweils zwei Untergruppen:

- Standardlampe (S-Lampe) für Projektionsscheinwerfer (Bild 4) und
- Reflexionslampe (R-Lampe) für Reflexionsscheinwerfer (Bild 5). Sie besitzen einen integrierten Schatter (3) zur Erzeugung der Hell-Dunkel-Grenze, vergleichbar mit dem Schatter der H4-Lampe.

Bisher wurden Gasentladungslampen der Typbezeichnung D1x und D2x verwendet. Ab 2007 werden auch die D3-/D4-Serien in der Serienausrüstung eingesetzt. Diese besitzen eine niedrigere Betriebsspannung, eine andere Zusammensetzung des Füllgases und geänderte Geometrien des Lichtbogens.

4 Gasentladungslampe D2S

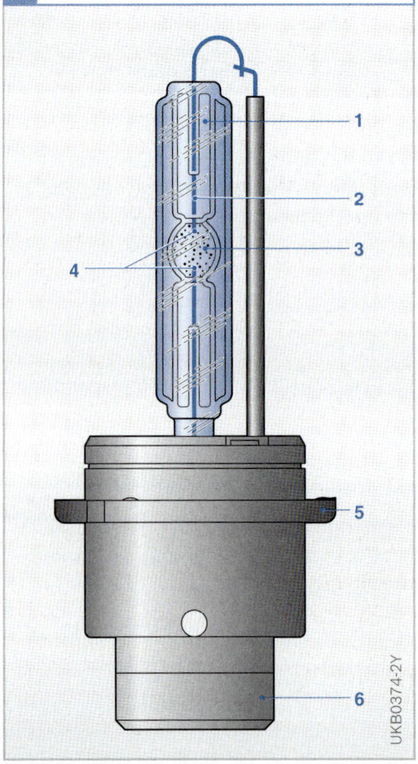

Bild 4
Gasentladungslampe für Projektionsscheinwerfer
1 UV-Schutzglaskolben
2 elektrische Durchführung
3 Entladungsraum
4 Elektroden
5 Lampensockel
6 elektrischer Anschluss

5 Gasentladungslampe D2R

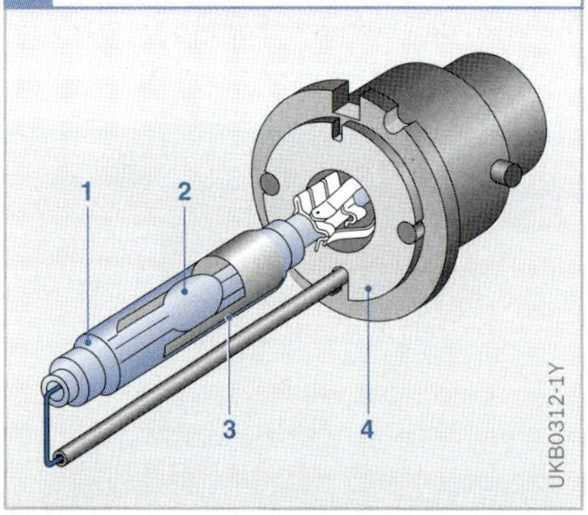

Bild 5
Gasentladungslampe für Reflexionsscheinwerfer
1 Glaskolben
2 Entladungsraum
3 Schatter
4 Lampensockel

Leuchtdioden

Die Leuchtdiode (engl.: Light Emitting Diode, LED) ist ein aktives Leuchtelement. Durch Anlegen einer elektrischen Spannung fließt Strom durch den Chip. Die Elektronen der Atome des LED-Chips werden durch die Spannung in einen höheren Energiezustand versetzt. Unter Abgabe von Licht fallen sie wieder in ihren energetisch niedrigeren Ausgangszustand zurück.

Der 0,1...1 mm kleine Halbleiterkristall sitzt auf einem Reflektor, der das Licht punktgenau leitet.

Für Leuchten am Fahrzeugheck, vor allem für die zusätzlichen, mittig am Fahrzeugheck angeordneten Bremsleuchten, werden häufig LED als Lichtquellen eingesetzt. Sie ermöglichen eine schmale, lineare Leuchtenform.

LED haben gegenüber Glühlampen den Vorteil, dass sie in weniger als einer Millisekunde die volle Lichtleistung abgeben. Eine Glühlampe benötigt dafür etwa 200 ms. LED geben daher z. B. das Bremssignal früher ab und verkürzen somit die Reaktionszeit des Hinterherfahrenden auf das Bremssignal (Bremspedalbetätigung).

Im Kfz werden LED als Leuchtmittel oder Display eingesetzt, im Innenraum zur Beleuchtung, als Display oder Display-Hinterleuchtung. In der Lichtanlage finden sie Verwendung als hochgesetzte Bremsleuchten und Heckleuchten sowie zukünftig vermehrt als Tagfahrleuchten und in Frontscheinwerfern.

Lichttechnische Größen

Lichtstärke
Lichtquellen können unterschiedliche Helligkeit haben. Ein Vergleich verschiedener Lichtquellen ist mithilfe der Lichtstärke möglich. Sie ist die sichtbare Strahlung, die sich von einer Lichtquelle in eine bestimmte Richtung ausbreitet.

Die Einheit der Lichtstärke ist 1 Candela (cd) und entspricht ungefähr der Lichtstärke einer Kerzenflamme. Die Helligkeit einer beleuchteten Fläche ist von deren Reflexionsverhalten, von der Lichtstärke und vom Abstand der beleuchtenden Lichtquelle abhängig.

Beispiele für zulässige Werte
Bremsleuchte (einzeln): 60...185 cd
Schlussleuchte (einzeln): 4...12 cd
Nebelschlussleuchte (einzeln): 150...300 cd
Fernlicht (gesamt, maximal): 225 000 cd

Lichtstrom
Der Lichtstrom ist die Emission einer Lichtquelle im Wellenlängenbereich des sichtbaren Lichts.
Er wird im Lumen (lm) angegeben.

Beleuchtungsstärke
Die Beleuchtungsstärke ist der auf eine bestimmte Fläche auftreffende Lichtstrom. Sie wächst proportional mit der Lichtstärke und nimmt mit dem Quadrat der Entfernung ab.

Die Beleuchtungsstärke wird in Lux (lx) angegeben:
$1\ \text{lx} = 1\ \text{lm/m}^2$

Reichweite
Die Reichweite ist die Entfernung, in der die Beleuchtungsstärke im Lichtbündel einen bestimmten Wert hat (z. B. 1 lx). Die geometrische Reichweite ist die Entfernung, in der sich der waagerechte Teil der Hell-Dunkel-Grenze bei abgeblendeten Scheinwerfern auf der Fahrbahn abbildet.

Hauptscheinwerfer (Europa)

Aufgabe

Die Hauptscheinwerfer eines Kraftfahrzeugs müssen einerseits maximale Sichtweiten bei minimaler Blendwirkung für den Gegenverkehr gewährleisten und andererseits mit ihrer Lichtverteilung auch im Nahbereich den Anforderungen des Straßenverkehrs genügen. Kurven müssen sicher durchfahren werden können, d. h. die Lichtverteilung muss seitlich bis über die Fahrbahnränder hinaus reichen. Eine gleichmäßige Fahrbahnleuchtdichte ist nicht ganz zu verwirklichen; größere Leuchtdichtekontraste werden aber weitgehend vermieden.

Fernlicht

Das Fernlicht wird üblicherweise durch eine Lichtquelle erzeugt, die im Brennpunkt des Reflektors angeordnet ist. Dadurch wird das Licht so reflektiert, dass es in Richtung der Reflektorachse austritt (Bild 7). Die maximal mit dem Fernlicht zu erreichenden Lichtstärken hängen im Wesentlichen von der leuchtenden Fläche des Reflektors ab.

Neben den rein parabelförmigen Fernlichtreflektoren werden vor allem bei Vier- und Sechs-Scheinwerfersystemen auch komplexe Reflektorgeometrien berechnet, die eine gleichzeitige Benutzung von Fern- und Abblendlicht erlauben.

Die reine Fernlichtverteilung ist bei diesen Systemen so ausgelegt, dass sie zusammen mit der reinen Abblendlichtverteilung zu einer harmonischen Fernlichtverteilung (Simultanschaltung) führt. Der sonst übliche störende Überlappungsbereich im vorderen Feld der Lichtverteilung entfällt in diesem Fall.

Abblendlicht

Bei den heutigen Verkehrsdichten kann das Fernlicht nur noch in Ausnahmefällen verwendet werden. Das Abblendlicht ist deshalb das eigentliche Fahrlicht. Es konnte in den letzten Jahren durch grundsätzliche Maßnahmen erheblich verbessert werden:

- Einführung des asymmetrischen Abblendlichtes mit größeren Sichtweiten am rechten Fahrbahnrand.
- Einführung neuer Scheinwerfersysteme mit komplexer Geometrie (PES[1]), Freiformflächen[2]), facettierte Reflektoren[3])) mit bis zu 50 % verbessertem Wirkungsgrad.
- Eine Leuchtweitenregelung verstellt den Scheinwerfer, um bei hecklastigen Fahrzeugen die Blendung des Gegenverkehrs zu verhindern. Die Fahrzeuge müssen

[1]) Das mit PES (Poly-Ellipsoid-System) bezeichnete Scheinwerfersystem arbeitet mit einer Abbildungsoptik. Im Gegensatz zu herkömmlichen Scheinwerfern wird die vom Reflektor erzeugte Lichtverteilung zusammen mit einer Blende zur Bildung der Hell-Dunkel-Grenze von der Linse auf den Straßenraum abgebildet.

[2]) Reflektoren mit kleiner Brennweite, deren Form mit speziellen Programmen (CAL: Computer Aided Lighting) berechnet wird. Im Bauraum eines herkömmlichen parabolischen Reflektors können so drei getrennte Reflektoren für Abblendlicht, Fernlicht und Nebellicht untergebracht und gleichzeitig die Lichtausbeute erhöht werden.

[3]) Bei facettierten Reflektoren wird die Fläche in Segmente aufgeteilt, die einzeln optimiert werden. Dadurch ergeben sich Reflektorflächen mit höchster Homogenität und Seitenausleuchtung.

7 Fernlicht (Strahlengang)

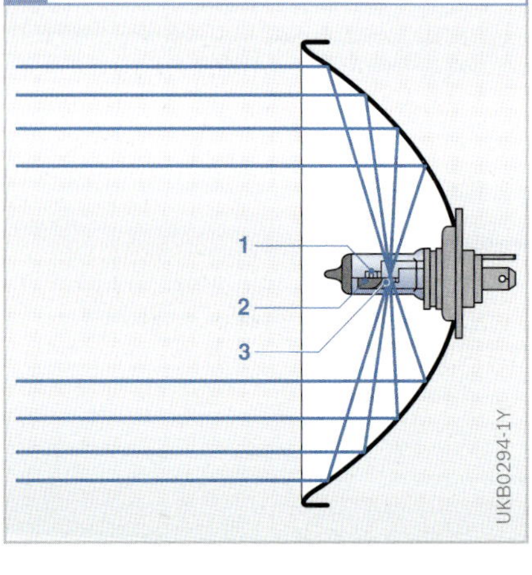

Bild 7
1 Wendel für Abblendlicht
2 Abdeckkappe
3 Wendel für Fernlicht im Brennpunkt

8 Abblendlicht (Strahlengang)

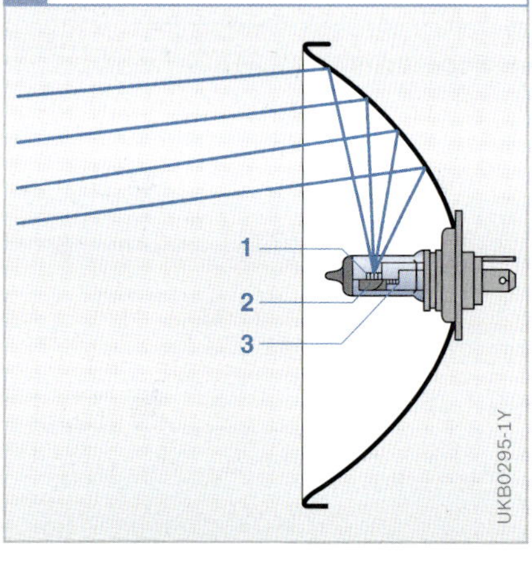

Bild 8
1 Wendel für Abblendlicht
2 Abdeckkappe
3 Wendel für Fernlicht

zusätzlich mit Scheinwerfer-Reinigungsanlagen ausgerüstet sein.
- Das Scheinwerfersystem „Litronic“ mit Gasentladungslampen erhöht die erzeugte Lichtmenge auf mehr als das Doppelte im Vergleich zu Halogenlampen in herkömmlichen Systemen.

Wirkungsweise
Scheinwerfer für Abblendlicht benötigen eine Hell-Dunkel-Grenze in der Lichtverteilung. Diese wird bei Halogenscheinwerfern mit H4-Lampen und Litronicscheinwerfern mit D2R-Lampe durch die Abbildung der Kappe (H4) bzw. der Schatter (D2R) erzeugt. Bei Scheinwerfern mit Rundumnutzung (H1-, H7-, H11-Lampe) wird die Hell-Dunkel-Grenze durch die gezielte Abbildung der Glühwendel gebildet.

Scheinwerfersysteme
Beim Zwei-Scheinwerfer-System wird ein gemeinsamer Reflektor für Fernlicht und Abblendlicht, z. B. in Kombination mit der H4-Lampe mit zwei Lichtquellen (Bild 9a), benutzt.

Beim Vier-Scheinwerfer-System dient ein Scheinwerferpaar entweder für Abblend- und Fernlicht oder nur Abblendlicht, das zweite Scheinwerferpaar für Fernlicht (Bild 9b).

Beim Sechs-Scheinwerfer-System ist zusätzlich zum Vier-Scheinwerfersystem ein Nebelscheinwerfer in den Hauptscheinwerfer integriert (Bild 9c).

Hauptscheinwerfer (Nordamerika)

Fernlicht
Die Bauformen für Fernlicht entsprechen denen für Europa. Es werden facettierte Reflektoren mit z. B. HB5- oder H7-Lampen verwendet.

Abblendlicht
Seit 1.5.1997 sind in USA Scheinwerfer mit Hell-Dunkel-Grenze zugelassen, die visuell eingestellt werden müssen. Damit ist es möglich, Fahrzeuge in Europa und USA mit Scheinwerfern gleicher Bauart und zum Teil auch den gleichen Reflektoren auszustatten.

Vorschriften
Die Vorschriften für Anbau und Schaltung von Hauptscheinwerfern sind mit den europäischen Vorschriften vergleichbar (Federal Motor Vehicle Safety Standard [FMVSS] No. 108 und SAE Ground Vehicle Lighting Standards Manual).

Seit 1983 ist es durch Ergänzung des FMVSS No. 108 möglich, Scheinwerfereinsätze beliebiger Größe und Form mit auswechselbaren Lampen zu verwenden, so genannte RBH (Replaceable Bulb Headlamps).

Scheinwerfersysteme
Wie in Europa werden in Nordamerika ebenfalls Zwei-, Vier- und Sechs-Scheinwerfer-Systeme verwendet.

9 Scheinwerfersysteme

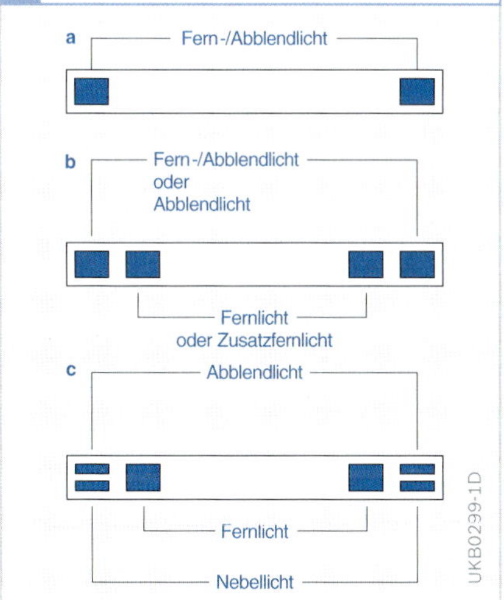

Bild 9
a Zwei-Scheinwerfer-System
b Vier-Scheinwerfer-System
c Sechs-Scheinwerfer-System

Litronic

Übersicht

Für das Scheinwerfersystem „Litronic“ (Light-Electronics) werden Xenon-Gasentladungslampen eingesetzt, die trotz des geringen Frontflächenbedarfs eine hohe Lichtwirkung erzielen. Die Ausleuchtung der Fahrbahn ist bedeutend besser als mit Scheinwerfern mit Halogenglühlampen (Bild 10).

Das erzeugte Licht beinhaltet höhere Anteile der Farben Grün und Blau und ist somit der Spektralverteilung des Sonnenlichts ähnlicher. Nachtfahrten sind so für den Fahrer weniger anstrengend.

Aufbau

Die Komponenten des Litronic-Scheinwerfersystems sind:

- optische Einheit mit Xenon-Gasentladungslampe (S-Lampe, R-Lampe; s. Abschnitt "Gasentladungslampen")
- elektronisches Vorschaltgerät mit Zündgerät und Steuergerät.

10 Lichtverteilung auf der Straße (Vergleich)

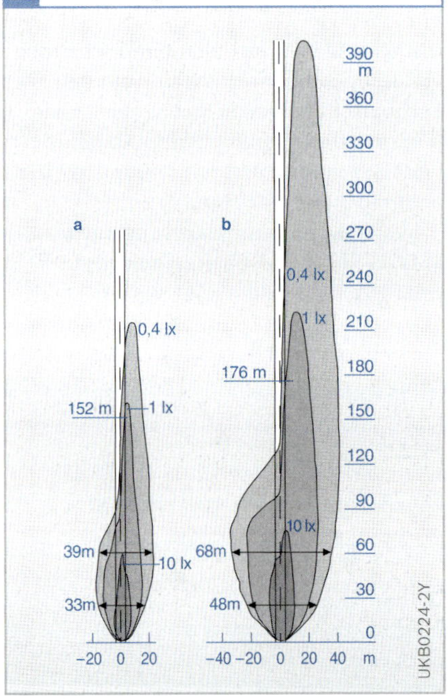

Bild 10
a H4-Lampe
b Litronic PES D2S-Lampe

Die Scheinwerfer mit Xenon-Gasentladungslampe werden für Abblendlicht in einem Vier-Scheinwerfersystem eingesetzt, das mit Fernlichtscheinwerfern herkömmlicher Bauart kombiniert wird.

Beim Bi-Litronic-System hingegen wird mit nur einer Gasentladungslampe aus einem Zwei-Scheinwerfersystem sowohl das Abblendlicht als auch das Fernlicht erzeugt.

Ein elektronisches Vorschaltgerät (EVG) als Bestandteil des Scheinwerfers betreibt und überwacht die Lampe:

- Zünden der Gasentladung (Spannung 10...20 kV),
- gesteuerte Stromeinspeisung in der Anlaufphase der kalten Lampe und
- leistungsgeregelte Versorgung im stationären Betrieb.

Die Steuergeräte für die einzelnen Lampentypen sind in der Regel für einen speziellen Serientyp entwickelt und nicht beliebig tauschbar.

Arbeitsweise

In der Gasentladungslampe wird beim Einschalten des Lichts der Lichtbogen gezündet. Dazu wird eine Hochspannung von 18...20 kV benötigt. Zur Erhaltung des Lichtbogens nach der Zündung sind 85 V erforderlich. Die Spannung wird

11 Elektronisches Vorschaltgerät

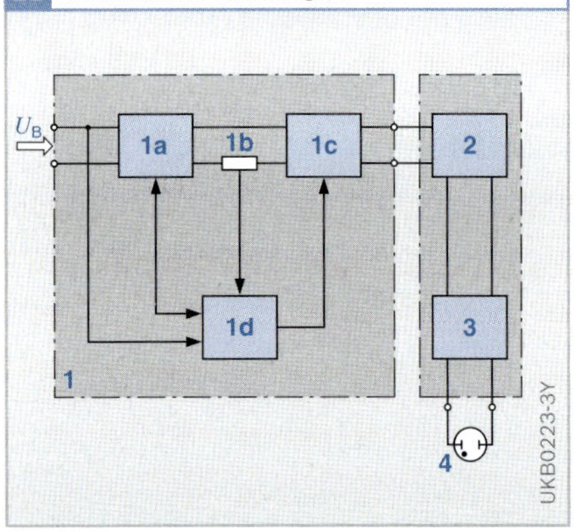

Bild 11
Elektronisches Vorschaltgerät für 400 Hz-Wechselstromversorgung und Impulszündung der Lampe

1 Steuergerät
1a DC/DC-Wandler
1b Shunt
1c DC/AC-Wandler
1d Mikroprozessor
2 Zündgerät
3 Lampenfassung
4 D2S-Lampe
U_B Batteriespannung

von einem elektronischen Vorschaltgerät (Zündgerät , Bild 11) erzeugt und geregelt. Nach erfolgter Zündung wird die Gasentladungslampe für ca. 3 s mit einem erhöhten Anlaufstrom (ca. 2,6 A) betrieben, damit sie mit minimaler Verzögerung ihre maximale Leuchtkraft erreicht. Die Lampenleistung beträgt in diesem Zeitraum bis zu 75 W. Im Dauerbetrieb liegt sie bei 35 W.

Die volle Lichtausbeute von ca. 90 lm/W ergibt sich, wenn das Plasma den Quarzglaskolben auf ca. 900 °C aufgeheizt hat. Hat die Gasentladungslampe ihre maximale Leuchtkraft erreicht, regelt das Vorschaltgerät die Stromabgabe an die Lampe für den Dauerbetrieb auf ca. 0,4 A herunter.

Schwankungen der Bordnetzspannung regelt das Vorschaltgerät weitgehend aus, sodass Lichtstromänderungen nicht vorkommen. Erlischt die Lampe, z. B. wegen eines extremen Spannungseinbruchs (unter 9 V) oder -anstiegs (über 16,5 V) im Bordnetz, wird sofort automatisch wieder gezündet. Das erneute Zünden ist aus Sicherheitsgründen auf fünf Versuche begrenzt. Danach wird die Stromversorgung durch das Vorschaltgerät unterbrochen.

Bi-Litronic „Reflexion“

Das Bi-Litronic-System "Reflexion" erlaubt es, mit nur einer Gasentladungslampe (D2R-Lampe) aus einem Zwei-Scheinwerfersystem sowohl das Abblend- als auch das Fernlicht zu erzeugen. Dazu bringt ein elektromechanischer Steller beim Betätigen des Fern-/Abblendlichtschalters die Gasentladungslampe im Reflektor in zwei verschiedene Positionen, die jeweils den Austritt des Lichtkegels für Fern- oder Abblendlicht bestimmen (Bild 12).

Die Vorteile der Bi-Litronic „Reflexion“ sind dabei vor allem:

- Xenonlicht für den Fernlichtbetrieb,
- visuelle Führung durch kontinuierliche Verschiebung der Lichtverteilung vom Nah- in den Fernbereich,

12 Bi-Litronic "Reflexion"

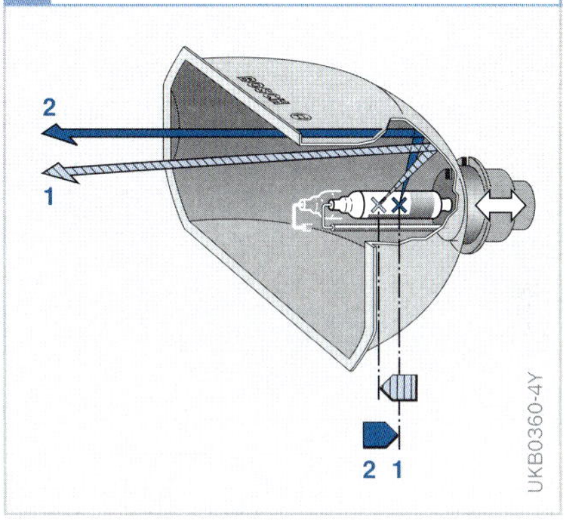

13 Litronic 4-System im Reflexionsscheinwerfer mit integrierter dynamischer Leuchtweitenregelung (Beispiel)

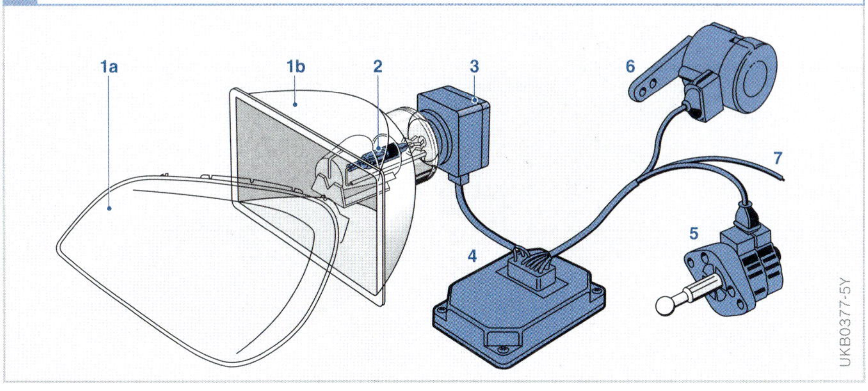

Bild 12
1 Abblendlicht
2 Fernlicht

Bild 13
1a Abschlussscheibe mit oder ohne Streuoptik
1b Reflektor
2 Gasentladungslampe
3 Zündgerät
4 Steuergerät
5 Schrittmotor
6 Achssensor
7 zum Bordnetz

- deutliche Minderung des Bauraums im Vergleich zu Vier-Scheinwerfer-Systemen,
- kostengünstiger durch Nutzung von nur einer Lampe und einem Vorschaltgerät pro Scheinwerfer,
- größere Freiheiten beim Scheinwerferdesign aufgrund der individuellen Reflektorform.

Sonderbauformen der Bi-Litronic "Reflexion" sind Lösungen, die den gesamten Reflektor bewegen oder einzelne Elemente der Strahlenblende öffnen.

Bi-Litronic „Projektion"
Die Bi-Litronic „Projektion" basiert auf einem PES-Litronic-Scheinwerfer. Dabei wird durch Verschieben eines Schatters (Blende) für die Hell-Dunkel-Grenze Xenonlicht für das Fernlicht bereitgestellt.

Die Bi-Litronic „Projektion" erlaubt mit Linsendurchmessern von 60 und 70 mm die derzeit kompakteste Form von Scheinwerfern mit kombiniertem Fern-/Abblendlicht bei gleichzeitig hervorragender Lichtleistung.

Die Vorteile der Bi-Litronic "Projektion" sind vor allem:
- Xenonlicht für den Fernlichtbetrieb,
- kompakteste Lösung für Fern- und Abblendlicht,
- modulares System.

Leuchtweitenregelung
Aufgabe
Ohne Leuchtweitenregelung ändert sich die Leuchtweite der Scheinwerfer mit der Beladung und dem Fahrzustand des Fahrzeugs (Konstantfahrt, Stillstand, Beschleunigung, Bremsen). Die Leuchtweitenregelung passt den Neigungswinkel des Abblendlichts an den Neigungswinkel der Fahrzeugkarosserie an. Dies bewirkt bei allen Beladungszuständen eine gleichbleibend gute Sichtweite ohne Blendung des Gegenverkehrs.

14 Bi-Litronic "Projektion"

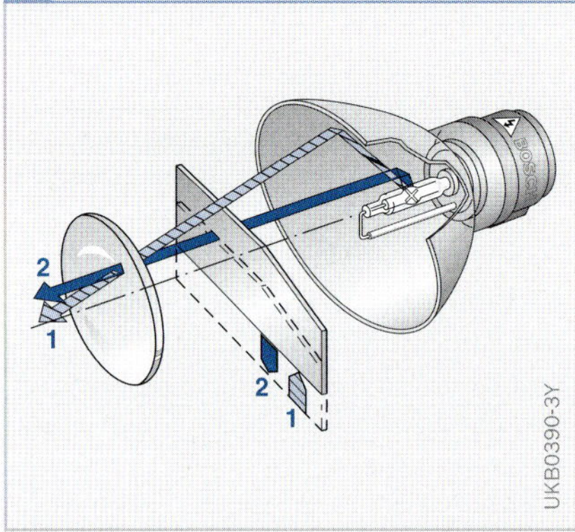

Bild 14
1 Abblendlicht
2 Fernlicht

15 Litronic 2-System im Projektionsscheinwerfer (Beispiel)

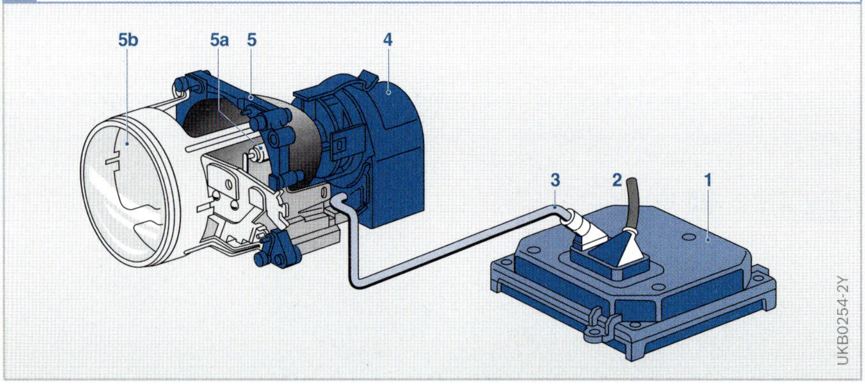

Bild 15
1 Steuergerät
2 zum Bordnetz
3 geschirmtes Kabel
4 Zündgerät
5 Projektions-Modul
5a D2S-Lampe
5b Linse

Bauarten

Bei allen Bauarten der Leuchtweitenregelung bewegen Stellglieder den Scheinwerferreflektor (Gehäusebauart) bzw. Scheinwerfereinsatz in vertikaler Richtung. Bei automatischen Anlagen übertragen die Sensoren an den Fahrzeugachsen ein der Einfederung proportionales Signal an die Stellglieder. Bei handbetätigten Anlagen bewirkt ein Schalter am Fahrersitz die Bewegung.

Automatische Leuchtweitenregelung

Bei der automatischen Leuchtweitenregelung wird zwischen statischen und dynamischen Systemen unterschieden. Statische Systeme gleichen die Zuladungen im Passagier- und Kofferraum aus, dynamische Systeme korrigieren zusätzlich die Scheinwerferstellung beim Anfahren, Beschleunigen und Bremsen.

Zu den Komponenten einer Anlage der automatischen Leuchtweitenregelung gehören (Bild 16):

- Sensoren an den Fahrzeugachsen (Pos. 3 und 6), die den Neigungswinkel der Karosserie erfassen.
- Ein elektronisches Steuergerät (5), das aus den Sensorsignalen den Fahrzeugnick-winkel berechnet und diesen mit dem vorgegebenen Wert vergleicht. Bei einer Abweichung gibt es entsprechende Ansteuersignale an die Stellmotoren.
- Stellmotoren (2), die die korrekte Einstellung der Scheinwerfer ausführen.

Statisches System

Neben den Achssensorsignalen empfängt das Steuergerät vom elektronischen Tachometer ein Geschwindigkeitssignal. Mithilfe dieses Signals stellt das System fest, ob das Fahrzeug steht, sich bewegt und ob es sich in Konstantfahrt befindet. Das statische automatische System arbeitet immer mit großer Dämpfung, d. h. es regelt nur lang anhaltende Karosserieneigungen aus.

Nach jedem Anfahren des Fahrzeugs korrigiert es die Scheinwerfereinstellung abhängig von der Fahrzeugbeladung. Diese Einstellung wird beim Erreichen der Konstantfahrt nochmals überprüft und gegebenenfalls korrigiert. Abweichungen zwischen Soll- und Istposition gleicht das System aus.

Für das statische System genügt in der Regel ein Sensor an der Hinterachse des Fahrzeugs. Als Stellglied wird pro Scheinwerfer ein Gleichstrommotor eingesetzt.

Dynamisches System

Das dynamische automatische System sichert die optimale Scheinwerferposition in jeder Fahrsituation, da sie in zwei Betriebsbereichen funktioniert. Durch die zusätzliche Differenzierung des Geschwindigkeitssignals werden im Gegensatz zur

16 Prinzip der automatischen Leuchtweitenregelung (dynamisches System)

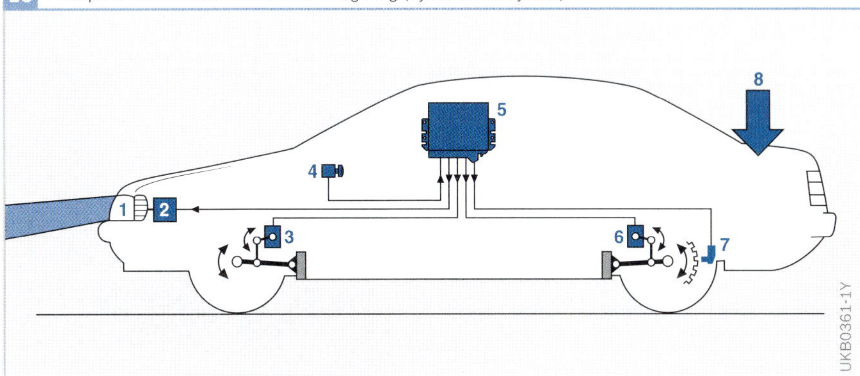

Bild 16
1 Scheinwerfer
2 Stellglied
3 Vorderachssensor
4 Lichtschalter
5 elektronisches Steuergerät
6 Hinterachssensor
7 Drehzahlsensor
8 Beladung

statischen Leuchtweitenregelung auch Beschleunigungs- und Bremsvorgänge erkannt.

Bei Konstantfahrt bleibt das dynamische wie das statische System im Bereich großer Dämpfung. Wird ein Beschleunigungs- oder Bremsvorgang erkannt, schaltet das System sofort in den dynamischen Bereich um. Verkürzte Signalauswertung und erhöhte Verstellgeschwindigkeit des Stellmotors ermöglichen innerhalb von Sekundenbruchteilen die Anpassung der Leuchtweite. Nach dem Beschleunigungs- oder Bremsende schaltet das System automatisch wieder in den langsamen Bereich zurück.

Aufgrund der höheren Dynamikanforderungen erfordert das dynamische System einen Sensor pro Fahrzeugachse sowie schnelle Schrittmotoren für die Verstellung der Scheinwerfer.

Adaptive Beleuchtungssysteme

Adaptive Frontlighting System (AFS)

Ab 2007 werden Funktionserweiterungen für Scheinwerfersysteme auf der Basis einer neuen EC-Regelung erlaubt sein. Das Fahrzeug darf dann zusätzlich auch Autobahnlicht, Schlechtwetterlicht und Stadtlicht enthalten. Die jeweils optimale Lichtverteilung wird von der Fahrzeugelektronik durch die Auswertung verschiedener Fahrzeugsensoren ausgewählt und automatisch geschaltet.

Erste Fahrzeuge mit AFS-Systemen sind bereits seit Mitte 2006 aufgrund einer EU-Ausnahmegenehmigung für den Straßenverkehr zugelassen.

Adaptives Rückleuchten-System (ARS)

Bisher waren die Rückleuchten für die Fahrzeugbegrenzung mit einer Ein-Pegel-Schaltung ausgerüstet. Je nach Ausführung und Design ergab sich eine feste Lichtstärke innerhalb der gesetzlichen Grenzwerte.

Heute wird eine Vielzahl von Sensoren genutzt, um die Umweltparameter und Lichtverhältnisse zu bestimmen (Helligkeit, Verschmutzung, Sichtweite, Nässe usw.). Um eine optimale Sichtbarkeit zu erreichen (ausreichende Lichtstärke ohne übermäßige Blendung), können zukünftig die Rückleuchten die Lichtstärke in Abhängigkeit von der Fahrzeugumgebung variieren (Bild 17).

So wird z. B. eine Bremsleuchte bei Sonnenschein mit hoher Lichtstärke betrieben werden und in der Nacht mit niedrigeren Werten, um die optimale Erkennbarkeit und Zuordnung zu der Aktion des Fahrzeugs zu gewährleisten.

17 Erlaubte Lichtstärke adaptiver Rückleuchten im Vergleich zu konventionellen Systemen

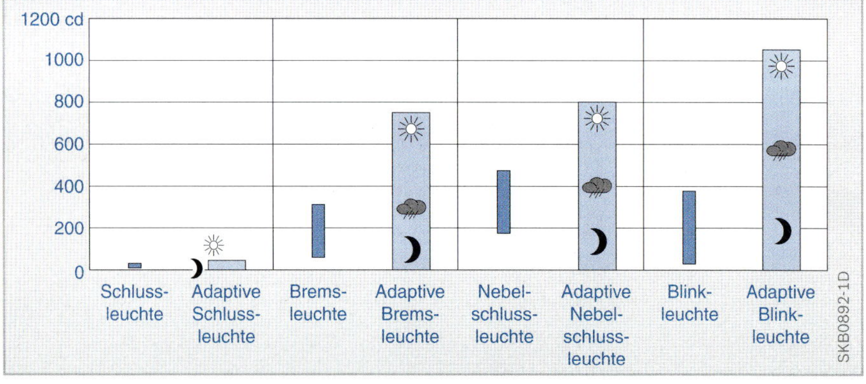

Kurvenlicht (Europa)

Die seit 2003 in Deutschland zugelassene Funktion Kurvenlicht verbessert die Sichtweite bei kurvigem Straßenverlauf und bei Abbiegesituationen. Dazu wird die horizontale Ausleuchtung des Bereichs vor dem Fahrzeug variiert. Dies geschieht beim statischen Kurvenlicht durch Zuschalten von Zusatzreflektoren und beim dynamischen Kurvenlicht durch Schwenken des Scheinwerferlichtmoduls (Bild 18).

Beim Stellvorgang schwenkt ein Schrittmotor das Lichtmodul oder die Reflektorelemente. Schwenkwinkel und Schwenkgeschwindigkeit werden in Abhängigkeit von der Fahrzeuggeschwindigkeit und dem Lenkwinkel vom Kurvenlicht-Steuergerät berechnet. Sensoren erfassen die Verstellwinkel der Scheinwerfer und stellen über Fail-Safe-Algorithmen sicher, dass eine Blendung des Gegenverkehrs bei Fehlfunktion des Systems ausbleibt .

18 Schwenkstrategie des Basis- und Abbiegemoduls eines statischen/dynamischen Kurvenlichts (linker Scheinwerfer)

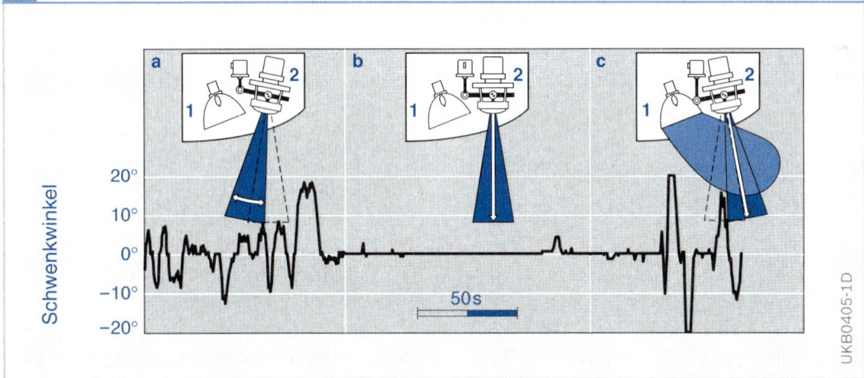

Bild 18
- a Position "Landstraße/Kurven"
- b Position "Autobahn"
- c Position "Stadt/Abbiegen"
- 1 Abbiegemodul
- 2 Basismodul

19 Verbesserung der adaptiven Lichtverteilung des Kurvenlichts

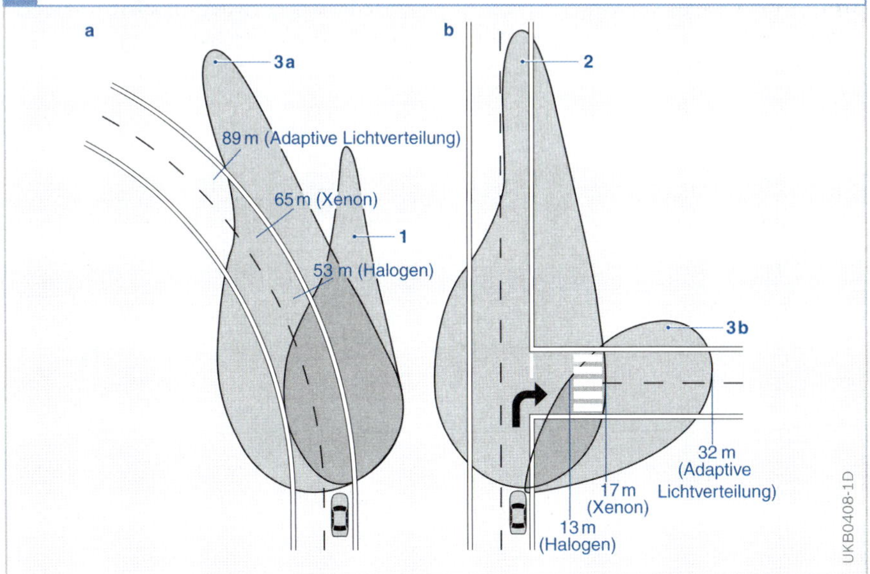

Bild 19
- a Dynamisches Kurvenlicht, Linkskurve
- b Statisches Kurvenlicht, Abbiegen nach rechts
- 1 Lichtverteilung Halogenscheinwerfer
- 2 Lichtverteilung Xenonscheinwerfer
- 3a Adaptive Lichtverteilung: dynamisches Kurvenlicht
- 3b Adaptive Lichtverteilung: statisches Kurvenlicht

1 Daten der Kfz-Lampen (ohne Lampen für Krafträder)

Verwendung	Kategorie	Spannung Nennwerte V	Leistung Nennwerte W	Lichtstrom Sollwerte Lumen	Sockeltyp IEC	Bild
Fernlicht, Abblendlicht	R2	6 12 24	45/40[1]) 45/40 55/50	600 min/ 400–550[1])	P 45 t-41	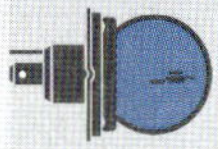
Nebel-, Fern-, Abblend-licht in 4-SW	H1	6 12 24	55 55 70	1350[2]) 1550 1900	P14,5 e	
Nebellicht, Fernlicht	H3	6 12 24	55 55 70	1050[2]) 1450 1750	PK 22 s	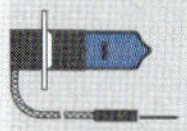
Fernlicht/ Abblendlicht	H4	12 24	60/55 75/70	1650/ 1000[1]), [2]) 1900/1200	P 43 t-38	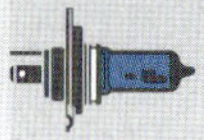
Fernlicht, Abblendlicht in 4-SW, Nebellicht	H7	12 24	55 70	1500[2]) 1750	PX 26 d	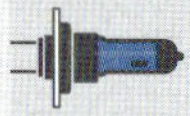
Nebellicht, statisches Kurvenlicht	H8	12	35	800	PGJ 19-1	
Fernlicht	H9	12	65	2100	PGJ 19-5	
Nebellicht	H10	12	42	850	PY 20 d	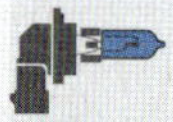
Abblendlicht, Nebellicht	H11	12 24	55 70	1350 1600	PGJ 19-2	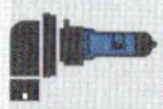
Abblendlicht in 4-SW	HB4	12	55	1100	P 22 d	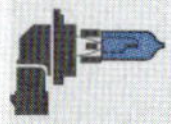
Fernlicht in 4-SW	HB3	12	60	1900	P 20 d	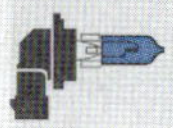
Abblendlicht, Fernlicht	D1S	85 12[5])	35 ca. 40[5])	3200	PK 32 d-2	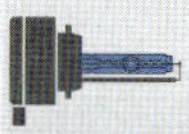
Abblendlicht, Fernlicht	D2S	85 12[5])	35 ca 40[5])	3200	P 32 d-2	
Abblendlicht, Fernlicht	D2R	85 12[5])	35 ca 40[5])	2800	P 32 d-3	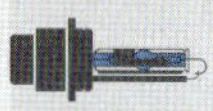
Brems-, Blink-, Nebelschluss-, Rückfahrlicht	P 21 W PY 21 W[6])	6 12 24	21	460[3])	BA 15 s	

Tabelle 1

1 Daten der Kfz-Lampen (Fortsetzung)

Verwendung	Kategorie	Spannung Nennwerte V	Leistung Nennwerte W	Lichtstrom Sollwerte Lumen	Sockeltyp IEC	Bild
Bremslicht/ Schlusslicht	P 21/5 W	6 12 24	21/5[4]) 21/5 21/5	440/35[3]), [4]) 440/35[3]), [4]) 440/40[3])	BAY 15 d	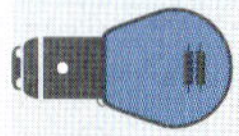
Begrenzungs-licht, Schlusslicht	R 5 W	6 12 24	5	50[3])	BA 15 s	
Schlusslicht	R 10 W	6 12 24	10	125[3])	BA 15 s	
Tagfahrlicht	P 13 W	12	13	250[3])	PG 18.5 d	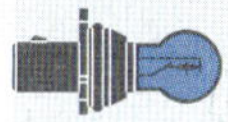
Bremslicht, Blinklicht	P 19 W PY 19 W	12 12	19 19	350[3]) 215[3])	PGU 20/1 PGU 20/2	
Nebelschluss-, Rückfahrlicht, Blinklicht vorne	P 24 W PY 24 W	12 12	24 24	500[3]) 300[3])	PGU 20/3 PGU 20/4	
Brems-, Blink-, Nebelschluss-, Rückfahrlicht	P 27 W	12	27	475[3])	W 2,5 x 16 d	
Bremslicht/ Schlusslicht	P 27/7 W	12	27/7	475/36[3])	W 2,5 x 16 q	
Kennzeichen-beleuchtung, Schlusslicht	C 5 W	6 12 24	5	45[3])	SV 8,5	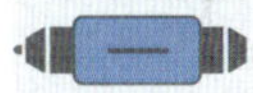
Rückfahrlicht	C 21 W	12	21	460[3])	SV 8,5	
Begrenzungs-licht	T 4 W	6 12 24	4	35[3])	BA 9 s	
Begrenzungs-licht, Kennzeichen-beleuchtung	W 5 W	6 12 24	5	50[3])	W 2,1 x 9,5 d	
Begrenzungs-licht, Kennzeichen-beleuchtung	W 3 W	6 12 24	3	22[3])	W 2,1 x 9,5 d	

[1]) Fernlicht/Abblendlicht. [2]) Sollwerte bei Prüfspannung 6,3; 13,2 bzw. 28,0 V.
[3]) Sollwerte bei Prüfspannung 6,75; 13,5 bzw. 28,0 V. [4]) Hauptwendel/Nebenwendel.
[5]) Mit Vorschaltgerät. [6]) Gelbe Variante.

Elektronisches Stabilitätsprogramm ESP

Das Elektronische Stabilitätsprogramm (ESP) ist ein Regelsystem zur Verbesserung des Fahrverhaltens, das einerseits in das Bremssystem und andererseits in den Antriebsstrang eingreift. Durch die integrierte Funktionalität des ABS[1] können die Räder beim Bremsen nicht blockieren, durch ASR[2] können die Räder beim Anfahren nicht durchdrehen. ESP als Gesamtsystem verhindert darüber hinaus, dass das Fahrzeug beim Lenken „schiebt" oder instabil wird und seitlich ausbricht, solange die physikalischen Grenzen nicht überschritten werden.

[1] Antiblockiersystem

[2] Antriebsschlupfregelung

Das gezielte Bremsen einzelner Räder, z. B. des kurveninneren Hinterrades bei Untersteuerung oder des kurvenäußeren Vorderrades bei Übersteuerung, trägt dazu bei, das Fahrzeug bei allen Fahrzuständen stabil in der Spur zu halten. Zudem kann ESP die Antriebsräder durch bestimmte Motoreingriffe auch beschleunigen, um so die Stabilität des Fahrzeugs zu gewährleisten.

Mit dieser *Individualregelung* ist ein Fahrzeug dirigierbar, indem einzelne Räder gebremst (selektives Bremsen) oder die Antriebsräder beschleunigt werden.

Bild 1 zeigt das Regelsystem des ESP in einer schematischen Darstellung mit

- den Sensoren zur Bestimmung der Reglereingangsgrößen,
- dem ESP-Steuergerät mit dem in verschiedenen Ebenen strukturierten Regler (Reglerhierarchie), bestehend aus überlagertem Fahrdynamikregler und unterlagerten Schlupfreglern,
- den Stellgliedern (Aktoren) zur Beeinflussung der Brems-, Antriebs- und Seitenkräfte.

Hierarchische Reglerstruktur des ESP

Überlagerter Fahrdynamikregler

Aufgabe

Die Aufgabe des Fahrdynamikreglers besteht darin,

1 Regelsystem der Fahrdynamikregelung im Fahrzeug

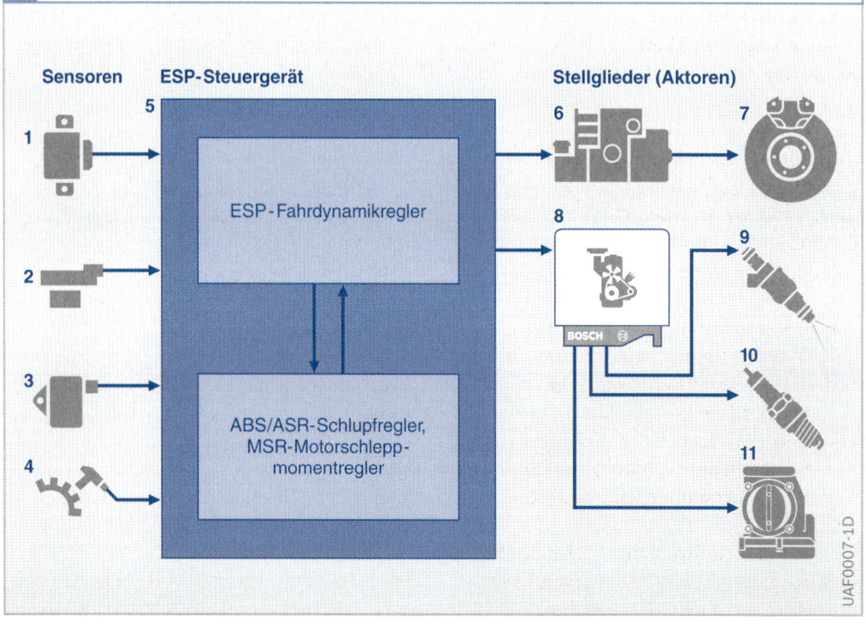

Bild 1
1 Drehratesensor mit Querbeschleunigungssensor
2 Lenkradwinkelsensor
3 Vordrucksensor
4 Drehzahlsensoren
5 ESP-Steuergerät
6 Hydroaggregat
7 Radbremsen
8 Steuergerät des Motormanagements
9 Kraftstoffeinspritzung

nur für Ottomotoren:
10 Zündwinkeleingriff
11 Drosselklappeneingriff (EGAS)

- das Istverhalten des Fahrzeugs aus dem Giergeschwindigkeitssignal und dem im „Beobachter" geschätzten Schwimmwinkel zu ermitteln und dann
- das Fahrverhalten im fahrdynamischen Grenzbereich dem Verhalten im Normalbereich möglichst nahe kommen zu lassen (Sollverhalten).

Zur Bestimmung des Sollverhaltens werden Signale von folgenden Komponenten, die den Fahrerwunsch erfassen, ausgewertet:
- Motormanagementsystem (z. B. das Betätigen des Gaspedals),
- Vordrucksensor (z. B. das Betätigen der Bremse) oder
- Lenkradwinkelsensor (das Einschlagen des Lenkrads).

Der Fahrerwunsch ist damit als Sollwert definiert. Zusätzlich gehen in die Berechnung des Sollverhaltens die Haftreibungszahlen und die Fahrzeuggeschwindigkeit ein, die aus den Signalen der Sensoren für
- Raddrehzahl,
- Querbeschleunigung,
- Bremsdrücke und
- Giergeschwindigkeit

im „Beobachter" geschätzt werden.

Das gewünschte Fahrverhalten wird durch Aufbringen eines Giermoments auf das Fahrzeug erreicht. Das gewünschte Giermoment wird durch Beeinflussung des Reifenschlupfes und damit der Längs- und Seitenkräfte erzeugt. Die Beeinflussung des Reifenschlupfes geschieht durch Änderungen der Sollschlupfvorgaben, die von den unterlagerten Brems- und Antriebsschlupfreglern eingestellt werden müssen.

Die Eingriffe werden dabei so vorgenommen, dass das vom Fahrzeughersteller vorgesehene Fahrverhalten sichergestellt und die Beherrschbarkeit gewährleistet wird.

Um diesen Sollwert des Giermoments zu erzeugen, werden im Fahrdynamikregler die erforderlichen Sollwerte der Schlupfänderungen an den geeigneten Rädern ermittelt.

Die unterlagerten Brems- und Antriebsschlupfregler steuern die Aktoren der Bremshydraulik und des Motormanagements mit den ermittelten Werten an.

Antiblockiersystem ABS

Das Antiblockiersystem (ABS) erkennt beim Bremsen frühzeitig die Blockierneigung eines oder mehrerer Räder und sorgt dann sofort dafür, dass der Bremsdruck konstant gehalten oder verringert wird. So blockieren die Räder nicht und das Fahrzeug folgt der Lenkung.

Raddrehzahlsensoren

Wichtige Eingangsgrößen für die Bremsenregelung mit dem ABS sind die Raddrehzahlen. Raddrehzahlsensoren erfassen die Umdrehungsgeschwindigkeiten der Räder und leiten die elektrischen Signale an das Steuergerät weiter.

Je nach Ausführung des Systems werden im Pkw drei oder vier Raddrehzahlsensoren eingesetzt (ABS-Systemvarianten). Mithilfe der Drehzahlsignale kann der Schlupf zwischen Rad und Fahrbahn berechnet und so die Blockierneigung einzelner Räder erkannt werden.

Steuergerät

Das Steuergerät verarbeitet die Informationen der Sensoren nach festgelegten mathematischen Rechenvorgängen (Steuer- und Regelalgorithmen). Als Ergebnis dieser Berechnungen entstehen die Ansteuersignale für das Hydroaggregat.

Hydroaggregat

Im Hydroaggregat sind Magnetventile integriert, die die hydraulischen Leitungen zwischen dem Hauptzylinder (Bild 2, Pos. 1) und den Radzylindern (4) durchschalten oder unterbrechen können. Außerdem kann eine Verbindung zwischen den Radzylindern und der Rückförderpumpe (6) hergestellt werden. Zur Anwendung kommen Magnetventile mit zwei hydraulischen Anschlüssen und zwei Ventilstellungen (2/2-Magnetventile). Das Einlassventil (7) zwischen dem Haupt- und dem Radzylinder sorgt für den Druckaufbau, das Auslassventil (8) zwischen Radzylinder und der Rückförderpumpe für den Druckabbau. Für jeden Radzylinder ist solch ein Magnetventilpaar vorhanden.

Im Normalzustand befinden sich die Magnetventile des Hydroaggregats in Stellung „Druckaufbau“. Das Einlassventil ist in Durchlassstellung. Das Hydroaggregat bildet eine durchgängige Verbindung zwischen dem Hauptzylinder und den Radzylindern. Damit wird der im Hauptzylinder aufgebaute Bremsdruck beim Bremsvorgang an die Radzylinder der verschiedenen Räder direkt übertragen.

Mit zunehmendem Bremsschlupf infolge einer Bremsung auf rutschiger Fahrbahn oder Vollbremsung erhöht sich die Blockiergefahr der Räder. Die Magnetventile werden in Stellung „Druck halten“ gebracht. Die Verbindung zwischen Haupt- und Radzylinder ist getrennt (Einlassventil sperrt), sodass eine weitere Druckerhöhung im Hauptzylinder keine Erhöhung des Bremsdrucks zur Folge hat.

Kommt es trotz dieser Maßnahme zu einer weiteren Erhöhung des Schlupfs, muss der Druck im betreffenden Radzylinder reduziert werden. Hierzu schalten die Magnetventile in die Stellung „Druckabbau“. Das Einlassventil sperrt weiterhin, über das Auslassventil wird nun mit der im Hydroaggregat integrierten Rückförderpumpe Bremsflüssigkeit kontrolliert abgepumpt. Der Bremsdruck im Radzylinder sinkt und das Rad blockiert nicht.

ABS-Regelkreis

Übersicht

Der ABS-Regelkreis (Bild 3) besteht aus:

Regelstrecke

- Fahrzeug mit Radbremse,
- Rad und Reibpaarung aus Reifen und Fahrbahn.

Störgrößen im Regelkreis

- Änderungen des Kraftschlusses zwischen Reifen und Fahrbahn wegen

2 Prinzip des Hydroaggregats mit 2/2-Magnetventilen (Schema)

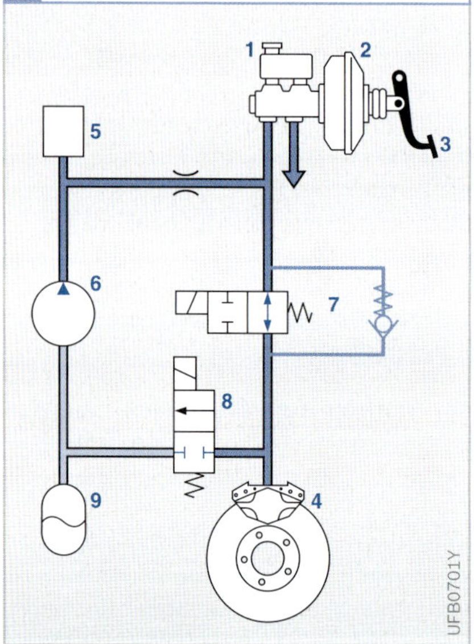

Bild 2
1 Hauptzylinder mit Ausgleichsbehälter
2 Bremskraftverstärker
3 Bremspedal
4 Radbremse mit Radzylinder

Hydroaggregat mit
5 Dämpferkammer
6 Rückförderpumpe
7 Einlassventil
8 Auslassventil
9 Speicher für Bremsflüssigkeit

Einlassventil: in Durchlassbetrieb
Auslassventil: in Sperrbetrieb

3 ABS-Regelkreis

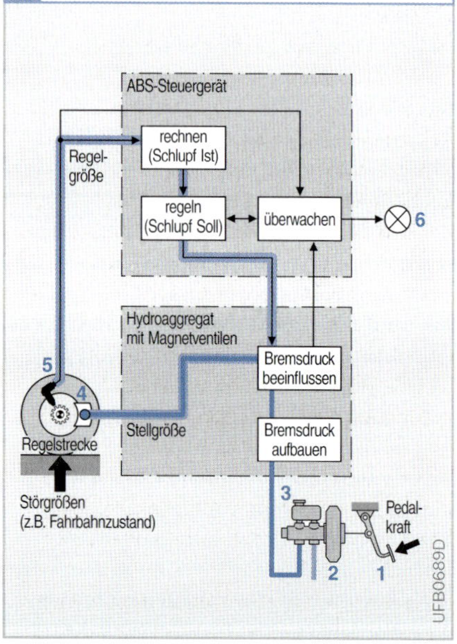

Bild 3
1 Bremspedal
2 Bremskraftverstärker
3 Hauptzylinder mit Ausgleichsbehälter
4 Radzylinder
5 Raddrehzahlsensor
6 Kontrollleuchte

unterschiedlicher Fahrbahnoberflächen und durch Veränderung der Radlasten, z. B. bei Kurvenfahrt,
- Fahrbahnunebenheiten, die Rad- und Achsschwingungen hervorrufen,
- Unrundheit der Reifen, geringer Reifendruck, abgefahrenes Profil, unterschiedliche Radumfänge, z. B. beim Notrad,
- Hysterese und Fading der Bremsen,
- unterschiedliche Drücke im Hauptzylinder für die beiden Bremskreise.

Regler
- Raddrehzahlsensor und
- ABS-Steuergerät.

Regelgrößen
- Raddrehzahl und daraus abgeleitet die Radumfangsverzögerung,
- Radumfangsbeschleunigung sowie der Bremsschlupf.

Führungsgröße
- Fahrerfußkraft auf das Bremspedal, verstärkt durch den Bremskraftverstärker, erzeugt den Bremsdruck im Bremssystem.

Stellgröße
- Bremsdruck im Radzylinder.

Regelstrecke

Die Datenverarbeitung im ABS-Steuergerät geht von folgender vereinfachter Regelstrecke aus:
- ein nicht angetriebenes Rad,
- ein Viertel der Fahrzeugmasse, die diesem Rad zugeordnet wird,
- Radbremse,
- eine idealisierte Haftreibungszahl-Schlupf-Kurve (stellvertretend für die Reibpaarung aus Reifen und Fahrbahn).

Diese Kurve unterteilt sich in einen stabilen Bereich mit linearem Anstieg und einen instabilen Bereich mit konstantem Verlauf (μ_{HFmax}).

Als weitere Vereinfachung liegt außerdem ein Anbremsvorgang bei Geradeausfahrt zugrunde, was einer Panikbremsung entspricht.

Bild 4 zeigt die Zusammenhänge zwischen Bremsmoment M_B (Moment, das die Bremse über den Reifen aufbringen kann) bzw. Fahrbahn-Reibmoment M_R (Moment, das über die Reibpaarung Fahrbahn/Reifen auf das Rad zurückwirkt) und der Zeit t sowie die Zusammenhänge zwischen der Rad-umfangsverzögerung ($-a$) und der Zeit t: Das Bremsmoment erhöht sich linear mit der Zeit. Das Fahrbahn-Reibmoment folgt dem Bremsmoment mit einem geringen Zeitverzug T nach, solange der Bremsvorgang im stabilen Bereich der Haftreibungszahl-Schlupf-Kurve verläuft. Nach etwa 130 ms ist das Maximum (μ_{HFmax}) und damit der instabile Bereich der Haftreibungszahl-Schlupf-Kurve erreicht. Während das Bremsmoment M_B unvermindert weiter ansteigt, kann gemäß der Haftreibungszahl-Schlupf-Kurve das Fahrbahn-Reibmoment M_R nicht weiter ansteigen, sondern bleibt konstant. In der Zeit zwischen 130 und 240 ms (hier

4 Anbremsvorgang, vereinfachte Darstellung

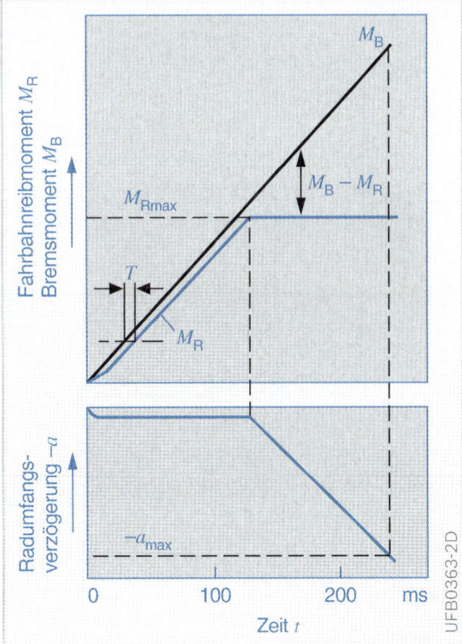

Bild 4
- ($-a$) Radumfangsverzögerung
- ($-a_{max}$) maximale Radumfangsverzögerung
- M_B Bremsmoment
- M_R Fahrbahnreibmoment
- M_{Rmax} maximales Fahrbahnreibmoment
- T Zeitverzug

blockiert das Rad) wächst die im stabilen Bereich kleine Momentendifferenz $M_B - M_R$ schnell auf große Werte an. Diese Momentendifferenz ist ein exaktes Maß für die Radumfangsverzögerung ($-a$) des gebremsten Rades (Bild 4, unten). Im stabilen Bereich ist die Radumfangsverzögerung auf einen kleinen Wert begrenzt, während sie im instabilen Bereich betragsmäßig schnell ansteigt. Daraus ergibt sich ein gegensätzliches Verhalten im stabilen und im instabilen Bereich der Haftreibungszahl-Schlupf-Kurve. ABS nutzt diese gegensätzliche Charakteristik aus.

Regelgrößen

Wesentlich für die Güte der ABS-Regelung ist die Wahl der geeigneten Regelgrößen. Grundlage dafür sind die Signale der Raddrehzahlsensoren, aus denen im Steuergerät Radumfangsverzögerung und -beschleunigung, Bremsschlupf, Referenzgeschwindigkeit und Fahrzeugverzögerung berechnet werden. Für sich allein sind weder Radumfangsverzögerung/-beschleunigung noch Bremsschlupf als Regelgrößen geeignet, da sich ein angetriebenes Rad beim Bremsen gänzlich anders verhält als ein nicht angetriebenes Rad. Durch eine geeignete logische Verknüpfung dieser Größen lassen sich bereits gute Ergebnisse erzielen.

Da sich der Bremsschlupf nicht direkt messen lässt, wird eine ihm ähnliche Größe im Steuergerät berechnet. Als Basis dazu dient die Referenzgeschwindigkeit, die der Geschwindigkeit unter bestmöglichen Abbremsbedingungen (optimaler Bremsschlupf) entspricht. Um diese zu ermitteln, melden die Raddrehzahlsensoren dem Steuergerät ständig Signale zur Berechnung der Radgeschwindigkeiten. Das Steuergerät greift sich eine „Diagonale“ (z. B. rechtes Vorderrad und linkes Hinterrad) heraus und bildet daraus die Referenzgeschwindigkeit. Bei Teilbremsungen bestimmt im Allgemeinen das schneller laufende der beiden Räder einer Diagonalen die Referenzgeschwindigkeit. Setzt bei einer Vollbremsung die ABS-Regelung ein, dann weichen die Radgeschwindigkeiten von der Fahrzeuggeschwindigkeit ab und können deshalb nicht mehr ohne Korrektur zur Berechnung der Referenzgeschwindigkeit dienen. Während der Regelphase bildet das Steuergerät die Referenzgeschwindigkeit ausgehend von der Geschwindigkeit bei Regelbeginn und lässt sie rampenförmig abnehmen. Die Steigung der Rampe wird durch die Auswertung logischer Signale und Verknüpfungen gewonnen.

Wird zusätzlich zu der Radumfangsbeschleunigung bzw. -verzögerung und dem Bremsschlupf noch die Fahrzeugverzögerung als Hilfsgröße herangezogen und wird die logische Schaltung im Steuergerät durch Rechenergebnisse beeinflusst, dann lässt sich eine ideale Bremsregelung erzielen. Dieses Konzept ist im Antiblockiersystem (ABS) von Bosch verwirklicht.

Antriebsschlupfregelung ASR

Während das Antiblockiersystem (ABS) das Blockieren der Räder im Bremsfall durch Absenken der Radbremsdrücke verhindert, verhindert ASR im Antriebsfall das Durchdrehen der Räder durch Reduktion des wirksamen Antriebsmoments an jedem einzelnen Antriebsrad.

Neben dieser sicherheitsrelevanten Aufgabe, beim Beschleunigen Stabilität und Lenkfähigkeit des Fahrzeugs zu gewährleisten, sorgt die ASR außerdem für eine Verbesserung des Traktionsverhaltens durch Einregeln des optimalen Schlupfes. Naturgemäß stellt die Traktionsanforderung des Fahrers hierfür eine obere Grenze dar.

Die ASR regelt den Schlupf der Antriebsräder schnellstmöglich auf den optimalen Wert. Hierzu wird zunächst ein Sollwert für den Schlupf bestimmt. Dieser ist von einer Vielzahl an Faktoren, die die aktuelle Fahrsituation repräsentieren, abhängig. Unter anderem sind dies:

- Grundkennlinie für den ASR-Sollschlupf (orientiert sich am Schlupfbedarf eines Reifens beim Beschleunigen),
- ausgenutzter Reibwert,
- äußerer Fahrwiderstand (Tiefschnee, Schlechtweg usw.),
- Giergeschwindigkeit, Querbeschleunigung und Lenkwinkel des Fahrzeugs.

ASR-Stelleingriffe

Die gemessenen Radgeschwindigkeiten und damit der jeweilige Antriebsschlupf können durch eine Änderung der Momentenbilanz M_{Ges} an jedem Antriebsrad beeinflusst werden. Die Momentenbilanz M_{Ges} an jedem angetriebenen Rad ergibt sich dabei aus Antriebsmoment $M_{Kar}/2$ an diesem Rad, dem jeweiligen Bremsmoment M_{Br} und dem Straßenmoment M_{Str} (Bild 5).

$M_{Ges} = M_{Kar}/2 + M_{Br} + M_{Str}$
(M_{Br} und M_{Str} sind hierin negativ zu zählen.)

Offensichtlich kann diese Bilanz durch das vom Motor gelieferte Antriebsmoment M_{Kar} sowie durch das Bremsmoment M_{Br} beeinflusst werden. Diese beiden Größen stellen somit die Stellgrößen der ASR dar, über die diese den Schlupf an jedem einzelnen Rad auf den Sollschlupf regelt.

Die Steuerung des Antriebsmoments M_{Kar} kann bei Fahrzeugen mit Ottomotor grundsätzlich über die folgenden Motoreingriffe geschehen:

- Drosselklappe (Drosselklappenverstellung),
- Zündanlage (Zündwinkelverstellung),
- Einspritzanlage (Ausblendung einzelner Einspritzimpulse).

Bei Fahrzeugen mit Dieselmotor wird das Antriebsmoment M_{Kar} von der Elektronischen Dieselregelung (EDC) beeinflusst (Reduzierung der Einspritzmenge).

Eine Steuerung des Bremsmoments M_{Br} über die Bremsanlage kann radweise erfolgen. Wegen der Notwendigkeit des aktiven Druckaufbaus setzt die ASR-Funktion aber eine Erweiterung der ursprünglichen ABS-Hydraulik voraus.

5 Antriebskonzept eines einachsgetriebenen Fahrzeugs mit ASR

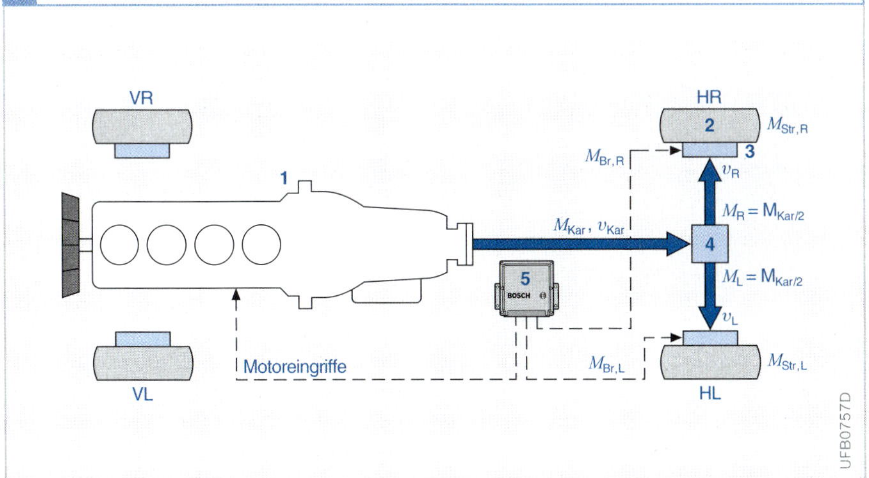

Bild 5
1 Motor mit Getriebe
2 Rad
3 Radbremse
4 Querdifferenzial
5 Steuergerät mit ASR-Funktionalität

Motor, Getriebe, Übersetzungsverhältnis des Differenzials sowie deren Verluste sind zu einer Einheit zusammengefasst.

M_{Kar} antreibendes Kardanmoment
v_{Kar} Kardangeschwindigkeit
M_{Br} Bremsmoment
M_{Str} auf die Straße übertragenes Moment
v Radgeschwindigkeit
R rechts
L links
V vorne
H hinten

ABS-Ausführungen

Evolution der ABS-Ausführungen

Durch technologische Weiterentwicklungen auf dem Gebiet der

- Magnetventile und der Fertigungsprozesse,
- Montagetechnik und Integration der Komponenten,
- Elektronik-Schaltungen (diskrete Schaltungen wurden ersetzt durch Hybrid- und integrierte Schaltungen mit Mikrocontrollern),
- Prüftechnik (separate Prüfmöglichkeit von Elektronik- und Hydraulikteil vor Zusammenbau zum Hydroaggregat),
- Sensor- und Relaistechnik

konnte das Gewicht und die Abmessungen von ABS seit der ersten Generation ABS2 im Jahr 1978 um mehr als die Hälfte reduziert werden. Diese Systeme können damit auch in kleinste zur Verfügung stehende Einbauräume im Fahrzeug untergebracht werden. Die Kosten für die ABS-Systeme konnten durch diese Weiterentwicklungen gesenkt werden, sodass mittlerweile für alle Fahrzeugtypen das ABS zur Standardausrüstung gehört.

1 Evolution der ABS-Konfigurationen

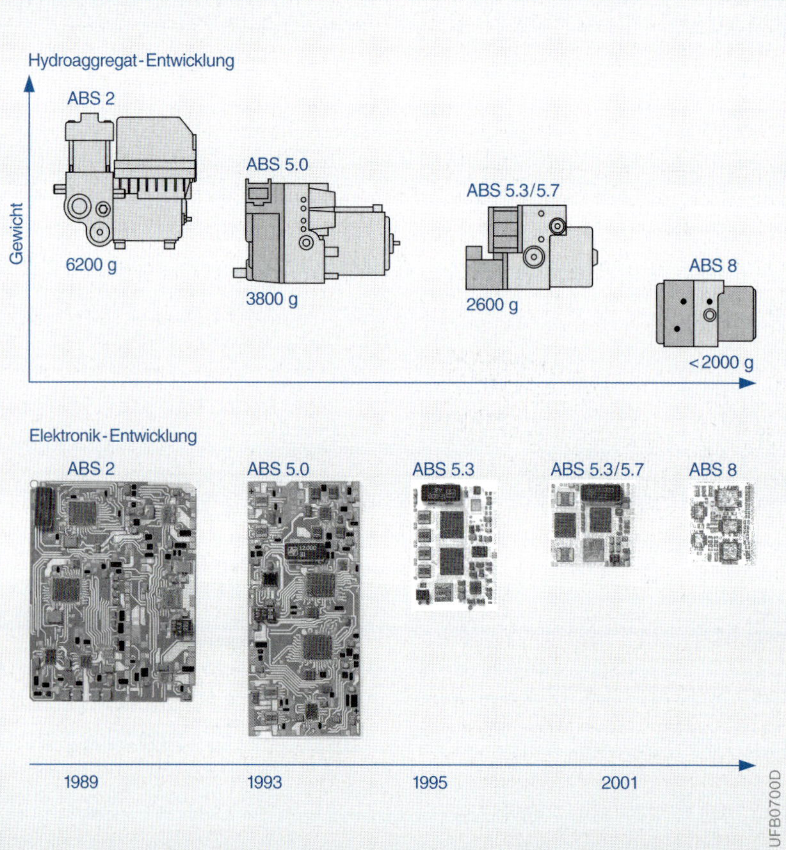

Bild 1
Die Weiterentwicklung des ABS mit Einsatz neuester Technik: Weniger Gewicht bei höherer Rechenleistung

Radar-Geschichte(n)

Technik von den Tieren abgeschaut

Radar (Radio Detecting and Ranging) ist ein funktechnisches Verfahren zur Ortung von Objekten, das traditionell hauptsächlich die Luftfahrt und Schifffahrt nutzt. Seit der Einführung der radargestützten Luftabwehr im Zweiten Weltkrieg wurde Radar auch ein Bestandteil der Waffentechnik. Neuere Anwendung gibt es bei der Raumfahrt, der Wettervorhersage und schließlich im Straßenverkehr für die Messung des Fahrzeugabstands mit ACC (Adaptive Cruise Control).

Vorbild für die Entwicklung des Radars war das Sonarsystem (Sound Navigation and Ranging) verschiedener Tiere zum Navigieren und Bestimmen von Entfernungen. Allerdings erzeugen z.B. echoortende Fledermäuse Ortungslaute in Form schriller Pfeiftöne, die im *Ultraschallbereich* von 30...120 kHz liegen. Das Echo von Hindernissen oder der Beute nehmen sie dann mit ihren Ohren auf. Die darin enthaltenen Informationen nutzen sie für ihr weiteres Verhalten.

UFS0038Y

Radar funktioniert ähnlich, arbeitet jedoch nicht mit Schall-, sondern mit *Funksignalen*. Die Abstandsmessung des Radar basiert auf einer Laufzeitmessung für die Zeitdauer zwischen dem Aussenden *elektromagnetischer Wellen* und dem Empfang des an einem Objekt reflektierten Signalechos.

Während z.B. Radarsysteme der Luft- und Schifffahrt im Frequenzbereich von 500 MHz bis 40 GHz arbeiten, ist das Frequenzband 76...77 GHz für ACC freigegeben.

Entwicklungsetappen zum Radar

Die Entwicklung elektromagnetischer Suchvorrichtungen mit großer Reichweite war eine große Herausforderung für die Konstrukteure. Die ursprünglich ausgesandte Energie wurde von einem Ziel nur zu einem kleinen Teil zurückgestrahlt. Deshalb muss sehr viel Energie ausgesandt werden, die auch noch in einem möglichst schmalen Strahlenbündel konzentriert ist. Dazu eignen sich nur sehr sensible Sender und Empfänger für Wellen, die kürzer als die Abmessungen des Zieles sind.

Die Entwicklung, die zur Radartechnik führte, ist durch folgende geschichtliche Etappen und Persönlichkeiten gekennzeichnet:

1837 **Morse:** Nachrichtenübermittlung über große Distanzen mithilfe elektrischer Ströme mit dem Telegrafen findet erstmals größere Verbreitung

1861/1876 **Reis** und **Bell:** Ablösung der Telegrafen durch das Telefon ermöglicht eine viel direktere und benutzerfreundlichere Art der Nachrichtenübertragung

1864 **Maxwell, Hertz** und **Marconi:** Existenz der „Radiowellen" theoretisch und experimentell sichergestellt. Funkwellen reflektieren an metallischen Gegenständen genau so wie die Lichtwellen an einem Spiegel

1922 **Marconi:** Der Pionier des Radios regt an, frühere Forschungsansätze zur Funkmesstechnik weiter zu verfolgen

1925 **Appleton** und **Barnett:** Das Prinzip der Funkmesstechnik dient zur Erfassung leitender Schichten der Atmosphäre
Breit und **Tuve:** Entwicklung der Impulsmodulation, die exakte Entfernungsmessungen gestattet

1935 **Watson-Watt:** Erfindung des Radars

1938 **Ponte:** Erfindung des Magnetrons (Laufzeitröhre zur Erzeugung hochfrequenter Schwingungen)

Adaptive Fahrgeschwindigkeitsregelung (ACC)

Systembeschreibung

ACC (Adaptive Cruise Control) kann wie der seit Jahren serienmäßig verfügbare Fahrgeschwindigkeitsregler (FGR oder Tempomat) in die Reihe der Fahrerassistenzsysteme eingereiht werden. Der Tempomat regelt die Fahrgeschwindigkeit auf die vom Fahrer über die Bedieneinheit des Tempomaten vorgegebene Wunschgeschwindigkeit. Zusätzlich zur Tempomat-Funktion erfasst ACC den Abstand und die Relativgeschwindigkeit zum vorausfahrenden Fahrzeug sowie weitere Daten (Position weiterer Fahrzeuge in der eigenen und in anderen Fahrspuren, in Zukunft auch stationäre Objekte) und nutzt diese zur Regelung der Zeitlücke zwischen den Fahrzeugen. ACC passt somit die Geschwindigkeit an das vorausfahrende Fahrzeug an und hält einen sicheren Abstand ein. Der Fahrer kann die ACC-Funktion jederzeit durch eigenen Eingriff übersteuern oder abschalten (z. B. durch Betätigung von Gas- oder Bremspedal).

Abstandsensor

ACC-Systeme verfügen derzeit zumeist über einen Radarsensor (Bild 1, Pos. 1), der in einem Frequenzbereich zwischen 76 und 77 GHz arbeitet und vier Radarkeulen aussendet. ACC tastet nach seiner Aktivierung den Bereich bis ca. 200 m vor dem Fahrzeug ab. Die von vorausfahrenden Fahrzeugen reflektierten Radarstrahlen werden bezüglich Laufzeit, Dopplerverschiebung und Amplitudenverhältnis analysiert. Daraus werden Abstand, Relativgeschwindigkeit und Winkellage zu vorausfahrenden Fahrzeugen berechnet.

Netzwerkstruktur

Die ACC-Funktion kann nicht autark als eigenständiges System dargestellt werden, es müssen verschiedene Subsysteme (Motormanagement, Elektronisches Stabilitätsprogramm, Getriebesteuerung, Kombiinstrument) untereinander vernetzt sein. Die Auswerte- und Regelelektronik (Control Unit) des ACC ist im Sensorgehäuse integriert. Sie empfängt und sendet Daten über einen CAN-Datenbus von bzw. zu den anderen elektronischen Steuergeräten.

Kursbestimmung

Für eine sichere Funktion von ACC müssen die vorausfahrenden Fahrzeuge in jeder Situation - z. B. auch in Kurven - der richtigen Fahrspur zugeordnet werden können. Hierzu werden zunächst die Informationen der ESP-Sensorik (Gierrate, Lenkwinkel, Raddrehzahlen und Querbe-

1 Adaptive Cruise Control (ACC)

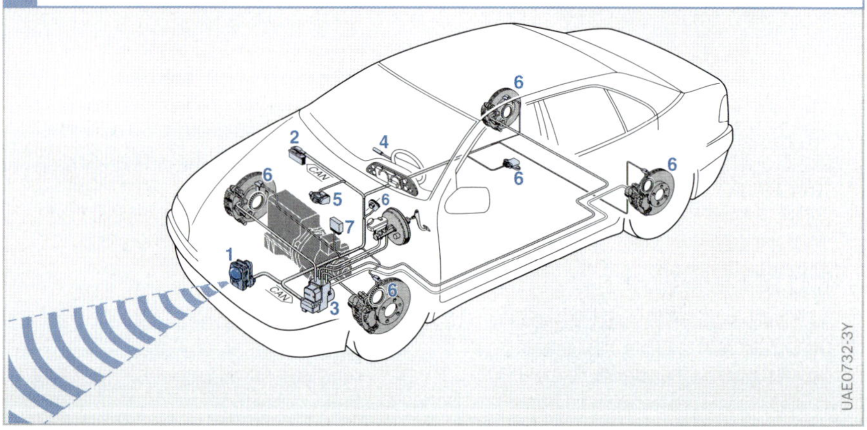

Bild 1
1 ACC-Sensor und Control Unit
2 Motormanagement-Steuergerät (ME- bzw. DI-Motronic) für Ottomotoren oder Elektronische Dieselregelung (EDC) bei Dieselmotoren
3 aktiver Bremseneingriff über ESP
4 Bedien- und Anzeigeeinheit
5 Motoreingriff über elektrisch verstellbare Drosselklappe (ME- bzw. DI-Motronic)
6 Sensoren
7 Getriebeeingriff über elektronische Getriebesteuerung (optional)

schleunigung) bezüglich des eigenen Kurvenzustands ausgewertet.

Einstellmöglichkeiten

Der Fahrer gibt die Wunschgeschwindigkeit und die Wunschzeitlücke vor, wobei ihm für letztere üblicherweise Werte von 1...2 s angeboten werden. Aus den Radarsignalen wird die Zeitlücke zum vorausfahrenden Fahrzeug berechnet und mit der vom Fahrer eingestellten Wunschzeitlücke verglichen. Ist dieser Wert unterschritten, reagiert das ACC-System der Fahrsituation jeweils angepasst mit einer Reduzierung des Motormoments und - nur wenn notwendig - mit einer automatisch eingeleiteten Bremsung. Ist die Sollzeitlücke überschritten, beschleunigt das Fahrzeug, bis entweder die Geschwindigkeit des vorausfahrenden Fahrzeugs oder die vom Fahrer gesetzte Wunschgeschwindigkeit erreicht ist.

Motoreingriff

Für die Geschwindigkeitssteuerung ist eine elektronische Motorleistungssteuerung erforderlich. Die Motormanagementsysteme ME- bzw. DI-Motronic sowie die Elektronische Dieselregelung (EDC) haben diese Funktion integriert. Damit kann das Fahrzeug auf die Wunschgeschwindigkeit beschleunigt bzw. bei Auftauchen eines Hindernisses durch automatisches Gaswegnehmen verzögert werden.

Bremseneingriff

Reicht die Verzögerung durch Gaswegnehmen nicht aus, muss das Fahrzeug abgebremst werden. Hierzu ist das Elektronische Stabilitätsprogramm (ESP) erforderlich, das einen Bremseneingriff vornehmen kann.

Aufgrund der Auslegung des ACC als Komfortsystem wird die vom ACC-Regler berechnete Verzögerung bei derzeitigen ACC-Systemen auf ca. 2...3 m/s^2 begrenzt. Sollte diese aufgrund der aktuellen Verkehrssituation nicht ausreichen (z. B. bei stark bremsenden vorausfahrenden Fahrzeug), erfolgt eine akustische Übernahmeaufforderung an den Fahrer. Dieser muss dann die entsprechende Verzögerung über die Betriebsbremse einleiten. Sicherheitsfunktionen wie Notbremsung sind im ACC nicht enthalten.

Falls notwendig, werden auch während einer aktivierten ACC-Regelung die stabilisierenden Systeme ABS, ASR oder ESP in gewohnter Weise aktiv. Je nach Parametrierung des ACC führen Stabilisierungseingriffe zur Abschaltung des ACC.

2 Grundstruktur und Komponenten der ACC-Regelung

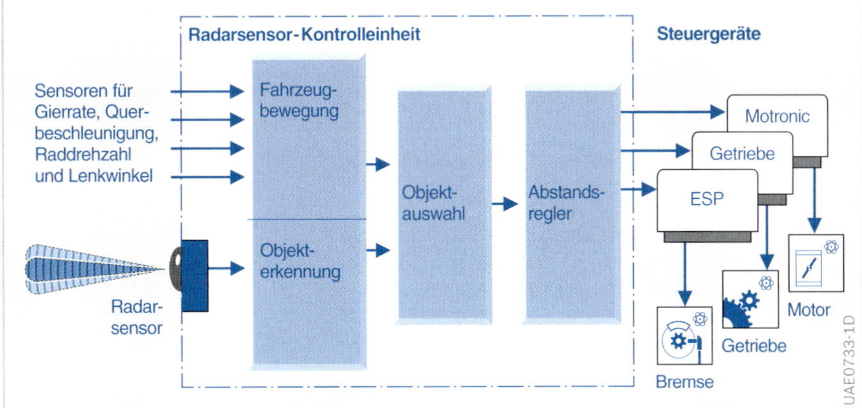

Bedienung und Anzeige

Für die Bedienung sind Schalter, Taster oder Drehrädchen zur

- Aktivierung der Funktion sowie zur
- Einstellung der Wunschgeschwindigkeit und
- Wunschzeitlücke

vorhanden. Dem Fahrer werden folgende Informationen im Kombiinstrument angezeigt:

- Wunschgeschwindigkeit,
- Information über den Einschaltzustand,
- die vom Fahrer gewählte Sollzeitlücke,
- Anzeige des Folgemodus, die den Fahrer darüber informiert, ob das System den Abstand auf ein detektiertes Zielobjekt regelt oder nicht.

Systemgrenzen

ACC erlaubt noch keine Regelung im Stadtbetrieb. Dieses System kann erst ab einer Geschwindigkeit über 30 km/h aktiviert werden.

Regelalgorithmen

Grundsätzlich besteht die Regelung aus drei Regelmodulen:

- *Regelmodul 1: Fahrgeschwindigkeitsregelung (Tempomat)*
  Hat der Radarsensor keine vorausfahrenden Fahrzeuge erfasst, regelt das System auf die vom Fahrer eingestellte Sollgeschwindigkeit.
- *Regelmodul 2: Folgeregelung*
  Der Radarsensor hat vorausfahrende Fahrzeuge erkannt. Die Regelung hält im Wesentlichen die Zeitlücke zu dem nächsten Fahrzeug konstant.
- *Regelmodul 3: Regelung bei Kurvenfahrt*
  Beim Durchfahren enger Kurven kann der Radarsensor infolge seines begrenzten Blickwinkels das vorausfahrende Fahrzeug „aus den Augen" verlieren. Bis zur Wiedererkennung dieses Fahrzeugs bzw. Umschalten auf die normale Geschwindigkeitsregelung werden Sondermaßnahmen wirksam. Je nach Hersteller wird dann z. B. die Geschwindigkeit konstant gehalten, der momentanen Querbeschleunigung angepasst oder die ACC-Funktion abgeschaltet.

Objekterkennung und Spurzuordnung

Die zentrale Aufgabe des Radarsensors mit integrierter Elektronik ist das Erkennen von Objekten und deren Zuordnung zur eigenen oder fremden Fahrspur. Diese Spurzuordnung verlangt einerseits eine genaue Erfassung vorausfahrender Fahrzeuge (hohe Winkelauflösung und-genauigkeit) und andererseits eine genaue Kenntnis der eigenen Fahrzeugbewegung. Letztere wird aus den Signalen von Sensoren, die auch für das Elektronische Stabilitätsprogramm (ESP) verwendet werden, berechnet (Kursprädiktion). Dies sind Raddrehzahlsensoren sowie Fahrdynamiksensoren für die Gierrate (Drehrate) und Querbeschleunigung. Optional werden noch die Informationen eines Lenkwinkelsensors verarbeitet. Die Entscheidung, welches der erkannten Objekte zur Abstandsregelung herangezogen wird, ergibt sich im Wesentlichen aus dem Vergleich der Positionen und Bewegungen der erkannten Objekte mit den Bewegungsdaten des eigenen Fahrzeugs.

Justage

Der Radarsensor wird im Frontbereich des Fahrzeugs montiert. Seine Radarkeulen werden relativ zur Fahrzeuglängsachse ausgerichtet. Dies geschieht mittels entsprechender Justierschrauben im Befestigungsbereich des Sensors. Eine Dejustage durch mechanischen Eingriff, Verformung der Halterung durch Unfall oder andere Einflüsse muss korrigiert werden. Dejustagen kleineren Ausmaßes werden automatisch durch die permanent wirkende, in der Software realisierte Korrektur ausgeglichen. Die Notwendigkeit einer Neujustierung wird dem Fahrer angezeigt.

Abstandsradar

Die Radar-Sende- und Empfangseinheit (Radar, Radio Detecting and Ranging) sendet über eine Antenne elektromagnetische Wellenpakete aus. Diese reflektieren an einem Objekt aus elektrisch leitfähigen Materialien (z. B. Fahrzeugkarosserie) und werden wieder empfangen. Die empfangenen Signale werden bezüglich Zeit und/oder Frequenz mit dem ausgesendeten Signal „verglichen".

Messprinzipien.

Laufzeitmessung

Bei allen Radarverfahren basiert die Abstandsmessung auf der direkten oder indirekten Laufzeitmessung für die Zeitdauer zwischen der Aussendung des Radarsignals und dem Empfang des Signalechos. Bei der direkten Laufzeitmessung wird die Zeitdauer τ gemessen. Diese ergibt sich bei direkter Reflexion durch den doppelten Abstand d zum Reflektor und der Lichtgeschwindigkeit c zu:

$$\tau = 2d/c$$

Bei einem Abstand von $d = 150$ m und $c \approx 300\,000$ km/s beträgt die Laufzeit

$$\tau \approx 1\ \mu s.$$

Frequenzmodulation

Eine direkte Laufzeitmessung ist aufwändig. Einfacher ist eine indirekte Laufzeitmessung. Das Verfahren ist als FMCW (Frequency Modulated Continuous Wave) bekannt. Statt des Vergleichs der Zeiten zwischen Sendesignal und Empfangsecho werden beim FMCW-Radar die Frequenzen zwischen Sendesignal und Empfangsecho verglichen. Voraussetzung für eine sinnvolle Messung ist eine zeitlich veränderte Sendefrequenz.

Beim FMCW-Verfahren werden linear in der Frequenz modulierte Radarwellen mit einer Dauer von typischerweise einigen Millisekunden und einem Hub von einigen hundert MHz ausgesandt (f_s, durchgezogene Kurve in Bild 3). Das an einem vorausfahrenden Fahrzeug reflektierte Signal ist entsprechend der Signallaufzeit verzögert (f_e, gestrichelte Linie in Bild 3). In der ansteigenden Rampe ist es somit von niedrigerer Frequenz, in der abfallenden Rampe von einer um den gleichen Betrag höherer Frequenz. Die Frequenzdifferenz Δf ist ein direktes Maß für den Abstand.

Besteht zusätzlich noch eine Relativgeschwindigkeit zwischen den Fahrzeugen, so wird die Empfangsfrequenz f_e wegen des Dopplereffektes sowohl in der aufsteigenden wie auch in der abfallenden Rampe um einen bestimmten Betrag Δf_d erhöht (f_e', gepunktete Linie in Bild 3). Hierdurch ergeben sich zwei unterschiedliche Frequenzdifferenzen Δf_1 und Δf_2. Ihre Addition ergibt den Abstand, ihre Subtraktion die Relativgeschwindigkeit der Fahrzeuge zueinander.

Die Signalverarbeitung im Frequenzbereich liefert somit für jedes Objekt eine Frequenz, die sich als Linearkombination je eines Terms für Abstand und Relativgeschwindigkeit ergibt. Aus den gemessenen Frequenzen von zwei Rampen mit verschiedener Steigung lassen sich somit für ein Objekt Abstand und Relativgeschwindigkeit bestimmen. Für Szenarien mit mehreren Zielen sind mehrere Rampen unterschiedlicher Steigung erforderlich.

3 FMCW-Verfahren

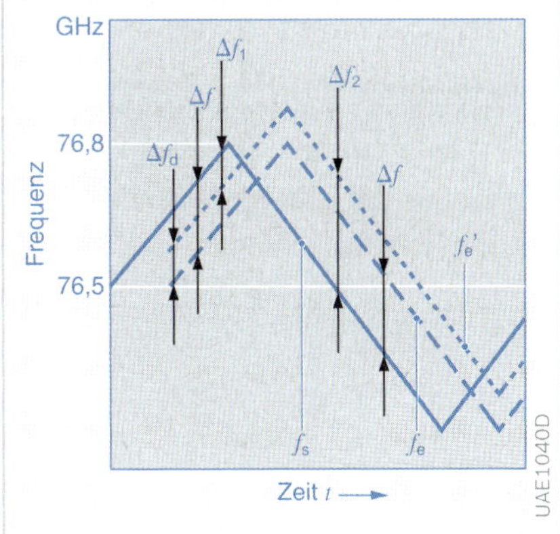

Bild 3
f_s Sendesignal
f_e Empfangssignal bei gleicher Geschwindigkeit
f_e' Empfangssignal bei vorhandener Relativgeschwindigkeit

Doppler-Effekt
Obwohl sich aus aufeinander folgenden Messungen des Abstands die Relativgeschwindigkeit des Messobjekts bestimmen lässt, kann diese Messgröße schneller, zuverlässiger und genauer durch die Nutzung des Doppler-Effekts gemessen werden.

Für ein sich relativ zum Radarsensor bewegendes Objekt (Relativgeschwindigkeit v_{rel}) erfährt das Signalecho gegenüber dem abgestrahlten Signal eine Frequenzverschiebung f_D. Diese beträgt bei den hier relevanten Differenzgeschwindigkeiten:

$$f_D = -2f_C \cdot v_{rel}/c$$

Dabei ist f_C die Trägerfrequenz des Signals. Bei den für ACC gebräuchlichen Radarfrequenzen von $f_C = 76{,}5$ GHz ergibt sich eine Frequenzverschiebung von $f_D \approx -510 \cdot v_{rel}/\text{m}$, also 510 Hz bei -1 m/s Relativgeschwindigkeit (Annäherung).

Messen des Winkels
Als dritte Basisgröße wird die seitliche Lage des Radarobjekts gesucht. Diese kann nur bestimmt werden, wenn der Radarstrahl in verschiedene Richtungen abgestrahlt wird und aus den Signalen die Richtung mit der stärksten Reflektion bestimmt wird. Dazu ist entweder ein schnelles Schwenken („Scannen“) eines Strahls oder eine mehrstrahlige Antennenanordnung notwendig.

Hochfrequenzteil des ACC-Sensors
Das Hochfrequenzteil lässt sich in vier funktionale Gruppen unterteilen.

HF-Erzeugung
Der Bereich HF-Erzeugung und Regelung stellt die Hochfrequenz für die Aussendung zur Verfügung (Bild 4). Die HF-Leistung wird dabei mit einem spannungsgesteuerten Oszillator (VCO, Voltage-Controlled Oscillator), bestehend aus einer Gunn-Diode in mechanischem Resonator, zwischen 76 und 77 GHz erzeugt. Ein kleiner Teil der erzeugten Leistung wird mit einem dielektrischen Resonanz-Oszillator (DRO) mit harmonischem Mischer in ein Zwischenfrequenzband heruntergemischt und der Regelelektronik (PLL-ASIC, PLL = Phase Locked Loop) zugeführt. Letztere steuert über einen Leistungstreiber den VCO an und sorgt für die Frequenzstabilisierung und -modulation.

Sende- und Empfangsschaltung
Im Bereich der Sende- und Empfangsschaltung wird die HF-Leistung über drei Wilkinson-Teiler auf die vier Sende-/Empfangskanäle aufgeteilt. Über „Durchblase“-Mischer wird einerseits diese Leistung der

4 Blockschaltbild eines 4-Kanal-FMCW-Radars

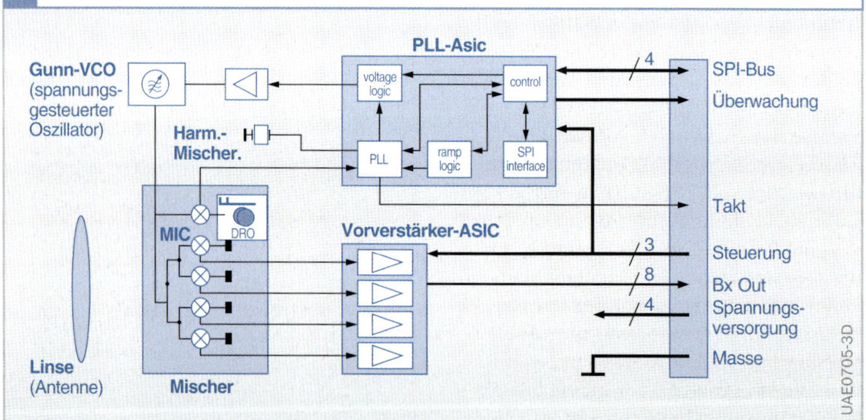

Antenne zugeführt, andererseits wird das Empfangssignal ins Basisband heruntergemischt.

Verstärkung

Die Verstärkung der Signale im Basisband erfolgt in einem ASIC. Er besitzt vier Kanäle, eine umschaltbare Verstärkung, und eine spezielle Kennlinie. Diese kompensiert einen Teil der großen Signaldynamik, indem hohe Frequenzen (entsprechend hohen Abständen) stärker verstärkt werden. Außerdem ist in der Kennlinie ein Tiefpass-Antialiasing-Filter für die nachfolgende Abtastung integriert.

Antennensystem

Das Antennensystem ist monostatisch ausgelegt. Es besteht aus vier kombinierten Sende- und Empfangs-Patches auf dem HF-Substrat, vier Polyrods (Kunststoffkegel) zur Vorfokussierung und einer Kunststofflinse zur Strahlbündelung. Als Teil des Gehäuses dient die Linse gleichzeitig als Radar-optisches Fenster und Abschirmung. Die Radarwellen werden von den vier Antennenpatches gleichzeitig und kohärent abgestrahlt, sodass sich eine resultierende Sendewelle ergibt. Die eigentliche Trennung in die vier separaten Strahlen findet erst auf der Empfangsseite statt. Hier werden vier getrennt aufgebaute Empfangskanäle eingesetzt.

Die Sendefrequenz wird über den spannungsgesteuerten Oszillator (VCO) rampenförmig linear (Bild 3) mit der Steigung $m = \mathrm{d}f/\mathrm{d}t$ moduliert. Während das empfangene Signal nach der Laufzeit $\tau = 2d/c$ wieder eintrifft, hat sich die Sendefrequenz in der Zwischenzeit um die Differenzfrequenz $f_\mathrm{D} = \tau \cdot m$ verändert. So kann die Laufzeit und damit die Entfernung indirekt über die Bestimmung der Differenzfrequenz zwischen Empfangs- und Sendesignal ermittelt werden. Die Differenzfrequenz kann wiederum mit einem Mischer und einer anschließenden Tiefpassfilterung gewonnen werden. Für die Bestimmung der Frequenz wird das Signal digitalisiert und mithilfe einer schnellen FFT (Fast Fourier Transformation) in ein Frequenzspektrum gewandelt.

Die Information der Differenzfrequenz enthält jedoch nicht nur die Information für die Laufzeit, sondern auch noch die Doppler-Verschiebung. Dieser Umstand bedeutet zunächst eine Mehrdeutigkeit bei der Auswertung. Sie lässt sich durch die Anwendung mehrerer FMCW-Modulationszyklen mit unterschiedlichen Steigungen auflösen.

Zur Bestimmung des Winkels, unter dem das Radar ein Objekt ortet, werden mehrere Radarkeulen ausgesendet und ausgewertet. Um den Winkel messen zu können, sind mindestens zwei Radarstrahlen erforderlich, die sich überlappen. Die Verhältnisse der Amplituden, die für ein Objekt in benachbarten Strahlen gemessen werden, lassen einen Rückschluss auf den Sichtwinkel zu. Werden z. B. vier Radarstrahlen eingesetzt, deren horizontale Winkelabhängigkeit in Form eines Zweiwege-Antennendiagramms beispielhaft in Bild 5 gezeigt ist, so kann der horizontale Sichtwinkel durch Vergleich von Amplitude und Phase der gemessenen Radarsignale mit dem Antennendiagramm ermittelt werden.

5 Zweiwege-Antennendiagramm

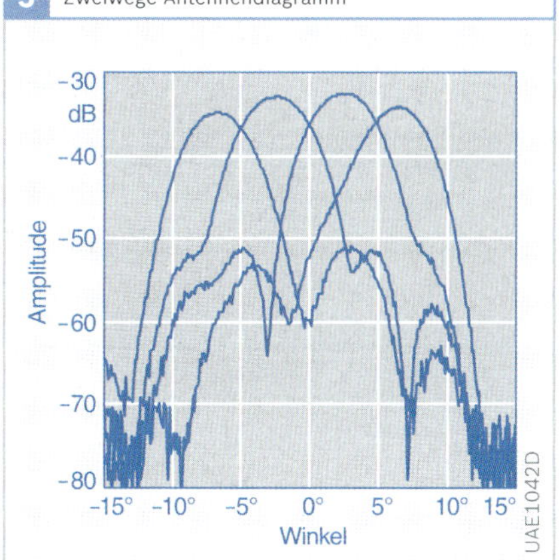

Radar-Signalverarbeitung

Der Niederfrequenzteil des FMCW-Radargerätes besteht aus mehreren Komponenten (Bild 6).

Für die digitale Datenverarbeitung wird ein Prozessor mit zwei Rechnerkernen (Dual-Core-Prozessor) eingesetzt. Der in diesem Baustein enthaltene Digitale Signalprozessor (DSP) wird zur Datenakquisition, Berechnung der Fast Fourier Transformation (FFT) und zur weiteren Basis-Signalverarbeitung eingesetzt. Daneben ist in dem Prozessor ein Mikrocontroller enthalten, in dem die weitere Signalverarbeitung, die Anwendungssoftware sowie Steuergerätefunktionen ausgeführt werden. Weiterhin sind diverse Peripherieeinheiten im Dual-Prozessor integriert: Serielle Schnittstellen, zwei CAN-Controller (Controller Area Network), ein Analog-/Digital-Konverter sowie verschiedene digitale Ports.

Um den Prozessor sind verschiedene Peripherie-Bausteine angeordnet. Die analogen Radarsignale von der HF-Platine werden in einem Analog-/Digital-Wandler (ADC) in digitale Abtastwerte umgesetzt. Dies geschieht parallel für vier Kanäle. In diesem Baustein ist auch noch ein digitales Tiefpassfilter integriert, das für eine Begrenzung auf die Nyquist-Bandbreite sorgt. Als externer, nichtflüchtiger Speicher wird ein EEPROM eingesetzt. Hier werden Applikationsparameter und ggf. Fehlereinträge gespeichert. Ein Multifunktions-ASIC dient zur Erzeugung der Versorgungsspannungen (verschiedene DC-Spannungen) und als Leistungstreiber (K-Leitung, CAN, Linsenheizung zur Verhinderung von Vereisung). Daneben ist noch ein Watchdog integriert. Mit einem Temperatursensor kann die Innentemperatur des Systems gemessen werden.

Die Verbindung des Gerätes mit dem Fahrzeug erfolgt über einen achtpoligen Stecker. Darüber werden die Batteriespannung (ca. 12 V), Masse (GND), zwei CAN-Busse, alternativ eine Wakeup- oder K-Leitung und ebenfalls alternativ eine Radom-Heizung oder ein Zeitlückensignal geführt.

Die Niederfrequenzschaltung kann in Standard-Leiterplatten-Technologie ausgeführt werden. Bild 7 zeigt einen Blick in das Gerät.

6 Niederfrequenz-Blockschaltbild

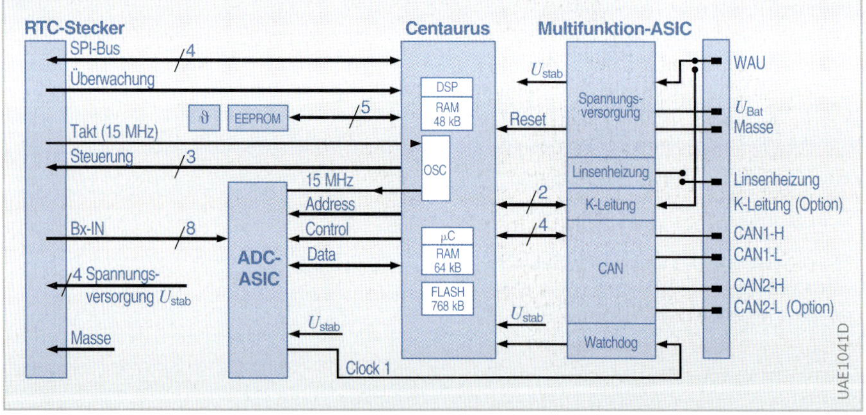

7 Explosionsdarstellung eines FMCW-Radars mit integrierter Signalverarbeitung

Bild 7

1 Gehäuseoberteil mit Linse
2 HF-Platine
3 Lagerpunkte für Justierung
4 Zwischenträger
5 NF-Platine
6 Gehäuseunterteil
7 Stecker

Insassenschutzsysteme

Insassenschutzsysteme sollen die bei einem Unfall auf die Passagiere wirkenden Beschleunigungen und Kräfte niedrig halten und die Unfallfolgen vermindern. Zu diesen passiven Fahrsicherheitssystemen zählen:

- Sicherheitsgurte mit Gurtstraffern,
- Airbags und
- Überrollschutzsysteme (bei Cabriolets).

Sicherheitsgurte plus Gurtstraffer stellen den größten Teil der Schutzwirkung dar, da sie 50...60 % der Crash-Energie aufnehmen. Mit Frontairbag beträgt die Energieabsorption ca. 70 % bei optimaler Abstimmung der Auslösezeitpunkte.

Um eine optimale Schutzwirkung zu erzielen, muss das Verhalten aller Komponenten des gesamten Insassenschutzsystems aufeinander abgestimmt sein.

Sicherheitsgurte und Gurtstraffer

Aufgabe

Sicherheitsgurte haben die Aufgabe, die Insassen eines Fahrzeugs im Sitz zurückzuhalten, wenn dieses auf ein Hindernis aufprallt. Gurtstraffer ziehen bei einem Frontalaufprall die Sicherheitsgurte enger an den Körper und halten den Oberkörper damit möglichst dicht an der Sitzlehne. So wird eine zu weite, durch die Massenträgheit verursachte freie Vorverlagerung der Insassen verhindert. Gurtstraffer verbessern damit die Rückhalteeigenschaften eines Dreipunkt-Automatikgurts und erhöhen den Schutz vor Verletzungen.

Arbeitsweise

Der Schultergurtstraffer beseitigt bei einem Aufprall die Gurtlose und den Filmspuleneffekt, indem er das Gurtband aufrollt und strafft. Bei der Aktivierung zündet das System elektrisch einen pyrotechnischen Treibsatz. Der ansteigende Druck wirkt auf einen Kolben, der über

1 Elektronisches Aufprallschutzsystem

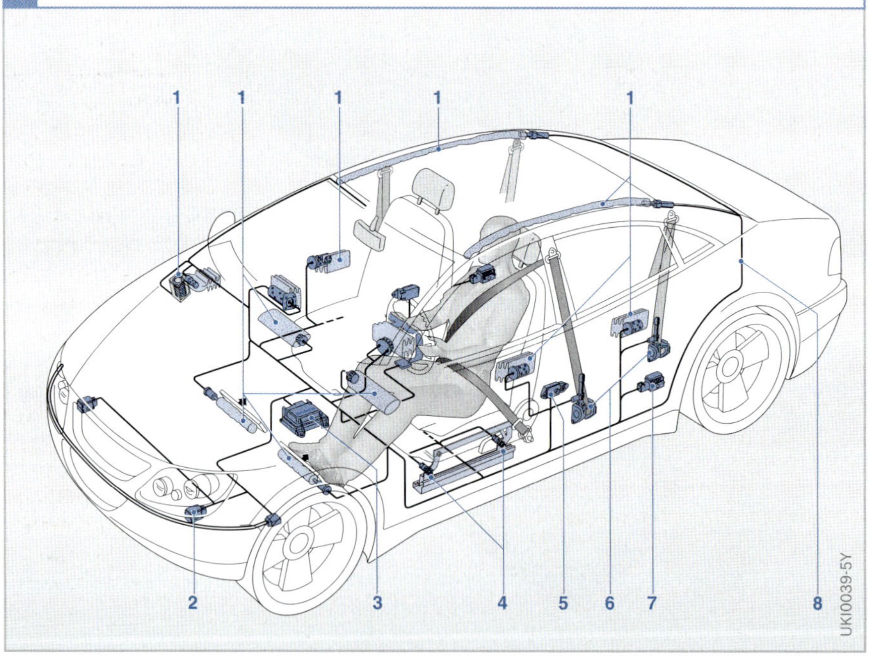

Bild 1
1 Airbag mit Gasgenerator
2 Upfront Sensor
3 zentrales Steuergerät mit integriertem Überrollsensor
4 iBolt™
5 peripherer Drucksensor PPS (Peripheral Pressure Sensor)
6 Gurtstraffer mit Treibsatz
7 peripherer Beschleunigungssensor PAS (Peripheral Acceleration Sensor)
8 Bus-Architektur (CAN)

ein Stahlseil die Gurtrolle so dreht, dass sich der Gurt straff an den Körper anlegt (Bild 2).

Varianten

Neben den Schultergurtstraffern gibt es Varianten, die das Gurtschloss nach hinten ziehen (Schlossstraffer) und dadurch gleichzeitig Schulter- und Beckengurt straffen. Schlossstraffer verbessern die Rückhaltewirkung und den Schutz davor, unter dem Gurt hindurchzurutschen („Submarining Effect") noch weiter.

Eine weitere Verbesserung bringen Gurtkraftbegrenzer. Bei dieser Variante ziehen die Straffer zuerst voll an (z. B. mit ca. 4 kN) und halten den Insassen zurück. Beim Überschreiten einer bestimmten Gurtbandkraft erhöht sich die Gurtlänge, wodurch sich der Vorverlagerungsweg verlängert. Die Bewegungsenergie wird in Verformungsenergie umgewandelt, dadurch wird das Auftreten von Beschleunigungsspitzen verhindert. Als Verformungselemente dient z. B. ein Torsionsstab in der Gurtaufrollerwelle. Es gibt aber auch eine elektronisch gesteuerte, einstufige Gurtkraftbegrenzung, die eine definierte Zeit nach Auslösung der zweiten Frontairbagstufe und nach Erreichen einer definierten Vorverlagerung die Gurtkraft durch Aktivierung eines Zündelements auf 1...2 kN reduziert.

2 Schultergurtstraffer

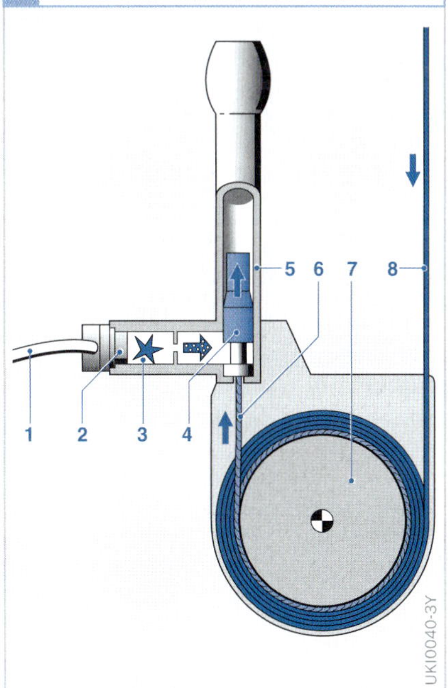

Bild 2
1 Zündleitung
2 Zündelement
3 Treibladung
4 Kolben
5 Zylinder
6 Drahtseil
7 Gurtrolle
8 Gurtband

Frontairbag

Aufgabe

Frontairbags haben die Aufgabe, mit je einem Airbag den Fahrer und den Beifahrer vor Kopf- und Brustverletzungen bei einem Fahrzeugaufprall auf Hindernisse zu schützen. Ein Gurtstraffer allein kann bei einem schweren Aufprall das Aufschlagen des Kopfes auf das Lenkrad nicht verhindern.

Arbeitsweise

Nach einem von Sensoren erkannten Fahrzeugaufprall blasen je ein pyrotechnischer Gasgenerator Fahrer- und Beifahrerairbag hochdynamisch auf. Um die maximale Schutzwirkung zu erhalten, muss ein Airbag ganz gefüllt sein, bevor der Insasse in ihn eintaucht. Beim Auftreffen des Insassen wird der Airbag teilweise wieder entleert und dabei die Energie, mit der die zu schützende Person auftrifft, mit verletzungsunkritischen Flächenpressungs- und Verzögerungswerten „sanft" absorbiert.

Die maximal zulässige Vorverlagerung des Fahrers, bis der Airbag auf der Fahrerseite gefüllt ist, beträgt ca. 12,5 cm. Das entspricht einer Zeit von ca. 40 ms nach Aufprallbeginn (bei einem Aufprall mit 50 km/h auf ein hartes Hindernis). 10 ms dauert es, bis die Elektronik den Aufprall sensiert und die elektronischen Zündung auslöst, 30 ms beträgt die Aufblasdauer für den Airbag. Der Airbag entleert sich nach weiteren 80...100 ms durch die Abströmöffnungen. Der gesamte Vorgang dauert somit nur etwas mehr als eine Zehntelsekunde.

Aufprallerkennung

Die beim Aufprall entstehende Verzögerung wird mit einem (oder zwei) in Richtung der Fahrzeuglängsachse messenden Bechleunigungssensor(en) erfasst und daraus die Geschwindigkeitsänderung berechnet. Zum besseren Erkennen von Schräg- und Offset-Crashs kann der Auslösealgorithmus auch das Signal des in Fahrzeug-Querrichtung messenden Beschleunigungssensors auswerten.

Zusätzlich zur Aufprallerkennung muss der Aufprall bewertet werden. Ein Hammerschlag in der Werkstatt, leichte Rempler, Aufsetzer, Fahren über Bordsteinkanten oder Schlaglöcher dürfen den Airbag nicht auslösen. Die Sensorsignale werden dazu in digitalen Auswertealgorithmen verarbeitet, deren Empfindlichkeitsparameter mithilfe von Crashdatensimulationen optimiert wurden. Je nach Fertigungskonzept des Fahrzeugherstellers können die fahrzeugspezifischen Auslöseparameter und der Fahrzeugausrüstungsgrad auch am Ende des Montagebandes in das Steuergerät programmiert werden („Bandende-Programmierung").

Zur Vermeidung airbagbedingter Verletzungen von Insassen, die sich „Out of Position" befinden (z. B. sich weit nach vorne lehnen) oder von Kleinkindern in Reboard-Kindersitzen (rückwärts gerichtet), muss die Auslösung des Frontairbags und dessen Befüllung situationsangepasst erfolgen. Hierzu gibt es folgende Maßnahmen:

Deaktivierungsschalter
Mit ihnen kann der Beifahrerairbag außer Funktion gesetzt werden. Die Funktionszustände des Airbags werden über Lampen angezeigt.

Intelligente Airbagsysteme
Das Verletzungsrisiko soll durch verbesserte und zusätzliche Sensierungsfunktionen und Steuermöglichkeiten des Airbag-Aufblasvorgangs bei gleichzeitiger Verbesserung der Schutzwirkung Schritt für Schritt verringert werden. Derartige Funktionsverbesserungen sind:

- Aufprallschwereerkennung durch weitere Optimierung des Auslösealgorithmus, bzw. durch Verwendung von ein oder zwei Upfront-Sensoren (Bild 4). Letztere sind in der Knautschzone (z. B. auf dem Kühlerquerträger) eingebaute Beschleunigungssensoren, die eine frühzeitige Erkennung und Unterscheidung der unterschiedlichen Aufprallarten, z. B. ODB (Offset Deformable Barrier Crash, Offset gegen weiche Barrieren), Pfahl- oder Unterfahraufpralle, ermöglichen. Sie erlauben auch eine Abschätzung der Aufprallenergie.
- Gurtbenutzungserkennung.
- Insassenpräsenz-, Positions- und Gewichtserkennung.
- Sitzpositions- und Lehnenneigungserkennung.
- Verwendung von Frontairbags mit zweistufigen Gasgeneratoren oder mit einstufigem Gasgenerator und pyrotechnisch aktivierbarem Gasauslassventil.
- Verwendung von Gurtstraffern mit vom Insassengewicht abhängiger Gurtkraftbegrenzung.
- Durch den Datenaustausch mit anderen Systemen, z. B. ESP (Elektronisches Stabilitätsprogramm) und Umfeldsensorik können Informationen aus der Phase kurz vor dem Aufprall dazu genutzt werden, die Auslösung der Rückhaltemittel weiter zu optimieren.

Seitenairbag

Aufgabe

Seitenairbags, die sich zum Kopfschutz entlang des Dachausschnitts (z. B. Inflatable Tubular Systems, Window Bags, Inflatable Curtains) bzw. aus der Tür oder der Sitzlehne (Thoraxbags, Oberkörperschutz) entfalten, sollen die Insassen weich abfangen und sie so vor Verletzungen beim Seitenaufprall schützen.

Arbeitsweise
Ein rechtzeitiges Entfalten der Seitenairbags gestaltet sich wegen der fehlenden Knautschzone und dem kleinen Abstand zwischen den Insassen und den seitlichen Fahrzeugstrukturteilen besonders schwierig. Die Zeit für die Aufprallerkennung und Aktivierung der Seitenairbags muss deshalb bei harten Seitenaufprallen bei ca. 5...10 ms liegen. Die Aufblasdauer der ca. 12 l großen Thoraxbags darf maximal 10 ms betragen.

Diese Forderungen können durch Auswertung peripherer (an geeigneten Stellen der Karosserie, z. B. B-Säule oder Tür), lateral (seitlich) messender Beschleunigungs- und Drucksensoren erfüllt werden.

Überrollschutzsysteme
Aufgabe
Bei offenen Kraftfahrzeugen wie z. B. Cabriolets fehlt bei einem Unfall mit Überschlag die schützende und abstützende Dachstruktur der geschlossenen Fahrzeuge. Ausfahrbare Überrollbügel oder Kassetten (hochfahrbare Kopfstützen) bieten Schutz der Insassen vor Verletzungen.

Arbeitsweise
Aktuelle Sensierungskonzepte lösen nicht mehr bei einer festen, sondern bei einer situationskonformen Schwelle und nur bei einem Fahrzeugüberrollen, d. h. einem Überschlag um die Längsachse, der weitaus am häufigsten vorkommt, aus. Die Sensierung geschieht beim Bosch-Konzept mit einem oberflächenmikromechanischen Drehratesensor und hochauflösenden Beschleunigungssensoren in Fahrzeugquer- und -hochrichtung (y- und z-Achse).
Der Drehratesensor ist der Hauptsensor, die y- und z-Beschleunigungssensoren dienen sowohl der Plausibilitätsüberprüfung als auch dem Erkennen der Überrollart (Böschungs-, Abhang-, Bordsteinanprall- oder Bodenverhakungs- bzw. „Soil Trip"-Überschlag). Diese Sensoren sind bei Bosch mit in das Airbag-Auslösegerät integriert.

Je nach Überrollsituation, Drehrate und Querbeschleunigung werden die Insassenschutzeinrichtungen an die Situation angepasst, d. h. unter automatischer Wahl und Anwendung des für den entsprechenden Überrollvorgang passenden Algorithmusmoduls nach 30...3 000 ms ausgelöst.

Kombinierte Steuergeräte für Gurtstraffer, Front- und Seitenairbags sowie Überrollschutzeinrichtungen
Die bestmögliche Insassenschutzwirkung bei einem Front-, Offset-, Schräg- oder Pfahlaufprall bewirkt ein abgestimmtes Zusammenspiel von pyrotechnischen, elektronisch gezündeten Frontairbags und Gurtstraffern. Um die Wirkung beider Schutzeinrichtungen zu maximieren, werden sie von einem gemeinsamen, in der Fahrgastzelle eingebauten Steuergerät zeitoptimiert aktiviert.

Im zentralen elektronischen Steuergerät, auch Auslösegerät genannt, sind derzeit folgende Funktionen integriert:

- Aufprallerkennung durch Beschleunigungssensor und Sicherheitsschalter oder durch zwei Beschleunigungssensoren ohne Sicherheitsschalter (redundante, vollelektronische Sensierung).
- Überrollerkennung durch Drehrate- und Beschleunigungssensoren, die im Nieder-*g*-Bereich (bis ca. 5 *g*) die y- und z-Beschleunigung erfassen.
- Zeitrichtige Ansteuerung von Frontairbags und Gurtstraffern bei unterschiedlichen Aufprallarten in Fahrzeuglängsrichtung (z. B. Front, Schräg, Offset, Pfahl, Heck).
- Ansteuerung von Überrollschutzeinrichtungen.
- Für die Seitenairbags arbeitet das Steuergerät mit einem zentralen Quer- und zwei bzw. vier peripheren Beschleunigungssensoren zusammen. Die peripheren Beschleunigungssensoren (PAS, Peripheral Acceleration Sensor) übertragen den Auslösebefehl an das zentrale Steuergerät über eine digitale Schnittstelle. Das zentrale Steuerge-

3 Zentrales kombinierte Steuergerät Alrbag 9 (Blockschaltbild)

Klemmenbezeichnungen:

Klemme 30	Direktes Batterie-Plus, nicht über das Zündschloss geführt
Klemme 15R	geschaltetes Batterie-Plus bei Zündschloss in Stellung „Radio", „Zündung ein" oder „Starter"
Klemme 31	Karosserie-Masse (an einer der Geräteanschraubstelle)

Abkürzungen:

CROD	Crash Output Digital
OC/AKSE	Occupant Classification / Automatische Kindersitzerkennung
SBE/AKSE	Sitzbelegungserkennung / Automatische Kindersitzerkennung
CAN low	Controller Area Network, Low-Pegel
CAN high	Controller Area Network, High-Pegel
CAHRD	Crash Aktive Head Rest Driver (Crash-aktive Kopfstütze Fahrer)
CAHRP	Crash Aktive Head Rest Passenger (Crash-aktive Kopfstütze Beifahrer)
UFSD	Upfront-Sensor Driver
PASFD	Peripheral Acceleration Sensor Front Driver
PASFP	Peripheral Acceleration Sensor Front Passenger
BLFD	Belt Lock (Switch) Front Driver
BLFP	Belt Lock (Switch) Front Passenger
BLRL	Belt Lock (Switch) Rear Left
BLRC	Belt Lock (Switch) Rear Center
BLRR	Belt Lock (Switch) Rear Right
BL3SRL	Belt Lock (Switch) 3rd Seat Row Left
BL3SRR	Belt Lock (Switch) 3rd Seat Row Right
PPSFD	Peripheral Pressure Sensor Front Driver
PPSFP	Peripheral Pressure Sensor Front Passenger
UFSP	Upfront Sensor Passenger
PPSRD	Peripheral Pressure Sensor Rear Driver
PPSRP	Peripheral Pressure Sensor Rear Passenger
ZP	Zündpillen 1...4 bzw 21...24
FLIC	Firing Loop Integrated Circuit
PIC	Periphery Integrated Circuit
SCON	Safety Controller
µC	Mikrocontroller

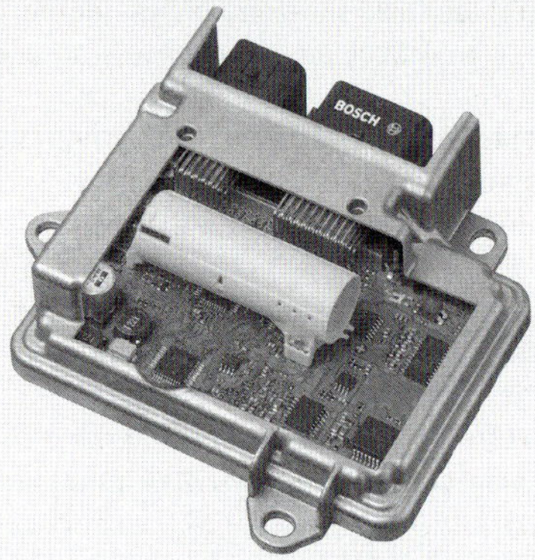

UKI0035OY

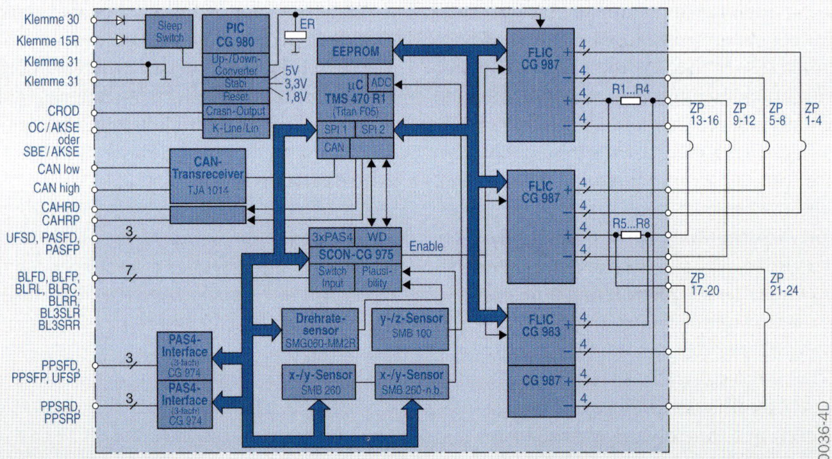

UKI0036-4D

rät löst die Seitenairbags aus, sofern der interne Quersensor durch eine Plausibilitätskontrolle einen Seitenaufprall bestätigt hat. Da die zentrale Plausibilität bei Aufprallen in die Tür oder bei Schwellerüberfahrten zu spät kommt, wird im Türhohlraum mit einem Drucksensor (PPS, Peripheral Pressure Sensor) die durch die Türdeformation hervorgerufenen adiabatischen Druckänderungen gemessen. Daraus resultiert eine schnelle Türaufprallerkennung. Die Ermittlung der „Plausibilität" erfolgt jetzt mit an tragenden, peripheren Strukturteilen montierten PAS. Sie ergibt sich jetzt eindeutig schneller als mit den zentralen Querbeschleunigungssensoren.

- Spannungswandler und Energiespeicher für den Fall, dass die Versorgung durch die Fahrzeugbatterie unterbrochen wird.
- Selektive Auslösung der Gurtstraffer, abhängig von den Gurtschlossabfragen: Die Zündung des Airbags erfolgt nur bei gestecktem Gurtschloss. Gegenwärtig kommen meist kontaktlose Gurtschlossschalter, d. h. Hall-IC-basierte Schalter zur Anwendung, die die Magnetfeldänderung infolge des Einsteckens der Gurtzunge ins Gurtschloss erkennen.
- Einstellung von mehreren Auslöseschwellen für zweistufige Gurtstraffer und zweistufige Frontairbags abhängig vom Gurtbenutzungs- und Sitzbelegungszustand.
- Einlesen der Signale der Innenraumsensorik und entsprechende Auslösung der Rückhaltemittel.
- Watchdog (WD): Airbag-Auslösegeräte müssen hohen Sicherheitsanforderungen hinsichtlich Fehlauslösung und korrekter Auslösung im Bedarfsfall (Crash) genügen. Deshalb wurden bei der im Jahr 2003 angelaufenen Airbag-9-Generation (AB 9) drei unabhängige Hardware-Watchdogs (WD) integriert:WD1 überwacht mit einem eigenen, unabhängigen Oszillator den 2-MHz-System-eClock.
  WD2 überwacht die Realtime-Prozesse (Zeitraster 500 µs) auf komplette, richtige Abfolge. Hierzu sendet der Sicherheitscontroller (SCON, Safety Controller, s. Bild 4) dem Mikrocomputer acht digitale Botschaften, die dieser dem SCON in Form von acht Antworten innerhalb eines Zeitfensters von (1 ± 0,3) ms richtig beantworten muss.
  WD3 überwacht die „Background"-Prozesse, z. B., ob die „Built in Selftest"-Routinen des ARM-Cores alle fehlerfrei laufen. Die Antwort vom Mikrocomputer an den SCON muss hier innerhalb einer Zeit von 100 ms erfolgen.
- Bei AB 9 sind Sensoren, Auswertebausteine und Endstufen über zwei SPI-Schnittstellen (Serial Peripheral Interface) verbunden. Die Sensoren haben digitale Ausgänge und ihre Signale können direkt über SPI übertragen werden. Damit bleiben Nebenschlüsse auf der Leiterplatte, anders als bei analoger Sinalübertragung, ohne Auswirkung und es ergibt sich ein hohes Maß an Funktionssicherheit. Eine Auslösung wird nur freigegeben, wenn auch ein unabhängiger Hardware-Plausibilitätspfad den Crash erkannt hat und die Endstufen für eine begrenzte Zeit freigibt (enable).
- Diagnose geräteinterner und -externer Funktionen bzw. Systemkomponenten.
- Abspeicherung von Fehlerarten und -dauern mit Crashrecorder; Auslesen über die Diagnose- bzw. CAN-Busschnittstelle.
- Warnlampenansteuerung.

Beschleunigungssensoren

Beschleunigungssensoren zur Aufprallerkennung können sich an folgenden Stellen im Fahrzeug befinden:

- Direkt im Steuergerät integriert (Gurtstraffer, Frontairbag),
- an ausgewählten Stellen der rechten und linken Seite des Fahrzeugs an tragenden Strukturteilen wie Sitzquerträger, Schweller, B- und C-Säule (Seitenairbag) oder
- im Verformungsbereich des Fahrzeugvorderteils (Upfront-Sensoren für „Intelligente Airbagsysteme").

Es handelt sich um oberflächenmikromechanische Sensoren, die aus feststehenden und beweglichen Fingerstrukturen und Federstegen bestehen. Da die Sensoren nur kleine Arbeitskapazitäten haben (ca. 1 pF), muss die Auswertelektronik zur Vermeidung von Streukapazitäts- und anderen Störeinflüssen im gleichen Gehäuse in unmittelbarer Nähe des Sensorelements untergebracht werden.

Gasgeneratoren

Die pyrotechnischen Treibladungen der Gasgeneratoren zur Erzeugung des Airbagfüllgases und zur Gurtstrafferbetätigung werden von einem elektrischen Zündelement aktiviert. Der jeweilige Gasgenerator füllt den Airbag mit Füllgas. Der in der Lenkradnabe eingebaute Fahrerairbag (Volumen ca. 60 l) bzw. der im Bereich des Handschuhfachs eingebaute Beifahrerairbag (ca. 120 l) ist ca. 30 ms nach der Zündung gefüllt.

Wechselstromzündung

Um unerwünschte Auslösungen durch einen Kontakt des Zündelements mit der Bordnetzspannung (z. B. fehlerhafte Isolation im Kabelbaum) zu vermeiden, wird das Zündelement durch Wechselstromimpulse mit ca. 80 kHz gezündet („AC-Firing"). Ein in den Zündkreis eingefügter kleiner Zündkondensator von 470 nF im Stecker des Zündelements trennt den Zünder galvanisch vom Gleichstrom. Diese Trennung von der Bordnetzspannung verhindert eine ungewollte Auslösung, selbst wenn nach einem Unfall ohne Airbagauslösung die Insassen mit der Rettungsschere aus der deformierten Fahrgastzelle befreit und dabei die im Lenksäulen-Kabelbaum vorhandenen Zündleitungen durchtrennt und nach Plus und Masse kurzgeschlossen werden.

Innenraumsensierung

Zur Insassen-Klassifizierung steht mit dem „iBolt" („intelligenter" Bolzen) ein Absolutgewicht messendes Verfahren zur Verfügung. Diese kraftmessenden iBolts (Bild 1) befestigen den Sitzrahmen (Sitzschwinge) am Gleitschlitten und ersetzen die sonst verwendeten vier Befestigungsschrauben. Sie messen die vom Gewicht abhängige Abstandsänderung zwischen ihrer Hülse (Topf) und der mit dem Gleitschlitten verbundenen Innenschraube mit einem Hall-Element.

Mikromechanik

Als „Mikromechanik" bezeichnet man die Herstellung von mechanischen Bauelementen aus Halbleitern (im Regelfall aus Silizium) unter Zuhilfenahme von Halbleitertechniken. Neben den halbleitenden Eigenschaften werden auch die mechanischen Eigenschaften des Siliziums ausgenutzt. Damit lassen sich Sensorfunktionen auf kleinstem Raum ausführen. Folgende Techniken kommen zur Anwendung:

Bulk-Mikromechanik

Das Material des Silizium-Wafers wird mit anisotropem (alkalischem) Ätzen und mit oder ohne elektrochemischem Ätzstopp in der gesamten Tiefe bearbeitet. Dabei wird das Material von der Rückseite her im Innern der Siliziumschicht (Bild 1, Pos. 2) dort abgetragen, wo keine Ätzmaske (1) aufliegt. Mit diesem Verfahren werden sehr kleine Membranen (a) mit typischen Dicken zwischen 5 und 50 µm, Öffnungen (b) sowie Balken und Stege (c) z. B. für Druck- oder Beschleunigungssensoren hergestellt.

Oberflächen-Mikromechanik

Trägermaterial ist ein Silizium-Wafer, auf dessen Oberfläche sehr kleine mechanische Strukturen gebildet werden (Bild 2). Zunächst wird eine „Opferschicht" aufgebracht und mit Halbleiterprozessen (z. B. Ätzen) strukturiert (A). Darüber wird eine ca. 10 µm dicke Polysiliziumschicht abgeschieden (B) und deren gewünschte Struktur mithilfe einer Lackmaske senkrecht geätzt (C). Im letzten Prozessschritt wird die Opferoxidschicht unterhalb der Polysiliziumschicht mit gasförmigem Fluorwasserstoff entfernt (D). Damit werden Strukturen wie z. B. bewegliche Elektroden (Bild 3) für Beschleunigungssensoren freigelegt.

Wafer-Bonden

Beim anodischen Bonden und Sealglasbonden werden zwei Wafer unter Einwirkung von Spannung und Wärme bzw. Wärme und Druck fest miteinander verbunden, um z. B. ein Referenzvakuum hermetisch einzuschließen oder empfindliche Strukturen durch Aufbringen von Kappen zu schützen.

1 Mit der Bulk-Mikromechanik herstellbare Strukturen

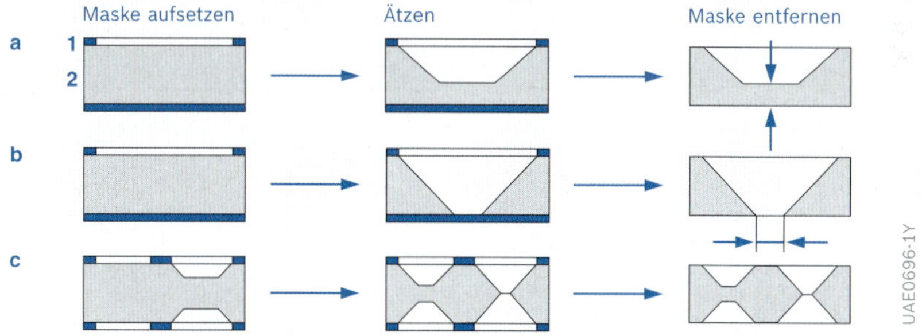

Bild 1
a Herstellen einer Membran
b Herstellen einer Öffnung
c Herstellen von Balken und Stegen

1 Ätzmaske
2 Silizium

2 Oberflächen-Mikromechanik (Prozessschritte)

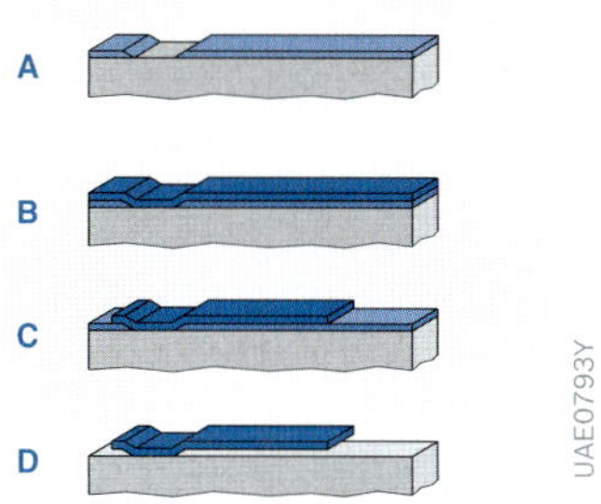

Bild 2
A Abscheiden und Strukturieren der Opferschicht
B Abscheiden des Polysiliziums
C Strukturieren des Polysiliziums
D Entfernen der Opferschicht

3 Oberflächen-Mikromechanik (Strukturdetails)

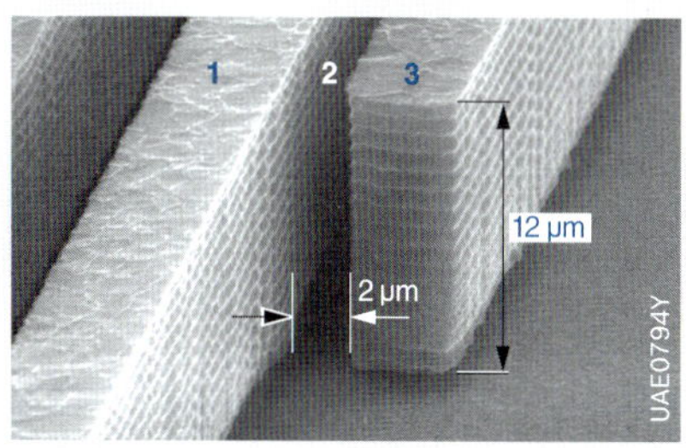

Bild 3
1 Feste Elektrode
2 Spalt
3 federnde Elektrode

Grundlagen der Vernetzung

Mit dem rasanten Fortschritt in der Computertechnik nimmt die Anzahl elektronischer Systeme immer weiter zu. Diese Entwicklung macht auch in der Kfz-Technik nicht halt. Das bedeutet aber auch, dass die Komplexität eines Gesamtsystems - hier das System Fahrzeug - weiter steigt. Die Einzelsysteme, z. B. die Motorsteuerung, wurden dabei in den letzten Jahren in Details weiter verbessert. Innovationen werden aber vor allem durch das Zusammenspiel mehrerer Einzelsysteme erzielt. Damit die Vielzahl an Informationen, die mit den Einzelsystemen verwaltet werden, auch systemübergreifend genutzt werden können, müssen die einzelnen Komponenten untereinander vernetzt werden. Je nachdem, welche Anforderungen (z. B. Übertragungssicherheit, Fehlertoleranz, Kosten) gestellt werden, kommen verschiedene Kommunikationssysteme zum Einsatz.

Netzwerktopologie

Unter einem Netzwerk versteht man ein System, in dem eine Gruppe von Elementen Informationen über ein Transportmedium austauscht. Visualisiert man die Elemente als Knoten und die Kommunikationsbeziehungen als Linien, dann entsteht das Bild eines Netzes, wenn viele Knoten Beziehungen zu mehreren anderen Knoten haben. Oft werden in einem Kommunikationsnetzwerk die Knoten auch als Netzteilnehmer oder Station bezeichnet.

Im Kfz können komplexe Steuergeräte z. B. für das Motormanagement (Motronic bzw. Elektronische Dieselregelung, EDC), das Elektronische Stabilitätsprogramm (ESP), die Getriebesteuerung oder die Türmodule Netzteilnehmer sein (Bild 1). Aber auch ein Sensor mit einer Aufbereitungsschaltung, die nur den Messwert aufbereitet und digitalisiert, kann als Netzteilnehmer wirken und die gemessenen Signale für andere Netzwerkteilnehmer zur

1 Vernetzung von Systemen im Kfz

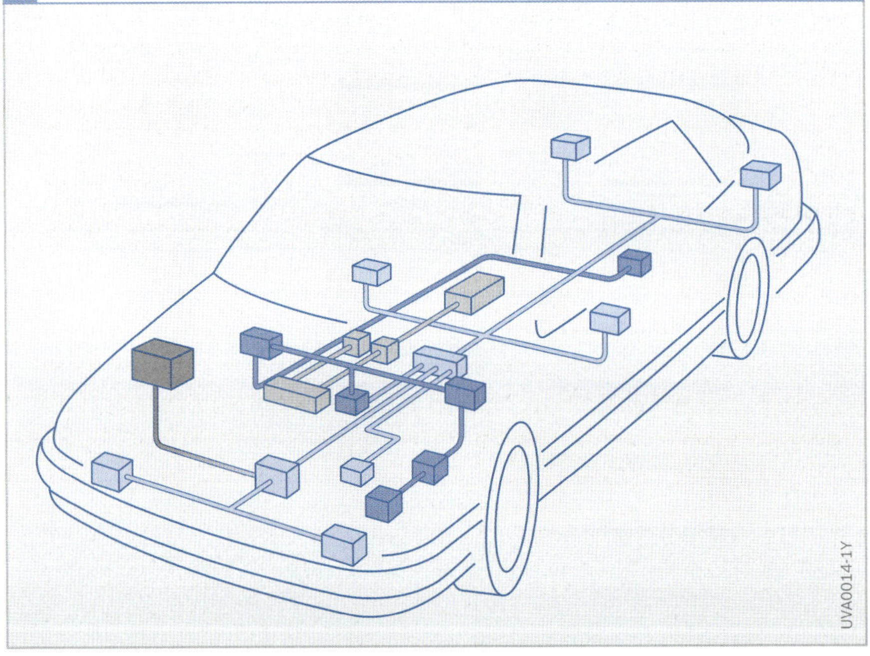

Verfügung stellen. Das Transportmedium, über das die Kommunikation abläuft, wird als Bus bzw. Datenbus bezeichnet.

Unter einer Netzwerktopologie versteht man die Struktur von Netzknoten und Verbindungen. Dabei wird nur dargestellt, welche Knoten miteinander verbunden sind, aber nicht die tieferen Details, wie zum Beispiel die Länge der Verbindung. Jeder Netzteilnehmer muss mindestens eine Verbindung zu einem anderen Netzteilnehmer haben, um an der Kommunikation des Netzwerks teilnehmen zu können. Für verschiedene Anwendungen von Kommunikationsnetzen gibt es unterschiedliche Anforderungen an die eingesetzte Topologie, die einige Eigenschaften des Gesamtnetzwerks bestimmt. Alle Netzwerktopologien basieren auf den vier Grundtopologien

- Bustopologie,
- Sterntopologie,
- Ringtopologie und
- Maschentopologie.

Aus diesen Grundtopologien lassen sich durch Kombinationen weitere Strukturen – die Hybridtopologien – zusammensetzen.

2 Lineare Bustopologie

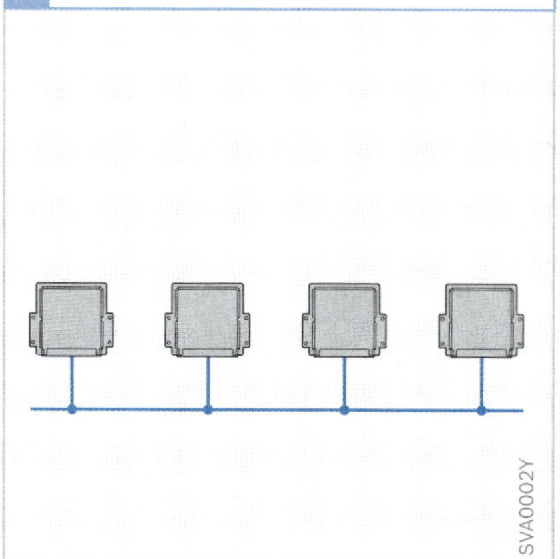

Bustopologie

Diese Netzwerktopologie wird auch als linearer Bus bezeichnet. Kernelement einer Bustopologie ist eine einzige Leitung, an die alle Knoten über kurze Anschlussleitungen angeschlossen sind (Bild 2). Durch diese Topologie ist es sehr leicht, das Netzwerk um zusätzliche Teilnehmer zu erweitern. Nachrichten, auch als Botschaften bezeichnet, werden von den einzelnen Busteilnehmern ausgesendet und den gesamten Bus verteilt.

Knoten senden und empfangen Nachrichten. Fällt ein Knoten aus, dann stehen im Netzwerk die von diesem Knoten erwarteten Daten den anderen Knoten nicht zur Verfügung. Die verbleibenden Knoten können aber weiter Nachrichten austauschen. Das Netzwerk mit einer Bustopologie fällt allerdings komplett aus, wenn die zentrale Leitung einen Defekt hat (z. B. Kabelbruch).

Sterntopologie

Die Sterntopologie besteht aus einem zentralen Knoten (Repeater, Hub), an den alle anderen Knoten über eine Einzelverbindung angekoppelt sind (Bild 3). Ein Netzwerk mit dieser Topologie ist deshalb einfach erweiterbar, wenn freie Kapazitäten (Anschlüsse, Leitungen) zur Verfügung stehen.

3 Sterntopologie

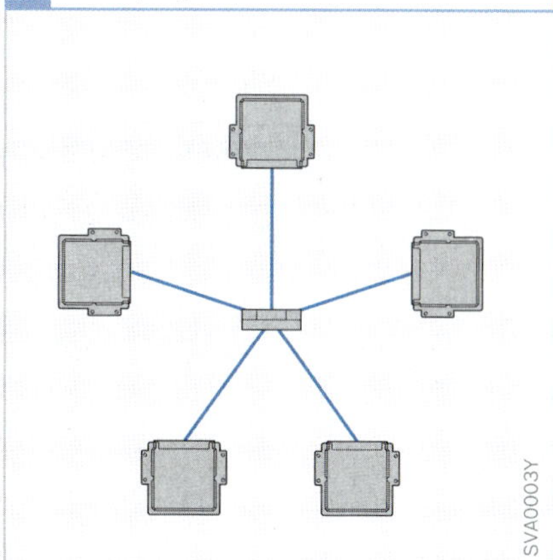

In Sterntopologien werden Daten über die Einzelverbindungen der Knoten mit dem zentralen Knoten ausgetauscht, wobei man zwischen aktiven und passiven Sterntopologien unterscheidet. Bei aktiven Sterntopologien beinhaltet der zentrale Knoten einen Rechner, der die Daten verarbeitet und weiterleitet. Die Leistungsfähigkeit des Netzwerks wird hier im Wesentlichen von der Leistungsfähigkeit dieses Rechners bestimmt. Der zentrale Knoten muss aber nicht zwingend über eine besondere Steuerungsintelligenz verfügen. Bei passiven Sternsystemen führt er nur die Busleitungen der Netzwerkteilnehmer zusammen.

Für aktive und passive Sterne gilt: Fällt ein Netzwerkteilnehmer aus oder ist eine Verbindungsleitung zum zentralen Knoten defekt, bleibt das übrige Netzwerk weiter funktionsfähig. Fällt hingegen der zentrale Knoten aus, ist das gesamte Netzwerk außer Betrieb.

Im Kfz-Bereich sind Sternstrukturen für Sicherheitssysteme wie Bremse und Lenkung in der Diskussion. Hierbei wird die Gefahr eines vollständigen Netzausfalls dadurch aufgefangen, dass der Zentralknoten physikalisch redundant ausgelegt wird. Das heißt, es werden mehrere zentrale Knoten verwendet, an die zwingend die Knoten parallel angeschlossen werden müssen, deren Informationen für einen sicheren Betrieb des Kfz benötigt werden.

Ringtopologie

Bei der Ringtopologie ist jeder Knoten mit seinen beiden Nachbarn verbunden. Damit ergibt sich ein geschlossener Ring (Bild 4). Es kann zwischen Einzel- und Doppelringen unterschieden werden.

In einem Einzelring erfolgt die Datenübertragung nur in einer Richtung (unidirektional) von einer Station zur nächsten. Die Daten werden jeweils nach dem Empfang überprüft. Wenn sie nicht für diese Station bestimmt sind werden sie erneuert (Repeaterfunktion), verstärkt und an die nächste Station weitergesendet. Die zu übertragenden Daten werden im Ring also von einer Station zur nächsten weitergeleitet, bis sie ihren Bestimmungsort erreicht haben oder wieder am Ausgangspunkt ankommen, wo sie verworfen werden.

Sobald in einem Einzelring eine Station ausfällt, ist der Datentransfer unterbrochen und das Netzwerk fällt vollständig aus.

Ringe können auch in Form eines Doppelrings aufgebaut werden (z. B. FTTI), in dem die Datenübertragung in beide Richtungen erfolgt. Bei dieser Topologie kann der Aus-

4 Ringtopologie

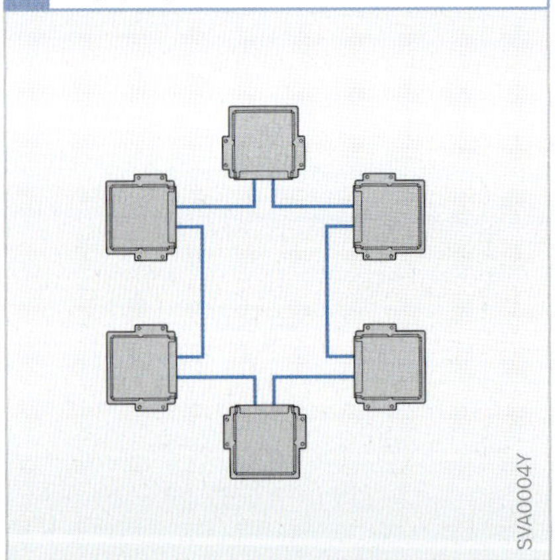

5 Maschentopologie

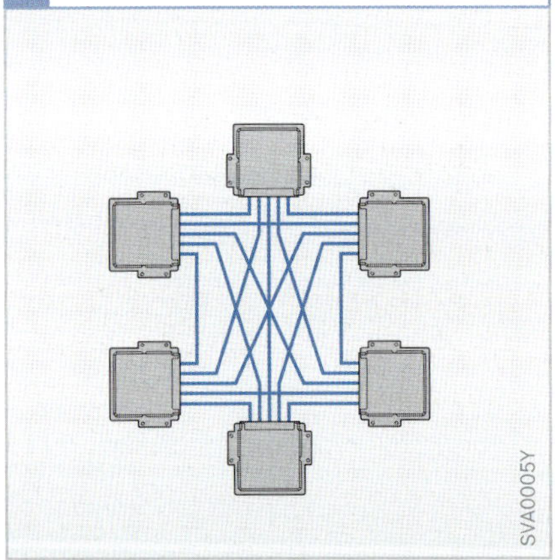

fall einer Station oder einer Verbindung zwischen zwei Stationen verkraftet werden, da alle Daten weiterhin an alle funktionsfähigen Stationen des Rings übertragen werden.

Fallen allerdings mehrere Stationen oder Verbindungen aus, kann eine Störung der Funktion nicht mehr ausgeschlossen werden.

Maschentopologie

In einer Maschentopologie ist jeder Knoten mit einem oder mehreren weiteren Knoten verbunden (Bild 5). Beim vollständig vermaschten Netzwerk ist jeder Knoten mit jedem anderen verbunden.

Bei Ausfall eines Knotens oder einer Verbindung gibt es Umwege, über die die Daten geleitet werden können. Dieses Netzwerk zeichnet sich deshalb durch eine hohe Ausfallsicherheit aus. Der Aufwand für Vernetzung und den Transport der Nachrichten ist allerdings hoch.

Funknetze bilden eine Art der Maschentopologie, da hier die Übertragungen jeder Station von jeder anderen Station in Reichweite empfangen werden.

Eine Maschentopologie besitzt die Eigenschaft eines Busses für den Nachrichtenaustausch und die eines Sterns für die Datenübertragung, da alle Stationen alle Übertragungen der übrigen Stationen empfangen, der Ausfall von Verbindungen zwischen Stationen aber verkraftet werden kann.

Hybridtopologien

Bei Hybridtopologien sind verschiedene Netzwerktopologien gekoppelt. Folgende Kombinationen sind z. B. möglich:

- Stern-Bus-Topologie: Die Hubs mehrerer Stern-Netzwerke sind als linearer Bus miteinander verbunden (Bild 6).
- Stern-Ring-Topologie: Die Hubs mehrerer Stern-Netzwerke sind mit dem Haupt-Hub verbunden (Bild 7). In diesem Haupt-Hub sind die Hubs der Stern-Netzwerke ringförmig gekoppelt.

6 Stern-Bus-Topologie

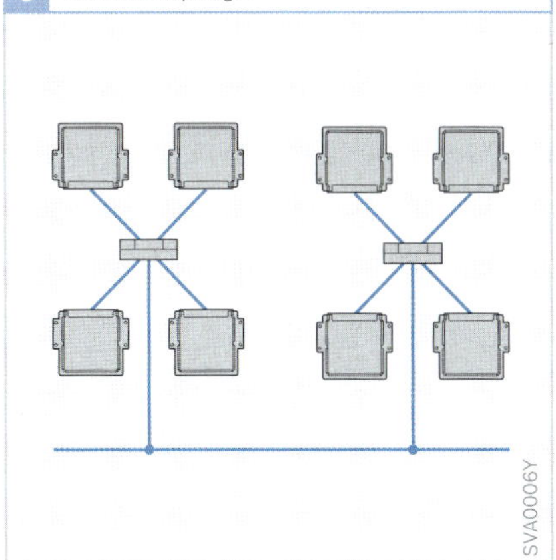

7 Stern-Ring-Topologie

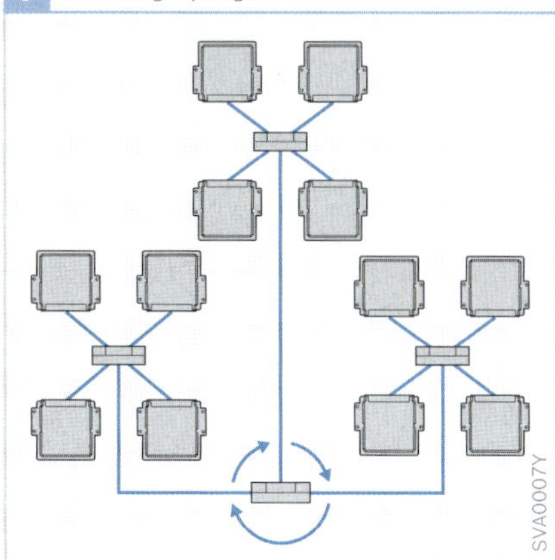

Netzwerkorganisation

Adressierung

Damit Nachrichten über ein Netzwerk übertragen und ihre Informationen ausgewertet werden können, enthalten sie neben den Nutzdaten (Payload) Informationen zur Datenübertragung. Diese können explizit in der Übertragung enthalten oder implizit durch Vorgaben festgelegt sein. Die Adressierung ist eine wichtige Information für die Datenübertragung. Sie wird benötigt, damit eine Nachricht beim richtigen Empfänger ankommt. Hierzu gibt es verschiedene Verfahren.

Teilnehmerorientiertes Verfahren

Der Datenaustausch erfolgt hier auf Basis von Knotenadressen. Die vom Sender abgesetzte Nachricht enthält neben den zu übertragenden Daten die Adresse des Zielknotens (Bild 8a). Alle Empfänger überprüfen die übertragene Empfängeradresse gegen ihre eigene und nur der Empfänger mit der korrekten Adresse wertet die Nachricht aus.

Die meisten konventionellen Kommunikationssysteme (z. B. Ethernet) arbeiten nach dem Prinzip der Teilnehmeradressierung.

8 Adressierungsarten

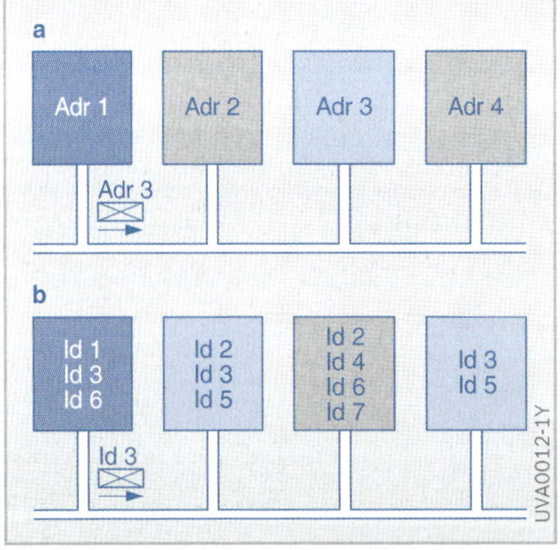

Bild 8
a Teilnehmerorientiertes Verfahren
b Nachrichtenorientiertes Verfahren

Nachrichtenorientiertes Verfahren

Bei diesem Verfahren werden nicht die Empfängerknoten adressiert, sondern die Nachrichten selbst (Bild 8b). Eine Nachricht wird entsprechend ihrem Inhalt durch einen Nachrichten-Identifier gekennzeichnet, der im Voraus für diesen Informationstyp festgelegt wurde. Bei diesem Verfahren benötigt der Absender kein Wissen über das Ziel der Nachricht, da jeder Empfängerknoten selbst entscheidet, ob er die Nachricht verarbeitet. Natürlich können auch mehrere Knoten die Nachricht übernehmen und auswerten.

Übertragungsorientiertes Verfahren

Auch Übertragungsmerkmale können zur Kennzeichnung einer Nachricht herangezogen werden. Wird eine Nachricht immer in einem definierten Zeitfenster gesendet, kann sie anhand dieser Position identifiziert werden. Zur Absicherung wird diese Adressierung in manchen Fällen auch mit einer nachrichten- oder teilnehmerorientierten Adressierung kombiniert.

Buszugriffsverfahren

Zum Senden einer Nachricht muss ein Knoten auf den Bus zugreifen. Bei den Buszugriffsverfahren wird unterschieden zwischen

- vorhersagbaren Verfahren, bei denen der Buszugriff über bestimmte zeitabhängige Eigenschaften des Netzes bestimmt wird, wobei zu einem Zeitpunkt maximal ein Knoten senden kann und
- zufälligen Verfahren, bei denen jeder Knoten versuchen kann, Daten zu übertragen, wenn der Bus nicht belegt scheint.

Beim vorhersagbaren Verfahren ist das Buszugriffsrecht vor einem Buszugriff festgelegt. Damit kann sichergestellt werden, dass immer nur ein Busteilnehmer den Bus belegt. Zugriffskollisionen aufgrund gleichzeitiger Busbelegung sind ausgeschlossen, wenn alle Teilnehmer das Verfahren befolgen.

Beim zufälligen Verfahren können die Knoten jederzeit versuchen, den Bus zu belegen, sobald dieser frei erscheint. Der Zeitpunkt des Buszugriffs ist also zufällig. In diesem Verfahren ist die Gefahr von Kollisionen zwischen Übertragungen gegeben, die behandelt werden muss. Dies kann über die wiederholte Übertragung nach einer erkannten Kollision (z. B. Ethernet), durch die unterschiedliche Kodierung von Übertragungen (CDMA), die Steuerung der Kommunikation über einen Master oder die Priorisierung von Nachrichtentypen oder Absendern erfolgen.

Time Division Multiple Access (TDMA)

TDMA ist ein deterministisches (vorhersagbares) Zugriffsverfahren. Hier sind jedem Knoten im Voraus (a-priori) Zeitfenster zugewiesen, in denen er senden darf. Für das Netzwerk ist deshalb ein fester Ablaufplan erforderlich. Es gibt in der Regel keinen zentralen Kommunikationsteilnehmer, der den Kommunikationsablauf bestimmt. Es gibt allerdings Konzepte, in denen nach Bedarf zwischen verschiedenen Ablaufplänen umgeschaltet werden kann. Voraussetzung für TDMA ist, dass die internen Uhren der unterschiedlichen Stationen sehr synchron laufen, da die Sendefenster sehr präzise eingehalten werden müssen.

Master-Slave

Beim Master-Slave-System agiert ein Knoten des Netzes als Master. Er bestimmt die Kommunikationshäufigkeit durch Abfragen seiner untergeordneten Knoten (Slaves). Ein Slave antwortet nur, wenn er vom Master angesprochen wird (Bild 9). Einige Master-Slave Protokolle erlauben es jedoch, dass ein Slave sich beim Master meldet, um eine Nachricht abzusenden (z. B. Information über die Position der Fensterheber an das Türmodul).

Multimaster

In einem Multimaster-Netzwerk können mehrere Knoten selbstständig und ohne Hilfe eines anderen Knotens auf das Transportmedium zugreifen. Der Buszugriff erfolgt unkontrolliert. Jeder Knoten kann auf den Bus zugreifen und eine Nachricht versenden, wenn der Bus frei erscheint. Dies bedeutet, dass jeder Knoten sein eigener Master ist und alle Knoten gleichberechtigt eine Nachrichtenübertragung starten können. Allerdings bedeutet dies auch, dass Methoden vorhanden sein müssen, um Kollisionen zu erkennen und zu behandeln. Dies kann z. B. durch eine Entscheidungsphase mit Priorisierung oder durch ein verzögertes erneutes Senden geschehen. Der Einsatz einer Prioritätensteuerung verhindert einen Buskonflikt, wenn mehrere Knoten gleichzeitig den Bus belegen wollen, da sich der Netzknoten, der eine hohe Priorität besitzt oder eine hoch priorisierte Nachricht übertragen möchte, im Konfliktfall durchsetzt und seine Nachricht zuerst sendet. Wenn die Leitung wieder frei ist, beginnt ein erneuter Versuch Nachrichten zu senden.

Die Multimaster-Architektur wirkt sich positiv auf die Verfügbarkeit des Systems aus, da kein einzelner Knoten die Kommunikation steuert, dessen Ausfall zu einem Totalausfall der Kommunikation führen würde.

9 Master-Slave-Verfahren

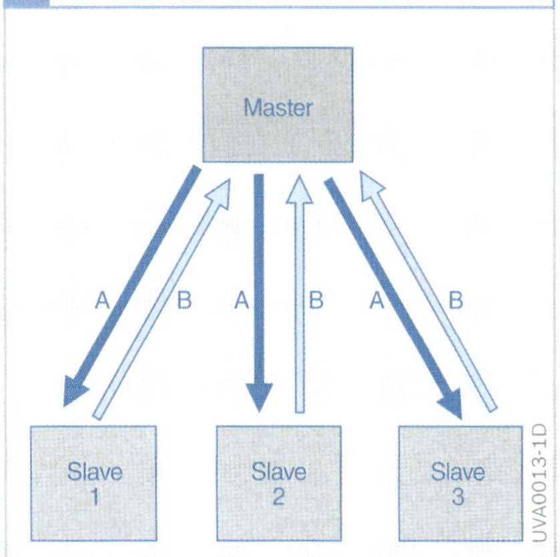

OSI-Referenzmodell

Netzwerkprotokolle werden gewöhnlich in Schichten definiert, die Eigenschaften und Aufgaben bündeln. Die Eigenschaften der tieferliegenden Schichten werden in der nächsthöheren Schicht als gegeben angesehen. Dies hat den Vorteil, dass einzelne Schichten austauschbar sind, solange die angebotenen Schnittstellen zwischen den Schichten unverändert bleiben.

Das ISO-OSI-Referenzmodell (Open Systems Interconnection) bietet eine Basis für die Beschreibung von vielen Kommunikationsprotokollen und deren Vergleich. Es wurde von der ISO (International Standardization Oranization) entwickelt und führte zu der Verabschiedung internationaler Standards durch ISO und IEEE (Institute of Electrical and Electronic Engineers).

Im OSI-Modell werden Datenkommunikationssysteme in verschiedenen Schichten (Ebenen, Layer) dargestellt (Bild 10). Die komplexe Aufgabe der Datenkommunikation wird dadurch in übersichtliche Funktionsbereiche (Schichten) aufgeteilt. Für einfache Kommunikationssystem sind nicht alle Schichten des OSI-Modells erforderlich. Für viele Anwendungen können auch Schichten zusammengefasst werden. Netzwerkprotokolle im Kfz-Bereich werden oft gegliedert in

- Physikalische Schicht,
- Kommunikationsschicht und
- Applikationsschicht (Anwenderschicht).

Physikalische Schicht

In der physikalischen Schicht (physical layer) werden die elektrischen und prozeduralen Parameter der physikalischen Verbindung zwischen der Netzwerkteilnehmern festgelegt.

Signalpegel

Daten werden in der Digitaltechnik durch Aneinanderreihung der beiden binären Zustände 0 und 1 repräsentiert. Zur Über-

10 OSI-Referenzmodell

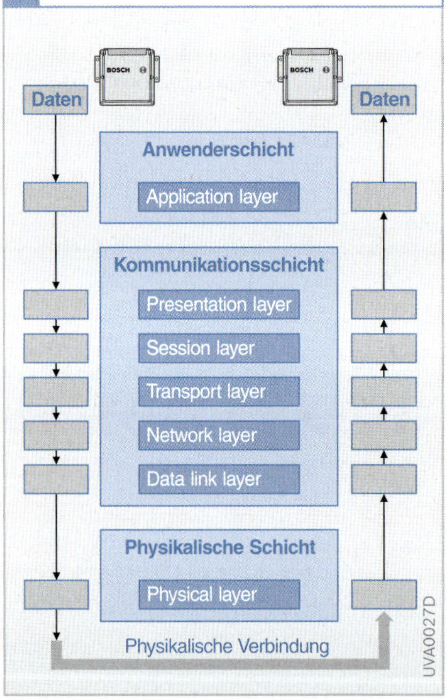

11 Erzeugung von dominanten und rezessiven Pegeln

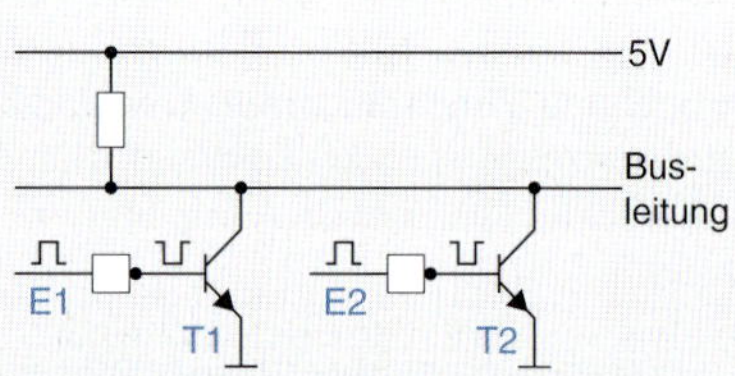

Ansteuerung E	Zustand T	Buspegel
0	leitet	0 V
1	sperrt	5 V

E1	E2	Buspegel	
0	0	0 V	dominant
0	1	0 V	dominant
1	0	0 V	dominant
1	1	5 V	rezessiv

SVA0008Y

tragung der Daten auf einem Bus müssen diese Zustände auf dem Übertragungsmedium dargestellt werden. Besonders wichtig ist hierbei, dass es auf dem Bus nicht zu Kurzschlüssen kommen darf, wenn ein Knoten den Zustand 1, ein anderer den Zustand 0 überträgt.

Die Binärzustände können auf vielfältige Weise dargestellt werden. Die serielle Schnittstelle des PCs z. B. verwendet +12 V und -12 V, CAN-B Spannungen von 0 V und 5 V. Die Spannungen der seriellen Schnittstelle ist für einen Bus ungeeignet, da hier Kurzschlüsse auftreten können, wenn mehrere Teilnehmer gleichzeitig entgegengesetzte Binärzustände übertragen wollen.

Wenn die Kodierung es erlaubt, dass ein Pegel den anderen überschreiben kann, wird der überschreibende Pegel als dominant, der nachgebende als rezessiv bezeichnet.

Es ist auch möglich, dominante und rezessive Pegel mit optischen Medien darzustellen. Der Zustand 1 (rezessiv) entspricht dann beispielsweise dunkel, der Zustand 0 (dominant) hell. In einem Lichtwellenleiter kann ein einzelner Knoten dann alle anderen überstimmen, wenn er Licht in den Leiter einspeist.

Bitstrom

Die Informationen der Anwendung können in der Regel nicht direkt übertragen werden. Um die Übertragung zu ermöglichen, wird die Information zunächst als Payload in den Botschaftsrahmen (Frame) einer Nachricht eingebunden, der Informationen für die Übertragung enthält. Da alle Protokolle im Hinblick auf verschiedene Anforderungen entwickelt wurden, unterscheidet sich das Format der Frame zwischen allen Protokollen.

Für die eigentliche Übertragung der Informationen muss der Frame in einen Bitstrom gewandelt werden, eine Aneinanderreihung von Bits, die als physikalische Zustände über das Transportmedium übertragen werden können.

Beispiel UART Schnittstelle

Mikrocontroller, wie sie in Steuergeräten eingesetzt werden, haben auf dem Chip eine einfache Schnittstelle (UART, Universal Asynchronous Reciver/Transmitter) integriert, über die sie mit der Außenwelt (z. B. einem PC) kommunizieren können. Über diese Schnittstelle können die wesentlichen Merkmale einer Datenübertragung ausgelesen werden.

Wenn keine Daten ausgetauscht werden, liegt der Buspegel auf 5 V (Betriebsspannung des Mikrocontrollers, Bild 11). Mit dem Aussenden des Startbit (dominanter Pegel) erhält die andere am Bus angeschlossene Station - der Empfänger - die Information, dass eine Datenübertragung startet (Bild 12). Die Länge des Startbit beträgt eine Bitzeit, die Zeitbasis für die gesamte Datenübertragung. Jedes folgende Datenbit hat die gleiche Länge. Der Kehrwert dieser Zeit entspricht der Datenübertragungsrate, d. h, die Anzahl der Bit, die bei kontinuierlichem Datenstrom in einer Sekunde übertragen werden. Alle beteiligten Stationen müssen auf die gleiche Datenübertragungsrate eingestellt sein.

Nach dem Startbit beginnt die Übertragung eines 8-Bit-Datenworts (1 Byte) mit dem niederwertigsten Bit (LSB, Low Significant Bit). Der Empfänger, der sich auf das Startbit synchronisiert hat, tastet

12 Übertragungsrahmen der UART-Schnittstelle

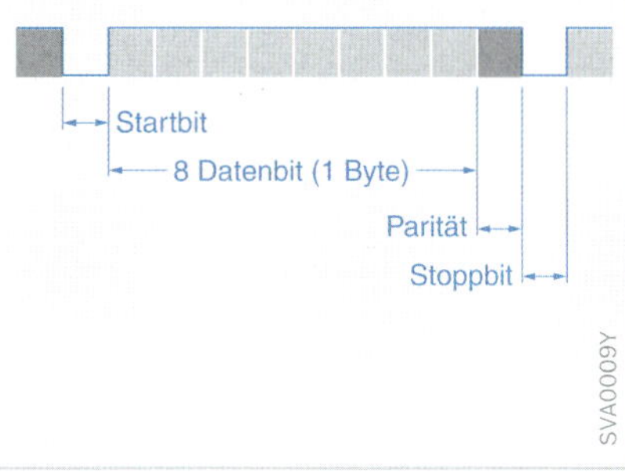

in der Mitte jedes Datenbits den Datenbus ab und setzt so das übertragene Datenbyte zusammen.

Nach den acht Datenbit folgt das Paritätbit. Dieses Bit zeigt an, ob die Anzahl der übertragenen Einsen gerade oder ungerade ist. Es ermöglicht im Empfänger somit eine einfache Prüfung auf mögliche Übertragungsfehler. Die Sequenz schließt mit dem Stoppbit, das mit dominantem Pegel auf den Bus gegeben wird. Anschließend ist eine erneute Datenübertragung möglich.

Kommunikationsschicht

Damit Steuergeräte miteinander in Verbindung treten und Daten austauschen können, müssen sie die gleiche „Sprache" sprechen. Sie bestimmt, nach welchen Regeln Daten zwischen den einzelnen Netzwerkteilnehmern ausgetauscht werden.

Die Kommunikationsschicht nimmt Daten von der Applikationsschicht entgegen, bereitet diese zur Versendung vor und reicht diese an die physikalische Schicht weiter.

Wesentliche Merkmale dieser Protokollschicht sind:

- Format des Nachrichtenframes,
- Steuerung des Buszugriffs,
- Adressierung der Nachrichten,
- Erkennung und Behandlung von Kollisionen,
- Synchronisation der Netzknoten,
- Berechnung von Prüfsummen.

Applikationsschicht

Die Applikationsschicht besteht aus der Anwendung, die Informationen verarbeitet und bereitstellt. Die Applikationsschicht ist die einzige Protokollschicht, an die Benutzer- oder Sensoreingaben gemacht werden können.

Steuerungsmechanismen

Ereignissteuerung

In einem ereignisgesteuerten Bussystem werden Nachrichten übertragen, sobald ein Ereignis, das zu einer Nachrichtenübertragung führen soll, eingetreten ist (Bild 13a). Beispiele für solche Ereignisse sind:

- Tastendruck auf das Bedienfeld der Klimaanlage,
- Betätigen des Warnlichtschalters,
- eingehende Nachricht, auf die reagiert werden soll (z. B. Information vom Geschwindigkeitssensor an den Motor der Tachonadel),
- Ablauf einer festgelegten Zeitspanne (Zeitraster, z. B. 100 ms), nach der zyklisch Nachrichten ausgesendet werden.

Da die Stationen nicht miteinander synchronisiert sind, ist es unvermeidbar, dass mehrere Stationen gleichzeitig auf den Bus zugreifen wollen. Damit eine Nachricht

13 Ereignissteuerung

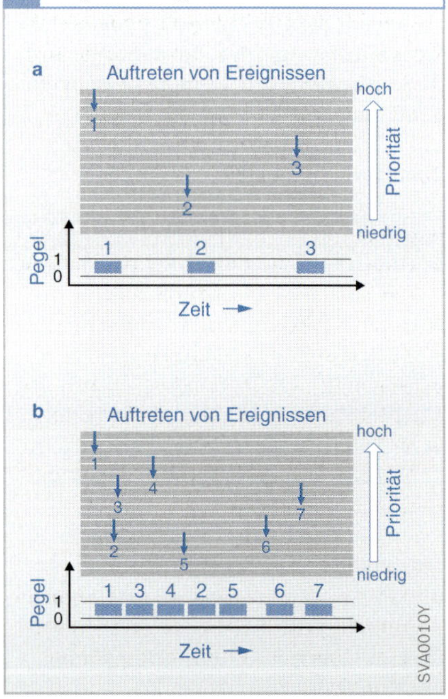

unverfälscht übertragen werden kann, darf aber immer nur eine Station Daten auf dem Bus versenden. Um diese Konflikte aufzulösen existieren Mechanismen zur Kollisionsvermeidung, die Buskonflikte verhindern oder lösen.

Möchte ein Knoten eine Nachricht übertragen während der Bus belegt ist, tritt eine Verzögerung der Übertragung ein (Bild 13b). Eine sendebereite Station muss dann warten, bis die laufende Übertragung beendet ist.

Da anschließend der Buszugriff erneut ausgehandelt wird, kann es zu einer erneuten Verzögerung der Übertragung kommen. Diese Verzögerungen werden gravierend, wenn der Bus durch sehr viele Netzwerkteilnehmer, die Nachrichten senden wollen, überlastet ist. Unter Umständen gehen Nachrichten verloren, wenn der Sender wegen zu langer Wartezeit die Übertragung aufgibt.

Ereignisgesteuerte Bussysteme sind geeignet, um möglichst schnell auf asynchrone, d. h. nicht vorhersehbare Ereignisse reagieren zu können. Im Idealfall führen sie im Vergleich zum zeitgesteuerten System zu geringerer Verzögerung zwischen Eintreten des Ereignisses und Übertragung der Nachricht (Latenzzeit). Allerdings kann die Latenzzeit je nach Netzauslastung sehr stark variieren.

Vorteile

- Hohe Flexibilität und Nachrüstbarkeit für neue Knoten im Netzwerk,
- große Reaktionsfähigkeit auf asynchrone externe Ereignisse,
- anforderungsgerechte Busnutzung in Abhängigkeit der Ereignishäufigkeit,
- keine Netzbelastung durch ungenutzte Ereignisse, da nur eingetretene Ereignisse eine Übertragung auslösen.

Nachteile

- Statistische Busbelegung, nicht deterministisch (d. h., Nachweisbarkeit der zeitrichtigen Übermittlung einer Nachricht nicht möglich).

Zeitsteuerung

In aktuellen Entwicklungen fahrdynamischer Systeme, wie Bremse und Lenkung, werden mechanische und hydraulische Komponenten zunehmend durch elektronische Systeme (X-by-Wire) abgelöst. Mechanische Verbindungen – wie z. B. die Lenksäule – werden überflüssig, ihre Funktionen übernehmen Sensoren und Aktoren. Die Anforderungen an Zuverlässigkeit, Sicherheit und Fehlertoleranz sind für solche Systeme sehr hoch. Das heißt:

- Nachrichten müssen zeitrichtig eingehen,
- die Latenzzeit für kritische Nachrichten muss sehr niedrig sein,
- das System sollte redundant ausgelegt sein,
- der Ausfall eines Knotens muss möglichst geringe Auswirkungen auf das Restsystem haben und
- ein sicherer Betriebszustand sollte aus allen Fehlersituationen erreichbar sein.

X-by-Wire-Systeme erfordern eine enge Vernetzung der verschiedenen Komponenten. Der extreme Anstieg der Komplexität stellt neue Anforderungen an Sicherheit, Fehlertoleranz und Verfügbarkeit des Kommunikationssystems. Damit steigen auch die Anforderungen an die Elektronik- und Netzwerkarchitektur. Eine sichere und fehlertolerante Netzwerkarchitektur ist erforderlich, damit Daten mit garantierten Übertragungseigenschaften gesendet und Fehlfunktionen der Elektronik weitestmöglich behandelt werden.

Systemarchitekturen für Echtzeitanwendungen erfüllen diese Anforderungen, da sie konstruktionsbedingt ein zeitlich vorhersagbares und nachweisbares Verhalten aufweisen. Bei diesen Protokollen werden den im Kommunikationsnetz teilnehmenden Steuergeräten (Knoten) bei der Netzwerkplanung Zeitfenster in einer Kommunikationsmatrix zugewiesen (Bild 14), zu denen ein Knoten senden darf. Um diese Zeitfenster einhalten zu können, müssen die Knoten möglichst exakt synchronisiert werden.

Alle Übertragungen werden entsprechend der Netzwerkplanung nacheinander, ohne Kollisionen, abgearbeitet. Nachdem jeder Knoten seine Nachricht gesendet hat, beginnt der Zyklus erneut mit dem ersten Sender. Dadurch ist die zeitliche Aktualität der Daten jederzeit bestimmbar. Da das Ausbleiben einer Nachricht unmittelbar erkannt werden kann, ermöglichen zeitgesteuerte (time triggered) Konzepte eine höhere Zuverlässigkeit gegenüber ereignisgesteuerten Systemen.

Wird in einem zeitgesteuerten System eine hohe Datenrate verwendet, kann die Zeitverzögerung zwischen Eintreten eines Ereignisses und Aussenden der Daten so gering werden, dass das System harten Echtzeitanforderungen genügt.

Durch Buswächter (Bus Guardian) kann der Bus vor nicht autorisierten Zugriffen geschützt werden. Der Bus Guardian verhindert, dass ein fehlerhafter Konten die Kommunikation im Netzwerk stört, in dem er Nachrichten außerhalb seiner Sendefenster überträgt.

Diese Eigenschaften ermöglichen den Aufbau redundanter und fehlertoleranter Systeme, bei denen Fehler in der Übertragung aufgelöst werden können und Störungen im Netzwerk durch Netzknoten aufgefangen werden, die die Funktion fehlerlos anbieten können.

14 Zeitsteuerung

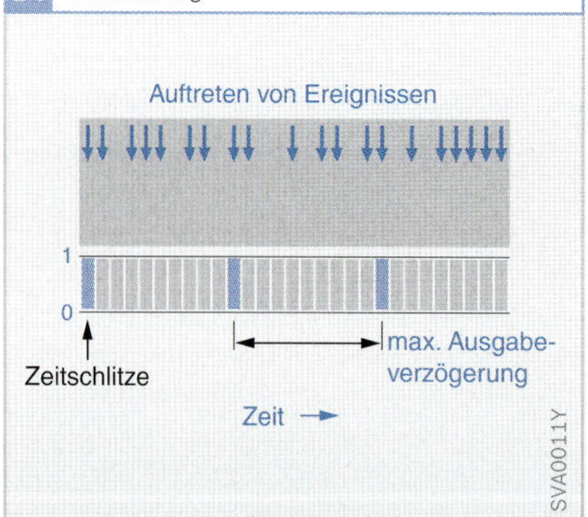

Vorteile
- Deterministisches System,
- zeitrichtige Übertragung der Daten,
- zuverlässige Erkennung und Isolierung fehlerhafter Netzknoten möglich.

Nachteile
- Planung des Gesamtsystems bei verteilten Entwicklungen erforderlich,
- Kapazitäten für Erweiterungen des Kommunikationssystems müssen eingeplant werden,
- geringere Reaktionsfähigkeit auf asynchrone externe Ereignisse.

Zusammensetzbarkeit

Ermöglicht ein Kommunikationssystem die Integration von unabhängig entwickelten Teilsystemen zu einem Gesamtsystem, unterstützt es die Eigenschaft der Zusammensetzbarkeit (Composability). Ein wichtiges Kriterium hierbei ist es, dass die Eigenschaften, die für die Funktion eines Teilsystems zugesichert wurde, nicht durch das Hinzufügen von weiteren Teilsystemen beeinträchtigt wird. Ist dies sichergestellt, beschränkt sich die Überprüfung einer Systemfunktion auf die Überprüfung eines Teilsystems, die vom Konstrukteur des Teilsystems durchgeführt werden kann.

Unterstützt ein Kommunikationssystem die Zusammensetzbarkeit, können Änderungen an einem Steuergerät vorgenommen werden, ohne dass die Funktion anderer Steuergeräte beeinflusst wird. Deshalb ist es nicht erforderlich, nach der Integration eines modifizierten Steuergeräts das komplette System erneut zu prüfen, die verlässliche Prüfung der einzelnen Teilsysteme ist ausreichend. Die Zusammensetzbarkeit führt damit zu einer Reduzierung des Zeitaufwands und der Kosten bei der Integration neuer Teilsysteme. Erst hierdurch ist eine weitere Erhöhung der Komplexität der Elektronik im Kraftfahrzeug möglich.

Übersicht über die im Kfz eingesetzten Busse

	CAN-C High-Speed-CAN	**CAN-B Low-Speed-CAN**	**LIN**	**TTP**
Bedeutung	Controller Area Network	Controller Area Network	Lokal Interconect Network	Time-Triggered Protocol
Art des Busses	konventioneller Bus	konventioneller Bus	konventioneller Bus	konventioneller und optischer Bus
Domäne	Antriebsstrang	Komfort	Komfort	sicherheitsrelevante Vernetzung
Anwendung	Vernetzung von Motormanagement, Getriebesteuerung und ABS/ESP	Vernetzung von Karosserie- und Komfortelektronik	kostengünstige Erweiterung des CAN-Bus für einfache Anwendungen im Bereich Komfortelektronik	Vernetzung in sicherheitsrelevanten Umgebungen, wie Bremsen, Lenkung, Bahnstellwerken oder Flugzeugfahrwerk
meist angewandte Topologie	Linearer Bus	Linearer Bus	Linearer Bus	Stern-Topologie
Datenübertragungsrate	10 kbit/s bis 1Mbit/s	max. 125 kbit/s	max. 20 kbit/s	nicht spezifiziert, typ. 10 Mbit/s
max. Anzahl der Knoten	10	24	16	nicht spezifiziert
Steuerungsmechanismus	ereignisgesteuert	ereignisgesteuert	zeitgesteuert	zeitgesteuert
Busleitungen	Kupferleitungen (twisted pair)	Kupferleitungen (twisted pair)	Kupferleitung (single wire)	Kupferleitungen (twisted pair)
Einsatz	in allen Fahrzeugen	in allen Fahrzeugen	in allen Fahrzeugen	Oberklasse-Fz., Flugzeuge, Bahnleitsysteme
Norm	ISO 1198	ISO 11519-2	LIN-Konsortium	TTAgroup
SAE-Klassifizierung	Klasse C	Klasse B	Klasse A	Drive-By-Wire

	MOST-Bus	**Bluetooth**	**Flexray**
Bedeutung	Media Oriented Systems Transport	Kunstname (Dänischer König)	Kunstname
Art des Busses	optischer Bus	drahtlos	konventioneller und optischer Bus
Domäne	Multimedia und Infotainment	Multimedia und Infotainment	domänenübergreifender Einsatz
Anwendung	Übertragung von Steuer-, Audio- und Videodaten	Datenübertragung über geringe Distanzen, z.B. Integration des Mobiltelefons in das Infotainmentsystem	ein Netzwerksystem zum Einsatz in sicherheitsrelevanten und einfacheren Anwendungen.
meist angewandte Topologie	Ring-Topologie	Netztopologie (Funk)	Stern-Topologie
Datenübertragungsrate	max. 22,5 Mbit/s	max. 3 Mbit/s (v2.0) max. 723 kbit/s (v1.2)	typ. 10 Mbit/s max. 20 Mbit/s
max. Anzahl der Knoten	64	8 aktiv (bis zu 256 passiv)	theoretisch bis zu 2048 max. 22 pro passiven Bus/Stern
Steuerungsmechanismus	zeit- und ereignisgesteuert	ereignisgesteuert	zeit- und ereignisgesteuert
Busleitungen	Lichtleiter aus Kunststoff oder Glas	elektromagnetische Radiowellen	Kupferleitungen (twisted pair)
Einsatz	Oberklasse-Fz. europäischer Hersteller	in allen Fahrzeugen, Verbindung von Multimediageräten mit dem Infotainmentsystem	Pilotanwendung
Norm	MOST Kooperation	Bluetooth SIG	Flexray-Konsortium
SAE-Klassifizierung	Mobile Media	Wireless	Drive-By-Wire

Tabelle 1

Vernetzung im Kfz

Elektrische und elektronische Systeme im Kfz sind vielfach nicht voneinander unabhängig, sondern beeinflussen und ergänzen sich gegenseitig. Deshalb wurden schon bei den frühen Einspritz- und Zündsystemen Signalleitungen eingesetzt, um eine einfache Kommunikation zwischen diesen beiden Systemen zu ermöglichen. Die zunehmende Anzahl elektronischer Systeme erhöhte jedoch rasch den Bedarf und die Vielfalt an auszutauschenden Informationen. Die Anzahl der hierzu erforderlichen Signalleitungen und Steckeranschlüsse stiegen gleichermaßen, so dass die bis dahin angewandte Technik an ihre Grenzen stieß.

Die Lösung brachte die Entwicklung serieller Bussysteme, mit denen große Datenmengen aus unterschiedlichen Quellen übertragen werden können. 1991 wurde im Mercedes-Benz 500E mit dem CAN-Bus zum ersten Mal in einem Fahrzeug ein serielles Bussystem eingesetzt.

Der Wunsch nach mehr Fahrsicherheit, Komfort, Wirtschaftlichkeit und die steigenden gesetzlichen Anforderungen an die Umweltverträglichkeit der Kraftfahrzeuge können nur mit Hilfe zusätzlicher Elektronik realisiert werden. Dadurch steigt die Anzahl der elektronischen Systeme im Fahrzeug stetig an (Bild 2).

Systemübergreifende Funktionen

Betrachtet man die in den einzelnen Systemen verarbeiteten Signale, so zeigt sich, dass viele Signale in mehreren Steuergeräten benötigt werden. So wird beispielsweise die Fahrgeschwindigkeit im Elektronischen Stabilitätsprogramm (ESP) für die Fahrdynamikregelung, im Motormanagement für die automatische Geschwindigkeitsregelung (Tempomat) und im Autoradio für die geschwindigkeitsabhängige Lautstärkeanpassung ausgewertet.

Die Aufbereitung dieser Größen aus Sensorsignalen erfordert Rechenleistung und damit Ressourcen in Hardware und Software. Daher ist es sinnvoll, diese Größen nur in einem Steuergerät zu berechnen und über ein Kommunikationsnetz an andere Steuergeräte zu übermitteln.

Zur Realisierung systemübergreifender Funktionen können elektronische Systeme aber auch Informationen austauschen und sich dadurch gegenseitig beeinflussen. Als elektronisches System sind hierbei auch intelligente Sensoren zu verstehen, die das Sensorsignal in einer Auswerteschaltung aufbereiten und die Information über eine Busschnittstelle auf den Datenbus legen. Precrash-Sensoren erkennen z. B. eine drohende Kollision; das Airbag-Steuerge-

1 Vernetzung im Kfz

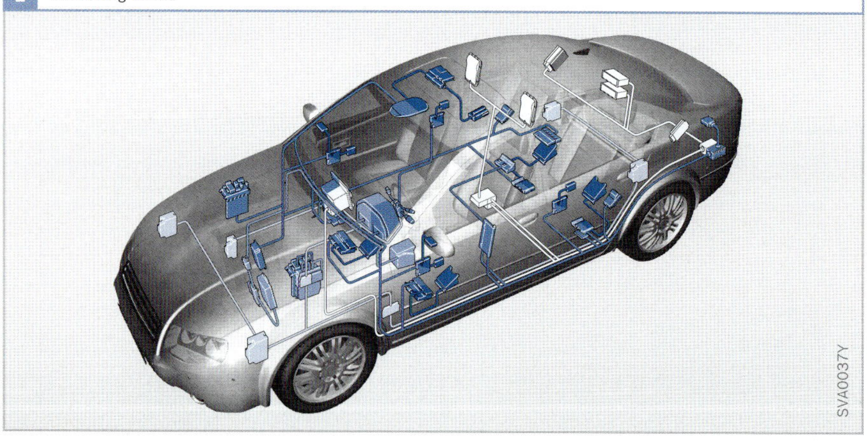

rät fordert daraufhin die Türmodule und die Dachbedieneinheit auf, Fenster und Schiebedach zu schließen. So werden die Insassen vor eindringenden Gegenständen geschützt.

Ein weiteres Beispiel für eine systemübergreifende Funktion ist der Abstandsregeltempomat (ACC, Adaptive Cruise Control), bei dem Radarsensor, Motormanagement, Elektronisches Stabilitätsprogramm (ESP) und Getriebesteuerung miteinander kommunizieren. Hierdurch wird mittels Einstellen des Motormoments, automatischen Bremseingriffen und Gangwahl eine an den Verkehrsfluss angepasste Abstandsregelung zu einem vorausfahrenden Fahrzeug ermöglicht.

Für systemübergreifende Funktionen ist also eine Koordination zwischen den einzelnen Systemen erforderlich. Dazu sind große Datenmengen auszutauschen. Das erfordert neben leistungsfähigen Komponenten auch ein leistungsfähiges Kommunikationssystem mit einem automobilgerechten und kostengünstigen Netzwerk. Hierzu wurden spezielle serielle Datenbusse entwickelt.

Gegenüber einer Lösung mit konventioneller Verdrahtung ergeben sich durch den Einsatz von Bussystemen folgende Vorteile:

- Einsparung von Kosten, Gewicht und Bauraum bedingt durch weniger Kabel im Kabelbaum.
- Höhere Zuverlässigkeit und Funktionssicherheit bedingt durch eine geringere Anzahl von Steckverbindungen.
- Vereinfachung der Fahrzeugmontage in der Produktion.
- Mehrfachnutzung von Sensorsignalen.
- Einfache Ankopplung von Systemkomponenten an einen Bus,
- Einfachere Handhabung der Ausstattungs- und Sonderausstattungsvarianten eines Fahrzeugs

Anforderungen an Bussysteme

Für die Auswahl eines Bussystems müssen wirtschaftliche (z. B. Leitungskosten, Komponentenkosten) und technische Randbedingungen berücksichtigt werden. Im Folgenden sind die wichtigsten technischen Auswahlkriterien erläutert.

Datenübertragungsrate

Diese Größe gibt die Datenmenge an, die während einer Zeiteinheit übertragen wird. Die kleinste Dateneinheit ist das Bit, die Datenübertragungsrate wird meist in Bit/s angegeben. Andere Bezeichnungen für diesen Begriff sind Übertragungsrate, Datenrate oder Bitrate.

Die erforderliche Datenrate hängt vom Anwendungsfall ab. Für das Ein- oder Ausschalten z. B. des Klimakompressors ist eine geringere Übertragungsrate erforderlich als z. B. für die Übertragung von Audiosignalen.

Störsicherheit

Die Daten sollten im Idealfall störungsfrei übertragen werden. Im Kraftfahrzeug kann dies aufgrund elektromagnetischer Einflüsse nicht garantiert werden. Die an die Störsicherheit gestellten Anforderungen hängen vom Grad der Sicherheits-

2 Anzahl CAN-vernetzter Steuergeräte in der S-Klasse von Mercedes

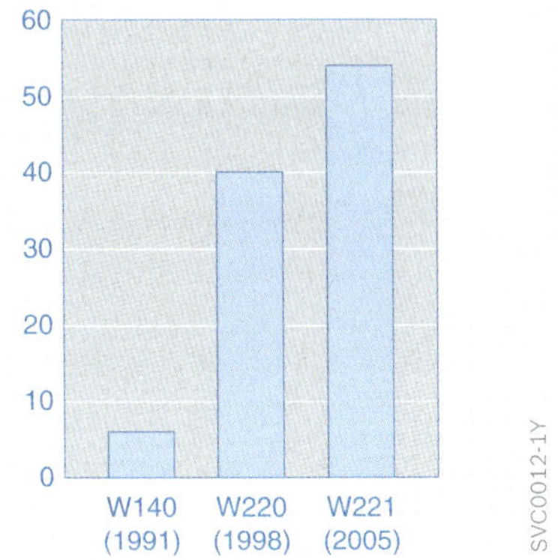

relevanz des betreffenden elektronischen Systems ab. An Komfortsysteme werden geringere Anforderungen gestellt als z. B. an das Antiblockiersystem (ABS).

Um diesen Anforderungen zu genügen, sind in den Netzwerkprotokollen Mechanismen eingebaut, die Übertragungsfehler erkennen. Eine einfache Überprüfung lässt das Paritätbit zu, das im Sender berechnet und mit den Nutzdaten übertragen wird. Es gibt an, ob die Anzahl der 1 im übertragenen Byte gerade oder ungerade ist. Diese Information wird vom Empfänger überprüft. Mit dieser Methode können Einfachfehler erkannt werden.

Eine andere Methode ist die Checksummenprüfung. Bei mehreren zu übertragenen Datenbytes berechnet der Sender nach einem fest vorgegebenen Schema aus den einzelnen Datenbytes eine Prüfsumme und überträgt diesen Wert. Der Empfänger bildet ebenso die Summe aus den empfangenen Datenbytes und vergleicht sie mit dem empfangenen Summenwert. Bei einem erkannten Übertragungsfehler werden die empfangenen Daten nicht verwertet bzw. eine Wiederholung der Datenübertragung veranlasst.

Echtzeitfähigkeit

Ein Echtzeitsystem garantiert die Berechnung seiner Ergebnisse innerhalb eines festgelegten Zeitintervalls. Die Größe des Zeitintervalls hängt von der Anwendung ab. Das Antiblockiersystem (ABS) muss innerhalb weniger Millisekunden auf die Blockierneigung eines Rades reagieren (Abnahme der Radgeschwindigkeit), für die Ansteuerung des Fensterhebermotors hingegen reichen Reaktionszeiten von 100 ms aus. Verzögerungszeiten kleiner 100 ms werden vom Menschen nicht wahrgenommen.

Je nach Anwendung werden unterschiedliche Anforderungen an das Echtzeitverhalten gestellt:

- Weiche Echtzeitanforderung: Das System hält die vorgegebene Reaktionszeit in der Regel ein, gelegentliche Überschreitungen haben keine gravierenden Auswirkungen (z. B. Bildruckeln bei der Bildübertragung).
- Harte Echtzeitanforderung: Die Zeitvorgabe muss strikt eingehalten werden. Eine Überschreitung der vorgegebenen Reaktionszeit würde dazu führen, dass das berechnete Ergebnis nicht mehr verwendet werden kann. Bei sicherheitsrelevanten Systemen kann das zu einem schwerwiegenden Problem führen.

Zum Beispiel kann beim ABS das Überschreiten der Zeitvorgaben dazu führen, dass die Blockierneigung der Räder nicht rechtzeitig erkannt und dadurch der Druck im Hauptzylinder zu spät reduziert wird. Die Folge davon wären blockierte Räder.

Für das Motormanagement müssen für viele Funktionen die Zeitvorgaben ebenso strikt eingehalten werden. Verzögerungen in der Ausgabe von Einspritz- und Zündsignalen können zu Motorruckeln oder sogar zu Aussetzern führen. Solche Reaktionen müssen unbedingt vermieden werden, da sie eine potentielle Gefahr darstellen. Deshalb müssen für diese Systeme harte Echtzeitanforderungen gestellt werden.

Das bedeutet aber nicht zwangsläufig, dass die Übertragung von Daten über ein Bussystem ebenso diesen harten Echtzeitanforderungen unterliegt. Die Einhaltung der weichen Echtzeitanforderungen ist meist ausreichend. Werden für Funktionen Signale von anderen Steuergeräten benötigt (z. B. Anforderung einer Drehmomentreduzierung während eines Schaltvorgangs), dann muss das Bussystem die Daten mit einer hohen Datenübertragungsrate und einer geringen Zeitverzögerung senden, damit das Gesamtsystem den gestellten Echtzeitanforderungen genügt.

Anzahl der Netzknoten

Die Anzahl der maximal einzubindenden Knoten ist für die unterschiedlichen Fahrzeugbereiche verschieden. Bei Komfortsystemen kann durch die Vernetzung von Stellmotoren (z. B. Sitzverstellung) und intelligenten Sensoren (z. B. Regensensor) die Anzahl der Knoten hoch sein. Bei Bedarf werden mehrere gleichartige Busse eingesetzt.

Klassifizierung von Bussystemen

Aufgrund der unterschiedlichen Anforderungen lassen sich Bussysteme in die folgenden Klassen einteilen.

Klasse A	
Übertragungsraten	Geringe Datenraten (bis 10 kBit/s)
Anwendung	Vernetzung von Aktoren und Sensoren
Vertreter	LIN
Klasse B	
Übertragungsraten	Mittlere Datenraten (bis 125 kBit/s)
Anwendung	Komplexe Mechanismen zur Fehlerbehandlung, Vernetzung von Steuergeräten im Komfortbereich
Vertreter	Low-Speed-CAN
Klasse C	
Übertragungsraten	Hohe Datenraten (bis 1 MBit/s)
Anwendung	Echtzeitanforderungen, Vernetzung von Steuergeräten im Antriebs- und Fahrwerksbereich
Vertreter	High-Speed-CAN
Klasse C+	
Übertragungsraten	Sehr hohe Datenraten (bis 10 MBit/s)
Anwendung	Echtzeitanforderungen, Vernetzung von Steuergeräten im Antriebs- und Fahrwerksbereich
Vertreter	FlexRay
Klasse D	
Übertragungsraten	Sehr hohe Datenraten (> 10 MBit/s)
Anwendung	Vernetzung von Steuergeräten im Telematik- und Multimediabereich
Vertreter	MOST

Einsatzgebiete im Kfz

Das Gesamtsystem Fahrzeug lässt sich aus Sicht der Elektrik/Elektronik in vier Domänen oder Funktionsbereiche gliedern:
- Antriebstrang,
- Chassis,
- Innenraum und
- Telematik.

In den Domänen Antriebstrang und Chassis stehen primär Echtzeitanwendungen im Vordergrund. In der Domäne Innenraum stehen Multiplexaspekte bei der Vernetzung im Fokus. In der Domäne Telematik werden primär Multimedia- und Infotainmentanwendungen vernetzt.

Echtzeitanwendungen

Die Vernetzung dieser Systeme stellt hohe Anforderungen an die Leistungsfähigkeit des Kommunikationssystems. Typisch sind kurbelwellensynchrone Abläufe oder Abläufe im festen Zeitraster mit Zykluszeiten von wenigen Millisekunden. Wenn die Reaktionszeiten des Systems für die gestellte Aufgabe ausreichend sind, wird es als echtzeitfähig bezeichnet (z. B. zeitnahe Zündwinkelverstellung in der Motronic nach Anforderung der Antriebsschlupfregelung, um Drehmoment zu verringern

3 Domänen im Gesamtsystem Fahrzeug

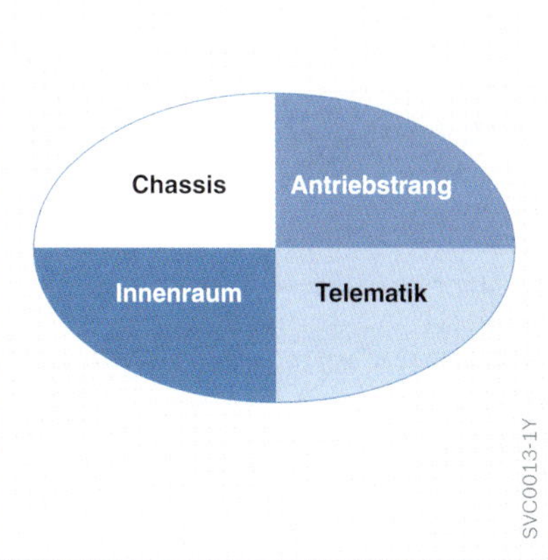

und damit ein Durchdrehen der Räder zu verhindern).

Die Systeme des Antriebsstrangs und des Fahrwerks sind der Klasse C zugeordnet. Sie erfordern hohe Datenraten, um das für diese Anwendungen geforderte Echtzeitverhalten zu garantieren. Gleichzeitig stellen sie hohe Anforderungen an die Fehlertoleranz. Diese Anforderungen werden von dem ereignisgesteuerten CAN-Bus mit einer Datenrate von 500 kBaud (High-Speed-CAN) erfüllt.

Beispiele:
- Motormanagement (Motronic bzw. Elektronische Dieselregelung, EDC),
- Getriebesteuerung,
- Antiblockiersysteme, ABS,
- Fahrdynamikregelungen (z. B. Elektronisches Stabilitätsprogram, ESP).
- Fahrwerksregelungen (z. B. Active Body Control, ABC)
- Assistenzsysteme (z. B. Adaptive Cruise Control, ACC)

Multiplex-Anwendungen

Die Multiplex-Anwendung eignet sich zur Steuerung und Regelung von Komponenten im Bereich der Karosserie- und Komfortelektronik (Klasse B), wie z. B.
- Anzeigen,
- Beleuchtung,
- Zugangsberechtigung mit Diebstahlwarneinrichtung,
- Klimaregelung,
- Sitz- und Spiegelverstellung,
- Türmodul (Fensterheber, Außenspiegelverstellung),
- Scheibenwischer,
- Scheinwerfereinstellung.

Die Anforderungen an die Datenrate sind für die Systeme der Klasse B geringer gegenüber der Klasse C. Deshalb kann hier der Low-Speed-CAN mit einer Übertragungsgeschwindigkeit von 125 kBit/s oder der Single-wire CAN mit 33 kBit/s eingesetzt werden kann.

Sinken die Anforderungen an die Datenrate unterhalb von 20 kBit/s, kommt zunehmend der kostengünstige LIN zum Einsatz. Anwendungen finden sich primär im Bereich der Mechatronik; als Beispiele seien die Übertragung von Schalterinformationen oder die Ansteuerung von Stellern genannt.

Multimedia-Vernetzung

Mobile Kommunikationsanwendungen verbinden Komponenten wie z. B.
- Autoradio,
- CD-Wechsler,
- Navigationssystem,
- Fahrerinformationssysteme,
- Telefon,
- Videoanlage,
- Spracheingabe,
- Internet, E-Mail,
- Rückfahrkamera.

Durch die Vernetzung dieser Komponenten ist eine zentral angeordnete Anzeige- und Bedieneinheit für mehrere Anwendungen möglich. Bedienungsabläufe können auf diese Weise vereinheitlicht, Statusinformationen zusammengefasst werden. Die Ablenkung des Fahrers wird dadurch minimiert.

Bei der Multimedia-Vernetzung muss zwischen Steuerdaten und Audio-/Videodaten unterschieden werden. Für Steuerungsaufgaben (z. B. Steuerung des CD-Wechslers) reichen Datenraten bis 125 kBit/s aus, sodass z. B. der Low-speed-CAN-Bus eingesetzt werden kann. Die direkte Übertragung von Audio- oder Videodaten erfordert sehr hohe Datenraten oberhalb 10 MBit/s. Hierfür kommt z. B. der MOST-Bus zur Anwendung.

Kopplung von Netzwerken

Für die verschiedenen Anwendungen werden die Netzwerktopologien und Netzwerkprotokolle eingesetzt, die den jeweiligen gestellten Anforderungen am Besten entsprechen. Die unterschiedlichen Netzwerkprotokolle sind allerdings nicht kompatibel, sodass Daten zwischen den Netzwerken nicht einfach ausgetauscht werden können.

Abhilfe schafft hier ein Gateway. Ein Gateway lässt sich mit einem Dolmetscher vergleichen, der die „Daten" des einen Gesprächsteilnehmers entgegen nimmt und sie in übersetzter Weise an den anderen weitergibt. Technisch ist ein Gateway ein Rechner, der die von den Netzwerken ausgesendeten Daten einliest und in das jeweils andere Format übersetzt. Durch den Einsatz von Gateways ist es somit möglich, Informationen zwischen verschiedenen Netzwerken auszutauschen.

Für die Kopplung der Bussysteme kann ein zentrales Gateway (Bild 4a) oder mehrere verteilte Gateways eingesetzt werden (Bild 4b). Dem zentralen Gateway werden sämtliche Busleitungen zugeführt. Im anderen Fall koppelt jeweils ein Gateway zwei oder auch mehrere Busse.

Beispiele vernetzter Fahrzeuge

Topologie

Je nach Ausstattung der Fahrzeuge sehen die Topologien der Kommunikationsnetze sehr unterschiedlich aus. Die Bilder 5 und 6 zeigen Beispiele, wie das Netzwerk für verschiedene Fahrzeugklassen aufgebaut sein kann. Verschiedene Automobilhersteller setzen für die Kommunikation z. T. unterschiedliche Bussysteme ein.

Signalübertragung

Art der Signale

Die in einem Kommunikationsnetz im Fahrzeug zu übertragenen Informationen sind vielfältig. Beispiele dafür sind

- Betriebszustände des Motors (z. B. Motortemperatur, Motordrehzahl, Motorlast),
- von Sensoren erfasste physikalische Größen (z. B. Außentemperatur),
- Steuersignale zur Ansteuerung von Stellmotoren (z. B. Fensterheber) oder
- Schalterstellungen von Bedienelementen (z. B. für Scheibenwischer).

Quantisierung

Die Signale müssen in geeigneter Auflösung zur Verfügung stehen. Schalter-

4 Gateway-Strukturen

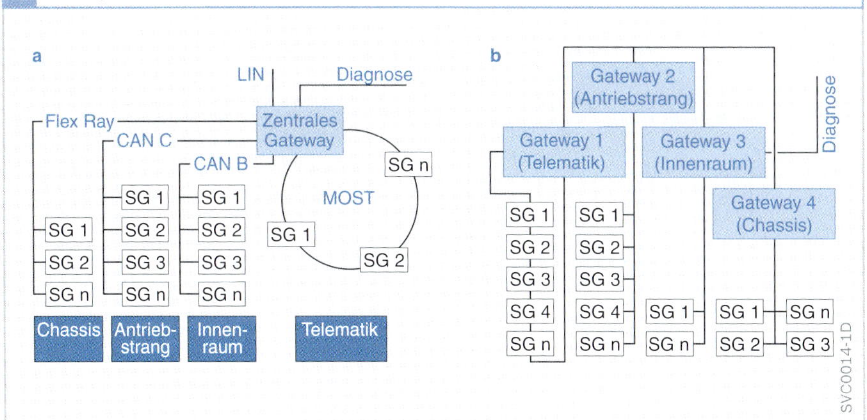

5 Netzwerktopologien

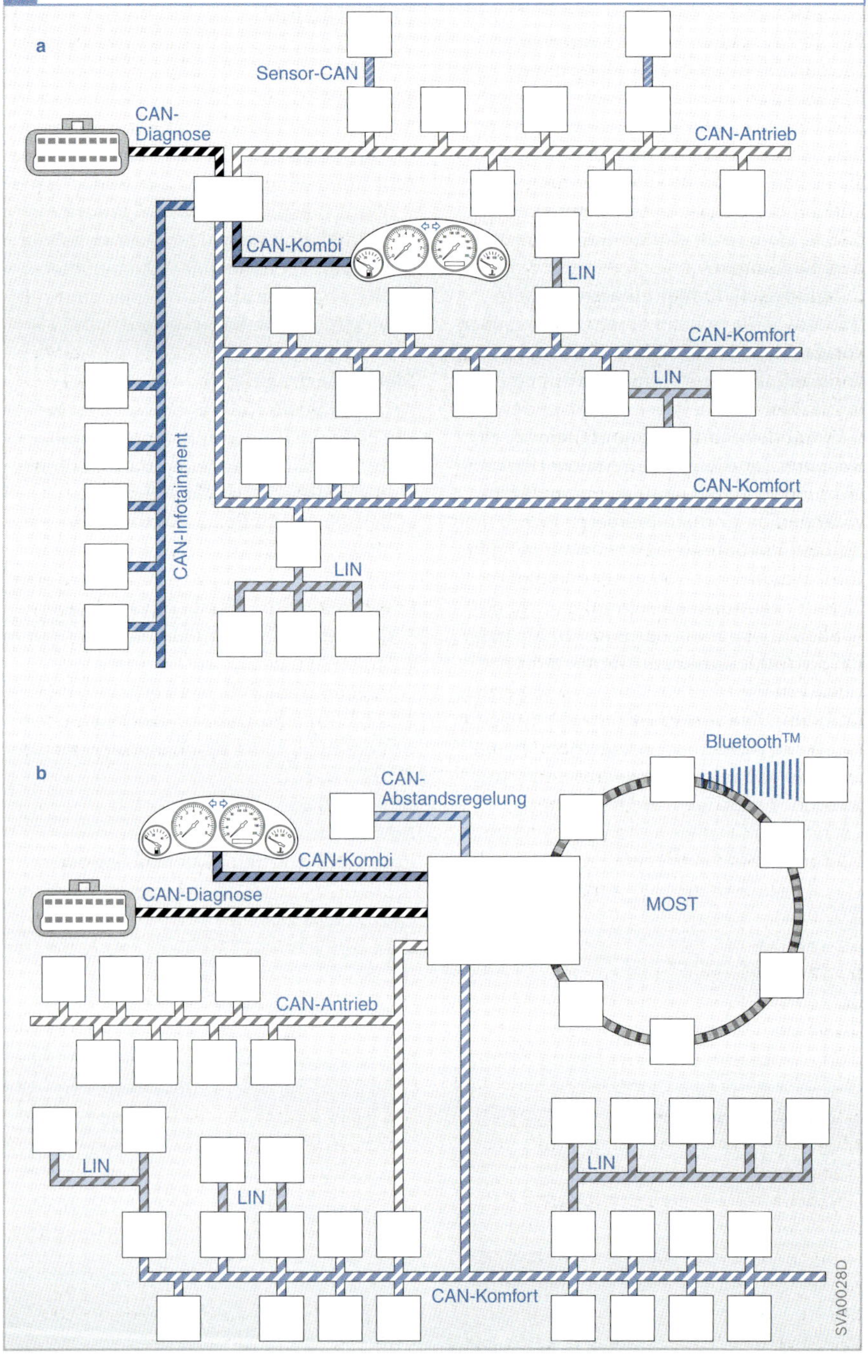

Bild 5
Typische Netzwerktopologien für Fahrzeuge der neuen Generation
a Kompaktklasse
b Oberklasse

stellungen können einfach als 1-Bit-Wert dargestellt werden (0 für Schalter offen, 1 für Schalter geschlossen). Andere Signale – z. B. die digitalisierte Analogspannungen des Motortemperatursensors oder die berechnete Motordrehzahl – werden je nach Anforderung an die Auflösung z. B. als 1-Byte- oder 2-Byte-Größe dargestellt. Mit einem Byte können 256, mit zwei Byte 65 536 Werte (= 256·256) dargestellt werden. Für Sensorsignale mit einem Spannungsbereich von 0...5 V ergibt sich mit der 1-Byte-Darstellung eine Quantisierung von ca. 20 mV (= 5 V/256). Eine Auflösung von 5 mV erfordert eine 10-Bit-Darstellung der Daten.

Damit die übertragenen Signale in allen Systemen den gleichen physikalischen Wert darstellen, muss die Umrechnung zwischen binärem Wert und physikalischem Wert einheitlich sein. Für die Motordrehzahl n z. B. ist eine Auflösung von 30 min^{-1} ausreichend, um auf das Zündwinkelkennfeld zuzugreifen. Mit einem Byte (8 Bit) lässt sich damit der Wertebereich von 0 bis 255·30 min^{-1} (= 7 650 min^{-1}) und somit das gesamte Drehzahlspektrum darstellen. Für die Leerlaufregelung hingegen ist die Inkrementierung von 30 min^{-1} zu gering. Mit einer höheren Auflösung sind für die Darstellung des Signals aber mehr Bit erforderlich, sofern der gleiche Messbereich erfasst werden soll.

Ausgabe

In ereignisgesteuerten Systemen, wie sie derzeit im Kfz-Bereich vorwiegend realisiert sind, können die Signale nach Eintreten eines Ereignisses auf dem Datenbus übertragen werden. Solche Ereignisse sind z. B. das Betätigen von Schaltern, um die Klimaanlage oder den Scheibenwischer einzuschalten.

Signale, die z. B. den Betriebszustand des Motors darstellen, sind nicht zwangsläufig mit einem Ereignis verbunden. Die Motortemperatur, die sich nur langsam ändert, wird zyklisch vom Motorsteuergerät in einem festen Zeitraster gemessen (z. B. 1 s). Die Motordrehzahl hingegen kann sich sehr schnell ändern. Die Zeitpunkte, an denen die Motorsteuerung die Messung und Berechnung ausführt, ist an die Kurbelwellenposition gebunden und wird ein Mal pro Verbrennungstakt vorgenommen. Bei hohen Drehzahlen entspricht das einem zeitlichen Abstand von wenigen Millisekunden; bei einem 6-Zylinder-Motor ca. 3,3 ms bei einer Drehzahl von 6 000 min^{-1}. Aber nicht jedes System, das die Drehzahlinformation für seine Steuer- und Regelungsfunktionen benötigt, ist auf diese Aktualität angewiesen. Es ist deshalb nicht erforderlich, dass das Motorsteuergerät die Drehzahlinformation sofort nach der Berechnung auf dem Datenbus ausgibt. Auch in diesem Fall wird die Datenübertragung an ein zyklisches Zeitraster gebunden. Im Motorregelungsbereich ist ein Zeitraster von 10 ms üblich. Das bedeutet, dass z. B. die Drehzahlinformation 100 mal in der Sekunde auf dem Bus gesendet wird.

Datentransfer: Beispiele

Folgende Beispiele zeigen, welche Signale in welchen Systemen gemessen und ausgewertet werden.

Fahrgeschwindigkeit

Das ESP-Steuergerät berechnet aus den Signalen der Raddrehzahlsensoren die Fahrgeschwindigkeit. Diese Größe wird auf dem CAN-C-Bus (CAN-Antrieb) übertragen. Das Motormanagement benötigt diesen Wert u. a. für die Fahrgeschwindigkeitsregelung, das Getriebesteuergerät bestimmt u. a. aus der Fahrgeschwindigkeit einen notwendigen Gangwechsel. Die Adaptive Geschwindigkeitsregelung (ACC, Adaptive Cruise Control) benötigt die aktuelle Fahrgeschwindigkeit, um den notwendigen Abstand zum vorausfahrenden Fahrzeug zu berechnen und als Sollwert einzustellen.

Ein Gateway überträgt die Geschwindigkeitsinformation über einen weiteren CAN-Bus (CAN-Kombi) an das Kombiinstrument, das den Wert über ein Zeigerinstrument anzeigt.

Der CAN-B-Bus (CAN-Komfort) ist über das Gateway ebenfalls an das Netz angeschlossen. Manche Oberklasse-Fahrzeuge sind mit fahrdynamischen Sitzen ausgestattet. Dort werden abhängig von Geschwindigkeit und Beschleunigung Polster aufgeblasen, die der aktuellen Fliehkraft des Fahrers entgegenwirken. Dies erhöht den Komfort in Kurvenfahrten deutlich.

Über das Gateway gelangt die Geschwindigkeitsinformation auf den Infotainment-CAN und dort zum Autoradio. Damit ist eine von der Fahrgeschwindigkeit abhängige Lautstärkeanpassung möglich. Das Navigationssystem benötigt die Geschwindigkeit, um bei fehlendem GPS-Signal (z. B. in einem Tunnel) die Position zu berechnen.

Die Diagnoseschnittstelle ist mit dem Motor- und Getriebesteuergerät direkt über die serielle K-Leitung verbunden. Alle anderen Steuergeräte sind an eine virtuelle K-Leitung, die auf dem CAN Bus simuliert wird, an die Diagnoseschnittstelle angeschlossen. Damit kann über den angeschlossenen Diagnosetester in der Werkstatt die Fahrgeschwindigkeit ausgelesen werden (Beispiel: für die ABS-Funktionsprüfung muss die richtige Zuordnung der Raddrehzahlsensoren geprüft werden).

Motordrehzahl

Die Einspritz- und - beim Ottomotor - die Zündzeitpunkte werden mit einer Auflösung von weniger als 1° Kurbelwellenwinkel ausgegeben. Um hier ein Echtzeitverhalten zu garantieren, muss die Erfassung der Kurbelwellenposition im Motorsteuergerät erfolgen. Der Motordrehzahlsensor tastet das Kurbelwellengeberrad ab und führt das Signal dem Steuergerät zu, das daraus neben der Kurbelwellenposition auch die Motordrehzahl berechnet. Aus dieser Größe werden z. B. die Einspritzzeit und der Zündwinkel berechnet.

Die Motordrehzahl ist eine Größe, die auch in sehr vielen anderen Systemen benötigt wird. Das Motorsteuergerät gibt sie deshalb auf dem Datenbus aus. Im Getriebesteuergerät werden drehzahlabhängig die Schaltpunkte festgelegt. Im Elektronischen Stabilitätsprogramm (ESP) wird die Motordrehzahl für die ASR-Funktion (Antriebsschlupfregelung) benötigt - ein ASR-Eingriff (Momentenreduzierung) darf nämlich nicht zum Abwürgen des Motors führen.

Wie beim vorigen Beispiel wird die Drehzahl zur Diagnoseschnittstelle und zum Kombiinstrument (Anzeige am Drehzahlmesser) übertragen.

Richtungsblinken

Der Fahrer betätigt den Blinkerhebel (Bild 6, Pos. 1). Abhängig davon, ob er links oder rechts blinkt, wird ein Signal über eine diskrete Leitung an das Lenksäulensteuergerät (2) geleitet. Hierbei kann es sich z. B. um ein widerstandcodiertes Signal handeln. Das Steuergerät wertet das Signal aus und erkennt z. B. auf Linksblinken.

Der CAN-Komfort leitet diese Information an das Bordnetzsteuergerät (3) weiter. Hier werden anhand der empfangenen Informationen die Blinkart (normale Blinkfrequenz, erhöhte Blinkfrequenz bei Lampenausfall) festgelegt. Über diskrete Leitungen werden dann die Lampen für

6 Datentransfer beim Richtungsblinken

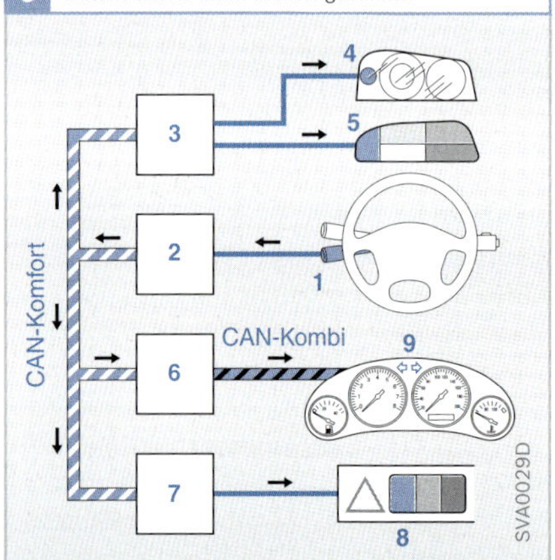

Bild 6
1 Blinkerhebel
2 Lenksäulensteuergerät
3 Bordnetzsteuergerät
4, 5 Blinklichter
6 Gateway
7 Steuergerät für Anhängererkennung
8 Blinklicht am Anhänger
9 Kombiinstrument

die Blicklichter vorne links und hinten links angesteuert (4, 5). Zusätzlich sendet das Bordnetzsteuergerät die Information „Richtungsblinken links" auf den CAN-Komfort. Das Gateway (6) gibt die Information an den CAN-Kombi weiter. Daraufhin blinkt am Kombiinstrument (9) die Kontrollleuchte.

Bei einem Fahrzeug mit Anhängerkupplung geht die Information über den CAN-Komfort zum Steuergerät für die Anhängererkennung (7). Dieses steuert über Kabel die Blinkleuchte am Anhänger (8) an.

Wischen Stufe 1

Der Scheibenwischerschalter (Bild 7, Pos. 1) gibt über eine diskrete Leitung ein Signal an das Lenksäulensteuergerät (2), das die Information auswertet (z. B. Wischen Stufe 1). Das Steuergerät sendet diese Information auf den CAN-Komfort-Bus. Das Bordnetzsteuergerät (3) nimmt die Information auf und gibt sie über den LIN-Bus zum Wischermotor (4). Das Bordnetzsteuergerät arbeitet als Gateway zwischen CAN-Komfort und LIN-Wischer.

Lastmanagement

Bei niedriger Drehzahl (Leerlauf) und hoher Stromaufnahme durch die eingeschalteten elektrischen Verbraucher kann die Batterie- bzw. Generatorspannung auf einen zu niedrigen Wert absinken. Das Bordnetzsteuergerät berechnet aus der aktuellen Batteriespannung, dem DF-Signal des Generators (Generatorauslastung) und der Information über eingeschaltete Hochstromverbraucher mit kurzer Einschaltdauer den aktuellen Bordnetzzustand. Im Leerlauf fordert das Bordnetzsteuergerät bei unzureichendem Bordnetzzustand über den CAN-Bus eine Leerlaufdrehzahlanhebung an. Das Motorsteuergerät setzt diese Anforderung um. Reicht diese Maßnahme nicht aus, schaltet das Bordnetzsteuergerät gezielt Verbraucher wie z. B. die heizbare Heckscheibe, die Sitzheizung oder die Außenspiegelheizung ab. Diese Verbraucher sind über diskrete Leitungen am Bordnetzsteuergerät angeschlossen.

Multimedia-Anwendung

Mit dem optischen Bus MOST (Media Orientated System Transport) werden Audio- und Videodaten digital übertragen (Bild 5). Dadurch ist eine hohe Übertragungsqualität möglich. Eine hohe Übertragungsrate stellt den Austausch großer Datenmengen sicher. Über ein Kabel können viele Multimedia-Inhalte an verschiedene Endgeräte übertragen werden.

7 Datentransfer bei Betätigen des Scheibenwischers

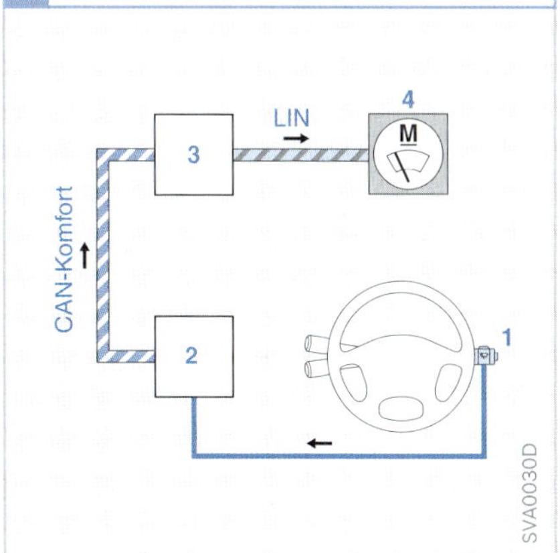

Bild 7
1 Scheibenwischerhebel
2 Lenksäulensteuergerät
3 Bortnetzsteuergerät
4 Wischermotor

Bussysteme

CAN-Bus

Der CAN-Bus (Controller Area Network) wurde 1991 als erstes Bussystem in einem Kraftfahrzeug in Serie eingeführt. Im Kfz-Bereich hat er sich seitdem als Standard etabliert, aber auch in der allgemeinen Automatisierungstechnik wird der CAN-Bus als Feldbus häufig verwendet. In Anlehnung an die Bezeichnung anderer Netzwerktypen, wie z. B. dem Local Area Network (LAN), dem Wide Area Network (WAN) oder dem Personal Area Network (PAN) erhielt dieses Bussystem den Namen CAN.

Anwendung

Der CAN-Bus wird im Kraftfahrzeug in verschiedenen Domänen eingesetzt, die sich von ihren Anforderungen an das Netzwerk unterscheiden. Aufgrund der schnellen Abläufe im Bereich des Motormanagements werden hier Informationen wesentlich schneller benötigt als im Komfortbereich, wo die gesteuerten Systeme aber weiter voneinander entfernt liegen und die Kabelwege leichter beschädigt werden können. Wegen diesen unterschiedlichen Anforderungen werden Busse mit unterschiedlichen Datenraten eingesetzt, die für den jeweiligen Anwendungsbereich ein optimales Kosten-Nutzen-Verhältnis bieten. Man unterscheidet zwischen Highspeed- und Lowspeed-CAN-Bussen.

1 Vernetzung von Steuergeräten mit CAN

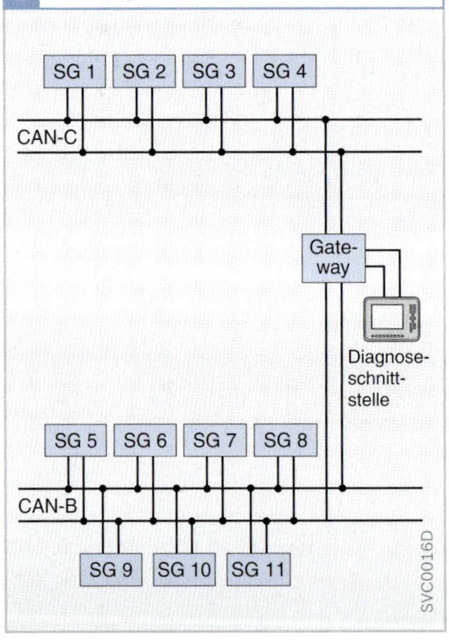

Bild 1
SG Steuergerät
SG1...SG4 am CAN-C Highspeed-Bus
SG5...SG11 am CAN-B Lowspeed-Bus

Highspeed-CAN (CAN-C)

CAN-C ist in der ISO-Norm 11898-2 definiert und arbeitet mit Übertragungsraten von 125 kBit/s bis 1 MBit/s. Damit wird die Datenübertragung den Echtzeitanforderungen des Antriebsstrang gerecht.

CAN-C-Busse werden für die Vernetzung von folgende Systemen eingesetzt:

- Motormanagement (Motronic für Ottomotoren oder EDC für Dieselmotoren),
- Elektronische Getriebesteuerung,
- Fahrstabilisierungssysteme (z. B. ESP),
- Kombiinstrument.

Lowspeed-CAN (CAN-B)

CAN-B ist in der ISO Norm 11898-3 definiert und arbeitet mit einer Übertragungsrate von 5...125 kBit/s. Für viele Anwendungen im Komfort- und Karosseriebereich genügt diese Geschwindigkeit den für diesen Bereich gestellten Echtzeitanforderungen. Beispiele für solche Anwendungen sind:

- Steuerung der Klimaanlage,
- Sitzverstellung,
- Fensterheber,
- Schiebedachsteuerung,
- Spiegelverstellung,
- Beleuchtungsanlage,
- Steuerung des Navigationssystems.

Eine weitere Anwendung findet der CAN-Bus immer mehr in der Fahrzeugdiagnose. Dabei wird das Steuergerät direkt an den CAN-Bus angeschlossen und empfängt so unmittelbar die zur Diagnose benötigten Informationen. Bisherige Diagnoseschnittstellen (z. B. KWP2000) verlieren an Bedeutung.

Topologie

Bustopologie

Bei der Entwicklung von CAN wurde besonders darauf geachtet, dass kein zentrales Steuerelement zur Kommunikation benötigt wird. Dieser Anspruch wird am effektivsten durch eine Bustopologie unterstützt, bei der alle Netzknoten an einen Bus angeschlossen sind und jeder Knoten alle auf dem Bus übertragenen Informationen empfangen kann. Die Bustopologie wird bei der Konzeption des Kommunikationssystems am häufigsten gewählt.

Die lineare Busstruktur hat neben den günstigen elektrischen Eigenschaften den Vorteil, dass der Ausfall einer Station die Funktionstüchtigkeit des Übertragungssystems nicht beeinträchtigt. Darüber hinaus lassen sich weitere Stationen ohne großen Mehraufwand an das System ankoppeln.

Sterntopologie

Durch die Verwendung eines zentralen Koppelelements ist es möglich, Sterntopologien aufzubauen. Dabei lassen sich sowohl aktive als auch passive Koppelelemente verwenden. Durch die Verwendung einer Sterntopologie wird eine hohe Anpassungsfähigkeit an die gestellte Vernetzungsaufgabe erzielt.

Das Koppelelement, das zum Aufbau einer Sterntopologie verwendet wird, leitet lediglich die Nachrichten an die einzelnen Segmente weiter. Da hierbei die Signallaufzeiten unverändert bleiben, ist die Sterntopologie an die gleichen Leitungslängen gebunden wie eine Bustopologie.

Übertragungssystem

Netzknoten

Ein Netzknoten (Bild 2) besteht aus dem Mikrocontroller für die Anwendersoftware, dem CAN-Controller und CAN-Transceiver (Bustreiber, Kunstwort aus Transmitter und Receiver). Der CAN-Controller ist verantwortlich für den Sende- und Empfangsbetrieb. Er erzeugt aus den zu übertragenden binären Daten den Bitstrom für die Datenkommunikation und leitet ihn über die TxD-Leitung zum Transceiver weiter. Dieser verstärkt die Signale, erzeugt die erforderlichen Spannungspegel für die differenzielle Datenübertragung und überträgt den aufbereiteten Bitstrom seriell auf der Busleitung (CAN_H und CAN_L). Eingehende Nachrichten werden vom Transceiver aufbereitet und über die RxD-Leitung dem CAN-Controller zugeführt.

Der Mikrocontroller, der das Anwenderprogramm abarbeitet (z. B. Motronic), steuert den CAN-Controller, stellt die zu sendenden Daten bereit und liest die empfangenen Daten aus.

Logische Buszustände und Kodierung

CAN verwendet zur Kommunikation zwei Zustände: dominant (übereinstimmend) und rezessiv (nachgebend), mit denen die Informationsbits übertragen werden. Der dominante Zustand repräsentiert eine binäre „0", der rezessive eine binäre „1". Als Kodierung kommt bei der Übertragung das NRZ-Verfahren zum Einsatz (Non Return to Zero), bei dem zwischen zwei gleichwertigen Übertragungszuständen nicht zwangsweise auf einen Nullzustand zurückgefallen wird.

Beim Empfang von Nachrichten wandelt der CAN-Transceiver die Signalpegel

2 Netzknoten im CAN

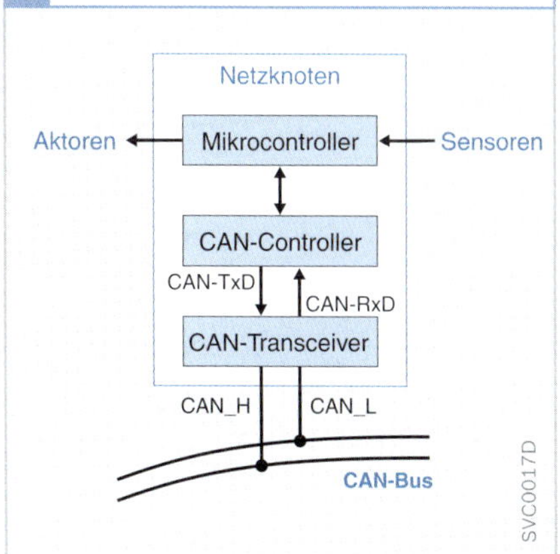

wieder in logische Zustände zurück. Dabei subtrahiert ein Differenzverstärker den CAN_L- vom CAN_H-Pegel (Bild 3). Störimpulse (z. B. von der Zündanlage) wirken sich bei verdrillten Leitungen auf beiden Leitungen gleich aus. Die differenzielle Datenübertragung ermöglicht somit das Ausfiltern von Störungen auf der Leitung.

Einige Transceiver werten zusätzlich die Spannungspegel auf der CAN_H- und CAN_L-Leitung einzeln aus. Damit ist auch ein Eindrahtbetrieb möglich, wenn eine Leitung der beiden Busleitungen infolge von Kurzschluss oder Kabelbruch ausfällt. Voraussetzung dafür ist allerdings eine gemeinsame Masse der Busteilnehmer, die dann die Funktion der ausgefallenen Leitung übernimmt.

Übertragungsmedium und Busankopplung

Zweidrahtleitung

Für CAN kommt jedes Übertragungsmedium in Frage, auf dem dominante und rezessive Zustände übertragen werden können. Meist wird eine Zweidrahtleitung mit – je nach Umgebungsbedingungen – unverdrillten oder verdrillten Adern (Twisted Pair) eingesetzt, die galvanisch entweder ge- oder entkoppelt ist. Die beiden Busleitungen werden mit CAN_H und CAN_L bezeichnet. Die Zweidrahtleitung ermöglicht eine symmetrische Datenübertragung, bei der Bits über beide Busleitungen unter Verwendung unterschiedlicher Spannungen übertragen werden. Hierdurch reduziert sich die Empfindlichkeit gegenüber Gleichtaktstörungen, da sich Störungen auf beide Leitungen auswirken und ausgefiltert werden können. Eine zusätzliche Schirmung der Leitungen verringert das eigene Abstrahlverhalten vor allem bei hohen Baudraten.

Eindrahtleitung

Die Eindrahtleitung stellt eine Möglichkeit dar, durch Einsparung der zweiten Leitung Herstellungskosten zu senken. Hierzu muss allerdings allen Busteilnehmern eine gemeinsame Masse zur Verfügung stehen, die die Funktion der zweiten Leitung übernimmt. Die Eindrahtausführung des CAN-Busses ist deshalb nur für ein Kommunikationssystem mit begrenzter räumlicher Ausdehnung möglich.

Die Datenübertragung auf der Eindrahtleitung ist anfälliger gegenüber Störeinstrahlung, da eine Ausfilterung von Störimpulsen wie bei der Zweidrahtleitung nicht möglich ist. Zur Verbesserung des Störabstands ist deshalb ein höherer Pegelhub auf der Busleitung erforderlich. Das wiederum wirkt sich negativ auf die Störabstrahlung aus. Deshalb muss gegenüber der Zweidrahtleitung die Flankensteilheit der Bussignale verringert werden. Das ist mit einer niedrigeren Datenübertragungsrate verbunden. Deshalb findet die Eindrahtleitung nur für den Lowspeed-CAN im Bereich der Karosserie- und Komfortelektronik Anwendung. Durch diese Eigenschaft ist ein Lowspeed-CAN mit Zweidrahtleitung aber auch bei Ausfall einer Leitung (CAN_H oder CAN_L) funktionsfähig.

3 Ausfiltern von Störungen auf dem CAN-Bus

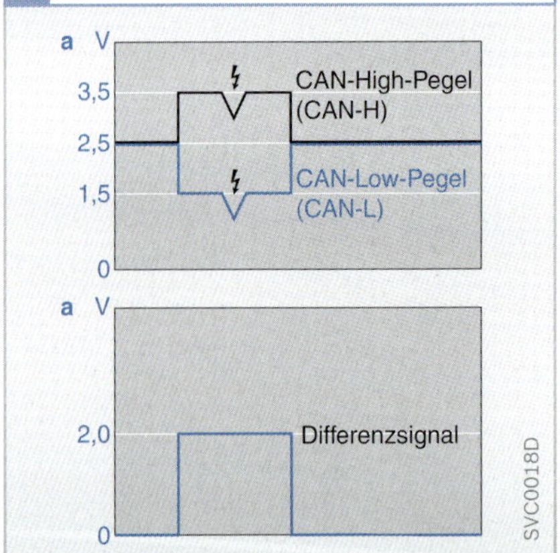

Spannungspegel

Der CAN-Transceiver setzt die vom CAN-Controller empfangenen logischen Zustände 0 und 1 in Spannungspegel um, die auf die Busleitungen CAN_H und CAN_L geschaltet werden.

Highspeed- und Lowspeed-CAN verwenden unterschiedliche Spannungspegel zur Übertragung von dominanten und rezessiven Zuständen. Die Spannungspegel des Lowspeed-CAN sind in Bild 4a, die des Highspeed-CAN in Bild 4b dargestellt.

Das Highspeed-CAN verwendet im rezessiven Zustand auf beiden Leitungen eine Spannung von 2,5 V. Im dominanten Zustand liegt an CAN_H eine Spannung von 3,5 V und an CAN_L von 1,5 V an.

Beim Lowspeed-CAN liegt im rezessiven Zustand an CAN_H eine Spannung von 0 V und an CAN_L von 5 V an. Im dominanten Zustand liegen an CAN_H 3,6 V und an CAN_L 1,4 V an.

Reflexionsfreier Abschluss

Reflexionen der elektrischen Signale an offenen Leitungsenden würden die Kommunikation stören. Um diese Reflexionen zu dämpfen, werden die Busleitungen an beiden Enden mit einem Widerstand von 120 Ω abgeschlossen.

Alternativ können die Abschlusswiderstände auch in den Steuergeräten integriert sein.

Grenzwerte

Zur korrekten Auswertung der gesendeten Bit muss bei jedem Knoten das Signal innerhalb der Bitzeit ungestört vorhanden sein, und zwar immer am jeweiligen Abtastzeitpunkt. Verzögerungen ergeben sich aus der Signallaufzeit auf dem Datenbus. Die maximal zulässige Übertragungsrate hängt somit von der Gesamtlänge des Busses ab. Die ISO 11898 spezifiziert sie für eine definierte Leitungslänge. Für längere Leitungen gibt es folgende Empfehlungen.

- 1 MBit/s bei 40m (spezifiziert),
- 500 kBit/s bis zu 100m (Empfehlung),
- 250 kBit/s bis zu 250m,
- 125 kBit/s bis zu 500m,
- 40 kBit/s bis zu 1000m.

Es können ohne zusätzliche Maßnahmen mindestens 30 Netzknoten an den Bus angeschlossen werden.

4 Spannungspegel

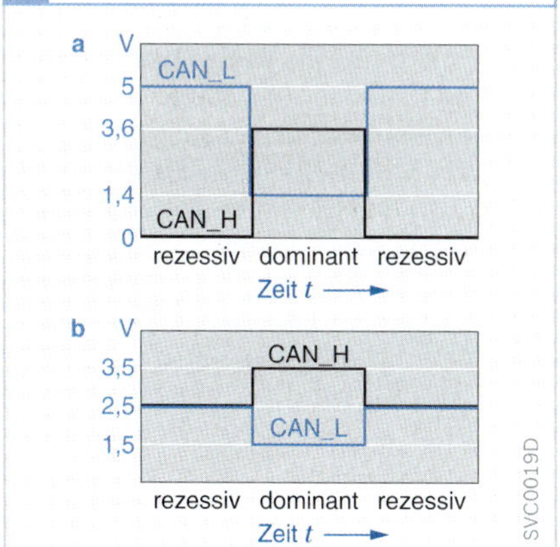

5 Übertragungssystem

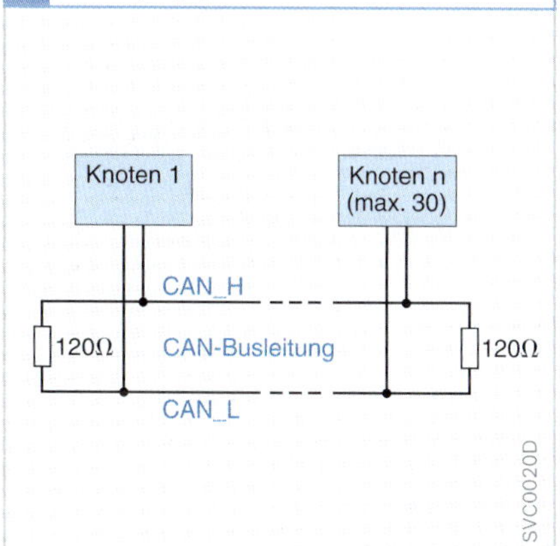

Bild 4
a Spannungspegel des Lowspeed-CAN (CAN-B)
b Spannungspegel des Highspeed-CAN (CAN-C)

CAN-Protokoll

Protokollschichten

Für Kommunikationsprotokolle ist es Standard, thematisch zusammenhängende Aufgaben in Schichten zusammenzufassen, wodurch auch eine große Flexibilität bei der Implementierung eines Bussystems erreichen wird. Bei CAN sind sowohl CAN-Hardware als auch -Software in mehrere Schichten unterteilt (Bild 6).

Application Layer (Anwendungsschicht)
Das „Application Layer" repräsentiert die Informationen in Datenstrukturen, die von der verwendeten Anwendung benutzt wird. Diese zu übertragenden Daten werden zur Übertragung an das Object Layer weitergereicht.

Object Layer (Objektschicht)
Aufgabe des „Object Layers" ist die Verwaltung der Nachrichten. Durch die Funktionen dieses Layers wird entschieden, welche Nachricht zu welchem Zeitpunkt versendet werden soll. Für eingegangene Nachrichten nimmt dieses Layer die Akzeptanzprüfung vor.

Transport Layer (Übertragungsschicht)
Das „Transport Layer" präsentiert dem Object Layer die empfangenen Nachrichten und formt die vom Object Layer zum Versenden bereitgestellten Nachrichten so, dass das Physical Layer diese Informationen übertragen kann. Zur Erfüllung dieser Aufgabe ist das Transport Layer u. a. für Arbitrierung oder Fehlererkennung und -signalisierung zuständig.

Physical Layer (Physikalische Schicht)
Das „Physical Layer" bildet die tiefste Ebene des Übertragungsstacks. Es besteht aus den physikalischen Komponenten des Netzwerks, wie der Verkabelung und den Spannungen, mit denen die Informationen übertragen werden.

6 Protokollschichten

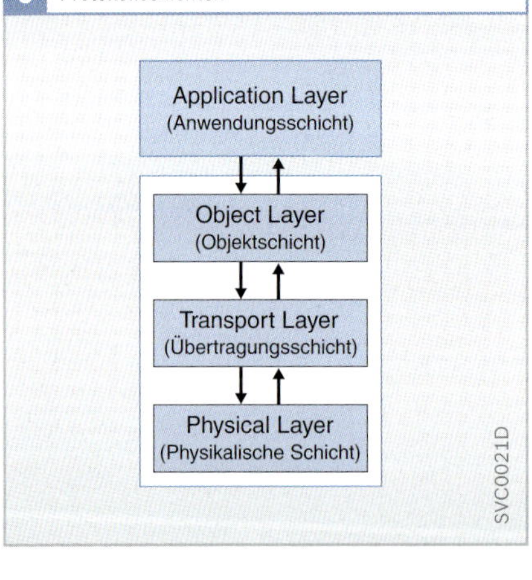

Multimaster-Prinzip

CAN ermöglicht die Kommunikation zwischen Netzknoten ohne eine zentrale Steuerungseinheit zu benötigen. Jeder Knoten kann zu jeder Zeit versuchen Nachrichten zu senden. Ob dieser Versuch erfolgreich ist hängt im Wesentlichen von zwei Faktoren ab:

- Ist der Bus vor Sendebeginn frei?
- Wird die Arbitrierungsphase bestanden?

Dieser Aufbau gewährleistet, dass selbst bei Ausfall beliebig vieler Knoten immer noch bestimmt werden kann, ob ein Knoten sendeberechtigt ist.

Inhaltsbezogene Adressierung

Anders als andere Netzwerke adressiert CAN nicht den einzelnen Netzknoten, sondern die übertragenen Nachrichten. Jede Nachricht verfügt über eine eindeutige Kennung, den Identifier. Der Identifier kennzeichnet den Inhalt der Botschaft (z. B. Motordrehzahl oder Fensterheberposition). Damit kann eine Station eine Botschaft an alle anderen Stationen aussenden (Multicast- bzw. Broadcast-Verfahren). Diese verwerten ausschließlich diejenigen Daten, deren zugehörige Identifier in der Liste der entgegenzunehmenden Botschaften gespeichert sind (Akzeptanzprüfung, Bild 7). Jede Station entscheidet also selbst, ob sie eine auf dem Bus gesendete Nachricht benötigt oder nicht.

Der Identifier besteht aus 11 Bit (Standardformat, CAN 2.0 A) oder 29 Bit (erweitertes oder extended Format, CAN 2.0 B). Mit 11 Bit können im Standard-Format 2 048, im erweiterten Format über 536 Millionen verschiedene CAN-Botschaften unterschieden werden.

Der Vorteil dieser Adressierung liegt darin, dass die Netzknoten keine Informationen über die Systemkonfiguration benötigen und damit vollständig unabhängig voneinander arbeiten können. Das ermöglicht eine hohe Flexibilität des Gesamtsystems, mit dem Ausstattungsvarianten leichter zu beherrschen sind. Benötigt ein Steuergerät neue Informationen, die bereits auf dem Bus vorhanden sind, kann es diese einfach abrufen. Zusätzliche Stationen können – sofern es sich um Empfänger handelt – in das System eingefügt werden, ohne die bestehenden Stationen modifizieren zu müssen.

Steuerung des Buszugriffs

Arbitrierungsphase

Wenn der Bus frei ist (rezessiver Zustand) und Nachrichten zur Übertragung bereitstehen, kann jede Station mit dem Senden ihrer Nachricht beginnen. Die Nachricht beginnt mit einem dominanten Bit (Start-of-Frame Bit), gefolgt vom Identifier. Beginnen mehrere Stationen gleichzeitig zu senden, dann wird zur Auflösung der resultierenden Buszugriffskonflikte ein „Wired And"-Arbitrierungsschema (Arbiter = Schiedsrichter, logische UND-Verknüpfung) verwendet, bei dem sich die Botschaft mit der höchsten Priorität (niedrigstem Binärwert des Identifiers) durchsetzt, ohne dass ein Zeit- oder Datenverlust eintritt (nichtzerstörendes Protokoll).

Das Arbitrierungsschema bewirkt, dass die von einer Station ausgesandten dominanten Bit die rezessiven Bit anderer Stationen überschreiben (Bild 8). Jede Station gibt Bit für Bit – das höchstsignifikante Bit zuerst – den Identifier seiner Nachricht auf den Bus. Während dieser Arbitrierungsphase (Auswahlphase) vergleicht jede sendende Station den aufgeschalteten Buspegel mit dem tatsächlich vorhandenen Pegel. Jede Station, die ein rezessives Bit sendet, jedoch ein dominantes Bit beobachtet, verliert die Arbitrierung. Die Station mit dem niedrigsten Identifier – also der höchsten Priorität – setzt sich am Bus durch, ohne die Botschaft wiederholen zu müssen (zerstörungsfreie Zugriffssteuerung). Sender von Botschaften mit niedrigerer Priorität werden automatisch zu Empfängern der gerade von einer anderen Station gesendeten Nachricht. Sie wiederholen ihren Sendeversuch, sobald der Bus wieder frei ist.

7 Adressierung und Akzeptanzprüfung

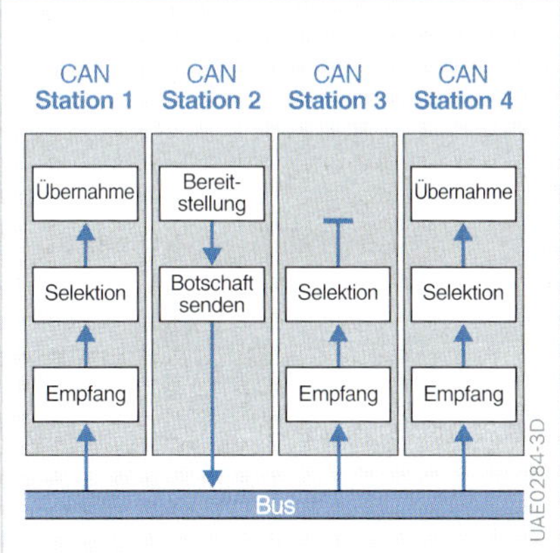

8 Bitweise Arbitrierung

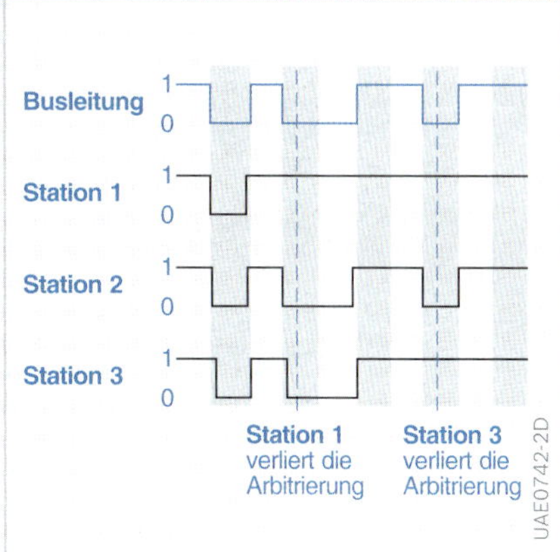

Bild 7
Station 2 sendet
Station 1 und 4 übernehmen die Daten

Bild 8
Station 2 setzt sich durch (Signal auf dem Bus = Signal von Station 2)

0 Dominanter Pegel
1 Rezessiver Pegel

Ohne diese Zugriffssteuerung würden Buskollisionen zu Fehlern führen. Deshalb dürfen nicht mehrere Knoten eine Nachricht mit dem selben Identifier versenden, um eine eindeutige Busvergabe sicher zu stellen.

Nachrichten der höchsten Priorität brauchen durch dieses Zugriffsverfahren nur die Übertragung der aktuell gesendeten Nachricht abwarten und haben damit mit 130 Bitzeiten (CAN 2.0 A) bzw. 150 Bitzeiten (CAN 2.0 B) die niedrigste Latenzzeit. Bei einer Datenübertragungsrate von 500 kBit/s entspricht das 260 µs bzw. 300 µs. Je höher die Auslastung des Busses ist, desto größer wird der zeitliche Versatz des Datentransfers für Nachrichten niedriger Priorität und damit die Unsicherheit, wann eine abzusendende Nachricht beim Empfänger ankommt.

Damit alle Botschaften zum Zuge kommen, muss die Datenübertragungsrate an die Anzahl der Busteilnehmer angepasst sein.

Priorisierung

Direkte Folge des Arbitrierungsvorgangs ist, dass der Identifier neben der Kennzeichnung des Frameinhalts auch die Aufgabe der Priorisierung des Frames beim Senden hat. Ein Identifier, der einer niederen Binärzahl entspricht, besitzt eine hohe Priorität und umgekehrt. Prioritäten für Botschaften leiten sich z. B. aus der Änderungsgeschwindigkeit des Inhalts oder der Bedeutung für die Sicherheit ab. Botschaften mit gleicher Priorität müssen ausgeschlossen werden.

Botschaftsformat

Der Nachrichtentransfer auf dem CAN-Bus basiert auf vier verschiedenen Telegrammformaten:

- *Datentelegramm (Data Frame)*:
  Die übertragene Nachricht enthält Daten (z. B. aktuelle Motordrehzahl), die von der sendenden Station (Datenquelle) bereitgestellt werden.
- *Datenanforderungstelegramm (Remote Frame)*:
  Stationen können Daten, die sie benötigen, von der Datenquelle anfordern (Beispiel: Scheibenwischer fordert vom Regensensor den aktuellen Nässezustand der Windschutzscheibe an). Die Datenquelle reagiert darauf mit Senden des entsprechenden Data Frames.
- *Fehlertelegramm (Error Frame):*
  Erkennt eine Station einen Fehler, teilt sie dies den anderen Stationen mittels eines Error Frames mit.
- *Überlasttelegramm (Overload Frame)*:
  Hiermit kann eine Verzögerung zwischen einem vorangegangenen und einem nachfolgenden Data Frame oder Remote Frame erzeugt werden. Der sendende Knoten teilt mit, dass er aktuell keine weiteren Frame verarbeiten kann.

Für die Datenübertragung auf dem Datenbus wird ein „Frame" (Botschaftsrahmen) aufgebaut. Er enthält in festgelegter Reihenfolge Informationen zur Übertragung. CAN unterstützt zwei verschiedene Formate von Frames, die in CAN 2.0 A und CAN 2.0 B spezifiziert sind. Wichtigster Unterschied zwischen diesen beiden Frameformaten ist die Länge des Identifiers. Ein CAN 2.0 A-Frame besitzt einen 11-Bit- Identifier, ein CAN 2.0 B-Frame einen

9 CAN-Botschaftsformat

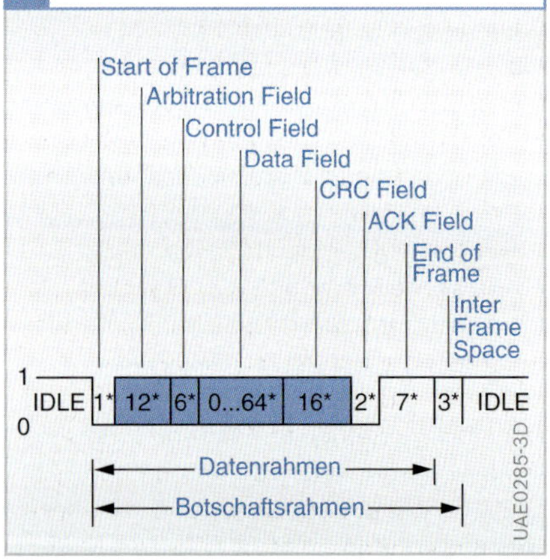

Bild 9
0 Dominanter Pegel
1 Rezessiver Pegel

29-Bit-Identifier, der in zwei Teile (11 Bit und 18 Bit) geteilt ist.

Beide Formate sind untereinander kompatibel und können in einem Netzwerk gemeinsam zur Anwendung kommen. Die Frames nach CAN 2.0 A und B sind in Bild 9 dargestellt. Sie haben eine maximale Länge von 130 Bit (Standardformat) bzw. 150 Bit (erweitertes Format).

In CAN 2.0 A- und CAN 2.0 B-Data-Frames ist die Folge von übetragenen Information gleich strukturiert. Auf das Start-of-Frame Bit, folgen Arbitration-, Control-, Data- und CRC Field. Abgeschlossen wird ein Frame vom ACK-Field und dem End-of-Frame.

Start of Frame
Im Ruhezustand (IDLE) ist der Bus rezessiv. „Start of Frame" zeigt mit einem dominanten Bit den Beginn einer Übertragung an und dient gemeinsam mit dem Bitstuffing der Synchronisation aller Stationen.

Arbitration Field
Bei einem CAN 2.0 A-Frame besteht das „Arbitration Field" aus dem 11-Bit-Identifier und einem Kontrollbit, dem RTR-Bit (Remote Transmission Request).

Bei einem CAN 2.0 B-Frame besteht das Arbitration Field aus dem 11-Bit-Identifier, gefolgt von dem SRR-Bit (Subsitute Remote Request) und dem IDE (Identifier Extension Bit). Beide Bits werden rezessiv übertragen und gewährleisten damit, dass ein CAN 2.0 A-Frame immer Vorrang vor einem CAN 2.0 B-Frame bei gleichem 11 Bit Identifier, hat. Anschließend folgt der zweite 18 Bit Identifier. Das RTR Bit beendet das Arbitration Field.

Das RTR Bit kennzeichnet, ob das übertragene Frame ein Data oder Remote Frame ist. Im Data Frame ist das RTR-Bit dominant, im Remote Frame rezessiv. Sollte also Station A eine Nachricht mittels Data-Frame senden und Station B diese Nachricht mittels Remote Frame zum gleichen Zeitpunkt anfordern, kann der Arbitrierungskonflikt in diesem Fall nicht über den Nachrichtenidentifier gelöst werden, die Entscheidung über das Zugriffsrecht liegt beim RTR-Bit. Station A gewinnt erst mit dem Senden des dominanten RTR-Bit die Arbitrierung und setzt die Übertragung der Nachricht fort. Station B, die genau diese Nachricht angefordert hat, geht auf Empfang und kann die weiteren von Station A gesendeten Daten lesen.

Control Field (Kontrollfeld)
In einem CAN 2.0 A-Frame besteht das „Control Field" aus dem IDE-Bit (Identifier Extension Bit), das hier immer dominant gesendet wird, gefolgt von einem reservierten Bit für zukünftige Erweiterungen, das rezessiv gesendet wird. Die restlichen vier Bit dieses Feldes beschreiben die Anzahl der Datenbytes im nachfolgenden Datenfeld (Data Field). Dadurch kann der Empfänger feststellen, ob er alle Daten empfangen hat.

In einem CAN 2.0 B Frame ist die Struktur nahezu identisch. Da das IDE Bit aber bereits zum Arbitration Field gezählt wird, tritt an seine Stelle ein weiteres reserviertes Bit für zukünftige Erweiterungen, das rezessiv gesendet wird.

Data Field (Datenfeld)
Das „Data Field" enthält die zwischen 0 und 8 Byte breite Dateninformation. Ein Datenfeld, in dem die Länge der Dateninformation mit 0 angegeben ist, führt zu dem kürzest möglichen Data Frame mit einer Länge von 44 bzw. 64 Bit. So ein Frame kann zur Synchronisation verteilter Prozesse verwendet werden. Es können auch mehrere Signale in einer Botschaft gesendet werden (z. B. Motortemperatur und Motordrehzahl).

CRC Field (Sicherungsfeld)
Das „CRC Field" (Cyclic Redundancy Check, zyklische Redundanzprüfung) enthält eine 15-Bit-Prüfsumme (Rahmensicherungswort) über das vorausgehende Frame vom Startbit bis zum letzten Bit des Datenfelds. Das 16. Bit (CRC-Delimiter) in

diesem Feld ist rezessiv und schließt die Prüfsumme ab. Die Prüfsumme dient zur Erkennung von etwa auftretenden Übertragungsstörungen.

ACK Field (Quittungsfeld)
Anders als alle vorausgehenden Felder wird das „ACK Field" (Acknowledgement, Bestätigung) nicht vom Sender des Frames gesetzt, sondern von einem anderen Knoten, der direkt im Anschluss an das Data Field den Empfang des Frames bestätigen kann. Das Feld umfasst den „ACK-Slot" und den rezessiven „ACK-Delimiter". Der ACK-Slot wird vom Sender ebenfalls rezessiv gesendet und von einem Empfänger bei korrektem Botschaftsempfang dominant überschrieben. Dabei spielt es keine Rolle, ob die Botschaft für den jeweiligen Empfänger im Sinne der Akzeptanzprüfung von Bedeutung ist oder nicht; bestätigt wird der korrekte Empfang. Hierdurch wird dem Sender signalisiert, dass bei der Datenübertragung keine Störung aufgetreten ist.

End of Frame (Ende-Kennung)
Das „End-of-Frame" besteht aus sieben rezessiven Bit und kennzeichnet das Ende der Botschaft. Mit sieben aufeinander folgenden gleichen Bit wird bewusst die Stuffing-Regel verletzt (s. Störungserkennung).

InterFrame Space (Rahmenpause)
Der „InterFrame Space" besteht aus einer Folge von drei rezessiven Bit, die aufeinander folgende Botschaften trennen. Nach diesen insgesamt 10 rezessiven Bit dürfen die Stationen im Netz wieder senden. Bis dahin bleibt der Bus im IDLE-Zustand.

Nur Data und Remote Frames müssen den InterFrame Space beachten. Error und Overload Frames können direkt im Anschluss an das letzte Frame gesendet werden. Hierdurch wird eine direkte Signalisierung von Fehlern und Problemen ermöglicht.

Senderinitiative
In der Regel initiiert der Sender eine Datenübertragung, indem er einen Data Frame abschickt. Es ist aber auch möglich, dass ein Empfänger Daten bei einem Sender abruft, indem er einen Remote Frame absetzt. Der Netzknoten, der die angeforderte Information liefern kann, stellt auf diese Anfrage hin die Information zur Verfügung.

Störungserkennung
Die Busleitung kann z. B. durch elektromagnetische Einflüsse gestört werden. Um Fehlverhalten auszuschließen, müssen die übermittelten Daten auf Korrektheit überprüft werden. Im CAN-Protokoll sind eine Reihe von Kontrollmechanismen zur Störungserkennung integriert.

Zyklische Redundanzprüfung
Für jede übertragene Nachricht berechnet der Sender aus Start-of-Frame, Arbitration-, Control- und Data-Field eine Prüfsequenz. Hierbei wird aus der Bitsequenz mit Hilfe des Generatorpolynoms eine 15 Bit Prüfsumme bestimmt, über die Fehler in der Datenübertragung festgestellt werden können.

Bei der CRC-Generierung wird mit einem festgelegten Generatorpolynom eine Polynomdivision über einen gegebenen Framebereich durchgeführt. Der übrigbleibende Rest bildet die Prüfsumme.

Nachdem das CRC Field empfangen wurde, kann der Empfänger die korrekte Übertragung des Frames kontrollieren, indem er erneut eine Polynomdivision des empfangenen Framebereichs mit dem Generatorpolynom durchführt und überprüft, ob die empfangene Prüfsumme mit dem errechneten Rest übereinstimmt.

Rahmenformat-Überprüfung (Frame-Check)
Alle Busteilnehmer, sowohl Sender als auch Empfänger, überprüfen den gesendeten/ empfangenen Datenrahmen auf Einhaltung der vorgegebenen Framestruktur (Rahmensicherung). Im CAN-Protokoll sind einige Felder mit festem Format enthalten (Start- und End-of-Frame, Delimiter), die von allen Stationen überprüft werden.

ACK-Check
Beim „ACK-Check" bestätigt ein Empfänger den korrekten Empfang des Frames, indem er ein dominantes Bit im ACK-Slot sendet. Der Sender des Frames kann dadurch überprüfen, ob eine Nachricht korrekt übertragen wurde. Ein Ausbleiben weist auf erkannte Übertragungsfehler hin.

Monitoring
Der Sender eines Frames beobachtet ständig den Buspegel. Übertragungsfehler kann er durch Vergleich von gesendetem und abgetastetem Bit feststellen.

Bitstuffing
Die Einhaltung des „Bitstuffing" wird im Code-Check überprüft. Die Stuffing-Regel besagt, dass in jedem Data oder Remote Frame zwischen Start-of-Frame und Ende des CRC Fields maximal fünf aufeinander folgende Bit im selben Zustand gesendet werden dürfen. Nach jeweils fünf gleichen in Folge übertragenen Zuständen fügt der Sender ein Bit des entgegen gesetzten Zustands ein. Die Empfänger löschen alle diese eingefügten Bit nach dem Botschaftsempfang wieder (Destuffing).

Mit dieser Maßnahme können Leitungsstörungen, wie z. B. ein Kurzschluss oder Burstinterference, erkannt werden. Selten auftretende Signalwechsel würden zudem die Möglichkeit zur Synchronisierung in den Knoten einschränken.

Störungsbehandlung
Stellt ein CAN-Controller eine Störung oder einen Formatfehler fest, so unterbricht er die laufende Übertragung durch das Senden eines Error Frame, das aus sechs aufeinander folgenden dominanten Bit besteht. Hierdurch wird die Stuffing-Regel verletzt, die diese Bitfolge verbietet. Stellt der Sender fest, dass seine Nachricht durch ein Error Frame unterbrochen wurde, bricht er den Sendevorgang ab und versucht es später erneut. Dieser Effekt verhindert, dass andere Stationen die fehlerhafte Nachricht annehmen und sorgt so für eine systemweite Datenkonsistenz.

Fehlereingrenzung bei Ausfällen
Defekte Stationen können den Busverkehr erheblich belasten, indem sie häufig fehlerhafte Botschaften senden oder die Übertragung korrekter Botschaften durch Senden eines Error Frames wiederholt unterbrechen. Das CAN-Protokoll lokalisiert Stationsausfälle mithilfe des statistischen Fehlerauswertung. Eine Station erkennt die Wahrscheinlichkeit ihrer eigenen Fehlfunktion daran, dass sie häufig Botschaften abbricht, bevor andere Stationen ein Error Frame senden. Als erste Maßnahme verhindert das Protokoll, dass eine solche Station weiterhin Übertragungen abbricht. Im Notfall schaltet sich die Station selbsttätig ab.

Hardware

CAN-Controller eines Teilnehmers

Der CAN-Controller eines Teilnehmers erzeugt aus den zu übertragenden Daten ein Frame mit allen für das CAN-Protokoll erforderlichen Feldern. Das Frame setzt er anschließend in einen Bitstrom um.

CAN spezifiziert nur die Ebenen von Physical-, Transportation- und Object-Layer. Die Schnittstellen, die auf Anwendungsebene bereitgestellt werden, lassen sich dagegen unterschiedlich gestalten, um sie dem Einsatzgebiet anzupassen. Um hinsichtlich der CPU-Unterstützung (Mikrocontroller des Steuergeräts für Anwendersoftware) den unterschiedlichen Anforderungen gerecht zu werden, sind von Halbleiterherstellern unterschiedlich leistungsfähige Implementierungen auf dem Markt gebracht worden. Sie unterscheiden sich nicht hinsichtlich des erzeugten Frameformats und der Fehlerbehandlung, sondern nur bezüglich der CPU-Unterstützung, die für die Nachrichtenverwaltung erforderlich ist.

Werden auf dem Bus Nachrichten im erweiterten Format (29-Bit-Identifier) verwaltet, dann müssen die CAN-Controller zur Spezifikation CAN 2.0 B kompatibel sein. Es gibt Controller, die nur CAN 2.0 A unterstützen und Nachrichten im Standard-Format senden und empfangen, bei Nachrichten im erweiterten Format aber Fehler erzeugen. Andere Controller tolerieren das erweiterte Format, ohne einen Fehler zu erzeugen. Diese Bausteine können in einem CAN-Netz zusammen mit Controllern eingesetzt werden, die das Senden und Empfangen von Nachrichten im erweiterten Format beherrschen.

Basic-CAN

In Bausteinen mit Basic-CAN-Implementierung ist nur die Grundfunktion des CAN-Protokolls zur Erzeugung des Bitstroms in Hardware realisiert. Für die Verwaltung der zu sendenden und

10 Basic-CAN-Baustein

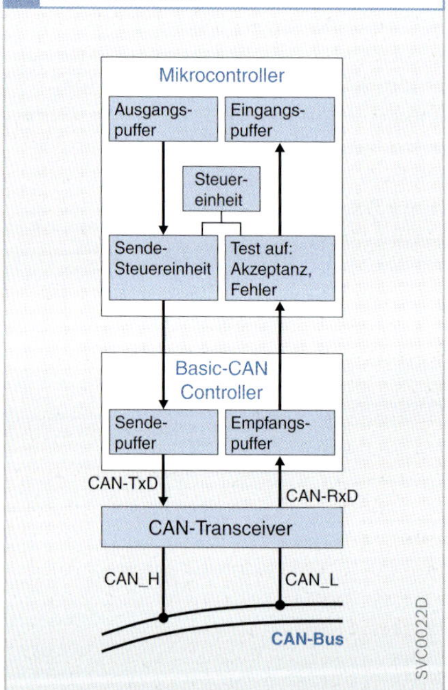

11 Full-CAN-Baustein

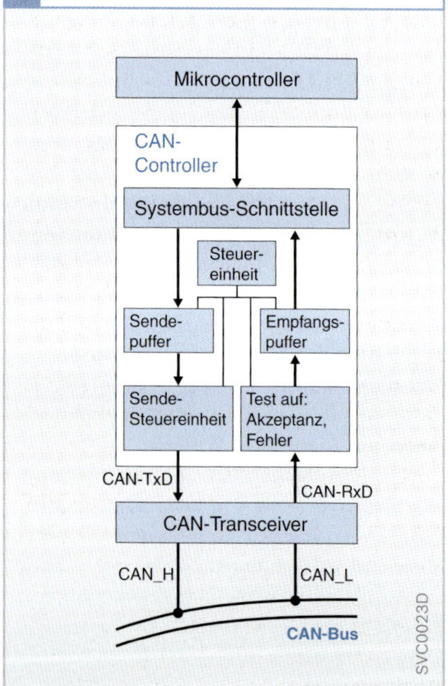

empfangenen Botschaften steht ein Zwischenpuffer zur Verfügung, auf den der lokale Rechner (Mikrocontroller der Anwendersoftware) zugreift (Bild 10). Da der Puffer begrenzt ist, muss der Rechner die empfangene Daten auslesen, bevor neue Botschaften empfangen werden. Auch die Akzeptanzprüfung wird in diesem Rechner durchgeführt. Ein Teil der Rechenkapazität wird somit für die CAN-Verwaltung beansprucht. Da die Rechner meistens keine ausreichenden Verarbeitungskapazitäten haben, sind Bausteine mit Basic-CAN in erster Linie für niedrige Übertragungsraten geeignet, oder für die Übertragung weniger Nachrichten bei höheren Übertragungsraten.

Der Vorteil dieser Bausteine liegt – gegenüber den Bausteinen mit Full-CAN – in der kleineren Chipfläche und den geringeren Herstellungskosten.

Full-CAN
Wenn bei hohen Übertragungsraten eine Station mehrere Botschaften verwalten muss und der lokale Rechner keine freie Kapazität für Kommunikationsaufgaben hat, kommen vorzugsweise Bausteine mit Full-CAN-Implementierung zum Einsatz. Sie enthalten mehrere „Kommunikationsobjekte", von denen jedes den Identifier und die Daten einer bestimmten Nachricht enthält. Bei der Initialisierung des CAN-Baustein durch den lokalen Rechner wird festgelegt, welche Nachrichten der CAN-Controller senden und welche empfangenen Nachrichten er weiterverarbeiten soll. Empfangene Nachrichten werden nur dann akzeptiert (Akzeptanzprüfung), wenn der Identifier zu einem der Kommunikationsobjekte passt.

CAN-Controller mit Full-CAN-Implementierung verringern die Belastung des lokalen Rechners, indem sie die gesamte Kommunikation einschließlich der Akzeptanzprüfung im Controller durchführen (Bild 11).

Der CAN-Controller kann als Stand-Alone Baustein über den Adress-/Datenbus an den Mikrocontroller im Steuergerät angekoppelt werden. Leistungsfähige Mikrocontroller haben den CAN-Controller „on chip" integriert. Diese Art der Busankopplung ist die kosteneffektivere und somit immer häufiger eingesetzte Lösung.

Bausteine ohne lokale Rechner
Eine weitere Klasse von CAN-Bausteinen kommt ohne lokalen Rechner aus. Diese SLIO (Serial Linked Input/Output) können Daten über Ports aus- und einlesen. Sie sind daher geeignet, Sensoren und Aktoren zu geringen Kosten busfähig zu machen, benötigen aber einen Master, der sie steuert.

Transceiver
Der Bitstrom, den der CAN-Controller erzeugt, besteht aus binären Signalen. Sie entsprechen noch nicht den geforderten Spannungspegeln des CAN-Busses. Der CAN-Businterfacebaustein, auch als Transceiver bezeichnet, erzeugt aus dem binären Datenstrom die differenziellen Signale CAN_H und CAN_L sowie die Referenzspannung U_{ref}.

Sleep-Mode
Der CAN-Komfort-Bus muss auch bei abgeschalteter Zündung betriebsbereit sein, damit Funktionen wie z. B. Radio, Fenterheber oder Parkleuchte arbeiten können. Die Busteilnehmer müssen deshalb über Klemme 30 (Dauerplus) versorgt werden. Ein CAN-Knoten kann nach Abschalten von Klemme 15 (Zündung aus) in den Sleep-Mode (Standby) versetzt werden, um das Bordnetz möglichst wenig zu belasten. Der Sendeteil des Transceiver-Bausteins ist in diesem Zustand abgeschaltet, sodass der Energiebedarf in dieser Betriebsart gering ist. Der Empfängerteil hingegen ist aktiv und beobachtet, ob auf dem Bus Nachrichten übertragen werden. So kann der CAN-Controller, der sich auch im Standby-Modus betreiben lässt, auf eine Wake-up-Botschaft reagieren und den CAN-Knoten vollständig aktivieren.

Ablauf einer Datenübertragung

Am Beispiel der Übertragung der Motordrehzahl soll der Ablauf einer Datenübertragung über CAN mit einem Full-CAN-Baustein aufgezeigt werden.

Senden

Die Anwender-Software der Motorsteuerung berechnet aus dem Signal des Drehzahlsensors die Motordrehzahl. Diese Berechnung wird einmal pro Verbrennungszyklus durchgeführt. Der Messwert gelangt in den Eingangsspeicher sowie in den Sendespeicher des Mikrocontrollers (Bild 12a).

Über eine parallele Schnittstelle ist der Mikrocontroller der Motorsteuerung mit dem CAN-Controller gekoppelt. Der Inhalt des Sendespeichers gelangt zyklisch (z.B. alle 10 ms) in den Sendepuffer des CAN-Controllers. Über ein Flag (symbolisch: Sende-Flagge) wird dem CAN-Controller angezeigt, dass eine Nachricht abzusenden ist. Mit diesem Sendeauftrag hat die Motorsteuerung ihren Teil der Aufgabe abgeschlossen.

Nach dem Einspeichern der Drehzahlinformation in den Sendepuffer beginnt der CAN-Controller mit der Zusammenstellung des CAN Frames. Über die RxD-Leitung beobachtet der CAN-Controller nun den Bus. Bei freiem Bus startet er sofort mit der Erzeugung des Bitstroms und leitet ihn über die TxD-Leitung zum Transceiver, bei besetztem Bus wartet er. Der Transceiver bildet aus dem Bitstrom ein Signal mit den erforderlichen Spannungspegel.

Empfangen

Alle am Bus angeschlossenen Stationen empfangen über den Transceiver die von der Motorsteuerung übertragene Nachricht (Bild 12b). Diese gelangt jeweils über die RxD-Leitungen als Bitstrom zum CAN-Controller.

Im ersten Schritt (Überwachungsebene) überprüft der CAN-Controller die eingegangene Nachricht mithilfe der CRC-

12 Ablauf einer Datenübertragung

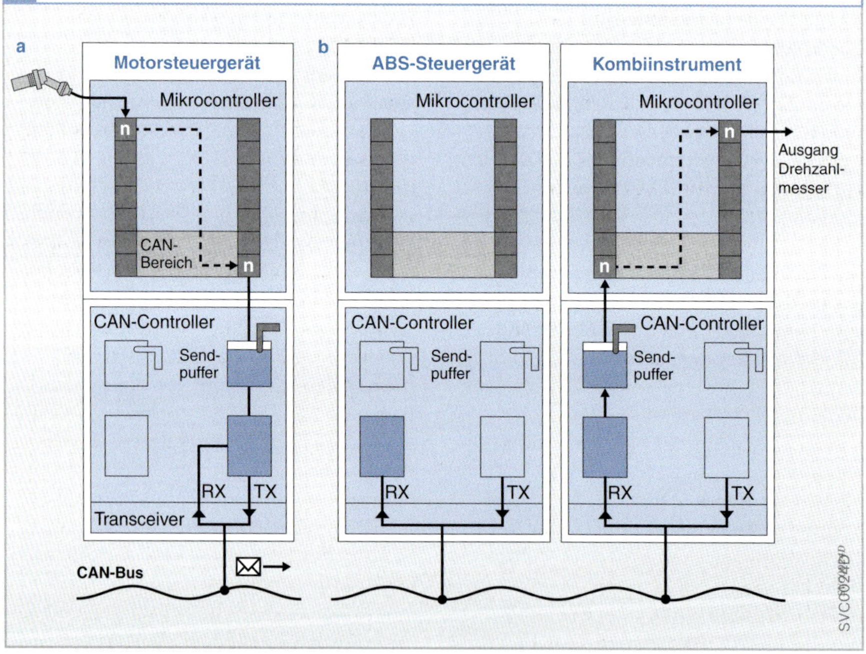

Prüfsumme auf Fehlerfreiheit. Bei Fehlerfreiheit antwortet jede Station sofort mit einem Acknowledge (ACK-Check).

Im zweiten Schritt erfolgt in der Akzeptanzebene die Akzeptanzprüfung. Jede Station prüft, ob der empfangene Identifier für die Station relevant ist und die zugehörige Nachricht in der Anwendersoftware benötigt wird. Ist dies nicht der Fall, dann wird die Nachricht verworfen. Anderenfalls gelangt sie in den Empfangspuffer. Ein Flag (symbolisch: Empfangs-Flagge) zeigt der Anwender-Software an, dass eine aktuelle Nachricht zur Verarbeitung bereitsteht.

Das Kombiinstrument z. B. ruft die bereitstehende Nachricht ab, verarbeitet die Drehzahlinformation und berechnet Ansteuersignale für den Aktor des Anzeigeinstruments.

Standardisierung

CAN wurde sowohl von der ISO (International Organisation for Standardization) als auch von der SAE (Society of Automotive Engineers) für den Datenaustausch im Kraftfahrzeug standardisiert:

- Für Low-Speed-Applikationen bis 125 kBit/s als ISO 11 519-2 und 11 898-3.
- Für High-Speed-Applikationen größer 125 kBit/s als ISO 11 898-2 und SAEJ 22 584 (Pkw) bzw. SAEJ 1 939 (Nfz).
- Eine ISO-Norm zur Diagnose über CAN ist als ISO 15 765 publiziert.

Die Standardisierung ermöglicht, dass Komponenten verschiedener Hersteller zusammenarbeiten. Es sind keine Anpassungen vorzunehmen.

Auch in der Industrieautomatisierung ist CAN weit verbreitet. Unterstützt werden diese Anwendungen durch einen Zusammenschluss von Unternehmen im Nutzerverein „CAN in Automation" (CiA).

Bosch hat mit seinen Lizenznehmern Verträge abgeschlossen, die garantieren, dass beliebige CAN-Implementierungen miteinander kommunizieren können. Anwender können sich auf das Zusammenspiel beliebiger CAN-Bausteine verlassen.

Eigenschaften

- Normierung nach ISO 11898.
- Prioritätsgesteuerte Kommunikation.
- Datenübertragungsraten: bis 1 MBit/s.
- Datenkapazität: bis 8 Byte pro Nachricht.
- Echtzeitfähigkeit: Das Datenprotokoll genügt den Echtzeitanforderungen im Kraftfahrzeug.
- Zerstörungsfreies Buszugriffsverfahren.
- Geringer Stromverbrauch.
- Flexibilität bei der Konfiguration.
- Einfacher und kostengünstiger Aufbau durch verdrillte Zweidraht-Leitung.
- Sehr hohe Zuverlässigkeit der Datenübertragung.
- Fehlererkennung und -signalisierung.
- Lokalisierung ausgefallener Stationen.
- Behandlung von sporadischen und Dauerfehlern.
- Kurzschlussfestigkeit.
- Anzahl der Knoten ist theoretisch nicht beschränkt. Eine Begrenzung ergibt sich in der Praxis aber durch die kapazitive Belastung des Busses sowie die zunehmenden Latenzzeiten der Nachrichten, wenn viele Nachrichten übertragen werden sollen.

LIN-Bus

Übersicht

Der zunehmende Einsatz mechatronischer Systeme im Kraftfahrzeug führte zu der Idee, ein kostengünstiges Bussystem als Alternative zum Low-Speed-CAN zu konzipieren. Mehrere Automobilhersteller beteiligten sich 1998 an der Einrichtung eines Konsortiums mit dem Ziel, eine Spezifikation für einen seriellen Bus zur Vernetzung von Sensoren und Aktoren im Bereich der Karosserieelektronik zu entwickeln.

Ein Bussystem mit einfachem Busprotokoll und einer einfachen Ablaufsteuerung sollte die Möglichkeit schaffen, auch Mikrocontroller des unteren Leistungsspektrums ohne zusätzliche Hardware für die Kommunikationsschnittstelle einzusetzen.

Bereits im Jahr 2001 wurde der von dieser Arbeitsgruppe spezifizierte LIN-Bus im Mercedes-Benz SL zum ersten Mal in einem Kraftfahrzeug in Serie eingesetzt.

Der Name LIN (Local Interconnect Network) leitet sich aus der Tatsache ab, dass sich alle Steuergeräte innerhalb eines begrenzten Bauraums (z. B. in der Tür) befinden. Beim LIN handelt es sich somit um ein lokales Subsystem zur Unterstützung der Fahrzeugvernetzung mittels übergeordneter CAN-Netze.

Der LIN-Bus ist für geringe Datenraten bis 20 kbit/s geeignet und typischerweise auf maximal 16 Busteilnehmer begrenzt.

Die elektrische Schnittstelle kann in den Netzwerk-Knoten einfach und kostengünstig realisiert werden. Bei den Knoten unterscheidet man zwischen dem Master, der in der Regel ein Steuergerät mit Anbindung an ein übergeordnetes Bussystem darstellt und den Slaves. Dies sind intelligente Aktoren, intelligente Sensoren oder ganz einfach nur Schalter mit zusätzlicher Hardware für die LIN-Bus-Schnittstelle.

Die Busteilnehmer werden meist in einer linearen Busstruktur angeordnet und über eine Eindrahtleitung miteinander verbunden. Diese Topologie ist jedoch nicht explizit vorgeschrieben.

Die Kommunikation auf dem LIN-Bus erfolgt zeitsynchron, wobei der Master das Zeitraster vorgibt. Dadurch ergibt sich ein streng deterministisches Übertragungsverhalten des LIN-Busses.

Bild 1 zeigt beispielhaft ein LIN-Netzwerk als Subbus im Dach-/Wischer-Bereich des Kraftfahrzeugs. Der Bus besteht hier aus einem Zentral-Steuergerät als Master und den vier Slaves: Spiegel, Garagentoröffner, Regen-/Lichtsensor und Wischer-Aktor. Der Master fungiert gleichzeitig als Gateway zum Chassis-CAN, zum Body-CAN und zum Diagnostics-CAN.

1 LIN-Bus mit Master- und Slave-Knoten

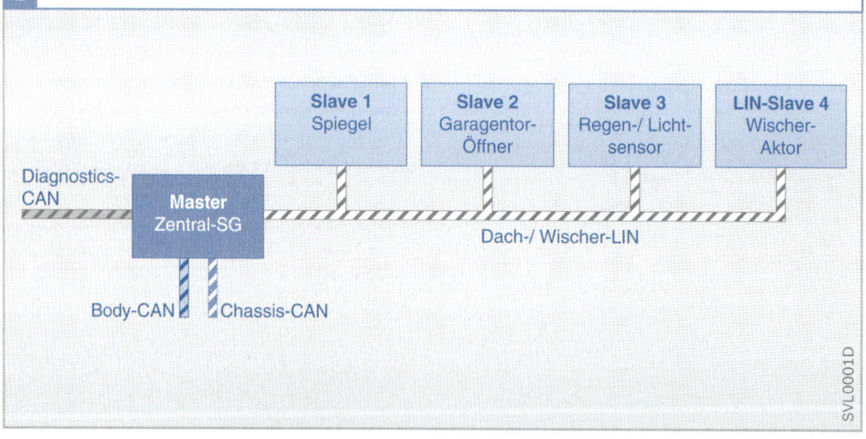

Anwendungen

Der LIN-Bus für die Vernetzung von mechatronischen Systemen kann im Kfz für viele Anwendungen, bei denen die Übertragungsrate und Variabilität des CAN-Busses nicht erforderlich sind, eingesetzt werden. Beispiele für Anwendungen der LIN-Vernetzung sind:

- Türmodul mit Türverriegelung, Fensterheberantrieb und Außenspiegelverstellung,
- Steuerung des Schiebedachantriebs,
- Ansteuern des Wischermotors für den Scheibenwischer,
- Sensor für Regen- und Lichterkennung,
- Klimaanlage (Übertragung der Signale vom Bedienelement, Ansteuerung des Frischluftgebläses),
- Scheinwerferelektronik,
- Ansteuern der Motoren für die Sitzverstellung,
- Diebstahlsicherung,
- Garagentoröffner.

2 Toleranzbänder bei Sender und Empfänger

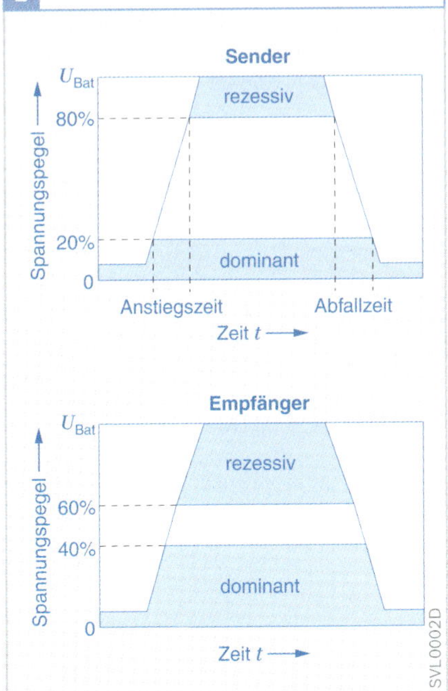

Übertragungssystem

Der LIN-Bus ist als ungeschirmte Eindrahtleitung ausgebildet. Der Bus kann zwei logische Zustände annehmen:

- Der dominante Pegel entspricht der elektrischen Spannung von ca. 0 V und repräsentiert logisch 0.
- Der rezessive Pegel entspricht der Batteriespannung U_{Bat} und stellt den Zustand logisch 1 dar.

Der rezessive Pegel wird am Master-Knoten mit einem 1kΩ-Widerstand, an den Slave-Knoten mit einem 30kΩ-Widerstand gegen die Batteriespannung eingestellt.

Aufgrund unterschiedlicher Ausführungen der Beschaltung können sich bei den Pegeln Unterschiede ergeben. Die Festlegung von Toleranzen beim Senden und Empfangen im Bereich der rezessiven und dominanten Pegels gewährleistet eine stabile Datenübertragung. Damit auch trotz Störeinstrahlung gültige Signale empfangen werden können, sind die Toleranzbereiche empfangsseitig breiter ausgelegt (Bild 2).

Die Datenrate des LIN-Bus ist auf maximal 20 kBit/s begrenzt. Das ist ein Kompromiss zwischen der Forderung nach hoher Flankensteilheit zur leichten Synchronisation der Slaves einerseits, und der Forderung nach geringerer Flankensteilheit zur Verbesserung des EMV-Verhaltens andererseits. Empfohlen werden die Standard-Übertragungsraten 2 400 Bit/s, 9 600 Bit/s und 19 200 Bit/s. Der minimal zulässige Wert der Übertragungsrate beträgt 1 kBit/s, um Time-out-Konflikte zu vermeiden. Die Flankensteilheit selbst ist in der LIN-Spezifikation auf 1...3 V/µs festgelegt.

Die maximale Anzahl der Knoten ist in der LIN-Spezifikation nicht vorgegeben. Theoretisch ist sie durch die Anzahl der verfügbaren Identifier beschränkt. Praktisch ergibt sich eine Beschränkung auf 16 Teilnehmer durch die maximal zulässige Gesamtkapazität des Bussystems.

Buszugriff

Beim LIN-Bus erfolgt der Buszugriff mittels des Master-Slave-Verfahrens. Jede Nachricht wird vom Master initiiert. Der Slave hat die Möglichkeit, zu antworten. Die Nachrichten werden zwischen dem Master und einem, mehreren oder allen Slaves ausgetauscht (Point-to-Point, Multicast, Broadcast).

Bei der Kommunikation zwischen Master und Slave sind folgende Beziehungen möglich:

- Botschaft mit Slave-Antwort: Der Master sendet eine Nachricht an einen oder mehrere Slaves und fragt nach Daten (z. B. Schalterzustände oder Messwerte).
- Botschaft mit Master-Anweisung: Der Master gibt Steueranweisungen an einen Slave (z. B. Einschalten eines Verstellmotors).
- Der Master initiiert eine Kommunikation zwischen zwei Slaves.

Ein Arbitrierungs- und Kollisionmanagement ist nicht erforderlich, da bei der Master-Slave-Zugriffsteuerung alleine der Master den Zugriff auf der Datenleitung steuert.

LIN-Protokoll

Frame

Die Informationen, die auf dem LIN-Bus übertragen werden, sind in einem definierten Rahmen eingebettet (Bild 3). Eine vom Master eingeleitete Nachricht beginnt immer mit einem Header (Botschaftskopf). Das Nachrichtenfeld (Response) enthält je nach Botschaftsart unterschiedliche Informationen. Für den Fall, dass der Master Steueranweisungen für einen Slave überträgt, beschreibt er das Nachrichtenfeld mit den vom Slave zu verwertenden Daten. Im Fall einer Datenanforderung beschreibt der angesprochene Slave das Nachrichtenfeld mit den vom Master angeforderten Daten.

Header

Der Header setzt sich aus den folgenden Teilen zusammen:

- der Synchronisationspause,
- dem Synchronisationsfeld und
- dem Identifier-Feld.

Synchronisation

Zur Sicherstellung einer konsistenten Datenübertragung zwischen Master und Slaves erfolgt zu Beginn eines jeden Frames eine Synchronisation. Zunächst wird durch die Synchronisationspause (Synch-Break) der Beginn eines Frames eindeutig

3 LIN-Botschaftsformat

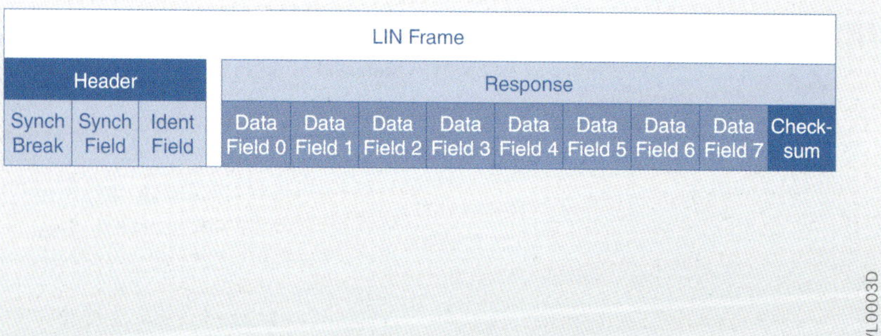

gekennzeichnet. Das SynchBreak besteht aus mindestens 13 aufeinander folgenden dominanten und einem rezessiven Pegel.

Nach der Synchronisationspause sendet der Master das Synchronisationsfeld (SynchField) bestehend aus der Bitfolge 01010101. Die Slaves haben damit die Möglichkeit, sich auf die Zeitbasis des Masters abzugleichen und sich damit zu synchronisieren.

Die beschriebene Synchronisation erlaubt eine großzügige Spezifikation des Timings der Busteilnehmer. Der Takt des Masters soll nicht mehr als ±0,5 % vom Nominalwert abweichen. Der Takt der Slaves darf vor der Synchronisation um bis zu 15 % abweichen, wenn durch die Synchronisation eine Abweichung von maximal 2 % bis zum Ende der Botschaft erreicht wird.

Damit können die Slaves kostengünstig ohne aufwändigen Quarzoszillator, beispielsweise mit einer einfachen RC-Beschaltung, aufgebaut werden.

Identifier

Das dritte Byte im Header wird als LIN-Identifier verwendet. Analog zum CAN-Bus wird eine inhaltsbasierte Adressierung verwendet – der Identifier gibt also Aufschluss über den Inhalt einer Botschaft (z. B. Motordrehzahl). Auf Basis dieser Informationen entscheiden alle am Bus angeschlossenen Knoten, ob sie die Botschaft empfangen und weiterverarbeiten oder ignorieren wollen. Dies bezeichnet man als Akzeptanzfilterung.

Sechs der acht Bit des Identifier-Felds bestimmen den Identifier selbst, aus ihnen ergeben sich damit 64 mögliche Identifier (ID). Sie haben folgende Bedeutung:

- ID = 0...59: Übertragung von Signalen.
- ID = 60: Master-Anforderung für die Kommandos und Diagnose.
- ID = 61: Slave-Antwort auf ID 60.
- ID = 62: Reserviert für herstellerspezifische Kommunikation.
- ID = 63: Reserviert für zukünftige Erweiterungen des Protokolls.

Von den 64 möglichen Botschaften dürfen 32 nur je zwei Datenbyte, 16 jeweils vier Datenbyte und die übrigen 16 je acht Datenbyte enthalten.

Die letzten beiden Bit im Identifier-Feld enthalten zwei Prüfsummen (Checksumme), mit denen der Identifier gegen Übertragungsfehler und daraus resultierenden fehlerhaften Botschaftszuordnungen gesichert wird.

Datenfeld

Nach der Übertragung des vom Master-Knoten gesendeten Headers beginnt die Übertragung der eigentlichen Daten. Die Slaves erkennen aus dem übertragenen Identifier, ob sie angesprochen sind und senden gegebenenfalls daraufhin im Datenfeld die Antwort zurück.

Mehrere Signale können in einen Frame gepackt werden. Hierbei hat jedes Signal genau einen Erzeuger, d. h., es wird immer vom gleichen Knoten des Netzes beschrieben.

Bei der Datenübertragung der Bytes wird immer zuerst das niederwertige Bit (LSB) ausgegeben. Jedes Byte (8 Bit) wird durch ein Startbit eingeleitet und mit einem Stoppbit abgeschlossen, sodass sich pro Byte insgesamt zehn zu übertragende Bit ergeben. Start- und Stoppbit dienen zur Neusynchronisation der Knoten und damit zur Vermeidung von Übertragungsfehlern.

Die Daten-Antwort des Slaves wird durch eine Prüfsumme abgesichert.

LIN Description-File

Die Konfiguration des LIN-Busses, also die Spezifikation von Netzwerteilnehmern, Signalen und Frames erfolgt im LIN-Description File – auch als ldf-File bezeichnet. Hierzu sieht die LIN-Spezifikation eine geeignete Konfigurationssprache vor.

Aus dem ldf-File wird mit geeigneten Tools automatisch ein Satz von C-Codes bzw. Header-Dateien generiert, die zur Implementierung der Master- und Slave-Funktionen in den am Bus befindlichen Steuergeräten herangezogen werden.

Das ldf-File dient somit zur Konfiguration des gesamten LIN-Netzwerks. Es stellt eine gemeinsame Schnittstelle zwischen dem Fahrzeughersteller und den Lieferanten der Master- bzw. Slave-Module dar.

Message Scheduling

Die Scheduling-Tabelle im LDF legt fest, in welcher Reihenfolge und in welchem Zeitraster die Nachrichten gesendet werden. Häufig benötigte Informationen werden öfters übertragen. Ist die Tabelle abgearbeitet, beginnt der Master wieder mit der ersten Nachricht. Die Reihenfolge der Abarbeitung kann abhängig vom Betriebszustand (z. B. Diagnose aktiv/inaktiv, Zündung Ein/Aus) geändert werden,.

Somit ist das Übertragungsraster jeder Nachricht bekannt. Dieses deterministische Verhalten ist dadurch gewährleistet, dass bei der Master-Slave-Zugriffsteuerung alle Übertragungen vom Master initiiert werden.

Netzwerk-Management

Die Knoten eines LIN-Netzwerks können in den Sleep-Modus versetzt werden, um den Ruhestrom des gesamtem E/E-Systems im Fahrzeug zu minimieren. Der Sleep-Modus kann auf zwei Arten erreicht werden:

- Der Master sendet mit dem reservierten Identifier 60 das Goto-Sleep-Kommando.
- Die Slaves gehen selbstständig in den Sleep-Modus, wenn für längere Zeit (4 Sekunden) keine Datenübertragung auf dem Bus mehr stattgefunden hat.

Sowohl der Master als auch die Slaves können das Netzwerk wieder aufwecken. Hierzu muss das Wake-up-Signal übertragen werden. Dieses besteht aus dem Datenbyte 128. Nach einer Pause von 4...64 Bitzeiten (Wake-up-Delimiter) müssen alle Knoten initialisiert sein und auf den Master reagieren können.

Beispiel: Klimasteuerung

Eine typische Anwendung des LIN-Busses ist die Steuerung der Klimaanlage. Die Bedien- und Anzeigeeinheit arbeitet als Bus-Master, hier ist die Software für die Steuer- und Regelalgorithmen abgelegt.

Eine Aufgabe ist, die Drehzahl des Frischluftgebläses einzustellen. Steuergröße hierzu ist die in der Fahrgastzelle herrschende Temperatur sowie die vom Fahrer vorgegebene Wunsch-Temperatur. Die Innenraumtemperatur erhält das Steuergerät über einen Temperatursensor, der an geeigneter Stelle im Innenraum angebracht ist. Die Wunsch-Temperatur wird z. B. über ein Impulsrad an der Bedieneinheit eingestellt.

Aufgrund der Eingangsgrößen berechnet das Steuergerät, dass die Gebläsedrehzahl auf einen Wert von z. B. 200 min^{-1} erhöht werden muss. Das Steuergerät überträgt in einem festgelegten Zeittakt eine Botschaft mit Master-Anweisung auf dem LIN-Bus. Der Identifier lautet in diesem Fall „Setze die Gebläsedrehzahl". In diesem Subbus entspricht diese Anweisung z. B. dem Identifier 25. Im Anschluss an den Header mit diesem Identifier überträgt der Master im Datenfeld einen Zahlenwert, der dem physikalischen Wert 200 min^{-1} entspricht. In jedem Slave ist eine Liste mit den für diesen Knoten relevanten Identifiern abgelegt. Das Frischluftgebläse ist der einzige Slave, der auf den Identifier „Setze die Gebläsedrehzahl" reagiert und setzt die Master-Anforderung um.

Bei Drehzahlen unterhalb Leerlauf muss das Frischluftgebläse abgeschaltet werden. Die große Last könnte den Motor bei dieser niedrigen Drehzahl abwürgen. Über das Gateway ist der LIN-Bus mit dem CAN-Bus gekoppelt und erhält somit ständig die aktuelle Motordrehzahl. Bei Unterschreiten einer festgelegten Motordrehzahlschwelle sendet der LIN-Master die Botschaft mit dem Identifier „Setze die Gebläsedrehzahl", wobei das Datenfeld

4 LIN-Vernetzung (Beispiel)

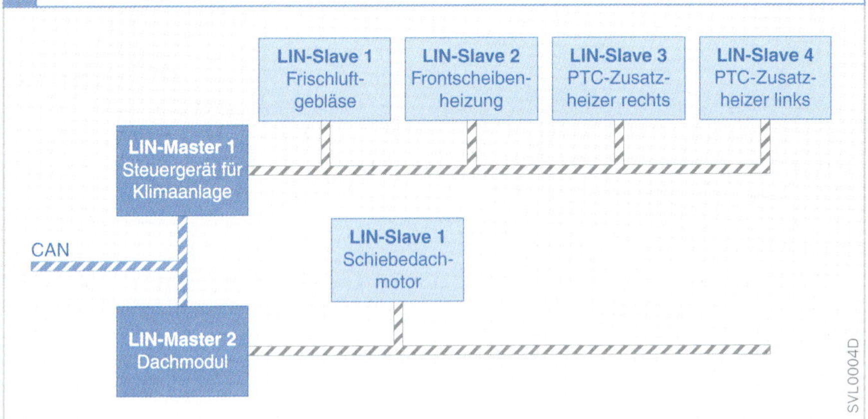

den Wert 0 enthält. Das Frischluftgebläse schaltet daraufhin ab.

Intelligente Aktoren können aktuelle Informationen über den Betriebszustand an die Steuereinheit zurücksenden. So kann das Frischluftgebläse über einen Sensor die Drehzahl erfassen und über den LIN-Bus als Zahlenwert zurückschicken. Wegen des Master-Slave-Zugriffverfahrens geht das allerdings nur in einer vom Master initiierten Botschaft mit Slave-Antwort. Mit Rückmeldung der aktuellen Drehzahl ist eine Regelung und somit eine genaue Einhaltung der Sollvorgabe möglich.

Zusammenfassung

Die wesentlichen Merkmale des LIN-Busses sind:

- Single-Master/Multiple-Slave-Konzept.
- Master/Slave-Zugriffsteuerung.
- Selbstsynchronisation der Slaves auch ohne Quarz möglich.
- Deterministische Signalübertragung.
- Kommunikation erfolgt in Form von sehr kurzen Nachrichten.
- Zeichen-basierte Übertragung (UART).
- Übertragungsrate max. 20 kBit/s.
- Datenübertragung über eine ungeschirmte Eindrahtleitung.
- Bezugspotential der Datenleitung sind Batteriespannung und Masse.
- Maximale Buslänge 40 m.
- Maximale Knotenzahl 16, typisch weniger als 12.

MOST-Bus

Einführung

Der MOST-Bus (Media Oriented Systems Transport) wurde speziell für die Vernetzung von Infotainmentsystemen in Kraftfahrzeugen entwickelt. Neben den klassischen Unterhaltungsfunktionen, wie Radioempfängern oder CD-Spielern, bieten solche Infotainmentsysteme, die heute zunehmend in modernen Fahrzeugen, vor allem der Oberklasse, eingebaut werden, auch Videofunktionen (DVD und TV), Navigationsfunktionalität und den Zugriff auf Mobilkommunikation und Informationen.

Anforderungen

Die Funktionen eines Infotainmentsystems stellen hohe Anforderungen an ein Bus-System. Für die Übertragung von Multimediadaten - sowohl Audio als auch Video - muss eine hohe Datenrate zur Verfügung stehen. Die Übertragung von Multimediadaten erfordert weiterhin eine Synchronisierung der Datenübertragung zwischen Quelle und Senke sowie zwischen mehreren Senken.

Für die Übertragung von Informationsdaten, z. B. Detailinformationen zu den Musiktiteln auf einem MP3-Spieler oder bei der Durchführung eines Software-Updates, ist eine flexible Datenübertragung mit unterschiedlichen und zeitweilig ebenfalls sehr hohen Datenraten notwendig.

Darüber hinaus müssen natürlich auch die Anforderungen für den Einsatz in einem Kraftfahrzeug, wie die entsprechenden Anforderungen an die elektromagnetische Verträglichkeit (EMV), erfüllt werden.

MOST-Cooperation

Vor dem Hintergrund dieser Anforderungen wurde der MOST-Bus von der MOST-Cooperation entwickelt. Diese wurde 1998 von BMW, DaimlerChrysler, Harman/Becker und Oasis SiliconSystems (jetzt ein Teil der Firma SMSC) gegründet. Aktuell sind an der MOST-Cooperation 16 Automobilhersteller sowie 67 Zulieferer und Werkzeuglieferanten beteiligt (Stand 2006).

Die MOST-Cooperation erstellt und pflegt die dem MOST-Bus zugrunde liegenden Spezifikationen. Darüber hinaus definiert sie Anforderungen an die Implementierung von MOST-Geräten und bietet entsprechende Compliance-Tests über akkreditierte Testhäuser an.

Einsatzgebiet

Gegenwärtig wird der MOST-Bus fast ausschließlich für die Vernetzung von Infotainmentsystemen in Kraftfahrzeugen eingesetzt. Er findet sich heute in über 35 Fahrzeugtypen verschiedener Hersteller hauptsächlich der Ober- und Mittelklasse wieder (Stand 2006).

Eigenschaften des MOST-Busses

Der MOST-Bus unterstützt die logische Vernetzung von bis zu 64 Geräten, wobei es zu Einschränkungen durch die verwendeten Chipsätze kommen kann.

In der aktuell gängigen Version bietet der MOST-Bus eine Datenrate von 24,8 MBit/s (MOST 25). Versionen mit höheren Datenraten von 50 MBit/s (MOST 50) und 150 MBit/s (MOST 150) sind bereits als Entwicklungsmuster verfügbar.

Übertragungskanäle

Der MOST-Bus unterstützt zur Datenübertragung die folgenden Kanäle, die unterschiedliche Eigenschaften besitzen:

- Der Kontrollkanal wird für die einfache Übertragung von Steuerkommandos, für die Signalisierung von Gerätezuständen und für die zur Systemverwaltung notwendigen Nachrichten eingesetzt. Bei MOST 25 hat der Kontrollkanal eine Bruttobandbreite von 705,6 kBit/s.
- Für die Übertragung von Multimediadaten bietet der MOST-Bus eine flexible Anzahl von synchronen Kanälen, über die sowohl Audio- als auch Videodaten übertragen werden können. Im MOST 25

stehen maximal 15 Audiokanäle in Stereoqualität zur Verfügung.

- Auf dem asynchronen Kanal werden Daten paketweise übertragen. Er ist daher für die Übertragung von Informationen geeignet, die keine feste Datenrate haben, aber kurzfristig hohe Datenraten benötigen. Beispiele sind die Übertragung der Titelinformationen eines MP3-Spielers oder ein Software-Update. Bei MOST 25 hat der asynchrone Kanal eine Bruttobandbreite von bis zu 12,7 MBit/s.

Die verfügbare Bandbreite kann flexibel über den „Boundary Descriptor", der mit entsprechenden Vorbedingungen auch zur Laufzeit verschoben werden kann, zwischen dem asynchronen Kanal und den synchronen Kanälen aufgeteilt werden.

Topologie

Ein MOST-System ist in einer Ringstruktur organisiert, wobei ein Gerät jeweils mit seinem Vorgänger bzw. Nachfolger im Ring über einen entsprechenden Eingang bzw. Ausgang verbunden ist (Bild 1). Ein bestimmtes Gerät agiert dabei als „Timing Master" und generiert die zur Datenübertragung verwendeten Daten-Frames, auf die sich die anderen Geräte synchronisieren.

Jedes Gerät besitzt einen Bypass. Wenn dieser geschlossen ist, leitet das Gerät das Signal direkt weiter und ist daher für das MOST-System unsichtbar. Dieser Mechanismus wird z. B. beim Start des Systems genutzt, wenn ein Gerät mehr Zeit für die Initiierung benötigt, oder bei einer temperaturbedingten Abschaltung.

Es sind auch andere Strukturen für ein MOST-System möglich, wie z. B. eine Sterntopologie. Diese müssen aber intern immer auf einen (logischen) Ring abgebildet werden. Bei einer Sternstruktur kann dies z. B. durch den Einsatz eines zentralen Hubs geschehen.

Gerätemodell

Der MOST-Standard definiert das in Bild 2 gezeigte Modell für ein MOST-Gerät, für das die folgenden Elemente gefordert sind:

Auf unterster Ebene stellt die physikalische Schicht (MOST Physical Layer) den Zugriff auf das Übertragungsmedium sicher. Ausgehend von der ursprünglichen Definition einer optischen Übertragung über POF-Kabel (Plastic Optical Fiber) sind heute verschiedene physikalische Schichten mit optischer und elektrischer Übertragung sowie verschiedene Geschwindigkeiten verfügbar.

Der MOST Network Interface Controller (NIC) ist ein Hardware-Controller, der für

1 Ringstruktur des MOST-Systems

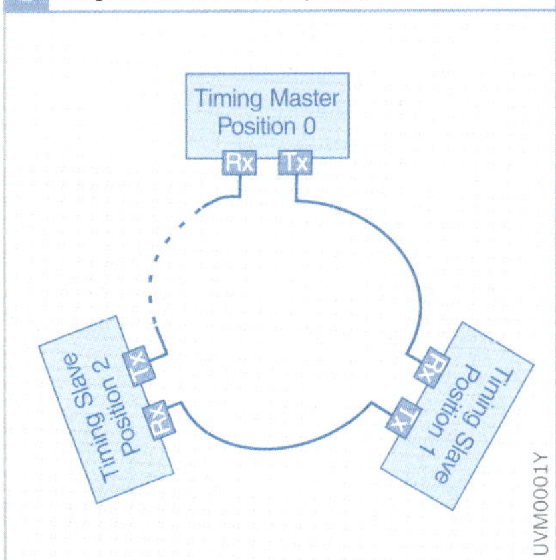

2 Modell für ein MOST-Gerät

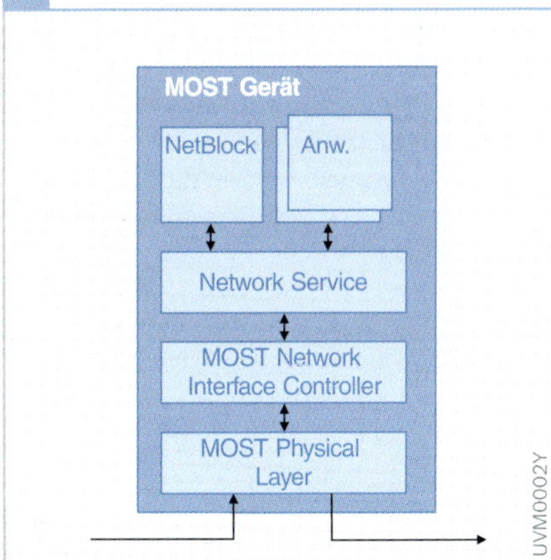

die Steuerung der physikalischen Schicht zuständig ist und grundlegende Übertragungsmechanismen implementiert. Während in der ursprünglichen Version des NIC viele Steuerungsaufgaben durch den Hauptprozessor des Geräts erledigt werden mussten, ist die aktuelle Version (Intelligent Network Interface Controller, INIC) in der Lage, weitgehend autonom zu handeln und implementiert bereits große Teile des Network Service. Typische Controller für den MOST sind der OS8104 (NIC) und der OS81050 (INIC) der Firma SMSC.

Der MOST Network Service stellt die Treiberschicht dar, über die Anwendungen und Systemdienste auf den NIC zugreifen. Die untere Schicht des Network Service (Schicht 1) bietet grundlegende Kommunikations- und Verwaltungsfunktionen, während die darüber liegende Schicht (Schicht 2) Funktionen zur Unterstützung für die Entwicklung von Anwendungen bietet – wie beispielsweise einen Interpreter für das Anwendungsprotokoll oder eine Unterstützung für den Notifizierungsmechanismus.

Aufbauend auf dem Network Service sind die Anwendungen des Geräts implementiert. Die Schnittstelle einer Anwendung wird in einem MOST-System als Funktionsblock (FBlock) abgebildet. Jedes Gerät muss zumindest einen speziellen FBlock, den NetBlock implementieren, der für Verwaltungsfunktionen innerhalb des MOST-Systems benötigt wird. Zusätzlich wird ein Gerät meist eine oder mehrere Anwendungen implementieren, die als FBlöcke von Anwendungen auf anderen Geräten genutzt werden können. Oft sind in ein Gerät eines Fahrzeuginfotainmentsystems mehrere Funktionen integriert, z. B. die eines Radioempfängers und eines Verstärkers, die damit im MOST-System als unabhängige FBlöcke dargestellt werden können.

Übertragungsmedium

Der MOST-Bus wurde ursprünglich für die optische Übertragung mittels polymeroptischer Fasern (Plastical Optical Fiber, POF) definiert. Das hierbei verwendete optische Signal mit einer Wellenlänge von 650 nm (im roten Wellenlängenbereich) wird auf der Sendeseite, die als Tx-FOT (FOT = Fiber Optic Transceiver) bezeichnet wird, durch eine LED erzeugt. Auf der Empfangsseite, Rx-FOT, wird das optische Signal mittels einer PIN-Fotodiode in ein elektrisches Signal zurück gewandelt.

Die beim Einsatz im Kraftfahrzeug verwendeten POF-Kabel (Bild 3) bestehen aus einem 980 µm dicken optischen Kern, der mit einem 20 µm dicken optischen Mantel mit geringerer Brechzahl umschlossen ist. Insgesamt hat der optische Leiter damit einen Durchmesser von 1 mm. Die optische Faser ist mit einem schwarzen Buffer umschlossen, der wiederum von einem schützenden Kabelmantel umgeben ist. Insgesamt ergibt sich für die Kabel ein Durchmesser von 2,3 mm.

Insgesamt haben POF-Leitungen die folgenden Vorteile beim Einsatz in einem Kraftfahrzeug:

- Keine elektromagnetische Störabstrahlung.
- Unempfindlichkeit gegenüber Störeinstrahlung.

3 POF-Kabel

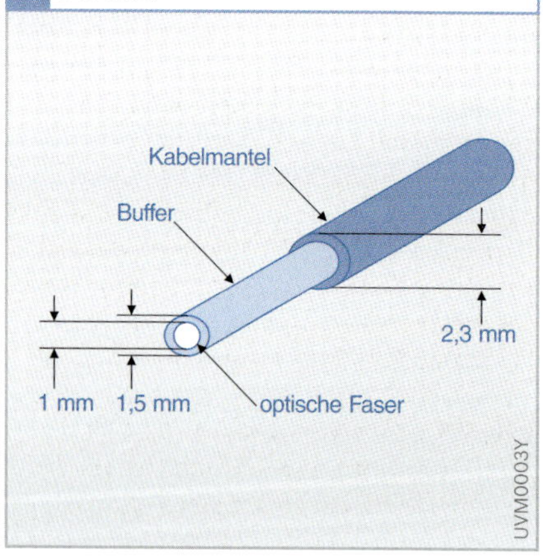

- Geringeres Gewicht als entsprechende geschirmte elektrische Leitungen.
- Flexibel verlegbar im Vergleich zu entsprechenden geschirmten elektrischen Leitungen.

In aktuellen Fahrzeugen wird bisher, bis auf geräteinterne Verbindungen, ausschließlich MOST 25 mit einer Übertragung über POF eingesetzt. Daneben wurden aber für den MOST auch weitere Übertragungstechniken definiert:

- Die optische Übertragung über Glasfaserkabel (PCS) mit Laser-Dioden (VCSEL), die eine größere Dämpfungsreserve bietet, höhere Geschwindigkeiten ermöglicht und unempfindlicher gegenüber hohen Temperaturen ist.
- Die elektrische Übertragung über Kupferkabel, die ebenfalls temperaturunempfindlicher und vergleichsweise kostengünstig ist, aber bei höheren Bandbreiten zusätzliche Schirmmaßnahmen erforderlich macht. Das hat Auswirkungen auf die Kosten und die Verkabelung.

Datenübertragung

Die Datenübertragung ist beim MOST-Bus in Daten-Frames organisiert, die vom Timing-Master mit einer festen Datenrate erzeugt und von den nachfolgenden Geräten im Ring weitergereicht werden.

Daten-Frames

Der Timing-Master erzeugt Daten-Frames mit einer Taktrate von meist 44,1 kHz, seltener auch 48 kHz. Die Taktrate wird durch den Systemhersteller (d. h. den Fahrzeughersteller im Verbund mit seinen Gerätelieferanten) abhängig von den im System vorherrschenden Medienformaten vorgegeben. Die Größe der Daten-Frames bestimmt damit die Busgeschwindigkeit eines MOST-Systems. Bei MOST 25 hat ein Daten-Frame eine Größe von 512 Bit.

Ein Daten-Frame setzt sich aus folgenden Bereichen zusammen (Bild 4):

- Bereiche für administrative Informationen am Anfang und am Ende des Daten-Frames, die unter anderem zur Synchronisierung der Datenübertragung, für die Bestimmung der Ringpositionen der Geräte und die Übertragung des Boundary Descriptors benötigt werden.
- Einem Bereich für den Kontrollkanal (bei MOST 25 zwei Bytes pro Daten-Frame).
- Einem Bereich für die synchronen Kanäle, wobei immer ein oder mehrere Bytes einem bestimmten synchronen Kanal zugeordnet sind.
- Einem Bereich für den asynchronen Kanal.

Bei MOST 25 nehmen synchroner und asynchroner Bereich gemeinsam 60 Bytes des Daten-Frames in Anspruch. Die Aufteilung zwischen den synchronen Kanälen und dem asynchronen Kanal wird durch den Wert des Boundary Descriptors mit einer Auflösung von 4 Byte bestimmt. Der synchrone Bereich muss dabei mindestens 24 Bytes haben (6 Stereokanäle). Das heißt, für den synchronen Bereich sind zwischen 24 und 60 Bytes, für den asynchronen Bereich zwischen 0 und 36 Bytes zulässig.

4 Daten-Frame

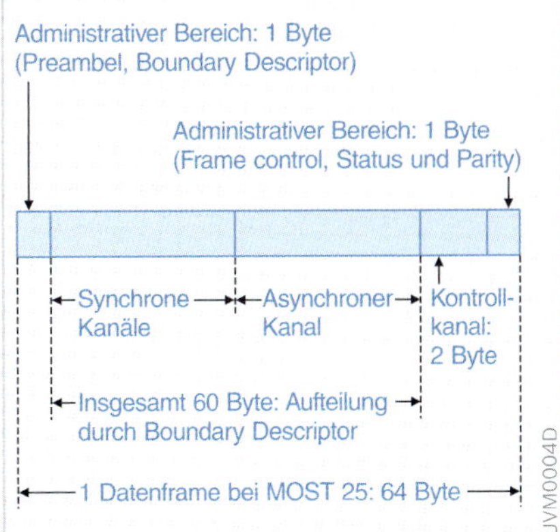

Systemereignisse

Der aktuelle Status der Datenübertragung in einem MOST-System wird durch die im Folgenden beschriebenen grundlegenden Systemereignisse angezeigt. Diese werden vom NIC überwacht und vom Network Service an die Anwendungen weitergereicht, die geeignet darauf reagieren müssen.

- Lock, Stable-Lock: Ein Lock kommt zustande, sobald die Kommunikation im Ring hergestellt ist, dh., das betreffende Gerät korrekte Daten-Frames empfängt. Ein stabiler Lock (Stable-Lock) ist erreicht, wenn das System eine bestimmte Zeit lang im Zustand Lock war.
- Unlock, Critical-Unlock: Ein Unlock kennzeichnet den Verlust des Lock, d. h., dass keine korrekten Daten-Frames empfangen werden. Falls eine Zeit lang der Zustand Unlock besteht, wird in den Zustand Critical-Unlock übergegangen.
- Network-Change-Event: Falls sich die Anzahl der Geräte in einem MOST-System ändert, weil ein Gerät seinen Bypass geöffnet oder geschlossen hat, wird dies durch einen Network-Change-Event signalisiert.

Adressierung

Geräte werden auf dem MOST-Bus über eine 16-Bit-Adresse angesprochen. Dabei werden die folgenden unterschiedlichen Adressierungsarten unterstützt:

- Logische Adressen: Jedes Gerät besitzt eine im System eindeutige logische Adresse, die beim Start des Systems gesetzt und ausgehandelt wird. Die logischen Adressen können entweder dynamisch auf Basis der Ringposition gesetzt werden, wofür der Bereich von hexadezimal 0x100 bis 0x13F, beginnend beim Timing-Master, reserviert ist. Oder sie können statisch vom Systemhersteller in einem nicht anderweitig reservierten Bereich vorgegeben sein.
- Physikalische Adressen: Für Systemverwaltungsmechanismen, wie z. B. das Bestimmen der logischen Adressen, hat jedes Gerät zusätzlich eine physikalische Adresse, die sich aus seiner aktuellen Ringposition ableitet. Den physikalischen Adressen ist der Bereich von 0x400 bis 0x43F zugeordnet.
- Gruppenadressen: Jedem Gerät kann darüber hinaus eine Gruppenadresse im Bereich von 0x300 bis 0x3FF zugeordnet werden, um alle Geräte der angegebenen Gruppe gleichzeitig adressieren zu können.
- Broadcast-Adresse: Weiterhin unterstützt der MOST eine spezielle Broadcast-Adresse, hexadezimal 0x3C8, über die alle Geräte des MOST-Systems adressiert werden.

Übertragung von Steuerbefehlen

Der Kontrollkanal ermöglicht das Versenden von Kontrollnachrichten mit einer Länge von maximal 32 Byte. Diese werden dazu auf mehrere aufeinander folgende Daten-Frames verteilt. Bei MOST 25 werden die dazu notwendigen 16 Daten-Frames auch als Block bezeichnet. Das Format der Kontrollnachrichten wird durch das im nachfolgenden Kapitel beschriebene Protokoll vorgegeben.

Das Versenden von Nachrichten auf dem Kontrollkanal wird durch den NIC unterstützt. Er bietet dazu entsprechende Mechanismen zur Datensicherung und zur Kanalarbitrierung, d. h., dem Bestimmen der nächsten Möglichkeit zum Senden einer Nachricht. Die sichere Übertragung von Kontrollnachrichten wird durch den Einsatz eines Cyclic Redundancy Codes (CRC) und einer automatische Übertragungswiederholung sichergestellt.

Aus der Bruttobandbreite des Kontrollkanals von 705,6 kBit/s ergibt sich abzüglich von etwa 3 % Overhead für die Systemverwaltung (zwei von jeweils 64 Kontrollnachrichten) und abzüglich des zusätzlichen Overheads für Arbitrierung und Datensicherung eine Nettodatenrate von insgesamt 406 kBit/s. Da die Arbitrierung weiterhin vorsieht, dass ein Gerät nur maximal jede dritte mögliche Kontrollnachricht belegen kann, steht einem einzelnen Gerät zum Senden eine maximale Datenrate von jeweils 135 kBit/s zur Verfügung.

Um Nachrichten mit mehr als 32 Bytes zu versenden, unterstützt der Network Service die Segmentierung und Desegmentierung von bis zu 65 556 Bytes großen Anwendungsnachrichten auf dem Kontrollkanal. Der entsprechende Mechanismus wird auch als Application Message Service (AMS) bezeichnet, im Gegensatz zum Control Message Service (CMS), der nur das Versenden der 32-Byte Kontrollnachrichten erlaubt.

Übertragung von Multimediadaten

Für die Übertragung von Multimediadaten sind bei MOST die synchronen Kanäle vorgesehen, wobei die Steuerung der Datenübertragung über entsprechende Steuerkommandos auf dem Kontrollkanal stattfindet. Einem synchronen Kanal kann jeweils eine bestimmte Bandbreite zugewiesen werden, was mit einer Auflösung von einem Byte eines Daten-Frames geschieht. Ein Stereo-Audiokanal mit einer Auflösung von 16 Bit benötigt beispielsweise vier Bytes. Bei MOST 25 sind je nach Wert des Boundary Descriptors maximal 60 Bytes für synchrone Kanäle verfügbar, das entspricht 15 Stereo-Audiokanälen.

Die Senken und Quellen für Multimediadaten sind jeweils einem FBlock zugeordnet, der entsprechende Funktionen für deren Verwaltung zur Verfügung stellt. Ein FBlock kann so mehrere Quellen und Senken besitzen, die über eine Quellen- und Senkennummer durchnummeriert sind.

Ein FBlock besitzt Funktionen, die Informationen über die Anzahl sowie die Art der Quellen und Senke liefern, die er zur Verfügung stellt (SyncDataInfo, SourceInfo und SinkInfo). Darüber hinaus besitzt jeder FBlock mit einer Quelle eine Funktion Allocate mit denen er einen synchronen Kanal anfordert und die Quelle damit verbindet. Des Weiteren hat er eine Funktion DeAllocate; um den Kanal wieder freizugeben.

Ein FBlock mit einer Senke hat entsprechend eine Funktion Connect, um diese mit einem bestimmten synchronen Kanal zu verbinden und eine Funktion DisConnect, um diese Verbindung wieder zu trennen. Mit einem bestimmten Kanal können auch mehrere Senken gleichzeitig verbunden sein.

Bei MOST 25 wird die Kanalbelegung für synchrone Kanäle durch den Timing-Master verwaltet. Eine Quelle, die einen synchronen Kanal belegen will, schickt dazu eine entsprechende Anforderung über eine Systembotschaft (Ressource-Allocate) an den Timing-Master. Zum Freigeben des Kanals wird entsprechend (RessourceDeallocate) verwendet.

Übertragung von Paketdaten

Auf dem asynchronen Kanal werden Daten als Pakete übertragen. Der asynchrone Kanal unterstützt dabei zurzeit zwei Modi: Einen langsameren 48-Byte-Modus, bei dem in jedem Paket 48 Byte für die Nettodatenübertragung zur Verfügung stehen, der aber weniger hohe Anforderungen an die Geräteimplementierung stellt, sowie einen aufwändiger zu implementierenden 1 014-Byte-Modus.

Beim MOST 25 können dem asynchronen Kanal zwischen 0 und maximal 36 Bytes eines Daten-Frames zugeordnet werden, was einer maximalen Bruttodatenrate von 12,7 MBit/s entspricht. Für den 1 014-Byte-Modus ergibt sich daraus eine maximale Nettodatenrate von fast 11 MBit/s, für den 48-Byte-Modus eine Datenrate von fast 3 MBit/s. In der Praxis werden aber meist aufgrund von Engpässen in den Geräteimplementierungen deutlich niedrigere Datenraten erreicht.

Auch die Übertragung von Datenpaketen auf dem asynchronen Kanal wird vom NIC direkt unterstützt. Ein Paket auf dem asynchronen Kanal enthält ebenfalls eine CRC, so dass einfache Übertragungsfehler erkannt werden können. Anders als beim Kontrollkanal findet aber keine

Übertragungswiederholung auf der Sicherungsschicht statt.

Um eine sichere Übertragung und eine Flusskontrolle bei den für den asynchronen Kanal typischen großen Datenmengen sicherzustellen, wird üblicherweise noch ein zusätzliches Transportprotokoll eingesetzt, das in einer darüber liegenden Treiberschicht implementiert ist. Dies ist entweder das speziell für den MOST entwickelte MOST High Protokoll (MHP) oder das gängige TCP/IP-Protokoll, das auf eine entsprechende Anpassungsschicht, MOST Asynchronous Medium Access Control (MAMAC) genannt, aufgesetzt wird.

Verwaltungsfunktionen

Der MOST-Standard definiert die im Folgenden beschriebenen Verwaltungsmechanismen, die für den Betrieb eines MOST-Systems notwendig sind.

Konfigurationsstatus

Ein gültiger Konfigurationsstatus im MOST-System ist die Voraussetzung für eine Kommunikation auf Anwendungsebene. Die Konfiguration des MOST-Systems wird von einem bestimmten Gerät verwaltet, dem Network-Master. Eine applikative Kommunikation ist erst erlaubt, falls dieser einen konfliktfreien Konfigurationsstatus signalisiert hat.

- Configuration Status OK: Sobald eine konfliktfreie Konfiguration erreicht ist, versendet der Network-Master den Konfigurationsstatus OK.
- Configuration Status NotOK: Falls ein Konflikt auftritt, z. B. weil zwei Geräte die gleiche Adresse haben, versendet der Network-Master einen Konfigurationsstatus NotOK. Daraufhin initialisieren alle Geräte ihre Adressen und Kommunikationseinstellungen.
- Configuration Status New und Invalid: Diese Konfigurationsstati zeigen an, dass eine neue Anwendung (FBlock) im System angemeldet wurde, bzw. dass eine bisher angemeldete Anwendung weggefallen ist.

NetBlock

Jedes Gerät muss zumindest einen FBlock, den NetBlock implementieren, der verschiedene Verwaltungsfunktionen umfasst (z. B. zur Adressinitialisierung) und Informationen über das Gerät und die von ihm implementierten FBlöcke zur Verfügung stellt.

Network-Master

Der Network-Master wird von einem ausgezeichneten Gerät in einem MOST-System implementiert und ist für die Konfiguration des Systems zuständig. In aktuellen Systemen wird der Network-Master meist durch die Head-unit (d. h., das Bedienteil) des Infotainmentsystems realisiert. Dieses Gerät ist oft gleichzeitig auch Timing-Master, was aber nicht notwendigerweise erforderlich ist. Die anderen Geräte des MOST-Systems werden in diesem Zusammenhang als Network-Slaves bezeichnet.

Der Network-Master verwaltet ein Abbild der aktuellen Konfiguration eines MOST-Systems in der Central Registry. Diese enthält neben den Adressen aller Geräte auch die aller FBlöcke, die von ihnen implementiert werden (bis auf System-FBlöcke wie den NetBlock). Ein Network-Slave, der die Geräteadresse zu einem bestimmten FBlock sucht, kann diese beim Network-Master abfragen.

Falls ein Network-Slave häufig auf andere Geräte zugreift, kann er für einen schnelleren Zugriff auch eine lokale Kopie der Central Registry ablegen, eine Decentral Registry, die er bei einer Änderung der Konfiguration entsprechend aktualisieren muss.

Um die Central Registry aufzubauen, führt der Network-Master bei Start des Systems und sobald ein Network Change Event aufgetreten ist einen Network-Scan durch, bei dem er von den NetBlöcken aller Geräte die von diesem Gerät implementierten FBlöcke abfragt. Falls er dabei einen Konflikt erkennt, z. B. eine doppelte Geräteadresse oder eine doppelte Instanz eines FBlocks, ist er für die Auflösung des

Konflikts zuständig. Der Network-Master kann dazu je nachdem die Neuberechnung der Adressen anstoßen, die InstId eines FBlocks umsetzen oder ein Gerät gegebenenfalls ignorieren.

Connection-Master

Der Connection-Master verwaltet die zu einem Zeitpunkt in einem MOST-System bestehenden synchronen Verbindungen. Er stellt dazu eine Tabelle mit Informationen zu allen im MOST-System aktuell vorhanden Verbindungen zur Verfügung (SyncConnectionTable). Außerdem kann die verbleibende Bandbreite für weitere synchrone Verbindungen abgefragt werden (AvailableChannels).

Auf Anfrage baut der Connection-Master Verbindungen zwischen einer bestimmten Quelle und Senke auf (BuildSyncConnection) bzw. ab (RemoveSyncConnection), wobei er die dazu notwendigen Befehle an die dazugehörigen FBlöcke sendet.

Falls eine zentrale Instanz in einem MOST-System, z. B. die Head-unit, für die Verwaltung der synchronen Kanäle zuständig ist, kann auf den Connection-Master auch verzichtet werden.

MOST-Anwendungsschicht

Für die Übertragung von Kontrollbefehlen, Statusinformationen und Ereignissen, definiert der MOST-Standard ein entsprechendes Protokoll auf Anwendungsebene. Dieses Protokoll ermöglicht das Ansprechen einer bestimmten Funktion einer Anwendungsschnittstelle (d. h. eines FBlock), die von einem beliebigen Gerät innerhalb des MOST-Systems bereitgestellt wird. Beispielsweise kann das Abspielen einer CD auf einem separaten CD-Spieler gestartet oder die Nummer des dort aktuell abgespielten Titels abgefragt werden. Das MOST-Protokoll wird zwar hauptsächlich auf dem Kontrollkanal eingesetzt, es kann jedoch bei Bedarf auch über den asynchronen Kanal übertragen werden.

Überblick

Das Protokoll für MOST-Kontrollnachrichten sieht folgende Elemente für eine Kontrollnachricht vor (Tabelle 1):

- Die Adresse eines Gerätes im MOST-System (DeviceID).
- Ein Bezeichner für einen von diesem Gerät implementierten FBlock (FBlockID) und dessen Instanz im MOST-System (InstID).
- Den Bezeichner für die aufgerufene Funktion innerhalb des FBlocks (FktID).
- Den Typ einer Operation (OpType), die auf diese Funktion angewendet werden soll, z. B. das Setzen oder Abfragen einer Eigenschaft des FBlocks.
- Ein Datenbereich mit den Parametern des Funktionsaufrufs (Data) und eine entsprechende Längeninformation (Length).

1 Elemente einer Kontrollnachricht

Feld	Größe	Beschreibung
DeviceID	16 Bit	Geräteadresse
FBlockID	8 Bit	FBlock-Bezeichner
InstID	8 Bit	Instanz des FBlocks
FktID	12 Bit	Funktionsbezeichner
OPType	4 Bit	Typ der Operation
Length	16 Bit	Länge des Datenfelds
Data	0...65535 Byte	Datenfeld

Tabelle 1

Funktionsblock (FBlock)

Ein Funktionsblock (FBlock) definiert die Schnittstelle einer bestimmten Anwendung oder eines Systemdienste. Ein FBlock wird über eine 8 Bit große FBlockID, die den Typ des FBlocks angibt, und eine zusätzliche 8-Bit InstID adressiert. Mit letzterer wird zwischen mehreren Instanzen von FBlöcken desselben Typs in einem MOST-System unterschieden.

Ein FBlock, der von einer entsprechenden Anwendung gesteuert wird, und das Gerät, das diesen implementiert, werden in diesem Zusammenhang als Slave bezeichnet (z. B. im Fall einer Anwendung, die einen externen CD-Spieler über den entsprechenden FBlock anspricht). Die

Anwendung, die den FBlock steuert, wird als Controller bezeichnet.

Welche Funktionen ein FBlock hat, wird durch den Funktionskatalog vorgegeben. Für Systemdienste sind entsprechende Funktionskataloge durch den MOST-Standard vorgegeben. Auch für gängige Anwendungen aus dem Bereich der Fahrzeuginfotainmentsysteme werden die Schnittstellen durch den MOST-Standard vorgegeben (z. B. für einen Verstärker oder einen CD-Spieler/-Wechsler), die allerdings meist durch den Systemhersteller entsprechend erweitert werden. Andere proprietäre FBlöcke werden vollständig durch den System- oder den Gerätehersteller definiert.

Funktionen und Operationen

Ein Funktionsblock setzt sich aus mehreren Funktionen zusammen, die über eine 12-Bit FktID angesprochen werden. Je nach Typ der Funktion können unterschiedlich vordefinierte Operationen auf diese angewendet werden, die durch einen 4-Bit OpType-Bezeichner beschrieben werden. Bei Funktionen wird weiter zwischen Methoden und Properties unterschieden.

Eine Methode beschreibt eine Aktion, die ein FBlock ausführen kann, wie z. B. das Starten des Suchlaufs eines Radioempfängers. Eine Methode kann vom Controller durch eine Start- oder StartResult-Operation angestoßen werden. Der Slave liefert daraufhin gegebenenfalls (bei StartResult) ein entsprechendes Ergebnis mit einer Result-Nachricht zurück. Falls dieses Ergebnis nicht innerhalb einer bestimmten Zeit vorliegt, wird der Controller mit einer Processing-Nachricht über das Andauern der Methode informiert. Schließlich kann eine Methode auch durch das Versenden einer Abort-Nachricht abgebrochen werden.

Eine Property beschreibt eine bestimmte Eigenschaft des FBlocks, wie die Nummer des aktuell abgespielten Titels. Eine solche Property kann vom Controller abgefragt (durch die Operationen Get) oder gesetzt werden (durch die Operationen Set oder SetGet). Als Ergebnis einer entsprechenden Anfrage antwortet der Slave gegebenenfalls (bei Get und SetGet) mit einer Status-Nachricht, die den aktuellen Inhalt der Property enthält.

Der MOST-Standard sieht darüber hinaus einen Notifizierungsmechanismus vor, mit dem sich ein Controller bei einem Slave für bestimmte Properties registrieren kann. Falls sich der Wert einer dieser Properties ändert, werden alle Controller, die eine entsprechende Notifizierung gesetzt haben, mittels einer Status-Nachricht informiert.

Datenfeld

Das Datenfeld der Kontrollnachricht enthält die Parameterwerte für einen Funktionsaufruf oder dessen Ergebnisse. Das Datenfeld wird dabei wie in der Definition der entsprechenden Funktion festgelegt interpretiert und kann einen oder mehrere Parameterwerte enthalten.

Der MOST-Standard definiert hierfür die folgenden Parametertypen:

- Boolean und BitField für einzelne boolesche Werte (1 Byte) oder Folgen einzelner Bits (1, 2 und 4 Byte).
- Enum für Aufzählungen.
- Unsigned und Signed Byte, Word und Long für Ganzzahlwerte mit oder ohne Vorzeichen und einer Größe von 1, 2 oder 4 Byte.
- String für Zeichenketten. Diese sind nullterminert und enthalten im ersten Byte eine Beschreibung der Zeichenkodierung.
- Stream, ClassifiedStream und ShortStream für verschiedene Arten von Byte-Folgen beliebiger Länge.

Ein Parametertyp für reelle Zahlen existiert nicht. Der MOST-Standard sieht vor, dass reelle Zahlen als Festkommawerte über die Ganzzahlparametertypen abgebildet werden. Komplexere Datentypen sind ebenfalls nicht vorgesehen, sondern müssen über Funktionsklassen realisiert werden.

Funktionsklassen

Um die Definition von Funktionen zu vereinheitlichen, gibt der MOST-Standard eine Reihe von Funktionsklassen für Properties vor. Diese legen fest, welche Eigenschaften die entsprechende Funktion hat und welche Operationen darauf zulässig sind.

Neben einfachen Funktionsklassen (mit einem einzelnen Parameter für Zahlenwerte oder Texte) existieren auch komplexe zusammengesetzte Funktionsklassen. Diese werden dazu verwendet, um zusammengesetzte Datenstrukturen, wie Records und Arrays darzustellen. Sie können auch in einer Schachtelungstiefe geschachtelt werden, was z. B. zweidimensionale Arrays oder Arrays von Records ermöglicht. Solche geschachtelten Datenstrukturen werden z. B. verwendet, um das Telefonbuch eines Mobiltelefons abzubilden.

Bei mehrdimensionalen Funktionsklassen wird über die beiden Parameter PosX und PosY jeweils eine bestimmte Position in der ersten bzw. der zweiten Dimension adressiert, wobei 0 immer für alle Elemente dieser Dimension steht. Damit kann sowohl auf ein bestimmtes Element aber auch auf eine ganze Zeile eines zweidimensionalen Arrays zugegriffen werden.

Anwendungen

Neben den zur Datenübertragung notwendigen unteren Schichten definiert der MOST-Standard die Schnittstellen für typische Anwendungen aus dem Bereich der Fahrzeuginfotainmentsysteme, wie z. B. einen CD-Wechsler, einen Verstärker oder einen Radioempfänger.

Die von der MOST-Cooperation definierten FBlöcke sind in einem Funktionskatalog zusammengefasst. Der Funktionskatalog definiert im Detail alle Funktionen für die darin enthalten FBlöcke sowie die zulässigen Operationen und deren Parameter.

Für den Funktionskatalog ist eine maschinenlesbare Beschreibung im XML-Format verfügbar, über die dieser in verschiedene MOST-Tools importiert werden kann.

Zusätzlich zu der im Funktionskatalog enthaltenen Beschreibung aller Funktionen eines FBlocks wurde auch begonnen, das dynamische Verhalten für die Nutzung eines FBlocks zu spezifizieren. Dazu werden Message Sequence Charts (MSCs) nach dem MSC 2000-Standard mit kleinen MOST-spezifischen Erweiterungen eingesetzt.

Funktionen, die von verschiedenen Anwendungen benötigt werden, z. B. die zuvor erwähnten Funktionen zur Verwaltung von Quellen für Multimediadaten, sind im GeneralFBlock definiert. Dieser wird als Funktionssammlung verwendet, d. h., bei der Definition eines neuen FBlocks werden alle benötigten Funktionen aus dem GeneralFBlock in den neuen FBlock kopiert.

Bluetooth

Übersicht

Die mobile Kommunikation findet in allen Bereichen zunehmend an Bedeutung. Für eine komfortable Kommunikation verschiedener Geräte ist eine drahtlose Verbindung unabdingbar. Infrarotverbindungen, wie sie in der Vergangenheit häufig eingesetzt wurden, waren meist herstellerspezifisch, erforderten eine direkte Sichtverbindung und schränkten den Bewegungsraum ein. Nur mit einer standardisierten drahtlosen Verbindung können mobile Geräte unterschiedlicher Hersteller problemlos miteinander kommunizieren.

Die Entwicklung des Bluetooth-Standards begann 1994 beim Telekommunikationsunternehmen Ericsson. In einer initialen Studie untersuchte Ericsson die Möglichkeiten, die Kabelverbindungen zwischen Mobiltelefon und Zusatzgeräten vollständig zu ersetzen. Mit weiteren Industriepartnern entstand 1998 die Bluetooth-SIG (Special Interest Group), um einen einheitlichen, weltweit akzeptierten Standard zu schaffen. Die SIG setzte sich zum Ziel, eine drahtlose Technologie mit geringen Herstellungskosten, niedrigem Energieverbrauch und Robustheit gegenüber Störungen zu spezifizieren. Die drahtlose Schnittstelle sollte geeignet sein, Daten für multimediale Anwendungen übertragen zu können.

Mittlerweile gehören der Bluetooth-SIG rund 2 000 Firmen aus den Bereichen Telekommunikation, Datenverarbeitung und Kfz-Technik an.

Anwendung

Bluetooth ist ein Industriestandard zur Vernetzung mobiler Multimediageräte wie z. B. Autoradio, Mobiltelefon, Headset, PDA (Personal Digital Assistant), Computer und Peripheriegeräte (Bild 1). Bluetooth steht für den einfachen Datenaustausch zwischen portablen Endgeräten sowie dem drahtlosen Transport von Audio- und Videosignalen für Unterhaltung und Information.

Mit dem Kurzstreckenfunk Bluetooth entfallen die Verbindungskabel zwischen dem Mobiltelefon und der Freisprecheinrichtung. Kein Kabel verheddert sich wie bisher üblich beim telefonieren. In diesem Bereich findet Bluetooth derzeit seine größte Verbreitung.

Eine Vielzahl von Geräten aus dem Bereich der Konsumelektronik wartet mittlerweile mit einer Adressbuchfunktion auf, egal ob Handy, PDA, Notebook oder Autotelefon. Mit Bluetooth können die in den verschiedenen Adressbüchern gespei-

1 Bluetooth-Vernetzung mobiler Multimediageräte (Beispiel)

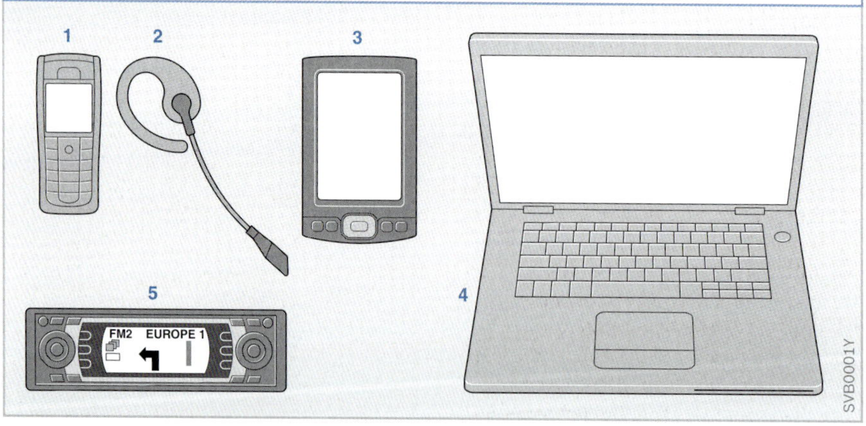

Bild 1
1 Mobiltelefon
2 Headset
3 Personal Digital Assistant (PDA)
4 Laptop
5 Autoradio mit Navigationsgerät

cherten Einträge komfortabel abgeglichen werden. Der Autofahrer muss nicht mehr die im Mobiltelefon oder PDA gespeicherte Telefonnummer mühsam in seinem Autotelefon oder die Adresse in das Navigationssystem eintippen.

Mit Bluetooth wird es auch möglich sein, vom Fond des Autos aus über ein Headset Radio zu hören und mit einem PDA das Autoradio zu steuern.

Bluetooth wird vorwiegend für die Datenübertragung im Multimediabereich eingesetzt. Denkbar ist allerdings auch, diese Technik für Diagnose- und Servicezwecke zu nutzen. Werkstatt oder Pannendienst können so bei der Fehlerdiagnose auf komfortable Weise Fahrzeuginformationen auslesen und den Zustand des Fahrzeugs erfassen.

Bluetooth-Versionen

Die erste Spezifikation (Bluetooth 1.0) des Bluetooth-Standards wurde im Juli 1999 verabschiedet. Im Dezember 1999 wurde sie von der Spezifikation Bluetooth 1.0b abgelöst, die Verbesserungen und Klarstellungen für die Interoperabilität beinhaltet. Im Februar 2001 wurde die Spezifikation Bluetooth 1.1 vorgestellt, die wesentliche Interoperabilitätsprobleme zwischen den ersten Geräten und Chips behebt und heute in den meisten Bluetooth-Geräten zum Einsatz kommt. Drei Jahre später, im November 2003, wurde die Version 1.2 der Spezifikation veröffentlicht, die die IEEE-Sprachdefinition (Institute of Electrical and Electronics Engineers) für technische Dokumentationen benutzt und als technische Erweiterung des Standards das Adaptive Frequency Hopping (AFH) einführt, das die Robustheit gegenüber Störungen im Frequenzband verbessert. Die größte Änderung brachte die Version 2.0 der Spezifikation vom November 2004. Mit Enhanced Data Rate (EDR) kann die Übertragungsrate von 1 MBit/s auf bis zu 3 MBit/s verdreifacht und der Stromverbrauch gesenkt werden. Bei jeder neuen Version der Spezifikation wurde großer Wert auf die Abwärtskompatibilität zu den vorherigen Versionen gelegt.

Übertragungstechnik

Frequenzband

Bluetooth verwendet das weltweit lizenzfrei verfügbare 2.4-GHz-ISM-Band (Industrial Scientific Medicine). Dieses ist mit gewissen nationalen Einschränkungen praktisch weltweit zulassungsfrei verfügbar und für industrielle, wissenschaftliche und medizinische Zwecke reserviert. Deshalb müssen Störungen z. B. durch Garagentoröffner, Mikrowellenöfen oder andere Geräte, die im gleichen Frequenzband arbeiten, in Kauf genommen werden. Um Störungen zu minimieren, soll das Frequenzspektrum möglichst optimal ausgenutzt werden. Deshalb setzen Geräte, die das ISM-Band nutzen, Streuspektrumtechniken ein (Spread Spectrum).

Frequenzsprungverfahren

Bluetooth teilt das 2.4-GHz-Band in 79 Kanäle mit einem Abstand von je 1 MHz auf ($f = 2\,402 + k$, $k = 0...78$). Am oberen und unteren Ende wird das Band von je zwei Schutzbändern mit einer Breite von 3.5 MHz (Upper Guard Band) bzw. 2 MHz (Lower Guard Band) abgeschlossen. Die Übertragung erfolgt mit einem kombi-

2 Frequenzsprungverfahren

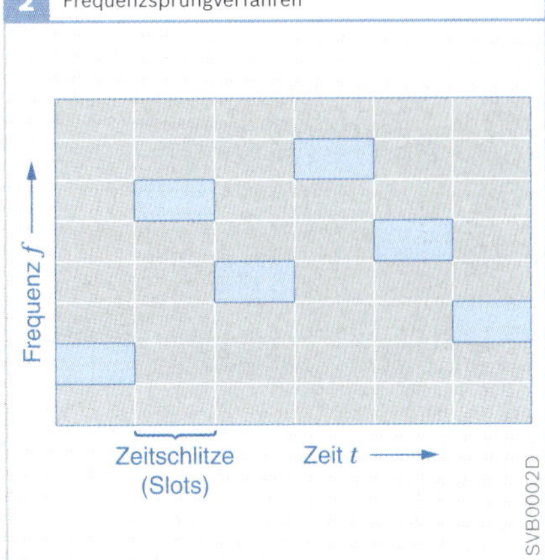

nierten Frequenzsprung-/Zeitduplexverfahren (Frequency Hop/Time Division Duplex, FH/TDD), dem Frequency Hopping Spread Spectrum (FHSS, Bild 2). Die Kanäle werden 1 600 mal pro Sekunde gewechselt (d. h. in 625 µs-Slots). Die Zuordnung der Slots erfolgt nach dem TDD-Verfahren, d. h., Sender und Empfänger haben abwechselnd eine Sendeberechtigung. Das Frequenzsprungverfahren garantiert eine optimale und gleichmäßige Auslastung des ISM-Bandes und macht Bluetooth robust gegen Störungen von anderen Sendern im gleichen Frequenzband (wie z. B. WLAN). Daneben bietet es auch ein Minimum an Sicherheit, da ein Eindringling nicht weiß, zu welcher Frequenz gewechselt wird und auch nicht die Zeitspanne kennt, für die eine Frequenz gültig ist. Das Abhören einer Verbindung wird dadurch erschwert.

Mit der Einführung des Adaptive Frequency Hopping (AFH) in der Spezifikation Bluetooth 1.2 wird die Robustheit von Bluetooth gegenüber Störungen weiter erhöht und der Einfluss von Bluetooth als Störquelle für andere Geräte im 2.4-GHz-ISM-Band verringert. Die Anzahl benutzter Kanäle kann dynamisch an die Gegebenheiten im Frequenzband angepasst werden. Frequenzen, die von anderen Sendern genutzt werden, werden dann aus der Liste der möglichen 79 Kanäle entfernt.

Modulationsverfahren

Als Modulationsverfahren setzt Bluetooth Gaussian Frequency Shift Keying (GFSK) ein - eine spezielle Variante der Frequenzumtastung (Frequency Shift Keying, FSK), bei der ein Gauß'scher Tiefpassfilter der Frequenzumtastung zugefügt ist. GFSK variiert die Frequenz und befördert pro Umtastung 1 Bit. Die Symbolrate von Bluetooth beträgt 1 MBit/s. Mit Hilfe von Enhanced Data Rate (EDR), das mit der Spezifikation Bluetooth 2.0 eingeführt wurde, kann die Datenrate auf 3 Mbit/s angehoben werden. Dies wird durch die Verwendung zweier Varianten der Phasenumtastung (Phase Shift Keying, PSK) möglich: dem $\pi/4$ Differential Quaternary Phase Shift Keying ($\pi/4$DQPSK) und dem 8 Differential Phase Shift Keying (8DPSK), die die Phase des Trägers modulieren.

$\pi/4$DQPSK stellt jeweils eine von vier Kombinationen eines Bit-Paars dar (00, 01, 10 und 11), überträgt also maximal zwei Bit; 8DPSK kann alle Kombinationen dreier Bits darstellen. Damit steigt die Übertragungsrate von 1 MBit/s (netto 727 kBit/s) mit GFSK auf 2 MBit/s (netto 1 446 kBit/s) bzw. 3 MBit/s (netto 2 169 kBit/s) mit EDR.

Leistungsklassen

Bluetooth-Geräte sind in verschiedene Leistungsklassen eingeteilt. Den Herstellern ist es freigestellt, welche Leistungsklasse sie implementieren. Die aktuellen Spezifikationen definieren drei Leistungsklassen:

- Klasse 1 mit 100 mW (20 dBm) Sendeleistung für 100...150 m Reichweite.
- Klasse 2 mit 2.5 mW (4 dBm) Sendeleistung für 10...25 m Reichweite.
- Klasse 3 mit 1 mW (0 dBm) Sendeleistung für 10 m Reichweite.

Topologie

Bluetooth ermöglicht die automatische Konfiguration von Ad-hoc-Netzwerken. Das bedeutet, dass zwei oder mehr Geräte ohne vorherige Kenntnis voneinander spontan ein Netzwerk bilden können. Bluetooth basiert auf dem Master-Slave-Prinzip. Jedes Bluetooth-Gerät kann prinzipiell Master oder Slave sein. Der Master ist ein ausgezeichnetes Gerät, das die Kommunikation zwischen den Geräten koordiniert.

Piconetz

Ein Netz aus Bluetooth-Geräten wird als Piconetz bezeichnet (Bild 3). Für Geräte innerhalb eines Piconetzes gibt es zwei Rollen: Master oder Slave. Erst während des Kommunikationsaufbaus entscheidet sich, welches Gerät welche Rolle einnehmen wird. Ein Gerät richtet ein Piconetz ein und sendet seine Gerätekennung und den Wert seiner internen Uhr. Dieses Gerät wird zum Master.

Jedes Gerät, das nicht an einem Piconetzt teilnimmt und nicht abgeschaltet ist, befindet sich im Bereitschaftszustand (Standby), der sich durch eine geringe Stromaufnahme auszeichnet.

Der erste Schritt zur Bildung eines Piconetzes besteht darin, dass ein potenzieller Master nach anderen Geräten in seiner Reichweite sucht (Inquiry Scan). Hierzu stehen spezielle Frequenzsprungsequenzen zur Verfügung (Inquiry Sequence). Geräte, die mit anderen Geräten eine Kommunikation eingehen wollen, antworten mit einer Inquiry Response Message. Nach dem Inquiry-Vorgang liegen die Informationen über alle kommunikationswilligen Geräte vor. Jetzt kann der potenzielle Master durch gezieltes Paging (Paging Sequence) ein bestimmtes Gerät ansprechen. Paging bezeichnet den Vorgang, eine feste Verbindung zwischen einem Master und einem Slave aufzubauen. Der Slave erhält dabei alle Informationen, die er braucht, um sich auf den Master zu synchronisieren.

Das Piconetz ist durch die Frequenzsprungfolge, d. h. die Abfolge der Kanalwechsel zwischen den möglichen 79 Kanälen, definiert. Die Hopping Sequence wird dabei vom Master vorgegeben und errechnet sich aus dessen Geräteadresse (einer weltweit eindeutigen 48-Bit-Kennung) und seiner internen Uhr. Die Slaves synchronisieren sich auf die Uhr des Masters und dessen Sprungfolge.

Ein Master ist in der Lage, bis zu sieben aktive Slaves zu verwalten. Jeder aktive Slave erhält eine 3 Bit große Active Member Adress (AMA).

Geräte im aktiven Zustand können Daten übertragen oder auch einfach nur verbunden sein. Über eine Abmeldeprozedur kann ein Gerät wieder in den Bereitschaftszustand wechseln. Daneben kann ein Bluetooth-Gerät drei verschiedene Energiesparzustände wechseln: den Hold-Mode, den Sniff-Mode und den Park-Mode. Die Geräte sind dabei weiterhin auf die Sprungsequenz des Piconetzes synchronisiert. Der niedrigste Energiesparmodus ist der Park-Mode, in dem das Gerät seine AMA abgibt und statt dessen eine 8 Bit große Parked Member Adress (PMA) erhält. Mit der PMA ist das Gerät noch Teilnehmer im Pikonetz, macht jedoch Platz für ein anderes aktives Gerät. Geparkte Geräte sind weiterhin auf die Sprungsequenz des Piconetzes synchronisiert und können vom Master über die PMA angesprochen und reaktiviert werden.

Scatternetz

In einem Piconetz kann immer nur ein Slave gleichzeitig mit dem Master kommunizieren. Treten immer mehr Slaves dem Netz bei, sinkt der Datendurchsatz pro Gerät sehr schnell. Abhilfe schaffen hier Scatternetze (Streunetze). Ein Scatternetz besteht aus bis zu zehn Piconetzen, in dem sich die einzelnen Piconetze teilweise überlagern. So lassen sich auch größere Netze aufbauen, in dem alle Netzteilnehmer miteinander in Verbindung treten können. Das Scatternetz in Bild 4 besteht aus zwei Piconetzen. Eines der Bluetooth-Geräte nimmt an beiden Piconetzen teil. Über dieses Gerät können die beiden Netze Daten austauschen. Dieses Gerät,

3 Piconetz

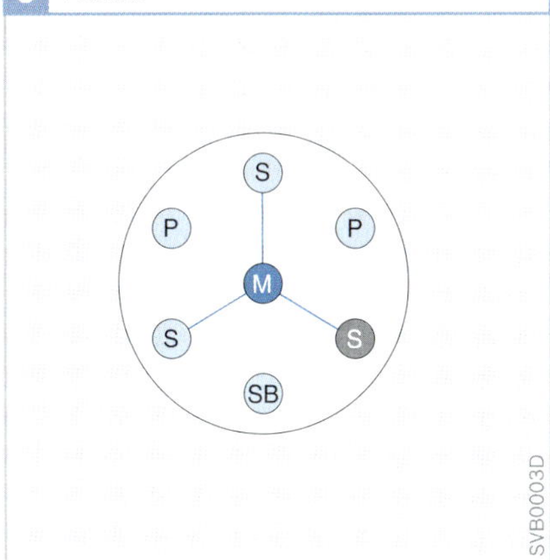

Bild 3
M Master
S Slave
P Park-Mode
SB Standby

das mehreren Piconetzen zugeordnet ist, kann allerdings nur in einem dieser Netze als Master fungieren.

Ein Gerät, das in einem Scatternetz zwei Piconetzen zugeordnet ist, muss sich jeweils auf das Netz synchronisieren, mit dem es kommunizieren will. Es kann nicht gleichzeitig mit beiden Netzen in Verbindung stehen. Bevor das Gerät das alte Piconetz verlässt, muss es dessen Master darüber informieren, dass es für eine Zeit nicht erreichbar ist. Die verbleibenden Netzteilnehmer können weiter kommunizieren.

Auch ein Master kann sein Piconetz verlassen und in einem anderen Piconetz zum Slave werden. Die Kommunikation im alten Netz wird allerdings unterbrochen, bis er zurückkehrt und die Masterfunktion wieder übernimmt.

Ein Master kann nicht in einem zweiten Piconetz Master werden. Damit würden sich beide Piconetze identisch verhalten und zu einem einzigen Netz werden.

Physikalischer Datenkanal

Ein Datenkanal ist dargestellt durch eine Sprungsequenz zwischen den 79 möglichen Frequenzen im ISM-Band. Jedes Gerät, das aktiv an einem Piconetz teilnimmt, muss zur gleichen Zeit auf die gleiche Trägerfrequenz springen (die Frequenz f_i).

Sobald ein Master Daten auf der Frequenz f_k gesendet hat, kann ein Slave auf der Frequenz f_{k+1} antworten. Dieses Schema ist in Bild 5 dargestellt.

Üblicherweise beginnen die Übertragungen des Masters in den geraden Zeitschlitzen und die der Slaves in den ungeraden. Diese Eigenschaft entspricht dem normalen Zeitmultiplex-Verfahren (hier TDD), bei dem der Master eine Hälfte der Zeitschlitze verwendet und die Slaves die andere Hälfte.

Bluetooth beschreibt neben Paketen, die einen Zeitschlitz belegen können, Pakete, die drei oder fünf Zeitschlitze belegen können (Multi-Slot Packets). Sobald ein Master oder Slave Pakete sendet, das drei oder fünf Zeitschlitze lang ist, bleibt der Sender auf der gleichen Frequenz. Innerhalb eines Paketes findet kein Frequenzwechsel statt (Bild 6).

Nach der Übertragung des Pakets folgt der Wechsel auf die Frequenz, die durch die Sprungfolge (unabhängig vom Sendevorgang) vorgegeben ist (im Bild folgt z. B. der Sprung nach dem Senden eines 3-Slot Paketes von der Frequenz f_k auf die Frequenz f_{k+3}). Grund für dieses Verhalten ist, dass eventuell nicht jede Station die Übertragung mitbekommen hat und deshalb nicht speziell auf die Übertragung von Daten in mehreren Zeitschlitzen reagie-

4 Scatternetz

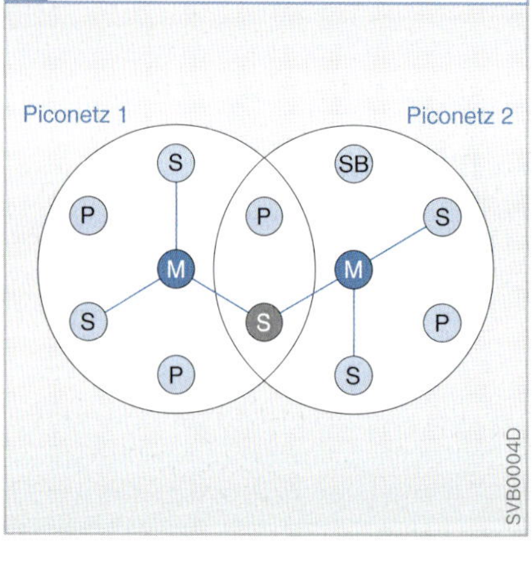

Bild 4
M Master
S Slave
P Park-Mode
SB Standby

5 Timing der Datenübertragung

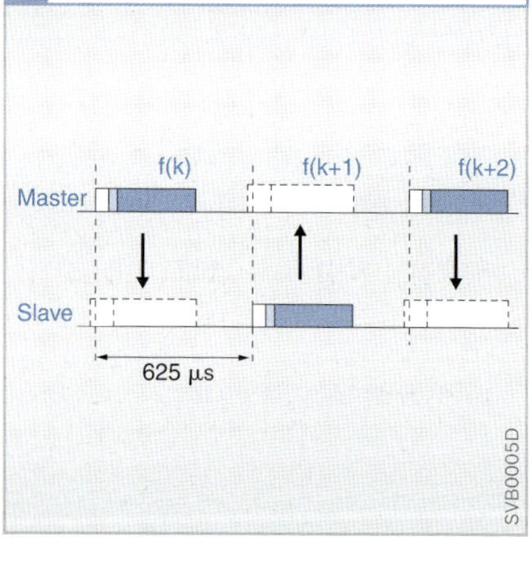

ren kann. Alle Stationen, die nicht an der Übertragung beteiligt sind, fahren deshalb immer mit der durch den Master vorgegebenen Sprungfolge fort.

Physikalische Verbindungen

Bluetooth unterstützt sowohl leitungs- als auch paketvermittelte Datenkanäle. Für die leitungsvermittelte synchrone Kommunikation bietet Bluetooth die SCO-Verbindung (Synchronous Connection Oriented Link), für die paketvermittelte asynchrone Kommunikation die ACL-Verbindung (Asynchronous ConnectionLess Link). Zwischen zwei Bluetooth-Geräten kann es immer nur eine ACL-Verbindung, aber bis zu drei SCO-Verbindungen geben. Die ACL-Verbindungen bilden die Grundlage für die Datenübertragung. die SCO-Verbindungen sind reine Sprachkanäle mit einer Datenrate von 64 kBit/s. Die Sprache wird dabei mit Continuous Variable Slope Delta Modulation (CVSD) oder mit der Pulse Code Modulation (PCM) übertragen. Ein Bluetooth-Master kann auch gleichzeitig mehrere unterschiedliche Datenkanäle zu seinen Slaves aufrecht erhalten.

Logische Datenkanäle

Logische Kanäle beziehen sich auf verschiedene Typen von Kanälen, die über eine physikalische Verbindung laufen. Die Daten, die über einen physikalischen Kanal übertragen werden, haben unterschiedliche logische Bedeutungen. Bluetooth unterscheidet zwischen den zwei Kategorien Link-Kanäle, die zum Austausch von Kontrollinformationen zwischen Master und Slave genutzt werden, und Nutzer-Kanälen, die der Übertragung von Daten aus der Benutzerebene – den Anwendungen – dienen.

Datenpakete

Ein Bluetooth-Datenpaket besteht in der Regel aus den drei Feldern:

- Zugriffscode (Access Code),
- Paketkopf (Header) und den
- Nutzdaten (Payload).

Ein Paket kann aus lediglich dem Zugriffscode bestehen, aus dem Zugriffscode und einem Paketkopf, sowie aus Zugriffscode, Paketkopf und Nutzdaten (Bild 7).

Ein Paket beginnt mit einem Zugriffscode (Access Code). Folgt ein Paketkopf, ist der Zugriffscode 72 Bit. andernfalls 68 Bit lang. Der Zugriffscode wird zur Synchronisation und Identifizierung eines Pikonetzes, zur Geräteabfrage und zum Geräteruf genutzt. Es gibt drei verschiedene Zugriffscodetypen:

- Channel Acces Code (CAC) dient zur Synchronisation und Erkennung eines

6 Frequenssprung bei Multislot-Paketen

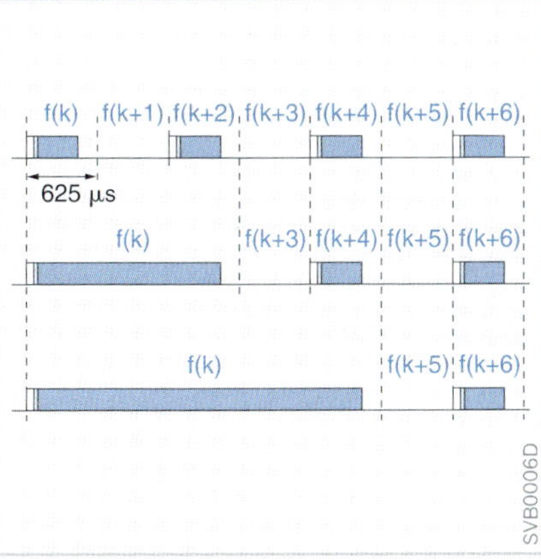

7 Aufbau eines Pakets

Zugriffscode 72 (68) Bit	Paketkopf 54 Bit	Nutzdaten 0… 2745 Bit
4 Präambel	3 AMA	
64 Synchronisation	4 Typ	
	1 Fluss	
(4) Anhang	1 ARQN	
	1 SEQN	
	8 Prüfsumme	

SVB0007D

Pikonetzes. Der CAC wird mit jedem Paket, das über das Pikonetz versendet wird, geschickt.
- Device Access Code (DAC) wird zum Übertragen bestimmter Kennungen während des Geräterufs genutzt (z. B. beim Paging).
- Inquiry Access Code (IAC) wird zur Geräteabfrage verwendet.

Der Paketkopf (Header) eines Bluetooth-Pakets ist 54 Bit lang und enthält Informationen über die Verbindung (Link Control Information). Er besteht aus den Feldern Adresse, Pakettyp, Flusssteuerung, Fehlerüberwachung und Prüfsumme. Die eigentliche Länge des Paketkopfes (d. h. die Summe der Bits im Header) beträgt 18 Bit. Der Header wird durch einen Vorwärtsfehler-Korrekturmechanismus (Forward Error Correction, FEC) geschützt. Die Bits des Paketkopfes werden dreifach gesendet (1/3 FEC), dies führt zur Headerlänge von 54 Bit. Ein Empfänger kann dann einfach eine Mehrheitsentscheidung treffen; jedes Tripel eines Bits wird auf den Wert abgebildet, der die Mehrheit im Tripel hat.

Die Nutzdaten (Payload) eines Bluetooth-Pakets können bis zu 341 Byte groß sein (1 023 Byte bei EDR). Das Datenfeld der Nutzdaten besteht aus bis zu drei Segmenten: dem Nutzdaten-Header, den eigentlichen Nutzdaten und unter Umständen einer Prüfsumme.

Bluetooth verwendet 16 unterschiedliche Pakettypen. Allen gemeinsam ist der Zugangscode und der Header. Der Aufbau der Nutzdaten ist vom jeweiligen Pakettyp abhängig. Neben Paketen für ACL-Verbindungen und SCO-Verbindungen gibt es auch Pakettypen zur Abfrage von Slaves, zur Synchronisation der Sprungfolge und zur Bestätigung von Datenübertragungen.

Bluetooth-Geräteadressen

Jedem Bluetooth-Gerät ist eine weltweit eindeutige Bluetooth-Geräteadresse (Bluetooth Device Address) zugeordnet. Die Adresse ist vom IEEE-802-Standard abgeleitet und wird vom Hersteller in das Gerät eingefügt. Die 48-Bit großen Adressen sind in drei Teile untergliedert
- LAP (Lower Address Part, mit 24 Bit),
- UAP (Upper Address Part, mit 8 Bit),
- NAP (Nonsignificant Address Part, mit 16 Bit).

Die Felder LAP und UAP bilden den signifikanten Teil (Significant Part) einer Bluetooth-Geräteadresse.

Bluetooth-Architektur

Die Bluetooth-Architektur ist komplex. Dies ist durch die Idee des allgemeinen Kabelersatzes bedingt. Die Architektur ist darauf ausgelegt, neue Protokolle und Anwendungen für den Einsatz von Bluetooth zu adaptieren. Entsprechend ist auch der Bluetooth-Protokollstapel sehr umfangreich (Bild 8 zeigt eine vereinfachte Version des Protokollstapels).

Die Bluetooth-Technologie kann in drei logische Abschnitte unterteilt werden:
- Hardware,
- Host-Stack,
- Applikationen.

8 Protokollstack

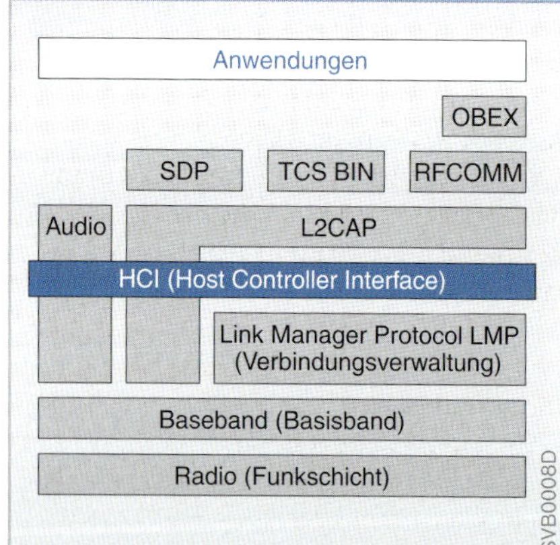

Die Hardware-Schicht und der Host-Stack werden in der Bluetooth Core Specification definiert; die Applikationen sind Teil der Bluetooth Profile Specification.

Hardwarenahe Protokolle

Die Hardware wird durch den Bluetooth-Chip repräsentiert. Hier sind die Funkschicht (Radio), das Basisband (Baseband) und die Verbindungsverwaltung enthalten. Die Funkschicht behandelt die Funkübertragung, genutzte Frequenzen, Modulationen und Sendeleistung. Das Basisband beschreibt die Mechanismen zum Verbindungsaufbau, die Paketstruktur sowie das Zeitverhalten. Die Verbindungsverwaltung realisiert den Verbindungsaufbau und die Verbindungsverwaltung zwischen zwei Geräten, inklusive Sicherheits- und Authentifikationsfunktionen.

Das Host Controller Interface (HCI) bildet die Schnittstelle zwischen der Hardware eines Bluetooth-Moduls und den Host-seitigen Protokollen. Das HCI ist hierbei eine Hardwareabstraktion und realisiert verschiedene Schnittstellen zur Steuerung der Bluetooth-Hardware und um Daten zu übertragen (z. B. über USB oder UART).

Host-Stack

Der Host-Stack nutzt das HCI, um die Bluetooth-Hardware zu steuern und um Daten zu übertragen. Das Format dieser Daten wird von den höheren Protokollschichten bestimmt. Das Logical Link Control and Adaptation Protocol (L2CAP) realisiert die Abstraktion von den Eigenschaften der Hardware, passt die höheren Schichten des Protokollstapels an die Fähigkeiten des Basisbands an und verbirgt Übertragungsdetails wie die verbindungslose oder verbindungsorientierte Übertragung. Die L2CAP-Schicht hat im Wesentlichen drei Hauptfunktionen:

- Sie kann Pakete mit einer Länge von bis zu 64 kByte von den oberen Schichten empfangen und zerlegt sie ggf. zur Verarbeitung in den unteren Schichten in kleinere Datenpakete (Segmente). Am anderen Ende werden die Segmente wieder zu Paketen zusammengestellt.
- Sie verwaltet das Multiplexen und Demultiplexen von mehreren Paketquellen. Wird ein Paket wieder zusammengesetzt, bestimmt die L2CAP-Schicht, an welches Protokoll der höheren Schichten das Paket weitergeleitet wird.
- L2CAP bietet Funktionen zur Aushandlung von Dienstgüte (Quality of Service) und Konfigurationsparametern. So kann u. a. die maximale Größe der Nutzdaten ausgehandelt werden, damit ein Gerät mit eingeschränkten Ressourcen nicht von zu großen Paketen überschwemmt wird. Mit dem Konfigurationsparameter für die Dienstgüte können die Eigenschaften der Übertragung festgelegt werden: best-effort (nach bestem bemühen, es werden keinerlei Garantien für die Datenübertragung ausgesprochen) oder garantiert.

Neben dem L2CAP gibt es noch die Audio- und Steuerungsprotokolle, die die Behandlung von Audio-Daten und Steuerungsdaten regeln. Audio-Anwendungen können z. B. direkt die Basisbandschicht nutzen, nachdem die Audiosignale entsprechend kodiert wurden.

Das Service Discovery Protocol (SDP) ist ein weiteres wichtiges Host-seitiges Protokoll. Es dient zur Erkennung und Suche nach Diensten mit bestimmten Eigenschaften und der Beschreibung von Diensten innerhalb der Funkreichweite eines Bluetooth-Gerätes. Bluetooth-Geräte sollen in der Lage sein, in verschiedenen Umgebungen spontan mit anderen Geräten zusammenzuarbeiten. Daher ist es notwendig zu wissen, welche Dienste von welchen Geräten in Funkreichweite zur Verfügung gestellt werden. Alle Geräte, die Dienste anbieten möchten, müssen einen SDP-Server verwenden, für alle anderen Geräte reicht ein SDP-Client aus. SDP stellt in einer Service-Datenbank die auf einem

Gerät verfügbaren Dienste bereit. Die Informationen über den Dienst, die der SDP-Server besitzt, werden in einem Service Record abgelegt. Der Service Record besteht aus einer Liste mit Dienstattributen, die die Eigenschaften des Dienstes genauer beschreiben, und wird durch einen 32-bit Service Record Handle identifiziert.

Zwei weitere Protokolle im Protokollstapel bilden eine wesentliche Grundlage für die Interoperabilität der Bluetooth-Geräte.

Das Kabelersatzprotokoll RFCOMM (Radio Frequency Communication) simuliert oberhalb der L2CAP-Schicht bis zu 60 virtuelle serielle Schnittstellen, abgeleitet nach dem ETSI 07.10 Standard. Hierdurch kann nahezu jede Software mit Bluetooth zusammenarbeiten, die bisher eine serielle Schnittstelle erwartete.

Zur Steuerung von Telefon- bzw. Telefoniefunktionen dient TCS BIN (Telephony Control Protocol Specification - Binary), das ein Bit-orientiertes Protokoll für die Sprach- und Datenverbindung zwischen Bluetooth-Geräten ist. Durch die Verwendung einschlägiger Normen ist auch hier eine weitreichende Kompatibilität zu bisherigen Anwendungen sichergestellt.

Applikationen

Viele weitere Protokolle wurden für den Bluetooth-Standard adaptiert (Adopted Protocols) und finden sich im Protokollstapel wieder. Internet-Anwendungen können z. B. weiterhin TCP/IP über das Point-to-Point Protocol (PPP) oder das Bluetooth Network Encapsulation Protocol (BNEP) verwenden. Zum Austausch von Kalenderinformationen und Visitenkarten (vCalender und vCard) kann das vom IrDA-Standard her bekannte Object Exchange Protocol (OBEX) verwendet werden.

Profile

Auf der obersten Schicht befinden sich die Anwendungen und Profile. Profile stellen „Standardlösungen" für ein bestimmtes Nutzungsszenario dar. Die Bluetooth-Spezifikation fasst momentan 13 verschiedene Anwendungen, die als Profile bezeichnet werden, zusammen. Jedes Profil nutzt eine gewisse Auswahl an Protokollen, Anwendungsprofile stellen im Prinzip für jeden Anwendungsfall einen anderen Protokollstapel bereit. Profile beschreiben vertikale Schnitte durch den Bluetooth-Protokollstapel, die Protokolle stellen horizontale Schichten dar (Bild 9). Innerhalb der Profile werden die notwendigen und optionalen Funktionen der Schichten definiert. Mit diesen standardisierten Profilen kann die Interoperabilität zwischen verschiedenen Geräten sichergestellt werden.

Die vier grundlegenden Profile der Bluetooth-Spezifikation sind:

- das Generic Access Profile (GAP),
- das Service Discovery Application Profile (SDAP),
- das Serial Port Profile (SPP) und
- das Generic Object Exchange Profile (GOEP).

Die Bluetooth-Profile bilden die Hierarchie (Bild 10). Das GAP bildet die Basis und beschreibt alle wesentlichen Funktionen, die ein Bluetooth-Gerät auf der untersten Ebene erfüllen muss. Dazu gehören z. B. die Funktionen zum Verbindungsaufbau und zur Verbindungsverwaltung, die un-

9 Profile und Protokolle

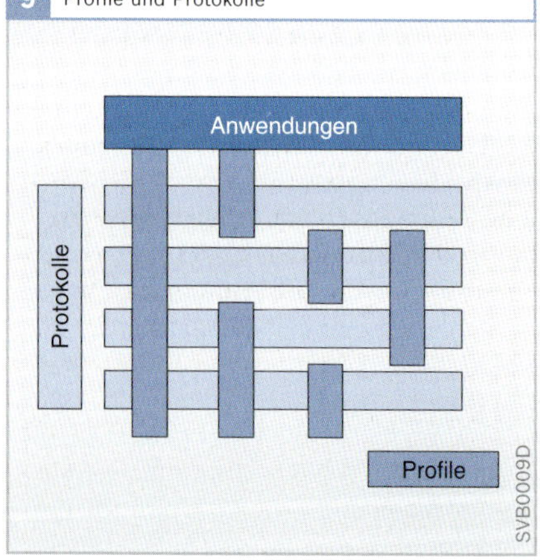

10 Profilhierarchie

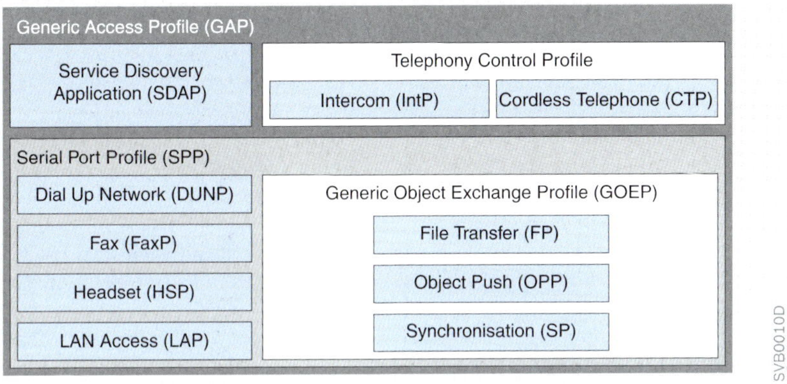

terstützten Betriebsmodi und die Sicherheit einer Verbindung.

Das Diensterkennungsprofil SDAP definiert die Zugriffsschnittstelle für das Service Discovery Protocol (SDP), mit dem Geräte die von anderen Geräten angebotenen Dienste erkennen bzw. abfragen können. SDP baut auf dem GAP auf. Alle Bluetooth-Geräte müssen diese beiden Profile implementieren.

Das SPP wird von den meisten anderen Bluetooth-Profilen genutzt. Eine Ausnahme bilden die Telephony Control Profile. Es kommt immer dann zum Einsatz, wenn Bluetooth als Kabelersatz verwendet wird bzw. wenn eine serielle Datenverbindung genutzt werden soll. Das SPP baut auf dem GAP auf und nutzt das RFCOMM-Protokoll.

Das GOEP definiert die grundlegenden Funktionen, die zum „Austausch komplexer Objekte" notwendig sind. Es definiert eine Client-Server-Beziehung zum Austausch von Daten. Das GOEP bildet wie das SPP die Grundlage für weitere Profile.

Ursprung der Bezeichnung Bluetooth (Blauzahn)

Der Name Bluetooth stammt vom dänischen Wikinger-König Harald Gormsen. Harald hatte den Beinamen Blatand. Bla bedeutete im Mittelalter eigentlich dunkel, Blatand wies demnach auf die dunkle Gestalt Harald Gormsens hin. Blauzahn ist also nicht die direkte Übersetzung von Blatand,

Harald Gormsen vereinte im 10. Jh. weite Teile von Dänemark und Norwegen. Das 1000 Jahre später entwickelte Funksystem Bluetooth verknüpft die unterschiedlichsten Informations-, Datenverarbeitungs- und Mobilfunkgeräte. Deshalb wurde es nach König Harald benannt.

FlexRay

Übersicht

FlexRay ist ein Feldbus, der für die Steuerungs- und Regelungstechnik im Automobilbereich konzipiert wurde. Insbesondere wurde bei der Entwicklung auf die Eignung für den Einsatz in aktiven Sicherheitssystemen geachtet. Daher ermöglicht FlexRay Übertragungen mit garantierter Einhaltung von Übertragungseigenschaften, hohen Übertragungsraten sowie fehlertolerantes Design.

Die Entwicklung von FlexRay, die vom FlexRay-Konsortium gesteuert wird, geht auf eine Kooperation zwischen den Automobilherstellern BMW und DaimlerChrysler zurück. 1999 begannen diese, Anforderungen für ein neues Kommunikationssystem zu sammeln. In die Entwicklung flossen dabei die Erfahrungen aus dem byteflight-System von BMW und der Prototypentwicklung von DaimlerChrysler ein.

Ziel von FlexRay ist es, ein System mit hohen Übertragungsraten anzubieten, das deterministisch und fehlertolerant arbeitet und dabei möglichst flexibel in Anwendung und Erweiterung ist. Anwendungsbereiche von FlexRay liegen insbesondere im Einsatz in Powertrain-Systemen (Antrieb) und aktiven Sicherheitssystemen ohne mechanische Rückfallebene (X-By-Wire). Aber auch die Bereiche der passiven Sicherheitssysteme sowie Komfort- und Karosserieelektronik werden unterstützt.

Damit diese sehr unterschiedlichen Bereiche unterstützt werden können, verwendet FlexRay zwei unterschiedliche Arten des Buszugriffs. Für deterministische Übertragungseigenschaften bietet sich ein zeitgesteuerter Buszugriff an. Für Anwendungen, deren Übertragungen weniger hohe Anforderungen an die Übertragungseigenschaften stellen, ist eine möglichst effektive Ausnutzung der Übertragungskapazität erwünscht. Um diese beiden Verfahren zu kombinieren, erfolgt die Kommunikation in Zyklen. In jedem Zyklus existiert zuerst ein statischer Übertragungsteil, in dem der Buszugriff durch TDMA (Time Division Multiple Access) geregelt wird. Danach folgt ein dynamischer Übertragungsteil, in dem der Buszugriff unter Verwendung von Minislots geregelt wurd. Minislots sind kleine Zeitfenster, in denen eine definierte Nachricht übertragen werden kann. Dieses Zugriffsverfahren wird auch FTDMA (Flexible Time Division Multiple Access) genannt.

Für Nachrichten die im statischen Teil des Zyklus übertragen werden, können die Übertragungseigenschaften nach bekannten Verfahren zugesichert werden. Im dynamischen Teil werden Nachrichten nach Bedarf übertragen. Hier findet eine Priorisierung anhand der Nachrichten-ID statt. Die Aufteilung zwischen statischem und dynamischem Teil ist frei konfigurierbar, kann aber im Systembetrieb nachträglich nicht verändert werden. Gleiches gilt für die Slotlängen im statischen Bereich, die konfigurierbar sind, im laufenden Betrieb aber konstant bleiben müssen.

FlexRay-Systeme können mit zwei Übertragungskanälen ausgestattet sein, wobei jeder Kanal über separate Leitungen verfügt. Dadurch ist es möglich, eine redundante Datenübertragung zu realisieren oder für bestimmte Anwendungen die verfügbare Bandbreite zu vergrößern. Letzteres lässt sich sowohl für die parallele Übertragung von Informationen zweier Netzknoten, als auch für die schnellere Übertragung von Informationen eines Knotens nutzen.

FlexRay arbeitet mit einer Übertragungsrate von maximal 10 MBit/s, die bei optimalen Umgebungsverhältnissen erreicht wird. Bei Verwendung von zwei Kanälen im nicht redundanten Zugriff lassen sich bis zu 20 MBit/s übertragen. Neben der Übertragungsrate von 10 MBit/s, die in der Spezifikation 2.1 vom 15. Dezember 2005 die einzig definierte Übertragungsrate ist, gibt es auch Bestrebungen, niedrigere Übertragungsraten von 2,5 oder 5 MBit/s zu unterstützen.

Einsatzgebiete

Die Einsatzgebiete von FlexRay sind sehr weit gestreut. Durch das Angebot von redundanten, zeitgesteuerten und fehlertoleranten Übertragungen ist FlexRay für den Einsatz in aktiven Sicherheissystemen ohne mechanische Rückfallebene und im Bereich des Powertrains geeignet, aber auch ein Einsatz im Bereich der passiven Sicherheitssysteme sowie der Vernetzung im Karosserie- und Komfortbereich wird über den optionalen dynamischen Übertragungsbereich unterstützt.

Prinzipiell ist durch die hohe Bandbreite von bis zu 20 MBit/s für nicht redundante Übertragungen auch ein Einsatz im Bereich der Audioübertragung oder für stark komprimierten Videoübertragung denkbar.

Topologie

Point-To-Point

Die einfachste Konfiguration eines FlexRay-Systems besteht in der direkten Verbindung zweier Netzknoten untereinander. Der maximale Abstand der beiden Knoten beträgt bei dieser Konfiguration 24 m.

Bustopologie

An eine Bustopologie können 4...22 Knoten angeschlossen sein. Dabei darf der größte Abstand zwischen zwei beliebigen Knoten in einer Bustopologie höchstens 24 m betragen.

Sterntopologie

Eine weitere Variante der FlexRay-Netzwerke liegt im Aufbau als Sterntopologie. Dabei werden sowohl aktive als auch passive Koppelelemente unterstützt.

Passive Sterntopologie

An einen passiven Stern können 3...22 Knoten angeschlossen sein. Auch hier darf der größte Abstand zwischen zwei beliebigen Knoten nicht größer als 24 m sein.

Aktive Sterntopologie

Eine aktive Sterntopologie kann als Point-To-Point Verbindung zwischen einer Anzahl an Knoten und einem aktiven Koppelelement angesehen werden. Bei dieser Topologie ist daher nur der Abstand von einem Knoten zum Koppelelement von Bedeutung. Er darf maximal 24 m betragen.

Neben der Anschlusslänge und der Anzahl der anschließbaren Knoten liegt der wichtigste Unterschied zwischen aktiver und passiver Sterntopologie in der erzielbaren Übertragungsrate. Bei Verwendung von passiven Koppelelementen liegt die erzielbare Datenrate (ca. 1 Mbit/s) unter der, die mit aktiven Koppelelementen (bis zu 10 Mbit/s) erzielt werden kann.

Kaskadierte Sterntopologien

Durch die Verknüpfung mehrerer aktiver Sterntopologien lassen sich kaskadierte Sterntopologien aufbauen. Eine solche Topologie ist in einem FlexRay-System auf maximal drei kaskadierte Sterntopologien beschränkt.

Hybridtopologien

Hybridtopologien sind gemischte Topologien, die sich aus Bus- und Sterntopologien zusammensetzen, wie zum Beispiel der Anschluss mehrerer Bustopologien an eine Sterntopologie anstelle von Einzelknoten.

Zwei-Kanal-Topologien

Da beide Kanäle eines FlexRay-Systems unabhängig voneinander realisiert werden können, ist es möglich, dass für beide Kanäle unterschiedliche Topologien zum Einsatz kommen. Als Beispiel kann ein Kanal als aktive Sterntopologie, der andere als Bustopologie realisiert sein.

Hardware

FlexRay-Controller eines Teilnehmers

Ein FlexRay-Knoten (Bild 1) besteht aus den Host-Prozessor, einem Communication-Controller (CC) und jeweils einem Bus-Driver (BD) für jeden Kanal, an den der Knoten angeschlossen ist. Optional kann in einem Knoten zur Überwachung jedes Bus-Drivers ein Bus-Guardian (BG) enthalten sein, der Informationen über einen zusätzlichen Host-Prozessor erhalten kann.

Es ist freigestellt, ob ein Netzknoten an einen oder beide Kanäle angeschlossen wird, hier greifen höchstens Anforderungen aus dem Einsatzgebiet des Netzknotens.

Übertragungsmedien

Als Übertragungsmedium kommt in einem FlexRay-System Twisted-Pair-Verkabelung zum Einsatz, wobei sowohl abgeschirmte (STP) wie auch nicht geschirmte (UTP) Verkabelung verwendet werden kann.

Jeder der beiden FlexRay-Kanäle besteht aus zwei Adern, die Bus-Plus (BP) und Bus-Minus (BM) bezeichnet werden.

Host-Prozessor

Der Host-Prozessor entnimmt den Sensoren Informationen, die zur Übertragung an den Communication-Controller weitergegeben werden. Die vom Communication-Controller empfangene Informationen werden an die für die Verarbeitung zuständigen Aktoren weitergegeben.

Communication-Controller

Der Communication Controller (CC) setzt alle Aspekte des FlexRay-Systems um, die sich auf das Protokoll beziehen. Zu seinen Aufgaben gehört zum Beispiel das Scheduling, die Synchronisation mit anderen Netzknoten, die Erzeugung eines Macrotick-Signals, die Erzeugung eines Bitstreams aus Informationen des Hosts oder die Steuerung des Buszugriffs.

Bus-Driver

Der Bus-Driver (BD) hat die Aufgabe eines Transceivers. Er wandelt die logischen Informationen in physikalische Spannungen um, die über die Kupferadern übertragen werden und umgekehrt. Durch seine Position kommt dem BD auch die Schutzfunktion gegen Elektrostatische Entladungen (ESD) zu.

Desweiteren überwacht der BD die Zustände von BP und BM und kann dadurch erkennen, wenn es zu physikalischen Fehlern auf dem Bus kommt.

Außerdem verarbeitet der BD Wakeup-Signale und kann optional das Powermanagement des Netzknotens steuern, in

1 Netzknoten-Struktur

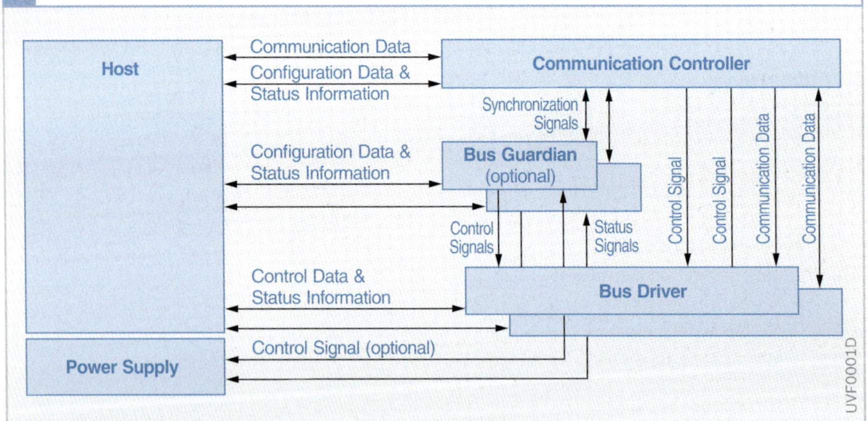

dem Funktionen des Knotens ausgeschaltet werden können.

Bus-Guardian

Der Bus-Guardian (BG) ist eine Einrichtung, die Übertragungen nur dann zulässt, wenn der angeschlossene Netzknoten zum Senden einer Nachricht berechtigt ist. Durch dieses System ist es prinzipiell möglich, dass fehlerhafte Netzknoten im Höchstfall ihre eigene Übertragung stören können, aber nicht die Übertragungen anderer Netzknoten.

FlexRay bietet den Einsatz eines BGs nur an, zwingend ist er nicht vorgeschrieben. In Spezifikation 2.0 wurde nur ein lokaler Bus-Guardian beschrieben, der innerhalb des Netzknotens arbeitete und über den Zugriff auf jeweils einen Kanal wachte. Ein Kritikpunkt an diesem Konzept war, dass durch die Integration des Bus-Guardians in den Knoten sowie die Erlaubnis, dass der Bus-Guardian auf den Oszillator des Netzknotens zugreifen darf, die ordentliche Funktion des Bus-Guardians in einem fehlerhaften Netzknoten nicht garantiert werden kann.

Spezifikation 2.1 enthält ein verfeinertes Konzept des lokalen Bus-Guardians und führt das Konzept eines zentralen Bus-Guardians ein.

Lokaler Bus Guardian

Der lokale Bus Guardian (Node-Local Bus-Guardian) ist als eigenständiger CC innerhalb des Netzknotens realisiert, der die Funktion jeweils eines CCs überwacht (Bild 2). Sein Synchronisationsprozess ist dabei unabhängig von dem des CCs, insbesondere verfügen CC und BG über separate Oszillatoren.

Zusätzlich ist es auch möglich, dass BG und CC über eigene Host-Prozessoren gesteuert werden, die untereinander kommunizieren. Allerdings ist dies nicht zwingend.

Durch direkte Kontrollleitungen (Bus-Guardian Enable, BGE) zwischen BG, CC und BD kann nur dann Information vom CC zum BD übertragen werden, wenn der BG diese Übertragung gestattet.

Zentraler Bus-Guardian

Der zentrale Bus Guardian (CBG, Bild 3) wurde in Spezifikation 2.1 neu eingeführt. Er arbeitet im Koppelelement einer Sterntopologie und wacht über die Funktion aller angeschlossenen Knoten oder Netzwerke. Fehler wie Kurzschlüsse auf Bussen oder Netzknoten, die als „Babbling Idiot" ohne Beachtung der Sendefenster Informationen übertragen und dadurch die ordentliche Kommunikation stören, können durch einen CBG erkannt werden

2 Lokaler Bus-Guardian

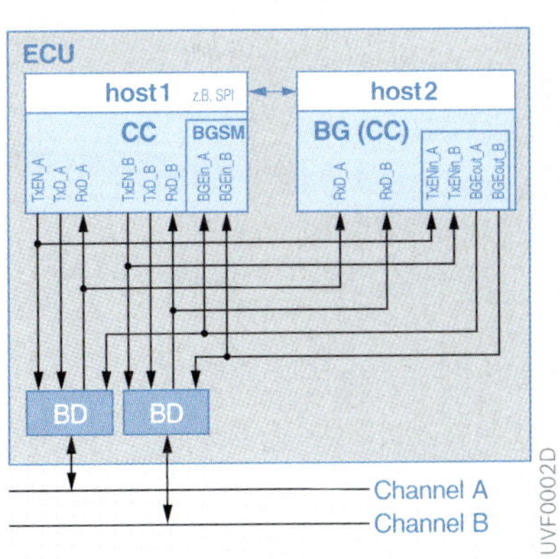

3 Zentraler Bus-Guardian

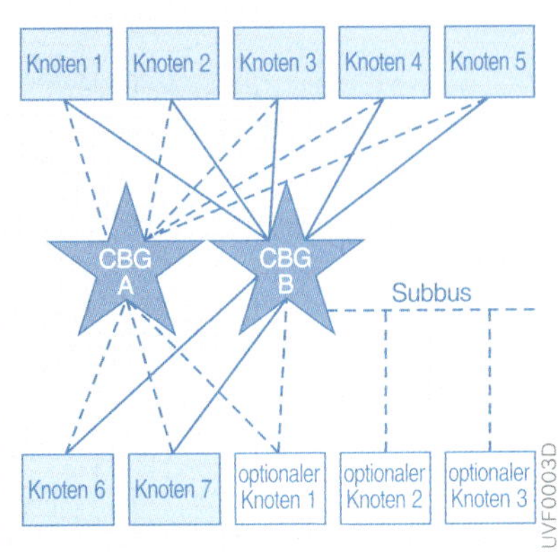

und Gegenmaßnahmen ergriffen werden. Dadurch können die Auswirkungen dieser Fehler auf kleine Bereiche des Netzes begrenzt werden.

Betriebsmodi

Neben dem normalen Betrieb unterstützt ein FlexRay-System auch die komplette Initialisierung des Netzwerkes von einem Schlafzustand, dem Sleep-Modus, bis hin zur Betriebsbereitschaft (Bild 4). Damit dieser Systemstart funktionieren kann, verfügen die BD aller Netzknoten über die Fähigkeit, Wakeup-Signale auf dem Bus zu erkennen und die übrigen Komponenten des eigenen Netzknotens zu starten.

Spezielle Netzknoten, die zum Beispiel an den Starter eines Fahrzeugs angeschlossen sein können, generieren das Wakeup-Signal.

Der Systemstart wird in die Phasen Wakeup und Startup geteilt. Die Wakeup-Phase enthält die Aktivierung der Netzknoten durch das Wakeup-Signal. In der Startup-Phase werden die Netzknoten initialisiert und synchronisiert.

Wird die Funktion eines Knotens aktuell nicht benötigt, kann der Knoten in einen Standby-Modus versetzt werden, in dem alle Operationen des Kodier- und Dekodierprozesses gestoppt sind. Hierdurch wird der Energieverbrauch des Knotens gemindert. Im Sleep-Modus ist der Stromverbrauch eines Netzknotens am geringsten. Hier sind alle Funktionen des Netzknotens deaktiviert, nur der Bus-Driver achtet auf die Übertragung eines Wakeup-Signals, wodurch der Knoten in den Wakeup-Modus versetzt wird.

Senden und Empfangen

Die Verbindung eines FlexRay-Netzknotens mit einem Kanal erfolgt durch einen Bus-Driver je Kanal, der eine Empfangs- und eine Sendeeinheit beinhaltet. Ist ein Controller an beide Kanäle angeschlossen, müssen also zwei Empfangs- und zwei Sendeeinheiten im Netzknoten vorhanden sein.

Protokoll

Protokollschichten

Das FlexRay-Protokoll baut auf fünf Kernmechanismen auf:

- Kodierung und Dekodierung,
- Steuerung des Buszugriffs (Media Access Control, MAC),
- Verarbeitung von Frames und Symbolen (Frame & Symbol Processing),
- Zeitsynchronisation (Clock Synchronisation) und
- Schedule-Überwachung durch den Bus-Guardian.

4 Wakeup-Sequenz

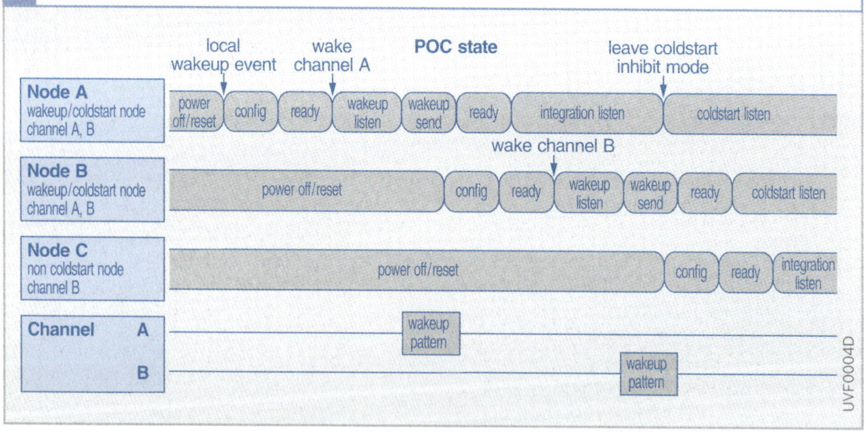

Anders als in anderen Netzwerkprotokollen existieren in FlexRay-Schnittstellen zwichen allen Kernmechanismen, sodass ein Prozess benötigt wird, der Änderungen in den Kernmechanismen koordiniert und synchronisiert. Dies ist die Aufgabe des Protocol-Operation-Control (POC).

FlexRay bietet dem Hostsystem die Möglichkeit, alle fünf Kernmechanismen direkt zu beeinflussen. Um dies zu strukturieren, findet die Kommunikation zwischen Netzknoten und Host über eine Schnittstelle, das Controller-Host-Interface (CHI), statt.

Konzentriert man sich auf die Hauptschnittstellen, können die Aufgabenbereiche als Protokollstack (Bild 5) geordnet werden. Auf der obersten Ebene liegt die Anwendung, die ihre Kommandos an das CHI weitergibt. Unter dem CHI befindet sich das POC, das wiederum auf MAC, Clock Synchronisation und Frame & Symbol Processing zugreift. Auf der nächst tieferen Schicht befinden sich die Prozesse für Kodierung und Dekodierung. Die unterste Schicht bilden die Übertragungscharakteristika der physikalischen Schicht.

Die drei unteren Schichten sind in Knoten, die an beide Kanäle angeschlossen sind, doppelt vorhanden, da diese Funktionen für jeden Kanal separat erfüllt werden müssen. Genauer bedeutet dies, dass für einen an beide FlexRay-Kanäle angeschlossenen Knoten die Synchronisation, MAC, Frame & Symbol Processing, Kodierung und Dekodierung sowie die physikalische Schicht doppelt vorhanden sind.

Kodierung auf der Physikalischen Schicht

FlexRay verwendet zur Kodierung eine NRZ-Methode (Non-Return to Zero), bei der zwei gleiche Übertragungszustände nicht durch einen Bereich getrennt werden, in dem die Spannung auf einen Nullwert zurückfällt. Diese Kodierungsart macht es erforderlich, dass Mechanismen vorhanden sind, mit denen ein Netzknoten die übertragenen Zustände aufteilen kann. FlexRay fügt dazu hinter jedem übertragenen Byte eine Sequenz, die Byte-Start-Sequence (BSS) ein. Jeder Knoten kann anhand dieser Sequenz erkennen, wann ein Byte übertragen wurde und mit dieser Information die einzelnen Bits der Übertragung aufschlüsseln.

Durch Belegung der beiden Adern eines Kanals mit unterschiedlichen Spannungen können vier Buszustände eingenommen werden, die als Idle_LP, Idle, Data_0 und Data_1 bezeichnet werden (Bild 6)

Die Identifikation des Buszustands erfolgt über die Messung der differentiellen Spannung. Hierbei wird die Busspannung (*uBus*) gleich der Differenz von *uBM* zu

5 Protokoll-Stack

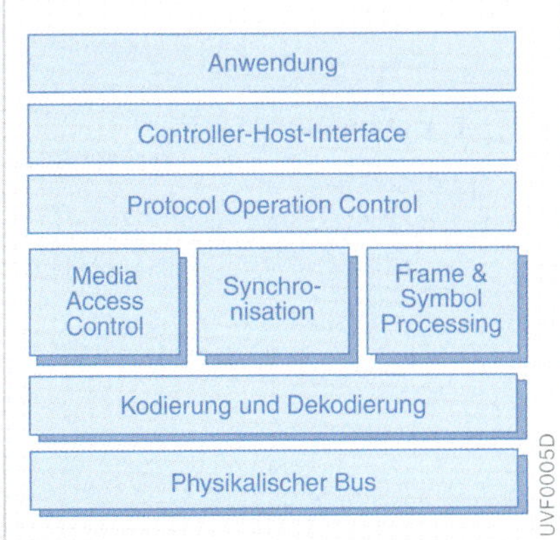

6 Buszustände und Spannungen

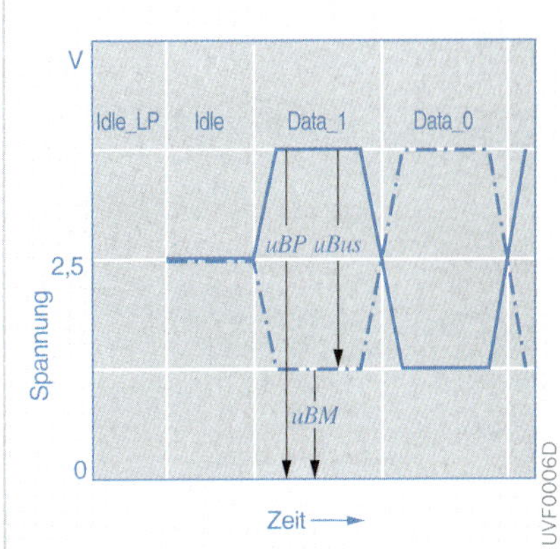

uBP (den Spannungen an BP und BM) gesetzt.

uBus = *uBP* - *uBM*

Durch dieses Verfahren ist die Datenübertragung gegen äußere elektromagnetische Einflüsse geschützt, da sich diese auf beide Adern gleich auswirken und sich in der Differenz aufheben.

Idle_LP (LP für Low Power) ist der Zustand, in dem an BP und BM eine sehr niedrige Spannung zwischen -200 mV und 200 mV anliegt. Dieser Zustand wird zum Beispiel zur Kennzeichnung des Übertragungsanfangs verwendet.

Im Idle Zustand liegt auf BP und BM eine Spannung von 2,5 V mit einer Toleranz von 500 mV an.

Um den Kanal in Zustand Data_0 zu versetzen, muss mindestens ein sendender Knoten eine negative differentielle Spannung von -600 mV an den Kanal anlegen.

Damit der Kanal in Zustand Data_1 gelangen kann, muss mindestens ein sendender Knoten eine positive differentielle Spannung von 600 mV an den Kanal anlegen.

Wird die Übertragung einer Information weder vom Bus-Guardian noch vom Communication-Controller blockiert, wird ein HIGH-Bit über den Kanalzustand Data_1 signalisiert, ein LOW-Bit über Data_0.

7 Bitstream (dynamisches Segment)

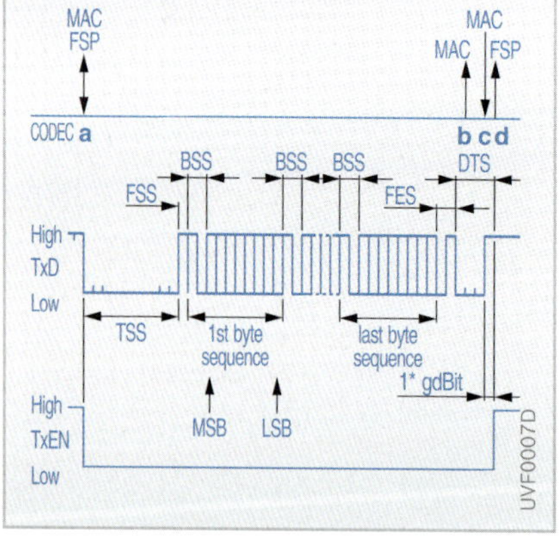

Erzeugung eines Frame-Bitstreams

Bevor ein Knoten einen Frame mit den Daten des Hosts übertragen kann, wird der Frame in einen Bitstream gewandelt. Hierzu wird zunächst der Frame in einzelne Bytes zerlegt. An den Anfang des Frames wird eine Transmission-Start-Sequence (TSS), gefolgt von einer Frame-Start-Sequence (FSS) gestellt (Bild 7). Anschließend wird aus den Bytes des Frames eine erweiterte Byte-Sequenz (extended Byte Sequence, EBS) erzeugt, indem eine Byte-Start-Sequence (BSS) jedem Frame-Byte vorangestellt wird.

Für diese Bitfolge (TSS+FSS+EBS) wird nun die 24-Bit-Prüfsumme (CRC) berechnet, die an die Bitfolge angehängt wird. Um den Bitstream abzuschließen, wird eine Frame-End-Sequence (FES) an den Bitstream angehängt.

Für den Fall, dass es sich um einen Frame im dynamischen Segment handelt, kann dem Bitstream noch eine Dynamic-Trailing-Sequence (DTS) angehängt werden, die verhindert, dass ein anderer Knoten frühzeitig mit seiner Übertragung über den Kanal beginnt.

Kommunikationszyklus

Jeder FlexRay-Zyklus (Bild 8) enthält ein statisches Segment, das als erster Teil im Zyklus übertragen wird. Das statische Segment enthält eine festgelegte Anzahl an Übertragungsbereichen, den „static slots“.

Optional ist die Bereitstellung eines dynamischen Segments im FlexRay-Zyklus, das an zweiter Stelle übertragen wird. Jedes dynamische Segment enthält eine feste, frei konfigurierbare Anzahl an „minislots“.

Ebenfalls optional ist das Symbol Window, das als drittes Element im Zyklus übertragen wird. Es kann zur Übertragung eines einzelnen Symbols verwendet werden und hat die Größe eines static slots.

Als Abschluss des Zyklus existiert eine Phase, die Network-Idle-Time (NIT), in der der Bus im Idle-Zustand ist. Allgemein entspricht die Länge der NIT den restlichen

Macroticks, die nicht vom statischen und dynamischen Segment sowie dem Symbol Window verwendet wurden. Anders ist dies, wenn bei der Synchronisierung erkannt wurde, dass eine Offset-Korrektur erforderlich ist, durch die die Länge der NIT vergrößert oder verkleinert werden kann.

Statisches Segment

Das statische Segment besteht aus einer festen Anzahl gleich großer Übertragungsfenstern (static-slots), die auf beiden Kanälen zeitgleich übertragen werden. In jedem static-slot kann genau ein Frame übertragen werden. Sowohl die Größe der static-slots als auch ihre Anzahl in einem statischen Segment wird während der Integration konfiguriert.

Die Steuerung des Buszugriffs im statischen Segment erfolgt über ein TDMAVerfahren, wobei in jedem Slot der Frame mit der zugehörigen Frame-ID übertragen wird. Frame-ID 1 wird also in Slot 1, Frame-ID 2 in Slot 2 oder allgemein Frame-ID n in Slot n übertragen.

Dynamisches Segment

Anders als im statischen Segment ist die Länge von Übertragungen im dynamischen Segment nicht festgelegt. Zur Steuerung des Buszugriffes werden hier „minislots" verwendet, die für alle an das Netzwerk angeschlossenen Knoten die gleiche feste Anzahl an Macroticks umfassen – Bereiche, in denen genau ein Frame übertragen werden kann.

Auf Basis der minislots werden nun „dynamic slots", Übertragungsfenster mit variabler Größe, realisiert. Die maximale Größe eines dynamic-slots wird durch eine während der Konfiguration festgelegte Anzahl an minislots beschränkt.

Um das Ende einer Übertragung zu kennzeichnen, wird nach einem dynamic-slot eine Phase eingefügt, in der der Kanal idle ist – die „dynamic slot idle phase". Die

9 Slot-Counter

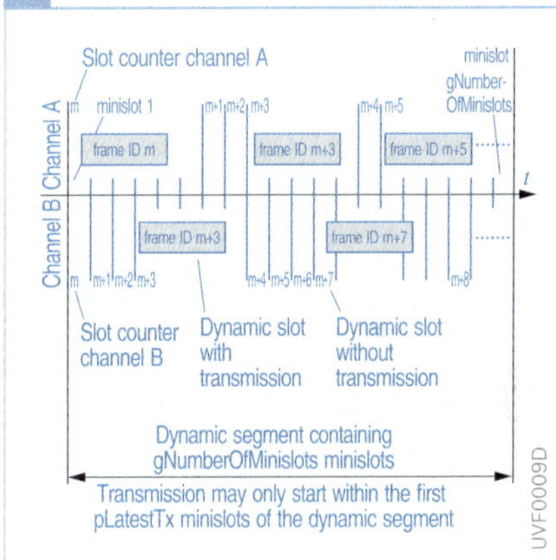

8 Kommunikationszyklus

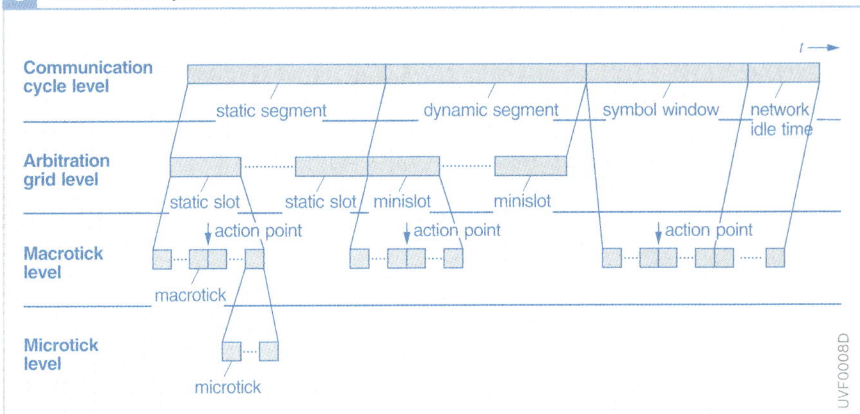

Phase, in der die Übertragung stattfindet, heißt „dynamic slot transmission phase".

Ein weiterer Unterschied zwischen dynamischen und statischen Segment besteht darin, dass im dynamischen Segment die Zähler der aktuell übertragenen Slots auf beiden Kanälen synchron hochgezählt werden. Im dynamischen Segment wird der Zähler beider Kanäle je nach aktueller Übertragung unabhängig hochgezählt. (Bild 9)

Symbol-Window

Das Symbol-Window bietet die Möglichkeit, ein Collision-Avoidance-Symbol (CAS) oder ein Media-Access-Test-Symbol (MTS) zu übertragen. Diese beiden Symbole sind identisch und dienen der Vermeidung von Kollisionen während der Phase des Systemstarts.

Das dritte im FlexRay-Protokoll definierte Symbol, das Wakeup-Symbol (WUS), darf nicht im Symbol Window übertragen werden. Es dient einzig der Erzeugung eines Wakeup-Patterns (WUP), das während des Systemstarts verwendet wird.

Network-Idle-Time (NIT)

Während der NIT korrigiert ein Netzknoten die festgestellte Zeitabweichungen seiner internen Uhr. Außerdem bietet sich für den Netzknoten in dieser Phase auch die

10 Timing

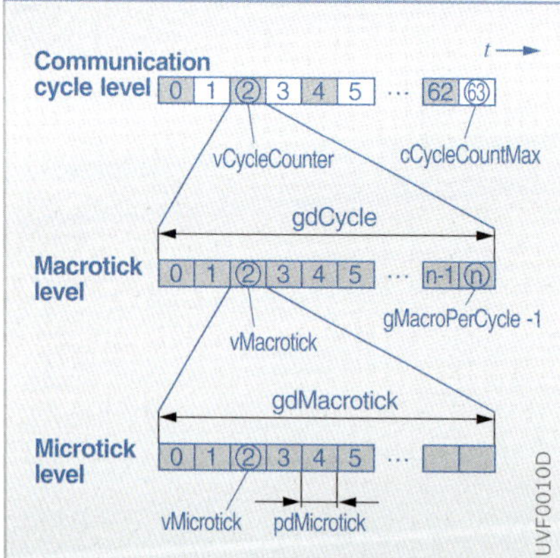

Gelegenheit, implementationsabhängige Anpassungen und Einstellungen vorzunehmen, die mit dem Kommunikationszyklus zusammenhängen.

Zeitsteuerung

FlexRay greift sowohl im statischen als auch im dynamischen Teil des Kommunikationszyklusses auf Kennzeichnungen der Sendefenster zurück, in denen ein Knoten senden darf. Damit dieses Verfahren erfolgreich sein kann, ist es notwendig, dass alle an das Netzwerk angeschlossenen Knoten über synchrone Zeitinformationen verfügen. Hierzu werden ausgewählte Nachrichten aus dem statischen Teil des Zyklusses (Sync-Frames) verwendet, die von Netzknoten übertragen werden, die an beide Kanäle angeschlossen sind.

Generell benötigt in einem verteilten Kommunikationssystem jeder Netzknoten einen eigenen internen Zeitgeber, über den der Takt der Übertragung korrekt eingestellt wird. Durch Temperatur- und Spannungsschwankungen sowie produktionsbedingte Präzisionstoleranzen können diese internen Zeitgeber aber sehr schnell von einer abstrakten, systemweiten globalen Zeit abweichen. Für ein System wie FlexRay, das den Buszugriff über Zeitfenster steuert, kommt der Synchronisierung aller Netzknoten eine besonders wichtige Rolle zu, da ohne eine einheitliche globale Zeitvorstellung aller Knoten die vorgegebenen Sendefenster nicht eingehalten und aufgelöst werden können.

Hierarchie der Zeitsteuerung

In einem FlexRay-System findet die Zeitsteuerung auf drei Ebenen statt (Bild 10). Die unterste bilden Microticks, die direkt vom Oszillatortakt des Netzknotens abgeleitet werden. Ein Microtick ist daher keine systemweite Größe, sondern nur für den jeweiligen Knoten relevant.

Auf der nächst höheren Stufe findet die Zeitsteuerung durch Macroticks statt – Bereichen, in denen genau ein Frame übertragen werden kann. Macroticks bilden innerhalb von festgelegten Toleranzen die unterste systemweite Zeiteinheit. Jeder Netzknoten bestimmt die Dauer eines Macroticks in Microticks. Dabei muss die Anzahl an Microticks pro Macrotick nicht für alle Macroticks gleich sein.

Die oberste Stufe bildet die Zeitsteuerung auf Basis des Kommunikationszyklus, der immer die gleiche, festgelegte Anzahl an Macroticks enthält.

Zeitsynchronisierung

Zur Gewährleistung einer systemweit einheitlichen Zeit ist ein Verfahren zur Synchronisation erforderlich. Basisparameter für die Zeitbestimmung sind die Anzahl der Microticks pro Kommunikationszyklus (*pMicroPerCycle*), die Dauer eines Kommunikationszyklus (*gdCycle*) und die Dauer eines Microticks (*pdMicrotick*), deren Relation über die folgenden Gleichung bestimmt wird:

$$pMicroPerCycle = round(\frac{gdCycle}{pdMicrotick})$$

Im Betrieb eines FlexRay-Netzwerks wird der Takt der Oszillatoren der verschiedenen Netzknoten nicht gleich groß oder auch nur konstant sein, sondern durch äußere Einflüsse schwanken. Diese Abweichung wird durch zwei Korrekturmaßnahmen ausgeglichen: der Steigungskorrektur und dem Einfügen eines Offsets in den Kommunikationszyklus.

Fehlertoleranter Mittelwert-Algorithmus

Da ein einzelner Knoten nur die Unterschiede zwischen dem erwarteten Zeitpunkt, an dem eine Übertragung eintreffen sollte und dem real eingetretenen Zeitpunkt beobachten kann, wird in beiden Korrekturmaßnahmen ein fehlertoleranter Mittelwert-Algorithmus verwendet (FTM), der von J. L. Welch und N. A. Lynch beschrieben wurde. Hierbei werden die gemessenen Zeitdifferenzen aller eingetroffenen Sync-Frames nach ihrem Wert sortiert. Wurden mehr als sieben Sync-Frames empfangen, werden die beiden größten und kleinsten Werte aus der Liste entfernt. Wurden zwischen drei und sieben Sync-Frames empfangen, wird der größte und kleinste Wert entfernt. Bei weniger als drei Sync-Frames wird der Mittelwert über alle gemessenen Differenzen gebildet.

Steigungskorrektur

Durch die Steigungskorrektur werden Abweichungen in der Übertragungsfrequenz eines Knotens während des Kommunikationszyklus kontinuierlich korrigiert. Der Knoten beobachtet hierbei die Übertragungsfrequenzen aller übrigen Knoten. Über den FTM-Algorithmus wird aus diesen Werten die eigene Übertragungsfrequenz angepasst.

Offset-Korrektur

Durch die Offset-Korrektur werden Abweichungen in der Phase des Kommunikationszyklus durch Einfügen eines Offsets in der NIT korrigiert. Hierbei bestimmt der Knoten ebenfalls durch den FTM-Algorithmus seine Phasendifferenz zu den übrigen Knoten des Netzes und bestimmt daraus den Offset, der die NIT Phase kürzt oder verlängert. Da alle Knoten dieses Verfahren einsetzen, können so alle Knoten zeitgleich mit der Übertragung eines Zyklus beginnen.

Timing

Das Timing von Übertragungen innerhalb von FlexRay erfolgt über Action-Points, speziell markierte Macrotickgrenzen. Eine Übertragung in einem static-slot beginnt, nachdem ein static-slot-action-point erreicht wurde. Die Position dieses Action-Points innerhalb eines Macroticks ist systemweit definiert.

In einem dynamic-slot beginnt eine Übertragung, nachdem ein minislot-action -point erreicht wurde und endet, nachdem ein weiterer minislot-action-point erreicht wurde. Durch dieses Verfahren wird gewährleistet, dass zwischen einzelnen

Welch, Lynch, „A New Fault-Tolerant Algorithm for Clock Synchronisation", Information and Computation, vol.77, No.1, April 1988

Übertragungen immer eine Leerlaufperiode vorhanden ist.

Frame-Format

FlexRay verwendet sowohl im statischen als auch im dynamischen Teil das gleiche Frameformat, das in drei Teile - Header, Payload-Segment und Trailer-Segment - gegliedert werden kann (Bild 11).

Header Segment

Das Header-Segment umfasst insgesamt fünf Byte, wobei eine Reihe von Indikatoren am Anfang stehen.

Das Reserved-Bit soll für zukünftige Protokolländerungen zur Verfügung stehen und wird als logische „0" übertragen.

Der Payload-Preamble-Indikator kennzeichnet, ob das Payload-Segment einen Network-Management-Vector (NMVector) enthält. Über einen NMVector ist es möglich, dass der Hostprozessor direkt Daten überträgt, ohne dass diese zunächst vom CC verarbeitet und vorbereitet werden.

Der Null-Frame-Indicator kennzeichnet einen Null-Frame, der keine verwertbaren Informationen enthält.

Der Sync-Frame-Indicator signalisiert, dass dieser Frame für die Synchronisation des Systems verwendet werden soll. Dieser Indikator darf nur von Netzknoten gesetzt werden, die als Sync-Nodes arbeiten.

11 Frame-Format

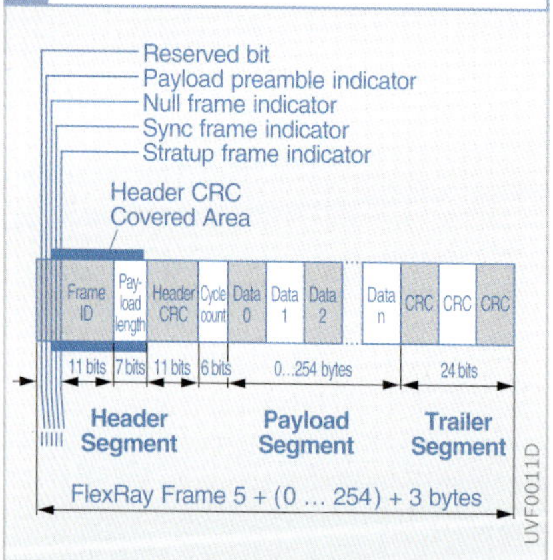

Über den-Startup-Frame-Indicator wird gekennzeichnet, dass dieser Frame ein Startup-Frame ist. Startup-Frames werden in der Startphase des Netzwerks verwendet und dürfen ausschließlich von speziellen Coldstart-Nodes gesendet werden.

Im Anschluss an die Indikatoren folgen Frame-ID, Payload-Length, Header-CRC und Cycle-Count.

Die Frame-ID hat eine Länge von 11 Bit und entspricht der Nummer des Slots, in dem der Frame übertragen wird. In einem Zyklus existiert jede Frame-ID nur einmal auf jedem Kanal.

In der Payload-Length steht die Größe der Informationen, die im Payload-Segment übertragen werden. Da die Nutzdaten in einem FlexRay-Frame immer in 2-Byte-Wörtern übertragen werden, kennzeichnet z. B. eine 62 im Feld Payload-Length, dass 124 Bytes an Nutzdaten im Payload-Segment gesendet werden.

Im statischen Segment enthält das Feld Payload-Length immer den gleichen Wert, da hier die Größe der Information für alle Frames konstant ist. Natürlich gilt diese Eigenschaft nicht für Frames im dynamischen Segment.

Im Feld Header-CRC wird ein 11-Bit CRC-Wert übertragen, der über das Polynom

$$x^{11} + x^{9} + x^{8} + x^{7} + x^{2} + 1$$

gebildet wird. Da für alle Frames im statischen Segment die Informationen im Header-Segment konstant sind, kann hier die Berechnung des Header-CRC-Werts offline erfolgen und dem Netzknoten über Konfigurationseinstellungen vorgegeben werden.

Besitzt ein Frame im dynamischen Segment immer die gleiche Größe, kann auch hier der CRC-Wert offline berechnet werden.

Das letzte Feld im Header-Segment ist der Cycle Count. In diesem Feld wird die Nummer des Zyklus übertragen, in dem sich der sendende Netzknoten befindet.

Payload-Segment

Das Payload-Segment hat eine Länge von maximal 254 Byte, die in 2-Byte-Wörtern übertragen werden.

Im Payload Segment werden gewöhnlich die Nutzdaten übertragen, die von den Hostprozessoren weiterverarbeitet werden. Optional kann im Payload-Segment aber auch ein NMVector übertragen werden, oder eine 16-Bit Message-ID.

Mit der Vergabe von Message-IDs ist es möglich, mehrere Datenblöcke in einem Frame zu übertragen. Dazu wird die Message-ID vom Hostprozessor als Anwendungsdaten den weiteren Daten vorangestellt.

Trailer Segment

Das Trailer Segment enthält ein einziges Feld, in dem eine 24-Bit CRC-Prüfsumme (Frame CRC) übertragen wird. Das Polynom, mit dem der Frame-CRC bestimmt wird, ist:

$$x^{24} + x^{22} + x^{19} + x^{18} + x^{16} + x^{15} + x^{14} + x^{13} + x^{11} + x^{10} + x^{8} + x^{7} + x^{6} + x^{3} + x+1$$

Standardisierung

FlexRay Group

FlexRay wird von der FlexRay-Group spezifiziert. Im Jahr 2000 gründeten die Firmen BMW, DaimlerChrysler, Motorola und Philips Semiconductors die FlexRay-Group (www.flexray-group.com).

Die Mitglieder der FlexRay-Group sind hierarchisch strukturiert. In Abhängigkeit ihren eingegangenen Verpflichtungen haben sie auch unterschiedlich starken Einfluss auf die Weiterentwicklung von FlexRay. Die oberste Gruppe bilden die Core-Partner, zu denen zunächst die Gründungsmitglieder zählten. Neben den Core-Partnern gibt es Premium-Associate und Associate-Mitgliedschaften.

Bis 2004 traten außerdem die Firmen General Motors, Bosch und Volkswagen der FlexRay-Group als Core-Partnern bei. Außerdem übernahm 2004 Freescale die Position von Motorola in der Gruppe der Core-Partner.

Eigenschaften

- Deterministische Übertragungen möglich.
- Optionaler Bus-Guardian überwacht Netzwerkzugriffe und schützt vor Fehlern.
- Differentielle Signalübertragung.
- Kollisionsfreie Übertragung im laufenden Betrieb.
- Redundante Übertragung von Informationen über zwei Kanäle.
- Hohe Übertragungsgeschwindigkeit von bis zu 10 Mbit/s, bei paralleler Übertragung über zwei Kanäle bis zu 20 Mbit/s.
- Start- und Initialisierung aus einem inaktiven Schlafzustand werden durch das Protokoll direkt unterstützt.
- Unterstützung vielfältiger Anwendungsbereiche.
- Ereignis- und zeitgesteuerte Übertragung von Informationen möglich.
- Veröffentlichte Standardisierung durch die FlexRay-Group.

Diagnoseschnittstellen

Die Diagnosegesetzgebungen (z. B. CARB, California Air Resources Board) verlangen eine ständige Überwachung der abgasrelevanten Komponenten in den verschiedenen elektronischen Systemen (On-Board-Diagnose, On Board Diagnosis, OBD). Fehler (z. B. elektrische Kurzschlüsse von Sensoren, unplausible Betriebszustände) werden im Steuergerät in einem Fehlerspeicher eingetragen. Mit einem Scan-Tool („Behördentester") oder mit einem Werkstatt-Tester können diese Fehler ausgelesen werden. Hierzu befindet sich im Fußbereich, Armaturenbrett oder in der Mittelkonsole des Fahrzeugs eine Buchse, an die der Tester über einen genormten Stecker (ISO 15031-3) angeschlossen wird (Bild 1).

Mit einem Werkstatt-Tester kann im Kundendienst der gesamte Fehlerspeicher - abgasrelevante Fehler sowie fahrzeugspezifische Fehler - ausgelesen werden (z. B. aus Motronic, ABS). Mit der gespeicherten Information aus dem Fehlerspeicher lässt sich ein Fehler diagnostizieren und gezielt reparieren. Mit dem Tester kann der Fehlerspeicher wieder gelöscht werden. Außerdem können Messwerte und Steuergerät-Identifikationswerte ausgelesen werden. Über den Werkstatt-Tester können auch spezielle Diagnosefunktionen gesteuert werden. Mit der Stellglieddiagnose z. B. lassen sich einzelne Stellglieder (Aktoren) gezielt aktivieren, um deren Funktionsfähigkeit zu überprüfen. Am Bandende (EOL, End of Line) wird die Diagnoseschnittstelle genutzt, um das Steuergerät zu prüfen und Konfigurationen vorzunehmen (z. B. Wegfahrsperre, Getriebeart). Auch die Programmierung des gesamten Flash-EPROMs ist mit der End-of-Line-Programmierung möglich.

1 Diagnosestecker Diagnoseschnittstelle)

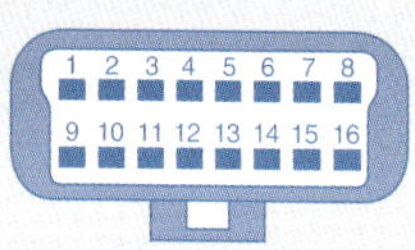

Pin 2: Busleitung (high) von SAE J1850
Pin 10: Busleitung (low) von SAE J1850
Pin 7: K-Leitung entsprechend ISO 9141-2 und ISO 14230-4
Pin 15: K-Leitung entsprechend ISO 9141-2 und ISO 14230-4
Pin 6: CAN_H von ISO 15765-4
Pin 14: CAN_L von ISO 15765-4
Pin 1, 3, 8, 9, 11, 12, 13 nicht von OBD belegt
Pin 4: Fahrzeugmasse
Pin 5: Signalmasse
Pin 16: Batterie Plus

UWT0106-1D

Die Diagnose erfordert eine Schnittstelle für den Anschluss des Testers an die Steuergeräte. Für die Kommunikation stehen derzeit im Wesentlichen zwei Möglichkeiten zur Wahl:

- K-Leitung und
- CAN-Bus.

Der K-Leitungsverbund ist kein echter Bus, deshalb können Kollisionen auftreten. Da in den meisten Steuergeräten eine CAN-Schnittstelle für den Datenaustausch zwischen den elektronischen Systemen vorhanden ist, findet diese Möglichkeit der Testerkommunikation zunehmend an Bedeutung.

Auf den Schnittstellen sind die verschiedenen Protokolle implementiert. In der Regel sind dies das CARB- oder Behördenprotokoll und die herstellerspezifische Kommunikation, die in ihren Eigenschaften und Funktionen eng verwandt sein können. Es ist auch der Einsatz beider Schnittstellen möglich: CARB-relevante Funktionen laufen über CAN, herstellerspezifische Funktionen über die K-Leitung.

Einen Überblick über die verschiedenen Layer des OSI-Referenzmodells und die Normen gibt Bild 2.

Diagnoseprotokolle

Das Kommunikationsverfahren bei der Diagnose ist dadurch gekennzeichnet, dass der Tester (Client) ein oder mehrere Steuergeräte (Server) anspricht und eine Datenausgabe (z. B. vom Fehlerspeicher) oder eine Aktion (z. B. Stellglieddiagnose) anfordert. Diese Dienste (Services) sowie das Übertragungsmedium sind in den verschiedenen Protokollen definiert.

KWP 71

Dieses Protokoll wurde unter Mitwirkung von Bosch als erste standardisierte serielle Schnittstelle entwickelt und basiert auf einer 5-Baud-Initialisierung und Byte-Handshake. In dem Protokoll wird zur Adressierung eine unidirektionale Leitung (L-Leitung) verwendet. Die Leitung zum Datenaustausch (K-Leitung) ist bidirektional. Alternativ kann bei Verzicht auf die L-Leitung die K-Leitung auch zur Adressierung verwendet werden, da es sich bei Adressierung und Datenaustausch um zwei zeitlich aufeinanderfolgende Zustände handelt. Der Kommunikationsaufbau ist festgelegt, die Services sind standardisiert.

KWP 2000 (ISO 14230: 1-3)

Dieses Diagnoseprotokoll verbindet einen Tester über eine K-Leitung mit den Steuergeräten. In der KWP 2000-Norm gibt es verschiedene Möglichkeiten zum Kommunikationsaufbau (Fast-Initialisierung und 5-Baud-Initialisierung). Die Kommunikationsservices sind festgelegt, lassen aber Spielraum für kundenspezifische Anpassungen.

ISO 15765: 1-3 (CAN)

Diese Norm bildet die vorhandenen Protokolle ISO 14230: 1-4 auf den CAN ab. Sie definiert eine Möglichkeit, den grundsätzlichen Aufbau von Botschaften, die zwischen Tester und Steuergerät ausgetauscht werden, unangetastet zu lassen und sie über den CAN-Bus zu übertragen.

CARB

Die Umweltbehörde von Kalifornien (CARB) förderte die Unterstützung einer standardisierten Schnittstelle durch die Einführung von Richtlinien. Das CARB-Protokoll setzt dabei auf vorhandene Normen auf und spezifiziert den Datenfluss und das Zeitverhalten (Transport-Layer). Dies ist in ISO 14230-4/ISO 9141-2 für die K-Line und ISO 15765-4 für CAN festgeschrieben. Die eigentlichen Kommunikationsbotschaften (Services) im Applikations-Layer sind in der ISO 15031-5/SAE J1979 genau festgelegt und erlauben keine herstellerspezifischen Abweichungen.

Jedes neu zugelassene Fahrzeug muss in Kalifornien mindestens eines dieser Protokolle mit allen abgasrelevanten Steuergeräten unterstützen. Das europäische Pendant ist die EOBD-Norm.

2 Standards für Diagnosekommunikation

a

Layer	CARB			
	K-Leitung			CAN
7	ISO 15031-5	ISO 15031-5	ISO 15031-5	ISO 15031-5
6				
5				ISO 15765-4
4				
3				ISO 15765-2 ISO 15765-4
2	ISO 9141-2	ISO 14230-2 ISO 14230-4	SAE J1850	ISO 11898 ISO 15765-4
1	ISO 9141-2	ISO 14230-1 ISO 14230-4	SAE J1850	ISO 11898 ISO 15765-4

b

Layer	Herstellerspezifisch	
	K-Leitung: KWP 2000	CAN / UDS
7	ISO 14230-3	ISO 15765-3 ISO 14229-1
6		
5		ISO 15765-3
4		
3		ISO 15765-2
2	ISO 14230-2	ISO 11898-1
1	ISO 14230-1	ISO 11898

SVA0018D

Bild 2
a Carb Kommunikation
b Kundenspezifische Kommunikation

Layer des OSI-Referenzmodells
7 Application
6 Presentation
5 Session
4 Transport
3 Network
2 Data Link
1 Physical

UDS Unified Diagnostic Services

Applikationsprotokolle
Die zunehmende Komplexität der Steuergerätefunktionen stellt hohe Anforderungen an die Abstimmung und Optimierung dieser Systeme an die jeweiligen Motor- und Fahrzeugtypen. Dieser Vorgang wird als Applikation bezeichnet. Hierzu wird ein Applikationssystem mit dem Steuergerät verbunden. Das Applikationsprotokoll für die K-Leitung ist das McMess-Protokoll, für den CAN das CCP-Protokoll.

McMess
Mit dem McMess-Protokoll können Parameter im Steuergerät geändert und Rechengrößen erfasst werden. Das Protokoll beschreibt in einem speziellen Applikationsbetrieb die Kommunikationsverfahren und -inhalte zwischen Applikationssystem und Steuergerät für die K-Leitung. Mit McMess kann die Messeinrichtung z. B. schnell Inhalte des Variablenspeichers (z. B. Sensorwerte, Messwerte) auslesen.

CCP (CAN Calibration Protokoll)
Das CCP-Protokoll beschreibt die Kommunikationsinhalte zwischen einem Applikationssystem und einem Steuergerät, wenn diese über den CAN-Bus kommunizieren. CCP erlaubt, Steuergeräte im Verbund mit höheren Nutzdatenraten als über die K-Leitung zu applizieren,

Kommunikation über die K-Leitung
Physikalischer Aufbau
Der Diagnosetester steht über das K-Leitungssystem mit einem oder mehreren Steuergeräten in Verbindung (Bild 3). Alle Steuergeräte sind gleichberechtigt. Die Kommunikation läuft bidirektional zwischen Tester und den Steuergeräten. Das heißt, es können von allen Teilnehmern Daten empfangen und gesendet werden. Es kann jedoch immer nur ein Teilnehmer zu einem Zeitpunkt senden.

Die Kommunikation läuft asynchron ab. Es gibt keine weitere Leitung zur Übertragung eines Taktsignals. Die Baudrate auf der K-Leitung liegt gemäß ISO-Normen im Bereich von 1 200...10 400 Baud. In Sonderanwendungen (z. B. herstellerspezifische Flash-Programmierung) kann sie auch bis zu 250 kBaud betragen.

Die Datenübertragung über die K-Leitung wird auf folgende Art realisiert: Der im Tester angeordnete Widerstand hebt das Potenzial der Leitung - sofern kein Steuergerät auf der Leitung sendet - auf das Niveau der Batteriespannung (Bild 4). Wenn ein Steuergerät aktiv wird, verbindet es seinen K-Leitungsanschluss mit der

3 Systemstruktur der Bussysteme

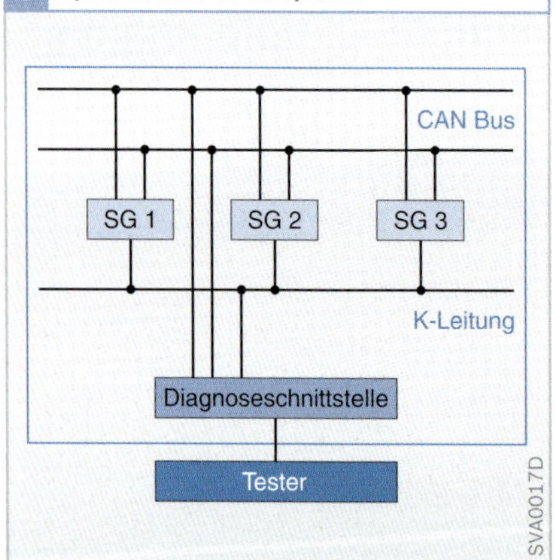

4 Schaltbild eines Steuergeräteverbunds

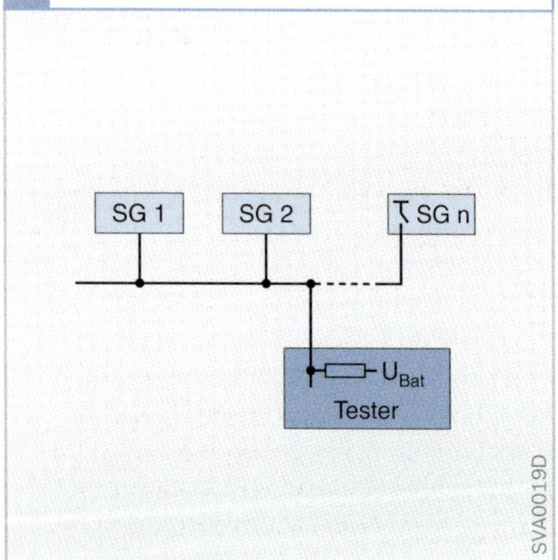

gemeinsamen Masse und zieht damit das Potenzial der K-Leitung auf Masse. Jedes angeschlossene Steuergerät kann feststellen, dass einer der Busteilnehmer aktiv auf die K-Leitung zugreift.

Botschaftsstruktur

Die Botschaftsstruktur des KWP 2000-Protokolls besteht aus drei Teilen (Bild 5):

- Header,
- Datenbytes und
- Checksumme.

Header

Der Header besteht aus maximal vier Bytes.

- Das Formatbyte (Fmt) enthält Informationen über die Form und Gestalt der Botschaft. Zwei Bit (A0 und A1) geben eine Adressinformation an, sechs Bit (L0...L5) die Anzahl der Datenbytes. Mit dieser Kodierung sind bis zu 63 Datenbytes möglich. Wenn L0...L5 zu Null gesetzt sind, muss die Anzahl der Nutzbytes mit dem Längenbyte (Len) kodiert werden.
- Die Zieladresse (Tgt) gibt an, für welchen Kommunikationspartner die Informationen bestimmt sind.
- Die Quelladresse (Src) gibt an, von welchem Kommunikationspartner die Informationen kommen.
- Das Längenbyte (Len) gibt die Anzahl der Nutzdatenbytes (max. 255 Byte) an. Bis zum Wert 63 kann die Kodierung in Fmt erfolgen, bei mehr als 63 muss die Länge mit diesem Byte angegeben werden.

Die Existenz von Ziel- und Quelladresse sowie Längenbyte ist von den Parametern aus dem Formatbyte abhängig.

Daten-Bytes

Es können bis zu 255 Bytes Nutzdaten pro Botschaft versendet werden. Das erste Byte der Nutzdaten ist immer ein Service Identifikationsbyte (SId). Die darauf folgenden Datenbytes sind von diesem Service abhängige Daten.

Checksumme

Die 1-Byte Checksumme steht immer am Ende einer Botschaft. Sie enthält den Wert der Modulo 256-Summe über alle Bytes in der Botschaft - außer der Checksumnme selbst.

Initialisierung

Um Botschaften übertragen zu können, muss jedes Steuergerät eine Untermenge der möglichen Botschaftsformate unterstützen. Welche Formate das Steuergerät unterstützt, teilt es am Beginn einer Kommunikation im Rahmen der Initialisierung bzw. Reizung dem Tester über Key-Bytes mit.

Welche verschiedenen Initialisierungsverfahren für die Steuergerätediagnose üblich sind, geben die ISO-Normen vor. Folgende Initialisierungsverfahren werden unterstützt:

- 5-Baud-Initialisierung und
- schnelle Initialisierung.

Diese Initialisierungsvarianten werden entweder für die CARB-Diagnose oder für die Kundendiagnose verwendet. Weiter

5 Botschaftsstruktur des KWP 2000-Protokolls

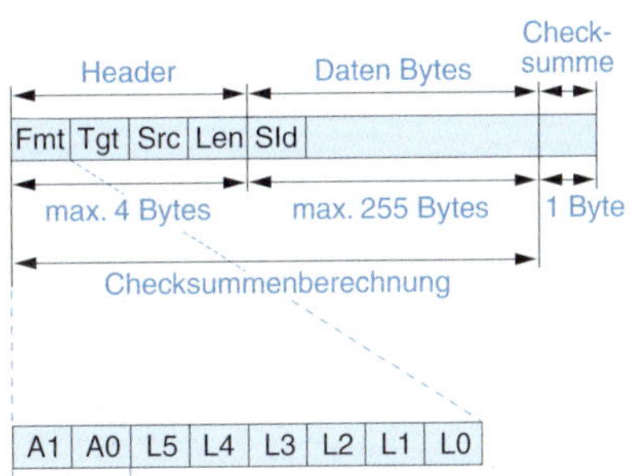

0	0	Keine Adressinformation
0	1	Ausnahme Mode (CARB)
1	0	Mit Adressinformation, physikalische Adressierung
1	1	Mit Adressinformation, funktionale Adressierung

werden die Initialisierungsverfahren zwischen physikalischer Initialisierung und funktionaler Initialisierung unterschieden, die dann die „Point to Point"- oder „Point to Multi"-Kommunikation einleiten. Bei der funktionalen Initialisierung wird eine Gruppe von Steuergeräten angesprochen und initialisiert. Eine erfolgreiche funktionale Initialisierung kann nur erfolgen, wenn alle Steuergeräte dieser Gruppe die gleiche Baurate, das gleiche Übertragungszeitverhalten und das gleiche Protokoll unterstützen. Im Gegensatz dazu wird bei der physikalischen Initialisierung nur ein Steuergerät initialisiert.

5-Baud-Initialisierung

Der Einstieg in die Kommunikation erfolgt durch eine vom Tester übertragene 5-Baud-Adresse. Damit ist jedes Steuergerät gezielt adressierbar und die Adressierung von der Datenübertragung klar getrennt.

Der Tester gibt die Adresse mit der Übertragungsrate von 5 Baud auf die K-Leitung (Bild 6). Für 10 Bit (acht Daten-, ein Start- und ein Stoppbit) werden ca. 2 s benötigt.

Nach Erhalt der Adresse meldet sich das Steuergerät mit dem Baudratenerkennungsmuster. Aus der Bitfolge 01010101 (Binärdarstellung) bestimmt der Tester die Baudrate des Steuergeräts, die zwischen 1 200 und 10 400 Baud liegen kann. Anschließend überträgt das Steuergerät die beiden Key-Bytes, die die vom Steuergerät unterstützten Headerformate und das Timing mitteilen. Als Bestätigung des erfolgreichen Kommunikationsaufbaus sendet der Tester das Komplement des zweiten Key-Bytes an das Steuergerät zurück und erhält dann vom Steuergerät das Komplement der Adresse. Danach ist die Initialisierung abgeschlossen und es kann mit der regulären Datenübertragung begonnen werden.

Schnelle Reizung (Fast Initialisierung)

Die schnelle Reizung stellt die Kommunikation in kürzerer Zeit her als die 5-Baud-Initialisierung. Bei der schnellen Reizung sendet der Tester ein Wake up Pattern (WuP), das aus einer Low- und einer High-Phase mit jeweils 25 ms besteht (Bild 7). Nach Ablauf des WuP sendet der Tester den StartCommunication Service mit 10 400 Baud. Darauf sendet das Steuergerät eine positive Antwort, in der die Key-Bytes enthalten sind. Danach ist die Initialisierung abgeschlossen und die reguläre Kommunikation kann beginnen.

6 5-Baud-Initialisierung

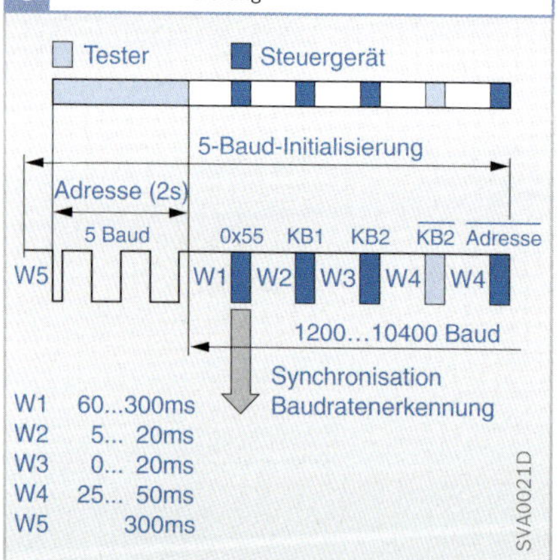

7 Schnelle Reizung

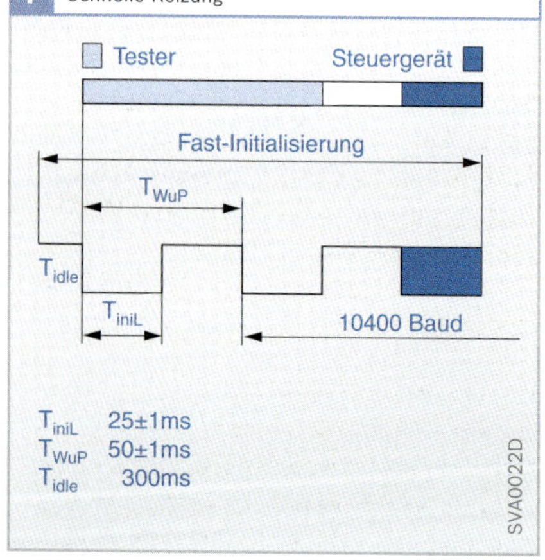

CARB-Initialisierung
Die CARB-Initialisierung ist ein spezieller Fall der 5-Baud-Initialisierung, CARB kann aber auch über die schnelle Reizung aktiviert werden. Mit der fest definierten Adresse 0x33 wird eine funktionale Reizung aller angeschlossenen Steuergeräte erreicht. Die Baudrate ist fest auf 10 400 Baud eingestellt. Die genaueren Anforderungen sind in ISO 14230-4 und ISO 9141-2 beschrieben.

Eine Folge dieser Normen ist, dass alle in einem Fahrzeug vorhandenen abgasrelevanten Steuergeräte nur ein Protokoll, ISO 14230-4, ISO 9141-2 oder SAE J1850 unterstützen dürfen. Es darf keine Vermischung der Protokolle in einem Fahrzeug geben.

Key-Bytes
Mit den Key-Bytes informiert das Steuergerät den Tester über die unterstützten Header- und Längenbytes sowie die unterstützten Timings. Die Dekodierung der Key-Bytes ist in der ISO 9141 und ISO 14230-2 definiert.

Arbitrierung

Arbitrierung ist eine Möglichkeit, Kollisionen von Daten, die von verschiedenen Steuergeräten zum gleichen Zeitpunkt gesendet werden, zu vermeiden oder zu entdecken. Eine Arbitrierung ist notwendig, um im Falle einer funktionalen Kommunikation (z. B. Auslesen des Fehlerspeichers aller abgasrelevanten Steuergeräte mit einem Scan Tool) eine korrekte Antwort auf die Testeranfrage zu erhalten. Da nach der Reizung durch den Tester mehrere Steuergeräte senden dürfen, sind Kollisionen zu erwarten.

Die Arbitrierung ist nur relevant für die Datenübertragung über die K-Leitung.

Kollisionsvermeidung
Um Kollisionen nach einer Testeranfrage zu vermeiden, überprüft jedes Steuergerät nach der Zeit P2min die K-Leitung auf eine fallende Flanke. Eine fallende Flanke kann eine Störung sein, oder ein anderes Steuergerät hat schon früher gesendet.

Wenn eine fallende Flanke erkannt wurde, so wird das Versenden der eigenen Daten solange verschoben, bis nach Eintreten von Busruhe wiederum die Zeit P2min abgelaufen ist. Erst dann darf eine erneute Versendung gestartet werden.

Kollisionsentdeckung
Eine Kollision kann nicht vermieden werden, wenn zwei Steuergeräte gleichzeitig senden. In diesem Fall muss die Kollision aber aufgedeckt werden. Dies kann durch Überwachung der K-Leitung erreicht werden. Hierzu lesen die Steuergeräte über die serielle Schnittstelle das eigene ausgesendete Byte wieder ein.

In Bild 8 senden zwei Steuergeräte gleichzeitig ein Startbit. Anschließend überträgt SG 2 eine 0 (dominantes Bit), SG 1 eine 1 (rezessives Bit). Auf der K-Leitung erscheint die 0. Beim zweiten Bit ist es genau umgekehrt. Hier setzt sich SG 1 mit dem dominanten Pegel durch. Wenn das komplette Byte übertragen ist, vergleichen die Steuergeräte das auf der K-Leitung übertragene Byte mit dem eingelesenen Byte. Im Beispiel wurden bei beiden Steuergeräten ein rezessiver Pegel durch einen dominanten Pegel überschrieben. Somit stellen beide Steuergeräte eine

8 Ablauf eines erfolglosen Kommunikationaufbaus

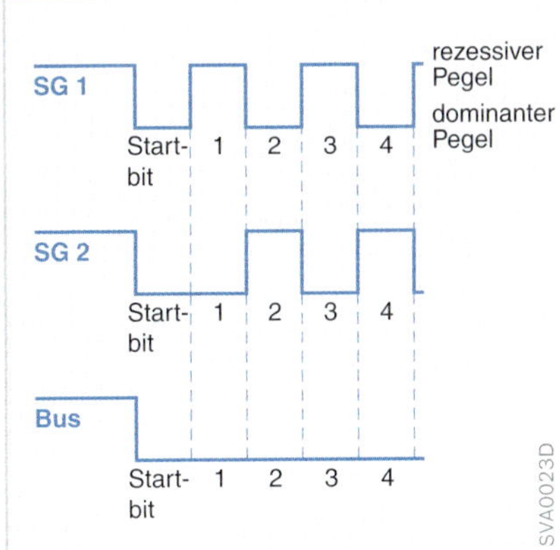

fehlerhafte Übertragung fest und ziehen sich vom Senden zurück. Um zyklische Kollisionen zu vermeiden, meldet sich das Steuergerät nach einer Zeit P2min, die nach einem bestimmten Algorithmus berechnet wird.

Angenommen, SG 2 sendet im vorigen Beispiel als erstes Datenbit eine 1, dann würde SG 1 von der Datenübertragung von SG 2 nichts mitbekommen und weiter die Kommunikation aufbauen. SG 2 erkennt aber die Kollision in Bit 2 und zieht sich zurück. In diesem Fall ist die Kollision nicht zerstörerisch.

Kommunikation über CAN

Physikalischer Aufbau

Eine CAN-Schnittstelle mit der erforderlichen Hardware ist in vielen Steuergeräten schon vorhanden. Dieses Bussystem kann auch für die Diagnose benutzt werden. Ein über den Diagnosestecker an den Bus angeschlossener Diagnosetester kann mit den Steuergeräten kommunizieren.

Baudraten

Übliche Baudraten bei CAN sind 500 kBaud oder 1 MBaud.

Adressierung und Botschaftsarten

Die Testerkommunikation auf dem CAN-Bus richtet sich nach der Norm ISO 15765. Die Kommunikations-Services der ISO 15765-3 oder 14229-1 sind ähnlich definiert wie in der ISO 14230-3 (Bild 2).

Die wesentlichen Unterschiede der Protokolle liegen in Aufbau und Übertragung der Botschaften. Während über die K-Leitung bis zu 255 Datenbytes in einer Botschaft übertragen werden können, sind bei CAN nur acht Datenbytes möglich. Um die Service-Botschaften auf dem CAN abzubilden, werden die Inhalte (Datenbytes) vom Header und der Checksumme getrennt und in eine ähnliche, neue Botschaftsstruktur eingebettet. Die Steuergeräteadresse ist nun der CAN-Identifier selbst. Mittels unterschiedlicher CAN-Identifier kann funktional oder physikalisch adressiert werden.

Es gibt unterschiedliche Adressierungsmethoden: die normale und die erweiterte (extended) Adressierung, wobei die normale Adressierung gewöhnlich zum Einsatz kommt und im Folgenden betrachtet wird. Längere Botschaften, die nicht in einen CAN-Frame passen (sieben Bytes bei normaler Adressierung, sechs bei erweiterter Adressierung), werden in mehrere CAN-Frames segmentiert und beim Empfänger wieder zusammengesetzt.

Unsegmentierte Botschaften

Wenn die Anzahl der zu übertragenden Datenbytes nicht größer als sieben Bytes (bei normaler Adressierung) beträgt, wird ein Single Frame übermittelt. Das erste übertragene Byte ist die PCI (Protocol Control Information). Sie weist den Frame im High-Nibble (obere vier Bit eines Bytes) als Single Frame aus und gibt im unteren Nibble die Datenlänge (DL) an (Bild 9).
Die Daten werden vom Sender in einer einzigen Botschaft an den Empfänger übertragen (Bild 10a).

Segmentierte Botschaften

Sollen mehr als sieben Datenbytes (bei normaler Adressierung) übermittelt werden, schickt der Diagnose-Tester (Client) zuerst einen First Frame über den CAN-

9 Aufbau einer unsegmentierten Botschaft

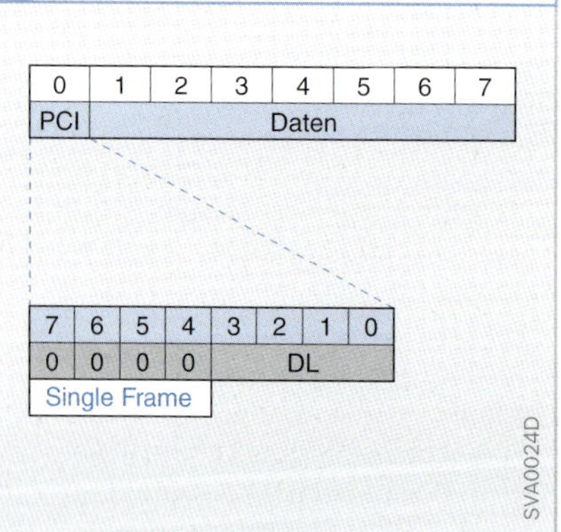

Datenbus (Bild 10b). Das Steuergerät (Server) bestätigt mit einem Flow-Control Frame. Im Anschluss daran werden die weiteren Daten in Consecutive Frames übertragen.

Der First Frame beinhaltet die PCI, ein zusätzliches Längenbyte (DL, Data Length) sowie die ersten sechs Datenbytes (Bild 11). Die PCI enthält im High-Nibble die Information zur Ausweisung des Frames als First Frame. Im Low-Nibble ist die erweiterte Datenlänge (XDL, extendet Data Length) hinterlegt. Zusammen mit DL ergibt sich ein 12-Bit-Datenwort, mit dem die Werte 0...4095 dargestellt werden können.

Der Sender überträgt den First Frame und wartet auf eine Empfangsbestätigung des Empfängers. Dieser sendet hierzu den Flow-Control Frame. Diese Botschaft enthält wieder die PCI, deren High-Nibble den Frame als Flow-Control Frame ausweist. Das Low-Nibble enthält den Flow-Status (FS), mit dem die Versendung der weiteren Frames (Consecutive Frames) freigegeben oder zeitlich verschoben werden kann.

BlockSize (BS) gibt an, wie viele Consecutive Frames empfangen werden können, ohne dass ein weiterer Flow-Control Frame übertragen werden muss. Der Wert in ST_{min} (Separation Time) gibt an, welcher Zeitabstand zwischen den Consecutive Frames eingehalten werden muss.

Nach dem Flow-Control Frame folgen die Consecutive Frames. Die PCI enthält im High-Nibble wiederum die Kennung, im Low-Nibble die Sequence Number (SN). Mit dem ersten versendeten Consecutive Frame steht SN auf 1. Mit jedem weiteren Consecutive Frame zählt SN hoch, nach 15 beginnt SN wieder bei 0. Anhand der Sequence Number kann der Empfänger erkennen, ob alle Frames angekommen sind.

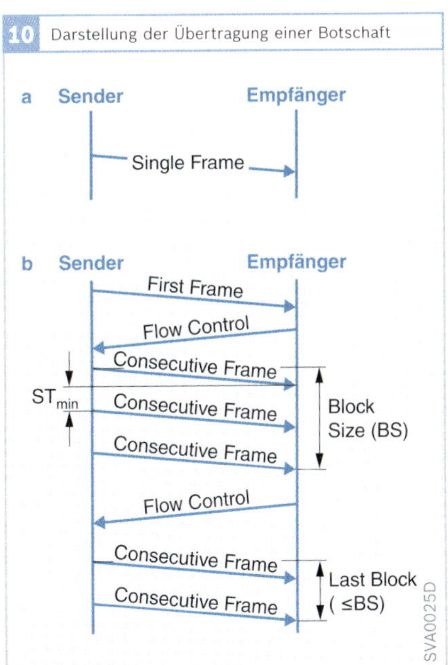

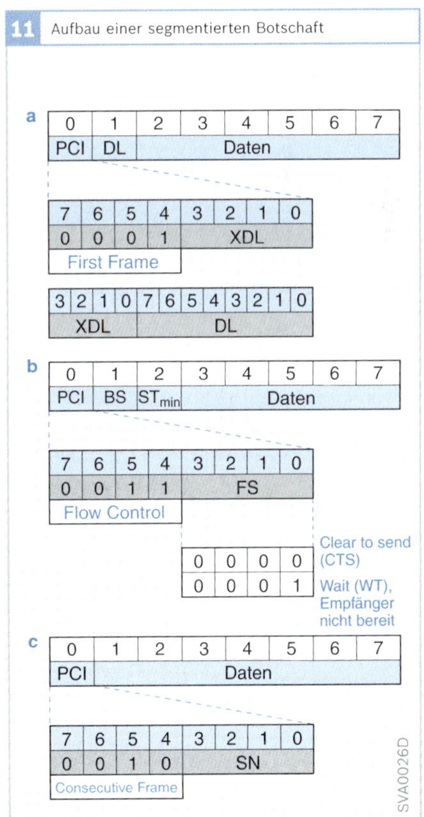

Bild 10
a Botschaftsübertragung in einem Single Frame (unsegmentierte Botschaft
b Botschaftsübertragung durch Segmentierung

Bild 11
a First Frame
b Flow Control
c Consecutive Frame

Architektur elektronischer Systeme

Elektrische und elektronische Systeme (E/E-Systeme) realisieren eine Vielzahl der Funktionen in einem modernen Kraftfahrzeug. Die zunehmende Nachfrage nach Komfort, Sicherheit, Umweltschutz und Unterhaltung führt zu einer weiter steigenden Anzahl von E/E-Systemen im Kraftfahrzeug.
Dabei werden neue, innovative Funktionen wie die Fahrerinformations- und Fahrerassistenzsysteme vermehrt durch die Vernetzung einzelner E/E-Komponenten und E/E-Systeme realisiert. Dies führt zu einem hohen Komplexitätsgrad in der E/E-Architektur von Kraftfahrzeugen.
In der Entwicklung von E/E-Architekturen besteht die Herausforderung unter anderem darin, die oft gegenläufigen Zielvorgaben zu erfüllen. Nur mit Hilfe modernster Methoden, Prozesse und Werkzeuge gelingt es dabei, die hohen Ansprüche an die Sicherheit, Sauberkeit und Sparsamkeit von Kraftfahrzeugen zu gewährleisten.

Historie

Über viele Jahrzehnte der Automobilgeschichte gab es eine sehr überschaubare Anzahl vergleichsweise einfacher elektrischer Systeme im Kraftfahrzeug: Zündung, Beleuchtung, Scheibenwischer, Hupe, Tankanzeige, diverse Anzeigelämpchen und ein Autoradio. Halbleiter wurden zunächst nur zur Gleichrichtung (Ersatz des Gleichstromgenerators durch den Drehstromgenerator ab ca. 1963) und erst später zur elektronischen Steuerung (Transistorzündung ab 1965) eingesetzt.

Bestimmte Funktionen im Fahrzeug waren allerdings mit elektromechanischen Mitteln oder mit diskreten elektronischen Bauelementen entweder gar nicht oder nur mit unverhältnismäßig hohem Aufwand realisierbar. So wurde z. B. das erste elektronische ABS (Antiblockiersystem) schon 1970 entwickelt. Dieses war aber aufgrund seiner Baugröße, seines Gewichts und seiner Kosten nicht serien- und nicht marktreif. Einen Ausweg bot die Entwicklung integrierter Schaltkreise, die ab Mitte der 1970er-Jahre auch die Automobiltechnik erfasst und revolutioniert hat.

Eine der ersten Vernetzungen elektronischer Systeme entstand im Rahmen der Entwicklung der Antriebsschlupfregelung (ASR) zwischen dem Bremseingriff der Antriebsschlupfregelung und der Motorsteuerung. Diese Vernetzung war zunächst rein mechanisch realisiert und diente dazu, im Bedarfsfall über die Verstellung der Drosselklappe das Antriebsmoment zu reduzieren. Zur Verbesserung der Dynamik bei der Regelung wurde die mechanische Verbindung zur Drosselklappe durch eine elektronische Verbindung zum Motorsteuergerät über eine PWM-Schnittstelle (Pulsweitenmodulation) ersetzt. Über diese konnte dem Motorsteuergerät das Signal zur Reduktion des Antriebsmoments mitgeteilt werden.

Durch die immer strenger werdenden Abgasvorschriften waren die damit dargestellten Möglichkeiten der Koppelung zwischen der Antriebsschlupfregelung und der Motorsteuerung nicht mehr ausreichend. Es musste der Motorsteuerung die Aufgabe übertragen werden, zu entscheiden, wie eine von der Antriebsschlupfregelung angeforderte Reduktion des Antriebsmoments im Luft-, Kraftstoff- oder Zündpfad umgesetzt wird. Dadurch war eine leistungsfähigere Schnittstelle erforderlich, über die ein Wunschdrehmoment und eine Dynamikanforderung von der Antriebsschlupfregelung an die Motorsteuerung übertragen werden konnte. Umgekehrt war dem Antriebsschlupfregelungs-Steuergerät das Ist-Moment, die Motordrehzahl und die aktuelle Stellreserve zu übermitteln. Die Übertragung dieser unterschiedlichen Daten über diskrete, z. B. pulsweitenmodulierte Schnittstellen, war aufgrund der dazu benötigten Leitungsanzahl aufwändig und teuer. Als Alternative zur diskreten Verkabelung wurde deshalb ab 1991 das Bussystem CAN (Controller Area Network) zur Datenübertragung eingesetzt. Damit wurde der Grundstein für die moderne Vernetzung von Systemen in Kraftfahrzeugen gelegt.

Stand der Technik

In modernen Fahrzeugen ist die Elektrifizierung, d. h. der Ersatz von rein mechanischen und hydraulischen Komponenten durch elektrische, elektromechanische und elektrohydraulische Komponenten weit fortgeschritten. Die Elektrifizierung im Fahrzeug ermöglicht die Realisierung von Funktionen zur Steigerung der Sicherheit, des Komforts und der Fahrdynamik. Ein Beispiel hierfür ist die elektrische Servolenkung, die die bisherige hydraulisch unterstützte Servolenkung in einer zunehmenden Anzahl von Fahrzeugen ersetzt. Durch den Einsatz einer elektrischen Lenkung können unter Anderem sicherheitsrelevante Funktionen, wie ein Spurhalteassistent, im Fahrzeug realisiert werden.

Für die Vernetzung von Steuergeräten untereinander, sowie von Steuergeräten mit Aktoren und Sensoren, stehen erprobte Bussysteme für unterschiedliche Anwendungen zur Verfügung. LIN (Local Interconnect Network) und PSI5 (Peripheral Sensor Interface) werden zur Anbindung von Aktoren und Sensoren eingesetzt. CAN, FlexRay, MOST (Media Oriented Systems Transport) und Ethernet als neues Bussystem stehen zur Vernetzung von Steuergeräten zur Verfügung. Die Auswahl des jeweiligen Bussystems erfolgt entsprechend der Anforderungen an die zu übertragende Datenmenge und die zeitliche Synchronisierung der Steuergeräte.

Nahezu alle Steuergeräte in einem Fahrzeug sind heutzutage direkt oder indirekt (z. B. über Gateways) miteinander vernetzt. Die Vernetzung geht teilweise so weit, dass 60 oder mehr Steuergeräte über mehrere CAN-Busse sowie weitere Bussysteme wie FlexRay, MOST oder LIN miteinander kommunizieren. Ein Vorteil der Vernetzung besteht darin, dass z. B. Sensorinformationen, die einem Steuergerät zur Verfügung stehen, dem gesamten Netzwerk zur Verfügung gestellt werden können. So versorgt z. B. das Steuergerät des elektronischen Stabilitätsprogramms (ESP) das Netzwerk mit der Information über die aktuelle Fahrzeuggeschwindigkeit.

Darüber hinaus lassen sich aufgrund der leistungsfähigen Vernetzung zwischen den Steuergeräten manche neuen Funktionen sogar völlig ohne zusätzliche Hardware, d. h. rein über Datenaustausch und Software, darstellen. Ein Beispiel dafür ist das Öffnen der Seitenscheiben durch längeres Betätigen der Funkfernbedienung für die Zentralverriegelung. So kann im Sommer das Fahrzeug beim Öffnen der Türen gleich durchgelüftet werden. Elektrische Fensterheber und Zentralverriegelung tauschen die dazu notwendigen Informationen aus. Die zugehörige Software läuft entweder auf dem Steuergerät der Zentralverriegelung oder dem Steuergerät der elektrischen Fensterheber. In vielen Fahrzeugen teilen sich beide Systeme sogar ein gemeinsames Steuergerät, so dass die Integration neuer softwarebasierter Funktionen noch einfacher gelingt. Dies zeigt einen Trend auf, der zunächst in der Karosserieelektronik Einzug gehalten hat, nämlich die Integration von Einzelsteuergeräten zu Zentralsteuergeräten.

Die Integration von verschiedenen Funktionen oder Steuergeräten in ein zentrales Steuergerät bietet die Möglichkeit zur Reduktion von Kosten bei der Realisierung von E/E-Systemen. Zentralsteuergeräte finden sich aktuell im Bereich der Karosserieelektronik mit dem Body Control Module (BCM) und im Infotainment mit der Integrated Head Unit (IHU). In anderen Bereichen wie der Fahrdynamik, der Fahrerassistenzsysteme und des Antriebs existieren Lösungen, in denen Steuergerätefunktionen wie z. B. das elektronische Stabilitätsprogramm und die Airbag-Steuerung integriert werden.

Die Möglichkeit zur weitergehenden Integration von Funktionen in Zentralsteuergeräten und der damit verbundenen Kostenreduktion wird dabei unter Anderem durch die verschiedenen Marktsegmente, den unterschiedlichen Funktionsumfang, sowie den Ausstattungen in den Fahrzeugen der Fahrzeughersteller (Serienausstattung und optionale Ausstattung) beeinflusst.

Eine technische Voraussetzung für die Zusammenfassung von Steuergeräten in Zentralsteuergeräten ist die Möglichkeit, Software von einem Steuergerät in ein anderes Steuergerät verschieben zu können. Da sich historisch die Steuergeräteentwicklung in den verschiedenen Fahrzeug-Funktionsbereichen, den sogenannten Domänen, unterschiedlich entwickelt hat, existieren in der jeweiligen Software Unterschiede sowohl in der Softwarearchitektur, als auch bei den eingesetzten Rechnern und Werkzeugen. AUTOSAR, als Initiative zur Standardisierung von Schnittstellen in der Steuergerätesoftware, bietet hier über die mögliche Kapselung der funktionalen Software gegenüber der Hardware einen Ansatz, funktionale Software einfacher von einem Steuergerät in ein anderes Steuergerät zu verschieben.

Die Herausforderung in der E/E-Architekturentwicklung besteht darin, für die im jeweiligen Fahrzeug zu realisierenden Funktionen eine optimale Lösung in dem Spannungsfeld der nicht-funktionalen (z. B. Gesamtkostenoptimum gegenüber maximaler Skalierbarkeit) und funktionalen Anforderungen zu erarbeiten.

Begriffsdefinitionen

E/E-Architektur

Der Begriff Architektur bezeichnet im Allgemeinen die „Baukunst". In der Baubranche entwirft der Architekt ein Gebäude, indem er auf Basis der Wünsche und Randbedingungen des Bauherrn Pläne für die unterschiedlichen Ansichten und Gewerke erstellt. Ein Plan abstrahiert die Realität bezogen auf einen bestimmten Aspekt (z. B. geometrische Verhältnisse oder elektrische Verkabelung). Auf Basis der Pläne aller notwendigen Aspekte kann schließlich das Gebäude errichtet werden.

Übertragen auf das Kraftfahrzeug spricht man von der „E/E-Architektur". Dies umfasst die elektrischen und elektronischen Komponenten, deren Vernetzung (Topologie) sowie den dazu gehörigen Leitungssatz. Die „Pläne" des E/E-Architekten werden im Folgenden mit dem allgemeinen Begriff des „Modells" bezeichnet.

Der Begriff E/E-Architekturentwicklung beschreibt den Arbeitsvorgang zur Planung des kompletten E/E-Systems eines Kraftfahrzeugs. Die Durchführung erfolgt durch E/E-Architekten, die in ihrem Wissen sehr breit aufgestellt sind. Die Übersicht über alle Domänen des Kraftfahrzeugs ist dabei erforderlich. Sie wirken aktiv auf die Zuordnung der Funktionalität zu Steuergeräten, auf das Datennetzwerk sowie auf die Verteilung der elektrischen Energie ein.

Domänen

Durch das eng verwobene Netzwerk im Kraftfahrzeug entsteht ein zusammenhängendes E/E-Gesamtsystem. Um dieses in der Entwicklung überschaubar und beherrschbar zu halten, ist es sinnvoll, die Gesamtfunktionalität des Fahrzeugs in Domänen zu unterteilen. Die Domänenstruktur eines Fahrzeugs lässt sich anhand funktionaler Kriterien (Funktionsvernetzung, Innovationsgeschwindigkeit, Technologie, Ressourcenbedarf, Sicherheitsklasse) und nicht-funktionaler Kriterien (Kompetenz der Entwicklung, Organisationsform, Systemintegration und -absicherung, Ausstattungsrate und -mix, Ortsbezug und Baugröße) ableiten.

Domänen sollten dabei groß genug sein, um alle relevanten Funktionen zusammen zu fassen, und klein genug, um die Komplexität zu beherrschen. Trotz oft unterschiedlicher Bezeichnungen bei den Fahrzeugherstellern findet die Unterteilung in folgende Domänen eine große Verbreitung:

- Body & Cabin (Komfort- und Beleuchtungssysteme)
- Infotainment (Anzeige-, Unterhaltungs- und Fahrzeugleitsysteme)
- Vehicle Motion & Safety (Chassis-, aktive und passive Sicherheits- und Fahrerassistenzsysteme)
- Powertrain (Antriebs- und Abgasnachbehandlungssysteme)

Modelle der E/E-Architektur

Die Modelle der E/E-Architektur beschreiben das Gesamtsystem aus verschiedenen Sichten. Der E/E-Architekt bringt dabei in Zusammenarbeit mit den Experten alle relevanten Informationen zusammen.

Grundsätzlich wird in der E/E-Architektur zwischen zwei Arten von Modellen unterschieden (Bild 1). Die logischen Modelle beschreiben die Realisierung der Funktionalität auf einer abstrakten Ebene, zunächst unabhängig von der dahinter liegenden Hardware. Die Implementierungs-Modelle legen die elektrischen und elektronischen Komponenten fest und ordnen die Funktionen der entsprechenden Hardware zu (Partitionierung). Dadurch werden die Schnittstellen zum Informationsaustausch, die Energieversorgung und die Topologie definiert und beschrieben.

Die im Folgenden vorgestellten Modelle haben sich in der Praxis bewährt und sind ein notwendiges Gerüst zur Beschreibung einer E/E-Architektur.

1 Modelle der E/E-Architektur

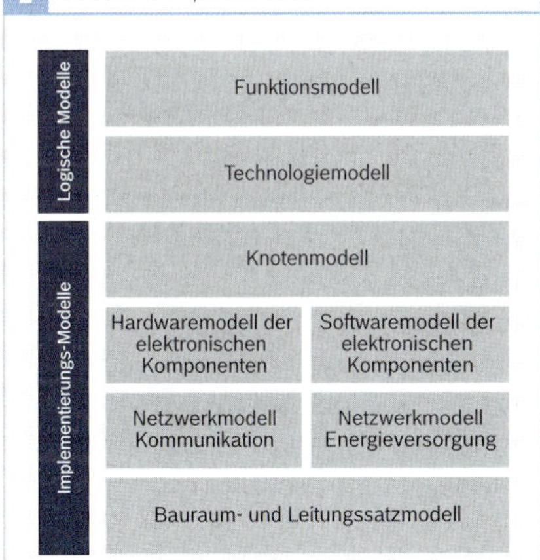

Bild 1

Logische Modelle

Funktionsmodell

Funktionsmodelle gehören zu den logischen Modellen und werden durch eine Wirkkette beschrieben. Diese wird verwendet, um die Funktion und deren Verbindung zu Sensoren zu Aktoren in groben Funktionsblöcken darzustellen, ohne auf deren konkrete technologische Umsetzung einzugehen (Bild 2).

Technologiemodell

Das Technologiemodell dient dazu, über die technische Realisierung der spezifizierten Funktionsblöcke (Bild 2) zu entscheiden, ohne diese bereits zu Baugruppen wie z. B. elektronische Steuergeräte, zusammenzufassen. Es entsteht eine technologische Wirkkette mit Technologie-Bausteinen (Bild 3), die beschreibt, ob die Funktionsblöcke in Hardware oder Software realisiert werden.

So kann z. B. der Funktionsblock „Signalfilterung" entweder mit diskreten Bauelementen, durch eine digitale Schaltung oder durch eine Filter-Software auf einem Mikroprozessor realisiert werden. Auch die „Reglerfunktion" kann durch eine diskrete Elektronik oder durch Software ausgeführt werden.

Die Entscheidung für eine Realisierungstechnologie ist einerseits durch die Funktion und andererseits durch die Kosten begründet. Ist z. B. ein Sensor-Funktionsblock bereits vorhanden, dessen Signal auch von einer anderen technologischen Wirkkette benötigt wird, so wird dieser mitgenutzt.

2 Beispiel Funktionsmodell

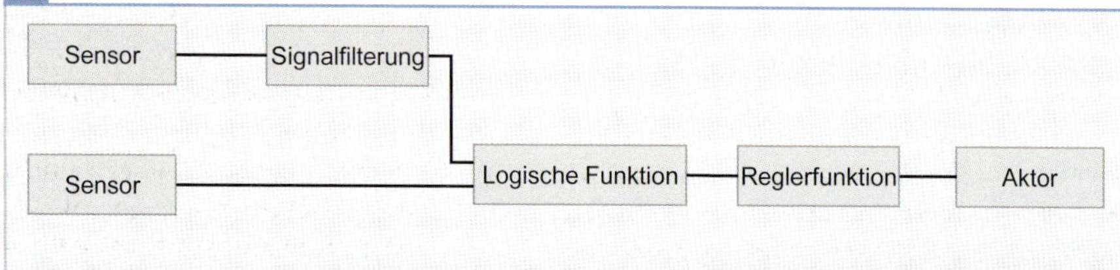

Bild 2

3 Beispiel Technologiemodell

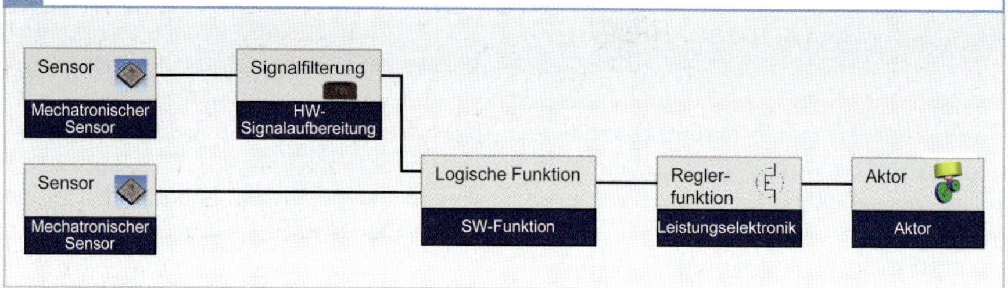

Bild 3

4 Beispiel Knotenmodell

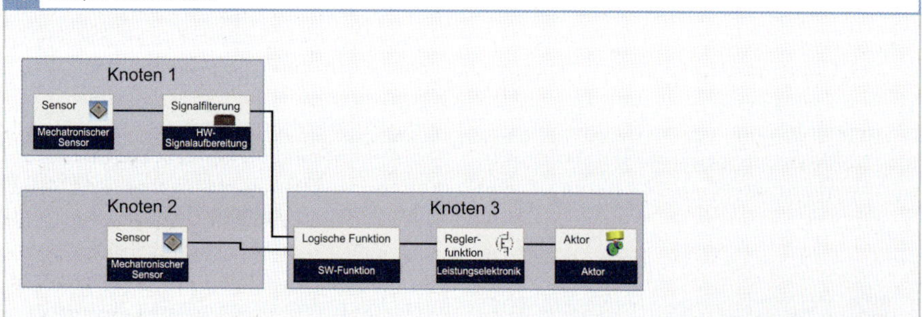

Bild 4

Implementierungsmodelle

Knotenmodell

Die Erstellung des Knotenmodells stellt den ersten Implementierungsschritt dar. Dabei werden die Technologie-Bausteine der technologischen Wirkketten zu Gruppen an unterschiedlichen Orten, den „Knoten", zusammengefasst (Bild 4). Die Knoten stellen somit alle erforderlichen Komponenten der E/E-Architektur dar. Bei der Festlegung des Knotenmodells wird unter Anderem die Entscheidung über den Integrationsgrad von Funktionen, das heißt, den Einsatz von Zentralsteuergeräten getroffen. Die Entscheidungen bei der Festlegung des Knotenmodells basieren deshalb nicht nur auf funktionalen, sondern besonders auch auf nicht-funktionalen Anforderungen (z. B. Skalierbarkeit über Marktsegmente oder Modellreihen).

Hardwaremodell der elektronischen Komponenten

Dieses Modell stellt die Struktur der elektronischen Hardware einer einzelnen elektronischen Komponente, den zuvor definierten Knoten, dar. Es entsteht durch die Zuordnung der in Hardware zu realisierenden Funktionsblöcke. Eine elektronische Komponente ist also im Allgemeinen ein Sammelplatz elektronischer Bauteile unterschiedlicher Technologie-Bausteine, eine „Integrationsplattform". Die Auswahl des Mikroprozessors erfolgt auf Basis der Anforderungen der Software bezüglich Rechenleistung und Speicherbedarf.

Softwaremodell der elektronischen Komponenten

Das Softwaremodell der elektronischen Komponenten beschreibt die in Software zu realisierenden Funktionsblöcke und die Basis-Software. Die in Software zu realisierenden Funktionsblöcke werden dabei in funktionale Software und Regelungs-Software untergliedert und als Anwendungs-Software bezeichnet.

Der AUTOSAR-Standard definiert die Basissoftware und deren Schnittstelle zur Anwendungs-Software (bestehend aus funktionaler Software und Regelungs-Software). Zudem definiert er standardisierte Austauschformate, die von gängigen Modellierungswerkzeugen unterstützt werden. Bausteine der Basissoftware sind z. B. Gerätetreiber- und Kommunikationssoftware, Betriebssystem und Hardware-abstraktion.

Netzwerkmodell der Kommunikation

Das Netzwerkmodell der Kommunikation stellt alle Komponenten des Kraftfahrzeugs dar, die über eine Buskommunikation verfügen und somit direkt oder indirekt miteinander verbunden sind.

Jedes Signal, das zwischen zwei oder mehreren Komponenten ausgetauscht wird, wird einem geeigneten Bussystem zugeordnet. Durch die Vernetzung ist es möglich, komplexe verteilte Funktionen darzustellen, welche die Daten der Sensoren und Aktoren von unterschiedlichen Steuergeräten im Fahrzeug nutzen.

Netzwerkmodell der Energieversorgung

Durch die Zuordnung der Technologiebausteine zu Knoten entsteht auch ein Netz elektrischer Verbraucher, das eine geeignete Versorgung erfordert.

Zu beachten ist hier einerseits die Absicherung einzelner elektrischer Schaltkreise, damit ein Kurzschluss nicht das gesamte Netz betrifft. Andererseits sollen nicht alle Schaltkreise in jedem Betriebszustand mit elektrischer Energie versorgt werden. Dazu wurde das Prinzip der „Klemmen" eingeführt. So wird z. B. die Klemme 15 nur bei eingeschalteter Zündung mit elektrischer Energie versorgt.

Das Netzwerkmodell beinhaltet die Energieversorgung und die Absicherung der einzelnen Komponenten ohne Berücksichtigung der Einbauorte im Fahrzeug.

Bauraum- und Leitungssatzmodell

Dieses Modell ordnet die definierten Komponenten einem bestimmten Einbauort im Fahrzeug zu. Dadurch werden die Verbindungsleitungen zwischen den Steuergeräten und die Leitungen zur Energieversorgung der elektrischen Verbraucher zu Kabelsträngen zusammengefasst. Es entsteht das Rückgrat eines jeden Fahrzeugs, der Leitungssatz. Dabei sind unterschiedliche Randbedingungen zu beachten, wie z. B. das Fertigungskonzept des Fahrzeugs oder die Struktur des Leitungssatzes, welche die möglichen Verlegewege in der Karosserie beschreibt.

Bei der Entwicklung der E/E-Architektur in der Konzeptphase eines Fahrzeugs genügt meist ein zweidimensionales Modell, in der späteren Entwicklungsphase kommt ein detailliertes dreidimensionales Modell zum Einsatz.

Entwicklung von E/E-Architekturen

Mit den zuvor beschriebenen Modellen ist es möglich, das komplexe Gesamtsystem Fahrzeug in der Bearbeitung so aufzuteilen, dass die notwendigen Modelle gezielt bearbeitet werden können. Das Wissen der jeweiligen Experten (Funktions- und Systementwicklung, Softwareentwicklung, Hardwareentwicklung, etc.) kann so optimal genutzt werden. Die Entwicklung von E/E-Architekturen ist trotz alledem aufgrund des Umfangs und der Berücksichtigung der technischen und nichttechnischen Randbedingungen ein komplexer „Arbeitsvorgang".

Bei der Erstellung von E/E-Architekturen werden durch den Fahrzeughersteller einige grundsätzliche, strategische Entscheidungen getroffen, aus denen sich funktionale und nicht-funktionale Randbedingungen für die E/E-Architektur ableiten. Tabelle 1 zeigt vier wesentliche Entscheidungen, welche die Struktur der E/E-Architektur maßgeblich bestimmen. Diese können je nach Subsystem unterschiedlich getroffen werden (siehe Tabelle 1).

- Verbundfunktionen: Entscheidung über die Zuordnung der zu Verbundfunktionen gehörenden Softwarefunktionalität zu einem zentralen Steuergerät oder zu mehreren Steuergeräten.
- Informationsverteilung: Entscheidung über eine zentrale oder dezentrale Verteilung der Informationen über Gateways.
- Skalierbarkeit: Entscheidung, welche Funktionen in eigenständigen Steuergeräten zu implementieren sind und welche Funktionen in Steuergeräten zusammengefasst werden sollen.
- Funktionspartitionierung: Entscheidung, ob bei der Partitionierung entweder funktional voneinander abhängige Funktionen oder Funktionen eines Einbauraums zusammengefasst werden.

Tabelle 1

1 Entscheidungsmatritzen

Verbundfunktionen	Zentral	Dezentral
Informationsverteilung	Zentrales Gateway	Verteilte Gateways (Backbone)
Skalierbarkeit	Integrierte Steuergeräte	Modulare Steuergeräte
Funktionspartitionierung	Funktionsorientiert	Zonenorientiert

Die vom Fahrzeughersteller zu treffenden Entscheidungen werden maßgeblich durch seine Modellpalette beeinflusst. Im einzelnen ist es dabei wichtig, welche Marktsegmente bedient werden und welche Markenstrategie bei der Ausstattung der Fahrzeuge, d. h. Serienausstattung und Sonderausstattungen, verfolgt wird. Neben dem Einfluss auf die Struktur der E/E-Architektur haben diese Entscheidungen entsprechende Auswirkungen auf die Kosten des E/E-Gesamtsystems (Elektronik und Leitungssatz).

E/E-Architektur-Entwicklungsprozess

Der E/E-Architektur-Entwicklungsprozess verkettet die Entwicklungsschritte logisch und zeitlich miteinander und beschreibt Ein- und Ausgangskriterien zu Beginn und Ende eines Entwurfsschritts. Das Ergebnis des E/E-Architektur-Entwicklungsprozesses besteht in der E/E-Architektur des zu implementierenden E/E-Gesamtsystems, sowie in den Lastenheften für die zu realisierenden elektronischen Steuergeräte und Komponenten. Somit ist der E/E-Architektur-Entwicklungsprozess Bestandteil des V-Modells für das Gesamtfahrzeug in der Anforderungsanalyse- und der Designphase (siehe Bild 5). Die sich anschließende Implementierung erfolgt je nach Aufgabenteilung entweder durch den Fahrzeughersteller selbst oder durch die ausgewählten Zulieferer. Die Integration, Verifikation und Validierung erfolgt durch den Fahrzeughersteller oder einen entsprechenden Dienstleister.

5 V-Modelle. (a) V-Modell der E/E-Architekturentwicklung. (b) V-Modell für das Gesamtfahrzeug

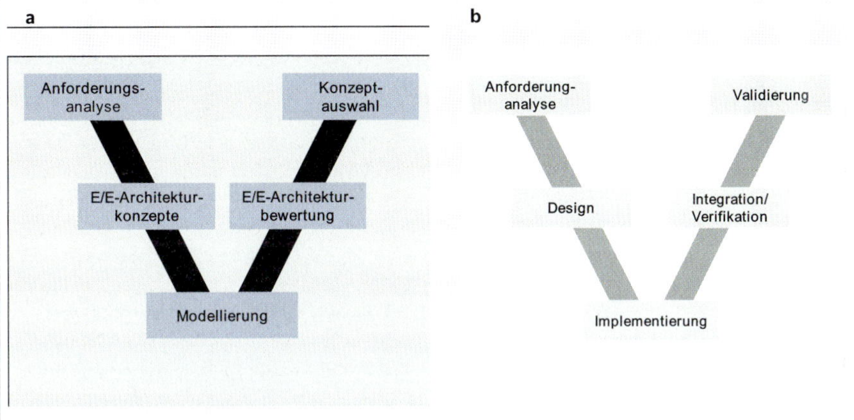

Bild 5

Beim Anforderungsmanagement und in der Anforderungsanalyse des E/E-Architektur-Entwicklungsprozesses wird zwischen funktionalen und nicht-funktionalen Anforderungen unterschieden. Aus den Funktionslisten des Fahrzeugherstellers ergeben sich die funktionalen Anforderungen. Die nicht-funktionalen Anforderungen ergeben sich unter Anderem aus der Entscheidungsmatrix sowie aus den Entwurfseinschränkungen des Fahrzeugherstellers.

Eine solche Entwurfseinschränkung kann z. B. die an einem Ort maximal zulässige Wärmeabfuhr sein. So ist z. B. der Audioverstärker in Fahrzeugen oft im Bereich des Kofferraums eingebaut, da die Wärme im Cockpit-Bereich nicht ausreichend abgeführt werden kann. Die Anforderungen bestimmen dabei die Bewertungskriterien für die zu entwickelnde E/E-Architektur.

Die Entwicklung der E/E-Architektur kann auf zwei Wegen erfolgen, dem Bottom-up-Ansatz, der ausgehend von vorhandenen Komponenten erfolgt, sowie dem Top-down-Ansatz, der die Umsetzung aller vorher beschriebenen Modellierungsschritte, ausgehend von einem vollständigen Satz von funktionalen und nicht-funktionalen Anforderungen, beinhaltet.

Bei dem Bottom-up-Ansatz wird die vorhandene E/E-Architektur als Basis verwendet. Die betroffenen Komponenten werden um die zusätzlichen Funktions- und Kommunikationsaspekte ergänzt und nur die entsprechenden Modellierungsschritte durchgeführt. Dieser Ansatz wird typischerweise bei der Erstellung von Nachfolgegenerationen bestehender E/E-Architekturen gewählt.

Der Top-down-Ansatz wird typischerweise bei der Erstellung von neuen E/E-Architekturen, z B. für neue Fahrzeugplattformen, gewählt.

Die verschiedenen Lösungskonzepte werden dann anhand der aus den Anforderungen entwickelten Bewertungskriterien bewertet, wodurch sich die optimale Lösung ergibt.

Da die Bewertungskriterien bei den Fahrzeugherstellern im Allgemeinen unterschiedlich gewichtet werden, unterscheiden sich die E/E-Architekturen der Fahrzeuge verschiedener Fahrzeughersteller zum Teil erheblich voneinander.

Bewertungskriterien sind z. B. auf kommerzieller Seite Elektronikkosten, Leitungssatzkosten und Variantenkosten. Im Hinblick auf technische Größen sind beispielsweise Systemgewicht, Bauraumbedarf, Ruhestrom und Buslast entsprechende Bewertungskriterien.

Nach Abschluss der E/E-Architekturbewertung wird die Vorzugsarchitektur in die Serienentwicklung überführt. Um die Komponentenausschreibung des Fahrzeugherstellers zu unterstützen, werden Grobspezifikationen für definierte Steuergeräte, intelligente Sensoren und Aktoren erstellt. Basis der entstehenden Lastenhefte ist die Anforderungsdokumentation.

Entwicklungswerkzeuge

Idealerweise wird für die E/E-Architekturmodellierung ein Werkzeug eingesetzt, das in der Lage ist, die verschiedenen Modelle der E/E-Architekturarbeit darzustellen und miteinander zu vernetzen. Somit entsteht einerseits eine durchgängige Dokumentation und anderseits können die verschiedenen beteiligten Disziplinen im E/E-Architektur-Entwicklungsprozess an den entsprechenden Punkten direkt mit eingebunden werden. Des Weiteren sollte es möglich sein, die Eigenschaften der Modelle quantitativ zu erfassen, um sie bewerten zu können.

Mittlerweile sind verschiedene E/E-Entwicklungswerkzeuge auf dem Markt verfügbar, die es ermöglichen, die Architekturmodellierung werkzeugunterstützt durchzuführen. Ein wichtiger Punkt bei der Weiterentwicklung der E/E-Entwicklungswerkzeuge ist die Standardisierung der Modelle und ihrer Datenformate, die eine Voraussetzung zum effizienten Austausch zwischen den verschiedenen Entwicklern und deren Werkzeugen ist.

Im Hinblick auf einen künftig nahtlosen Übergang in die System- und Steuergeräte-Konfiguration mit Hilfe von AUTOSAR-Techniken entsteht die Anforderung an die E/E-Konzeptwerkzeuge, AUTOSAR-Austauschformate wie die „System Description“ und „SW-Component Description“ zu unterstützen. Deshalb soll im Folgenden kurz auf AUTOSAR eingegangen werden.

AUTOSAR

Die AUTOSAR-Partnerschaft (Automotive Open Systems Architecture) wurde im Juli 2003 von Fahrzeugherstellern und Zulieferern, darunter auch Bosch, ins Leben gerufen. Ihre Zielsetzung ist die Standardisierung von einer Softwarearchitektur, von Basis-Software und von Schnittstellen der Anwendungssoftware für zukünftige Automobilanwendungen. Sie ersetzt die bisherigen, firmenspezifischen Einzellösungen [1].

Das von AUTOSAR definierte Steuergerätesoftware-Modell unterstützt eine Trennung zwischen der Basissoftware und der Anwendungssoftware. Dies wird durch mehrere Abstraktionsebenen in der Basissoftware erreicht – von Hardwaretreibern bis zu komplexen Infrastrukturdiensten und dem AUTOSAR Runtime Environment (RTE). Durch diese Trennung wird die Verschiebung von Software zwischen Steuergeräten und die Wiederverwendung von Software, z. B. beim Einsatz in verschiedenen Fahrzeugplattformen, möglich.

Entwicklungstendenz

Mit der Entwicklung von neuen, innovativen Funktionen stellt sich die Automobilindustrie der Herausforderung, individuelle Mobilität zukünftig noch sicherer, sauberer und sparsamer zu gestalten. Durch neue Fahrerassistenzsysteme, neue Antriebskonzepte und neue Abgasnachbehandlungstechniken wird dabei die Zahl der elektrischen und elektronischen Komponenten im Fahrzeug weiter zunehmen.

Für die E/E-Architektur und die Produktentwicklung bedeutet dies, Wege zu finden, um die weiter steigende Komplexität im Gesamtsystem zu beherrschen und zu bezahlbaren Kosten zu realisieren. Eine Maßnahme zur Senkung der Kosten besteht im Einsatz von standardisierten Komponenten. Der ausschließliche Einsatz von Standardkomponenten steht in vielen Fällen allerdings im Widerspruch

6 Mögliche, zukünftige zentralisierte E/E-Architektur

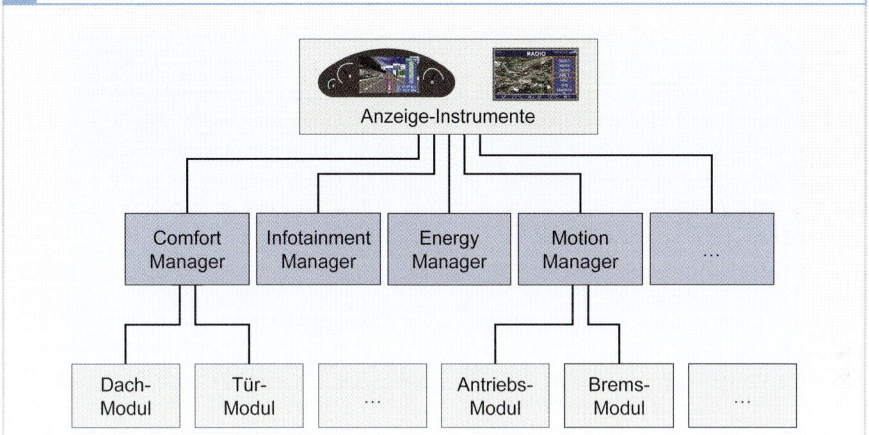

Bild 6

zur Wettbewerbsdifferenzierung und der Innovationskraft der Fahrzeughersteller. Daraus ergibt sich ein Spannungsfeld, in dem sich die Fahrzeughersteller bewegen.

Auch wenn weiterhin kundenspezifisch entwickelte Steuergeräte zum Einsatz kommen werden, wird sich der Trend der Standardisierung für einzelne Elemente der Steuergeräte, wie z. B. die Verbreitung von AUTOSAR, die Standardisierung weiterer, nicht wettbewerbsdifferenzierender Softwareanteile oder die Standardisierung von Gehäusen und Steckern verstärken.

Die Zusammenfassung von Funktionen zu hochintegrierten Rechnerknoten, den sogenannten Domänenrechnern, wird sich durch die zunehmende Anzahl von Verbundfunktionen speziell im Bereich der Fahrerinformations- und Fahrerassistenzfunktionen sowie des fahrzeugübergreifenden Energiemanagements weiter fortsetzen. Die Domänenrechner werden dabei zentrale Aufgaben übernehmen und Funktionen, die eine hohe Vernetzung von Informationen und Stellbefehlen benötigen, integrieren. Vorwiegend wird dies in Software abgebildet, was eine verbesserte Skalierbarkeit über Fahrzeugmodelle und Märkte hinweg ermöglicht. Durch die Verlagerung eines Teils der funktionalen Software in die Domänenrechner übernehmen die mit dem Domänenrechner verbundenen Steuergeräte entsprechend die Funktion von intelligenten Aktoren und Sensoren. Bild 6 zeigt eine mögliche, zukünftige E/E-Architektur, wie sie durch Hochintegration von Funktionen entsteht.

Wenn die vorgestellten Vorgehensweisen konsequent angewendet und weiterentwickelt werden, ist Elektronik im Kraftfahrzeug auch in Zukunft beherrschbar und trägt weiterhin maßgeblich zum Verkehrsfluss, zur Verkehrssicherheit, zum Fahrkomfort und zum sparsamen Umgang mit Kraftstoffen bei.

Literatur

[1] AUTOSAR, Version 4.0 (2009), www.autosar.org

Mechatronik

Der Begriff Mechatronik entstand als ein Kunstwort aus Mechanik und Elektronik, wobei unter Elektronik „Hardware" und „Software" zu verstehen ist; Mechanik steht als Oberbegriff für die Disziplinen „Mechanik" und „Hydraulik". Es geht dabei jedoch nicht um den Ersatz der Mechanik durch eine „Elektronifizierung", sondern um die ganzheitliche Sicht und Entwurfsmethodik. Ziel ist die gemeinsame Optimierung von Mechanik, Elektronik-Hardware und -Software zur Darstellung von mehr Funktionen bei niedrigeren Kosten, geringerem Gewicht und Bauraum und besserer Qualität. Entscheidend für den Erfolg eines Mechatronik-Ansatzes bei der Problemlösung ist die gemeinsame Betrachtung der bisher getrennten Disziplinen.

Mechatronische Systeme und Komponenten

Anwendung

Mechatronische Systeme und Komponenten durchdringen heute praktisch das gesamte Fahrzeug: Beginnend bei Motormanagement und Einspritzung für Benzin- und Dieselmotoren über Getriebesteuerung, elektrisches und thermisches Energiemanagement bis hin zu den verschiedensten Brems- und Fahrdynamik-Systemen. Dazu kommen Kommunikations- und Informationssysteme mit vielfältigsten Anforderungen hinsichtlich Bedienbarkeit. Neben Systemen und Komponenten spielt die Mechatronik auch auf dem Gebiet der Mikromechanik eine zunehmend wichtige Rolle.

Beispiele auf System-Ebene

Bei der Weiterentwicklung von Systemen für die vollautomatische Fahrzeugführung und -lenkung zeichnet sich eine generelle Richtung ab: Mechanisch arbeitende Sys-

1 Mechatronisches System

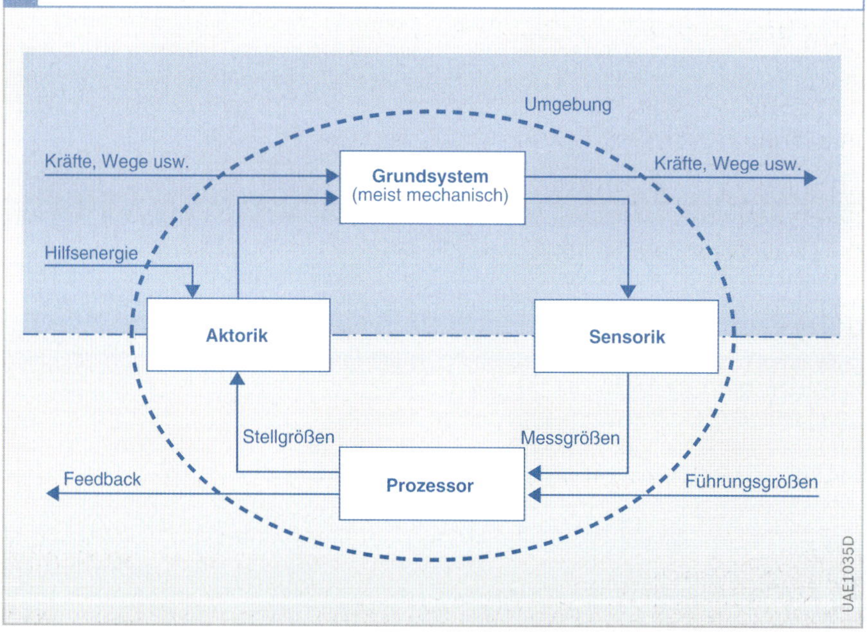

teme werden zukünftig in zunehmendem Maß von „X by Wire"-Systemen abgelöst. Ein bereits seit langem realisiertes System ist „Drive by Wire", das elektronische Gaspedal.

„Brake by Wire" löst die mechanisch-hydraulische Verbindung zwischen Bremspedal und Radbremse auf. Sensoren erfassen den Bremsbefehl des Fahrers und übertragen diese Information an eine elektronische Steuereinheit. Sie erzeugt über entsprechende Stellglieder die benötigte Bremswirkung an den Rädern. Eine Realisierungsmöglichkeit für „Brake by Wire" ist die Elektrohydraulische Bremse (SBC, Sensotronic Brake Control). Beim Betätigen der Bremse oder bei Stabilisierungseingriffen durch das Elektronische Stabilitäts-Programm, ESP (Electronic Stability Program), errechnet das SBC-Steuergerät die gewünschten Sollbremsdrücke an den einzelnen Rädern. Da es die notwendigen Soll-Bremsdrücke für jedes der vier Räder getrennt ermittelt und auch die Ist-Werte einzeln erfasst, kann es den Bremsdruck über die Raddruckmodulatoren an jedem einzelnen Rad individuell regeln. Diese vier Druckmodulatoren bestehen jeweils aus einem Einlass- und einem Auslassventil, gesteuert über elektronische Endstufen, die im Zusammenspiel eine bestens dosierbare Druckregelung ermöglichen.

Beim Common-Rail-System sind Druckerzeugung und Einspritzung entkoppelt. Eine Hochdruckleiste, das „Common Rail", dient als Hochdruckspeicher, in dem permanent ein auf den jeweiligen Betriebszustand des Motors abgestimmter Kraftstoffdruck zur Verfügung steht. Für jeden Zylinder übernimmt ein Mag-netventilgesteuerter Injektor mit eingebauter Einspritzdüse die Kraftstoff-Einspritzung direkt in den Brennraum. Die Motorelektronik fragt Gaspedal-Stellung, Drehzahl, Temperatur, Frischluftzufuhr und Druck am Rail ab und kann abhängig von den Betriebsbedingungen die Kraftstoffzumessung optimal steuern.

Beispiele auf Komponenten-Ebene
Die Injektoren bestimmen maßgeblich die zukünftige Potenziale der Diesel-Motorentechnik. Gerade das Beispiel von Common-Rail-Injektoren macht deutlich, dass sich ein Höchstmaß an Funktionalität und damit letztlich auch Endkundennutzen nur durch eine Beherrschung aller physikalischen Domänen (Elektrodynamik, Mechanik, Fluiddynamik) dieser Komponenten erreichen lässt.

CD-Laufwerke im Fahrzeug sind besonders harten Randbedingungen unterworfen: Neben dem Temperaturbereich wirken sich besonders Vibrationen kritisch auf ein solches feinmechanisches System aus.

Um beim mobilen Einsatz die Vibrationen des Fahrzeugs von der eigentlichen Abspieleinheit fernzuhalten, verfügen die Laufwerke üblicherweise über ein Feder-Dämpfer-System. Überlegungen zur Reduzierung von Gewicht und Bauraum der CD-Laufwerke führen direkt dazu, dieses Feder-Dämpfer-System in Frage zu stellen. Bei dämpferlosen CD-Laufwerken stehen eine spielfreie Gestaltung der Mechanik und die Realisierung einer zusätzlichen Verstärkung für Focus- und Tracking-Regler bei hohen Frequenzen im Vordergrund.

Nur die mechatronische Kombination beider Maßnahmen führt zu einer guten Erschütterungsfestigkeit im Fahrbetrieb. Neben einer Gewichtseinsparung von ca. 15 % ergibt sich zusätzlich noch eine Redzierung der Bauhöhe um ca. 20 %.

Der neue Mechatronikansatz für elektrisch angetriebe Kühlmittelmotoren geht von bürstenlosen, elektronisch kommutierten DC-Motoren (BLDC) aus. Diese sind zunächst (als Motor mit Elektronik) teurer als bisherige mit Bürsten ausgestattete DC-Motoren. In der Gesamtoptimierung erzielt der Ansatz jedoch Vorteile: BLDC-

Motoren können als „Nassläufer“ mit einer deutlich einfacheren Konstruktion eingesetzt werden. Dadurch entfallen ca. 60 % der bisherigen Einzelteile. Diese robustere Konstruktion führt so bei in Summe vergleichbaren Kosten zu einer verdoppelten Lebensdauer, nahezu halbiertem Gewicht und einer um ca. 40 % reduzierten Baulänge.

Beispiele im Bereich Mikromechanik

Eine weiteres Anwendungsgebiet für mechatronische Ansätze bildet die mikromechanische Sensorik. Hier seien als Beispiele der Heißfilm-Luftmassenmesser oder der Drehratesensor genannt.

Der Entwurf von Mikrosystemen erfordert wegen der engen Kopplung der Teilsys-teme ebenfalls eine interdisziplinäre Vorgehensweise unter Betrachtung der Einzeldisziplinen Mechanik, Elektrostatik, eventuell Fluiddynamik und Elektronik.

Entwicklungsmethodik

Simulation

Die besondere Herausforderung beim Entwurf mechatronischer Systeme besteht in den fortwährend verkürzten Entwicklungszeiten bei weiterhin zunehmender Komplexität der Systeme. Gleichzeitig muss eine hohe Entwurfssicherheit gewährleistet sein.

Komplexe mechatronische Systeme bestehen aus einer großen Anzahl von Komponenten aus verschiedenen physikalischen Domänen: Hydraulik, Mechanik und Elektronik. Die Wechselwirkungen zwischen diesen ist entscheidend für die Funktion und das Verhalten des Gesamtsystems. Besonders in den frühen Entwicklungsphasen, wenn noch keine Prototypen verfügbar sind, werden Simulationsmodelle zur Überprüfung prinzipieller Designentscheidungen benötigt.

2 Modellbibliothek für einen mikromechanischen Drehratesensor

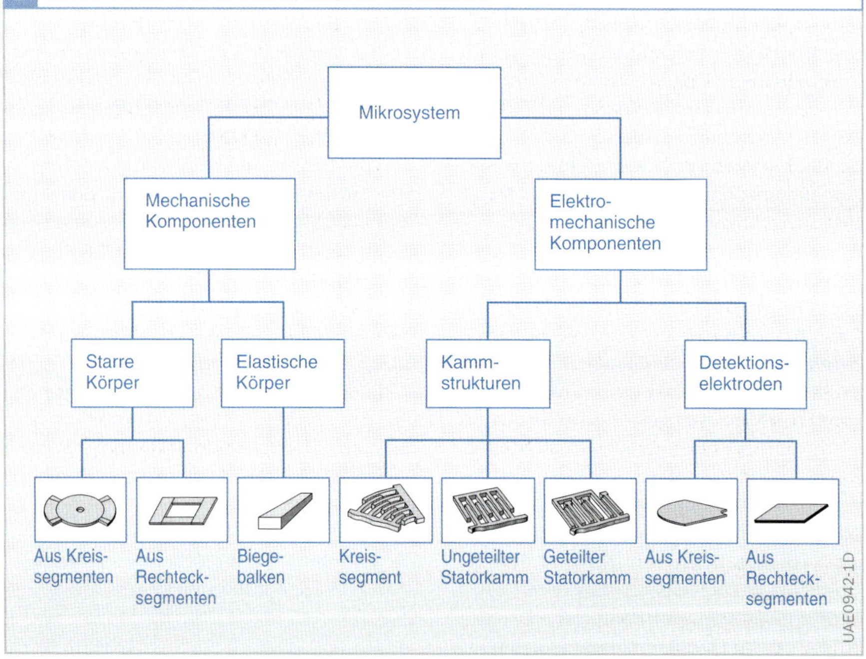

Grundsätzliche Fragestellungen lassen sich dabei oft durch relativ einfache Modelle der Bauteile klären. Geht es mehr ins Detail, werden verfeinerte Komponentenmodelle benötigt. Bei diesen detaillierten Modellen richtet sich der Fokus meist auf eine bestimmte physikalische Domäne:

- So existieren detaillierte Hydraulikmodelle von Common-Rail-Injektoren. Diese können über spezielle Programme, deren numerische Berechnungsverfahren genau auf hydraulische Systeme abgestimmt sind, simuliert werden. So müssen hierbei z. B. auch Kavitationsphänomene berücksichtigt werden.
- Zur Auslegung der Leistungselektronik, die den Injektor ansteuert, werden ebenfalls detaillierte Modelle benötigt. Dazu kommen wiederum Simulationswerkzeuge zum Einsatz, die eigens zum Entwurf elektronischer Schaltungen entwickelt wurden.
- Entwicklung und Simulation der Software, die im Steuergerät mit Hilfe der Signale der Sensoren die Hochdruckpumpe und Leistungselektronik regelt, erfolgen ebenfalls mit Werkzeugen, die speziell auf diesen Ausschnitt des Gesamtsystems ausgelegt sind.

Da die Komponenten des Gesamtsystems miteinander in Wechselwirkung stehen, genügt es nicht, die spezifischen detaillierten Modelle der Komponenten isoliert zu betrachten. Vielmehr sind jeweils auch die Modelle der übrigen Systemkomponenten zu berücksichtigen. Diese Komponenten lassen sich dann aber meist einfacher modellieren. So benötigt z. B. die Systemsimulation mit Fokus auf der Hydraulik nur ein einfaches Modell der Leistungselektronik.

Der Einsatz verschiedener domänenspezifischer Simulationswerkzeuge während der Entwicklung von mechatronischen Systemen ist nur dann effizient, wenn der Austausch von Modellen und Parametern zwischen den Simulationswerkzeugen unterstützt wird. Der direkte Modellaustausch ist wegen der für die jeweiligen Werkzeuge spezifischen Sprachen der Modellbeschreibung schwierig.

Eine Analyse der typischen Komponenten bei mechatronischen Systemen ergibt aber, dass sich diese aus wenigen einfachen für die Domänen spezifischen Elementen zusammensetzen lassen. Diese Standardelemente sind z. B.

- in der Hydraulik: Drossel, Ventil oder Leitung,
- in der Elektronik: Widerstand, Kondensator oder Transistor,
- in der Mechanik: Masse mit Reibung, Getriebe oder Kupplung (entsprechend auch für Mikromechanik).

Diese Elemente sind vorzugsweise in einer zentralen Standard-Modellbibliothek enthalten und für die Produktentwicklung dezentral verfügbar. Kern der Standard-Modellbibliothek ist die Dokumentation der Standardelemente. Diese umfasst für jedes Element die

- Beschreibung des physikalischen Verhaltens in Worten,
- die physikalischen Gleichungen, Parameter (z. B. Leitfähigkeit oder Permeabilität), Zustandsgrößen (z. B. Strom, Spannung, magnetischer Fluss, Druck) sowie
- die Beschreibung der zugehörigen Schnittstellen.

Hinzu kommt noch als wesentlicher Bestandteil ein Referenzmodell in einer vom Werkzeug unabhängigen Modellierungssprache. Insgesamt umfasst die Bibliothek Referenzmodelle aus den Domänen Mechanik, Hydraulik, Elektronik, Elektrodynamik und Software.

V-Modell

Im „V-Modell" sind die Zusammenhänge der verschiedenen Phasen der Produktentstehung veranschaulicht: von der Analyse der Anforderungen über Entwicklung, Implementierung und Test bis zum Systemeinsatz. Dabei werden in der Entwicklungsphase folgende drei Ebenen „Top-Down" durchlaufen:

- Kundenspezifische Funktionen,
- System und
- Komponente.

Auf jeder Ebene ist zunächst die Anforderungsspezifikation (was) in Form eines Lastenheftes zu erstellen. Daraus entsteht auf der Basis von Entwurfsentscheidungen (der eigentlichen kreativen Ingenieurleistung) die Entwurfsspezifikation. Dieses Pflichtenheft beschreibt, wie eine bestimmte Anforderung erfüllt werden kann. Auf Basis des Pflichtenheftes entsteht die Modellbeschreibung, die zusammen mit den vorher definierten Testfällen eine Überprüfung der Richtigkeit des jeweiligen Entwurfschrittes, die „Validierung", ermöglicht. Dieses Verfahren durchläuft jede der drei Ebenen, und je nach verwendeten Technologien für jede der entsprechenden Domänen (Mechanik, Hydraulik, Fluiddynamik, Elektrik/Elektronik, Software).

Rekursionen auf den verschiedenen Entwurfsebenen verkürzen die Entwicklungsschritte deutlich. Simulationen, „Rapid Prototyping" und „Simultaneous Engineering" ermöglichen eine schnelle Verifikation und schaffen damit die Voraussetzung für kurze Produktzyklen.

Ausblick

Der große Treiber der Mechatronik ist der ungebrochene Fortschritt in der Mikroelektronik. In Form immer leistungsfähigerer integrierter Rechner in der Serienanwendung profitiert die Mechatronik von der Rechnertechnik. Entsprechend ergeben sich vielfältige Potenziale zur weiteren

3 Rekursionsmethodik auf einer Ebene

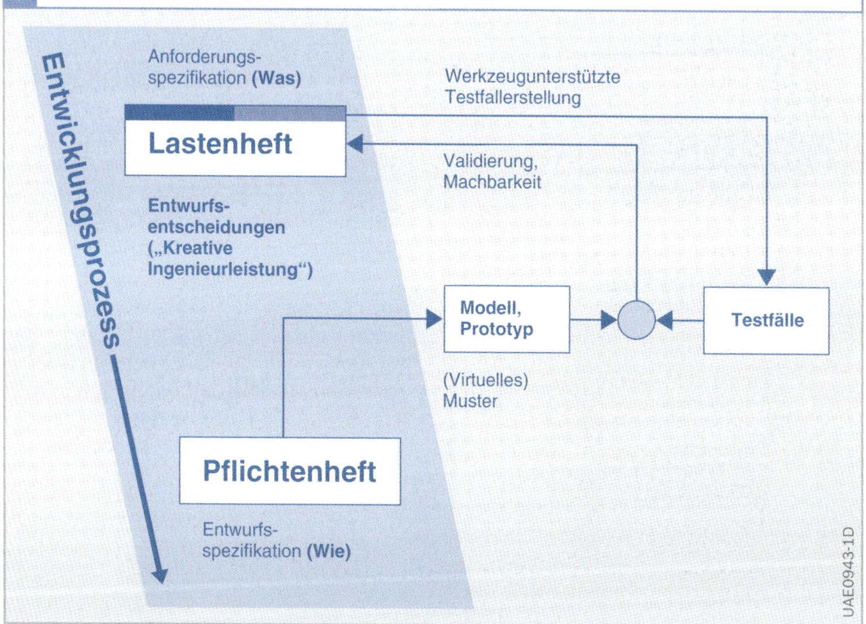

Steigerung von Sicherheit und Komfort im Kfz bei weiterer Senkung von Schadstoffemissionen und Kraftstoffverbrauch. Umgekehrt ergeben sich neue Herausforderungen zur ingenieurtechnischen Beherrschung dieser Systeme.

Zukünftige „X by Wire"-Systeme ohne die mechanische/hydraulische Rückfallebene müssen jedoch selbst im Falle eines Fehlers die vorgeschriebene Funktionalität erfüllen. Voraussetzung für ihre Realisierung ist eine höchst zuverlässige und verfügbare Mechatronik-Architektur, für die sich ein „einfacher" Sicherheitsnachweis führen lässt. Dies betrifft sowohl die Einzelkomponenten als auch die Energie- und Signalübertragungen.

Neben „X by Wire"-Systemen stellen Fahrerassistenzsysteme und die zugehörigen Mensch-Maschine-Schnittstellen ein weiteres Feld dar, auf dem sich durch konsequentes Umsetzen mechatronischer Ansätze signifikante Fortschritte für Nutzer und Fahrzeughersteller abzeichnen.

Bezüglich der Entwurfsansätze mechatronischer Systeme ist eine Durchgängigkeit in mehrfacher Hinsicht anzustreben:

- Vertikal:
  „Top-Down" von der Systemsimulation mit dem Ziel einer Gesamtoptimierung bis zur Finite-Elemente-Simulation für das Detailverständnis und die konstruktive Auslegung „Bottom-Up" vom Komponententest bis zum Systemtest.
- Horizontal:
  „Simultaneous Engineering" über die Disziplinen hinweg, um gleichzeitig alle produktrelevanten Aspekte zu erfassen.
- Über Unternehmensgrenzen hinweg:
  Die Idee vom „virtuellen Muster" rückt Schritt für Schritt in greifbare Nähe.

Eine weitere Herausforderung stellt die Ausbildung in der interdisziplinären Denkweise und die Entwicklung geeigneter SE-Prozesse und Organisations- bzw. Kommunikationsformen dar.

4 Gesamtüberblick V-Modell

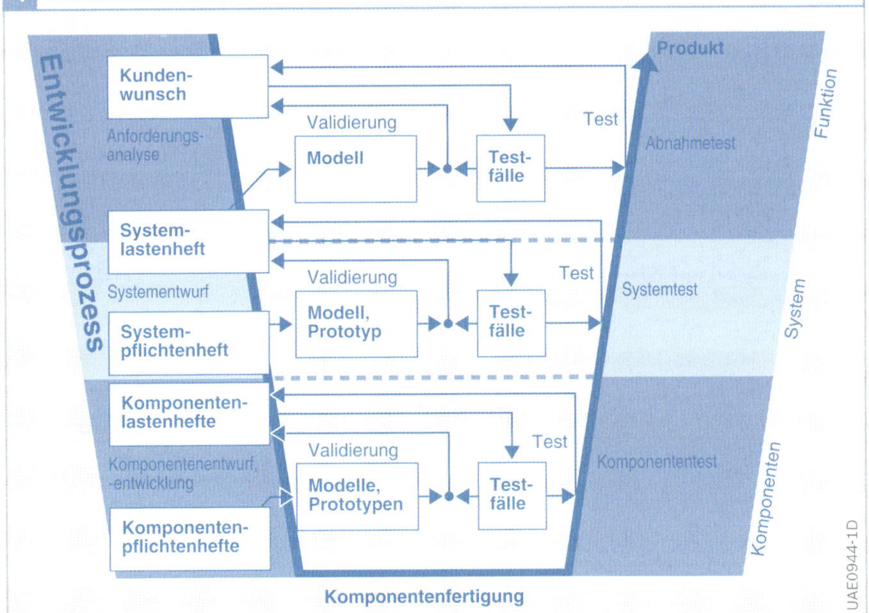

Elektronik

Grundlagen der Halbleitertechnik

Elektrische Leitfähigkeit von Festkörpern

Die Anzahl und die Beweglichkeit der freien Ladungsträger in den verschiedenen Stoffen bestimmen ihre spezifische Eignung zur Stromleitung. Die elektrische Leitfähigkeit fester Körper hat bei Raumtemperatur die Variationsbreite von 24 Zehnerpotenzen. Das führt zur Einteilung in drei elektrische Stoffklassen. Tabelle 1 gibt eine Übersicht mit einigen Beispielen.

Leiter (Metalle)
Alle Festkörper haben je Kubikzentimeter rund 10^{22} Atome, die durch elektrische Kräfte zusammengehalten werden. In Metallen ist die Zahl der freien - d. h. nicht gebundenen - Ladungsträger sehr groß (je Atom ein bis zwei freie Elektronen), ihre Beweglichkeit ist mäßig. Die elektrische Leitfähigkeit von Metallen ist hoch, sie beträgt für gute Leiter ca. 10^6 S/cm.

Nichtleiter (Isolatoren)
In Isolatoren ist die Anzahl der freien Ladungsträger praktisch null. Dementsprechend ist die elektrische Leitfähigkeit verschwindend klein. Die Leitfähigkeit guter Isolatoren beträgt ca. 10^{-18} S/cm.

Halbleiter
Die elektrische Leitfähigkeit von Halbleitern liegt zwischen der von Metallen und Isolatoren. Sie ist - im Gegensatz zur Leitfähigkeit von Metallen und Isolatoren - stark von folgenden Größen abhängig:

- der Druck beeinflusst die Beweglichkeit der Ladungsträger,
- die Temperatur hat Einfluss auf die Anzahl und Beweglichkeit der Ladungsträger,
- die Lichteinwirkung hat ebenfalls Einfluss auf die Anzahl der Ladungsträger,
- zugefügte Fremdstoffe bestimmen unter Anderem ebenso die Anzahl und Art der Ladungsträger.

Aufgrund dieser Abhängigkeiten sind Halbleiter auch als Druck-, Temperatur- und Lichtsensoren geeignet.

Dotieren von Halbleitern

Durch Dotieren, d. h. durch kontrollierten Einbau von elektrisch wirksamen Fremdstoffen, lässt sich die Leitfähigkeit von Halbleitern definiert und lokalisiert einstellen. Dies bildet die Grundlage der Halbleiterbauelemente. Die durch Dotieren reproduzierbar herstellbare und auch einstellbare elektrische Leitfähigkeit von Silizium beträgt $10^4 ... 10^{-2}$ S/cm.

Elektrische Leitfähigkeit von Halbleitern

Im Folgenden wird von Silizium gesprochen. Silizium bildet im festen Zustand ein Kristallgitter, in dem jedes Siliziumatom jeweils vier gleich weit entfernte Nachbaratome hat. Jedes Siliziumatom hat vier Außenelektronen. Die Bindung mit den Nachbaratomen erfolgt durch je zwei gemeinsame Elektronen. In diesem Idealzustand besitzt das Silizium keine freien Ladungsträger, ist also ein Nichtleiter. Das ändert sich grundlegend durch geeignete Zusätze und bei Energiezufuhr.

1 Klassifizierung der Leitfähigkeit mit Beispielen

Leiter	Halbleiter	Nichtleiter (Isolatoren)
Silber	Germanium	Teflon
Kupfer	Silizium	Quarzglas
Aluminium	Galliumarsenid	Aluminiumoxid

Hier soll anhand einer anschaulichen Modellvorstellung die Dotierung erläutert werden. Es ist jedoch zu beachten, dass nicht alle Effekte anhand dieses Modells erklärt werden können.

1 Dotiertes Silizium

a) n-dotiertes Silizium,
b) p-dotiertes Silizium.
o Elektron, Si Silizium, P Phosphor, B Bor,
E elektrisches Feld.
Die gekrümmten Pfeile geben die Bewegungsrichtung der Elektronen an.

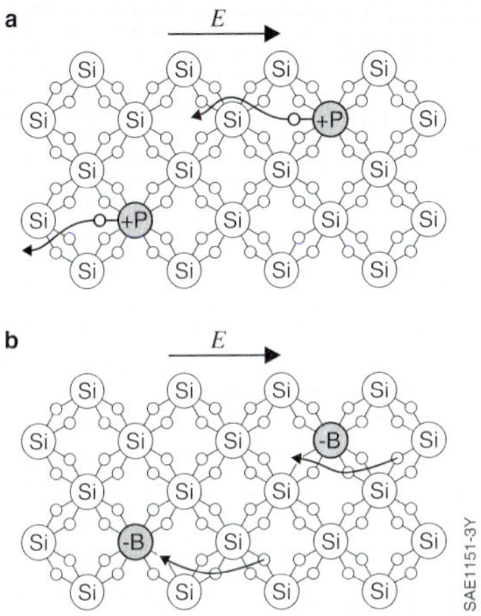

n-Dotierung

Der Einbau von Fremdatomen mit fünf Außenelektronen (z. B. Phosphor) liefert freie Elektronen, denn zur Bindung in das Siliziumgitter werden nur vier Elektronen benötigt (Bild 1a). Jedes eingebaute Phosphoratom liefert also ein freies, negativ geladenes Elektron, wobei ein einfach positiv geladener Phosphor-Atomkern zurückbleibt. Das Silizium wird n-leitend (n-Silizium), da ein Überschuss an negativen Ladungen (Elektronen) vorliegt. Aufgrund einer von außen angelegten Spannung wird in Bild 1 ein elektrisches Feld E erzeugt, das den beweglichen Ladungsträgern eine Vorzugsrichtung für die Bewegung vorgibt.

p-Dotierung

Der Einbau von Fremdatomen mit drei Außenelektronen (z. B. Bor) erzeugt Elektronenlücken („Löcher"), denn zur vollständigen Bindung in das Siliziumgitter fehlt dem Boratom ein Elektron (Bild 1b). Diese Lücke wird als Loch oder Defektelektron bezeichnet; dies bedeutet ein fehlendes Elektron. Löcher sind im Silizium beweglich, in einem elektrischen Feld wandern sie in entgegengesetzter Richtung wie die Elektronen. Löcher verhalten sich wie freie positive Ladungsträger. Jedes eingebaute Boratom liefert also ein freies, positiv geladenes Defektelektron (Loch). Das Silizium ist p-leitend und wird p-Silizium genannt.

Eigenleitung

Durch Wärmezufuhr oder Lichteinstrahlung werden auch im undotierten Silizium freie bewegliche Ladungsträger erzeugt, nämlich Elektron-Loch-Paare, die zu einer Eigenleitfähigkeit des Halbleiters führen. Sie ist im Allgemeinen klein gegenüber der durch Dotieren erzeugten Leitfähigkeit. Mit steigender Temperatur nimmt die Zahl der Elektron-Loch-Paare exponentiell zu und verwischt schließlich die durch Dotieren erzeugten elektrischen Unterschiede zwischen p- und n-Gebieten. Dadurch ergibt sich eine Grenze für die maximale Betriebstemperatur von Halbleiterbauelementen. Sie beträgt für Germanium 90 ... 100 °C, für Silizium 150 ... 200 °C und für Galliumarsenid 300 ... 350 °C.

Im n- und im p-Halbleiter sind stets eine kleine Anzahl von Ladungsträgern entgegengesetzter Polarität vorhanden. Diese Minoritätsladungsträger sind für die Arbeitsweise fast aller Halbleiterbauelemente wesentlich.

pn-Übergang im Halbleiter

Der Grenzbereich zwischen einer p-leitenden Zone und einer n-leitenden Zone im selben Halbleiterkristall wird pn-Übergang genannt. Seine Eigenschaften sind grundlegend für die meisten Halbleiterbauelemente.

pn-Übergang ohne äußere Spannung

Im p-Gebiet sind sehr viele Löcher, im n-Gebiet extrem wenige; im n-Gebiet sind sehr viele Elektronen, im p-Gebiet extrem wenige. Dem Konzentrationsgefälle folgend diffundieren die beweglichen Ladungsträger ins jeweils andere Gebiet (Bild 2b).

Durch die Diffusion der Löcher in das n-Gebiet lädt sich das p-Gebiet innerhalb der Raumladungszone negativ auf, da die negativ geladenen Atomrümpfe (z. B. Boratome) ortsfest bleiben. Durch den Verlust an Elektronen lädt sich das n-Gebiet positiv auf, da hier ortfeste positiv geladene Atomrümpfe (z. B. Phosphor) überschüssig sind. Dadurch bildet sich zwischen dem p- und dem n-Gebiet eine Spannung (Diffusionsspannung U_D) aus, die der Ladungsträgerwanderung aufgrund des Konzentrationsgefälles entgegenwirkt. Der Ausgleich von Löchern und Elektronen kommt hierdurch zum Stillstand. Die aufgrund der Diffusion entstandene Spannung U_D ist von außen nicht direkt messbar und beträgt im Silizium typischerweise knapp 0,6 V.

Am pn-Übergang entsteht somit eine an beweglichen Ladungsträgern verarmte, elektrisch schlecht leitende Zone: Diese wird Raumladungszone oder Sperrschicht genannt. In ihr herrscht ein elektrisches Feld, dessen Stärke auch von der außen angelegten Spannung abhängt.

pn-Übergang mit äußerer Spannung

Nun sollen die Verhältnisse an einer Diode erklärt werden, da ein pn-Übergang dem Aufbau einer Diode entspricht; hierbei liegt am p-dotierten Silizium die Anode, am n-dotierten Bereich die Kathode vor.

Bei Anlegen einer Spannung U in Sperrrichtung (Minuspol am p-Gebiet und Pluspol am n-Gebiet) verbreitert sich die Raumladungszone (Bild 2c). Infolgedessen ist der Stromfluss I bis auf einen geringen Rest, der von den Minoritätsladungsträgern herrührt (Sperrstrom), gesperrt. Die Spannung U fällt dann innerhalb der Raumladungszone ab; daher herrscht dort eine hohe elektrische Feldstärke.

Als Durchbruchspannung wird die Spannung in Sperrichtung bezeichnet, von

2 *pn*-Übergang in einer Diode

a) Schaltzeichen der Diode,
b) pn-Übergang ohne äußere Spannung,
c) pn-Übergang in Sperrrichtung,
b) pn-Übergang in Durchlassrichtung.
U angelegte Spannung (Diodenspannung),
I Diodenstrom.
⊕ *Positiv geladene Atomrümpfe,*
⊖ *negativ geladene Atomrümpfe.*

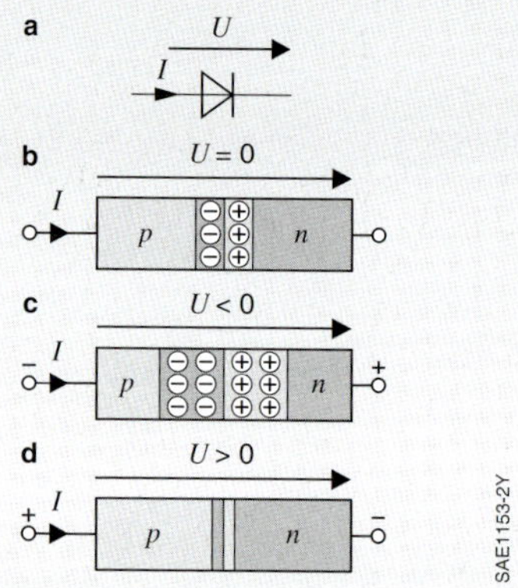

3 Kennlinie einer Si-Diode

U angelegte Spannung (Diodenspannung),
I Diodenstrom.

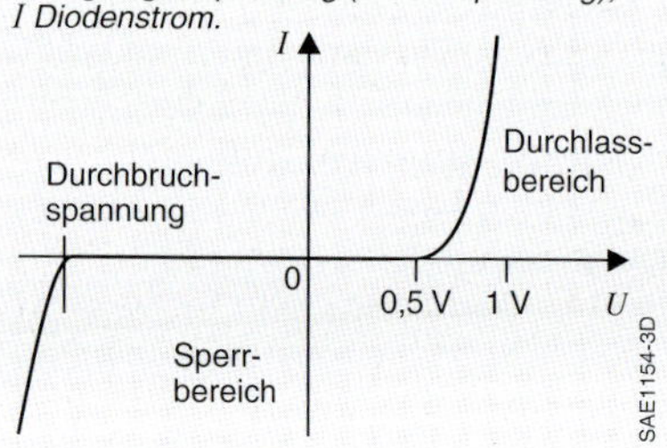

der ab eine geringe Spannungserhöhung einen steilen Anstieg des Sperrstroms hervorruft (Bild 3). Dieser Effekt lässt sich folgendermaßen erklären: Elektronen, welche die Raumladungszone erreichen, werden aufgrund der hohen Feldstärke stark beschleunigt. Dadurch können sie ihrerseits infolge von Stößen freie Ladungsträger erzeugen; dies wird auch als Stoßionisation bezeichnet. Dadurch steigt der Strom lawinenartig an und führt zum Lawinendurchbruch. Neben dem Lawinendurchbruch ist noch der Zenerdurchbruch bekannt, der auf dem Tunneleffekt beruht. Der Durchbruch eines *pn*-Übergangs kann diesen zerstören und ist daher oft nicht erwünscht. In manchen Fällen ist der Durchbruch jedoch gewollt. Der Lawinendurchbruch und der Zenerdurchbruch treten nur auf, wenn die Diode in Sperrrichtung betrieben wird.

Bei Anlegen einer Spannung U in Durchlassrichtung (Pluspol am *p*-Gebiet und Minuspol am *n*-Gebiet) wird die Raumladungszone abgebaut (Bild 2d). Ladungsträger überschwemmen den *pn*-Übergang und es fließt ein großer Strom in Durchlassrichtung (Bild 3), da die Raumladungszone keinen nennenswerten Widerstand mehr darstellt. Es wirkt lediglich der Bahnwiderstand, also der ohmsche Widerstand der dotieren Schichten. Der Anstieg des Stroms I in Abhängigkeit von U erfolgt exponentiell. Zu beachten ist aber auch der „thermische Durchbruch", bei welchem der Halbleiter aufgrund der starken Erwärmung zerstört werden kann. Dieser kann z. B. dann auftreten, wenn die Diode in Durchlassrichtung mit einem unzulässig hohen Strom betrieben wird.

Diskrete Halbleiterbauelemente

Die Eigenschaften des *pn*-Übergangs und die Kombination mehrerer *pn*-Übergänge im gleichen Halbleiterkristallplättchen (Chip) sind die Basis einer immer noch wachsenden Fülle von Halbleiterbauelementen, die klein, robust, zuverlässig und kostengünstig sind. Ein *pn*-Übergang führt zu Dioden, zwei *pn*-Übergänge führen zu Transistoren. Die durch Planartechnik mögliche Zusammenfassung einer Vielzahl solcher Funktionselemente auf einem Chip führt zu der wichtigen Familie der integrierten Halbleiterschaltungen. In der Regel sind die wenige Quadratmillimeter messenden Halbleiterchips in genormte Gehäuse (aus Metall, Keramik oder Plastik) montiert.

Dioden

Dioden sind Halbleiterbauelemente mit einem *pn*-Übergang. Das spezifische Verhalten wird durch den jeweiligen Verlauf der Dotierungskonzentration im Kristall bestimmt. Dioden mit mehr als 1 A Durchlassstrom werden als Leistungsdioden bezeichnet.

Gleichrichterdiode

Die Gleichrichterdiode wirkt wie ein Stromventil und ist deshalb das geeignete Bauelement zur Gleichrichtung von Wechselströmen. Der Strom in Sperrrichtung (Sperrstrom) kann etwa 10^7-mal kleiner sein als der Durchlassstrom (Bild 3). Er wächst mit steigender Temperatur stark an.

Gleichrichterdiode für hohe Sperrspannung

Bei einem Gleichrichter mit hoher Sperrspannung fällt die Spannung über der Raumladungszone ab. Da diese im Allgemeinen nur wenige Mikrometer groß ist, herrscht dort eine hohe elektrische Feldstärke, die freie Elektronen stark beschleunigen kann. Beschleunigte Elektronen können zur Zerstörung des Halbleiters führen (Lawinendurchbruch). Um dies zu verhindern, erweist sich die Integration einer intrinsischen (eigenleitenden) Schicht zwischen der *p*- und *n*-Schicht als nützlich, da sich in dieser nur wenig freie Elektronen befinden und somit die Gefahr eines Durchbruchs vermindert wird.

Schaltdiode

Die Schaltdiode wird vorzugsweise für ein rasches Umschalten von hoher auf niedrige Impedanz und umgekehrt eingesetzt. Die Schaltzeit wird durch zusätzliche Diffusion von Gold verkürzt; dies begünstigt die Rekombination von Elektronen und Löchern.

Z-Diode

Die Z-Diode (Zenerdiode) ist eine Halbleiterdiode, bei der im Fall wachsender

Spannung in Sperrrichtung ab einer bestimmten Spannung ein steiler Anstieg des Stroms infolge eines Zener- oder eines Lawinendurchbruchs eintritt. Z-Dioden sind für den Dauerbetrieb im Bereich dieses Durchbruchs konstruiert. Sie werden häufig zur Bereitstellung einer Konstantspannung oder Referenzspannung genutzt.

Kapazitätsdiode

Die Raumladungszone am *pn*-Übergang wirkt wie ein Kondensator; als Dielektrikum wirkt das von Ladungsträgern entblößte Halbleitermaterial. Eine Erhöhung der angelegten Spannung verbreitert die Sperrschicht und verkleinert die Kapazität, eine Spannungserniedrigung vergrößert die Kapazität.

Schottky-Diode

Die Schottky-Diode enthält einen Metall-Halbleiter-Übergang. Weil Elektronen leichter aus *n*-Silizium in die Metallschicht gelangen als umgekehrt, entsteht im Halbleiter eine an Elektronen verarmte Randschicht (Schottky-Sperrschicht). Der Ladungstransport erfolgt ausschließlich durch Elektronen. Das führt zu einem extrem schnellen Umschalten, weil keine Minoritäten-Speichereffekte auftreten. Die Durchlassspannung und damit der Spannungsfall ist bei Schottky-Dioden mit ca. 0,3 V kleiner als bei Silizium-Dioden (ca. 0,6 V).

Solarzelle

Fotovoltaik bezeichnet die direkte Umwandlung von Lichtenergie in elektrische Energie. Die Bauelemente der Fotovoltaik sind die Solarzellen, die im Wesentlichen aus Halbleitermaterialien bestehen. Bei Lichteinwirkung können im Halbleiter freie Ladungsträger (Elektron-Loch-Paare) gebildet werden. Befindet sich im Halbleiter ein *pn*-Übergang, so werden in dessen elektrischem Feld die freien Ladungsträger getrennt und zu den Metallkontakten an den Oberflächen des Halbleiters geleitet. Es entsteht je nach Halbleitermaterial eine elektrische Gleichspannung (Fotospannung) zwischen den Kontakten von 0,5 ... 1,2 V. Dies passiert nur dann, wenn die Lichtquanten mindestens die benötigte Energie zur Erzeugung eines Elektronen-Loch-Paares besitzen. Der theoretische Wirkungsgrad von kristallinen Siliziumsolarzellen liegt bei ca. 30 %.

Fotodiode

In der Fotodiode wird der Sperrschichtfotoeffekt ausgenutzt. Der *pn*-Übergang wird in Sperrrichtung betrieben. Einfallendes Licht erzeugt zusätzliche freie Elektronen und Löcher. Sie erhöhen den Sperrstrom (Fotostrom) proportional zur Lichtintensität. Daher ist die Fotodiode vom Prinzip her betrachtet der Solarzelle sehr ähnlich.

Leuchtdiode

Die Leuchtdiode (LED, Light Emitting Diode) gehört zu den Elektrolumineszensstrahlern. Sie besteht aus einem Halbleiterelement mit *pn*-Übergang. Beim Betrieb in Durchlassrichtung rekombinieren die Ladungsträger (freie Elektronen und Löcher). Der dabei frei werdende Energiebetrag wird in elektromagnetische Strahlungsenergie umgewandelt.

Je nach Wahl des Halbleiters sowie dessen Dotierung strahlt die Leuchtdiode in einem begrenzten Spektralbereich. Häufig verwendete Halbleiterwerkstoffe sind Galliumarsenid (infrarot), Galliumarsenidphosphid (rot bis gelb), Galliumphosphid (grün) und Indium-Galliumnitrid (blau). Um weißes Licht zu erzeugen, wird entweder eine Kombination aus drei Leuchtdioden mit den Grundfarben Rot, Grün und Blau verwendet, oder man regt mit einer blau oder ultraviolett strahlenden Leuchtdiode einen Fluoreszensfarbstoff an.

Bipolare Transistoren

Zwei eng benachbarte *pn*-Übergänge führen zum Transistoreffekt und zu Bauelementen, die elektrische Signale verstärken oder als Schalter wirken. Bipolare Transistoren bestehen aus drei Zonen unterschiedlicher Leitfähigkeit: *pnp* oder *npn*. Die Zonen (und ihre Anschlüsse) heißen Emitter E, Basis B und Kollektor C (Bild 4).

Je nach Einsatzgebieten unterscheidet man z. B. zwischen Kleinsignaltransistoren (bis 1 Watt Verlustleistung), Leistungstransistoren, Schalttransistoren, Niederfrequenztransistoren, Hochfrequenztransistoren, Mikrowellentransistoren und Fototransistoren. Sie heißen bipolar, weil Ladungsträger beider Polaritäten (Löcher und Elektronen) am Transistoreffekt beteiligt sind.

Wirkungsweise eines bipolaren Transistors

Die Wirkungsweise eines bipolaren Transistors ist hier am Beispiel eines *npn*-Transistors erklärt (Bild 5). Der *pnp*-Transistor ergibt sich analog durch Vertauschen der *n*- und *p*-dotierten Gebiete.

4 *npn*-Transistor

a) Schaltbild, b) Aufbau.
E Emitter, B Basis, C Kollektor.
U_{BE} Basis-Emitter-Spannung,
U_{CE} Kollektor-Emitter-Spannung.
I_B Basisstrom, I_C Kollektorstrom,
I_E Emitterstrom.

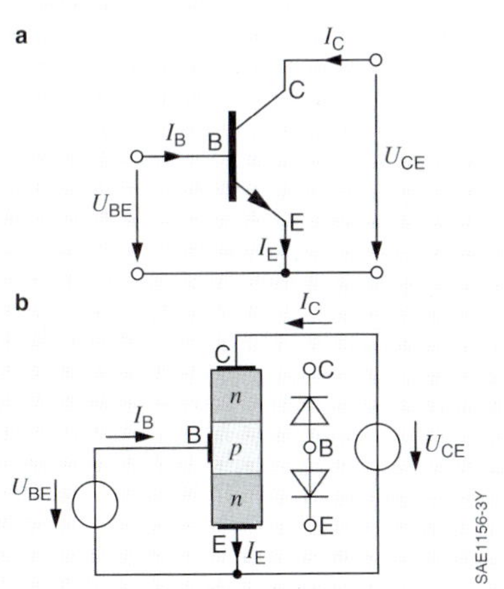

Der Basis-Emitter-Übergang wird in Durchlassrichtung gepolt; dies ist in Bild 4b als Diode zwischen Basis B und Emitter E dargestellt. Dadurch werden bei ausreichender Spannung U_{BE} Elektronen in die Basiszone injiziert und es fließt der Basisstrom.

Der Basis-Kollektor-Übergang wird in Sperrrichtung gepolt; dies ist in Bild 4b als Diode zwischen Basis B und Kollektor C dargestellt. Dadurch bildet sich eine Raumladungszone im *pn*-Übergang zwischen Basis und Kollektor mit einem hohen elektrischen Feld aus.

Wegen der in Durchlassrichtung gepolten Diode zwischen Basis und Emitter fließt ein großer Strom bestehend aus Elektronen vom Emitter zur Basis. Hier kann jedoch nur ein geringer Bruchteil mit den (weit weniger) vorhandenen Löchern rekombinieren und als Basisstrom I_B aus dem Basisanschluss herausfließen; zu beachten ist, dass in Bild 4 die technische Stromrichtung – also die Bewegungsrichtung der positiven Ladungsträger – angegeben ist. Der weitaus größere Teil der in die Basis injizierten Elektronen diffundiert durch die Basiszone hin zum Basis-Kollektor-Übergang und fließt dann als Kollektorstrom I_C zum Kollektor (Bild 5). Da die Basis-Kollektor-Diode in Sperrrichtung betrieben ist und eine Raumladungszone vorherrscht, werden fast alle (ca. 99 %) der vom Emitter fließenden Elektronen durch das starke elektrische Feld in der Raumladungszone vom Kollektor „abgesaugt". Zwischen dem Kollektorstrom I_C und dem Basisstrom I_B gilt dann näherungsweise ein linearer Zusammenhang:

$$I_C = B\, I_B$$

mit B als Stromverstärkung, die im Allgemeinen zwischen 100 und 800 liegt. Im bipolaren Transistor gilt ebenso die Beziehung für den Emitterstrom I_E (vgl. Bild 4 und Bild 5):

$$I_E = I_B + I_C\,.$$

Mit der Annahme, dass I_B aufgrund der Stromverstärkung B viel kleiner als I_C ist,

5 Wirkungsweise eines *npn*-Transistors

E Emitter, B Basis, C Kollektor.
U_{BE} Basis-Emitter-Spannung,
U_{CE} Kollektor-Emitter-Spannung,
I_B Basisstrom, I_C Kollektorstrom,
I_E Emitterstrom.

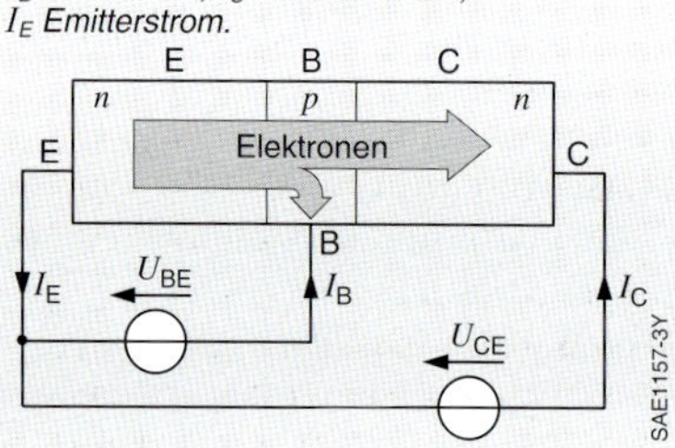

6 Ausgangskennlinie eines *npn*-Transistors

U_{CE} Kollektor-Emitter-Spannung,
I_C Kollektor-Strom,
I_B Basis-Strom als Parameter der Kennlinie.

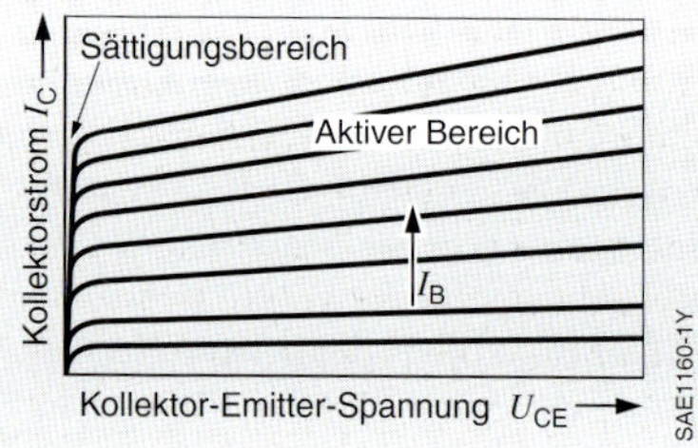

folgt dann:

$$I_E \approx I_C .$$

Die sehr dünne (und relativ niedrig dotierte) Basis stellt eine über die Basis-Emitter-Spannung U_{BE} einstellbare Barriere für den Ladungsträgerfluss vom Emitter zum Kollektor dar. Mit einer kleinen Änderung von U_{BE} und dem Basisstrom I_B kann eine größere Änderung des Kollektorstroms I_C und der Kollektor-Emitter-Spannung U_{CE} gesteuert werden. Kleine Änderungen des Basisstroms I_B bewirken somit große Änderungen im Emitter-Kollektor-Strom I_C. Der *npn*-Transistor ist ein bipolares, stromgesteuertes, verstärkendes Halbleiterbauelement. Insgesamt erfolgt eine Leistungsverstärkung.

In Bild 6 ist die Ausgangskennlinie für einen *npn*-Transistor dargestellt. Ab der Sättigungsspannung von ca. 0,2 V für U_{CE} ist der Kollektorstrom I_C nahezu nur noch vom Basisstrom I_B als Parameter abhängig; dieser Bereich wird als „aktiver Bereich" bezeichnet: U_{CE} hat hierbei dann kaum mehr Einfluss auf I_C und es gilt:

$$I_C = B\, I_B .$$

Der Bereich unterhalb der Sättigungsspannung heißt „Sättigungsbereich". In diesem Bereich steigt I_C stark mit U_{CE} an.

Feldeffekt-Transistoren

Beim Feldeffekt-Transistor (FET) wird der Strom in einem leitenden Kanal im Wesentlichen durch ein elektrisches Feld gesteuert, das durch eine über eine Steuerelektrode (Gate) angelegte Spannung entsteht (Bild 7). Im Gegensatz zum bipolaren Transistor arbeiten Feldeffekt-Transistoren nur mit Ladungsträgern einer Sorte (entweder Elektronen oder Löchern), daher auch die Bezeichnung unipolare Transistoren. Diese lassen sich einteilen in Sperrschicht-Feldeffekt-Transistoren (Junction-FET, JFET) und Isolierschicht-

7 Sperrschicht-Feldeffekt-Transistor mit *n*-Kanal

a) Schaltbild, b) Aufbau.
Der hell gezeichnete Bereich um den Source- und Drainkontakt ist stärker dotiert als der Kanal.
G Gate, S Source, D Drain,
U_{DS} Drain-Source-Spannung,
U_{GS} Gate-Source-Spannung, I_D Drainstrom.

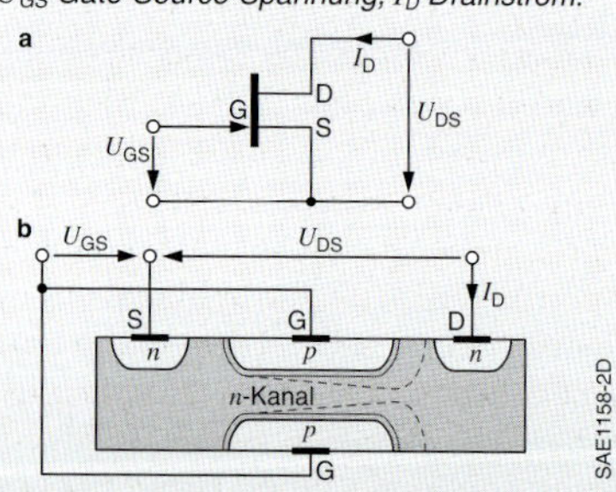

Feldeffekt-Transistoren, insbesondere MOS-Feldeffekt-Transistoren (MOSFET oder MOS-Transistoren).

MOS-Feldeffekt-Transistoren eignen sich gut für hochintegrierte Schaltungen. Leistungs-Feldeffekt-Transistoren sind für viele Anwendungen ernst zu nehmende Konkurrenten zu bipolaren Leistungstransistoren. Die Vorteile eines bipolaren Transistors und eines Feldeffekt-Transistors werden in der Leistungselektronik in „Insulated Gate Bipolar Transistoren“ (IGBT) kombiniert. Diese IGBC weisen einen geringen Durchgangswiderstand (und damit kleine Verluste) und eine vergleichsweise kleine Ansteuerleistung auf.

Wirkungsweise eines Sperrschicht-FET

Die Wirkungsweise des Sperrschicht-Feldeffekt-Transistors wird anhand des *n*-Kanal-Typs erklärt (Bild 7). Die Anschlüsse des Feldeffekt-Transistors werden mit Gate (G), Source (S) und Drain (D) bezeichnet.

An den Enden eines *n*-leitenden Kristalls liegt die positive Gleichspannung U_{DS}. Elektronen fließen durch den Kanal von Source zu Drain. Die Breite des Kanals wird von zwei seitlich eindiffundierten *p*-Zonen und der an diesen anliegenden negativen Gate-Source-Spannung U_{GS} bestimmt. Die Spannung U_{GS} zwischen der Steuerelektrode (Gate G) und dem Anschluss Source (S) steuert somit den Strom I_D zwischen Source und Drain (D).

Für die Funktion des Feldeffekt-Transistors sind nur Ladungsträger einer Polarität notwendig. Die Steuerung des Stroms erfolgt nahezu leistungslos. Der Sperrschicht-FET ist also ein unipolares, spannungsgesteuertes Bauelement. Erhöht man U_{GS}, dehnen sich die Raumladungszonen stärker in den Kanal hinein aus und schnüren den Kanal und somit die Strombahn ein (vgl. gestrichelte Linien in Bild 7). Wenn die Spannung U_{GS} an der Steuerelektrode (Gate) null beträgt, ist der Kanal zwischen den beiden *p*-Gebieten nicht eingeschnürt und der Strom I_D von Drain D nach Source S ist maximal.

Die Übertragungskennlinie - also I_D in Abhängigkeit von U_{GS} - sieht dann genauso wie die Kennlinie eines selbstleitenden *n*-Kanal-Feldeffekt-Transistors (NMOS) gemäß Bild 9c aus.

Wirkungsweise eines MOS-Transistors

Die Wirkungsweise des MOS-Transistors (Metal-Oxide-Semiconductor) wird anhand des selbstsperrenden (Anreicherungstyp) *n*-Kanal-MOSFET erklärt (Bild 8). Ohne Spannung an der Gate-Elektrode fließt zwischen Source und Drain kein Strom, die *pn*-Übergänge sperren. Durch eine positive Spannung am Gate werden aufgrund der Influenz im *p*-Gebiet unterhalb dieser Elektrode die Löcher in das Kristallinnere verdrängt und Elektronen - die ja als Minoritätsladungsträger auch im *p*-Silizium immer vorhanden sind - an die Oberfläche gezogen. Es entsteht eine schmale *n*-leitende Schicht unter der Oberfläche, ein *n*-Kanal. Zwischen beiden *n*-Gebieten (Source und Drain) kann jetzt Strom fließen. Er besteht nur aus Elektronen. Da die Gate-Spannung über eine isolierende Oxidschicht wirkt, fließt kein stationärer Strom über das Gate, die Steuerung erfolgt leistungslos. Es ist lediglich zum Ein- und Ausschalten elektrische Leistung erforderlich, um die Gatekapazität umzuladen. Der MOS-Transistor ist also ein unipolares, spannungsgesteuertes Bauelement.

8 *n*-Kanal-MOSFET im Querschnitt

S Source, G Gate, D Drain.
U_{DS} Drain-Source-Spannung,
U_{GS} Gate-Source-Spannung, I_D Drainstrom.

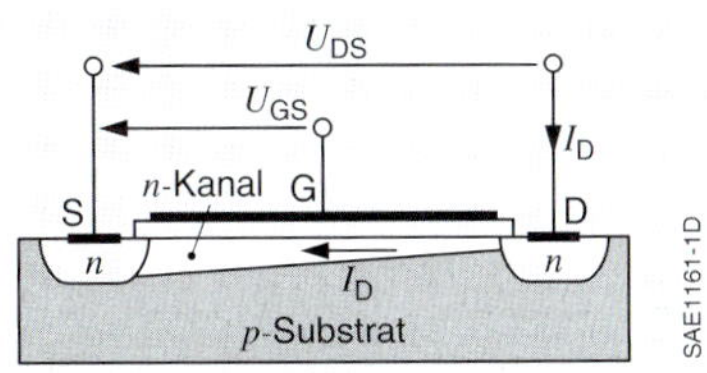

9 *n*-Kanal-MOSFET

a) Schaltbild des selbstleitenden n-Kanal-MOSFET,
b) Schaltbild des selbstsperrenden n-Kanal-MOSFET,
c) Kennlinien.
1 Kennlinie des selbstleitenden n-Kanal-MOSFET,
2 Kennlinie des selbstsperrenden n-Kanal-MOSFET.
U_{GS} Gate-Source-Spannung, I_D Drain-Strom,
U_T, U_T Schwellspannung.*

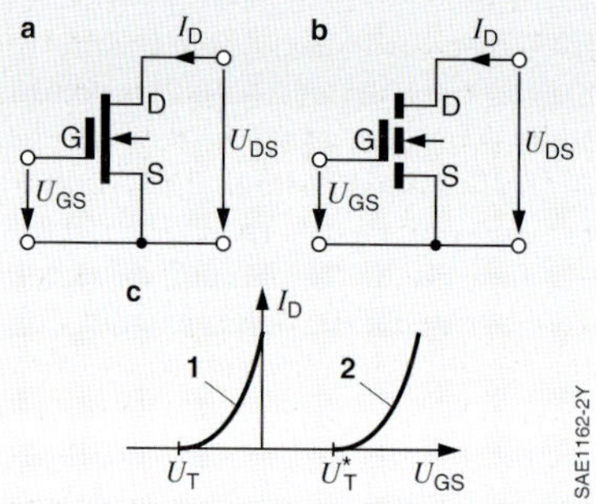

10 Ausgangskennlinie eines selbstsperrenden *n*-Kanal-MOSFET

U_{DS} Drain-Source-Spannung,
U_{GS} Gate-Source-Spannung,
I_D Drain-Strom,
U_K Kniespannung.

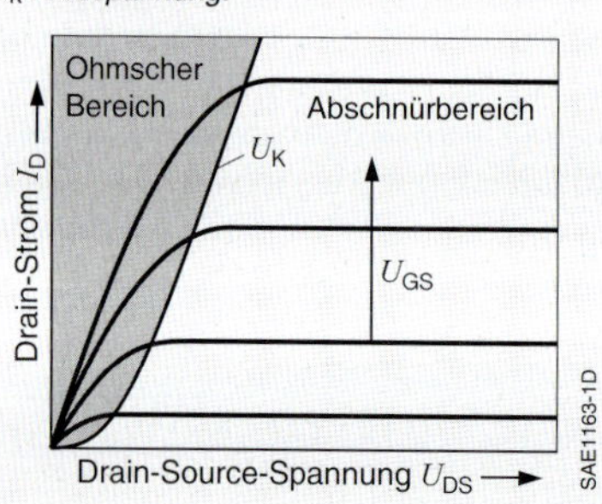

Beim selbstleitenden *n*-Kanal-MOSFET (Verarmungstyp, Bild 9a) liegt die Gate-Source-Spannung U_{GS} zwischen der hier negativen Schwellspannung U_T (Threshold-Spannung) und null Volt (Bild 9c). Bei $U_{GS} = 0$ V weist der selbstleitende *n*-Kanal-MOSFET einen Kanal unterhalb des Gates für den Stromfluss auf. In Bild 9c ist I_D in Abhängigkeit der Spannung U_{GS} dargestellt, wobei die Schaltung bei ausreichendem und konstantem U_{DS} im aktiven Bereich betrieben wird. Die Übertragungskennlinie ist eine Parabel. Im Gegensatz hierzu leitet der selbstsperrende *n*-Kanal-MOSFET (Bild 9b) erst ab der hier positiven Schwellspannung $U_T^* > 0$ V (vgl. Bild 9c). Der selbstsperrende MOSFET ist wesentlich gebräuchlicher als der selbstleitende MOSFET.

In Bild 10 ist die Ausgangskennlinie eines selbstsperrenden *n*-Kanal-MOSFET dargestellt. Den Bereich unterhalb der Kniespannung U_K, d. h. für $U_{DS} < U_K$, bezeichnet man aufgrund der linearen Kennlinie als linearen oder als ohmschen Bereich; hier verhält sich der MOSFET wie ein ohmscher Widerstand. Oberhalb der Kniespannung U_K, d. h. für $U_{DS} > U_K$, ist der Ausgangsstrom I_D nahezu unbeeinflusst von der Drain-Source-Spannung U_{DS}; dieser Bereich wird Abschnürbereich genannt. Der Betrag von I_D hängt nur von der Gate-Source-Spannung U_{GS} ab. Der formelmäßige Zusammenhang lautet:

$$I_D = 0{,}5\, K\, (U_{GS} - U_T)^2$$

mit *K* als Proportionalitätszahl (abhängig unter Anderem von technologischen Größen) und der Schwellspannung U_T, ab welcher der Transistor leitet, d. h. sich ein Kanal ausbildet (vgl. Bild 9c).

Source-Schaltung mit Feldeffekt-Transistoren

Die Source-Schaltung ist die am weitesten verbreitete Schaltung mit Feldeffekt-Transistoren; sie entspricht im Wesentlichen der Emitterschaltung mit Bipolar-Transistoren. Für die Diskussion dieser Transistorschaltung sind noch weitere Größen relevant: Die Steilheit S ist definiert als

$$S = \left.\frac{\partial I_\mathrm{D}}{\partial U_\mathrm{GS}}\right|_{U_\mathrm{DS}=\mathrm{const}} = K\,(U_\mathrm{GS} - U_\mathrm{T}), \tag{1}$$

wenn

$$I_\mathrm{D} = 0{,}5\,K\,(U_\mathrm{GS} - U_\mathrm{T})^2 \tag{2}$$

gilt. Der differentielle Ausgangs-Widerstand r_DS lautet

$$r_\mathrm{DS} = \left.\frac{\partial U_\mathrm{DS}}{\partial I_\mathrm{D}}\right|_{U_\mathrm{GS}=\mathrm{const}}. \tag{3}$$

Die Source-Schaltung wird prinzipiell gemäß Bild 11 aufgebaut.

Insgesamt lässt sich folgender Zusammenhang für die differentielle Spannungsverstärkung A angeben (vgl. [1]):

$$A = \frac{\partial U_\mathrm{A}}{\partial U_\mathrm{E}} = \frac{\partial U_\mathrm{DS}}{\partial U_\mathrm{GS}} = -S\left(\frac{R_\mathrm{D}\,r_\mathrm{DS}}{R_\mathrm{D} + r_\mathrm{DS}}\right) \tag{4}$$

Häufig ist $R_\mathrm{D} >> r_\mathrm{DS}$; dann gilt:

$$A = -S\,r_\mathrm{DS}\,. \tag{5}$$

Der differentielle Ausgangswiderstand beträgt

$$r_\mathrm{A} = \frac{\partial U_\mathrm{A}}{\partial I_\mathrm{D}} = \frac{R_\mathrm{D}\,r_\mathrm{DS}}{R_\mathrm{D} + r_\mathrm{DS}}\,. \tag{6}$$

Allerdings wird für die Praxis häufig auf die Source-Schaltung mit Stromgegenkopplung gemäß Bild 12 zurückgegriffen: Wenn I_D (= I_S) größer wird, steigt auch das Sourcepotential U_S und die Spannung U_GS zwischen Gate und Source – als treibende „Kraft" für den Stromanstieg – wird verkleinert; dies stellt eine Gegenkopplung dar. Da es in der Regel um die Verstärkung von Wechselspannungen geht, werden die Wechselspannungen über Kondensatoren C_E bzw. C_A ein- bzw. ausgekoppelt. In Bild 12 wird ein Sperrschicht-Feldeffekt-Transistor eingesetzt.

Wenn wie in Bild 17 parallel zu R_S noch die Kapazität C_S angeschlossen wird, kann hierdurch eine frequenzabhängige Gegenkopplung eingestellt werden: Bei kleinen Frequenzen stellt C_S einen Leerlauf dar und dies ergibt eine maximale Gegenkopplung, d. h. eine verminderte Verstärkung

11 Source-Schaltung mit einem selbstsperrenden *n*-Kanal-MOS-Feldeffekt-Transistor

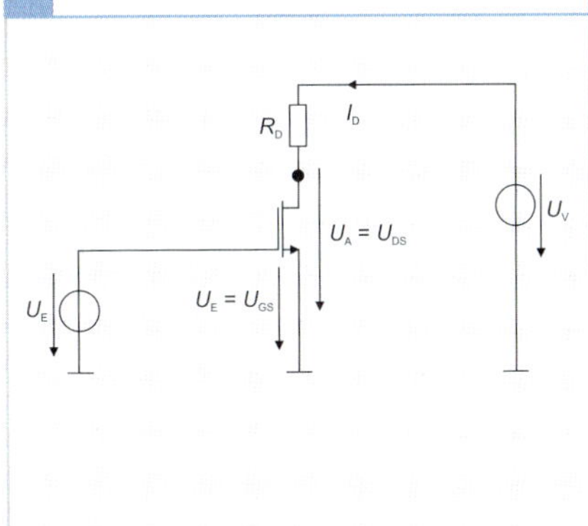

12 Prinzipschaltbild einer Source-Schaltung mit Stromgegenkopplung (mit Sperrschicht-Feldeffekt-Transistor, stets selbstleitend)

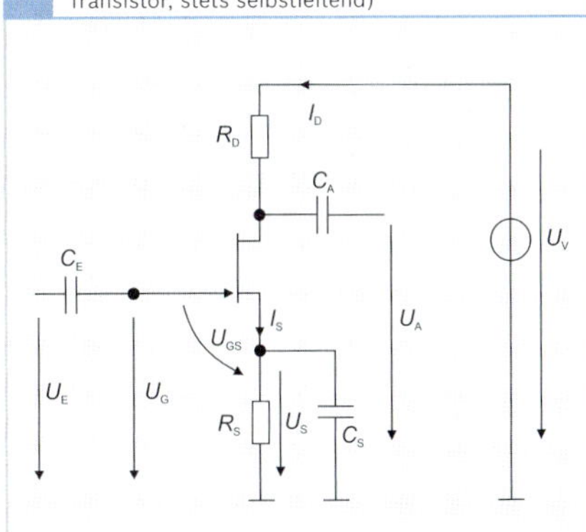

für langsame Änderungen von U_E. Dagegen wirkt bei großen Frequenzen C_S wie ein Kurzschluss, sodass mit R_S keine Gegenkopplung mehr bewirkt werden kann, d. h. für die Verstärkung A gelten dann die Gleichungen (4) und (5). Weitere Informationen hierzu finden sich z. B. in [1].

PMOS-, NMOS-, CMOS-Transistoren

Neben dem n-Kanal-MOSFET (NMOS-Transistor) gibt es durch Vertauschen der Dotierung den PMOS-Transistor. NMOS-Transistoren sind wegen der höheren Beweglichkeit der Elektronen schneller als PMOS-Transistoren, die leichter herstellbar und daher zuerst verfügbar waren.

Wenn PMOS- und NMOS-Transistoren paarweise im selben Silizium-Chip hergestellt werden, spricht man von komplementärer MOS-Technik oder Complementary-MOS-Transistoren (CMOS-Transistoren, Bild 13). Besondere Vorteile von CMOS-Transistoren sind die sehr niedrige Verlustleistung, die hohe Störsicherheit, eine unkritische Versorgungsspannung sowie die Eignung für Analogsignalverarbeitung und Hochintegration.

13 Aus PMOS- und NMOS-Technik zusammengesetzter CMOS-Inverter

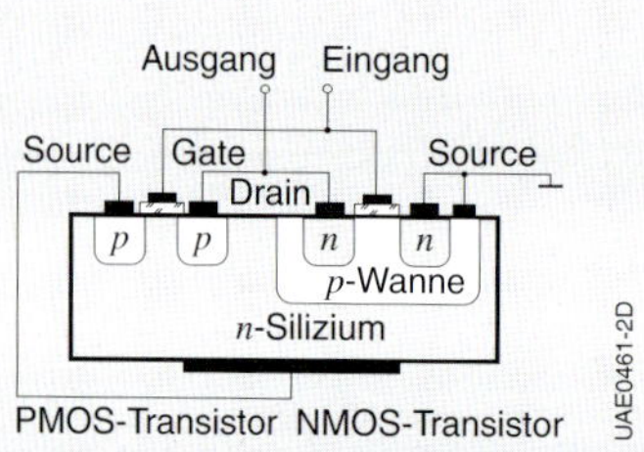

BCD-Mischprozess

Steigende Bedeutung gewinnen integrierte Strukturen für Leistungselektronikanwendungen. Sie werden auf einem Silizium-Chip mit Bipolar- und MOS-Bauelementen realisiert und können damit die Vorteile beider Technologien nutzen. Ein für die Automobilelektronik wichtiger Herstellungsprozess, der auch MOS-Leistungsbauelemente (DMOS) ermöglicht, ist der BCD-Mischprozess. Dieser ist eine Kombination aus Bipolar-, CMOS- und DMOS-Technologie.

Operationsverstärker

Anwendungsgebiete der Operationsverstärker

Der Name „Operationsverstärker" (OPV) kommt aus der Analogrechentechnik und kennzeichnet einen (fast) idealen Verstärker. Aufgrund seiner Eigenschaften wurde er insbesondere in Analogrechnern für die Lösung nichtlinearer Differentialgleichungen verwendet; z. B. als Summierer, Integrierer und Differenzierer. Mit der stürmischen Weiterentwicklung der Digitalelektronik wurden die Analogrechner immer mehr vom Markt verdrängt, sodass Analogrechner aktuell keine Rolle mehr spielen.

Durch die Integration in mikroelektronischen Schaltkreisen ist es heute möglich, solche Operationsverstärker zu einem sehr günstigen Preis auf dem Markt anzubieten, sodass viele Verstärkeranwendungen damit realisiert werden können. Um die gewünschten Eigenschaften zu erzielen, enthalten Operationsverstärker in integrierter Form einige (je nach Anforderung 10 ... 250) Transistoren, deren Anzahl bei der Integration jedoch nur eine untergeordnete Bedeutung spielt.

Ausgehend von einem „normalen" Operationsverstärker mit Spannungseingang und Spannungsausgang (VV-Operationsverstärker) soll zunächst das Verhalten eines idealen Operationsverstärkers beschrieben und seine Anwendung gezeigt werden. Danach werden die realen – d. h. nichtidealen – Eigenschaften näher beleuchtet und ihr Einfluss auf die zu realisierende Schaltung untersucht.

Grundlagen

Der ideale Standard-Operationsverstärker ist ein Verstärker mit zwei Eingängen und (normalerweise) einem Ausgang (Bild 14).

14 Grundsätzliches Schaltbild eines Operationsverstärkers

+ Nichtinvertierender Verstärkereingang,
– invertierender Verstärkereingang,
U_D Differenzspannung zwischen den beiden Eingangspotentialen U_P und U_N mit
$U_D = U_P - U_N$,
U_A Ausgangsspannung,
U_{CC} positive Versorgungsspannung,
U_E negative Versorgungsspannung.
Alle Spannungen sind auf Masse bezogen.

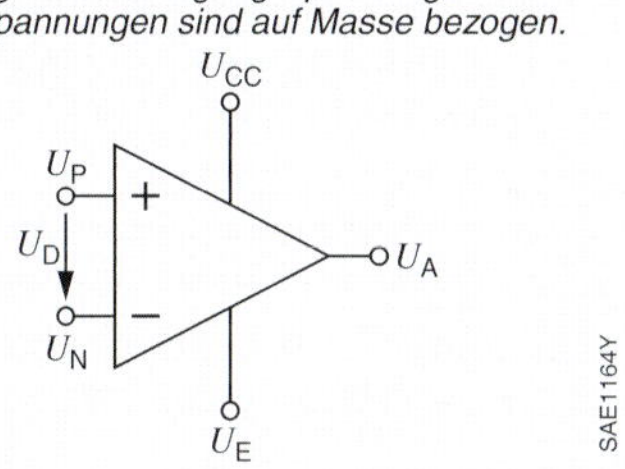

Die Eingänge sind der nichtinvertierende und der invertierende Eingang. Die Differenzspannung U_D wird verstärkt und dann am Ausgang als Ausgangsspannung U_A bereitgestellt: Es gilt die Beziehung:

$$U_A = A_D\, U_D\,.$$

A_D stellt die Leerlaufverstärkung dar. Der Operationsverstärker wird an eine positive und an eine negative Versorgungsspannung bezüglich des Massepotentials angeschlossen. Bei unipolarer Versorgung kann die negative Versorgungsspannung auf Massepotential liegen. Üblicherweise werden die Versorgungsspannungen in vielen Schaltplänen nicht angegeben. Sie sind aber sehr wohl erforderlich, um die Energieversorgung des Operationsverstärkers zu gewährleisten.

Als Typen des Operationsverstärkers sind folgende Varianten geläufig (Bild 15):

- Normaler“ Operationsverstärker (VV-Operationsverstärker) mit Spannungseingang und Spannungsausgang,
- Transkonduktanz-Verstärker (VC-Operationsverstärker) mit Spannungseingang und Stromausgang,
- Transimpedanz-Verstärker (CV-Operationsverstärker) mit Stromeingang und Spannungsausgang,
- Stromverstärker (CC-Operationsverstärker) mit Stromeingang und Stromausgang.

In der Regel wird der VV-Operationsverstärker eingesetzt, der nun im Folgenden näher erläutert wird. Da für die Funktion eines Operationsverstärkers die Beschaltung von entscheidender Bedeutung ist, wird zunächst auf diese näher eingegangen. Wichtig ist hierbei die Unterscheidung zwischen einer Mit- und einer Gegenkopplung. Des Weiteren soll bei der Herleitung der Zusammenhänge von einem idealen Operationsverstärker ausgegangen werden.

15 Operationsverstärker-Typen (Prinzipdarstellung)

a) Normaler Operationsverstärker (VV) mit Spannungseingang und Spannungsausgang.
b) Transkonduktanz-Operationsverstärker (VC) mit Spannungseingang und Stromausgang.
c) Transimpedanz-Operationsverstärker (CV) mit Stromeingang und Spannungsausgang.
d) Stromverstärker (CC) mit Stromeingang und Stromausgang.

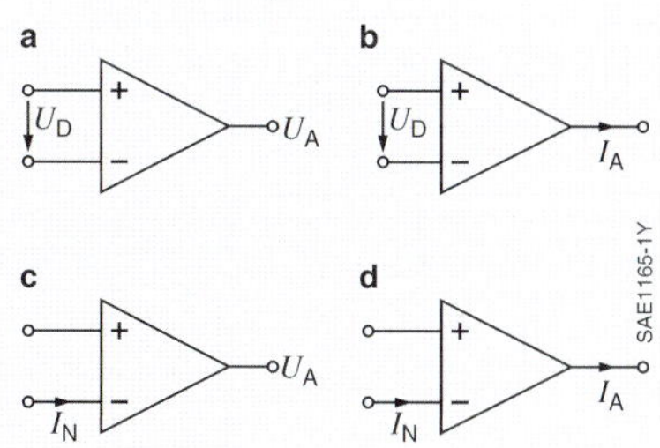

Beschaltung: Gegen- und Mitkopplung

Die Gegenkopplung wirkt der Ursache entgegen. Beim Operationsverstärker ist hierfür eine Verbindung vom Ausgang auf den invertierenden Eingang erforderlich (Bild 16). Diese Verbindung kann durch ein Netzwerk realisiert sein. Die Ursache für eine Änderung der Ausgangsspannung U_A ist stets eine Änderung der Differenzspannung U_D am Eingang; daher wirkt die Gegenkopplung immer so, dass die Spannung U_D sehr klein und im Idealfall null wird.

16 Gegen- und Mitkopplung

U_D Differenzspannung,
U_A Ausgangsspannung.

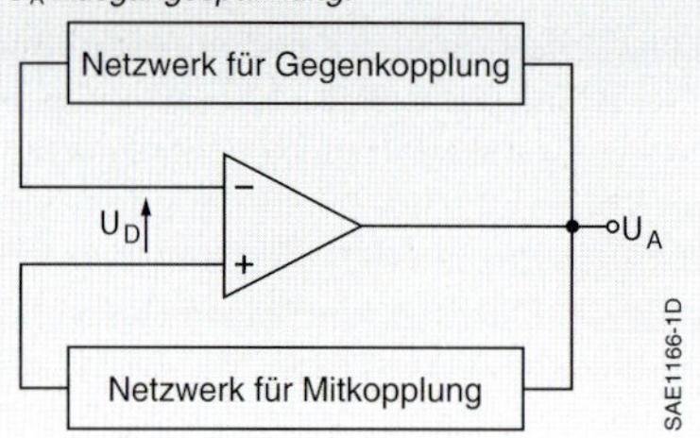

Die Mitkopplung unterstützt im Unterschied zur Gegenkopplung die Ursache für die Änderung am Ausgang. So wird U_A durch die Mitkopplung verstärkt, d. h., U_D wächst mit sich änderndem U_A noch an und ist damit stets ungleich null. Damit kann die Ausgangsspannung U_A nur zwei stationäre Werte annehmen, nämlich den Maximalwert oder den Minimalwert.

Aus regelungstechnischer Sicht ergibt sich aus dem Operationsverstärker und der Rückkopplung gemäß Bild 17 eine

17 Gegenkopplung

U_E Eingangsspannung als Sollwert,
U_A Ausgangsspannung,
U_D Differenzspannung ergibt sich am Summationspunkt ⊕ zu $U_D = U_E - k\,U_A$.
Regelstrecke mit der Verstärkung A_D,
Rückkopplung mit der Verstärkung k.

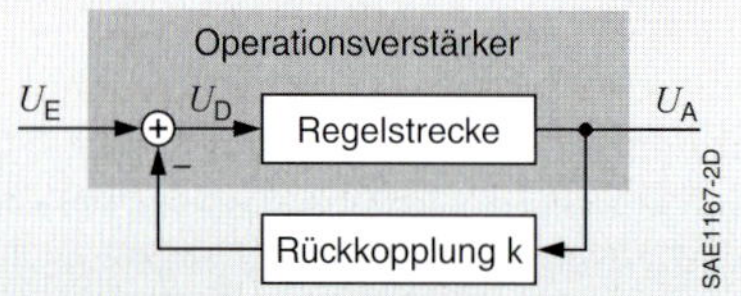

Gegenkopplung. Unter Berücksichtigung einer hohen Verstärkung A_D folgt

$$U_A = A_D\,U_D = A_D\,(U_E - k\,U_A)$$

und für die die Gesamtverstärkung

$$A = \frac{U_A}{U_E} = \frac{A_D}{1 + k A_D} \approx \frac{1}{k}\,.$$

Damit wird deutlich, dass trotz einer sehr hohen Leerlaufverstärkung A_D des Operationsverstärkers mit Hilfe der Gegenkopplung eine endliche Verstärkung A mit dem Gegenkoppelnetzwerk eingestellt werden kann. Dies wird weiter unten anhand von Beispielen näher erläutert.

Idealer und realer Operationsverstärker

Zunächst werden die Eigenschaften eines idealen Operationsverstärkers gemäß Bild 18 im Überblick dargestellt.

18 Idealer Operationsverstärker

U_D Differenzspannung zwischen den beiden Eingangspotentialen U_P und U_N mit
$U_D = U_P - U_N$,
I_P, I_N Eingangsströme,
U_A Ausgangsspannung,
I_A Ausgangsstrom.

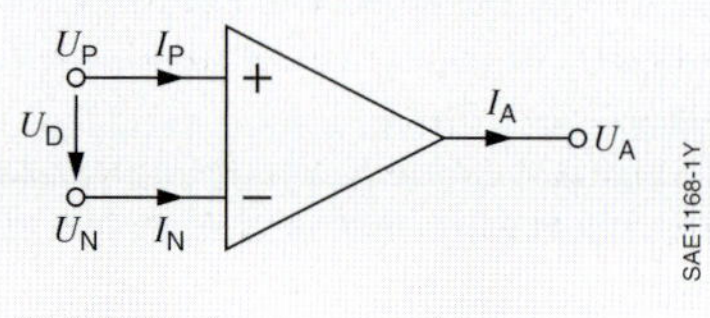

Weitere Informationen hierzu siehe [1].

- Gleichtakt-Eingangswiderstand zwischen je einem Eingang und Masse, wobei gilt: $r_{GP} = U_P/I_P$; $r_{GN} = U_N/I_N$. Im Allgemeinen kann der Gleichtakt-Eingangswiderstand vernachlässigt werden.
- Differenz-Eingangswiderstand zwischen den beiden Eingängen; hier gilt: $r_D = (U_P - U_N)/I_P$. Durch die Gegenkopplung wird r_D erhöht.

- Ausgangswiderstand, differentielle Größe $r_A = dU_A/dI_A$. Der Ausgangswiderstand r_A wird durch eine Gegenkopplung erniedrigt.
- Offsetspannung U_{OS}: Kenngröße zur Beschreibung der Tatsache, dass auch bei Kurzschluss zwischen den beiden Eingängen (also $U_D = 0$) die Ausgangsspannung U_A ungleich null ist.
- Gleichtaktunterdrückungsverhältnis (CMRR, Common-Mode-Rejection-Ratio): Diese Größe beschreibt die Änderung der Ausgangsspannung U_A, wenn sich die beiden Eingangsspannungen U_P und U_N gleichzeitig (im Falle vom periodischen Eingangssignalen gleichphasig) ändern, d. h. U_D konstant bleibt.
- Netzstörunterdrückungsverhältnis (PSRR, Power-Supply-Rejection-Ratio): Änderung der Ausgangsspannung U_A aufgrund einer Änderung der Versorgungsspannungen.

Die wesentlichen Idealisierungen lauten:

- Die Leerlaufverstärkung A_D geht gegen unendlich; im Falle einer Gegenkopplung gilt dann: $U_D = 0$.
- Die Eingangsströme I_N und I_P gehen jeweils gegen null.
- Falls I_N und I_P jeweils gegen null gehen, folgt, dass der Gleichtakt- und der Differenz-Eingangswiderstand gegen unendlich gehen.
- Die Offsetspannung U_{OS} geht gegen null.
- Der Ausgangswiderstand R_A geht gegen null.
- Das Gleichtaktunterdrückungsverhältnis (CMRR) geht gegen unendlich, d. h., bei gleich großer und gleichphasiger Änderung der Spannungen U_P und U_N bleibt U_A unverändert.
- Das Netzstörunterdrückungsverhältnis (PSRR) geht gegen unendlich, d. h., bei einer Änderung der Versorgungsspannung ändert sich U_A nicht.
- Das Verhalten ist unabhängig von der Frequenz.

In der Realität treffen die oben genannten Idealisierungen nicht ganz zu:

- Die Leerlaufverstärkung A_D liegt im Bereich von $10^4 ... 10^7$.
- Die Eingangsströme I_N und I_P liegen im Bereich von 10 pA bis 2 µA.
- Der Gleichtakt-Eingangswiderstand liegt im Bereich von $10^6 ... 10^{12}$ Ω, der Differenz-Eingangswiderstand bei bis zu 10^{12} Ω.
- Der Ausgangswiderstand R_A liegt im Bereich von 50 Ω bis 2 kΩ.
- Das Gleichtaktunterdrückungsverhältnis (CMRR) liegt im Bereich von 60...140 dB.
- Das Netzstörunterdrückungsverhältnis (PSRR) liegt im Bereich von 60...100 dB.
- Das Verhalten ist abhängig von der Frequenz (Tiefpassverhalten).

Grundschaltungen

Die äußere Beschaltung eines Operationsverstärkers bestimmt das Verhalten der gesamten Schaltung. Hierbei spielt die Gegenkopplung die dominierende Rolle, da hierdurch die Verstärkung durch die Wahl von Widerständen exakt eingestellt werden kann. Anhand von mehreren Beispielen soll nun die Funktion erläutert werden.

Invertierender Verstärker:
In Bild 19 ist die Grundschaltung für einen invertierenden Verstärker dargestellt. Der Name ist auf die negative Verstärkung zurückzuführen, d. h., dass bei einer periodischen Eingangsspannung die Ausgangsspannung U_A stets um 180° zur Eingangsspannung U_1 phasenverschoben ist. Im Folgenden ist es wichtig, dass aufgrund der Gegenkopplung und der hohen Leerlaufverstärkung A_D die Differenzspannung U_D am Eingang stets null ist, da der nichtinvertierende und der invertierende Eingang auf gleichem Potential gehalten werden. Da aufgrund der Gegenkopplung die Differenzspannung U_D auf null geregelt wird, bezeichnet man dies als „virtuellen Kurzschluss". Man spricht hier auch von der „virtuellen Masse", da der invertierende Eingang aktiv auf null (d. h. auf Mas-

19 Invertierender Verstärker

U_1 Eingangsspannung,
U_D Differenzspannung,
U_A Ausgangsspannung,
R_1, R_2 Netzwerkwiderstände,
I_{R1}, I_{R2} Ströme in R_1 und R_2,
I_N Eingangsstrom.

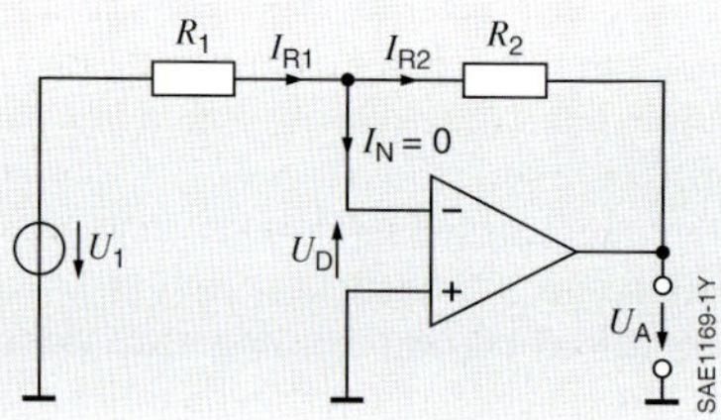

20 Nichtinvertierender Verstärker

U_1 Eingangsspannung,
U_D Differenzspannung,
U_A Ausgangsspannung,
R_1, R_2 Netzwerkwiderstände,
I_{R1}, I_{R2} Ströme in R_1 und R_2,
I_N Eingangsstrom.

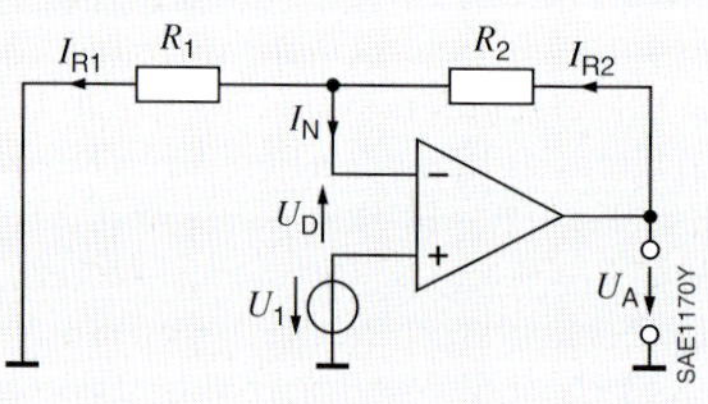

21 Impedanzwandler oder Spannungsfolger

U_1 Eingangsspannung,
U_D Differenzspannung,
U_A Ausgangsspannung,
R_E Eingangswiderstand,
I_P Eingangsstrom.

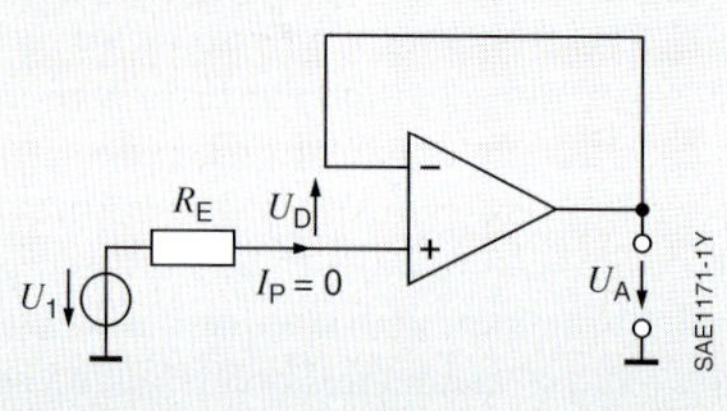

sepotential) gehalten wird. Außerdem werden die Eingangsströme vernachlässigt, insbesondere $I_N = 0$ gesetzt. Es gilt:

$$I_{R1} = \frac{U_1}{R_1} \text{ und } I_{R2} = -\frac{U_A}{R_2}.$$

Mit $I_{R1} = I_{R2}$ folgt dann:

$$U_A = -\frac{R_2}{R_1} U_1.$$

Die Ausgangsspannung U_A ist somit direkt von der Eingangsspannung U_1 und von der Wahl der Widerstände R_2 und R_1 abhängig.

Nichtinvertierender Verstärker:
Analog zum invertierenden Verstärker lässt sich der nichtinvertierende Verstärker behandeln (Bild 20). Wegen der Gegenkopplung gilt $U_D = 0$. Mit $I_{R1} = I_{R2}$ kann gemäß dem Spannungsteiler - bestehend aus R_1 und R_2 - die Spannung

$$U_1 = \frac{R_1}{R_1 + R_2} U_A$$

berechnet werden. Daraus folgt

$$U_A = \frac{R_1 + R_2}{R_1} U_1 = \left(1 + \frac{R_2}{R_1}\right) U_1.$$

Die Ausgangsspannung U_A ist hier ebenso direkt von der Eingangsspannung U_1 und der Wahl der Widerstände R_2 und R_1 abhängig; allerdings beträgt hier die Verstärkung U_A/U_1 mindestens den Wert eins; U_A und U_1 sind in Phase.

Ein Spezialfall des nichtinvertierenden Verstärkers ist der Spannungsfolger oder Impedanzwandler. Wenn R_1 einen unendlich großen Wert annimmt (Leerlauf) und R_2 gleich null (Kurzschluss) gesetzt wird (Bild 21), dann ist die Verstärkung gleich eins (d.h., $U_A = U_1$).

Als Vorteil dieser Schaltung gilt die Eigenschaft, dass die Eingangsspannungsquelle U_1 mit dem Innenwiderstand R_E nicht belastet wird, da der Eingangsstrom

I_P näherungsweise gleich null ist. Damit ergibt sich ein vernachlässigbarer Spannungsfall über R_E und wegen $U_D = 0$ steht die Eingangsspannung U_1 am Ausgang des Operationsverstärkers als U_A zur Verfügung. Dies ist insbesondere für die Aufbereitung von Sensorsignalen wichtig, da hier die Sensor-Ausgangsspannung in vielen Fällen nicht belastet werden darf, d. h., dass jeglicher Stromfluss aus dem Sensorelement die abgreifbare Spannung nennenswert erniedrigen kann.

Subtrahierverstärker:
Als gemeinsame Variante der beiden vorher genannten Schaltungen kann der Subtrahierverstärker (Bild 22) betrachtet werden. Aufgrund des Überlagerungssatzes (Superpositionsprinzip) kann der Zusammenhang zwischen der Ausgangsspannung U_A und den Eingangsspannungen U_1 und U_2 hergeleitet werden.

$$U_A = \frac{R_2}{R_1}(U_2 - U_1).$$

Instrumentenverstärker:
Insbesondere in der Sensorik müssen oft Differenzspannungen an Brückenschaltungen abgegriffen und verstärkt werden, ohne dass eine unzulässig hohe Belastung der Sensorspannung oder der Brückenspannung auftritt. Dies lässt sich durch einen hochohmigen Spannungsabgriff realisieren. Hierfür kann ein Instrumentenverstärker verwendet werden, der die Differenz zwischen zwei Potentialen U_2 und U_1 als verstärkte Ausgangsspannung U_A ausgibt. Der Instrumentenverstärker lässt sich in zwei Teile untergliedern: In den Vorverstärker und einen Subtrahierverstärker (Bild 22) mit weiterer Verstärkung. In Bild 23 ist die prinzipielle Eingangsschaltung der Vorverstärkung eines Instrumentenverstärkers dargestellt.

Gemäß der Regel der Gegenkopplung ist die Spannungsdifferenz zwischen den invertierenden und nichtinvertierenden Eingängen gleich null. Durch die Widerstände R und R' fließt jeweils der Strom I, da die Eingangsströme I_{N1} und I_{N2} vernachlässigt werden können. Es gilt:

$$I = \frac{U_1 - U_2}{R'} = \frac{U_{A1} - U_{A2}}{2\,R + R'}, \text{ also}$$

$$U_{A1} - U_{A2} = (U_1 - U_2)\left(\frac{2\,R}{R'} + 1\right).$$

Somit ergibt sich als Spannungsdifferenz U_D zwischen den beiden Ausgängen der beiden Operationsverstärker die verstärk-

22 Subtrahierverstärker

U_1, U_2 *Eingangsspannungen,*
U_D *Differenzspannung,*
U_A *Ausgangsspannung,*
R_1, R_2 *Netzwerkwiderstände.*

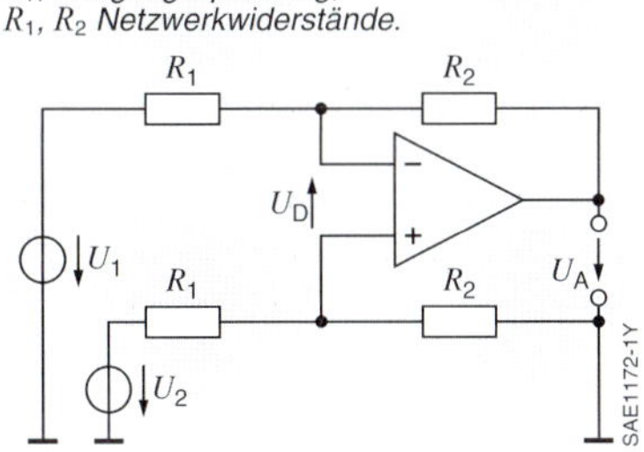

23 Vorverstärkung eines Instrumentenverstärkers

U_1, U_2 *Eingangsspannungen,*
I_{N1}, I_{N2} *Eingangsströme, I Strom,*
R, R' *Widerstände,*
U_{A1}, U_{A1} *Ausgangsspannungen, bezogen auf Masse.*

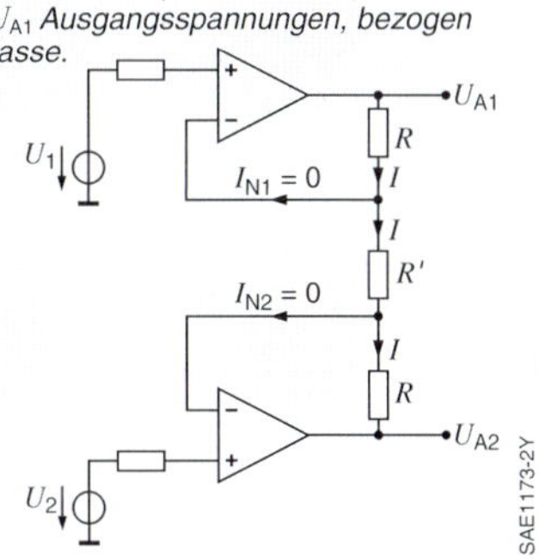

te Differenz zwischen den beiden Spannungen U_1 und U_2. Um diese Spannung U_D als eine auf die Masse bezogene Ausgangsspannung U_A auszugeben, kann ein Subtrahierverstärker nachgeschaltet werden (Bild 22), wobei U_{A1} anstelle von U_1 und U_{A2} anstelle von U_2 eingespeist wird.

Wichtige Kenndaten

Für viele Anwendungen müssen die Operationsverstärker bestimmte Eigenschaften aufweisen, die sich zum Teil widersprechen. Es gibt eine Vielzahl von Operationsverstärkern, welche für verschiedene Einsatzgebiete optimiert sind. Grundsätzlich werden die Daten für bestimmte Arbeitspunkte oder Arbeitsbereiche angegeben.

Temperaturbereich:
Im Konsumelektronik-Bereich ist der Temperaturbereich zwischen 0 °C und 70 °C üblich. Für den erweiterten industriellen Bereich wird häufig der Temperaturbereich zwischen −20 °C und +70 °C genannt; dieser Bereich wird vor allem für Geräte gefordert, die außerhalb von Gebäuden eingesetzt werden. Für militärische Einsatzgebiete wird der Temperaturbereich von −55 °C bis +125 °C angegeben. Diese Forderungen decken allerdings nicht alle Anforderungen für die Anwendung in Fahrzeugen ab; z. B. treten im Motorraum oder in Bremssystemen durchaus noch höhere Temperaturen auf.

Offset-Spannung:
Als Offsetspannung U_{OS} wird die Kenngröße zur Beschreibung der Tatsache bezeichnet, dass auch bei Kurzschluss zwischen den beiden Eingängen (d. h. für $U_D = 0$) die Ausgangsspannung U_A ungleich null ist. Diese wirkt somit wie eine von außen angelegte Spannung U_D und addiert sich zu dieser. Die Offsetspannung U_{OS} kann z. B. dadurch ermittelt werden, dass am Eingang diejenige Spannung ermittelt wird, welche die Ausgangsspannung U_A gleich null einstellt (Bild 24). Die Offsetspannung U_{OS} rührt u. a. von Asymmetrien in der inneren Beschaltung der beiden Eingänge her und liegt typischerweise im Bereich von einigen µV bis wenigen mV.

24 Offsetspannung

U_A Ausgangsspannung
U_D Differenzspannung zwischen den Eingängen,
U_{OS} Offsetspannung,
$U_{A,MAX}$ Maximale Ausgangsspannung,
$U_{A,MIN}$ Minimale Ausgangsspannung.

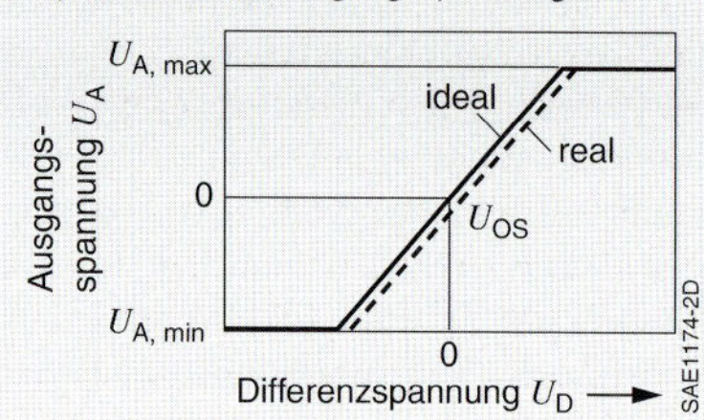

Allerdings ist neben dem Wert der Offsetspannung U_{OS} auch der Temperatureinfluss und die Langzeitstabilität von großer Bedeutung. Bei einigen Operationsverstärkern wird die Möglichkeit geboten, durch eine äußere Beschaltung die Offsetspannung zu kompensieren – soweit dies nicht bereits durch interne schaltungstechnische Maßnahmen realisiert ist. Wichtig ist in diesem Zusammenhang, dass auch die Eingangsspannung aufgrund des Temperatureinflusses driften kann; so stellen Lötstellen Thermoelemente mit einer Spannung in der Größenordnung von 10...100 mV/K dar.

Eingangswiderstände und -ströme:
Aufgrund der in der Regel sehr kleinen Eingangsströme I_N und I_P ergeben sich entsprechend sehr große Eingangswiderstände, die zum Teil im hohen Megaohm-Bereich liegen. Es wird hier zwischen dem Gleichtakt-Eingangswiderstand (Widerstand zwischen je einem Eingang und Masse) und dem Differenz-Eingangswiderstand zwischen den beiden Eingängen unterschieden.

Die Eingänge üblicher Operationsverstärker bilden Transistoren; entweder bipolare Transistoren, bei denen jeweils die Basis angesteuert wird, oder MOS-Feldeffekt-Transistoren, bei denen das Gate umgeladen wird. Hierdurch erklären sich die kleinen Eingangsströme. Bei Verwendung von bipolaren Transistoren sind dies Basisströme und liegen im Bereich von µA. Bei Verwendung von MOSFET ergeben sich die entsprechenden Gate-Ströme, die zum Umladen der beteiligten Gatekapazität erforderlich sind. Letztere sind proportional zur Schaltfrequenz und liegen in der Regel im Bereich von pA.

Der Eingangsstrom (Input Bias Current) kann bei hochohmigen Schaltungen einen Eingangsspannungsfehler verursachen. Dieser kann kompensiert werden, wenn an beiden Eingängen gleiche Impedanzen angeschlossen werden, da dann jeweils die gleiche Spannung abfällt und die Differenzspannung U_D davon unberührt bleibt. Wie die Offsetspannung kann auch der Eingangsstrom über die Temperatur und die Zeitdauer driften.

Ausgangswiderstand:
Der Ausgang des Operationsverstärkers lässt sich durch eine Serienschaltung einer idealen Spannungsquelle und einem Widerstand beschreiben; letzterer ist dann der Ausgangswiderstand R_A. Dieser Widerstand begrenzt den Ausgangsstrom. Im Allgemeinen können Operationsverstärker Ausgangsströme von 20 mA treiben, wobei es auch Typen mit einem Ausgangsstrom bis zu 10 A gibt.

Spannungsanstiegsrate:
Die Spannungsanstiegsrate (SR, Slew Rate) bezeichnet die maximal mögliche Änderung der Ausgangspannung U_A pro Zeit, d. h. den maximalen Wert für dU_A/dt. Die Werte für die Spannungsanstiegsrate liegt für herkömmliche Operationsverstärker im Bereich von unter 1 V/µs bis über 1 V/ns.

Rauschen:
Das Rauschen lässt sich durch durch Angabe der Rauschspannungsdichte oder der Rauschstromdichte beschreiben. Üblicherweise wird die Rauschspannungsdichte U'_R in nV/$\sqrt{\text{Hz}}$ angegeben.
Der Effektivwert der Rauschspannung U_R (analog gilt dies für den Rauschstrom) ergibt sich aus der jeweiligen Kennzahl multipliziert mit der Wurzel der betrachteten Bandbreite B:

$$U_R = U'_R \sqrt{B}.$$

Für eine Verstärkerschaltung ergibt sich die gesamte effektive Rauschspannungsdichte als die Wurzel aus der Summe der Quadrate der Effektivwerte.

$$U'_{R,ges} = \sqrt{(U_{R,1})^2 + ... + (U_{R,m})^2}.$$

m bezeichnet dabei die Anzahl der Rauschterme.

Das Rauschen wird überwiegend am Eingang des Operationsverstärkers bestimmt. Werden JFET oder MOSFET verwendet, ergibt sich ein niedriges Strom-, aber vergleichsweise hohes Spannungsrauschen. Umgekehrt verhält es sich bei Operationsverstärkern, die auf bipolaren Transistoren basieren (siehe [1] und [4].

Literatur

[1] U. Tietze, Ch. Schenk: Halbleiter-Schaltungtechnik, 13. Auflage, Springer-Verlag, 2010

[2] A. Führer, K. Heidemann, W. Nerreter:Grundgebiete der Elektrotechnik, Bände 1–3, Carl Hanser Verlag, München, Wien

[3] R. Ose: Elektrotechnik für Ingenieure, Carl-Hanser-Verlag, 2007

[4] R. Müller: Rauschen, Springer Verlag, 1989

Monolithische integrierte Schaltungen

Monolithische Integration

Die Planartechnik beruht darauf, dass sich Siliziumscheiben (Wafer) leicht oxidieren lassen und dass Dotierstoffe um viele Zehnerpotenzen langsamer ins Oxid als ins Silizium eindringen: nur wo Öffnungen in der Oxidschicht sind, erfolgt die Dotierung. Diese durch die IC-Konstruktion bestimmten geometrischen Muster werden mithilfe fotolithografischer Verfahren auf die Wafer übertragen. Alle Prozessschritte (Oxidieren, Abtragen, Dotieren, Abscheiden) erfolgen nacheinander von einer Oberflächenebene her (planar).

Die Planartechnik ermöglicht die Herstellung aller Komponenten einer Schaltung (z. B. Widerstände, Kondensatoren, Dioden, Transistoren) einschließlich der leitenden Verbindungen in einem gemeinsamen Fertigungsprozess auf einem einzigen Siliziumplättchen (Chip). Aus Halbleiterkomponenten werden monolithische integrierte Schaltungen (Integrated Circuit, IC).

Im Allgemeinen umfasst diese Integration ein Teilsystem der elektronischen Schaltung, zunehmend mehr auch das Gesamtsystem: „System on a Chip".

Aufgrund der immer höher steigenden Packungsdichte (Integrationsdichte) wird auch zunehmend die dritte Dimension, d. h. die Ebene senkrecht zur Oberfläche, im Design genutzt. Hierdurch können insbesondere für die Leistungselektronik Vorteile wie kleinere Widerstände, niedrigere Verluste und damit auch höhere Stromdichten erreicht werden.

Integrationsgrad

Der Integrationsgrad ist ein Maß für die Anzahl der Funktionselemente je Chip. Nach Integrationsgrad (und Chipfläche) unterscheidet man folgende Techniken:

- SSI (Small Scale Integration) mit bis zu einigen 100 Funktionselementen pro Chip und einer mittleren Chipfläche von 1 mm^2. Die Chipfläche kann bei Schaltungen mit hohen Leistungen aber auch sehr viel größer sein (z. B. Smart Power Transistors).
- MSI (Medium Scale Integration) mit einigen 100 bis 10 000 Funktionselementen pro Chip und einer mittleren Chipfläche von 8 mm^2.
- LSI (Large Scale Integration) mit bis zu 100 000 Funktionselementen pro Chip und einer mittleren Chipfläche von 20 mm^2.
- VLSI (Very Large Scale Integration) mit bis zu 1 Million Funktionselementen pro Chip und einer mittleren Fläche von 30 mm^2.
- ULSI (Ultra Large Scale Integration) mit über 1 Million Funktionselementen pro Chip (Flash-Speicher enthalten heute bis zu 20 Milliarden Transistoren pro Chip), einer Fläche bis zu 300 mm^2 und kleinsten Strukturgrößen von $\leq$ 30 nm.

Für die Konstruktion integrierter Schaltungen sind rechnergestützte Simulations- und Entwurfsmethoden (CAE und CAD) unerlässlich. Bei VLSI und ULSI werden ganze Funktionsblöcke eingesetzt, da sonst der zeitliche Aufwand und das Fehlerrisiko die Entwicklung unmöglich machen würde. Zusätzlich werden Simulationsprogramme benutzt, um eventuell auftretende Fehler erkennen zu können.

Herstellung von Halbleiterbauelementen und Schaltungen

Halbleiterbauelemente

Die meisten Halbleiterbauelemente werden aus Silizium hergestellt. Ausgangsmaterial ist SiO_2 (Quarz). Es ist in der Natur in Form von Bergkristall oder als Quarzsand in großen Mengen verfügbar. Daraus werden einkristalline Stäbe aus Reinstsilizium mit einem Durchmesser von ca. 50 mm (2″) bis 300 mm (12″) gezogen. Gängigste Durchmesser sind 150 mm (6″) und 200 mm (8″).

Bei der Herstellung der Kristalle wird eine vom Bauelementehersteller spezifizierte Leitfähigkeit (Grunddotierung) eingestellt. Nach Sägen, Läppen und Polieren entstehen Siliziumscheiben von etwa 0,3...0,7 mm Stärke. Sie werden Wafer genannt. Der Herstellungsprozess für Halbleiterbauelemente beginnt mit diesen Siliziumscheiben (Bild 1).

Mithilfe mechanischer Trennvorgänge entstehen aus jedem Wafer eine Vielzahl identischer Einzelsysteme (Chips). Vor dem Trennen wird durch eine Zwischenmessung geprüft, ob die Chips die elektrischen Solldaten erreichen. Nicht verwendbare Chips werden markiert und nach dem Trennvorgang ausgeschieden. Nur die ausgewählten Chips werden montiert, d. h. geklebt, gebondet, umhüllt, verschlossen und zum Endmessen gebracht (Bilder 1 und 3).

Die Wertschöpfungskette zwischen Ausgangsmaterial und Endprodukt ist extrem: Silizium in Form von reinem Quarzsand kostet etwa 1 Euro pro kg, in Form eines fertig prozessierten, hochwertigen Mikroprozessors bis zu 1 Million Euro pro kg.

Dotierverfahren

Beim Dotieren werden elektrisch wirksame Stoffe in den Halbleiterkristall an bestimmten Stellen mit genau definierter Konzentration reproduzierbar eingebaut. Dotiertechniken sind die Grundverfahren der Halbleitertechnik. Zielparameter sind Konzentrationsprofil, Eindringtiefe, Oberflächenkonzentration und Planparallelität der Dotierstoff-Fronten.

Hersteller von Halbleiterbauelementen kaufen ihr Ausgangsmaterial mit eng spezifizierten Grunddotierungen in Wafer-Form.

Dotieren während des Kristallwachstums

Während des Kristallwachstums wird der Siliziumschmelze z. B. Phosphor als Dotierstoff zugesetzt. Beim Ziehen des Einkristalls bauen sich die Phosphoratome in den Siliziumkristall ein und machen ihn damit N-leitend.

1 Arbeitsschritte bei der Herstellung von Halbleiterbauelementen

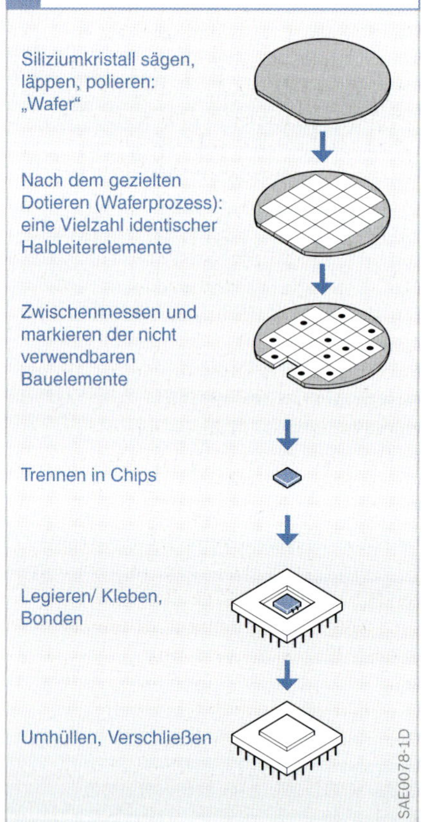

Dotieren durch Diffusion
Bei hohen Temperaturen kann der Dotierstoff in den Siliziumkristall eindiffundieren. Dazu wird an der Oberfläche der Wafer eine bestimmte Konzentration der Fremdatome erzeugt. Aufgrund des Konzentrationsunterschieds wandern die Dotieratome in das Innere der Siliziumwafer.

Für diesen Prozess werden z. B. 50 bis 200 Wafer gleichzeitig in einem Rohrofen bei Temperaturen um 1000 °C dampfförmigen Bor- oder Phosphorverbindungen ausgesetzt. Bor erzeugt P-leitende Gebiete, während durch Einwirkung von Phosphor N-leitende Gebiete entstehen. Oberflächenkonzentrationen, Temperatur und Zeit bestimmen die Eindringtiefe des Dotierstoffs.

Dotieren durch Ionenimplantation
Die Atome eines gasförmigen Dotierstoffs werden im Vakuum zunächst ionisiert, danach durch Hochspannung (bis 300 kV) beschleunigt und so in den Halbleiter „hineingeschossen". Hierbei ist eine besonders genaue Konzentration und Lokalisierung der Dotierung möglich. Zum Einbau der Dotieratome und zur Ausheilung des Kristallgitters ist eine thermische Nachbehandlung erforderlich.

Epitaxie
Dieses Dotierverfahren erzeugt auf einem einkristallinen Substrat eine einkristalline, dotierte Halbleiterschicht von einigen Mikrometern Dicke. Wird gasförmiges Siliziumtetrachlorid mit Wasserstoff über die auf etwa 1200 °C in einem Quarzrohr erhitzten Siliziumscheiben (Wafer) geleitet, zersetzt sich der Dampf und Silizium scheidet sich monokristallin mit etwa 1 μm/min ab. Wird dem Gasstrom eine definierte Menge Dotierstoff zugemischt, dann entsteht eine „Epitaxieschicht", deren elektrische Leitfähigkeit und Leitfähigkeitstyp sich wesentlich und sehr abrupt vom Substrat unterscheiden kann.

2 Mikrostruktur eines Mikrochips mit gebondeten Anschlüssen

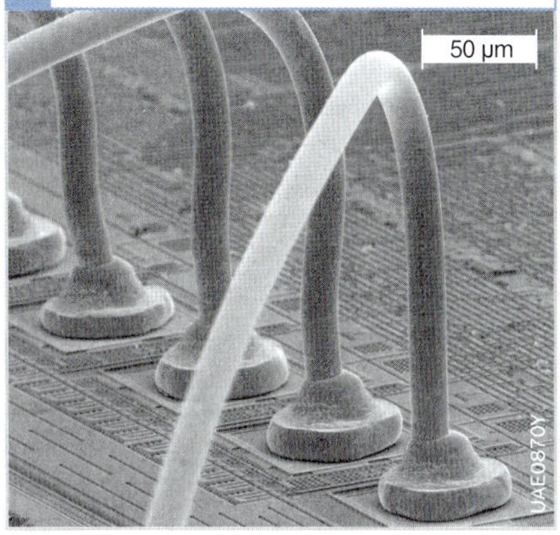

3 Verfahren zur Herstellung von Halbleiterbauelementen

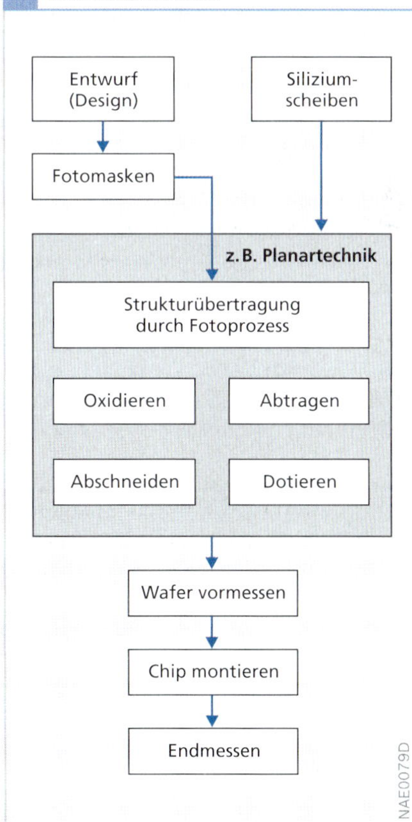

Fotolithographie und Planartechnik
Bei der *Fotolithographie* wird die Struktur des Bauelemente-Entwurfs (Design) mit Metallmasken auf den Wafer übertragen. Die Daten für die Maskenherstellung sind nach Abschluss des Designs auf einem Datenträger (z. B. Magnetband, CD) gespeichert. Damit wird ein Belichtungsgerät gesteuert, das die Strukturen auf Fotoplatten überträgt. Auf optischem Wege werden diese Strukturen anschließend auf Anwendungsgröße verkleinert und so oft auf Metallmasken nebeneinander kopiert, wie es der Fläche der eingesetzten Wafer entspricht.

Da dieses Verfahren bis zu Strukturgrößen anwendbar ist, die sehr viel kleiner sind als die Wellenlänge des genutzten Lichts, wird es auch in Zukunft weiter eingesetzt werden. Die kleinsten erreichbaren Strukturen hängen von der Wellenlänge der Lichtquelle ab. Mit UV-Lasern werden im Labor bereits Strukturen bis zu 0,08 µm auf fotolithographischem Weg erzeugt (zum Vergleich: ein menschliches Haar hat einen Durchmesser von 40...60 µm).

Mit anderen Methoden, wie z. B. mit Röntgen- oder Elektronenstrahllithographie, lassen sich noch wesentlich kleinere Strukturen erzeugen. Diese Verfahren sind aber auch wesentlich teurer, da mit ihnen immer nur *ein* IC auf dem Wafer gleichzeitig „belichtet" werden kann. Deshalb werden sie nur für Spezialfälle verwendet.

Siliziumscheiben (Wafer) lassen sich leicht mit Sauerstoff oder Wasserdampf oxidieren. Diese Oxidschicht verhindert beim Dotieren das Eindringen der Fremdatome. In der Planartechnik werden auf dieser Oxidschicht Öffnungen hergestellt, sodass beim Dotieren durch diese Öffnungen gezielt P- bzw. N-leitende Gebiete entstehen:

Der Wafer wird mit einem speziellen Lack beschichtet und danach durch Metallmasken abgedeckt und belichtet. Nach dem Entwickeln können die vorher von der Maske abgedeckten Lackflächen und die darunter liegende Oxidschicht weggeätzt werden. Die Lage, Größe und Form der so hergestellten Öffnungen entsprechen exakt dem vorgegeben Design. Beim anschließenden Dotieren im Diffusionsofen oder bei der Ionenimplantation dringen elektrisch wirksame Stoffe wie Bor oder Phosphor nur durch diese „Fenster" in der Oxidschicht in das Silizium ein und erzeugen an den gewünschten Stellen N- bzw. P-dotierte Bereiche. Nun wird die Oxidschicht wieder entfernt und der Wafer steht für den nächsten Prozessschritt bereit.

Der fotolithographische Prozess sowie der Dotiervorgang werden so oft wiederholt, wie das Halbleiterbauelement Schichten verschiedener Leitfähigkeit erhalten soll. Bei komplexen, integrierten Schaltungen sind dafür mehr als 20 Prozessschritte notwendig. Um die dadurch hergestellten Funktionselemente elektrisch miteinander zu verbinden, werden die Wafer mit Aluminium oder Kupfer beschichtet und danach die metallischen Leiterbahnen strukturiert, wobei auch bei diesem Verfahren mehrere Metalllagen übereinander angeordnet sein können.

Nach Abschluss dieses Wafer-Prozesses erfolgt die elektrische Prüfung der einzelnen Chips auf dem Wafer (Vormessen). Chips, die nicht den Spezifikationen genügen, werden mit Farbpunkten gekennzeichnet. Danach werden die Wafer mit einer Diamantsäge in Chips vereinzelt. Die funktionsfähigen Chips werden anschließend in Metall- oder Kunststoffgehäuse montiert und mit Anschlüssen versehen. Nach hermetischem Verschluss oder Umhüllen mit Kunststoff erfolgt die Endprüfung.

Konventionelle Leiterplatten

Die Leiterplatte hat sich zu einem eigenständigen elektronischen Bauteil entwickelt. Sie muss genau festgelegte elektrische und mechanische Eigenschaften aufweisen. Zum Beispiel hält die Leiterplatte im Kraftfahrzeug Temperaturen von -40...+145 °C stand. Die Anforderungen an die EMV (Elektromagnetische Verträglichkeit), die Maximalströme und die Komplexität steigen ständig. Dabei sollen die Leiterplatten immer kleiner und kostengünstiger werden - und das bei kürzeren Produktlebenszyklen.

Das Grundmaterial - der Verdrahtungsträger - besteht aus einem Glasfasergewebe. Dieses kann starr oder starrflexibel sein. Die Leiterbahnen an der Oberfläche entstehen aus einer Kupferschicht von 12...70 µm (Basiskupfer). Diese Oberflächen werden, je nach Anwendung, mit Blei-Zinn, Gold oder einem organischen Oberflächenschutz zum Schutz vor Korrosion versehen.

Bauarten

Je nach Komplexität der Schaltung sind Leiterplatten aus mehreren Lagen aufgebaut (Bild 4). Die Leiterplatten im Kraftfahrzeug bestehen aus zwei bis acht Lagen.

Einseitige Leiterplatte
Das Leiterbild mit Leiterbahnen und Lötaugen befindet sich nur auf einer Seite des Verdrahtungsträgers (a).

Zweiseitig, nicht durchkontaktierte Leiterplatte
Auf beiden Seiten des Verdrahtungsträgers befindet sich jeweils ein Leiterbild. Die beiden Leiterbilder sind aber nicht miteinander verbunden (b).

Zweiseitig, durchkontaktierte Leiterplatte
Die Leiterbilder der beiden Seiten sind über eine auf den Wandungen der Bohrungen aufgebrachte Kupferschicht miteinander verbunden (c).

Mehrlagige Leiterplatte (Multilayer)
Neben den beiden Außenlagen (hier 1. Lage und 4. Lage) befinden sich zusätzliche Leiterebenen im Innern des Verdrahtungsträgers (Innenlagen). Diese Leiterebenen können elektrisch leitend miteinander verbunden sein. Dazu sind die entsprechenden Leiterebenen an die auf der Wandung der Bohrungen aufgebrachte Kupferschicht angebunden (d).

4 Bauarten der Leiterplatten

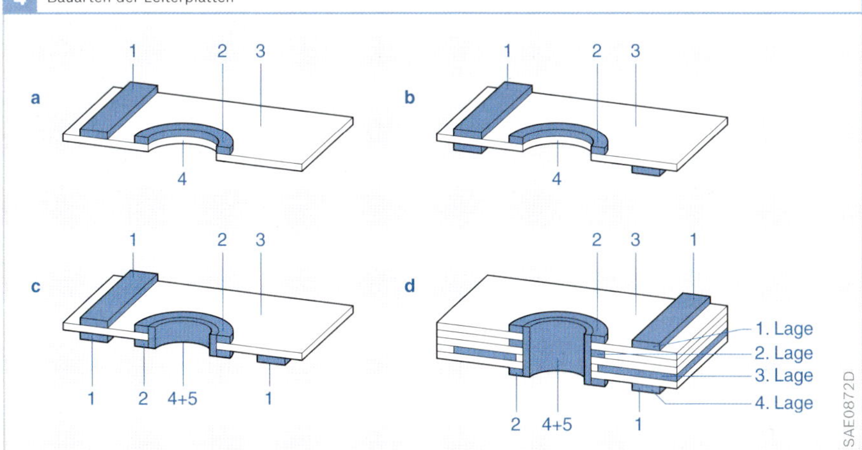

Bild 4
Schematische Darstellung, Leiterbahnen sind überhöht dargestellt

- a Einseitig
- b zweiseitig, nicht durchkontaktiert
- c zweiseitig, durchkontaktiert
- d mehrlagig (Multilayer)

- 1 Leiterbahn
- 2 Lötauge
- 3 Verdrahtungsträger
- 4 Bohrung
- 5 Kupferschicht (durchmetallisiertes Loch)

Herstellverfahren

Für die Herstellung von Leiterplatten haben sich die Leiterbildgalvanisierung (Pattern Plating) und die Flächengalvanisierung (Panel Plating) durchgesetzt (Bild 5).

5 Herstellverfahren für Leiterplatten

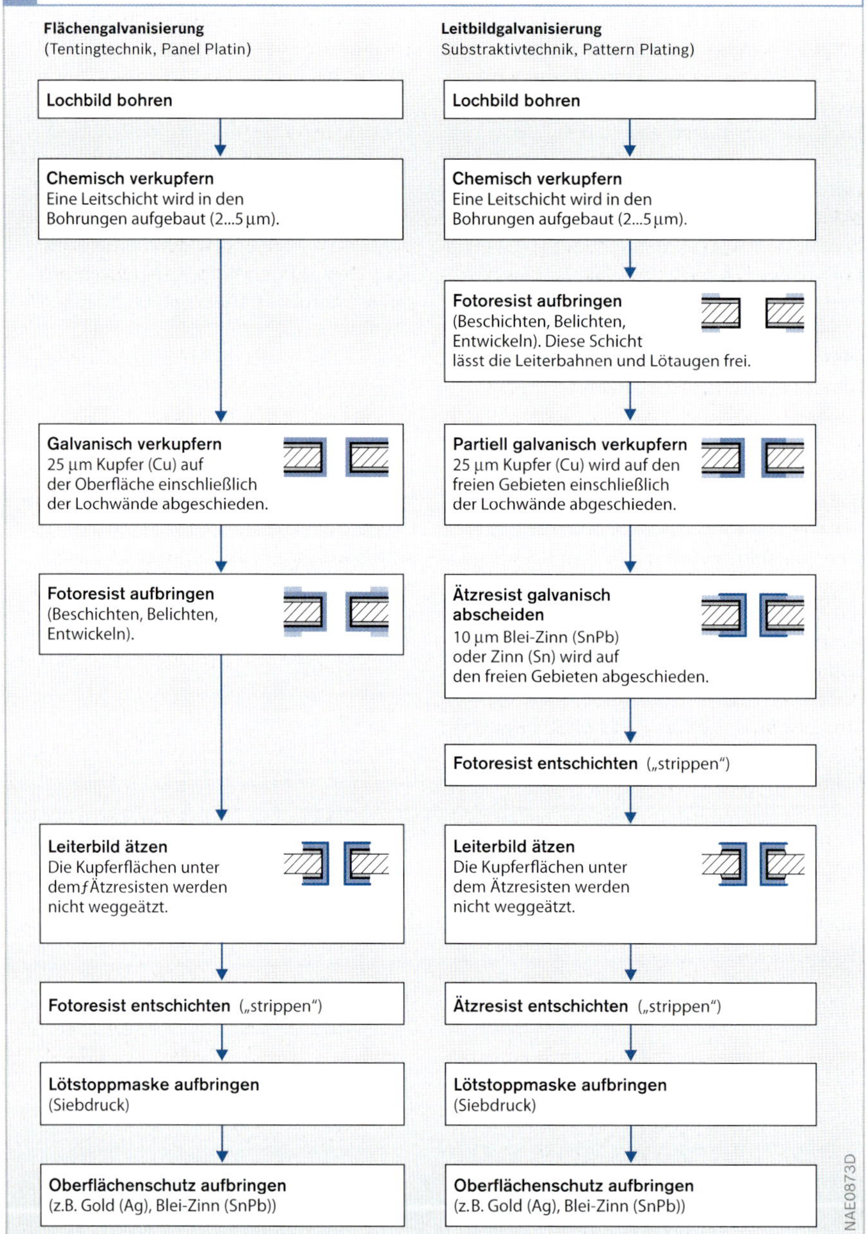

Bild 5
Das Basismaterial ist beidseitig mit einer Kupferfolie beschichtet (kupferkaschiert)

Weiterbearbeitung

Nach ihrer Herstellung wird die Leiterplatte mit Bauteilen bestückt. Auch für diese Bearbeitungsschritte gelten die höchsten Qualitätsstandards, um einen sicheren Betrieb der Steuergeräte im Kraftfahrzeug zu gewährleisten. Diese Weiterverarbeitung erfolgt in der Durchsteckmontagetechnik und in der Oberflächenmontagetechnik.

Durchsteckmontagetechnik

Bei der Durchsteckmontagetechnik werden die Anschlüsse der Bauteile in die Löcher der Leiterplatten gesteckt und anschließend verlötet (Bild 6a).

Oberflächenmontagetechnik (SMT)

Die Oberflächenmontagetechnik SMT (Surface Mount Technology) verwendet spezielle elektronische Bauteile, deren Anschlüsse flach auf der Leiterplatte aufliegen (Bild 6b). Ein solches Bauelement wird SMD-Bauteil (Surface Mounted Device) genannt. Ein weiterer Vorteil - neben der Erhöhung der Bauteildichte - ist, dass die Leiterplatte vollautomatisch bestückt werden kann. Die Oberflächenmontagetechnik setzt sich deshalb immer mehr durch. Die Bestückautomaten erreichen eine Bestückleistung von über 60 000 Bauelementen pro Stunde und damit eine Erhöhung der Produktivität.

Fertigungsablauf

Für die Weiterverarbeitung gibt es verschiedene Verfahren, die nach der räumlichen Anordnung der Betriebsmittel und der Arbeitsplätze gegliedert sind. Man unterscheidet zwischen der Werkstatt-, Pool-, Reihen- und Fließfertigung.

Das folgende Beispiel beschreibt die Fließfertigung (Bild 7). Nach DIN 33 415 handelt es sich bei der Fließfertigung um einen „nach dem Flussprinzip organisierten Arbeitsablauf mit starrer Verkettung, der räumlich abgestimmt sowie an eine Taktzeit gebunden ist“. Dabei sind im Flussprinzip „die einzelnen Arbeitsplätze entsprechend der Folge der Arbeitsaufgaben angeordnet“. Dieses Prinzip wird auch als Linienfertigung bezeichnet.

Bei der Herstellung der Elektronik eines Steuergeräts laufen folgende Fertigungsschritte ab:

Ausgangsmaterial

Ausgangsmaterial sind fertige, noch unbestückte Leiterplatten. Meist sind eine oder mehrere Leiterplatten auf einem in seinen Maßen genormten „Nutzen“ angeordnet. Nach der Bestückung werden die Leiterplatten aus diesen Nutzen ausgefräst.

6 Aufbauvarianten der Leiterplattentechnik

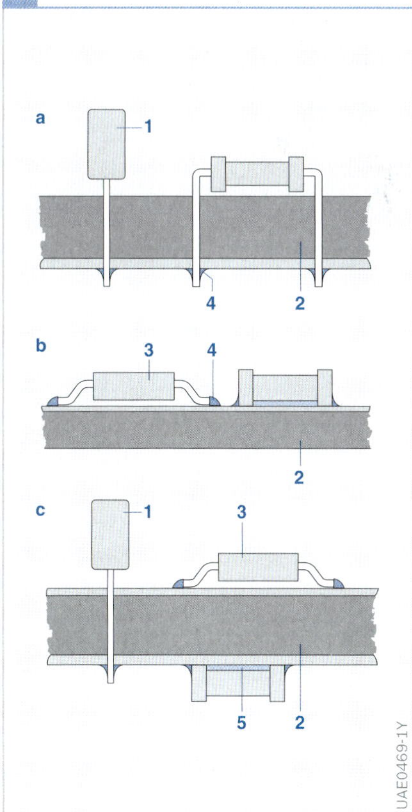

Bild 6
a Durchsteckmontagetechnik
b Oberflächenmontagetechnik
c gemischte Bestückung

1 Bedrahtetes Bauteil
2 Leiterplatte
3 SMD-Bauteil
4 Lötstelle
5 Kleber

Auftrag der Lotpaste
Der erste Schritt ist das Auftragen der Lotpaste für die SMD-Baueile mit dem Sieb- oder Schablonendruckverfahren. Die Lotpaste ist ein Gemisch aus Metallpulver, Flussmittel und weiteren organischen Hilfsstoffen. Sie wird mithilfe eines „Rakels" durch die Öffnungen der Siebe oder Schablonen auf den Nutzen durchgedrückt.

SMD-Bestückung (Reflowseite)
Ein Bestückungsautomat setzt die SMD-Bauteile in die auf dem Nutzen aufgetragene Lotpaste.

Reflowofen
Der Nutzen läuft auf einem Transportband durch einen Reflowofen. Dort wird die aufgebrachte Lotpaste unter Wärmeeinwirkung aufgeschmolzen. Die elektrische und mechanische Verbindung von Leiterplatte und Bauelement ist somit hergestellt.

LKS-Prüfung
Die Kamera eines Visionssystems begutachtet die Lötstellen (LKS, d. h. Lagekontrollsystem). Je nach Bildauswertung wird der Nutzen zu einem Reparaturplatz ausgeschieden oder zum nächsten Bestückschritt automatisch weitergeleitet.

Leiterplatte wenden
Bei diesem Schritt wird der Nutzen um 180 Grad gedreht, damit die „Unterseite" nach oben zeigt und bearbeitet werden kann. Das Bestücken der Unterseite ist abhängig von der Art des zweiten Lötverfahrens: Bei *Reflow-/Reflow-Verfahren* wiederholt sich der zuvor beschriebene Vorgang.

Beim alternativen *Reflow-/Welle-Verfahren* unterscheidet sich die Bestückung der SMD-Bauteile von der der Oberseite wegen des anderen Lötverfahrens. Dafür ist eine Klebestation notwendig.

Klebestation (Unterseite)
Zunächst werden in einer Klebestation Klebepunkte auf die Stellen der „Unterseite" gesetzt, an denen SMD-Bauteile platziert werden sollen. Dies geschieht mit Pipetten oder mit einer Schablone, ähnlich dem Lotpastenauftrag. Der Kleber fixiert die SMD-Bauteile bis zum Lötvorgang.

SMD-Bestückung (Unterseite)
In weiteren Stationen der Bestücklinie werden die Bauelemente auf den Klebestellen platziert. Dabei kommen für diese Seite nur solche Bauelemente in Betracht, die durch Wellenlöten mit der Leiterplatte verbunden werden können.

Kleber aushärten
Um ein Abfallen der Bauelemente während des Lötens zu verhindern, erfolgt das Aushärten des Klebers in einem Ofen.

BKS-Prüfung
Ein optisches BKS (Bauteilkontrollsystem) überprüft die Vollständigkeit und die Lage der Bauelemente auf der „Unterseite". Beanstandungen werden angezeigt und an einem nachgeschalteten Reparaturplatz behoben.

Leiterplatte wenden
Die Leiterplatte wird wieder um 180 Grad in ihre Ausgangslage zurückgedreht.

Drahtbestückung
Bei der Drahtbestückung werden Bauelemente der Durchsteckmontagetechnik (z. B. große Spulen und Stecker) in vorgesehene Montagebohrungen (Lötaugen) im Nutzen gesteckt. Sie werden später an der Rückseite zusammen mit den SMD-Bauteilen beim Wellenlöten verlötet. Mit der Drahtbestückung sind alle Bestückvorgänge abgeschlossen.

Wellenlöten
Mit dem Wellenlöten werden alle Lötverbindungen der SMD-Bauteile und der „Drahtbauteile" hergestellt. Der Wellenlötprozess in der Wellenlötanlage umfasst drei Schritte:
1. Die Unterseite des Nutzens wird mit einem Flussmittel benetzt.

2. Anschließend wird eine Vorwärmzone durchlaufen, damit die Bauteile nicht durch schnelle Temperaturwechsel beschädigt werden.
3. Der Nutzen läuft über eine von einer Düse erzeugten Lötwelle aus flüssigem Lot. Das Lötzinn setzt sich dabei an den Lötstellen (Pads) des Nutzens ab. Der Lötstopplack auf der Leiterplatte verhindert, dass sich Lötzinn an der falschen Stelle absetzt.

LKS-Prüfung
Eine weitere Kamera begutachtet die fertigen Lötstellen. Werden Fehler festgestellt, wird der Nutzen zu einem Reparaturplatz weitergeleitet.

In-Circuit-Test (ICT)
Der In-Circuit-Test (Test im Schaltkreis) dient zur Überprüfung der elektrischen Schaltung. Dabei werden die Bauelemente über einen Prüfadapter kontaktiert und hinsichtlich Funktion und elektrischer Werte überprüft.

Fräsen
Die einzelnen Leiterplatten werden nun mit computergesteuerten Fräsmaschinen aus dem Nutzen getrennt.

Endmontage
In der Endmontage wird die Leiterplatte in das Steuergerätegehäuse eingesetzt.

Temperaturprüfung
Das fertige Steuergerät wird sehr hohen Temperaturen ausgesetzt, um Extremsituationen zu testen. Damit wird der spätere Betrieb des Steuergeräts simuliert. So können Bauteil- oder Lötfehler entdeckt werden.

Endprüfung
Bevor das Steuergerät den Fertigungsbereich verlässt, wird es einer abschließenden Endprüfung unterzogen, die der im Betrieb geforderten Funktionalität entspricht.

7 Fertigungsschritte bei der Leiterplattenbestückung mit der Fließfertigung im Reflow-/Welle-Verfahren (Beispiel)

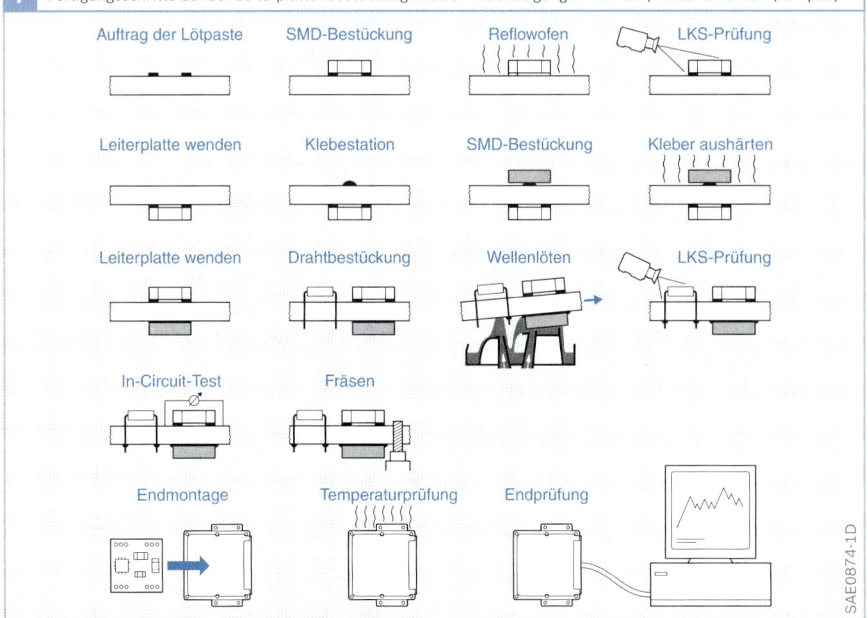

Schicht- und Hybridschaltungen

Schichtschaltungen

Bei integrierten Schichtschaltungen sind passive Schaltungselemente (vorzugsweise Leiterbahnen, Isolierungen und Widerstände, aber auch Kondensatoren und Induktivitäten) in Schichten auf einem Träger (Substrat) aufgebracht. Die Vorteile dieser Schaltungen sind:

- feine Strukturen (bis ca. 10 µm) mit hoher Schaltungselementdichte und
- gute Hochfrequenz-Eigenschaften.

Diesen Vorteilen stehen verhältnismäßig hohe Herstellkosten gegenüber.

Von den Schichtdicken leitete sich ursprünglich die Bezeichnungen „Dünnschichtschaltung“ und „Dickschichtschaltung“ ab. Die unterschiedlichen Herstellverfahren bestimmen jetzt die begriffliche Trennung.

Dünnschichtschaltungen
Bei Dünnschichtschaltungen sind die Schichten vorzugsweise mit Vakuumbeschichtungsverfahren auf Träger aus Glas oder Keramik aufgebracht.

Dickschichtschaltungen
Bei Dickschichtschaltungen sind die Schichten vorzugsweise im Siebdruckverfahren auf keramische Träger aufgebracht und anschließend eingebrannt.

Keramische Multilayersubstrate
Keramische Multilayersubstrate bestehen aus ungebrannten keramischen Folien, auf die mit Siebdrucktechnik Leiterbahnen aufgebracht sind. Mehrere dieser Folien werden dann zu einem Multilayer laminiert und anschließend bei 850...1600 °C zu einem festen Keramikkörper mit integrierten Leiterzügen versintert. Ein typisches Hybridsubstrat besteht aus vier oder fünf Schichten. Besonders hohe Verdrahtungsdichten lassen sich mit LTCC-Line-Substraten erzielen (Low Temperature Cofired Ceramic, d. h. bei niedriger Temperatur zusammen (gleichzeitig) gebrannte (gesinterte) Keramik).

Für die elektrischen Verbindungen zwischen den einzelnen Ebenen werden Löcher in den Einzelfolien gestanzt und mit Metallpaste gefüllt. Diese Löcher werden „Vias“ genannt. Mit geeigneten Materialsystemen lassen sich auch Widerstände und Kondensatoren integrieren. Die Verdrahtungsdichten sind im Vergleich zu Dickschichtschaltungen wesentlich höher.

Hybridschaltungen

Hybridschaltungen sind integrierte Schichtschaltungen mit zusätzlichen diskreten Bauelementen wie Kondensatoren und integrierten Halbleiterschaltungen (IC), die durch Löten oder Kleben aufgebracht sind. Die Verwendung von unverpackten Halbleiterchips, die durch „Bonden“ kontaktiert werden, oder SMD-Bauelementen ermöglicht eine hohe Bauelementedichte. Mit keramischem Multilayersubstrat lassen sich extrem kleine Hybridsteuergeräte realisieren (Mikrohybride). Die Vorteile dieser Schaltungen sind:

- hohe zulässige Einbautemperaturen wegen der guten Wärmeableitung,
- kleine, kompakte Bauweise mit guter Schüttelfestigkeit und
- gute Medienbeständigkeit.

Hybridschaltungen eignen sich daher besonders für den Einsatz in der Nachrichtentechnik und im Kraftfahrzeug, wo sie in ABS-, ASR-, ESP-, Getriebe- und Motorsteuergeräten (vorzugsweise für den Motoranbau) Verwendung finden.

Bild 8 zeigt die wesentlichen Schritte der Hybrid-Substratherstellung. In die Tapes werden für jede Verdrahtungslage unabhängig Löcher für die Vias gestanzt und mit Silberpaste gefüllt (Bild 9a). Siebdruckstationen drucken die Leiterbahnen auf. Die verschiedenen Lagen werden zueinander justiert, laminiert und dann bei 890 °C gebrannt. Ein speziell geführter Sinterprozess begrenzt die Toleranzen in der Ebene der gebrannten Keramik auf etwa 0,03 %. Dies ist für die Packungsdichte wichtig. Auf die Rückseite der Schaltung werden die Widerstände der Schaltung gedruckt und eingebrannt (Bild 9b).

Zum Bonden auf der Oberseite werden die Oberflächen mit einem auf die LTCC abgestimmten „Platingprozess" veredelt. Der Abstand der Kontakte des Mikrocontrollers (Bondlandraster auf dem Substrat) reicht von 450 bis zu 260 µm. Die Bondung der Bauteile erfolgt mit 32 µm Golddraht und 200 µm Aluminiumdraht.

Parallel zu den Funktionsvias sorgen thermische Vias mit einem Durchmesser von 300 pm für die optimale Kühlung der IC mit hoher Verlustleistung. Die thermische Leitfähigkeit des Substrats wird so von ca. 3 W/mK auf effektiv 20 W/mK gesteigert.

Alle Bauteile sind mit leitfähigem Kleber geklebt. Für die Endmontage des fertigen Hybrids gibt es zwei Verfahren:

Verfahren 1: Der fertige Hybrid wird mit wärmeleitendem Kleber auf die Stahlplatte des Gehäuses geklebt und mit der Glasdurchführung für den Anschlussstecker durch 200 µm Aluminiumdrahtbondung verbunden. Das Gehäuse ist hermetisch dicht verschweißt.

Verfahren 2: Der fertige Hybrid wird mit wärmeleitendem Kleber auf das Aluminiumgehäuse geklebt und mit den kunststoffumspritzten Steckerpins durch Gold- oder 300 µm Aluminiumdrahtbondung verbunden. Vor dem Aufkleben des Deckels wird ein Gel zum Schutz der Schaltung aufgebracht.

8 Fertigungsablauf eines Mikrohybridsubstrats

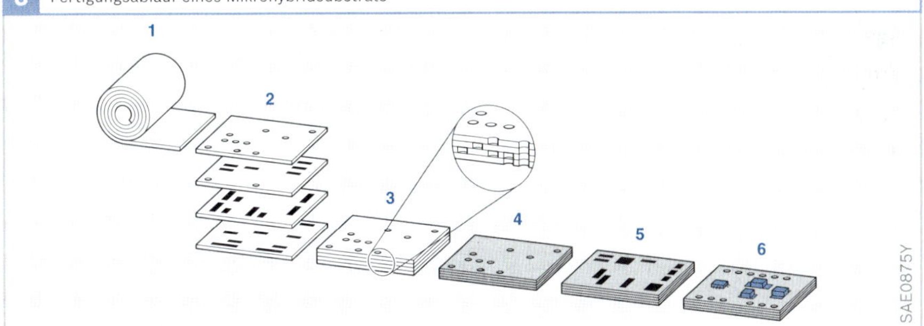

Bild 8
1 Ungebrannte Glaskeramik
2 Löcher stanzen, mit Leitpaste füllen und Leiterbahnen drucken
3 justieren und stapeln (laminieren) der Tapes
4 sintern
5 Widerstände (Rückseite) drucken, brennen und „Platting" der Bondpads (Vorderseite)
6 Bauelemente bestücken und drahtbonden

9 Beispiel einer Hybridschaltung (Ausschnitte)

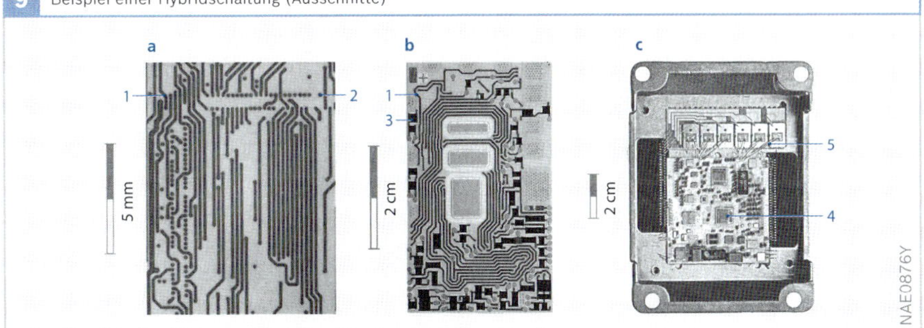

Bild 9
a Innere Lage
b Rückseite mit Widerständen
c Vorderseite im Steuergerät

1 Leiterbahn
2 Via
3 Widerstand
4 Mikrocontroller
5 Bonddraht

Steuergeräte

Mit der Digitaltechnik ergeben sich vielfältige Möglichkeiten zur Steuerung und Regelung elektronischer Systeme im Kraftfahrzeug. Viele Einflussgrößen können gleichzeitig mit einbezogen werden, sodass sich die Systeme bestmöglich betreiben lassen. Das Steuergerät empfängt die elektrischen Signale der Sensoren, wertet sie aus und berechnet die Ansteuersignale für die Stellglieder (Aktoren). Das Steuerungsprogramm - die „Software“ - ist in einem Speicher abgelegt. Die Ausführung des Programms übernimmt ein Mikrocontroller. Die Bauteile des Steuergeräts werden als „Hardware“ bezeichnet. Das Motronic-Steuergerät umfasst alle Steuer- und Regelalgorithmen für das Motormanagement (Zündung, Gemischbildung usw.)

Einsatzbedingungen

An das Steuergerät werden hohe Anforderungen gestellt. Es ist hohen Belastungen ausgesetzt durch

- extreme Umgebungstemperaturen (im normalen Fahrbetrieb von -40 bis +60...+125 °C),
- starke Temperaturwechsel,
- Betriebsstoffe (Öl, Kraftstoff usw.),
- Feuchteeinflüsse und
- mechanische Beanspruchung wie z. B. Vibrationen durch den Motor.

Das Steuergerät muss beim Start mit schwacher Batterie (z. B. Kaltstart) und bei hoher Ladespannung sicher arbeiten (Bordnetzschwankungen).

Weitere Anforderungen ergeben sich aus der EMV (Elektromagnetische Verträglichkeit). Die Forderungen an die elektromagnetische Störunempfindlichkeit und an die Begrenzung der Abstrahlung hochfrequenter Störsignale sind sehr hoch.

Aufbau

Die Leiterplatte mit den elektrischen Bauteilen (Bild 1) befindet sich in einem Kunststoff- oder Metallgehäuse. Die Sensoren, die Stellglieder und die Stromversorgung sind über eine vielpolige Steckverbindung (1) an das Steuergerät angeschlossen. Die Hochleistungsendstufen (3) zur direkten Ansteuerung der Stellglieder sind so im Gehäuse des Steuergeräts integriert, dass eine sehr gute Wärmeableitung zum Gehäuse und zur Umgebung gewährleistet ist.

Die meisten elektronischen Bauteile sind in SMD-Technik ausgeführt (Surface Mounted Devices, d. h. oberflächenmontierte Bauteile). Dies ermöglicht eine besonders Platz und Gewicht sparende Bauweise. Nur einige Leistungsbauteile und die Stecker sind in Durchsteckmontagetechnik ausgeführt.

Für den Anbau des Steuergeräts direkt am Motor gibt es auch kompakte, thermisch höher beanspruchbare Ausführungen in Hybridtechnik.

Datenverarbeitung

Eingangssignale

Sensoren bilden neben den Stellgliedern (Aktoren) als Peripherie die Schnittstelle zwischen dem Fahrzeug und dem Steuergerät als Verarbeitungseinheit. Die elektrischen Signale der Sensoren werden dem Steuergerät über Kabelbaum und den Anschlussstecker (1) zugeführt. Diese Signale können unterschiedliche Formen haben:

Analoge Eingangssignale

Analoge Eingangssignale können jeden beliebigen Spannungswert innerhalb eines bestimmten Bereichs annehmen. Beispiele für physikalische Größen, die als analoge Messwerte bereitstehen, sind die angesaugte Luftmasse, die Batteriespannung, der Saugrohr- und Ladedruck sowie die Kühlwasser- und Ansauglufttemperatur.

Sie werden von einem Analog-Digital-Wandler (ADW) im Mikrocontroller des Steuergeräts in digitale Werte umgeformt, mit denen die zentrale Recheneinheit des Mikrocontrollers rechnen kann. Die maximale Auflösung dieser Analogsignale beträgt 5 mV. Damit ergeben sich für den gesamten Messbereich von 0...5 V ca. 1000 Stufen.

Digitale Eingangssignale

Digitale Eingangssignale besitzen nur zwei Zustände: „High" (logisch 1) und „Low" (logisch 0). Beispiele für digitale Eingangssignale sind Schaltsignale (Ein/Aus) oder digitale Sensorsignale wie Drehzahlimpulse eines Hall- oder Feldplattensensors. Sie können vom Mikrocontroller direkt verarbeitet werden.

Pulsförmige Eingangssignale

Pulsförmige Eingangssignale von induktiven Sensoren mit Informationen über Drehzahl und Bezugsmarke werden in einem eigenen Schaltungsteil im Steuergerät aufbereitet. Dabei werden Störimpulse unterdrückt und die pulsförmigen Signale in digitale Rechtecksignale umgewandelt.

Signalaufbereitung

Die Eingangssignale werden mit Schutzbeschaltungen auf zulässige Spannungspegel begrenzt. Das Nutzsignal wird durch Filterung weitgehend von überlagerten Störsignalen befreit und gegebenenfalls durch Verstärkung an die zulässige Eingangsspannung des Mikrocontrollers angepasst (0...5 V).

Je nach Integrationsstufe des Sensors kann die Signalaufbereitung teilweise oder auch ganz bereits im Sensor stattfinden.

Signalverarbeitung

Das Steuergerät ist die Schaltzentrale für die Funktionsabläufe der Motorsteuerung. Im Mikrocontroller laufen die Steuer- und Regelalgorithmen ab. Die von den Sensoren und den Schnittstellen zu anderen Systemen (z. B. CAN-Bus) bereitgestellten Eingangssignale dienen als Eingangsgrößen. Sie werden im Rechner nochmals plausibilisiert. Mithilfe des Steuergeräteprogramms werden die Ausgangssignale zur Ansteuerung der Aktoren berechnet.

1 Aufbau eines Steuergeräts am Beispiel einer ME-Motronic (aufgeschnittener Gehäusedeckel)

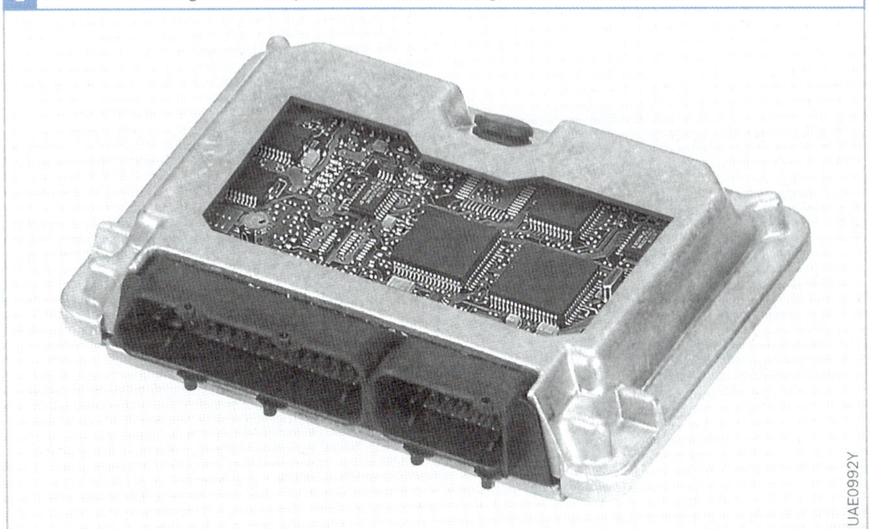

Ausgangssignale
Der Mikrocontroller steuert mit den Ausgangssignalen Endstufen an, die üblicherweise genügend Leistung für den direkten Anschluss der Stellglieder (Aktoren) liefern. Es ist auch möglich, dass für besonders große Stromverbraucher (z. B. Motorlüfter) bestimmte Endstufen Relais ansteuern.

Die Endstufen sind gegenüber Kurzschlüssen gegen Masse oder der Batteriespannung sowie gegen Zerstörung infolge elektrischer oder thermischer Überlastung geschützt. Diese Störungen sowie aufgetrennte Leitungen werden durch den Endstufen-IC als Fehler erkannt und dem Mikrocontroller gemeldet.

Schaltsignale
Mit den Schaltsignalen können Stellglieder ein- und ausgeschaltet werden (z. B. Motorlüfter).

PWM-Signale
Digitale Ausgangssignale können als PWM-Signale ausgegeben werden. Diese „Puls-Weiten-Modulierten" Signale sind Rechtecksignale mit konstanter Frequenz und variabler Einschaltzeit (Bild 2). Mit diesen Signalen können verschiedene Stellglieder (Aktoren) in beliebige Arbeitsstellungen gebracht werden (z. B. Abgasrückführventil, Ladedrucksteller).

2 PWM-Signale

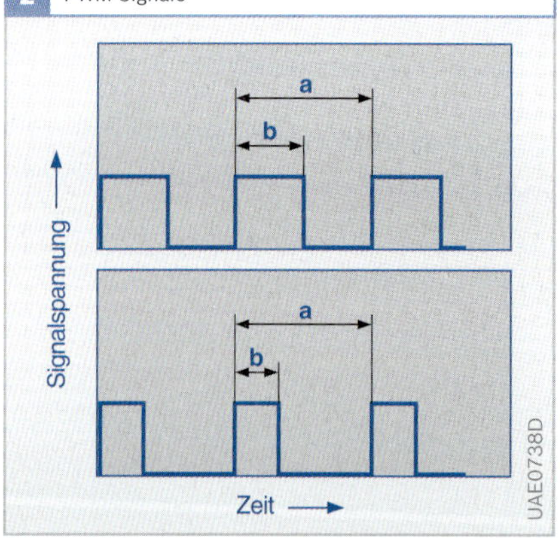

Bild 2
a Periodendauer (fest oder variabel)
b variable Einschaltzeit

Kommunikation innerhalb des Steuergeräts
Die peripheren Bauelemente, die den Mikrocontroller in seiner Arbeit unterstützen, müssen mit diesem kommunizieren können. Dies geschieht über den Adress-/Datenbus. Der Mikrocontroller gibt über den Adressbus z. B. die RAM-Adresse aus, deren Speicherinhalt gelesen werden soll. Über den Datenbus werden dann die der Adresse zugehörigen Daten übertragen. Frühere Entwicklungen im Kfz-Bereich kamen mit einer 8-Bit-Busstruktur aus. Das heißt, der Datenbus besteht aus acht Leitungen, über den 256 Werte übertragen werden können. Mit dem bei diesen Systemen üblichen 16-Bit-Adressbus können 65 536 Adressen angesprochen werden. Komplexe Systeme erfordern heutzutage 16 oder sogar 32 Bit für den Datenbus. Um an den Bauteilen Pins einzusparen, können Daten- und Adressbus in einem Multiplexsystem zusammengefasst werden. Das heißt, Adresse und Daten werden zeitlich versetzt übertragen und nutzen gleiche Leitungen.

Für Daten, die nicht so schnell übertragen werden müssen (z. B. Fehlerspeicherdaten), werden serielle Schnittstellen mit nur einer Datenleitung eingesetzt.

EOL-Programmierung
Die Vielzahl von Fahrzeugvarianten, die unterschiedliche Steuerungsprogramme und Datensätze verlangen, erfordert ein Verfahren zur Reduzierung der vom Fahrzeughersteller benötigten Steuergerätetypen. Hierzu kann der komplette Speicherbereich des Flash-EPROMs mit dem Programm und dem variantenspezifischen Datensatz am Ende der Fahrzeugproduktion mit der EOL-Programmierung (End Of Line) programmiert werden.

Eine weitere Möglichkeit zur Reduzierung der Variantenvielfalt ist, im Speicher mehrere Datenvarianten (z. B. Getriebevarianten) abzulegen, die dann durch Codierung am Bandende ausgewählt werden. Diese Codierung wird im EEPROM abgelegt.

Leistungsfähigkeit der Steuergeräte

Die Leistungsfähigkeit der Steuergeräte geht einher mit den Entwicklungsfortschritten auf dem Gebiet der Mikroelektronik. Die ersten Benzineinspritzsysteme waren noch in Analogtechnik ausgeführt – mit eingeschränkter Flexibilität bei der Realisierung von Steuerungsfunktionen. Diese waren durch die Hardware festgelegt.

Einen Fortschritt brachte die Digitaltechnik mit dem Einzug des Mikrocontrollers. Die gesamte Steuerung des Motors wanderte in diesen universell einsetzbaren Halbleiterchip. Die eigentliche Steuerungslogik befindet sich bei mikrocontrollergesteuerten Systemen in einem frei programmierbaren Halbleiterspeicher.

Aus der zunächst einfachen Steuerung der Benzineinspritzung entwickelten sich komplexe Motormanagement-Systeme, die neben dem Einspritzsystem auch das Zündsystem mit Klopfregelung, die Abgasrückführung und eine Vielzahl weiterer Systeme steuern. Diese kontinuierliche Entwicklung wird sich auch in den nächsten Jahren noch weiter fortsetzen. Die Integration von Funktionen und vor allem deren Komplexität nehmen weiter zu. Diese Entwicklung ist nur dadurch möglich, dass die eingesetzten Mikrocontroller auch weiterhin immer leistungsfähiger werden.

Lange Zeit wurden Mikrocontroller der 8051-Familie von Intel eingesetzt, bis sie Ende der 1980er-Jahre durch die 80515-Derivate mit zusätzlichen Ein- und Ausgabemöglichkeiten für zeitgesteuerte Signale sowie einen integrierten Analog-Digital-Wandler abgelöst wurden. Damit konnten schon verhältnismäßig leistungsfähige Systeme realisiert werden. Bild 3 zeigt einen Leistungsvergleich eines Einspritz- (LH3.2) und Zündsystems (EZ129K) – ausgestattet mit 80C515-Controllern – mit den nachfolgenden Motronic-Systemen. Die ME7 hat bei einer Taktfrequenz von 40 MHz gegenüber der LH/EZ-Kombination annähernd eine 40fache Leistungsfähigkeit. Mit der ME9 wird sich dieser Wert mit einer neuen Generation von Mikrocontrollern und einer weiteren Steigerung der Taktfrequenz auf weit über das 50fache erhöhen.

In absehbarer Zukunft werden im Mikrocontroller nicht nur digitale Steuerungsabläufe abgearbeitet. Es werden Signalprozessoren integriert, die auch z. B. die von den Klopfsensoren gelieferten Signale direkt verarbeiten können.

Beachtenswert sind auch die Entwicklungsfortschritte im Bereich der Halbleiterspeicher. Komplexe Steuerungsprogramme benötigen immens viel Speicherplatz. Die Kapazität der eingesetzten Speicherchips lag Anfang der 1980er-Jahre noch bei 8 kByte. Bei der ME7 kommen mittlerweile schon 1-MByte-Chips zum Einsatz, in naher Zukunft werden Speicher mit 2 MByte benötigt. Bild 3 zeigt diese Entwicklung und die Tendenz für die Zukunft.

3 Entwicklung von Steuergeräten

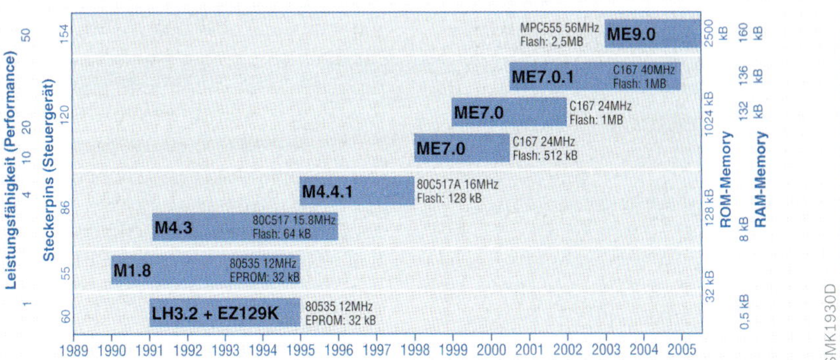

Bild 3
Grafische Darstellung der
- Leistungsfähigkeit von Motormanagement Systemen,
- Anzahl der Anschlusspins der Steuergeräte,
- Speichergröße des Programmspeichers,
- Speichergröße der Datenspeicher (RAM).

Zum Vergleich:
Die Leistungsfähigkeit eines dem neuesten Stand der Technik entsprechenden Motormanagement-Systems übertrifft bei weitem die Möglichkeiten von Apollo 13.

Digitalbausteine im Steuergerät

Mikrocontroller

Struktur

Ein Mikrocontroller besteht aus folgenden zusammenwirkenden Komponenten (Bild 1):

- *Zentraleinheit* (CPU, Central Processing Unit): Sie enthält Steuerwerk und Rechenwerk. Das Steuerwerk sorgt für die Ausführung der Befehle aus dem Programmspeicher, das Rechenwerk führt arithmetische und logische Operationen aus.
- *Ein- und Ausgabeeinheiten* (E/A oder I/O, Input/Output), die den Datenverkehr mit der Peripherie abwickeln. Zur Peripherie zählen Ein- und Ausgabegeräte sowie externe Speicher.
- *Programmspeicher*, in dem das Arbeitsprogramm (Anwenderprogramm) unverlierbar untergebracht ist (ROM, PROM, EPROM oder Flash-EPROM).
- *Datenspeicher*, auf den lesend und schreibend zugegriffen wird (RAM). In ihm sind die momentan in Bearbeitung befindlichen Daten abgelegt. Für Daten, die nach Abschalten der Versorgungsspannung nicht gelöscht werden dürfen, werden nichtflüchtige Speicher eingesetzt (EEPROM).
- Das *Bussystem* verbindet die einzelnen Elemente des Mikrocontrollers.
- Ein *Taktgenerator* (Oszillator) sorgt dafür, dass alle Operationen im Mikrocontroller in einem festgelegten Zeitraster erfolgen.
- Als *Logikschaltungen* werden Bausteine mit Sonderaufgaben bezeichnet wie z. B. Unterbrechung (Interrupt) eines Programms u. Ä. Sie sind in einzelnen E/A-Einheiten integriert.

Die Hauptkomponenten eines Mikrocomputers sind normalerweise als getrennte Bauelemente auf Leiterplatten vereinigt. Der Mikroprozessor innerhalb eines solchen Systems – die CPU – ist für sich allein nicht funktionsfähig: Er ist stets Teil eines Mikrocomputers. Beim Mikrocontroller hingegen sind die oben genannten Funktionen auf einem Siliziumplättchen integriert (System-on-a-Chip). Er ist für sich allein funktionsfähig (Stand alone) und wird deshalb auch als Single-Chip-Mikrocomputer bezeichnet.

Der Mikrocontroller wird für die Steuerung von selbstregelnden Systemen, wie z. B. einer Motorsteuerung, eingesetzt. Je nach Anwendung können zusätzlich Erweiterungen angeschlossen werden (z. B. Speichererweiterungen für Daten und Programmcode).

Das Anwenderprogramm ist fest vorgegeben und wird nicht für unterschiedliche Anwendungen ausgetauscht. Darin unterscheidet sich der Einsatz eines Mikrocontroller-Systems z. B. von einem PC.

Programmierung

Die einzige für einen Mikrocontroller unmittelbar interpretierbare Befehlsform ist ein Bitmuster, also die Binärdarstellung einer Zahl. Da diese Befehlsform jedoch für einen Programmierer unübersichtlich und daher fehlerträchtig ist, gibt es einprägsame Abkürzungen (Mnemonics). Diese werden automatisch mit einem Übersetzungsprogramm (Assembler) in die für den Mikrocontroller verständlichen Bitmuster (Maschinencode) übersetzt.

Für komplexere Systeme und Programme gibt es Hochsprachen, wie z. B. die Programmiersprache C, da umfangreiche Programme sonst nicht mehr zu überschauen und fehlerfrei zu erstellen wären. Diese Sprachen benötigen aufwändige Übersetzungsprogramme (Compiler), die den Text der Hochsprache in eine Form bringen, die der Mikrocontroller verarbeiten kann.

Der Maschinencode wird im Programmspeicher abgelegt und bleibt dort dauerhaft gespeichert. Die CPU greift über das Bussystem auf diese Komponente zu, liest die als Zahlenwerte verschlüsselten Befehle ein und führt diese aus.

1 Mikrocontroller

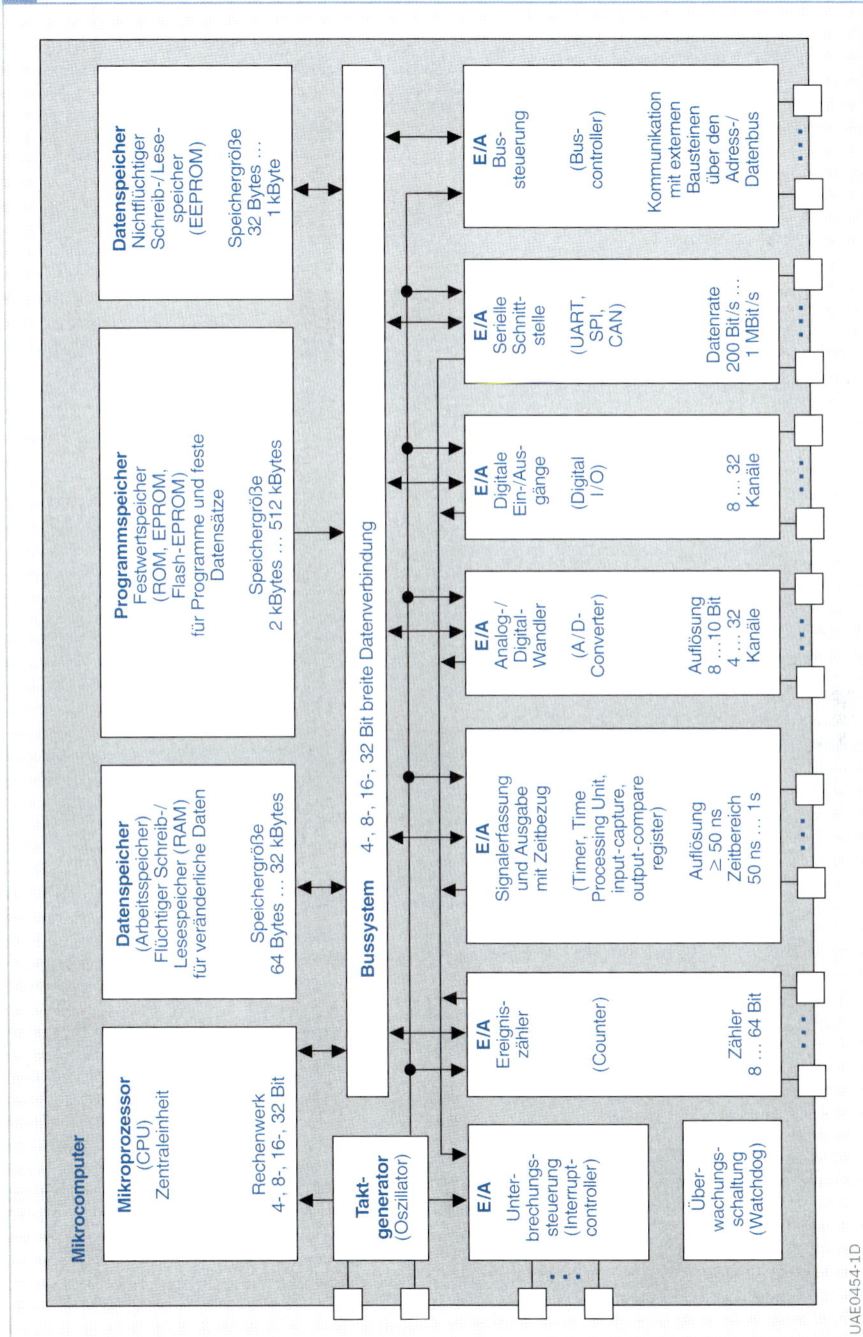

Halbleiterspeicher

Anwendung

Speicher dienen der Aufbewahrung großer Mengen von

- Digitalsignalen in Form von Daten (I/O-Daten, Zustände, Zwischenergebnisse mit häufigem und schnellem Schreiben und Lesen),
- Programmcode (in der Regel fest zu speichern) und
- Konstanten (fest zu speichern).

Speichern umfasst

- Aufnahme (Schreiben),
- dauerhaftes Aufbewahren (eigentliches Speichern) sowie
- Wiederauffinden und Abgabe (Lesen) von Informationen.

Speicher nutzen physikalische Effekte, die zwei verschiedene Zustände eindeutig und leicht erzeugen und erkennen lassen (z. B. leitend/nichtleitend oder geladen/ungeladen). Die zu speichernde Information muss also in binärer Form vorliegen, d. h. codiert in einer Serie von Ja-Nein-Zuständen (logisch 1, logisch 0). Eine solche Ja-Nein-Informationseinheit heißt Bit (Binary Digit).

Speicherbausteine sind je nach Anwendungsfall bit- oder wortorganisiert. „Wort" heißt dabei jede Zusammenfassung von Bits, die zusammenhängend verarbeitet werden kann. Die Wortlänge ist gleich der Anzahl der zusammenhängend verarbeiteten Bits. Acht Bits werden als Byte bezeichnet.

Es gibt in verschiedenen Wortlängen organisierte Speicher. Ein 8 M x 8-RAM z. B. hat die Speichergröße von 8 Millionen mal 8 Bit (64 MBit). Die Daten sind als Byte (8 Bit) organisiert, deshalb beträgt die Speichergröße 8 MByte.

Bei Mikrocontroller-Systemen sind Wörter von 4, 8, 16 und 32 Bits üblich. Die Wortlänge ist mitentscheidend für die Leistungsfähigkeit des Systems. Welche Datenbreite zur Anwendung kommt, hängt von den Anforderungen an die Leistungsfähigkeit des Systems ab.

Nachstehend werden die wichtigsten Bezeichnungen so erläutert, wie sie bereits genormt sind oder in welcher Bedeutung sie am häufigsten gebraucht werden (Übersicht in Bild 2).

2 Übersicht der Halbleiterspeicher

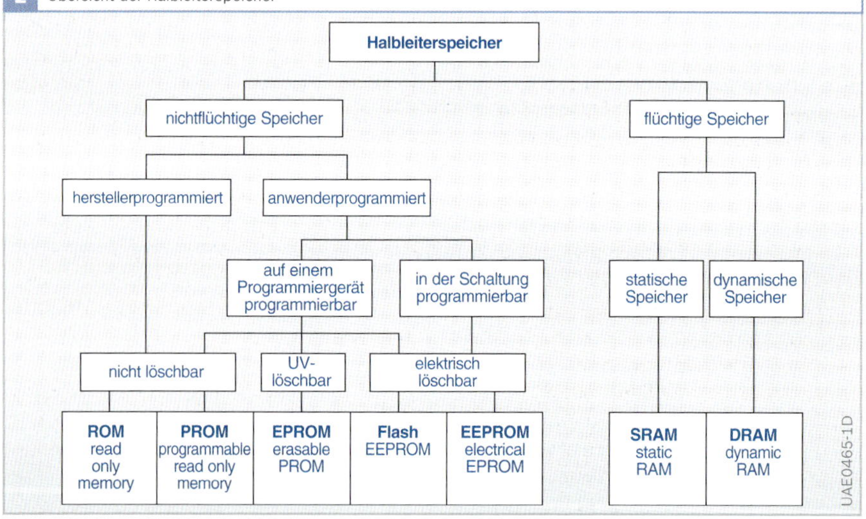

Schreib-Lese-Speicher (RAM)

Der Kurzzeitspeicher RAM (Random Access Memory) erlaubt den direkten Zugriff zu jedem Speicherplatz. Die Information kann beliebig oft eingeschrieben und ausgelesen werden.

Statische RAM (SRAM)

Statische RAM haben als Speicherzellen bistabile Schaltungselemente. Die Funktion ähnelt der eines Flipflops, einer einfachen Schaltung mit zwei Transistoren, von denen entweder der eine (logisch 1) oder der andere (logisch 0) leitet. Im SRAM bleibt die Information so lange gespeichert, bis das betreffende Speicherelement angesprochen (adressiert) und überschrieben oder die Betriebsspannung abgeschaltet wird. SRAM sind also flüchtige (volatile) Speicher.

Dynamische RAM (DRAM)

Im Gegensatz zum SRAM erscheint beim dynamischen RAM (DRAM) die zu speichernde Information als elektrische Ladung in der Gate-Kapazität eines CMOS-Transistors. Da solche Kondensatoren verlustbehaftet sind, fließt die Ladung langsam ab. Damit die Information nicht verloren geht, wird die Ladung in kleinen Zeitabständen (einige ms) erneuert (refresh).

Nicht löschbare Festwertspeicher

Der Langzeitspeicher ROM (Read Only Memory) erlaubt einen direkten Zugriff zu jedem Speicherplatz, dessen Inhalt aber nur gelesen und nicht geändert werden kann.

ROM sind nichtflüchtige (nonvolatile) Speicher: Der Speicherinhalt bleibt auch ohne Betriebsspannung erhalten. In ihm sind üblicherweise Programmcode (Steuer- und Regelprogramme) und feste Daten (Funktionstabellen, Codiervorschriften, Werte von Motorkennfeldern) gespeichert, die jederzeit abrufbar sind. Die Information kann irreversibel entweder beim Hersteller oder beim Anwender durch entsprechende Programmierung an speziell vorbereiteten Speichern eingeschrieben werden (PROM: Programmable ROM, Programmierbare Festwertspeicher).

Wiederbeschreibbare Festwertspeicher

Es gibt auch ROM, deren Inhalt gelöscht und durch einen anderen Inhalt ersetzt werden kann:

EPROM (Erasable PROM)

Dieser wiederbeschreibbare Festwertspeicher kann durch Bestrahlen mit UV-Licht vollständig gelöscht und anschließend auf einer Programmierstation neu programmiert werden.

EEPROM (Electrical EPROM)

Das EEPROM (auch als E^2PROM bezeichnet) kann elektrisch gelöscht und neu programmiert werden. Beim EEPROM kann jede Speicherzelle einzeln überschrieben werden. Deshalb kann dieser Speicherbaustein auch als nichtflüchtiger Datenspeicher eingesetzt werden (z. B. für gelernte Adaptionswerte bei Motorsteuerungen).

Flash-EEPROM

Eine weiterentwickelte Variante des EPROM und EEPROM ist das Flash-EEPROM. Bei diesem Speicher werden mit elektrischen Löschimpulsen (Flash) ganze Speicherbereiche oder auch der komplette Speicherinhalt gelöscht. Anschließend können die gelöschten Bereiche neu programmiert werden.

Das Programmieren des Flash-Speichers kann mit einer Programmierstation durchgeführt werden. Der Vorteil des Flash-EEPROM liegt jedoch darin, dass es auch im geschlossenen Steuergerät umprogrammiert werden kann.

Flash-EEPROM werden überall dort eingesetzt, wo relativ große Datenmengen zu speichern, aber auch zu ändern sind (z. B. Programmspeicher in Steuergeräten von Kraftfahrzeugen).

Software

Als 1967 die erste elektronische Motorsteuerung vom Band lief, ahnte wohl niemand, welchen Siegeszug die Elektronik im Kraftfahrzeug antreten würde (Bild 1). Inzwischen werden in allen Fahrzeugklassen fast alle Fahrzeugfunktionen elektronisch gesteuert, geregelt oder überwacht. Ein Großteil der Innovationen findet auf diesem Gebiet statt. Doch nicht nur die Einzelfunktionen entwickeln sich weiter. Auch die Vernetzung der Funktionen untereinander nimmt rasant zu. Die Verbindung zwischen Motor- und Getriebesteuerung, den verschiedenen Fahrdynamiksystemen ABS, ESP und der Geschwindigkeitsregelung sowie zwischen Navigation und Scheinwerfersteuerung sind nur einige Beispiele. So nimmt die Komplexität der Elektronik stark zu. Dies betrifft vor allem die Software. Die Vorgehensweise und die Werkzeuge, um Software für Kraftfahrzeuge zu entwickeln, werden im Folgenden beschrieben.

Ziel der Elektronikentwicklung

Ziel einer Entwicklung ist die Bereitstellung einer neuen Funktion oder die Verbesserung einer vorhandenen Funktion des Fahrzeugs. Solche Funktionen bewirken einen Mehrwert für den Benutzer des Fahrzeugs (z. B. Fahrer, weitere Fahrzeuginsassen, Mechaniker in der Werkstatt oder Spediteure), die Erfüllung von gesetzlichen Anforderungen, eine Vereinfachung der Wartung oder eine Verbesserung der Entwicklungs- oder Fertigungseffizienz. Die technische Realisierung kann mechanisch, hydraulisch, elektrisch oder elektronisch sein. Oft sind es Kombinationen dieser Technologien, wobei die Elektronik immer mehr eine Schlüsselrolle bei der Realisierung vieler Innovationen im Fahrzeug einnimmt. Durch den Einsatz von Elektrik, Elektronik und Software – dem logischen Kern der Systeme – werden „intelligente" Funktionen des Antriebs, des Fahrwerks und des restlichen Fahrzeugs kosteneffizient realisiert.

1 Entwicklung der Elektronik im Kraftfahrzeug

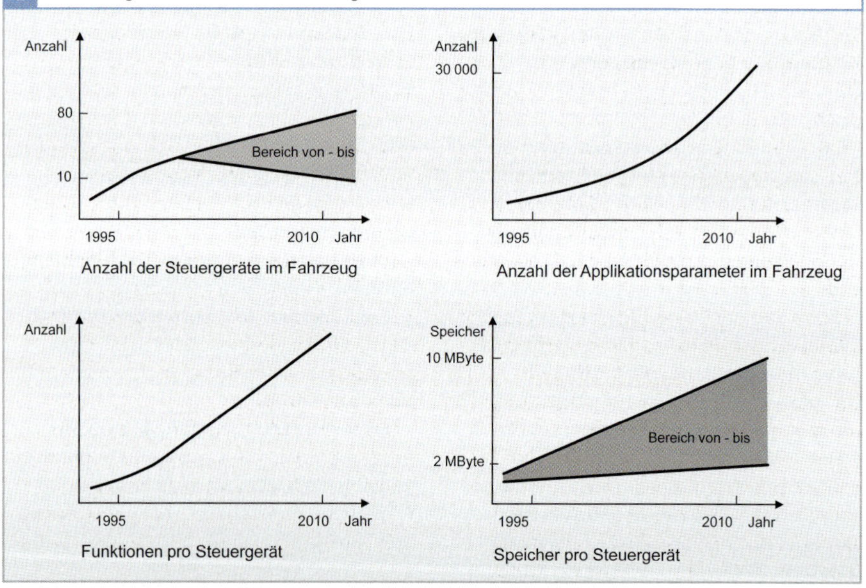

Bild 1

Anforderungen an die Software im Kraftfahrzeug

Die Anforderungen an die Software im Kraftfahrzeug sind sehr vielfältig (Tabelle 1). Viele Systeme für den Motor und für die Fahrsicherheit müssen „echtzeitfähig" arbeiten, d.h., die Reaktion der Regelung muss garantiert mit dem physikalischen Prozess Schritt halten. Bei der Regelung sehr schneller physikalischen Prozesse, wie z.B. der Motorsteuerung oder Fahrdynamikregelung, muss die Berechnung daher sehr schnell mit bis zu 250 Millionen Instruktionen pro Sekunde erfolgen. Auch die Anforderungen an die Zuverlässigkeit sind in vielen Bereichen sehr hoch. Besonders gilt dies für sicherheitsrelevante Funktionen. Eine komplexe Diagnose überwacht die Software und die Elektronik.

Die Software im Automobil ist meistens speziell für den entsprechenden Anwendungsfall entwickelt und in das Gesamtsystem eingebunden. Sie wird Embedded Software genannt. Die vielen Funktionen werden oft über einen langen Zeitraum hinweg an vielen Standorten der Welt entwickelt und weiterentwickelt. Da Ersatzteile auch nach dem Produktionsende des Fahrzeugs zur Verfügung stehen müssen, hat die Elektronik im Fahrzeug einen verhältnismäßig langen Lebenszyklus von bis zu 30 Jahren.

Die charakteristischen Merkmale der Software unterscheiden sich je nach Einsatzgebiet. Während die Software für den Antriebstrang sehr umfangreich ist, spielt bei den Fahrwerksanwendungen das Echtzeitverhalten eine zentrale Rolle. Im Sicherheits- und Komfortbereich steht die Effizienz, d.h. der Ressourcenverbrauch, im Vordergrund, und bei Multimediaanwendungen müssen große Datenmengen in kurzer Zeit verarbeitet werden.

Die Software wird über die vielen Varianten eines Fahrzeugs oder sogar über Baureihen hinweg eingesetzt. Sie muss dann an das entsprechende Zielsystem anpassbar sein. Dazu enthält sie Applikationsparameter und Kennfelder. Dies können mehrere 10000 pro Fahrzeug sein. Vielfach sind diese Verstellgrößen voneinander abhängig.

Aus Kostengründen kommen in Steuergeräten häufig Mikrocontroller mit begrenzter Rechenleistung und begrenztem Speicherplatz zum Einsatz. Dies erfordert in vielen Fällen Optimierungsmaßnahmen in der Softwareentwicklung, um die erforderlichen Hardware-Ressourcen zu verringern.

Oft wird die Software im Kraftfahrzeug im Entwicklungsverbund entwickelt. Kennzeichnend sind hier die interdisziplinäre Zusammenarbeit (z.B. zwischen der Antriebs- und der Elektronikentwicklung) und die verteilte Entwicklung (z.B. zwischen Zulieferer und Fahrzeughersteller oder an verschiedenen Entwicklungsstandorten). Die aus diesen Anforderungen und Merkmalen resultierende Komplexität gilt es, im Entwicklungsverbund zwischen Fahrzeughersteller und Zulieferer wirtschaftlich zu beherrschen. Dabei muss ein Steuergerät heute oft als vernetztes System im Gesamtfahrzeug betrachtet werden.

1 Wichtige Anforderungen an die Software im Kraftfahrzeug

Anforderungsbereich	Beispiele
Funktionale Anforderungen	Echtzeitfähigkeit durch schnelle Rechenzyklen Übertragung großer Datenmengen Hohe Zuverlässigkeit
Diagnoseanforderungen	Überwachung der sicherheitsrelevanten Funktionen Überwachung der umweltrelevanten Funktionen Diagnosefähigkeit in der Werkstatt
Wirtschaftliche Anforderungen	Wartbarkeit Wiederverwendbarkeit durch Anpassbarkeit Langer Lebenszyklus Speicheroptimierter Code
Organisatorische Anforderungen	Weltweit verteilte Entwicklung

Tabelle 1

Funktionsweise der Software im Kraftfahrzeug

Viele Regelungen im Kraftfahrzeug müssen echtzeitfähig sein. Eine echtzeitfähige Regelung muss garantiert innerhalb einer bestimmten Zeitspanne auf eine Anforderung reagieren. Daher müssen einige Steuer- und Regelvorgänge innerhalb kürzester Zeit ausgeführt werden. Zum Beispiel muss ein zum Blockieren neigendes Rad so schnell erkannt werden, dass der ABS-Regelalgorithmus im Steuergerät rechtzeitig über das Hydroaggregat den Bremsdruck abbauen kann. Auch die Einspritz- und Zündvorgänge müssen selbst bei hohen Drehzahlen mit sehr hoher Genauigkeit ausgeführt werden. Bereits kleinste Abweichungen verringern die Motorleistung oder verschlechtern die Geräusch- und Schadstoffemissionen. Um die Echtzeitfähigkeit zu gewährleisten, werden die Programmteile im Steuergerät priorisiert. Sie können sich gegenseitig unterbrechen.

Funktionsprinzip

Der Mikrocontroller im Steuergerät führt einen Befehl nach dem anderen aus. Den Befehlscode holt er sich aus dem Programmspeicher. Die Dauer für das Einlesen des Befehls und die Befehlsausführung hängen vom eingesetzten Mikrocontroller und von der Taktfrequenz ab.

Aufgrund der begrenzten Abarbeitungsgeschwindigkeit des Programms wird eine Softwarestruktur benötigt, die dafür sorgt, dass zeitkritische Funktionen mit hoher Priorität abgearbeitet werden. Dabei kann ein Programm mit niedrigerer Priorität unterbrochen werden. Ist das Programm mit der höheren Priorität abgearbeitet, setzt der Mikrocontroller die Berechnung des niedriger priorisierten Programms fort.

Zum Beispiel muss das Programm des Motormanagements auf die Signale des Kurbelwellen-Drehzahlsensors sehr schnell reagieren, die in kurzen Abständen kommen – je nach Drehzahl im Millisekundenbereich. Diese Signale muss das Steuergeräteprogramm mit hoher Priorität auswerten. Andere Funktionen, wie z. B. das Einlesen der Motortemperatur, haben keine hohe Dringlichkeit, da sich die physikalische Größe nur sehr langsam ändert.

Interruptsteuerung

Sobald ein Ereignis eintritt, auf das eine sehr schnelle Reaktion erforderlich ist, kann das laufende Programm mit der Interruptsteuerung des Mikrocontrollers unterbrochen werden. (Der Interrupt ist eine Unterbrechung.) Das Programm springt daraufhin in die Interruptroutine und arbeitet diese ab. Nach Beendigung dieser Routine fährt das Programm wieder an der Stelle fort, an der es zuvor unterbrochen wurde (Bild 2). Ein Interrupt kann z. B. durch ein Signal von außen ausgelöst werden. Andere Interruptquellen sind im Mikrocontroller integrierte Zeitgeber, mit denen zeitgesteuerte Ausgangssignale erzeugt werden können (z. B. Zündsignal: der Zündungsausgang des Mikrocontrollers wird zu einem im Voraus berechneten Zeitpunkt geschaltet). Der Zeitgeber kann auch interne Zeitraster generieren.

Das Steuergeräteprogramm reagiert auf mehrere solcher Interrupts. Eine Inter-

Bild 2
Darstellung einiger Programmebenen am Beispiel der Software einer Motorsteuerung

2 Prinzip der Verteilung der Rechenleistung durch Interruptsteuerung

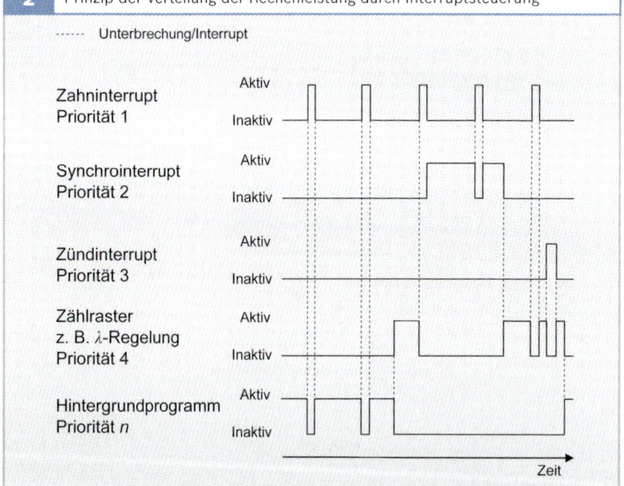

ruptquelle kann somit einen Interrupt anfordern, während eine andere Interruptroutine gerade abgearbeitet wird. Hierzu ist jeder Interruptquelle eine Priorität fest zugeordnet. Die Prioritätssteuerung entscheidet, welcher Interrupt welchen unterbrechen kann.

Auf der Kurbelwelle ist ein Geberrad angebracht (Bild 3a), das am Umfang eine bestimmte Anzahl von Zähnen aufweist. Der Drehzahlsensor erkennt, wenn ein Zahn vorbei läuft. Typischerweise beträgt der Abstand zwischen zwei Zähnen des Kurbelwellengeberrades 6°. Zur Feststellung der Kurbelwellenposition muss das Steuergeräteprogramm bestimmte Routinen abarbeiten, wenn das Signal des Drehzahlsensors einen vorbeilaufenden Zahn meldet. Bei einer Drehzahl von 6000/min beträgt der zeitliche Abstand zwischen zwei Zähnen ca. 300 µs. In dieser Zeit müssen alle Befehle dieser Routine abgearbeitet sein. Das erfordert eine sehr schnelle Reaktion auf das Signal des Drehzahlsensors. Hierzu liegt das Drehzahlsignal auf einem Interrupteingang des Mikrocontrollers. Jede fallende Flanke des Drehzahlsignals an diesem Eingang führt zu einer Unterbrechung der aktuell laufenden Berechnungen und zur Verzweigung in die entsprechende Interruptroutine. Nach Abarbeitung dieser Befehle fährt das Programm an der Stelle fort, wo es unterbrochen wurde.

Das Steuergeräteprogramm benötigt zur Drehzahlermittlung den zeitlichen Abstand zweier Zähne. Diese Berechnung erfolgt mit Hilfe eines internen frei durchlaufenden 16-Bit-Zählers, dem Zeitgeber (Bild 4), der in einem bestimmten Zeittakt hochzählt (inkrementiert). Dieses Raster liegt im Bereich von 0,5 µs. Mit Auftreten der fallenden Zahnflanke wird der aktuelle Zählerstand erfasst. Mit dem gespeicherten Zählerstand des vorhergehenden Zahns wird die Differenz gebildet und so die Drehzahl ermittelt. Je größer die Drehzahl ist, desto geringer ist der Abstand der Zählerstände.

3 Kurbelwellengeberrad mit Drehzahlsensor

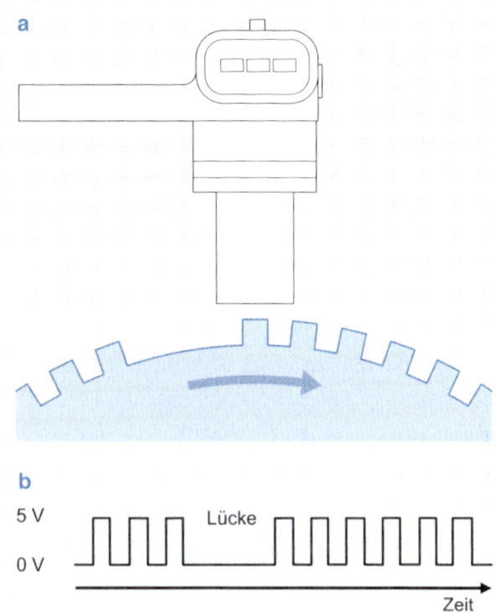

Bild 3
a Aufbau
b Signal des Drehzahlsensors

Bild 4
a Hohe Drehzahl
b Niedrige Drehzahl
Z_n: Zählerstand bei Zahn n
Z_{n+1}: Zählerstand bei Zahn $n+1$

4 Berechnung von Zeiten über einen internen Zeitgeber

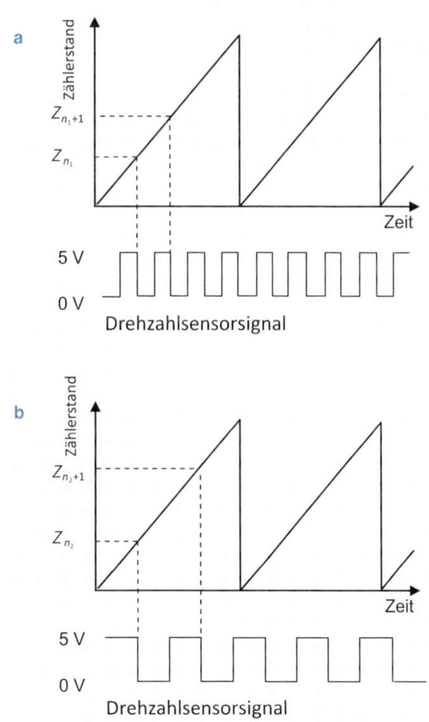

Berechnung der Kurbelwellenposition

Die Motorsteuerung (z. B. bei Bosch die Motronic für Ottomotoren und die EDC für Dieselmotoren) muss in jedem Augenblick die Position der Kurbel- und der Nockenwelle kennen. Das ist die Voraussetzung dafür, dass zum richtigen Zeitpunkt in den richtigen Zylinder eingespritzt wird und (bei Ottomotoren) zum berechneten Zündwinkel gezündet wird. Zur Erkennung der Stellung und der Drehzahl der Kurbelwelle wertet das Steuergerät das Signal des Drehzahlsensors aus (Bild 3b).

Mit jeder vom Steuergeräteprogramm erkannten fallenden Zahnflanke hat sich die Kurbelwelle um 6° weitergedreht. Somit kennt das Steuergeräteprogramm die Position der Kurbelwelle in diesem Raster.

Am Kurbelwellengeberrad gibt es eine Lücke an der zwei Zähne fehlen. Die Zahnlücke hat eine definierte Stellung zum oberen Totpunkt (OT) von Zylinder 1. Das Steuergeräteprogramm muss diese Zahnlücke erkennen und die Einspritzung und, bei Ottomotoren, die Zündung darauf synchronisieren. Für die Zahnlücke ist die Zeit zwischen zwei abfallenden Flanken wesentlich größer als die Zeit vor und nach der Lücke. Nach einer Sequenz „kurz - lang - kurz" wurde zuletzt die fallende Flanke des zweiten Zahns nach der Lücke abgetastet (Bild 5).

Die Stellung der Kurbelwelle zum OT des Zylinders 1 ist nun bekannt. Jedoch ist durch das Signal des Kurbelwellengeberrades alleine noch nicht bekannt, ob sich Zylinder 1 im Verdichtungs- oder im Ausstoßtakt befindet. Daher muss ein zusätzliches Signal zur Positionsbestimmung herangezogen werden. Der Nockenwellensensor liefert in beiden Fällen unterschiedliche Spannungspegel. Somit kann das Steuergerät die Kurbelwellen- und Nockenwellenstellung eindeutig zuordnen.

Verbrennungssynchroner Interrupt

Einige Berechnungen müssen in jedem Verbrennungstakt durchgeführt werden. Zum Beispiel werden Zündwinkel und Einspritzung verbrennungssynchron für jeden Zylinder aktuell berechnet. Hierzu verzweigt das Programm nach definierten Zähnen in das „Synchroprogramm" (Bild 5). Bei einem Vierzylindermotor erfolgt die Verzweigung nach jeweils 30 Zähnen (Zündabstand), bei einem Sechszylindermotor nach jeweils 20 Zähnen.

Das Synchroprogramm ist an eine Zahnposition gebunden und muss mit einer hohen Priorität abgearbeitet werden. Deshalb wird es über einen Interrupt aktiviert, der durch einen Befehl in der Zahninterruptroutine getriggert wird. Da das Synchroprogramm bei hohen Drehzahlen über mehrere Zähne läuft, muss es vom Zahninterrupt unterbrochen werden können. Der Zahninterrupt erhält eine höhere Priorität als das Synchroprogramm.

Zündungsinterrupt

Die Ausgabe der Zündung erfolgt innerhalb eines Kurbelwellenbereichs, abhän-

Bild 5
1 Zweiter Zahn nach der Lücke: Bezugsmarke Zahnzähler vorbelegen für Triggern des Synchroprogramms
2 Zahnzähler abgelaufen
Triggern des Synchroprogramms
3 Start des Synchroprogramms

Bild 6
1 Synchroprogramm: Schließzeit und Zündwinkel berechnen
Zahnzähler für Schließzeitpunkt vorbelegen (Grobauszählung)
2 Zeit für Feinauszählung laden
3 Zündspule einschalten
Zeit für Zündung laden
4 Start Feinauszählung
5 Zündausgabe

5 Triggern des verbrennungssynchronen Interrupts

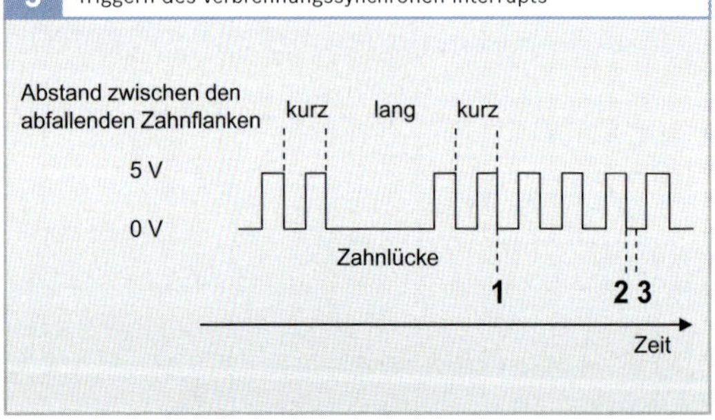

6 Ausgabe von Schließ- und Zündzeit

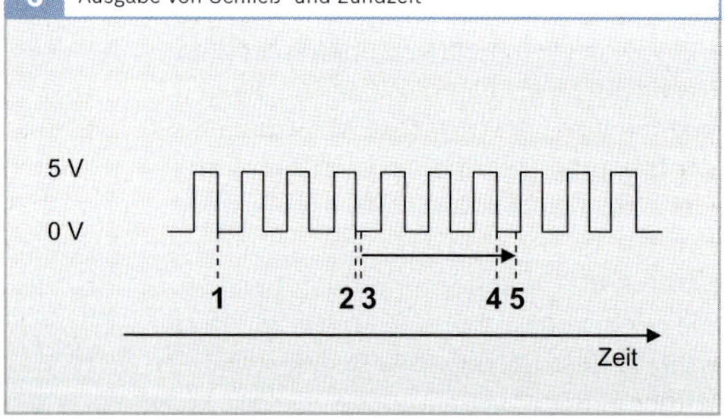

gig vom entsprechenden Wert aus dem Zündwinkelkennfeld. Da der vorgegebene Zündwinkel sehr genau eingehalten werden muss, wird die Zündausgabe von einem Interrupt gesteuert. Wie das Synchroprogramm wird auch der Zündungsinterrupt ein Mal pro Verbrennungszyklus aufgerufen.

Das 6 °-Raster des Kurbelwellengeberrades ist für die Zündwinkelausgabe zu grob. Deshalb muss zusätzlich zu dieser Grobauszählung für die letzten 0...6 ° KW eine feine Auszählung zwischen zwei Zählern vorgenommen werden. Das erfolgt über einen Zeitgeber (Bild 6). Eine rein zeitgesteuerte Ausgabe des Zündwinkels würde bei hoher Drehzahldynamik zu einem Ausgabefehler des Zündwinkels führen.

Zunächst muss die Zündspule erst einmal für eine definierte Schließzeit eingeschaltet werden, um sich aufzuladen. Hierzu berechnet das Programm aus dem Zündwinkel, an dem die Zündspule ausgeschaltet werden muss, den Einschaltzeitpunkt zurück. Daraus lässt sich der Zahn, nach dem die Zündspule eingeschaltet werden soll, berechnen (Grobauszählung im 6°-Raster der Zähne des Geberrades). Der restliche Winkel (Feinauszählung 0...6°) wird anhand der aktuellen Drehzahl in eine Ausgabezeit umgerechnet.

Sobald die mit der Grobauszählung bestimmte Zahnposition erreicht ist, wird ein Zeitgeber mit dem Ausgabewert der Feinauszählung geladen. Nach Ablauf dieser Zeit löst der Zeitgeber einen Interrupt aus. In dieser Interruptroutine sind die Befehle programmiert, die die Zündspule einschalten. Anschließend wird der Zeitgeber mit dem Wert der Schließzeit vorbelegt, sodass nach Ablauf dieser Zeit wieder ein Interrupt ausgelöst wird, der die Zündspule ausschaltet und damit die Zündung einleitet.

Zeitraster

Für viele Regelalgorithmen ist es erforderlich, dass sie in einem festen Zeitraster ablaufen. Zum Beispiel muss die λ-Regelung in einem festen Raster (z. B. 10 ms) abgearbeitet werden, damit die Stellgrößen schnell genug berechnet werden.

Hintergrundprogramm

Alle übrigen Aktivitäten, die nicht in einer Interruptroutine oder in einem Zeitraster ablaufen, werden im Hintergrundprogramm abgearbeitet. Bei hohen Drehzahlen wird das Synchroprogramm und der Zahninterrupt häufig angesprungen, sodass für das Hintergrundprogramm wenig Rechenzeit bleibt. Die Zeitdauer für einen kompletten Durchlauf des Hintergrundprogramms steigt damit mit der Drehzahl stark an. In das Hintergrundprogramm dürfen deshalb nur Funktionen gelegt werden, für die keine hohe Priorität besteht, wie z. B. die Berechnung der Motortemperatur.

Aufbau von Software im Kraftfahrzeug

Die Software im Kraftfahrzeug setzt sich aus vielen Programmteilen zusammen. Grundsätzlich wird, ähnlich wie bei den PC, zwischen den „wahrnehmbaren Funktionen" der Software, der Anwendungssoftware, und einer teilweise von der Hardware abhängigen Plattformsoftware unterschieden. Das Zusammenspiel aller Funktionen wird in der Architektur festgelegt. Die Softwarearchitektur betrachtet unterschiedliche Aspekte. Sie werden Sichten auf die Architektur genannt. Die statische Sicht beschreibt hierarchisch die Funktionsgruppen, Signale und die Verteilung der Ressourcen (Bild 7).

Dagegen beschreibt die funktionale Sicht den Signalverlauf durch die verschiedenen Funktionen. Die dynamische, d. h. zeitabhängige Sicht betrachtet das Zeitverhalten bei der Abarbeitung der verschiedenen Programmteile. Um das Zusammenspiel und die Weiterentwicklung der einzelnen Komponenten zu gewährleisten, sind schon früh Standards eingeführt worden.

7 Hauptbestandteile der statischen Software-Architektur für Mikrocontroller und standardisierte Software-Komponenten

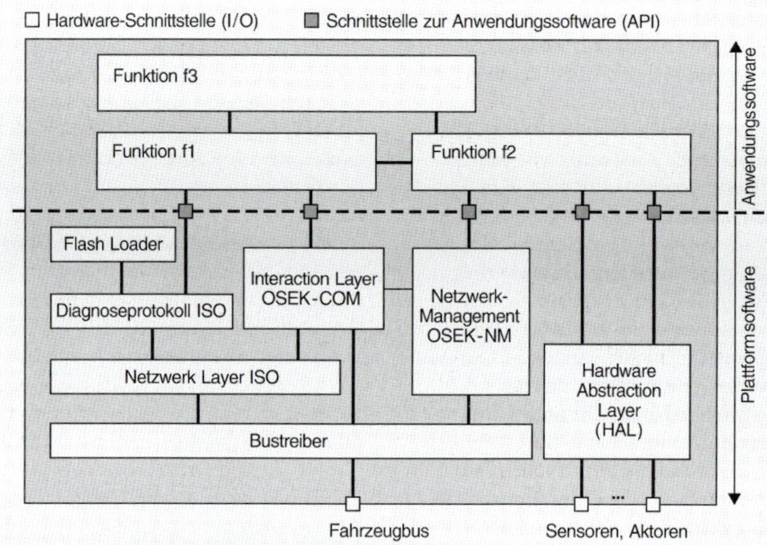

Bild 7

Modularer Aufbau der Software

Die Software im Kraftfahrzeug ist in verschiedene Gruppen aufgeteilt. Die großen Gruppen, wie Fahrdynamik-, Getriebe- oder Motorsteuerung, sind weiter unterteilt in z. B. Luftsystem, Drehzahlregelung, Kraftstoffsystem, Diagnose, usw. Die Unterteilung geht weiter bis hin z. B. zu einzelnen Sensorauswertungen oder Einspritzmengenberechnungen.

Die völlige Neuentwicklung einer größeren Funktion ist eher die Ausnahme. Vielmehr ist es das Ziel, möglichst viele bereits entwickelte und getestete Teile von vorhandenen Softwarekomponenten wiederzuverwenden.

Fahrzeugunabhängige Teile (wie z. B eine Sensorauswertung) können über viele Fahrzeuge hinweg eingesetzt werden. Fahrzeugspezifische Softwareteile werden speziell für einen Automobilhersteller, eine Baureihe oder ein spezielles Fahrzeug entwickelt. Auch die Erweiterung einer Funktion durch spezifische Elemente ist möglich.

AUTOSAR

Für den Austausch verschiedener Softwareteile sind einige Standards entwickelt worden. Exemplarisch sei hier der AUTOSAR-Standard erklärt [14].

AUTOSAR ist die Abkürzung für Automotive Open System Architecture. AUTOSAR ist eine Entwicklungspartnerschaft aus Fahrzeugherstellern, Steuergeräteherstellern sowie Herstellern von Entwicklungswerkzeugen, Steuergeräte-Basis-Software und Mikrocontrollern. Ziel von AUTOSAR ist es, den Austausch von Software auf verschiedenen Steuergeräten zu erleichtern. Dazu wurde eine einheitliche Softwarearchitektur mit einheitlichen Beschreibungs- und Konfigurationsformaten erarbeitet. Der AUTOSAR-Standard definiert Methoden zur Beschreibung von Software im Fahrzeug, die sicherstellen, dass Softwarekomponenten wiederverwendet, ausgetauscht, skaliert und integriert werden können.

Wesentlich für den AUTOSAR-Standard ist die logische Aufteilung in die steuergerätespezifische Basis-Software (Basic Software, BSW) und die steuergeräteunabhängige Anwendungs-Software (ASW) und deren Verbindung über den virtuellen Funktionsbus (Virtual Function Bus, VFB, siehe Bild 8). Dieser verbindet auch Softwarekomponenten, die in unterschiedlichen Steuergeräten implementiert sind. So können Softwareteile zwischen verschiedenen Steuergeräten verschoben werden, ohne dass Änderungen in den betreffenden Softwarekomponenten selbst vorgenommen werden müssen. Dies kann zur Optimierung von Rechenleistung, Speicherbedarf oder Kommunikationslast nützlich sein.

Die funktionalen Softwarekomponenten (Software Component, SWC) sind strikt voneinander und von der Basis-Software getrennt. Sie enthalten typischerweise spezifische Regelalgorithmen, die zur Laufzeit ausgeführt werden, die Runnable Entities. Sie kommunizieren über die AUTOSAR-Schnittstelle mit den anderen Funktionen und den Steuergeräteschnittstellen. Diese Schnittstellen (API) sind in SWC-XML-Beschreibungen definiert. Die Extended Markup Language (XML) ist eine weit verbreitete Auszeichnungssprache. Die Inhalte werden durch Tags ausgezeichnet. Diese geben Auskunft über die Art des Inhalts. Die Beziehung der Tags zueinander ist in der Document Type Definition (DTD) definiert. Die Laufzeitumgebung (Run Time Environment, RTE) stellt die Kommunikationsdienste zwischen den funktionalen Softwarekomponenten und der entsprechenden Basis-Software auf dem Steuergerät bereit. Die RTE ist für das spezifische Steuergerät und die Anwendung passend zugeschnitten. Sie kann weitgehend automatisch aus den Schnittstellenanforderungen generiert werden.

Die Basis-Software (Basic Software, BSW) enthält die steuergerätespezifischen Programmteile, wie die Kommunikationsschnittstellen, die Diagnose und das Speichermanagement. Die Basis-Software

8 AUTOSAR-Architektur

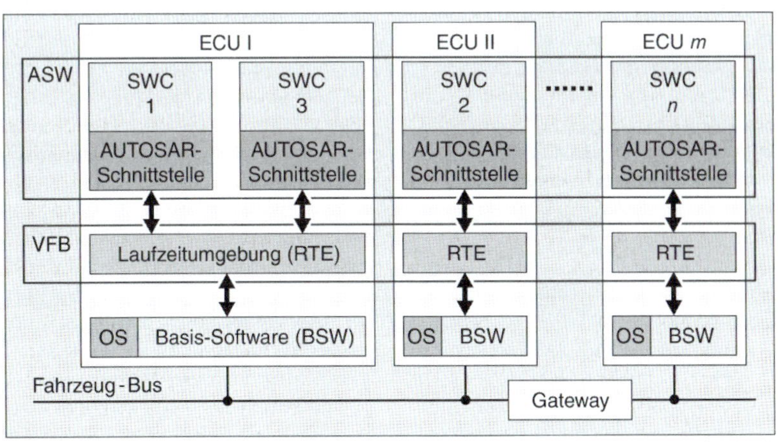

Bild 8
ECU Steuergerät
ASW Anwendungs-Software
SWC Software-Komponente
VFB Virtueller Funktionsbus
RTE Laufzeitumgebung
BSW Basis-Software
OS Betriebssystem

enthält auch den Service-Layer. In ihm sind Softwarekomponenten für allgemeine Dienstfunktionen (SRV), Kommunikation (COM) und das teilweise vom verwendeten Steuergerät abhängige Betriebssystem (Operating System, OS) zusammengefasst. Letzteres basiert auf dem OSEK-VDX-OS-Standard [13]. In diesem Bereich werden die Ressourcen des Steuergeräts eingeteilt und verwaltet, um zu einer optimalen Netzwerkunterstützung, Speicherverwaltung, Diagnose usw. zu kommen.

Die Kapselung der verwendeten Hardware erfolgt in zwei aufeinander aufbauenden Schichten. Die Abstraktion des Mikroprozessors (Micro Controller Abstraction Layer, MCAL) mit dem direkten Zugriff auf die Peripheriebausteine des Steuergeräts setzt sich in einer weiteren Ebene fort. Complex Device Drivers (CCD) ermöglichen einen direkten Zugriff auf Mikrocontrollerressourcen für Anwendungsfälle mit besonderen Anforderungen an Funktionalität und Timing. Sie sind ebenfalls Bestandteil der Basis-Software, sodass die Anwendungs-Software unabhängig von der Hardware entwickelt werden kann, auch wenn die Dienste der Complex Device Drivers benötigt werden.

Neben der Steuergerätearchitektur ist auch die Entwicklungsmethodik durch das AUTOSAR-Konsortium teilweise standardisiert. Es handelt sich dabei vor allem um die Struktur und die Abhängigkeiten der unterschiedlichen Arbeitsprodukte (z. B. Dateien). Diese werden benötigt, um aus den unterschiedlichen Softwarekomponentenbeschreibungen ausführbare Programme für die jeweiligen Steuergeräte zu erzeugen.

Diagnosestandards

Fahrzeugspezifische Systeme zur Diagnose für die Fahrzeugentwicklung und -produktion sowie für den Service erweisen sich als pflegeaufwändig, kostenintensiv und unflexibel. Sie binden die Hersteller an Zulieferer und verhindern den einfachen Datenaustausch bei firmenübergreifenden Kooperationen. Daher entstanden einige Diagnosestandards.

Die Arbeitsgruppe Automotive Electronics (ASAM-AE) [4] hat drei Spezifikationen für die datenbasierte (d. h. softwarebasierte) Fahrzeugdiagnose ausgearbeitet, die als internationale Standards in der Normengruppe ISO 22900 publiziert sind [17]. Von ihnen dient der ODX-Standard (Open Diagnostic Data Exchange) zur XML-basierten Beschreibung der Fahrzeugdiagnose für die Bedatung des Werkstatttesters (MCD-2D, ISO 22901).

Der Entwicklungsprozess

Um die oben genannten Anforderungen bei der Entwicklung von Software im Automobil zu erfüllen, sind neben der Technologie und den Werkzeugen die definierten Abläufe (Prozesse) ein wichtiger Bestandteil der Entwicklung. Grundsätzlich müssen alle Entwicklungsschritte in der Softwareentwicklung mit denen des Gesamtfahrzeugs und der Steuergerätehardware abgestimmt sein (z. B. Mustertermine und Erprobung).

Der Entwicklungsprozess beschreibt die Abläufe und Zusammenhänge bei der Entwicklung. Dabei wird folgendermaßen vorgegangen: Die Funktionen eines Fahrzeugs werden in der logischen Systemarchitektur beschrieben. Diese wird dann auf ein konkretes Softwaresystem mit allen Programmen und Daten abgebildet. Dabei wird das gesamte prozessorgesteuerte System des Fahrzeugs betrachtet. Besonderer Wert wird auf eine klare Trennung zwischen der Spezifikation (Was soll das System tun?), dem Design (Wie sind die Elemente aufgebaut?) und der Implementierung (Wie ist die Software umgesetzt?) gelegt. Die Spezifikation der Softwarefunktionen erfolgt auf physikalischer Ebene, d. h. mit Spannungen, Strömen, Drehzahlen usw. Dagegen sind das Design und die Implementierung von Programmen und Daten auf den spezifischen Mikrocontroller ausgelegt.

Prozessbeschreibungsmodelle

Um die Abläufe in der Softwareentwicklung zu beschreiben, kommen zahlreiche mehr oder weniger komplizierte Modelle zum Einsatz. Sie dienen dazu, die Abläufe transparent zu machen, diese zu vergleichen, Schwachstellen zu entdecken sowie die Konformität entsprechend definierter Standards nachzuweisen. Sie wurden jedoch ursprünglich nicht dazu konzipiert, direkt die Qualität der Software selbst zu verbessern, die Effizienz zu steigern oder systematische Fehler in den Abläufen zu beseitigen. Die Prozessbeschreibungsmodelle sind daher auch nur bedingt dafür geeignet. Hier soll exemplarisch das weit verbreitete V-Modell beschrieben werden. Es wird in vielen Varianten und Detaillierungsgraden verwendet.

Prinzip des V-Modells

Das V-Modell unterteilt die direkt der Entwicklung zugehörigen Prozessschritte entlang eines V, wobei die x-Achse die Zeit und die y-Achse die Tiefe, d. h. den Detaillierungsgrad des entsprechenden Prozessschrittes aufzeigt (Bild 9) [18]. Ein Prozessschritt kann durch die erforderlichen Eingangsgrößen, das Vorgehen, die Methoden, die Rollen, die Werkzeuge, die Qualitätskriterien und die Ausgangsgrößen beschrieben werden. Die auf dem linken Ast definierten Prozessschritte werden auf dem rechten Ast verifiziert. Diese Schritte können auch mehrfach durchlaufen oder aufgeteilt werden.

Im erweiterten V-Modell können noch begleitende Prozesse, wie beispielsweise das Anforderungs-, Änderungs-, Projekt- und Qualitätsmanagement, betrachtet werden.

Qualitätssicherung in der Softwareentwicklung

Wie bei jedem technischen Produkt werden auch für die Software zahlreiche Werkzeuge zur Qualitätssicherung eingesetzt. Im Gegensatz zur Mechanik und Elektrik spielt bei der Software die Qualitätssicherung in der Fertigung eine untergeordnete Rolle, da sich die Software relativ einfach reproduzieren lässt. Wichtige Schwerpunkte bilden die Gesamtfunktio-

9 Erweitertes V-Modell

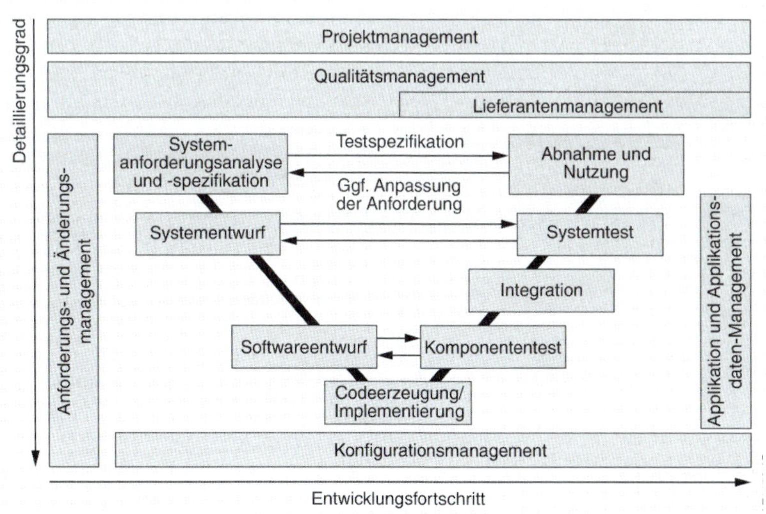

Bild 9

nalität des Systems, die Qualitätsmaßstäbe, die Komplexitätsbeherrschung und die Applikation, d. h. die korrekte Bedatung. Da die Software im Fahrzeug auch sicherheitsrelevante Systeme, wie z. B. Fahrdynamik- und Fahrerassistenzsysteme, umfasst, spielt die Nachweisbarkeit der Qualität eine wichtige Rolle. Auch die wirtschaftliche Darstellung der angestrebten Softwarequalität, gerade bei komplexen Systemen, ist sehr wichtig.

IEC 61508 und ISO 26262

Auf Basis der Norm IEC 61508 („Funktionale Sicherheit sicherheitsbezogener elektrischer/elektronischer/programmierbarer elektronischer Systeme") [8] wird derzeit von der Automobilindustrie die Norm ISO 26262 („Road vehicles - Functional safety") [9] für den Entwurf sicherheitsrelevanter elektrischer und elektronischer Systeme in Kraftfahrzeugen definiert. Dies beinhaltet sowohl Anforderungen an das Produkt als auch an den Entwicklungsprozess und umfasst somit Konzept, Planung, Entwicklung, Realisierung, Inbetriebnahme, Instandhaltung, Modifikation, Außerbetriebnahme und Deinstallation sowohl des sicherheitsrelevanten Systems selbst als auch der sicherheitsbezogenen (risikomindernden) Systeme. Die Norm bezeichnet die Gesamtheit dieser Phasen als „gesamten Sicherheitslebenszyklus". Die Produkte werden in Sicherheitsanforderungsstufe („Safety Integrity Level") SIL 1 bis SIL 4 (gemäß ISO 61508) und „Automotive SIL", ASIL A bis ASIL D (gemäß ISO 26262) unterteilt. SIL 1 und ASIL A ist die niedrigste, SIL 4 und ASIL D die höchste Sicherheitsanforderungsstufe.

Abläufe der Softwareentwicklung im Kraftfahrzeug

Bei der Entwicklung von steuerungs- und regelungstechnischen Funktionen des Fahrzeugs sind neben der eigentlichen Funktionalität auch die Zuverlässigkeits- und Sicherheitsanforderungen sowie die Aspekte der Implementierung ganzheitlich zu betrachten. In vielen Bereichen hat sich die modellbasierte Entwicklung etabliert (Bild 10). Diese Vorgehensweise unter-

10 Entwicklungsschritte der modellbasierten Entwicklung von Softwarefunktionen. Softwarefunktionen sind alle funktionalen Programmteile der Software

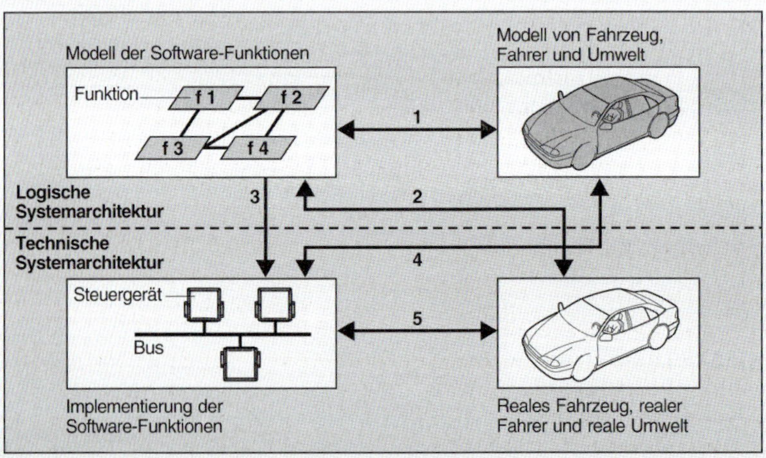

Bild 10
Schritt 1:
Virtuelle Modellierung und Simulation der Softwarefunktionen für das Steuergerät (links) sowie des Fahrzeugs, des Fahrers und der Umwelt (rechts)
Schritt 2:
Rapid Control Prototyping der virtuellen Softwarefunktionen im realen Fahrzeug
Schritt 3:
Implementierung der Softwarefunktionen auf einem realen Netzwerk von Steuergeräten
Schritt 4:
Integration und Test der Steuergeräte mit In-the-Loop-Testsystemen, Laboraufbauten und Prüfständen
Schritt 5:
Test und Applikation der Softwarefunktionen und der Steuergeräte im Fahrzeug
f1 ... f4 Softwarefunktionen

11 Beispiel eines Entwicklungsablaufs mit den eingesetzten Werkzeugen

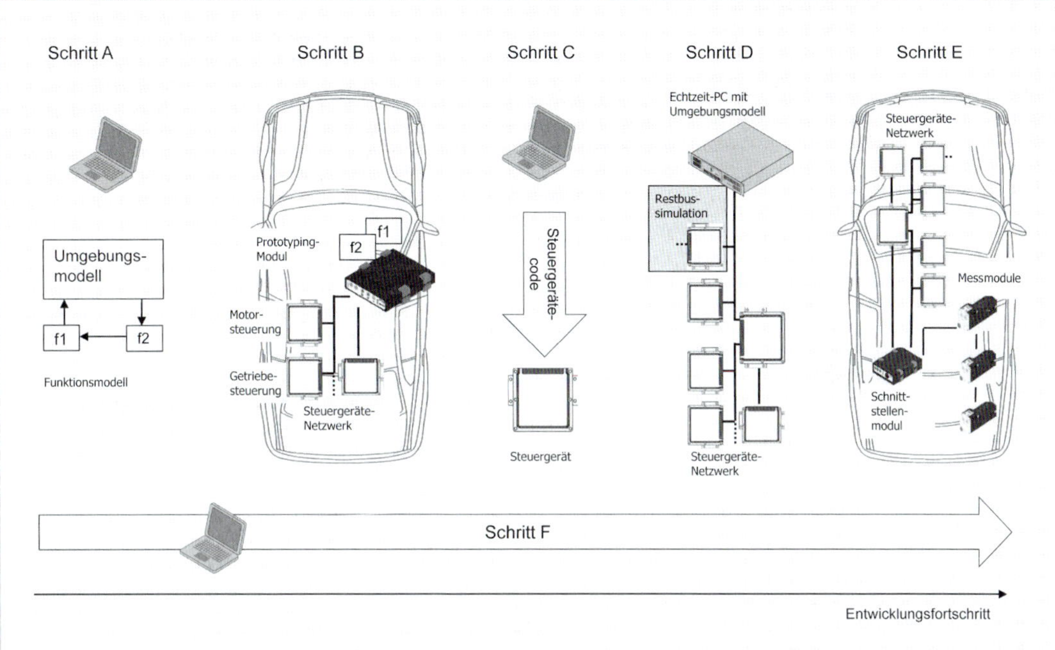

Bild 11
Entwicklungsschritt A: Modellierung der Funktionen am PC
Entwicklungsschritt B: Validierung im Versuchsfahrzeug
Entwicklungsschritt C: Integration in die Steuergerätesoftware und Generierung von Code
Entwicklungsschritt D: In-the-Loop-Test am Echtzeit-PC
Entwicklungsschritt E: Erprobung im seriennahen Testfahrzeug
Entwicklungsschritt F: Vorbedatung und Applikation
f1, f2 Neue Funktionen

scheidet zwei Bereiche: Die virtuellen Modelle der logischen Systemarchitektur (in den Bildern grau dargestellt) ermöglichen frühzeitige Tests und Validierungen der Funktionen, während die technische Systemarchitektur (in den Bildern weiß dargestellt) die realen Steuergeräte und Fahrzeuge beinhaltet.

Diese Vorgehensweise wird auch bei der Entwicklung von Funktions- und Steuergerätenetzwerken angewendet. Auch die Kombinationen aus virtuellen und bereits in Steuergerätecode realisierten Funktionen sowie die Kombinationen aus virtuellen und realisierten technischen Komponenten kommt häufig zur Anwendung.

Ein Beispiel für einen Entwicklungsablauf zeigt Bild 11. Im Schritt A werden die neuen Funktionen virtuell am PC modelliert und mit Hilfe eines Umgebungsmodells getestet. Im Schritt B erfolgt dann die Validierung im Versuchsfahrzeug. Die Funktionen werden auf einem Prototyping-Modul ausgeführt. Dieses Fahrzeug kann ein einfacher Erprobungsträger oder ein anderer Fahrzeugtyp sein. Sind die Funktionen ausreichend erprobt, werden die Funktionen in Schritt C in die Steuergerätesoftware integriert, der Steuergerätecode generiert und dieser im Steuergerät implementiert. Die In-the-Loop-Tests des Schrittes D testen das Steuergerät oder ein Steuergerätenetzwerk anschließend gegen ein Umgebungsmodell, das auf dem Echtzeit-PC läuft. Bei einem Steuergerätenetzwerk können einzelne Busteilnehmer in der Restbussimulation simuliert werden. Am verbreitetsten sind die Busse CAN, FlexRay [5], LIN [6], MOST. Nun erfolgen in Schritt E die Erprobungen im seriennahen Testfahrzeug. Fahrzeugtaugliche Messmodule zeichnen die verschiedensten Signale und physikalischen Werte auf. Sie sind über Schnittstellenmodule mit den Fahrzeugbussen verbunden. Die Bedatung, d.h. die genaue Anpassung der Software an das Fahrzeug (Schritt F), kann begleitend zu den anderen Schritten stattfinden. Am Anfang nennt man diesen Vorgang Vorbedatung; die endgültige Bedatung dann Applikation oder Kalibrierung.

Die einzelnen Schritte der modellbasierten Entwicklung werden im Folgenden anhand von Steuerungs- und Regelungsfunktionen erläutert. Die modellbasierte Entwicklung wird auch für andere Softwareteile, wie beispielsweise für Überwachungs- und Diagnosefunktionen, eingesetzt.

Steuerung und Regelung

Bei der Steuerung werden die Ausgangsgrößen für die Stellglieder anhand der Eingangsgrößen, der vorgegebenen Daten, der Kennfelder und der Algorithmen (Berechnungsabläufe) im Steuergerät berechnet. Die Auswirkung wird dabei nicht überprüft. Man spricht daher vom offenen Wirkungsablauf. Dieses Prinzip wird zum Beispiel bei der Ablaufsteuerung für die Glühkerzen angewandt.

Das wichtigste Merkmal der Regelung ist der geschlossene Wirkungsablauf (daher auch die Bezeichnung Regelkreis). Der Istwert wird dabei ständig mit dem Sollwert verglichen. Sobald ein Unterschied erkannt wird, erfolgt eine Korrektur in der Ansteuerung der Stellglieder. Der Vorteil der Regelung ist, dass störende Einflüsse (Störgrößen) erkannt und berücksichtigt werden. Geregelt wird zum Beispiel die Leerlaufdrehzahl eines Motors.

Modellbildung und Simulation von Softwarefunktionen

Die Modellbildung für Steuerungs- und Regelungssysteme erfolgt vorzugsweise mit Blockschaltbildern oder Zustandsautomaten zur Daten- und Verhaltensbeschreibung. Sie stellen das Übertragungsverhalten von Komponenten durch Blöcke und die Signalflüsse zwischen den Blöcken durch Pfeile dar (Bild 12). Da es sich in der Regel um Mehrgrößensysteme handelt, liegen im allgemeinen Fall alle Signale in Vektorform vor. Es wird hier unterschieden zwischen:

- Mess- oder Rückführgrößen y
- Ausgangsgrößen der Steuerung oder des Reglers u^*
- Führungs- oder Sollgrößen w
- Sollwerten des Fahrers w^*
- Regel- oder Steuergrößen y^*
- Stellgrößen u
- Störgrößen z

Bei den Blöcken wird unterschieden zwischen:

12 Blockschaltbild zur Modellbildung

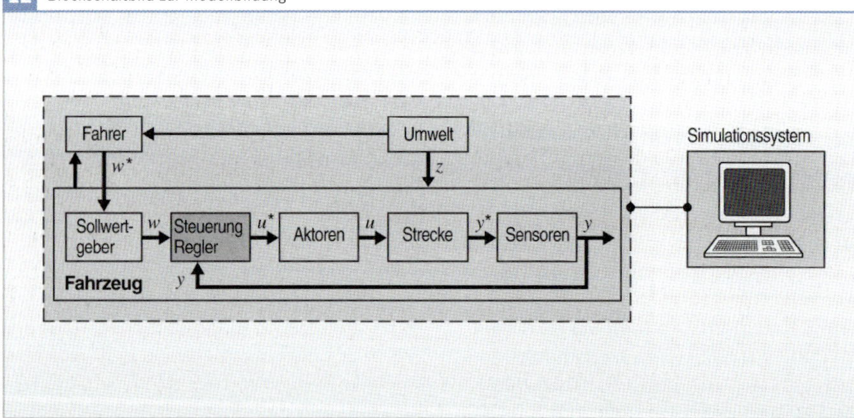

Bild 12

- Steuerung oder Regelung
- Modellen der Aktoren
- Streckenmodell
- Modellen der Sollwertgeber und Sensoren
- Fahrer- und Umweltmodell

Der Fahrer kann die Funktionen der Steuerung oder der Regelung durch die Vorgabe von Sollwerten beeinflussen. Alle Komponenten zum Erfassen dieser Sollwerte des Fahrers (z. B. Schalter oder Pedale) heißen Sollwertgeber. Sensoren erfassen dagegen physikalische Größen und wandeln sie in Signale. Das Verhalten des Fahrzeugs wird auch vom Fahrer erfasst, der dann entsprechend reagiert. Mit all diesen Größen lässt sich ein Modell erstellen, das auf einem Simulationssystem (z. B. einem PC) ausgeführt und dadurch genauer untersucht werden kann.

Die modellbasierte Entwicklungsmethoden bieten noch weitere Vorteile. Ist das Spezifikationsmodell formal, d. h. eindeutig und ohne Interpretationsspielraum, so lässt sich die Spezifikation auf einem Rechner in einer Simulation ausführen und im Fahrzeug durch Rapid Control Prototyping schnell und realitätsnah erproben. Zudem können Inkonsistenzen leichter entdeckt werden. Eine modellierte Funktion kann als ausführbare Spezifikation, z. B. vom Fahrzeughersteller an den Softwarelieferanten, weitergegeben werden. Gegenüber einer verbalen Spezifikation ist ein Modell in der Regel eindeutiger und konsistenter.

Rapid Control Prototyping von Softwarefunktionen

Das Rapid Control Prototyping umfasst Methoden zur frühzeitigen Ausführung der Spezifikationen von Steuerungs- und Regelungsfunktionen im realen Fahrzeug. Die modellierten Steuerungs- oder Regelungsfunktionen müssen dazu im Versuch realisiert werden. Experimentiersysteme können als Ausführungsplattform für die Softwareanteile der Steuerungs- und Regelungsfunktionen dienen (Bild 13).

Die Experimentiersysteme sind mit den Sollwertgebern, Sensoren und Aktoren sowie den übrigen zum Gesamtsystem gehörenden Steuergeräten des Fahrzeugs verbunden. Wegen dieser Schnittstellen zum realen Fahrzeug muss die Ausführung der Softwarefunktionen auf dem Experimentiersystem wie im Steuergerät unter Berücksichtigung von Echtzeitanforderungen erfolgen.

Als Experimentiersysteme kommen in der Regel Echtzeitrechensysteme mit deutlich höherer Rechenleistung als die späteren Seriensteuergeräte zum Einsatz. Immer öfter werden PCs als Rechnerkern

13 Rapid Control Prototyping für Softwarefunktionen im realen Fahrzeug

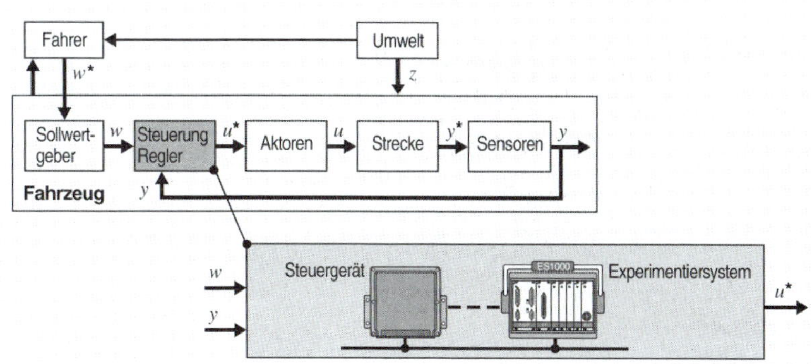

Bild 13

für diese Aufgabe eingesetzt. Damit lässt sich das spezifizierte Modell einer Softwarefunktion durch ein Rapid-Control-Prototyping-Werkzeug unter der Annahme einheitlicher Regeln automatisiert in ein ausführbares Modell übersetzen, um so das spezifizierte Verhalten möglichst genau nachzubilden.

Modular aufgebaute Experimentiersysteme können anwendungsspezifisch konfiguriert werden, etwa bezüglich der benötigten Schnittstellen für Eingangs- und Ausgangssignale. Das ganze System ist für den Einsatz im Fahrzeug ausgelegt und wird z. B. über einen PC bedient. Auf dem PC können auch verschiedene Softwarestände und Entwicklungswerkzeuge installiert sein. Damit lassen sich die Spezifikationen von Softwarefunktionen frühzeitig direkt im Fahrzeug erproben und bei Bedarf ändern.

Für den Einsatz von Experimentiersystemen besteht die Wahl zwischen Bypass- und Fullpass-Anwendungen.

Bypass-Anwendungen

Bypass-Anwendungen kommen vorzugsweise dann zum Einsatz, wenn nur wenige Softwarefunktionen entwickelt werden sollen und bereits ein Steuergerät mit einer erprobten Basisfunktionalität - beispielsweise aus einem vorangegangenen Projekt - zur Verfügung steht.

Bypass-Anwendungen eignen sich auch dann, wenn die Sensorik und die Aktorik eines Steuergeräts sehr umfangreich sind und nur mit hohem Aufwand durch ein Experimentiersystem unterstützt werden können (wie etwa bei Motorsteuergeräten).

Steht ein derartiges Steuergerät nicht zur Verfügung oder sollen auch zusätzliche Sollwertgeber, Sensoren und Aktoren erprobt werden und hält sich der Umfang der Hardwareschnittstellen in Grenzen, werden häufig Fullpass-Anwendungen bevorzugt. Diese sind „besondere Bypass-Anwendungen“, bei denen die gesamte Software nicht auf dem Steuergerät, sondern auf einem Experimentiersystem läuft. Wegen der höheren Flexibilität sind auch Mischformen zwischen dem Bypass einzelner Softwareteile und dem Fullpass der gesamten Software eines Steuergeräts verbreitet.

14 Prototypentwicklung mit Bypass-System

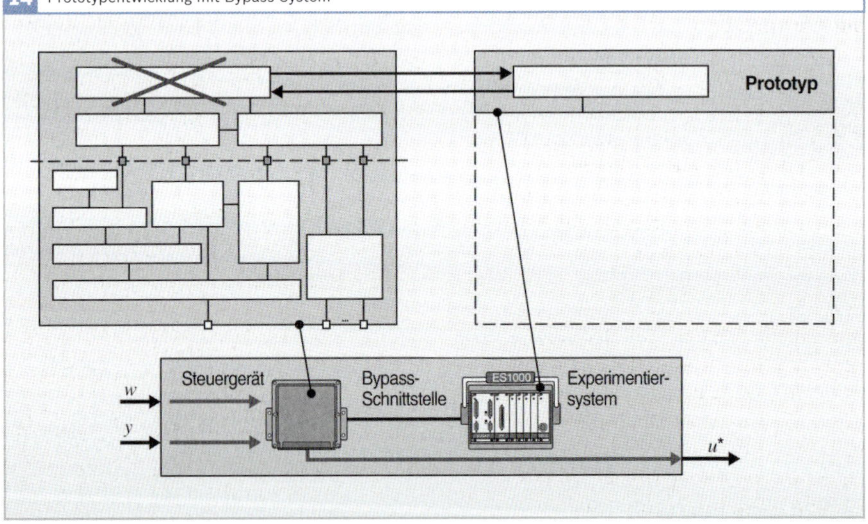

Bild 14

Bypass-Freischnitte

Die neue oder veränderte Softwarefunktion wird mit einem Rapid-Control-Prototyping-Werkzeug als ausführbares Modell entwickelt und über eine Bypass-Schnittstelle auf dem Experimentiersystem ausgeführt (Bild 14). Sind freie Ressourcen auf dem Steuergerät vorhanden, kann die neue Funktion auch als Software auf dem Steuergerät implementiert werden.

Dieser Ansatz eignet sich auch zur Weiterentwicklung von bereits bestehenden Funktionen eines Steuergeräts. In diesem Fall werden die bestehenden Funktionen im Steuergerät häufig noch berechnet, aber so weit modifiziert, dass die Eingangswerte über die Bypass-Schnittstelle gesendet und die Ausgangswerte der neu entwickelten Bypass-Funktion verwendet werden (Bild 15). Die dafür notwendigen Softwaremodifikationen auf der Steuergeräteseite werden Bypass-Freischnitte genannt. Bei einer notwendigen Synchronisation der Funktionsberechnung zwischen Steuergerät und Experimentiersystem kommt meist ein Verfahren zum Einsatz, bei dem das Steuergerät die Berechnung der Bypass-Funktion auf dem Experimentiersystem über eine Kontrollflussschnittstelle anstößt. Die Ausgangswerte der Bypass-Funktion überwacht das Steuergerät auf Plausibilität.

Der Bypass-Freischnitt kann über den Fahrzeugbus (z. B. CAN) erfolgen. Auch der direkte Zugriff auf die CPU des Steuergeräts über einen Emulator-Tastkopf (ETK) ist möglich. Dabei wird die CPU in einem Entwicklungssteuergerät durch den ETK ersetzt, der die Schnittstelle zum Experimentiersystem herstellt.

Fullpass

Soll eine völlig neue Funktion im Fahrzeug erprobt werden und steht ein Steuergerät mit Bypass-Schnittstelle nicht zur Verfügung, so kann eine Fullpass-Entwicklung erfolgen. In diesem Fall muss das Experimentiersystem alle von der Funktion benötigten Sollwertgeber-, Sensor- und Aktorschnittstellen unterstützen. Auch das Echtzeitverhalten der Funktion muss festgelegt und vom Experimentiersystem gewährleistet werden (Bild 16). In der Regel wird dafür ein Echtzeitbetriebssystem auf dem Fullpass-Rechner eingesetzt.

15 Bypass-Freischnitt einer Funktion

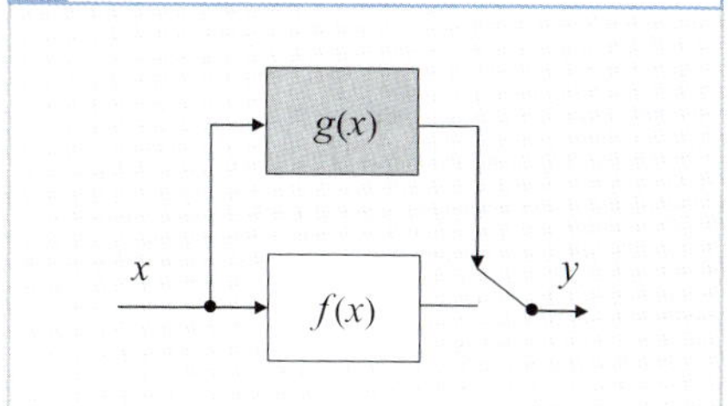

Bild 15
x Eingangsgröße
$f(x)$ ursprüngliche Funktion
$g(x)$ geänderte Funktion
y Ausgangsgröße

Design und Implementierung von Softwarefunktionen

Mit Methoden zur automatisierten Codegenerierung können die zuvor spezifizierten Funktionsmodelle auf Softwarekomponenten für Steuergeräte abgebildet werden. Dazu sind die Funktionsmodelle

16 Prototypentwicklung mit Fullpass-System

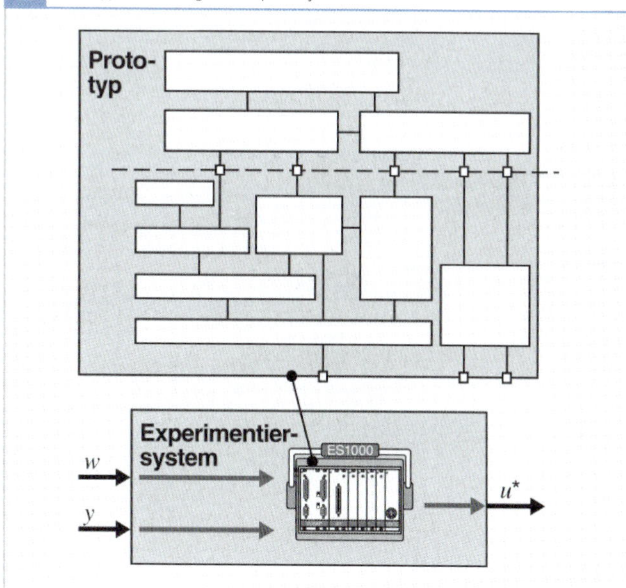

Bild 16

um Software-Designinformationen zu erweitern. Diese schließen gegebenenfalls auch die erforderlichen Optimierungsmaßnahmen hinsichtlich der geforderten Produkteigenschaften des elektronischen Systems ein. Zudem sichert die automatische Codegenerierung gleichbleibende Qualitätsmerkmale des Codes.

Ausgehend von der Spezifikation der Daten, des funktionalen Verhaltens und des Echtzeitverhaltens einer Softwarefunktion sind beim Design alle technischen Details des Steuergerätenetzwerks, der eingesetzten Mikrocontroller und die Softwarearchitektur zu berücksichtigen. Damit lässt sich dann die konkrete Implementierung der Softwarefunktionen durch Softwarekomponenten festlegen und durchführen (Bild 17).

Neben den Designentscheidungen für die Daten und das Verhalten einer Softwarefunktion unter Berücksichtigung der zeit- und wertdiskreten Arbeitsweise der Mikrocontroller gehören dazu Entwurfsentscheidungen bezüglich der Verteilung und Vernetzung von Mikrocontrollern und Steuergeräten sowie der Zuverlässigkeits- und Sicherheitsanforderungen an die elektronischen Systeme.

Auch alle Anforderungen aus der Produktion und dem Service von elektronischen Systemen und Fahrzeugen sind dabei zu berücksichtigen (z. B. Überwachungs- und Diagnosekonzepte, die Parametrierung von Softwarefunktionen oder das Software-Update für Steuergeräte im Feld).

Zusätzlich erfolgt die Generierung vieler begleitenden Daten, wie z. B. die Daten für die Dokumentation, das Variantenmanagement oder die Vorbedatung der Applikation, oft automatisch nach festgelegten Standards.

Integration und Test von Software und elektronischen Steuergeräten

Integration und Quellcodeerzeugung

Der Steuergerätecode wird im Software-Build zu einem lauffähigen Programm im maschinenlesbaren Quellcode konvertiert. Der Software-Build umfasst verschiedene Werkzeuge, die die einzelnen Funktionen in der richtigen Version zusammenbinden, prüfen und alle Größen auf die Steuergerätehardware anpassen. Das Ergebnis ist die Hex-Datei (Dateiendung *.h) mit dem eigentlichen Steuergerätequellcode und die A2L-Beschreibungsdatei (Dateiendung *.a2l) nach dem Standard ASAP2 ASAM-MCD-2MC [4]. Die A2L-Beschreibungsdatei wird auch ASAP2-Datei genannt.

Die Beschreibungsdateien erlauben den Zugriff auf steuergeräteinterne Größen mit

17 Realisierung von Steuerungs- und Regelungsfunktionen durch ein Steuergerätenetzwerk

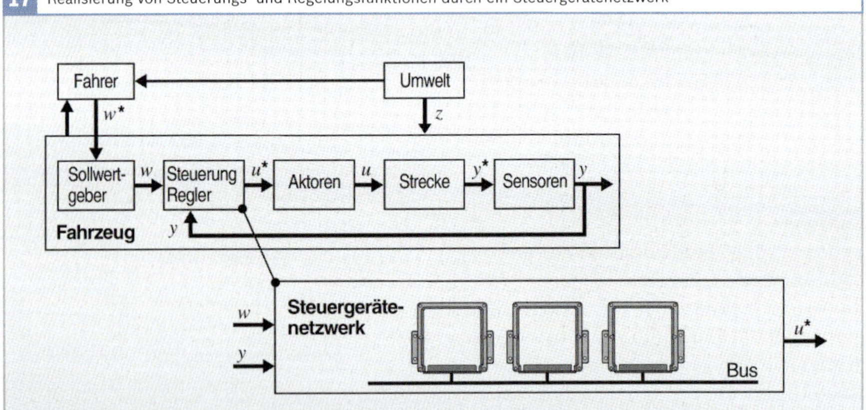

Bild 17

symbolischen Namen. A2L-Dateien sind elementarer Bestandteil jeder Mess- und Verstell-Operation. Dabei muss berücksichtigt werden, dass die Protokolle CCP und XCP [4] adressorientiert arbeiten.

Die Programmierung ist in der Regel durch die Verwendung von ROM-Speichern fix. Manche Systeme erlauben aber durch die Verwendung umprogrammierbarer Flash-Speicher eine Aktualisierung der Software durch die Werkstatt.

Eine A2L-Beschreibungsdatei enthält alle Informationen über die relevanten Datenobjekte im Steuergerät, wie beispielsweise Kenngrößen (Parameter, Kennlinien, Kennfelder), reale und virtuelle Messgrößen und Variantenabhängigkeiten. Für jedes dieser Objekte werden Informationen, wie Speicheradresse, Ablagestruktur, Datentyp und Umrechnungsvorschriften zur Wandlung in physikalische Einheiten benötigt. Darüber hinaus beinhaltet eine A2L-Beschreibungsdatei auch die Parameter für die Kommunikation mit dem Steuergerät.

Test

In der Integrations- und Testphase können die Simulationsmodelle als Basis für Testsysteme und Prüfstände dienen. Dabei sind die besonderen Anforderungen der häufig unternehmensübergreifenden Entwicklungs-, Integrations- und Testaufgaben zu berücksichtigen.

So stehen z. B. Prototypenfahrzeuge oft nur in begrenzter Anzahl zur Verfügung. Der Zulieferer einer Komponente verfügt deshalb meist nicht über eine komplette oder aktuelle Integrations- und Testumgebung für die von ihm zu liefernde Komponente.

Die Integration der Komponenten ist ein Synchronisationspunkt für alle beteiligten Komponentenentwicklungen. Integrationstest, Systemtest und Akzeptanztest sind erst durchführbar, nachdem alle Komponenten vorhanden sind.

Für Steuergeräte bedeutet dies, dass ein Test der Softwarefunktionen erst durchführbar ist, wenn alle Komponenten des Fahrzeugsystems (also Steuergeräte, Soll-

18 Integration und Test von Steuergeräten im realen Fahrzeug

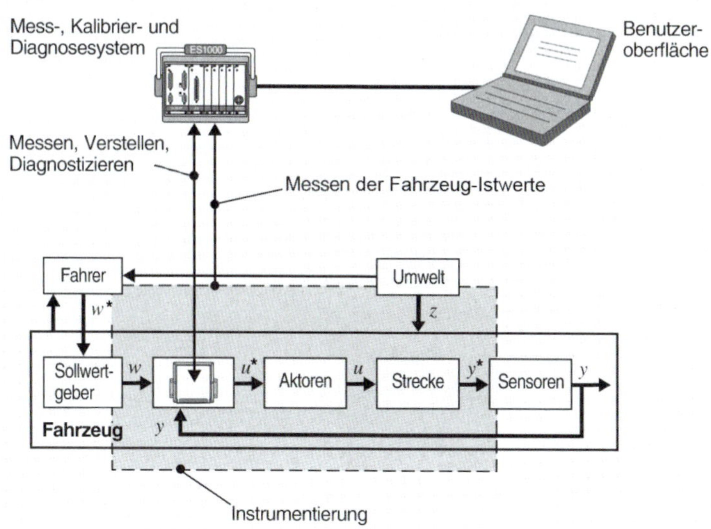

Bild 18

wertgeber, Sensoren, Aktoren und Strecke) vorhanden sind. Der Einsatz von In-the-Loop-Testsystemen im Labor ermöglicht die frühzeitige Prüfung von Steuergeräten ohne reale Umgebungskomponenten in einer virtuellen Testumgebung. Sie werden im folgenden Abschnitt näher erklärt.

Im realen Fahrzeug wird das Steuergerät an das Mess-, Kalibrier- und Diagnosesystem angeschlossen (Bild 18). Hier können neben den Messwerten des Steuergeräts auch Fahrzeugdaten aufgezeichnet und analysiert werden.

Der in Bild 18 gezeigte Aufbau betrachtet die Steuergeräte als Black Box. Das Verhalten der Funktionen der Steuergeräte lässt sich nur anhand der Ein- und Ausgangssignale w, y und u^* beurteilen. Für einfache Softwarefunktionen reicht diese Vorgehensweise aus. Die Prüfung umfangreicher Funktionen erfordert aber die Integration eines Messverfahrens für steuergeräteinterne Zwischengrößen. Eine solche Messtechnik wird als Instrumentierung bezeichnet. Die Überprüfung von Diagnosefunktionen macht zudem einen Zugriff auf den Fehlerspeicher über die Diagnoseschnittstelle des Steuergeräts notwendig.

In-the-Loop-Testsysteme

In-the-Loop-Testsysteme betreffen Testverfahren, bei dem ein eingebettetes elektronisches System über Schnittstellen mit einer realen (z. B. Sensoren, Aktoren) oder virtuellen Umgebung (mathematische Modelle) im Labor verbunden wird. Die Reaktion des Systems wird analysiert und an das System zurückgespielt (Bild 19). Die Prüflinge können einzelne Steuergeräte oder Steuergerätenetzwerke sein. Dabei ist auch die Anbindung von realen Steuergeräten möglich. Aktoren, wie z. B. Stellmotoren, können real angeschlossen oder auch simuliert werden. Gerade bei Aktoren mit großer Leistungsaufnahme und komplexem Verhalten, wie Injektoren und Elektromotoren für Fahrzeugantriebe, vereinfacht die Simulation den Aufbau erheblich.

Gegenüber Prüfstands- und Fahrversuchen lässt sich mit In-the-Loop-Testverfahren eine höhere Flexibilität, eine größere Testtiefe und eine einfachere Reproduzierbarkeit der Testfälle erzielen. Gegenüber Tests am Prüfstand oder im Fahrzeug erfolgt die Vorgabe von Betriebszuständen ohne Einschränkungen

19 Integration und Test von Steuergeräten mit einem In-the-Loop-Testsystem

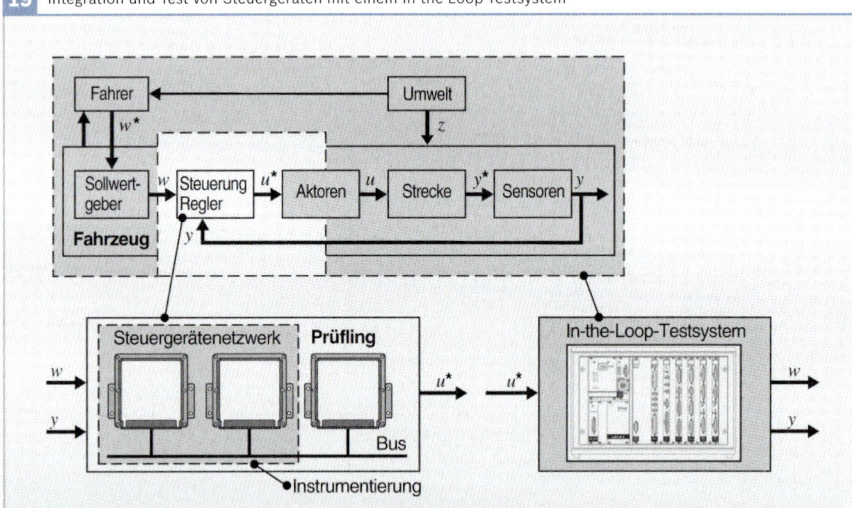

Bild 19
Die Aktoren können real vorliegen oder simuliert werden. Im letztgenannten Fall ist u^* durch u zu ersetzen

(z. B. bei einem Motorsteuergerät im vollständigen Last-Drehzahl-Bereich). Alterungs- und Ausfallsituationen können einfach simuliert werden und ermöglichen die Prüfung der Überwachungs-, Diagnose- und Sicherheitsfunktionen des Steuergeräts. Bauteiletoleranzen (z. B. in Sollwertgebern, Sensoren und Aktoren) können nachgebildet werden und ermöglichen die Überprüfung der Robustheit von Steuerungs- und Regelungsfunktionen.

Viele Tests lassen sich automatisieren, was gerade bei umfangreichen Diagnosefunktionen, bei denen viele Fehlerfälle durchgespielt werden müssen, von Vorteil ist. So können z. B. möglichst viele Fehlerarten und deren Kombinationen exakt reproduzierbar getestet und durch ein Fehlerprotokoll dokumentiert werden. Auf diese Weise lässt sich eine große Testtiefe erreichen. Diese Vorgehensweise lässt sich auch auf die Prüfung von realisierten Sollwertgebern, Sensoren und Aktoren ausdehnen. Dazu sind die Schnittstellen des Testsystems entsprechend anzupassen.

In-the-Loop-Testsysteme können zur Validierung und zur Weiterentwicklung von Soft- und Hardware eingesetzt werden. Je nach Art des Prüflings unterscheidet man zwischen verschiedenen Testsystemen gemäß Bild 20.

Bei *Model-in-the-Loop (MiL)* wird das Funktionsmodell der Software getestet. Das Funktionsmodell läuft auf einem Entwicklungsrechner.

Bei *Software-in-the-Loop (SiL)* wird der Softwarecode getestet. Er läuft auf einem Entwicklungsrechner.

Bei *Function-in-the-Loop (FiL)* wird ebenfalls der Softwarecode getestet. Im Gegensatz zum SiL läuft dieser jedoch auf der Zielhardware, d. h. auf dem Steuergerät. Damit kann das Verhalten der Software in der Zielumgebung betrachtet und gleichzeitig auf interne Größen zugegriffen werden. Die Kopplung zwischen der Software und dem Umgebungsmodell erfolgt über Freischnitte und einen ETK.

Bei *Hardware-in-the-Loop (HiL)* wird das vollständige Steuergerät über die I/O-

20 In-the-Loop-Testsysteme

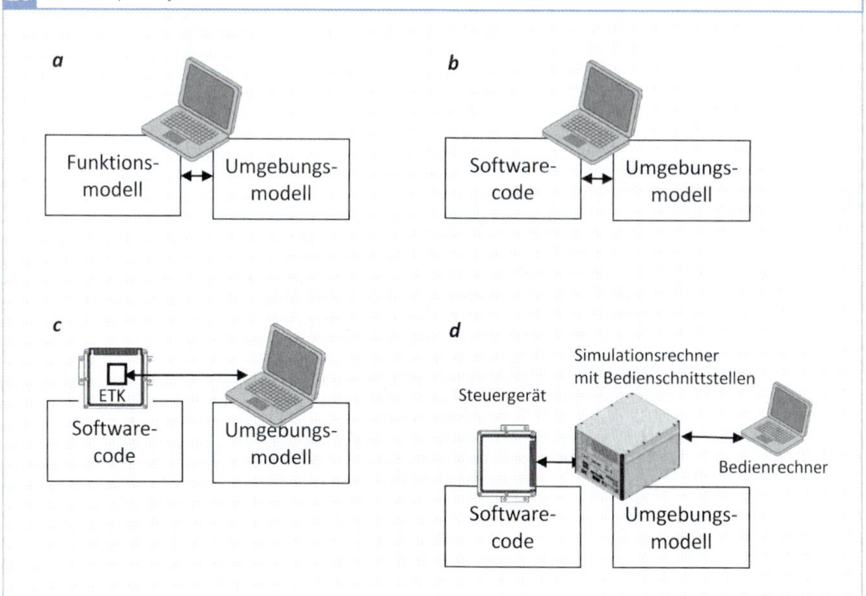

Bild 20
- a Model-in-the-Loop (MiL)
- b Software-in-the-Loop (SiL)
- c Function-in-the-Loop (FiL)
- d Hardware-in-the-Loop (HiL)

Schnittstellen getestet. Auch Mischformen zwischen FiL und HiL kommen zum Einsatz. Durch die Leistungssteigerung der PC kommen diese immer häufiger als Simulationsrechner zum Einsatz (Bild 21). Das bringt im Vergleich zur klassischen Spezialhardware zahlreiche Vorteile. PC sind einfach und weltweit verfügbar, sie sind kostengünstig und erfüllen typischerweise alle nationalen und internationalen Normen. Die Beschaffung und Inbetriebnahme ist einfach. PC bieten Standardschnittstellen, die einfach angebunden werden können. Sie können im Laufe der Zeit leicht und günstig gegen leistungsfähigere Geräte ausgetauscht werden, um die Performance und die Speicherkapazität neuen Erfordernissen anzupassen.

Applikation

Jedes elektronisch geregelte Fahrzeugsystem kann seine Leistungsfähigkeit nur dann zur Entfaltung bringen, wenn es optimal an den jeweiligen Fahrzeugtyp angepasst ist. Damit Softwarefunktionen in möglichst vielen Fahrzeugvarianten eingesetzt werden können, enthalten sie veränderbare Parameter. Die Anpassung dieser Parameter an die entsprechende Fahrzeugvariante (z. B. Vier- oder Sechszylindermotor) und für jede Betriebsbedingung (z. B. Kaltlauf, extreme Hitze oder Höhe) nennt man Applikation oder Kalibrierung (Calibration). Um die gewünschte Funktionalität im Gesamtfahrzeug zu erreichen, ist eine Vielzahl von Kennwerten, Kennlinien und Kenn-

21 Prinzipieller Aufbau eines Hardware-in-the-Loop-Testsystems

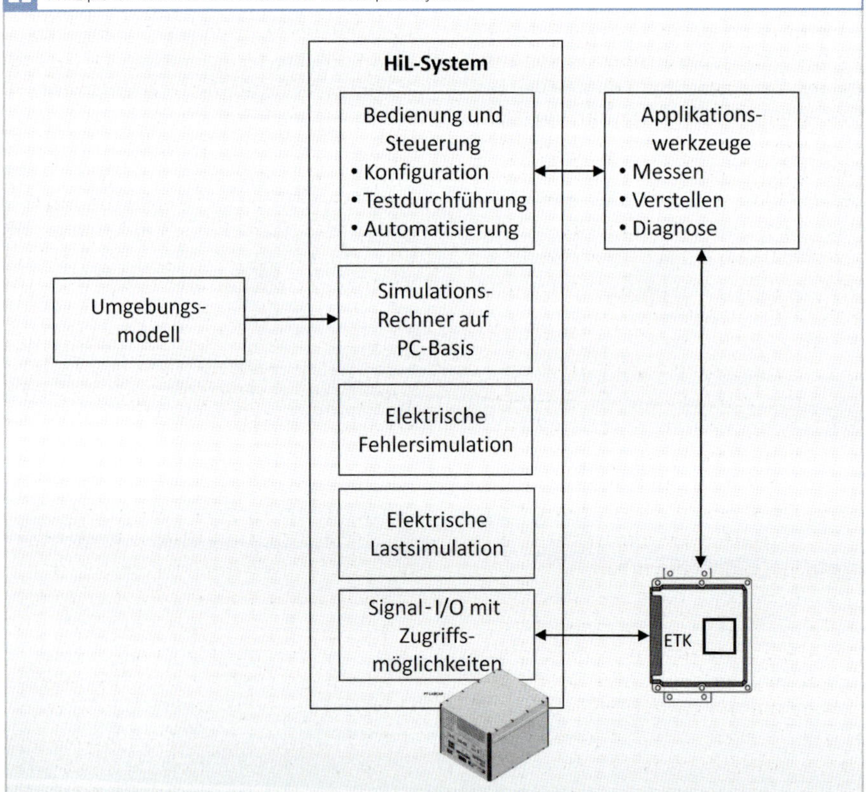

Bild 21

feldern – die so genannten Applikationsdaten – zu applizieren.

Diese Abstimmung erfolgt oft zu einem späten Zeitpunkt im Entwicklungsprozess. Der Trend geht jedoch immer mehr in Richtung einer früheren Vorbedatung; d. h., bereits in den frühen Entwicklungsphasen werden möglichst realitätsnahe Applikationsdaten anhand von Modellen oder Erfahrungswerten ermittelt. Durch die Vielzahl der Applikationsgrößen und die gegenseitige Abhängigkeit erfordert die Applikation geeignete Verfahren und Werkzeuge.

Die meisten Änderungen am Fahrzeug erfordern eine Änderung der Applikation. Dies soll an folgendem Beispiel erläutert werden: Die λ-Sonde im Abgastrakt misst den Restsauerstoff im Abgas. Auf Basis dieses Signals kann die tatsächlich eingespritzte Kraftstoffmenge ermittelt werden. So ist es möglich, die Ansteuerparameter im Motorsteuergerät laufend exakt anzupassen. Bei Anderungen des Abgastrakts, die zu einer Veränderung des Abgasgegendrucks an der Einbaustelle der λ-Sonde führen (z. B. geänderte Abgaskrümmer, Partikelfilter etc.), müssen auch die Applikationsparameter der Software angepasst werden. Geschieht dies nicht, hat das meist eine Verbrauchs- und Emissionsverschlechterung zur Folge.

Durch eine Trennung von Programm- und Datenstand kann das Variantenmanagement in Entwicklung, Produktion und Service vereinfacht werden. Der Programmstand enthält z. B. alle Informationen über die zu applizierenden Größen, deren Grenzwerte und Zusammenhänge, während der Datenstand die tatsächlich applizierten Größen enthält.

Die Applikation findet im Labor, an Motor- und auf Fahrzeugprüfständen, während Fahrzeugerprobungen sowie unter realen Umgebungsbedingungen, zum Beispiel auf Teststrecken, statt. Dies setzt neben einem Mess- und Diagnosesystem häufig auch ein Applikationssystem für die Abstimmung von steuergeräteinternen Parametern (wie Kennlinien und Kennfeldern) voraus. Nach Abschluss der Applikation werden die ermittelten Daten umfangreich geprüft. Anschließend sind diese Werte im Festwertspeicher (EPROM oder Flash) des Seriensteuergeräts abgelegt.

Bei der Applikation müssen die Parameterwerte veränderlich sein. Ein Applikationssystem besteht deshalb aus einem oder mehreren Steuergeräten mit einer geeigneten Schnittstelle zu einem Mess- und Applikationswerkzeug (Bild 22). Neben dem Einsatz in Fahrzeugen können Mess-, Applikations- und Diagnosesysteme auch in In-the-Loop-Testsystemen und Prüfständen Anwendung finden.

Änderungen der Parameterwerte, wie etwa der Werte einer Kennlinie, werden im Applikationswerkzeug durch Editoren wahlweise auf der Implementierungsebene, d. h. mit den Werten des Steuergeräts, oder auf der physikalischen Spezifikationsebene, d. h. mit den physikalischen Werten (Drehzahl, Abgasmenge), unterstützt. Entsprechend erfolgt im Messwerkzeug die Umrechnung der erfassten Größen in die physikalische Darstellung oder alternativ die Anzeige in der Implementierungsdarstellung. Bild 22 stellt beispielhaft die physikalische Sicht und die Implementierungssicht auf eine Kennlinie und ein erfasstes Messsignal dar.

Bei der Arbeitsweise mit Applikationssystemen kann generell zwischen der Offline- und der Online-Applikation unterschieden werden.

Offline-Applikation

Bei der Offline-Applikation wird die Ausführung der Steuerungs-, Regelungs- und Überwachungsfunktionen, also des „Fahrprogramms", während der Änderung oder Verstellung der Parameterwerte unterbrochen. Dadurch führt die Offline-Applikation zu vielen Einschränkungen. Insbesondere beim Einsatz an Prüfständen und bei Versuchen im Fahrzeug muss dazu immer auch der Prüfstands- oder Fahrversuch unterbrochen werden.

Bild 22
s Signal
t Zeit
x Eingangsgröße
y Ausgangsgröße
k Diskrete Zeit

22 Arbeitsweise mit Mess- und Kalibrierwerkzeugen

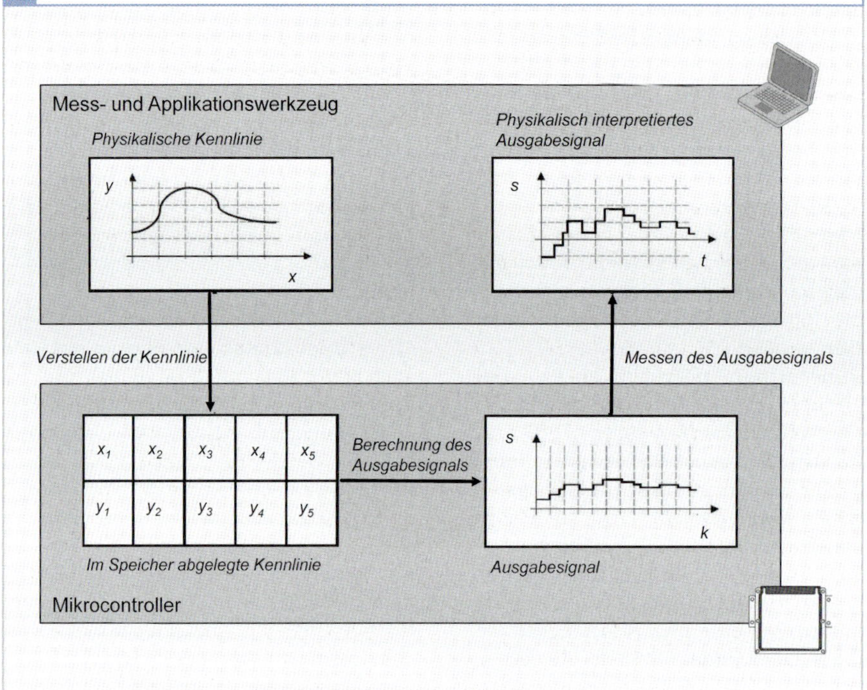

Online-Applikation

Bei der Online-Applikation lassen sich die Parameterwerte während der aktuellen Durchführung des Fahrprogramms durch den Mikrocontroller verstellen. Das bedeutet, dass die Verstellung der Parameterwerte bei gleichzeitiger Ausführung der Steuerungs-, Regelungs- und Überwachungsfunktionen und damit beispielsweise während des regulären Prüfstands- oder Fahrzeugbetriebs möglich ist.

Die Online-Applikation stellt höhere Ansprüche an die Stabilität der Steuerungs-, Regelungs- und Überwachungsfunktionen, da das Fahrprogramm während des Verstellvorgangs durch das Werkzeug auch für eventuell auftretende Ausnahmesituationen, wie beispielsweise kurzzeitig nicht monoton steigende Stützstellenverteilungen bei Kennlinien, robust ausgelegt sein muss. Die Online-Applikation eignet sich für langwierige Abstimmaufgaben der Parameter von Funktionen mit eher geringer Dynamik (z. B. zur Abstimmung von Motorsteuerungsfunktionen am Motorprüfstand).

Zur Applikation der Parameter von Funktionen mit höherer Dynamik oder hoher Sicherheitsrelevanz (z. B. zur Abstimmung der Softwarefunktionen eines Antiblockiersystems bei Bremsmanövern im Fahrversuch) wird zwar nicht während des eigentlichen Reglereingriffs verstellt. Dennoch kann auch hier durch die Online-Applikation die Unterbrechung des Fahrprogramms vermieden und so die Zeitspanne zwischen zwei Fahrversuchen reduziert werden.

Bei der Online-Applikation können auch einzelne Teilfunktionen durch Freischnitte mit einem Bypass versehen werden. So können stark schwankende Werte durch einen Festwert stabil gehalten werden, was die Applikation bei komplexen Zusammenhängen erleichtert. Es gibt auch Werkzeuge, die diese Freischnitte nachträglich in die Software einsetzen können.

Ausblick

Neue Fahrzeugfunktionen und Technologien werden auch weiter zu einem Anstieg des Softwareumfangs im Fahrzeug führen - auch im niedrigen Preissegment. Dabei bleibt die Anzahl der Steuergeräte in vielen Fahrzeugen gleich. Dies hat zur Folge, dass der Funktionsumfang einiger Steuergeräte weiter zunimmt. Insgesamt verschwinden die Systemgrenzen zwischen den verschiedenen Steuergeräten immer mehr, wie z. B. beim Antriebsmanagement eines Hybridantriebs. Somit wird die Elektronik im Kraftfahrzeug immer komplexer. Die wirtschaftliche Komplexitätsbeherrschung ist daher sicher ein Schlüsselelement der zukünftigen Software im Kraftfahrzeug und ihrer dazugehörigen Entwicklungsumgebungen und -prozesse.

Als weiterer Trend zeichnet sich die zunehmende „Virtualisierung der Entwicklung" ab. Dabei werden Teile der späteren Entwicklungsschritte, wie Test und Applikation, in die früheren, virtuellen Entwicklungsphasen integriert, sodass z. B. bereits die Funktionsmodelle mit In-the-Loop-Testmethoden getestet und vorbedatet werden können. So werden Fehler früher erkannt und Engpässe kurz vor Serienstart vermieden.

Literatur und Weblinks

[1] Konrad Reif: Automobilelektronik - Eine Einführung für Ingenieure, 3. Auflage, Vieweg-Verlag, 2009
[2] Jörg Schäuffele, Thomas Zurawka: Automotive Software Engineering - Grundlagen, Prozesse, Methoden und Werkzeuge, 4. Auflage, Vieweg-Verlag, 2010
[3] Werner Zimmermann, Ralf Schmidgall: Automobilelektronik - Bussysteme in der Fahrzeugtechnik: Protokolle und Standards, 3. Auflage, Vieweg-Verlag, 2008
[4] ASAM Association for Standardisation of Automation- and Measuring Systems: http://www.asam.de, 2010
[5] FlexRay Communications System Specifications: http://www.flexray.com, 2009
[6] LIN Serial Communication System: http://www.lin-subbus.org, 2008
[7] NEXUS 501 Forum: http://www.nexus5001.org, 2010
[8] IEC International Electrotechnical Commission: http://www.iec.ch, 2010
[9] ISO International Organization for Standardization: http://www.iso.org, 2010
[10] IEEE Institute of Electrical and Electronics Engineers: http://www.ieee.org/portal/site, 2010
[11] MISRA The Motor Industry Software Reliability Association: http://www.misra.org.uk, 2009
[12] SAE Society of Automotive Engineers: http://www.sae.org, 2010
[13] OSEK VDX Portal: http://www.osek-vdx.org, 2010
[14] AUTOSAR Automotive Open System Architecture: http://www.autosar.org, 2010
[15] ISO 14230: Road Vehicles - Diagnostic Systems - Keyword Protocol 2000, 1999
[16] ISO 15765: Road Vehicles - Diagnostic Systems - Diagnostics on CAN, 2000
[17] ISO 22900: Road vehicles - Modular vehicle communication interface (MVCI) - Hardware design requirements, 2008
[18] Das V-Modell der IABG: http://www.v-modell.iabg.de, 2010

Sensoren im Kraftfahrzeug

Der Begriff Sensor führte sich ein, als in den zurückliegenden 20...40 Jahren Messfühler auch in Konsumanwendungen (z.B. Kraftfahrzeug und Hausgerätetechnik) einzogen. Sensoren - begrifflich identisch mit (Mess-)Fühlern und (Messwert-)Aufnehmern - setzen eine physikalische oder chemische (meist nichtelektrische) Größe Φ in eine elektrische Größe E um; dies geschieht oft auch über weitere, nichtelektrische Zwischenstufen.

In Tabelle 1 sind die verschiedenen Sensoreinsatzgebiete zusammengestellt und verglichen. Bild 1 gibt einen Eindruck von der Fülle bereits bestehender elektronischer Systeme in Kraftfahrzeugen, deren Zahl sich in Zukunft zweifellos noch wesentlich erhöhen wird.

Grundlagen und Überblick

Begriff/Definition Sensor

Als elektrische Größen gelten hier nicht nur Strom und Spannung, sondern auch Strom-/Spannungsamplituden, die Frequenz, Periode, Phase oder auch Pulsdauer einer elektrischen Schwingung sowie die elektrischen Kenngrößen Widerstand, Kapazität und Induktivität. Der Sensor lässt sich durch folgende Gleichungen charakterisieren:

(1) $E = f(\Phi, Y_1, Y_2 ...)$
Sensorausgangssignal

(2) $\Phi = g(E, Y_1, Y_2 ...)$
gesuchte Messgröße

Sind die Funktionen f oder g bekannt, so stellen sie ein Sensormodell dar, mit Hilfe dessen sich die gesuchte Messgröße aus dem Ausgangssignal E und den Einflussgrößen Y_i praktisch fehlerfrei auch ma-

1 Vielfalt der Fahrzeugsysteme mit Sensoren

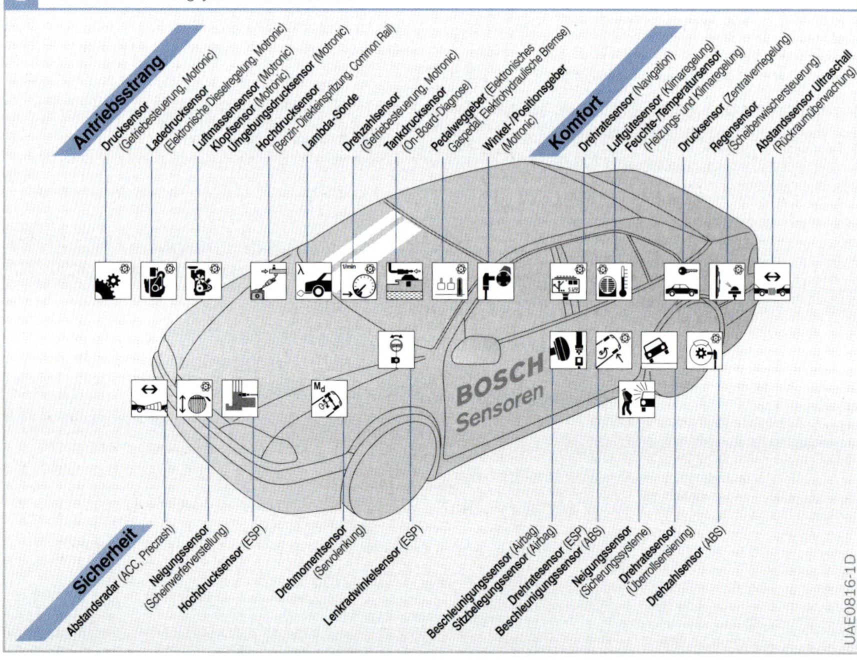

1 Sensoreinsatzgebiete

Typische Merkmale	Primärstandards	Präzisionsmesstechnik	Industriemesstechnik	Konsumtechnik
Genauigkeit	$10^{-11}...10^{-7}$	$2...5 \cdot 10^{-4}$	$2...5 \cdot 10^{-3}$	$2...5 \cdot 10^{-2}$
Kosten	100 TEUR... 1 Mio. EUR	einige TEUR	einige 100 EUR	1...10 EUR
Stück/a	einzelne	ca. 10	100...1 k	10 k...10 Mio.
Einsatz	– Forschung, – Prüfung Sekundärnormale	– Eichung	– Prozessinstrumetierung, – Fertigungsmesstechnik	– Kfz-Elektronik, – Haustechnik (Domotik)

Tabelle 1

thematisch berechnen lässt (intelligente Sensoren, engl.: intelligent oder smart sensors).

Abgleich

Das Sensormodell enthält im realen Fall immer einige freie Parameter, mit denen in einer Art Abgleichvorgang (Bild 4a) das Modell an die tatsächlichen Eigenschaften des individuellen Sensorexemplars angepasst werden kann. Bei der inzwischen vorherrschenden digitalen Aufbereitung der Sensorsignale werden diese Modellparameter meist in einem programmierbaren, nichtflüchtigen Speicherteil (PROM) abgelegt. Im Gegensatz zur herkömmlichen analogen Kompensation von Einflussgrößen können hier nicht nur etwa linear wirkende Einsflüsse, sondern auch stark nichtlineare Verläufe gut korrigiert werden. Sehr vorteilhaft ist auch, dass bei dieser Art der Kalibrierung, die über eine rein elektrische Verbindung erfolgt, jeder Sensor während der Kalibrierphase leicht unter Betriebsbedingungen gehalten werden kann.

2 Sensorsymbol

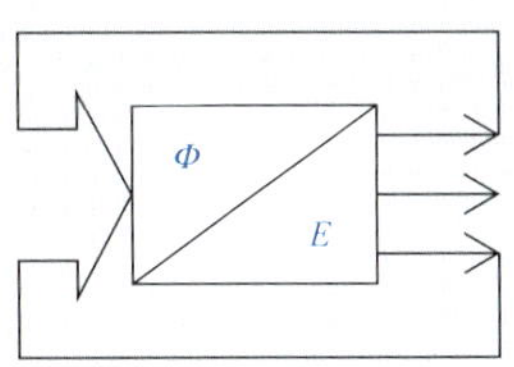

3 Sensorgrundfunktion

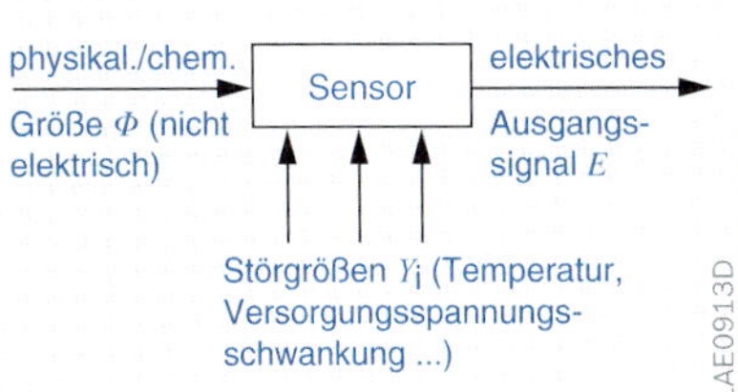

Begriff Smartsensor

In etwas allgemeinerer Form lassen sich „Intelligente Sensoren“ (Smartsensor) folgendermaßen definieren:
Intelligente, manchmal auch integrierte Sensoren oder Sensoren mit (exemplar-)spezifischer Elektronik vor Ort genannte Sensoren, erlauben die in einem Sensor steckende (statische und dynamische) Genauigkeit mit den Mitteln der (meist auch digitalen) Mikroelektronik bis zu einem weit höheren Maße auszunutzen als konventionelle Sensoren. Hierbei kann die Sensorinformation, insbesondere auch die komplexe Information von Multisensor-Strukturen, durch Weiterverarbeitung vor Ort verdichtet, d.h. auf ein höheres Niveau gebracht werden (als es der einfache Sensor vermag), ohne dazu eine Vielzahl von äußeren Anschlüssen zu benötigen.

Es gibt keine klare Festlegung, ob Sensoren einen Teil der Signalverarbeitung bereits beinhalten können oder nicht; es wird jedoch empfohlen, nicht beispielsweise zwischen Elementarsensor, Sensorzelle o. ä. und integriertem Sensor zu unterscheiden.

Abgleichvorgang

Die Programmierung bzw. Kalibrierung eines Smartsensors erfolgt – entsprechend dem Abgleich herkömmlicher analoger Sensoren – meist mit Hilfe eines externen Rechners (Host) in drei Schritten (Bild 4):

Istwertaufnahme
Der Hostrechner variiert sowohl die Messgröße x_e als auch die Einflussgröße(n) y systematisch und stellt dabei eine bestimmte Anzahl relevanter und repräsentativer Betriebspunkte ein. Dabei gibt der Smartsensor die noch unkorrigierten „Rohsignale" $x_a{}^*$ an ihn aus. Über wesentlich genauere Referenzsensoren erhält der Host jedoch auch gleichzeitig die „wahren" Größen x_e und y. Aus dem Vergleich beider Größen errechnet der Host die notwendigen Korrekturgrößen und interpoliert diese auf den gesamten Messbereich.

Speicherung der Korrekturparameter
Aus den zuvor gewonnenen Daten berechnet der Hostrechner die exemplarspezifischen Modellparameter z. B. für einen linearen Kennlinienverlauf und speichert diese in den PROM des Smartsensors ein. In einem Kontrolldurchlauf können diese auch zunächst in einem RAM des Hostrechners emuliert werden, bevor sie endgültig und nichtflüchtig im Smartsensor „eingebrannt" werden. Werden Kennlinien mit Polynomen höheren Grades angenähert, können zur Vermeidung langwieriger Rechenprozesse im Smartsensor auch Kennfelder (Look-up tables) abgespeichert werden. Sehr bewährt hat sich auch die Abspeicherung eines grobmaschigen Kennfeldes in Verbindung mit einer einfachen linearen Interpolation zwischen den Stützstellen (Beispiel in Bild 5 dargestellt).

Betriebsphase
Der Smartsensor wird nun vom Hostrechner abgekoppelt und ist in der Lage, mittels der eingespeicherten Modelldaten selbst die Messgröße x_e sehr fehlerarm zu berechnen. Er kann sie an ein angeschlossenes Steuergerät z. B. in digitaler, bitserieller oder aber auch analoger Form (z. B. pulsdauermoduliert) übertragen. Mittels einer Busschnittstelle kann die Messgröße

4 Abgleich/Kalibrierung eines Smartsensors

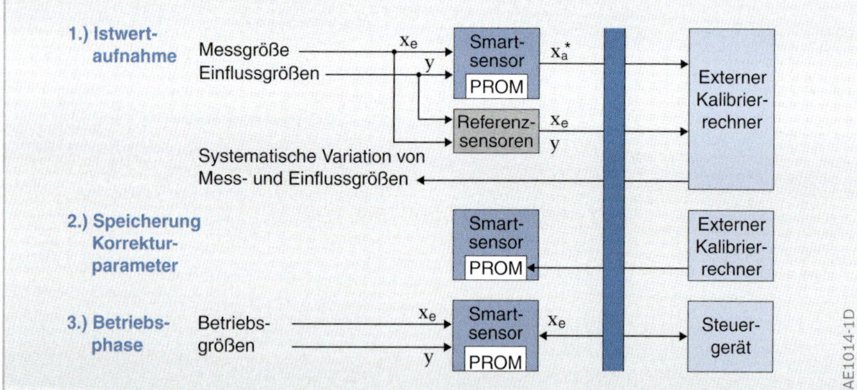

digital auch an weitere Steuergeräte verteilt werden.

Dieser Vorgang kann - im Gegensatz zum herkömmlichen Laserabgleich - prinzipiell auch wiederholt werden, wenn ein löschbares PROM verwendet wird. Dies ist gerade in der Entwicklungsphase von Sensoren ein Vorteil.

5 Messwertinterpolation über Stützstellenkennfeld

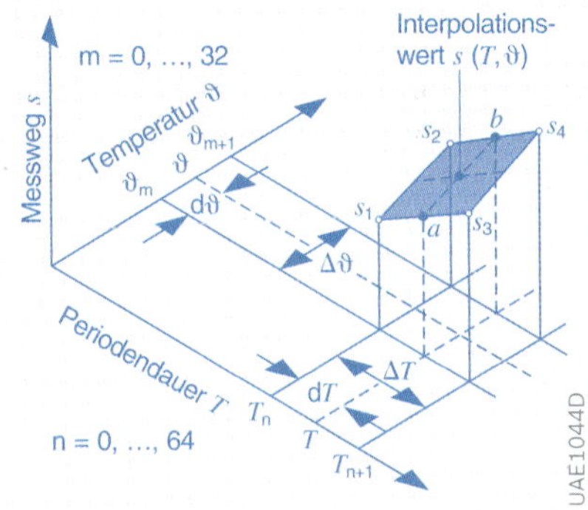

Beispiel: Zweidimensionales Stützstellen-Kennfeld s (T_n, Θ_m) eines Smartsensors zur Messung eines Weges s:

Zur hochgenauen Auswertung des als variable Induktivität wirkenden Sensors wird seine natürliche Kennlinie sowie deren Temperaturgang jeweils mit Polynomen 5. Grades angenähert. Er gibt als frequenzbestimmendes Glied einer sehr einfachen Oszillatorschaltung als unkorrigiertes Ausgangssignal die Periodendauer T ab. Als Sensormodell für den Messweg s wird statt der insgesamt 36 Polynomkoeffizienten und einer langwierigen Polynomauswertung ein insgesamt nur 32 x 64 = 2048 exemplarspezifische Werte $s_{n,m}$ umfassendes, grobes Kennfeld (im PROM) und ein einfacher Interpolationsalgorithmus (im ROM) abgelegt. Tritt ein Signal T zwischen diesen Stützstellen T_n und T_{n+1} sowie eine Temperatur Θ zwischen den Stützstellen Θ_m und Θ_{m+1} auf, so wird gemäß der Abbildung zwischen den „fehlerfrei" abgespeicherten Eckwerten s_1,... s_4 zweidimensional interpoliert und so der gesuchte Messwert $s(T, \Theta)$ als Interpolationsergebnis ermittelt.

Einsatz im Kraftfahrzeug

Mit steigenden Anforderungen an alle Fahrzeugfunktionen wurden in den letzen 40 Jahren sukzessive die zunächst mechanisch realisierten Steuer- und Regelfunktionen durch elektronische Einheiten (ECU, electronically controlled unit) ersetzt. Daraus entstand zwangsläufig ein hoher Bedarf an Sensoren und Aktoren, mit denen diese elektronischen Steuereinheiten einerseits die relevanten Fahrzeugzustände erfassen und anderseits auch beeinflussen konnten. Die Kfz-Industrie wurde in diesen Jahren zu einem bis dahin beispiellosen Motor der Entwicklung von in großer Stückzahl herstellbaren Sensoren.

Hatten diese anfangs noch eine meist elektromechanische oder wie auch immer geartete makromechanische Form, so ging der Trend ausgangs der 80er-Jahre eindeutig hin zu miniaturisierten, mit den Methoden der Halbleiterherstellung

6 Meilensteine den Sensorentwicklung für das Kfz

1950	Lambda-Sonde
1960	Elektromechanischer Drucksensor
	Piezoelektrischer Klopfsensor
1970	Erster integrierter Hall-Sensor
	Dehnmessstreifen-Beschleunigungssensor für Airbag
	Erster Drucksensor auf Silizium-Basis
1980	Hitzdraht-Luftmassenmesser
	Dickfilm-Luftmassenmesser
	Integrierter Drucksensor
1990	Mikromechanischer Beschleunigungssensor für Airbag
	Piezoelektrischer Drehratesensor für ESP
	Mikromechanischer Luftmassenmesser
	Mikromechanischer Drehratesensor
2000	Drehratesensor für Überrollsensierung

UAE1045D

(Batch Processing) in hohem Nutzen produzierten Sensoren. Vorübergehend spielten auch aus der Hybridtechnik hervorgegangene Sensoren in Dickschichttechnik eine nicht unwesentliche Rolle. Diese wird auch heute noch vereinzelt z. B. in den plättchenförmigen Sauerstoffsonden und Hochtemperatursensoren für den Abgastrakt verwendet.

Ließen sich Temperatur- und Magnetfeldsensoren zunächst noch als schaltungsähnliche Strukturen realisieren und im Batch fertigen, so verstärkte sich dieser Trend, als es gelang, Silizium in mannigfaltiger Weise auch mikromechanisch in zwei bis drei Dimensionen zu strukturieren und mit sehr effizienten Methoden auch in mehreren Lagen funktionell sehr stabil zu verbinden

Beruhten die Technologien der elektronischen Halbleiterschaltungen praktisch ausschließlich auf Silizium als Grundwerkstoff, spielen bei den Sensoren durchaus auch noch andere Stoffe und Technologien eine nicht unwesentliche Rolle. So lässt sich z. B. Quarz mittels anisotroper Ätztechnik ebenfalls mikromechanisch formen, besitzt jedoch im Gegensatz zu Silizium auch sehr vorteilhafte piezoelektrische Eigenschaften. III-V-Halbleiter wie Galliumarsenid (GaAs) besitzen einen wesentlich größeren Betriebstemperaturbereich als Silizium, was gerade im Kfz an manchen Stellen sehr vorteilhaft sein kann. Dünne metallische Schichten eignen sich sehr zur Herstellung von präzisen Dehnwiderständen, genauen Temperatursensoren und magnetfeldabhängigen Widerständen.

Mit Silizium ist es möglich, in monolithischer Weise zum Sensor auch noch Elektronik zu integrieren. Diese Technik hat - abgesehen von wenigen Ausnahmen (z. B. Hall-IC) - wegen der meist sehr unterschiedlichen Zahl und Art von Prozessschritten sowie wegen der damit verbundenen Inflexibilität sehr an Bedeutung verloren. Hybride Integrationstechniken auf engstem Raum führen in aller Regel zu wesentlich kostengünstigeren, funktionell aber gleichwertigen Lösungen (Bilder 7).

War die Entwicklung von Sensoren in der Anfangszeit fast ausschließlich auf fahrzeuginterne Systeme des Antriebsstrangs, des Fahrwerks sowie der Karosserie und Fahrsicherheit konzentriert, so ist die Sensierungsrichtung von neueren Entwicklungen zunehmend nach außen auf die nähere

7 Hybride Integration von Sensor und Elektronik: Oberflächenmikromechanischer Beschleunigungssensor auf Mikrohybridschaltkreis

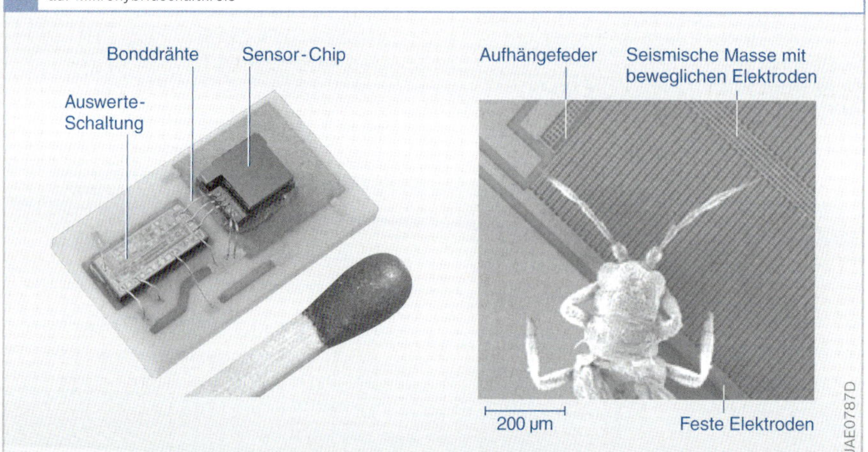

und weitere Umgebung des Fahrzeugs gerichtet:

- Ultraschallsensoren erfassen Hindernisse beim Einparken und werden - evtl. in Verbindung mit anderen Sensoren - in absehbarer Zukunft auch automatisches Einparken ermöglichen.
- Nahbereichsradar erfasst rings um das Fahrzeug Objekte, die mit hoher Wahrscheinlichkeit eine Kollision verursachen könnten, um Zeit zu gewinnen und Sicherheitssysteme auch schon vor dem Aufprall zu schärfen (Precrash-Sensoren).
- Bildsensoren können nicht nur Verkehrsschilder erfassen und in das Fahrerdisplay übertragen, sondern auch die Fahrbahnkontur erkennen, den Fahrer vor gefährlichen Abweichung warnen und bei Bedarf langfristig auch automatisches Fahren ermöglichen. In Verbindung mit Infrarotstrahlern und einem Bildschirm im Sichtfeld des Fahrers lassen IR-empfindliche Bildsensoren auch nachts, selbst bei nebligen Verhältnissen, eine weitreichende Fahrbahnbeobachtung zu (Night Vision).
- Weitbereichs-Radarsensoren beobachten auch unter schlechten Sichtbedingungen die Fahrbahn auf 150 m vor dem Fahrzeug, um die Fahrgeschwindigkeit vorausfahrenden Fahrzeugen anzupassen und längerfristig auch automatisches Fahren zu unterstützen.

Sensoren und Aktoren bilden als Peripherie die Schnittstellen zwischen dem Fahrzeug mit seinen komplexen Antriebs-, Brems-, Fahrwerk- und Karosseriefunktionen sowie auch Leit- und Navigationsfunktionen und dem meist digitalen elektronischen Steuergerät als Verarbeitungseinheit (Bild 8). In der Regel bringt eine Anpassschaltung die Sensorsignale in die für das Steuergerät erforderlich, standardisierte Form (Messkette, Messwerterfassungssystem).

8 Sensoren im vielschichtigen Prozess Kraftfahrzeug

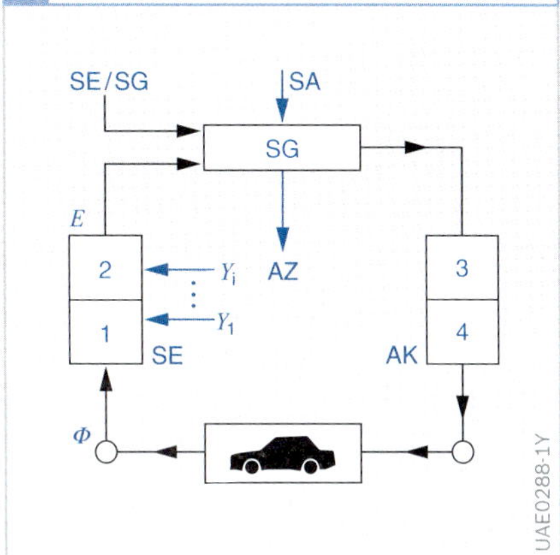

Bild 8
1 Messwertaufnehmer
2 Anpassschaltung
3 Treiberschaltung
4 Stellglieder
AK Aktor
AZ Anzeige
SA Bedienschalter
SE Sensoren
SG Steuergerät
Φ physikalische Größe
E elektrische Größe
Y_i Störgrößen

Diese auf spezielle Sensoren maßgeschneiderten, kundenspezifischen Anpassschaltungen stehen in integrierter Form und in großer Zahl zur Verfügung. Sie stellen eine ganz wesentliche und sehr wertvolle Ergänzung der hier dargestellten Sensoren dar, ohne die deren Einsatz nicht möglich wäre und deren Messqualität genaugenommen nur mit diesen zusammen definiert ist.

In dem dargestellten, vielschichtigen Prozess „Kraftfahrzeug" können auch Sensorinformationen anderer Verarbeitungseinheiten (Steuergeräte) ebenso wie der Fahrer über einfache Bedienschalter Einfluss auf den Prozess nehmen. Anzeigeneinheiten informieren den Fahrer über den Stand und Verlauf des Gesamtprozesses.

Angaben zum Sensormarkt

Der Wertschöpfungsanteil der Elektrik und Elektronik in Fahrzeugen liegt heute bei ca. 26 %. Inzwischen wird fast jeder zweite Sensor in ein Fahrzeug eingebaut - bei jährlichen Steigerungsraten, die immer noch teilweise im zweistelligen Bereich liegen. Seit ausgangs der 90er-Jahre nehmen die mikromechanischen und mikrosystemtechnischen Sensoren einen stark zunehmenden Anteil ein, der 2005 schon bei etwa einem Drittel liegt.

Im Gegensatz zum allgemeinen Sensormarkt hat Europa auf dem Sektor der Kfz-Sensoren mit einem Marktanteil von derzeit 41 % und Bosch als Weltmarktführer Amerika mit einem Anteil von nur 34 % bereits deutlich überflügelt. Insgesamt soll der Sensormarkt für automobile Anwendungen von 8,88 Milliarden US-$ in 2005 auf etwa 11,35 Milliarden US-$ in 2010, also um insgesamt 28 % steigen (Bild 9).

Es gibt drei typische Gruppen von Firmen, die für das Automobil Sensoren anbieten:

- Die Halbleiterindustrie: Hier sind die Sensoren aus der Halbleiterfertigung durch Anwendung einiger Sonderprozessschritte hervorgegangen. Sie bedienen den gesamten Sensormarkt inklusiv der Automobilindustrie und haben ein gut funktionierendes Vertriebssystem. Mikromechanische Prozesse zur Herstellung von Sensoren werden hier zusammen mit den Halbleiterprozessen stetig weiterentwickelt. Diese Firmen haben jedoch kein spezifisches Knowhow auf dem Gebiet der fahrzeuggerechten Spezifikation, Prüfung und Verpackung.
- Spezielle, meist mittelgroße Sensorhersteller, die keine Halbleiterschaltungen herstellen, sondern sich meist einige wenige Sensortypen als Produkt ausgewählt haben, um den gesamten Sensormarkt oder sogar Vorzugssparten wie den Kfz-Markt zu beliefern.
- Große Automobilzulieferer und Systemhersteller (z. B. Bosch) oder große Tochterfirmen von Automobilherstellern, die sich auf den Bedarf und Support ihrer Mutterkonzerne spezialisiert haben. Auch hier hat man seit Einführung der Elektronik in das Kfz Erfahrung mit der Herstellung von Halbleiter- und Hybridschaltkreisen erworben, in enger Zusammenarbeit mit Halbleiterherstellern (Prozessentwicklung, Lizenznahme). Aufgrund der Systemkenntnisse hat man sich hier ein umfangreiches Knowhow auf dem Gebiet der Kfz-gerechten Spezifikation, Prüfung- und Verpackungstechnik erarbeitet.

9 Sensormarkt für Kfz-Anwendungen

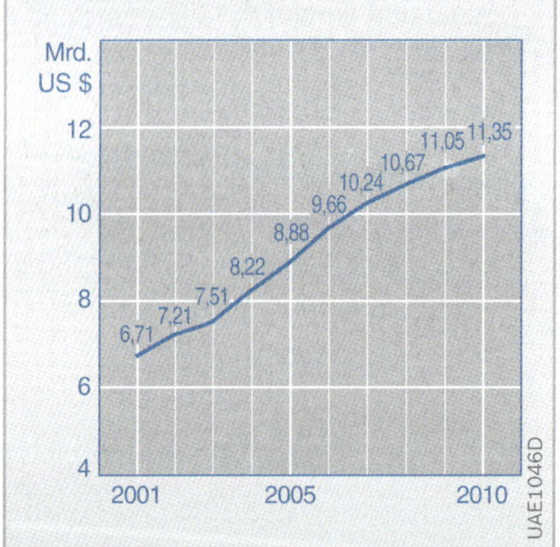

Bild 9
Quelle: Bosch

Besonderheiten von Kfz-Sensoren

Während allgemeine Sensoren für einen möglichst breiten Anwenderkreis und in gestaffelten Messbreichen entwickelt werden, ohne dass der Hersteller oft die Anwendung kennt, sind Kfz-Sensoren in aller Regel für eine spezielle Anwendung spezifiziert und optimiert. Sie sind Teil eines Systems und oft im Handel nicht frei verfügbar. Ihre Entwicklung dauert meist nicht nur wegen der erhöhten Ansprüche länger als bei handelsüblichen Sensoren. Sie ist vielmehr an die Entwicklung des Systems gekoppelt und dauert in aller Regel ebenso lange wie diese, da sich bis zum Schluss der Systementwicklung noch die Sensorspezifikation ändern kann.

Der hohe Innovationsschub der Kfz-Branche auf der Systemseite zwingt sehr oft auch zur Entwicklung neuer Sensorentechnologien, bzw. zu wesentlichen Erweiterung von deren Spezifikation. Bild 10 zeigt die typischen Entwicklungsphasen, die Kfz-Sensoren beim Zulieferer durchlaufen.

Der Entwicklungsprozess beginnt naturgemäß bei der Systemidee des Fahrzeugherstellers oder des Zulieferers. Hier gilt es zunächst - noch unabhängig von der Realisierbarkeit - eine Auswahl der erforderlichen Messgrößen zu treffen. In diesem Stadium werden die Sensoren auch im Rahmen der bei den Systemtechnikern üblichen Systemsimulation in Ihrer Funktion simuliert und eine erste Spezifikation erstellt. Kommt man mit einer bereits eingeführten Sensortechnologie aus, werden die Sensorwünsche unmittelbar an die Produktentwicklung bzw. den produzierenden Bereich weitergeben. Ist keine Technologie unmittelbar verfügbar, werden nach und nach immer mehr auch Sensor- und Technologieexperten der Vorausentwicklung und Forschung eingeschaltet. Hier können mit bekannten Technologien und oft auch mit Hilfe externer Partnern erste Labormuster erstellt werden, die der Produktentwicklung für erste Tests zur Verfügung gestellt werden.

Sind keine Sensorprinzipien für die gestellten Anforderungen bekannt, wird notfalls nach neuen Verfahren und Methoden zur Messung der gewünschten Größen geforscht. In dieser Phase ist die Grundlagenforschung eingeschaltet, die schließlich auch neuartige erste Technologiemuster liefert. Dieser Vorgang kann sich rekursiv wiederholen, bis eine aussichtreiche Lösung gefunden ist, die ihren Weg in die Produktentwicklung nimmt. Nicht selten muss diese Entwicklungsschleife auch nochmals in ihrer ganzen Länge wiederholt oder eine neue Auswahl der Messgrößen getroffen werden.

10 Werdegang eines funktionellen Bosch-Sensors

Bei der Entwicklung eines ganz neuen Sensors werden im Allgemeinen - ähnlich wie bei anderen elektronischen Erzeugnissen - fünf Phasen unterschieden (Tab. 2). Während Prototypen und A-Muster meist noch aus der Vorausentwicklung bzw. Forschung kommen, entstehen B- und C-Muster bereits in der Produktentwicklung. Sind in schwierigen Entwicklungen Rekursionen nötig, kann es leicht auch zu mehreren B- oder C-Musterphasen (B1, B2, C1, C2) kommen.

Tabelle 2

2 Sensorbemusterungsphasen bis zur Serienfertigung

Musterphase	Funktion/ Pflichtenheft	Herstellung
Prototyp	eingeschränkt	Musterbau ohne Werkzeuge
A	eingeschränkt	Musterbau ohne Werkzeuge
B (evtl. B1, B2)	voll	Musterbau ohne Werkzeuge (baugleich mit C)
C (evtl. C1, C2)	voll	Musterbau mit Serienwerkzeugen
D	voll	Pilotserie, teilweise manuell
Serie	voll	automatisiert

11 Kennlinienarten

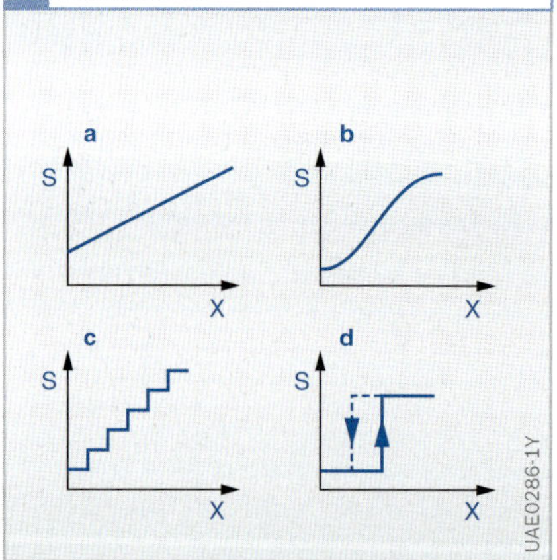

Bild 11
S Ausgangssignal
X Messgröße

a Stetig, linear
b stetig, nichtlinear
c unstetig, mehrfach gestuft
d unstetig, zweistufig (mit Hysterese)

Sensorklassifikation

Sensoren lassen sich nach sehr unterschiedlichen Gesichtspunkten klassifizieren und ordnen. Mit Hinblick auf die Verwendung im Kfz kann man sie folgendermaßen einteilen:

Aufgabe und Anwendung

- Funktionelle Sensoren (Druck, Luftmassenfluss), vorwiegend für Steuerungs- und Regelungsaufgaben.
- Sensoren für Sicherheit (Passagierschutz: Airbag, ESP) und Sicherung (Diebstahlschutz).
- Sensoren für Überwachung des Fahrzeugs (Onboard-Diagnose, Verbrauchs- und Verschleißgrößen) und zur Information von Fahrer und Passagieren.

Kennlinienart

- Stetig lineare Kennlinien (Bild 11a) werden insbesondere für Steuerungsaufgaben über einen weiten Messbereich verwendet. Lineare Kennlinien haben überdies den Vorzug der leichten Prüf- und Abgleichbarkeit.
- Stetig nichtlineare Kennlinien (Bild 11b) dienen oft der Regelung einer Messgröße in sehr engem Bereich (z. B. Abgasregelung auf $\lambda = 1$, Regelung des Einfederniveaus). Stark nichtlineare Kennlinien spezieller Form (z. B. logarithmisch) haben auch Vorteile, wenn beispielsweise im gesamten Messbereich eine konstante zulässige Abweichung relativ vom Messwert gefordert wird (z. B. Luftmassenmesser HFM).
- Unstetig zweistufige Kennlinien (evtl. mit Hysterese, Bild 11d) dienen der Überwachung von Grenzwerten, bei deren Erreichen leichte Abhilfe möglich ist. Ist Abhilfe schwieriger, kann auch durch mehrfache Stufung (Bild 11c) früher vorgewarnt werden.

Art des Ausgangssignals

Man kann Sensoren auch unterscheiden nach Art ihres Ausgangssignals (Bild 13):

Analogsignale

- Strom/Spannung, oder entsprechender Amplitude.
- Frequenz/Periodendauer.
- Pulsdauer/Pulstastverhältnis.

Diskretes Ausgangssignal

- Zweistufig (binär codiert).
- Mehrstufig ungleich gestuft (analog codiert).
- Mehrstufig äquidistant (analog oder digital codiert).
- Man muss ferner – wie in Bild 12 in einer systematischen Übersicht der determinierten, d. h. nicht zufälligen (stochastischen) Signale dargestellt – unterscheiden, ob das Signal am Sensorausgang ständig zur Verfügung steht (kontinuierlich) oder nur zu diskreten Zeitpunkten (diskontinuierlich). Liegt das Signal beispielsweise digital vor und wird bitseriell ausgegeben, so ist es zwangsweise diskontinuierlich.

13 Signalformen

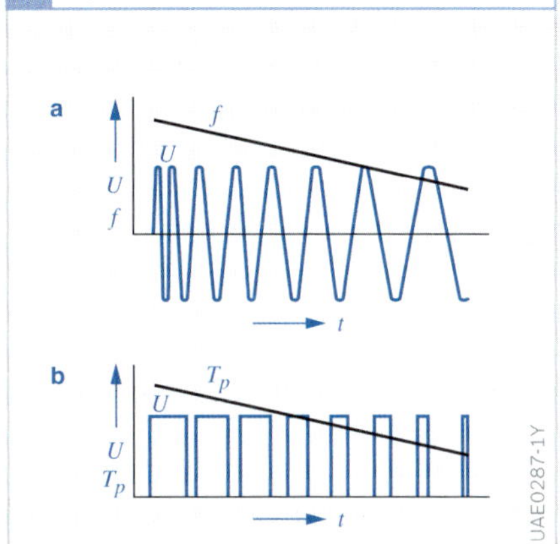

Bild 13
a Ausgangssignal U, Informationsparameter: Frequenz f
b Ausgangssignal U, Informationsparameter: Pulsdauer T_p

12 Einteilung der determinierten Signale nach dem Informationsparameter (IP) mit Beispielen

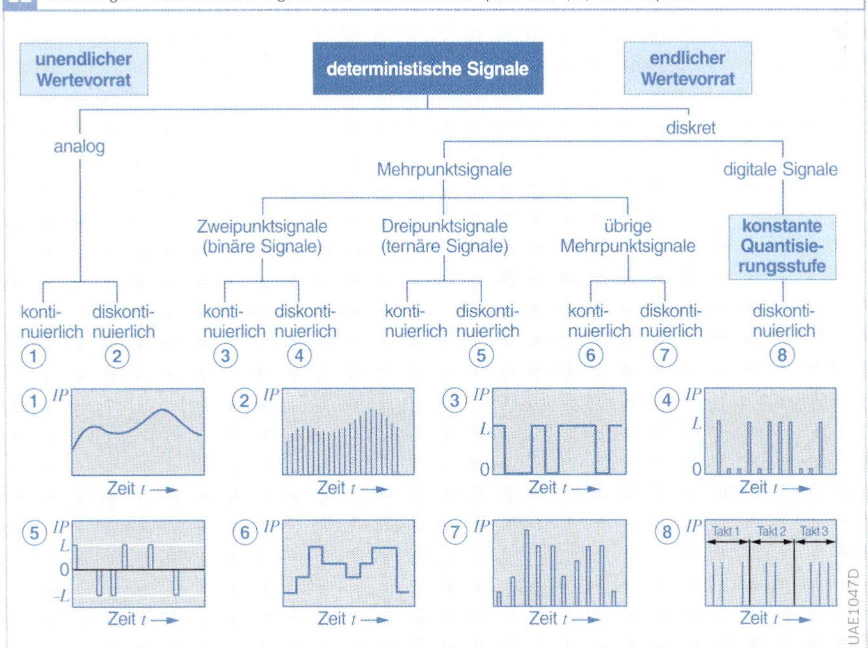

Fehlerarten und Toleranzanforderungen

Die Abweichung der Ist-Kennlinie von der Soll-Kennlinie eines Sensors wird als Fehler F (englisch: error e) bezeichnet. Er wird zweckmäßigerweise auf den Eingangsbereich y (Messgröße) und nicht auf den Ausgangsbereich x (Ausgangssignal) bezogen und angegeben:

(3) $F = y_{anz} - y_{wahr}$

y_{anz} = Anzeigewert der Messgröße.
y_{wahr} = „wahrer“/idealer Wert, Sollwert der Messgröße (wird mit einem Messwertaufnehmer ermittelt, der mindestens 1 Klasse genauer ist als der untersuchte Sensor)

Der Betrag der Abweichung stellt, wie in Bild 14 dargestellt, den Absolutfehler F_{abs} dar (Einheit wie Messgröße). Bezogen auf den (wahren) Messwert y_{wahr} wird dieser zum Relativen Fehler (% v. MW, engl.: of reading), bezogen auf den Messbereichsendwert wird er zum prozentualen Fehler vom Endwert (% v. EW, engl.: of range).

Geht man von einer im Allgemeinen gewünschten linearen Kennlinie aus, kann man die absolute Abweichung F_{abs} in drei Kategorien einteilen (Bild 15):

- Nullpunktverschiebung (Offset-Fehler) F_{nu}.
- Steigungsabweichung (Gain-Fehler) F_{st}.
- Linearitätsabweichung F_{lin}.

Die Ursachen dieser Fehler liegen vor allem in

- der Fertigungsstreuung der Kennlinie,
- dem Temperaturgang der Kennlinie und

14 Kennlinien und Fehlerkurve eines Sensors

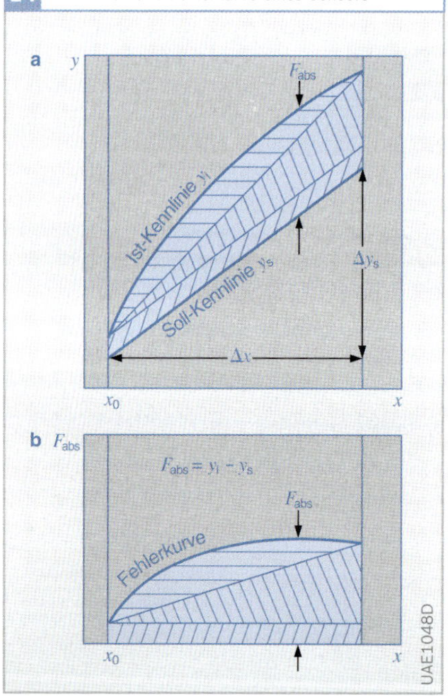

Bild 14
a Ist- und Sollkennlinie
b Fehlerkurve

y Messgröße
x Ausgangssignal
Δx Messbereich
F Fehler (Abweichung)

15 Aufspaltung des Gesamtfehlers

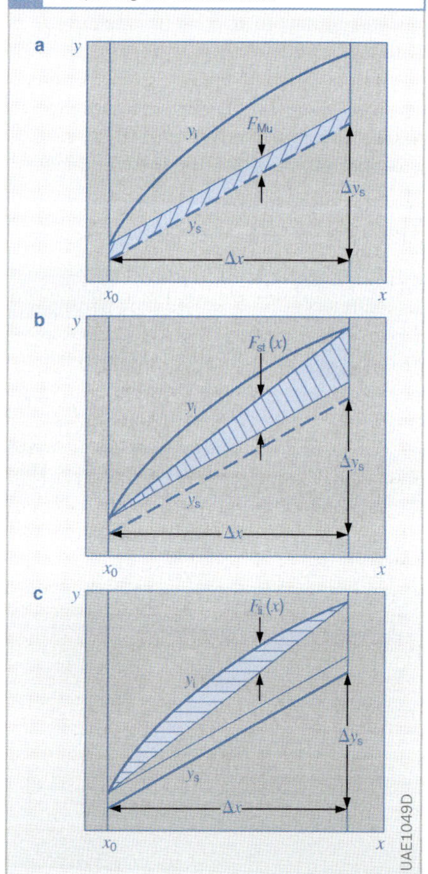

Bild 15
a Nullpunktfehler
b Steigungsfehler
c Linearitätsfehler

y Messgröße
x Ausgangssignal
Δx Messbereich
F Fehler

- der Fertigungsstreuung des Temperaturgangs.

Bei den genannten Abweichungen handelt es sich ausschließlich um systematische oder auch terministische Fehler, die im Gegensatz zu zufälligen (stochastischen) Fehlern wohl definiert, vorhersehbar und prinzipiell korrigierbar sind und auch großenteils mehr oder weniger genau korrigiert werden.

Zu den nicht korrigierbaren, stochastischen Fehlern gehören z. B.
- Drift (tief- und höherfrequentes Rauschen) und
- Alterungseffekte.

Bei der Spezifikation eines Sensors wird im Allgemeinen der Gesamtfehler im Neuzustand und nach Alterung durch ein Toleranzschema (Bild 16) im Pflichtenheft vorgeschrieben. Teilweise werden jedoch auch zusätzlich die zulässigen Einzelfehleranteile wie Offset-, Steigungs- und Linearitätsabweichung spezifiziert.

Nach strenger Lehre der Messtechnik gilt, dass man bei systematischen Fehlern als Gesamtfehler die Summe der Beträge von Einzelfehlern annehmen muss (können sich im „worst case" addieren). Bei stochastischen Fehlern ist die statistische Addition erlaubt, die den Gesamtfehler als Wurzel aus den Quadratsummen der Einzelfehler berechnet. Da die statistische Addition zu einem kleineren Gesamtfehler führt, wird sie allerdings oft auch in einer weniger strengen Auslegung auf die systematischen Fehler angewandt:

(4) $F_{ges} = \sum_{1}^{n} |F_i|$ Summierung von n systematischen Fehlern

(5) $F_{ges} = \sqrt{\sum_{1}^{n} F_i^2}$ Summierung von n stochastischen Fehlern (Statistische Addition)

Zuverlässigkeit

Ausfallrate

Die Zuverlässigkeit eines Sensors ist eine rein statistische Größe und wird wie bei jedem Bauteil durch seine Ausfallrate λ gekennzeichnet, die in 1/h, %/h oder ppm/h angegeben wird. Hierbei ist λ mit einer sehr großen Zahl von Teilen ermittelt. Will man mit einer nicht allzu großen Anzahl N (< 40) von Sensoren die Ausfallrate näherungsweise bestimmen, so beobachtet man das Ausfallverhalten dieser Stichprobe unter Betriebsbedingungen so lange, bis - nach endlicher Zeit - alle Teile ausgefallen sind. Beginnt man die Beobachtung zum Zeitpunkt t_0 und bezeichnet den zum späteren Zeitpunkt t_i noch vorhandenen intakten Restbestand als $B(t_i)$, so erhält man für die Ausfallrate λ als gute Näherung die Ausfallquote q zu:

(6) $q(\Delta t_i, t_i) = \dfrac{B(t_i) - B(t_{i+1})}{\Delta t_i \cdot B(t_i)}$ Ausfallquote

mit $\Delta t_i = t_{i+1} - t_i$.

t_i sind diejenigen Zeitpunkte, an denen jeweils einzeln oder mehrere Teile ausfallen (Bild 17). Das Verhältnis von Momentan- zu Anfangsbestand wird auch als relativer Bestand B_R bezeichnet:

16 Toleranzschema eines Sensors

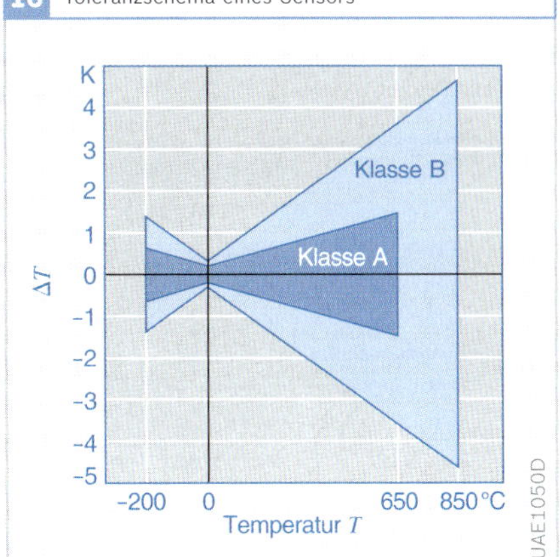

Bild 16
Toleranzschema dargestellt am Beispiel eines Widerstandstemperatursensors

(7) $B_R(t_i, t_0) = \dfrac{B(t_i)}{B(t_0)}$

Diesem entspricht bei einer sehr großen Anzahl von Teilen ($N \rightarrow \infty$) die Überlebenswahrscheinlichkeit $R(t)$ zum – hier jetzt kontinuierlich veränderlichen – Zeitpunkt t. Die Ausfallrate errechnet sich hiermit für eine große Anzahl (in der Praxis $N \approx 2\,000$) von Sensoren als prozentuale Änderung der Überlebenswahrscheinlichkeit R pro Zeiteinheit dt zu:

(8) $\lambda(t) = -\dfrac{1}{R(t)} \cdot \dfrac{dR}{dt}$ Ausfallrate (engl: failure rate)

Unter der Zuverlässigkeit versteht man den Kehrwert der Ausfallrate:

(9) $z = \dfrac{1}{\lambda}$ Zuverlässigkeit (engl.: reliability)

Zur Definition der Ausfallrate λ bedarf es eines Ausfallkriteriums:

- Vollausfall,
- Teilausfall,
- Sprungausfall (sprungartige Merkmalsänderung),
- Driftausfall (allmähliche Merkmalsänderung).

Es ist ferner unbedingt festzulegen, unter welchen Betriebsbedingungen die so definierte Ausfallrate zu verstehen ist. Hierbei ist beispielsweise gerade bei elektrischen Teilen wie Sensoren zu unterscheiden zwischen echter, aktiver Betriebszeit (eingeschalteter Zustand) und Lebensdauer im Sinne reiner Lagerzeit. Ohne diese Zusatzangaben ist jede Angabe einer Ausfallrate wertlos!

Ausfallraten werden meist mittels Zeitraffermethoden ermittelt. Hierbei werden Raffungsfaktoren dadurch erzielt, dass die Sensoren verschärften Betriebsbedingungen ausgesetzt werden. Zum Einsatz wirklichkeitsgerechter Zeitrafferverfahren bedarf es eines hohen Maßes an Erfahrung.

Zur Kennzeichnung der Zuverlässigkeit eines Sensors wird auch der Begriff der Mittleren Lebensdauer T_M verwendet. Diese berechnet sich im Falle einer Stichprobe in guter Näherung aus der Summe der Einzellebensdauern T_i:

(10) $T_M \approx \dfrac{1}{N} \cdot \sum_{1}^{N} T_i$, bzw.

(11) $T_M = \int_0^\infty R(t)\,dt$ für eine sehr große Zahl von Teilen.

17 Bestand und relativer Bestand einer Stichprobe

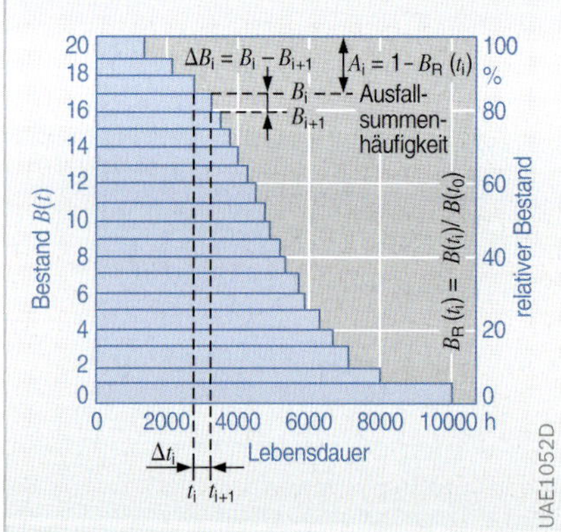

Bild 17
Betrachtung für eine Stichprobe von N = 20 Sensoren; mittlere Lebensdauer T_M = 4965 h.

18 Verteilung der Ausfallrate $\lambda(t)$ über der Zeit

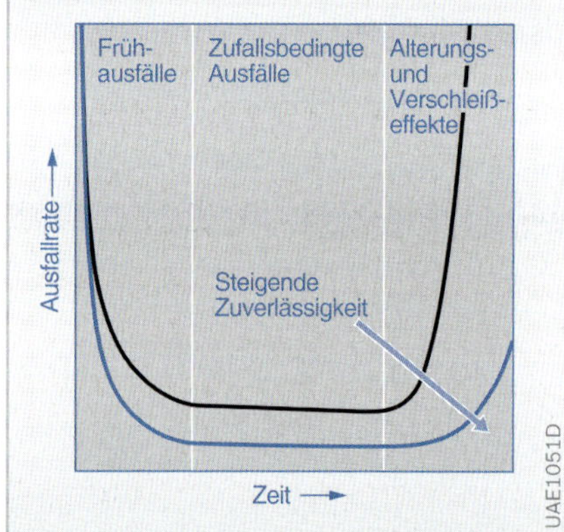

Die Ausfallsrate eines Produkts zeigt über der Zeit den typischen Badewannenverlauf (Bild 18). Zu Beginn ist die Ausfallrate durch Frühausfälle zunächst ziemlich hoch, durchschreitet dann einen längeren, verhältnismäßig niedrigen, horizontalen Bereich, um dann gegen Ende der Lebensdauer (Alterungs- und Verschleißeffekte) wieder drastisch anzusteigen. Bei Sensoren, für die eine sehr hohe Zuverlässigkeit gefordert ist, versucht man die erhöhte Ausfallrate zu Beginn dadurch zu vermeiden, indem durch Voraltern - z. B. durch Lagern bei höherer Temperatur („burn in") - die Frühausfälle ausgesondert werden. Frühausfälle sind im Grunde nichts anderes als nicht erkannte Fertigungsmängel.

Tabelle 3 gibt einige Beispiele für die im Automobil geltenden zulässigen Ausfallraten λ. Die angegebenen ppm-Werte beziehen sich auf eine Zeitspanne von 10 Jahren, bzw. alternativ auf eine Fahrleistung von 150 000 km, falls diese in einer kürzeren Zeitpanne erbracht werden sollte. Wenn hier die Sensoren pauschal mit einem Wert von <10 ppm angegeben werden, heißt das, dass in 10 Jahren von 1 Million Sensoren nur weniger als 10 Stück ausfallen dürfen. Für Sensoren von Passagierschutzsystemen liegt dieser Wert allerdings noch wesentlich niedriger.

Maßnahmen zur Steigerung der Zuverlässigkeit

Die beste Methode zur Sicherstellung einer hohen Qualität ist, Zuverlässigkeit zu konstruieren und zu konzipieren. Das heißt, schon beim Entwurf des Sensors müssen entsprechend langzeitstabile Materialien ausgewählt und gegen zu erwartende mechanische, chemische und elektrische Umweltangriffe müssen solide Schutzmaßnahmen vorgesehen werden (Packaging, Passivierung). Kostspielig dagegen ist es, Zuverlässigkeit allein durch Prüfen zu erzeugen, d. h., durch Voralterung Frühausfälle auszuschließen.

Zweckmäßigerweise werden bei komplexen Anlagen für die Sensoren Überwachungs- und Diagnosemöglichkeiten (z. B. signal range check u. ä.) vorgesehen, sodass vorgekommene Ausfälle frühzeitig erkannt werden können. Notfalls kann hier die Funktion eines Sensors vorübergehend durch andere Messgrößen oder sinnvolle Festwerte ersetzt werden (Notbetrieb, back up). Man kann einen sensorlosen, oft rein mechanischen Notbetrieb vorsehen. Fällt z. B. bei einem Diesel-Fahrzeug der Fahrpedalsensor aus, könnte das Fahrzeug auch allein mit geregelter Leerlaufdrehzahl langsam zur Reparatur gefahren werden (limp home).

Muss Zuverlässigkeit mit an Sicherheit grenzender Wahrscheinlichkeit gewährleistet sein (z. B. bei Sensoren elektronischer Brems- und Lenksysteme), so wird im Allgemeinen das Mittel der Redundanz, d. h. der Mehrfachbestückung vorgesehen. Hierbei erlaubt die Zweifachredundanz eines Sensors gleicher Art lediglich die Ausfallerkennung bei grob verschiedener Anzeige, während eine Dreifachredundanz bereits mit einer 2- aus 3-Auswertung darüber hinaus noch einen richtigen Messwert liefert. Hier ist jedoch darauf zu achten, dass nicht nur eine Sensorredundanz vorgesehen wird, sondern auch andere wesentliche Teile wie Stromversorgung, Signalauswertung und Übertragungsmittel entsprechend redundant sind, da sonst die Wahrscheinlichkeit eines gleichzeitigen Ausfalls steigt. Oft ist es auch ratsam, Sensorredundanz in verschiedener Technik auszuführen.

3 Zuverlässigkeitsanforderungen in Kfz-Systemen

Garantieziel: 150 000 km/10 Jahre	
→ ECU-Ausfallrate (Feld)	< 50 ppm
→ ECU-Ausfallrate (0 km)	< 15 ppm
→ **Ausfallrate Module und Sensoren**	**< 10 ppm**
→ ASIC-Ausfallrate	< 3 ppm
→ IC-Ausfallrate	<< 1 ppm
→ Ausfallrate diskrete Komponenten	< 0,5 ppm
→ *zum Vergleich* Mobiltelefon	~ 5000 ppm

Tabelle 3

Hauptanforderungen, Trends

Die - im Gegensatz zu marktüblichen, universellen Sensoren - auf die Anforderungen spezieller elektronischer Systeme im Automobil zugeschneiderten Kfz-Sensoren unterliegen fünf gravierenden Anforderungen (Bild 19), die von der Entwicklung erfüllt werden müssen und denen auch die wichtigsten Entwicklungstrends entsprechen.

Niedrige Herstellkosten

Elektronische Systeme in modernen Fahrzeugen enthalten durchaus bis zu 150 Sensoren. Diese Fülle zwingt im Vergleich zu anderen Einsatzgebieten zu einer radikalen Senkung der Kosten. Die Zielkosten liegen hier - im typischen Bereich von 1...30 € - oft weniger als ein Hundertstel von konventionellen Sensoren gleicher Leistungsfähigkeit. Selbstverständlich bewegen sich die Kosten gerade bei Einführung einer neuen Technik/Technologie meist - bei höherem Niveau beginnend - auf einer fallenden Lernkurve.

Entwicklungstendenz

Es kommen weitgehend automatisierte Fertigungsverfahren (Bild 20) zur Anwendung, die in hohem „Nutzen" arbeiten. Das heißt, jeder Prozessschritt wird immer für eine größere Anzahl von Sensoren gleichzeitig durchgeführt. Beispielhaft ist hier die Fertigung von Halbleitersensoren im Batch-Processing, bei dem typisch 100...1 000 Sensoren auf einem Si-Wafer gleichzeitig hergestellt werden. Solche Fertigungseinrichtungen lohnen sich jedoch nur bei entsprechend hohen Stückzahlen, die den Eigenbedarf eines einzelnen Zulieferers übersteigen und typisch oft schon bei 1...10 Millionen Stück/Jahr liegen können. Der hohe Bedarf der Automobilindustrie hat hier eine bisher beispiellose, bahnbrechende Rolle gespielt und neue Maßstäbe gesetzt.

Hohe Zuverlässigkeit

Entsprechend ihrer Aufgaben lassen sich Kfz-Sensoren in drei Zuverlässigkeitsklassen ordnen:

- Lenkung, Bremse, Passagierschutz.
- Motor/Triebstrang, Fahrwerk/Reifen.
- Komfort, Diagnose, Information, Diebstahlsicherung.

Die Anforderungen der höchsten Klasse entsprechen hierbei durchaus den aus der Luft- und Weltraumfahrt bekannten hohen Zuverlässgkeitswerten. Sie erfordern z. T. ähnliche Maßnahmen, wie z. B. Einsatz bester Materialien, redundante Bestückung, Eigenüberwachung, (Kurzzeit-)Er-

19 Hauptanforderungen an Kfz-Sensoren

Kfz-Sensor	Forderung
Rationelle Massenfertigung	Niedrige Kosten
Robuste, erprobte Technik	Hohe Zuverlässigkeit
Geeignete Verpackungstechniken	Extrem harte Betriebsbedingungen
Geeignete Technologien der Miniaturisierung	Geringer Platzbedarf
Fehlerkompensation vor Ort	Hohe Genauigkeit

SAE1013-1D

20 Zusammenhang von Kosten, Märkten, Technologien

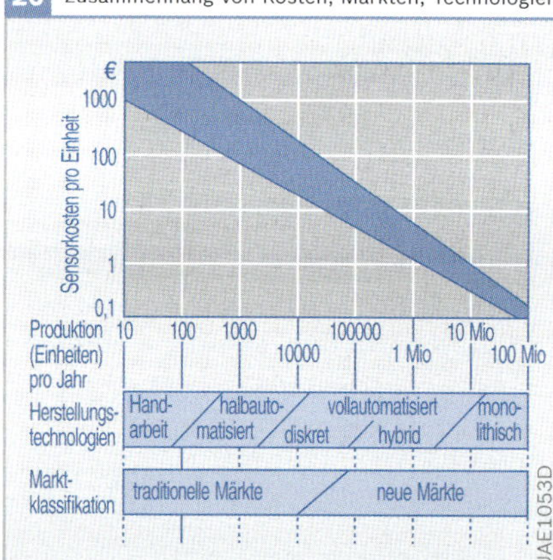

satzstromversorgung, Mehrfachprogrammierung von kritischen Entscheidungsalgorithmen.

Entwicklungstendenz

Zuverlässigkeit wird schon in der Konstruktion erzeugt, d. h. durch Einsatz höchst zuverlässiger Komponenten und Materialien sowie robuster und bewährter Techniken. Desweiteren wird eine konsequente Integration der Systeme zur Vermeidung von lösbaren und ausfallgefährdeten Verbindungsstellen angestrebt. Dies ist z. B. mit funkabfragbaren Sensoren auf der Basis von antennengekoppelten SAW-Elementen (Surface Acoustic Wave, Oberflächenwellen), die ganz ohne Verkabelung auskommen, möglich. Wenn nötig werden auch redundante Sensorsysteme eingesetzt.

21 Sensorbegleittechniken

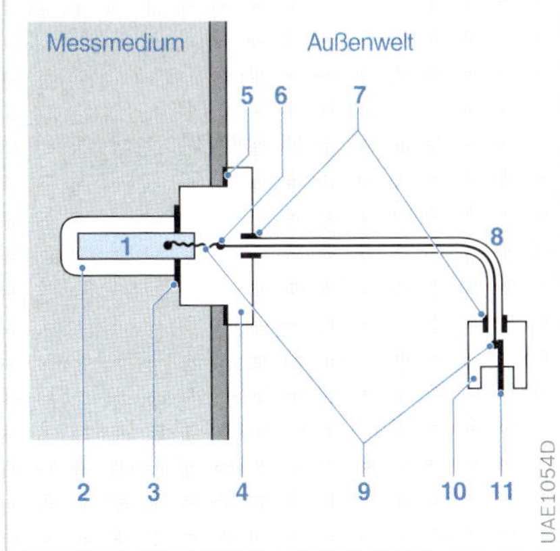

Bild 21
1 Sensor
2 Schutzhülle (Überzug)
3 Dichtung
4 Halterung
5 Dichtung, Befestigung
6 Stützstelle
7 Dichtung, Zugentlastung
8 Isolation (flexibel)
9 Kontaktierung
10 Steckergehäuse
11 Steckerkontakt

Harte Betriebsbedingungen

Kfz-Sensoren sind wie kaum eine andere Gattung entsprechend ihrem Anbauort extremen Belastungen ausgesetzt und müssen dort vielerlei Angriffen standhalten:

- mechanisch (Vibration, Stöße),
- klimatisch (Temperatur, Feuchte),
- chemisch (z. B. Spritzwasser, Salznebel, Kraftstoff, Motoröl, Batteriesäure),
- elektromagnetisch (Einstrahlung, leitungsgebundene Störimpulse, Überspannungen, Verpolung).

Hier hat gerade die Tendenz, Sensoren vor Ort direkt an der Messstelle einzusetzen, um die damit verbundenen Vorteile auszuschöpfen, zu einer erheblichen Verschärfung der Anforderungen geführt.

Bild 21 zeigt dieses Problem an einem Sensor auf, der z. B. ein Temperatur-, Drehzahl-, Durchfluss- oder Konzentrationssensor sein könnte. Der Sensor kann bei weitem nicht immer mit einer hermetischen Schutzhülle umgeben werden. Für Temperatur-, Durchfluss- und Konzentrationsmessung kann diese Hülle zwar ein grober Schutz sein, sie muss aber den Kontakt des Sensors mit dem meist sehr aggressiven Messmedium mehr oder weniger direkt zulassen (Ausnahmen sind hier z. B. Inertial- bzw. Trägheitssensoren). Teilweise sind dünne, aber sehr beständige Passivierungsschichten am Sensor zulässig.

Die Form des Einstecksensors erfordert einen dauerhaft dichten Sitz der Halterung in der zugehörigen Wandung (Inner Packaging, Outer Packaging). Die Verbindung mit den elektronischen Steuereinheiten kann über einen festen Gehäusestecker oder aber auch – wie dargestellt – über einen mit Kabelschwanz flexibel befestigten Stecker erfolgen (z. B. ABS-Raddrehzahlsensor). Auch hier gibt es drei kritische elektrische Verbindungsstellen, die unbedingt vor leitenden Flüssigkeiten und Korrosion geschützt werden müssen: Der innere Anschluss am Sensorelement, die Anbindung des Kabelschwanzes und schließlich die Verbindung des z. T. geschirmten Kabels zum äußeren Steckeranschluss. Bei ungenügender Dichtung ist es nur eine Frage der Zeit, bis korrodierende Flüssigkeiten vom äußeren Stecker bis zum inneren Sensoranschluss vordringen.

Auch die Steckverbindung selbst muss insgesamt so dicht sein, dass sich keine Nebenschlüsse am Sensorausgang bilden. Das Kabel selbst muss seine Flexibilität und Dichtheit bei jahrelangem Betrieb unter widrigsten Bedingungen beibehalten.

Lösbare Steckverbindungen stellen im Auto leider immer noch eine der häufigsten Ausfallursachen dar. Drahtlose Signalverbindungen (z. B. Infrarotlicht oder Funk) könnten auf längere Sicht dieses Problem entschärfen, insbesondere, wenn die Sensoren evtl. sogar noch über eine drahtlose Energieversorgung verfügten (autarke Sensoren).

Die Kosten dieser unverzichtbaren Sensorbegleittechniken übersteigen die des eigentlichen Sensorelements oft um ein Mehrfaches. Sie machen jedoch nicht nur kostenmäßig, sondern auch funktionell den eigentlichen Wert eines Kfz-Sensors aus.

Entwicklungstendenz:

Schutzmaßnahmen gegen die genannten Belastungen erfordern ein hohes Maß an spezifischem Knowhow in der Verpackungstechnik (Packaging):

- Passivierungs- und Anschlusstechnik,
- Abdicht- und Fügetechnik,
- EMV-Schutzmaßnahmen,
- schwingungsarme Montage,
- Lebensdauertest- und Simulationsmethoden,
- Verwendung resistenter Materialien usw.

Desweiteren ist eine sehr eingehende Kenntnis der jeweils vom Anbauort abhängigen Beanspruchung erforderlich. Es wird oft verkannt, dass die Qualität eines Sensors steht und fällt mit der Beherrschung dieser Schutzmaßnahmen.

Faseroptische Sensoren, bei denen sich das in optischen Fasern (Glas, Plastik) geführte Licht messgrößenabhängig beeinflussen lässt, gelten als besonders immun gegen elektromagnetische Störungen. Das gilt bis zu dem Punkt, an dem die optischen Signale wieder in elektrische zurückgewandelt werden. Sollten sie in Zukunft zu Einsatz kommen, müsste noch einiges an Entwicklungsarbeit zur Bereitstellung kostengünstiger Messelemente und Begleittechniken geleistet werden. So gibt es dafür sehr interessante Anwendungen auf dem Gebiet der Kraftmessung z. B. zur Realisierung eines Einklemmschutzes bei elektrischen Fensterhebern und Schiebdächern (Bild 22). Sensoren dieser Art wurden mit gutem Erfolg auch als sehr früh ansprechende, verteilt wirkende Sensoren im Tür- und Frontbereicht des Fahrzeugs zur Auslösung von Passagier- oder auch Fußgängerschutzsystemen getestet.

22 Microbending-Effekt

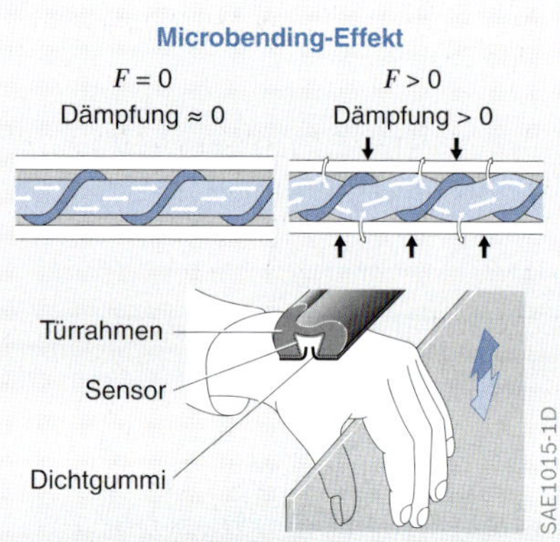

Entwicklungsbeispiel Faseroptischer Einklemmschutz bei Fensterhebern auf der Basis des Microbending.Effekts:
Durch wellenartige Verbiegung bei Aufbringen einer Kraft F quer zur Faser wird der durchfließende Lichtstrom proportional geschwächt (großer Messeffekt), unabhängg davon, wo die Kraft auftritt oder ob sie punktuell oder verteilt einwirkt (Distributed Sensors).

Kleine Bauweise

Die stetig wachsende Zahl elektronischer Systeme im Auto einerseits und die immer kompaktere Form der Fahrzeuge anderseits bei gleichzeitig beibehaltenem Innenraumkofort für die Passagiere zwingt zu extrem kleinen Bauweisen. Der wachsende Druck zur Kraftstoffeinsparung erfordert auch eine konsequente Minimierung des Fahrzeuggewichts.

Entwicklungstendenz

Die z. T. aus der Schaltungstechnik bekannten Technologien zur Miniaturisierung elektronischer Bauelemente kommen massiv zum Einsatz:

- Schicht- und Hybridtechniken (dehnungs-, temperatur- und magnetfeldabhängige Widerstände); Nanotechnologie.
- Halbleitertechniken (Hall- und Temperatursensoren).
- Oberflächen- und Bulk-Mikromechanik (Druck-, Beschleunigungs- und Drehratesensoren aus Si).
- Mikrosystemtechnik (Kombination von zwei und mehr Mikrotechniken wie z. B. Mikroelektronik und Mikromechanik, Bild 23).

Mikromechanische Herstellung bedeutet einerseits Abmessungen im µm-Bereich und Toleranzen im Sub-µ-Bereich, die mit herkömmlichen Bearbeitungsmethoden nicht zu erreichen sind. Andererseits zählen auch solche Sensoren schon als mikromechanisch, wenn ihre Abmessungen zwar im mm-Bereich liegen, sie jedoch mit den Methoden der Mikromechanik hergestellt sind (Bild 24). Hier soll nur die bekannteste und wichtigste Methode, nämlich das anisotrope Ätzen von Silizium erwähnt werden. Es ist am wichtigsten, weil Silizium mit hoher Perfektion und in großen Mengen kostengünstig hergestellt wird und den am meisten erforschten und bekannten Stoff darstellt. Es bietet zudem die Möglichkeit der monolithischen Integration von Sensor und Auswerteelektronik. Man nutzt hier die je nach Kristallachse teilweise sehr unterschiedlichen Ätzgeschwindigkeiten (1:100), mit denen geeignete Ätzflüssigkeiten wie z. B. KOH angreifen (Bild 25); so bleiben manche Kristallflächen praktisch unversehrt stehen, während entlang anderer rasch in die Tiefe geätzt wird.

In Verbindung mit geeigneten Ätzstopverfahren (Dotierung, Sperrschicht) lassen sich so nahezu dreidimensionale Gebilde kleinster Abmessungen und höchster Präzision herstellen (Bilder 26, 27). Das Problem der gleichzeitigen Schaltungsintegration kann als weitgehend gelöst angesehen werden, wenn auch derzeit aus

23 Mikrosystemtechnik

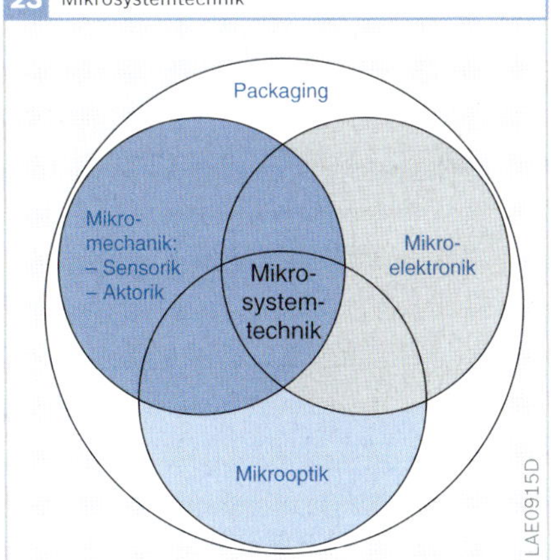

24 Mikromechanik und mechanische Strukturen

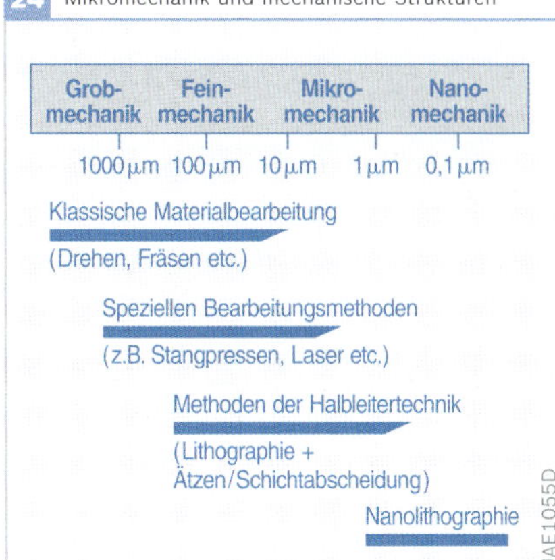

25 Teststruktur zur Ermittlung der Ätzrate in Si-Einkristall-Wafern

26 Anisotropes Ätzen von (100)-Silizium

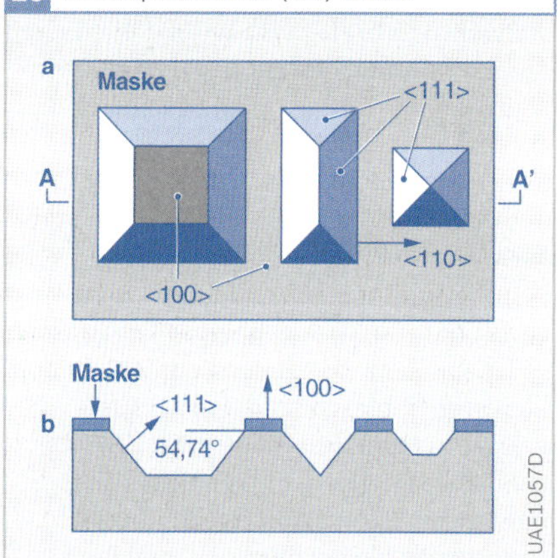

Bild 26
a Draufsicht
b Querschnitt bei AA'

Gründen der besseren Ausbeute und höheren Flexibilität für die meisten Sensoren die zugehörige Schaltung noch separat ausgeführt wird.

Im Gegensatz zur Bulk-Mikromechanik spielt das anisotrope, oft wafertiefe Ätzen bei der Oberflächenmikromechanik (OMM) keine Rolle. OMM-Sensorstrukturen werden meist additiv auf der Oberfläche eines Si-Substrats aufgebaut (Bilder 28 und 29). Liegen die Dimensionen von Bulk-Si-Sensoren noch meist im mm-Bereich, so sind die von OMM-Strukturen in der Regel eine Größenordnung kleiner (typisch 100 μm).

Vielfach werden mechanisch unverzichtbare Teile gleichzeitig zur Gehäusung und evtl. Kühlung von (zugehörigen) Sensoren bzw. Elektronik benutzt (z. B. Mikrohybrid-Steuergerät als Anbausteuergerät an der Diesel-Verteilereinspritzpumpe VP44). Diese als Mechatronik bezeichnete Verschmelzung von mechanischen und elektronischen Komponenten greift zur Einsparung von Kosten und Bauraum immer stärker um sich, so dass in absehbarer Zukunft nahezu keine anderen Systeme mehr üblich sein werden.

27 Erste Versuche von dreidimensionalen Formen von Silizium

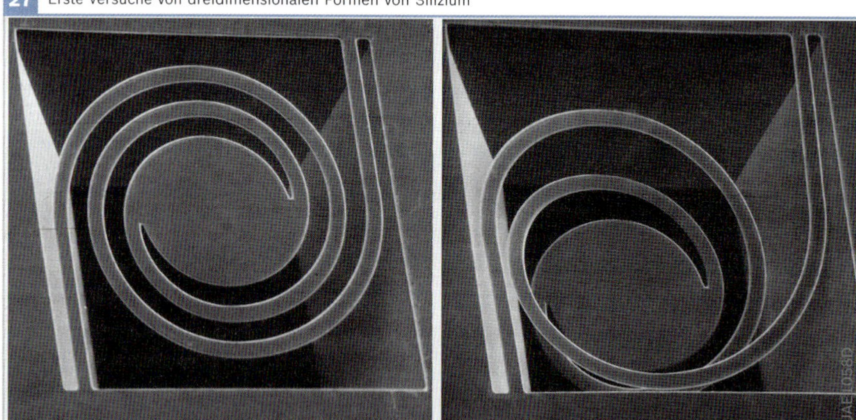

Bild 27
Quelle:
Prof. Heuberger,
Fhg Berlin

Ein anderes Beispiel für ein mechatronisches Sensorsystem stellen die in das Radlager integrierten Drehzahlsensoren auf Hall-Basis dar. Hier kann der unverzichtbare Simmering des Lagers durch Zusatz von Magnetpulver sogar die Funktion des Rotors bzw. eines Polrades übernehmen. Der Sensor profitiert vom hervorragenden Schutz und der Kapselung sowie der hohen Präzision des Wälzlagers und benötigt keinen Vorspannmagneten mehr. Schließlich ermöglicht die Hall-Technologie den Einbau in die sehr engen Platzverhältnisse des Lagers.

28 Oberflächenmikromechanischer Drucksensor mit piezoresistivem Abgriff

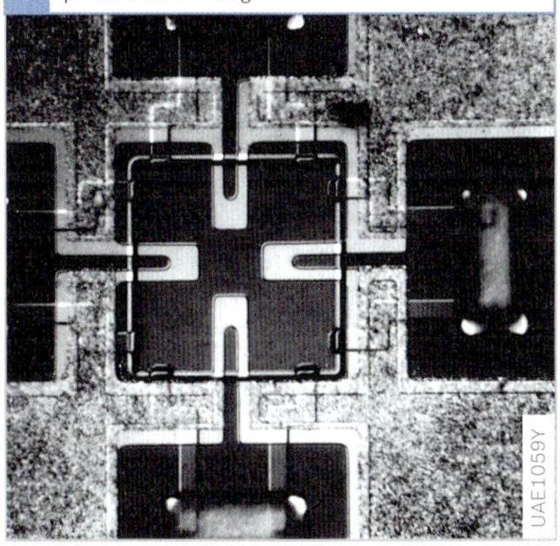

29 Oberflächenmikromechanischer Beschleunigungssensor mit kapazitivem Abgriff

Hohe Genauigkeit

Die Genauigkeitsanforderungen sind im Vergleich zu Aufnehmern z. B. der Prozessindustrie bis auf wenige Ausnahmen (z. B. Luftmassenmesser) eher bescheiden. Die zulässigen Abweichungen liegen im Allgemeinen bei > 1 % v. EW (Endwert des Messbereichs) - insbesondere, wenn man die unvermeidbaren Alterungseinflüsse berücksichtigt. Sie werden im Allgemeinen mittels einer sorgfältigen Technik zum Abgleich der Exemplarstreuungen sowie zum Abgleich wirksamer Kompensationsmaßnahmen gegen Störeinflüsse erreicht. Immer anspruchsvollere und komplexere Systeme fordern jedoch auch auf diesem Gebiet höhere Ansprüche, insbesondere, nachdem die vorgenannten Forderungen bereits in hohem Maße erfüllbar geworden sind.

Entwicklungstendenz

Zunächst hilft hier bis zu einem gewissen Maß die Verringerung der Fertigungstoleranzen sowie die Verfeinerung der Abgleich- und Kompensationstechniken. Einen wesentlichen Schritt nach vorn bringt jedoch hier die hybride oder monolithische Integration von Sensor- und Signalelektronik an der Messstelle bis hin zu komplexen digitalen Schaltungen wie AD-Wandler und Mikrocomputer (Bild 30).

Solche auch als „Intelligente Sensoren" bezeichnete Mikrosysteme nutzen die im Sensor steckende Genauigkeit voll aus und bieten folgende Möglichkeiten:

- Entlastung des Steuergeräts,
- Einheitliche, flexible und busfähige Schnittstelle,
- Mehrfachnutzung von Sensoren,
- Nutzung kleinerer Messeffekte sowie von Hochfrequenz-Messeffekten (Verstärkung und Demodulation vor Ort),
- Korrektur von Sensorabweichungen an der Messstelle sowie gemeinsamer Abgleich und Kompensation von Sensor und Elektronik, vereinfacht und verbessert durch Speicherung der individuellen Korrekturinformationen im PROM.

Bild 28
Quelle:
Prof. Guckel,
University of Michigan
in Madison, USA

Bei gleichzeitiger Erfassung und Digitalisierung der Störgrößen können intelligente Sensoren die gesuchte Messgröße unter Nutzung des mathematischen Sensormodells die gesuchte Messgröße praktische fehlerfrei berechnen (Bild 31). Hierzu werden die exemplarspezifischen Modellparameter in einem vorausgehenden, dem früheren Abgleich entsprechenden Vorgang bestimmt und in einem zum Sensor integrierten PROM abgespeichert. Auf diese Weise lassen sich nicht nur statische, sondern auch dynamische Eigenschaften der Sensoren erheblich verbessern (Auswertung der das dynamische Verhalten beschreibenden Differentialgleichung).

Elektronik vor Ort erfordern auch Multisensorstrukturen, die entweder mit einer Vielzahl gleicher Sensoren oder aber auch mit verschiedenen Sensoren komplexere Sachverhalte erfassen und diese vor Ort evtl. in ihrem Informationsgehalt schon reduzieren. Hierzu sind vor allem Bildsensoren zu rechnen, die künftig zur Erfassung der Situation in und außerhalb des Fahrzeugs eine große Rolle spielen werden.

30 Sensor-Integrationsstufen

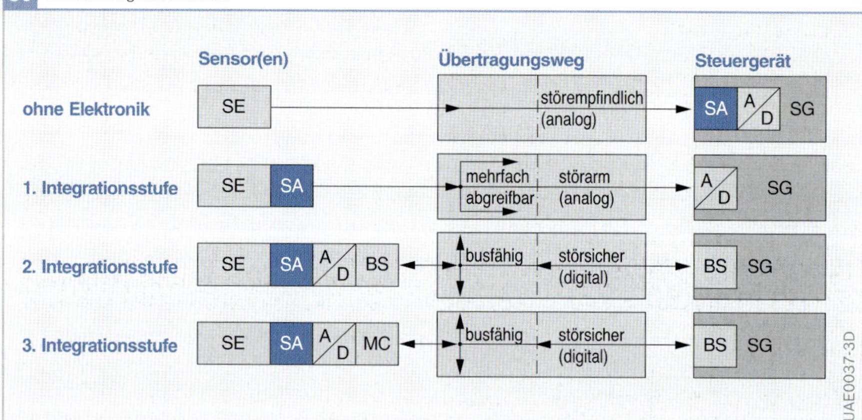

Bild 30
SE Sensoren
SA Signalaufbereitung
A/D Analog-Digital-Umsetzer
SG Steuergerät
MC Mikrocontroller
BS Busschnittstelle

31 Korrekturmodell eines Intelligenten Sensors

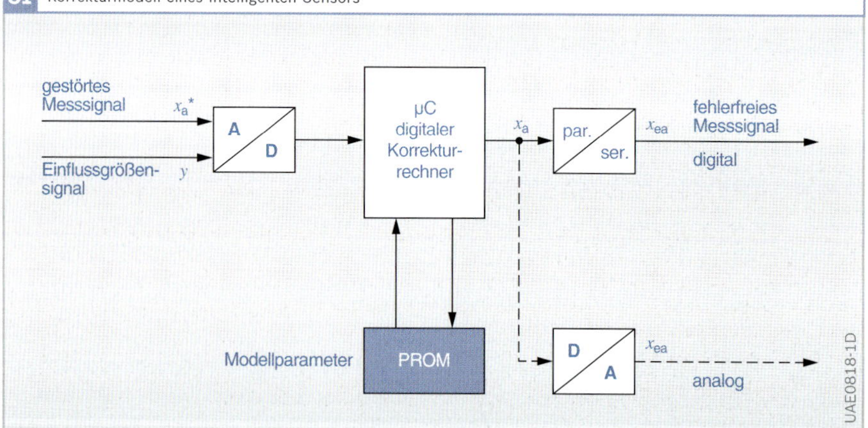

Mit einer Vielzahl integrierter Drucksensoren auf engstem Raum lässt sich nicht nur die Zuverlässigkeit der Messung erhöhen, sondern auch die im Allgemeinen regellose Alterungsdrift durch Mittelwertbildung reduzieren. Auch Einzelausfälle (Ausreißer) können erkannt und eliminiert werden. Solche Sensoren werden auch als Softsensoren bezeichnet. Werden die einzelnen Messzellen - bei gleichzeitig hoher Überlastfähigkeit (z. B. kapazitiv) - für unterschiedliche Messbereiche ausgelegt, so kann mit einem solchen Sensor der Messbereich hoher Genauigkeit extrem erweitert werden. Sensorstrukturen dieser Art wurden schon vor Jahren entwickelt und getestet, aber nicht in marktgängige Produkte umgesetzt.

Übersicht der physikalischen Effekte für Sensoren

Die Systematik der Sensoren soll hier nicht nach Messeffekten gegliedert sein, sondern nach Messgrößen. Daher sollen die für Messzwecke ausnutzbaren, wichtigsten physikalischen Effekte bzw. Messprinzipien hier nur als eine grobe Übersicht wiedergegeben werden, die nicht vollständig sein kann. Überlappungen der verschiedenen Kategorien lassen sich nicht vermeiden. Genannt werden hauptsächlich die eigentlichen elektrischen Effekte; mechanische oder fluidische Vorstufen, wie z. B. Dehnfedern (Kraft), Membranen (Druck), Feder-Masse-Systeme (Beschleunigung), Schwingsysteme (Stimmgabeln) oder auch feststehende und rotierende Turbinenschaufeln (Durchfluss) sind nicht enthalten.

4 Physikalische Effekte für Sensoren

	Beispiel	Stand: Serie[1]/Entw.[2]
physikalischer Effekt		
resistive Effekte (Abhängigkeit des elektrischen Widerstandes):		
Temperaturabhängigkeit von metallischen und halbleitenden Materialien	NTC- und Dünnschichtwiderstände zur Luft- und Motortemperaturmessung	S
Längen- bzw. Winkelproportionalität von Widerständen (Potenziometer-Sensoren)	Fahrpedal- und Drosselklappensensor, Tankstand	S
(in plane) Zug-, Druckabhängigkeit (piezoresistiv): Dehnwiderstände	Hochdrucksensoren (z. B. Common-Rail, ABS): Metallmembran	S
	Niederdrucksensoren (Si-Membran),	S
vertikale Druckabhängigkeit (out of plane)	Kraftsensor	E
Magnetfeldabhängigkeit (magnetoresistiv): Halbleiter (Feldplatten), AMR[3]) dünne Metallschichten (z. B. NiFe, auch in Barberpol-Form), GMR[4])-Sensoren (Nanoschichten)	Drehzahl- bzw. Förderwinkelmessung in Diesel-Verteilerpumpen	S/E
Lichtabhängigkeit: Halbleiter-Fotowiderstände	Regensensor, Schmutzsensor für Scheinwerferreinigung, automatische Fahrlichteinschaltung, automatisches Abblendlicht	S
induktive Effekte (Wirkungen des Induktionsgesetzes)		
Induktionsspannungssensoren (generatorisch): Bewegung im Magnetfeld	Rad-, Nockenwellen-, Motordrehzahl, Nadelhub (Einspritzdüse)	S
Wiegandeffekt	Drehzahl	E
Induktivitätsvariation durch Positionsänderung eines ferromagnetischen Spulenkerns	Tauchankersensor	E
Induktivitätsvariation durch feldbegrenzende Leitstücke (Wirbelstrom)	Halbdifferenzial-Kurzschlussringsensor (Lastsensor Dieselpumpen)	S

Tabelle 4

[1]) Serie, bei RB oder Mitbewerbern, evtl. auch schon ausgelaufen

[2]) Entwicklung evtl. auch abgeschlossen und auf Vorrat

[3]) AMR = Anisotrope Magneto Resistive

[4]) GMR = Giant Magneto Resistive

	Beispiel	Stand: Serie[1]/Entw.[2]
Variation des transformatorischen Kopplungsgrades (durch elektrische oder magnetische Leitstücke)	Volldifferenzial-Kurzschlussringsensor	E
Induktivitätsvariation oder Variation des transformatorischen Kopplungsgrades mittels magnetoelastischer Leitstücke	Lastbolzen (Hitchtronik), Bremskraft	S E
Sättigungskernsonden (z. B. Foerster-Sonde).	Kompasssensor	S
kapazitive Effekte (Influenz)		
Kapazitätsänderung durch Änderung von Plattenabstand und Überdeckungsgrad	Mikromechanische Beschleunigungssensoren z. B. für Airbag, ESP, Drehratensensor MM2, Drucksensor	S S E
Kapazitätsänderung durch Änderung der relativen Dielektrizitätskonstanten	Ölqualität, Feuchtesensoren	S S
Kapazitätsänderung durch Änderung des Füllungsgrades mit dielektrischem Medium	Tankstand	E
ladungserzeugende Effekte		
piezoelektrischer Effekt (Quarz, Piezokeramik)	Klopfsensor, Airbagsensor, Drehratensensor DRS1	S S
pyroelektrischer Effekt	IR-Sensor (dynamisch)	E
fotoelektrische Ladungserzeugung	CCD- und CMOS-Bildsensor (auch IR-Bereich))	E
spannungserzeugende, galvanische Effekte		
Hall-Effekt (Out-of-plane-Empfindlichkeit, Halbleitermaterial)	Hall-Schranke (Zündung), Rad- und Motordrehzahl, Beschleunigungssensor (ABS, 2*g*), Beifahrergewichterkennung (iBolt™), ARS1,2 (Fahrpedal usw.)	S
Pseudo-Hall-Effekt (in-plane-Empfindlichkeit, Metall-Dünnschicht)	Lenkwinkelsensoren LWS2 und LSW4	S
elektrolytische Diffusionssonden (dotierte Zr-Oxidkeramik)	Lambda-Sonden	S
Thermoelement, Thermopile	IR-Sensor (Bolometer)	E
fotoelektrische und faseroptische Effekte		
Fotozellen, Fotodioden, Fototransistoren (auch im IR-Bereich)	Regensensor, Schmutzsensor für Scheinwerferreinigung, automatische Fahrlichteinschaltung, automatisches Abblendlicht	S
mediumabhängiger Absorptionsgrad	Rußpartikel, Feuchte	E
extrinsische und intrinsische faseroptische Effekte: Intensitätsbeeinflussung, Interferenz (Phasenbeeinflussung), Polarisationsbeeinflussung; z. B. Mikrobending-Effekt	Einklemmschutz (Fenster, Schiebedach), Pedalkraft, Aufprall	E
Wärmetönungseffekte (thermische Effekte)		
Widerstandsabkühlung in Abhängigkeit von der Strömungsgeschwindigkeit, vom Medium von der Dichte oder dem Füllstand eines Mediums	Luftmassensensoren HFM, Analyse, Konzentration, Füllstand (Tank)	S – – E
Wellenausbreitungseffekte		
Schallwellen: Laufzeiteffekte (Echolot), Superposition mit Mediumsgeschwindigkeit, Dopplereffekt (bewegte Quelle/Empfänger)	Einparkhilfe, Volumendurchfluss, Geschwindigkeit über Grund	S E S
Lichtwellen: Totalreflexion an Grenzflächen, optische Resonatoren (Farbanalyse), Sagnaceffekt Laufzeit	Regensensor, Faseroptischer Einklemmschutz, Füllstand (analog, Grenzwert), Drehrate: Faser-, Laserkreisel, Lidar (Lichtwellen-Radar)	S E E E E
elektromagnetische Strahlung: Doppler-, FMCW-, Laufzeit-Radar	ACC-Abstandssensor	S

1 Serie, bei RB oder Mitbewerbern, evt. auch schon ausgelaufen
2 Entwicklung evt. auch abgeschlossen und auf Vorrat
3 AMR = Anisotrope Magnetoresistive
4 GMR = Giant Magnetoresistive

Übersicht und Auswahl der Sensortechnologien

Die verschiedenen Sensortechnologien zur Nutzung der beschriebenen Messeffekte sind naturgemäß eng mit den Messprinzipien verknüpft. Sie sollen hier zunächst einmal als grobe Übersicht zusammengestellt werden:

- Gewickelte oder photolithographisch hergestellte Induktionsspulen (mit elektrischen oder magnetischen Leitstücken), Wirbelstrom- und Kurzschlussringsensoren,
- Flux-Gate-Sonden (Metglas usw.) zur Magnetfeldmessung,
- Impulssprungsensoren (Wiegand),
- drahtgewickelte (induktivitätsfreie) Widerstände,
- Folienwiderstände (auf Kunststoffträger lamelliert),
- sinterkeramische Widerstände,
- Dünn- und Dickschichttechnik (besonders Widerstände und Kapazitäten),
- Halbleitertechnik (mono- oder polykristalline Widerstände, Sperrschichten, ladungsspeichernde Zellen usw.), Elektronik zur Signalaufbereitung: Si (bipolar, CMOS, BICMOS, EEPROM), GaAs,
- Mikromechanik (Silizium und andere Stoffe, z. B. Quarz, Metall (LIGA-Technik) usw.),
- Piezokeramik,
- Piezofolie,
- Isolierkeramik als Federwerkstoff (z. B. als Drucksensormembran),
- Keramischer Feststoffelektrolyt (z. B. als Sauerstoffsonde),
- Quarz und andere piezoelektrische Kristalle,
- Optische Lichtleitfasern oder -platten aus Glas oder Kunststoff.

32 Auswahl geeigneter Sensortechnologien

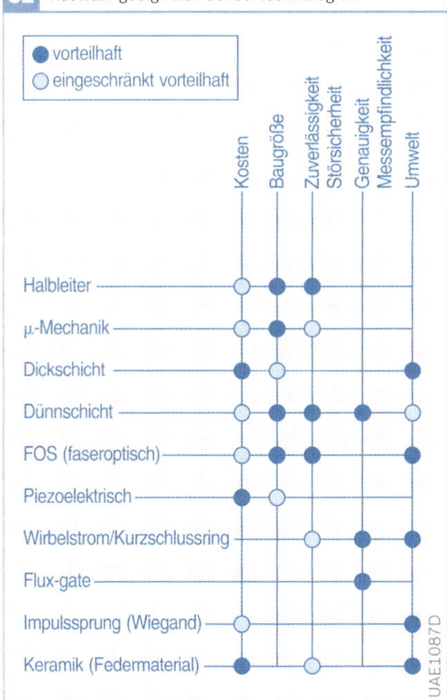

Die in Bild 32 wiedergegebene Matrix zeigt, zu welchen Sensortechnologien man für verschiedene Anforderungen greifen muss. Bestehen so z. B. die Anforderungen nach kleiner Baugröße, hoher Zuverlässigkeit und hoher Genauigkeit, greift man zweckmäßig zu einer Dünnschichttechnologie, sofern diese für die gewünschte Messgröße zur Verfügung steht.

Sensormessprinzipien

In Kraftfahrzeugen arbeiten eine Vielzahl von Sensoren. Als Wahrnehmungsorgan der Fahrzeuge setzen sie variable Eingangsgrößen in elektrische Signale um. Von den Steuergeräten der Motormanagement-, Sicherheits- und Komfortsysteme werden diese Signale für Steuerungs- und Regelungsfunktionen herangezogen. Je nach Aufgabe kommen unterschiedlich Messprinzipien zum Einsatz.

1 Weg-/Winkelpositionen als direkte Messgrößen

Messgröße	Messbereich
Drosselklappenstellung in Ottomotor	90°
Fahr-/Bremspedalstellung	30°
Sitz-, Scheinwerfer- und Spiegelposition	
Regelstangenweg und -position in Diesel-Reiheneinspritzpumpe	21 mm
Winkelposition des Mengenstellwerks in Diesel-Verteilereinspritzpumpe	60°
Füllstand im Kraftstoffbehälter	20...50 cm
Hub des Kupplungsstellers	50 mm
Abstand Fahrzeug – Fahrzeug bzw. Fahrzeug – Hindernis	150 m
Lenk(rad)winkel	±2 · 360° (±2 Umdrehungen)
Neigungswinkel	15°
Fahrtrichtungswinkel	360°
GPS (Global Positioning System)	360° geogr. Breite 360° geogr. Länge geogr. Höhe
Nahbereichsabstand (US-Einparkhilfe)	1,5 m
Nahbereichsradar (Precrash)	10 m
Außenbereichsvideo	40 m
Fern- und Nahbereichs-IR-Sichtgerät	100 m

Tabelle 1

2 Weg-/Winkelpositionen als indirekte Messgrößen

Messgröße	Messbereich
Einfederweg (Leuchtweite, Fahrzeugneigung)	25 cm
Torsionswinkel (Drehmoment)	1...4°
Auslenkung einer Stauklappe (Durchfluss)	30...90°
Auslenkung eines Feder-Masse-systems (Beschleunigung)	1...500 µm
Auslenkung Drucksensoren-membran	1...20 µm
Auslenkung Kraftmessfeder (Beifahrer-Gewicht)	10...500 µm

Tabelle 2

Positionssensoren

Merkmale

Positionssensoren erfassen ein- oder mehrdimensionale Weg- und Winkelpositionen (translatorische und rotorische Größen) unterschiedlichster Art und unterschiedlichster Bereiche. Dazu gehören auch Abstände, Entfernungen, Verschiebungen (engl.: displacement), Füllstände und selbst kleinste Dehnungen – also alles, was sich in Meter und Winkelgrad messen lässt.

Auf diesem Gebiet wird seit langem schon der Übergang zu nicht berührenden, kontaktfreien Sensoren angestrebt, die keinem Verschleiß unterworfen und damit langlebiger und zuverlässiger sind. Kostengründe zwingen jedoch oft zur Beibehaltung von schleifenden Sensorprinzipien, die für viele Messzwecke ihre Aufgabe noch immer ausreichend gut erfüllen.

Positionsgrößen gehören zu den „extensiven Messgrößen", bei denen die Messgröße bzw. der Messbereich ganz wesentlich die Größe des Sensors bestimmt (zum Vergleich; „intensive Messgrößen" sind z. B. Druck und Temperatur). Sensoren für extensive Größen mittleren und größeren Bereichs (z. B. auch Durchfluss- und Kraftsensoren) sind daher zunächst einmal zur Miniaturisierung und damit auch für eine kostengünstige Massenfertigung weniger geeignet. Da dies für Winkelsensoren weit weniger gilt als für Wegsensoren (die Winkelgröße hängt nicht vom Radius bzw. der Schenkellänge ab), werden erstere im Auto deutlich bevorzugt.

Bei extensiven Größen mit großem Messbereich kann jedoch oft die extensive Größe zunächst in ein intensive umgesetzt werden, die sich mittels Mikrosensoren messen lässt. So kann man bei der Durchflussmessung auf eine Durchflussdichtemessung (Teilstrommessung, z. B. 1:100) übergehen, wodurch jedoch das Strömungsrohr essenzieller Bestandteil des Sensors wird, ohne den der Sensor letztendlich nicht getestet und kalibriert werden kann.

Bei Weg- und Abstandssensoren großen Messbereichs (ca. 0,1...150 m) wird die Messgröße mittels Wellenausbreitungssensoren (Schall- und elektromagnetische Wellen) in eine Impuls- oder Phasenlaufzeit umgesetzt, die sich mit vergleichbar kleinen Sende-/Empfangseinrichtungen leicht elektronisch messen lässt. Im Falle der Schallwellen wird dann jedoch das Ausbreitungsmedium (z. B. Luft) sowie das benötigte Zeitnormal (z. B. Schwingquarz) essenzieller Bestandteil der Messenrichtung.

Messgrößenübersicht

Es gibt es eine große Zahl von Anwendungen, in denen Positionen die eigentlichen, direkten Messgrößen sind. Dies zeigt die Tabelle 1 in einer Übersicht. In anderen Fällen repräsentiert die gemessene Weg-Winkelposition eine andere Messgröße (Tabelle 2).

Oft werden in der Praxis auch „inkrementelle Sensorsysteme“ als Winkelsensoren bezeichnet, wie sie vor allem zur Drehzahlmessung verwendet werden. Sie sind keine Winkelsensoren im eigentlichen Sinn. Denn zur Messung eines Ausschlagwinkels müssen die mit diesen Sensoren messbaren Inkremente (Beträge, um die eine Größe zunimmt) vorzeichenrichtig gezählt, d. h. aufaddiert werden. Solche Winkelmesssysteme finden nur begrenzten Einsatz, da der Zählerstand durch Störimpulse bleibend verfälscht werden kann. Feste, detektierbare (feststellbare) Bezugsmarken können aus dieser Zwangslage nur begrenzt heraushelfen. Auch geht solchen Winkelmesssystemen die Absolutlage beim Abschalten der Betriebsspannung verloren. Hier hilft auch kein nichtflüchtiges Abspeichern des Endzustandes, da sich die meisten Winkelpositionen auch im abgeschalteten Zustand mechanisch ändern können (z. B. Lenkwinkel).

Zwar wird der Kurbelwellenwinkel inkremental gemessen, jedoch wird diese Messung nach jeder Umdrehung durch eine vom Sensor erkennbare Bezugs- oder Referenzmarke neu justiert, falls eine Störung aufgetreten sein sollte. Hier nimmt man auch in Kauf, dass beim Starten des Motors nicht bekannt ist, in welcher Position die Kurbelwelle steht; sie muss durch den Anlasser erst etwa eine Umdrehung vollführen, damit die Bezugsmarke mindestens einmal passiert wird. Die Kurbelwellenbewegung ist auch sehr monoton, d. h., sie geht immer ziemlich gleichförmig (ohne sprungartige Änderungen) nur in eine Richtung (und zwar vorwärts und nie rückwärts). Man kann also sicher sein, dass nicht mehr als eine Umdrehung falsch erfasst wird.

Bei einem anlasserlosen Sofortstart des Motors könnten - ähnlich wie beim Lenkwinkel - die Nachteile einer inkrementalen Winkelmessung nicht geduldet werden. Hier ist ein Absolutwinkelsensor für einen Bereich von 360 ° notwendig.

Potenziometersensoren

Das Schleifpotenziometer - meist als Winkelsensor ausgebildet (Bild 1) - nutzt die Entsprechung zwischen der Länge eines Draht- oder Schichtwiderstands (aus „Cermet“ oder „Conductive Plastic“) zu seinem elektrischen Widerstandswert für Messzwecke. Es ist derzeit immer noch der kostengünstigste Weg-/Winkelsensor.

1 Prinzip des Schleifpotenziometers

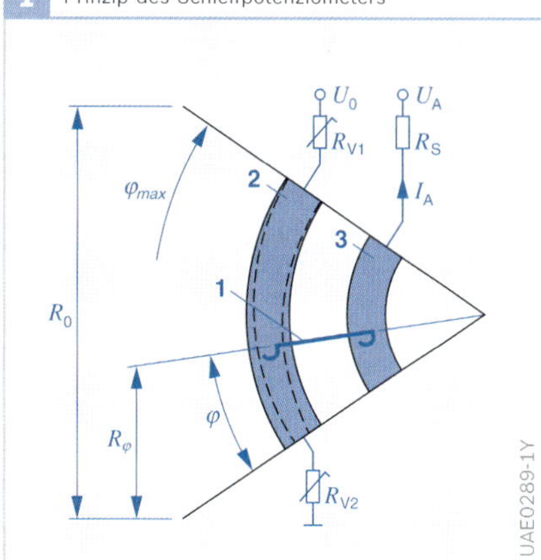

Bild 1
1 Schleifer
2 Widerstandsbahn
3 Kontaktbahn
I_A Schleiferstrom
U_0 Versorgungsspannung
U_A Messspannung
R Widerstand
φ_{max} maximaler Drehwinkel
φ Messwinkel

Durch Konturierung (Formgebung) der Messbahnbreite (auch abschnittsweise möglich) kann man die Kennlinienform beeinflussen. Der Schleiferanschluss erfolgt meist über eine zweite Kontaktbahn mit gleicher Oberfläche, jedoch unterlegt mit niederohmigem Leiterbahnmaterial. Zum Schutz gegen Überlastung liegt die Versorgungsspannung meist über kleinere Vorwiderstände R_V (auch für Nullpunkt- und Steigungsabgleich) an der Messbahn an.

Verschleiß und Messwertverfälschung lassen sich durch einen möglichst wenig belasteten Abgriff (I_A < 1 mA) und staub- und flüssigkeitsdichte Kapselung verringern. Voraussetzung für geringen Verschleiß ist auch eine optimale Reibpaarung von Schleifer und Bahn; hierbei können Schleifer eine „Löffel-“ oder „Kratzer“-Form haben und sowohl einfach als auch mehrfach, ja sogar in der Form eines „Besens“ ausgebildet sein.

Einer ganzen Reihe offenkundiger Vorteile steht auch eine beträchtliche Anzahl gravierender Nachteile gegenüber:

Vorteile von Potentiometersensoren

- niedrige Kosten,
- Einfacher, übersichtlicher Aufbau,
- sehr großer Messeffekt (Messhub ≈ Versorgungsspannung),
- keine Elektronik erforderlich,
- gute Störspannungsfestigkeit,
- weiter Betriebstemperaturbereich (< 250°C),
- hohe Genauigkeit (besser 1 % vom Endwert des Messbereichs),
- weiter Messbereich (fast 360° möglich),
- problemlose Redundanzausführung,
- Abgleichbarkeit (Laserablation usw.),
- flexible Kennlinie (variable Bahnbreite),
- flexible Montage (ebene bzw. gekrümmte Fläche),
- zahlreiche Hersteller,
- schnelle Bemusterung.

Nachteile von Potenziometersensoren

- Mechanischer Verschleiß durch Abrieb,
- Messfehler durch Abriebreste,
- Probleme bei Betrieb in Flüssigkeit,
- veränderlicher Übergangswiderstand von Schleifer zu Messbahn,
- Abheben des Schleifers bei starker Beschleunigung bzw. Vibration,
- aufwändige Erprobung,
- begrenzte Miniaturisierbarkeit,
- Rauschen.

Anwendungen

Beispiele für Potenziometersensoren:

- Fahrpedalsensor bzw. Fahrpedalmodul zur Erfassung des Drehmomentwunsches für das Motormanagement,
- Tankfüllstandsensor (Bild 2),
- Stauscheiben-Potentiometer (KE- und L-Jetronic) zur Erfassung der vom Motor angesaugten Luftmenge,
- Drosselklappenwinkelsensor zur Erfassung der Stellung der Drosselklappe beim Ottomotor (Bilder 3...5).

2 Potenziometrischer Tankfüllstandsensor (Aufbau)

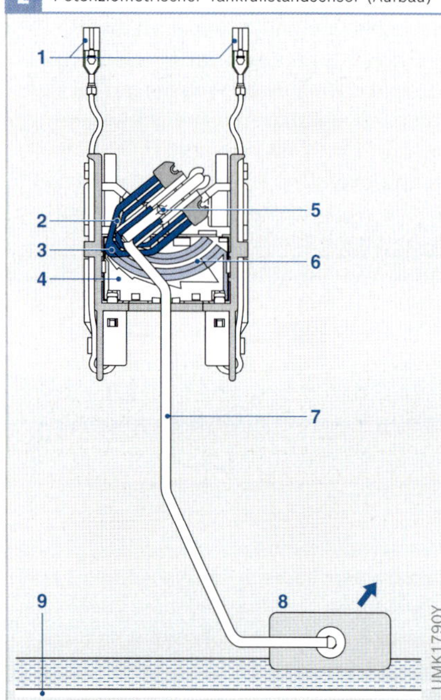

Bild 2
1 Elektrische Anschlüsse
2 Schleiferfeder
3 Kontaktniet
4 Widerstandsplatine
5 Lagerstift
6 Doppelkontakt
7 Schwimmerhebel
8 Schwimmer
9 Boden des Kraftstoffbehälters

Magnetisch induktive Sensoren

Von allen Sensoren, die die Positionsmessung kontakt- und berührungsfrei vornehmen, sind die magnetischen Sensoren besonders störunempfindlich und robust. Dies gilt insbesondere für wechselstrombasierte, also magnetisch induktive Prinzipien. Die hierfür erforderlichen Spulenanordnungen benötigen jedoch im Vergleich zu mikromechanischen Sensoren weit mehr Bauraum, bieten also z. B. keine günstige Möglichkeit für einen redundanten (parallel messenden) Aufbau. Darüber hinaus stellt die erforderliche Spulenkontaktierung einen weniger günstigen Kosten- und Zuverlässigkeitsfaktor dar.

Von der Vielfalt bekannter Prinzipien dieser Art haben im Kraftfahrzeug vor allem zwei Anwendung gefunden, die in ihrer Wirkungsweise sehr ähnlich sind. Für Neuentwicklungen finden sie jedoch derzeit in makromechanischer Ausführung auf dem Gebiet der Kfz-Sensoren bei Bosch keine Anwendung mehr.

Wirbelstromsensoren

Nähert sich eine elektrisch leitfähige, ebene oder gekrümmte Scheibe (z. B. aus Aluminium oder Kupfer) einer mit hochfrequentem Wechselstrom gespeisten (meist eisenlose) Spule an (Bild 6), so wird

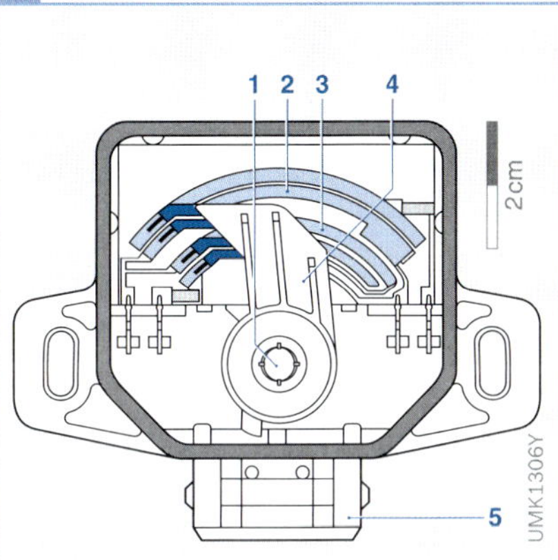

3 Drosselklappensensor (Aufbau)

Bild 3
1 Drosselklappenwelle
2 Widerstandsbahn 1
3 Widerstandsbahn 2
4 Schleiferarm mit Schleifern
5 elektrischer Anschluss

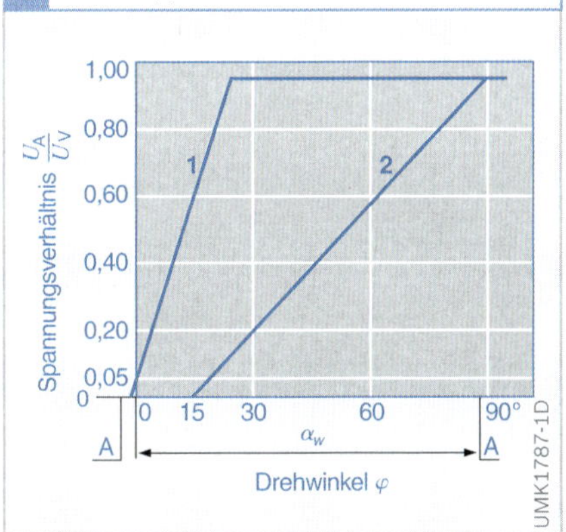

4 Drosseklappensensor mit zwei Kennlinien

Bild 4
A Interner Anschlag
1 Kennlinie für hohe Auflösung im Winkelbereich 0°...23°
2 Kennlinie für Winkelbereich 15°...88°
U_A Messspannung
U_V Betriebsspannung
α_W nutzbarer Messwinkel

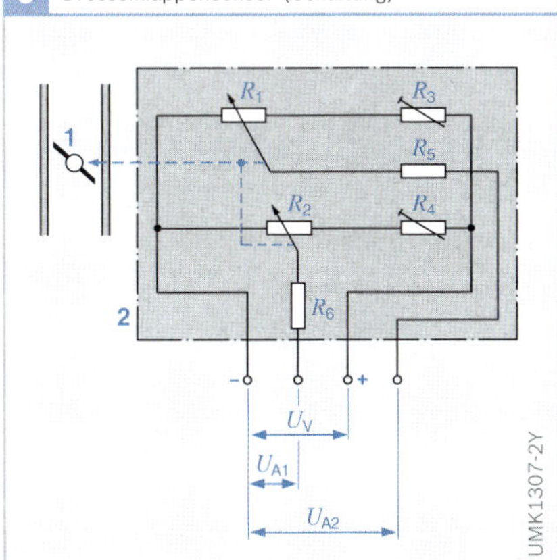

5 Drosselklappensensor (Schaltung)

Bild 5
1 Drosselklappe
2 Drosselklappensensor
U_A Messspannungen
U_V Betriebsspannung
R_1, R_2 Widerstandsbahnen 1 und 2
R_3, R_2 Abgleichwiderstände
R_5, R_6 Schutzwiderstände

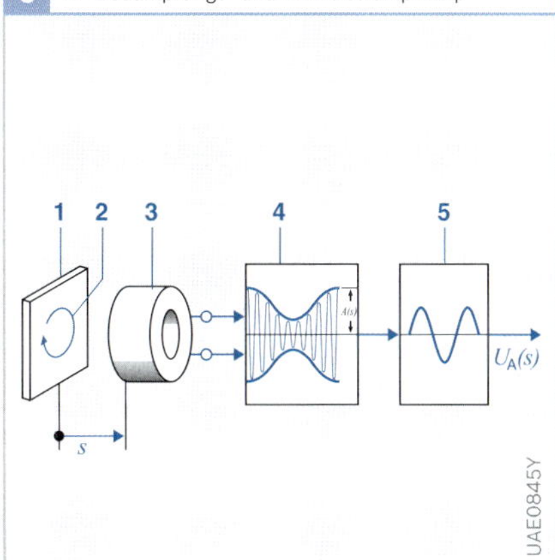

6 HF-Bedämpfungs- und Wirbelstromprinzip

Bild 6
1 Dämpferscheibe
2 Wirbelströme
3 Luftspule
4 Oszillator variabler Dämpfung
5 Demodulator
s Messweg
$A(s)$ Oszillatorspannung
$U_A(s)$ Ausgangsspannung

diese sowohl in ihrem Wirkwiderstand als auch ihrer Induktivität beeinflusst. Ursache hierfür sind die in der Dämpferscheibe (Spoiler) durch zunehmende magnetische Kopplung entstehenden Wirbelströme. Die Position dieser Dämpferscheibe repräsentiert den Messweg *s*.

Die im Allgemeinen hohe Betriebsfrequenz (MHz-Bereich, eine niederfrequente Speisung würde wegen der geringen Spuleninduktivität zu viel Strom aufnehmen) erfordert eine direkte Zuordnung der Elektronik zum Sensor oder eine - meist nicht tragbare - geschirmte Zuleitung. Zur Umsetzung des Messeffekts in eine elektrische Ausgangsspannung kann sowohl der Bedämpfungseffekt (Wirkwiderstand) als auch der Feldverdrängungseffekt (Induktivität) genutzt werden. Im ersten Fall eignet sich z. B. ein Oszillator variabler Schwingamplitude, im zweiten etwa ein Oszillator variabler Frequenz oder auch ein konstantfrequent gespeister, induktiver Spannungsteiler (Differenzanordnung).

7 Messprinzip des Kurzschlussringsensors

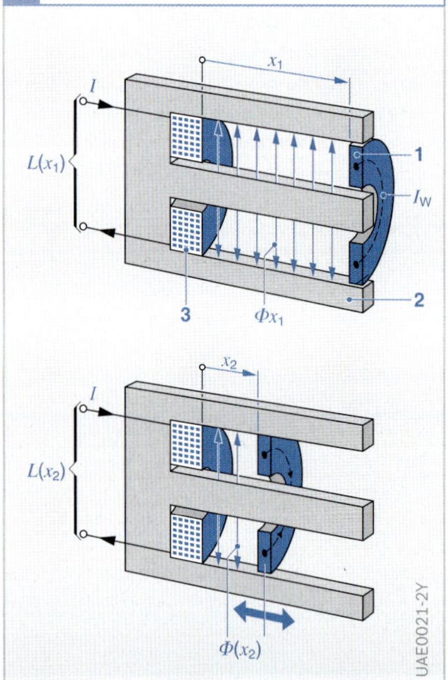

Bild 7
Darstellung füe zwei verschiedene Messwege
1 Kurzschlussring
2 weichmagnetischer Kern
3 Spule
I Strom
I_W Wirbelstrom
$L(s)$ Induktivität und
$\Phi(s)$ magnetischer Fluss beim Messweg s

Das Wirbelstromprinzip lässt sich in sehr mannigfaltiger Weise der Messaufgabe anpassen. Es eignet sich gut sowohl zur Erfassung großer Wege bzw. Winkel (es gab schon eine nahezu serienreife Entwicklung z. B. für Drosselklappe und Fahrpedal) als auch sehr kleine Größen (z. B. Drehmomentsensoren). Aufgrund selbstkompensierender Eigenschaften zeigt dieses Prinzip über einen weiten Temperaturbereich meist nur einen geringen Temperaturgang. Da sich Wirbelstromsensoren prinzipiell jedoch auch mikromechanisch herstellen lassen, ist angesichts der sehr vorteilhaften Eigenschaften eine künftige Anwendung nicht ganz auszuschließen. Breite Anwendung findet dieses Sensorprinzip jedoch in der Fertigungs- und Qualitätsmesstechnik, sei es zur genauen Detektion von kleinsten Wegen/Abständen oder von auch Schichtdicken im µm-Bereich.

Kurzschlussringsensoren

Im Gegensatz zum Wirbelstromsensor besitzt die Spule eines Kurzschlussringsensors stets einen weichmagnetischen, meist geblechten Kern mit gerader oder gekrümmter U- oder E-Form (Bild 7). Der bewegliche Spoiler ist hier als Kurzschlussring aus gut leitendem Material wie Kupfer oder Aluminium ausgebildet, der beweglich auf einem oder allen Kernschenkeln angeordnet ist. Wegen des Eisenkerns besitzen solche Sensoren eine weit größere Induktivität als Wirbelstromsensoren und wegen der durch den Eisenkern sehr konzentrierten Führung des magnetischen Flusses auch einen weit höheren Messeffekt. Sie können also auch gut bei niedrigeren Frequenzen betrieben werden und benötigen ihre Signalelektronik nicht unbedingt vor Ort am Sensor. Der Eisenkern schützt den Messraum zwischen den Kernschenkeln auch stark gegen äußere Störfelder ab.

Das vom Spulenstrom I erzeugte Wechselfeld im und um den Eisenkern kann nicht durch den Kurzschlussring hindurchtreten, da es durch die Wirbelströme im Kurzschlussring praktisch zu null kompensiert wird. Die Wirbelströme im Kurzschlussring begrenzen also - wie ein „magnetischer Isolator" - die Ausdehnung des magnetischen Flusses Φ auf den Raum zwischen Spule und Kurzschlussring (daher engl. auch: shading ring) und machen ihn so von der Position x des Kurzschlussrings abhängig, $\Phi = \Phi(x)$.

Die Induktivität ist definiert ist als:

(1) $L = \Phi/I$,

Deshalb beeinflusst die Position x des Kurzschlussrings direkt auch die Induktivität L der Erregerspule. Der Zusammenhang $L = L(x)$ ist in weitem Bereich gut linear. Nahezu die gesamte Baulänge des Sensors lässt sich zur Messung ausnutzen. Dabei ist keine mechanisch enge Führung des Kurzschlussrings erforderlich.

Die zu bewegende Masse des Kurzschlussrings ist sehr gering. Eine Konturierung (Formgebung) des Schenkelabstands beeinflusst die Kennlinienform: eine Verjüngung des Schenkelabstands zum Ende des Messbereichs hin verbessert die gegebene gute Linearität nochmals. Je nach Material und Bauform erfolgt der Betrieb meist im Bereich von 5...50 kHz. Der Sensor ist auch unter rauesten Betriebsbedingungen wie z. B. in Dieseleinspritzpumpen einsetzbar (Bild 8, 9).

Wegen des Wechselstrombetriebs sind die Kerne geblecht (z. B. NiFe-Blech, 0,2 mm stark). Zur Erzielung der nötigen mechanischen Stabilität, die die Bleche beschleunigungsstabil zusammenhält, werden sie nicht nur in der üblichen Weise verklebt, sondern zusätzlich „stanzpaketiert". Hierzu erhalten die Bleche an einigen ausgesuchten Stellen noppenartige Ausprägungen, mit denen Sie noch vor dem Weichglühen (ähnlich LEGO-Bausteinen) innig verbunden werden können, ohne dabei die erforderliche elektrische Isolation von Blech zu Blech allzu sehr zu stören.

Der Halbdifferenzial-Kurzschlussringsensor mit beweglichem Mess- und festem Referenzkurzschlussring ist sehr genau; seine Auswertung erfolgt als induktiver Spannungsteiler (Auswertung der Induktivitäten L_1/L_2, bzw. $(L_1 - L_2)/(L_1 + L_2)$ oder auch als frequenzbestimmendes Glied einer Schwingschaltung zur Erzeugung eines frequenzanalogen Signals (sehr störsicher, leicht digitalisierbar).

Anwendungen

Beispiele für Kurzschlussringsensoren:

- Regelwegsensoren zur Erfassung der Regelstangenposition von Diesel-Reiheneinpritzpumpen (Bild 8),
- Winkelsensor im Mengenstellwerk von Diesel-Verteilereinspritzpumpen.

8 Halbdifferenzial-Kurzschlussringsensor

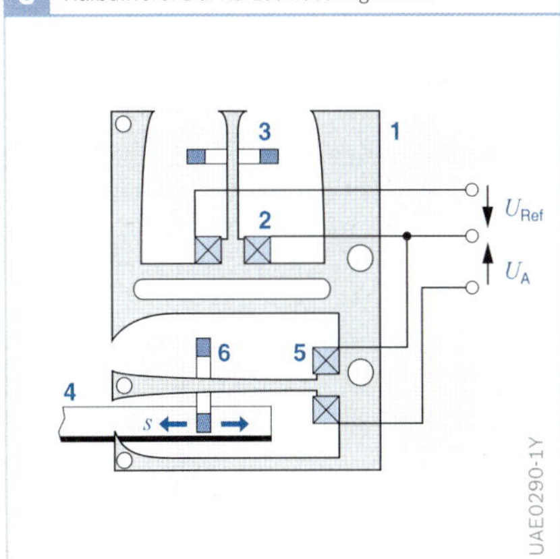

9 Halbdifferenzial-Kurzschlussring-Winkelsensor

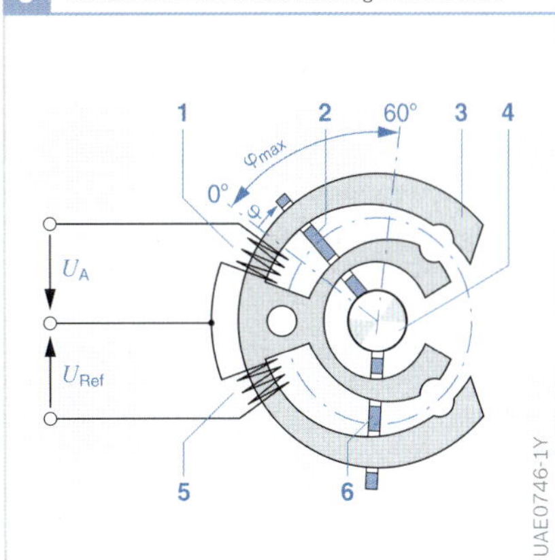

Bild 8
Aufbau des Regelweggebers (RWG) für Diesel-Reiheneinspritzpumpen
1 weichmagnetischer Kern
2 Referenzspule (L_2)
3 Referenzkurzschlussring)
4 Regelstange
5 Messspule (L_1)
6 Messkurzschlussring
s Regelweg der Regelstange

Bild 9
1 Messspule
2 Messkurzschlussring
3 weichmagnetischer Kern
4 Regelschieberwelle
5 Referenzspule
6 Referenzkurzschlussring
φ Messwinkel
φ_{max} Verstellwinkelbereich der Regelschieberwelle

Bild 9 zeigt den Aufbau eines Halbdifferenzial-Kurzschlussringsensors (HDK) für Diesel-Verteilereinspritzpumpen. An je einem Schenkel des Kerns sind eine Messspule und eine Referenzspule befestigt. Durchfließt ein vom Steuergerät ausgehender elektrischer Wechselstrom die Spulen, entstehen magnetische Wechselfelder. Der Referenzkurzschlussring steht fest, während der Messkurzschlussring an der Regelschieberwelle befestigt ist (Verstellwinkel φ). Mit dem Verschieben des Messkurzschlussrings verändert sich der Magnetfluss und damit die Spannung an der Spule, da das Steuergerät den Strom konstant hält (eingeprägter Strom). Eine Auswerteschaltung bildet das Verhältnis von Ausgangsspannung U_A an der Messinduktivität L_1 zur Referenzspannung U_{Ref} an der Referenzinduktivität L_2. Es ist proportional zur Auslenkung des Messkurzschlussrings und kann vom Steuergerät ausgewertet werden.

Sensoren mit rotierbaren Wechselfeldern

Mit Wechselstrom der Kreisfrequenz ω gespeisten Spulen oder spulenähnlichen Gebilden (wie mäandrierte Leiterbahnstrukturen) lassen sich zwei- oder mehrpolige Wechselfeldstrukturen entweder im Kreis oder auch linear anordnen. Diese Polstrukturen mit fester Polteilung lassen sich gegenüber einem meist feststehenden Satz von Empfängerspulen, die die gleiche Polteilung besitzen, durch die Bewegung des zu messenden Systems - sei es rotorischer oder translatorischer Art - verschieben. Dabei ändern sich die Amplituden der Empfängersignale mit der Bewegung sinusförmig. Sind die Empfängerpulen um einen bestimmten Teil der Polteilung T gegeneinander versetzt (z. B. $T/4$ oder $T/3$), so wird der Sinusverlauf um jeweils einen entsprechenden Winkel phasenverschoben (z. B. um 90° oder 120°). Es ergeben sich also z. B. Spannungen:

(1) $u_1 = U \cdot \sin\varphi \cdot \sin\omega t$

(2) $u_2 = U \cdot \sin(\varphi - 90°) \cdot \sin\omega t = U \cdot \cos\varphi \cdot \sin\omega t$

oder auch:

(3) $u_1 = U \cdot \sin\varphi$

(4) $u_1 = U \cdot \sin(\varphi - 120°) \cdot \sin\omega t$

(5) $u_1 = U \cdot \sin(\varphi - 240°) \cdot \sin\omega t$

Nach Gleichrichtung kann aus diesen Spannungen der Drehwinkel α sehr genau berechnet werden. So funktionieren die in der klassischen Messtechnik als Synchro-, Resolver- oder auch Inductosynverfahren bezeichneten und vorzugsweise als Winkelmesser ausgebildete Sensoren.

Bei einer einfachen bipolaren Anordnung entspricht dem mechanischen Drehwinkel α auch direkt der elektrischen Phasenwinkel. Bei einer Anordnung aus n Poolpaaren wird der mechanische Vollwinkel $\varphi = 2\pi$ in eine Phasenverschiebung von $\alpha = n \cdot 2\pi$ umgesetzt, sodass der Phasenverschiebung α nur ein Drehwinkel von nur φ/n entspricht, was die Auflösung des Messsystems erheblich vergrößert. Bei größeren Messbereichen muss dann allerdings die Eindeutigkeit des Messsignals durch zusätzliche Mittel wie z. B. einem einfachen Winkelmesser wieder hergestellt werden.

Hella-Sensor

Der von der Fa. Hella entwickelte Winkelsensor entspricht keinem der oben genannten Verfahren in Reinkultur, ähnelt wohl aber am meisten dem Inductosynverfahren. Bild 10 zeigt den Sensor z. B. mit einer 6-zähligen Polstruktur (n = 6), die elektrisch gesehen einen Drehwinkel von $\varphi = 60°$ in eine Phasenverschiebung der Signalamplituden von $\alpha = 360°$ umsetzt. Alle erforderlichen Leiterbahnstrukturen sind zumindest im Falle des feststehenden Teils (Stator) auf Mehrlagen-Leiterplattenmaterial aufgebracht. Der Rotorteil kann evtl. auch als Stanzteil ausgebildet werden, sei es freitragend oder auf Kunststoffträger aufgebracht (Heißprägen).

Auf dem Stator befindet sich eine kreisrunde Leiterbahnschleife, die drehwinkelunabhängig in eine auf dem Rotor befindliche, in sich geschlossene Mäanderschleife mit etwa gleichem Außendurchmesser bei einer Betriebsfrequenz von 20 MHz einen Wirbelstrom induziert. Dieser Wirbelstrom erzeugt natürlich ebenso wie die Erregerschleife ein sekundäres Magnetfeld, das sich dem Erregerfeld in dem Sinn überlagert, dass es dies zu tilgen versucht. Wäre auf dem Rotor statt des Mäanders nur eine zur Statorschleife kongruente kreisrunde Leiterbahn, würde diese das Primärfeld wohl einfach weitestgehend auslöschen. Durch die Mäanderstruktur entsteht jedoch ein resultierendes Multipolfeld, das sich mit dem Rotor drehen lässt und dessen Gesamtfluss natürlich ebenfalls nahezu null ist.

Dieses Multipol-Wechselfeld wird von ebenfalls auf dem Stator befindlichen konzentrischen, nahezu formgleichen Empfängerspulen bzw. -mäandern sensiert. Diese sind innerhalb einer Polteilung (von z B. 60°) um jeweils 1/3, d. h. elektrisch in ihrer Signalamplitude um je 120° versetzt (Bild 10b). Die Empfängerspulen erstrecken sich jedoch über sämtliche n Polpaare (Serienschaltung) und nutzen die Summe aller Polfelder.

Gemäß Bild 10c sind die Empfängerspulen in Sternschaltung verbunden. Ihre Signale werden zur Ermittlung des elektrischen Phasenwinkels α bzw. mechanischen Drehwinkels φ einem ASIC zugeleitet, der die notwendige (vorzeichenrichtige) Gleichrichtung, Selektion und Verhältnisbildung vornimmt. Eine Version ASIC 1 erhält die dafür erforderlichen digitalen Steuersignale von einem in baulicher Nähe befindlichen Mikrokontroller. Eine andere Version ASIC 2 ist jedoch auch in der Lage, den Sensor völlig unabhängig (stand-alone) zu betreiben. Die ASICS erlauben in der Fertigung auch einen End-of line Abgleich der mechanischen und elektrischen Toleranzen. Für Anwendungen mit erhöhten Sicherheitsanforderungen ist es auch möglich, ein redundantes System mit zwei galvanisch getrennten Signalpfaden und zwei ASICs aufzubauen. Das Sensorprinzip kann in einer „aufgeschnittenen" Form auch sehr vorteilhaft als Wegsensor ausgebildet werden.

Neben den sehr günstigen Herstellkosten sind die Hauptvorteile dieses Sensors folgende:

- Kontakt und verschleißfreies Messprinzip,
- völlige Temperaturunabhängigkeit (bis 150°C),
- hohe Genauigkeit (bei einem Messbereich von 360° bis ca. ±0,09°),
- Flexibilität (anpassbar auf alle Winkelbereiche bis 360°),
- Möglichkeit eines redundanten Aufbaus,
- hohe EMV-Sicherheit,
- ausschließliche Verwendung von Standardmaterialien ohne Notwendigkeit von ferromagnetischen Teilen,
- flache Bauweise.

Der Sensor ist daher an sehr vielen Stellen im Kfz anwendbar.

10 Hella-Sensor

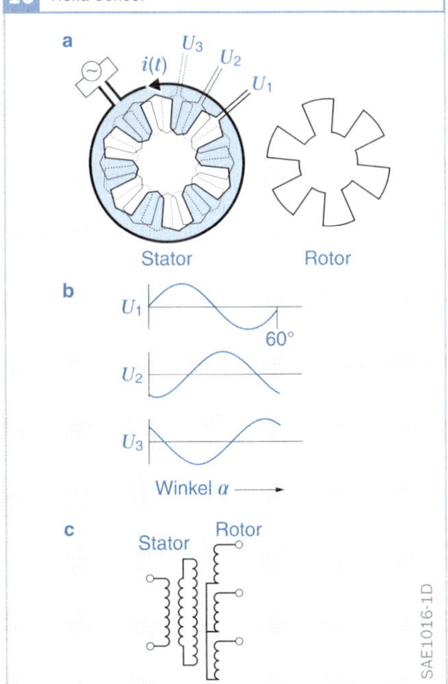

Bild 10
a Schematischer Aufbau
b Beschaltung
c Ausgangssignale

Magnetostatische Sensoren

Magnetostatische Sensoren messen ein magnetisches Gleichfeld. Sie eignen sich im Gegensatz zu den magnetisch induktiven (Spulen-)Sensoren weit besser zur Miniaturisierung und lassen sich mit den Mitteln der Mikrosystemtechnik kostengünstig herstellen. Da Gleichfelder problemlos durch Gehäusewandungen aus Kunststoff, aber auch aus nicht ferromagnetischem Metall durchgreifen, haben magnetostatische Sensoren den Vorteil, dass sich der sensitive, im Allgemeinen feststehende Teil gegenüber dem rotorischen - im Allgemeinen ein Dauermagnet oder weichmagnetisches Leitstück - und gegenüber der Umwelt gut kapseln und schützen lässt. Zum Einsatz kommen vor allem die galvanomagnetischen Effekte (Hall- und Gauß-Effekt) sowie magnetoresistive Effekte (AMR und GMR).

Galvanomagnetische Effekte

Der Hall-Effekt wird vor allem mit Hilfe dünner Halbleiterplättchen ausgewertet. Wird ein solches stromdurchflossenes Plättchen senkrecht von einer magnetischen Induktion B durchsetzt, werden die Ladungsträger durch die Lorentzkraft senkrecht zum Feld und zum Strom I um den Winkel φ aus ihrer sonst geraden Bahn abgelenkt (Bild 11). So kann quer zur Stromrichtung zwischen zwei sich gegenüber liegenden Randpunkten des Plättchens eine zum Feld B und zum Strom I proportionale Spannung U_H abgegriffen werden (Hall-Effekt):

(2) $U_H = R_H \cdot I \cdot B/d$
mit R_H = Hallkoeffizient,
d = Plättchendicke,

11 Galvanomagnetische Effekte

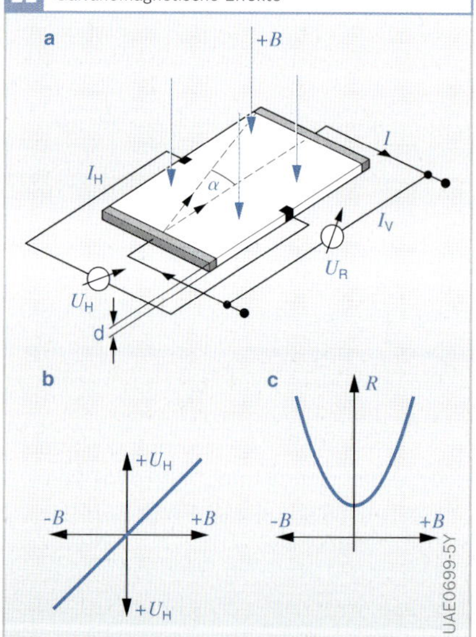

Bils 11
- a Schaltung
- b Verlauf der Hall-spannung U_H
- c Zunahme des Plättchenwiderstands R (Gauß-Effekt)
- B magnetische Induktion
- I Plättchenstrom
- I_H Hallstrom
- I_V Versorgungsstrom
- U_R Längsspannung
- α Ablenkung der Elektronen durch Magnetfeld

Gleichzeitig vergrößert sich der Längswiderstand des Plättchens unabhängig von der Feldrichtung nach einer etwa parabelförmigen Kennlinie (Gauß-Effekt, Feldplatte).

Der für die Messempfindlichkeit des Plättchens maßgebende Koeffizient R_H ist bei Silizium nur vergleichsweise klein. Da die Plättchendicke d jedoch mittels Diffusionstechnik extrem dünn gemacht werden kann, kommt die Hallspannung doch wieder auf eine technisch verwertbare Größe. Bei der Verwendung von Silizium als Grundmaterial lässt sich gleichzeitig eine Signalaufbereitungsschaltung auf das Plättchen integrieren, wodurch solche Sensoren sehr kostengünstig herzustellen sind. Bezüglich Messempfindlichkeit und Temperaturgang ist Silizium jedoch bei weitem nicht das günstigste Halbleitermaterial für Hall-Sensoren. Bessere Eigenschaften besitzen z. B. III-V-Halbleiter wie Galliumarsenid oder Indiumantimonid.

Hall-Schalter

Im einfachsten Fall wird die Hall-Spannung einer zum Sensor integrierten Schwellwertelektronik (Schmitt-Trigger) zugeführt, die ein digitales Ausgangssignal liefert. Ist die am Sensor anliegende magnetische Induktion B unterhalb eines bestimmten unteren Schwellwertes, so entspricht der Ausgabewert z. B. einer logischen „0" („release"-Zustand); ist er oberhalb eines bestimmten oberen

Schwellwertes, entspricht das Ausgangssignal einer logischen „1" („operate"-Zustand). Da dieses Verhalten für den gesamten Bereich der Betriebstemperatur und für sämtliche Exemplare eines Typs garantiert wird, liegen die beiden Schwellwerte relativ weit auseinander (ca. 50 mT). Zur Betätigung des „Hall-Schalters" ist deshalb ein beträchtlicher Induktionshub ΔB erforderlich.

Solche noch in Bipolartechnik hergestellte Sensoren wurden beispielsweise in Hall-Schranken verwendet (Bild 12), die in das Gehäuse des Zündverteilers, der von der Nockenwelle angetrieben wird, eingebaut wurden. Diese Hallschranke besitzt neben dem Sensor noch einen Dauermagneten und weichmagnetische Leitstücke. Der Magnetkreis ist U- bzw. gabelförmig so ausgebildet, dass durch das offene Ende ein Blendenrotor aus weichmagnetischem Material fahren kann, der den Magneten abwechselnd abschirmt oder freigibt und dadurch den Hallsensor zwischen operate- und release- Zustand hin und herschaltet.

Eine weitere Anwendung findet sich im digitalen Lenkwinkelsensor LWS3 (s. „Hall-Winkelsensoren bis 360°").

Hallsensoren dieser Art sind zwar sehr kostengünstig, aber allenfalls nur gut für einen Schalterbetrieb und zu ungenau für die Erfassung analoger Größen.

Hall-Sensoren nach dem „Spinning Current"-Prinzip

Nachteilig ist beim einfachen Si-Hallsensor die gleichzeitige Empfindlichkeit gegen mechanische Spannungen (Piezoeffekt), die durch das Packaging unvermeidbar sind und zu einem ungünstigen Temperaturgang des Offsets führen. Durch Anwendung des „Spinning Current"-Prinzips (Bild 13), verbunden mit einem Übergang zur CMOS-Technik, wurde dieser Nachteil überwunden. Zwar tritt auch hier der Piezoeffekt auf, er kompensiert sich jedoch bei zeitlicher Mittelung des Signals, da er bei sehr schnellem, elektronisch gesteuerten Vertauschen (Rotation) der Elektroden mit unterschiedlichem Vorzeichen auftritt. Will man sich den Aufwand

12 Hall-Schranke

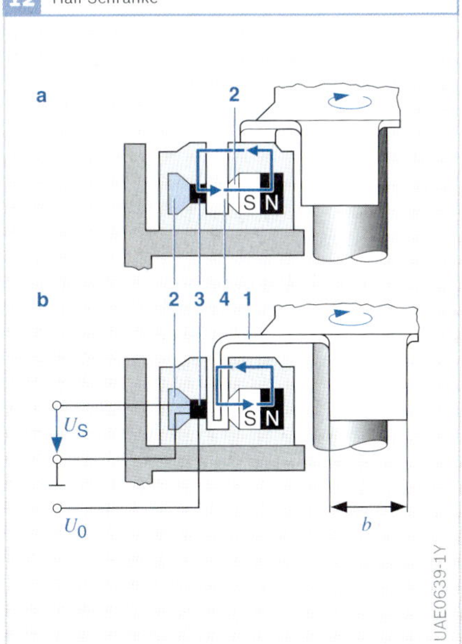

13 Hall-Sensor nach dem Spinning-Current-Prinzip

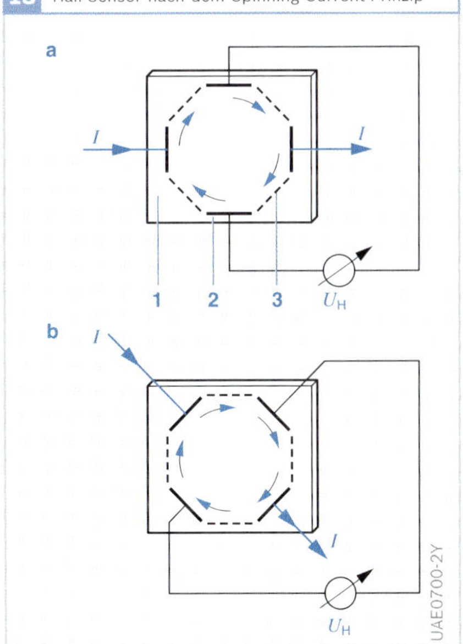

Bild 12
- a Ungehinderter Magnetfluss
- b kuezgeschlossener Magnetfluss
- 1 Blende mit Breite b
- 2 weichmagnetische Leitstücke
- 3 Hall-IC
- 4 Luftspalt
- U_0 Versorgungsspannung
- U_S Sensorspannung

Bild 13
- a Drehphase φ_1
- b Drehphase $\varphi_2 = \varphi_1 + 45°$
- 1 Halbleiterplättchen
- 2 aktive Elektrode
- 3 passive Elektrode
- I Speisestrom
- U_H Hallspannung

der komplexen Elektronik zur Umschaltung der Elektroden ersparen, kann man auch mehrere Hall-Sensoren (zwei, vier oder acht) mit entsprechend unterschiedlicher Ausrichtung der Strompfade in enger Nachbarschaft integrieren und deren Signale im Sinne einer Mittelung addieren. Die Hall-ICs erhielten erst dadurch auch eine gute Eignung für analoge Sensoranwendungen. Die teilweise beträchtlichen Temperatureinflüsse auf die Messempfindlichkeit wurden dadurch jedoch nicht reduziert.

Solche integrierten Hall-ICs eignen sich vorwiegend für die Messung kleiner Wege, indem sie die schwankende Feldstärke eines sich mehr oder weniger annähernden Dauermagneten erfassen (z. B. Kraftsensor iBolt, er erfasst das Beifahrergewicht zur optimalen Auslösung des Airbags). Ähnlich gute Ergebnisse waren bis dahin nur durch Einsatz einzelner Hallelemente z. B. aus III-V-Verbindungen mit hybrid nachgechaltetem Verstärker zu erreichen (z. B. Hall-Beschleunigungssensor).

14 Differenzial-Hall-Sensor

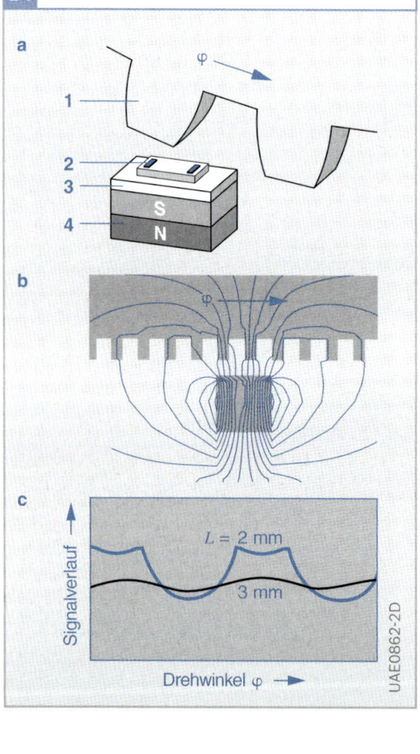

Bild 14
- a Aufbau
- b Feldverlauf (1,5facher Inkrementabstand)
- c Signalverlauf für Luftspaltweiten L
- 1 Zahnkranz
- 2 Differenzial-Hall-IC
- 3 Homogenisierplatte (Weicheisen)
- 4 Permanentmagnet

Differenzial-Hall-Sensoren

Beim Doppel-Hall-Sensor (Differenzial-Hall-Sensor, Bild 14) sind zwei vollständige Hall-Systeme in definiertem Abstand auf einem Chip angeordnet. Die zugehörige Elektronik wertet die Differenz der beiden Hall-Spannungen aus. Diese Sensoren haben den Vorteil, dass ihr Ausgangssignal vom Absolutwert der magnetischen Feldstärke weitgehend unabhängig ist und sie als Differenzialsensor nur die räumliche Änderung der magnetischen Induktion erfassen, also den Feldgradienten (daher oft auch die Bezeichnung Gradientensonde).

Solche Sensoren werden meistens zur Drehzahlmessung eingesetzt, da die Polarität ihres Ausgangssignals nicht vom Luftspalt zwischen Rotor und Sensor abhängt. Setzt man zur Abtastung eines Zahnrades nur einen einfachen Hallsensor ein, kann dieser nicht unterscheiden, ob sich der magnetische Fluss durch Weiterdrehen des Zahnrades oder durch eine Abstandsänderung (z. B, Vibrationen, Einbautoleranzen) geändert hat. Es kommt zu erheblichen Abtastfehlern, denn das Signal muss ja einem Schwellwertdetektor zugeführt werden. Das ist bei Differenzialsensoren grundlegend anders. Ausgewertet wird hier nur der Signalunterschied zweier in geeigneten Abstand am Umfang angebrachter Hallsensoren. Ist die Signaldifferenz z. B. positiv, so kann man den Abstand zwischen Zahnrad und Sensor beliebig ändern; der Unterschied wird positiv bleiben, wenn auch im Betrag evtl. kleiner werden. Das Vorzeichen kann sich nur durch Weiterdrehen des Rotors verändern. Ein nachgeschalteter Schwellwertdetektor hat also kein Problem, zwischen Abstandsänderung und Rotation zu unterscheiden

Zur Erzielung eines maximalen Ausgangssignals wählt man den Abstand der beiden – meist am Rande des (länglichen) Chips angebrachten – Hall-Sensoren dann etwa zu einem halben Inkrementabstand (halber Zahnabstand). Dieses Signalmaximum ist sehr breit, d. h., es deckt einen weiten Variationsbereich des Inkrementabstands ab. Stärkere Abweichungen des Inkrementabstands erfordern jedoch ein sehr aufwändiges „Redesign" des Sensors.

Als Gradientensonde kann der Sensor nicht in beliebiger Lage eingebaut werden, sondern muss möglichst exakt in Drehrichtung des Inkrementrotors ausgerichtet werden.

Hall-Winkelsensoren im Bereich bis ca. 180°
Mit einem drehbaren Magnetring („Movable Magnet") sowie einigen feststehenden weichmagnetischen Leitstücken lässt sich auch für größere Winkelbereiche ohne Umrechnung direkt ein lineares Ausgangssignal erzielen (Bild 15). Hierbei wird das bipolare Feld des Magnetringes durch einen zwischen halbkreisförmigen Flussleitstücken angeordneten Hall-Sensor geleitet. Der wirksame magnetische Fluss durch den Hall-Sensor ist abhängig vom Drehwinkel φ.

Anwendung findet dieses Prinzip bei Fahrpedalsensoren.

Eine vom Grundprinzip des „Movable Magnet" abgeleitete Form stellt der Hall-Winkelsensor vom Typ ARS1 mit einem Messbereich von ca. 90° dar (Bild 16). Der magnetische Fluss einer etwa halbringförmigen dauermagnetischen Scheibe wird über einen Polschuh, zwei weitere Flussleitstücke und die ebenfalls ferromagnetische Achse zum Magneten zurückgeführt. Hierbei wird er je nach Winkelstellung mehr oder weniger über die beiden Flussleitstücke geführt, in deren magnetischen Pfad sich auch ein Hall-Sensor befindet. Damit lässt sich die im Messbereich weitgehend lineare Kennlinie erzielen.

Eine vereinfachte Anordnung beim Typ ARS2 kommt ohne weichmagnetische Leitstücke aus (Bild 17). Hier wird der Magnet auf einem Kreisbogen um den Hall-Sensor bewegt. Der dabei entstehende sinusförmige Kennlinienverlauf besitzt nur über einen relativ kurzen Abschnitt

15 Analoger Hall-Winkelsensor (Movable Magnet)

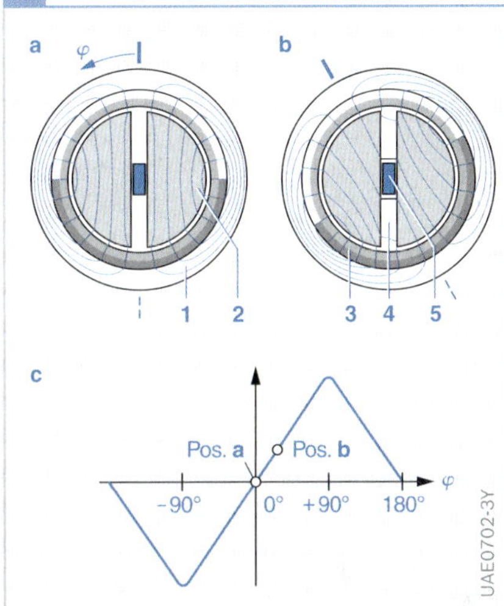

Bild 15
Lineare Kennlinie für Winkel bis 180°
a Position a
b Position b
c Ausgangssignal
1 Eisenrückschluss
2 Stator (1, 2 Weicheisen)
3 Rotor (Permanentmagnet)
4 Luftspalt
5 Hallsensor
φ Drehwinkel

16 Hall-Winkelsensor ASR1 (Movable Magnet)

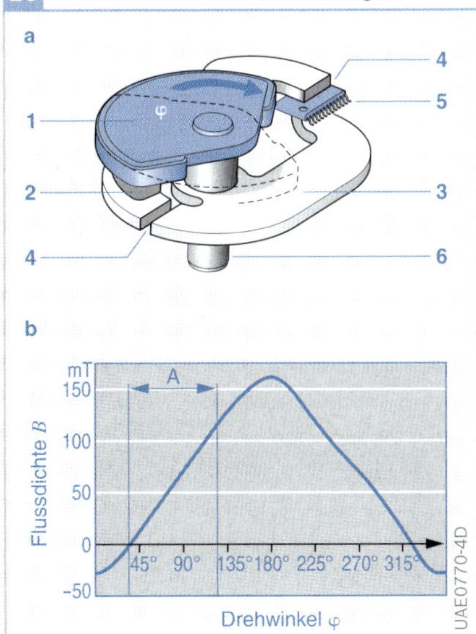

Bild 16
Lineare Kennlinie für Winkel bis ca. 90°
a Aufbau
b Kennlinie mit Arbeitsbereich A
1 Rotorscheibe (dauermagnetisch)
2 Polschuh
3 Flussleitstück
4 Luftspalt
5 Hall-Sensor
6 Achse (weichmagnetisch)

gute Linearität. Ist der Hall-Sensor jedoch etwas außerhalb der Mitte des Kreises platziert, weicht die Kennlinie zunehmend von der Sinusform ab. Sie weist nun einen kürzeren Messbereich von knapp 90° und einen längeren gut linearen Abschnitt von etwas über 180° auf. Nachteilig ist aber die geringe Abschirmung gegen Fremdfelder, die verbleibende Abhängigkeit von geometrischen Toleranzen des Magnetkreises und Intensitätsschwankungen des Magnetflusses im Dauermagneten mit Temperatur und Alterung.

Winkelsensoren im Bereich bis ca. 360°
Ein analoger Hall-Winkelsensor mit einem Messbereich bis zu 360° (Bild 18) entsteht, wenn ein Dauermagnet in der dargestellten Weise über einer rechtwinkligen Anordnung von zwei Hall-Sensoren gedreht wird. Um von der Toleranz der Magnetpositionierung nicht zu sehr abhängig zu werden, sollte der Magnet ausreichend groß sein. Hierbei sollten die beiden Hallsensoren, möglichst eng zusammengebaut, in dem richtungshomogenen Teil des dauermagnetischen Streufeldes positioniert sein, das auch die Winkellage φ des Dauermagneten repräsentiert. Sie sind rechtwinklig zueinander und parallel zur Drehachse des Dauermagneten ausgerichtet, sodass sie jeweils die x- und y-Komponente des über ihnen gedrehten Feldstärkevektors B erfassen:

(3) $U_{H1} = U_x = B \cdot \sin\varphi$

(4) $U_{H2} = U_y = B \cdot \cos\varphi$

Aus diesen beiden Signalen lässt sich der Winkel φ über die trigonometrische Beziehung $\varphi = \arctan(U_{H1}/U_{H2})$ in einem zugehörigen, bereits kommerziell erhältlichen Auswertechip berechnen, wodurch das Sensorsignal meist digitalisiert wird.

Eine solche Hallsensor-Anordnung lässt sich mit VHD (Vertical Hall Devices) prinzipiell auch in der dargestellten Weise vertikal integrieren, sodass die Ebene des Sensorchips senkrecht zur Drehachse liegt und der Sensor im Gegensatz zum normalen, planaren Hall-Sensor eine in-plane-Empfindlichkeit aufweist (Bild 19).

17 Hall-Winkelsensor ASR2 (Movable Magnet)

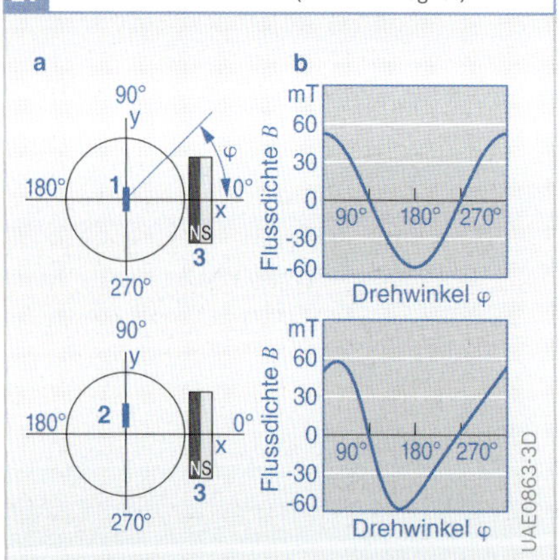

Bild 17
Lineare Kennlinie für Winkel über 180°
- a Prinzip
- b Kennlinie
- 1 Hall-IC im Mittelpunkt der Kreisbahn positioniert
- 2 Hall-IC aus Mittelpunkt verschoben (Linearisierung)
- 3 Magnet

18 Analoger Hallsensor für 360°-Winkel

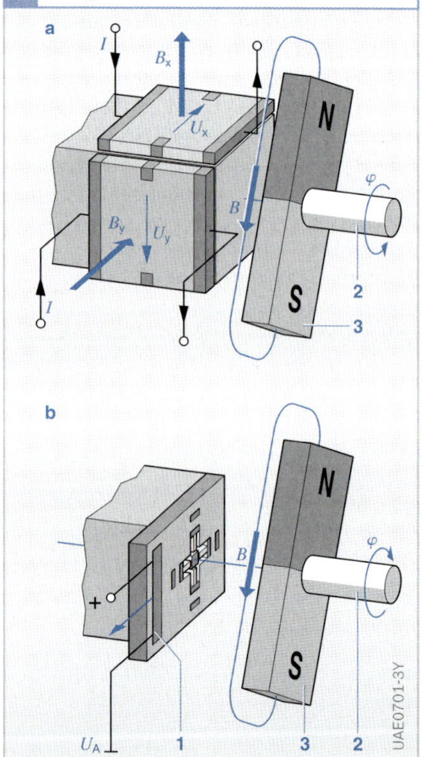

Bild 18
- a Aufbau aus diskreten Hall-ICs
- b Aufbau aus planar integrierten Hall-ICs
- 1 Signalelektronik
- 2 Nockenwelle
- 3 Steuermagnet
- B Induktion
- I Strom
- U Spannung
- U_A Ausgangsspannung
- φ Drehwinkel

Die monolithische Integration garantiert auch eine hohe Präzision der erforderlichen rechtwinkligen Anordnung sowie die erforderliche kompakte Bauweise der beiden Hall-Systeme. Die Fa. Sentron (Melexis), Schweiz, arbeitet an solchen Sensoren und wird diese in naher Zukunft auf den Markt bringen.

Winkelsensoren dieser Art waren z. B. zur Realisierung von anlasserlosen Sofortstartsystemen in Betracht gezogen worden, wo die absolute Drehlage der Nockenwelle über einen Bereich von 360° gemessen werden muss.

Es gibt allerdings auch noch einen anderen Trick, mit dem man einem normalen planaren Hallsensor (zusätzlich) eine in-plane-Empfindlichkeit verleihen kann. Bei der von der Fa. Melexis-Sentron (z. B. Typ 2SA-10) angewendeten Methode werden zur Messung der in-plane auftretenden Feldkomponenten B_x und B_y auf gleichem Chip insgesamt vier Hallsensoren um 90° gegeneinander versetzt auf einem engen Kreis angebracht. Hierbei besteht jeder Sensor genaugenommen aus oben genannten Gründen wieder aus einem um 90° gedrehten Hallelementpaar. Nach Fertigstellung des Chips wird auf dessen Oberfläche ein kreisrundes Scheibchen aus weichmagnetischem Material mit einem Durchmesser von ca. 200 µm gemäß Bild 20 so angebracht, dass die Hallsensoren genau unter dem Rand des Scheibchens zu liegen kommen.

Aufgrund ihrer hohen relativen Permeabilität wirkt diese Scheibe als Flusskonzentrator (IMC, Integrated Magnetic Concentrator) und zwingt alle Feldlinien, senkrecht in seine Oberfläche einzutreten. Hierdurch werden die ohne Flusskonzentrator waagrecht (in-plane) verlaufenden Feldlinien an der Stelle der Hall-Sensoren in eine vertikale Richtung (out-of-plane) gezwungen und können so die Hall-Elemente aussteuern. Da diagonal gegenüberliegenden Elemente jeweils gegensinnige Feldrichtungen „sehen“, wird zur Erfassung einer Feldkomponente jeweils die Differenz der beiden gegensinnig gleichen Hall-Spannungen ausgewertet. Zugleich werden dadurch evtl. vorhandene vertikale Komponenten B_z in ihrer Wirkung eliminiert.

19 Vertical Hall Device (VHD) im Querschnitt

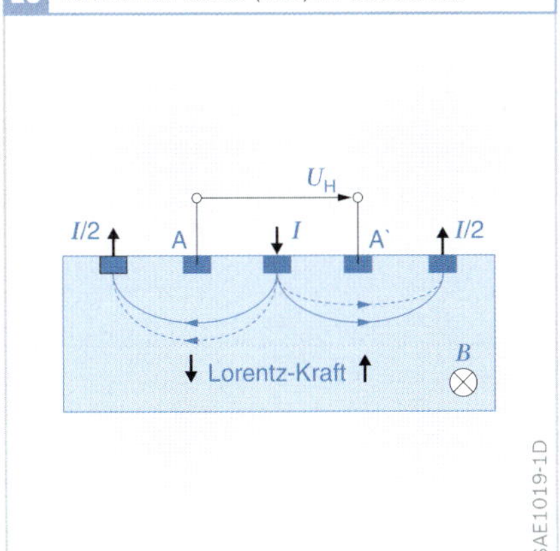

20 Satz von 4 x 2 planaren Hallsensoren mit IMC

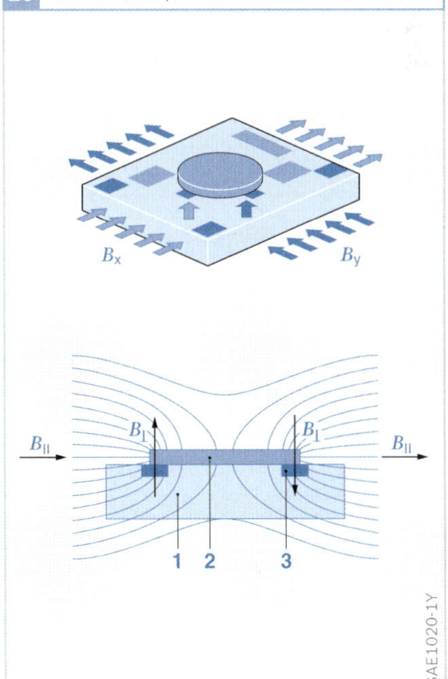

Bild 19
Die ins Chipinnere gerichteten Ströme I werden durch Lorentz-Kräfte aufgrund der parallel zur Chipfläche gerichteten Flussdichte B so abgelenkt, dass zwischen den Oberflächenelektroden A und A' eine Hallspannung U_H abgegriffen werden kann.

Bild 20
IMC Integrated Magnetic Concentrator

Die Hallelemente sind auf dem Chip paarweise unter einem Winkel von 90° zueinander direkt unter den Rand einer kleinen ferromagnetischen Scheibe angebracht. Dank derer Anwesenheit wird die zur Chipoberfläche parallele Flussdichte (Induktion) $B_{||}$ in eine Flussdichte $B_\perp$ dazu umgeformt, die von den Hall-Sensoren sensiert werden kann.

Durch zusätzliche Auswertung der Summensignale diagonal gegenüberliegender Elemente kann auch die vertikale Feldkomponente B_z erfasst werden; denn diese wird durch das ferromagnetische Scheibchen ja nicht im geringsten beeinflusst und die Elemente haben durch dessen Anbringung ihre normale out-of-plane-Empfindlichkeit ja auch nicht eingebüßt. So kann mit einer solchen Anordnung der am Sensorort wirkende Induktionsvektor B in allen drei Komponenten erfasst werden. Die zur Signalauswertung erforderlichen elektronischen Schaltungsmittel einschließlich eines zur Berechnung der Arctan-Funktion dienenden µC-basierten digitalen Signalprozessors (DSP) und der für einen End-of-Line-Abgleich des Sensors erforderlichen Mittel (EEPROM) können kostengünstig auf dem gleichen Chip mit dem Sensor integriert werden.

Zur Messung von Winkeln bis zu 360° genügt es, über dem Sensorchip mit integrierter Signalauswertung einen parallel zum Chip magnetisierten Dauermagneten vorzugsweise runder Form zu drehen (Bild 21). Da der Drehwinkel mittels der Arctan-Funktion aus dem Verhältnis der beiden entstehenden sinus- und kosinusförmigen Sensorsignale gebildet wird, spielt die Stärke des Magnetfeldes, also auch die

21 Winkelmessung über 360° mit Vierfach-Hallsensor

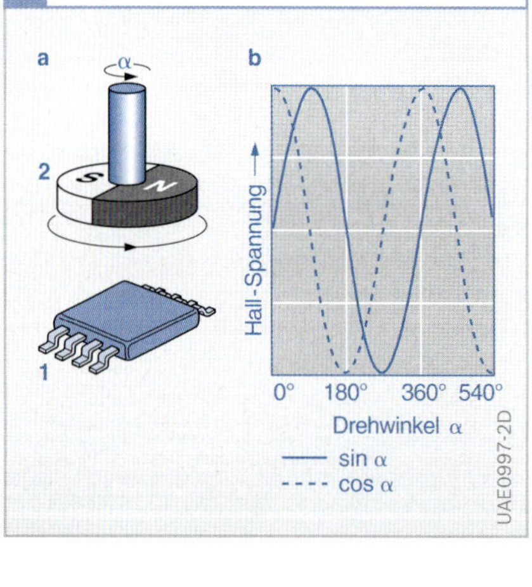

Bild 21
Winkelmessung am Ende einer Drehwelle mit Vierfach-Hallsensor der Firma Melexis, der einen integrierten Flusskonzentrator (IMC) zur Feldumlenkung enthält.
a Messanordnung
b primäre Ausgangssignale

Alterung des Magneten, seine Temperaturabhängigkeit und sein Abstand zur Sensoroberfläche weitgehend keine Rolle. Sensiert wird lediglich die Drehlage seiner Magnetisierung.

Die maximale intrinsische Abweichung des Sensors wird vom Hersteller bei einem Messbereich von 360° mit ± 2° angegeben. Diese kann jedoch bei Kalibrierung des Sensors durch den Benutzer noch wesentlich verbessert werden. Die Genauigkeit des digitalen Ausgangs beträgt dann 10 bit bei einer Auflösung von 12 bit. Aufgrund der Verarbeitungszeit des Signalprozessors ist für eine Taktfrequenz von 20 MHz die kürzeste Samplingrate 200 µs. Ein pulsweitenmodulierter Signalausgang kann mit maximal 1 kHz betrieben werden. Zur Initialisierung benötigt der Sensor 15 ms. Ein typischer Wert für die Messfeldstärke liegt bei ca. 40 mT. Bei Flussdichten über 0,7 T geht das Konzentratorplättchen in Sättigung.

Der Sensor kann vorteilhafterweise auch für jeglichen Messebereich < 360° programmiert werden, wodurch eine zusätzliche Betriebssicherheit durch eine out-of-range-Überwachung entsteht (Anwendung z. B. als Winkelsensor im Fahrpedalmodul FPM2.3).

Winkel bis 360° lassen sich auch mit einfachsten Hall-ICs (Hall-Schalter), wie sie auch zur Drehzahlmessung eingesetzt werden, erfassen (Anwendung in Lenkwinkelsensoren vom Typ LWS1). Hierzu sind für eine n-bit-Auflösung n Hall-Schalter einspurig und äquidistant auf einem Kreis angeordnet (Bild 22). Eine weichmagnetische Codescheibe sperrt das Feld der einzelnen darüber liegenden Dauermagneten oder gibt es frei, sodass die Hall-Schalter beim Weiterdrehen der Scheibe nacheinander n verschiedene Codewörter erzeugen (serieller Code). Zur Vermeidung großer Anzeigefehler bei Übergangszuständen wird zweckmäßig der Graycode verwendet. Der Graycode ist so konzipiert, dass sich die Codewörter für zwei benachbarte Positionen - im Gegensatz z. B. zum Dualcode - nur in 1 bit unterscheiden, sodass eine evt. Fehlanzeige beim Übergang von einer zur nächsten Position nie mehr als ein Winkelschritt betragen kann.

Zur Realisierung eines Lenkradwinkelsensors wird z. B. die Codescheibe mit der Lenkspindel und der Rest des Sensors mit dem Chassis verbunden. Eine Schwierigkeit dieses Sensors liegt jedoch darin, dass die weichmagnetische Codescheibe aus Gründen der Einbautoleranzen an der Lenksäule schwimmend gelagert werden muss, was dort zu einer komplizierten und raumgreifenden Befestigung mittels einer flexiblen Plastikmanschette führt. Die Codescheibe wird aus Gründen der Luftspalttoleranz zwischen Ober- und Unterscheibe schleifend geführt. Eine entsprechende optoelektronische Lösung mit Lichtschranken ist weniger zufriedenstellend, da gegen die vorhandene Schmutzempfindlichkeit der Sensorelemente keine ausreichende Kapselung möglich ist.

Mehrfachumdrehungen können mit einer zusätzlichen einfachen 3-bit-Anordnung, deren Codescheibe über ein Untersetzungsgetriebe bewegt wird, erfasst werden. Die Auflösung solcher Anordnungen ist meist nicht besser als 2,5°.

Feldplattensensoren

Neben dem transversalen gerichteten Hall-Effekt tritt an Halbleiterplättchen auch noch ein longitudinaler Widerstandseffekt, auch Gauß-Effekt genannt, auf. Elemente, die diesen Effekt nutzen, sind als „Feldplatten" (Handelsname Siemens) bekannt und werden aus einem III-V-Halbleiter, kristallinem Indiumantimonid (InSb), hergestellt. Im Gegensatz zu den Hallsensoren ist die optimale Plättchenform bei Feldplatten eher kurz und gedrungen, bildet also elektrisch zunächst einmal einen sehr niedrigen Widerstand. Um auf technisch nutzbare Werte im kΩ-Bereich zu kommen, müssen viele solcher Plättchen hintereinander geschaltet sein. Dies wird elegant durch Einlagern von mikroskopisch kleinen Nickelantimonidnadeln hoher Leitfähigkeit in den Halbleiterkristall, quer zur Stromrichtung liegend, und durch zusätzliches Mäandrieren des Halbleiterwiderstands erreicht (Bilder 23 und 24).

Die Abhängigkeit des Widerstands von der magnetischen Induktion B ist bis zu Induktionswerten von ca. 0,3 T quadratisch, darüber hinaus zunehmend linear. Der Aussteuerbereich ist nach oben unbegrenzt; das zeitliche Verhalten in technischen Anwendungen ist - wie auch beim Hall-Sensor - als praktisch trägheitsfrei zu betrachten.

22 Digitaler Hall-Winkelsensor mit n Hallschaltern

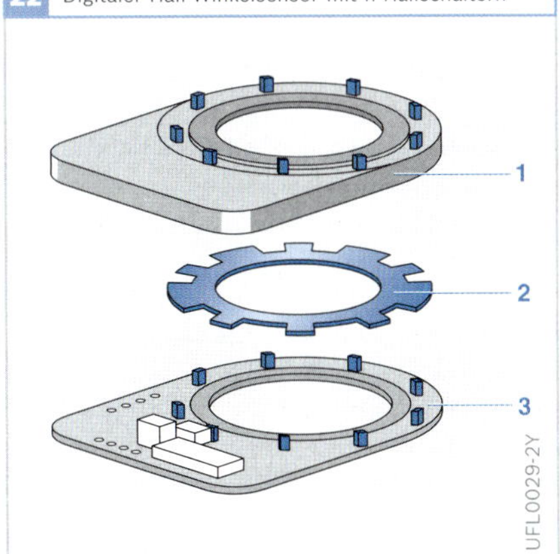

Bild 22
Winkelmessung bis zu 360° mit einer kreisförmigen äquidistanten Anordnung von einfachen Hallschaltern
1 Gehäuse mit Permanentmagneten
2 Codescheibe
3 Leiterplatte mit Hallschaltern

23 Feldplatten-Differentialsensor

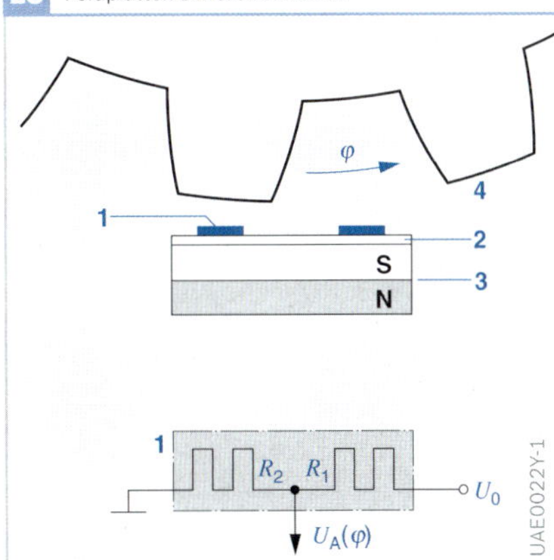

Bild 23
Magnetische Ansteuerung eines Feldplatten-Differenzialsensors zur Zahnradabtastung (inkrementale Winkelmessung, Drehzahlsensierung)
1 Feldplattenwiderstand R_1, R_2
2 weichmagnetisches Substrat
3 Dauermagnet
4 Zahnrad
U_0 Versorgungsspannung
U_A Ausgangsspannung bei Drehwinkel φ

Da der Widerstandswert von Feldplatten einen starken Temperaturgang aufweist (ca. 50 % Abnahme über 100 K), werden sie meist nur als Doppelanordnung in Spannungsteilerschaltung (Differenzialfeldplatten) geliefert. Die beiden Teilerwiderstände müssen dann in der jeweiligen Anwendung magnetisch möglichst gegensinnig ausgesteuert werden. Die Spannungsteilerschaltung garantiert aber trotz hohem Temperaturkoeffizienten der Einzelwiderstände eine recht gute Stabilität des Symmetriepunktes (Arbeitspunkt), bei dem beide Teilwiderstände auf gleichem Wert sind.

Um eine gute Messempfindlichkeit zu erreichen, werden die Feldplatten zweckmäßigerweise in einem magnetischen Arbeitspunkt von 0,1...0,3 T betrieben. Die erforderliche magnetische Vorspannung liefert im Allgemeinen ein kleiner Dauermagnet, dessen Wirkung mittels einer kleinen Rückschlussplatte noch verstärkt werden kann.

Vorteil der Feldplatten ist ihr hoher Signalpegel, der meist auch ohne Verstärkung im Voltbereich liegt und somit eine Elektronik vor Ort sowie die zugehörigen Schutzmaßnahmen erspart. Darüber hinaus sind sie als passive, resistive Bauelemente sehr unempfindlich gegen elektromagnetische Störungen und aufgrund ihres hohen Vorspannfeldes auch nahezu immun gegen magnetische Fremdfelder.

Wegen des starken Temperaturgangs findet die Feldplatte fast ausschließlich in inkrementalen Winkel- und Drehzahlmessern oder binären Grenzwertsensoren (mit Schaltcharakteristik) Anwendung.

24 Mikroskopische Aufnahmen einer Feldplatte

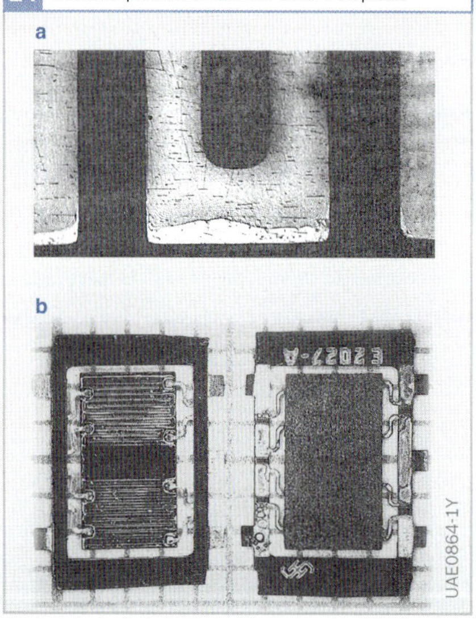

Bild 24
a Mikroskopische Aufnahme (Ausschnitt)
b auf Ferritsubstrat in Superachtfilm-Träger

Anisotrop magnetoresistive Sensoren (AMR)

Dünne, etwa nur 30...50 nm starke NiFe-Legierungsschichten, zeigen elektromagnetisch anisotropes Verhalten. Das heißt, ihr elektrischer Widerstand verändert sich unter dem Einfluss eines Magnetfeldes. Widerstandsstrukturen dieser Art werden daher auch englisch als anisotropic magneto resistive (abgekürzt AMR) elements, zu deutsch AMR-Elemente bzw. AMR-Sensoren bezeichnet. Die im Allgemeinen verwendete Metalllegierung ist auch als Permalloy bekannt.

Technologie und Ausführungsformen

Bei einem länglichen Widerstandsstreifen, wie in Bild 25a gezeigt, stellt sich auch ohne äußeres Steuerfeld eine kleine, spontane Magnetisierung M_S in Längsrichtung der Leiterbahn ein (Formanisotropie). Um ihr eine eindeutige Richtung zu geben - sie könnte theoretisch auch in Gegenrichtung weisen - werden AMR-Sensoren, wie eingezeichnet, daher oft mit einem schwachen Biasmagneten versehen. In diesem Zustand hat der Längswiderstand seinen größten Wert $R_\parallel$. Wird der Magnetisierungsvektor unter Einwirkung eines zusätzlichen äußeren Feldes H_y um den Winkel ϑ gedreht, so sinkt der Längswiderstand allmählich, bis er bei $\vartheta = 0$ seinen Minimalwert $R_\perp$ annimmt. Hierbei hängt der Widerstand nur vom Winkel ϑ ab, der von der resultierenden Magnetisierung M_S und dem Strom I eingeschlossen wird, und er hat in Abhängigkeit von ϑ einen etwa kosinusförmigen Verlauf:

(5) $R = R_0 \cdot (1 + \beta \cdot \cos^2 \vartheta)$
mit $R_{\parallel} = R_0 \cdot (1 + \beta)$; $R_{\perp} = R_0$

Der Koeffizient β kennzeichnet dabei die maximal mögliche Widerstandsvariation. Sie beträgt etwa 3 %. Ist das äußere Feld sehr viel größer als die spontane Magnetisierung (bei steuernden Dauermagneten in aller Regel der Fall), dann bestimmt praktisch ausschließlich die Richtung des äußeren Feldes den wirksamen Winkel ϑ. Der Betrag der Feldstärke spielt keine Rolle mehr, d. h., der Sensor wird sozusagen „in Sättigung“ betrieben.

Hochleitfähige Kurzschlussstreifen (z. B. aus Gold) über der AMR-Schicht zwingen den Strom auch ohne äußeres Feld unter 45° gegen die spontane Magnetisierung (Längsrichtung) zu fließen. Durch diesen „Trick“ - „Barberpol-Sensor“ genannt - verschiebt sich die Sensorkennlinie gegenüber der des einfachen Widerstandes um 45°. Sie befindet sich also auch schon bei der äußeren Feldstärke $H_y = 0$ im Punkt höchster Messempfindlichkeit (Wendepunkt).

Eine gegensinnige Streifung zweier Widerstände bewirkt auch, dass diese unter Einwirkung des gleichen Feldes ihren Widerstand gegensinnig ändern. Das heißt, während der eine größer wird, nimmt der andere ab.

Als Dünnschichtsensoren haben AMR-Sensoren ferner den Vorteil, dass sie z. B. durch Lasertrimmung auf Sollwert (z. B. Nullpunkt) abgeglichen werden können. Als Trägermaterial dienen oxidierte Siliziumscheiben, in die prinzipiell auch Elektronik zur Signalaufbereitung integriert sein kann. Derzeit werden jedoch aus Kostengründen Sensor- und Elektronikchip noch überwiegend getrennt gefertigt und z. B. auf einem gemeinsamen „Leadframe“ montiert und verpackt. Das steuernde Magnetfeld *B* wird meistens durch einen über dem Sensor translatorisch oder rotorisch bewegten Magneten erzeugt.

Neben den einfachen, zweipoligen AMR-Elementen gibt es auch Pseudo-Hall-Sensoren, in etwa quadratische NiFe-Dünnschichtstrukturen, die ähnlich wie normale Hall-Sensoren vier Anschlüsse haben. Zwei für den Strompfad und zwei quer dazu für den Abgriff einer (Pseudo-) Hall-Spannung (Bild 26). Im Gegensatz zum normalen Hall-Sensor besitzt der Pseudo-Hall-Sensor jedoch seine Empfindlichkeit für magnetische Felder in der Schichtebene und nicht senkrecht dazu. Auch zeigt er keine proportionale Kennlinie, sondern eine sinusförmige mit sehr

25 AMR-Grundprinzip, Barberpol-Struktur

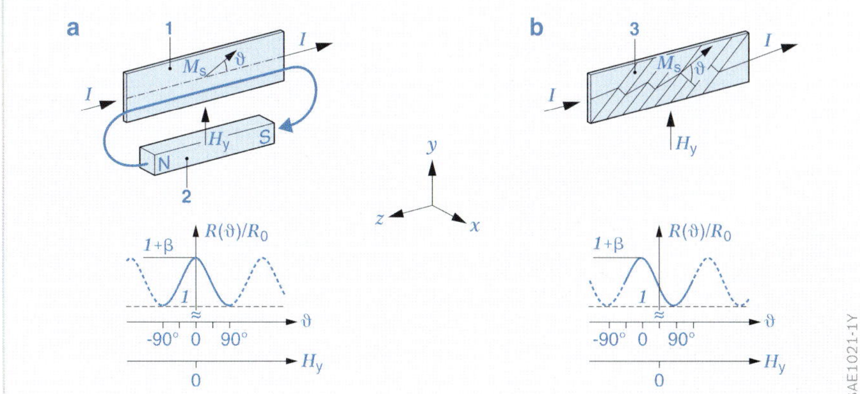

hoher Formtreue zum Sinus, die in keiner Weise von der Stärke des Steuerfeldes und der Temperatur abhängt. Für ein zum Strompfad paralleles Feld verschwindet die Ausgangsspannung, um dann bei Drehung bis zum Winkel $\varphi = 90°$ eine Sinushalbperiode zu beschreiben. Die so gewonnene Sinusspannung ergibt sich mit der Amplitude also zu:

(6) $U_H = u_H \cdot \sin 2\varphi$

Wird das äußere Steuerfeld einmal um $\varphi = 360°$ gedreht, folgt die Ausgangsspannung also zwei vollen Sinusperioden. Die Amplitude u_H ist jedoch sehr wohl von der Temperatur und der Luftspaltweite zwischen Sensor und Steuermagnet abhängig; sie nimmt mit wachsender Temperatur und größer werdendem Luftspalt ab.

Die Messempfindlichkeit der Pseudo-Hall-Elemente lässt sich noch beträchtlich steigern (ohne die Sinusform allzu sehr zu verfälschen), wenn die ursprünglich vollflächigen Elemente von „innen her" ausgehöhlt werden, sodass nur noch der Rahmen stehen bleibt (Bild 26b). Durch diese Modifikation geht der Pseudo-Hall-Sensor auch seiner geometrischen Form nach in eine Vollbrücke aus vier AMR-Widerständen über (Bild 26c). Selbst eine zusätzliche Mäandrierung der Brückenwiderstände verfälscht die Sinusform des Signals noch nicht allzu sehr, wenn nur eine gewisse Bahnbreite der Mäander nicht unterschritten wird.

Einfacher AMR-Winkelsensor für Bereiche < 30°

Magnetoresistive Winkelsensoren in der Version Barberpol mit begrenzter Genauigkeit und eingeschränktem Messbereich (max. ±15°) nutzen die Verstimmung eines magnetoresistiven Spannungsteilers (Differenzialsensor), bestehend aus länglichen (eventuell auch mäantrierten) Permalloy-Widerständen mit hochleitfähigen Querstreifen aus Gold (Bild 27). Zwar ist bei solchen Sensoren der Nullpunkt vom Abstand des Magneten zum Sensor weitgehend unabhängig, nicht dagegen die Steigung der Kennlinie, die ebenso auch noch von der Temperatur abhängt (TK etwa $-3 \cdot 10^{-3}$/K). Ein solcher Sensor war schon als kostengünstige Alternative in Betracht gezogen worden zur Messung von Pedalpositionen.

Bild 27
Messbereich bis ±15°
a Messprinzip
b Kennlinie
1 Permalloy-Widerstände
2 drehbarer Dauermagnet mit Steuerinduktion B
3 niedrige Betriebstemperatur
4 höhere Betriebstemperatur
a linearer Messbereich
b nutzbarer Messbereich
U_A Ausgangsspannung
U_0 Versorgungsspannung (5V)
φ Drehwinkel

Bild 26
a Vollflächige Grundform
b abgewandelte Form mit ausgehöhlter Fläche
c elektrisches Ersatzschaltbild für Form b

26 Pseudo-Hall-Sensor

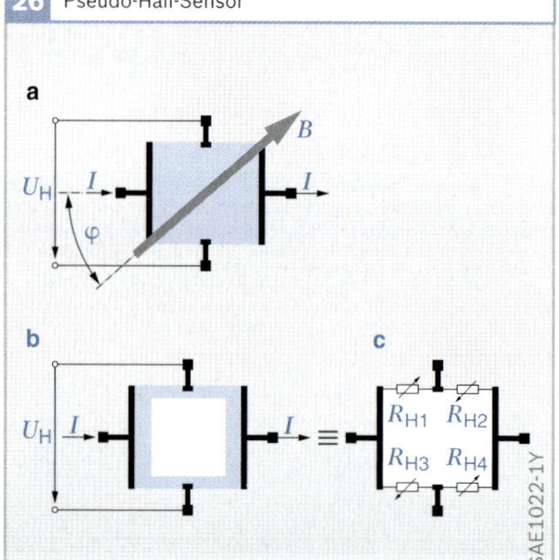

27 Magnetoresistiver Winkelsensor (Barberpol)

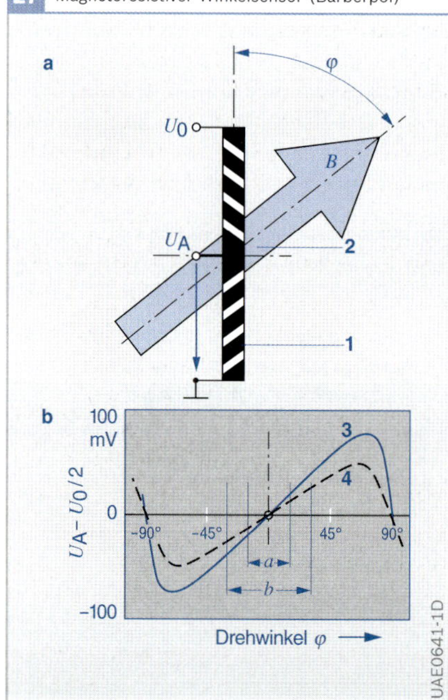

Einfacher AMR-Wegsensor für mm-Bereich
Ebenso lassen sich mit einzelnen Differenzial-Barberpolen einfachste Wegsensoren mit einem Messbereich von typischerweise einigen Millimetern aufbauen (Bild 28). Zur Erzielung guter Genauigkeit bedarf es jedoch eines konstanten Abstandes (Luftspalt) zwischen Sensor und bewegten Magneten, der die zu messende Position s verkörpert. Der Temperaturgang der Kennliniensteigung lässt sich sehr leicht und gut mittels eines zusätzlichen metallischen Dünnschichtsensors auf gleichem Trägersubstrat kompensieren, der etwa den gleichen TK, jedoch mit umgekehrten Vorzeichen aufweist (z. B. Pt, Ti, Ni).

Hochgenauer Multisensor (POMUX) für Wegbereiche > 10 mm
Es gibt einen mit einfachen Barberpolen aufgebauten intelligenten Multisensor zur Wegmessung, der auch unter dem Handelsnamen POMUX (Positionsmultiplex) bekannt ist. Er benutzt die Tatsache, dass der Symmetrie- oder Nullpunkt der Kennlinie absolut unabhängig vom Luftspalt und der Temperatur ist. Sein Einsatz wurde schon des öfteren auch im Kfz in Betracht gezogen (z. B. Dämpferhubmessung), da er hervorragende Eigenschaften, insbesondere eine extreme Genauigkeit, besitzt. Er wurde auch schon in kreisrunder Form als Winkelsensor zur Abtastung eines tieffrequent abgestimmten Schwerependels dargestellt, mit dem die Lage des Fahrzeugs erfasst werden könnte (Neigungssensor).

Winkelsensor für 180°
Magnetoresistive Winkelsensoren in der Version Pseudo-Hall nutzen die hochgetreue Sinusform des Signals, das an den Ausgangsklemmen einer vierpoligen, vollflächigen Sensorstruktur abgegriffen wird. Hierbei entsprechen zwei volle Perioden des elektrischen Ausgangssignals einer mechanischen Drehung des Magneten um 360°. Mit einem zweiten, um 45° gedrehten Element wird zusätzlich ein Kosinus-Signal erzeugt (Bild 30). Aus dem Verhältnis der beiden Signalspannungen kann (z. B. unter Benutzung der Arctan-Funktion) mit hoher Genauigkeit über einen Bereich von 180°, weitestgehend unabhängig von Temperaturänderungen und Intensitätsschwankungen des Magnetfelds (Abstand, Alterung), der Messwinkel bestimmt werden (z. B. mit Mikrocontroller oder ASIC).

Eine weitere Voraussetzung für eine hohe Genauigkeit dieses Sensorprinzips ist, dass an beiden Brücken das Feld zumindest die gleiche Richtung besitzt (Betrag ist ab einer bestimmten Stärke nicht bedeutsam), was genau genommen nur

28 Wegmessung mit einzelnem Differenzial-Barberpol

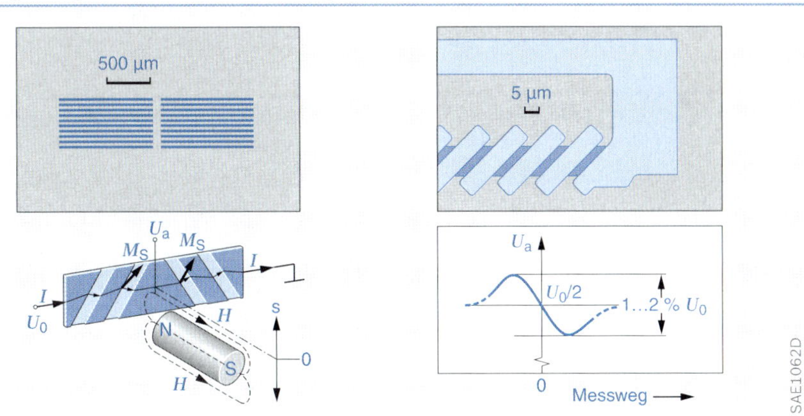

garantiert werden kann, wenn beide Brücken übereinander liegen. Es konnte ein Design gefunden werden, das die beiden um 45° versetzten Brücken so ineinander verwebt, dass die Brücken als am gleichen Punkt und quasi übereinander liegend betrachtet werden können (Bild 29).

Winkelsensor für 360°

Als gravierender Nachteil der AMR-Winkelsensoren erscheint deren natürliche Begrenzung auf einen eindeutig erfassbaren Winkelbereich von 0°...180°. Diese Beschränkung lässt sich jedoch überwinden durch Modulation der Magnetfeldrichtung mittels eines alternierenden magnetischen Hilfsfeldes (Bild 31). Denn im Gegensatz zu den 180°-periodischen COS- und SIN-Sensorsignalen besitzen diese Modulationssignale eine 360°-Pe-

29 Ineinander verschachtelte AMR-Brücken

Bild 29
Ineinander verschachteltes Design zweier um 45° gedrehter AMR-Brücken

30 Magnetoresistiver Winkelsensor (Pseudohall)

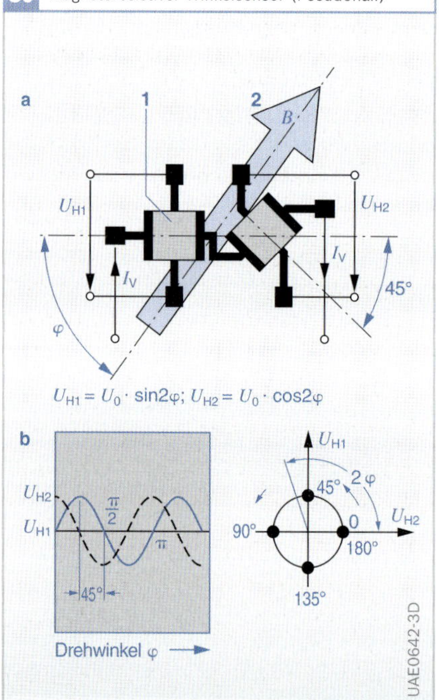

Bild 30
Messbereich bis 180°
a Messprinzip
b Ausgangssignale
1 Dünne NiFe-Schicht (AMR-Sensor)
2 drehbarer Dauermagnet mit Steuerinduktion B
I_V Speisestrom
U_{H1}, U_{H2} Messspannungen
φ Drehwinkel

31 AMR360-Winkelsensor mit Feldrichtungsmodulation

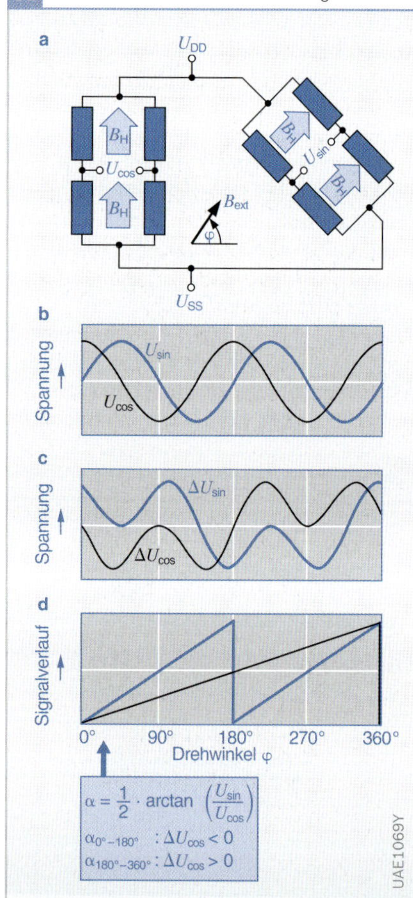

Bild 31
a Brückenschaltung
b Ausgangssignale der Wheatstone-Brücken
c Einfluss des Hilfsfelds auf die Signale
d Ausgangssignal der Auswerteschaltung
B_H Steuerinduktion
U_{DD}, U_{SS} Speisespannung
U_{SIN} Messspannungen
U_{COS}
φ Drehwinkel

riodizität. Und so gelingt es, allein durch Vorzeichenauswertung der Modulationssignale eine Bereichsunterscheidung und damit eine Verdopplung des Eindeutigkeitsbereichs auf 0°...360° zu erreichen. Dadurch, dass das Hilfsfeld bei den beiden Sensorbrücken in unterschiedliche Richtungen zeigt, sind die beiden Modulationssignale phasenverschoben. Zur Bereichsunterscheidung genügt es, lediglich das Vorzeichen des betragsmäßig stärksten Modulationssignals zu bestimmen. Damit ist die Bereichsunterscheidung unkritisch und selbst bei stark verrauschten Modulationssignalen noch gut möglich.

32 Layout des AMR360-Winkelsensor

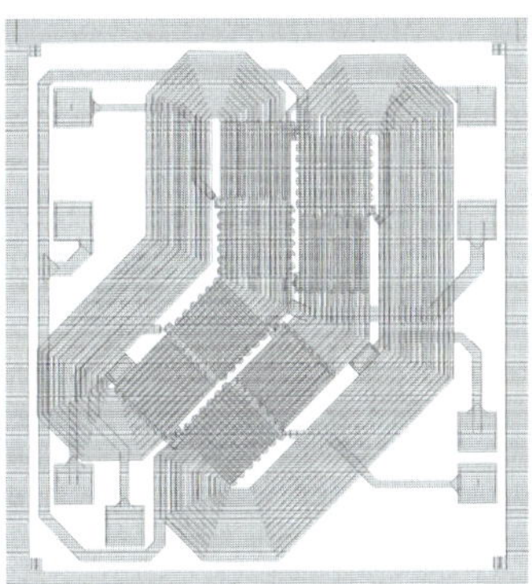

33 Anordnung für Winkelmessung größer 360°

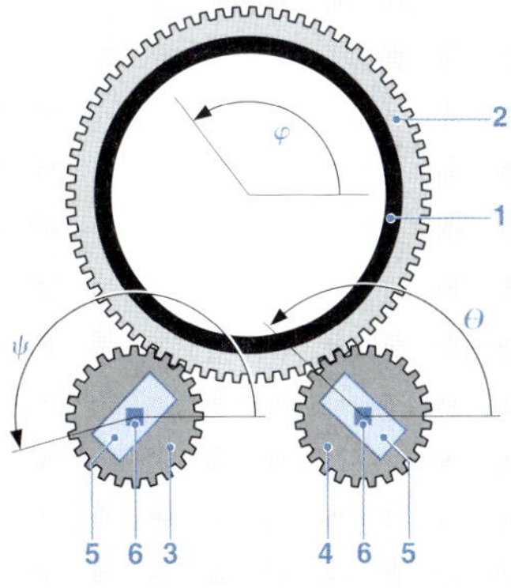

Das magnetische Hilfsfeld wird durch eine auf dem AMR-Sensorchip integrierte Planarspule erzeugt (Bild 32). Entsprechend der Leitungsführung zeigt das Hilfsfeld bei der COS- und der SIN-Vollbrücke in um 45° unterschiedliche Richtungen.

Der Sensor kann nur am Ende einer Drehwelle angebaut werden. So kann er z. B. am Ende der Lenkspindel zur Messung des Lenkradwinkels angebaut werden bei Systemen, die ohne Erfassung der Mehrfachumdrehung der Lenkspindel auskommen (z. B. Lenkwinkelsensor LWS4).

Winkelsensor im Bereich über 360° (Mehrfachumdrehungen)
Mehrere Umdrehungen eines drehbaren Teils wie z. B. der Lenkspindel lassen sich mit einer Doppelanordnung von „Pseudo-Hall-Drehwinkelsensoren (à 180°)“ messen. Die beiden zugehörigen Dauermagnete werden über ein hoch übersetzendes Zahnradgetriebe gedreht (Bild 33). Da sich die beiden abtreibenden kleineren Zahnräder, die die Steuermagnete tragen, um einen Zahn unterscheiden (Zähnezahl m und m+1), ist ihre gegenseitige Phasenlage (Differenz der Drehwinkel: Ψ - Θ) ein eindeutiges Maß für die absolute Winkelstellung φ der Lenkspindel. Das System ist so ausgelegt, dass diese Phasendifferenz bei insgesamt vier Umdrehungen der Lenkspindel 360° nicht überschreitet und so die Eindeutigkeit der Messung gewahrt bleibt. Jeder Einzelsensor bietet darüber hinaus eine nicht eindeutige Feinauflösung des Drehwinkels. Mit einer solchen Anordnung lässt sich z. B. der gesamte Lenkwinkelbereich genauer als 1° auflösen (Anwendung dieses Prinzips im Lenkwinkelsensor LWS3).

Giant Magnetoresistive Sensoren (GMR)

Die GMR-Sensortechnologie wurde vor wenigen Jahren entwickelt und findet jetzt erste Anwendungen bei der Winkel- und Drehzahlsensierung im Kfz-Bereich. Die wesentlichen Vorteile der GMR- gegenüber den AMR-Sensoren sind der natürliche

Bild 33
1 Lenkachse
2 Zahnkranz
3 Zahnrad mit m Zähnen
4 Zahnrad mit m + 1 Zähnen
5 Magnete
6 AMR-Messzellen
φ Drehwinkel der Lenksäule,
Ψ,Θ Drehwinkel der kleinen Zahnräder

360°-Eindeutigkeitsbereich bei der Winkelsensierung und die höhere Magnetfeldempfindlichkeit bei der Drehzahlsensierung.

Anders als die AMR-Sensoren bestehen die GMR-Sensoren nicht nur aus einer magnetischen Funktionsschicht, sondern vielmehr aus einem komplexen Schichtsystem. Man unterscheidet im Wesentlichen zwei Systeme: Zum einen die GMR-Multilagen mit typischerweise ca. 20 Sequenzen aus alternierend weichmagnetischen und nichtmagnetischen Einzelschichten (Bild 34a). Zum anderen die GMR-Spinvalves, bestehend aus antiferromagnetischen, ferromagnetischen und nichtmagnetischen Funktionsschichten. Die Einzelschichtdicken liegen bei beiden Systemen im Bereich 1...5 nm, umfassen also nur wenige Atomlagen.

Der elektrische Widerstand eines GMR-Schichtstapels hängt vom Winkel zwischen den Magnetisierungen benachbarter ferromagnetischer Einzelschichten ab. Er ist maximal bei deren antiparalleler Ausrichtung und minimal bei paralleler Ausrichtung (Bild 34b).

GMR-Multilagen

Die relative Widerstandsänderung (GMR-Effekt) beträgt bei GMR-Multilagen 20...30 % und liegt damit um einen Faktor 10 über dem AMR-Effekt. Um den Arbeitspunkt in einen empfindlichen Bereich der Kennlinie zu legen, wird der GMR-Multilagenstapel um eine hartmagnetische Schicht ergänzt, die ein geeignetes Biasfeld bereitstellt. Die Sensitivität einer derartigen Sensorstruktur liegt bei ca. 0,8 %/mT und damit über der von AMR-Barberpol-Strukturen.

GMR-Spinvalves

Anders als die GMR-Multilagen eignen sich GMR-Spinvalves (Bild 35) auch zur Winkelsensierung. Bei diesen wird die für die Winkelsensierung erforderliche Referenzmagnetisierung dadurch erzeugt, dass die Magnetisierungsrichtung einer der ferromagnetischen Schichten (FM1) durch die Wechselwirkung mit einer benachbarten antiferromagnetischen Schicht (AFM) fixiert (gepinnt) wird. Diese wird daher auch als „Pinned Layer“ bezeichnet. Dagegen ist die Magnetisierung der über eine nichtmagnetische Zwischenschicht weit-

34 GMR-Multilagen-Schichtstapel mit Kennlinie

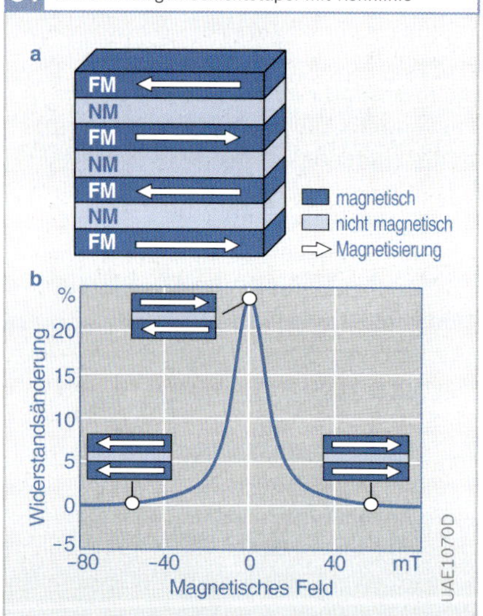

Bild 34
a Aufbau
b Widerstandsänderung in Abhängigkeit des magnetischen Feldes

FM Weichmagnetische Einzelschicht
NM nichtmagnetische Einzelschicht

35 GMR-Spinvalve-Schichtstapel mit Kennlinie

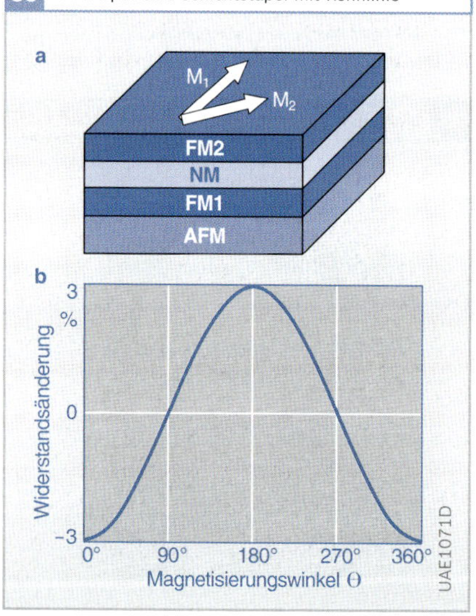

Bild 35
a Aufbau
b Widerstandsänderung in Abhängigkeit vom Magnetisierungswinkel

FM1 Antiferromagnetische Einzelschicht
FM2 ferromagnetische Einzelschicht
NM nichtmagnetische Einzelschicht

gehend magnetisch entkoppelten zweiten ferromagnetischen Schicht (FM2) frei mit dem äußeren Magnetfeld drehbar. Diese wird dementsprechend als „Free Layer" bezeichnet.

Der Widerstand ändert sich mit einer cosinusförmigen Abhängigkeit vom Winkel φ zwischen der äußeren Feldrichtung und der Referenzrichtung. Entscheidend für die Genauigkeit der Winkelmessung ist die Stabilität der Referenzmagnetisierung gegen die Einwirkung des äußeren Feldes. Diese Stabilität wird durch Verwendung eines zusätzlichen künstlichen Antiferromagneten (SAF) deutlich erhöht (Bild 36). Bei diesem handelt es sich um zwei ferromagnetische Schichten, die über eine sehr dünne nichtmagnetische Zwischenschicht stark antiferromagnetisch gekoppelt sind und aufgrund ihres dann in Summe verschwindenden magnetischen Netto-Moments dem äußeren Feld keine Angriffsfläche mehr bieten. Die Magnetisierung einer dieser beiden Schichten wird vom benachbarten natürlichen Antiferromagnet (AFM) gepinnt. Maßgeblich für das magnetische Verhalten des Schichtsystems ist sowohl die Wechselwirkung des Pinned Layers (PL) mit dem natürlichen Antiferromagneten (AFM) als auch die gegenseitige Wechselwirkung der ferromagnetischen Schichten (PL, RL, FL). Darüberhinaus wird das Verhalten auch, wie bei den AMR-Sensorstrukturen, durch die Form- und Kristallanisotropie der einzelnen Magnetschichten geprägt.

Ein GMR-Winkelsensor besteht wie ein AMR-Winkelsensor aus zwei Vollbrücken, von denen die eine ein Kosinus- und die andere ein Sinussignal in Abhängigkeit der äußeren Feldrichtung liefert (Bild 37). Die hierfür erforderlichen unterschiedlichen magnetischen Referenzrichtungen M_R werden durch lokales Aufheizen der einzelnen Brückenwiderstände und Abkühlung bei anliegendem Magnetfeld geeigneter Orientierung erzeugt. Durch Arctan-Verknüpfung der beiden Brückensignale kann die Feldrichtung eindeutig über dem vollen Winkelbereich von 0°...360° bestimmt werden.

36 GMR-Spinvalve mit künstlichem Antiferromagneten

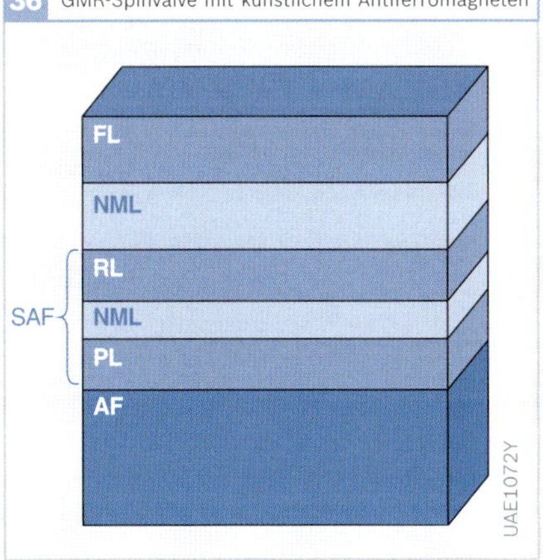

Bild 36
FL Freie Schicht (free layer)
NML Zwischenschicht
RL Referenzschicht
PL gepinnte Schicht (pinned layer)
AF Antiferromagnet

37 GMR-Winkelsensor mit zwei Vollbrücken

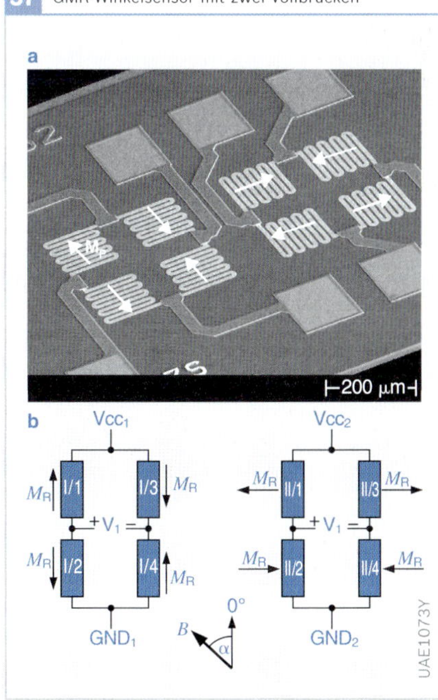

Bild 37
a Layout
b Beschaltung
M_R magnetische Referenzmagnetisierung

Wellenausbreitungssensoren

Die Sensorentwicklung konzentrierte sich in den letzten Jahren zunehmend auf Sensoren, die das nähere und weitere Umfeld des Fahrzeugs erfassen. Das heißt, den Abstand zu anderen Fahrzeugen bzw. Verkehrsteilnehmern und zu Hindernissen (Fahrzeug-Rundumsicht, Bild 38), sei es aus Sicherheitsgründen oder zur Unterstützung der Fahrzeugführung.

Für die Fahrzeug-Abstandsmessung eignen sich im Nahbereich (0,5...5 m) Ultraschall-Laufzeitverfahren, für den Mittelbereich (bis 50 m) optische Laufzeit- oder Triangulationsverfahren mit kurzwelligem Infrarotlicht (Lidar) und für den Fernbereich elektromagnetisches Radar (bis 150 m).

Ultraschall-Sensoren

Gemäß dem Echolotverfahren (Bild 39) senden die Sensoren Ultraschallimpulse mit einer Frequenz von ca. 40 kHz und detektieren die Zeitdauer bis zum Eintreffen der von Hindernissen reflektierten Echoimpulse. Der Abstand l vom Sende-/Empfangskopf zum nächst gelegenen Hindernis ergibt sich aus der Laufzeit t des zuerst eintreffenden Echoimpulses und der Schallgeschwindigkeit c zu:

(8) $l = 0{,}5 \cdot t \cdot c$

In der Praxis wird der geometrische Abstand a eines Hindernisses zur Fahrzeugfront mit dem Triangulationsverfahren aus den Messergebnissen (Entfernung b und c) zweier Ultraschall-Köpfe bestimmt, die im Abstand d zueinander angebracht sind (Bild 40):

Weitreichende Radarsensoren (76 GHz)

Zur automatischen Erkennung von Fahrzeugen, die in der Fahrspur vorausfahren oder auch von Hindernissen, die im Weg stehen und eventuell ein Abbremsen erfordern, sind die installierten Fahrgeschwindigkeitsregler mit einem weitreichenden Radarsensor ausgerüstet (Adaptive Geschwindigkeitsregelung, ACC). Die Arbeitsfrequenz von 76 GHz (Wellenlänge $\lambda \approx 3{,}8$ mm) ermöglicht den für den Fahrzeugeinsatz erforderlichen kompakten Aufbau. Ein Gunnoszillator (Gunndiode in Hohlraumresonator) speist parallel z. B. vier nebeneinander angeordnete Patch-Antennen, die gleichzeitig auch zum Empfang der reflektierten Signale dienen. Eine vorgesetzte Fresnellinse (Beugungslinse) aus Kunststoff bündelt den Sende- und Empfangsstrahl - bezogen auf die Fahrzeugachse - horizontal und vertikal.

Das an einem vorausfahrenden Fahrzeug reflektierte Signal wird entsprechend der Laufzeit verzögert. Aus der Signal-

38 Nah- und Fernbereichs-Abstandmessung im Kfz

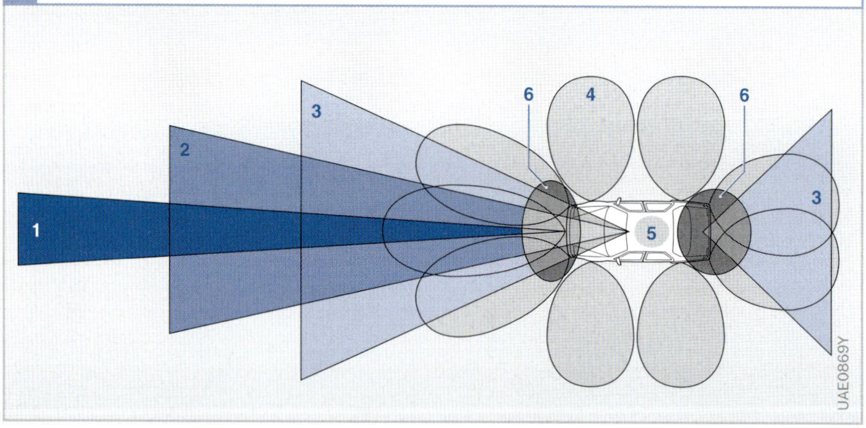

Bild 38
1 Fernbereichsradar (77 GHz)
2 Fern-/Nahbereichs-Infrarotsichtgerät (Nachtsicht)
3 Außenbereich-Video (Nachtsicht, mittlerer Bereich < 40 m)
4 Nahbereichsradar 24 GHz (Nahbereich < 10m)
5 Innenraum-Video
6 Ultraschall (Nahbereich < 1,5 m)

laufzeit und/oder Phasenverschiebung zwischen gesendetem und empfangenen Echo kann die Entfernung a zu vorausfahrenden Fahrzeugen und deren Relativgeschwindigkeit Δv bestimmt werden. Durch den seitlichen Versatz der Antennen zeigt ihre Sende/Empfangscharakteristik in vier unterschiedliche Richtungen. Daraus ergibt sich der Winkel des vorausfahrenden Fahrzeugs (siehe Kapitel „Adaptive Fahrgeschwindigkeitsregelung").

39 Prinzip der Abstandmessung mittels Ultraschall

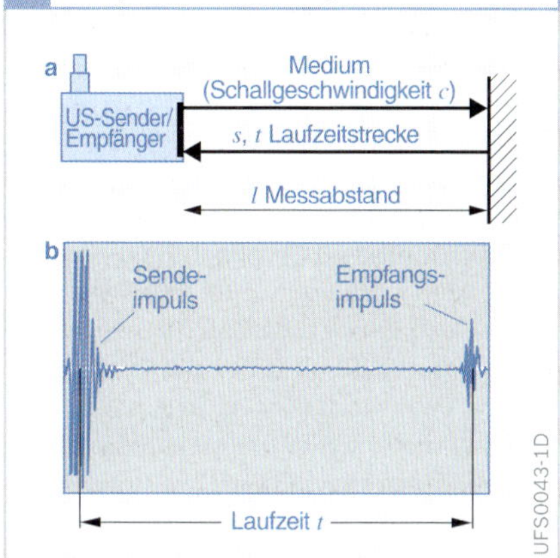

40 Berechnung des Abstands (Triangulation)

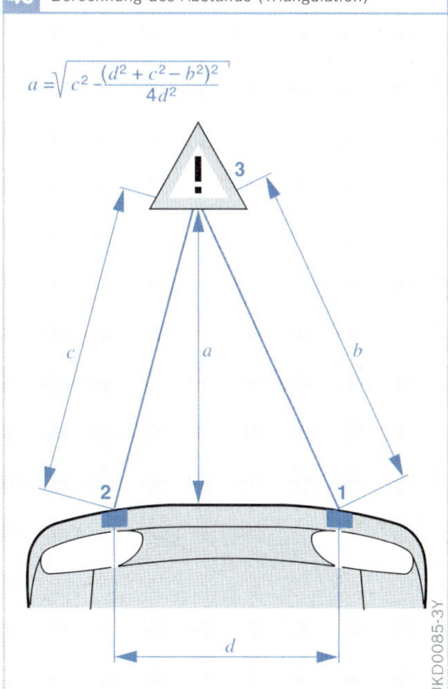

Bild 40

- a Abstand Stoßfänger –Hindernis
- b Abstand Sensor 1 – Hindrenis
- c Abstand Sensor 2 – Hindrenis
- d Abstand Sensor 1 – Sensor 1
- 1 Sende- und Empfangssensor
- 2 Empfangssensor
- 3 Hindernis

Positions- und Wegmessung mit GPS

GPS ist ein globales Ortungssystem (Global Positioning System) auf Satellitenbasis, dass die Amerikaner zunächst für militärische Zwecke schufen, später aber zunehmend auch für zivile Zwecke freigaben. Mit insgesamt 24 Satelliten (21 in Funktion, drei in Reserve) in einer Flughöhe von 20 183 km ist das System seit 1993 vollständig ausgebaut. Inzwischen sind sogar mehr als 24 Satelliten verfügbar. Sie sind mit einer Umlaufzeit von 12 h auf sechs kreisförmigen Bahnen so verteilt, dass von jedem Punkt der Erde aus stets mindestens vier (meist jedoch bis zu acht) über dem Horizont sichtbar sind. Sie senden fortlaufend (digitale) Signale auf einer Trägerfrequenz von 1,57542 GHz. Die Signale beinhalten vereinfacht gesagt folgende Botschaft:

- Identifikationscode des Satelliten,
- Position des Stelliten,
- Sendezeitpunkt der Botschaft (inklusive Datum).

Zur hochgenauen Bestimmung der Sendezeit stehen an Bord der Satelliten je zwei

41 Positionsbestimmung mit GPS

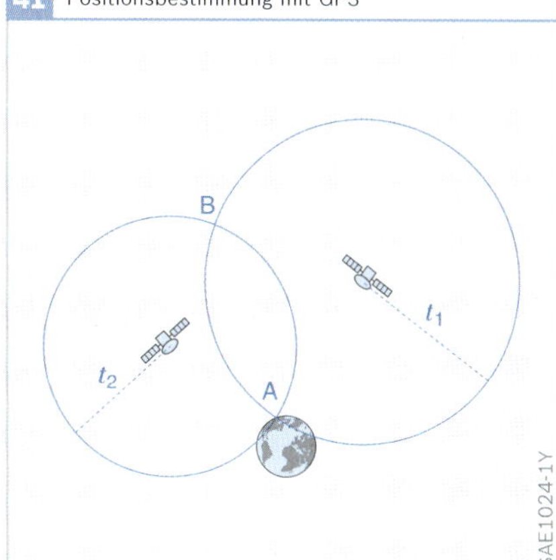

Bild 41

Darstellung in der Ebene (zweidimensional): Bei bekannter Position der Satelliten liegen bei den gemessenen Laufzeiten t_1 und t_2 die möglichen Empfangsorte auf zwei Kreisen um die Satelliten, die sich in den Punkten A und B schneiden. Der auf der Erdoberfläche liegende Punkt A ist der gesuchte Standort des Empfängers.

Cäsium- und zwei Rubidiumuhren zur Verfügung, die eine Abweichung von weniger als 20...30 ns aufweisen. Die auszuwertenden Signallaufzeiten liegen typisch im Bereich von ca. 70 ms. Die Satelliten identifizieren sich mit einem Pseudozufallscode (PRN-Nummer), der 1 023 bit lang ist und nach je 1 ms fortlaufend wiederholt wird. Er wird dem Träger als Phasenmodulation aufgeprägt.

Mit einem GPS-Empfänger, bestehend aus GPS-Antenne, Signalempfangsteil, Präzisionsuhr und Mikroprozessor, kann ein Nutzer mit diesen Informationen seine eigene geographische Position dreidimensional bestimmen. Theoretisch genügen dazu die Signale von drei Satelliten; da die weniger aufwändigen Uhren mobiler Empfänger (Schwingquarze) jedoch von den Satellitenuhren etwas abweichen, muss ein vierter Satellit herangezogen werden, mit dem der Fehler der Empfängeruhr eliminiert werden kann. Aus den gemessenen Signallaufzeiten wird auf die Entfernung zu den „sichtbaren" Satelliten geschlossen.

Die Positionsbestimmung erfolgt damit – wie in Bild 40 in nur zwei Raumdimensionen gezeigt – dann nach dem Verfahren der Trilateration, nach dem es genau einen Raumpunkt gibt, der die drei Abstandsbedingungen erfüllt. Zusätzlich hat man auch noch die Information, dass sich das Auto – im Gegensatz zu einem Flugzeug – auf der Erdoberfläche befinden muss. Die Messung wird auch umso genauer, je mehr Satelliten empfangen werden können und je besser, d. h. gleichmäßiger die Satelliten am Firmament verteilt sind. Seit der völligen Freigabe zur zivilen Nutzung (Mai 2 000) liegen die erreichbaren Genauigkeiten in der Ebene bei 3...5 m, bei der Höhenbestimmung bei etwa 10...20 m. Mit Verfeinerung des GPS zum DGPS (Differenzial-GPS, mobile Stationen haben über Langwellensignale mit einer festen Referenzstation Kontakt) können diese Abweichung noch stark verringert werden. So sind heute schon Auflösungen bis unter 1 m möglich.

Diese Genauigkeiten sind umso erstaunlicher, wenn man bedenkt, welch mannigfaltigen Fehlereinflüssen diese sehr komplexe Messung unterliegt. Hier sei beispielsweise nur darauf hingewiesen, dass bei der hohen Geschwindigkeit von ca. 12 000 km/h, mit der die Satelliten sich bewegen, bereits relativistische Effekte eine nicht unbedeutende Rolle spielen. Bei hohen Geschwindigkeiten vergeht die Zeit langsamer als auf der Erde. Bei der schwächeren Gravitation, die auf den Umlaufbahnen herrscht, vergeht die Zeit schneller. Die hohe Geschwindigkeit verursacht eine Zeitdilatation von 7,2 µs proTag, die geringere Gravitation hat sogar eine etwa sechsmal größere, allerdings gegensinnige Auswirkung.

Werden in einem mobilen GSP-Empfänger, wie z. B. im Kfz, in dichter Folge die ermittelten Positionsdaten abgespeichert, so kann man daraus auch leicht die Bahnkurve und die jeweilige Geschwindigkeit des Fahrzeugs ableiten. Werden die Daten über ein Funkmodul zu einer fest installierten Zentrale geschickt, so weiß man dort ebenfalls jederzeit über den Standort des Fahrzeugs Bescheid.

Drehzahl- und Geschwindigkeitssensoren

Messgrößen

Drehzahl- und Geschwindigkeitssensoren messen den pro Zeiteinheit zurückgelegten Winkel oder Weg. In beiden Fällen handelt es sich im Kraftfahrzeug meist um relative Messgrößen, die zwischen zwei Teilen auftreten oder aber auch gegenüber der Fahrbahn bzw. einem anderen Fahrzeug. Aber auch die absolute Drehgeschwindigkeit im Raum bzw. um die Fahrzeugachsen ist zu messen (Drehrate). So muss z. B. für die Fahrdynamikregelung die Drehrate des Fahrzeuges um die Hoch- oder Gierachse (engl.: yaw rate) sensiert werden.

Messprinzipien

Herkömmliche Sensoren zur Drehzahlmessung beruhen auf großen Messeffekten (z. B. induktiv). Sie sind daher meist elektrisch passiv, d. h., sie besitzen in aller Regel keine Elektronik vor Ort. Neuere Sensoren basieren meist auf sehr kleinen Messeffekten (z. B. Hall) und benötigen daher eine integrierte Elektronik zur Signalaufbereitung. Sie gehören im weitesten Sinne schon zu den „intelligenten" (oder hier oft auch als „aktiv" bezeichneten) Sensoren.

Aufnehmer für absolute Drehgeschwindigkeiten (Drehrate) benötigen sogar eine sehr komplexe Elektronik direkt am Sensor, da die hier genutzten Messeffekte nicht nur besonders klein sind, sondern auch der komplexen Signalaufbereitung bedürfen.

Zur inkrementalen Drehzahlmessung lassen sich sehr verschiedenartige (teilweise auch sehr kostengünstige) physikalischen Effekte ausnutzen. Jedoch sind z. B. optische und kapazitive Aufnehmer für die rauen Betriebsbedingungen im Kraftfahrzeug sehr wenig geeignet. Praktisch ausschließlich bevorzugt werden magnetisch wirkende Sensoren.

Relative Drehzahl- und Geschwindigkeitsmessung

Beispiele für die relative Drehgeschwindigkeit sind die
- Kurbel- und Nockenwellendrehzahl,
- Raddrehzahl (für ABS/ASR/ESP) und
- Drehzahl der Dieseleinspritzpumpe.

Die Messung geschieht dabei meist mithilfe eines inkrementalen Aufnehmersystems, bestehend aus Zahnrad und Drehzahlsensor.

Bei der Erfassung der relativen Drehgeschwindigkeit unterscheidet man je nach Zahl und Größe der abgetasteten Umfangsmarkierungen eines Rotors zwischen folgenden Sensoren (Bild 1):
- Eng geteilter Inkrementsensor, der bis zu einem gewissen Grad auch die über den Umfang variierende Momentangeschwindigkeit bzw. eine sehr feine Winkelunterteilung zu erfassen erlaubt.
- Segmentsensor, der eine kleine Zahl von Umfangssegmenten unterscheidet (z. B. Anzahl der Zylinder des Motors) und
- einfacher Drehzahlsensor, der mithilfe einer einzigen Markierung pro Umdrehung nur die mittlere Drehgeschwindigkeit erfasst.

Sensorformen

Folgende verschiedene Sensorformen kommen zur Anwendung (Bild 2):
- Stabsensorform,
- Gabel- oder Schrankenform und
- (Innen- und Außen-)Ringform.

1 Erfassung der Drehgeschwindigkeit (Rotorformen)

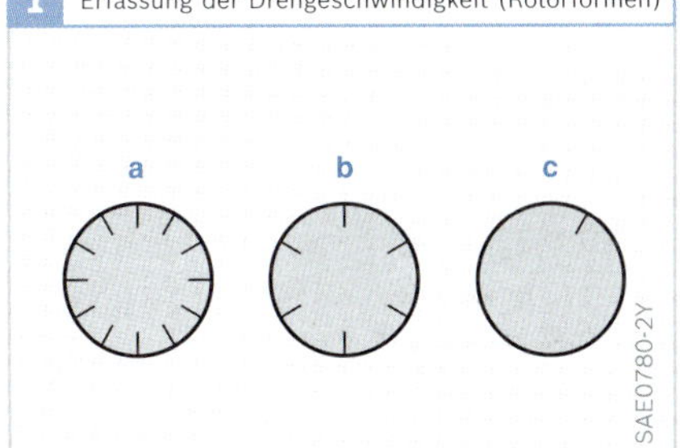

Bild 1
a Inkrementsensor
b Segmentsensor
c Drehzahlsensor

Die bezüglich ihrer Montage einfachste und auch bevorzugte Form ist die Stabsensorform, bei welcher sich die Zähne des Rotors dem Sensor annähern. Teilweise zulässig und auch im Einsatz ist die Gabel- oder Schrankenform, die bei ihrer Montage schon einer gewissen Ausrichtung zum Rotor bedarf. Von der Form, die den Rotorschaft ringförmig umfasst, ist man praktisch ganz abgekommen. Lediglich an Wellenenden wird bisweilen eine Innenringform verwendet, die ins Innere einer am Ende hohlen und inkremental strukturierten Welle eingesteckt wird.

Leider weist die am häufigsten verwendete Form des Stabsensors die geringste Messempfindlichkeit auf und ist problematisch bei allzu großen Luftspalten. Weit gehend unempfindlich gegen axiales und radiales Spiel ist dagegen schon die Gabelform. Die meist aufwändigen Ringformen vereinigen größtes Messsignal mit hoher Unempfindlichkeit gegen geometrische Toleranzen.

Traditionell induktive Sensoren sind in mancher Hinsicht unbefriedigend. Sie weisen eine drehzahlabhängige Amplitude auf und sind daher auch ungeeignet für niedrigste Drehzahlen. Sie lassen nur eine vergleichsweise geringe Luftspalttoleranz zu und sind meist nicht in der Lage, Luftspaltschwankungen (Rattern) von Drehzahlimpulsen zu unterscheiden. Zumindest die Sensorspitze sollte wegen ihrer Nähe zu heißen Bauteilen (z. B. Bremse) höheren Temperaturen standhalten können. Dementsprechend werden bei neuen Sensoren folgende zusätzlichen Eigenschaften angestrebt:

- Statische Erfassung (d. h. Drehzahl null bzw. extrem niedrige Anlass- oder Raddrehzahlen),
- größere Luftspalte (nicht justierte Montage auf Luftspalt > 0),
- geringe Baugröße,
- Unabhängigkeit von Luftspaltschwankungen,
- Temperaturbeständigkeit (≤ 200°C),
- Drehrichtungserkennung (optional für Navigation) und
- Bezugsmarkenerkennung (Zündung).

Zur Erfüllung der ersten Bedingung eignen sich hervorragend z. B. magnetostatische Sensoren (Hall, Feldplatte, AMR). Diese erlauben in aller Regel auch die Erfüllung der zweiten und dritten Anforderung.

Bild 3 zeigt drei grundsätzlich geeignete Stabsensorformen, die von Luftspaltschwankungen weitgehend unabhängig sind. Hierbei unterscheidet man zwischen Sensoren, die in radialer Richtung sensieren und solchen, die tangential ausgerichtet sind. So können magnetostatisch messende Sonden stets unabhängig vom Luftspalt Nord- und Südpole eines magnetisch aktiven Polrades unterscheiden.

Bei den magnetisch passiven Rotoren ist das Vorzeichen des Ausgangssignals dann nicht vom Luftspalt unabhängig, wenn sie die Tangentialfeldstärke erfassen (nachteilig ist hier jedoch oft der durch den Sensor selbst bedingte Luftspalt).

Häufig angewendet werden auch radial messende Differenzialfeld- oder Gradientensonden. Sie erfassen grundsätzlich nur den Gradienten der radialen Feldkomponente, dessen Vorzeichen sich nicht mit dem Luftspalt, sondern nur mit dem Drehwinkel ändert.

2 Sensorformen

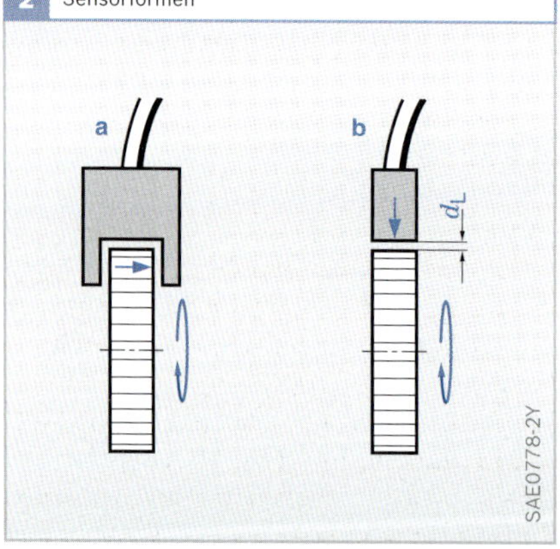

Bild 2
a Gabelform (Blenden- oder Schrankenprinzip
b Stabform (Annäherungsprinzip)
d_L Luftspaltweite

Rotoren

Der Rotor ist bei der Drehzahlmessung von ganz entscheidender Bedeutung. Er wird allerdings meist vom Fahrzeughersteller bereitgestellt, während der eigentliche Aufnehmer vom Zulieferer kommt. Früher waren fast ausschließlich magnetisch passive Rotoren üblich, hergestellt aus weichmagnetischem Material (meist Eisen). Sie sind kostengünstiger als hartmagnetische Polräder. Außerdem sind sie leichter zu handhaben, da sie nicht magnetisiert sind und auch nicht die Gefahr der (gegenseitigen) Entmagnetisierung (bei der Lagerung) besteht. Allerdings stellen sie - gerade in Verbindung mit Stabsensoren - auch die am schwierigsten abzugreifende Form eines Rotors dar.

Der eigene Magnetismus von Polrädern (magnetisch aktive Rotoren) erlaubt in aller Regel bei gleicher Inkrementweite und gleichem Ausgangssignal einen deutlich größeren Luftspalt.

3 Gegen Luftspaltschwankungen unempfindliche Sensoren

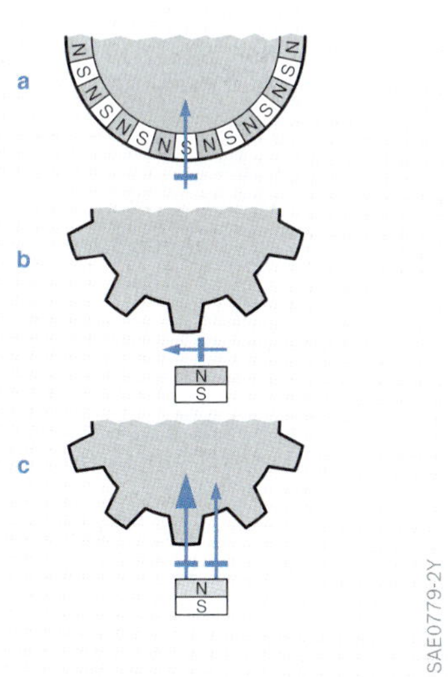

Bild 3
a Radialfeldsonde mit Polrad
b Tangentialsonde
c Differenzialsonde mit Zahnrad

Passive Rotoren finden sich vor allem in der Form von Zahnrädern, die entweder ohnehin vorhanden sind (Starterzahnkranz) oder zur Signalerzeugung speziell angebracht werden (ABS). Bei letzteren kommen bisweilen auch planar verzahnte und axial abtastbare Formen zum Einsatz.

Beim Abgriff der Kurbelwellendrehzahl bzw. -position (z. B. am Starterzahnkranz) muss pro Umdrehung auch eine Bezugsmarke angebracht und erkennbar sein. Diese Bezugsmarke muss ein störungsfreies und optimales „Timing" von Zündung und Einspritzung erlauben. Als Bezugsmarke eignet sich z. B. ein ganz oder teilweise entfernter Zahn. Diese Zahnlücke kann wegen ihrer größeren zeitlichen Dauer erkannt werden, da feststeht, dass sich die Motordrehzahl nur allmählich und nicht schlagartig ändern kann.

Neben Zahnrädern sind bisweilen auch gestanzte Lochscheiben oder gewellte Blechringe als kostengünstige Rotoren im Einsatz (ABS).

Erst die Einführung von ins Radlager integrierten ABS-Sensoren hat auch zum Einsatz von Polrädern geführt, die z. T. gleichzeitig die Funktion eines Dichtrings (Simmerring) übernehmen (kunststoffgebundenes Magnetpulver). Auch „Tachosensoren" in kleiner und weitgehend gekapselter Bauform, die mit einer flexiblen Welle auf kurzem Weg mit einem der Fahrzeugräder verbunden sind, enthalten Polräder mit niedriger Polzahl zur Erzeugung eines Geschwindigkeitssignals. Diese werden meist mit integrierten Hall-Sensoren abgegriffen.

Induktive Sensoren

Induktive Sensoren standen als Spulensensoren zur Drehzahlmessung bereits zur Verfügung, als es noch keine oder noch keine geeignete Ausführungen in Mikrostrukturtechnik (z. B. Hall) gab. Sie nutzen das Induktionsgesetz zur Messung der (Dreh-)Geschwindigkeit, erzeugen also an ihrem zweipoligen Ausgang eine Spannung

U_A, die der zeitlichen Änderung eines magnetischen Flusses Φ proportional ist (w Windungszahl):

$$U_A = U_{ind} = w \cdot d\Phi/dt$$

Der Fluss Φ ist außerdem auch eine Funktion der (Dreh-)Position x und des Luftspaltes d_L:

Mit
$\Phi = \Phi(x, d_L)$ und $d_L = const$
gilt:
$U_A = U_{ind} = w \cdot \partial\Phi/\partial x \cdot dx/dt$

wobei dx/dt die zu messende (Dreh-) Geschwindigkeit darstellt.

Die Gleichung zeigt jedoch auch deutlich die Schwäche der induktiven Sensoren: Kann nämlich die Luftspaltweite d_L nicht konstant gehalten werden (z. B. bei Rattervorgängen oder mechanischem Spiel), so erzeugt sie ebenso eine zeitliche Flussänderung wie die Messgeschwindigkeit. Dieser Effekt kann somit zu Spannungsimpulsen führen, die nicht oder nur schwer von echten Drehzahlsignalen zu unterscheiden sind. Solche Fehlimpulse können eine große Amplitude haben, da sich der Fluss exponentiell mit dem Luftspalt ändert und die Schwankungsvorgänge (z. B. Rattern der Bremsen) oft hochfrequenter Natur sind.

Induktive Sensoren sind daher immer auch dynamische Sensoren. Sie eignen sich prinzipiell nicht zum Erfassen extrem langsamer Geschwindigkeiten (quasistatisch oder statisch), da ihr Ausgangssignal in diesem Fall gegen null geht. Eine Ausnahme bilden hier nur mit einer Trägerfrequenz gespeiste Spulensensoren nach dem Bedämpfungs- oder Wirbelstromprinzip, die aber im Kraftfahrzeug kaum zum Einsatz kommen.

Induktive Drehzahlsensoren bestehen grundsätzlich aus drei wesentlichen magnetischen Bestandteilen (Bild 4):
- fest stehende Spule,
- Weicheisenteil und
- permanentmagnetischer Teil.

Der zur Erzeugung der Ausgangsspannung erforderliche Flusswechsel wird durch Bewegung bzw. Rotation des weich- oder hartmagnetischen Teils erzeugt. Induktive Sensoren bestehen vorzugsweise aus einem Stabmagneten (1) mit weichmagnetischem Polstift (2), der die Induktionsspule (3) mit zwei Anschlüssen trägt. Dreht sich vor diesem Aufnehmer ein ferromagnetisches Zahnrad (5) oder ein ähnlich strukturierter Rotor, so wird in der Spule durch die zeitliche Änderung des Magnetflusses eine proportionale (sinusähnliche) Spannung induziert.

Zur Abtastung sehr feiner Zahnstrukturen wird der Polstift teilweise vorne im Sinne eines Flusskonzentrators zugespitzt, d. h. als eine „Polklinge“ ausgebildet, die meist durch das Metall- oder Kunststoffgehäuse durchtritt und sich der Inkrementstruktur nach Form und Richtung anpasst.

Am Rotor kann zusätzlich eine oder können mehrere Umfangsmarke(n) (6) angebracht sein. Bild 5 zeigt den Flussverlauf sowie die induzierte Spannung für den Fall einer einzelnen Umfangs- bzw. Bezugsmarke (Nut, Nocken, Polstift).

4 Induktiver Drehzahlsensor

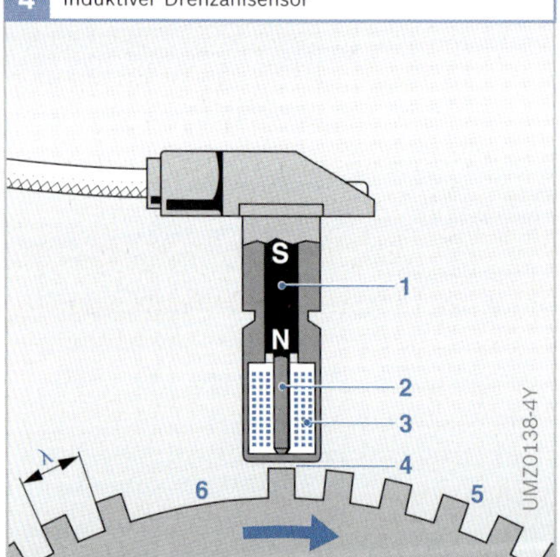

Bild 4
1 Stabmagnet
2 weichmagnetischer Polstift
3 Induktionsspule
4 Luftspalt d_L
5 ferromagnetisches Zahnrad (oder Rotor bzw. Impulsrad)
6 Umfangs bzw. Bezugsmarke
λ Zahnabstand

Üblicherweise wird zur elektronischen Erfassung einer solchen Umfangsmarke der steile Nulldurchgang inmitten des Flussmaximums genutzt. Aufgrund des Induktionsgesetzes ist das Signal in allen Phasen bezüglich seiner Amplitude drehzahlproportional.

Für eine ausreichend störsichere Auswertung im Steuergerät sollte der Abstand der Spitzen des Doppelimpulses (oder auch periodischer Spannungsimpulse) U_{SS} mindestens 30 mV betragen. Nachteil der induktiven Sensoren ist jedoch, dass ihre Ausgangsspannungen für hohe Geschwindigkeiten/Drehzahlen zu sehr hohen Wer-

5 Fluss- und Spannungsverlauf an einem induktiven Sensor

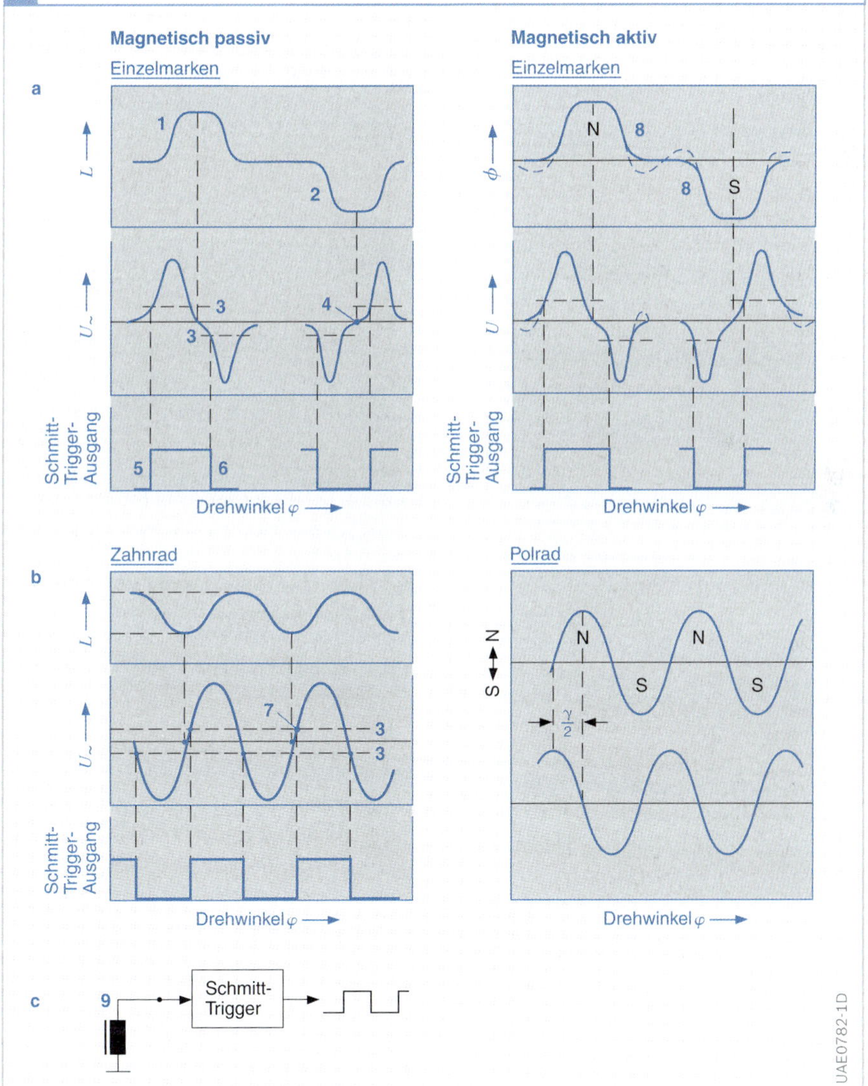

Bild 5

- a Einzelne magnetische Markierung pro Umdrehung
- b periodische Inkrementstruktur (z. B. Zahnrad, Polrad)
- c Auswerteschaltung
- 1 Nocken
- 2 Nut
- 3 Schaltschwellen
- 4 scharfer Nulldurchgang ausgewertet
- 5 Vorbereitungsflanke
- 6 Schaltflanke
- 7 Schaltpunkt
- 8 Polstifte
- 9 Sensor
- $\gamma/2$ Phasenverschiebung
- L Induktivität
- U Spannung
- Φ magnetischer Fluss

ten weit über 100 V führen können, die elektronisch schwieriger zu verarbeiten sind.

Werden die hohen Spannungsspitzen mithilfe von Zenerdioden gekappt, entstehen wegen der damit verbundenen Änderung der Lastimpedanz des Sensors erhebliche Winkelfehler. Dies kann zumindest im Falle von Kurbel- und Nockenwellenwinkelsensoren für die Zündung sehr unerwünscht sein. Bei diesen Anwendungen ist eine Winkeltreue von ca. 0,2° erforderlich.

Bei einzelnen magnetisch passiven oder aktiven Umfangsmarkierungen kann zudem der für niedrige Drehzahlen völlig unbedeutende, vom Rückschlussfeld erzeugte Vorimpuls bei höheren Drehzahlen bis in eine Größenordnung kommen, in der er die Schwelle des nachgeschalteten Schwellwertdiskriminators überschreitet und dann sogar einen noch weit größeren Fehler verursacht (Bild 5a). Aus diesem Grund werden die Schwellwerte der im Steuergerät befindlichen Eingangsschaltung der jeweiligen Drehzahl dynamisch angepasst.

Einer gleichmäßigen Zahnstruktur entspricht (bei nicht zu engem Luftspalt) ein sinusähnlicher Spannungsverlauf (Bild 5b). Die Drehzahl ergibt sich aus dem Abstand der Nulldurchgänge dieser Spannung, doch ist auch ihre Amplitude drehzahlproportional.

Die Signalamplitude hängt sehr stark (exponentiell) vom Luftspalt und der Zahngröße ab. Zähne können – wie bei allen magnetischen Inkrementverfahren – bis zu Luftspaltweiten d_L von der Hälfte oder dem Drittel eines Zahnabstandes λ noch einwandfrei detektiert werden:

$$d_L \leq \lambda/(2...3)$$

Mit den üblichen Kurbelwellen- und ABS-Zahnrädern werden Luftspalte bis zu 0,8 bzw. 1,5 mm abgedeckt. Die für die Zündung und Einspritzung erforderliche Bezugsmarke ergibt sich durch Auslassen eines bzw. zweier Zähne oder Schließen einer Zahnlücke. Sie wird an dem weiteren Abstand der Nulldurchgänge erkannt und bewirkt auch (entsprechend einem scheinbar größeren Zahn) eine weit höhere Signalspannung, die auch die vorausgehende bzw. nachfolgende Inkrementspannung – unter Umständen unzulässig – beeinträchtigt.

Vorteile

- Geringe Herstellkosten.
- Hohe (EMV-)Störsicherheit: niedriger statischer Innenwiderstand (dynamisch höher).
- Keine Elektronik vor Ort (elektrisch passiv), die geschützt werden muss.
- Keine Probleme mit Gleichspannungsdriften (dynamisches Messprinzip).
- Weiter Temperaturbereich (primär durch Eigenschaft der Vergussmasse begrenzt).

Nachteile

- Grenzen für die Verringerung der Baugröße bei herkömmlicher Spulentechnik.
- Drehzahlabhängigkeit des Ausgangssignals, keine Eignung für quasistatische Bewegungen.
- Empfindlichkeit gegenüber Luftspaltschwankungen.

Anwendungsbeispiele

- Induktiver Motordrehzahlsensor (Kurbelwellendrehzahlsensor),
- Induktiver Raddrehzahlsensor,
- Induktions-Nockenwellensensor (Transistorzündung mit Induktionsgeber TZ-I),
- Nadelbewegungssensor (Dieseleinspritzung).

Magnetostatische Sensoren

Eine quasistatische Drehzahlerfassung lässt sich vorzugsweise mit magnetostatischen Sensoren realisieren. Ihr drehzahlunabhängiges, nur feldstärkeabhängiges Ausgangssignal hat auch bei hohen Drehzahlen den Vorteil der leichteren elektronischen Handhabbarkeit von betragsmäßig begrenzten Signalspannungen. Sie bieten ferner den Vorteil fast beliebiger Verkleinerungsmöglichkeit und der integrierten Signalverstärkung bzw. Signalvorverarbeitung vor Ort. Auf Grund der kleinen Bauweise lassen sich damit auch leicht Mehrfachsysteme realisieren wie z. B. Differenzialanordnungen oder Anordnungen mit integrierter Richtungserkennung.

Gravierender Nachteil solcher aktiver Sensoren ist allerdings, dass der Bereich ihrer Betriebstemperatur weitestgehend von der zugehörigen Si-Auswerteelektronik bestimmt wird, die in aller Regel nicht so hohen Temperaturen standhalten kann wie die Sensorelemente selbst.

Seit einiger Zeit werden aktive Sensoren optional auch mit Stromausgang (zweipolig) geliefert, sodass der kostengünstige zweiadrige Anschluss künftig nicht mehr als spezifischer Vorteil von induktiven Spulensensoren betrachtet werden kann.

Hall-Schranken

Sollen Si-Hall-Sensoren zur inkrementalen Drehzahlmessung eingesetzt werden, so muss ihnen wegen der starken Fertigungsstreuungen sowie Temperatureffekte für ein sicheres und eindeutiges Schalten ein ausreichend hoher Induktionshub von typisch 40...50 mT angeboten werden. Dies konnte mit herkömmlichen Hall-Sensoren und für tragbare Luftspaltweiten nur erreicht werden, indem der Sensor in der Form einer „Hall-Schranke" aufgebaut wurde (z. B. als Zündauslösesensoren im Zündverteiler für die früheren elektronischen Zündsysteme). Sensor und zugehörige Elektronikschaltkreise zur Versorgung und Signalauswertung sind direkt auf den Sensorchip integriert.

Dieser Hall-IC (in Bipolartechnik für Dauertemperaturen ≤ 150 °C und direkten Bordnetzanschluss) befindet sich in einem nahezu geschlossenen magnetischen Kreis, bestehend aus Dauermagnet und Polstücken (Bild 6). Den noch verbleibenden Luftspalt durchläuft ein weichmagnetischer Blendenrotor (z. B. von der Nockenwelle angetrieben). Eine eingeführte Blende schließt den Magnetfluss kurz (d. h. führt ihn am Sensor vorbei), eine Lücke des Blendenrotors lässt ihn ungehindert durch den Sensor hindurch. Hierbei ist eine sichere Funktion des Sensors auch dann gewährleistet, wenn der Blendenrotor unterschiedlich tief in die Schranke eintaucht oder seine Luftspaltposition in radialer Richtung, also senkrecht zur Drehrichtung, ändert.

Hall-Schranken dieser Art lassen sich nur für eine begrenzte Umfangsauflösung realisieren und kommen vorwiegend als Segmentsensoren zum Einsatz. Bei zu schmalen Blendenschlitzen tritt das magnetische Feld praktisch nicht mehr durch, und der erforderliche Induktionshub lässt sich nicht mehr erreichen.

6 Hall-Schranke

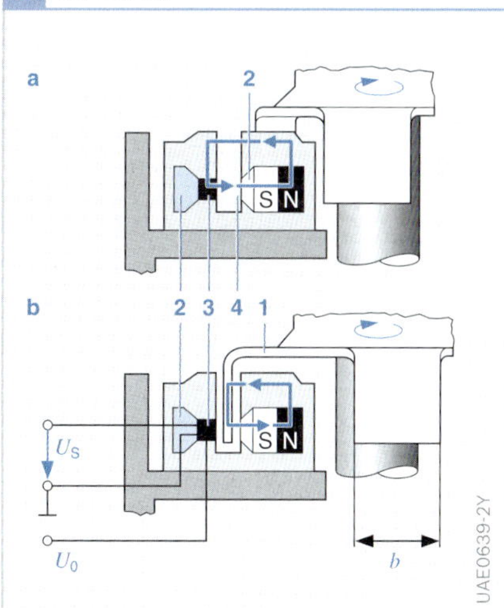

Bild 6
a Ungehinderter Magnetfluss
b kurzgeschlossener Magnetfluss
1 Blende mit Breite b
2 weichmagnetische Leitstücke
3 Hall-IC
4 Luftspalt
U_0 Versorgungsspannung
U_S Sensorspannung

Einfache Hall-Sensoren in Stabsensorform
Einfache, mit einem Arbeitspunktmagnet versehene Hall-Sensoren in Stabform eignen sich nicht zur statischen oder quasistatischen Abtastung eines magnetisch passiven Rotors (Bild 7a, Zahnrad), da die Arbeitspunktmagnetisierung hier (im Gegensatz zur Hall-Schranke) zu stark von der Weite des Luftspalts abhängt und der in dieser Anordnung erzielbare Induktionshub für ein sicheres Schalten zu gering ist. Die Schaltschwellen eines nachgeschalteten Schwellwertkomparators (Schmitt-Trigger) müssten stets auf den sich ändernden (schwimmenden) Arbeitspunkt eingestellt werden. Ein Einsatz dieser Art ist nur möglich, wenn auf eine Gleichstromkopplung und damit auf eine statische Signalauswertung verzichtet wird. Die für solche - auch als $\Delta\Phi$-Sensoren bezeichneten - Anordnungen erforderlichen Koppelkondensatoren bedeuten jedoch einen zusätzlichen Aufwand und einen Verlust an Betriebssicherheit.

Einfache Hall-Sensoren eignen sich jedoch sehr gut zur Abtastung eines magnetisch aktiven Rotors (Bild 7b, Polrad). In diesem Fall kann auf einen Arbeitspunktmagneten verzichtet werden, der Sensor wird vom Rotor nur um den magnetischen Nullpunkt herum mit wechselnder Polarität ausgesteuert. Mit zunehmendem Luftspalt nimmt zwar der magnetische Steuerhub ab; die Lage des Arbeitspunkts ($B = 0$) ändert sich jedoch nicht mehr. Da der Nullpunkt bei neuartigen Hall-Sensoren weitgehend temperaturstabil ist, können die Schaltschwellen des nachgeschalteten Schwellwertkomparators relativ eng gesetzt werden. Dies ermöglicht auch verhältnismäßig große Luftspaltweiten. Luftspaltschwankungen können in dieser Anordnung auch nicht Fehlimpulse hervorrufen, da sie zu keinem Polwechsel führen. Der Polwechsel charakterisiert allein die fortschreitende Messbewegung (Rotation).

Gradienten-Sensoren
Gradienten-Sensoren (Bild 8), die sich wahlweise z. B. auf der Basis von Differenzialhall- oder Differenzialfeldplatten-Sensoren realisieren lassen, eignen sich weit besser zur Abtastung magnetisch passiver Rotoren als einfache Hall-Sensoren. Sie haben einen Dauermagneten, dessen dem Zahnrad zugewandte Polfläche durch ein dünnes ferromagnetisches Plättchen homogenisiert wird (Pos. 2). Darauf sitzen zwei galvanomagnetische Elemente (Sam-

Bild 7
a Passiver Rotor
b aktiver Rotor
1 Inkrementrotor
2 (Einfach-)Hall-IC
3 Permanentmagnet
4 Polrad
5 Gehäuse

Bild 8
1 Feldplatten-Widerstände R_1, R_2 oder Hall-Elemente H_1, H_2
2 ferromagnetisches Plättchen (weichmagnetisches Substrat)
3 Dauermagnet
4 Zahnrad
U_0 Versorgungsspannung
$U_A(\varphi)$ Messspanung bei Drehwinkel φ

7 Hall-Stabsensoren

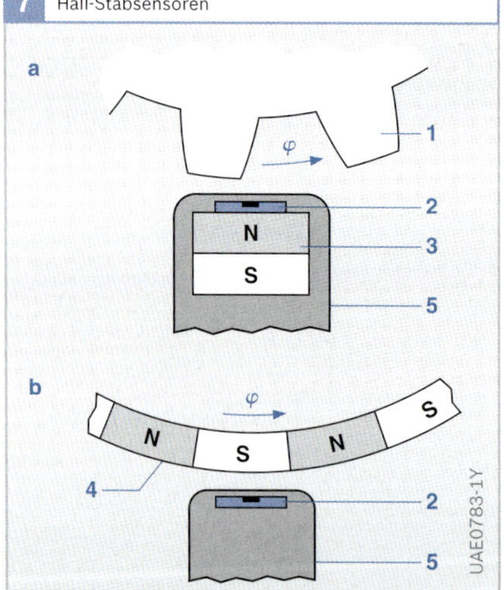

8 Gradientensensor zur Zahnradabtastung

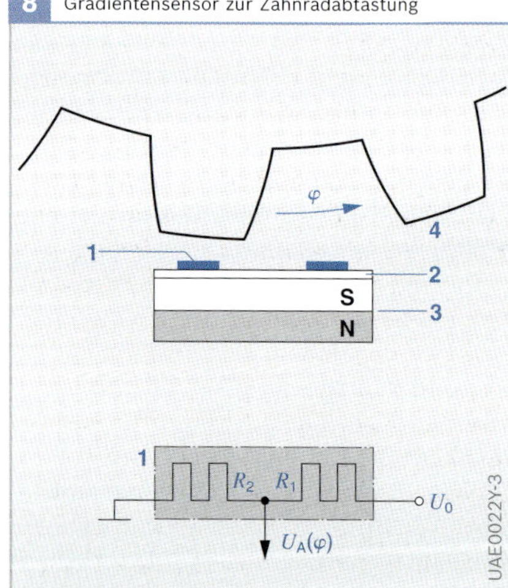

melbezeichnung für Hall-Sensoren und Feldplatten) etwa im halben Zahnabstand an der Sensorspitze. Damit befindet sich das eine Element genau gegenüber einer Zahnlücke, wenn das andere gegenüber einem Zahn steht. Der Sensor misst den Feldstärkeunterschied an zwei in Umfangsrichtung eng benachbarten Punkten. Das Ausgangssignal entspricht etwa der Ableitung der Feldstärke nach dem Umfangswinkel und ist damit bezüglich Vorzeichen unabhängig vom Luftspalt. Luftspaltschwankungen rufen keine Fehlimpulse hervor, da sie das Vorzeichen des Gradientensignals nicht ändern.

Zur Signalauswertung können die beiden Feldplattenwiderstände ganz einfach zu einem Spannungsteiler geschaltet sein, der mit konstanter Spannung gespeist wird und dessen Ausgangssignal im Allgemeinen unbelastet vom Steuergerät erfasst wird. Dieses Signal liegt bei Raumtemperatur und üblichen Luftspalten im Voltbereich, ist aber auch bei höheren Temperaturen noch so groß, dass es ohne jede Vorverstärkung zum Steuergerät übertragen werden kann.

Wird statt der Leerlaufspannung des Feldplattenteilers sein unter Last fließender Ausgangsstrom erfasst, so wird bei geeigneter Auslegung der starke Temperaturgang der Messempfindlichkeit weitgehend ausgeglichen.

Im Falle einer Gradientensonde auf Hall-Basis können die Strompfade der beiden Hall-Elemente parallel und ihre Ausgangsspannungen gegensinnig so in Reihe geschaltet werden, dass man direkt ihre Differenzspannung abgreifen und den nachgeschalteten Verstärkungs- und Auswertestufen zuführen kann.

Tangential-Sensoren

Im Gegensatz zu den Gradienten-Sensoren reagieren Tangential-Sensoren auf Vorzeichen und Intensität der zum Rotorumfang tangentialen Magnetfeldkomponente. Sie können in AMR-Dünnschichttechnik als Barberpole oder auch als einfache Permalloywiderstände in Voll- oder Halbbrückenschaltung ausgeführt sein (Bild 9). Im Gegensatz zum Gradienten-Sensor sind sie nicht auf die jeweilige Zahnteilung anzupassen und können gewissermaßen punktförmig ausgeführt sein. Sie bedürfen der Verstärkung vor Ort, wenn auch ihr Messeffekt um ca. 1...2 Größenordnungen über dem von Silizium-Hall-Sensoren liegt.

Bei einem lagerintegrierten Kurbelwellen-Drehzahlsensor (Simmerring-Modul) ist der AMR-Dünnschichtsensor zusammen mit einem Auswerte-IC auf einem gemeinsamen „Leadframe" montiert.

Zur Platzersparnis und zum Temperaturschutz ist der Auswerte-IC um 90° abgekröpft und weiter von der Sensorspitze entfernt angeordnet.

Giant magnetoresistive (GMR-)Elemente

Der „Giant Magneto Resistance"-Effekt (GMR-Effekt) wurde zuerst an Multilagen nachgewiesen, die abwechselnd aus dünnen weichmagnetischen und nicht magnetischen Schichten bestehen (Dicke wenige Nanometer). Eine antiparallele Ausrichtung der Magnetisierung benachbarter ferromagnetischer Schichten führt zu einem maximalen elektrischen Widerstand, während die parallele Ausrichtung einen deutlich geringeren Widerstand aufweist. Die

9 AMR-Drehzahlsensor als Tangentialfeldsonde

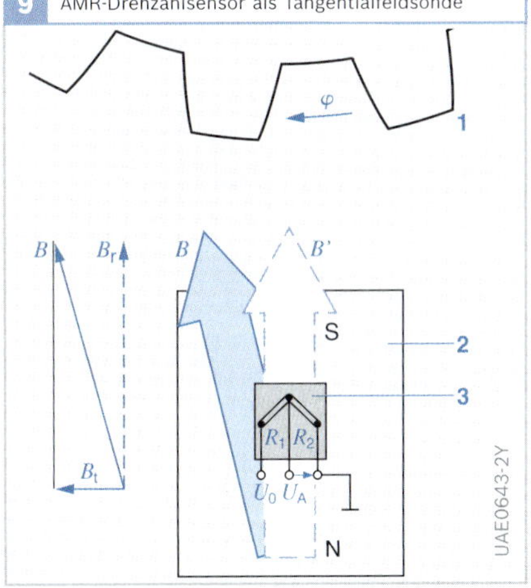

Bild 9
1 Zahnrad (Fe)
2 Dauermagnet
3 Sensor
B Steuerfeldstärke mit Tangentialkomponenten B_t und Radialkomponente B_r (B' Ruhestellung, B_t = 0),
R_1, R_2 Permalloy-Dünnschichtwiderstände (AMR)
φ Drehwinkel
U_0 Versorgungsspannung
U_A Messspannung

relative Widerstandsänderung für anwendungsrelevante Schichtstrukturen bewegt sich dabei im Bereich 20...30 %. Gegenüber dem AMR-Effekt bedeutet das eine Steigerung von etwa einem Faktor 10.

Das einfachste Schichtsystem, das einen GMR-Effekt zeigt, ist ein Spinvalve (siehe auch Abschnitt „Positionssensoren"). Es besteht aus zwei weichmagnetischen Schichten, die durch eine nichtmagnetische Schicht getrennt sind. Während die Magnetisierung der einen weichmagnetische Schicht durch einen Antiferromagneten fixiert wird, kann die Magnetisierung der zweiten weichmagnetischen Schicht idealerweise ungestört dem äußeren Feld folgen (free layer). Der Widerstand ist dann minimal, wenn die Magnetisierungen der beiden Schichten parallel ausgerichtet sind und um ca. 5 % erhöht, wenn die Magnetisierungen antiparallel ausgerichtet sind. Mit Hilfe eines künstlichen Antiferromagneten (SAF), der aus zwei ferromagnetischen Schichten besteht, die über eine sehr dünne nichtmagnetische Zwischenschicht stark antiferromagnetisch gekoppelt sind, lässt sich zusätzlich die Wechselwirkung der Referenzmagnetisierung mit dem äußeren Feld minimieren (Bild 10). Dadurch wird die Robustheit gegen Störfelder deutlich erhöht.

Eine typische Kennlinie eines Spinvalves zeigt Bild 11. Man erkennt deutlich die zwei charakteristischen Zustände für die beiden entgegengesetzten Richtungen des äußeren Magnetfeldes. Im Übergangsbereich zwischen hohem und niedrigem Widerstand ist das Spinvalve auf Feldstärkeänderungen empfindlich.

Zur Drehzahlerfassung eignet sich eine Brückenschaltung aus vier GMR-Widerstandselementen, die als Gradiometer ausgeführt ist (Bild 12). Dabei sind die Widerstände so verschaltet, dass nur eine Magnetfelddifferenz an den beiden Brückenorten ein Signal ergibt. Dadurch

11 Kennlinie eines GMR-Spinvalves

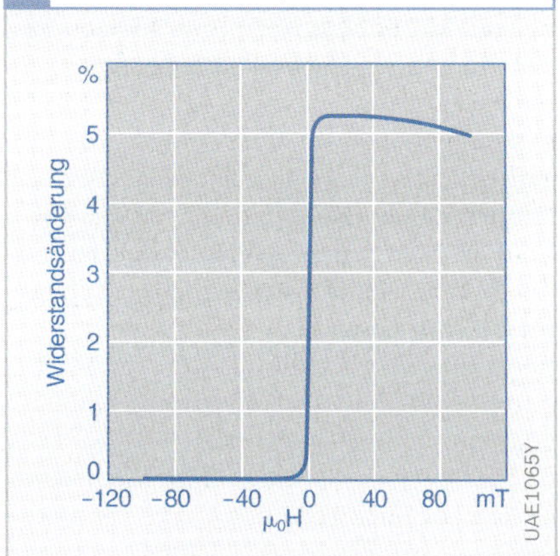

10 Schichtstapel eines GMR-Spinvalves

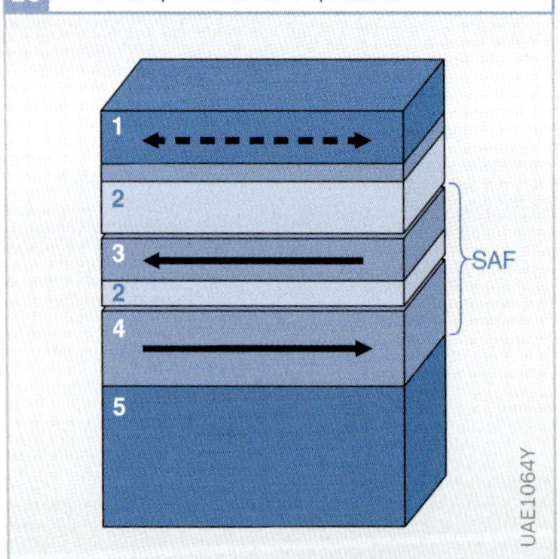

Bild 10
1 Freie Schicht
2 Zwischenschicht
3 Referenzschicht
4 gepinnte Schicht
5 Antiferromagnet
SAF künstlicher Antiferromagnet

12 Brückenschaltung des GMR-Sensors

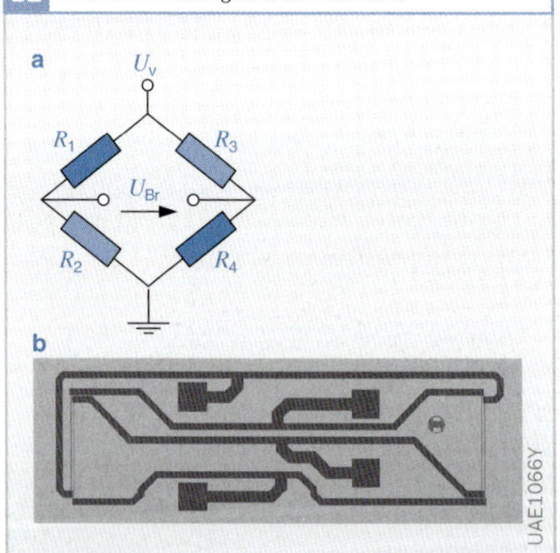

Bild 12
a Elektrische Beschaltung
b Layout eines Gradiometersensors

lassen sich Effekte homogener Störfelder unterdrücken. Da die Referenzrichtung für alle Widerstände gleich ist, erübrigt sich das lokale Aufheizen im Magnetfeld, wie es zum Einschreiben unterschiedlicher Referenzmagnetisierungsrichtungen bei einem Winkelsensor notwendig ist.

Die maximale Signalamplitude eines Gradiometersensors ergibt sich dann, wenn die Feldrichtung an den beiden Brückenorten genau 180° phasenversetzt ist. Dies ist bei einem Multipolrad z. B. dann der Fall, wenn der Abstand der Widerstandselemente dem Polabstand des Multipolrings entspricht (Bild 13).

Anwendungsbeispiele

- Hall-Sensor (Transistorzündung TZ-H),
- Hall-Phasensensor (Nockenwelle),
- Getriebe-Hall-Sensor (RS50, RS51),
- Aktiver Hall-Drehzahlsensor,
- Aktiver AMR-Drehzahlsensor,
- Feldplattensensor (für Diesel-Radialkolben-Verteilereinspritzpumpe),
- Aktiver GMR-Drehzahlsensor.

Absolute Drehgeschwindigkeitsmessung

Messprinzip Schwingungsgyrometer

Grundlagen

Mechanische Kreisel (engl.: Gyroscope bzw. Gyro) nutzen Trägheitskräfte, um unabhängig von Bezugssystemen im Raum Winkelbewegungen sehr präzise zu messen. Sowohl drehende Kreisel als auch optische Sensoren auf der Basis des interferometrisch wirkenden Sagnac-Effekts (Laser- und Faserkreisel) kommen für Kfz-Systeme trotz sehr ausgeprägtem Messeffekt wegen strenger Kostenanforderungen nicht in Betracht.

Dagegen lassen sich die etwas geringeren Präzisionsanforderungen für Anwendungen im Kfz mit fein- und mikromechanisch hergestellten Gyros erfüllen, die statt einer Rotationsbewegung lediglich eine äquivalente elastische Schwingbewegung zur Erzeugung eines Messeffekts ausnutzen. Diese Sensoren ähneln im Prinzip mechanischen Kreiseln. Sie nutzen die bei Drehbewegungen in Verbindung mit einer Schwingbewegung (Geschwindigkeit v) auftretenden Coriolis-Beschleunigungen zur Messung aus (Bild 14). Diese als Schwingungsgyrometer (engl.: vibrating gyros) bezeichneten Sensoren werden im Elektronischen Stabilitätsprogramm (ESP) zur Erkennung des Ausbrechens des Fahrzeugs, in Navigationssystemen zur Detek-

13 Drehzahlmessung mit GMR-Sensor

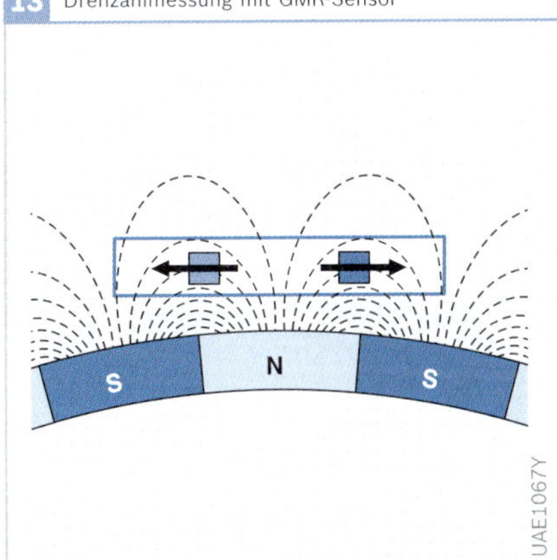

14 Zusammenhänge bei der Drehbewegung

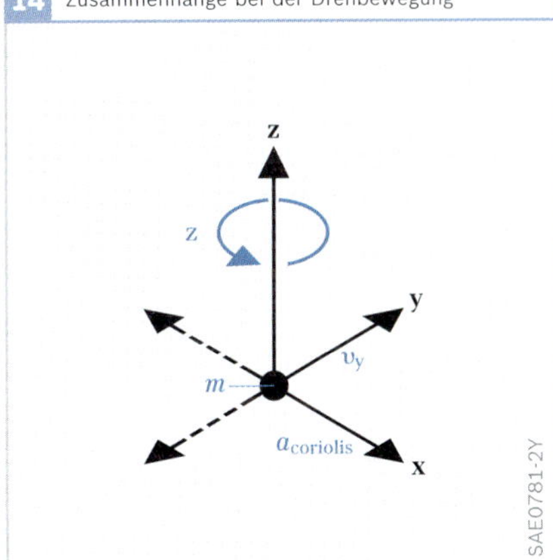

Bild 13
Feldlinien im Außenraum eines Multipolrings
Die beiden Quadrate symbolisieren die beiden Brückenorte
Die Pfeile zeigen die Richtung der Feldlinien in diesen Punkten an

Bild 14
Zusammenhang zwischen Drehrate, Schwingungsbewegung und Coriolis-Beschleunigung an einer Punktmasse m

Ω_z Drehrate
v_y Geschwindigkeit der Schwingbewegung
$a_{Coriolis}$ Coriolis-Beschleunigung
m Punktmasse

tion der Fahrtrichtung und in Kameras zur Bildstabilisierung gegen Verwackeln eingesetzt. Sie erfüllen alle Kfz-spezifischen Anforderungen wie Wartungsfreiheit, Lebensdauer, Einschaltzeitkonstante usw. einschließlich der Kostenerwartungen ausreichend gut.

Schwingungsgyrometer messen die Drehrate um ihre „sensitive Achse". Im Elektronischen Stabilitätsprogramm (ESP) und in Navigationssystemen wird die Drehrate Ω_z um die Fahrzeughochachse (Gierachse) gemessen. Systeme zur Auslösung von Überrollschutzsystemen benötigen die Drehraten Ω_x und Ω_y um die Roll- und Nickachse des Fahrzeugs.

Messen des Coriolis-Beschleunigung
Schwingungsgyrometer messen die Coriolis-Beschleunigung auf folgende Weise: Vergrößert man den Abstand einer Masse zur Drehachse, so muss diese wegen des höheren Radius in der Zeit einer Umdrehung einen größeren Weg zurücklegen. Der Umfang steigt mit dem Radius. Die Masse muss also eine höhere Tangentialgeschwindigkeit bekommen und zu diesem Zweck beschleunigt werden. Diese Beschleunigung (Coriolis-Beschleunigung) wird gemessen, indem die Masse federnd aufgehängt ist und die Biegung der Aufhängung gemessen wird. Wird nun der Abstand der – inzwischen mit höherer Tangentialgeschwindigkeit umlaufenden – Masse zur Drehachse verringert, muss nunmehr die Masse langsamer werden, da sie pro Umdrehung einen kleineren Weg zurücklegen muss. Die erforderliche Bremsbeschleunigung wird ebenfalls über die Biegung der Aufhängung gemessen.

Bei den Schwingungsgyrometern wird der Abstand einer (oder mehrerer) Masse(n) zur Drehachse durch eine Schwingungsanregung periodisch vergrößert und wieder verkleinert (Bild 14, Bewegung in y-Richtung). Dadurch muss die Masse im gleichen Takt beschleunigt und wieder abgebremst werden (Bewegung in x-Richtung). Die dafür erforderlichen Kräfte hängen von der Amplitude der Schwingungsanregung und der aktuellen Drehrate ab. Hält man die Schwingungsanregung konstant, kann man aus den Beschleunigungskräften die Drehrate Ω ermitteln.

Die Coriolis-Kraft wirkt nach einem bekannten Vektorgesetz senkrecht zur Drehbewegung und Geschwindigkeit der bewegten Masse (Bild 14). Daraus ergibt sich die Coriolis-Beschleunigung zu:

(1) $$a_{\text{Coriolis}} = a_x = 2 \cdot v_y \cdot x \cdot \Omega_z$$

Die Geschwindigkeit v_y ändert sich dabei entsprechend der Schwingbewegung sinusförmig:

(2) $$v_y = v_y \cdot \sin\omega t$$

Damit wird bei konstanter Drehrate Ω_z auch eine sinusförmige Coriolis-Beschleunigung a_{Coriolis} gleicher Frequenz gemessen. Der Amplitudenwert ist dann:

(3) $$a_{\text{Coriolis}} = 2 \cdot v_y \cdot \Omega_z$$

Die ebenfalls an der Masse m angreifende Beschleunigung a_y in Schwingrichtung ist dem Betrag nach meist um mehrere Zehnerpotenzen höher als die Coriolis-Nutzbeschleunigung:

(4) $$a_y = dv_y/dt = \omega \cdot v_y \cdot \cos\omega t$$

Da die Coriolis-Beschleunigung die gleiche Frequenz wie die Anregungsfunktion hat, kann das Nutzsignal (die Drehrate) durch Multiplikation von Anregungs- und Coriolis-Signal mit anschließender Mittelwertbildung gewonnen werden (phasenrichtige Gleichrichtung). Störsignale anderer Frequenzen werden dabei ausgefiltert (Prinzip des Lock-in-Verstärkers). Die Mittelwertbildung (mit einem Tiefpass) befreit das Ausgangssignal von der Anregungsfrequenz. Es ergibt sich eine Ausgangsspannung, die der Drehrate proportional ist:

(5) $$U_A = const \cdot a_{\text{Coriolis}} = const' \cdot \Omega$$

Anwendungsbeispiele

- Piezoelektrische Drehratesensoren,
- Mikromechanische Drehratesensoren.

Beschleunigungssensoren

Messgrößen

Beschleunigungssensoren eignen sich

- zur Klopfregelung bei Ottomotoren,
- zum Auslösen von Rückhaltesystemen (z. B. Airbag und Gurtstraffer) und
- zum Erfassen von Beschleunigungen des Fahrzeugs für das Antiblockiersystem (ABS) oder das Elektronisches Stabilitätsprogramm (ESP) bzw.
- zum Bewerten der Karosseriebeschleunigung für Systeme der Fahrwerksregelung.

Messgröße ist die Beschleunigung a, die oft als Vielfaches der Fallbeschleunigung g_n ($1\ g \approx 9{,}81\ m/s^2$) angegeben wird (typische Werte für Kfz siehe Tabelle 1).

1 Messbereich von Beschleunigungssensoren

Anwendung	Messbereich
Klopfregelung	40 g
Passagierschutz	
– Airbag, Gurtstraffer	35...100 g
– Seitencrash-, Upfrontsensierung	100...400 g
– Überrolldetektion	3...7 g
ESP, HHC, ABS	0,8...1,8 g
Fahrwerkregelung (Suspension)	
– Aufbau	1 g
– Achse/Dämpfer	10...20 g
Car-Alarm	1 g

Tabelle 1
g Fallbeschleunigung $1\ g \approx 9{,}81\ m/s^2$
HHC Hill Hold Control
ABS Antiblockiersystem
ESP Elektronisches Stabilitätsprogramm

Messprinzipien

Beschleunigungssensoren messen die durch eine Beschleunigung a auf eine träge Masse m ausgeübte Kraft F:

(1) $$F = m \cdot a$$

Hierbei gibt es, wie bei der Kraftmessung, sowohl wegmessende als auch die mechanische Spannung messende Systeme.

Wegmessende Systeme

Bei wegmessenden Systemen (Bild 1) ist eine Masse m – die seismische Masse – elastisch mit dem Körper verbunden, dessen Beschleunigung a gemessen werden soll.

Konstante Beschleunigung

Im Fall einer konstanten Beschleunigung ist die Beschleunigungskraft mit der Rückstellkraft der um x ausgelenkten Feder mit der Federkonstante c im Gleichgewicht:

(2) $$F = m \cdot a = c \cdot x$$

Die Messempfindlichkeit S des Systems ergibt sich somit zu:

(3) $$S = x/a = m/c$$

Demnach führen eine große Masse und eine geringe Federsteifigkeit zu einer hohen Messempfindlichkeit.

1 Wegmessende Beschleunigungssensoren

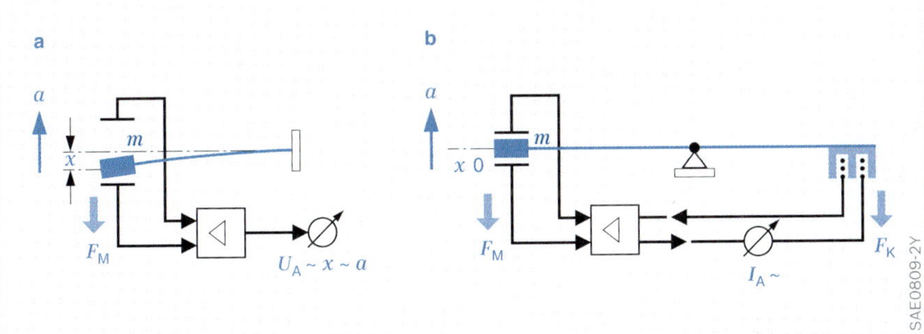

Bild 1
Schema:
a Ausschlagmessend
b lagegeregelt

a Messbeschleunigung
x Systemausschlag
F_M Messkraft (Trägheitskraft auf Masse m)
F_K Kompensationskraft
I_A Ausgangsstrom
U_A Ausgangsspannung

Veränderliche Beschleunigung
Im dynamischen Fall sind neben der Federkraft noch eine Dämpfungs- und eine Trägheitskraft zu berücksichtigen. Die wesentliche Dämpfungskraft ist proportional zur Geschwindigkeit $\dot{x}$ und wird beschrieben mit dem Dämpfungskoeffizienten p. Die Trägheitskraft ist proportional zur Beschleunigung $\ddot{x}$. Die sich so ergebende Gleichung (4) beschreibt ein schwingungsfähiges (resonantes) System:

(4) $$F = m \cdot a = c \cdot x + p \cdot \dot{x} + m \cdot \ddot{x}$$

Ausgehend von einer vernachlässigbaren Dämpfung ($p \approx 0$) besitzt es eine Resonanzfrequenz:

(5) $$\omega_0 = \sqrt{\frac{c}{m}}$$

Somit ist gemäß Gleichung (3) die Messempfindlichkeit S mit der Resonanzfrequenz ω_0 in folgender Weise fest verknüpft:

(6) $$\omega_0^2 \cdot S = 1$$

Dies bedeutet, dass eine doppelt so hohe Resonanzfrequenz mit einer auf den Faktor 1/4 reduzierten Empfindlichkeit erkauft werden muss. Solche Feder-Masse-Systeme zeigen nur deutlich unterhalb ihrer Resonanzfrequenz eine hinreichend konstante Proportionalität zwischen Messgröße und Ausschlag.

Die sich ergebende Auslenkung wird über ein geeignetes Messverfahren in ein elektrisches Signal umgesetzt (vgl. Tab. 2).

Lageregelung
Wegmessende Systeme erlauben die Anwendung des Kompensationsprinzips, bei dem die beschleunigungsbedingte Systemauslenkung durch eine äquivalente Rückstellkraft ausgeregelt wird (Bild 1b). Das Sensorelement ist nun Bestandteil eines geschlossenen Regelkreises. Als Maß für die Beschleunigung dient die Rückstellkraft bzw. die sie erzeugende Größe (z. B. Strom oder Spannng). Das System arbeitet durch die Regelung sehr nahe am Nullpunkt der Auslenkung und erreicht eine hohe Linearität.

Die Lageregelung bewirkt einen größeren Messbereich, der nur durch die Rückstellkraft begrenzt wird, und eine höhere Grenzfrequenz als gleichartige, nicht lagegeregelte Systeme (Bild 1a).

Dämpfung
Um eine störende Resonanzüberhöhung zu vermeiden, bedarf es bei reinen Ausschlagsystemen einer definierten und von der Temperatur unabhängigen Dämpfung. Wird der Dämpfungskoeffizient p auf die übrigen Parameter der Gleichung (4) bezogen, so ergibt sich das Lehr'sche Dämpfungsmaß D zu:

(7) $$D = \frac{p}{2 \cdot c} \cdot \omega_0 = \frac{p}{2 \cdot \sqrt{c \cdot m}}$$

Tabelle 2

2 Messprinzipien

Elektr. Abgriff	Prinzip	Technische Umsetzung	Anwendungsbeispiele
Piezoresistiv	Spannungsmessung über Widerstandsänderung bei Dehnungen durch Beschleunigung auf Feder-Masse-System	Silizium-Volumenmikromechanik, Dünnschichtsysteme	Laborapplikationen, früher auch Crashsensorik
Piezoelektrisch	Ladungsverschiebungen im Kristall durch angelegte Kraft (Feder-Masse-System)	Keramikmaterial, PZT, Quarz, PVDF	Klopfsensoren, früher auch Crashsensorik
Kapazitiv	Auslenkung des Feder-Masse-Systems wird über die Kapazitätsmessung eines Plattenkondensators bestimmt	Silizium-Volumenmikromechanik, Oberflächenmikromechanik	Flächendeckend im Kfz verwendet
Thermisch	Laterale Auslenkung eines erhitzten Gasbereichs und Detektion der Asymmetrie bezüglich der Heizzone	Volumenmikromechanik	Überrollsensierung

Diese dimensionslose Größe erlaubt ein einfaches Beschreiben und Vergleichen unterschiedlicher, schwingungsfähiger Systeme. Einschwingverhalten und Resonanzüberhöhung werden weitgehend von diesem Dämpfungsmaß bestimmt. In der Praxis werden Werte von $D = 0{,}5...0{,}7$ bevorzugt (Bild 2).

Bei lagegeregelten Systemen wird die Dämpfung im Regelkreis realisiert und eingestellt.

Physikalische Realisierung

Die Mehrzahl der heute im Kfz verwendeten Beschleunigungssensoren werden in Silizium-Oberflächenmikromechanik hergestellt. Durch die kapazitive Auswertung ist das Messsignal nur von der Geometrie und stabilen Materialparametern bestimmt und unterliegt kaum Einflussgrößen wie z. B. der Temperatur. Die bei diesen Sensoren sehr kleinen Messkapazitäten bedingen aber eine Auswerteelektronik in unmittelbarer Nähe.

Vorteil der Oberflächenmikromechanik ist die Möglichkeit, die Systeme durch Einspeisen elektrostatischer Kräfte (an den Messelektroden oder einem zusätzlich angebrachten Elektrodensatz) lagezuregeln bzw. auszulenken. Letzteres ist als echter elektromechanischer Selbsttest ein wirksames Mittel, den gesamten Signalpfad zu überprüfen.

2 Resonanzkurven der Übertragungsfungtion G

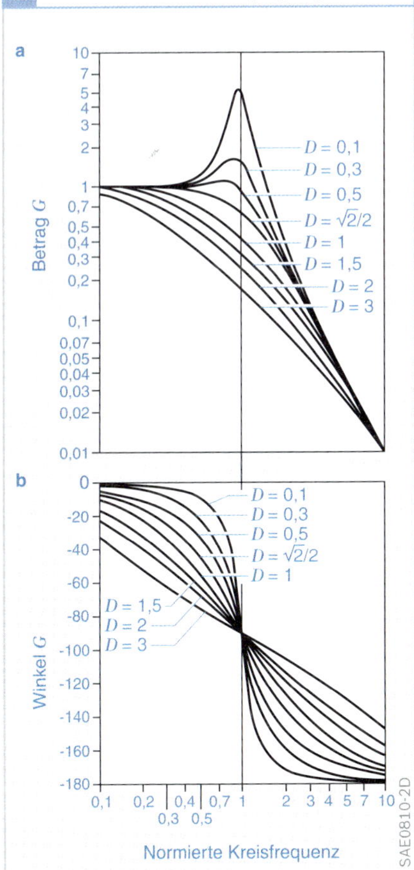

Mechanische Spannung messende Systeme

Anwendung

Im Kfz werden piezoelektrische Aufnehmer nur bei Beschleunigungs- und Drehratesensoren eingesetzt.

Wirkprinzip Longitudinaleffekt

Piezoelektrische Materialien erzeugen unter der Wirkung einer Kraft F auf ihren mit Elektroden versehenen Oberflächen eine Ladung Q (Bild 3). Diese Ladung ist proportional zu der durch die Kraft F erzeugten mechanische Spannung. Materialien für piezoelektrische Elemente lassen

3 Formen des piezoelektrischen Effekts

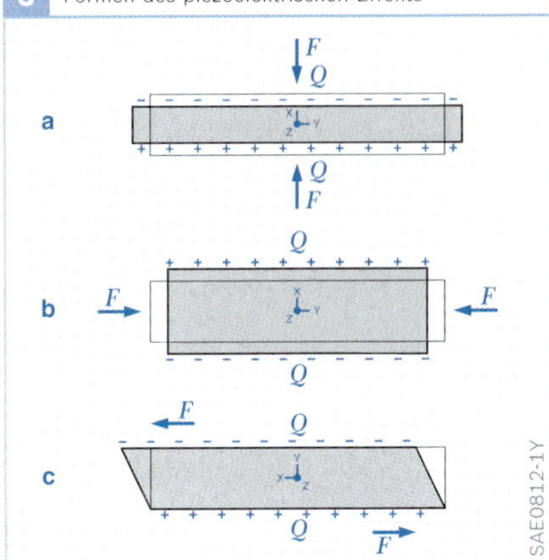

Bild 2
a Amplitudenresonanzkurve
b Phasenresonanzkurve der komplexen Übertragungsfunktion $G(i{\cdot}\Omega) = [x(i{\cdot}\Omega)]/[a(i{\cdot}\Omega)]$

$x(i{\cdot}\Omega)$ Ausschlagamplitude
$a(i{\cdot}\Omega)$ Amplitude der Beschleunigungsanregung
$\Omega = \omega/\omega_0$ normierte Kreisfrequenz
D Dämpfung

Bild 3
a Longitudinaleffekt
b Transversaleffekt
c Schubeffekt
F Kraft
Q Ladung

sich grob in Einkristalle wie Quarz und in Keramiken einteilen.

Piezoelektrisch aktive Keramiken werden durch Sintern aus fein gemahlenen Ferroelektrika hergestellt. Damit bestehen diese Keramiken aus einer Vielzahl von kleinsten Kristallen, die räumlich beliebig orientiert sind. Diese werden während der Herstellung durch Anlegen einer hohen elektrischen Feldstärke polarisiert. Dadurch werden die regellos orientierten Polarisationen der Mikrokristalle weitgehend ausgerichtet.

Eine Depolarisation und damit ein Verlust der piezoelektrischen Eigenschaften kann bei Piezokeramiken durch Temperaturen oberhalb der Curie-Temperatur, durch intensive mechanische Belastungen oder durch Polarisation mit entgegengesetzten Feldstärken hervorgerufen werden.

Die erzeugten Ladungen fließen über den äußeren Widerstand des Messkreises bzw. auch über den inneren Widerstand des Piezosensors ab. Solche Sensoren können also nicht statisch, sondern nur dynamisch messen. Die typischen Grenzfrequenzen dieses Hochpassverhaltens liegen je nach Anwendung oberhalb von 1 Hz.

Wirkprinzip Transversal- und Schubeffekt
Neben dem longitudinalen piezoelektrischen Effekt (Bild 3a) gibt es auch den Transversal- und den Schubeffekt (Bild 3b und 3c). Diese Effekte treten in der Praxis gemeinsam auf. Der Zusammenhang zwischen erzeugter Ladung und einwirkender mechanischer Spannung ist daher als Tensorgleichung zu formulieren.

Der Transversaleffekt wird zum Beispiel beim „Bimorph", der aus zwei gegensinnig polarisierten Piezokeramiken zusammengesetzt ist, zur Messung von Biegespannungen ausgenutzt (Bild 4). Beim Verbiegen der Zweischicht-Verbundkeramik wird die eine Hälfte gedehnt ($\varepsilon > 0$), während die andere gestaucht wird ($\varepsilon < 0$). Durch die gegensinnige Polarisation der Teilkeramiken addieren sich die dabei entstehenden Teilspannungen U_1 und U_2 zu einer resultierenden Gesamtspannung U, die an den beiden äußeren Metallisierungsschichten abgegriffen werden kann.

Elektrische Signalauswertung
Piezoelektrische Sensorelemente lassen sich als Spannungsquelle mit kapazitivem Innenwiderstand modellieren. Für ideale Elemente ist der Innenwiderstand unendlich hoch. Entsprechend sorgfältig ist die Signalverarbeitung auszulegen.

Bild 4
a Im Ruhezustand
b bei Verbiegung, oben gedehnt ($\varepsilon > 0$) unten gestaucht ($\varepsilon < 0$)
1 Polarisationsrichtung
F Messkraft
U Gesamtspannung
U_1, U_2 Teilspannungen

4 Piezoelektrischer Bimorph

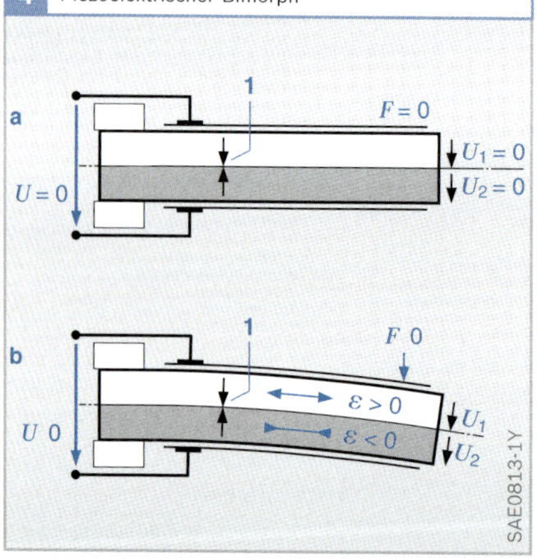

Bild 5
a Spannungsabgriff
b Ladungsabgriff
1 Zuleitung
2 piezoelektrische Probe mit Kapazität C_P
C_M Messkapazität
F Messkraft
Q Ladung
U Spannung

5 Abgriff piezoelektrischer Sensoren

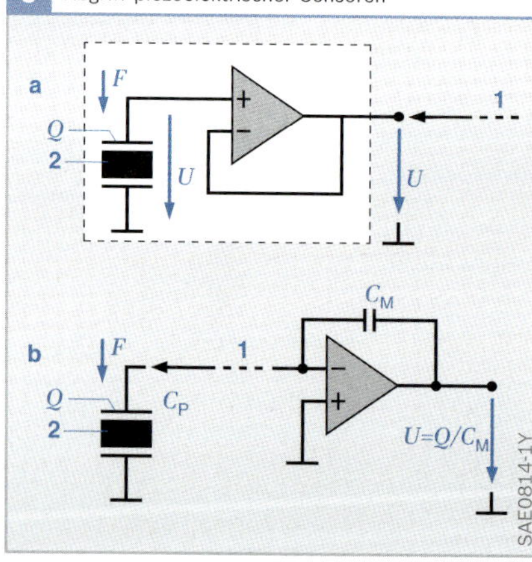

Für die Impedanzanpassung an nachfolgende Systeme gibt es zwei Möglichkeiten:

- Elektrometerverstärker (Bild 5a): Hier wird die Spannung, die an den Elektroden anliegt, mit einem Verstärker mit extrem hochohmigem Eingang erfasst und verstärkt. Parasitäre Kapazitäten gehen jedoch in die Übertragungsfunktion mit ein.
- Ladungsverstärker (Bild 5b): Hier wird die Ladung auf einem zweiten Kondensator zwischengespeichert. Parasitäre Kapazitäten haben keinen Einfluss.

In beiden Fällen sind parallel zum Sensorelement liegende Widerstände für die Übertragungsfunktion zu berücksichtigen.

Thermische Beschleunigungssensoren

Thermische Beschleunigungssensoren erzeugen eine „Blase erhitzten Gases" über einem Heizelement. Der engräumig erhitzte Gasbereich besitzt eine geringere Dichte als das umgebende, kühlere Gas.

6 Prinzip thermischer Beschleunigungssensoren

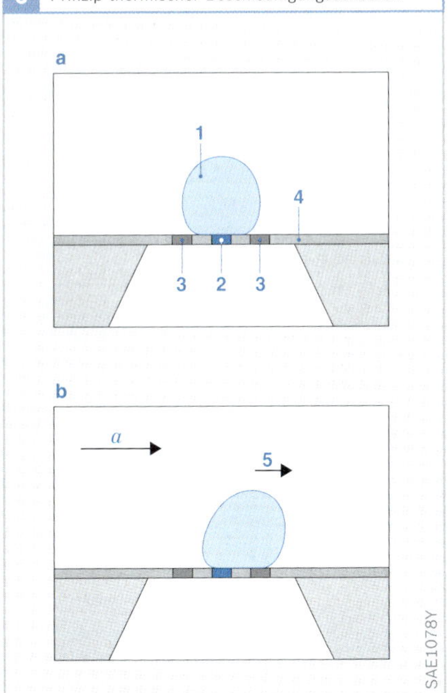

Bild 6
- a Beschleunigung $a = 0$
- b Beschleunigung $a > 0$
- 1 Erhitzter Gasbereich
- 2 Heizelement
- 3 Temperatursensor
- 4 Trägerschicht
- 5 verlagerter Heißbereich

Beim Auftreten einer lateralen Beschleunigung verlagert sich der Gasbereich geringer Dichte innerhalb des umgebenden, kühleren Gases. Die dadurch entstehende Asymmetrie wird über Thermoelemente oder Widerstände als Brückenschaltung erfasst. Die Brückenspannung stellt das Beschleunigungssignal dar.

Packaging

Eine zweckmäßige, auf den Einsatzfall zugeschnittene „Verpackung" (engl.: Packaging) spielt eine für die Qualität des Sensors entscheidende Rolle. Beschleunigungssensoren erfassen die Messgröße ohne eine bewegliche Verbindung zur Außenwelt; deshalb können sie einfach hermetisch gekapselt werden. Eine starre mechanische Ankoppelung an den Messkörper muss jedoch gewährleistet sein, da zusätzliche elastische oder lose Zwischenglieder die Messung erheblich verfälschen. Diese feste Ankoppelung darf jedoch nicht dazu führen, dass z. B. auftretende Wärmedehnungen des Messkörpers so auf den Sensor übertragen werden, dass sie den Messwert beeinflussen.

Anwendungsbeispiele

- Piezoelektrische Beschleunigungssensoren (Bimorph-Biegeelemente, Longitudinal-Elemente wie Klopfsensor),
- Mikromechanische Beschleunigungssensoren, ausgeführt in Bulk-Mikromechanik und Oberflächenmikromechanik.

Drucksensoren

Messgrößen

Die Druckmessung erfolgt direkt, über Membranverformung oder durch einen Kraftsensor für folgende Anwendungen im Kraftfahrzeug (Beispiele):

- Saugrohr- bzw. Ladedruck (1...5 bar) bei Benzineinspritzung,
- Bremsdruck (10 bar) bei elektropneumatischen Bremsen,
- Luftfederdruck (16 bar) bei luftgefederten Fahrzeugen,
- Reifendruck (5 bar absolut) bei Reifendruckkontrolle,
- Hydraulikvorratsdruck (ca. 200 bar) bei ABS und Servolenkung,
- Stoßdämpferdruck (ca. 200 bar) bei Fahrwerkregelung,
- Kühlmitteldruck (35 bar) bei Aircondition-Systemen,
- Modulationsdruck (35 bar) bei Getriebeautomaten,
- Bremsdruck in Haupt- und Radzylinder (200 bar) sowie automatische Giermomentkompensation bei elektronisch gesteuerter Bremse,
- Über-/Unterdruck der Tankatmosphäre (0,5 bar),
- Brennraumdruck (100 bar, dynamisch) für Zündaussetzer- und Klopferkennung,
- Elementdruck der Dieseleinspritzpumpe (1 000 bar, dynamisch) bei Elektronischer Dieselregelung,
- Kraftstoffdruck bei Diesel Common Rail (bis 2 000 bar) und
- Kraftstoffdruck bei Benzin-Direkteinspritzung (bis 200 bar).

1 Druckmessung

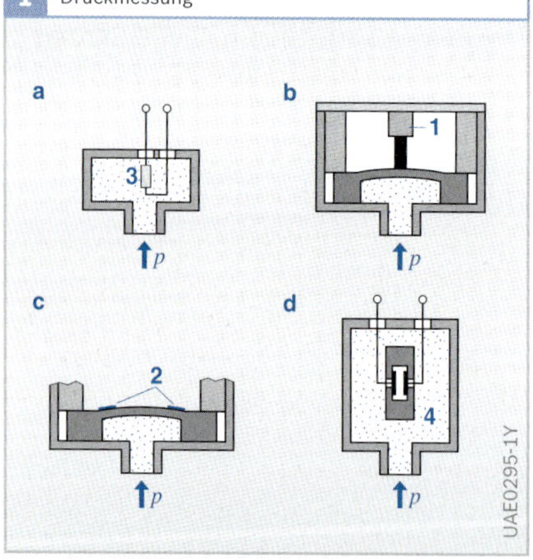

Bild 1
a Direkte Messung mit druckabhängigem Widerstand (3)
b Messung durch Kraftsensor (1)
c Messung über Membranverformung mittels DMS (2)
d Messung kapazitiv über Verformung einer Membrankapsel (4)

Messprinzipien

Die Messgröße Druck ist eine in Gasen und Flüssigkeiten auftretende, allseits wirkende, nicht gerichtete Kraftwirkung. Sie pflanzt sich in Flüssigkeiten, jedoch auch noch sehr gut in galertartigen Substanzen und weichen Vergussmassen fort. Zur Messung dieser Drücke gibt es dynamisch und statisch wirkende Messwertaufnehmer.

Zu den dynamisch wirkenden Drucksensoren gehören z. B. auch alle Mikrofone, die - unempfindlich gegen statische Drücke - nur zur Messung von Druckschwingungen in gasförmigen oder flüssigen Medien dienen. Da bisher in Kraftfahrzeugen jedoch praktisch ausschließlich statische Drucksensoren gefragt waren, soll hier nur auf diese näher eingegangen werden.

Direkte Druckmessung

Insbesondere zur Messung sehr hoher Drücke (> 10^4 bar) wäre es ausreichend, einfach einen elektrischen Widerstand dem Druckmedium auszusetzen (Bild 1a), denn alle bekannten Widerstände zeigen mehr oder weniger ausgeprägt eine Druckabhängigkeit (Volumeneffekt). Schwierig gestaltet sich jedoch dabei meist die Unterdrückung ihrer gleichzeitigen Abhängigkeit von der Temperatur und die druckdichte Durchführung ihrer Anschlüsse aus dem Druckmedium heraus.

Membransensoren

Die (auch im Kfz) am weitesten verbreitete Methode der Drucksensierung verwendet zur Signalgewinnung zunächst eine dünne Membran als mechanische Zwischenstufe, die einseitig dem Messdruck ausgesetzt ist und sich unter dessen Einfluss mehr oder weniger durchbiegt. Sie kann in weiten

Grenzen nach Dicke und Durchmesser dem jeweiligen Druckbereich angepasst werden. Niedrige Druckmessbereiche führen zu vergleichsweise großen Membranen mit Durchbiegungen, die durchaus noch im Bereich von 1...0,1 mm liegen können. Hohe Drücke erfordern jedoch dickere Membranen geringen Durchmessers, die sich meist nur wenige µm durchbiegen.

Kommen bei niedrigen Drücken eventuell auch noch abstandsmessende Abgriffe (z. B. kapazitiv) in Betracht, so dominieren im Bereich mittlerer und höherer Drücke spannungsmessende Verfahren und hier praktisch ausschließlich die DMS-Technik.

Kapazitiver Abgriff
Kapazitive Drucksensoren sind jedoch im Gegensatz zu ihrem Einsatz bei Trägheitssensoren (siehe Beschleunigungs-/Drehratesensoren) erstaunlich wenig verbreitet, wenngleich sie hier möglicherweise ähnliche Vorteile (speziell hinsichtlich der Genauigkeit) bieten könnten. Dies liegt wohl an einem wesentlichen Unterschied zu den genannten anderen Sensoren: Drucksensoren benötigen den direkten Kontakt zum Messmedium. Dessen dielektrische Eigenschaften beeinflussen praktisch immer die Kalibrierung solcher kapazitiver Drucksensoren, die somit nicht nur vom jeweiligen Medium abhängen würde, sondern z. B. auch gar nicht ohne Medium (im „trockenen" Zustand) möglich wäre. Eine saubere Trennung vom Messmedium ist hier bisher nur mit erheblichem technischen Aufwand möglich.

DMS-Abgriff
Die bei der Durchbiegung eines Membransensors auftretenden Dehnungen an der Membran werden mit Hilfe der DMS-Technik (Dehnmessstreifen bzw. Dehnwiderstand) erfasst. Dehnwiderstände sind auf die Membran aufgebracht (z. B, eindiffundiert oder aufgedampft). Unter Einfluss mechanischer Spannungen ändert sich deren elektrischer Widerstand. Die Widerstände sind zu einer Wheatstone-Brücke zusammengeschaltet. Die Spannung ist ein Maß für den Druck.

Die Tabelle 1 gibt eine systematische Übersicht der bewährten und im Kfz auch großenteils genutzten Druckmesstechniken, geordnet nach der Art des Membranmaterials und der eingesetzten DMS-Technik. Markiert sind Kombinationen, die als aktuelle Beispiele im Kapitel „Sensorausführungen" beschrieben werden (x) oder deren Fertigung bzw. Bezug zumindest schon in näheren Betracht gezogen wurde (blau markierte Felder).

1 DMS-Abgriff und Membranmaterial

DMS-Abgriff	Membranmaterial		
	Keramik	Metall (Stahl)	Silizium
Folien [1]) (aufgeklebt)			
Dickschicht			
Metall-Dünnschicht		x	
Silizium-Dünnschicht		x	
Diffusionswiderstände			x

Tabelle 1
[1]) Geringe eignung für Großserie, (x) aktuelle Beispiele
■ Eignung in Betracht gezogen

Die hier aufgeführten verschiedenen DMS-Techniken zeigen sehr unterschiedliche Eigenschaften im Hinblick auf Größe und Art ihres Messeffekts. Der „K-Faktor" (gage-Faktor) charakterisiert die Größe des Messeffekts bei Dehnwiderständen. Er gibt die relative Änderung seines Dehnwiderstands R bezogen auf die relative Änderung seiner Länge l an (Gleichung 1):

$$(1) \quad K = \frac{\Delta R/R}{\Delta l/l} = 1 + 2\cdot\nu + \frac{\mathrm{d}\rho/\rho}{\varepsilon}$$

Dabei steht oft das Symbol ε (Dehnung) für das Verhältnis $\Delta l/l$ und wird in Vielfachen von 10^{-6} (ppm) als „Mikron" oder „micro strain" angegeben.

ν ist die Querkontraktionszahl des Materials, ρ stellt seine elektrische Leitfähigkeit dar. ν charakterisiert die Querschnittsverringerung des Materials bei Längung und beträgt in dem idealisierten Fall des konstant gehaltenen Volumens $\nu = 0{,}5$ (real $\nu = 0{,}3...0{,}4$).

Der Leitfähigkeitsterm in Gleichung 1 spielt im Falle von Metallwiderständen fast keine Rolle, dominiert hingegen im Falle von Si-Widerständen.

Man spricht von einem longitudinalen *K*-Faktor, wenn der Widerstand in Stromrichtung, von einem transversalen *K*-Faktor, wenn der Widerstand quer zur Stromrichtung gedehnt wird (Bild 2). Die Tabelle 2 gibt eine Übersicht für typische Werte der wichtigsten *K*-Faktoren.

Das oft gefürchtete Phänomen des „Kriechens" (geringfügiges mechanisches Nachgeben unter lang anhaltender, unidirektionaler Dauerlast) tritt, wenn überhaupt, dann nur in extremen Fällen bei geklebten Folien-DMS auf. Alle anderen DMS-Techniken, die keinen Kleber verwenden, zeigen dieses Phänomen nicht.

Genau genommen hängt die Durchbiegung einer Membran von dem Unterschied des an ihrer Ober- und ihrer Unterseite anliegenden Druckes ab. Demnach gibt es vier verschiedene Grundtypen von Drucksensoren (Tabelle 3), nämlich für:

- Absolutdruck,
- Referenzdruck,
- barometrischen Druck und
- Differenzdruck.

Rückführung auf Kraftsensoren

Einige Sensoren verwenden die Membran jedoch nicht direkt zur Signalumwandlung, sondern führen die von der Membran aufgenommene Kraft lediglich einem Kraftsensor zu, dessen Messbereich stets gleich sein kann, da die Anpassung an den Druckmessbereich bereits über die hier rein mechanische Membran vorgenommen wurde. Dazu muss allerdings die einwandfreie Anlenkung des Kraftsensors (z. B. über einen Stößel) an die Messmembran beherrscht werden.

Anwendungsbeispiele

- Dickschicht-Drucksensoren,
- Mikromechanische Drucksensoren,
- Si-Brennraumdrucksensor und
- Metallmembran-Hochdrucksensoren.

2 *K*-Faktor, physikalische Größen

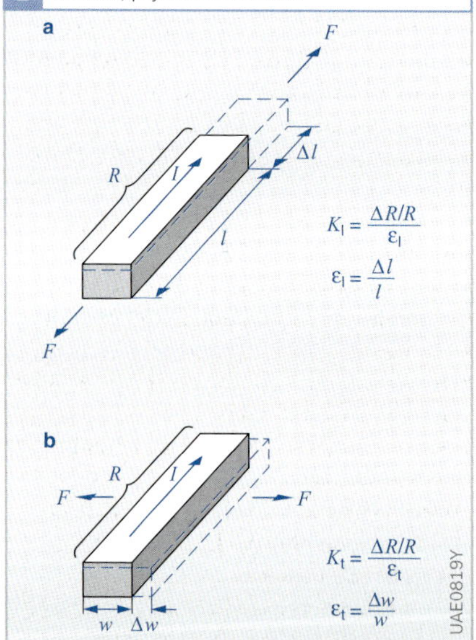

$$K_l = \frac{\Delta R/R}{\varepsilon_l} \qquad \varepsilon_l = \frac{\Delta l}{l}$$

$$K_t = \frac{\Delta R/R}{\varepsilon_t} \qquad \varepsilon_t = \frac{\Delta w}{w}$$

Bild 2
a Longitudinal
b transversal
F Kraft
I Strom
R Widerstand
l Länge
w Breite
ε Dehnung
K Gage-Faktor

Tabelle 2

2 *K*-Faktoren für verschiedenes Material

Material	*K*-Faktoren longitudinal	*K*-Faktoren transversal
Folien-DMS	1,6...2,0	≈ 0
Dickschicht	12...15	12...15
Metall-Dünnschicht	1,4...2,0	–0,5...0
Si-Dünnschicht	25...40	–25...–40
Si-monokristallin	100...150	–100...–150

Tabelle 3

3 Sensorgrundtypen für Druckmessung

Druck an Membranunterseite p_U	Druck an Membranoberseite p_O: Messdruck	Umgebungsdruck	Vakuum
Messdruck	Differenzdruck	Referenzdruck	Absolutdruck
Umgebungsdruck	Referenzdruck	–	Barometr. Druck
Vakuum	Absolutdruck	Barometr. Druck	–

Kraft- und Drehmomentsensoren

Messgrößen

Die Einsetzbarkeit von Kraft- und Drehmomentsensoren im Kraftfahrzeug ist überaus vielfältig, wie die folgende Auflistung zeigt:

- Koppelkraft bei Nutzfahrzeugen zwischen Zugfahrzeug und Anhänger bzw. Auflieger für die geregelte, kraftfreie Bremsung (weder Zug noch Schub an der Anhängerdeichsel beim Bremsen),
- Dämpferkraft für die elektronische Fahrwerksregelung,
- Achslast bei Nutzfahrzeugen für die elektronisch gesteuerte Bremskraftverteilung,
- Pedalkraft bei elektronisch geregelten Bremssystemen,
- Bremskraft bei elektrisch betätigten und elektronisch geregelten Bremssystemen,
- Antriebs- und Bremsmoment,
- Lenk- bzw. Lenkservomoment,
- Einklemmschutz bei elektrisch betätigten Fensterhebern und Schiebedächern,
- Radkräfte,
- Gewicht der Fahrzeuginsassen (für Insassen-Rückhaltesysteme).

Vielfältige Entwicklungsansätze waren bisher noch nicht zielführend, weil sie bei gleichzeitiger Erfüllung der jeweiligen Anforderungen an die Genauigkeit im Allgemeinen nicht den Kostenerwartungen für den Einsatz in den vorgesehenen Systemen entsprachen. Entgegen der allgemeinen Erwartung können gute Drehmomentsensoren nicht kostengünstiger hergestellt werden als z. B. Druck- und Beschleunigungssensoren. Das Gegenteil ist der Fall. Erschwerend kommt vor allem bei Drehmomentsensoren hinzu, dass die Messgröße nicht selten berührungslos von einer drehenden Welle (z. B. Antriebswelle, Lenkspindel usw.) auf das Chassis übertragen werden muss. Schleifringe werden für das Kfz nicht akzeptiert.

Kraft- und Drehmomentsensoren müssen direkt in den Kraftfluss geschaltet werden (also die gesamte Messgröße durchleiten), da jede Art der Teilkraftmessung im Kraftnebenschluss sehr problematisch und leicht verfälschbar ist. Kraftmessende Sensoren sind also extensiver Art, d. h., ihre Baugröße hängt unmittelbar vom Messbereich ab.

Zwar sind, wie im Kraftfahrzeug stets gefordert, auch kompakte Bauformen bekannt. Diese messen jedoch nur dann genau, wenn die Kräfte wohl definiert in den Sensor eingeleitet werden, was normalerweise allenfalls unter Laborbedingungen gewährleistet werden kann. Die in der Praxis unvermeidlichen Toleranzen und Verkantungen erfordern im Allgemeinen eine Zwischenschaltung von längeren mechanischen Homogenisierungsstücken, wodurch die Baugröße der Sensoren wieder meist untragbar wächst.

Müssen kraft- und momentführende Teile geschnitten werden, damit vorher prüfbare Sensoren eingebaut werden können, so ergibt sich im Allgemeinen auch ein Schnittstellenproblem. Dieses Problem muss in engster Zusammenarbeit zwischen dem Sensorlieferanten und den (in aller Regel verschiedenen) Zulieferern des geschnittenen Teils bzw. dem Fahrzeughersteller gelöst werden. Auch dieses Problem hat sich bei anderen Sensoren bisher noch nicht in dieser Schärfe und Tragweite gestellt.

Selbst wenn der Kraftfluss nicht geschnitten wird, sondern statt dessen mechanische Einbauteile selbst als „Messfedern“ dienen und lediglich für die Anbringung von Sensorelementen modifiziert werden müssen, bedarf es einer sehr genauen Abstimmung.

Wenn auch aktuell kaum serienmäßig hergestellte Kraft- und Wegsensoren bei Bosch für das Automobil zur Verfügung stehen, so soll hier doch ein kurzer Überblick der wichtigsten, schon in engere Wahl gezogenen Messprinzipien und Entwicklungsansätze gegeben werden.

Messprinzipien

Grundsätzlich sind auch bei der Kraft- und Momentenmessung statische und dynamische sowie weg- und spannungsmessende Prinzipien zu unterscheiden. Bisher wurden überwiegend statische Sensoren gefordert und im Fall der Kraftsensoren meist auch nicht nachgiebige, spannungsmessende Prinzipien bevorzugt. Lediglich bei den Drehmomentsensoren werden gerade im aktuellen Fall einer Lenkmomentsensierung auch „weiche", nachgiebige Sensorsysteme akzeptiert, die sich auch mit winkelmessenden Abgriffen realisieren lassen. Dies ist insbesondere möglich, weil sich diese Eigenschaft auch schon bei früheren, sensorlosen Hydrauliksystemen als tolerierbar erwiesen hat. Auf beiden Gebieten, Kraft- und Momentensenierung, dominierte bisher - auch im Hinblick auf den industriellen Einsatz - noch die Verwendung von magnetisch wirksamen Spulensystemen.

Um auch hier mikrostrukturierte, in einer Massenfertigung hergestellte Elemente applizieren zu können, kommen neuerdings jedoch auch wegmessende magnetostatische Sensoren (Hall) zum Einsatz (z. B. Messung Beifahrergewicht) und werden - trotz der bekannten Verschmutzungprobleme und der meist aufwändigen Montage - auch optoelektronische Abgriffe in Betracht gezogen (z. B. für elektronische Servolensksysteme), die gleichzeitig zur Drehmomentmessung auch eine hochauflösende Drehwinkelmessung erlauben.

1 Magnetoelastischer Anisotropieeffekt

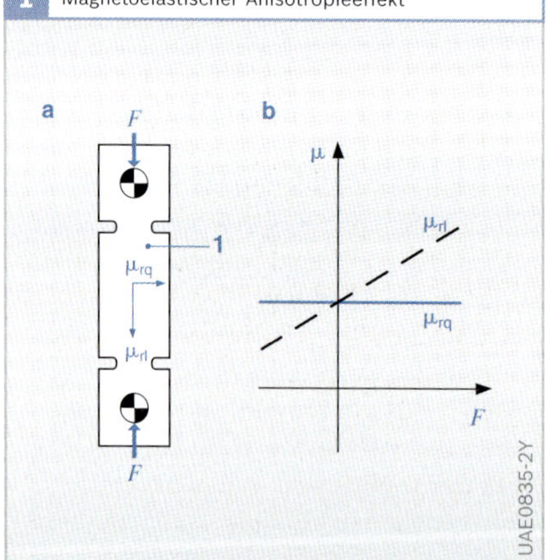

Bild 1
- a Magnetoelastischer Messkörper
- b Messeffekt
- *F* Kraft
- μ_r relative magnetische Permeabilität
- μ_{rq} quer zur Kraftrichtung
- μ_{rl} in Kraftrichtung

Spannungsmessende Kraftsensoren

Magnetoelastisches Prinzip

Ferromagentische Materialien ändern unter Einflusss eines magnetischen Feldes in Feldrichtung ihre Länge (Effekt der Magnetostriktion). Dabei kann sich materialabhängig bei gleicher Feldrichtung die Länge entweder vergrößern (positive Magnetostrikiton) oder auch verkürzen (negative Magnetnostriktion). Bei der Umkehrung dieses Effekts, die Änderung der magnetischen Eigenschaften unter Einwirklung von Zug- und Druckspannungen bzw. Dehnung und Stauchung, spricht man vom magnetoelastischen Effekt. Dieser Effekt äußert sich in einem anisotropen (richtungsabhängigen) Verhalten der relativen magnetischen Permeabilität μ_r (Verhältnis zwischen magnetischer Induktion B und magnetischer Feldstärke H). Hat diese im kraftfreien Fall noch in allen Richtungen den gleichen Wert (isotrop), so nimmt sie unter Einfluss einer eingeleiteten Kraft F in Kraftrichtung einen etwas anderen (materialabhängig entweder größeren oder kleineren) Wert (μ_{rl}) als quer dazu (μ_{rq}) an (Bild 1). Der Effekt wird nicht nur bei kristiallinen oder polykristallinen Materialien, sondern auch bei amorphen Stoffen beobachtet.

Die Permeabilitätsänderung in Kraftrichtung spiegelt sogar das Vorzeichen der Kraft richtig wider. Wenngleich fast alle ferromagnetischen Materialien diesen Effekt zeigen, so ist er doch durch bestimmte Legierungszusammensetzung optimierbar. Leider sind die Materialien, die geringe Hysterese, gute Linearität und geringen Temperaturgang zeigen, nicht auch gleichzeitig diejenigen mit dem größten Messeffekt. Liegen die größten beobachteten Effekte bei ca. 30 % (bezogen auf den isotropen Grundwert) und sind diese auch ohne Elektronik noch nutzbar, so liegt der Effekt bei messtechnisch optimierten Materialien nur noch im Bereich weniger Prozent und bedarf der elektronischen Verstärkung.

Vorteil des magnetoelastischen Effekts ist zum einen sein weiter Temperaturbereich und die technische Nutzbarkeit bis zu Temperaturen von ca. 300°C. Zum andern stellt er einen ausgesprochenen Volumeneffekt dar, d.h., zur Detektion angebrachte Spulen erfassen nicht nur eine lokal durch Krafteinleitung variierte Permeabilität (wie z.B. bei DMS), sondern mehr oder weniger die über den gesamten Spulenquerschnitt integrierte Wirkung. Der Sensor ist somit weniger empfindlich gegen eine eventuell asymmetrische Krafteinleitung.

Da die kraftabhängigen Permeabilitätsänderungen praktisch immer mithilfe von Wechselstromfeldern erfasst werden, ist auch die stark frequenzabhängige Eindringtiefe von Wechselfeldern zu beachten:

Zum Messeffekt können nur diejenigen mechanischen Spannungen beitragen, die auch im wirksamen Eindringbereich des Messfelds liegen. Um den Messeffekt maximal nutzen zu können, sollte der magnetisch wirksame Luftspalt möglichst klein gehalten werden. So wird der magnetisch aktive Messkreis oft auch mit ferromagnetischem Material geschlossen, selbst wenn dieses nicht in den Kraftfluss einbezogen ist.

Bild 2 zeigt die beiden wichtigsten Möglichkeiten, den magnetoelastischen Effekt auszuwerten: Wird eine Spule so auf dem Messkörper angeordnet, dass ihre Feldrichtung mit der Kraftrichtung zusammenfällt, so lässt sich die damit abgreifbare Änderung der Induktivität L nutzen. Anregende Feldstärke H und Induktion B haben unabhängig von der Höhe der Krafteinwirkung stets die gleiche Richtung (Bild 2a).

Liegt die Feldstärke H einer Speisespule nicht achsparallel zur Richtung der eingeleiteten Kraft, so ändert sich unter Einwirkung der Kraft nicht nur der Betrag der magnetischen Induktion B, sondern (durch die Anisotropie der Permeabilität) auch deren Richtung (Bild 2b). Liegen im kraftfreien Fall die Richtungen von H und B in der gewohnten Weise übereinander, so zeigen sie bei zunehmender Krafteinwirkung eine immer unterschiedlichere Richtung. Dies kann besonders vorteilhaft zur Variation der magnetischen Kopplung zweier zur Messung aufgebrachter, unter 90° zueinander gekreuzten Spulen (Kreuzduktor) genutzt werden (Bild 3).

2 Auswirkung des magnetoelastischen Effekts

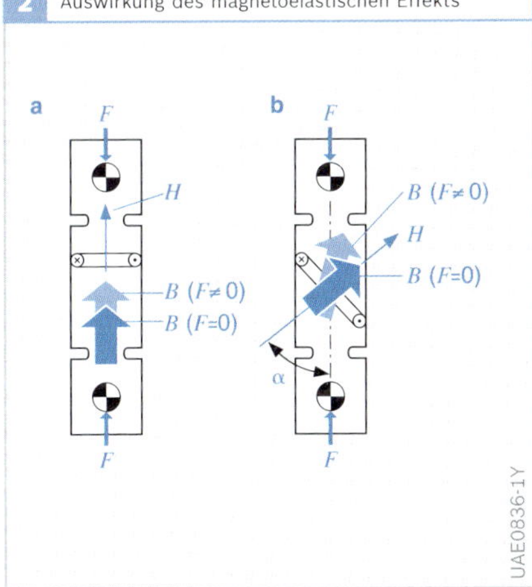

3 Magnetoelastischer Zug-Druckkraftsensor zur Bremsmomentmessung (Entwicklungsmuster)

Bild 2
- a Bei feldparalleler Kraftrichtung
- b bei unterschiedlicher Richtung von Feldstärke H und Kraft F
- B Induktion
- α eingeschlossener Winkel

DMS-Prinzip (piezoresistiv)
Der Einsatz von Dehnmesswiderständen (DMS, Dehnmessstreifen) zur Kraftmessung ist die am weitesten verbreitete und wohl zugleich zuverlässigste und präziseste Methode der Kraft- und Drehmomentmessung (Bild 4). Sie beruht darauf, dass im Hook'schen Bereich des Dehnkörpermaterials zwischen den mechanischen Spannungen σ im Dehnkörper - verursacht durch die Krafteinleitung - und der Dehnung ε ein proportionaler Zusammenhang besteht. Gemäß dem Hook'schen Gesetz gilt in diesem Fall:

(1) $$\varepsilon = \Delta l / l = \sigma / E$$

wobei die Proportionalitätskonstante E als „E-Modul" bekannt ist. Die DMS-Methode ist daher genau genommen eine indirekte Messmethode, da sie nicht direkt die kraftbedingten Spannungen, sondern - lokal - die daraus entstehende Dehnung misst. Nimmt beispielsweise der E-Modul, wie bei Metallen üblich, um 3 % über 100 K ab, so zeigt der DMS bei höheren Temperaturen einen um 3 % zu hohen Kraftwert an.

Dehnwiderstände werden als Schichtwiderstände - im Gegensatz zu aufgeklebten DMS - so innig mit der Oberfläche des ausgewählten Dehnkörpers verbunden, dass sie dessen Oberflächendehnung unverfälscht und ohne jede Kriechererscheinung folgen. Die aus der Dehnung des Widerstands resultierende Widerstandsänderung wird durch den jeweiligen Gage-Faktor K des Widerstands bestimmt (siehe „Drucksensoren"):

(2) $$\Delta R / R = K \cdot \varepsilon$$

Der K-Faktor übersteigt bei Metallschichtwiderständen den Wert 2 meist nicht, sonder liegt in der Praxis eher etwas darunter. DMS werden so ausgeführt, dass sie (in Verbindung mit einem bestimmten Dehnmaterial (Träger) und dessen thermischer Ausdehnung möglichst keinen eigenen Temperaturgang haben ($T_{KR} \approx 0$). Verbleibende Reste eines Temperaturgangs werden dadurch eliminiert, dass sie meist als Halb- oder Vollbrücke auf den Dehnkörper aufgebracht werden. Da Temperatureinflüsse (im Gegensatz zur Messdehnung) gleichsinnig auf die DMS einwirken, führen sie zu keinem Ausgangssignal.

Die jeweiligen Brückenergänzungswiderstände können (müssen aber nicht) im Dehnbereich des Messköpers liegen; sie können auch als rein passive Widerstände nur Kompensationsfunktion haben (Bild 4c). Zu beachten ist, dass auch der

4 DMS-Kraftsensoren

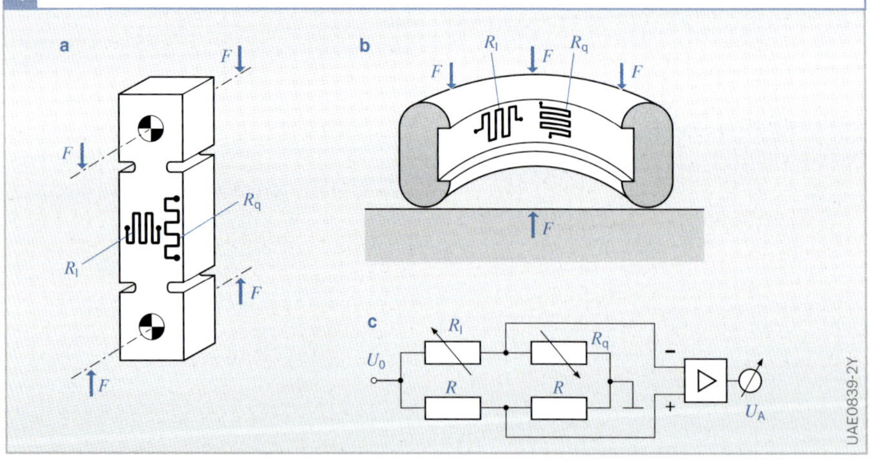

Bild 4
a Stabform
b Ringform
c elektronische Auswertung
F Kraft
$R_{l,q}$ Metallschichtwiderstände längs, quer
R Brückenergänzungswiderstände
U_0 Versorgungsspannung
U_A Ausgangsspannung

K-Faktor selbst oft einen Temperaturgang aufweist (TK_K). Er nimmt meist mit zunehmender Temperatur ab, kann also in günstigen Fällen z. B. durch die vom E-Modul bewirkte Signalzunahme kompensiert werden. Ansonsten wird eine durch den K-Faktor bedingte Signalabnahme meist über eine entsprechend zunehmende Brückenversorgungsspannung U_0 kompensiert.

Neben dem bisher beschriebenen longitudinalen K-Faktor K_l gibt es auch den transversalen K-Faktor K_t, der dann angesetzt werden muss, wenn die die Dehnrichtung quer zum Stromfluss liegt. Er besitzt ein umgekehrtes Vorzeichen (negativ) und ist betragsmäßig nicht größer als 0,5.

Nachteile/Einschränkungen:
Trotz ihrer hohen Genauigkeit und Zuverlässigkeit bieten DMS-Sensoren nur kleine Ausgangssignale (mV), da die Dehnungen und damit auch die Widerstandsänderungen (zumindest bei Metallschicht-DMS) meist nur im Bereich von Promillen liegen. Sie bedürfen im Allgemeinen der Verstärkung vor Ort. Ein weiterer Nachteil der DMS-Sensoren kleiner Abmessungen besteht darin, dass sie genau die mechanischen Spannungen messen (und nur diese), die an ihrer Anbringungsstelle herrschen. Eine Mittelung über einen größeren Dehnkörper findet nicht statt (es sei denn durch eine flächenhaft verteilte DMS-Struktur). Dies erfordert eine sehr präzise und reproduzierbare Krafteinleitung, wenn Messfehler durch ungleichmäßige Krafteinleitung vermieden werden sollen.

Applikation:
Zur Kraftmessung müssen in der Regel Dehnwiderstände kleinster Abmessung auf größere, kraftführende Teile bzw. Dehnkörper aufgebracht werden. Die traditionell übliche Technik, DMS mithilfe eines Folienträgers aufzukleben (angewandt in Gebrauchsgeräten wie genauen Waagen usw.), gilt jedoch für eine „low cost"-Herstellung in Großserien als nicht ausreichend kostengünstig. Dagegen gibt es Ansätze, kleine metallene Plättchen oder Ronden, auf die die DMS kostengünstig und in hohem Nutzen in Schichttechnik aufgebracht wurden, in den eigentlichen Messkörper einzupressen oder auf diesen aufzuschweissen.

Orthogonal gedrückte Widerstände:
Nahezu alle elektrischen Schichtwiderstände ändern ihren Widerstand nicht nur unter Einwirkung lateraler Dehnspannungen, die in der Schichtebene wirken, sondern auch bei Pressung senkrecht (orthogonal) zur Schichtebene. Höchste Empfindlichkeit zeigt hier das auch für Potenziometer verwendete, als „Conductive Plastic" bekannte Material. Auch Cermet und Kohleschichten zeigen einen guten Effekt (Bild 5). Bei den genannten Materialien nimmt der Widerstand mit zunehmender Presskraft bis zu einem gewissen Grenzwert ab. Die ohne bleibende Widerstandsänderung erreichbaren Werte liegen ähnlich wie die bei lateraler Dehnung. Die Begrenzung erfolgt im Allgemeinen (wie auch dort) durch die Festigkeit des Sub-

5 Piezoresistives Verhalten verschiedener Widerstandsmaterialien bei orthogonaler Pressung

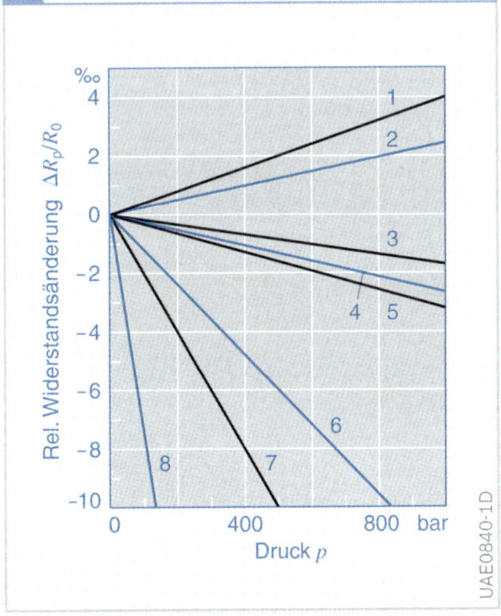

Bild 5
1 84,5 Ag 15,5 Mn
2 Manganin
3 Cu
4 Au
5 Ag
6 Kohleschicht
7 Cermet
8 Conductive Plastic

strats und nicht des Widerstandsmaterials. Sensoren dieser Art sind naturgemäß fast nur auf Druck, nicht aber auf Zug belastbar.

Wegmessende Kraftsensoren

Bei den ohnehin gefederten Sitzen für die Fahrzeuginsassen kommt es nicht darauf an, ob ein eingebauter wegmessender Gewichtssensor noch eine kleine zusätzliche Elastizität aufweist oder nicht.

Dieses Prinzip wird beim Kraftsensor iBolt™angewandt (s. Sensorausführungen). Vier solcher Sensoren sind im Sitzuntergestell des Beifahrersitzes integriert und messen das Gewicht des Beifahrers. Damit ist es möglich, die Auslösung des Airbags zu beeinflussen.

Anwendungsbeispiele für Kraftsensoren

- Magnetoelastischer Lastmessbolzen (Ackerschlepper mit Pflugkraftregelung),
- Kraftsensor iBolt™ zur Sensierung des Beifahrergewichts.

6 Grundprinzip der Drehmomentmessung

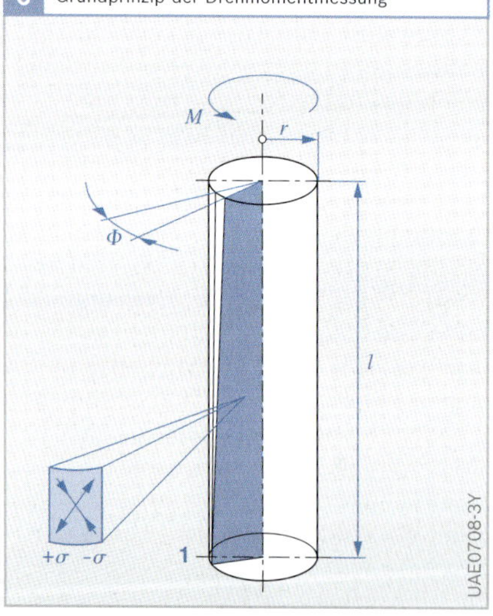

Bild 10
1 Torsionsstab
Φ Torsionswinkel
σ Torsionsspannung
M Drehmoment
r Radius
l Stablänge

Drehmomentsensoren

Auch bei der Drehmomentmessung unterscheidet man grundsätzlich zwischen winkel- und spannungsmessenden Verfahren. Im Gegensatz zu spannungsmessenden Verfahren (DMS, magnetoelastisch) benötigen winkelmessende Verfahren (z. B. Wirbelstrom) eine gewisse Länge *l* der Torsionswelle, über die der Torsionswinkel (ca. 0,4...4°) abgegriffen werden kann. Die zum Drehmoment proportionale mechanische Spannung σ ist unter 45° zur Wellenachse gerichtet (Bild 6).

Die im Folgenden beschriebenen Prinzipien sind alle geeignet, Messwerte auch von drehenden Wellen berührungslos zu übertragen. Im Falle der Lenkmomentmessung besteht sogar der noch weitergehende Wunsch, dass das eingesetzte Messverfahren (im Sinne einer modulartigen Integration) gleichzeitig auch geeignet ist, mit geringfügiger Erweiterung den Lenkwinkel (über eine volle Umdrehung von 360°) mit hoher Genauigkeit zu erfassen.

Spannungsmessende Sensoren

Wellenumgreifende, magnetoelastische Sensoren sind zwar bekannt (Ringduktor), erfordern jedoch einen sehr hohen Aufwand. Da das Wellenmaterial oft auch nicht nach magnetoelastischen Gesichtspunkten optimiert werden kann, werden verschiedene Wege untersucht, die Oberfläche der Messwelle mit einer magnetoelastischen Schicht zu überziehen. Eine solche Beschichtung, die auch eine gute Messqualität aufweist, ist bisher nicht gefunden worden.

Daher hat sich hier fast ausschließlich das DMS-Prinzip durchgesetzt (Bild 7):Eine DMS-Brücke erfasst die mechanische Spannung. Die Brücke wird transformatorisch gespeist (durch eine auf der Welle befindliche Gleichrichter- und Regelelektronik unabhängig vom Luftspalt). Weitere elektronische Komponenten vor Ort auf der Welle ermöglichen die Verstärkung des Messsignals und seine Umsetzung in eine Luftspalt-invariante

Wechselstromform (z. B. frequenzanalog), die ebenfalls transformatorisch ausgekoppelt wird.

Für größere Stückzahlen lässt sich die erforderliche Elektronik auf der Welle problemlos in einen einzigen Chip integrieren. Die Dehnwiderstände können auf einer vorgefertigten Stahlronde (z. B. in Dünnschichttechnik) kostengünstig aufgebracht und anschließend mit der Ronde auf die Welle aufgeschweißt werden. Die beiden für die Energie- und Signalübertragung nötigen Ringtransfomatoren lassen sich aus weichmagntetischer Pressmasse äußerst kostengünstig herstellen. Mit einer solchen Anordnung lassen sich trotz günstiger Herstellkosten hohe Genauigkeiten erzielen.

(Torsions-)Winkelmessende Sensoren
Winkeldifferenz messende Sensoren: Der Torsionswinkel lässt sich relativ einfach und leicht bestimmen, wenn an beiden Enden eines Torsionsstückes ($L \approx 5...10$ cm lang) der Welle zwei unabhängige inkrementale Drehzahlsensoren oder absolutmessende, analoge oder digitale (berührungslose) Winkelabgriffe angebracht sind (Bild 8). Ihre Anzeigedifferenz $\varphi_2 - \varphi_1$ stellt ein Maß für den Torsionswinkel dar:

(3) $M = \text{const} \cdot L \cdot (\varphi_2 - \varphi_1)$
mit L = Länge der Torsionsstrecke

Diese Methode galt bisher als zu aufwändig, da zur Erzielung einer ausreichenden Genauigkeit eine extrem präzise Lagerung sowie eine über den gesamten Umfang entsprechend genaue Inkrement- bzw. Winkelteilung erforderlich ist. An der Lösung dieser Probleme wird dennoch gearbeitet (magnetisch, optisch), da sich damit zwei wesentliche Vorteile erzielen lassen:

- Möglichkeit der gleichzeitigen Drehwinkelmessung mit gleichem System.
- Möglichkeit, mit möglichst geringer Modifikation der Torsionswelle auszukommen und den Sensor im Wesentlichen als Einsteck-(plug-in-)Sensor realisieren und so eine günstige Schnittstelle für ein Zulieferteil haben zu können.

Eine hochgenaue Winkelmessung kann beispielsweise mit dem Noniusprinzip

7 DMS-Drehmomentsensor mit berührungslosem, transformatorischem Abgriff

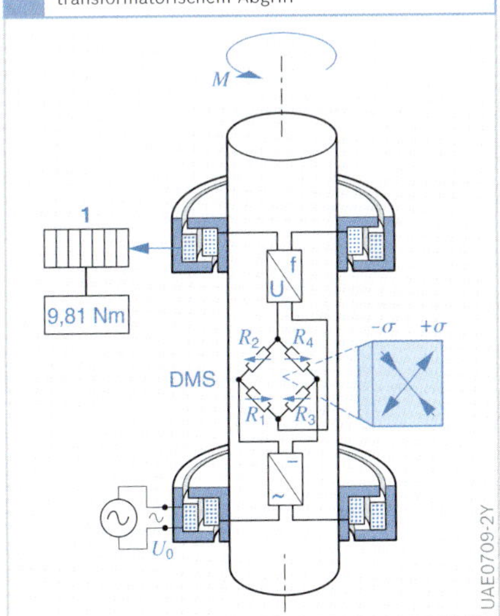

8 Winkeldifferenzmessung zur Drehmomentbestimmung

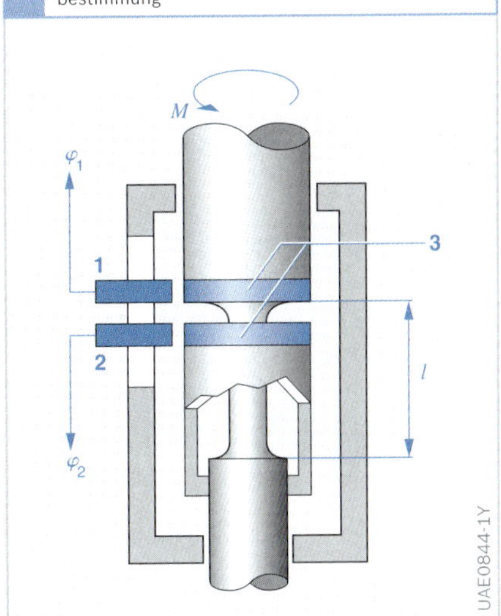

Bild 7
1 Drehmomentanzeigegerät
σ Torsionsspannung
M Drehmoment
U_0 Versorgungsspannung
$R_1...R_4$ Dehnmesswiderstände

Bild 8
1, 2 Winkel-/Drehzahlsensoren
3 Winkelmarkierungen
l Torsionsstrecke
M zu messendes Drehmoment
$\varphi_{1,2}$ Winkelsignale

durchgeführt werden: Hierfür wird der Umfang der Welle mit einer sinufsörmigen Spur markiert, von der eine ganzzahlige Anzahl von N Perioden auf den Umfang passt. Im Gegensatz zu einer reinen Inkrementspur, die bei gleicher Periodenzahl nur eine Auflösung von einem N-tel des Umfangs ermöglichen würde, erlaubt diese sinusförmige Signalstruktur jedoch theoretisch eine beliebig feine Umfangsauflösung durch Anwendung der Arcsin-Funktion innerhalb der einzelnen Sinusperioden. Diese Feinauflösung ist aber nur nutzbar, wenn man jeweils weiß, in welcher der N gleichartigen Perioden man sich befindet.

Die Eindeutigkeit kann leicht dadurch hergestellt werden, indem man auf den Umfang noch eine zweite Spur mit etwas geringerer Ortsfrequenz aufbringt, bei der nur N-1 Sinusperioden auf den Umfang passen. Obwohl beide Signale für eine Drehwinkelmessung keine eindeutigen Signale liefern, kann man aus dem Phasenunterschied $\Delta\varphi$ zwischen beiden Signalen doch sehr wohl darauf schließen, in welcher Sinusperiode man sich gerade befindet. Denn der Gangunterschied der beiden Signale variiert über den gesamten Umfang gerade genau um 360°. In Bild 10 ist dies an einem Beispiel mit N = 10 demonstriert. Ist der Phasenunterschied beider Signale z. B. im Bereich zwischen 36° und 72°, so befindet man sich eindeutig in der zweiten Sinusperiode. Liegt er zwischen den Werten 216° und 252°, befindet man sich in der 6. Periode. Der genaue Messwinkel φ wird dann dadurch gebildet, indem man zu dem gemessenen, aber nicht eindeutigen Feinsignal φ im ersten Fall noch einen Winkel von 360°, im zweiten Fall von 216° hinzu addiert.

Zur Feinauflösung der einzelnen Sinusperioden verwendet man in der Praxis jedoch nicht die Arcsin-Funktion, da man hierzu eine konstante und normierte Signalamplitude gewährleisten müsste. Vielmehr bringt man neben der sinusförmigen Markierung noch jeweils eine zweite, kosinusförmige Spur auf, die gegen die erste genau um 90° phasenverschoben ist. Wegen der räumlichen Nähe kann man davon ausgehen, dass beide Spuren mit gleicher Amplitude u sensiert werden, sodass sich der Winkel φ innerhalb der Sinusperiode durch die Arctan-Funktion aus den beiden

9 Optoelektronischer Winkeldifferenz-Lenkmomentsensor

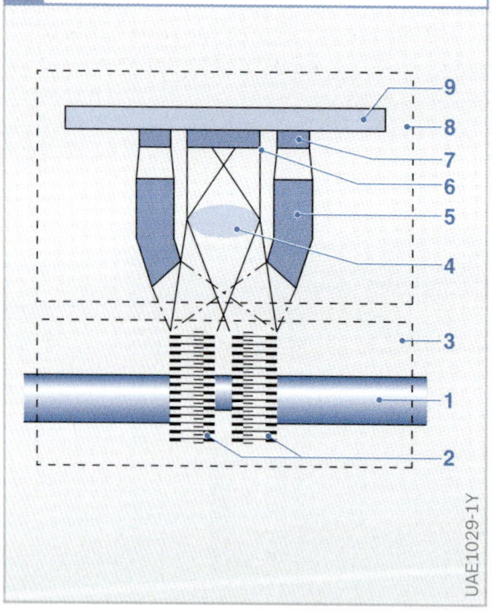

Bild 9
Optischer Abgriff der Winkelmarkierungsspuren
1 Lenkwelle mit Drehstab
2 Codescheiben mit Strichcode
3 Gehäuse des Lenkgetriebes
4 Linse
5 Lichtführungselemente
6 Opto-ASIC
7 LED
8 Sensormodul
9 Leiterplatte

10 Winkelmessung nach dem Nonius-Prinzip

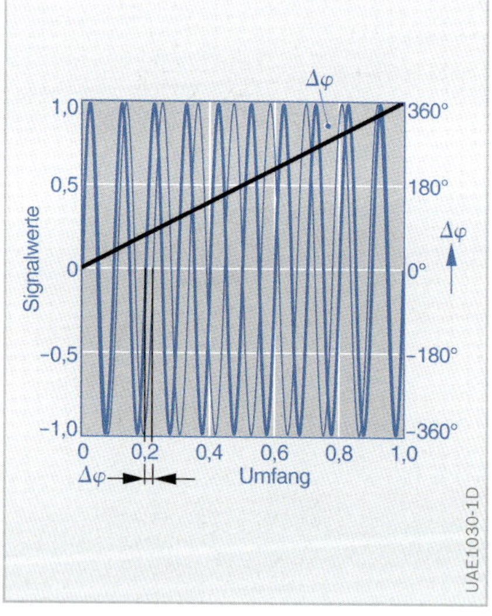

Einzelsignalen u_1 und u_2 unabhängig von u ermitteln lässt zu:

(4) $\varphi = \arctan(u_1/u_2)$
mit $u_1 = u \cdot \sin\varphi$ und
$u_2 = u \cdot \cos\varphi$

So sind also zur Ermittlung eines genauen und eindeutigen Drehwinkels φ insgesamt vier Spuren notwendig. Der in Bild 9 dargestellte Lenkmoment- und Lenkwinkelsensor TAS (engl.: Torque Angle Sensor) benötigt also zur Messung zweier Winkel φ_1 und φ_2 insgesamt acht Spuren, die optoelektronisch ausgelesen werden. Seine Winkelgenauigkeit über 360° beträgt 1°, die Winkelauflösung 0,0055°, die Auflösung des Differenzwinkels $\Delta\varphi$ liegt bei 0,0044° mit einem Messbereich von + 9°.

Wirbelstromsensoren
Über einer ausreichend langen Strecke der Messwelle sind an jedem Ende Schlitzhülsen aus elektrisch gut leitfähigem Aluminium angeflanscht, die konzentrisch ineinander stecken (Bild 11). An ihnen sind zwei Reihen von Schlitzen so angebracht, dass unter Tordierung der Welle in der einen Reihe ein zunehmend größerer Durchblick auf die Welle freigegeben, in der anderen Reihe der Durchblick mehr und mehr versperrt wird. Zwei über jeder Reihe feststehend angebrachte Hochfrequenzspulen (ca. 1 MHz) werden dadurch zunehmend bzw. abnehmend bedämpft bzw. in ihrem Induktivitätswert variiert. Nur mit präzise gefertigten und montierten Schlitzhülsen lässt sich eine ausreichende Genauigkeit erzielen. Die zugehörige Elektronik ist zweckmäßig sehr nahe an den Spulen angebracht.

Dieses Sensorprinzip wurde bei Bosch zwar für Kfz-Anwendungen entwickelt, fand dann aber nur Anwendung im Bereich Elektrowerkzeuge (Drehmomentsensierung in Industrieschraubern). Ein Lizenzenehmer in Japan entwickelte dieses - sicherlich sehr kostengünstige - Sensorprinzip jedoch für Kfz-anwendungen bis zur Produktreife weiter.

Anwendungsbeispiele für Drehmomentsensoren

- Spannungsmessender DMS-Lenkmomentsensor (entwickelt bis A-Muster für elektrische Servolenkung).
- Winkelmessender Wirbelstrom-Drehmomentsensor (Elektrowerkzeuge, Fremderzeugnis Japan).
- winkelmessender optoeletkronischer Lenkmomentsensor (elektrische Servolenkung).

11 Wirbelstrom-Drehmomentsensor

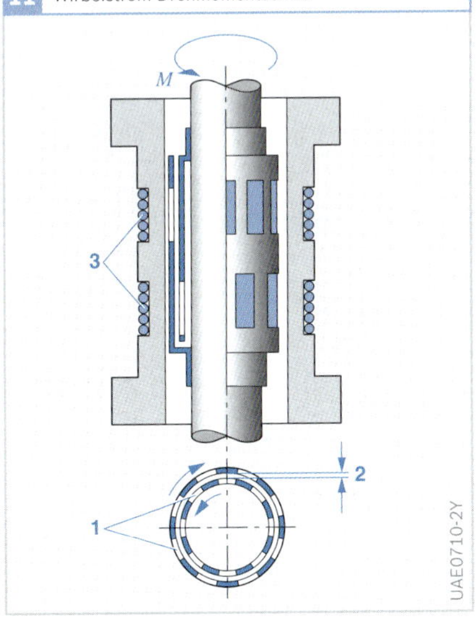

Bild 11
1 Schlitzhülsen
2 Luftspalt
3 Hochfrequenzspulen
M Drehmoment

Durchflussmesser

Messgrößen

Die Aufgabe der Durchflussmessung stellt sich im Kraftfahrzeug bei der Erfassung der angesaugten Luftmenge. Damit das Motormanagement - sowohl bei Diesel- wie auch bei Ottomotoren - ein definiertes Luft-Kraftstoff-Gemisch einstellen kann, muss diese Luftmenge genau bekannt sein. Diese Größe lässt sich mit einem Durchflussmesser ermitteln. Luftmenge - oder generell Gasströmungen messende Sensoren - werden auch als Anemometer bezeichnet.

Der oft benutzte Begriff Luftmenge lässt allerdings noch offen, ob es sich um ein Volumen oder eine Masse handelt. Da es in dem chemischen Prozess der Kraftstoffverbrennung aber eindeutig auf Massenverhältnisse ankommt, ist das Ziel die Messung der angesaugten Luftmasse. Der Luftmassenfluss ist bei Ottomotoren die wichtigste Lastgröße. Bei Dieselmotoren wird mit dem Luftmassenfluss die Abgasrückführrate geregelt.

Der maximal zu messende Luftmassenfluss liegt im (zeitlichen) Mittel je nach Motorleistung im Bereich von 400...1 200 kg/h. Auf Grund des niedrigen Leerlaufbedarfs moderner Ottomotoren beträgt das Verhältnis von minimalem zu maximalem Durchsatz 1:50...1:100. Bei Dieselmotoren ist wegen des höheren Leerlaufbedarfs von Verhältnissen von 1:20 bis 1:40 auszugehen. Wegen der strengen Abgas- und Verbrauchsforderungen müssen Genauigkeiten von 2...3 % vom Messwert erreicht werden. Auf den Messbereich bezogen kann dies durchaus eine (für das Kraftfahrzeug ungewöhnlich hohe) Messgenauigkeit von $2 \cdot 10^{-4}$ bedeuten.

Der Motor nimmt die Luft jedoch nicht als kontinuierlichen Strom, sondern im Takt der Öffnungszeiten der Einlassventile auf. So kommt es, dass der Luftmassenstrom (insbesondere bei weit geöffneter Drosselklappe bei Ottomotoren) auch noch an der Messstelle, die stets im Ansaugtrakt zwischen Luftfilter und Drosselklappe bzw. zwischen Luftfilter und Lader liegt, noch stark pulsiert (Bild 1). Durch Resonanzen des Saugrohrs ist die Pulsation im Saugrohr bisweilen so stark, dass es sogar zu kurzzeitigen Rückströmungen kommt. Dies gilt vor allem für 4-Zylinder-Motoren, bei denen sich die Ansaugphasen nicht überlappen. Ein genauer Durchflussmesser muss diese Rückströmungen vorzeichenrichtig erfassen.

Die Pulsationen treten beim 4-Zylinder-Motor mit der doppelten Kurbelwellendrehzahl auf, also durchaus mit Frequenzen im Bereich von 50...100 Hz. Bei einem Durchflussmesser mit einer linearen Kennlinie würde es tatsächlich ausreichen, wenn er mit geringerer Frequenzbandbreite dem Mittelwert dieser schnell schwankenden Durchflüsse folgen würde. Der Mittelwert ist in jedem Falle immer positiv und erfordert also nicht unbedingt eine Vorzeichenempfindlichkeit.

Die im Einsatz befindlichen Luftmassenmesser besitzen jedoch praktisch alle sehr stark gekrümmte Kennlinien. Deshalb müssen die Messsignale vor ihrer Auswertung elektronisch linearisiert werden. Eine Mittelung vor der Linearisierung kann zu erheblichen dynamischen Fehlern (Mittelwertfehler) führen. Daher müssen solche

1 Pulsierender Luftmassenfluss Q_{LM} im Ansaugtrakt

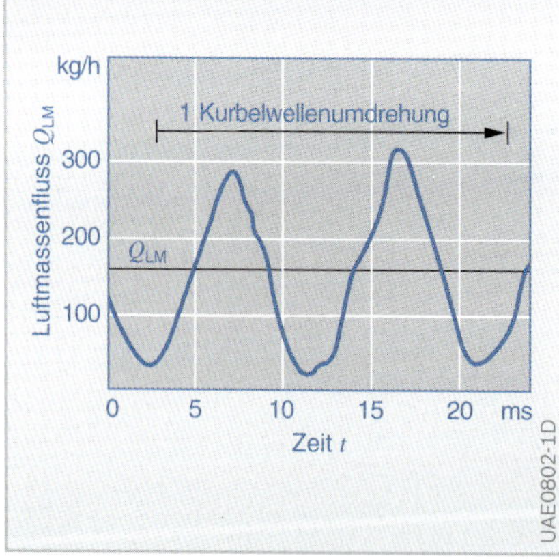

Bild 1
Bei Volllast mit Drehzahl n = 3000 min^{-1}, Saugrohrdruck p_S = 0,96 bar, mittlerer Luftdurchsatz Q_{LMm} = 157,3 kg/h

Luftmassenmesser den Pulsationen, die wegen ihres von der Sinusform meist stark abweichenden Verlaufs auch noch einen erheblichen Oberschwingungsanteil besitzen, noch ausreichend schnell folgen können. Dies erfordert eine Bandbreite von ca. 1 000 Hz. Neben der hohen Bandbreite müssen Luftmassenmesser auch eine kurze Einschaltzeitkonstante aufweisen, damit sie bereits auch in der Startphase des Motors richtig messen können.

Wie alle Durchflussmesser sind auch die im Kraftfahrzeug eingesetzten für eine Rohrströmung mit symmetrischem Strömungsprofil kalibriert. Das heißt für eine Strömung, deren Geschwindigkeitsvektor v an nahezu jedem Punkt des Strömungsquerschnitts der Fläche A nur vom Radius zur Mittelachse, nicht jedoch vom Umfangswinkel abhängt. Das Strömungsprofil (laminar oder turbulent, Bild 2) steht mit der Größe der Reynoldszahl R_e in Zusammenhang:

$R_e = v \cdot D/\eta$
mit
D typische Querschnittsabmessung und
η kinematische Zähigkeit des Mediums.

Die beispielhaft dargestellten Strömungsprofile stellen sich erst bei langer gleichförmig gestalteter Zuströmung ein. Im Kraftfahrzeug wird sich bei laminarer Strömung – bedingt durch die kurze Zuströmung – ein Profil, das zwischen dem dargestellten laminaren und turbulenten Profil liegt, einstellen. Ob das Strömungsprofil laminar oder turbulent ist, hängt davon ab, ob R_e unter oder über einem Wert von ca. 1 200 liegt.

Eine weitere wichtige Einflussgrösse ist der Turbulenzgrad der Strömung, der durch die aerodynamische Auslegung der Zuströmung zum Durchflussmesser bestimmt wird. Liegt der laminar-turbulente Übergang innerhalb des Messbereichs, so ist an dieser Stelle mit einer Irregularität der Kennlinie zu rechnen. Im Kraftfahrzeug kann bei kleinsten Luftmassen (Leerlauf von Ottomotoren) nicht von einer rein turbulenten Strömung (Rechteckprofil: $v = const_r$) ausgegangen werden. Eine sorgfältige Gestaltung der Zuströmung, um möglichst auch im laminaren Fall Rechteckprofile zu erzielen, ist dann erforderlich.

Bei einer vorausgesetzten homogenen Dichte ρ und unter der Annahme eines Rechteckprofils ergibt sich der Durchfluss auf einfache Weise zu:

$Q_V = v \cdot A$ Volumendurchfluss
$Q_M = \rho \cdot v \cdot A$ Massendurchfluss

2 Strömungsprofile

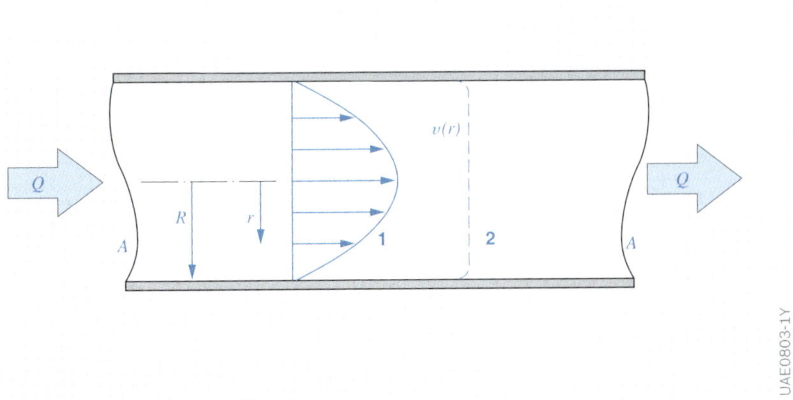

Bild 2
1 Laminares Strömungsprofil
2 turbulentes Strömungsprofil
A Querschnittsfläche des Rohres
Q Durchfluss
R Rohrradius
r Abstand von der Rohrmitte
$v(r)$ Strömungsprofil

Während in der Messtechnik längere gerade Vor- und Nachlaufstrecken konstanten Querschnitts zur Gewährleistung eines winkelsymmetrischen Profils vorgeschrieben werden, lässt sich eine solche Bedingung unter den beengten Einbauverhältnissen des Motorenraums nie einhalten. Treten starke Asymmetrien auf, muss der Durchflussmesser im Allgemeinen unter Einbaubedingungen kalibriert werden.

Messprinzipien

Von den fast zahllosen bekannten Durchflussmessern haben sich für die Luftmengenmessung im Kraftfahrzeug zunächst nur solche nach dem Staudruckprinzip durchgesetzt, die noch mechanisch bewegliche Teile enthalten und prinzipiell der Korrektur zur Kompensation von Dichteunterschieden bedürfen.

Derzeit werden echte Massenflussmesser mit thermischen Verfahren (Hitzdraht- oder Heißfilm-Anemometer) angewandt, die ohne mechanisch bewegliche Teile auch schnellen Durchflussänderungen folgen können.

Variable Messblenden (Stauklappen)

Der Druckabfall an fest eingestellten Blenden berechnet sich auf der Basis von zwei Gesetzen:

Kontinuitätsgleichung:

$$\rho \cdot_1 \cdot v_1 \cdot A_1 = \rho \cdot_2 \cdot v_2 \cdot A_2 = const$$

Bernoulli-Gleichung:

$$p_1 + \frac{1}{2} \cdot \rho_1 \cdot v_1^2 = p_2 + \frac{1}{2} \cdot \rho_2 \cdot v_2^2 = const$$

Diese Gesetze sind auf zwei Messquerschnitte A_1 und A_2 anzuwenden (Bild 3). Unter der Annahme einer konstanten Dichte $\rho = \rho_1 = \rho_2$ ergibt sich der Druckabfall:

$$\Delta p = Q_V^2 \cdot \rho \cdot \left(\frac{1}{A_2^2} - \frac{1}{A_1^2}\right)$$

Dieser Druckabfall lässt sich entweder mit Hilfe eines Differenzdrucksensors direkt oder als eine auf eine „Stauscheibe" wirkende Kraft messen. Dabei ist zu beachten, dass derartige Staudruckmesser einen Durchflusswert messen, der weder dem Volumen- noch dem Massendurchfluss entspricht, sondern dem geometrischen Mittelwert aus beiden:

$$Q_{St} = const \cdot \sqrt{\rho} \cdot v = const \cdot \sqrt{Q_V \cdot Q_M}$$

Feste Blenden erlauben wegen des quadratischen Zusammenhangs zum Durchfluss lediglich eine Messgrößenvariation von 1:10, weil andernfalls die Genauigkeit

3 Staudruck-Durchflussmesser

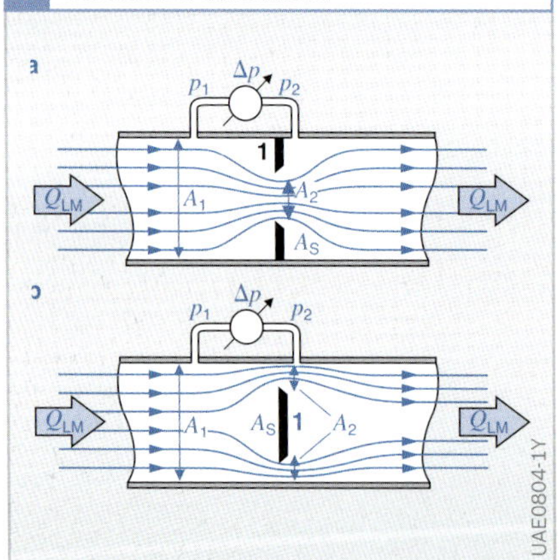

Bild 3
- a Ringblende
- b Scheibenblende (Stauscheibe)
- 1 Blende
- A_S Scheibenquerschnitt
- $A_{1,2}$ Messquerschnitte
- $p_{1,2}$ Messdrücke
- Δp Druckabfall
- Q_{LM} Luftmassenfluss

4 Staudruck-Luftmengenmesser

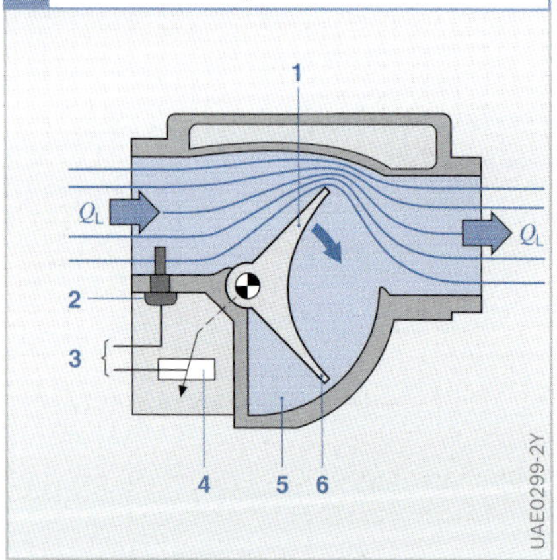

Bild 4
- 1 Stauklappe
- 2 Lufttemperatursensor
- 3 zum Steuergerät
- 4 Potenziometer
- 5 Dämpfungsvolumen
- 6 Kompensationsklappe
- Q_L Ansaugluftstrom

der Differenzdruckerfassung nicht mehr ausreicht und sich große Druckverluste ergeben, die zu Leistungsverlusten am Motor führen würden. Für größere Bereiche müssen mehrere Blenden oder solche eingesetzt werden, die sich automatisch dem Messbereich anpassen, indem sie unter der Einwirkung des Staudrucks einen größeren freien Strömungsquerschnitt A_2 freigeben.

Mit solchen variablen, beweglichen Blenden lassen sich die gewünschten Variationsbereiche von 1:100 durchaus abdecken. Hierbei wird die Stauscheibe mit steigendem Durchfluss gegen eine meist konstante Gegenkraft zunehmend in eine sich öffnende Kontur gedrückt, die so ausgelegt ist, dass das somit entstehende Durchfluss-Weg/Winkel-Gesetz den gewünschten linearen (K-Jetronic) oder auch nichtlinearen Verlauf (L-Jetronic) annimmt. Die Stellung der „Stauklappe" (Bild 4) stellt dann das Maß für den Durchfluss dar, das mit dem oben definierten Staudruck in Beziehung steht.

Die Grenzfrequenz solcher Sensoren liegt allerdings typisch bei ca. 10 Hz. Bei den vorkommenden, höheren Pulsationsfrequenzen können solche Klappen der Messgröße nicht mehr folgen; sie stellen für die Pulsationen also quasi eine feststehende Blende mit quadratischer Kennlinie dar. Hierdurch können in bestimmten Lastzuständen erhebliche Mittelwertfehler auftreten, die sich nur grob durch geeignete Softwaremittel ausgleichen lassen.

Ändert sich auf Grund von Temperaturschwankungen oder der Höhenlage die Dichte ρ der angesaugten Luft, so ändert sich das Messsignal hier nur mit $\sqrt{\rho}$. Zur Erfassung der vollen Dichteschwankung müssen zusätzlich ein Lufttemperatursensor und ein barometrischer Drucksensor eingesetzt werden.

Hitzdraht/Heißfilm-Anemometer

Wird ein dünner Draht mit dem elektrischen Widerstand R von einem Strom I_H durchflossen, so erwärmt er sich. Wird er gleichzeitig von einem Medium der Dichte ρ mit der Geschwindigkeit v überstrichen, so stellt sich ein Gleichgewicht zwischen elektrisch zugeführter Leistung P_{el} und pneumatisch (von der Strömung) abgeführter Leistung P_V ein:

$$P_{el} = I_H^2 \cdot R = P_V = c_1 \cdot \lambda \cdot \Delta\vartheta$$

Hierbei ist die von der Strömung abgeführte Leistung proportional zu der sich einstellenden Temperaturdifferenz $\Delta\vartheta$ und dem Wämeleitwert λ. Für diesen gilt in guter Näherung:

$$\lambda = \sqrt{\rho \cdot v} + c_2 = \sqrt{Q_{LM}} + c_2$$

Obwohl λ primär eine Funktion des Massenflusses Q_{LM} ist, stellt sich auch bei ruhendem Medium ($v = 0$) noch ein gewisser Wärmeverlust ein (Konvektion), der durch die additive Konstante c_2 repräsentiert wird. So ergibt sich zwischen dem Heizstrom I_H und dem Massenfluss Q_{LM} der bekannte Zusammenhang:

$$I_H = \sqrt{c_1 \cdot (\sqrt{Q_{LM}} + c_2)} \cdot \sqrt{\frac{\Delta\vartheta}{R}}$$

Bei Zuführung einer konstanten Heizleistung $I_H^2 \cdot R$ würde sich eine reziprok mit der Wurzel aus dem Luftmassenstrom Q_{LM} abnehmende Temperaturerhöhung $\Delta\vartheta$ einstellen. Wird jedoch der Heizstrom I_H so eingeregelt, dass eine konstante Temperaturüberhöhung (z. B. $\Delta\vartheta = 100$ K) auch bei zunehmendem Durchfluss erhalten bleibt, so ergibt sich ein etwa mit der 4. Wurzel aus dem Massenfluss zunehmender Heizstrom als Maß für den Massenfluss.

Vorteil einer solchen Regelschaltung ist, dass sich der elektrische Heizwiderstand stets auf der gleichen Temperatur befindet, sein Wärmeinhalt also nicht über zeitraubende Wärmeumladungen geändert werden muss. Mit einem 70 µm starken Platindraht z. B. lassen sich Zeitkonstanten für Durchflussänderungen im Bereich von 1 ms erreichen, während sie im ungeregelten Fall an die 40...100 mal höher liegen.

Würde man die Regelung auf konstante Heizertemperatur einfach dadurch vornehmen, dass man dessen (temperaturabhängigen) Widerstand konstant hält, ergäbe sich bei konstantem Massenfluss, aber höherer Mediumstemperatur, eine Stromabnahme und damit eine Fehlanzeige. In der Praxis wird dieser Fehler mit Hilfe einer Brückenschaltung vermieden, die noch einen zweiten, jedoch hochohmigen, nicht beheizten Kompensationswiderstand R_K von gleicher Art (z. B. aus Platin) enthält. Der Heizwiderstand wird dabei gegenüber dem Medium von einer Regelschaltung auf eine konstante Übertemperatur $\Delta\vartheta$ geregelt (Bild 5). Bei einer sprungartigen Temperaturerhöhung des Mediums reagiert der Sensor allerdings mit einer längeren Zeitkonstanten, da in diesem Fall tatsächlich der Wärmeinhalt des Hitzdrahts geändert werden muss. Der Heizstrom erzeugt an einem Präzisionswiderstand (Messwiderstand R_M) ein dem Luftmassenstrom proportionales Spannungssignal U_M.

Bei den ersten den Massenfluss messenden Anemometern für das Kraftfahrzeug (Hitzdraht-Luftmassenmesser HLM) war der Heizwiderstand tatsächlich als feiner Platindraht realisiert. Dieser Draht war trapezförmig so über den Strömungsquerschnitt ausgespannt, dass er eventuelle Asymmetrien des Strömungsprofils ausmitteln konnte (Bild 6). Eine hinreichend hohe Lebensdauer konnte jedoch erst erzielt werden, als es gelang, den Platindraht durch Legierungszusätze so zu stabilisieren, dass sich sein Widerstandswert nicht durch Crackprozesse und Ablagerungen an seiner Oberfläche änderte. Hierzu musste der Heizdraht allerdings nach jeder Betriebsphase bei hoher Temperatur automatisch von Rückständen freigebrannt werden (ca. 1 000°C).

Trotz erheblicher funktioneller Vorteile war diese Sensorkonzeption auf längere Sicht gesehen zu teuer. Eine Version in Dickschichttechnik (Heißfilm-Luftmassenmesser HFM2) konnte alle zur Messung notwendigen Widerstände auf einem Substrat vereinigen. Wegen der nicht unerheblichen Wärmekapazität des dabei verwendeten Keramiksubstrats war es nicht einfach, die maximal zulässige Einschaltzeitkonstante nicht zu überschreiten. Auch musste eine unerwünschte Wärmekopplung vom Heizungs- zum Kompensationswiderstand durch einen aufwändigen Sägeschnitt reduziert werden. Dafür konnte schon bei dieser Version auf einen Freibrennprozess verzichtet werden, da die speziellen Strömungsverhältnisse

5 Hitzdraht-Luftmassenmesser (Schaltung)

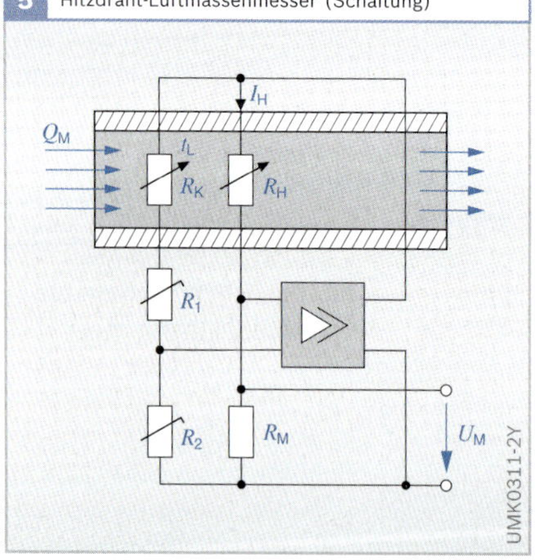

Bild 5
Q_{LM} Luftmassenfluss
U_M Messspannung
R_H Hitzdrahtwiderstand
R_K Kompensationswiderstand
R_M Messwiderstand
$R_{1,2}$ Abgleichwiderstände

6 Hitzdraht-Luftmassenmesser (Komponenten)

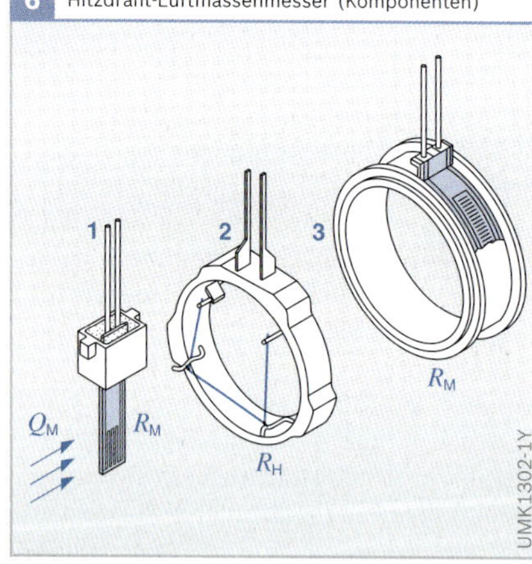

Bild 6
1 Temperaturkompensationswiderstand R_K
2 Sensorring mit Hitzdraht R_H
3 Präzisionswiderstand (Messwiderstand R_M)
Q_M Luftmassenstrom

nicht mehr zu schädlichen Ablagerungen führten.

Im Gegensatz zu den beiden Vorgängertypen hat dann eine weitere, nun mikromechanisch auf Siliziumbasis ausgeführte Version (Heißfilm-Luftmassenmesser HFM5 und HFM6) praktisch alle Erwartungen erfüllt. Sie ist insbesondere in der Lage, vorzeichenrichtig in beiden Strömungsrichtungen zu messen (Bild 7), sodass bei Pulsationen auftretende, kurzzeitige Rückströmungen nicht mehr zu Messfehlern führen (Bild 8).

Zu diesem Zweck sitzt zusätzlich zu dem bisherigen Heizregelkreis (ähnlich wie bei dem aus der Literatur bekannten Thomas-Verfahren) beiderseits des Heizwiderstandes, also strömungsauf- und -abwärts, je ein Temperatursensor. Beide Sensoren zeigen im strömungsfreien Fall ($Q_{ML} = 0$) die gleiche Temperatur an. Bei einsetzender Strömung erhöht sich jedoch die Temperaturdifferenz der beiden Widerstände zunehmend, da der strömungsaufwärts gelegene Sensor vom Medium gekühlt wird. Das aus der Temperaturdifferenz abgeleitete Ausgangssignal folgt einer ähnlichen Kennlinie, wie sie die bisherigen Anemometer aufweisen; ihr Vorzeichen repräsentiert nun jedoch eindeutig die Strömungsrichtung.

Auf Grund seiner geringen Baugröße stellt der mikromechanische Durchflussmesser jedoch nur einen Teilstrommesser dar, d. h., er ist nicht mehr auch nur annähernd in der Lage, eventuelle Inhomogenitäten der Strömungsgeschwindigkeit über den Strömungsquerschnitt auszumitteln. Er ist vielmehr darauf angewiesen, dass der von ihm ermittelte kleine Teilstrom über den gesamten Messbereich hinweg den gleichen Bruchteil der Gesamtströmung repräsentiert. Durch im Messrohr integrierte Strömungsgleichrichter (z. B Gitter) kann diese Voraussetzung eingehalten werden.

Anwendungsbeispiele

- Heißfilm-Luftmassenmesser HFM5 und HFM6 für Otto- und Diesel-Anwendungen.

7 Mikromechanischer Heißfilm-Luftmassenmesser mit vorzeichenrichtiger Luftmengenerfassung

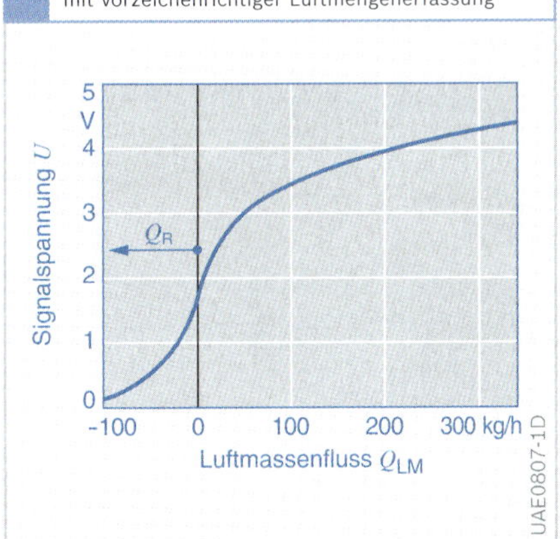

8 Erfassung des pulsierenden Luftmassenfluss eines 4-Zylinder-Motors

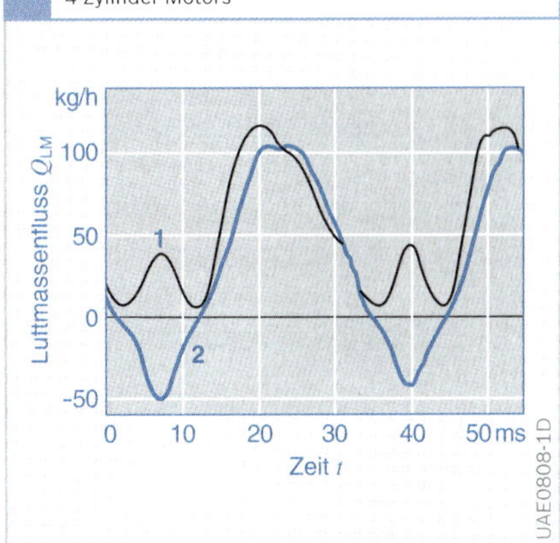

Bild 7
Q_R Rückströmung

Bild 8
Bei Volllast und Drehzahl n = 900 min^{-1}
1 Hitzdraht-Luftmassenmesser
2 Heißfilm-Luftmassenmesser

Gassensoren und Konzentrationssonden

Messgrößen

Die Konzentration eines Stoffes gibt an, mit welchem Masse- oder Volumenanteil ein bestimmter Stoff in einem anderen Stoff oder in einem Gemisch von anderen Stoffen enthalten ist. Bei einem Konzentrationssensor (oft auch Konzentrationssonde genannt) kommt es darauf an, dass er nur für den einen Messstoff spezifisch empfindlich ist und (im Idealfall) andere Stoffe möglichst total „ignoriert". In der Realität besitzt jedoch jede Sonde auch eine „Querempfindlichkeit" gegen andere Stoffe, selbst wenn (was oft geschieht) die Messparameter Temperatur und Druck konstant gehalten werden.

Im Kraftfahrzeug müssen folgende Größen gemessen werden:

- Sauerstoffgehalt im Abgas (Verbrennungsregelung, Katalysatorüberwachung),
- Kohlenmonoxid- und Stickoxidgehalt sowie Luftfeuchte im Innenraum (Luftgüte, Beschlagen der Fahrzeugfenster),
- Luftfeuchte in Druckluftbremssystemen (Überwachung Lufttrockner),
- Feuchte der Außenluft (Glatteiswarnung),
- Rußkonzentration im Abgas von Dieselmotoren, allerdings ein bisher noch ungelöstes Problem. Im Gegensatz zu den zuvor genannten Gaskonzentrationen handelt es sich dabei um eine Partikelkonzentration. Die Messaufgabe wird dadurch zusätzlich erschwert, dass sich der Sensor bis zur Funktionsunfähigkeit mit Partikeln zusetzen kann.

Mit Einführung der Brennstoffzelle als automobiles Antriebssystem müssen wohl weitere Gassensoren entwickelt werden, so z. B. zur Detektion von Wasserstoff.

Messprinzipien

Da die Messstoffe in gasförmigem, flüssigem und festem Zustand auftreten, wurden im Laufe der Zeit fast zahllose Messmethoden entwickelt. Im Kraftfahrzeug ist bisher nur das Gebiet der Gasanalyse mit dem speziellen Teilgebiet der Messung gasförmiger Feuchte von Interesse. Die Tabelle 1 gibt eine Übersicht über die in der allgemeinen Messtechnik angewandten Verfahren.

Gasmessung, allgemein

Für Gassensoren, die in aller Regel dem Messmedium (d. h. Fremdstoffen) direkt und schutzlos ausgesetzt sind, besteht die Gefahr der irreversiblen Beschädigung. Diese Beschädigung wird auch als „Vergiftung" der Sonde bezeichnet. So kann zum Beispiel das eventuell im Kraftstoff bzw. Abgas enthaltene Blei die elektrolytischen Sauerstoffkonzentrationssonden (Lambda-Sonden) unbrauchbar machen.

Feuchtemessung

Neben der überragenden Bedeutung der Sauerstoffsonde (Lambda-Sonde) im Abgas kommt auch der Luftfeuchtemessung eine besondere Bedeutung zu.

Feuchte gibt im weiteren Sinn den Wassergehalt in gasförmigen, flüssigen und festen Stoffen an. Im engeren Sinne des Wortes geht es an dieser Stelle jedoch um den Gehalt an gasförmigem Wasser

Tabelle 1

1 Gasanalytische Verfahren (ohne besondere Berücksichtigung der Feuchtemessverfahren). (X) im Kraftfahrzeug eingesetzt

Physikalische Verfahren	Physikalisch-chemische Verfahren		Chemische Verfahren
Wärmeleitfähigkeit	Wärmetönung		Selektive Absorption
Magnetische Verfahren	Absorptionswärme		Selektive Absorption mit vorheriger chemischer Umsetzung
Strahlungsabsorption	Charakteristische Farbreaktion		
Gaschromatografie	Elektrolytische Leitfähigkeit	X	
Radioaktive Verfahren	Elektrochemische Verfahren	X	

(Wasserdampf) in gasförmigen Stoffen – vorzugsweise in der Luft.

Wird ein feuchtes Gases isobar abgekühlt, so erreicht es bei einer bestimmten Temperatur (Taupunkt τ genannt) den Sättigungszustand.

Zunächst einige wichtige Definitionen und Zusammenhänge für die Feuchtemessung (siehe auch Bild 1):

m_w Masse des Wassers
m_s Masse des Wassers im Sättigungszustand
m_{tr} Masse des trockenen Gases

M_w Molmasse von Wasser
M_{tr} mittlere Molmasse des trockenen Gases
p Gesamtdruck des Gasgemisches
p_w Partialdruck des Wasserdampfes

p_s Sättigungsdruck (Dampfdruck des Wassers bei Gemischtemperatur)

Absolute Feuchte:

$$\chi = \frac{m_w}{m_{tr}} = \frac{M_w}{M_{tr}} \cdot \frac{p_w}{p - p_w} \text{ (in \%)}$$

$$f_a = \frac{m_w}{V_{tr}} \qquad \text{(volumenbezogen)}$$

Relative Feuchte:

$$\Phi = \frac{p_w}{p_s} \text{ (in \%)}$$

Für „Lowcost"-Anwendungen des Konsumbereichs (z. B. im Auto) kommen fast ausschließlich resistive und kapazitive Sensoren in Betracht. Sie verfügen über hygroskopische Schichten, die in Abhängigkeit von der relativen Feuchte reversibel Wasser speichern können und damit eine meist drastische Änderung eines Widerstandes oder einer planar ausgeführten Kapazität hervorrufen.

Bei kapazitiven Feuchtefühlern dient eine hygroskopische, isolierende Schicht (z. B. Al_2O_3 oder ein polymerer Kunststoff),

1 Temperatur-/Feuchte-Diagramm für Luft

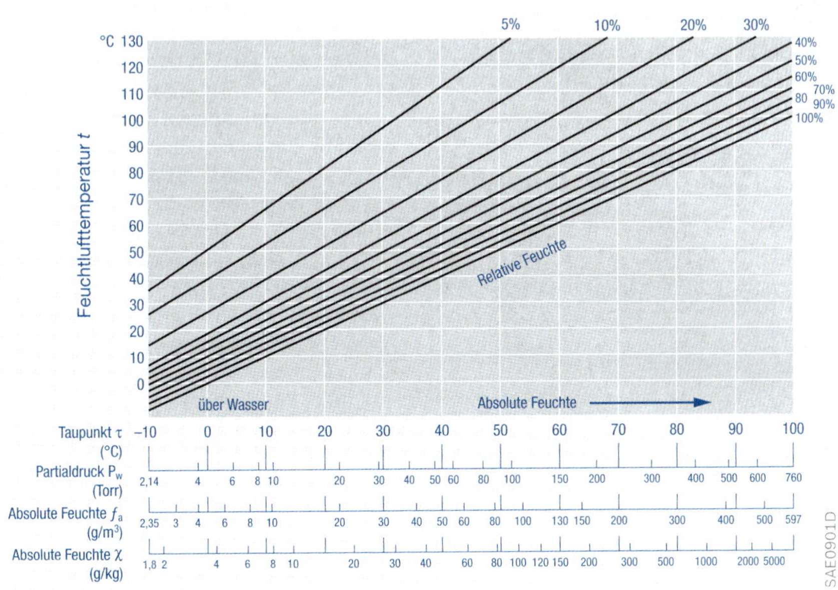

2 Verfahren der Feuchtemessung. (X) Technisch von Bedeutung

Verfahren	lfd. Nr.		Messgerät	Messmethode
Sättigungsverfahren	1	X	Taupunkt-Hygrometer	Direkte Verfahren (Messung der absoluten Feuchte)
	2	X	LiCl-Taupunkt-Hygrometer	
Verdunstungsverfahren	3	X	Psychrometer	
Absorptionsverfahren	4		Volumen-Hygrometer	
	5	X	Elektrolyse-Hygrometer	
	6		Kondensatmengen-Hygrometer	
Energetische Verfahren	7	X	Infrarot-Hygrometer	
	8		Mikrowellen-Hygrometer	
	9		Elektr. Entladungshygrometer	
	10		Diffusions-Hygrometer	
Hygroskopische Verfahren	11	X	Elektr. Leitfilm-Hygrometer	Indirekte Verfahren (Messung der relativen Feuchte)
	12	X	Kondensator-Hygrometer	
	13	X	Haar-Hygrometer	
	14		Bistreifen-Hygrometer	
	15		Farb-Hygrometer	
	16		Quarz-Hygrometer	
	17		Gravimetrisches Hygrometer	

Tabelle 2

2 Kapazitives Sensorplättchen mit Kammelektroden

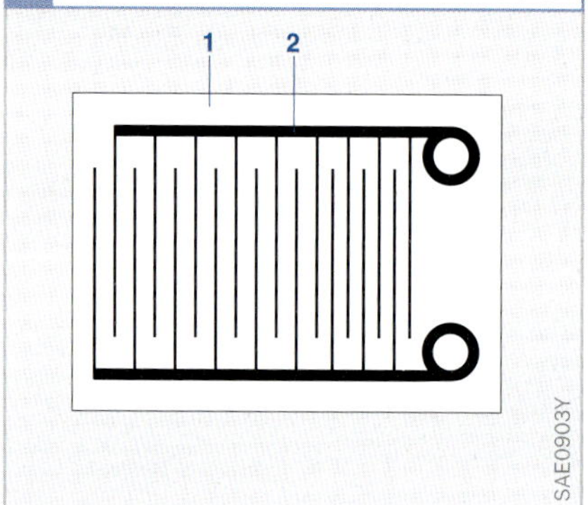

Bild 2
1 Kunststoffplättchen
2 kammförmig aufgeprägte Goldfolie-Elektroden

3 Resistiver und kapazitiver Feuchtesensor (typische Kennlinie)

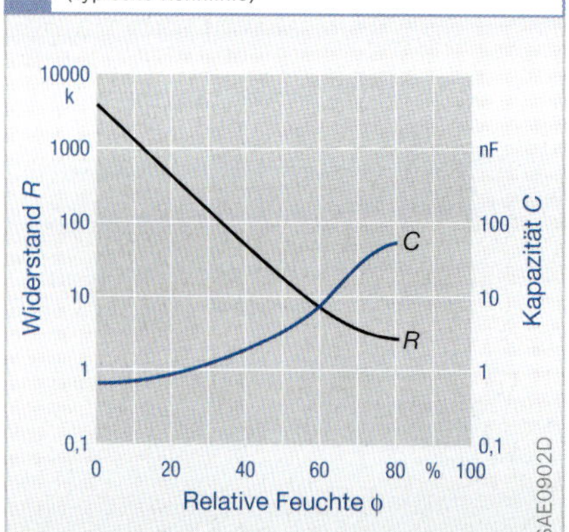

die eventuell auch gleichzeitig als Trägerplättchen fungieren kann, als Dielektrikum eines Kondensators. Eine der Elektroden ist wasserdampfdurchlässig oder die Elektroden haben eine kammförmige Struktur (Bild 2). Mit wachsender relativer Feuchte nimmt das Dielektrikum Wasser auf und die Kapazität des Fühlers erhöht sich stark (relative Dielektrizitätskonstante von Wasser $\varepsilon_{rW} \approx 81$, Bild 3).

Beim resistiven Fühler befindet sich zwischen einem Elektrodenpaar ein isolierendes Substrat, auf das hygroskopisches Salz (LiCl) in einem Binder (Paste) aufgebracht ist. Die Leitfähigkeit der Schicht ändert sich mit der relativen Feuchte drastisch (Bild 3). Leider hängt diese Widerstandsänderung auch stark von der Temperatur ab, sodass auf eine entsprechende Kompensation meist nicht verzichtet werden kann. Durch zusätzliche Messung der Lufttemperatur kann dann auch der Taupunkt und damit die absolute Feuchte bestimmt werden. Die Zeitkonstante dieser Sensoren liegt typisch bei ca. 30 s.

Die Tabelle 2 gibt eine Übersicht über die zahlreichen, im Laufe der Zeit entwickelten Messverfahren für die Luftfeuchtemessung.

Der Piezo-Effekt

Pierre Curie und sein Bruder Jacques entdeckten 1880 ein Phänomen, das zwar nur wenigen bekannt ist, aber heute Millionen Menschen täglich begleitet: den piezoelektrischen Effekt. Er hält z.B. die Zeiger der Quarzuhr im Takt.

Bestimmte Kristalle (z.B. Quarz und Turmalin) sind piezoelektrisch: Durch Stauchung oder Streckung entlang bestimmter Kristallachsen werden elektrische Ladungen auf der Kristall-oberfläche induziert. Diese elektrische Polarisierung entsteht dadurch, dass sich die positiven und negativen Ionen im Kristall unter der Krafteinwirkung relativ zueinander verschieben
(s. Bild, Pos. b). Im Inneren des Kristalls gleichen sich die verschobenen Ladungsschwerpunkte aus, zwischen den Stirnflächen des Kristalls jedoch entsteht ein elektrisches Feld. Stauchung und Dehnung des Kristalls erzeugen umgekehrte Feldrichtungen.

Wird andererseits an die Stirnflächen des Kristalls eine elektrische Spannung angelegt, so kehrt sich der Effekt um (inverser Piezo-Effekt): Die positiven Ionen werden im elektrischen Feld in Richtung zur negativen Elektrode hin verschoben, die negativen Ionen zur positiven Elektrode hin. Dadurch kontrahiert oder expandiert der Kristall je nach Richtung der elektrischen Feldstärke (s. Bild, Pos. c).

Für die piezoelektrische Feldstärke E_p gilt:
$E_p = \delta \, \Delta x/x$
$\Delta x/x$: relative Stauchung bzw. Dehnung
δ: piezoelektrischer Koeffizient, Zahlenwerte 10^9 V/cm bis 10^{11} V/cm

Die Längenänderung Δx ergibt sich bei einer angelegten Spannung U aus:
$U / \delta = \Delta x$ (Beispiel Quarz: Deformation von etwa 10^{-9} cm bei $U = 10$ V)

Der Piezo-Effekt wird nicht nur in Quarzuhren und Piezo-Inline-Injektoren genutzt, sondern hat – als direkter oder inverser Piezo-Effekt – eine Vielzahl weiterer technischer Anwendungen:

Piezoelektrische Sensoren werden z.B. zur Klopfregelung im Ottomotor eingesetzt, wo sie hochfrequente Schwingungen des Motors als Merkmal für klopfende Verbrennung detektieren. Die Umwandlung von mechanischer Schwingung in elektrische Spannungen wird auch im Kristall-Tonabnehmer des Plattenspielers oder bei Kristallmikrofonen genutzt. Beim Piezo-Zünder (z.B. im Feuerzeug) ruft ein mechanischer Druck die zur Funkenerzeugung benötigte Spannung hervor.

Legt man andererseits eine Wechselspannung an einen Piezo-Kristall, so schwingt er mechanisch mit der Frequenz der Wechselspannung. Solche Schwingquarze werden z.B. als Stabilisatoren in elektrischen Schwingkreisen eingesetzt oder als piezoelektrische Schallquelle zur Erzeugung von Ultraschall.

Für den Einsatz als Uhrenquarz wird der Schwingquarz mit einer Wechselspannung angeregt, deren Frequenz einer Eigenfrequenz des Quarzes entspricht. So entsteht eine zeitlich äußerst konstante Resonanzschwingung, deren Abweichung bei einem geeichten Quarz ca. 1/1000 Sekunde pro Jahr beträgt.

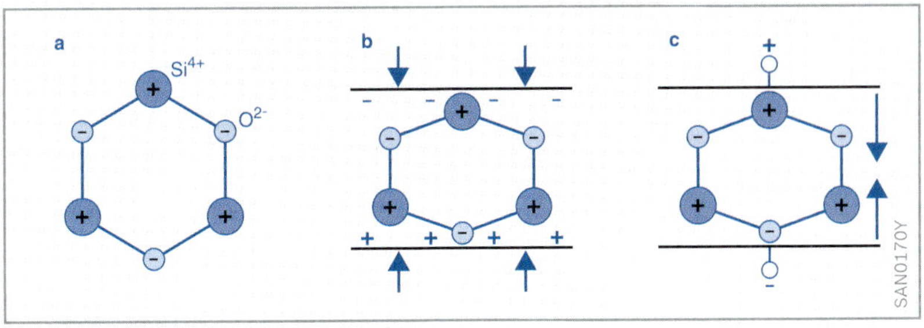

Prinzip des Piezo-Effekts
(dargestellt an einer Einheitszelle)

a Quarzkristall SiO_2

b Piezo-Effekt:
Bei Stauchung des Kristalls schieben sich die negativen O^{2-}-Ionen nach oben, die positiven Si^{4+}-Ionen nach unten:
an der Kristalloberfläche werden elektrische Ladungen induziert.

c inverser Piezo-Effekt:
Durch die angelegte elektrische Spannung werden O^{2-}-Ionen nach oben, Si^{4+}-Ionen nach unten verschoben: der Kristall kontrahiert.

Temperatursensoren

Messgrößen

Temperatur ist eine ungerichtete, den Energiezustand des Mediums charakterisierende Größe, die vom Ort und der Zeit abhängen kann:

$$T = T(x, y, z, t) \quad (1)$$

mit: x, y, z Raumkoordinaten, t Zeit, T gemessen nach der Celsius- oder Kelvin-Skala.

Bei gasförmigen und flüssigen Messmedien kann im Allgemeinen problemlos an allen Ortspunkten gemessen werden. Bei festen Körpern beschränkt sich die Messung meist auf die Oberfläche. Bei den am häufigsten eingesetzten Temperatursensoren ist ein unmittelbarer, inniger Kontakt des Sensors mit dem Messmedium erforderlich (Berührungsthermometer), damit er möglichst genau die Temperatur des Mediums annimmt. Für spezielle Fälle sind jedoch auch berührungslose Temperatursensoren im Einsatz, welche die Temperatur eines Körpers oder Mediums aufgrund der von ihm ausgesandten (infraroten) Wärmestrahlung bestimmen (Strahlungsthermometer = Pyrometer, Wärmekamera).

Tabelle 1

1 Temperaturmessstellen im Kraftfahrzeug

Messpunkt	Bereich °C
Ansaug-/Ladeluft	–40...170
Außenwelt	–40...60
Innenraum	–20...80
Ausblasluft/Heizung	–20...60
Verdampfer (Klimaanlage)	–10...50
Kühlwasser	–40...130
Motoröl	–40...170
Batterie	–40...100
Kraftstoff	–40...120
Reifenluft	–40...120
Abgas	100...1000
Bremssattel	–40...2000

Ein Temperatursensor soll diese Abhängigkeit im Allgemeinen möglichst fehlerfrei wiedergeben, d. h., er soll möglichst unverfälscht die lokale Verteilung der Temperatur sowie ihre zeitliche Änderung wiedergeben.

Im speziellen Anwendungsfall kann diese Anforderung – teilweise aus funktionalen Gründen – auch abgemildert werden. Für eine gute Ortsauflösung des Sensors, aber auch für ein schnelles Reaktionsvermögen, soll dieser möglichst klein bauen, d. h. eine geringe Wärmekapazität aufweisen.

Um die vom Sensor angenommene Eigentemperatur möglichst unabhängig von der meist davon abweichenden Temperatur seiner Halterung zu halten, soll er möglichst gut thermisch von seiner Halterung isoliert sein. Die von den meisten Sensoren im aktiven Zustand erzeugte Eigenwärme ist möglichst gering zu halten (z. B. < 1 mW), da auch sie das Messergebnis verfälscht.

Das dynamische Verhalten eines Temperatursensors wird durch eine Zeitkonstante τ angegeben. Sie gibt die Zeit an, die der Sensor bei sprungförmiger Temperaturänderung benötigt, um z. B. auf 63 %, 90 % oder 99 % seiner Endanzeige zu kommen. Diese Zeit hängt nicht nur von der Wärmekapazität des Sensors, sondern auch ganz wesentlich von der Wärmeübergangszahl zum Messmedium ab. Je größer sie ist, umso schneller zeigt der Sensor seinen Endwert an. Diese Zahl ist bei flüssigen Medien naturgemäß weit höher als bei gasförmigen. Zu beachten ist auch, dass die Wärmeübergangszahl ganz erheblich von einer eventuell vorhandenen Strömungsgeschwindigkeit υ des Mediums abhängt. Sie nimmt etwa mit $\sqrt{\upsilon}$ zu. Also sollte die Zeitkonstante eines Temperatursensors immer in Bezug auf eine bestimmte Strömungsgeschwindigkeit eines wohl definierten Mediums angegeben werden.

Die Temperaturmessung im Kraftfahrzeug nutzt fast ausschließlich die Temperaturabhängigkeit von elektrischen Widerstandsmaterialien mit positivem (PTC) oder negativem (NTC) Temperaturkoeffizienten in Form von Berührungsthermometern. Die Umsetzung der Widerstandsänderung in eine analoge Spannung erfolgt überwiegend durch Ergänzung eines temperaturneutralen oder gegensinnig abhängigen Widerstands zu einem Spannungsteiler (auch linearisierende Wirkung). Neuerdings wird für Zwecke des Insassenschutzes (Insassen-Positionsbeobachtung für Airbagauslösung), aber auch des Komforts (Klimaregelung gemäß Messung der Hauttemperatur, Verhinderung von Scheibenbeschlag) eine berührungslose (pyrometrische) Temperatursensierung in Betracht gezogen, die erst durch den Einsatz der Mikrosystemtechnik in einen kostengünstigen Bereich gerückt ist. Die Tabelle 1 zeigt, welche zu messende Temperaturen im Fahrzeug auftreten.

Nicht allein die teilweise sehr unterschiedlichen Messbereiche erfordern eine Vielzahl von Sensorkonzepten und -technologien, sondern auch die hier nicht genannten Genauigkeits- und Dynamikanforderung führen zu sehr unterschiedlichen Sensorformen. An vielen Stellen wird die Temperatur auch als Hilfsgröße gemessen, um sie als Fehlerursache oder unerwünschte Einflussgröße zu kompensieren.

1 Methoden der Widerstands-/Spannungsumformung

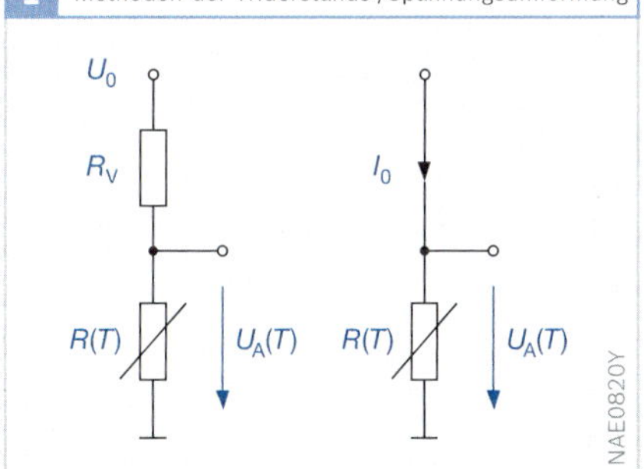

Messprinzipien für Berührungssensoren

Da nahezu alle physikalischen Vorgänge temperaturabhängig sind, gibt es sehr viele Möglichkeiten der Temperaturmessung. Zu bevorzugen sind jedoch diejenigen Methoden, bei denen der Temperatureffekt sehr ausgeprägt und dominant ist sowie nach Möglichkeit einer linearen Kennlinie folgt. Ferner sollten die Messelemente für eine kostengünstige Massenherstellung geeignet und dabei noch genügend reproduzierbar und alterungsstabil sein. Unter diesen Gesichtspunkten haben sich folgende Sensortechniken herauskristallisiert und auch im Kfz Eingang gefunden:

Resistive Sensoren

Temperaturabhängige elektrische Widerstände sind als zweipolige Elemente besonders zur Temperaturmessung geeignet, sei es in drahtgewickelter Form, sinterkeramischer Form, Folienform, dünn- und dickschichttechnischer Form oder monokristalliner Form. Üblicherweise werden sie zur Umsetzung in ein spannungsanaloges Signal mit einem Festwiderstand R_V zu einem Spannungsteiler ergänzt oder aber mit eingeprägtem Strom gespeist (Bild 1). Während die Spannungsteilerschaltung die ursprüngliche Sensorcharakteristik $R(T)$ in eine etwas andere Charakteristik $U(T)$ umsetzt:

$$U(T) = U_0 \cdot \frac{R(T)}{R(T) + R_V} \qquad (2)$$

wird bei Einprägung eines Speisestroms I_0 die Widerstandskennlinie genau reproduziert:

$$U(T) = I_0 \cdot R(T) \qquad (3)$$

Zwar wird durch die Spannungsteilerschaltung je nach Auslegung die Messempfindlichkeit mehr oder weniger reduziert, dafür hat sie jedoch auf leicht progressiv gekrümmte Widerstandskennlinien einen

Bild 1
I_0 Stromspeisung
U_0 Versorgungsspannung
R_V temperaturunabhängiger Vorwiderstand
$R(T)$ temperaturabhängiger Messwiderstand
$U_A(T)$ Ausgangsspannung

(meist sehr erwünschten) linearisierenden Einfluss. Häufig wird der Ergänzungswiderstand hierfür so dimensioniert, dass er dem Messwiderstand bei einer bestimmten Bezugstemperatur T_0 (z. B. 20 °C) entspricht:

$$R_V \approx R(T_0) \quad (4)$$

Reicht die Fertigungsgenauigkeit nicht ganz aus, so lässt sich ein Widerstandsfühler mithilfe eines abgleichbaren Parallelwiderstands R_P und eines Serienwiderstands R_S sowohl bezüglich des Widerstandswerts (bei einer Bezugstemperatur) als auch bezüglich seines Temperaturkoeffizienten (TK) auf Sollwert bringen (Bild 2). Selbstverständlich wird durch Zuschaltung von Festwiderständen auch hier der TK verringert und die Charakteristik etwas verändert.

Sinterkeramische NTC-Widerstände

Wegen ihres sehr großen Messeffekts und ihrer kostengünstigen Herstellung werden am häufigsten halbleitende Widerstände aus Schwermetalloxiden und oxidierten Mischkristallen verwendet. Sie werden in Perlen- oder Scheibenform (Bild 3) gesintert und haben eine polykristalline Struktur. Wegen ihrer sehr stark fallenden Temperaturkennlinie werden sie auch als Heißleiter bezeichnet oder sind auch unter dem Namen Thermistoren bekannt. Ihre Kennlinie lässt sich in guter Näherung mithilfe folgenden Exponentialgesetzes beschreiben:

$$R(T) = R_0 \cdot e^{B \cdot \left(\frac{1}{T} - \frac{1}{T_0}\right)} \quad (5)$$

mit $R_0 = R(T_0)$,
$B = 2000...5000\ \text{K} = \text{const}$,
T absolute Temperatur

Die Kennliniensteigung (TK) bzw. die prozentuale Widerstandsänderung mit der Temperatur hängt hier sehr stark vom Arbeitspunkt ab, kann also nur punktuell definiert werden:

$$\text{TK} = -B/T^2 \quad (6)$$

2 Abgleich eines Widerstandsfühlers auf Sollwert

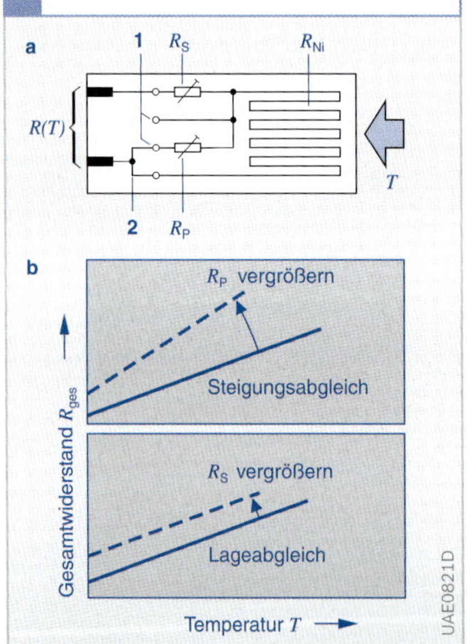

Bild 2
a Widerstandsfühler
b Kennlinien
1 Hilfskontakte
2 Brücke
R_{Ni} Nickel-Schicht-widerstand
$R_{ges}(T)$ auf Temperatur T bezogener Gesamtwiderstand
R_P abgleichbarer Parallelwiderstand
R_S abgleichbarer Serienwiderstand

3 NTC-Widerstände (Beispiele)

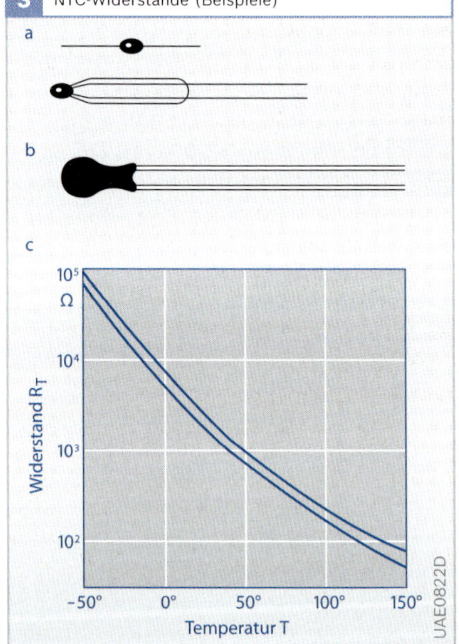

Bild 3
a Perlenform
b Scheibenform
c Kennlinie mit Streugrenzen

Sie nimmt mit zunehmender Temperatur stark ab. Der Widerstandswert selbst variiert häufig über 4...5 Zehnerpotenzen z. B. typisch von einigen 100 kΩ bis zu einigen 10 Ω. Die starke Temperaturabhängigkeit lässt den Einsatz nur über ein „Fenster" von etwa 200 K zu; diese Spanne kann jedoch im Bereich von -40...ca. 850 °C gewählt werden. Engere Toleranzen von bis zu ± 0,5 K an einem wählbaren Referenzpunkt werden entweder durch Auslese oder eventuell durch einen Schleifprozess unter Öl erreicht, was sich natürlich in den Kosten niederschlägt. Die Alterungsstabilität dieser Sensoren konnte gegenüber früher erheblich verbessert werden, sodass die angegebenen engen Toleranzen durchaus auch über die Lebenszeit der Sensoren gehalten werden.

PTC-Dünn/Dickschicht-Metallwiderstände

Die zusammen mit zwei zusätzlichen, temperaturneutralen Abgleichwiderständen auf einem gemeinsamen Substratplättchen integrierten Dünnschicht-Metallwiderstände weisen eine besonders hohe Genauigkeit auf. Sie lassen sich bezüglich ihrer Kennlinie eng toleriert und langzeitstabil fertigen und durch Laserschnitte zusätzlich „trimmen". Die angewandte Schichttechnik ermöglicht es, das Trägermaterial (Keramik, Glas, Kunststofffolien) und die Abdeckschichten (Kunststoffverguss bzw. Lackabdeckung, Folienverschweißung, Glas- und Keramiküberzug) zum Schutz gegen das Messmedium an die jeweilige Messaufgabe anzupassen. Gegenüber oxidkeramischen Halbleitersensoren weisen metallische Schichten zwar eine geringere Temperaturabhängigkeit auf, jedoch eine günstigere Charakteristik bezüglich Linearität und Reproduzierbarkeit. Zur rechnerischen Beschreibung dieser Sensoren gilt folgender Ansatz:

$$R(T) = R_0\,(1 + \alpha \cdot \Delta T + \beta \cdot \Delta T^2 + ..) \qquad (7)$$

mit $\Delta T = T - T_0$ und
$T_0 = 20\,°\mathrm{C}$ (Referenztemperatur),
α linearer Temperaturkoeffizient (TK),
β quadratischer Temperaturkoeffizient.

Der Koeffizient β ist zwar bei Metallen meist sehr klein, jedoch nicht ganz vernachlässigbar. Daher wird die Messempfindlichkeit solcher Sensoren meist mit einem mittleren TK, dem „TK 100", charakterisiert. Der TK 100 entspricht der mittleren Kennliniensteigung zwischen 0 °C und 100 °C (Tabelle 2 und Bild 4).

Dabei gilt $$TK\,100 = \frac{R(100\,°\mathrm{C}) - R(0\,°\mathrm{C})}{R(0\,°\mathrm{C}) \cdot 100K} \qquad (8)$$

Tabelle 2

2 Temperaturkoeffizient TK 100

Sensormaterial	TK 100 10^{-3}/K	Kennlinie	Messbereich
Nickel (Ni)	5,1	leicht progressiv	–60...320
Kupfer (Cu)	4,1	leicht progressiv	–50...200
Platin (Pt)	3,5	leicht degressiv	–220...850

4 Definition des mittleren Temperaturkoeffizienten TK 100 = α_{100}

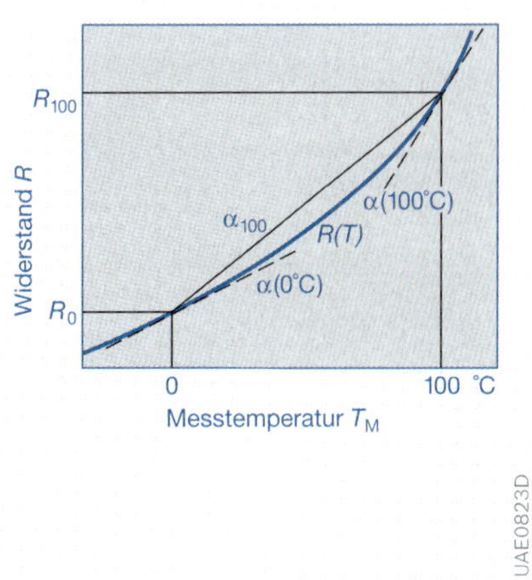

Platin(Pt)-Widerstände haben zwar den niedrigsten TK, gelten jedoch als die genauesten und alterungsstabilsten resistiven Temperatursensoren. Sie sind unter der Bezeichnung „PT 100" oder „PT 1000" (100 Ω bzw. 1000 Ω Nennwiderstand bei Referenztemperatur von 20 °C) in verschiedenen Toleranzklassen (bis zu 0,1 °C) am Markt erhältlich (Bild 5). Für den Einsatz bis zu Temperaturen um 1000 °C sind allenfalls Pt-Fühler in Dickschichttechnik geeignet, deren Pt-Schicht durch spezielle Beimengungen stabilisiert ist.

Dickschicht-Widerstände (PTC/NTC)

Dickschichtpasten mit höherem spezifischem Widerstand (geringer Flächenbedarf) sowie positiven und negativen Temperaturkoeffizienten dienen vorwiegend als Temperatursensoren für Kompensationszwecke. Sie haben eine nicht lineare Charakteristik (jedoch nicht so extrem gekrümmt wie die der massiven NTC-Widerstände) und lassen sich z. B. mit Laserstrahl trimmen. Zur Erhöhung des Messeffekts können Spannungsteilerschaltungen aus NTC- und PTC-Material gebildet werden.

5 Pt-Widerstand (Toleranzschema)

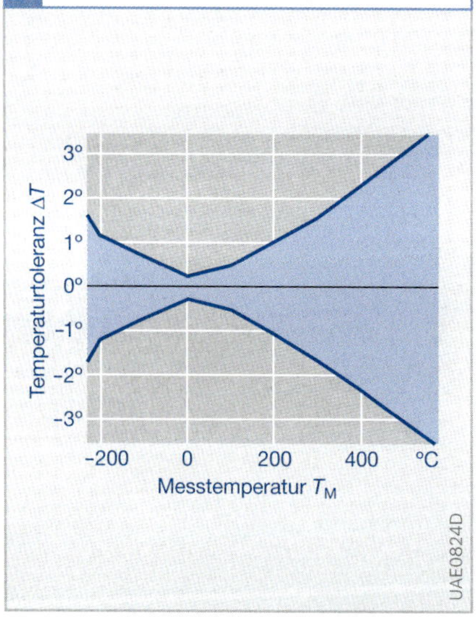

Monokristalline Silizium-Halbleiterwiderstände (PTC)

Bei Temperatursensoren aus monokristallinen Halbleitermaterialien wie Silizium (Si) lassen sich grundsätzlich weitere aktive und passive Schaltungselemente auf dem Sensorchip integrieren (erste Signalaufbereitung an der Messstelle möglich). Ihre Herstellung erfolgt wegen der engeren Tolerierbarkeit nach dem „Spreading Resistance"-Prinzip (Bild 6 a). Der Strom fließt durch den Messwiderstand über einen Oberflächenpunktkontakt in das Bulk-Material des Si und dort breit aufgefächert zu einer den Boden des Sensorchips überdeckenden Gegenelektrode.

6 Spreading-Resistance-Prinzip (Doppellochausführung)

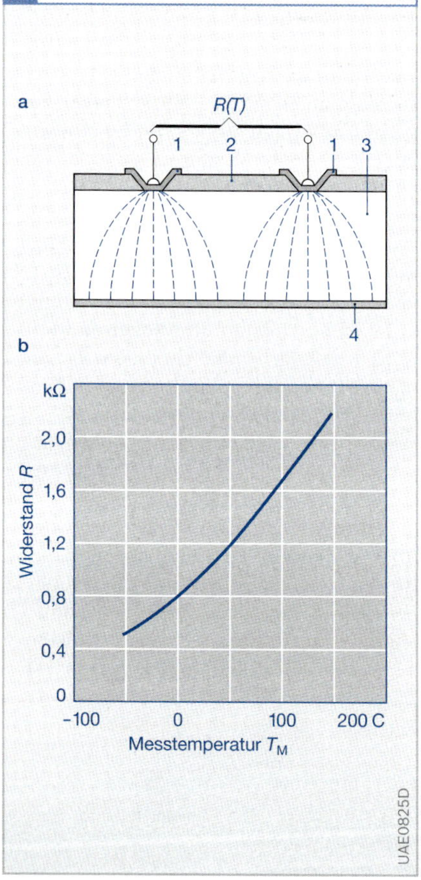

Bild 6
- a Aufbau
- b Kennlinie
- 1 Kontakte
- 2 Passivierung (Nitrid, Oxid)
- 3 Si-Substrat
- 4 Gegenelektrode ohne Anschluss
- $R(T)$ temperaturabhängiger Widerstand

Die hohe Stromdichte hinter dem Kontaktpunkt (hohe Genauigkeit durch fotolithografische Herstellung) bestimmt neben der sehr gut reproduzierbaren Materialkonstanten fast ausschließlich den Widerstandswert des Sensors. Zur Erzielung einer guten Polaritätsunabhängigkeit werden die Sensoren meist in gegensinniger Ausrichtung in Reihenschaltung doppelt ausgeführt (Doppellochausführung, Bild 6). Die Bodenelektrode kann dann als metallischer Temperaturkontakt (ohne elektrische Funktion) ausgeführt werden.

Die Messempfindlichkeit ist annähernd doppelt so groß wie die eines Pt-Widerstandes (TK = 7,73 · 10^{-3}/K). Die Temperaturkennlinie ist stärker progressiv gekrümmt als bei einem metallischen Sensor. Die Eigenleitfähigkeit des Materials begrenzt den Messbereich nach oben auf ca. +150 °C (Bild 6 b). Sonderausführungen (Bild 7) sind bis 300 °C einsetzbar.

Thermoelemente

Insbesondere für Messbereiche ≥ 1000 °C werden Thermoelemente eingesetzt. Sie beruhen auf dem Seebeck-Effekt, der besagt, dass zwischen den Enden eines metallischen Leiters eine elektrische Spannung entsteht, wenn an diesen unterschiedliche Temperaturen T_1 und T_2 herrschen. Diese „Thermospannung" U_{th} hängt (unabhängig vom Verlauf dazwischen) ausschließlich von dem Temperaturunterschied ΔT an den Enden des Leiters ab (Bild 8). Es gilt:

$$U_{th} = c\,(T_2 - T_1) = c\,\Delta T, \qquad (9)$$

wobei die Proportionalitätskonstante materialspezifisch ist und Seebeck-Koeffizient genannt wird.

Da der Messleiter zur Messung dieser Spannung mit zwei Anschlusskabeln (z. B. aus Cu), die ihrerseits wieder dem glei-

7 Spreading-Resistance-Sensor (unipolare Ausführung für Temperaturen bis 300 °C)

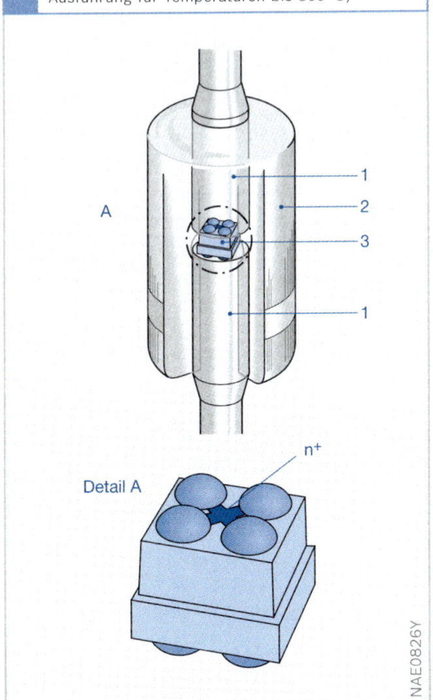

Bild 7
1 Metalldrähte
2 Glas
3 Si-Kristall

8 Seebeck-Effekt

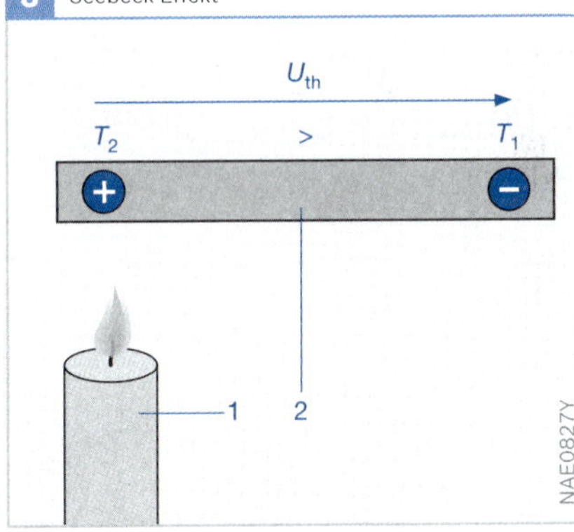

Bild 8
1 Wärmequelle
2 metallischer Leiter
\+ Hohe,
− geringe thermische Geschwindigkeit der Elektronen
T_2 hohe Temperatur
T_1 geringe Temperatur
U_{th} Thermospannung

3 Thermospannung U_{th} einiger Metalle

Material	Thermospannung U_{th} mV/100 °C
Konstantan	−3,40
Nickel	−1,90
Paladium	−0,28
Platin	0,00
Kupfer	+0,75
Manganit	+0,60
Eisen	+1,88
Silizium	+44,80

Tabelle 3

chen Temperaturunterschied ausgesetzt sind, kontaktiert werden muss, lässt sich leider immer nur die Differenz des Messmaterials zu dem der Anschlussleitungen erfassen. Thermospannungen werden deshalb immer nur in Bezug auf Platin als Referenzmaterial tabelliert (Tabelle 3).

Zur Erzielung möglichst hoher Spannungen haben sich günstige Materialpaarungen eingebürgert (Bild 9, z. B. Eisen/Konstantan usw.). Wichtig ist, dass die beiden „Thermoschenkel" einer solchen Paarung an dem Ende elektrisch leitend verbunden sind (verdrillt, geschweißt, gelötet usw.), an dem die Messtemperatur anliegt (Bild 10).

Thermoelemente besitzen meist nur eine kurze Länge. Verlängerungen bis zur Signalerfassungsstelle können mit „Ausgleichsleitungen" gleicher Materialpaarung hergestellt werden. Wichtig ist, dass sich die beiden freien Enden der Thermoelementanordnung auf gleicher (Referenz-)Temperatur befinden, da ansonsten der dort herrschende Temperaturunterschied mitgemessen wird. Thermoelemente messen also stets nur den Temperaturunterschied zu einer Referenzstelle. Will man die Absoluttemperatur der Messstelle wissen, muss man mit anderen Mitteln (z. B. mit resistivem Fühler) zusätzlich die Temperatur der Referenzstelle bestimmen.

Die Abhängigkeit der Thermospannungen von der Temperatur ist meist nicht ganz so linear, wie es die Gleichung (9) angibt. Für die Verstärkung der meist kleinen Signale und deren Linearisierung stehen bereits integrierte Schaltkreise zur Verfügung. Zur Vergrößerung der Messspannung werden auch mehrere gleiche Thermoelemente in Reihe geschaltet, die mit den „heißen" Anschlüssen alle auf Messtemperatur, mit den „kalten" Anschlüssen auf Referenztemperatur liegen (Bild 11, Thermosäule oder Thermopile).

9 Gebräuchliche Thermopaare (Kennlinien)

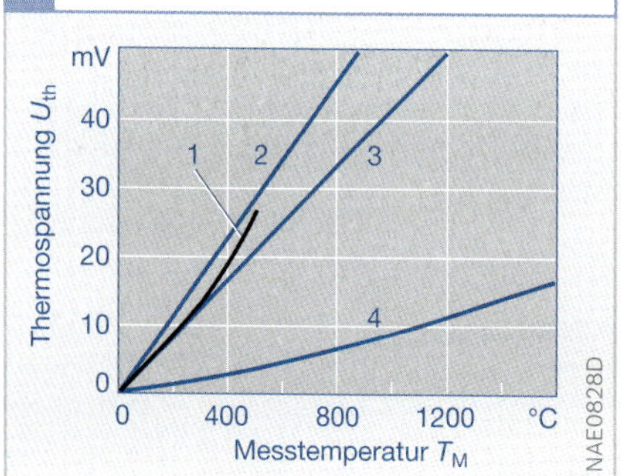

Bild 9
1 Kupfer/Konstantan
2 Eisen/Konstantan
3 Nickelchrom/Nickel
4 Platinrhodium/Platin

10 Thermoelement-Messanordnung

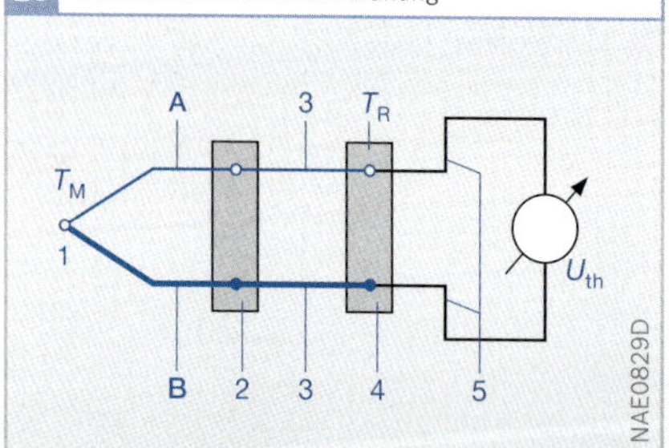

Bild 10
A/B Materialpaarung (Thermoschenkel)
1 Messstelle (elektrisch leitende Verbindung)
2 Anschlusskopf
3 Ausgleichsleitung
4 Referenzstelle
5 Anschlusskabel (Cu)
T_M Messtemperatur
T_R Referenztemperatur
U_{th} Thermospannung

11 In Reihe geschaltete Thermoelemente

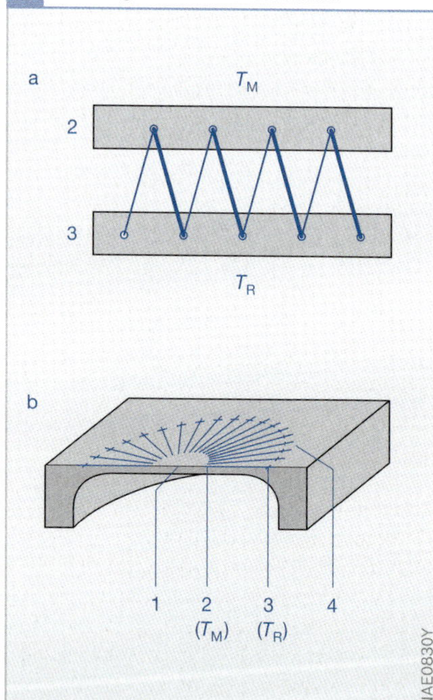

Bild 11
a Prinzip der Thermosäule (Thermopile)
b Anwendungsbeispiel
1 sensitive Fläche
2 „heiße" Anschlüsse auf Messtemperatur T_M
3 „kalte" Anschlüsse auf Referenztemperatur T_R
4 Thermopile

Thermoelemente stellen zwar sehr robuste (z. B. hohe EMV-Sicherheit durch niedrigen Innenwiderstand), aber keine sehr genauen Messmittel dar. Ihre Abweichung kann durchaus im Bereich 5...15 °C liegen. Sie besitzen auch keine besonders gute Alterungsstabilität, sodass auch eine individuelle Kalibrierung die Genauigkeit nicht bleibend verbessert.

Selbstverständlich lassen sich Thermoelemente auch in Dünn- oder Dickschichttechnik herstellen: übereinanderliegende, metallene Schichten bilden einen sehr guten Thermokontakt. Mit den Mitteln der Mikrosystemtechnik lassen sich so Thermoelemente mit extrem kleiner Abmessung herstellen. Sie eignen sich vor allem auch zur Bildung von Thermosäulen aus z. B. 50...100 Einzelelementen und finden z. B. in berührungslosen Strahlungsthermometern (Pyrometer) Anwendung.

Halbleitersperrschichten

Die Flussspannung von Halbleitersperrschichten (Bild 12) wie bei Dioden und Basis-Emitterstrecken von Transistoren zeigen bei konstantem Strom ein sehr gutes lineares Verhalten mit der Temperatur:

$$U_F(T) = \frac{k \cdot T}{q} \cdot \ln\left(\frac{I_F}{I_{sat}} + 1\right) \qquad (10)$$

mit:
$I_{sat} = I_{sat}\,(T)$ und I_F = const,
$q = 1{,}6 \cdot 10^{-19}$ C (Elementarladung),
$k = 1{,}88 \cdot 10^{-23}$ JK^{-1} (Boltzmann-Konstante),
T absolute Temperatur.

Vorteilhaft ist hier, dass vom Sensor direkt eine temperaturabhängige Spannung geliefert wird. Der zweipolige Sensor ist naturgemäß polaritätsabhängig. Die Flussspannung nimmt ziemlich genau bei jedem Sensor um 2 mV/°C ab, während die Absolutspannung an jeder Sperrschicht ziemlich stark von Exemplar zu Exemplar streut und unter Umständen für eine genaue Messung noch zusätzliche Abgleichelemente benötigt. Für den negativen TK ist vor allem der temperaturabhängige Sättigungsstrom I_{sat} verantwortlich, der mit wachsender Temperatur stark zunimmt. Die Eigenleitfähigkeit von Silizium begrenzt auch hier den Einsatz dieser Sensoren auf Bereiche <150 °C.

Bisweilen werden in ähnlicher Weise emittergekoppelte Transistorpaare zur Temperaturmessung genutzt. Bei dieser Temperaturmessung stellt das Verhältnis der Kollektorströme zueinander ein sehr gut reproduzierbares Maß für die Temperatur dar; es wird meist durch integrierte Zusatzbeschaltung noch „on chip" in eine analoge Ausgangsspannung umgesetzt.

Sehr brauchbare Temperaturfühler stellen auch die in Sperrrichtung betriebene Zenerdioden dar; ihre Spannungsänderung ist stark von der Zenerspannung selbst abhängig. Hier kann zwischen Spannungsabnahmen verschiedener Größe bei Zenerspannungen < 4,7 V und Spannungszunahmen bei Zenerspannungen > 4,7 V gewählt werden.

Solche Sensoren werden oft auch für Zwecke der chipinternen Temperaturkompensation verwendet.

12 Halbleitersperrschichten

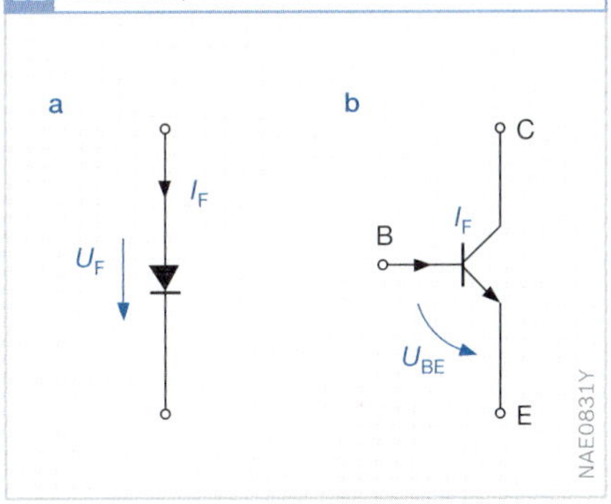

Bild 12
a Diode
b Transistor
B Basis
C Collector
E Emitter
I_F Flussstrom
U_F Flussspannung
U_{BE} Spannung zwischen Basis und Emitter

Messprinzipien für berührungslose Temperaturmessung

Zur berührungslosen Messung (Pyrometrie) der Temperatur eines Körpers wird die von ihm ausgehende Strahlung gemessen, die vorzugsweise im Infrarot(IR)-Bereich (Wellenlänge: 5...20 µm) liegt. Genau genommen wird das Produkt aus Strahlungsleistung und Emissionskoeffizient des Körpers gemessen. Letzterer ist materialabhängig, liegt jedoch für technisch interessante Stoffe (auch für Glas) meist nahe bei 1. Für spiegelnde oder IR-durchlässige Stoffe (z. B. Luft, Si) ist er jedoch << 1.

Die Messstelle wird auf ein strahlungsempfindliches Element abgebildet, das sich dadurch gegenüber seiner Umgebung etwas erwärmt (typisch 0,01...0,001 °C). Seine Temperatur ist ein Maß für die Temperatur des Messobjekts. Einem bestimmten Temperaturunterschied des Objekts entspricht oft nur noch 1/1000 dieses Unterschieds am Messpunkt. Dennoch kann die Objekttemperatur oft bis auf 0,5 °C genau bestimmt werden.

Bolometer

Ein hoch empfindlicher Widerstands-Temperatursensor zur Messung einer geringen Temperaturerhöhung wird „Bolometer" genannt (Bild 13). Zur Messung der Sensorgehäusetemperatur wird zusätzlich noch ein weiterer Sensor benötigt. Für einen weiten Betriebstemperaturbereich ist jedoch ein extrem guter Gleichlauf dieser beiden Sensoren nötig. Deshalb wird das Sensorgehäuse meist thermostatisiert, sodass der primäre (gut gegen das Gehäuse isolierte) Messfühler immer bei gleicher Betriebstemperatur arbeitet.

Thermopile-Sensor

Der kleine, von der Strahlung des Messobjekts herrührende Temperaturunterschied lässt sich bei einem weitem Betriebstemperaturbereich zweckmäßiger mit Thermoelementen messen. Zur Erhöhung des Messeffekts sind viele von diesen hintereinandergeschaltet (Thermopile). Ein solcher Thermopile-Sensor (Bild 14) lässt sich mikromechanisch kostengünstig realisieren. Alle „heißen" Punkte liegen auf einer thermisch gut isolierten, dünnen Membran, alle „kalten" Punkte auf dem

13 Prototyp eines bolometrischen Sensorarrays für den Einsatz im Kraftfahrzeug

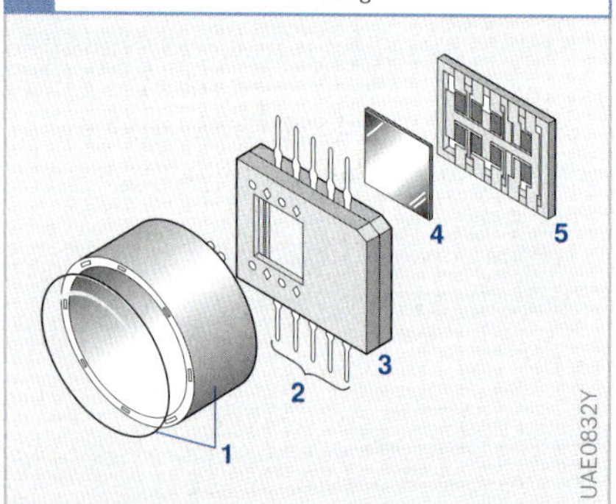

Bild 13
1 Linsengehäuse mit Linse
2 Anschlüsse
3 Infrarot-Detektorgehäuse
4 Infrarot-Fenster
5 Detektor

14 Mikromechanisch hergestellter pyrometrischer Sensor mit Thermopile-Abgriff

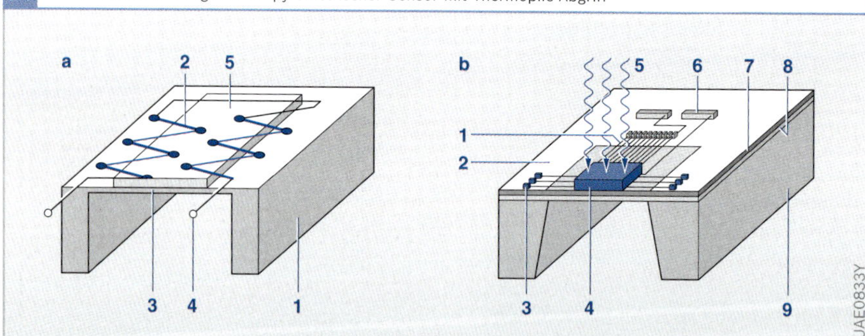

Bild 14
a Prinzip der Messzelle
1 Si-Chip
2 hintereinandergeschaltete Thermoelemente (z. B. Al/Poly-Si)
3 SiN-Membran
4 Thermopile-Anschlüsse
5 Absorberschicht

b Sensorausführung
1 Thermoelement
2 „kalter" Kontakt
3 Membran
4 Absorber
5 Wärmestrahlung
6 elektrischer Anschluss
7 Si_3N_4-Schicht
8 SiO_2-Schicht
9 Wärmesenke

dickeren Chiprand (Wärmesenke). Die Einstellzeit des Sensors beträgt typisch ca. 20 ms. Mit einem solchen „Single-Pixel-Sensor" lässt sich im Auto z. B. sehr gut die Oberflächentemperatur der Frontscheibe bestimmen, um einen möglichen Beschlag bei Unterschreitung des Taupunkts zu vermeiden.

Einzelpunktsensoren, Bildsensoren

Werden mehrere Pixel auf einem Chip zu einem Array (z. B. 4 x 4) angeordnet, so ist damit bereits eine grobe Bilderfassung möglich (Bild 16). Zwischen den Pixeln darf jedoch nicht zu viel insensitive Fläche liegen und die Pixel müssen thermisch gut gegeneinander isoliert sein. Da alle Pixel elektrisch wahlfrei ansprechbar sind, hat der Chip eine hohe Anschlusszahl. Für ein TO5-Gehäuse muss z. B. der ASIC zur Vorverstärkung und Serialisierung des Signals direkt neben dem Sensor untergebracht werden. Im Fall von Thermopile-Sensoren enthält dieser ASIC zur Ermittlung der absoluten Temperatur der Pixel meist auch einen Referenz-Temperatursensor. Mit ihm lassen sich Objekttemperaturen mit einer Genauigkeit von ca. ±0,5 K bestimmen.

Um eine Szene thermisch auf dem Sensorarray abzubilden, bedarf es einer IR-Abbildungsoptik. Der sehr kostengünstige gekrümmte Spiegel scheidet meist aus Platzgründen dafür aus. Linsen aus Glas sind für IR-Licht undurchlässig, und Kunststofflinsen eignen sich nur für Betriebstemperaturen bis ca. 85 °C. Dagegen eignen sich Linsen aus Si sehr gut für Wärmestrahlung und sind kostengünstig mikromechanisch als Beugungs-(Fresnel)- oder Brechungslinse bis zu ca. 4 mm Durchmesser herstellbar. In den Deckel eines TO5-Gehäuses eingesetzt, bilden sie gleichzeitig einen Schutz des Sensors gegen direkte Beschädigung (Bild 15). Eine Füllung des Gehäuses mit Schutzgas begünstigt zwar etwas das Übersprechen zwischen den Pixeln, erniedrigt aber andererseits ihre Reaktionszeit.

16 Mikromechanisches Thermopile-Array

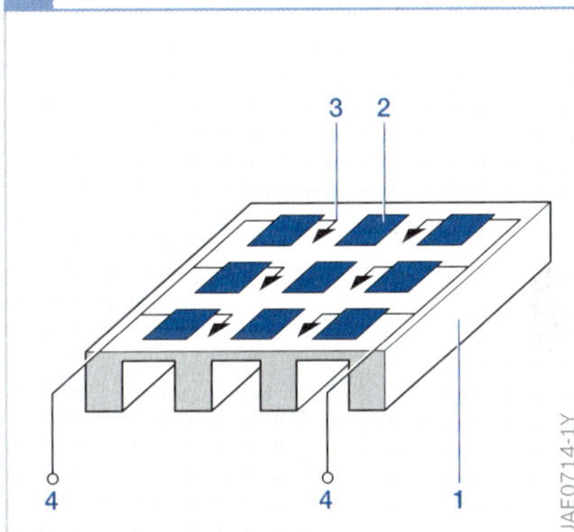

Bild 16
1 Si-Chip
2 Pixel
3, 4 Pixelanschlüsse

15 Thermische Bilderfassung

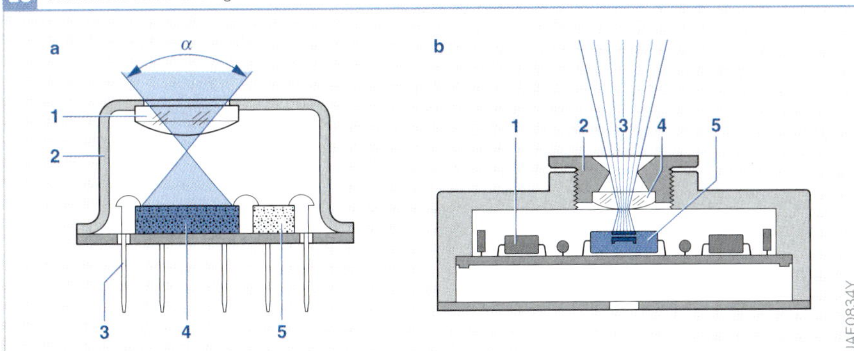

Bild 15
a IR-Bildsensor
1 Si-IR-Linse
2 TO5-Gehäuse
3 Anschlussstifte
4 Sensorchip
5 Auswerte-ASIC
α Sichtwinkel

b Einfache IR-Kamera
1 Elektronik
2 Objektiv
3 Kamerablickfeld
4 Si-IR-Linse
5 Sensorarray

Bildsensoren (Video)

Insbesondere bildgebende Sensoren sind dabei, auf der Basis des sichtbaren Lichts oder auch des Infrarotbereichs Einzug in das Fahrzeug zu halten. Sie können dort der Innenraumbeobachtung dienen, sind aber vor allem zur Umfeldbeobachtung auch nach außen gerichtet.

Mit diesen Sensoren wird versucht, die überlegene Fähigkeit des menschlichen Auges und der damit verbundenen mentalen Erkennung (vorerst noch in recht bescheidenem Maße) nachzubilden. Sie sind in der industriellen Messtechnik - insbesondere auch bei Handhabungsautomaten (Robotern) - bereits längst in großem Umfang eingeführt. Die Kosten der Bildsensoren und der zur Interpretation einer Szene erforderlichen, sehr leistungsstarken Prozessoren (DSP, digitaler Signalprozessor) sind bereits in den für Kfz-Anwendungen interessanten Bereich gekommen.

Gängige Bildsensoren sind im Gegensatz zum menschlichen Auge auch im nahen IR-Bereich (Wellenlänge ca. 1 μm) empfindlich. Mit einer entsprechenden, nicht sichtbaren IR-Ausleuchtung ist damit ohne weiteres für alle im Auto denkbaren Anwendungen auch ein Nachtbetrieb möglich. Für Anwendungen im Bereich des sichtbaren Lichts wird den Bildsensoren meist ein IR-Filter vorgeschaltet, um Farbverfälschungen zu vermeiden.

Bildsensoren könnten in Zukunft einen vielfältigen Einsatz für die Beobachtung des Kfz-Innenraums (Sitzposition, Vorverlagerung bei Crash, Anwesenheit und Größe der Insassen usw.) und der Fahrzeugumgebung (Spurführung, Kollisionsvermeidung, Einpark- und Rückfahrhilfe, Verkehrszeichenerkennung usw.) finden. Bereits in Serie ist ein Nachtsichtgerät (Night Vision), das die im IR-Bereich ausgeleuchtete und aufgenommene Fahrbahnszene auf einem im Dashboard eingeblendeten Bildschirm wiedergibt und damit zusätzliche Fahrsicherheit bei schlechten Sichtbedingungen (Dunkelheit, Nebel usw.) bietet.

Bildsensoren sind ein spezieller Fall von „Multisensorstrukturen" aus lichtempfindlichen Elementen (Fotodioden), die als Bildpunkte bzw. Pixel in Zeilen- oder Matrixform angeordnet sind und ihr Licht aus einer üblichen Abbildungsoptik erhalten. Bei den derzeit hauptsächlich verfügbaren Si-Bildsensoren (CCD, Charge-Coupled Devices, Bilder 1 und 2) werden durch das über eine transparente Elektrode einfallende Licht proportional zur Intensität und Belichtungszeit freie Ladungsträger erzeugt, die in einem „Potentialtopf" (Si-SiO_2-Grenzschicht) gesammelt werden. Mit weiteren Elektroden werden diese Ladungen in eine lichtundurchlässige Zone

1 CCD-Prinzip

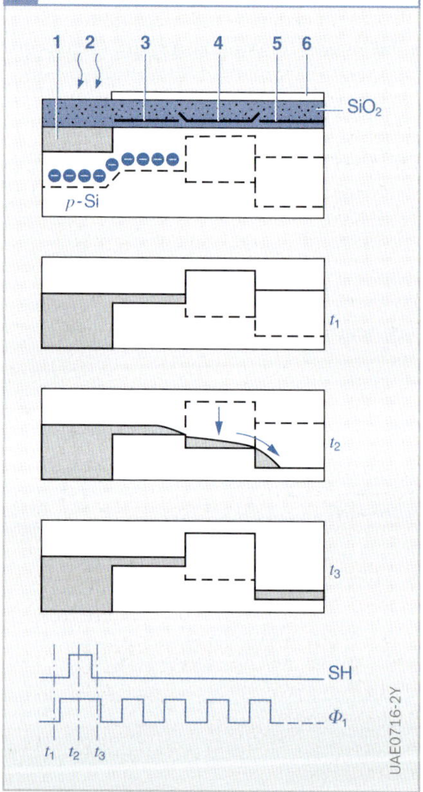

Bild 1
1 Fotodiode
2 Licht
3 Speicherelektrode
4 Shift-Gate
5 Transferelektrode
6 optische Abdeckung

verschoben und in analogen Schieberegistern (Eimerkettenprinzip) zeilenweise in ein Ausgangsregister weitertransportiert, das mit hoher Taktrate seriell ausgelesen wird.

Während CCD-Sensoren wegen ihrer begrenzten Hell-/Dunkeldynamik (50 dB), ihrer Auslesezeit und ihres Temperaturbereichs (< 50°C) nur sehr beschränkt im Auto einsetzbar sind, erscheinen neuere („smarte"), auf CMOS-Technik beruhende Bildsensoren voll fahrzeugtauglich. Die hier mögliche logarithmische Helligkeit-/Signalkennlinie entspricht dem menschlichen Auge und weist eine Dynamik von 120 dB auf. Dies erübrigt z. B. eine Blendensteuerung und liefert eine konstante Kontrastauflösung im ganzen Helligkeitsbereich. Diese Sensoren erlauben einen digital gesteuerten, wahlfreien Zugriff auf die einzelnen Pixel eines Matrixsensors (Bild 3) bei gleichzeitig höherer Empfindlichkeit (höhere Ausleserate).

Auch erste Prozesse zur Vorverarbeitung der Signale sind bereits auf dem Bildsensorchip möglich (Intelligenter Bildsensor). Bei marktgängigen Sensoren ist bereits eine Auflösung von 1 280 × 1 024 Bildpunkten möglich, deren Einzelabmessungen typisch bei 6 µm × 6 µm liegen.

3 CMOS-Bildsensor mit wahlfreiem Pixelzugriff

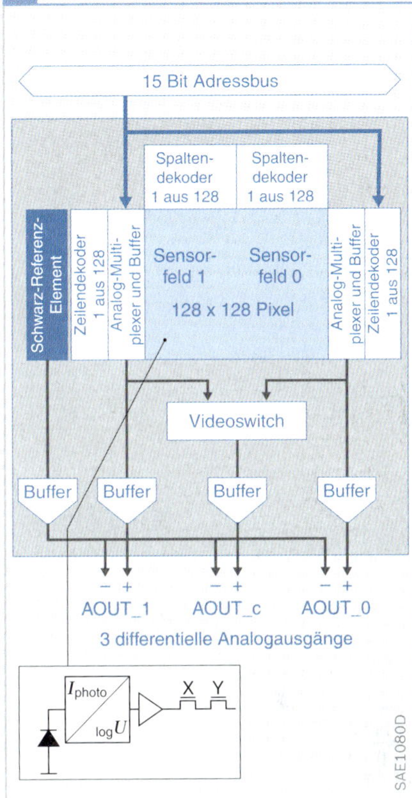

Bild 3
Pixelprozessoren an jedem Bildpunkt der aktiven Pixelmatrix sorgen für eine logarithmische Signalkompression.
Die Auslesung ist wahlfrei und nicht signalzerstörend, die Übertragung ist verlustfrei.

2 CCD-Bildsensorstruktur

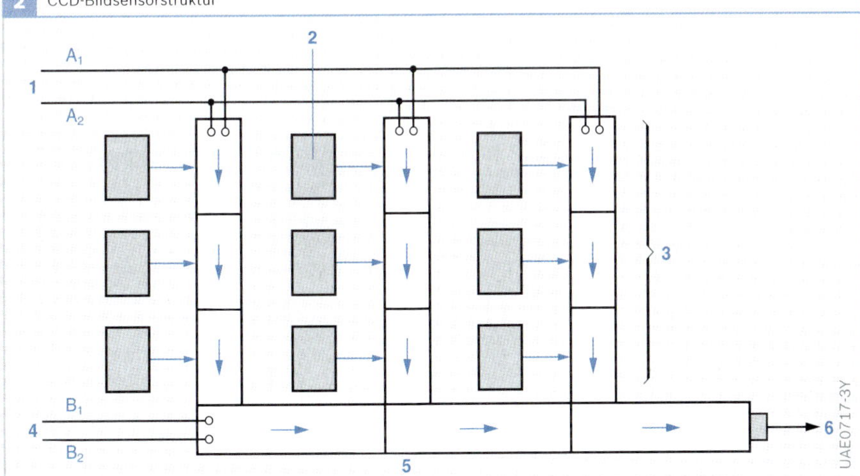

Bild 2
1 Spaltentakt A_1/A_2
2 Fotosensoren
3 CCD-Array
4 Zeilentakt B_1/B_2
5 Ausgangsregister
6 Videoausgang

Sensorausführungen

Motordrehzahlsensoren

Anwendung

Motordrehzahlsensoren werden in Motormanagement-Systemen eingesetzt zum

- Messen der Motordrehzahl und
- Ermitteln der Kurbelwellenstellung (Stellung der Motorkolben).

Die Drehzahl wird über den Zeitabstand der Signale des Drehzahlsensors berechnet.

Induktive Drehzahlsensoren

Aufbau und Arbeitsweise

Der Sensor ist - durch einen Luftspalt getrennt - direkt gegenüber einem ferromagnetischen Impulsrad montiert (Bild 1, Pos. 7). Er enthält einen Weicheisenkern (Polstift, Pos. 4), der von einer Wicklung (5) umgeben ist. Der Polstift ist mit einem Dauermagneten (1) verbunden. Das Magnetfeld erstreckt sich über den Polstift bis hinein in das Impulsrad. Der magnetische Fluss durch die Spule hängt davon ab, ob dem Sensor eine Lücke oder ein Zahn des Impulsrads gegenübersteht. Ein Zahn bündelt den Streufluss des Magneten. Es kommt zu einer Verstärkung des Nutzflusses durch die Spule. Eine Lücke dagegen schwächt den Magnetfluss. Diese Magnetflussänderungen induzieren beim Drehen des Impulsrads in der Spule eine zur Änderungsgeschwindigkeit und damit Motordrehzahl proportionale sinusähnliche Ausgangsspannung (Bild 2). Die Amplitude der Wechselspannung wächst mit steigender Drehzahl stark an (wenige mV...>100 V). Eine ausreichende Amplitude ist ab einer Mindestdrehzahl von ca. 30 Umdrehungen pro Minute vorhanden.

Die Anzahl der Zähne des Impulsrads hängt vom Anwendungsfall ab. Bei Motronic-Systemen kommen Impulsräder mit 60er-Teilung zum Einsatz, wobei zwei Zähne ausgelassen sind (Bild 1, Pos. 7). Das Impulsrad hat somit 60 - 2 = 58 Zähne. Die Lücke bei den fehlenden Zähnen stellt eine Bezugsmarke dar und ist einer definierten Kurbelwellenstellung zugeordnet. Sie dient zur Synchronisation des Steuergeräts.

Zahn- und Polgeometrie müssen aneinander angepasst sein. Eine Auswerteschaltung im Steuergerät formt die sinusähnliche Spannung mit stark unterschiedlicher Amplitude in eine Rechteckspannung mit konstanter Amplitude um. Dieses Signal wird im Mikrocontroller des Steuergeräts ausgewertet.

Aktive Drehzahlsensoren

Aktive Drehzahlsensoren arbeiten nach dem magnetostatischen Prinzip. Die Amplitude des Ausgangssignals ist nicht von der Drehzahl abhängig. Damit ist eine Drehzahlerfassung auch bei sehr kleinen Drehzahlen möglich (quasistatische Drehzahlerfassung).

1 Induktiver Motordrehzahlsensor (Aufbau)

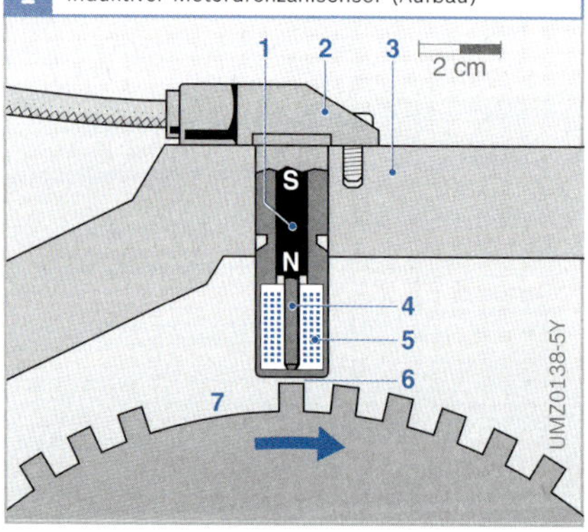

Bild 1
1 Dauermagnet
2 Sensorgehäuse
3 Motorgehäuse
4 Polstift
5 Wicklung
6 Luftspalt
7 Impulsrad mit Bezugsmarke

2 Signal des induktiven Motordrehzahlsensors

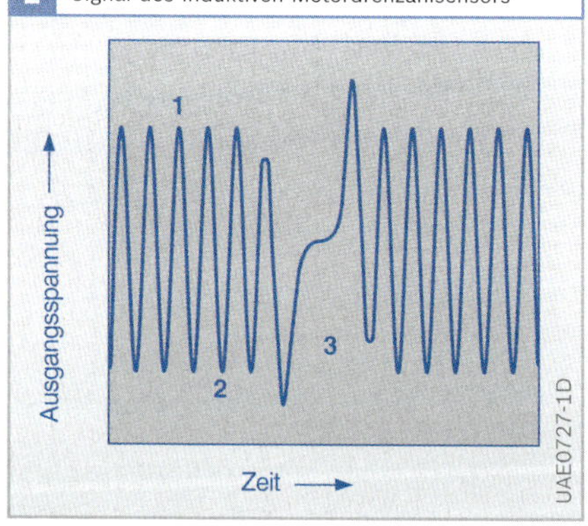

Bild 2
1 Zahn
2 Zahnlücke
3 Bezugsmarke

Differenzial-Hall-Sensor

An einem stromdurchflossenes Plättchen, das senkrecht von einer magnetischen Induktion B durchsetzt wird, kann quer zur Stromrichtung eine zum Magnetfeld proportionale Spannung U_H (Hall-Spannung) abgegriffen werden. Beim Differenzial-Hall-Sensor wird das Magnetfeld von einem Permanentmagneten erzeugt (Bild 3, Pos. 1). Zwischen dem Magneten und dem Impulsrad (4) befinden sich zwei Hall-Sensorelemente (2 und 3). Der magnetische Fluss, von dem diese durchsetzt werden, hängt davon ab, ob dem Drehzahlsensor ein Zahn oder eine Lücke gegenübersteht. Mit Differenzbildung der Signale aus beiden Sensoren wird eine Reduzierung magnetischer Störsignale und ein verbessertes Signal-/Rauschverhältnis erreicht. Die Flanken des Sensorsignals können ohne Digitalisierung direkt im Steuergerät verarbeitet werden.

Anstelle des ferromagnetischen Impulsrads werden auch Multipolräder eingesetzt. Hier ist auf einem nichtmagnetisch metallischen Träger ein magnetisierbarer Kunststoff aufgebracht und wechselweise magnetisiert. Diese Nord- und Südpole übernehmen die Funktion der Zähne des Impulsrads.

AMR-Sensoren

Der elektrische Widerstand von magnetoresistiven Material (AMR, Anisotrop Magneto Resistive) ist anisotrop. Das heißt, er hängt von der Richtung des ihm ausgesetzten Magnetfelds ab. Diese Eigenschaft wird im AMR-Sensor ausgenutzt. Der Sensor sitzt zwischen einem Magneten und dem Impulsrad. Die Feldlinien ändern ihre Richtung, wenn sich das Impulsrad dreht (Bild 4). Daraus ergibt sich eine sinusförmige Spannung, die in einer Auswerteschaltung im Sensor verstärkt und in ein Rechtecksignal umgewandelt wird.

GMR-Sensoren

Eine Weiterentwicklung der aktiven Drehzahlsensoren stellt die Anwendung der GMR-Technologie (Giant Magneto-Resistance) dar. Aufgrund der höheren Empfindlichkeit gegenüber der AMR-Sensoren sind größere Luftspalte möglich, wodurch Anwendungen in schwierigen Einsatzbereichen denkbar sind. Die höhere Empfindlichkeit ergibt zudem ein geringeres Rauschen der Signalflanken.

Alle bisherigen bei den Hall-Drehzahlsensoren eingesetzten Zweidraht-Strom-Schnittstellen sind auch bei GMR-Sensoren möglich.

3 Prinzip des Differenzial-Hall-Sensors

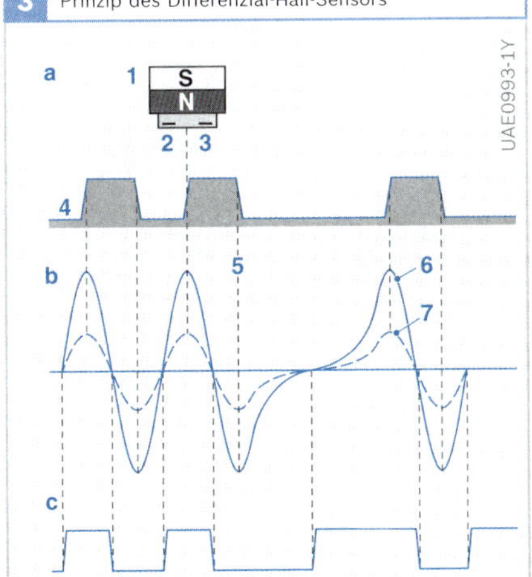

Bild 3
a Anordnung
b Signal des Hall-Sensors
– große Amplitude bei kleinem Luftspalt
– kleine Amplitude bei großem Luftspalt
c Ausgangssignal

1 Magnet
2 Hall-Sensor 1
3 Hall-Sensor 2
4 Impulsrad

4 Prinzip der Drehzahlerfassung mit dem AMR-Sensor

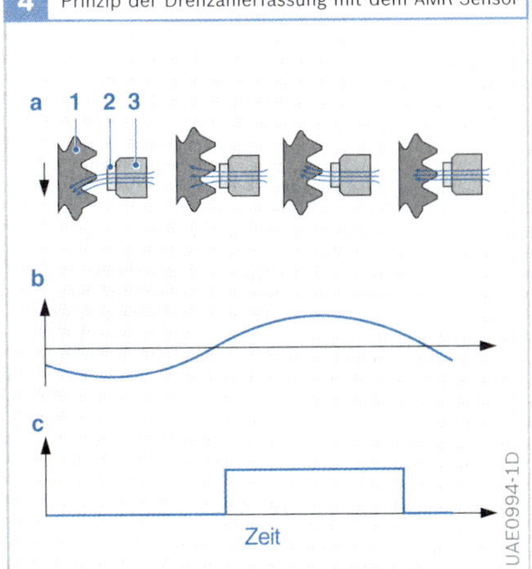

Bild 4
a Anordnung zu verschiedenen Zeitpunkten
b Signal des AMR-Sensors
c Ausgangssignal

1 Impulsrad
2 Sensorelement
3 Magnet

Hall-Phasensensoren

Anwendung

Die Nockenwelle ist gegenüber der Kurbelwelle um 1:2 untersetzt. Ihre Stellung zeigt an, ob sich ein zum oberen Totpunkt bewegender Motorkolben im Verdichtungs- oder im Ausstoßtakt befindet. Der Phasensensor an der Nockenwelle (auch Phasengeber genannt) gibt diese Information an das Steuergerät. Sie wird benötigt z. B. für Zündanlagen mit Einzelfunken-Zündspulen und für die sequenzielle Einspritzung (SEFI).

1 Hall-Stabsensor (Aufbau)

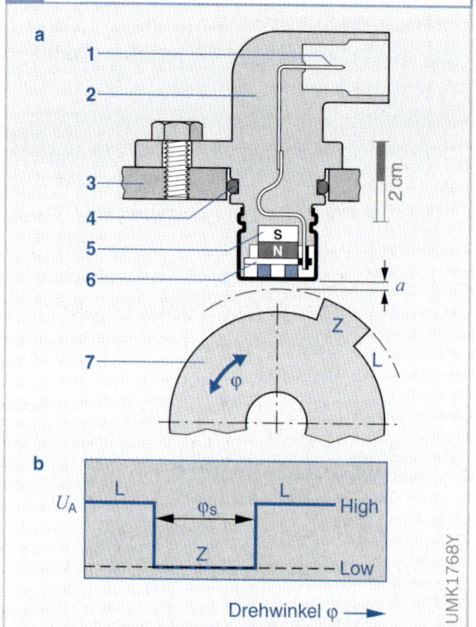

Bild 1
a Positionierung von Sensor und Einspurimpulsrad
b Ausgangssignalverlauf U_A

1 Elektrischer Anschluss (Stecker)
2 Sensorgehäuse
3 Motorgehäuse
4 Dichtring
5 Dauermagnet
6 Hall-IC
7 Impulsrad mit Zahn/Segment (Z) und Lücke (L)
a Luftspalt
φ Drehwinkel

Aufbau und Arbeitsweise

Hall-Stabsensoren

Hall-Stabsensoren (Bild 1a) nutzen den Hall-Effekt: Mit der Nockenwelle rotiert ein Rotor (Pos. 7, Impulsrad mit Zähnen bzw. Segmenten oder Lochblende) aus ferromagnetischem Material. Der Hall-IC (6) befindet sich zwischen Rotor und einem Dauermagneten (5), der ein Magnetfeld senkrecht zum Hall-Element liefert.

Passiert nun ein Zahn (Z) das stromdurchflossene Sensorelement (Halbleiterplättchen) des Stabsensors, verändert er die Feldstärke des Magnetfelds senkrecht zum Hall-Element. Dadurch entsteht ein Spannungssignal (Hall-Spannung), das unabhängig von der Relativgeschwindigkeit zwischen dem Sensor und dem Impulsrad ist. Die integrierte Auswerteelektronik im Hall-IC des Sensors bereitet das Signal auf und gibt es als Rechtecksignal aus (Bild 1b).

2 Generationen von Nockenwellensensoren

	PG-1	PG-3-3	PG-3-5	PG-3-8
TIM	nein	nein	ja	ja
TPO	nein	ja	nein	ja
Genauigkeit	gering	mittel	mittel	hoch

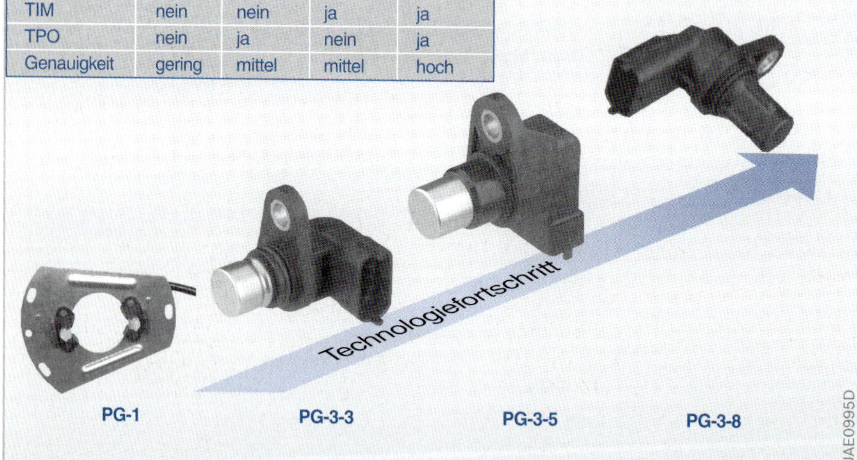

Bild 2
TIM = twist intensive mounting (d. h., der Sensor kann beliebig um die Sensorachse gedreht werden, ohne Genauigkeit zu verlieren. Wichtig für Minimierung der Variantenvielfalt).
TPO = true power on (d. h., der Sensor erkennt direkt beim Einschalten, ob er vor einem Zahn oder einer Lücke steht. Wichtig für kurze Synchronisierzeiten zwischen Kurbelwellen- und Nockenwellensignal).

Drehzahlsensoren für Getriebesteuerung

Anwendung

Getriebedrehzahlsensoren erfassen Wellendrehzahlen in AT-, ASG-, DKG- und CVT-Getrieben. Dies sind bei AT-Getrieben mit hydrodynamischem Drehmomentwandler die Turbinen- und Abtriebsdrehzahl, bei CVT-Getrieben die Drehzahlen von Primär- und Sekundär-Pulley und bei DKG-Getrieben die Drehzahlen der beiden Eingangswellen und der Abtriebswelle. Bei hohen Dynamikanforderungen der Anfahrregelung wird auch die am Anfahrelement anstehende Motordrehzahl erfasst.

Zur Optimierung von Kupplungsmanagement und Rückrollverhinderung kann bei „High end"-Getrieben zusätzlich eine Drehrichtungserkennung erforderlich sein.

Zum Einsatz kommen sowohl stand-alone-Sensoren als auch in Elektronikmodulen integrierte Ausführungen, die von außen in das Getriebe hineinragen oder intern verbaut werden.

Anforderungen

Die Getriebedrehzahlsensoren sind sehr hohen Betriebsbelastungen ausgesetzt durch

- extreme Umgebungstemperatur zwischen -40 und +150°C,
- aggressive Betriebsumgebung durch Getriebeöl, auch als ATF bezeichnet (enthält getriebespezifische Additive und geringen Gehalt an Kondenswasser),
- hohe mechanische Beanspruchung mit Schwingbeschleunigungen bis zu 30 *g* sowie
- metallischen Abrieb und Partikelbildung im Getriebe.

Aus diesen Belastungen leiten sich hohe Anforderungen an das Package der in den Sensoren eingesetzten Elektronik ab. Mittels einer geeigneten ölresistenten Verpackung wird eine Lebensdauer im Getriebeöl über mehr als 15 Jahre ermöglicht.

Aufgrund der sehr kompakten Getriebebauweisen ist die mechanische Kundenschnittstelle durch Standardgeometrien in der Regel nicht abzudecken. So sind für jedes Getriebe spezifische Sensorausführungen erforderlich, die sich bei modulintegrierten Typen in Einbaulänge, Erfassungsrichtung und Montageflansch unterscheiden (Bild 1). Bei stand-alone-Sensoren kommt als weitere Varianz die Lage der Montagebuchse und die Steckerausführung hinzu.

Zur Abdeckung des gesamten Spektrums der Funktionsanforderungen werden Hall-ASICs (Application Specific Integrated Circuit) mit unterschiedlich hoher Komplexität der Auswertealgorithmen eingesetzt (Bild 2).

Steht für die Drehzahlerfassung ein ferromagnetisches Triggerrad bzw. ein Triggerbereich (gezahnt, gestanzt oder geprägt) auf der sich drehenden Getriebekomponente zur Verfügung, wird das zum Betrieb des Hallsensors erforderliche Ma-

1 Sensorausführungen

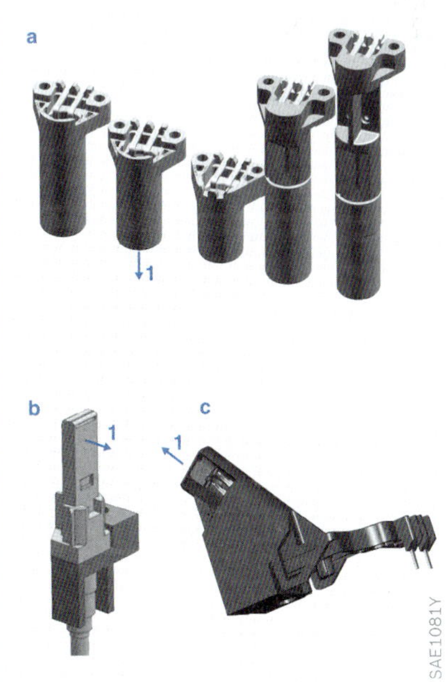

Bild 1
a Bottom read
b Side read
c Slant read

1 Erfassungsrichtung

gnetfeld durch einen back-bias-Magneten erzeugt. Er wird im Sensor direkt hinter dem ASIC angeordnet.

Kompakte Getriebebauweisen erfordern zunehmend eine Drehzahlerfassung über größere Abstände (magnetische Luftspalte) durch sich drehende, nichtmagnetische Komponenten oder durch eine Gehäusewand hindurch. Für diese Anwendungen kommen Multipolräder (magnetisierte Ringe) zum Einsatz, im Sensor entfällt der back-bias-Magnet.

Aufbau

Die in den Getriebedrehzahlsensoren eingesetzten Hall-ASICs werden - je nach magnetischer Schnittstelle - mit bzw. ohne back-bias-Magnet in einem Halter fixiert und per Schweißprozess elektrisch kontaktiert, dann in ein Gehäuse gesetzt, mit Epoxidharz vergossen oder - bei getriebeextern angebauten Ausführungen - per Umspritzung öldicht umhüllt (Bild 3).

Der Sensor verfügt über eine Zweidraht-Schnittstelle, die optimale Diagnosemöglichkeiten mit minimaler Anzahl an elektrischer Verbindungen in sich vereinigt. Die zwei Anschlüsse dienen sowohl der Versorgung des Hall-ICs als auch der Signalübertragung.

Arbeitsweise

Getriebedrehzahlsensoren arbeiten nach dem Differenz-Hall-Prinzip. Aus den Hall-Spannungen zweier auf dem ASIC integrierten Hall-Flächen wird die Differenz gebildet. Auf diese Weise lässt sich ein Großteil gleichartiger Störeinflüsse kompensieren. Das Differenzsignal wird bei einigen ASIC-Typen erst noch verstärkt, dann durch unterschiedlich komplexe Trigger-Algorithmen in ein digitales Signal umgewandelt. Dieses bildet die Steuergröße für die Modulation des Ausgangsstromes mittels einer Stromquelle. Dabei entsteht ein digitales Signal mit zwei

3 Hall-Sensor mit Zweidraht-Stromschnittstelle

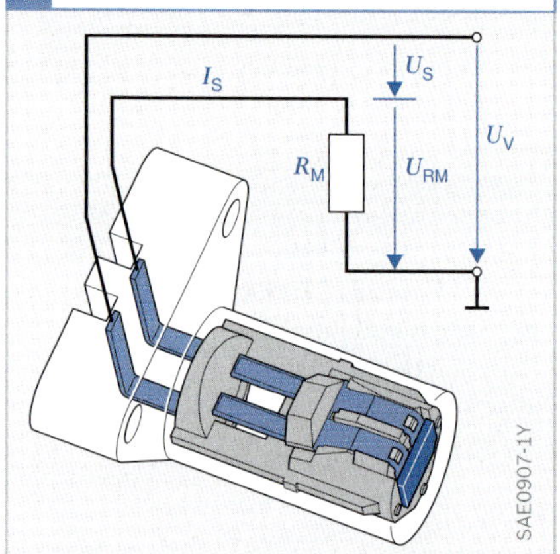

2 Anforderungskomplexität

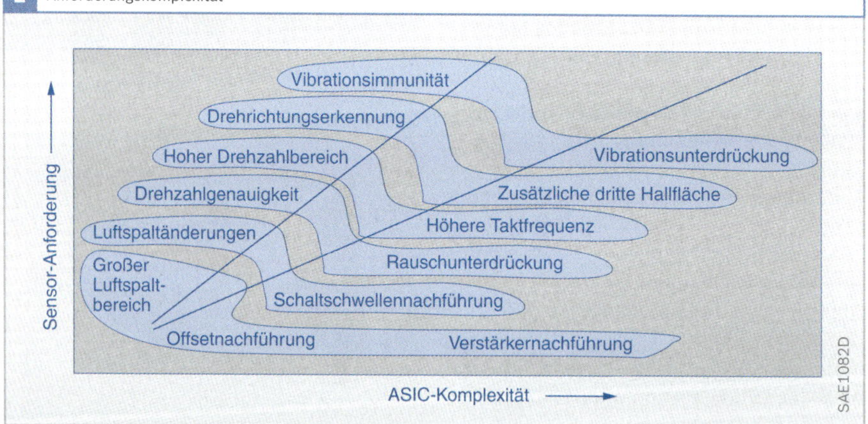

Strompegeln (typisch sind 7 mA bei Low-Pegel und 14 mA bei High-Pegel), dessen Modulationsfrequenz der Zahnwechselfrequenz des Triggerrades entspricht und das somit die Drehzahl wiedergibt. Die Auswertung des Sensorsignals erfolgt im Steuergerät mittels eines Messwiderstands R_M, der den Sensorstrom I_S in die Signalspannung U_{RM} umwandelt.

Grundsätzlich ist die Arbeitsweise eines Differenz-Hall-ASICs unabhängig davon, ob der Sensor an einem Stahl-Triggerrad oder an einem Multipolrad betrieben wird (Bild 4a und 4b).

4 Funktionsprinzip Getriebedrehzahlsensor

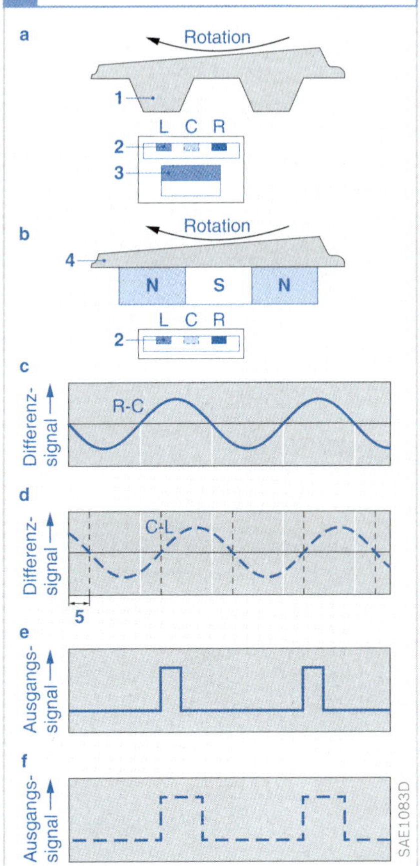

Bild 4

- a Anordnung mit Triggerrad
- b Anordnung mit Multipolrad
- c Sensorsignal (Differenzsignal zwischen den Hall-Flächen R und C)
- d Sensorsignal (Differenzsignal zwischen den Hall-Flächen C und L)
- e Ausgangssignal für Drehrichtung rechts
- f Ausgangssignal für Drehrichtung links

1. Triggerrad
2. Hallflächen L und R (C optional für Drehrichtungserkennung)
3. Permanentmagnet (back-bias)
4. Multipolrad
5. Phasenversatz abhängig von der Drehrichtung

In einigen Getriebesteuerungen sind Funktionen implementiert, die eine Stillstandserkennung erfordern. Für diesen Einsatzfall muss der Sensor möglichst hohe Immunität gegenüber vibrationsbedingten Luftspaltänderungen und Drehschwingungen des Triggerrades aufweisen. Diese Sensoreigenschaft - als Vibrationsimmunität bezeichnet - kann bei den Differenz-Hall-Sensoren mit nur zwei Hall-Flächen nur stark eingeschränkt z. B. durch adaptive Triggerschwellen realisiert werden. Mit dem Einsatz einer dritten Hall-Fläche stehen zwei phasenversetzte Differenzsignale zur Verfügung. Diese ermöglichen sowohl eine Erkennung der Drehrichtung (Bild 4c...f), als auch zusätzliche Funktionsalgorithmen zur Erhöhung der Vibrationsimmunität.

Die typischen Werte von „Value"- und „High feature"-Sensoren unterscheiden sich im erreichbaren Luftspaltbereich (Abstand sensitiver Bereich am Sensor zum Triggerrad), im Signalfrequenzbereich und den implementierten Zusatzfunktionalitäten (Tabelle 1).

Die Komplexität aus Getriebeart, Bauraumrestriktionen inkl. aller abgeleiteten konstruktiven Randbedingungen sowie der Funktionsanforderungen führt bei den meisten Anwendungen zu applikationsspezifischen Lösungen. Diese kennzeichnet eine auf die Systemanforderungen ausgerichtete Kombination aus ASIC, Verpackungsausführung sowie mechanischer und magnetischer Schnittstelle des Sensors.

1 Typische Charakteristiken

Ausführung	Value	High feature
Maximaler Luftspalt		
an Triggerrad	2,5 mm	3,5 mm
an Polrad	5 mm	7 mm
Signalfrequenz	0...8 kHz	0...12 kHz
Drehrichtungs-erkennung	nein	ja
Triggerradvibration	–	± 1,5°

Tabelle 1

Raddrehzahlsensoren

Anwendung

Raddrehzahlsensoren dienen dazu, die Drehgeschwindigkeit von Fahrzeugrädern zu ermitteln (Raddrehzahl). Die Drehzahlsignale werden mittels Kabel an das ABS-, ASR- oder ESP-Steuergerät des Fahrzeugs weitergeleitet, das die Bremskraft je Rad individuell regelt. Diese Regelschleife verhindert ein Blockieren (bei ABS) oder Durchdrehen der Räder (bei ASR bzw. ESP) und sichert die Stabilität und Lenkbarkeit des Fahrzeugs.

Navigationssysteme benötigen ebenfalls die Raddrehzahlsignale, um daraus die gefahrene Wegstrecke zu errechnen (z. B. in Tunnels oder wenn keine Satellitensignale zur Verfügung stehen).

Aufbau und Arbeitsweise

Die Signale für den Raddrehzahlsensor werden mittels eines fest mit der Radnabe verbundenen Stahl-Impulsgebers (für passive Sensoren) oder Multipol-Magnetimpulsgebers (für aktive Sensoren) erzeugt. Dieser Impulsgeber weist die gleiche Umdrehungsgeschwindigkeit wie das Rad auf und bewegt sich berührungslos am sensitiven Bereich des Sensorkopfes vorbei. Der Sensor „liest“ somit ohne direkten Kontakt über einen Luftspalt von bis zu 2 mm (Bild 2).

Der Luftspalt (mit engen Toleranzen) dient dazu, eine störungsfreie Signalerfassung zu gewährleisten. Mögliche Störungen wie z. B. Schwingungen im Bereich der Radbremse, Vibrationen, Temperatur, Feuchte, Einbauverhältnisse am Rad usw. werden dadurch eliminiert.

Seit 1998 werden statt den passiven (induktiven) Raddrehzahlsensoren bei Neuentwicklungen fast nur noch aktive Raddrehzahlsensoren eingesetzt.

Passiver (induktiver) Drehzahlsensor

Ein passiver (induktiver) Drehzahlsensor besteht aus einem Permanentmagneten (Bild 2, Pos. 1) und einem damit verbundenen weichmagnetischen Polstift (3), der in einer Spule (2) mit mehreren tausend Drahtwindungen steckt. Auf diese Weise wird ein konstantes Magnetfeld erzeugt.

Der Polstift befindet sich direkt über dem Impulsrad (4), einem fest mit der Radnabe verbundenen Zahnrad. Beim Drehen des Impulsrades wird das vorhandene, konstante Magnetfeld durch die ständig wechselnde Folge von Zahn und Lücke „gestört“. Dadurch ändert sich der magnetische Fluss durch den Polstift und somit auch der magnetische Fluss durch die Spulenwicklung. Der Wechsel des Magnetfelds induziert in der Wicklung eine Wechselspannung, die an den Wicklungsenden abgegriffen wird.

Sowohl die Frequenz als auch die Amplitude der Wechselspannung sind proportional zur Raddrehzahl (Bild 3). Bei einem stillstehenden Rad ist somit die induzierte Spannung gleich null.

Zahnform, Luftspalt, Steilheit des Spannungsanstiegs und Eingangsempfindlichkeit des Steuergeräts bestimmen die kleinste noch messbare Fahrzeug-

1 Passive (induktive) Drehzahlsensoren

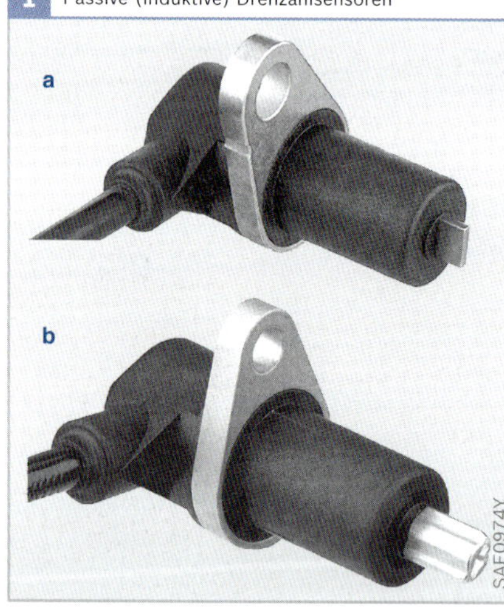

Bild 1
a Meißelpolstift (Flachpolstift)
b Rautenpolstift (Kreuzpolstift)

2 Prinzipskizze des passiven Drehzahlsensors

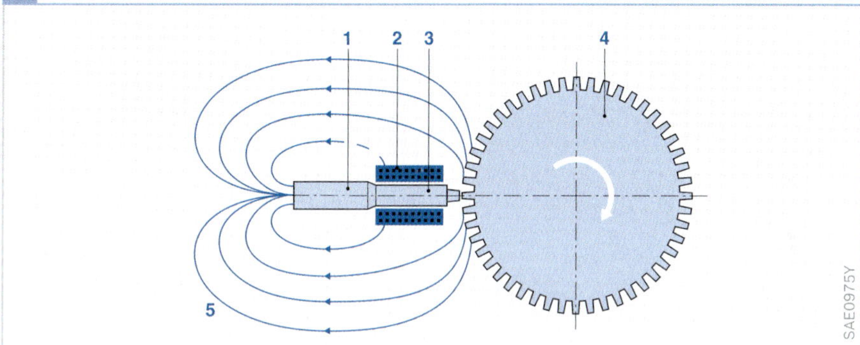

Bild 2
1 Permanentmagnet
2 Magnetspule
3 Polstift
4 Impulsrad aus Stahl
5 magnetische Feldlinien

geschwindigkeit und damit für die ABS-Anwendung minimal erreichbare Ansprechempfindlichkeit und Schaltgeschwindigkeit.

Da die Einbauverhältnisse am Rad nicht überall gleich sind, gibt es verschiedene Polstiftformen und unterschiedliche Einbauarten. Am weitesten verbreitet ist der Meißel-Polstift (Bild 1a, auch Flachpol genannt) und Rauten-Polstift (Bild 1b, auch Kreuzpol genannt). Beide Polstiftarten müssen beim Einbau genau zum Impulsrad ausgerichtet werden.

Aktiver Drehzahlsensor

Sensorelemente

In heutigen, modernen Bremssystemen werden fast ausschließlich nur noch aktive Drehzahlsensoren eingesetzt (Bild 4). Diese bestehen üblicherweise aus einem hermetisch mit Kunststoff vergossenen Silizium-IC, der im Sensorkopf sitzt.

Neben magnetoresistiven ICs (Änderung des elektrischen Widerstands bei Magnetfeldänderung) werden mittlerweile bei Bosch in der Mehrzahl nur noch Hall-Sensorelemente verwendet, die schon auf kleinste Änderungen des magnetischen Feldes reagieren und deshalb größere Luftspalte gegenüber den passiven Drehzahlsensoren zulassen.

3 Signalausgangsspannung des passiven Drehzahlsensors

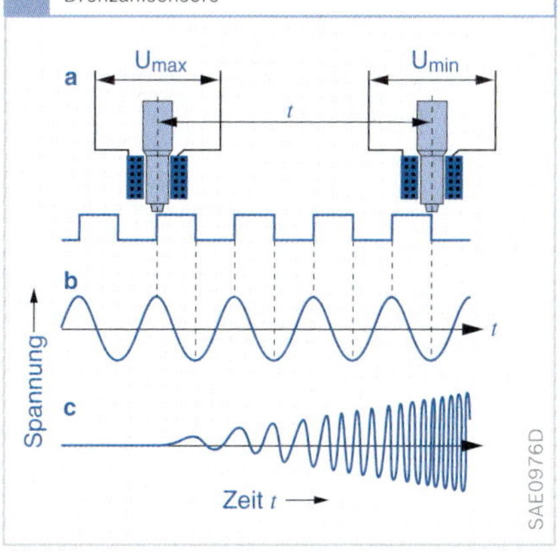

4 Aktiver Drehzahlsensor

Bild 3
a Passiver Drehzahlsensor mit Impulsrad
b Sensorsignal bei konstanter Raddrehzahl
c Sensorsignal bei steigender Raddrehzahl

Impulsräder

Als Impulsrad des aktiven Drehzahlsensors dient ein Multipolring. Es handelt sich hierbei um wechselweise magnetisierte Kunststoffelemente, die ringförmig auf einem nichtmagnetischen metallischen Träger angeordnet sind (Bild 6 und Bild 7a). Diese Nord- und Südpole übernehmen die Funktion der Zähne des Impulsrads. Der IC des Sensors ist dem ständig wechselnden Magnetfeld dieser Magnete ausgesetzt. Deshalb ändert sich der magnetische Fluss durch den IC beim Drehen des Multipolrings ständig.

5 Explosionsskizze mit Multipol-Impulsgeber

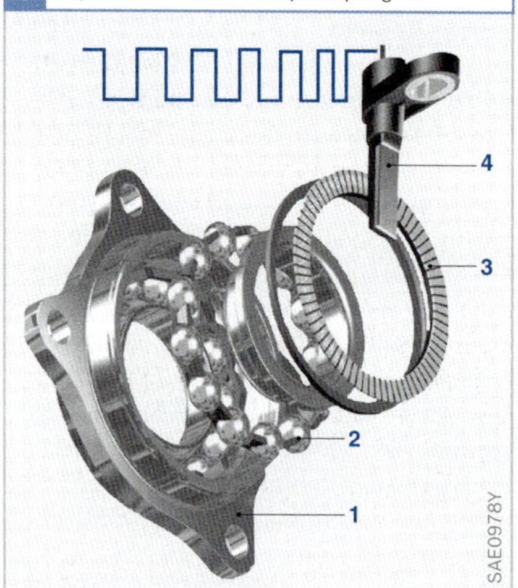

Bild 5
1 Radnabe
2 Kugellager
3 Multipolring
4 Raddrehzahlsensor

6 Schnittbild durch den aktiven Drehzahlsensor

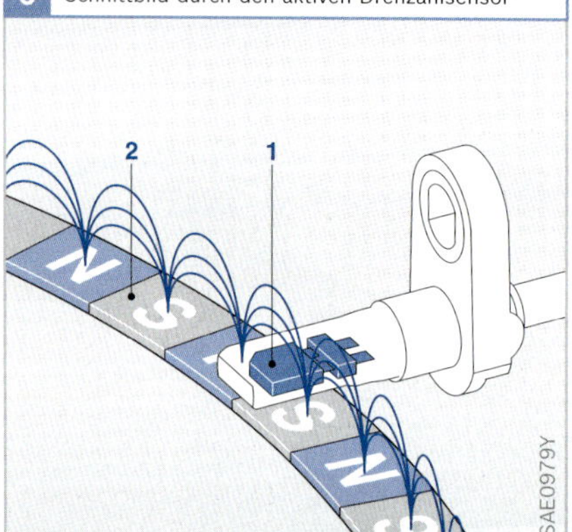

Bild 6
1 Sensorelement
2 Multipolring mit abwechselnder Nord- und Südmagnetisierung

Alternativ zum Multipolring ist auch ein Stahl-Impulsrad möglich. In diesem Fall wird auf den Hall-IC ein Magnet aufgebracht, der ein konstantes Magnetfeld erzeugt (Bild 7b). Beim Drehen des Impulsrads wird das vorhandene, konstante Magnetfeld durch die ständig wechselnde Folge von Zahn und Lücke „gestört". Messprinzip, Signalverarbeitung und IC sind ansonsten identisch wie beim Sensor ohne Magnet.

Merkmale

Typisch für den aktiven Drehzahlsensor ist die Integration von Hall-Messelement, Signalverstärker und Signalaufbereitung in einem IC (Bild 8). Die Drehzahlinformation wird als eingeprägter Strom in Form von Rechteckimpulsen übertragen (Bild 9). Die Frequenz der Stromimpulse ist proportional zur Raddrehzahl und eine Detektion ist fast bis zum Radstillstand (0,1 km/h) möglich.

Die Versorgungsspannung liegt zwischen 4,5 und 20 Volt. Der Rechteck-Ausgangssignalpegel liegt bei 7 mA (low) und 14 mA (high).

7 Prinzipskizzen für Drehzahlerfassung

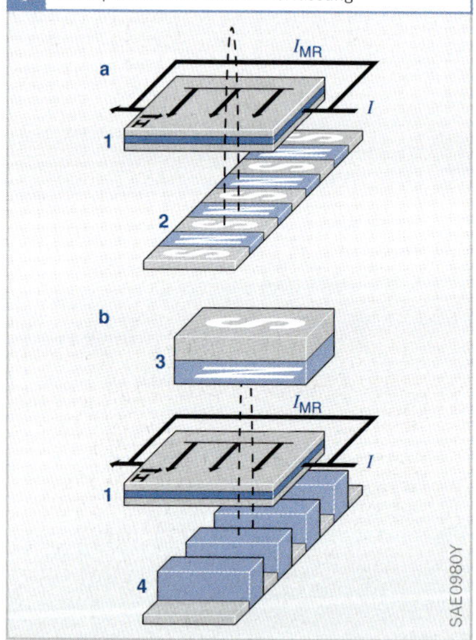

Bild 7
a Hall-IC mit Multipol-Impulsgeber
b Hall-IC mit Stahl-Impulsrad und Magnet im Sensor

1 Sensorelement
2 Multipolring
3 Magnet
4 Stahl-Impulsrad

Bei dieser Übertragungsform mit den digitalen Signalen sind z. B. induktive Störspannungen unwirksam im Vergleich zum passiven, induktiven Sensor. Ein zweiadriges Kabel stellt die Verbindung zum Steuergerät her.

8 Blockschaltbild des Hall-IC

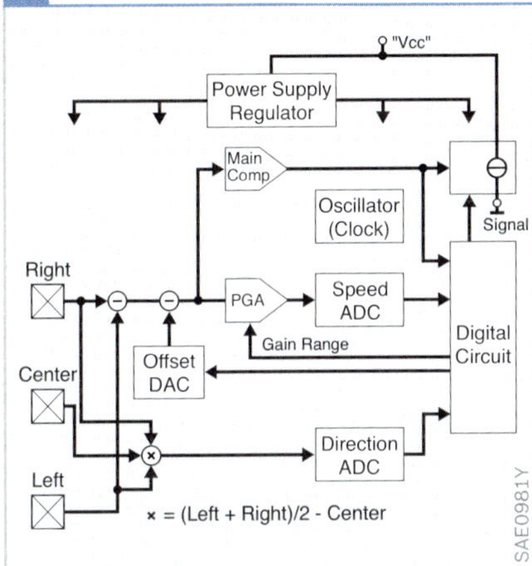

9 Signalumwandlung im Hall-IC

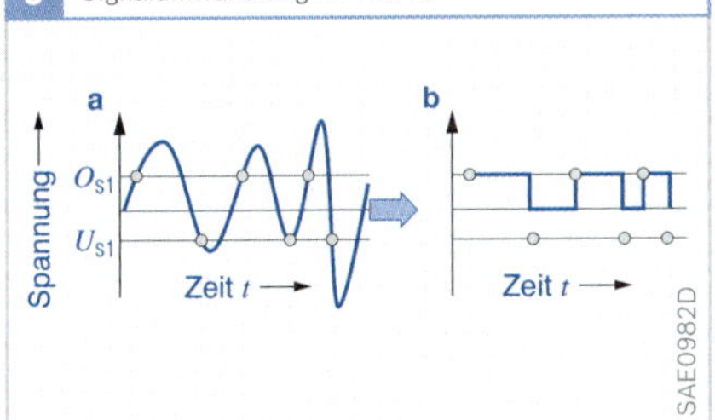

Bild 9
a Rohsignal
b Ausgangssignal

O_{S1} Obere Schaltschwelle
U_{S1} Untere Schaltschwelle

10 Radlager mit Drehzahlsensor

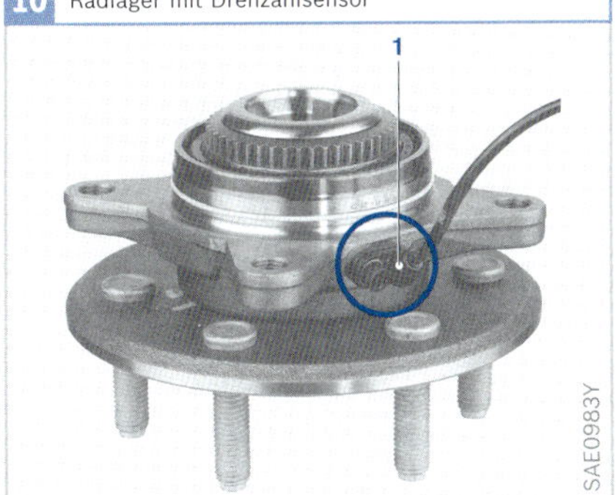

Bild 10
1 Drehzahlsensor

Das kleine Bauvolumen und das geringe Gewicht erlauben es, den aktiven Drehzahlsensor am oder im Radlager eines Fahrzeugs einzubauen (Bild 10). Hierzu sind verschiedene Standard-Sensorkopfformen geeignet.

Die digitale Signalaufbereitung ermöglicht es, codierte Zusatzinformationen mittels eines pulsweitenmodulierten Ausgangssignals zu übertragen (Bild 11):

- Drehrichtungserkennung der Räder: Dies wird insbesondere für die Funktion „Hill Hold Control" benötigt, die ein Zurückrollen des Fahrzeugs während des Anfahrens am Berg durch gezieltes Abbremsen verhindert. Die Drehrichtungserkennung wird auch für die Fahrzeugnavigation herangezogen.
- Stillstandserkennung: Auch diese Information kann bei der Funktion „Hill Hold Control" ausgewertet werden. Eine weitere Verwertung der Information liegt in der Eigendiagnose.
- Signalqualität des Sensors: Im Signal kann eine Informationen zur Signalqualität des Sensors übermittelt werden. Dadurch kann der Fahrer im Fehlerfall aufgefordert werden, rechtzeitig den Kundendienst aufzusuchen.

11 Codierte Informationsübertragung mit pulsweitenmodulierten Signalen

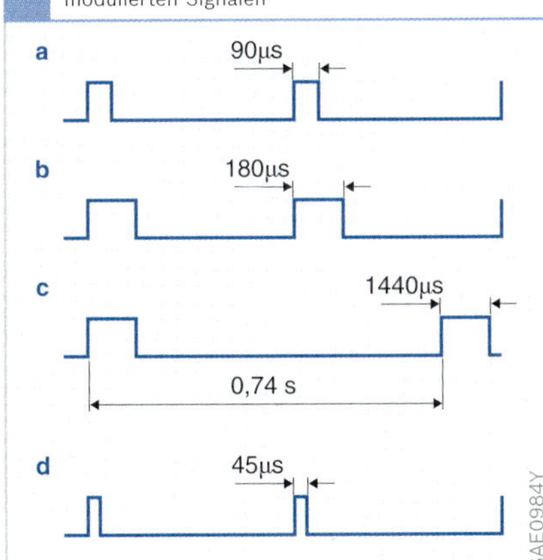

Bild 11
a Geschwindigkeitssignal bei Rückwärtsfahrt
b Geschwindigkeitssignal bei Vorwärtsfahrt
c Signal bei Fahrzeugstillstand
d Signalqualität des Sensors, Eigendiagnose

Mikromechanische Drehratesensoren

Anwendung

Mikromechanische Siliziumdrehrate- bzw. Giergeschwindigkeitssensoren (auch Gyrometer genannt) erfassen in Fahrzeugen mit Elektronischem Stabilitätsprogramm ESP zur Fahrdynamikregelung die Drehbewegungen eines Fahrzeugs um seine Hochachse. Zum Beispiel bei gewöhnlichen Kurvenfahrten, aber auch beim Ausbrechen oder Schleudern. Diese Sensoren haben inzwischen als kostengünstige, kompakt bauende Sensoren die früher üblichen feinmechanischen Sensoren abgelöst.

1 Struktur des Drehratesensors MM1

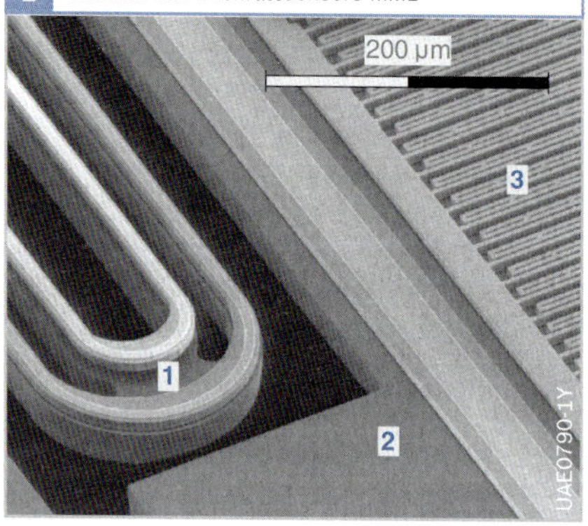

Bild 1
1 Halte-/Führungsfeder
2 Teil der Schwingplatte
3 Coriolis-Beschleunigungssensor

Als weiteres Anwendungsgebiet ist die Überrollerkennung in Airbag-Steuergeräten zur Zündung von Rückhaltemitteln (z. B. Seiten-/Fenster-Airbags, Überrollbügel) im Falle eines Fahrzeugüberschlags zu nennen. Speziell für diesen Bereich wurden die Drehratensensoren der MM2-Familie entwickelt, die sich hier durch die optimale Sensierrichtung zur Erfassung von Drehbewegungen um die Längsachse auszeichnen. Dies ermöglicht eine sehr kompakte Bauform sowie platzsparenden Einbau in Airbag-Steuergeräte, die entlang der Längsachse im Fahrzeug installiert werden. Insbesondere die Verpackung des Sensorelements und der Auswerteelektronik zusammen in ein Standard-IC-Gehäuse tragen hier zur Kostenreduktion bei.

Mikromechanischer Drehratesensor MM1

Zur Erzielung der für Fahrdynamiksysteme erforderlichen hohen Genauigkeit wird eine Mischtechnologie eingesetzt: zwei dickere, mittels Bulk-Mikromechanik aus einem Wafer herausgearbeitete Masseplatten schwingen im Gegentakt in ihrer Resonanzfrequenz, die durch ihre Masse und ihre Koppelfedersteife bestimmt ist (> 2 kHz). Sie tragen jede einen oberflächenmikromechanischen, kapazitiven Beschleunigungssensor kleinster Abmessung, der Coriolis-Beschleunigungen in

2 Mikromechanischer Drehratesensor MM1 (Aufbau)

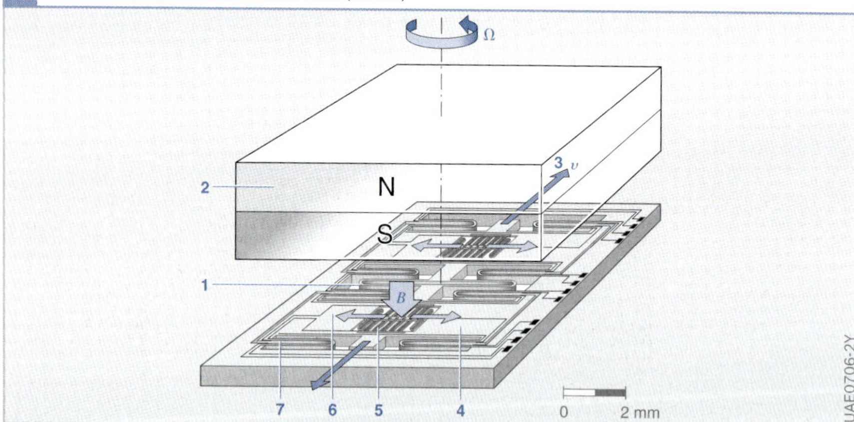

Bild 2
1 Frequenzbestimmende Koppelfeder
2 Dauermagnet
3 Schwingrichtung
4 Schwingplatte
5 Coriolis-Beschleunigungssensor
6 Richtung der Coriolis-Beschleunigung
7 Halte-/Führungsfeder
Ω Drehrate
v Schwinggeschwindigkeit
B dauermagnetisches Feld

der Waferebene senkrecht zur Schwingrichtung erfassen kann, wenn sich der Sensorchip mit der Drehrate Ω um seine Hochachse dreht (Bilder 1 und 2). Die Coriolis-Beschleunigungen sind proportional zum Produkt aus der Drehrate und der elektronisch auf einen konstanten Wert geregelten Schwinggeschwindigkeit.

Zum Antrieb dient eine einfache, Strom führende Leiterbahn auf der jeweiligen Schwingplatte, die in einem dauermagnetischen Feld B senkrecht zur Chipfläche eine Lorentz-Kraft erfährt. Mittels eines ebenso einfachen, Chipfläche sparenden Leiters wird mit dem gleichen Magnetfeld auf induktive Weise direkt die Schwinggeschwindigkeit gemessen. Die unterschiedliche physikalische Natur von Antriebs- und Sensorsystem vermeidet unerwünschtes Übersprechen zwischen beiden Teilen. Die beiden gegenläufigen Sensorsignale werden zur Unterdrückung externer Fremdbeschleunigungen (Gleichtaktsignal) voneinander subtrahiert (durch Summenbildung kann man jedoch auf vorteilhafte Weise auch die äußere Fremdbeschleunigung messen). Der präzise mikromechanische Aufbau hilft, den Einfluss hoher Schwingbeschleunigung gegenüber der um mehrere Zehnerpotenzen niedrigeren Coriolis-Beschleunigung zu unterdrücken (Querempfindlichkeit weit unter 40 dB). Antriebs- und Messsystem sind hier mechanisch und elektrisch strengstens entkoppelt.

Mikromechanischer Drehratesensor MM2

Wird der Silizium-Drehratesensor ganz in Oberflächenmikromechanik (OMM) hergestellt und gleichzeitig das magnetische Antriebs- und Regelsystem durch ein elektrostatisches ersetzt, so lässt sich die Entkopplung von Antriebs- und Messsystem weniger konsequent verwirklichen. Ein zentral gelagerter Drehschwinger wird von Kammstrukturen (Bilder 3 und 4) elektrostatisch zu einer Schwingung angetrieben, deren Amplitude mithilfe eines gleichartigen, kapazitiven Abgriffs

3 Struktur des Drehratesensors MM2

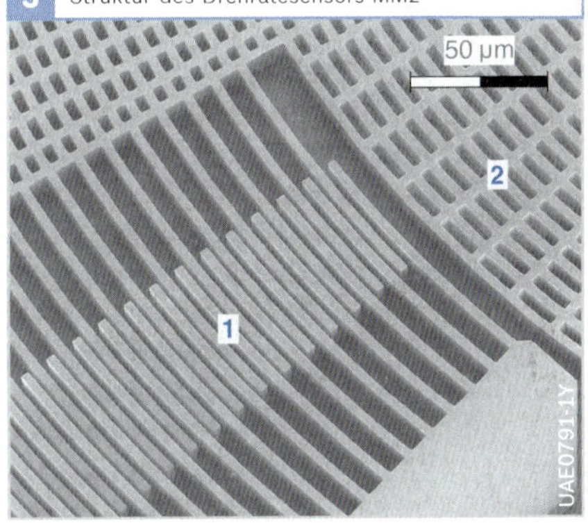

Bild 3
1 Kammstruktur
2 Drehschwinger

4 Oberflächenmikromechanischer Drehratesensor MM2 (Aufbau)

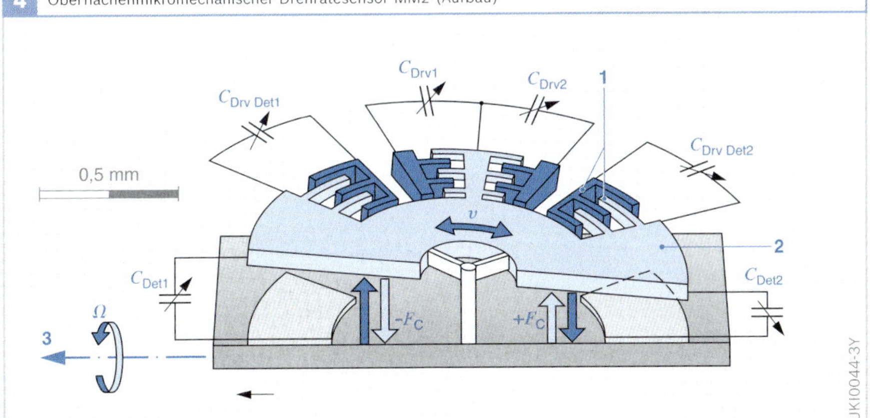

Bild 4
1 Kammstruktur
2 Drehschwinger
3 Messachse
C_{Drv} Antriebselektroden
C_{Det} kapazitiver Drehschwingabgriff
F_{C} Coriolis-Kraft
v Schwinggeschwindigkeit
Ω = ΔC_{Det}, zu messende Drehrate

konstant geregelt wird. Coriolis-Kräfte erzwingen eine gleichzeitige „out-of-plane“-Kippbewegung, deren Amplitude zur Drehrate Ω proportional ist und die von den unter dem Schwinger liegenden Elektroden kapazitiv detektiert wird. Um diese Bewegung nicht zu sehr zu bedämpfen, muss der Sensor in Vakuum betrieben werden. Zwar führt die geringere Chipgröße und der einfachere Herstellprozess zu einer deutlichen Kostenreduktion, doch verringert die Verkleinerung auch den ohnehin nicht großen Messeffekt und damit die erzielbare Genauigkeit. Sie stellt höhere Anforderungen an die Elektronik. Der Einfluss von seitlichen Fremdbeschleunigungen ist hier durch Lagerung in der Schwerpunktachse sowie hohe Biegesteifigkeit des Systems bereits mechanisch unterdrückt.

Sensorcluster DRS MM3x

Im Sensorcluster DRS MM3x kommt eine neue Generation mikromechanischer Elemente zum Einsatz, die Winkelgeschwindigkeiten und Beschleunigungen messen und digital aufbereiten. Auf der Basis der Leiterplattentechnologie bilden sie ein modulares Konzept für Hardware und Software mit vielen neuen Sicherheitsmerkmalen, die zu einer vielseitigen und verlässlichen Lösung für viele Fahrzeuganwendungen führen.

Anwendung

Das ESP-System, die Verbindung zu weiteren Chassis-Komfortsystemen und die Entwicklung fortschrittlicher Fahrzeugstabilisierungssysteme riefen nach Inertialsignalen mit hohen Anforderungen, besonders im Hinblick auf Signalqualität und Robustheit, zusätzlichen Messachsen bei hoher Zuverlässigkeit. Deshalb entwickelte Bosch eine dritte Generation, das vielseitige und kostengünstige Sensorcluster DRS MM3.x, um den Anforderungen zu genügen an Funktionen wie z. B Hill Hold Control (HHC, Bergbremse), Automated Parking Brake (APB, Automatisiertes Bremsen beim Parken), Navigation (Navi, Travel Pilot), Adaptive Cruise Control (ACC), Roll over Mitigation (ROM), Electronic Active Steering (EAS), Active Suspension Control (ASC), Steer-by-Wire.

DRS MM3.7k stellt die Basis-Variante der MM3 Generation für die ESP-Applikation dar. Sie umfasst ein Drehratensensor sowie ein integriertes Querbeschleunigungsmodul.

Funktionsprinzip

Das neue mikromechanische Messelement zur Messung der Drehrate gehört zur bekannten Gruppe der nach dem Coriolis-Prinzip arbeitenden, schwingenden Gyrometer (CVG = Coriolis Vibrating Gyros). Es besteht aus einer inversen Stimmgabel mit zwei zueinander senkrechten, linearen Schwingungsmoden, Antriebskreis und Auswertekreis. Antrieb und Auswertung erfolgen elektrostatisch mit einer Kammstruktur. Die Messung der Coriolis-Beschleunigung erfolgt elektrostatisch über ineinander greifende Elektroden. Das Messelement besteht aus zwei Massen, die über eine Koppelfeder verbunden sind. Die Resonanzfrequenz ist für beide Schwingmodi gleich. Sie liegt bei typisch 15 kHz und damit außerhalb des fahrzeugüblichen Störspektrums und ist somit resistent gegen Störbeschleunigungen. Die Auswerteschaltung (ASIC) und das mikromechanische Messelement befinden sich in einem vorgefertigten Gehäuse mit 20 Anschlüssen (Premold 20).

Das Beschleunigungsmodul ist vergleichbar dem Drehratesensormodul aufgebaut und besteht aus einem mikromechanischen Messelement, einer elektronischen Auswerteschaltung und einem Gehäuse mit 12 Anschlüssen (Premold12). Die Feder-Masse-Struktur wird in ihrer empfindlichen Achse durch äußere Beschleunigungen ausgelenkt und mit einem Differentialkondensator in Form einer Kammstruktur ausgewertet.

Piezoelektrischer Stimmgabel-Drehratesensor

Anwendung

Der Rechner von Fahrzeug-Navigationssystemen benötigt Informationen über die Fahrzeugbewegungen, damit er den gefahrenen Weg mithilfe einer auf CD-ROM gespeicherten digitalen Straßenkarte nachvollziehen kann (Koppelnavigation).

Der in die Navigationskomponente integrierte Drehratesensor erfasst bei Kurvenfahrten die Fahrzeugdrehungen um die Hochachse und ermöglicht so die Bestimmung der Fahrtrichtung. Zusammen mit der Ermittlung der gefahrenen Strecke aus dem Tacho- oder Radsensorsignalen kann somit durch „Koppelortung" die Fahrzeugposition berechnet werden.

Anfangs wurde bei Navigationssystemen die Fahrzeugrichtung mit einer Magnetfeldsonde aus dem Erdmagnetfeld ermittelt. Diese konnte aber leicht durch magnetische Störfelder des Fahrzeugs beeinflusst werden. Da Schwingungsgyrometer auf der Messung von Massekräften basieren, sind sie unanfällig gegen magnetische Störer.

1 Piezoelektrischer Stimmgabel-Drehratesensor

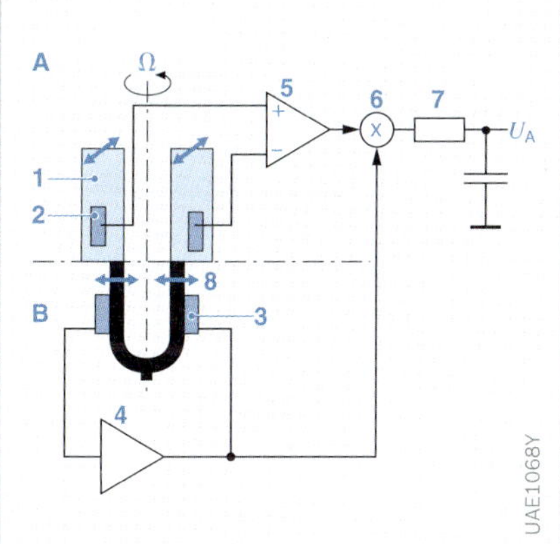

Aufbau

Der piezoelektrische Stimmgabel-Drehratesensor besteht aus einem stimmgabelförmigen Stahlkörper mit vier Piezoelementen (zwei unten- und zwei obenliegend, Bild 1) und einer Sensorelektronik. Die Stimmgabeln haben eine Länge von ca. 15 mm.

Arbeitsweise

Bei anliegender Spannung beginnen die unteren Piezoelemente zu vibrieren und regen die oberen Bereiche der Stimmgabel mit den oberen Piezoelementen zu gegenphasigen Schwingungen an. Die Frequenz beträgt ca. 2 kHz.

Geradeausfahrt

Bei Geradeausfahrt wirkt keine Coriolis-Beschleunigung auf die Stimmgabel. Da die oberen Piezoelemente immer gegenphasig schwingen und nur senkrecht zur Schwingrichtung sensitiv sind, erzeugen sie keine Spannung.

Kurvenfahrt

Während einer Kurvenfahrt verursacht die Drehbewegung um die Hochachse des Fahrzeugs eine Auslenkung der oberen Stimmgabelbereiche aus der Schwingebene heraus. Dadurch entsteht in den oberen Piezoelementen eine elektrische Wechselspannung, die über eine Elektronik im Sensorgehäuse zum Navigationsrechner gelangt. Die Amplitude des Spannungssignals hängt sowohl von der Dreh- als auch der Schwinggeschwindigkeit ab, ihr Vorzeichen vom Drehsinn der Kurvenfahrt.

Bild 1
- A Sensierender Abschnitt des Schwingkörpers
- B stimulierender Abschnitt des Schwingkörpers
- 1 Schwingkörper
- 2 Beschleunigungsaufnehmer
- 3 Aktor (piezoelektrisches Element für die Vibrationsanregung)
- 4 Regler für konstante Vibrationsanregung
- 5 Ladungsverstärkung
- 6 Multiplikation (Demodulation)
- 7 Tiefpass
- 8 Vibrationsanregung
- U_A Ausgangsspannung (proportional zur Drehrate)
- Ω Drehrate

Mikromechanische Drucksensoren

Anwendung

Druck ist eine in Gasen und Flüssigkeiten auftretende, allseitig wirkende, nicht gerichtete Kraftwirkung. Mikromechanische Drucksensoren erfassen den Druck verschiedener Medien im Fahrzeug, z. B.:

- Saugrohrdruck, z. B. für die Lasterfassung in Motormanagementsystemen,
- Ladedruck für die Ladedruckregelung,
- Umgebungsdruck für die Berücksichtigung der Luftdichte, z. B. in der Ladedruckregelung,
- Öldruck für die Berücksichtigung der Motorbelastung in der Serviceanzeige,
- Kraftstoffdruck für die Überwachung des Verschmutzungsgrads des Kraftstofffilters.

Mikromechanische Drucksensoren ermitteln den Absolutdruck von Flüssigkeiten und Gasen durch Messung der Druckdifferenz gegenüber einem Referenzvakuum.

Ausführung mit Referenzvakuum auf der Strukturseite

Aufbau

Die Messzelle des mikromechanischen Drucksensors besteht aus einem Silizium-Chip (Bild 1a, Pos. 2), in den mikromechanisch eine dünne Membran eingeätzt ist (1). Auf der Membran sind vier Dehnwiderstände eindiffundiert (R_1, R_2), deren elektrischer Widerstand sich bei mechanischer Dehnung ändert. Eine Kappe (Bild 2, Pos. 6), unter der das Referenzvakuum eingeschlossen ist, umgibt die Messzelle auf ihrer Strukturseite und dichtet sie ab.

Im Gehäuse des Drucksensors kann zusätzlich ein Temperatursensor integriert sein (Bild 3, Pos. 1), dessen Signale unabhängig ausgewertet werden können.

Arbeitsweise

Abhängig von dem einwirkenden äußeren Druck wird die Membran der Sensorzelle unterschiedlich stark durchgebogen (Verschiebung der Membranmitte um 10...1000 µm). Die vier Dehnwiderstände auf der Membran ändern ihren elektrischen Widerstand unter den entstehenden mechanischen Dehnungen oder Stauchungen (piezoresistiver Effekt).

Die Messwiderstände sind auf dem Siliziumchip so angeordnet, dass bei Verformung der Membran der elektrische Widerstand von zwei Messwiderständen zunimmt und von den beiden anderen abnimmt. Die Messwiderstände sind in einer Wheatstone'schen Brückenschaltung angeordnet (Bild 1b). Durch die Änderung der Widerstände verändert sich auch das

1 Messzelle des Drucksensors mit Referenzvakuum auf der Strukturseite (Schema)

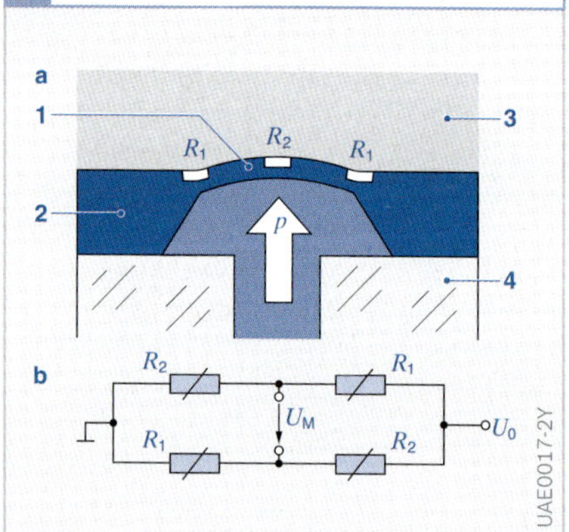

Bild 1
a Schnittbild
b Brückenschaltung

1 Membran
2 Silizium-Chip
3 Referenzvakuum
4 Glas (Pyrex)
p Messdruck
U_0 Versorgungsspannung
U_M Messspannung
R_1 Dehnwiderstand (gestaucht)
R_2 Dehnwiderstand (gedehnt)

2 Messzelle des Drucksensors mit Kappe und Referenzvakuum auf der Strukturseite (Aufbau)

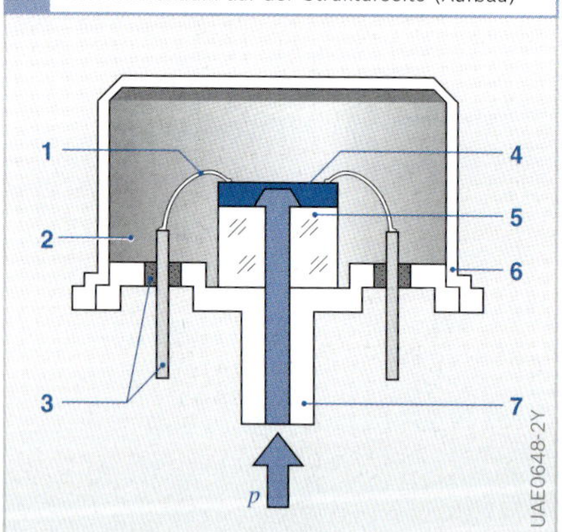

Bild 2
1, 3 Elektrische Anschlüsse mit eingeglaster Durchführung
2 Referenzvakuum
4 Messzelle (Chip) mit Auswerteelektronik
5 Glassockel
6 Kappe
7 Zuführung für Messdruck p

Verhältnis der elektrischen Spannungen an den Messwiderständen. Dadurch ändert sich die Messspannung U_M. Diese noch nicht verstärkte Messspannung ist somit ein Maß für den Druck an der Membran.

Mit der Brückenschaltung ergibt sich eine höhere Messspannung als bei der Auswertung eines einzelnen Widerstands. Die Wheatstone'sche Brückenschaltung ermöglicht damit eine hohe Empfindlichkeit des Sensors.

Die Elektronik für die Signalaufbereitung ist auf dem Chip integriert und hat die Aufgabe, die Brückenspannung zu verstärken, Temperatureinflüsse zu kompensieren und die Druckkennlinie zu linearisieren. Die Ausgangsspannung liegt im Bereich von 0...5 V und wird über elektrische Anschlüsse dem Motorsteuergerät zugeführt (Bild 3, Pos. 5). Das Steuergerät berechnet aus dieser Ausgangsspannung den Druck.

Ausführung mit Referenzvakuum in einer Kaverne

Aufbau

Der Drucksensor mit Referenzvakuum in einer Kaverne (Bild 4) für die Anwendung als Saugrohr- oder Ladedrucksensor ist einfacher aufgebaut als der Sensor mit Referenzvakuum auf der Strukturseite: Ein Silizium-Chip (Bild 5, Pos. 6) mit eingeätzter Membran und vier Dehnwiderständen in Brückenschaltung sitzt – wie beim Drucksensor mit Kappe und Referenzvakuum auf der Strukturseite – als Messzelle auf einem Glassockel (3). Der Glassockel hat jedoch im Gegensatz zu jenem Sensor kein Loch, durch das der Messdruck von der Rückseite her auf die Messzelle einwirkt. Vielmehr wird der Silizium-Chip von der Seite mit Druck beaufschlagt, auf

3 Mikromechanischer Drucksensor mit Referenzvakuum auf der Strukturseite (Aufbau)

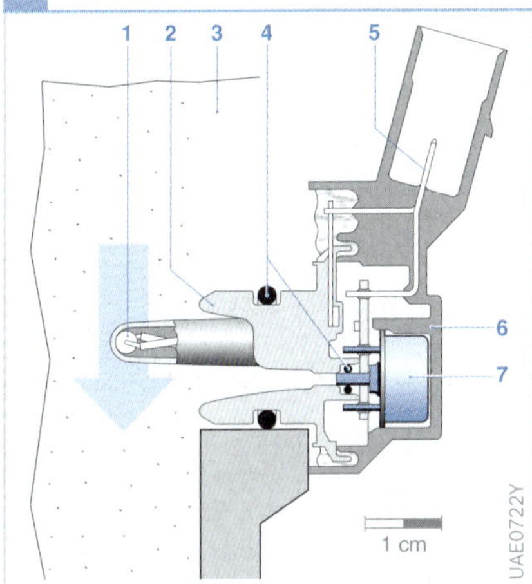

Bild 3
1 Temperatursensor (NTC)
2 Gehäuseunterteil
3 Saugrohrwand
4 Dichtringe
5 elektrischer Anschluss (Stecker)
6 Gehäusedeckel
7 Messzelle

4 Mikromechanischer Drucksensor mit Referenzvakuum in einer Kaverne (Aufbau)

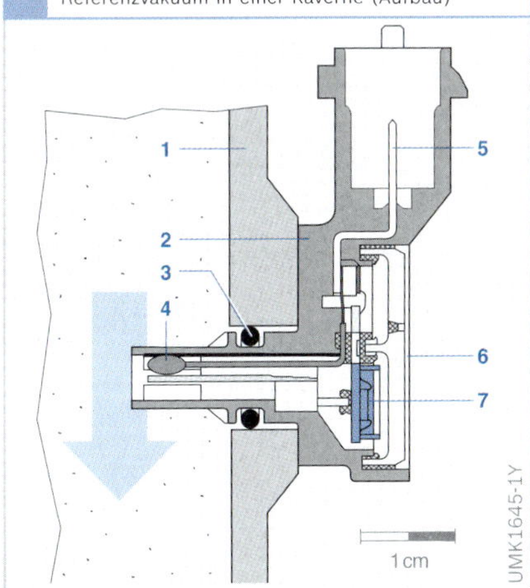

Bild 4
1 Saugrohrwand
2 Gehäuse
3 Dichtring
4 Temperatursensor (NTC)
5 elektrischer Anschluss (Stecker)
6 Gehäusedeckel
7 Messzelle

5 Messzelle des Drucksensors mit Referenzvakuum in Kaverne (Aufbau)

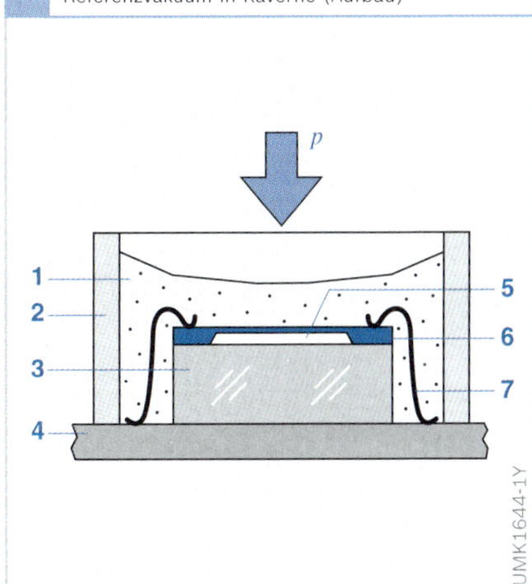

Bild 5
1 Schutzgel
2 Gelrahmen
3 Glassockel
4 Keramikhybrid
5 Kaverne mit Referenzvakuum
6 Messzelle (Chip) mit Auswerteelektronik
7 Bondverbindung
p Messdruck

der sich die Auswerteelektronik befindet. Deshalb muss diese Seite mit einem speziellen Gel gegen Umwelteinflüsse geschützt sein. Das Referenzvakuum (5) befindet sich im Hohlraum (Kaverne) zwischen dem Silizium-Chip und dem Glassockel. Das gesamte Messelement wird von einem Keramikhybrid (4) getragen, der Lötflächen für die weitere Kontaktierungen im Sensor hat.

Im Gehäuse des Drucksensors kann zusätzlich ein Temperatursensor integriert sein. Der Temperatursensor ragt offen in den Luftstrom und reagiert so schnellstmöglich auf Temperaturänderungen (Bild 4, Pos. 4).

Arbeitsweise

Die Arbeitsweise und die Signalaufbereitung und -verstärkung sowie die Kennlinie stimmen mit dem Drucksensor mit Referenzvakuum auf der Strukturseite überein. Der einzige Unterschied besteht darin, dass die Membran der Messzelle in die entgegengesetzte Richtung verformt wird und dadurch auch die Dehnwiderstände eine entgegengesetzte Verformung erfahren.

6 Hochdrucksensor

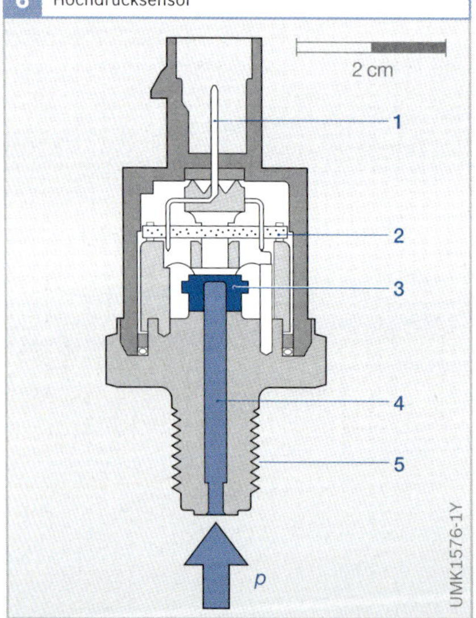

Bild 6
1 Elektrischer Anschluss (Stecker)
2 Auswerteschaltung
3 Stahlmembran mit Dehnwiderständen
4 Druckanschluss
5 Befestigungsgewinde

Hochdrucksensoren

Anwendung

Hochdrucksensoren werden im Kraftfahrzeug zur Messung von Kraftstoffdruck und Bremsflüssigkeitsdruck eingesetzt, z. B. als:

- Raildrucksensor für Benzin-Direkteinspritzung (Druck bis 200 bar),
- Raildrucksensor für Dieseleinspritzsystem Common Rail (Druck bis 2000 bar),
- Bremsflüssigkeitsdrucksensor im Hydroaggregat des Elektronischen Stabilitätsprogramms (Druck bis 350 bar).

Aufbau und Arbeitsweise

Hochdrucksensoren arbeiten nach dem gleichen Prinzip wie mikromechanische Drucksensoren. Den Kern des Sensors bildet eine Stahlmembran, auf der Dehnwiderstände in Brückenschaltung aufgedampft sind (Bild 6, Pos. 3). Der Messbereich des Sensors hängt von der Dicke der Membran ab (dickere Membran bei höheren Drücken, dünnere Membran bei geringeren Drücken). Sobald der zu messende Druck über den Druckanschluss (4) auf die eine Seite der Membran wirkt, ändern die Dehnwiderstände aufgrund der Membrandurchbiegung ihren Widerstandswert. Die von der Brücke erzeugte Ausgangsspannung ist proportional zum anliegenden Druck. Sie wird über Verbindungsleitungen (Bonddrähte) zu einer Auswerteschaltung (2) im Sensor geleitet. Diese verstärkt das Brückensignal auf 0...5 V und leitet es dem Steuergerät zu, das daraus mithilfe einer Kennlinie den Druck berechnet.

Temperatursensoren

Anwendung

Motortemperatursensor

Dieser Sensor ist im Kühlmittelkreislauf eingebaut (Bild 1), um für die Motorsteuerung von der Kühlmitteltemperatur auf die Motortemperatur schließen zu können (Messbereich -40...+130 °C).

Lufttemperatursensor

Dieser Sensor im Ansaugtrakt erfasst die Ansauglufttemperatur, mit der sich in Verbindung mit einem Ladedrucksensor die angesaugte Luftmasse berechnen lässt. Außerdem können Sollwerte für Regelkreise (z. B. Abgasrückführung, Ladedruckregelung) an die Lufttemperatur angepasst werden (Messbereich -40...+120 °C).

Motoröltemperatursensor

Das Signal des Motoröltemperatursensors wird bei der Berechnung des Serviceintervalls verwendet (Messbereich -40...+170 °C).

Kraftstofftemperatursensor

Er ist im Dieselkraftstoff-Niederdruckteil eingebaut. Mit der Kraftstofftemperatur kann die eingespritzte Kraftstoffmenge genau berechnet werden (Messbereich -40...+120 °C).

Abgastemperatursensor

Dieser Sensor wird an temperaturkritischen Stellen im Abgassystem montiert. Er wird für die Regelung der Systeme zur Abgasnachbehandlung eingesetzt. Der Messwiderstand besteht meist aus Platin (Messbereich -40...+1000 °C).

Aufbau und Arbeitsweise

Temperatursensoren werden je nach Anwendungsgebiet in unterschiedlichen Bauformen angeboten. In einem Gehäuse ist ein temperaturabhängiger Messwiderstand aus Halbleitermaterial eingebaut. Dieser hat üblicherweise einen negativen Temperaturkoeffizienten (NTC, Negative Temperature Coefficient, Bild 2), seltener einen positiven Temperaturkoeffizienten (PTC, Positive Temperature Coefficient), d. h. sein Widerstand verringert bzw. erhöht sich drastisch bei steigender Temperatur.

Der Messwiderstand ist Teil einer Spannungsteilerschaltung, die mit 5 V versorgt wird. Die am Messwiderstand gemessene Spannung ist somit temperaturabhängig. Sie wird über einen Analog-digital-Wandler eingelesen und ist ein Maß für die Temperatur am Sensor. Im Steuergerät ist eine Kennlinie gespeichert, die jedem Widerstand bzw. Wert der Ausgangsspannung eine entsprechende Temperatur zuweist.

1 Kühlmitteltemperatursensor

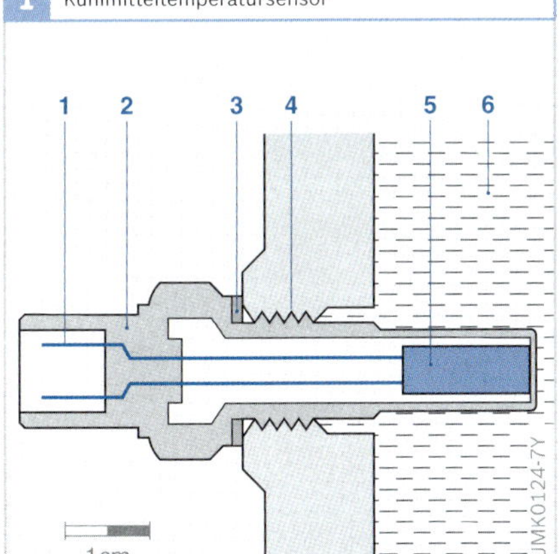

Bild 1
1 Elektrischer Anschluss
2 Gehäuse
3 Dichtring
4 Einschraubgewinde
5 Messwiderstand
6 Kühlmittel

2 Kennlinie eines NTC-Temperatursensors

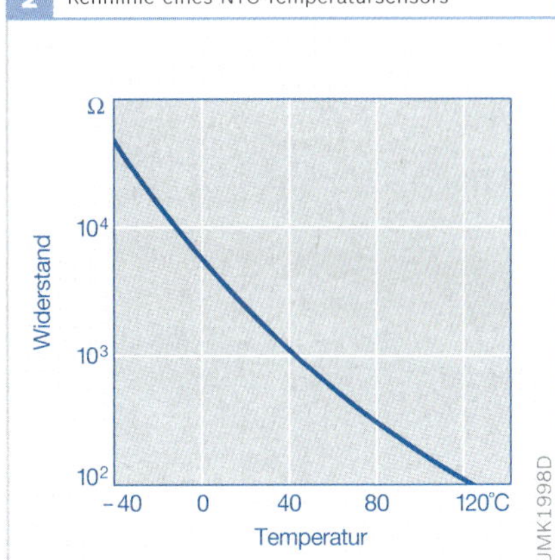

Fahrpedalsensoren

Bei Motronic-Systemen mit elektronischem Gaspedal (EGAS) erfasst der Fahrpedalsensor den Weg bzw. die Winkelposition des Fahrpedals. Hierzu werden neben berührungslos arbeitenden Sensorprinzipien auch noch Potenziometer eingesetzt. Der Fahrpedalsensor ist zusammen mit dem Fahrpedal im Fahrpedalmodul integriert. Bei diesen einbaufertigen Einheiten entfallen Justierarbeiten am Fahrzeug.

Potenziometrischer Fahrpedalsensor

Das Motorsteuergerät erhält den am Schleifer des Potenziometers abgegriffenen Messwert als elektrische Spannung. Mithilfe einer gespeicherten Sensorkennlinie rechnet das Steuergerät diese Spannung in den relativen Pedalweg bzw. die Winkelstellung des Fahrpedals um (Bild 1).

Für Diagnosezwecke und für den Fall einer Störung ist ein redundanter (doppelter) Sensor integriert. Er ist Bestandteil des Überwachungssystems. Eine Sensorausführung arbeitet mit einem zweiten Potenziometer, das in allen Betriebspunkten immer die halbe Spannung des ersten Potenziometers liefert. Für die Fehlererkennung stehen damit zwei unabhängige Signale zur Verfügung (Bild 1). Eine andere Ausführung arbeitet anstelle des zweiten Potenziometers mit einem Leergasschalter, der dem Steuergerät die Leerlaufstellung signalisiert. Der Zustand dieses Schalters und die Potenziometerspannung müssen plausibel sein.

Für Fahrzeuge mit automatischem Getriebe kann ein weiterer Schalter ein elektrisches Kickdown-Signal erzeugen. Alternativ hierzu kann diese Information auch aus der Änderungsgeschwindigkeit der Potenziometerspannung abgeleitet werden. Eine weitere Möglichkeit ist die Auslösung der Kickdown-Funktion durch einen definierten Spannungswert der Sensorkennlinie, der Fahrer erhält dabei die Rückmeldung über einen Kraftsprung in einer mechanischen Kickdown-Dose. Das ist die am häufigsten verwendete Lösung.

1 Kennlinie eines Fahrpedalsensors

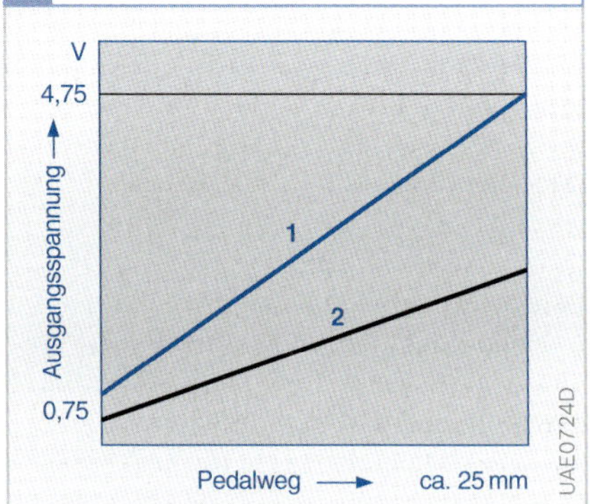

Bild 1
1 Potenziometer (Führungspotenziometer)
2 Potenziometer (halbe Spannung)

2 Hall-Winkelsensor ARS1

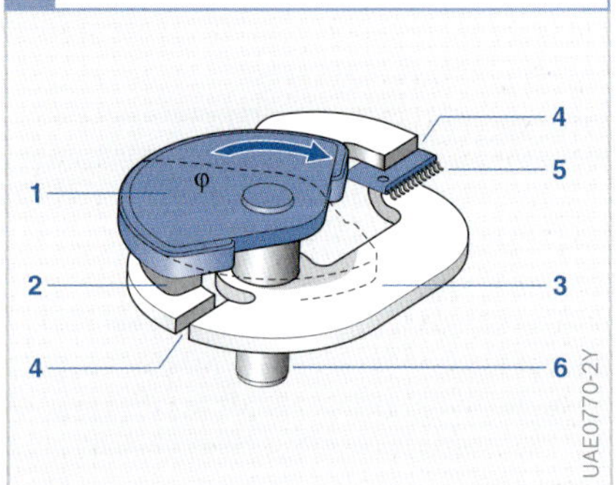

Bild 2
1 Rotorscheibe (dauermagnetisch)
2 Polschuh
3 Flussleitstück
4 Luftspalt
5 Hall-Sensor
6 Achse (weichmagnetisch)

3 Prinzip des Hall-Winkelsensors ARS2

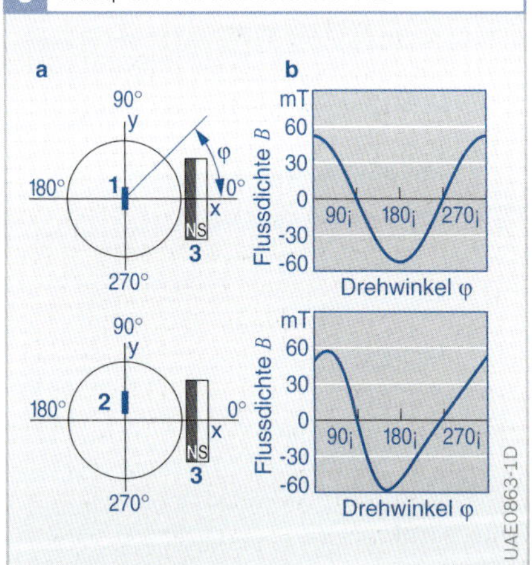

Bild 3
a Prinzip
b Kennlinie

1 Hall-IC im Mittelpunkt der Kreisbahn positioniert
2 Hall-IC aus Mittelpunkt verschoben (Linearisierung)
3 Magnet

Hall-Winkelsensoren

Mit Hall-Sensoren kann die Bewegung des Fahrpedals berührungslos gemessen werden. Beim Hall-Winkelsensor vom Typ ARS1 (Angle of Rotation Sensor) wird der magnetische Fluss einer etwa halbringförmigen dauermagnetischen Scheibe über einen Polschuh, zwei weitere Flussleitstücke und die ebenfalls ferromagnetische Achse zum Magneten zurückgeführt (Bild 2). Hierbei wird er je nach Winkelstellung mehr oder weniger über die beiden Flussleitstücke geführt, in deren magnetischen Pfad sich auch ein Hall-Sensor befindet. Damit lässt sich die im Messbereich von 90° weitgehend lineare Kennlinie erzielen.

Eine vereinfachte Anordnung beim Typ ARS2 kommt ohne weichmagnetische Leitstücke aus (Bild 3). Hier wird der Magnet auf einem Kreisbogen um den Hall-Sensor bewegt. Der dabei entstehende sinusförmige Kennlinienverlauf besitzt nur über einen relativ kurzen Abschnitt gute Linearität. Ist der Hall-Sensor jedoch etwas außerhalb der Mitte des Kreises platziert, weicht die Kennlinie zunehmend von der Sinusform ab. Sie weist nun einen kürzeren Messbereich von knapp 90° und einen längeren gut linearen Abschnitt von über 180° auf. Nachteilig ist aber die geringe Abschirmung gegen Fremdfelder, die verbleibende Abhängigkeit von geometrischen Toleranzen des Magnetkreises und Intensitätsschwankungen des Magnetflusses im Dauermagneten mit Temperatur und Alterung.

Beim Hall-Winkelsensor vom Typ FPM2.3 wird nicht die Feldstärke, sondern die Magnetfeldrichtung zur Generierung des Ausgangssignals verwendet. Die Feldlinien werden von vier, in einer Ebene liegenden und radial angeordneten Messelementen in x- und y-Richtung erfasst (Bild 4). Die Ausgangssignale werden im ASIC aus den Rohdaten (cos- und sin-Signal) mittels der arctan-Funktion abgeleitet. Zur Erzeugung eines homogenen Magnetfeldes wird der Sensor zwischen zwei Magneten positioniert. Der Sensor ist somit unempfindlich gegenüber Bauteiltoleranzen und temperaturstabil.

Wie beim Fahrpedalmodul mit potenziometrischen Sensor enthalten auch diese berührungslosen Systeme zwei Sensoren, um zwei redundante Spannungssignale zu erhalten.

4 Messprinzip des FPM2.3

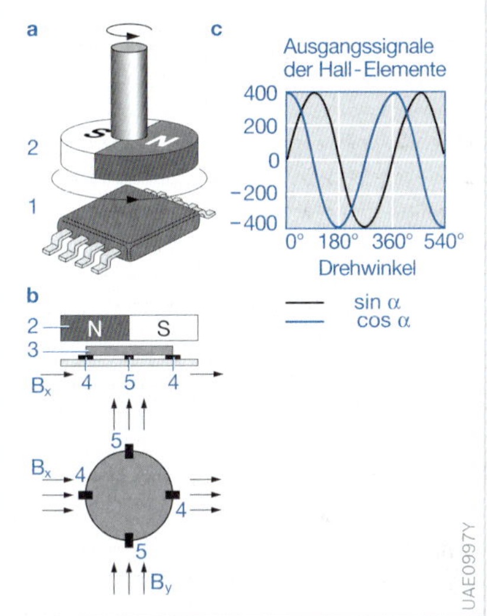

Bild 4
a Aufbau
b Prinzip
c Messsignale

1 Integrierter Schaltkreis (IC) mit Hall-Elementen
2 Magnet (der gegenüberliegende Magnet hier nicht dargestellt)
3 Flussleitstück
4 Hall-Elemente (zur Erfassung der x-Komponente von B)
5 Hall-Elemente (zur Erfassung der y-Komponente von B)

B_x homogenes Magnetfeld (x-Komponente)
B_y homogenes Magnetfeld (y-Komponente)

5 Explosionsdarstellung des Fahrpedalenmoduls FPM2.3

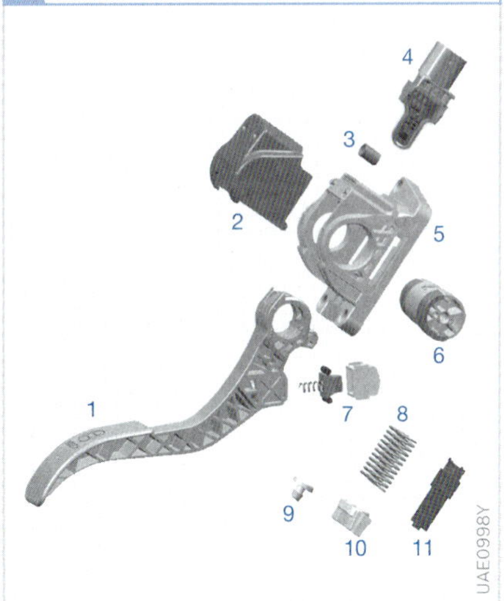

Bild 5
1 Pedal
2 Deckel
3 Abstandshülse
4 Sensorblock mit Gehäuse und Stecker
5 Lagerblock
6 Welle mit zwei Magneten und Hystereseelementen (runde Magnete nicht sichtbar)
7 Kickdown (optional)
8 zwei Federn
9 Anschlagsdämpfer
10 Druckstück
11 Bodendeckel

Lenkwinkelsensoren

Anwendung

Das Elektronische Stabilitätsprogramm (ESP) hat die Aufgabe, das Fahrzeug mit gezielten Bremseingriffen auf dem vom Fahrer vorgegebenen Sollkurs zu halten. Dazu werden in einem Steuergerät der eingestellte Lenkwinkel und der eingegebene Bremsdruck mit der tatsächlichen Drehbewegung und der Geschwindigkeit des Fahrzeugs verglichen und bei Bedarf einzelne Räder abgebremst. Damit wird der „Schwimmwinkel" (Abweichung zwischen Fahrzeugachse und Fahrzeugbewegung) klein gehalten und ein Ausbrechen bis zum Erreichen der physikalischen Grenzen verhindert.

Zur Erfassung des Lenkwinkels sind prinzipiell alle Arten von Winkelsensoren geeignet. Um die Sicherheit zu gewährleisten, werden aber Ausführungen benötigt, die entweder auf einfache Art auf Plausibilität geprüft werden können oder die sich idealerweise selbst überprüfen können. Eingesetzt werden Potenziometer, optische Code-Erfassung und magnetische Prinzipien. Bei den meisten verwendeten Sensoren ist allerdings eine ständige Registrierung und Speicherung der aktuellen Umdrehung des Lenkrads erforderlich, da gängige Winkelsensoren maximal 360° messen können, ein Pkw-Lenkrad aber einen Winkelbereich von ±720° (vier Umdrehungen insgesamt) hat.

Aufbau und Arbeitsweise

Lenkwinkelsensor mit AMR-Element

Der Lenkwinkelsensor LWS3 arbeitet mit „Anisotrop magnetoresistiven Sensoren" (AMR), deren elektrischer Widerstand sich durch die Richtung eines äußeren Magnetfelds verändert. Die Winkelinformation über einen Bereich von vier vollen Umdrehungen ergibt sich dabei durch das Messen der Winkel zweier Zahnräder, die ein Zahnrad auf der Lenkwelle antreibt. Die beiden Zahnräder haben einen Zahn Differenz, wodurch zu jeder möglichen Stellung des Lenkrades ein eindeutiges Winkelwertepaar gehört.

Durch einen mathematischen Algorithmus (nach bestimmtem Schema ablaufender Rechenvorgang), der als modifiziertes Noniusprinzip bezeichnet wird, kann auf diese Weise der Lenkwinkel in einem Mikroprozessor berechnet werden, wobei selbst Messungenauigkeiten der beiden AMR-Sensoren korrigiert werden können. Zusätzlich besteht die Möglich-

1 AMR-Lenkwinkelsensor LWS3 (Prinzip)

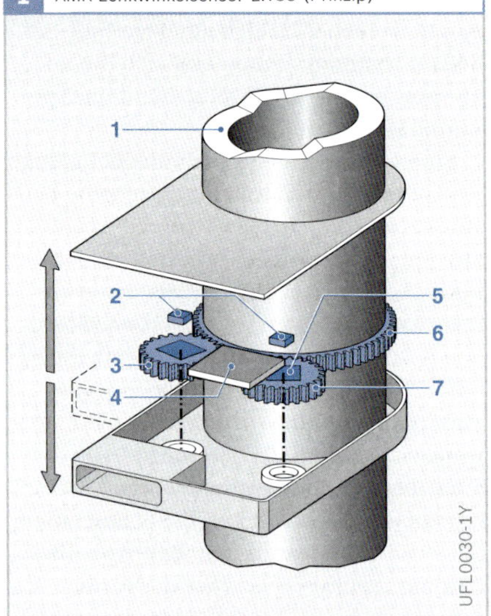

Bild 1
1 Lenkwelle
2 AMR-Messzellen
3 Zahnrad mit m Zähnen
4 Auswerteelektronik
5 Magnete
6 Zahnrad mit n > m Zähnen
7 Zahnrad mit m + 1 Zähnen

2 AMR-Lenkwinkelsensor LWS3 (Ansicht)

keit einer Selbstkontrolle, sodass über den CAN-Ausgang ein sehr plausibler Messwert an das Steuergerät übermittelt werden kann.

Bild 1 zeigt den schematischen Aufbau des Lenkwinkelsensors LWS3. Zu erkennen sind die beiden Zahnräder, in denen Magnete eingelassen sind. Darüber sind die Sensoren und die Auswerteelektronik angeordnet.

Eine andere Ausführung ist der Lenkwinkelsensor LWS4, der einen Lenkwinkel von180° eindeutig misst. Einbauort ist das Wellenende der Lenkachse (Bild 3)

Lenkwinkelsensor mit GMR-Element

Der LWS5 ist der erste Lenkwinkelsensor, der auf dem GMR-Effekt (Giant Magneto-Resistance) beruht. Mechanischer Aufbau und Funktionsweise sind vom LWS3 übernommen. Zwischen LWS3 und LWS5 besteht mechanische und elektrische Kompatibilität.

Die GMR-Schichten werden auf die planarisierte Oberfläche der Auswerteschaltung prozessiert (vertikale Integration). GMR-Widerstandsbrücke und Auswertung sind über Durchkontaktierungen miteinander verbunden. Diese kurzen Verbindungen vergrößern die Robustheit des Sensors gegen äußere Störungen.

3 AMR-Lenkwinkelsensor LWS4 zum Anbau an das Wellenende der Lenkachse

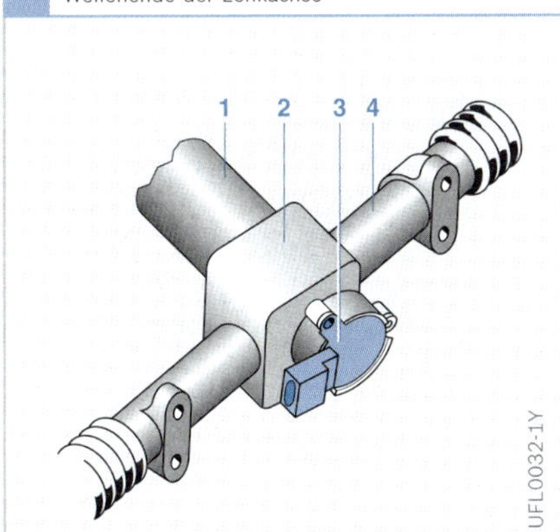

Bild 3
1 Lenksäule
2 Lenkgetriebe
3 Lenkwinkelsensor
4 Zahnstange

Die beiden GMR-Elemente messen jeweils die Richtung der Feldlinien der beiden Magnete. Im Mikroprozessor wird daraus der Lenkwinkel berechnet. Die Kommunikation zwischen Sensorelement und Mikroprozessor geschieht über eine digitale Schnittstelle (SPI-Schnittstelle). Der berechnete Lenkwinkelwert wird vom Mikroprozessor auf den CAN gegeben.

Wegen der - verglichen mit dem AMR-Effekt - größeren Empfindlichkeit kann der LWS5 mit schwächeren Magneten und größeren Luftspalten arbeiten. Dies bringt deutliche Kostenvorteile bei Material und Design. Der 360° -Winkelmessbereich eines einzelnen GMR-Elements (AMR typisch ist ein 180°-Messbreich) ermöglicht beim LWS5 den Einsatz kleiner Zahnräder. Er benötigt damit einen deutlich kleineren Bauraum als der LWS3. Zusätzlich bietet er ein hohes Maß an Skalierbarkeit, das sich im Messbereich (±90° bis ±780°) und im Grad der Redundanz widerspiegelt. Dadurch wird erreicht, dass der Sensor möglichst genau die spezifischen Anforderungen der verschiedenen Fahrzeughersteller erfüllt.

Positionssensoren für Getriebesteuerung

Anwendung

Der Positionssensor erfasst in AT-, ASG-, DKG- und CVT-Getrieben die Stellungen eines Stellgliedes (z. B. Wählhebelwelle, Wählschieber oder Parksperrenzylinder). Die Sensoren, können stand-alone oder in Elektronikmodulen integriert verbaut werden.

Anforderungen

Im Getriebe eingebaute Sensoren müssen für die dort vorherrschenden anspruchsvollen Betriebsbedingungen ausgelegt sein:

- Umgebungstemperaturen zwischen -40 und +150°C,
- aggressives Umgebungsmedium Getriebeöl,
- hohe mechanische Beanspruchung bis zu 30 *g*,
- metallischer Abrieb bzw. Partikelbildung im Getriebe.

Die Medien- und Temperaturbeständigkeit wird in diesen Anwendungen durch eine ölresistente Verpackung der Elektronik sowie dem Einsatz von Hochtemperatur-Leiterplatten und AVT für die Elektronik gewährleistet. Die Elektronikkomponenten ASIC, Kondensatoren, Widerstände und Schnittstellen (Bonds, Lötstellen) müssen so robust ausgeführt sein, dass sie den starken mechanischen Belastungen über die Fahrzeuglebensdauer standhalten.

Anbausensoren hingegen werden mit den aus Motorraumanwendungen bekannten Standard-Packages realisiert. Sie müssen entsprechende Anforderungen wie Spritzwasserdichtheit erfüllen und Betriebstemperaturen von -40...130°C standhalten.

Aufgrund der komplexen Anforderungen (Tabelle 1) aus den unterschiedlichen Getriebetopologien sowie den Bauraum- und Funktionsanforderungen (Sicherheitskonzept, Genauigkeitsanforderungen usw.) kommen unterschiedliche physikalische Messprinzipen (Hall-, AMR-, GMR-, Wirbelstrom-Prinzip) und Bauformen (linear und rotatorische Erfassung) zum Einsatz. Diese werden nachfolgend am Beispiel von Hall- und Wirbelstromprinzip näher erläutert.

1 Anforderunsspektrum Positionserfassung

Anbauort	Getriebeeinbau Getriebeanbau
Bauform	Linear Rotatorisch
Messprinzip	Hall AMR GMR Wirbelstrom
Signalerfassung	Digital (Gray-Code) Analog
Ausgangssignal	Digital (2/4-Bit) PWM Analog
Systemsicherheit	Redundanz hohe Verfügbarkeit P/N-Erkennung
Schaltungsart	M- und E-Schaltung

Tabelle 1

Lineare Positionserfassung auf Basis Hall-Schalter

Aufbau

Vier digitale Hall-Schalter sind auf einer Leiterplatte derart angeordnet, dass sie die magnetische Codierung eines linear verschiebbaren multipolaren Dauermagneten erfassen (Bild 1). Der Magnetschlitten ist mit dem linear betätigten Wählschieber (Hydraulikschieber in der Getriebesteuerplatte) oder dem Parksperrenzylinder gekoppelt.

Neben den Hall-Schaltern befinden sich auf der Leiterplatte Widerstände zur Darstellung von Diagnosefunktionen und EMV-Kondensatoren.

Die Sensorelektronik ist durch einen dichten, ölresistenten Epoxidharz-Verguss vor den Einflüssen des Getriebeöls geschützt.

Arbeitsweise

Bei einem Automatikgetriebe mit manueller Schaltung, auch M-Schaltung genannt, erfasst der Positionssensor die Stellungen des Wählschiebers P, R, N, D, 4, 3, 2 sowie die Zwischenbereiche und gibt diese in Form eines 4-Bit-Codes an die Getriebesteuerung aus (Bild 2). Aus Sicherheitsgründen ist die Codierung der Positionsstellung einschrittig ausgeführt, d. h., es sind immer zwei Bitwechsel bis zum Erkennen einer neuen Position erforderlich. Durch Fehlfunktion verursachte einfache Bitwechsel können vom Steuergerät mittels Plausibilitätsbetrachtung als falsch erkannt werden. Die Abfolge dieser Bitwechsel entspricht einem Gray-Code.

In einigen Anwendungen übermittelt der Sensor durch einen prozessorunabhängigen Hardwarepfad die Steuergröße für die Starterfreigabe „P/N-Signal“ direkt. Dies erhöht die Verfügbarkeit in Betriebszuständen (z. B. bei niedriger Bordnetzspannung), in denen das Steuergerät noch nicht arbeitet.

Bei einem Automatikgetriebe mit elektronischer Schaltung, auch E-Schaltung genannt, erfasst der Positionssensor nur die Stellungen des Parksperrenzylinders P_{ein} und P_{aus} sowie den Zwischenbereich und gibt diese in Form eines 2-Bit-Codes an das Steuergerät.

1 Positionssensor mit Hall-Schalter

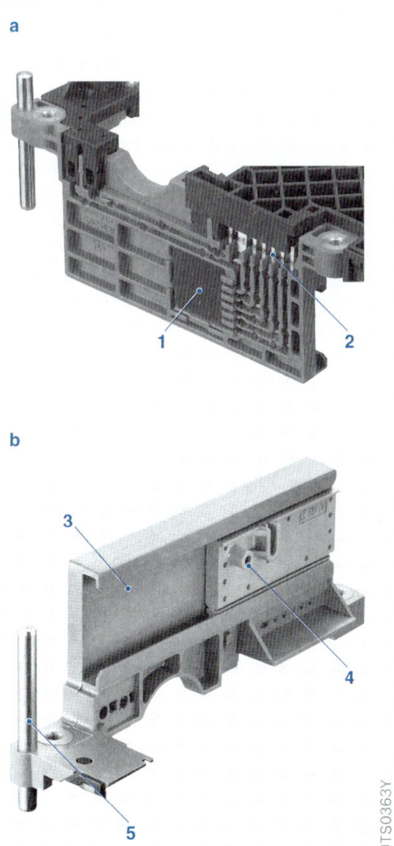

Rotatorische Positionserfassung auf Basis Wirbelstrom

Aufbau

In Bild 3 ist die Ausführung eines Positionssensors mit rotatorischer Bauform dargestellt. Bei diesem Beispiel befindet sich getriebeextern an der Wählhebelwelle ein mitdrehender, speziell geformter Rotor mit Rückschlussspule. Sie stellt die Schnittstelle zum Getriebestellglied dar. Auf der feststehenden Sensorplatine sind redundante Sende- und Empfangsspulen mit zugehörigen Auswerte-ASICs aufge-

2 Kodierung des Magnetschlittens

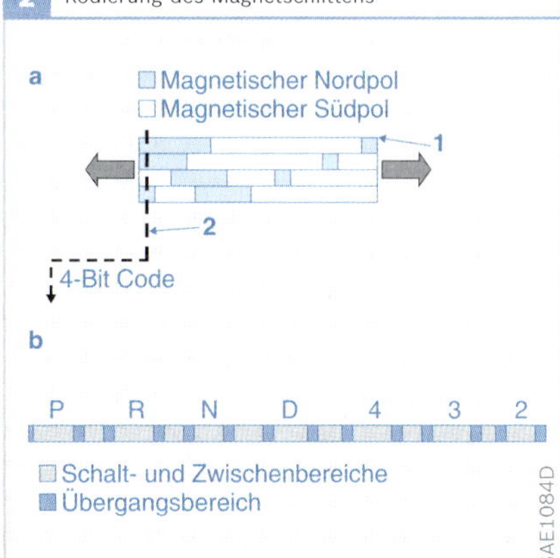

Bild 1
a Ansicht vorn
b Ansicht hinten

1 Ölresistente Verpackung
2 elektrische Verbindung per Stanzgitter
3 Leiterplatte mit vergossenen Hall-Elementen
4 Schlitten mit Dauermagnet
5 Fixierstift

Bild 2
a Magnetische Kodierung
b Positionsbereiche

1 Bewegter Schlitten
2 feste Position der Hall-Elemente

bracht. Bei dieser Lösung wird die Platine vom Stellglied (Welle) durchdrungen.

Arbeitsweise

Der Sensor arbeitet nach dem Wirbelstromprinzip. Die Sendespule induziert in der Rückschlussspule einen seiner Ursache entgegen gesetzten Wirbelstrom, dessen Magnetfeld eine Spannung in die Empfangsspulen induziert. Die Geometrien der Rückschlussspule und der Empfangsspulen sind aufeinander abgestimmt, sodass kontinuierlich veränderbare Stellungen des Rotors erfassbar sind.

Ähnlich wie beim Beispiel der linearen Positionserfassung erfasst der rotatorische Positionssensor die Stellungen P, R, N, D, 4, 3 und 2. In diesem Fall jedoch an der aus dem Getriebe ragenden Wählhebelwelle. Die Stellungen der Welle entsprechen den Stellungen des getriebeinternen Wählschiebers.

Ein Vorteil der analogen Signalaufbereitung besteht darin, dass die Zuordnung der einzelnen Schalt- und Zwischenbereiche zu den vom Sensor erfassten Winkelstellungen per Software erfolgt und somit leicht an konstruktive Getriebevarianten anpassbar ist.

Aus Sicherheitsgründen stellt der Sensor zwei voneinander unabhängige gegenläufige Ausgangssignale zur Verfügung, wobei die oberen und unteren 5 % des Signalhubes als Diagnosebereiche verwendet werden. Bei einem sensorintern erkannten Fehler wird ein Spannungswert im oberen Diagnosebereich ausgegeben. Fehler, die auf dem Übertragungsweg zum Steuergerät auftreten können (z. B. Unterbrechung oder Kurzschluss) führen ebenfalls zu Spannungspegeln, die in den Diagnosebereichen zu liegen kommen. Darüber hinaus wird im Steuergerät eine Überprüfung auf Signalplausibilität mittels Summenbildung der beiden Signale durchgeführt. Somit können Sensor- oder Übertragungsfehler vom Steuergerät erkannt und fehlerbezogen ein entsprechendes Notlaufprogramm gewählt werden.

Tabelle 2 stellt die beiden beschriebenen Beispiele von Positionssensoren gegenüber und verdeutlicht ähnlich die Komplexität der Thematik.

Die umfangreichen Anforderungen der mechanischen Schnittstelle des Stellgliedes, des Bauraums, der Umgebungseinflüsse sowie des Sicherheitskonzepts führen häufig zu applikationsspezifischen Sensorsystem-Lösungen.

3 Positionssensor mit Wirbelstromprinzip

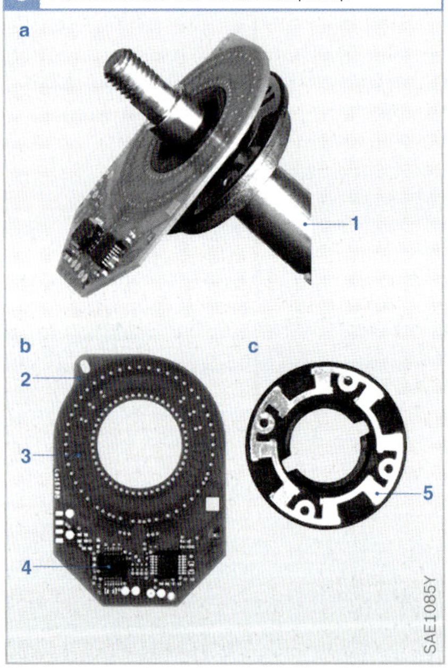

Bild 3
- a Komponenten (ohne Gehäuse)
- b Leiterplatte
- c Rotor

1 Wählhebelwelle
2 Sensor-Leiterplatte
3 redundante Sende- und Empfangsspulen
4 redundante Elektronik
5 Rotor mit Rückschlussspule

Tabelle 2

2 Typische Charakteristiken

Positionssensor	Hall-Schalter	Wirbelstrom
Messprinzip	Hall-Effekt (digital)	Wirbelstrom (analog)
Magnetische Fremdfeldempfindlichkeit	ja	nein
Empfindlichkeit Metallumgebung	nein	ja
Flexible Positionseinteilung	nein	ja (Software)
Betriebsspannungsbereich	4...12V	4,5...5,5 V
Luftspaltempfindlichkeit	hoch	gering

Achssensoren

Anwendung
Mithilfe der Automatischen Leuchtweitenregulierung ALWR wird die Leuchtweite der Fahrzeugscheinwerfer selbsttätig korrigiert. Sie regelt bei eingeschaltetem Abblendlicht die Fahrzeugneigung so aus, dass eine ausreichende Sichtweite für den Fahrer ohne Blendung des Gegenverkehrs sichergestellt ist. Die statische ALWR korrigiert die durch die Fahrzeugbeladung bedingte Karosserieneigung. Die dynamische ALWR korrigiert zusätzlich auch fahrdynamisch bedingte Nickbewegungen des Fahrzeugs, hervorgerufen durch Brems- oder Beschleunigungsvorgänge. Die Achssensoren erfassen dabei sehr genau den Neigungswinkel der Karosserie.

Aufbau und Arbeitsweise
Die Messung der Fahrzeugneigung erfolgt mit Achssensoren (Drehwinkelsensoren), die vorne und hinten an der Karosserie montiert sind. Über einen Drehhebel, der über eine Schubstange mit der jeweiligen Fahrzeugachse bzw. Radaufhängung verbunden ist, wird die auftretende Einfederung gemessen. Die Neigung des Fahrzeuges berechnet sich dann aus der Spannungsdifferenz zwischen Vorder- und Hinterachssensor.

Die Funktion der Achssensoren basiert auf dem Prinzip des Hall-Effekts. Im Stator (Bild 1, Pos. 5) ist ein Hall-IC integriert, der sich in einem homogenen Magnetfeld befindet. Das Magnetfeld verursacht im Hall-IC eine Hall-Spannung, die der magnetischen Feldstärke proportional ist. Beim Drehen des Ringmagneten (6) mit der Welle (2) ändert sich das Magnetfeld durch den Hall-IC.

Entsprechend der Einfederung durch Beladung und/oder Beschleunigen bzw. Bremsen überträgt eine Schubstange (Bild 2, Pos. 4) die Einfederwerte auf den Drehhebel des Achssensors zum Umwandeln in ein dem Drehwinkel proportionales elektrisches Spannungssignal.

Das Steuergerät erfasst die Signale der Achssensoren, bildet die Differenz zwischen Vorder- und Hinterachse und berechnet unter Berücksichtigung der Fahrgeschwindigkeit den Sollwert für die Stellmotorposition. Bei Konstantfahrt bleibt die dynamische Leuchtweitenregelung im Modus mit großer Dämpfung. Die Schrittmotoren werden nur langsam der Fahrzeugneigung angepasst, um zu verhindern, dass Bodenwellen oder Schlaglöcher zu ständigen Korrekturen der Leuchtweite führen. Beim Beschleunigen oder Bremsen schaltet sofort der dynamische Modus ein. Er sorgt innerhalb weniger Millisekunden für die Anpassung der Leuchtweite. Danach schaltet das System automatisch wieder in den langsamen Modus zurück.

1 Achssensor (Schnitt)

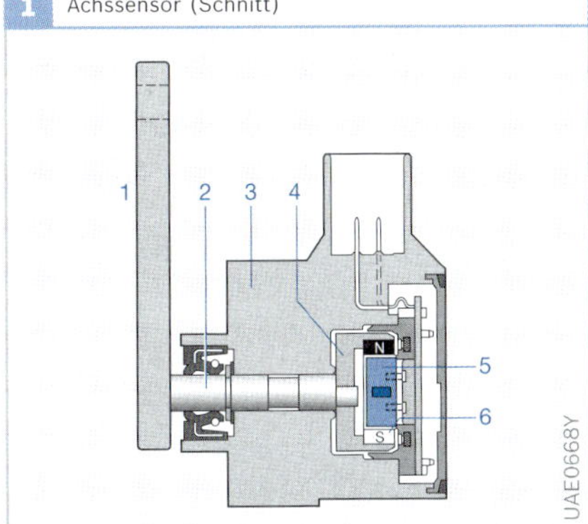

2 Achssensor (Einbau im Fahrzeug)

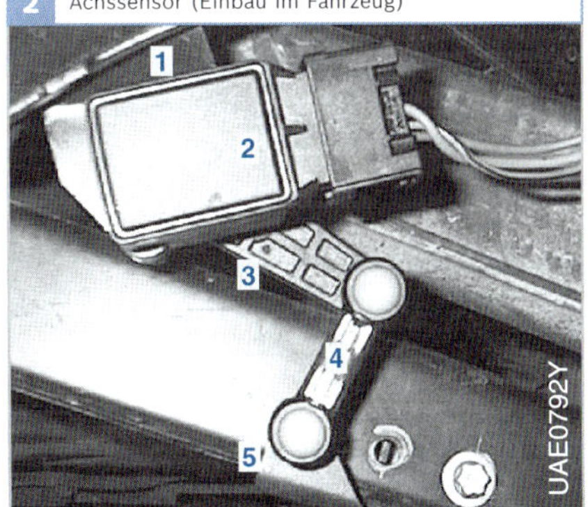

Bild 1
1 Drehhebel
2 Welle
3 Gehäuse
4 Ringmagnetaufnahme
5 Stator mit Hall-IC
6 Ringmagnet

Bild 2
1 Karosseriebefestigung
2 Achssensor mit Steckverbindung
3 Drehhebel
4 Schubstange
5 Fahrzeugachse

Heißfilm-Luftmassenmesser

Anwendung

Eine genaue Vorsteuerung des Luft-Kraftstoff-Verhältnisses setzt voraus, dass die im jeweiligen Betriebszustand zugeführte Luftmasse präzise bestimmt wird. Zu diesem Zweck misst der Heißfilm-Luftmassenmesser einen Teilstrom des tatsächlich angesaugten Luftmassenstroms. Er berücksichtigt auch die durch das Öffnen und Schließen der Ein- und Auslassventile hervorgerufenen Pulsationen und Rückströmungen. Änderungen der Ansauglufttemperatur oder des Luftdrucks haben keinen Einfluss auf die Messgenauigkeit.

Aufbau des HFM5

Der Heißfilm-Luftmassenmesser HFM5 ragt mit seinem Gehäuse (Bild 1, Pos. 5) in ein Messrohr (Bild 3, Pos. 6), das je nach der für den Motor benötigten Luftmasse (370...970 kg/h) unterschiedliche Durchmesser haben kann.

1 Heißfilm-Luftmassenmesser HFM5 (Schema)

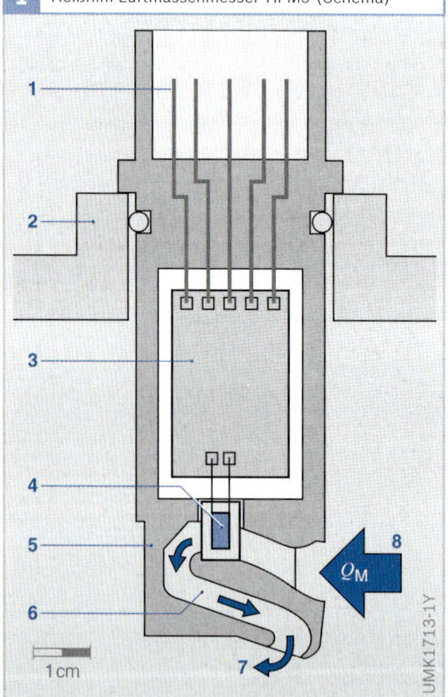

Bild 1
1 Elektrische Anschlüsse (Stecker)
2 Messrohr- oder Luftfiltergehäusewand
3 Auswerteelektronik (Hybridschaltung)
4 Sensormesszelle
5 Sensorgehäuse
6 Teilstrom-Messkanal
7 Auslass Messteilstrom Q_M
8 Einlass Messteilstrom Q_M

Das Messrohr beinhaltet normalerweise einen Strömungsgleichrichter, der für eine gleichmäßige Strömung im Messrohr sorgt. Als Strömungsgleichrichter dient entweder eine Kombination aus einem Kunststoffgitter mit Richtwirkung und einem Drahtgitter, oder das Drahtgitter alleine (Bild 3, Pos. 8). Das Messrohr ist hinter dem Luftfilter im Ansaugtrakt eingebaut. Es gibt auch Stecksensoren, die im Luftfilter montiert sind.

Wesentliche Bestandteile des Sensors sind eine vom Messteilstrom der Luft im Einlass (Bild 1, Pos. 8) angeströmte Messzelle (4) sowie eine integrierte Auswerteelektronik (3).

Die Sensormesszelle besteht aus einem Halbleitersubstrat. Die sensitive Fläche wird durch eine Membran gebildet, die durch mikromechanische Verfahren hergestellt wird. Auf dieser Membran sind temperaturempfindliche Widerstände aufgebracht. Die Elemente der Auswerteelektronik (Hybridschaltung) sind auf ein Keramiksubstrat aufgebracht. Dadurch ist eine sehr kleine Bauweise möglich. Die Auswerteelektronik ist wiederum über elektrische Anschlüsse (1) mit dem Steuergerät verbunden.

Der Teilstrom-Messkanal (6) ist so geformt, dass die Luft ohne Verwirbelung an der Sensormesszelle vorbei und über den Auslass (7) in das Messrohr zurückfließen kann. Die Länge und Lage von Ein- und Auslass des Teilstrom-Messkanals sind so gewählt, dass sich auch bei stark pulsierenden Strömungen ein gutes Sensorverhalten ergibt.

Arbeitsweise

Der Heißfilm-Luftmassenmesser HFM5 ist ein thermischer Sensor. Er arbeitet nach folgendem Prinzip: Auf der Sensormesszelle (Bild 3, Pos. 3) beheizt ein zentral angeordneter Heizwiderstand die Sensormembran (5) und hält sie auf einer konstanten Temperatur. Außerhalb dieser geregelten Heizzone (4) fällt die Temperatur auf beiden Seiten ab.

Zwei symmetrisch zum Heizwiderstand stromauf- und stromabwärts auf der Membran aufgebrachte temperaturabhängige Widerstände (Messpunkte M_1, M_2) erfassen die Temperaturverteilung auf der Membran. Ohne Luftanströmung ist das Temperaturprofil (1) auf beiden Seiten gleich ($T_1 = T_2$).

Strömt Luft über die Sensormesszelle, ändert sich das gleichmäßige Temperaturprofil auf der Membran (2). Auf der Ansaugseite ist der Temperaturverlauf steiler, da die vorbeiströmende Luft diesen Bereich abkühlt. Auf der gegenüberliegenden Seite ändert sich der Temperaturverlauf nur wenig, weil die vorbeiströmende Luft vom Heizelement erwärmt wurde. Die Änderung der Temperaturverteilung führt zu einer Temperaturdifferenz (ΔT) zwischen den Messpunkten M_1 und M_2.

Die an die Luft abgegebene Wärme und damit der Temperaturverlauf an der Sensormesszelle hängt von der vorbeiströmenden Luftmasse ab. Die Temperaturdifferenz ist (unabhängig von der absoluten Temperatur der vorbeiströmenden Luft) ein Maß für die Masse des Luftstroms. Sie ist zudem richtungsabhängig, sodass der Luftmassenmesser sowohl den Betrag als auch die Richtung eines Luftmassenstromes erfassen kann.

Aufgrund der sehr dünnen mikromechanischen Membran reagiert der Sensor sehr schnell auf Veränderungen (< 15 ms). Dies ist besonders bei stark pulsierenden Luftströmungen wichtig.

Die im Sensor integrierte Auswerteelektronik wandelt die Widerstandsdifferenz an den Messpunkten M_1 und M_2 in ein analoges Spannungssignal zwischen 0 V und 5 V um. Mithilfe der im Motorsteuergerät gespeicherten Sensorkennlinie (Bild 2) wird die gemessene Spannung in einen Wert für den Luftmassenstrom umgerechnet (kg/h).

Die Kennliniencharakteristik ist so gestaltet, dass die integrierte Diagnose im Steuergerät Störungen wie z. B. eine Leitungsunterbrechung erkennen kann. Im Heißfilm-Luftmassenmesser HFM5 kann ein zusätzlicher Temperatursensor für die Auswertung integriert sein. Für die Bestimmung der Luftmasse ist er nicht erforderlich.

Eine Kontamination der Sensormembran mit Staub, Schmutzwasser oder Öl führt zu Fehlanzeigen der Luftmasse. Um die Robustheit des HFM5 zu steigern, wurde eine Schutzvorrichtung entwickelt, die mithilfe eines Abweisgitters Schmutzwas-

2 Heißfilm-Luftmassenmesser (Kennlinie)

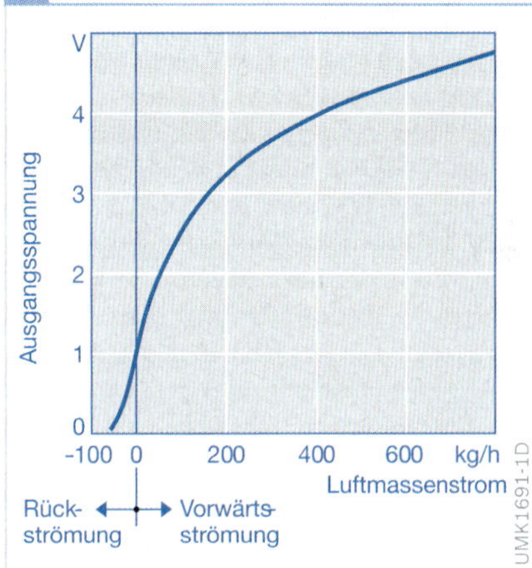

3 Heißfilm-Luftmassenmesser (Messprinzip)

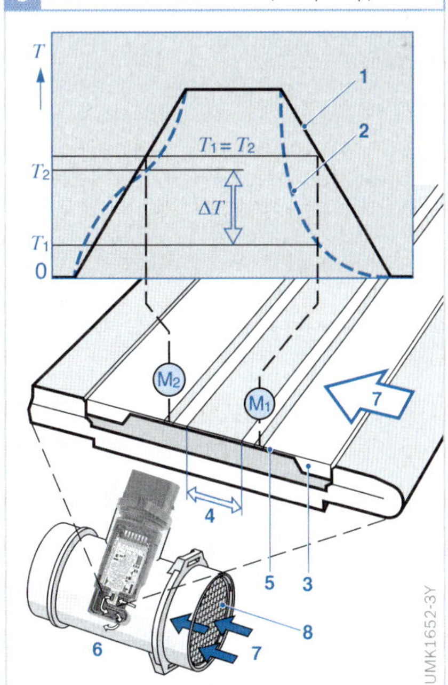

Bild 3
1 Temperaturprofil ohne Anströmung
2 Temperaturprofil mit Anströmung
3 Sensormesszelle
4 Heizzone
5 Sensormembran
6 Messrohr mit Luftmassenmesser
7 Ansaugluftstrom
8 Drahtgitter
M_1, M_2 Messpunkte
T_1, T_2 Temperaturwerte an den Messpunkten M_1 und M_2
ΔT Temperaturdifferenz

ser und Staub vom Sensorelement fern hält (HFM5-CI; mit C-förmigem Bypass und Innenrohr (I), das zusammen mit dem Abweisgitter für den Schutz des Sensors sorgt).

Heißfilm-Luftmassenmesser HFM6

Der HFM6 verwendet das Sensorelement des HFM5 und dessen prinzipiellen Aufbau. Er unterscheidet sich in zwei wesentlichen Punkten:

- Die integrierte Auswerteelektronik arbeitet digital, um eine höhere Messgenauigkeit zu erreichen.
- Der Teilstrom-Messkanal ist konstruktiv verändert, um einen Kontaminationsschutz direkt stromaufwärts des Sensorelements zu verwirklichen (analog zum Abweisgitter des HFM5-CI).

Digitalelektronik

Aus den Widerstandswerten an den Messpunkten M_1 und M_2 (Bild 3) wird mittels einer Brückenschaltung ein Spannungssignal erzeugt, das als Maß für die Luftmasse dient. Zur weiteren Verarbeitung des Signals wird dieses in ein Digitalsignal umgewandelt.

Der HFM6 berücksichtigt bei der Bestimmung der Luftmasse auch die Temperatur der angesaugten Luft. Dadurch wird die Genauigkeit der Luftmassenbestimmung deutlich gesteigert.

Die Messung der Ansauglufttemperatur erfolgt über einen temperaturabhängigen Widerstand, der im Regelkreis zur Kontrolle der Heizzonentemperatur integriert ist. Der Spannungsfall an diesem Widerstand ergibt mithilfe eines Analog-digital-Wandlers ein Digitalsignal für die Ansauglufttemperatur. Mithilfe der Signale für Luftmasse und Ansauglufttemperatur wird ein Kennfeld adressiert, in dem Korrekturwerte für das Luftmassensignal gespeichert sind.

Verbesserter Kontaminationsschutz

Zur Verbesserung des Kontaminationsschutzes wird der Teilstrom-Messkanal zweiteilig ausgeführt (Bild 4). Der Kanal, der am Sensorelement vorbeiführt, weist eine scharfe Kante (1) auf, die von der Luft umströmt werden muss. Schwere Partikel und Schmutzwassertropfen können dieser Umlenkung nicht folgen und werden aus dem Teilstrom ausgeschieden. Sie verlassen den Sensor über einen zweiten Kanal (5). Dadurch gelangen deutlich weniger Schmutzpartikel und Tropfen zum Sensorelement (3), sodass die Kontamination reduziert wird und die Lebensdauer des Luftmassenmessers auch bei Betrieb mit kontaminierter Luft deutlich verlängert wird.

4 HFM6 mit verbessertem Kontaminationsschutz

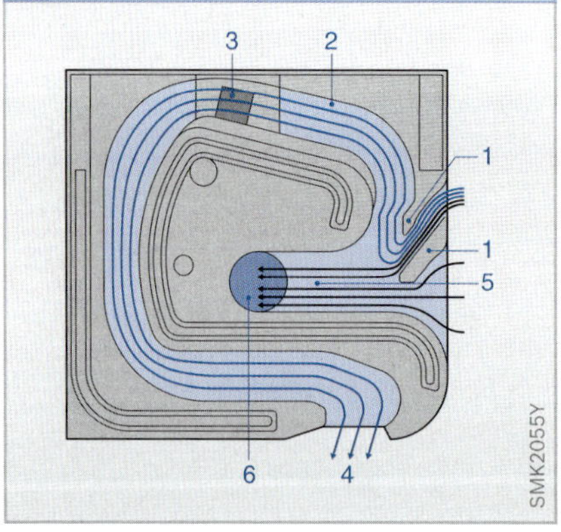

Bild 4
1 Umlenkkanten
2 Teilstrom-Messkanal (erster Kanal)
3 Sensorelement
4 Luftauslass
5 Zweiter Kanal
6 Partikel- und Wasserauslass

Piezoelektrische Klopfsensoren

Anwendung

Klopfsensoren sind vom Funktionsprinzip Vibrationssensoren und eignen sich zum Erfassen von Körperschallschwingungen. Diese treten z. B. in Ottomotoren bei unkontrollierten Verbrennungen als „Klopfen" auf. Sie werden vom Klopfsensor in elektrische Signale umgewandelt (Bild 1) und dem Motronic-Steuergerät zugeführt, das durch Verstellen des Zündwinkels dem Motorklopfen entgegenwirkt.

Aufbau und Arbeitsweise

Eine Masse (Bild 2, Pos. 2) übt aufgrund ihrer Trägheit Druckkräfte im Rhythmus der anregenden Schwingungen auf eine ringförmige Piezokeramik (1) aus. Diese Kräfte bewirken innerhalb der Keramik eine Ladungsverschiebung. Zwischen der Keramikober- und -unterseite entsteht eine elektrische Spannung, die über Kontaktscheiben (5) abgegriffen und im Motronic-Steuergerät weiterverarbeitet wird.

2 Klopfsensor (Aufbau und Anbau)

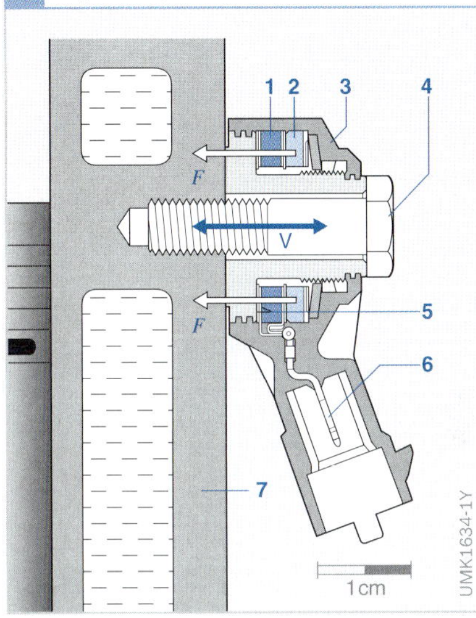

Bild 2
1 Piezokeramik
2 Seismische Masse mit Druckkräften F
3 Gehäuse
4 Schraube
5 Kontaktierung
6 elektrischer Anschluss
7 Motorblock
V Vibration

Anbau

Für 4-Zylinder-Motoren ist ein Klopfsensor ausreichend, um die Klopfsignale für alle Zylinder zu erfassen. Höhere Zylinderzahlen erfordern zwei oder mehr Klopfsensoren. Der Anbauort der Klopfsensoren am Motor ist so ausgewählt, dass Klopfen aus jedem Zylinder sicher erkannt werden kann. Er liegt meist auf der Breitseite des Motorblocks. Die entstehenden Signale (Körperschallschwingungen) müssen vom Messort am Motorblock resonanzfrei in den Klopfsensor eingeleitet werden können. Hierzu ist eine feste Schraubverbindung erforderlich mit folgenden Anforderungen:

- Die Befestigungsschraube muss mit einem definierten Drehmoment angezogen sein.
- Die Auflagefläche und die Bohrung im Motor müssen eine vorgeschriebene Güte aufweisen.
- Es dürfen keine Unterleg- oder Federscheiben zur Sicherung verwendet werden.

1 Signale des Klopfsensors (Oszilloskopdarstellung)

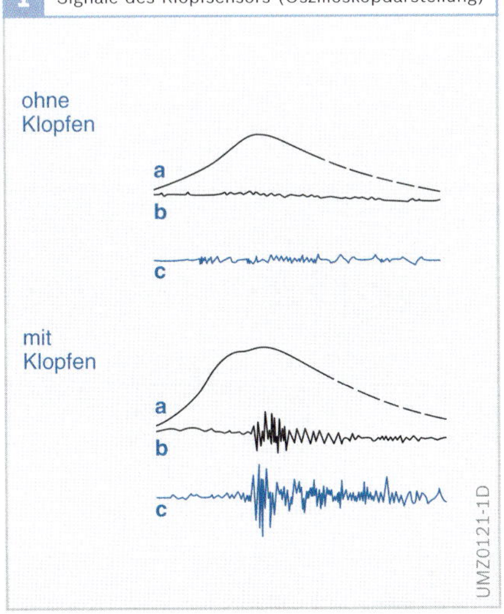

Bild 1
a Druckverlauf im Zylinder
b gefiltertes Drucksignal
c Signal des Klopfsensors

OMM-Beschleunigungssensoren

Anwendung

Oberflächenmikromechanische (OMM) Beschleunigungssensoren kommen bei verschiedenen Anwendungen der Beschleunigungsdetektion im KfZ zum Einsatz. Hierzu gehören bei Insassen-Rückhaltesystemen die Erfassung von Beschleunigungswerten eines frontalen oder seitlichen Aufpralls zur Auslösung der Gurtstraffer, der Airbags und des Überrollbügels. Im Bereich der aktiven Fahrzeugsicherheit kommen oberflächenmikromechanische Beschleunigungssensoren bei ABS-, ESP- und HHC-Systemen (Hill-Hold-Control, Anfahrhilfe am Berg) zum Einsatz. Weitere Einsatzmöglichkeiten von Beschleunigungssensoren liegen bei der Fahrwerkregelung (Active Suspension) und bei Fahrzeug-Alarmanlagen (Car-Alarm), wobei hier über die Änderung der Fahrzeugneigung ein Alarm ausgelöst wird.

Aufbau und Arbeitsweise

Die oberflächenmikromechanischen Sensorelemente werden – je nach Anwendung – für verschiedene Messbereiche ausgelegt. Diese Messbereiche liegen zwischen 1 *g* und 400 *g* ($1\,g \approx 9{,}81\ \mathrm{m/s^2}$). Im Folgenden ist der Aufbau eines Beschleunigungssensors für die Seiten- bzw. Upfront-Crash-Sensierung dargestellt. Das OMM-Sensorelement ist zusammen mit der Auswerteelektronik (ASIC) in einer ersten Verpackungsstufe (Modul) verbaut. In Bild 1 ist ein Modul in einem SO16-Gehäuse dargestellt. Dieses Modul wird auf einer kleinen Leiterplatte mit weiteren Schaltungselementen in die zweite Verpackungsstufe, ein Kunststoffgehäuse eingepresst. Durch einen aufgeschweißten Kunststoffdeckel wird dieses Gehäuse verschlossen und abgedichtet. Dieser Sensor ist nach Abgleich bzw. Prüfung für die Montage im Seitenbereich bzw. Stoßfängerbereich des Fahrzeugs vorgesehen und liefert sein Beschleunigungssignal über Stecker und Kabel an das zentrale Airbag-Steuergerät.

Die Funktionsschichten des Sensorelements zur Darstellung eines Feder-Masse-System werden mit einem additiven Verfahren auf der Oberfläche des Siliziumwafers aufgebracht (Bild 3, Oberflächenmikromechanik).

Im Sensorkern ist die seismische Masse mit ihren kammförmigen Elektroden (Bilder 2 und 3, Pos. 1) über Federelemente (2) mit Ankerpunkten (Bild 3, Pos. 4) verbunden. Zu beiden Seiten dieser beweglichen Elektroden stehen auf dem Chip feste, ebenfalls kammförmige Elektroden (3, 6). Durch die Parallelschaltung der

1 Oberflächenmikromechanische Beschleunigungssensoren für die Airbagauslösung (Beispiel)

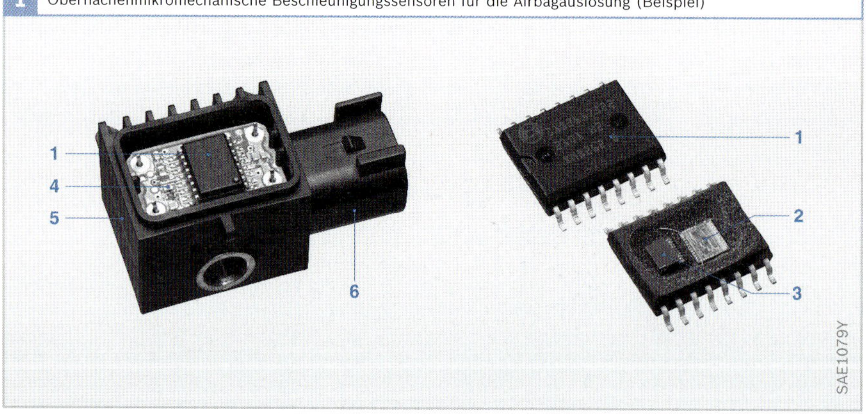

Bild 1
1 Erste Verpackungsstufe (Modul) in SO16-Gehäuse
2 Auswertechip (ASIC)
3 OMM-Sensorelement
4 bestückte Platine
5 zweite Verpackungsstufe (Gerät)
6 Stecker

durch die festen und beweglichen Elektrodenfinger gebildeten Einzelkapazitäten ergibt sich eine nutzbare Kapazität im Bereich 300 fF...1 pF. Mittels zweier parallelgeschalteter Elektrodenfingerreihen ergeben sich zwei Nutzkapazitäten (C_1 - C_M und C_2 - C_M), die sich bei der Auslenkung der Mittelmasse gegensinnig ändern. Das Feder-Masse-System erfährt durch eine angelegte Beschleunigung eine Auslenkung, die sich über die Federrückstellkraft linear zur angelegten Beschleunigung verhält. Durch Auswertung dieses Differentialkondensators lässt sich ein linear von der Beschleunigung abhängiges elektrisches Ausgangssignal gewinnen.

Das in der ersten Stufe der Auswerteschaltung gewonnene Beschleunigungssignal wird im ASIC weiter aufbereitet, d.h. verstärkt, gefiltert und für die Ausgangsschnittstelle aufbereitet.

Als Ausgangsschnittstelle sind analoge Spannungen, pulsweitenmodulierte Signale, SPI-Protokolle oder Stromschnittstellen üblich. Über einen Abgleich am Ende des Fertigungsflusses programmierbarer Speicherzellen werden Toleranzen aus der Herstellung des Sensorelements, der Auswerteschaltung und Verpackungseinflüsse auf Empfindlichkeit und Nullpunkt eliminiert. Eine Selbsttestfunktion prüft den gesamten mechanischen und elektrischen Signalpfad ab. Bei dieser Eigendiagnose wird über eine elektrostatische Kraft die Sensorstruktur ausgelenkt - also eine Beschleunigung im Fahrzeug simuliert - und die Antwort des Messsignals gegenüber einem Sollwert verglichen.

Bis zu drei Beschleunigungssensoren (für ESP und HHC) und bis zu zwei Drehratesensoren (für ESP) sind im ESP-Sensorcluster integriert. Durch diese Clusterung von Sensormodulen verringert sich die Anzahl der Komponenten und der Signalleitungen im Vergleich zu separat ausgeführten Sensorgeräten. Außerdem sind ¬innerhalb des Fahrzeugs ¬weniger Befestigungen und weniger Bauraum nötig.

3 Kammstruktur der Sensormesszelle

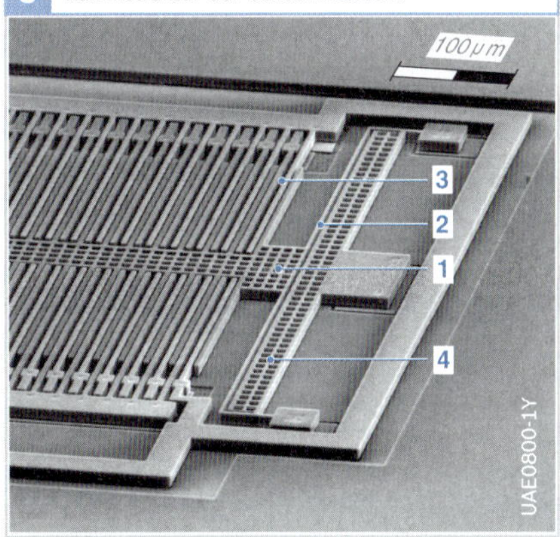

Bild 3
1 Federnde seismische Masse mit Elektrode
2 Feder
3 feste Elektroden
4 Ankerbereiche

2 Oberflächenmikromechanische Beschleunigungssensoren mit kapazitivem Abgriff

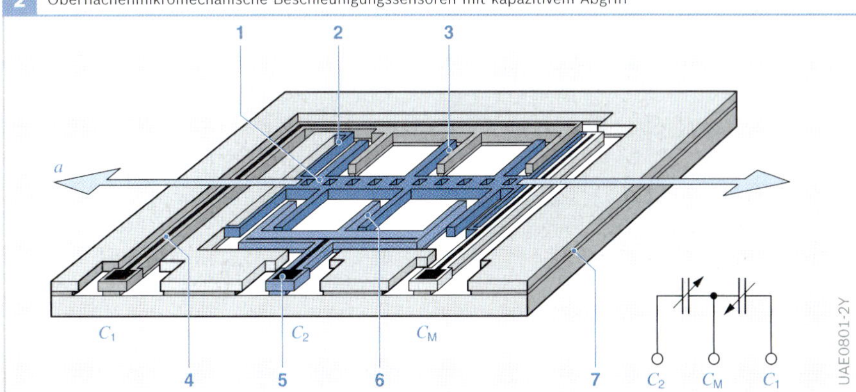

Bild 2
1 Federnde seismische Masse mit Elektroden
2 Feder
3 feste Elektroden mit Kapazität C_1
4 Al-Leiterbahn
5 Bondpad
6 feste Elektroden mit Kapazität C_2
7 Siliziumoxid
a Beschleinigung in Sensierrichtung
C_M Messkapazität

Mikromechanische Bulk-Silizium-Beschleunigungssensoren

Anwendung

Mikromechanische Bulk-Silizium-Beschleunigungssensoren erfassen die für ABS, ESP und Stoßdämpferregelung notwendigen Beschleunigungssignale.

Diese Sensorart ist heute vorwiegend bei niedrigen Beschleunigungsbereichen und hohen Anforderungen an das Signalrauschen im Einsatz ($< 2\ g_n$).

Aufbau und Arbeitsweise

Das erforderliche Feder-Masse-System der Sensoren ist mit anisotroper und selektiver Ätztechnik aus dem vollen Silizium-Wafer herausgearbeitet (Bulk- oder Volumen-Mikromechanik). Zur besonders fehlerarmen Messung der Auslenkung dieser Masse haben sich kapazitive Abgriffe bewährt. Diese benötigen über und unter der federgefesselten Masse (Bild 1, Pos. 2) eine weitere waferdicke Platte (1, 4) aus Silizium oder Glas mit Gegenelektroden. Hierbei dienen die Platten mit den Gegenelektroden zusätzlich als Überlastschutz.

1 Bulk-Silizium-Beschleunigungssensor mit kapazitivem Abgriff (Schema)

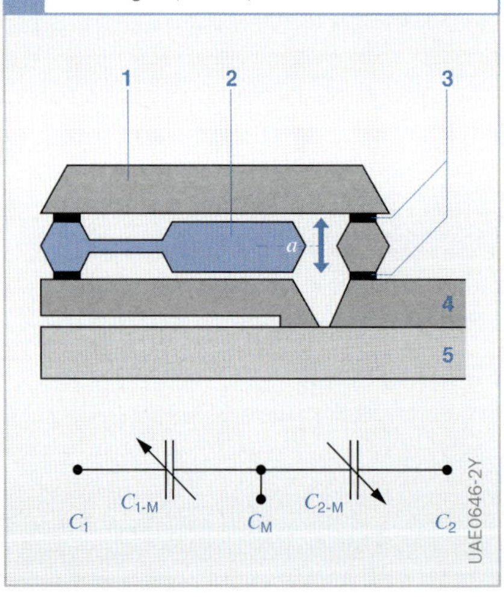

Bild 1
1 Si-Oberplatte
2 Si-Mittelplatte (federgefesselte bzw. seismische Masse)
3 Si-Oxid
4 Si-Unterplatte
5 Glassubstrat
a Beschleunigung in Sensierrichtung
C_M Messkapazität

Diese Anordnung entspricht einer Reihenschaltung von zwei Kondensatoren $C_{1\text{-M}}$ und $C_{2\text{-M}}$. An den Anschlüssen C_1 und C_2 werden Wechselspannungen eingespeist, deren Überlagerung an C_M, also an der seismischen Masse, abgegriffen wird.

Im Ruhezustand sind die Kapazitäten $C_{1\text{-M}}$ und $C_{2\text{-M}}$ idealerweise gleich. Damit ist die Differenz ΔC gleich Null. Wirkt eine Beschleunigung a in Messrichtung, wird die Si-Mittelplatte als seismische Masse ausgelenkt. Diese Abstandsänderung zur Ober- bzw. Unterplatte bewirkt eine Kapazitätsänderung in den Kondensatoren $C_{1\text{-M}}$ und $C_{2\text{-M}}$ und damit zu einer Differenz ΔC ungleich Null. Dadurch ändert sich das elektrischen Signal an C_M, das in der Auswerteelektronik verstärkt und gefiltert wird.

Die Luftschicht zwischen den Platten ermöglicht eine wirksame und temperaturstabile Dämpfung.

Piezoelektrische Beschleunigungssensoren

Anwendung

Piezoelektrische Biegeelemente eignen sich als Beschleunigungssensoren für Rückhaltesysteme zum Auslösen der Gurtstraffer, der Airbags und des Überrollbügels.

Aufbau und Arbeitsweise

Kern des Beschleunigungssensors ist ein Biegeelement („Biegebalken") aus zwei gegensinnig polarisierten piezoelektrischen Schichten, die miteinander verklebt sind („Bimorph"). Eine darauf einwirkende Beschleunigung bewirkt in der einen Schicht eine mechanische Zugspannung und in der zweiten Schicht eine Druckspannung. (Bild 1).

Die Metallisierungen an Ober- und Unterseite des Biegeelements dienen als Elektroden, an denen die resultierende elektrische Spannung abgegriffen wird. Dieser Aufbau wird, zusammen mit der notwendigen Elektronik, in einem hermetisch dichten Gehäuse verpackt (Bild 2). Die elektronische Schaltung besteht aus einem Impedanzwandler und einem abgleichbaren Verstärker mit vorgegebener Filtercharakteristik. Prinzipbedingt können keine statischen Signale gemessen werden (untere Grenzfrequenz typisch 1...10 Hz).

Piezo-Biegeelemente benötigen keine zusätzliche seismische Masse. Ihre Eigenmasse ist für ein gut auswertbares Signal ausreichend.

1 Biegeelement des piezoelektrischen Beschleunigungssensors

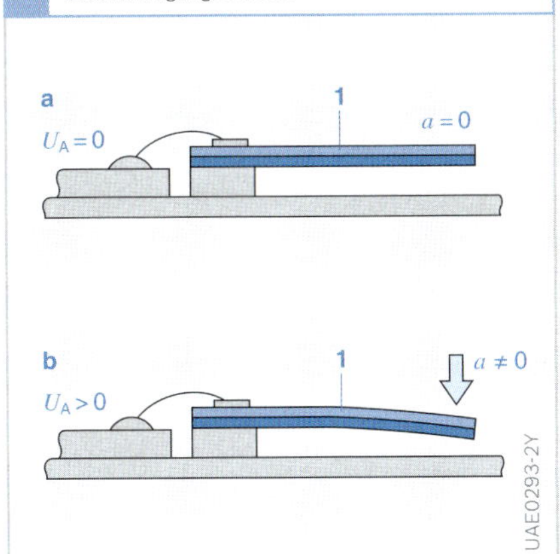

Bild 1
a im Ruhezustand
b bei Beschleunigung a
1 Piezokeramisches Bimorph-Biegeelement
U_A Messspannung

2 Piezoelektrischer Beschleunigungssensor (Zweikanaliger Sensor für Leiterplattenmontage)

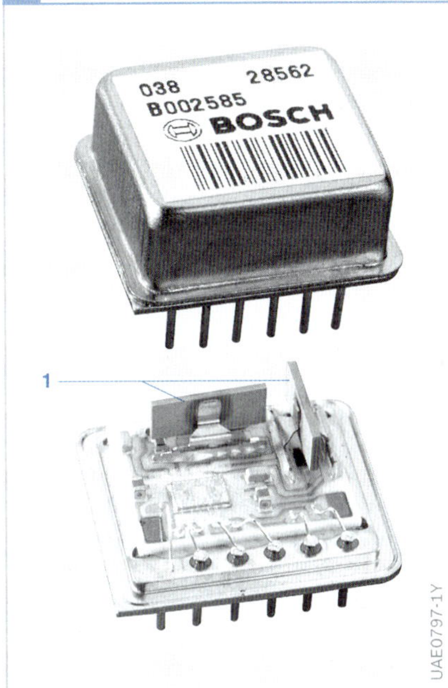

Bild 2
1 Biegeelemente

Kraftsensor iBolt™

Anwendung

Seit 2004 gilt in den USA die Vorschrift NHTSA FMVSS-208 (National Highway Traffic Safety Administration; Federal Motor Vehicle Safety Standards and Regulations 208). Diese Vorschrift wurde eingeführt, um Verletzungen von Kindern auf dem Beifahrersitz durch das Auslösen des Airbags zu vermeiden bzw. zu reduzieren. Die Klassifizierung des Beifahrers über eine Gewichtsmessung ermöglicht, den Airbag gezielt abzuschalten, wenn sich ein Kleinkind auf dem Sitz befindet.

Der BOSCH Sensor iBolt™ (intelligenter Bolzen) wurde entwickelt, um diese Gewichtsklassifizierung zuverlässig und robust durchzuführen. In das Sitzuntergestell des Beifahrersitzes werden dazu vier iBolts™ integriert (in jeder Sitzecke ein Sensor, Bild 1). Ein ebenfalls in den Sitz integriertes Steuergerät übernimmt die Auswertung der vier analogen, elektrischen Gewichtssignale und übermittelt das Klassifizierungsergebnis an das Airbag-Steuergerät.

1 Integration von vier iBolt™ in das Sitzuntergestell des Beifahrersitzes

Bild 1
1 Sitzuntergestell
2 BOSCH iBolt™-Sensor

Aufbau und Arbeitsweise

Das Arbeitsprinzip des iBolt™-Sensors basiert auf der Messung der Auslenkung eines Biegebalkens durch die Gewichtskraft des Beifahrers. Die Höhe der Auslenkung wird durch die Messung der Magnetfeldstärke in einer speziellen Hallsensor/Magnetanordnung erfasst (Bild 2a).

Der iBolt™ ist so ausgelegt, dass vorzugsweise die z-Komponente des Gewichts des Beifahrers eine Auslenkung des Biegebalkens verursacht. Das Fahrzeugkoordinatensystem definiert hierbei die x-Achse in Fahrtrichtung, die z- und y-Achse vertikal bzw. horizontal dazu. Die Anordnung des Magneten und des Hall-ICs im Sensor ist so gewählt, dass das statische Magnetfeld, das den Hall-IC durchdringt, ein zur Auslenkung des Biegebalkens lineares elektrisches Signal ergibt. Das spezielle Design des iBolt™-Sensors verhindert hierbei eine horizontale Auslenkung des Hall-ICs gegenüber dem Magneten, um den Einfluss von Querkräften und Momenten gering zu halten. Zusätzlich wird die maximale Spannung im Biegebalken durch einen mechanischen Überlastanschlag begrenzt (Bild 2b). Dieser schützt den iBolt™ insbesondere bei Überlasten im Falle eines Crashs.

Abgleich

Der lineare Hallsensor nach dem „Spinning Current"-Messprinzip erlaubt den Abgleich der Empfindlichkeit, des Offsets und des Temperaturgangs der Empfindlichkeit. Die Abgleichdaten werden in einem EEPROM gespeichert, der auf dem Substrat des Hallsensors integriert ist.

Linearität des Ausgangssignals

Ein lineares Ausgangssignal wurde durch ein besonderes konstruktives Merkmal erreicht. Die Kraft, die das Gewicht des Beifahrers erzeugt, wird von der oberen

Sitzstruktur über die Hülse weiter in den Biegebalken geleitet (Bild 2a). Vom Biegebalken wird die Kraft dann in die untere Sitzstruktur weitergeleitet. Der Biegebalken wurde als Doppelbiegebalken ausgelegt, da dieser eine S-förmige Verformungslinie besitzt. Hierbei bleiben die beiden vertikalen Verbindungspunkte des Doppelbiegebalkens für den gesamten Auslenkungsbereich vertikal. Dies garantiert eine lineare und parallele Bewegung des Hall-ICs gegenüber dem Magneten, wodurch sich ein lineares Ausgangssignal ergibt (Bild 3).

Symmetrischer Messbereich

Tests des Systems in Autositzen haben gezeigt, dass auf die Sensoren positive wie auch negative Kräfte wirken können. Dies hat mehrere Ursachen: Zum einen können negative Kräfte auf einen einzelnen Sensor wirken, die durch Vorspannungen verursacht werden, die aus Toleranzen im Zusammenbau des Sitzes und dem Einbau des Sitzes im Fahrzeug resultieren. Zum anderen ergeben sich negative Kräfte auf einzelne Sensoren abhängig von der durch die Sitzposition des Insassen erzeugten Kraftverteilung auf die Sensoren, die auch von der Stellung der Rückenlehne abhängt. Deshalb wurde der Messbereich des iBolt™ Sensors so ausgelegt, dass Kräfte in positiver und negativer z-Richtung erfasst werden können. Dies ermöglicht die eindeutige Bestimmung des Gewichts des Beifahrers.

Durch seinen symmetrischen Messbereich erfasst der iBolt™-Sensor Druck- und Zugkräfte mit der gleichen Empfindlichkeit und den gleichen Toleranzen. Dies ermöglicht, die gleichen Sensoren in beiden vertikalen Montagerichtungen für alle vier Verbindungsstellen der oberen mit der unteren Sitzstruktur einzusetzen.

2 Messprinzip eines BOSCH iBolt™-Sensors

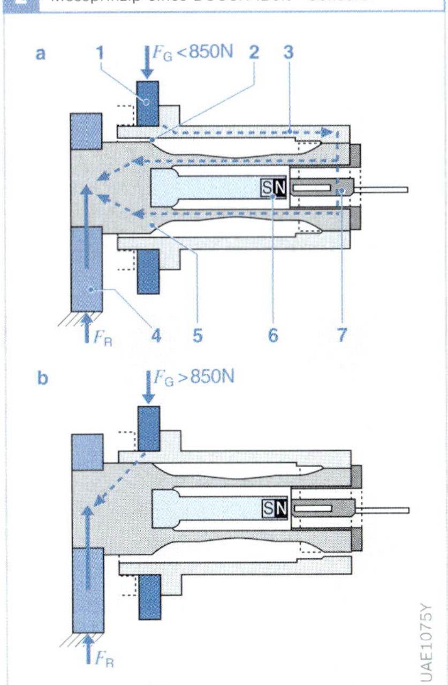

Bild 2
a Verhältnisse für Gewichtskraft F_G < 850 N (innerhalb des Messbereichs)
b Verhältnisse für Gewichtskraft F_G > 850 N (außerhalb des Messbereichs)
1 Schwinge
2 Luftspalt
3 Hülse
4 Sitzschiene
5 doppelter Biegebalken
6 Magnet
7 Hall-IC

3 Typisches Ausgangssignal des Sensors

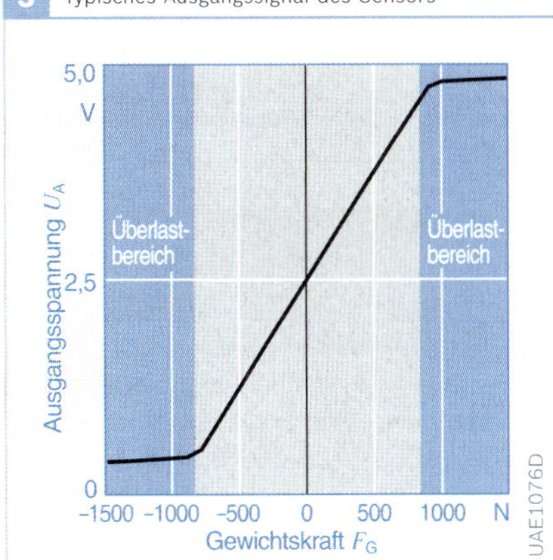

Bild 3
Ausgangssignal als Funktion der angelegten Kraft

Drehmomentsensor

Anwendung

Zunehmend werden in Fahrzeugen der Klein-, Kompakt- und Mittelklasse elektromechanische Servolenkungen eingesetzt. Die wesentlichen Vorteile sind die einfache Installation und Inbetriebnahme im Fahrzeug, die Energieeinsparung sowie die Eignung dieser Systeme im Steuergeräteverbund des Fahrzeugs für Assistenzsysteme zur Steigerung von Komfort und Sicherheit.

Aufbau und Arbeitsweise

Zur Sensierung des Fahrerwunsches ist es bei einer elektromechanischen Servolenkung erforderlich, das vom Fahrer eingeleitete Drehmoment zu messen. Bei den aktuell dafür im Serieneinsatz befindlichen Sensoren wird dazu in die Lenkwelle ein Torsionsstab eingebracht, der bei einem Lenkmoment des Fahrers eine definierte und zum eingeleiteten Drehmoment des Fahrers lineare Verdrehung erfährt (Bild 1). Die Verdrehung lässt sich wiederum mit geeigneten Mitteln messen und in elektrische Signale umwandeln. Der erforderliche Messbereich eines Drehmomentsensors zum Einsatz in einer elektromechanischen Servolenkung beträgt üblicherweise circa ± 8 bis ± 10 Nm. Zum Schutz des Torsionsstabs vor Überlast oder Zerstörung wird der maximale Verdrehwinkel über Mitnahmeelemente mechanisch begrenzt.

Um die Verdrehung und damit das anstehende Drehmoment messen zu können, wird auf einer Seite des Drehstabes ein magnetoresistiver Sensor angebracht, der das Feld eines auf der anderen Seite befestigten magnetischen Multipolrades abtastet. Die Polzahl dieses Rades wird dabei so gewählt, dass der Sensor innerhalb seines maximalen Messbereiches ein eindeutiges Signal abgibt und somit jederzeit eine eindeutige Aussage über das anstehende Drehmoment möglich ist.

Der eingesetzte magnetoresitive Sensor liefert dabei über den Messbereich zwei Signale, die über den Verdrehwinkel des Drehstabes dargestellt ein Sinus- und Cosinussignal beschreiben. Die Berechnung des Verdrehwinkels und damit des Drehmoments erfolgt dann in einem elektrischen Steuergerät mit Hilfe einer Arcus-Tangens Funktion.

Da über den definierten Messbereich immer eine feste Zuordnung der beiden Signale gegeben ist, können bei einer Abweichung davon Fehler des Sensors erkannt und die erforderlichen Ersatzmaßnahmen eingeleitet werden.

Zur elektrischen Kontaktierung des Sensors über den Verdrehbereich von circa ± 2 Lenkradumdrehungen wird eine Wickelfeder mit der erforderlichen Zahl von Kontakten eingesetzt. Über diese Wickelfeder wird die Versorgungsspannung und die Übertragung der Messwerte auf realisiert.

1 Drehmomentsensor

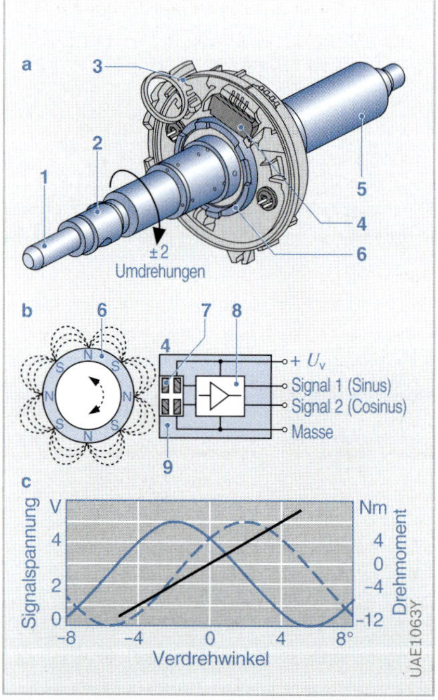

Bild 1
- a Sensormodul
- b Messprinzip
- c elektrische Ausgangssignale

1. Torsionsstab (Verdrehbereich innen liegend)
2. Eingangswelle (vom Lenkrad)
3. Gehäuse Wickelfeder zur elektrischen Verbindung
4. Sensormodul mit magnetoresistivem Sensorchip und Signalverstärkung
5. Lenkritzel/ Ausgleichswelle
6. magnetisches Multipolrad

Regen-/Lichtsensor

Anwendung Regensensor

Der Regensensor erkennt feinste Wassertropfen auf der Windschutzscheibe und ermöglicht somit die automatische Betätigung des Scheibenwischers. Abhängig von der gemessenen Regenmenge steuert der Sensor die Geschwindigkeit der Wischanlage (Intervall, Stufe 1 und Stufe 2). Zusammen mit elektronisch geregelten Wischerantrieben kann im Intervallbetrieb die Wischgeschwindigkeit stufenlos geregelt werden. Tritt z. B. beim Überholen Schwallwasser auf die Windschutzscheibe, wird der Wischer sofort auf die höchste Geschwindigkeit geschaltet. Verschiedene Aktivierungsstrategien sind verfügbar:

- Permanent aktiv,
- Aktivieren über Lenkstockschalter,
- Aktivieren nach Lenkstockschalterbewegung („Transienten").

Durch diese Assistenzfunktion wird der Fahrer von vielen Handgriffen befreit, die bisher bei konventionellen Wischersteuerungen erforderlich waren. Die manuelle Steuerung bleibt ihm jedoch als zusätzlicher Eingriff erhalten.

Der Regensensor lässt sich auch für Zusatzfunktionen, wie z. B. zum automatischen Schließen der Fenster und des Schiebedachs nutzen.

Anwendung Lichtsensor

Zusätzlich ist im Regensensor ein Lichtsensor integriert, der zur Steuerung des Abblendlichts dient. Dieser kann die verschiedenen Situationen (z. B. Dämmerung, Tunnelein- und ausfahrt, Fahrt unter langen Brücken) detektieren und das Abblendlicht entsprechend ein- oder ausschalten. Darüber hinaus kann der Lichtsensor zur Steuerung sämtlicher Beleuchtungsfunktionen am Fahrzeug genutzt werden. Zum Beispiel die Illuminationsanpassung des Kombiinstruments, „coming home leaving home" oder selektives Zuschalten der Heckscheinwerfer.

Aufbau und Arbeitsweise

Ein Regensensor besteht aus einer optischen Sende-Empfangsstrecke (Bild 1). Eine Leuchtdiode (6) emittiert Licht unter einem bestimmten Winkel in die Windschutzscheibe (2), das an der äußeren Grenzschicht (Glas/Luft) reflektiert (Totalreflektion) und dann auf einem ausgerichteten Empfänger (Fotodiode, Pos. 4) ausgewertet wird. Befindet sich Feuchtigkeit auf der sensitiven Außenfläche, wird ein Teil des Lichts ausgekoppelt und schwächt das Empfangssignal in Abhängigkeit der Tropfengröße und ihrer Anzahl.

Der integrierte Lichtsensor besteht meist aus zwei oder drei Fotodioden (3, 5), die das Licht aus verschiedenen Richtungen empfangen und auswerten. Je nach Funktion des Lichtsensors werden Dioden eingesetzt, die das Empfangsverhalten des menschlichen Auges widerspiegeln („Silicon Eyes"), oder mehr im Nahinfrarotbereich ihre maximale Empfindlichkeit haben.

Im Regen-/Lichtsensor sind komplexe Filterfunktionen und Auslösestrategien hinterlegt. Die daraus abgeleiteten Statusinformationen (z. B. Wischen Stufe 1, Wischen Intervall, Intervallzeit, Licht ein, Licht aus) werden über einen Datenbus (z. B. CAN, LIN) anderen Steuergeräten zur Verfügung gestellt.

1 Regen-/Lichtsensor für Windschutzscheiben

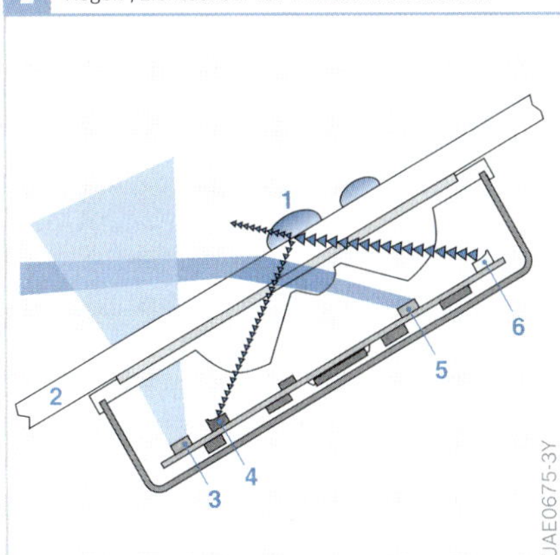

Bild 1
1 Regentropfen
2 Windschutzscheibe
3 Umgebungslichtsensor
4 Fotodiode
5 in die Entfernung gerichteter Lichtsensor
6 Leuchtdiode

Zweipunkt-Lambda-Sonden

Anwendung

Zweipunkt-Lambda-Sonden kommen bei Ottomotoren mit Zweipunkt-Lambda-Regelung zum Einsatz. Sie ragen zwischen Motorauslass und Katalysator in das Abgasrohr und erfassen gleichmäßig den Abgasstrom aller Zylinder. Da die Lambda-Sonde beheizt ist, lässt sie auch einen Einbau in größerer Entfernung vom Motor zu, sodass selbst Dauer-Volllastfahrten unproblematisch sind. Die Sonde LSF4 eignet sich auch für den Einsatz bei Abgasanlagen mit mehreren Sonden (u. a. bei OBD II).

Zweipunktsonden vergleichen den Restsauerstoffanteil im Abgas mit dem Sauerstoffanteil der Referenzatmosphäre (Umluft im Sondeninnern) und zeigen an, ob im Abgas fettes ($\lambda < 1$) oder mageres Gemisch ($\lambda > 1$) vorliegt. Die sprungförmige Kennlinie dieser Sonden erlaubt eine Gemischregelung auf $\lambda = 1$ (Bild 1).

Arbeitsweise

Die Arbeitsweise der Zweipunkt-Lambda-Sonden beruht auf dem Prinzip einer galvanischen Sauerstoff-Konzentrationszelle mit einem Festkörperelektrolyt (Nernst-Prinzip). Die Keramik wird ab etwa 350 °C für Sauerstoffionen leitend (gute und sichere Funktion bei > 350 °C). Da abgasseitig im Bereich $\lambda = 1$ eine sprunghafte Änderung des Restsauerstoffgehalts vorliegt (z. B. $9 \cdot 10^{-15}$ Vol.-% für $\lambda = 0{,}99$ und 0,2 Vol.-% für $\lambda = 1{,}01$), tritt zwischen den beiden Grenzflächen wegen des unterschiedlichen Sauerstoffanteils auf beiden Seiten der Sonde eine elektrische Spannung auf. Dadurch ist es möglich, den Sauerstoffanteil im Abgas als Maß für das Luft-Kraftstoff-Verhältnis heranzuziehen. Der integrierte Heizer gewährleistet die Sondenfunktion selbst bei niedrigsten Abgastemperaturen.

Die von der Sonde je nach Sauerstoffanteil im Abgas abgegebene Spannung U_S erreicht bei fettem Gemisch ($\lambda < 1$) 800...1000 mV, bei magerem Gemisch ($\lambda > 1$) werden nur noch um 100 mV erreicht. Der Übergang vom fetten zum mageren Bereich liegt bei U_{reg} = 450...500 mV.

Die Temperatur des Keramikkörpers beeinflusst die Leitfähigkeit der Sauerstoffionen und damit den Verlauf der abgegebenen Spannung in Abhängigkeit von der Luftzahl λ (die Werte in Bild 1 sind deshalb temperaturabhängig). Außerdem hängt die Ansprechzeit für eine Spannungsänderung bei einem Wechsel der Gemischzusammensetzung stark von der Temperatur ab.

Liegen diese Ansprechzeiten bei einer Keramiktemperatur unter 350 °C im Sekundenbereich, so reagiert die Sonde bei optimaler Betriebstemperatur um 600 °C schon nach einer Zeit < 50 ms. Nach dem Start eines Motors wird deshalb bis zum Erreichen der Mindest-Betriebstemperatur von etwa 350 °C die Lambda-Regelung abgeschaltet. Der Motor wird dabei gesteuert betrieben.

1 Spannungskennlinie der Zweipunkt-Lambda-Sonde für verschiedene Arbeitstemperaturen

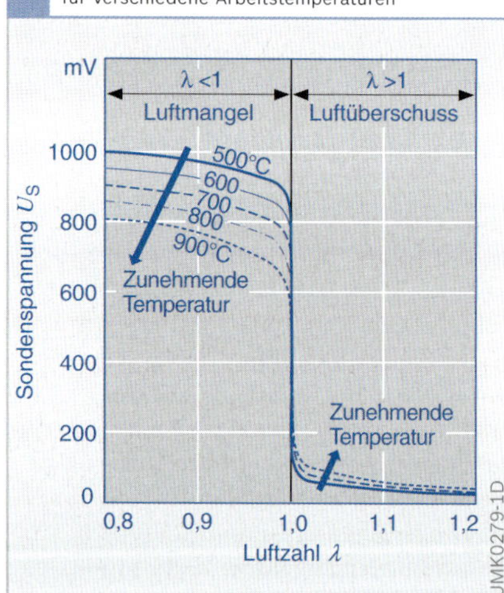

Bild 1
a Fettes Gemisch (Luftmangel)
b mageres Gemisch (Luftüberschuss)

Aufbau

Fingersonde LSH25

Sondenkeramik mit Schutzrohr

Der Festkörperelektrolyt ist ein für Gase nicht durchlässiger Keramikkörper. Er besteht aus einem Mischoxid der Elemente Zirconium und Yttrium in der Form eines einseitig geschlossenen Rohres (Finger, Bild 3). Die Oberflächen sind beidseitig mit Elektroden aus einer mikroporösen dünnen Edelmetallschicht versehen.

Die Platinelektrode auf der Außenseite, die in das Auspuffrohr ragt, wirkt wie ein kleiner Katalysator: das auftretende Abgas wird dort katalytisch nachbehandelt und ins stöchiometrische Gleichgewicht ($\lambda = 1$) gebracht. Zusätzlich ist auf der dem Abgas ausgesetzten Seite zum Schutz vor Verschmutzung und erosiver Schädigung eine poröse keramische Mehrfachschutzschicht (Spinellschicht) aufgebracht. Ein Metallrohr schützt den Keramikkörper

3 Anordnung einer Fingersonde im Abgasrohr

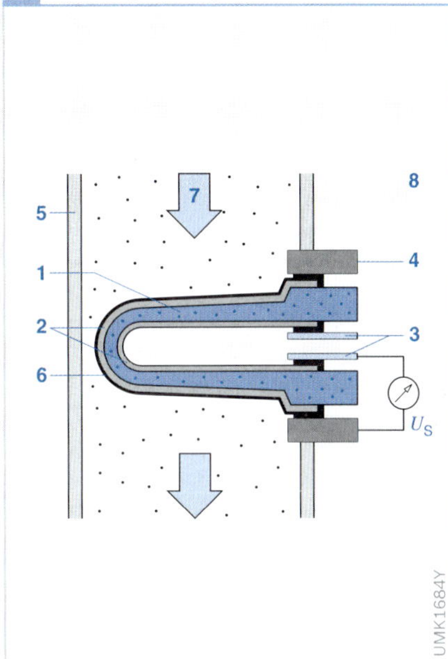

Bild 3

1 Sondenkeramik
2 Elektroden
3 Kontakte
4 Gehäusekontaktierung
5 Abgasrohr
6 keramische Schutzschicht (porös)
7 Abgas
8 Außenluft
U_S Sondenspannung

2 Beheizte Finger-Lambda-Sonde LSH25 (Ansicht und Schnitt)

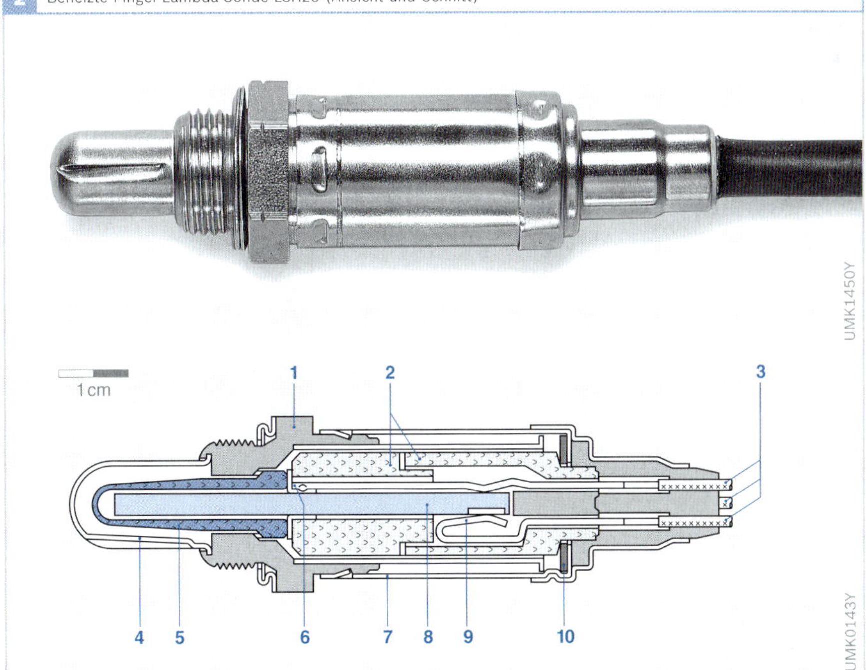

Bild 2

1 Sondengehäuse
2 keramisches Stützrohr
3 Anschlusskabel
4 Schutzrohr mit Schlitzen
5 aktive Sondenkeramik
6 Kontaktteil
7 Schutzhülse
8 Heizelement
9 Klemmanschlüsse für Heizelement
10 Tellerfeder

zusätzlich vor mechanischer Beanspruchung (Stöße) und gegen Thermoschocks. Mehrere Schlitze im Schutzrohr sind so gestaltet, dass sie einerseits besonders wirkungsvoll vor großen thermischen und chemischen Belastungen schützen und andererseits eine starke Abkühlung der Sondenkeramik bei „kühlem" Abgas verhindern.

Der dem Abgas abgewandte innere offene Raum steht mit der Außenluft als Referenzgas in Verbindung (Bild 3).

Sondenkörper mit Heizelement und elektrischem Anschluss
Ein keramisches Stützrohr (Bild 2, Pos. 2) und eine Tellerfeder (10) halten die aktive, fingerförmige Sondenkeramik im Sondengehäuse und dichten sie ab. Ein Kontaktteil (6) zwischen dem Stützrohr und der aktiven Sondenkeramik sorgt für die Kontaktierung der Innenelektrode bis zum Anschlusskabel.

Der metallische Dichtring verbindet die Außenelektrode mit dem Sondengehäuse. Eine metallische Schutzhülse (7), die gleichzeitig auch als Widerlager für die Tellerfeder dient, hält und fixiert den gesamten inneren Aufbau der Sonde. Sie schützt auch das Sondeninnere gegen Verschmutzung. Das Anschlusskabel ist an dem nach außen geführten Kontaktteil „angecrimpt"; eine temperaturbeständige Kappe schützt es vor Feuchtigkeit und mechanischer Beschädigung.

Die Fingersonde besitzt auch ein elektrisches Heizelement. Damit ist es möglich, selbst bei niedriger Motorlast und damit niedriger Abgastemperatur eine genügend hohe Keramiktemperatur sicherzustellen.

Diese externe Heizung ist so schnell, dass die Sonde innerhalb von 20...30 s nach dem Start des Motors die Betriebstemperatur erreicht und damit die Lambda-Regelung einsetzt. Die Sondenheizung sorgt letztendlich für eine optimale Betriebstemperatur der Sondenkeramik oberhalb der Funktionsgrenze von 350 °C und sichert damit niedrige und stabile Abgasemissionen.

4 Planare Lambda-Sonde (Funktionsschichten)

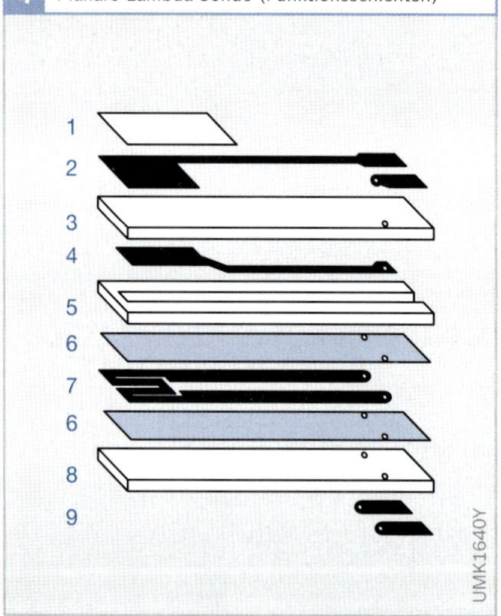

Bild 4
1 Poröse Schutzschicht
2 Außenelektrode
3 Sensorfolie
4 Innenelektrode
5 Referenzluftkanalfolie
6 Isolationsschicht
7 Heizer
8 Heizerfolie
9 Anschlusskontakte

5 Planare Lambda-Sonde LSF4 (Schema)

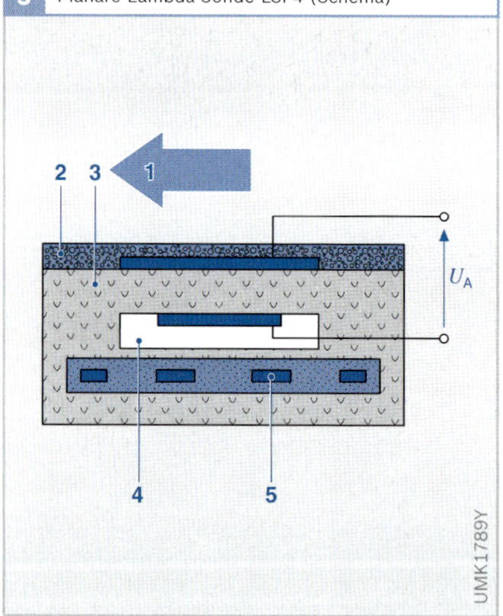

Bild 5
1 Abgas
2 poröse keramische Schutzschicht
3 Messzelle mit mikroporöser Edelmetallschicht
4 Referenzluftkanal
5 Heizer
U_A Ausgangsspannung

Planare Lambda-Sonde LSF4

Die planare Sonde entspricht funktionell der beheizten Fingersonde mit einer Sprungkennlinie bei λ = 1. Der Festkörperelektrolyt besteht jedoch aus einzelnen, aufeinander laminierten keramischen Folien (Bild 4). Ein doppelwandiges Schutzrohr schützt ihn vor thermischen und mechanischen Einflüssen.

Die Planarkeramik des Sensors (Messzelle und Heizer sind integriert) hat die Form eines lang gestreckten Plättchens mit rechteckigem Querschnitt.

Die Oberflächen der Messzelle sind mit einer mikroporösen Edelmetallschicht versehen. Diese ist auf der Abgasseite zusätzlich von einer porösen keramischen Schutzschicht zum Verhindern von erosiven Schädigungen durch die Rückstände im Abgas abgedeckt. Der Heizer besteht aus einem edelmetallhaltigen Mäander, der isoliert in das keramische Plättchen integriert ist und bei niedriger Leistungsaufnahme für eine schnelle Erwärmung sorgt.

Der Referenzluftkanal im Innern der als Referenzgassenor arbeitenden Lambda-Sonde LSF4 (Bilder 5 und 6) hat einen Zugang zur Luft der Umgebung. Sie kann damit den Restsauerstoff im Abgas mit dem Sauerstoff der Referenzatmosphäre, d. h. der Umgebungsluft im Sondeninnern vergleichen. Somit zeigt die Sondenspannung auch bei der planaren Sonde im Bereich der stöchiometrischen Zusammensetzung des Luft-Kraftstoff-Gemischs (λ = 1) eine sprunghafte Änderung (Bild 1).

6 Planare Lambda-Sonde LSF4 (Ansicht und Schnitt)

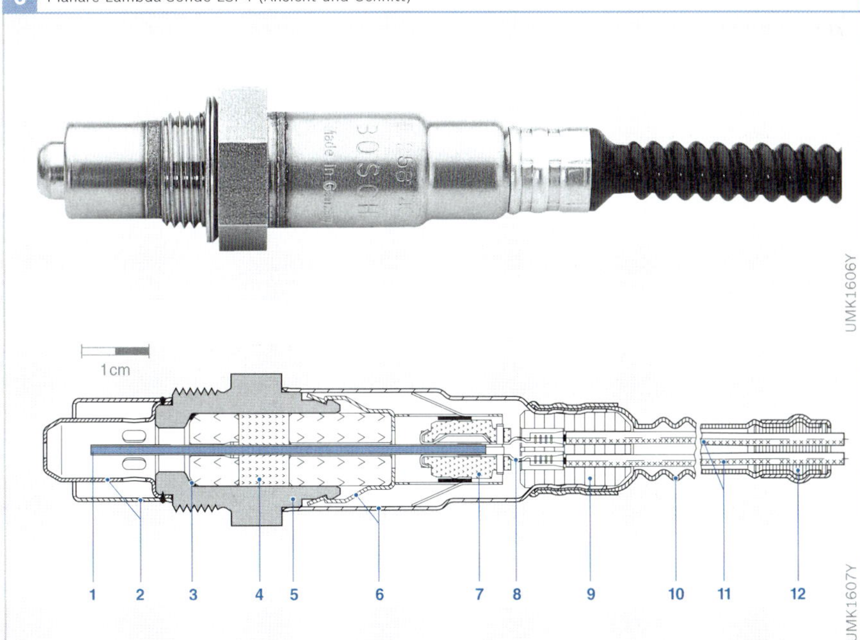

Bild 6
1 Planare Messzelle
2 Doppelschutzrohr
3 Dichtring
4 Dichtpaket
5 Sondengehäuse
6 Schutzhülse
7 Kontakthalter
8 Kontaktclip
9 PTFE-Tülle
10 PTFE-Formschlauch
11 fünf Anschlussleitungen
12 Dichtung

Planare Breitband-Lambda-Sonde LSU4

Anwendung

Mit Breitband-Lambda-Sonden kann die Sauerstoffkonzentration im Abgas in einem großen Bereich bestimmt und damit auf das Luft-Kraftstoff-Verhältnis im Brennraum geschlossen werden. Die Luftzahl λ beschreibt dieses Luft-Kraftstoff-Verhältnis.

Die Sonde ragt in das Abgasrohr und erfasst den Abgasmassenstrom aller Zylinder. Sie kann nicht nur im stöchiometrischen Punkt bei $\lambda = 1$, sondern auch im mageren ($\lambda > 1$) und fetten ($\lambda < 1$) Bereich genau messen. In Verbindung mit einer Regelelektronik liefert sie im Bereich $0{,}7 < \lambda < \infty$ (Luft mit 21 % O_2) ein eindeutiges, stetiges elektrisches Signal (Bild 3). Damit kommt die Breitband-Lambda-Sonde nicht nur bei Motormanagementsystemen mit Zweipunkt-Regelung ($\lambda = 1$), sondern auch bei Regelkonzepten mit mageren und fetten Luft-Kraftstoff-Gemischen zum Einsatz. Sie eignet sich daher auch für die Lambda-Regelung von Ottomotor-Magerkonzepten, Dieselmotoren, Gasmotoren und Gasheizthermen (daher die Bezeichnung LSU: Lambda-Sonde-Universal).

Für eine genauere Regelung werden bei einigen Systemen auch mehrere Sonden eingesetzt, zum Beispiel vor und nach dem Katalysator sowie in den einzelnen Abgassträngen (Zylinderbänken).

Aufbau

Die Breitband-Lambda-Sonde LSU4 (Bild 2) ist eine planare Zweizellen-Grenzstromsonde. Ihre Messzelle (Bild 1) besteht aus einer Zirkondioxid-Keramik (ZrO_2). Sie ist die Kombination einer Nernst-Konzentrationszelle (Sensorzelle, Funktion wie bei einer Zweipunkt-Lambda-Sonde) und einer Sauerstoff-Pumpzelle, die Sauerstoffionen transportiert. Die Sauerstoff-Pumpzelle (Bild 1, Pos. 8) ist zu der Nernst-Konzentrationszelle (7) so angeordnet, dass zwischen beiden ein Diffusionsspalt (6) von etwa 10...50 µm entsteht. Darin befinden sich zwei poröse Platinelektroden: eine Pumpelektrode und eine Nernst-Messelektrode. Der Diffusionsspalt steht mit dem Abgas durch ein Gaszutrittsloch (10) in Verbindung; die poröse Diffusionsbarriere (11) soll dabei das Nachfließen der Sauerstoffmoleküle aus dem Abgas begrenzen.

Die Nernst-Konzentrationszelle ist auf der einen Seite durch einen Referenzluftkanal (5) über eine Öffnung mit der umgebenden Atmosphäre verbunden; auf der

Bild 1
1 Abgas
2 Abgasrohr
3 Heizer
4 Regelelektronik
5 Referenzzelle mit Referenzluftkanal
6 Diffusionsspalt
7 Nernst-Konzentrationszelle mit Nernst-Messeelektrode (auf Seite des Diffusionsspalts) und Referenzelektrode (auf Seite der Referenzzelle)
8 Sauerstoff-Pumpzelle mit Pumpelektrode
9 poröse Schutzschicht
10 Gaszutrittsloch
11 poröse Diffusionsbarriere

I_P Pumpstrom
U_P Pumpspannung
U_H Heizspannung
U_{Ref} Referenzspannung (450 mV, entspricht $\lambda = 1$)
U_S Sondenspannung

1 Planare Breitband-Lambda-Sonde (schematischer Aufbau der Messzelle und Anordnung im Abgasrohr)

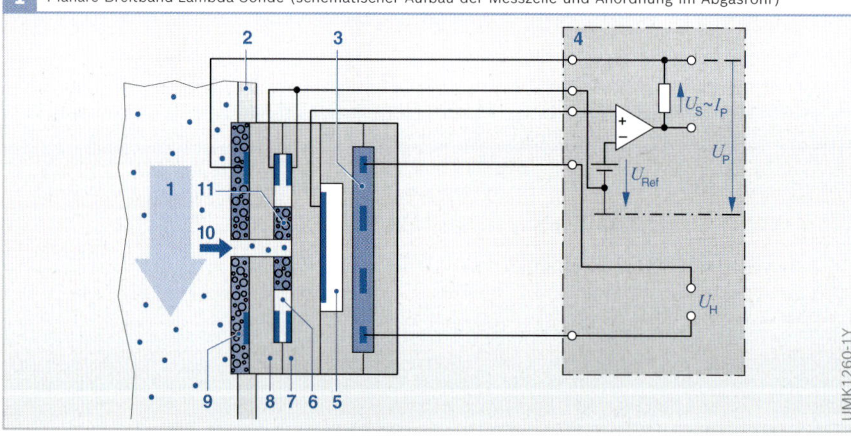

anderen Seite ist sie dem Abgas im Diffusionsspalt ausgesetzt.

Die Sonde benötigt eine Regelelektronik zum Erzeugen des Sensorsignals und zur Temperaturregelung der Sonde.

Ein integrierter Heizer (3) heizt die Sonde so auf, dass sie die für ein auswertbares Signal notwendige Betriebstemperatur von 650...900 °C schnell erreicht. Diese Funktion verringert drastisch den Einfluss der Abgastemperatur auf das Sondensignal.

Arbeitsweise

Das Abgas gelangt durch das kleine Gaszutrittsloch der Pumpzelle in den eigentlichen Messraum (Diffusionsspalt) der Nernst-Konzentrationszelle. Damit die Luftzahl λ im Diffusionsspalt eingestellt werden kann, vergleicht die Nernst-Konzentrationszelle das Gas im Diffusionsspalt mit der Umgebungsluft im Referenzluftkanal.

Der gesamte Vorgang läuft auf folgende Weise ab:

Durch Anlegen einer Pumpspannung U_P an den Platinelektroden der Pumpzelle kann Sauerstoff durch die Diffusionsbarriere hindurch aus dem Abgas in den Diffusionsspalt hinein- oder herausgepumpt werden. Eine elektronische Schaltung im Steuergerät regelt diese an der Pumpzelle anliegende Spannung U_P mithilfe der Nernst-Konzentrationszelle so, dass die Zusammensetzung des Gases im Diffusionsspalt konstant bei $\lambda = 1$ liegt. Bei magerem Abgas pumpt die Pumpzelle den Sauerstoff nach außen (positiver Pumpstrom). Bei fettem Abgas wird dagegen der Sauerstoff (durch Zersetzung von CO_2 und H_2O an der Abgaselektrode) aus dem Abgas der Umgebung in den Diffusionsspalt gepumpt (negativer Pumpstrom). Bei $\lambda = 1$ muss kein Sauerstoff transportiert werden, der Pumpstrom ist null. Der Pumpstrom ist proportional der Sauerstoffkonzentration im Abgas und so ein (nicht lineares) Maß für die Luftzahl λ (Bild 3).

3 Pumpstrom I_P einer Breitband-Lambda-Sonde in Abhängigkeit von der Luftzahl λ des Abgases

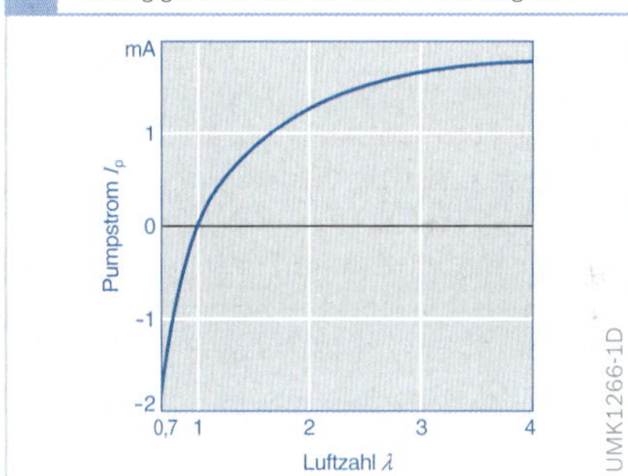

2 Planare Breitband-Lambda-Sonde LSU4 (Ansicht und Schnitt)

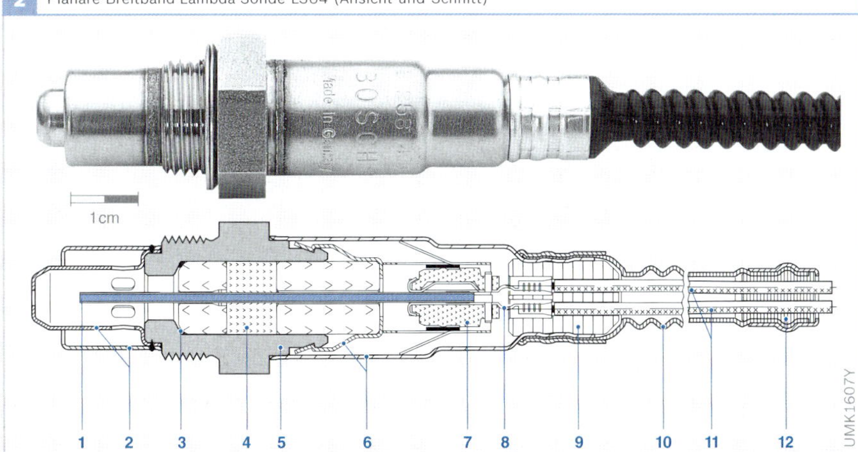

Bild 2

1. Messzelle (Kombination aus Nernst-Konzentrationszelle und Sauerstoff-Pumpzelle)
2. Doppelschutzrohr
3. Dichtring
4. Dichtpaket
5. Sondengehäuse
6. Schutzhülse
7. Kontakthalter
8. Kontaktclip
9. PTFE-Tülle
10. PTFE-Formschlauch
11. fünf Anschlussleitungen
12. Dichtung

Aktoren

Aktoren bilden die Schnittstelle zwischen elektrischer Signalverarbeitung (Informationsverarbeitung) und Prozess (Mechanik). Sie setzen die Stellinformation tragenden Signale geringer Leistung in leistungsbehaftete Signale einer zur Prozessbeeinflussung notwendigen Energieform um. Signalwandler kombiniert mit Verstärkerelementen nutzen die physikalischen Wandlungsprinzipien zwischen verschiedenen Energieformen (elektrisch - mechanisch - fluidisch - thermisch).

1 Aktorkette

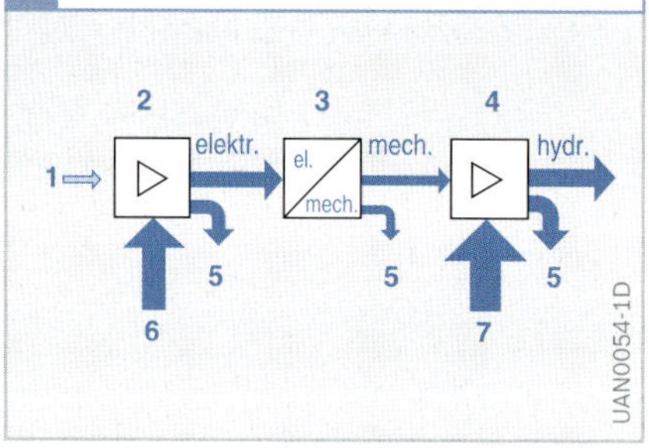

Bild 1
1 Information
2 Steller
3 Wandler
4 Stellglied
5 Verluste
6 elektrische Fremdenergie
7 hydraulische Fremdenergie

Elektromechanische Aktoren

Die elektromechanischen Aktoren können z. B. nach Art der Energieumwandlung klassifiziert werden. Die Energie einer Quelle wird in magnetische oder elektrische Feldenergie oder Wärmeenergie umgesetzt. Aus diesen Energieformen resultieren verschiedene Prinzipien der Krafterzeugung, die entweder auf den Feldkräften oder auf bestimmten Materialeigenschaften beruhen. Magnetostriktive Materialien eröffnen der Aktorik Anwendungsgebiete im Mikrostellbereich. Hierzu zählen auch die piezoelektrischen Aktoren, welche in Multilayer-Bauform, ähnlich den Keramikkondensatoren aufgebaut, Aktoren für schnellschaltende Einspritzventile sind. Thermische Aktoren nutzen direkt die Eigenschaften bestimmter Materialien.

Aktoren im Kfz sind meistens elektromagneto-mechanische Wandler und daraus abgeleitet elektrische Stellmotoren sowie translatorische und rotatorische

2 Elektromechanische Wandler (Systematik)

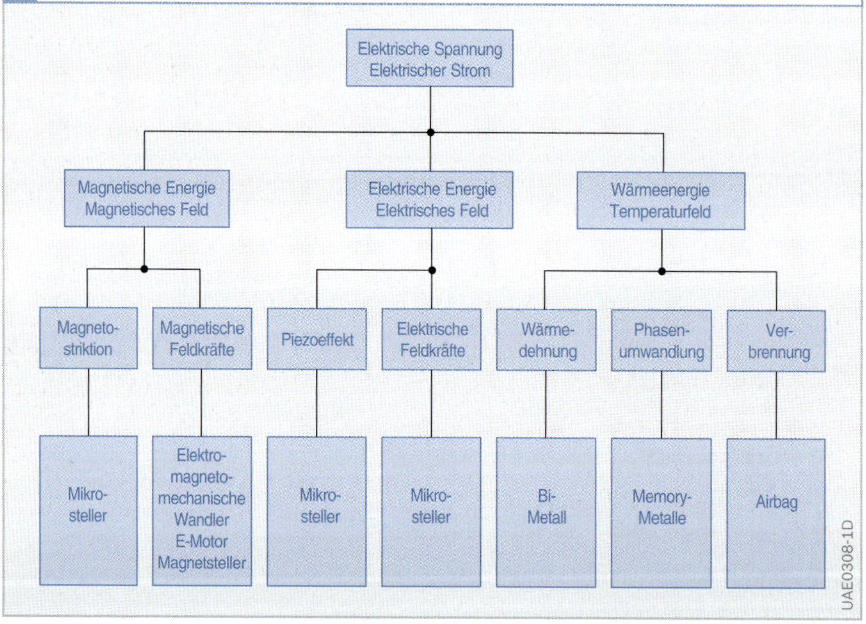

Magnetsteller. Eine Ausnahme bildet z. B. das pyrotechnische Airbagsystem. Die Magnetsteller sind selbst Stellglied oder dienen als Betätigungselement eines nachgeschalteten Verstärkers (z. B. mechanisch-fluidisch).

Krafterzeugung im magnetischen Feld

Nach der Art der Krafterzeugung im magnetischen Feld unterscheidet sich das elektrodynamische vom elektromagnetischen Aktorprinzip. Beiden Prinzipien ist der magnetische Kreis aus weichmagnetischem Material und eine Spule zur Erregung des magnetischen Feldes gemeinsam. Ein wesentlicher Unterschied der beiden Prinzipien liegt in der unter technisch realisierbaren Bedingungen erreichbaren Kraftwirkung. Sie ist unter gleichen Bedingungen beim elektromagnetischen Prinzip um den Faktor 40 größer. Die elektrische Zeitkonstante dieser Steller liegt in der Größenordnung der mechanischen Zeitkonstanten. Beide Krafterzeugungsprinzipien kommen in Hub- und Drehantrieben zum Einsatz.

Elektrodynamisches Prinzip

Das elektrodynamische Prinzip basiert auf der Kraft auf bewegte Ladungen bzw. auf stromdurchflossene Leiter (Bild 3a, Strom I) im magnetischen Feld (Lorentz-Kraft). Eine Erregerspule oder ein Permanentmagnet erzeugen ein Gleichfeld (magnetische Flussdichte B). Die zu wandelnde elektrische Energie wird durch die beweglich angeordnete Ankerspule (Tauchspule) zugeführt (Strom I). Die mit geringer Masse und kleiner Induktivität ausgeführte Ankerspule ermöglicht eine hohe Stelldynamik. Die zwei Energiespeicher (je einer auf dem festen und bewegten Teil) erzeugen durch Stromrichtungsumkehr in der Anker- bzw. Erregerspule zwei aktive Kraftrichtungen.

Das Sekundärfeld, hervorgerufen durch den Ankerstrom, verläuft in einem offenen magnetischen Kreis. Dadurch mindert sich der Einfluss der Sättigung. Bei elektrodynamischen Aktoren ist in erster Näherung die Kraft (Drehmoment) über dem Stellbereich stromproportional und wegunabhängig.

Elektromagnetisches Prinzip

Das elektromagnetische Prinzip nutzt die Anziehungskraft zwischen Weicheisenteilen unter dem Einfluss des magnetischen Feldes. Der elektromagnetische Steller hat nur eine Spule, die sowohl die Feldenergie als auch die zu wandelnde Energie liefert. Die Erregerspule hat prinzipbedingt einen Eisenkern und dadurch eine höhere Induktivität. Aus der quadratischen Abhängig-

3 Elektrodynamischer und elektromagnetischer Wandler

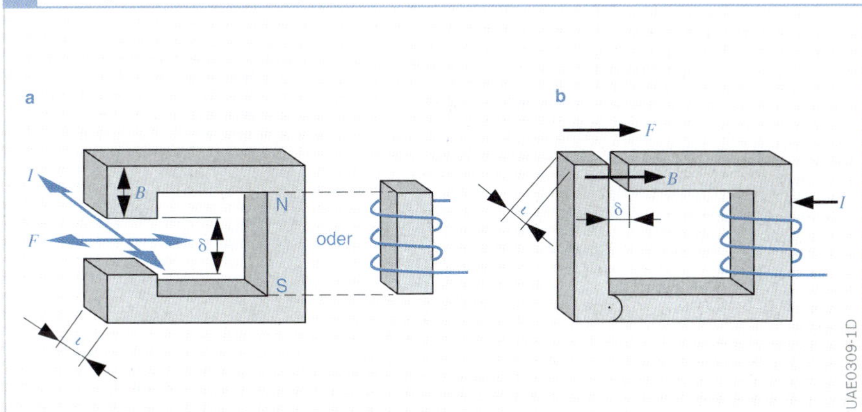

Bild 3

a Elektrodynamisches Prinzip: Kraft auf bewegte Ladung $F = B \cdot I \cdot l \cdot \sin \alpha$

b Elektromagnetisches Prinzip: Kraft zwischen den Polflächen $F = B^2 \cdot A / 2\mu_0$

keit von der magnetischen Flussdichte B folgt jedoch nur eine aktive Wirkrichtung. Der elektromagnetische Steller benötigt deshalb ein Rückstellelement (z. B. eine mechanische Feder oder eine magnetische Rückstelleinrichtung).

Dynamik

Die Dynamik eines elektromechanischen Aktors, d. h. der Ein- und Ausschaltvorgang, wird durch die mechanische Bewegungsgleichung, durch die Differenzialgleichung des elektrischen Kreises und durch die Maxwell'schen Gleichungen der Dynamik beschrieben. Die strom- und positionsabhängige Kraft folgt aus den Maxwell'schen Gleichungen.

Der elektrische Kreis besteht in seiner einfachsten Form aus einer Induktivität mit einem Ohm'schen Widerstand. Eine Maßnahme zur Erhöhung der Dynamik ist die Übererregung zum Zeitpunkt des Einschaltens. Der Ausschaltvorgang kann z. B. durch eine Z-Diode beschleunigt werden. In jedem Fall bedeutet eine Erhöhung der Dynamik des elektrischen Kreises einen Mehraufwand und eine Zunahme der Verluste bei der Ansteuerelektronik des Aktors.

Ein schwer zu beeinflussender Verzögerungseffekt bei hochdynamischen Aktoren ist die Felddiffusion. Bei schnellen Schaltvorgängen werden durch die hohe Feldänderungsgeschwindigkeit im weichmagnetischen Material des magnetischen Kreises eines Aktors Wirbelströme induziert, die ihrer Ursache (Feldaufbau und -abbau) entgegenwirken. Die hierdurch verursachte Verzögerung des Kraftanstieges bzw. -abfalls kann nur durch eine entsprechende Materialwahl mit niedriger elektrischer Leitfähigkeit und Permeabilität vermindert werden.

Bauform

Die Bauform ergibt sich im Wesentlichen durch die Einsatzbedingungen (d. h. Einbauraum, geforderte Kraft-Weg-Kennlinie und notwendige Dynamik).

Elektromagnetische Aktoren

Eine typische Bauform der translatorischen elektromagnetischen Aktoren ist der Schaltmagnet (Bild 4) mit einer quadratisch über dem Stellweg abfallenden Kraft-Weg-Kennlinie. Die Form des Arbeitsluftspaltes (z. B. Konus- oder Tauchanker) bestimmt den Kennlinienverlauf (Bild 5).

Rotatorische elektromagnetische Aktoren haben eine definierte Anordnung der Pole in Stator und Rotor. Bei Bestromung der entsprechenden Spule ziehen sich Rotor- und Statorpol gegenseitig an, sodass ein Drehmoment entsteht. Der Einwicklungs-

4 Schaltmagnet

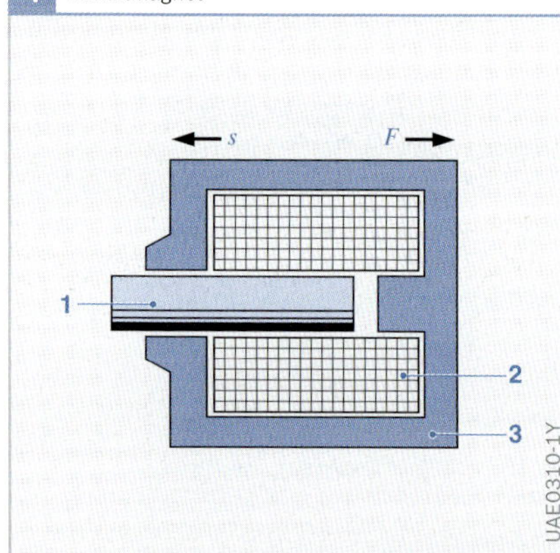

Bild 4
1 Anker
2 Spule
3 magnetischer Rückschluss

5 Schaltmagnet (Kennlinien)

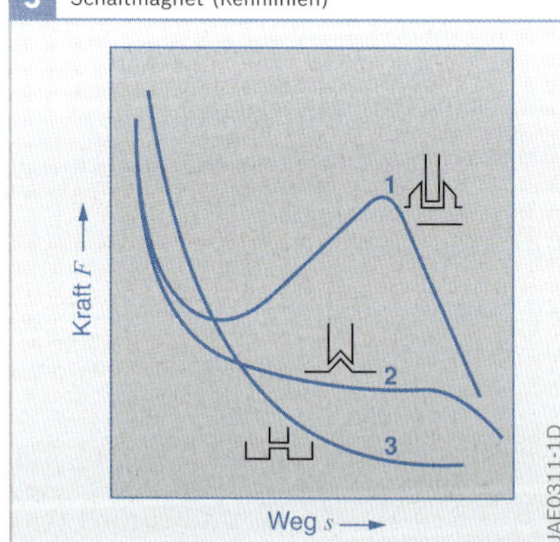

Bild 5
1 Tauchanker
2 Konusanker
3 Zylinderanker

6 Elektromagnetischer Einwicklungsdrehsteller

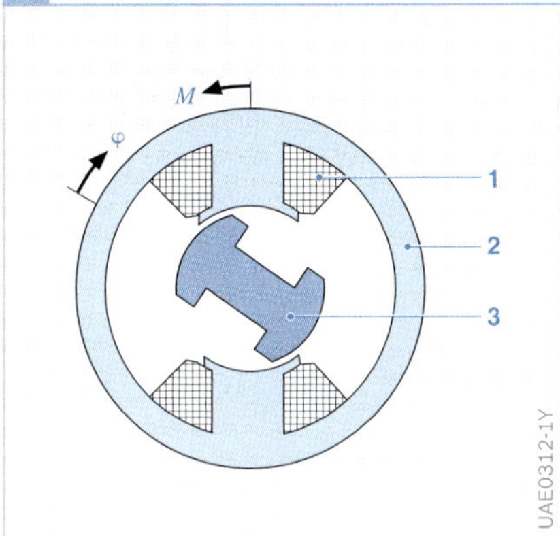

7 Torquemotor

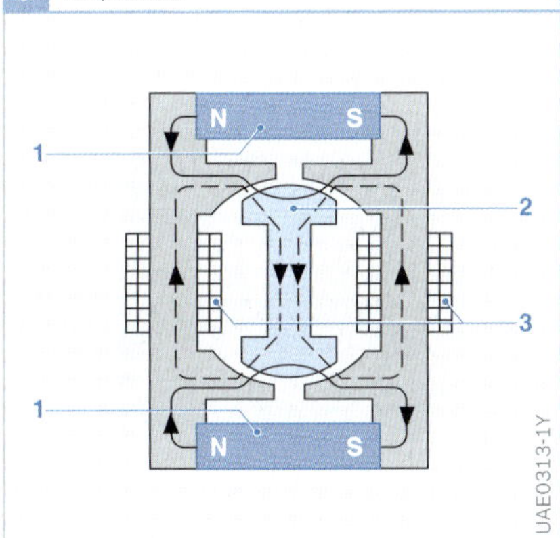

8 Elektromagnetische Drehsteller (Kennlinien)

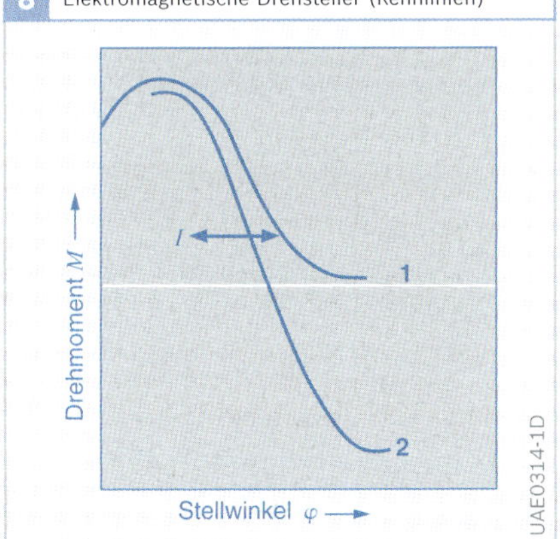

drehsteller (Bild 6) hat je ein Polpaar in den beiden Hauptteilen und eine Spule im Stator. Sein maximaler Stellbereich beträgt ca. 45°.

Der Torquemotor (Bild 7) ist ein bidirektionaler elektromagnetischer Drehsteller mit stabilem Arbeitspunkt ohne Gegenkraft. Das Erregerfeld der Permanentmagnete im Stator halten den Rotor in einer stabilen Lage. Das magnetische Feld einer bzw. zweier Statorspulen kompensiert einseitig das Erregerfeld und erzeugt ein Drehmoment. Eine solche Anordnung ist für Stellaufgaben mit hohen Momentanforderungen bei kleinen Stellwinkeln geeignet. Das Drehmoment des Torquemotors ist angenähert linear von der Stromstärke abhängig (Bild 8). Das Prinzip des Torquemotors findet auch bei translatorischen Aktoren Anwendung.

Elektrodynamische Aktoren

Bei dem Topfmagnet (Tauchspulensteller, Bild 9) wird die zylinderförmige Tauchspule (Ankerspule) in einem Arbeitsluftspalt bewegt. Der Stellbereich ist durch die axiale Länge von Ankerspule und Luftspalt begrenzt.

Kurzhub-Linearmotor (Bild 10) ist die Bauform eines Stellers mit angenähert kreisförmiger Flachspule.

Als rotatorische Steller werden Ein- und Zweiwicklungsdrehsteller (Bild 11) unterschieden. Beide Bauformen haben einen Permanentmagneten im Rotor und eine bzw. zwei Statorwicklungen. Der zweipolig magnetisierte Rotormagnet erzeugt im Arbeitsluftspalt des Drehmagneten eine magnetische Flussdichte, die mit dem Ankerstrom ein Drehmoment bildet. Der Stellbereich ist kleiner als ±45° ausgehend von der gezeigten Stellung. Der Stellbereich des Einwicklungsdrehstellers hängt außerdem von der Höhe des geforderten Drehmomentes und von dem Winkelbereich ab, in dem die erforderliche Flussdichte bereitgestellt werden kann.

Bild 6
1 Spule
2 Stator
3 Anker

Bild 7
1 Magnete
2 Anker
3 Steuerspulen

Bild 8
1 Einwicklungsdrehsteller
2 Torquemotor

Der Zweiwicklungsdrehsteller kann als Überlagerung zweier Einwicklungsdrehsteller aufgefasst werden, die um 90° am Umfang versetzt angeordnet sind und ein entgegengesetzt gerichtetes Drehmoment erzeugen. Im Nulldurchgang der resultierenden Drehmomentkurve ergibt sich ein stabiler Arbeitspunkt ohne eine zusätzliche Gegenkraft.

Anwendung

Elektromechanische Aktoren sind Direktsteller, die ohne eine Bewegungsumsetzung durch ein Getriebe die Energie eines elektrischen Steuersignals in eine mechanische Stellgröße bzw. Arbeit umsetzen. Typische Anwendungen sind das Verstellen von Klappen, Schiebern, Ventilen. Die beschriebenen Aktoren sind Stellglieder ohne interne Rückführung, d.h. ohne stabilen Arbeitspunkt. Zu einem Positionierantrieb mit stabilem Arbeitspunkt werden sie erst durch die Berücksichtigung einer Last (z.B. einer Rückstellfeder und der elektrischen Ansteuerung).

Bei einem Tauchankermagnet ergibt sich ein stabiler statischer Arbeitspunkt durch die Überlagerung seiner Kraft-Weg-Kennlinie mit der Charakteristik einer Rückstellfeder. Eine Variation des Spulenstroms im Magneten verschiebt den Arbeitspunkt. Eine einfache Positionierung wird durch eine Steuerung des Stromes erreicht. Zu beachten sind hier jedoch die Nichtlinearität der Kraft-Strom-Charakteristik und die Empfindlichkeit des Stellsystems gegen Störkräfte (z.B. mechanische Reibung, pneumatische und hydraulische Kräfte). Die Temperaturabhängigkeit des Spulenwiderstandes führt zu Positionsfehlern, die durch eine Stromregelung vermieden werden. Ein Stellsystem hoher Genauigkeit und Dynamik benötigt einen Sensor zur Positionsmessung und einen Regler.

9 Elektrodynamischer Tauchspulensteller

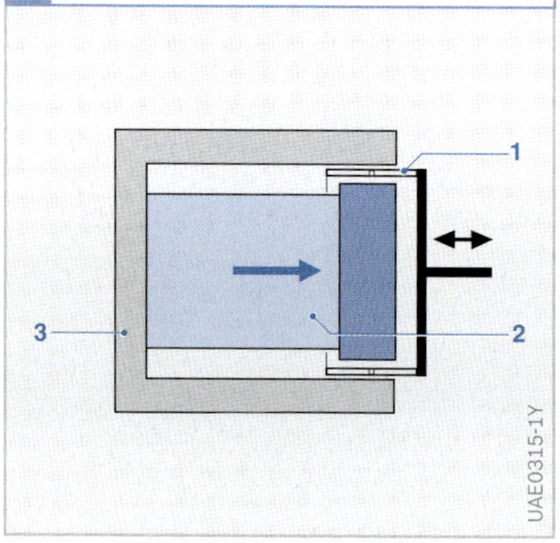

Bild 9
1 Tauchspule
2 Permanentmagnet
3 magnetischer Rückschluss

10 Elektrodynamischer Kurzhub-Linearmotor

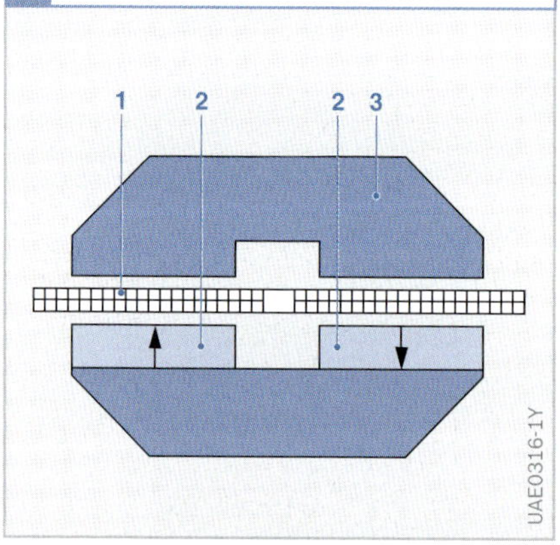

Bild 10
1 Spule
2 Permanentmagnet
3 magnetischer Rückschluss

11 Elektrodynamische Drehsteller

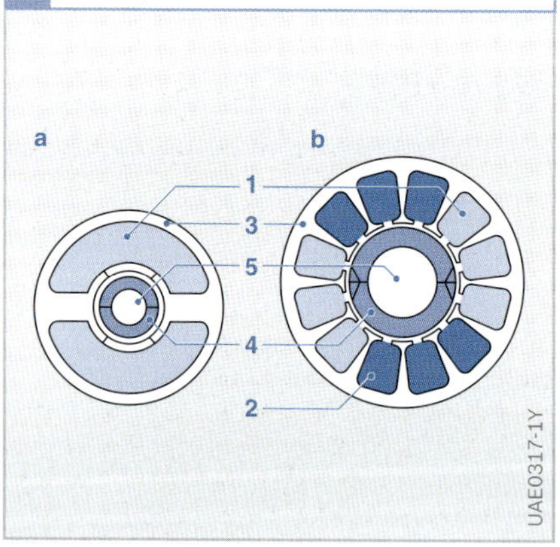

Bild 11
a Einwicklungs-drehsteller
b Zweiwicklungs-drehsteller

1 Spule 1
2 Spule 2
3 Stator
4 Permanentmagnet
5 Welle

12 Elektrodynamische Drehsteller (Kennlinien)

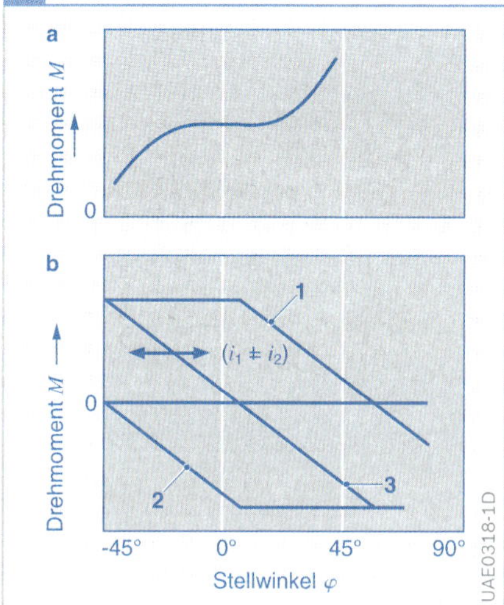

Bild 12
a Einwicklungsdrehsteller
b Zweiwicklungsdrehsteller

1 Spule 1
2 Spule 2
3 Spulen 1+2

13 Arbeitspunkte (A) eines Hubmagneten

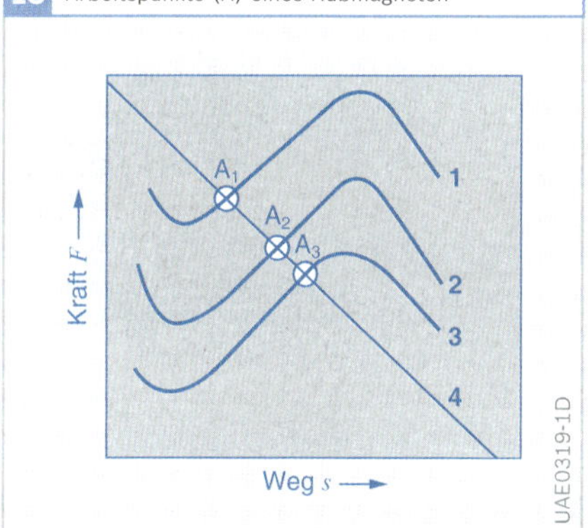

Bild 13
1, 2, 3 Kennlinien bei verschiedenen Strömen
4 Kennlinie einer Rückstellfeder

Fluidmechanische Aktoren

Die Energiesteuer- und -wandlerprinzipien hydraulischer und pneumatischer Stellglieder sind ähnlich. Die Tabelle 1 zeigt die Unterschiede in Eigenschaften und Anwendung.

Als fluidmechanische Stellantriebe werden vorwiegend hydrostatische Energiewandler verwendet. Sie arbeiten nach dem Verdrängungsprinzip. Sie formen die Druckenergie des Fluids in mechanische Arbeit um und umgekehrt (Bild 14).

Hydrodynamische Wandler dienen dagegen zur Umformung der Strömungsenergie (kinetische Energie bzw. Geschwindigkeitsenergie des bewegten Fluids) in mechanische Arbeit (Beispiel: hydrodynamische Kupplung).

Verluste bei der Energiewandlung entstehen durch Leckage und Reibung. Fluidisch-thermische Verluste entstehen durch Strömungswiderstände, die die fluidische Energie durch Drosselung in Wärme wandeln. Diese wird teils an die Umgebung abgegeben, teils von dem Fluid selbst aufgenommen und abtransportiert:

$$Q_{\text{Wärme}} = Q_1 \cdot p_1 - Q_2 \cdot p_2$$

Bei inkompressiblen Fluiden:

$$Q_{\text{Wärme}} = Q_1 \cdot (p_1 - p_2)$$

An scharfen Engstellen (z. B. Blenden) bildet sich die Strömung turbulent aus. Der

1 Vergleich hydraulische und pneumatische Steller

	Hydraulische Steller	Pneumatische Steller
Medium	– Flüssigkeit, meist Öl – Bereitstellung aus Tank, Ölsumpf – nahezu inkompressibel – selbstschmierend – Viskosität stark temperaturabhängig	– Gas, meist Luft – Bereitstellung durch Umgebungsluft – kompressibel – Fremdschmierung notwendig – Viskositätsänderungen praktisch ohne Relevanz
Druckbeeich	– bis ca. 30 MPa (200 MPa bei Diesel-Einspritzventilen)	– bis ca. 1 MPa bzw. größer (ca. 0,05 MPa bei Unterdruckstellern)
Leitungsanschlüsse	– Zu- und Rücklauf- (eventuell Leck-)Anschluss	– nur Druckanschluss, Rücklauf direkt in Umgebung
Anwendung	– Stellaufgaben mit hoher Laststeifigkeit, gehobene Anforderungen an Gleichlaufverhalten und Positioniergenauigkeit im geschlossenen Regelkreis	– Steller mit geringerem Kraftbedarf, Positionierung durch mechanische Anschläge, in offener Steuerkette

Tabelle 1

Fluiddurchsatz ist dann weitgehend viskositätsunabhängig. Bei laminarer Strömung in engen Röhren oder Spalten wird der Fluidstrom dagegen durch dessen Viskosität beeinflusst.

Fluidmechanische Verstärker übernehmen die Steuerung der Energiewandlung zwischen fluidischer und mechanischer Energie. Dazu werden Mechanismen benötigt, deren zur Betätigung erforderlicher Energiebedarf um ein Vielfaches geringer ist als der zu steuernde Energiefluss.

Schaltventile öffnen/schließen eine Durchlassöffnung, die einen Fluidstrom von/zu einem fluidmechanischen Energiewandler freigibt/sperrt (Bild 15). Bei hinreichender Öffnungsweite des Steuerelements im geöffneten Zustand sind die hier auftretenden Drosselverluste vernachlässigbar. Durch pulsbreiten-moduliertes Öffnen/Schließen kann die fluid-mechanische Energiewandlung weitgehend verlustfrei quasikontinuierlich gesteuert werden. Nachteilig wirken sich dabei in der Praxis jedoch durch die Druckschwankungen und durch mechanisches Anschlagen der Ventilelemente hervorgerufene Vibrationen und Lärm aus.

Elektrische Maschinen

Elektrische Maschinen dienen zur Wandlung von elektrischer und mechanischer Energie. Bei Betrieb als Motor wird elektrische Energie in mechanische umgesetzt; im Generatorbetrieb verläuft die Umwandlung in entgegengesetzter Richtung. Die Maschinen (Bild 16) bestehen aus einem feststehenden Teil (Ständer, Stator) und einem rotierenden Teil (Läufer, Rotor, Anker). Davon abweichend gibt es Sonderbauarten wie z. B. Linearmaschinen, die eine translatorische Bewegung erzeugen.

Im Ständer und Läufer werden entweder durch Dauermagnete und/oder durch mehrere elektrische Spulen (Wicklung) magnetische Felder erzeugt, die zwischen den beiden Maschinenteilen eine Kraft und damit ein Drehmoment bewirken. Zur Führung der magnetischen Felder bestehen Ständer und Läufer aus Eisen. Bei zeitveränderlichen magnetischen Flüssen muss dieses Eisen aus einzelnen Blechen aufgebaut sein, die gegeneinander isoliert sind (Minimierung der Wirbelstromverluste).

Die räumliche Anordnung der Spulen und die Wahl des Stromsystems (Gleich-, Wechsel- oder Drehstrom) führen zu verschiedenen Bauarten elektrischer Maschinen. Sie unterscheiden sich in ih-

14 Fluidmechanische Steller

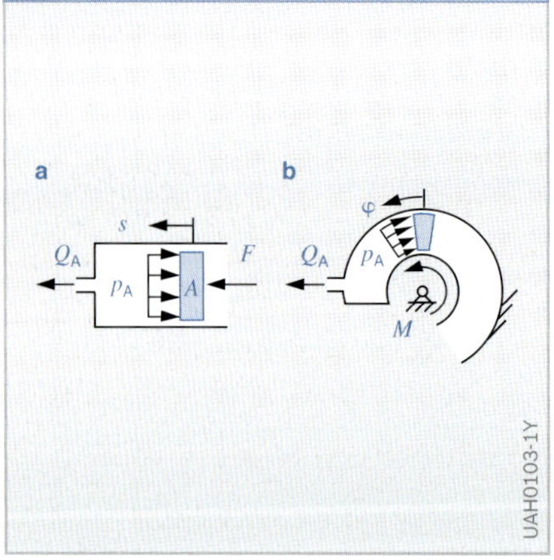

Bild 14

a Linearsteller
$F = p_A \cdot A$
$s = Q_A / A$

b Drehsteller
$M = (p_A \cdot V_{th}) / 2\pi$
$\varphi = (Q_A / V_{th}) \cdot 2\pi$

15 Energiesteuerung mit zwei 2/2-Wege-Schaltventilen

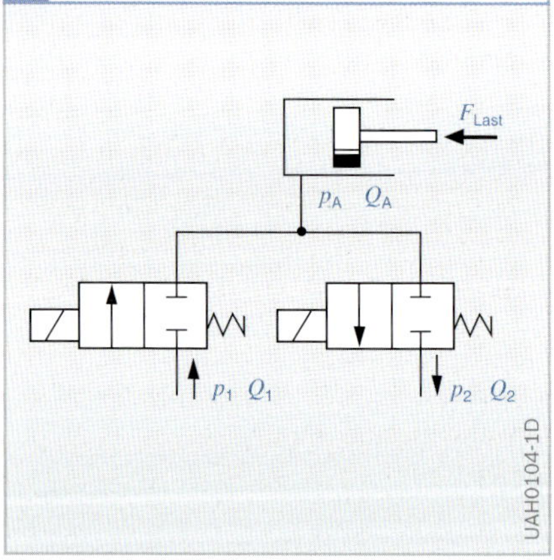

rem Betriebsverhalten und haben daher unterschiedliche Anwendungsbereiche.

Gleichstrommaschinen

Der Ständer einer Gleichstrommaschine enthält einzelne Pole, die durch Gleichstrom-Erregerwicklungen magnetisiert werden. Im Läufer (hier auch Anker genannt) sind die Spulen in den Nuten des geblechten Eisenpaketes verteilt und an einen Kommutator angeschlossen. Im Ständergehäuse schleifen Kohlebürsten auf dem Kommutator (Stromwender) und übertragen einen Gleichstrom in den Anker. Durch die Drehbewegung des Kommutators wechselt die Stromrichtung in den Spulen. Die Wahl der Verschaltung von Erregerwicklung und Anker ergibt unterschiedliche Drehzahl-Drehmoment-Charakteristiken.

Reihenschaltung (Reihenschlussverhalten, Bild 17)

- Ausgeprägte Abhängigkeit der Drehzahl von der Belastung;
- hohes Anlaufmoment;
- bei Entlastung unzulässig hohe Drehzahl möglich, daher starre Kupplung mit der Belastung erforderlich;
- Momentenumkehr (Drehrichtungsänderung) durch Umkehren der Stromrichtung in der Anker- oder Erregerwicklung;
- Anwendung z. B. als Fahrzeug-Antriebsmotor oder Starter für Verbrennungsmotoren.

Parallelschaltung (Nebenschlussverhalten, Bild 18)

- Drehzahl ändert sich bei Belastung nur wenig;
- Drehrichtungsänderung durch Umkehren der Stromrichtung in Anker- oder Erregerwicklung;
- Anwendung z. B. als Antriebsmotor für Werkzeugmaschinen oder Gleichstrom-Generator.

16 Aufbau einer elektrischen Maschine

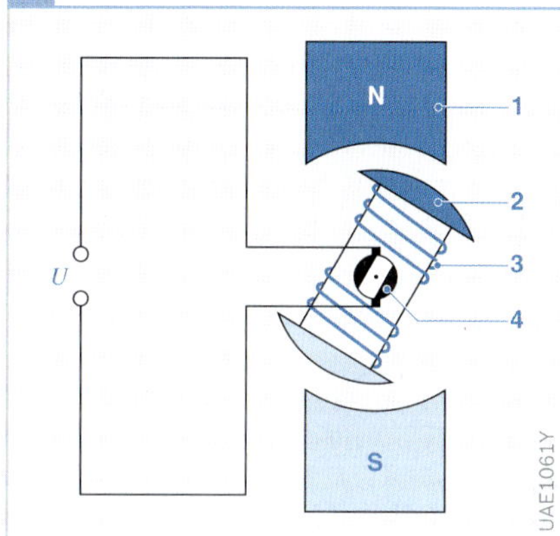

Bild 16
1 Stator
2 Rotor
3 Rotorspule
4 Kommutator

Statorfeld wird durch Dauermagnet oder Elektromagnet erzeugt

17 Reihenschlussmaschine

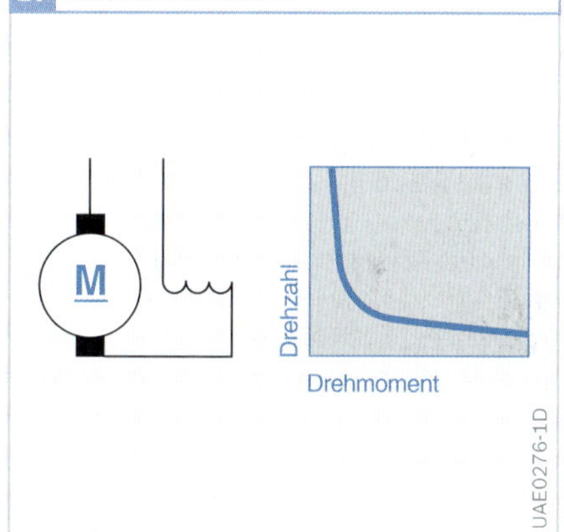

18 Nebenschlussmaschine

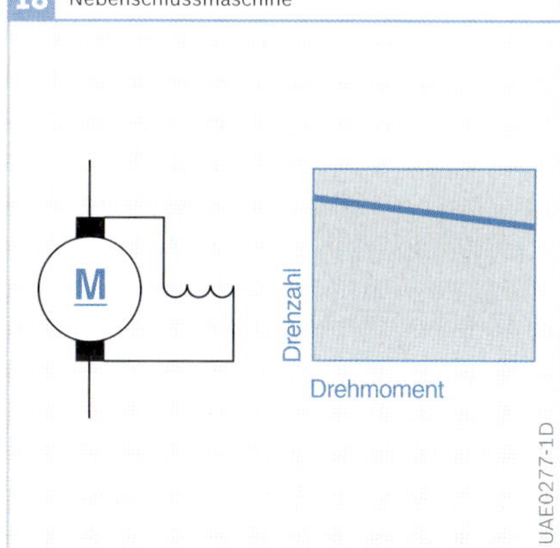

Bei Speisung der Erregerwicklung durch eine weitere Stromversorgung (Fremderregung) oder bei permanent magnetischer Erregung im Ständer erhält man ebenfalls eine Nebenschlusscharakteristik.

Anwendung für permanent erregte Motoren im Kfz: Starter-, Wischer- und Kleinmotoren für verschiedene Antriebe.

Bei Einbau von Reihen- und Nebenschlusserregerwicklungen (Doppelschluss bzw. Compound) lassen sich Zwischenstufen in der Drehzahl-Drehmoment-Charakteristik erreichen.

Anwendung: z. B. große Startermotoren.

Mit geringem Aufwand sind bei allen Gleichstrommaschinen große Drehzahlveränderungen möglich. Wenn durch den Einsatz von Stromrichtergeräten eine einstellbare Ankerspannung zur Verfügung steht, kann das Drehmoment und damit die Drehzahl stufenlos eingestellt werden. Eine Verkleinerung des Erregerstromes (Feldschwächung) ermöglicht bei Erreichen der Ankernennspannung eine weitere Drehzahlerhöhung. Ein Nachteil der Gleichstrommaschinen ist der Verschleiß der Kohlebürsten und des Kommutators, was eine regelmäßige Wartung erforderlich macht.

Drehstrommaschinen

Im Ständer einer Drehstrommaschine ist eine dreisträngige Wicklung in Nuten verteilt. Die drei Phasen des Drehstroms erzeugen ein drehendes Magnetfeld (Drehfeld). Die Drehzahl n_0 (in 1/min) des Drehfeldes errechnet sich aus

$$n_0 = 60 \cdot f / p$$

f = Frequenz (in Hz), p = Polpaarzahl.

Drehstrommaschinen teilen sich wegen unterschiedlicher Läuferausführungen in Asynchron- und Synchronmaschinen auf.

Asynchronmaschinen

Der geblechte Läufer enthält entweder eine Drehstromwicklung wie im Ständer oder eine Stabwicklung. Die Drehstromwicklung ist an Schleifringe angeschlossen, die direkt oder über Vorwiderstände kurzgeschlossen sind (Bild 19). Bei der Stabwicklung sind die Stäbe durch zwei Kurzschlussringe miteinander verbunden (Käfigläufer). Solange die Läuferdrehzahl von n_0 abweicht, induziert das Ständerdrehfeld in den Läuferwicklungen Ströme, wodurch ein Drehmoment entsteht. Die Abweichung der Läuferdrehzahl n von der Synchrondrehzahl n_0 kennzeichnet man durch den Schlupf s:

$s = (n_0 - n) / n_0$

Wirtschaftlicher Dauerbetrieb ist nur in der Nähe von n_0 möglich, da die Verluste mit steigendem Schlupf wachsen (Nennschlupf $\leq$ 5 %). In diesem Bereich hat die Asynchronmaschine Nebenschlussverhalten. Für $n < n_0$ arbeitet die Maschine als Motor, für $n > n_0$ als Generator. Die Drehrichtung wird durch Vertauschen zweier Phasen geändert.

Die Asynchronmaschine ist der am häufigsten verwendete Elektromotor in der Antriebstechnik. Mit Käfigläufer ist sie leicht zu bedienen und erfordert nur geringe Wartung.

19 Drehstrom-Asynchronmotor mit Käfigläufer

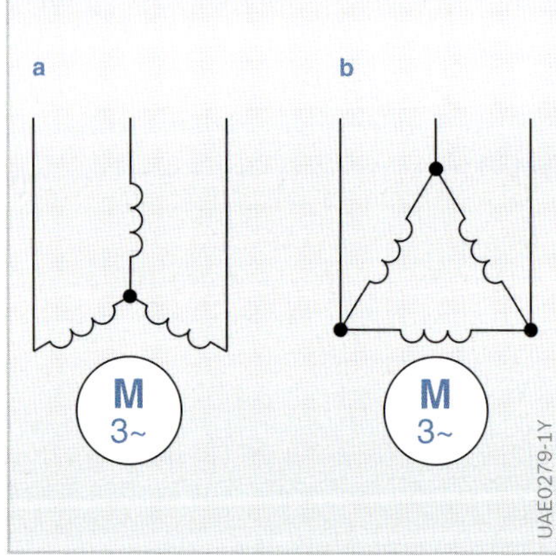

Bild 19
a Ständerwicklung in Sternschaltung
b Ständerwicklung in Dreieckschaltung

2 Beispiele für Drehfeld-Drehzahlen

Polzahl (2 p)	Frequenz 50 Hz	150 Hz	200 Hz
	Drehfelddrehzahl in min^{-1}		
2	3000	9000	12000
4	1500	4500	6000
6	1000	3000	4000
8	750	2250	3000
10	600	1800	2400
12	500	1500	2000

Synchronmaschinen

Im Läufer (hier auch Polrad genannt) werden Pole mit Gleichstromspulen magnetisiert. Der Erregerstrom wird in der Regel über zwei Schleifringe auf den Läufer übertragen. Das Polrad kann aus massivem Stahl gebaut sein, da der magnetische Fluss zeitlich konstant ist. Sofern der Läufer mit n_0 dreht, entsteht ein konstantes Drehmoment. Andernfalls ergibt sich ein periodisch zwischen einem positiven und einem negativen Maximalwert schwankendes Drehmoment mit unzulässig großen Strömen. Daher kann eine Synchronmaschine nicht ohne Hilfseinrichtungen anlaufen. Weiterhin unterscheidet sich die Synchronmaschine dadurch von der Asynchronmaschine, dass die Blindleistungsaufnahme bzw. -abgabe einstellbar ist.

Die häufigste Verwendung findet die Synchronmaschine als Kraftwerksgenerator in der Energieversorgung. Synchronmotoren werden eingesetzt, wenn bei Speisung mit konstanter Netzfrequenz eine unveränderliche Drehzahl gewünscht wird oder besondere Anforderungen an den Blindleistungsbedarf bestehen. Der Kfz-Drehstromgenerator ist eine Sonderbauart der Synchronmaschine.

Die Drehzahl aller Drehstrommaschinen wird durch die Frequenz im Ständer festgelegt. Stromrichtergeräte, die die Frequenz verändern, ermöglichen daher eine weite Drehzahlverstellung.

Tabelle 2

EC-Motoren

Zunehmend Verbreitung findet der „elektronisch kommutierte Gleichstrommotor" oder EC-Motor (Bild 21). Von der Ausführung her handelt es sich um eine permanentmagnetisch erregte, also schleifringlose, Synchronmaschine. Sie ist mit einem Rotorpositionssensor versehen und wird von einer Steuer- und Leistungselektronik aus einem Gleichspannungsnetz versorgt. Durch das läuferstellungsabhängige elektronische Weiterschalten der Ströme in der Ständerwicklung – die den Erregerfluss bildenden Magnete sind am Läufer befestigt – ergibt sich die Drehzahl-Drehmoment-Abhängigkeit einer fremderregten Gleichstrommaschine. Gegenüber der klassischen

20 Drehstrom-Synchrongenerator in Sternschaltung

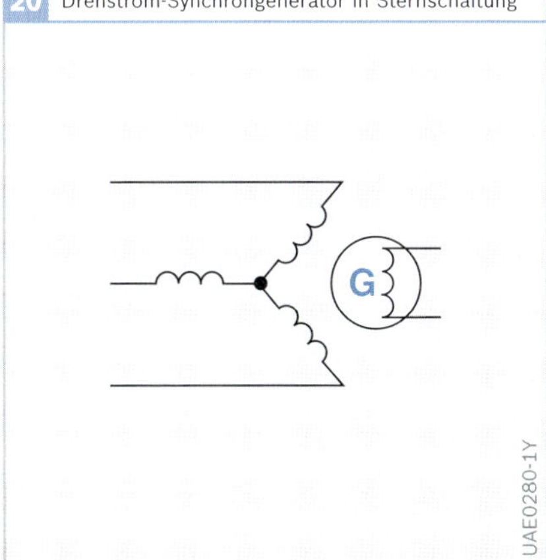

Bild 20
Schleifringläufer mit Erregerwicklung

21 EC-Motor

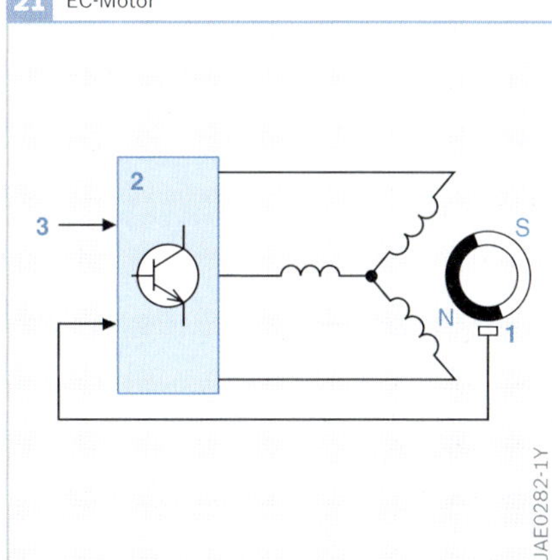

Bild 21
1 Elektrische Maschine mit Rotorpositionssensor
2 Steuer- und Leistungselektronik
3 Eingang

Ausführung der Gleichstrommaschine sind die magnetischen Funktionen von Ständer und Läufer gegeneinander vertauscht.

Einsatzgebiete von EC-Motoren resultieren aus den Vorteilen dieses Antriebsprinzips: Kommutator und Kohlebürsten werden durch Elektronik ersetzt, es treten weder Bürstengeräusche noch -verschleiß auf. EC-Motoren sind wartungsfrei (hohe Lebensdauer) und können in einer hohen Schutzart ausgeführt werden. Dank der elektronischen Steuerung können Antriebe mit EC-Motoren problemlos Zusatzfunktionen übernehmen, wie stufenlose Drehzahlregelung, Drehrichtungsumkehr, Sanftanlauf und Blockierschutz.

Im Kfz liegen Einsatzgebiete in den Bereichen Lüftung/Klima sowie bei Pumpen- und Verstellantrieben. Im Bereich der Produktionsgüter finden EC-Motoren bevorzugt Verwendung als hochgenaue Servoantriebe für Vorschubachsen von Werkzeugmaschinen. Neben der Wartungsfreiheit kommt es hier besonders auf hohe Dynamik sowie eine möglichst geringe Welligkeit des abgegebenen Drehmoments an.

Einphasen-Wechselstrommaschinen

Universalmotoren

Der Gleichstrom-Reihenschlussmotor kann mit Wechselstrom betrieben werden, wenn auch der Ständer aus geblechtem Eisen aufgebaut ist. Er wird dann Universalmotor genannt.

Bei Wechselstrombetrieb ist dem konstanten Anteil des Drehmoments ein Anteil mit der doppelten Frequenz des Stromes überlagert.

Einphasen-Asynchronmotoren mit Käfigläufer

Die einfachste Ausführung eines Einphasen-Asynchronmotors ergibt sich, wenn eine Drehstrom-Asynchronmaschine mit nur zwei Ständersträngen an Wechselstrom angeschlossen wird. Bei etwa gleichem Betriebsverhalten sind jedoch Leistung und maximales Drehmoment vermindert. Außerdem kann die einphasig gespeiste Asynchronmaschine nicht selbständig anlaufen.

Maschinen, die nur für Einphasenbetrieb vorgesehen sind, erhalten im Ständer eine einphasige Hauptwicklung und Hilfsschaltungen für den Anlauf. Dazu wird im Ständer parallel zur Hauptwicklung eine Hilfswicklung eingebaut. Die notwendige Phasenverschiebung des Hilfswicklungsstroms kann durch vergrößerten Wicklungswiderstand (geringes Anzugsmoment) oder durch einen Kondensator in Reihe zur Hilfswicklung (etwas größeres Anzugsmoment) erzielt werden.

Nach dem Anlauf wird die Hilfswicklung abgeschaltet. Eine Drehrichtungsänderung wird durch Vertauschen der zwei Hilfs- oder Hauptwicklungsanschlüsse erreicht. Der Motor mit Kondensator in der Hilfswicklung wird Kondensatormotor genannt. Kondensatormotoren mit Anlauf- und Betriebskondensator arbeiten auch im Dauerbetrieb mit Hilfswicklung und Kondensator. Durch richtige Wahl des Kondensators kann für einen Betriebspunkt ein optimales Betriebsverhalten erreicht werden. Zur Erhöhung des Anlaufmoments wird häufig ein Zusatzkondensator verwendet, der nach dem Anlauf wieder abgeschaltet wird.

22 Kondensatormotor mit Anlauf- und Betriebskondensator

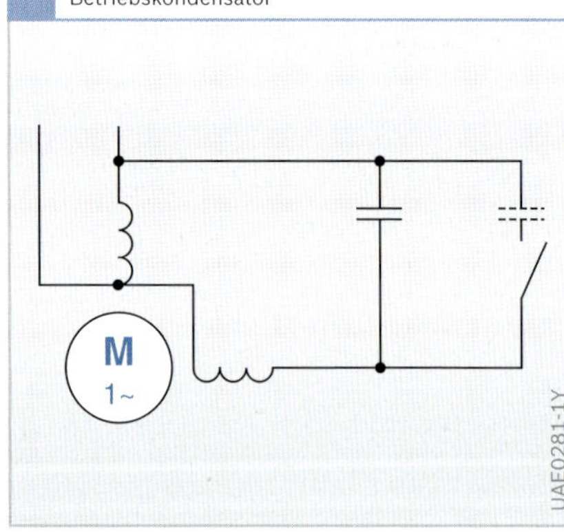

Nennbetriebsarten elektrischer Maschinen

(VDE 0530)

Dauerbetrieb S1

Betrieb mit konstantem Belastungszustand (Nennleistung), dessen Dauer ausreicht, um den thermischen Beharrungszustand zu erreichen.

Kurzzeitbetrieb S2

Der Betrieb mit konstantem Belastungszustand ist so kurz, dass der thermische Beharrungszustand nicht erreicht wird. Die Pause ist so lang, dass die Maschine sich auf die Temperatur des Kühlmittels abkühlt.

Empfohlene Werte für die Dauer des Kurzzeitbetriebs: 10, 30, 60 und 90 min.

Aussetzbetrieb S3 bis S5

Dauernde Folge von Belastungszeiten und Stillstandszeiten. Innerhalb eines Spiels wird der thermische Beharrungszustand weder während der Belastungszeit noch während der Abkühlzeit erreicht.

- S3 Aussetzbetrieb ohne Einfluss des Anlaufs auf die Temperatur.
- S4 Aussetzbetrieb mit Einfluss des Anlaufs auf die Temperatur.
- S5 Aussetzbetrieb mit Einfluss des Anlaufs und der Bremsung auf die Temperatur.

Durchlaufbetrieb S6

Betrieb mit Aussetzbelastung. Dauernde Folge von Belastungszeiten und Leerlaufzeiten, sonst wie S3.

Ununterbrochener Betrieb S7

Betrieb mit Anlauf und Bremsung.

Ununterbrochener Betrieb S8

Betrieb mit Polumschaltung.
Bei S3 und S6 Spieldauer, falls nicht anders vereinbart, 10 min; empfohlene Werte für die relative Einschaltdauer 15, 25, 40 und 60 %. Bei S2, S3 und S6 ist hinter dem Kurzzeichen die Betriebsdauer oder die Spieldauer und die relative Einschaltdauer anzugeben; die Spieldauer nur, wenn sie von 10 min abweicht. Beispiel: S2 - 60 min, S3 - 25 %.

Relative Einschaltdauer

Relative Einschaltdauer ist das Verhältnis aus der Dauer des Laufs unter Last, einschließlich Anlauf und Bremsen, und der Spieldauer.

Wicklungstemperatur

Die mittlere Temperatur t_2 der Wicklung elektrischer Maschinen kann aus der Widerstandsmessung (R_2) gegenüber einem Ausgangswert R_1 bei Temperatur t_1 bestimmt werden:

$$t_2 = \frac{R_2 - R_1}{R_1} (\tau + t_1) + t_1$$

mit

$$\tau = \frac{1}{\alpha} - 20 \text{ K}$$

α = Temperaturkoeffizient.

Hybridantriebe

Ein Konzept zur Kraftstoffeinsparung, zur Reduzierung von CO_2- und Schadstoffemissionen und gleichzeitig zur Erhöhung von Fahrspaß und Fahrkomfort stellen elektrische Hybridfahrzeuge (Hybrid Electric Vehicle, HEV) dar. Sie verwenden zum Antrieb sowohl einen Verbrennungsmotor als auch mindestens einen Elektromotor (E-Maschine). Dabei gibt es eine Vielzahl von HEV-Konfigurationen, die zum Teil verschiedene Optimierungsziele verfolgen und die in unterschiedlichem Maße elektrische Energie zum Antrieb des Fahrzeugs nutzen.

Prinzip

Mit dem Einsatz von elektrischen Hybridantrieben (Bild 1) werden im Wesentlichen drei Ziele verfolgt: Kraftstoffeinsparung, Emissionsminderung und Erhöhung von Drehmoment und Leistung („Fahrspaß"). Je nach Zielsetzung werden dabei unterschiedliche Hybridkonzepte angewendet. Generell wird zwischen *Mild Hybrid*- und *Full Hybrid*-Fahrzeugen unterschieden, je nach ihrer Fähigkeit, auch rein elektrisch zu fahren.

Beim *Mild Hybrid* wird der Verbrennungsmotor durch einen Elektromotor unterstützt, der bei verschiedenen Betriebszuständen zusätzliche Antriebs- und Bremsleistung liefert. Auch beim *Full Hybrid* wird der Verbrennungsmotor mit einem (oder zwei) Elektromotor(en) kombiniert. Er ermöglicht neben dem verbrennungsmotorischen Fahren und der Unterstützung durch den Elektromotor auch das rein elektrische Fahren.

Beide Hybridkonzepte verfügen über eine Start/Stopp-Funktionalität, wie sie von konventionellen Start/Stopp-Systemen bekannt ist. Beim Stehen, z. B. bei Ampelhalt, wird der Verbrennungsmotor ausgeschaltet. Durch die Vermeidung von Leerlaufphasen wird Kraftstoff eingespart. Ein automatisches Start/Stopp-System kann, unabhängig von der Hybridisierung, natürlich auch bei Fahrzeugen mit konventionellem Antrieb eingesetzt werden.

Sowohl Mild Hybrid als auch Full Hybridsysteme brauchen einen elektrischen Energiespeicher, der den antreibenden Elektromotor versorgt. In der Regel handelt es sich um eine Traktionsbatterie auf einem vergleichsweise hohen Spannungsniveau.

Die Kombination von elektrischer und verbrennungsmotorischer Antriebsquelle im Mild Hybrid und Full Hybrid hat verschiedene Vorteile gegenüber konventionellen Antriebssträngen:

1 Prinzip des Hybridantriebs am Beispiel eines Parallelhybrids

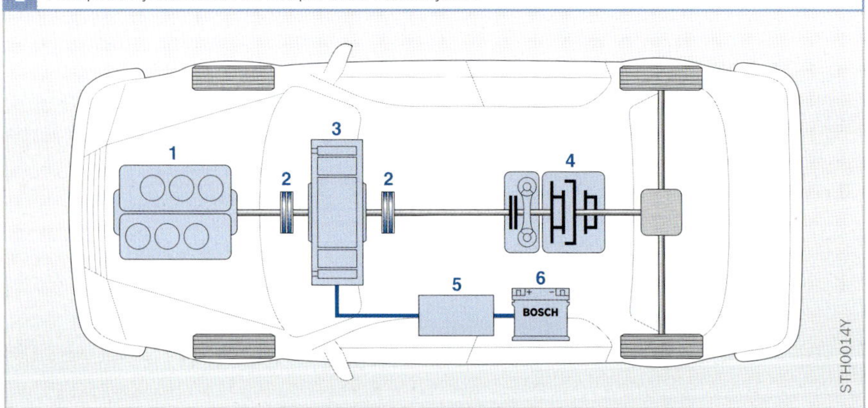

Bild 1
1 Verbrennungsmotor
2 Kupplung
3 E-Maschine
4 Getriebe
5 Inverter
6 Batterie

- Die E-Maschine bietet konstant hohe Drehmomente bei niedrigen Drehzahlen. Dadurch ergänzt sie in idealer Weise den Verbrennungsmotor, dessen Drehmoment erst bei mittleren Drehzahlen ansteigt. E-Maschine und Verbrennungsmotor zusammen können so aus jeder Fahrsituation heraus eine hohe Dynamik zur Verfügung stellen (Bild 2).
- Die Unterstützung durch den Elektromotor ermöglicht es, den Verbrennungsmotor vorwiegend im Bereich seines besten Wirkungsgrades zu betreiben oder in Bereichen, in denen nur geringe Schadstoffemissionen entstehen (Betriebspunktoptimierung).
- Die Kombination mit einem Elektromotor ermöglicht ggf. den Einsatz eines kleineren Verbrennungsmotors bei gleichbleibender Gesamtleistung (leistungsneutrales Downsizing).
- Die Kombination mit einem Elektromotor ermöglicht ggf. den Einsatz eines länger übersetzten Getriebes bei gleichbleibenden Fahrleistungen (Downspeeding).

Darüber hinaus ergibt sich bei den Hybridsystemen eine Möglichkeit zur Kraftstoffeinsparung durch Rückgewinnung von Bremsenergie. Durch generatorischen Betrieb des Elektromotors (oder ggf. über einen zusätzlichen Generator) kann beim Bremsen ein Teil der Bewegungsenergie des Fahrzeugs in elektrische Energie umgewandelt werden. Die elektrische Energie wird im Energiespeicher gespeichert und kann für den Antrieb genutzt werden.

Betriebsmodi

Verbrennungsmotor und E-Maschine tragen je nach Betriebszustand und gefordertem Drehmoment in unterschiedlichem Maße zur Antriebsleistung bei. Die Hybridsteuerung legt die Momentenaufteilung zwischen den beiden Antrieben fest (s. Abschnitt *Betriebsstrategie*). Die Art des Zusammenwirkens von Verbrennungsmotor, E-Maschine(n) und Energiespeicher definiert die unterschiedlichen Betriebsmodi: Hybridisches und elektrisches Fahren, Boosten, Generatorbetrieb und rekuperatives Bremsen.

Hybridisches Fahren

Hybridisches Fahren bezeichnet alle Zustände, in denen sowohl Verbrennungsmotor als auch Elektromotor Antriebsmoment erzeugen (Bild 3). Bei der Aufteilung des Antriebsmoments berücksichtigt die Hybridsteuerung neben dem Optimierungsziel (Kraftstoffverbrauch, Emissionen) insbesondere den Ladezustand des Energiespeichers.

2 Drehmomentverlauf

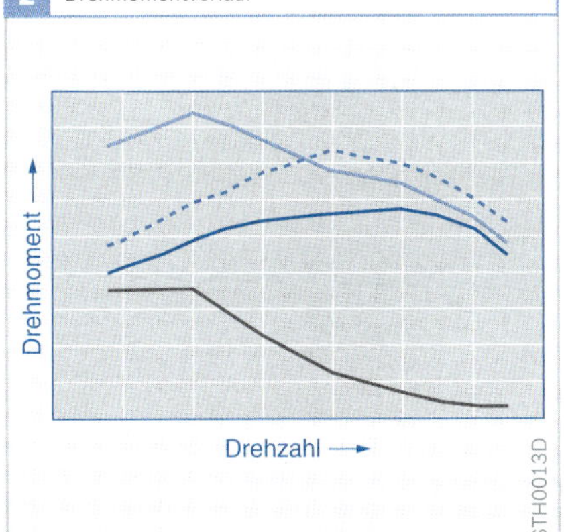

3 Hybridisches Fahren

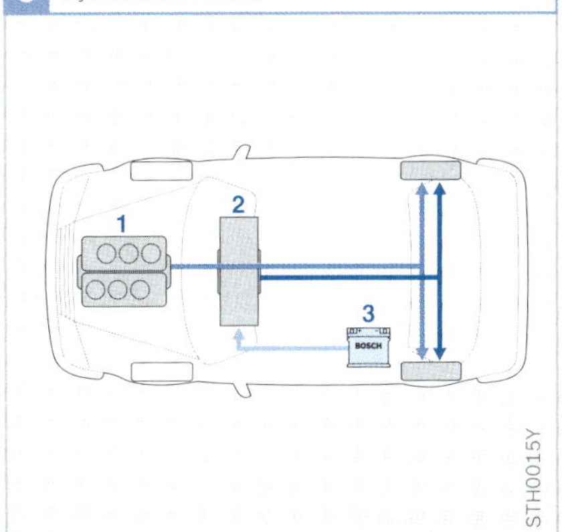

Bild 2
- Resultierender Hybrid
- Standard-Motor, 1,6 l Hubraum
- Motor, downsized, 1,2 l Hubraum
- E-Maschine, 15 kW

Bild 3
1 Verbrennungsmotor
2 E-Maschine
3 Batterie

Rein elektrisches Fahren

Rein elektrisches Fahren, bei dem das Fahrzeug über längere Strecken alleine durch die E-Maschine angetrieben wird, ist nur beim Full Hybrid möglich. Der Verbrennungsmotor wird dafür von der E-Maschine abgekoppelt (Bild 4). In diesem Betriebsmodus kann das Fahrzeug nahezu lautlos und lokal emissionsfrei fahren.

Boosten

Im Boost-Betrieb geben Verbrennungsmotor und E-Maschine positives Antriebsmoment ab. Für das maximale Vortriebsmoment des Fahrzeuges geben beide ihr maximales Drehmoment ab (Bild 6).

Generatorbetrieb

Im Generatorbetrieb wird der elektrische Energiespeicher aufgeladen. Zu diesem Zweck wird der Verbrennungsmotor so betrieben, dass er eine größere Leistung abgibt, als für den gewünschten Vortrieb des Fahrzeugs erforderlich ist. Der überschüssige Leistungsanteil wird dem Generator zugeführt und in elektrische Energie umgewandelt, die im Energiespeicher gespeichert wird (Bild 5).

Auch im Schubbetrieb wird der Energiespeicher über den Generator aufgeladen, sofern der Batterieladezustand dies erlaubt.

4 Rein elektrisches Fahren

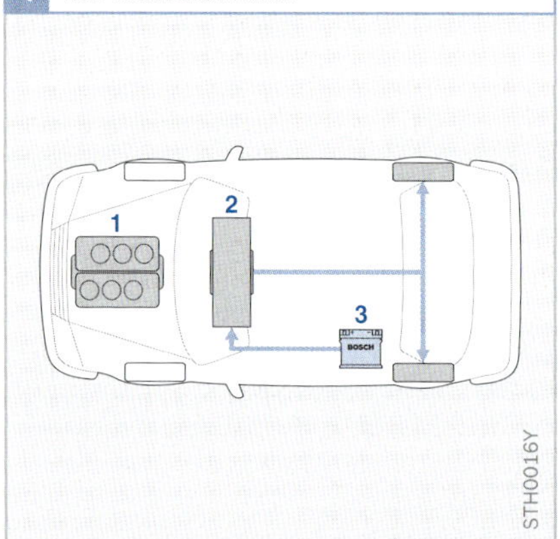

5 Generatorbetrieb

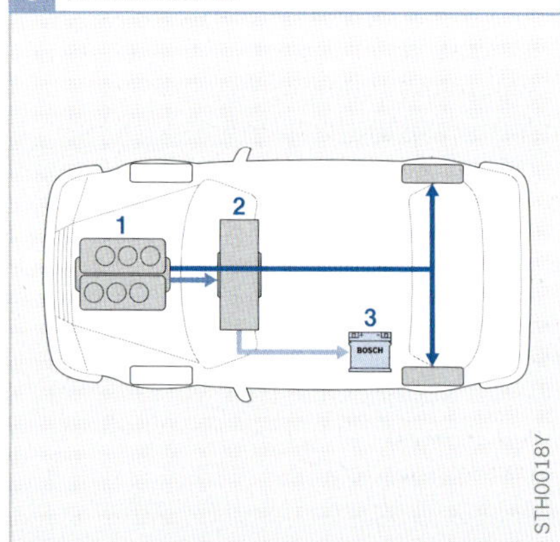

6 Boosten

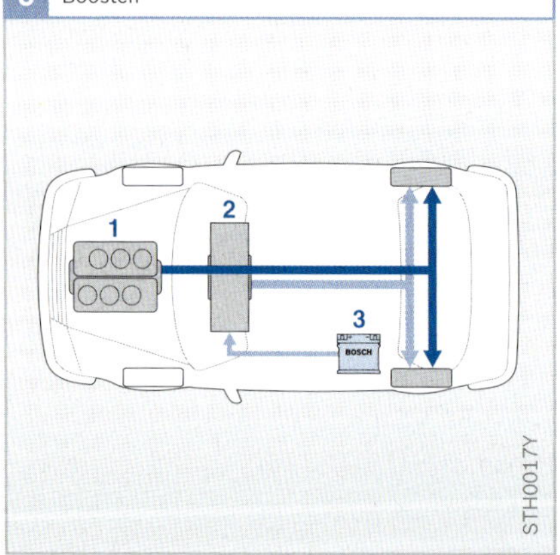

7 Regeneratives Bremsen

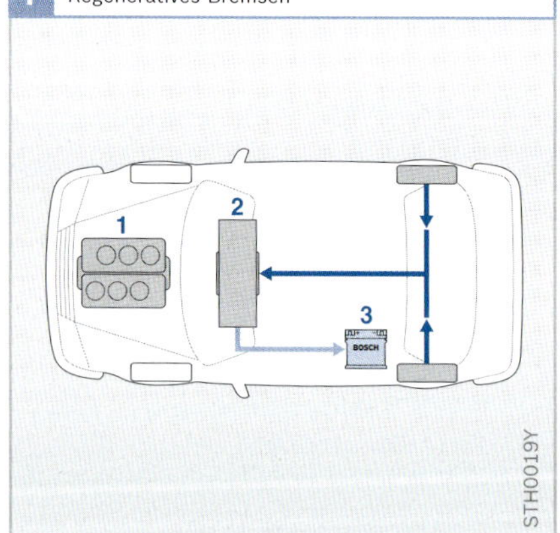

Bild 4 – 7

1 Verbrennungsmotor
2 E-Maschine
3 Batterie

Regeneratives Bremsen

Beim regenerativen Bremsen wird das Fahrzeug nicht - oder nicht nur - durch das Reibmoment der Betriebsbremse abgebremst, sondern durch ein generatorisches Bremsmoment des Elektromotors. Der Elektromotor wird also generatorisch betrieben und wandelt kinetische Energie des Fahrzeugs in elektrische Energie um, die im Energiespeicher gespeichert wird (Bild 7).

Regeneratives Bremsen wird auch als rekuperatives Bremsen oder als Rekuperation bezeichnet.

Start/Stopp-Funktion

Sowohl Mild Hybrid als auch Full Hybrid verfügen über eine Start/Stopp-Funktionalität (Bild 8). Aber auch Fahrzeuge mit konventionellem Antrieb können mit einem Start/Stopp-System ausgestattet werden.

Funktion

Wird das Fahrzeug angehalten, so prüft das Motorsteuergerät, ob

- kein Gang eingelegt ist,
- der Drehzahlsensor des Antiblockiersystems Null angibt,
- der elektronische Batteriesensor genügend Energie für einen Startvorgang meldet.

Sind diese Bedingungen erfüllt, so wird der Motor automatisch abgeschaltet.

Sowie die Kupplung betätigt wird, bekommt der Starter das Signal, den Motor wieder zu starten. Der Motor wird schnell und leise gestartet und ist sofort wieder betriebsbereit.

Komponenten

Beim Start/Stopp-System ersetzt ein verstärkter Starter (Bild 9, Pos. 1) den konventionellen Starter.

Das Start/Stopp-System erfordert eine angepasste Motorsteuerung (4), die zusätzliche Schnittstellen zu Starter und Sensoren hat. Da das Start/Stopp-System ein emissionsrelevantes System ist, muss es die Anforderungen der OBD (On-Board-Diagnose) erfüllen, d.h. es muss im Fahrbetrieb überwacht werden und abgasrelevante Fehler müssen im Fehlerspeicher des Steuergerätes abgelegt werden.

Die Batterie (2) muss aufgrund der vielen zu bewältigenden Startvorgänge zyklenfest sein. Sie wird von einem Batteriesensor überwacht, der vor dem automatischen Abschalten des Verbrennungs-

8 Start/Stopp-Funktionalität

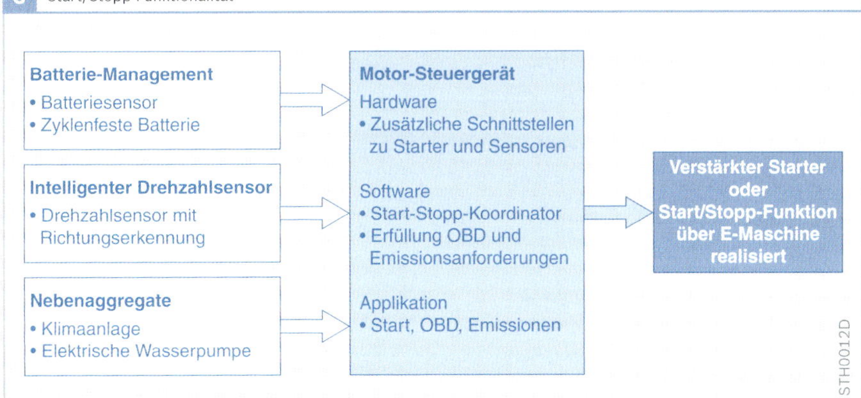

9 Komponenten des Start/Stopp-Systems

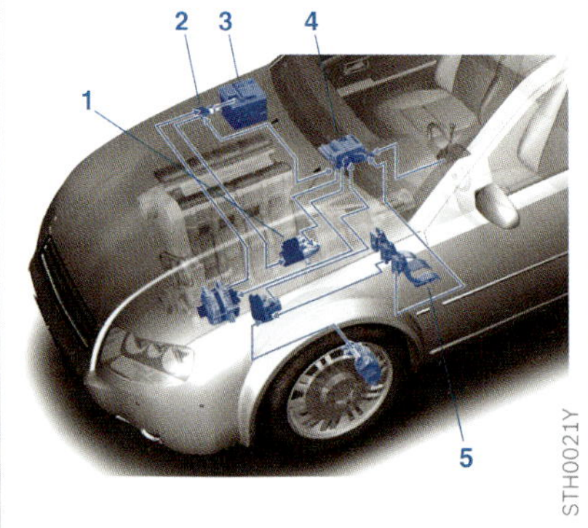

Bild 9
1 Starter
2 Batteriesensor
3 Batterie
4 Motorsteuergerät mit Start/Stopp-Funktion
5 Pedale und Sensoren

motors den Ladezustand der Batterie prüft und an das Motorsteuergerät meldet.

Nebenaggregate wie z. B. der Klimakompressor, die normalerweise über den Verbrennungsmotor angetrieben werden und auch während der Stillstand-Phasen erforderlich sind, müssen elektrisch angetrieben oder durch andere Lösungen ersetzt werden. Dies gilt auch für den Mild Hybrid und den Full Hybrid, bei denen die Start/Stopp-Funktionalität über die E-Maschine realisiert werden kann.

Kraftstoffeinsparung

Durch das Start/Stopp-System können im Neuen Europäischen Fahrzyklus 3,5 % bis 4,5 % Kraftstoff eingespart werden.

Hybridisierungsgrade

Der Hybridisierungsgrad gibt an, in welchem Maße die Aufteilung der Antriebsleistung zwischen Verbrennungsmotor und E-Maschine variiert werden kann. Je nach Grad der Hybridisierung werden Mild Hybrid und Full Hybrid unterschieden. Sie differieren wesentlich in der Leistung der E-Maschine bzw. bezüglich des Anteils, den der Elektroantrieb zur gesamten Antriebsleistung beiträgt. Auch unterscheiden sie sich bezüglich des Energieinhaltes des elektrischen Speichers.

Mild Hybrid

Funktion

Der Mild Hybrid (Bild 10) bietet neben der Start/Stopp-Funktion die Möglichkeit des rekuperativen Bremsens (1) sowie der Drehmomentunterstützung durch die E-Maschine (2). Die E-Maschine liefert ein zusätzliches Drehmoment, das sich zum Drehmoment des Verbrennungsmotors addiert. Dafür stellt der Energiespeicher (4) eine elektrische Leistung von üblicherweise bis zu 20 kW bereit. Diese wird im Wesentlichen zum Anfahren und Beschleunigen bei niedrigen Motordrehzahlen eingesetzt.

Rein elektrisches Fahren ist nur möglich, indem der Verbrennungsmotor mitgeschleppt wird, da er nicht von der E-Maschine abgekoppelt werden kann. Energetisch sinnvoll ist ein derartiger Betriebszustand nur dann, wenn das Schleppmoment des Verbrennungsmotors nicht zu groß ist. Daher werden Mild Hybrids oft mit Verbrennungsmotoren kombiniert, die die Möglichkeit der Zylinderabschaltung aufweisen.

Aufbau

Der Mild Hybrid wird als Parallelhybrid realisiert, d. h. Verbrennungsmotor und E-Maschine sind auf derselben Welle positioniert (Kurbelwelle).

Neben dem herkömmlichen Niedervolt-Bordnetz (14 V) zur Versorgung der Verbraucher ist ein Traktionsbordnetz mit einer deutlich höheren Spannungslage vorhanden, das den elektrischen Antrieb speist.

Zum detaillierten Aufbau s. Abschnitt *Parallelhybrid*.

Kraftstoffeinsparung

Die Kraftstoffeinsparung eines Mild Hybrids gegenüber dem konventionellen Fahrzeug kann im Neuen Europäischen Fahrzyklus (NEFZ) bis zu 15 % betragen.

Full Hybrid

Funktion

Der Full Hybrid (Bild 10) kann, im Gegensatz zum Mild Hybrid, über längere Strecken allein mit dem elektrischen Antrieb fahren. Der Verbrennungsmotor dreht sich während des elektrischen Fahrens nicht mit. Die Spannungslage des Traktionsbordnetzes bzw. der Batterie liegt meist zwischen 200 und 350 V.

Aufbau

Der Full Hybrid kann mit parallelem oder seriellem Energiefluss realisiert sein oder eine Kombination aus parallelem und seriellem Energiefluss aufweisen. Der parallele Energiefluss kann durch einen E-Antrieb dargestellt werden. Um einen seriellen Leistungsfluss zu realisieren, müssen zwei E-Antriebe im Antriebsstrang vorhanden sein.

Beim Parallelhybrid mit zwei Kupplungen (P2-HEV) ist eine Trennkupplung zwischen Verbrennungsmotor und E-Maschine vorhanden. Dadurch kann für das rein elektrische Fahren der Verbrennungsmotor von der E-Maschine abkoppelt werden.

Zum detaillierten Aufbau s. Abschnitt *Parallelhybrid.*

Einen Full Hybrid mit kombiniertem seriellem und parallelem Leistungsfluss stellt das leistungsverzweigende System dar, bei dem das zentrale Getriebeelement ein Planetengetriebe ist.

Zum detaillierten Aufbau s. Abschnitt *Leistungsverzweigender Hybrid.*

Kraftstoffeinsparung

Die Kraftstoffeinsparung eines Full Hybrids kann im Neuen Europäischen Fahrzyklus bis zu 30 % betragen.

Plug-In-Hybrid

Full-Hybride können alternativ auch als Plug-In-Hybride ausgeführt werden. Diese bieten die Möglichkeit, die Traktionsbatterie extern (z.B. aus der Steckdose) über ein entsprechendes Ladegerät zu laden. Dabei ist der Einsatz einer größeren Batterie im Fahrzeug sinnvoll, um so kürzere Strecken rein elektrisch zurücklegen zu können und den Hybridantrieb nur für längere Fahrten zu nutzen.

Nachteile in Bezug auf Kosten und Gewicht der größeren Batterie stellen gegenwärtig die größte Herausforderung für Plug-In-Hybride dar. Darüber hinaus führt die begrenzte Ladeleistung der Haussteckdose zu langen Ladezeiten.

10 Komponenten des Hybridsystems (Mild und Full Hybrid)

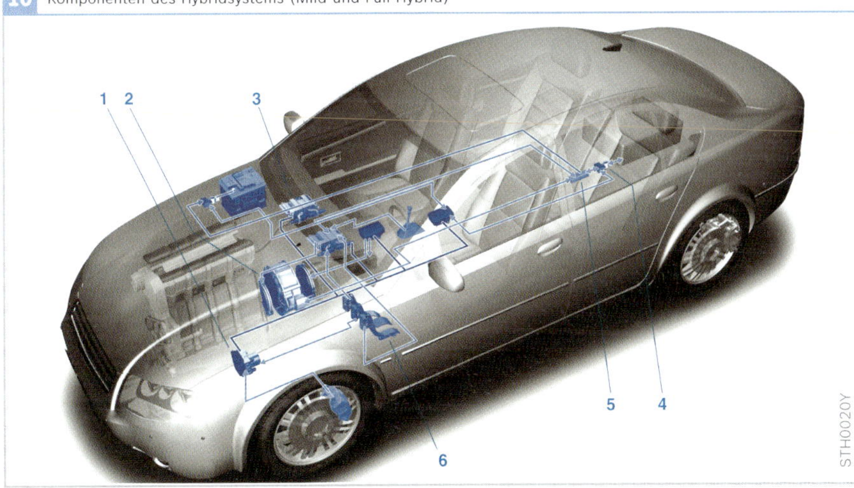

Bild 10
1 Regeneratives Bremssystem
2 E-Maschine (IMG)
3 Hybrid- und Motorsteuergerät
4 Hochvoltbatterie und Batteriemanagementsystem
5 Inverter
6 Pedale und Sensoren

Antriebskonfigurationen

Serieller Hybridantrieb

Der serielle Hybridantrieb (S-HEV) wird durch die Reihenschaltung der Energiewandler (E-Maschinen und Verbrennungsmotor) gekennzeichnet (Bild 11). Für die serielle Anordnung sind neben dem Verbrennungsmotor zwei Elektromotoren erforderlich, wobei einer generatorisch und der andere motorisch arbeitet. Der Verbrennungsmotor ist nicht mit der Antriebsachse verbunden.

Zunächst wird die Bewegungsenergie des Verbrennungsmotors von einem Generator (3) in elektrische Energie umgesetzt. Der Pulswechselrichter (Inverter, 5) wandelt die Leistung gemäß Fahrerwunsch und versorgt den zweiten Elektromotor (4), der für den Antrieb der Räder verantwortlich ist. Die Leistung, die zur Bewegung des Fahrzeugs erforderlich ist, wird ausschließlich vom Elektromotor (4) auf die Antriebswelle übertragen.

Vorteil dieser Triebstranganordnung ist es, dass der Betriebspunkt des Verbrennungsmotors frei gewählt werden kann, solange die angeforderte elektrische Energie bereitgestellt wird. Je nach Betriebsstrategie kann der Verbrennungsmotor mit seiner Leistung dem aktuellen Bedarf folgen oder er kann gleichmäßig im effizientesten Betriebspunkt arbeiten und überschüssige Energie an die Batterie abgeben. Der Betrieb im effizientesten Betriebspunkt ermöglicht besonders niedrige Schadstoffemissionen - mit Ausnahme der NO_X-Emissionen.

Es ist zu beachten, dass beide E-Maschinen groß genug dimensioniert sein müssen, um die Leistung des Verbrennungsmotors aufnehmen bzw. abgeben zu können. Die große Leistungsfähigkeit der E-Maschinen hat zudem den Vorteil, dass auch starke Fahrzeugverzögerungen rekuperiert werden können.

Ein Nachteil dieser Anordnung besteht in der mehrfachen Energieumwandlung und den damit verbundenen Wirkungsgradverlusten. Ausgehend von den üblichen mittleren Verlusten der einzelnen Komponenten ergibt sich ein Gesamtverlust von etwa 30 %. Weitere Nachteile sind hohe Kosten, Bauteilgröße und ein hohes Mehrgewicht. Daher ist der Einsatz in Personenkraftwagen stark eingeschränkt.

Einsatzbereiche für den seriellen Hybridantrieb liegen bei schweren Nutzfahrzeugen, wie zum Beispiel diesel-elektrischen Antrieben in Lokomotiven, sowie bei Bussen, die im Stadtverkehr mit großem Stop-and-Go-Anteil eingesetzt werden.

11 Serieller Hybridantrieb (S-HEV)

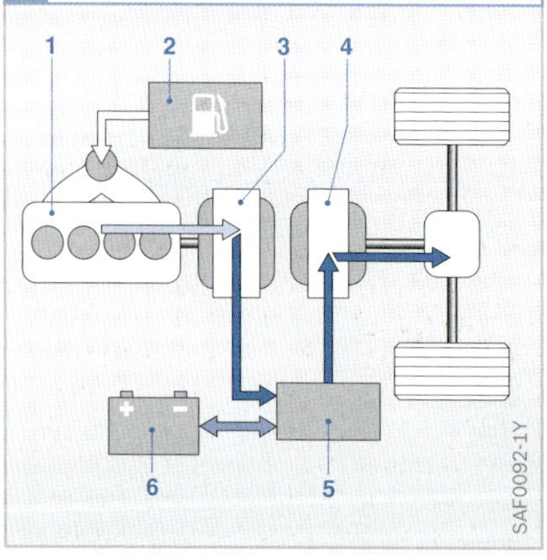

Bild 11
1 Verbrennungsmotor
2 Tank
3 Generator
4 Elektromotor
5 Inverter
6 Batterie

12 Seriell-paralleler Hybridantrieb (SP-HEV)

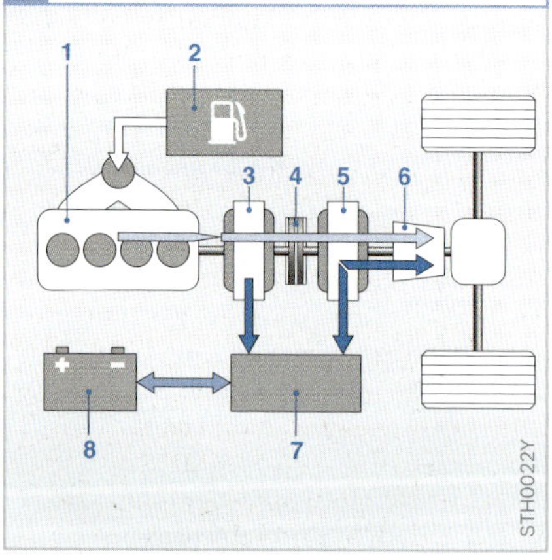

Bild 12
1 Verbrennungsmotor
2 Tank
3 Generator
4 Kupplung
5 Elektromotor
6 Getriebe
7 Inverter
8 Batterie

Eine Sonderform des seriellen Konzepts stellt der seriell-parallele Hybrid (SP-HEV) dar (Bild 12). Der Unterschied zum seriellen Triebstrangaufbau besteht in einer Kupplung, die die beiden elektrischen Maschinen verbindet. Ist die Kupplung geöffnet, verhält sich das System wie der zuvor beschriebene S-HEV. Bei geschlossener Kupplung kann der Verbrennungsmotor seine Leistung direkt an die Antriebsachse abgeben, was einer parallelen Antriebsstrangtopologie entspricht. Die Nachteile des S-HEV bezüglich Kosten, Bauraum und Mehrgewicht bleiben grundsätzlich bestehen, allerdings können die elektrischen Maschinen kleiner ausgeführt werden, da die übertragbare Leistung im seriellen Betrieb nicht die volle angestrebte Antriebsleistung des Fahrzeugs umfassen muss. Der serielle Betriebsbereich kann auf kleinere Leistungen beschränkt werden, da bei höheren Geschwindigkeiten und Leistungsanforderungen der parallele Betrieb vorzuziehen ist, auch wegen eines besseren Gesamtantriebswirkungsgrads.

Paralleler Hybridantrieb

Im Unterschied zu den seriellen und leistungsverzweigenden Konzepten wird bei parallelen Antriebsstrangtopologien nur eine E-Maschine benötigt (Bild 13). Diese kann sowohl generatorisch als auch motorisch betrieben werden und ist mechanisch mit der Kurbelwelle des Verbrennungsmotors verbunden. Es handelt sich um eine Momentenaddition, bei der die Drehmomente der Antriebe (Verbrennungsmotor und E-Maschine) frei variiert werden können, während die Drehzahlen in einem festen Verhältnis zueinander stehen. Außerdem ist bei geschlossener Kupplung eine rein mechanische Kraftübertragung vom Verbrennungsmotor auf die Antriebsachse möglich, unabhängig vom Zustand der E-Maschine. Der Gesamtwirkungsgrad liegt dadurch höher als bei den anderen Hybrid-Topologien.

Die direkte Anbindung der E-Maschine an den Verbrennungsmotor wirkt sich allerdings nachteilig auf die Wahlfreiheit des Betriebspunktes aus, da die Drehzahlen beider Aggregate durch die Getriebeübersetzung und die Fahrgeschwindigkeit festgelegt sind. Diese können durch eine Getriebeschaltung verändert werden, jedoch nur für beide Aggregate in gleicher Weise. Bei Verwendung eines Stufengetriebes kann die Drehzahl des Antriebsverbunds aus E-Maschine und Verbrennungsmotor also nicht kontinuierlich frei gewählt werden.

Ein grundlegender Vorteil des Parallelhybrids ist die Möglichkeit, den konventionellen Antriebsstrang in weiten Bereichen beizubehalten. Dies wirkt sich sowohl auf Bauraum und Fahrzeugherstellung als auch auf das gewohnte Fahrverhalten und die Kundenakzeptanz positiv aus. Der Entwicklungs- und Implementierungsaufwand der parallelen Antriebsstrangtopologie für Pkw ist im Vergleich zu seriellen und leistungsverzweigenden Konzepten niedrig, da geringere elektrische Leistungen erforderlich sind und die notwendigen Anpassungen bei der Umstellung eines konventionellen Antriebsstrangs kleiner ausfallen.

Der parallele Hybridantrieb wird anhand der Anzahl der Kupplungen und der Positionierung der E-Maschine weiter unterteilt. Im Folgenden werden die gebräuchlichsten Ausführungen erläutert.

Parallelhybrid mit einer Kupplung

Beim Parallelhybrid mit nur einer Kupplung (P1-HEV; Bild 13) ist die E-Maschine starr mit der Kurbelwelle des Verbrennungsmotors verbunden, sodass die E-Maschine nicht unabhängig vom Verbrennungsmotor betrieben werden kann. Daher muss beim regenerativen Bremsen der Verbrennungsmotor mitgeschleppt werden, d. h. das Schleppmoment des Verbrennungsmotors geht als Rekuperationspotenzial verloren. Rein elektrisches Fahren ist zwar theoretisch möglich, jedoch muss auch dabei der Verbrennungsmotor mitgeschleppt werden. Die daraus resultierenden Verluste sowie Geräusch- und Schwingungsprobleme verbieten diesen Fahrbetrieb. Lediglich rein elektrisches Gleiten ist ab einer bestimmten Geschwindigkeit darstellbar. Dabei bringt die E-Maschine das Vortriebsmoment zum Halten der Geschwindigkeit sowie die Schleppleistung des Verbrennungsmotors auf.

In der einfachsten Variante des P1-HEV wird ein Kurbelwellen-Startergenerator (KSG) eingesetzt, wobei die E-Maschine nur für den Start des Verbrennungsmotors und die Bordnetzversorgung zuständig ist. Durch einen zusätzlichen elektrischen Speicher und eine höhere Leistungsfähigkeit der E-Maschine kann ein vollwertiger Mild-Hybrid aufgebaut werden, der zusätzlich eine Unterstützung des Verbrennungsmotors durch die E-Maschine und eine Rückgewinnung der Bremsenergie ermöglicht.

Parallelhybrid mit zwei Kupplungen

Um rein elektrisches Fahren sowie regeneratives Bremsen in vollem Umfang (ohne Schleppverluste) zu ermöglichen, ist eine zusätzliche Kupplung zwischen Verbrennungsmotor und E-Maschine erforderlich (Bild 14). Entsprechend der Anzahl der Kupplungen wird diese Topologie als P2-HEV bezeichnet. In Rekuperationsphasen oder zum elektrischen Fahren wird der Verbrennungsmotor durch Öffnen der zweiten Kupplung vom Antriebsstrang getrennt und ausgeschaltet. Somit kann die Verzögerungsenergie des Fahrzeugs ohne Schleppverluste zurückgewonnen und in der Batterie gespeichert werden. Begrenzt wird die Rekuperation lediglich durch die Leistungsgrenzen der E-Maschine.

Auch zum elektrischen Fahren muss der Verbrennungsmotor nicht mitgeschleppt werden, sodass langsames Kriechen komfortabel möglich wird. Es kann auch die volle Leistung der E-Maschine zum elektrischen Fahren eingesetzt werden, ohne Leistungsverluste zum Schleppen des Verbrennungsmotors. Jedoch muss der Wiederstart des Verbrennungsmotors durch die E-Maschine jederzeit möglich sein, und somit muss ein Teil der Leistungsfähigkeit der E-Maschine hierfür vorgehalten werden.

Die größten Herausforderungen des P2-HEV-Konzepts bestehen in der Unterbringung der zweiten Kupplung auf kleinstem Bauraum sowie im Neustart des Verbrennungsmotors aus dem elektrischen Fahren heraus ohne Komforteinbußen.

13 Parallelhybrid mit einer Kupplung (P1-HEV)

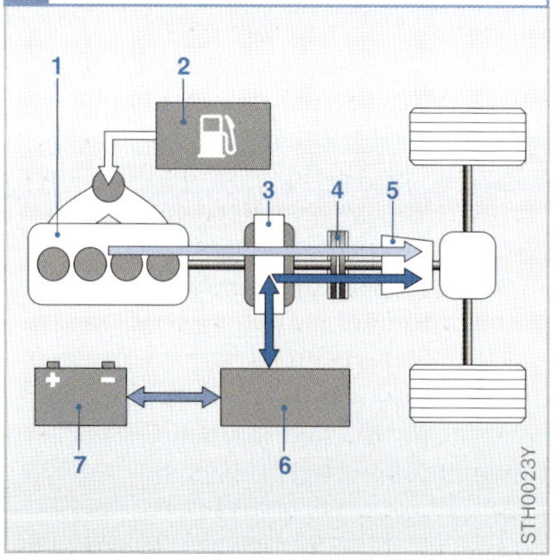

Bild 13
1 Verbrennungsmotor
2 Tank
3 Elektromotor (IMG)
4 Kupplung
5 Getriebe
6 Inverter
7 Batterie

14 Parallelhybrid mit zwei Kupplungen (P2-HEV)

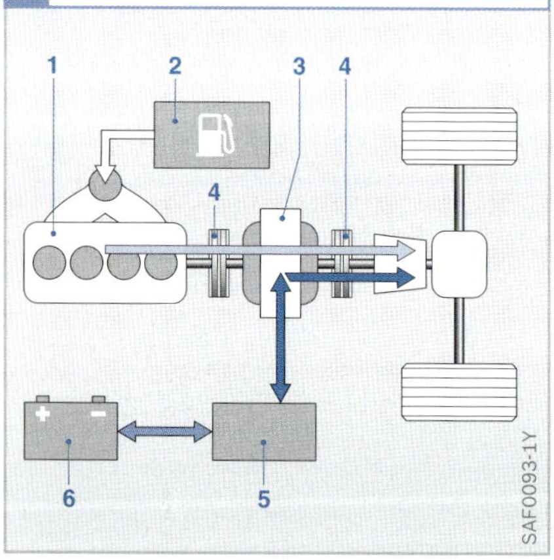

Bild 14
1 Verbrennungsmotor
2 Tank
3 Elektromotor / Generator
4 Kupplung
5 Inverter
6 Batterie

Axle-Split-Parallelhybrid (AS-HEV)

Beim P1-HEV und P2-HEV sind E-Maschine und Verbrennungsmotor auf einer gemeinsamen Antriebsachse vor dem Getriebe angeordnet. Somit arbeiten beide Antriebsaggregate grundsätzlich immer mit derselben Drehzahl. Eine Möglichkeit, diese Drehzahlgleichheit aufzuheben, ist eine Aufteilung der Antriebsaggregate auf die beiden Fahrzeugachsen. Diese Topologie wird Axle-Split-Hybrid (AS-HEV) genannt.

Beim AS-HEV sind Verbrennungsmotor und E-Maschine nicht direkt mechanisch miteinander verbunden, sondern wirken auf unterschiedliche Fahrzeugachsen (Bild 15). Die Zugkraftaddition wird somit über die Straße realisiert. Regeneratives Bremsen und elektrisches Fahren erfolgen bei frontgetriebenen Fahrzeugen über die elektrische Hinterachse, während der unveränderte konventionelle Antriebsstrang die Vorderachse antreibt. Sind beide Aggregate motorisch aktiv, ergibt sich somit ein Allradantrieb. Die Momente zwischen Vorder- und Hinterachse lassen sich dabei innerhalb der jeweiligen Leistungsgrenzen frei variieren.

Es wird deutlich, dass ein grundsätzlicher Unterschied zwischen dem AS-HEV und den anderen Parallelhybriden bei stehendem Fahrzeug besteht. Bei stehender Achse kann beim AS-HEV die E-Maschine keine elektrische Leistung erzeugen. Somit müssen die Versorgung des Bordnetzes und die Klimatisierung im Stand anderweitig erfolgen. Dies ist z. B. mit Hilfe eines leistungsfähigen Generators am Verbrennungsmotor möglich. Mit Hilfe eines DC/DC-Wandlers kann der Generator die HV-Batterie auch bei Fahrzeugstillstand laden und die Versorgung der HV-Verbraucher sicherstellen.

15 Axle-Split-Parallelhybrid (AS-HEV)

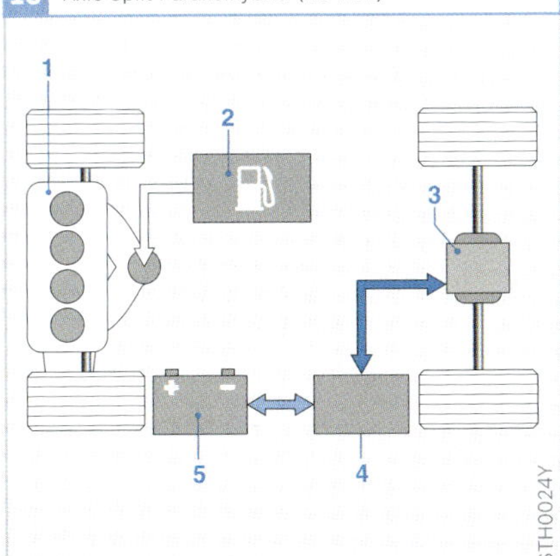

Bild 15
1 Verbrennungsmotor
2 Tank
3 Elektromotor
4 Inverter
5 Batterie

Durch die Anbindung der E-Maschine an eine eigene Fahrzeugachse ergeben sich verschiedene Vorteile:

- Package: der konventionelle Antriebsstrang muss nicht verändert werden.
- Der Betrieb von Verbrenungsmotor und E-Maschine ist mit unterschiedlichen Drehzahlen möglich, dadurch ist auch ein Hochdrehzahlkonzept bei der E-Maschine einsetzbar.
- Es werden hohe Wirkungsgrade bei der Rekuperation und beim elektrischen Fahren erreicht.
- Es ist kein Start des Verbrennungsmotors durch die E-Maschine notwendig (deswegen ist aber ein separater Starter erforderlich).

Nachteilige Aspekte des AS-HEV sind:

- Für den Verbrennungsmotor ist ein separater Starter notwendig.
- Es ist eine Auslegung von Drehmoment- und Drehzahlbereich der E-Maschine ohne Getriebe auf den gesamten Fahrbereich des Fahrzeugs erforderlich. (Alternative: zusätzliches einfaches Getriebe für die E-Maschine, z. B. 2-Gang.)
- Im Stand ist kein Laden der HV-Batterie möglich (nur mit Zusatzmaßnahmen, z. B. DC/DC-Wandler).
- Die Versorgung des 12-V-Fahrzeugbordnetzes im Stand muss sichergestellt werden (z. B. 12-V-Generator).
- Eine Überwachung der Fahrdynamik (ESP) ist für beide Achsen erforderlich.

Elektrische 4WD-Funktionalität
Beim AS-HEV wird durch die Kombination von konventionellem Antrieb und elektrisch angetriebener Achse ein Allradantrieb (4WD) realisiert. Ein elektrischer Achsantrieb kann auch mit jeder anderen Hybridkonfiguration kombiniert werden, um so eine elektrische Allradantrieb-Funktionalität zu verwirklichen.

Parallelhybrid mit verschiedenen Getrieben
Grundsätzlich kann der Parallelhybrid mit allen Getriebevarianten realisiert werden, wobei die Kombination mit bestimmten Getrieben spezielle Vorteile ergibt. Besonders hervorzuheben ist hierbei das Doppelkupplungsgetriebe (Dual Clutch Transmission, DCT). Dieses besteht aus zwei Teilgetrieben, die unabhängig voneinander unterschiedliche Gänge einlegen können. Daraus ergibt sich die Möglichkeit, die E-Maschine an eines dieser Teilgetriebe anzubinden und in einem anderen Gang zu betreiben als den Verbrennungsmotor (Bild 16). Dadurch kann der Betriebspunkt der E-Maschine in einigen Bereichen unabhängig vom Betriebspunkt des Verbrennungsmotors optimiert werden, was ein zusätzliches Wirkungsgradpotenzial erschließt.

Leistungsverzweigender Hybridantrieb
Prinzip
Kernelement der leistungsverzweigenden Hybridtopologie ist das Planetengetriebe (Bild 18). In diesem wird die Leistung des Verbrennungsmotors auf zwei Pfade aufgeteilt. Dabei handelt es sich um einen mechanischen Pfad, bei dem durch Verzahnung direkt Kraft auf die Räder übertragen werden kann, und einen elektrischen Pfad. Neben Verbrennungsmotor und Abtrieb wirkt eine E-Maschine (Bild 17, Pos. 7) auf die dritte Welle des Planetengetriebes. Der Lastpunkt dieser E-Maschine dient dazu, Drehzahl und Last des Verbrennungsmotors den Fahranforderungen entsprechend in Raddrehzahl und Abtriebsmoment zu übersetzen.

In einem Planetengetriebe legen die Drehzahlen zweier Wellen immer die Drehzahl der dritten Welle fest. Analog sind dadurch auch die Momentenverhältnisse zwischen den drei Wellen festgelegt. Daraus ergibt sich, dass eine Leistungsübertragung im mechanischen Pfad nur möglich ist, indem die E-Maschine Leistung aufnimmt und in elektrische Leistung umwandelt. Da auf diese Weise ständig elektrische Leistung generiert wird, ist es nicht möglich und aus Wirkungsgradgründen

16 Parallelhybrid mit Doppelkupplungsgetriebe

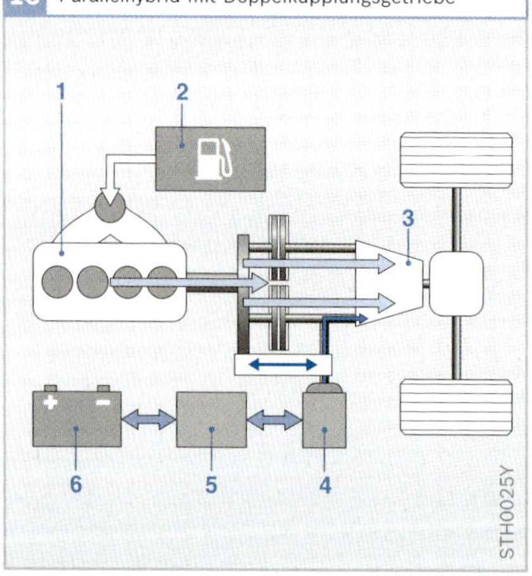

Bild 16
1 Verbrennungsmotor
2 Tank
3 Getriebe
4 Elektromotor (SMG)
5 Inverter
6 Batterie

17 Leistungsverzweigender Hybridantrieb

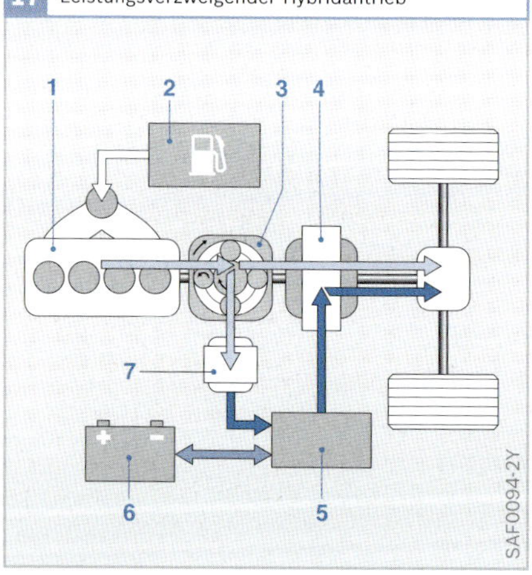

Bild 17
1 Verbrennungsmotor
2 Tank
3 Planetengetriebe
4 Elektromotor
5 Inverter
6 Batterie
7 Generator

auch nicht sinnvoll, diese in einer Batterie zu speichern. Deshalb wird mit Hilfe einer zweiten E-Maschine (4), die direkt auf der Abtriebswelle sitzt, ein elektrischer Pfad geschlossen und die anfallende elektrische Leistung direkt wieder in mechanische Leistung umgewandelt. Somit führt eine Fahranforderung, die aus einer Raddrehzahl und einem gewünschten Radmoment besteht, zu einer Vorzugsdrehzahl des Verbrennungsmotors, die mit Hilfe der Drehzahl der ersten E-Maschine (7) eingestellt wird. Das gewünschte Radmoment wird vom Verbrennungsmotor erzeugt und zum Teil über den mechanischen, zum anderen Teil über den elektrischen Pfad auf die Räder übertragen.

Die Batterie (6) dient wie bei allen Hybridfahrzeugen zur gezielten Beeinflussung des Betriebszustands des Antriebsstrangs. Das gewünschte Radmoment kann mit Hilfe der Batterie entweder zu einem höheren oder zu einem niedrigeren Lastzustand des Verbrennungsmotors führen. Mit Hilfe der in der Batterie gespeicherten Energie können sehr schlechte Wirkungsgradbereiche des Verbrennungsmotors vermieden werden, indem die E-Maschine (4) alleine für den Vortrieb des Fahrzeugs sorgt und der Verbrennungsmotor abgestellt wird.

Der PS-HEV, wie er von Toyota im Modell Prius in Serie produziert wird, verfügt über die beschriebene Anordnung. Mittels der beiden Pfade werden die grundlegenden Prinzipien des seriellen und des parallelen Hybridantriebs kombiniert, weshalb der leistungsverzweigende Antrieb auch als seriell-parallele Topologie bezeichnet wird.

Stufenlos einstellbare Übersetzung

Ein großer Vorteil des leistungsverzweigenden Konzepts liegt in der stufenlos einstellbaren Übersetzung (Continuous Variable Transmission [CVT]-Verhalten) und der damit verbundenen freien Betriebspunktwahl des Verbrennungsmotors. Zudem kann der Antriebsstrang ohne konventionelles Getriebe und insbesondere ohne Schalt- und Kuppelelemente realisiert werden, was zu hohem Fahrkomfort ohne Zugkraftunterbrechung und Einsparung an mechanischen Komponenten führt.

Andererseits kann die Entkopplung der Motordrehzahl von der Fahrgeschwindigkeit zu einem - insbesondere für europäische Autofahrer - eher ungewohnten Fahrgefühl führen. In dieser Beziehung ist es dem Fahrverhalten von Fahrzeugen mit konventionellem CVT-Getriebe vergleichbar.

Grenzen des Systems

Die zuvor diskutierten Einschränkungen eines seriellen Hybrids in Bezug auf Dimensionierung der E-Maschinen und der Wirkungsgradkette werden beim leistungsverzweigenden Konzept abgeschwächt. Da ein wesentlicher Anteil der Antriebsenergie über den elektrischen Pfad transportiert wird, werden - je nach Auslegung des Antriebsstrangs - leistungsstarke E-Maschinen benötigt. Die erforderlichen Energieumwandlungsvorgänge

18 Planetengetriebe (Lastverteiler)

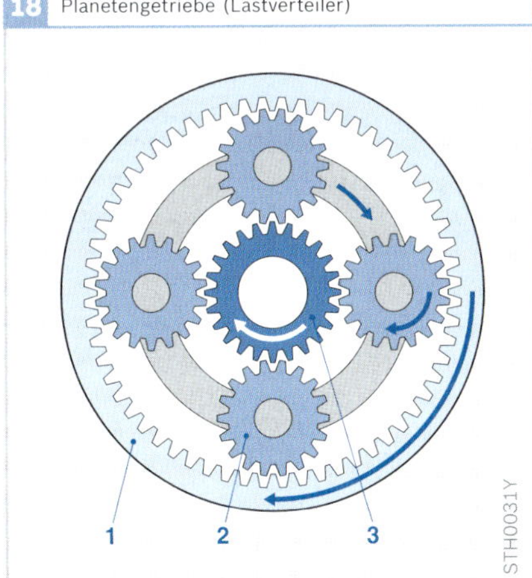

Bild 18

1 Hohlrad: treibt die Antriebsachse des Fahrzeugs an
2 Planetenräder: treiben das Hohlrad an
3 Sonnenrad: treibt den Generator an

wirken sich auf den Gesamtwirkungsgrad des Antriebs aus - insbesondere dann, wenn das Fahrzeug über einen großen Geschwindigkeitsbereich eingesetzt werden soll. Daraus ergibt sich, dass das große Einsparpotenzial, das das Fahrzeug im Stadtverkehr aufweist, bei Überland- oder Autobahnfahrt nicht in dieser Weise zum tragen kommt.

Um in diesem Bereich eine Verbesserung zu erzielen, werden gegenwärtig Fahrzeuge entwickelt, die über zwei Fahrbereiche verfügen und als Two Mode Hybride bezeichnet werden.

Two Mode Hybrid

Eine mögliche Ausführung eines Two Mode Hybrids ist in Bild 19 gezeigt. In diesem Beispiel verfügt der Two-Mode-Hybrid über zwei elektrische CVT-Fahrstufen und eine rein mechanische Übersetzung. Durch die Kombinationsmöglichkeiten der Ein- und Ausgangswellen der Planetengetriebe kann eine Wirkungsgradverbesserung bei einer großen Spreizung von Fahrgeschwindigkeiten erzielt werden.

Die direkte mechanische Gangstufe wird durch den Einsatz von zwei Kupplungen möglich. Dem guten Gesamtwirkungsgrad und den vielen Freiheitsgraden dieses Konzeptes stehen die hohe Komplexität des Systems und relativ hohe Kosten gegenüber.

19 Two Mode Hybrid

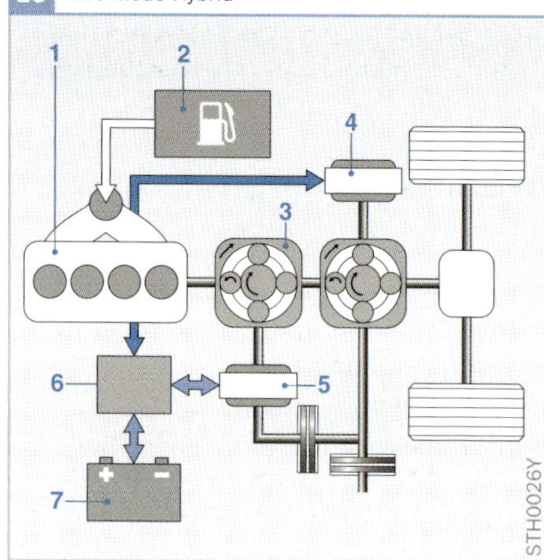

Bild 19
1 Verbrennungsmotor
2 Tank
3 Planetengetriebe
4 Elektromotor (SMG)
5 Elektromotor (SMG)
6 Inverter
7 Batterie

Betrieb von Hybridfahrzeugen

Der Betrieb des elektrischen Hybridfahrzeugs wird wesentlich durch die Betriebsstrategie bestimmt. Je nach übergeordnetem Optimierungsziel (Emissionsminderung, Kraftstoffeinsparung) legt die Betriebsstrategie in jedem Moment die Verteilung des angeforderten Antriebsmoments auf den Verbrennungsmotor und die elektrische Maschine fest, sodass der Verbrennungsmotor in möglichst günstigen Betriebspunkten arbeitet. Darüber hinaus steuert die Betriebsstrategie die Erzeugung elektrischer Energie zum Laden der Traktionsbatterie.

Hybridsteuerung

Die Effizienz, die mit dem jeweiligen Hybridantrieb erzielt werden kann, hängt neben der Hybridtopologie entscheidend von der übergeordneten Hybridsteuerung ab. Bild 20 zeigt am Beispiel eines Fahrzeugs mit parallelem Hybridantrieb die Vernetzung der einzelnen Komponenten und Steuerungssysteme im Antriebsstrang. Die übergreifende Hybridsteuerung koordiniert das gesamte System, wobei die Teilsysteme über eigene Steuerungsfunktionalitäten verfügen. Es handelt sich dabei um Batterie-Management, Motor-Management, Management des elektrischen Antriebs, Getriebe-Management und Management des Bremssystems. Neben der reinen Steuerung der Teilsysteme beinhaltet die Hybridsteuerung auch eine Betriebsstrategie, die die Betriebsweise des Antriebsstrangs optimiert. Die Betriebsstrategie nimmt Einfluss auf die verbrauchs- und emissionsreduzierenden Funktionen des HEV, d. h. auf Start-Stopp-Betrieb des Verbrennungsmotors, regeneratives Bremsen und Betriebspunktoptimierung. Dazu gehören die Entscheidungen für einen Fahrzustand wie elektrisches Fahren oder Rekuperieren sowie die Verteilung des Fahrerwunschmomentes auf Verbrennungsmotor und E-Maschine.

Wichtiger Bestandteil der Betriebspunktoptimierung ist die Funktion elektrisches Fahren. Durch Boost-Betrieb des elektrischen Antriebs kann ein höheres Drehmoment und damit eine bessere Beschleunigungsfähigkeit insbesondere bei niedrigen Drehzahlen erreicht werden. Es bedarf einer ganzheitlichen Betrachtung

20 Vernetzung der Steuerungssysteme im Antriebsstrang

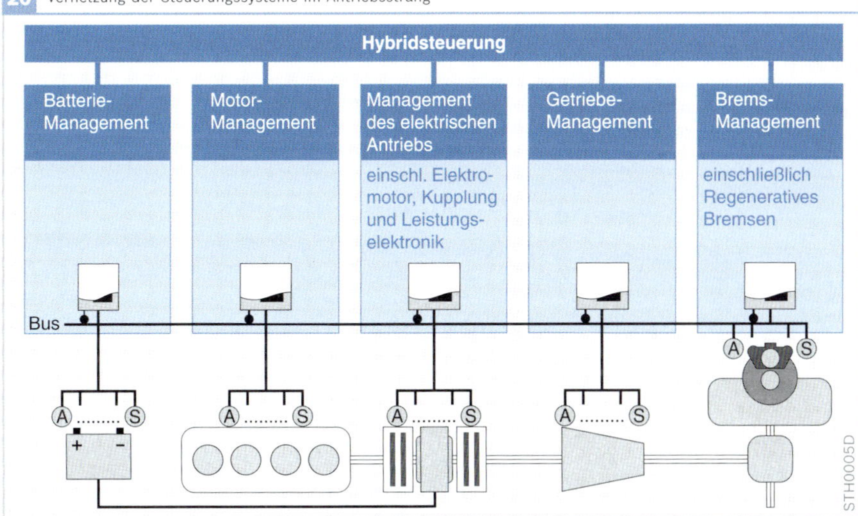

Bild 20
A Aktor
S Sensor

von Auslegung und Betriebsstrategie-Optimierung, um das maximale Potenzial auszuschöpfen. Betriebsstrategie meint hier eine fahrsituationsabhängige Momentenverteilung zwischen den beiden Antriebsquellen Verbrennungsmotor und Elektromotor.

Betriebsstrategien für Hybridfahrzeuge

Gegenwärtig sind für alle Verbrennungsmotorkonzepte weitere Schritte zur CO_2-Reduzierung erforderlich. Darüber hinaus weisen Fahrzeuge mit Dieselmotor ein Reduzierungspotenzial bei den NO_X-Rohemissionen auf. Durch eine Verschiebung der Motorbetriebspunkte in Bereiche niedrigerer Emissionen können hier Verbesserungen erzielt werden.

Betriebsstrategie zur NO_X-Reduzierung

Fahrzeuge mit mager betriebenen Verbrennungsmotoren erreichen schon im Teillastbetrieb relativ niedrige Verbrauchswerte. Bei niedriger Teillast nimmt die Reibleistung jedoch zu, sodass auch der spezifische Kraftstoffverbrauch hoch ist. Außerdem führen niedrige Verbrennungstemperaturen und lokaler Sauerstoffmangel im niedrigen Teillastbereich zu hohen Kohlenmonoxid- und Kohlenwasserstoff-Emissionen.

Schon ein relativ schwaches elektrisches Aggregat kann im niedrigen Lastbereich den Verbrennungsmotor ersetzen. Wenn sich die notwendige elektrische Energie durch Regeneration zurückgewinnen lässt, kann diese einfache Strategie einen großen Vorteil für Kraftstoffverbrauch und Emissionen erbringen.

Es ist abzusehen, dass in Zukunft niedrigere Emissionsgrenzen für Stickoxide eingeführt werden. Die Hybridisierung eines Dieselfahrzeugs bietet durch die Vermeidung von ungünstigen motorischen Betriebspunkten die Möglichkeit, die Abgasemissionen maßgeblich zu beeinflussen. Bei niedrigen motorischen Emissionen könnten die Maßnahmen zur Abgasnachbehandlung teilweise reduziert werden.

Bild 21a zeigt, in welchen Bereichen der Verbrennungsmotor im Neuen Europäischen Fahrzyklus (NEFZ) vornehmlich betrieben wird. Der Pkw-Dieselmotor

21 Verschiebung des Betriebsbereichs bei Strategie zur NO_X-Reduzierung

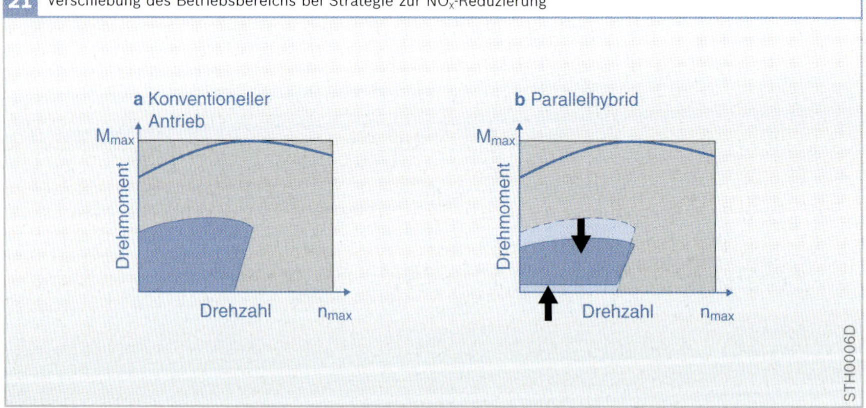

Bild 21
a Bereich der Betriebspunkte im Fahrzyklus
b Boost: gemeinsamer Betrieb von Verbrennungsmotor und Elektromotor

wird sowohl bei niedriger Teillast (d. h. bei schlechten Wirkungsgraden und hohen HC- und CO-Emissionen) als auch bei mittlerer/höherer Last (d. h. im Bereich hoher NO_X-Emissionen) betrieben.

Bild 21b zeigt beispielhaft den Bereich der Betriebspunkte für einen Parallelhybrid, der niedrige Verbrennungsmotorlasten durch rein elektrisches Fahren und/oder Lastpunktanhebung umgeht. Dadurch wird einerseits der Kraftstoffverbrauch reduziert, andererseits werden die - in diesem Bereich hohen - CO-, HC- und NO_X-Emissionen verringert. Für eine weitere Senkung der NO_X-Emissionen können durch den gleichzeitigen Betrieb von Elektromotor und Verbrennungsmotor (Boosten) Lastpunkte im mittleren Lastbereich abgesenkt werden.

Betriebsstrategie zur CO_2-Reduzierung

Bei Fahrzeugen mit stöchiometrisch betriebenen Otto-Verbrennungsmotoren können aufgrund des eingesetzten Drei-Wege-Katalysators niedrigste Emissionswerte realisiert werden. Im Hybridfahrzeug sind niedrigste Emissionen auch bei großvolumigen Verbrennungsmotoren durch entsprechende Warmlaufstrategien möglich. Unter Umständen können die Anforderungen an das Abgasnachbehandlungssystem sogar reduziert werden. Ziele beim Otto-Hybridfahrzeug und auch beim Diesel-Hybridfahrzeug sind somit Kraftstoffeinsparung und Leistungssteigerung.

Bild 22 zeigt für die verschiedenen HEV-Topologien eine mögliche Optimierung des Betriebsbereiches des Verbrennungsmotors hinsichtlich minimaler CO_2-Emissionen (also Verbrauchseinsparung).

Im Neuen Europäischen Fahrzyklus (NEFZ) werden Verbrennungsmotoren in konventionellen Fahrzeugen bei niedriger Teillast und damit bei suboptimalem Wirkungsgrad betrieben. Beim Fahrzeug mit parallelem Hybridantrieb können niedrige Verbennungsmotorlasten durch rein elektrisches Fahren vermieden werden (Bild 22b).

Da die benötigte elektrische Energie in der Regel nicht ausschließlich durch Rekuperation zurückgewonnen werden

22 Verschiebung des Betriebsbereichs bei Strategie zur CO_2-Reduzierung

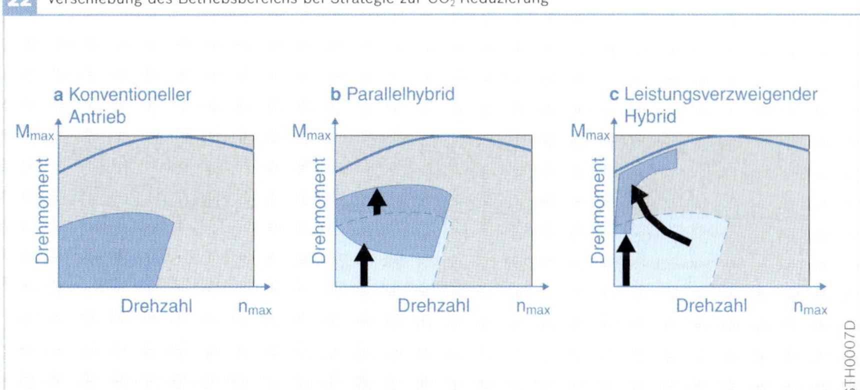

Bild 22
a Bereich der Betriebspunkte im Fahrzyklus
b Vermeiden niedriger Verbrennungsmotorlasten durch rein elektrisches Fahren mit anschließendem Laden
c eCVT-Effekt: Verlagerung der Betriebspunkte in den energieoptimalen Bereich des Antriebsstrangs

kann, wird die elektrische Maschine anschließend generatorisch betrieben. Hieraus resultiert im Vergleich zum konventionellen Fahrzeug eine Verschiebung des Betriebs des Verbrennungsmotors zu höheren Lasten und damit besseren Wirkungsgraden. Hierdurch kann mehr elektrische Energie zur Verfügung gestellt werden als bei der zuvor beschriebenen NO_X-Strategie beim Diesel, und infolgedessen ist elektrisches Fahren in einem größeren Maße möglich. Jedoch muss auch hier wegen der Lebensdaueranforderungen der Traktionsbatterie ein Kompromiss zwischen CO_2-Emissionen und dem Energiedurchsatz gefunden werden, denn ein großer Energiedurchsatz hat einen negativen Einfluss auf die Lebensdauer der Traktionsbatterie.

Im Fall des leistungsverzweigenden Hybridfahrzeugs (Bild 22 c) wird der Betriebsbereich des Verbrennungsmotors gegenüber dem Parallel-Hybridfahrzeug stärker eingeschränkt. Er wird in der Regel drehzahlabhängig bei der Last betrieben, bei der der gesamte Antriebsstrang energieoptimal arbeitet. Auch hier können wegen des seriellen Betriebsmodus auf dem elektrischen Pfad (gleichzeitiger generatorischer und motorischer Betrieb der beiden elektrischen Maschinen) Energiedurchsatz und Zyklisierung der Traktionsbatterie gegenüber einem Parallel-Hybrid niedriger gehalten werden.

Betriebspunktoptimierung

Aufteilung des Antriebsmoments

Unterschiedliche Ausprägungen der Hybrid-Fahrzeugsteuerung bzw. Betriebsstrategie-Optimierung haben beträchtliche Auswirkungen auf Kraftstoffverbrauch, Emissionen, verfügbares Drehmoment und die Auslegung der Komponenten (z. B. Betriebsbereich der elektrischen Maschine und des Verbrennungsmotors, Energiedurchsatz und Zyklisierung des elektrischen Speichers), da deren Betriebspunkte direkt von der Betriebsstrategie abhängen. Es ist bereits deutlich geworden, dass die systemübergreifende Hybridsteuerung von entscheidender Bedeutung ist. Es gibt eine Vielzahl von Möglichkeiten und Freiheitsgraden zur Optimierung des Betriebs. Für die Ausnutzung des Kraftstoffeinsparpotenzials ist insbesondere die Verteilung des angeforderten Antriebsmoments auf die Antriebsquellen Verbrennungsmotor und elektrische Maschine von großer Bedeutung.

Festlegung im Zustandsautomaten

Eine Momentenaufteilung ist allerdings nicht in allen Fahrzuständen notwendig. Bild 23 zeigt die verschiedenen Fahrzustände eines Hybridfahrzeugs, die abhängig vom Fahrerwunsch, dem Zustand des elektrischen Speichers und der Fahrzeuggeschwindigkeit in einem Zustandsautomaten festgelegt werden.

23 Fahrzustände von Hybridfahrzeugen

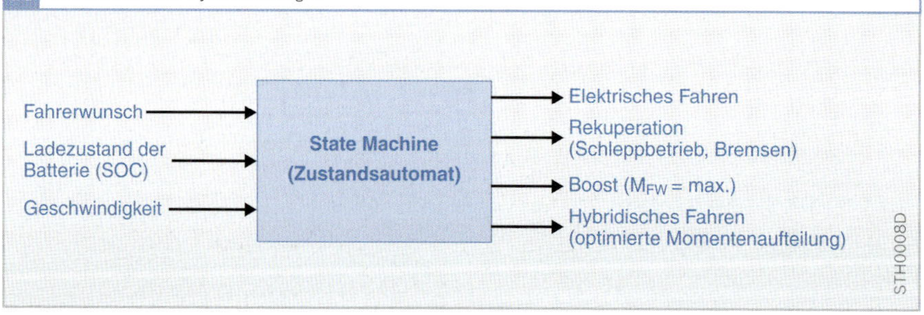

Bei rein elektrischem Fahren sowie im Falle von Rekuperation wird der Verbrennungsmotor stillgelegt und im Boost-Betrieb wird von beiden Antriebsquellen das maximal verfügbare Moment angefordert. Der rein elektrische Fahrbetrieb ist auf niedrige Fahrzeuggeschwindigkeiten und geringe Beschleunigungen begrenzt. Rekuperation tritt nur bei Fahrzeugverzögerung auf. Der Boost-Betrieb wird vor allem dann eingesetzt, wenn vom Fahrer maximaler Vortrieb gefordert wird (Kickdown).

Aufteilung durch Betriebsstrategie

Zwischen den Betriebszuständen, die durch den Zustandsautomaten festgelegt werden, liegt der weite Bereich des hybridischen Fahrens, in dem die Verteilung des Antriebsmoments vorzugeben ist. Aufgrund der vielen Freiheitsgrade und Abhängigkeiten ist eine Optimierung notwendig, die mit Hilfe modellbasierter Verfahren am effektivsten realisiert werden kann.

Bild 24 zeigt die Abhängigkeiten der Betriebsstrategie. Die Hybridsteuerung verteilt das gewünschte Antriebsmoment auf die Antriebsquellen Verbrennungsmotor und elektrische Maschine und bezieht dabei unter anderem die Fahrzeuggeschwindigkeit und den Zustand des elektrischen Speichers ein. Zusätzlich benötigt die Betriebsstrategie noch einen Äquivalenzwert der gespeicherten elektrischen Energie, der beinhaltet, wie viel Kraftstoff verbraucht wurde, um diese elektrische Energie zu generieren.

Die unterschiedlichen Arten der elektrischen Energieerzeugung (Rekuperation und verbrennungsmotorisches Laden) werden betrachtet, um dem Energieinhalt der Batterie einen Äquivalenzwert der Optimierungsgröße (z. B. Kraftstoffverbrauch) zuzuweisen. Dieser Äquivalenzwert bildet die Basis für die Entscheidung, welche Energie eingesetzt wird.

Bestimmung des Äquivalenzwertes

Eine Festlegung und Optimierung dieses Äquivalenzwertes kann auf unterschiedliche Weise erfolgen. Das Optimum kann nur gefunden werden, wenn der gesamte Fahrzyklus bekannt ist, was einem Blick in die Zukunft gleichkommt (a priori-Wissen). Dieser Blick in die Zukunft ist aber nur bei vorgegebenen Fahrzyklen oder bei der Simulation möglich. Im realen Fahrbetrieb können nur gegenwärtige und vergangene Fahrzustände für die Bestimmung des Äquivalenzwertes herangezogen werden (a posteriori-Wissen). Der unterschiedliche Optimierungshorizont für den Äquivalenzwert ist in Bild 25 veranschaulicht.

In der Abbildung ist als Beispiel der Geschwindigkeitsverlauf des NEFZ-Fahrzyklus dargestellt. Als Gegenwart ist der Zeitpunkt t = 625 s angenommen. Ohne

24 Betriebsstrategie

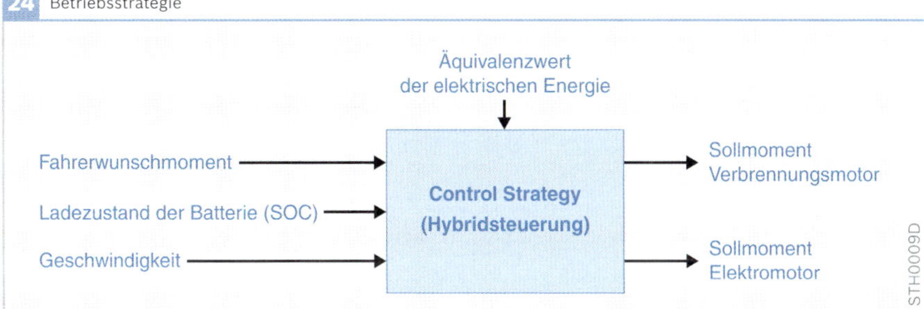

Kenntnis der gesamten Fahrstrecke kann die letzte lange Bremsung von 120 km/h bis zum Stillstand, die ein großes Rekuperationspotenzial beinhaltet, nicht zur Optimierung des Äquivalenzwertes herangezogen werden.

Die Auswirkung der unterschiedlichen Optimierungshorizonte zeigt Bild 26 anhand des kumulierten Kraftstoffverbrauchs. Zusätzlich ist der Verbrauch eines vergleichbaren konventionellen Fahrzeugs dargestellt. Es ist erkennbar, dass eine a priori-Optimierung zusätzliches Potenzial ausschöpft, da sie u. a. die Rekuperationsphase am Ende des Zyklus optimal ausnutzen kann.

Wird die Betriebsstrategie-Optimierung mit Fahrerassistenzsystemen vernetzt, z. B. mit einem Navigations-System, kann das zukünftige Fahrprofil (insbesondere das Geschwindigkeitsprofil) bis zu einem gewissen Grade abgeschätzt werden.

25 Horizont verschiedener Äquivalenzwerte

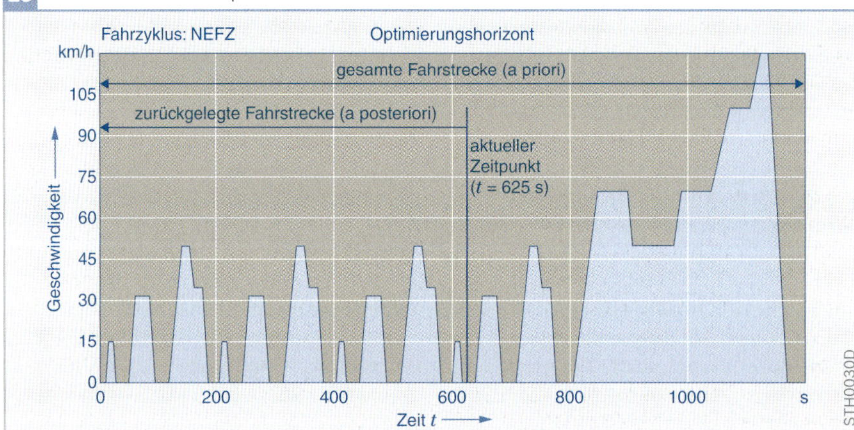

26 Kumulierter Kraftstoffverbrauch bei unterschiedlichen Betriebsstrategien

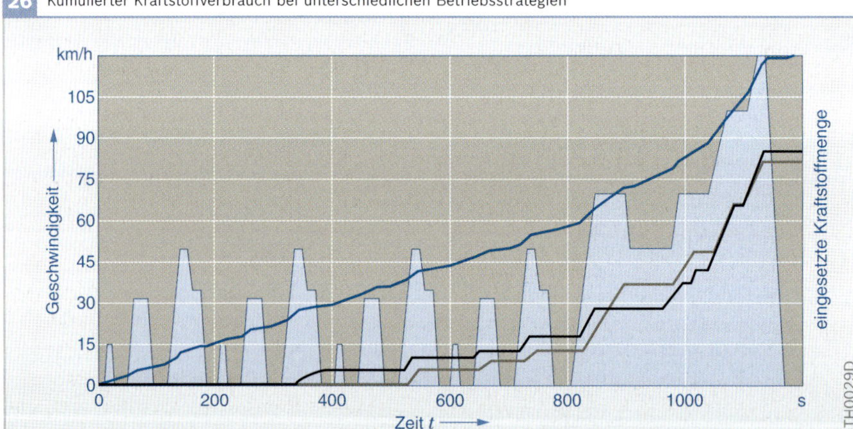

Bild 26
- konventionelles Fahrzeug
- HEV: a priori-Strategie
- HEV: a posteriori-Strategie

Strategie der elektrischen Energieerzeugung

Im Hybridfahrzeug kann elektrische Energie durch verbrennungsmotorisches Laden der Batterie und durch Rekuperation (Rückgewinnung von Bremsenergie) erzeugt werden. Während bei der Rekuperation Energie ohne zusätzlichen Kraftstoffaufwand gewonnen wird, muss für das verbrennungsmotorische Laden Kraftstoff aufgewendet werden. Dabei hängt der Wirkungsgrad dieses Ladevorgangs vom momentanen Betriebspunkt des Verbrennungsmotors ab.

Da meist aus der Rekuperation alleine nicht ausreichend Energie generiert werden kann und außerdem die Speicherfähigkeit der Batterie begrenzt ist, lässt sich das verbrennungsmotorische Laden nicht vermeiden. Um die hierfür aufzuwendende Kraftstoffmenge möglichst gering zu halten, wird diese Art der Stromerzeugung nach Möglichkeit dann durchgeführt, wenn der Verbrennungsmotor in Betriebsbereichen mit schlechtem Wirkungsgrad betrieben wird und durch die zusätzliche Last eine möglichst große Wirkungsgradsteigerung erreicht werden kann (Bild 27). Die optimale Ausnutzung der Wirkungsgradverbesserung bei verbrennungsmotorischem Laden ist Aufgabe der Betriebsstrategie, denn es handelt sich hierbei auch um eine Momentenverteilung zwischen Verbrennungsmotor und elektrischer Maschine.

27 Verschiebung des Betriebspunkts

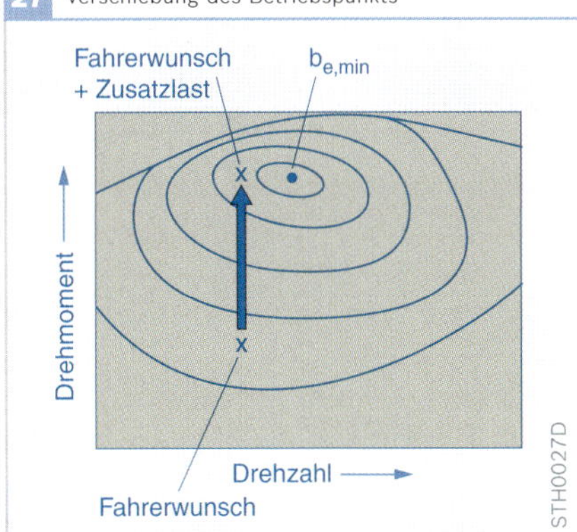

Bild 27
$b_{e,min}$: minimaler effektiver Kraftstoffverbrauch

Auslegung des Verbrennungsmotors

Einsatz geeigneter Verbrennungsmotoren

Generell ist der Einsatz jedes Verbrennungsmotors aus Fahrzeugen mit konventionellem Antriebsstrang in einem Hybridfahrzeug möglich. Für eine Kombination mit einem elektrischen Antrieb bieten sich sowohl Otto-, Erdgas- als auch Dieselmotoren an, jedoch mit unterschiedlichen Optimierungszielen (siehe Abschnitte *Betriebsstrategie für Diesel-Hybridfahrzeuge / für Otto-Hybridfahrzeuge*).

Durch die zusätzlichen Möglichkeiten, die durch den HEV-Verbund beispielsweise bezüglich Betriebspunktverschiebung gegeben sind, können für Hybridfahrzeuge aber ggf. auch andere Verbrennungsmotor-Konzepte verfolgt werden als für konventionell angetriebene Fahrzeuge. Aufgrund der Verkleinerung des Betriebsbereichs kann die notwendige Wirkungsgradoptimierung auf diesen Bereich beschränkt werden und hohe Kosten für Zusatzkomponenten können vermieden werden. Beispielsweise kann auf den zweiten Lader von modernen Doppelaufladungskonzepten verzichtet werden, da seine Aufgaben (für ein schnelles Ansprechverhalten und für ein höheres Drehmoment bei niedrigen Drehzahlen zu sorgen) von der elektrischen Maschine abgedeckt werden.

Wenn vom elektrischen Speicher ausreichend Leistung zur Verfügung gestellt wird, kann der elektrische Antrieb Drehmomentdefizite und ein trägeres Ansprechverhalten von bestimmten Verbrennungsmotorkonzepten kompensieren.

Dynamische Anforderungen an den Antriebsstrang werden durch die Kombination von elektrischem Antrieb und Verbrennungsmotor umgesetzt. Durch die vor allem bei niedrigen Drehzahlen günstige Drehmoment-Charakteristik und das schnelle Ansprechverhalten des elektrischen Antriebes kann der Verbrennungsmotor bei dynamischen Vorgängen entlastet werden. Es können also Lastspitzen am Verbrennungsmotor vermieden werden.

Atkinson-Zyklus

Die zuvor beschriebenen geänderten Anforderungen bezüglich Maximalleistung und Dynamik ermöglichen den Einsatz des Atkinson-Zyklus, der beim konventionellen Antrieb aufgrund der geringeren spezifischen Leistung (wegen schlechter Volllastfüllung) und Schwächen bei dynamischen Vorgängen nicht zum Einsatz kommt. Der Atkinson-Zyklus (Bild 28) bedingt ein unterschiedliches Hubverhältnis von Kompressions- und Expansionshub, was geometrisch nur schwer realisierbar ist, aber mit Hilfe variabler Ventilsteuerzeiten dargestellt werden kann. Er bietet eine bessere Ausnutzung der Expansionsphase und dadurch einen gesteigerten Wirkungsgrad.

Dieses Konzept ist z. B. beim Toyota Prius umgesetzt. Zusätzlich ist hier die Höchstdrehzahl begrenzt, um durch eine schwächere Auslegung des Ventiltriebs die Grundreibung des Gesamtmotors zu reduzieren. Zudem kann dabei die erforderliche Maximaldrehzahl des Generators klein gehalten werden.

28 Atkinson-Zyklus

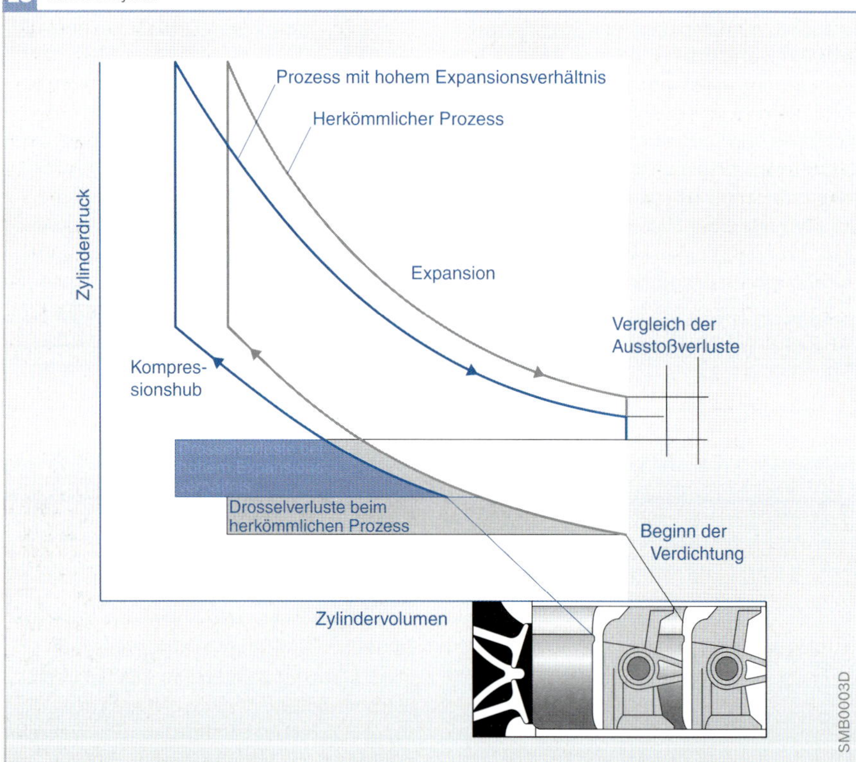

Bild 28
Quelle: Toyota

Downsizing

Neben der Verwendung einfacher bzw. kostengünstiger Verbrennungsmotoren weist auch eine gezielte Optimierung des Verbrennungsmotors in Kombination mit einem elektrischen Antrieb Vorteile auf. Eine Möglichkeit zur Verbesserung bietet Downsizing, das eine Verkleinerung des Hubraums unter Beibehaltung der Leistung mit Hilfe von Aufladung vorsieht. Hierbei können unter Verwendung der Antriebsleistung des E-Motors ungünstige Betriebsbereiche vermieden und dynamische Drehmomentschwächen ausgeglichen werden.

Im Falle des Hybridfahrzeugs ist es beim Downsizing aber auch möglich, eine Reduzierung der Motorleistung zu tolerieren, da diese mit Hilfe des elektrischen Antriebs ausgeglichen werden kann. Die Gesamtantriebsleistung bleibt dabei gleich. Allerdings steht in diesem Fall die Höchstleistung nur für eine begrenzte Zeit zur Verfügung (bedingt durch die Batterieladung), was zu einer reduzierten Dauerhöchstgeschwindigkeit des Fahrzeugs führt.

Optimierung hinsichtlich Emissionen und Kraftstoffverbrauch

Um die Ziele von Emissions- und Verbrauchsreduktion zu erreichen, können Freiheitsgrade für den Verbrennungsmotorbetrieb ausgenutzt werden, die von der Topologie des Antriebsstranges abhängen.

Eine wichtige Strategie ist es, Betriebspunkte zu vermeiden, bei denen der Verbrennungsmotor einen ungünstigen Wirkungsgrad oder hohe Emissionen aufweist. Die zugrunde liegende Betriebsstrategie muss hinsichtlich des Verbesserungsziels (z. B. Verbrauchseinsparung bzw. CO_2- oder NO_X-Reduzierung) optimiert werden. Die geänderten Betriebsbedingungen können für eine Optimierung des Verbrennungsmotorkonzeptes und der Abgasnachbehandlung ausgenutzt werden. Aus den geänderten Anforderungen folgen Änderungen in Funktionen und in der Applikation der Motorsteuerung, die hier nicht weiter betrachtet werden.

Reiboptimierung des Verbrennungsmotors

Ein Teil der Einsparung an Primärenergie erfolgt bei einem Hybridfahrzeug durch Rückgewinnung von Bremsenergie (Rekuperation). Diese kann sowohl beim aktiven Bremsen als auch im Schubbetrieb, z. B. bei Bergabfahrt, durchgeführt werden. Um das Einsparpotenzial möglichst vollständig auszunutzen, muss der Verbrennungsmotor in diesen Betriebsbereichen stillgelegt werden. Ist dies nicht möglich, muss der Motor mitgeschleppt werden und seine Schleppreibung schränkt das Rekuperationspotenzial ein. In diesem Fall stellt die Reiboptimierung des Motors eine wichtige Anforderung an den Verbrennungsmotor dar.

Regeneratives Bremssystem

Beim regenerativen Bremsen wird kinetische Energie der Antriebsräder durch die E-Maschine - die dafür generatorisch betrieben wird - in elektrische Energie umgewandelt. So kann ein Teil der Energie, die beim Bremsen normalerweise als Reibungswärme verloren geht, in Form von elektrischer Energie in die Batterie eingespeist und anschließend genutzt werden. Gleichzeitig wird durch den generatorischen Betrieb der E-Maschine eine das Fahrzeug abbremsende Wirkung erzielt.

Zur besseren Nutzung eines Hybridantriebssystems ist es notwendig, den elektrischen Energiespeicher effizient laden zu können. Hinreichende elektrische Energie muss zur Verfügung gestellt werden für

- die unter bestimmten Umständen häufig auftretenden Wiederstarts der Verbrennungsmaschine beim Start/Stopp-System,
- die elektrische Momentenunterstützung oder den elektrischen Fahrbetrieb bei Mild- und Full-Hybrid-Systemen.

Die elektrische Energie zum Laden der Batterie kann zum einen durch eine Lasterhöhung der Verbrennungsmaschine und durch den Betrieb des Elektromotors als Generator aufgebracht werden. Zum anderen ist eine Nutzung der kinetischen Energie des Fahrzeuges während Verzögerungsvorgängen sinnvoll. Diese Energie wird bei konventionellen Fahrzeugen entweder durch das Motorschleppmoment oder bei Betätigung des Bremspedals durch die Fahrzeugbetriebsbremse in Wärme umgewandelt.

Hybridfahrzeuge eröffnen durch generatorische Nutzung des Elektromotors die Möglichkeit, zumindest einen Teil der Energie zurückzugewinnen und sie entweder elektrischen Verbrauchern oder dem elektrischen Antrieb des Fahrzeuges zuzuführen. Dieser Vorgang wird *regeneratives* oder *rekuperatives* Bremsen genannt.

Strategien der regenerativen Bremsung

Prinzip

Bei einem Full Hybrid wird zum regenerativen Bremsen der Verbrennungsmotor abgekoppelt und das Schleppmoment durch ein äquivalentes generatorisches Moment des Elektromotors ersetzt (Schleppmomentensimulation). Die frei werdende Energie wird gespeichert.

Lässt sich der Verbrennungsmotor nicht abkoppeln (wie bei einem Mild Hybrid), kann alternativ ein geringeres generatorisches Moment zusätzlich zum Schleppmoment des Verbrennungsmotors auf den Triebstrang aufgeprägt werden (Schleppmomentenerhöhung).

Unter Berücksichtigung des Fahrverhaltens lassen sich durch Schleppmomentensimulation bzw. -erhöhung jedoch keine großen Verzögerungen umsetzen. Problematisch ist das bei den einzelnen Bremsvorgängen unterschiedliche regenerative Bremsmoment und die daraus resultierende unterschiedliche Bremsleistung. Diese muss dem Ladezustand der Batterie und der thermischen Belastung des elektrischen Antriebs angepasst werden. Steigt zum Beispiel nach einigen Bremsungen die Batterietemperatur deutlich an, muss

1 Maximaler Momentenverlauf bei generatorischem Betrieb der E-Maschine

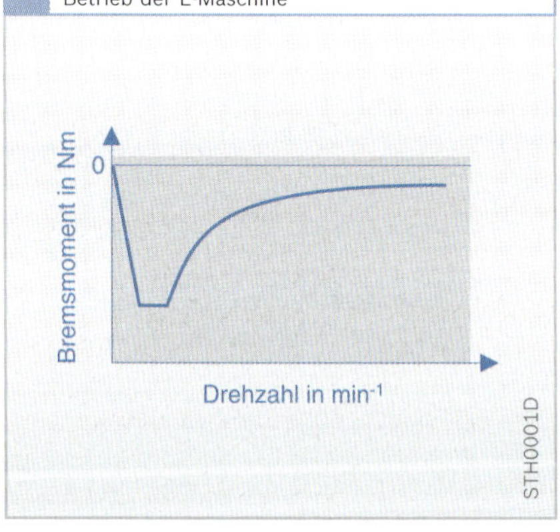

unter Umständen die regenerative Leistung zurückgenommen werden, um eine thermische Überlastung des Systems zu vermeiden.

Kooperativ regeneratives Bremssystem
Zur weiteren Ausnutzung der kinetischen Energie muss bei höheren Verzögerungen das Betriebsbremssystem modifiziert werden. Dazu muss das gesamte oder ein Teil des Reibmoments der Betriebsbremse gegen regeneratorisches Bremsmoment ausgetauscht werden, ohne dass sich die Fahrzeugverzögerung bei konstant gehaltener Bremspedalstellung und -kraft ändert. Dies wird beim kooperativ regenerativen Bremssystem realisiert, bei dem Fahrzeugsteuerung und Bremssystem derart interagieren, dass stets genauso viel Reibbremsmoment zurückgenommen wird, wie generatorisches Bremsmoment vom Elektromotor ersetzt werden kann.

Anforderungen
An ein kooperativ regeneratives Bremssystem müssen folgende Anforderungen gestellt werden:
- Bestimmung des Verzögerungswunsches des Fahrers,
- Erhaltung der von konventionellen Fahrzeugen gewohnten Leistungsfähigkeit und Bedienung der Betriebsbremse,
- Bestimmung einer geeigneten Aufteilung des Bremsmomentes zwischen Reibbremse und regenerativer Bremse, unter Berücksichtigung von Stabilitäts-, Komfort- und Effizienzkriterien,
- Bestimmung einer geeigneten Aufteilung des Bremsmomentes auf die Fahrzeugachsen,
- Einstellung des Reibbremsmoments.

Der Austausch des regenerativen Bremsmoments gegen das Reibbremsmoment erfordert eine geeignete Datenschnittstelle zwischen den entsprechenden Steuergeräten des Antriebsstrangs und dem Bremsensteuergerät.

Kooperative Bremsmanöver
Während einer Bremsung ändert sich das maximal vom Elektromotor erreichbare generatorische Moment über einen weiten Drehzahlbereich kontinuierlich (Bild 1). Dies ergibt sich daraus, dass die Leistung des Elektromotors (also Moment * Drehzahl) in diesem Bereich konstant ist. Erst bei geringen Drehzahlen gibt es einen Bereich konstanten maximalen Drehmoments des Elektromotors. Fällt die Drehzahl weiter ab, sinkt das erreichbare regenerative Bremsmoment wieder auf Null ab.

Für eine konstante Verzögerung des Fahrzeugs ist ein konstantes Moment an den Rädern notwendig. Wird der als Generator betriebene Elektromotor bis an sein Grenzmoment ausgenutzt, muss mit sinkender Geschwindigkeit das Reibbremsmoment kontinuierlich verringert werden, weil das generatorische Moment zunimmt. In Bild 2 ist exemplarisch ein Bremsvorgang eines leistungsverzweigenden Hybrids dargestellt. Zu Beginn des Manövers wird das generatorische Moment erhöht, bis es sein Maximum erreicht (wenn dieses dem geforderten Gesamtbremsmoment entspricht). Gegen Ende des Bremsvorgangs wird das generatorische Moment zurückgenommen und vollständig durch Reibbremsmoment ersetzt, weil der Elekt-

2 Kooperatives Bremsmanöver bei einem leistungsverzweigenden Hybrid

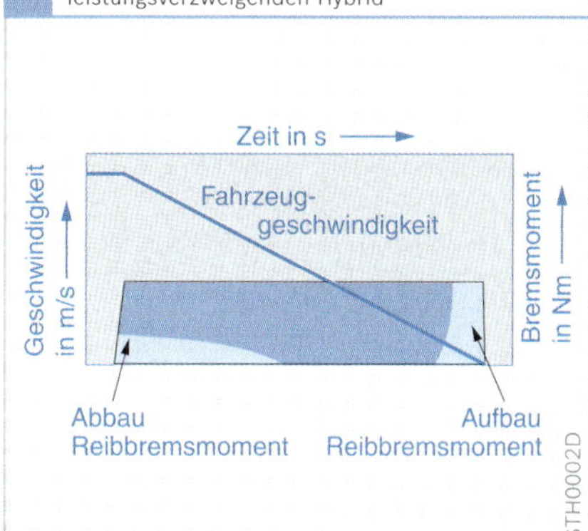

Bild 2
Abbau und Aufbau des Reibbremsmoments und Austausch gegen generatorisches Bremsmoment

romotor bei sehr geringen Drehzahlen kein generatorisches Moment mehr bereitstellen kann (Bild 1).

Beim Bremsvorgang aus hoher Geschwindigkeit bis zum Stillstand wird also bei konstanter Pedalbetätigung die Verteilung zwischen Reibbremsmoment und regenerativem Bremsmoment ständig angepasst.

Bremskraftverteilung

Wie bei der Auslegung konventioneller Bremssysteme ist auch bei der Auslegung eines regenerativen Bremssystems die Bremskraftverteilung zwischen Vorder- und Hinterachse von entscheidender Bedeutung für die Fahrstabilität des Fahrzeuges. Mit zunehmender Verzögerung steigt die Normalkraft auf die Räder der Vorderachse, während die Normalkraft auf die Räder der Hinterachse sinkt.

Ist der Elektromotor mit den Rädern der Vorderachse verbunden, kann mit zunehmender Verzögerung und damit zunehmender Normalkraft an der Vorderachse auch ein größeres Radmoment übertragen werden. Daher sollte, um die Fahrstabilität zu erhalten, die Reibwertausnutzung der Vorderachse nicht die Reibwertausnutzung der Hinterachse übersteigen.

Handelt es sich um ein heckgetriebenes Fahrzeug oder um ein Fahrzeug mit elektrifizierter Hinterachse (d. h. Verbrennungsmotor an der Vorderachse und Elektromotor an der Hinterachse), so nimmt das absetzbare regenerative Moment mit zunehmender Verzögerung ab.

Auch die elektrische Leistung der Batterie hat einen großen Einfluss auf die Nutzung der Rekuperation, da sie das begrenzende Element zur Aufnahme elektrischer Energie aus der Fahrzeugbewegung ist. Mit zunehmender Leistung des Energiespeichers steigt die maximal mögliche rein rekuperative Verzögerung. Aus Gründen der Fahrzeugstabilität kann ein großes generatorisches Bremsmoment jedoch nur an der Vorderache übertragen werden. Hohe rein rekuperative Verzögerungen lassen sich daher nur mit einem Fahrzeug mit Frontantrieb oder Allradantrieb erreichen. Bei letzterem wird je nach Ausprägung

3 Systemschaltbild des kooperativ regenerativen Bremssystems

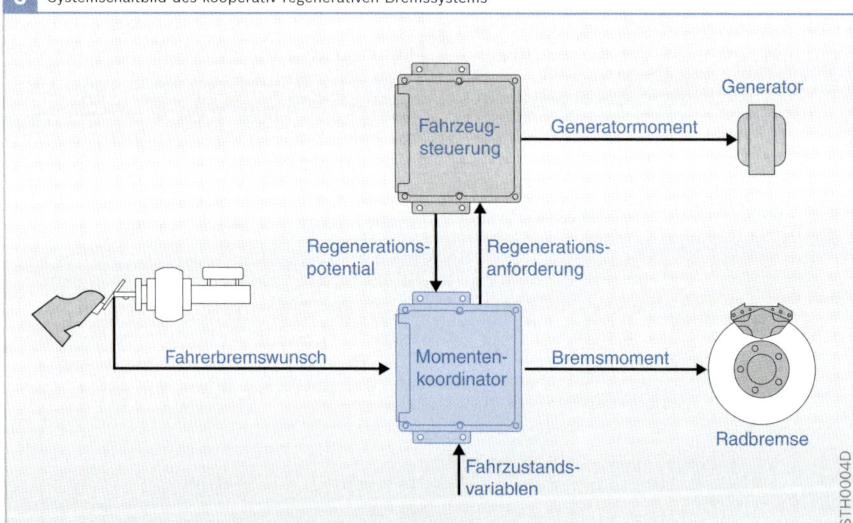

des Mitteldifferenzialgetriebes das Bremsmoment so auf beide Achsen verteilt, dass dieses zumindest näherungsweise der idealen Bremskraftverteilung der Reibbremse entspricht.

Einflüsse auf die Stabilitätsregelung

Da das regenerative Bremssystem Einfluss auf die Bremsstabilität hat, müssen ABS- und ESP-Regelungen der veränderten Fahrphysik angepasst werden.

Es ist sinnvoll, den regenerativen Anteil der Bremsung bei Erkennen von instabilen Fahrzuständen oder zu hohem Bremsschlupf auszublenden und Verzögerung und Stabilisierungseingriffe allein durch das Reibbremssystem darzustellen. Sonst könnten Instabilitäten und Triebstrangschwingungen eine optimale Radschlupfregelung stören.

Im Verhältnis zu den Teilbremsvorgängen sind Eingriffe des Fahrzeugstabilisierungssystems über das Fahrzeugleben hinweg so selten, dass die Unterdrückung rekuperativen Bremsens in diesen Situationen keinen merklichen Einfluss auf den durchschnittlichen Verbrauch des Fahrzeuges hat.

Umsetzung der Betriebsbremse

Die Reibbremse des kooperativ regenerativen Bremssystems kann in unterschiedlichen Ausprägungen dargestellt werden.

Mehrheitlich sind es mechatronische Bremssysteme, die Bremspedal und Radbremse entkoppeln und durch Hinzufügen eines Pedalsimulators die Bremspedalcharakteristik darstellen. Dabei kann die Energiespeicherung zur Bremskraftverstärkung hydraulisch, pneumatisch oder elektrisch erfolgen.

Allen Umsetzungen gemeinsam ist das Blockschaltbild des kooperativ regenerativen Bremssystems (Bild 3). Die Fahrzeugsteuerung überwacht ständig alle relevanten Parameter des Hybridantriebs und bestimmt, welches Moment der Elektromotor zum Bremsen zur Verfügung stellen kann. Bei Betätigung des Bremspedals berechnet der Momentenkoordinator des Bremensteuergeräts eine Verteilung des Bremsmomentes auf die Reibbremse und das rekuperative Bremssystem.

Der rekuperative Momentenanteil wird der Fahrzeugsteuerung zurückgemeldet und dort an den Steller des Elektromotors weitergeleitet. Das Restbremsmoment wird von der Reibbremse eingestellt, während Fahrzeugstabilität und Radschlupf überwacht werden.

Elektroantriebe für Hybridfahrzeuge

Elektrisch angetriebene Straßenfahrzeuge sind bereits in den 1920er Jahren in geringen Stückzahlen gebaut worden, erste Hybridfahrzeuge kamen in kleinsten Stückzahlen ab ca. 1980 auf den Markt. Relevante Stückzahlen erreichte jedoch erst der Toyota Prius ab Modelljahr 1998. Während zunächst ausschließlich der Gleichstrom-Kommutatormotor eingesetzt wurde, kam in den letzten 20 Jahren aufgrund der Fortschritte in der Stromrichtertechnik dann ausschließlich der Drehstrom-Antrieb zum Einsatz.

Die Elektroantriebe können sowohl motorisch (das Fahrzeug antreibend, Energie aus dem Speicher entnehmend) als auch generatorisch (das Fahrzeug abbremsend, Energie in den Speicher zurückspeisend) betrieben werden. Sie sind damit elektromechanische Energiewandler, die in beide Richtungen arbeiten können. Als Produktbezeichnung wurde deswegen der Begriff *Motor-Generator* gewählt.

Wesentliche Komponenten des Drehstromantriebs sind der Drehfeld-Antriebsmotor (E-Maschine, Bild 1) und ein Wechselrichter (Inverter), dessen Leistungselektronik die Gleichspannung der Batterie so auf die Phasenanschlüsse der Maschine verteilt, dass ein dreiphasiges Drehspannungssystem entsteht (Bild 2). Meist wird noch ein Sensorsystem für die Bestimmung der Drehwinkelposition des Läufers (Rotors) der E-Maschine benötigt, um bestmögliche Ausnutzung und Regelungsqualität der E-Maschine zu erzielen.

Antriebe für Parallelhybrid-Fahrzeuge

Die Bosch-Erzeugnisse IMG (Integrierter Motor-Generator) und SMG (Separater Motor-Generator) sind vorwiegend für den Einsatz in Parallelhybrid-Triebsträngen vielfältiger Ausprägung ausgelegt. Hier sind insbesondere hohes Drehmoment und Dauerbetriebsfestigkeit gefordert. Zudem ist die Versorgungsspannung durch die direkte Speisung aus der Traktionsbatterie stark abhängig vom Arbeitspunkt des E-Antriebs.

Im Folgenden wird nur der IMG-Antrieb beschrieben. Er stellt die komplexere Variante gegenüber SMG dar. SMG-Antriebe sind bezüglich ihres Einsatzgebietes wesentlich vielfältiger, arbeiten prinzipiell jedoch auf gleiche Weise.

1 Antriebsmotor: Integrierter Motorgenerator

2 Prinzipschaltbild und Wirkungsweise des Inverters

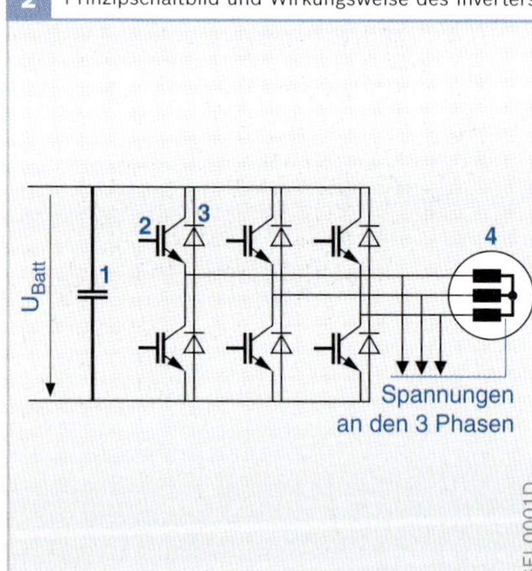

Bild 2
1 Zwischenkreis-Kondensator
2 IGBT-Leistungstransistor (Insulated Gate Bipolar Transistor)
3 Diode
4 IMG-E-Maschine

E-Maschine für den IMG-Antrieb

Anforderungen

Durch die Anordnung der E-Maschine zwischen Verbrennungsmotor und Getriebeeingang ist hier eine axial minimal kurz bauende Maschinenart vorzusehen. Bei Verwendung einer Trennkupplung zwischen Verbrennungs- und E-Motor ist diese zusammen mit der E-Maschine bauraum-minimal zu integrieren, was heute nur mit hydraulisch betätigten Kupplungen möglich ist. Weiterhin ist eine hohe Drehmomentfähigkeit der E-Maschine erforderlich,

- um große Verbrennungsmotoren bei niedrigsten Temperaturen sehr schnell und sicher zu starten,
- um eine ausreichende Drehmomentreserve vorzuhalten für einen komfortablem Start des Verbrennungsmotors ohne Drehmomenteinbruch aus rein elektrischer Fahrt.

Bestmöglicher Wirkungsgrad der Maschine ist zu gewährleisten, da dieser unmittelbaren Einfluss auf den Kraftstoffverbrauch des Hybridfahrzeugs hat, denn es werden hier nennenswerte Anteile am Gesamt-Energiehaushalt des Fahrzeugs umgesetzt. Weitere Anforderungen sind Spannungsfestigkeit, Geräuscharmut sowie gute Wärmeabfuhr der Ständerwicklung über das Statorblechpaket an das Gehäuse.

Die Anforderungen werden am besten durch die permanentmagnet-erregte Synchronmaschine mit Einzelzahn-Wicklung erfüllt (Bild 3).

Wirkungsweise der IMG-E-Maschine

Bei der Einzelzahnbauweise wird die üblicherweise stark verschlungene Wicklung einer Drehfeldmaschine aufgelöst in einzelne, nebeneinander am Ständerumfang angeordnete Wicklungen. Diese umschließen jeweils nur einen Zahn des Stator-Blechpakets. Die aufeinander folgenden

3 IMG-Synchronmaschine

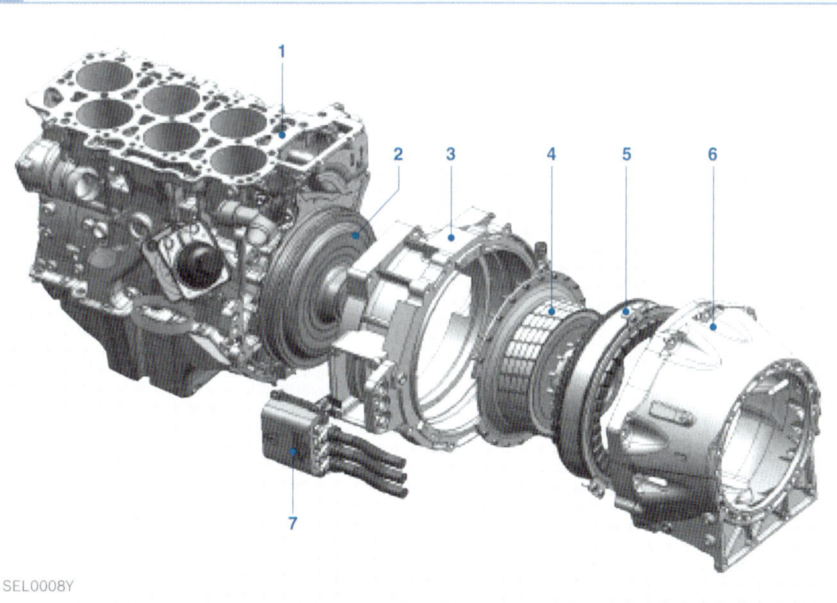

Bild 3
1 Verbrennungsmotor
2 Kupplung motorseitig
3 Außengehäuse
4 Rotor
5 Stator / Innengehäuse
6 Wandlergehäuse
7 Anschlusskasten

Wicklungen werden in zyklischer Reihenfolge jeweils mit den Phasen 1 bis 3 der Anschlussklemmen verbunden.

Die Anschlüsse werden mit drei jeweils um 120 Grad phasenverschobenen Strömen gespeist. So bildet sich im Luftspalt zwischen Stator und Rotor ein sich gleichförmig bewegendes magnetisches Feld mit konstanter Stärke (Amplitude) aus. Man spricht von einem *Drehfeld*, da es sich im Maschinen-Arbeitsluftspalt drehend im Kreis bewegt. Die Bezeichnung *Drehfeldmaschine* ist als Überbegriff für Synchron- und Asynchronmaschinen gültig. Das Stator-Magnetfeld tritt in Wechselwirkung mit dem Magnetfeld, das bei der permanentmagnet-erregten Synchronmaschine durch Permanentmagnete im Rotor der E-Maschine gebildet wird. Es übt eine mitnehmende Kraft auf den Rotor aus, die als Drehmoment an der Welle des Rotors zur Verfügung steht. Der Rotor folgt hierbei dem Statormagnetfeld mit gleicher Drehzahl (synchron). Die Höhe von Drehmoment und Leistung wird über die Amplitude des Statorfeldes und den Verdrehwinkel zwischen Stator- und Rotor-Magnetfeld geregelt. Aus diesem Grunde ist die möglichst exakte Erfassung der Rotorlage bei der Synchronmaschine ausschlaggebend für die Güte der Drehmomentregelung.

Stator

Stator- und Rotor-Blechpakete sind aus dünnen (0,35 oder 0,5 mm), mit Silizium legierten, weichmagnetischen Elektroblechen geschichtet. Dies verhindert Wirbelstrombildung im Eisen und trägt zu gutem Wirkungsgrad bei.

Die Statorspulen sind aus doppelt lackisoliertem Kupferdraht von knapp 1 mm Stärke gewickelt. Für ein optimales Ergebnis ist es erforderlich, die für die Wicklungen (Nutquerschnitt) und für den Magnetfluss (Eisenquerschnitt) verfügbaren Flächen sowie die Windungszahlen und die Drahtstärken exakt abzustimmen. Die Wicklung wird zunächst auf einem Kunststoff-Spulenträger Draht neben Draht („in Lage gewickelt") vorgefertigt. Über Verschaltungselemente, die den Strom aus den Haupt-Anschlussklemmen auf die Spulen verteilen, werden sie zu dreiphasiger Schaltung verbunden. Anschließend sorgt ein hochwertiger Tränk- oder Vergießprozess für die mechanische Fixierung, die endgültige Spannungsisolation und die Wärmeübertragung über den Spulenkörper an das Statoreisenpaket.

Rotor

Die Permanentmagnete im Läufer der E-Maschine bestehen zur Erzielung maximaler Drehmoment-Fähigkeit aus Neodym-Seltenerden-Legierung NdFeB. Bei Synchronmaschinen für übliche Anwendungen werden die Magnete auf der Oberfläche des Rotors durch Kleben oder Bandagieren fxiert. Für Hybrid-Kfz-Anwendung mit hohen Bauteiltemperaturen und hohen Fliehkräften ist jedoch eine komplexere Lösung notwendig: Die Magnete werden in Taschen geklebt, die durch ausgestanzten Löchern in den Rotorblechen entstehen (Bild 4). Weiterer Vorteil dieser Lösung ist die Reduzierung von Wirbelstromverlusten in den metallisch leitfähigen Permanentmagneten. Um die Magnetverluste nochmals zu reduzieren, werden die Magnete in Maschinen-Achsrichtung mehrfach unterteilt. Dies führt beim Bau des Rotors zu-

4 Schnitt durch den Aktivteil der IMG-E-Maschine

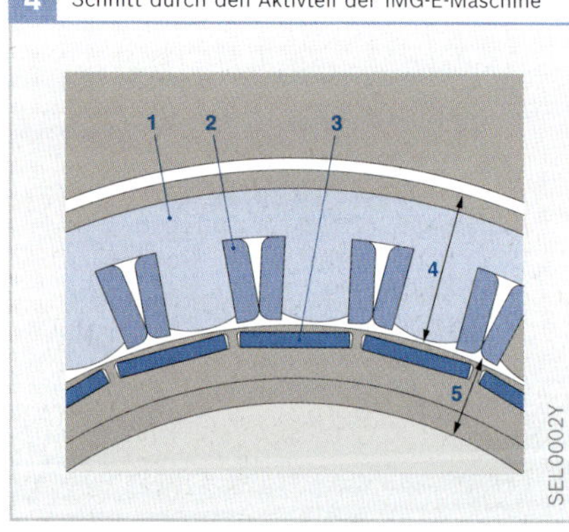

Bild 4
1 Statorzahn
2 Einzelzahn-Wicklung
3 vergrabene Permanentmagnete
4 Stator
5 Rotor

nächst zur Vorfertigung einzelner ca. 10 mm langer Ringe mit den Magnetstücken in den Taschen. Die endgültige Paketlänge des Rotors wird dann durch Hintereinanderschichten mehrerer solcher Ringe erzielt (Bild 5).

Zum Verbau der IMG-E-Maschine in den Triebstrang sind sowohl ein Gehäuse als auch eine Rotornabe notwendig. Im Fall des elektrisch fahrfähigen Parallel-Hybrids wird zusätzlich eine eigene Lagerung des Rotors zusammen mit der Kupplung zum Verbrennungsmotor notwendig.

Rotor-Lagerung

Die Lagerung besteht aus einem Hauptkugellager, das im gehäusefesten Lagerschild als Teil des IMG-Gehäuses montiert ist (Bild 6). Für einen einwandfreien Lauf der Trennkupplung zum Verbrennungsmotor hin wird dieses Hauptlager ergänzt durch ein Führungsnadellager in der Kurbelwelle. Die Lager der E-Maschine besitzen Fettschmierung auf Lebensdauer, wobei das Design hier besonders auf die erhöhten Temperaturen in diesem Bereich abgestimmt wird. Die abgehende Triebstrangseite wird in der Rotorstruktur der E-Maschine gelagert.

5 Aufbau des Rotorpakets aus Teilpaketen

Statorgehäuse

Das Statorgehäuse erfüllt folgende Anforderungen:

- Bildung eines Kühlwasserkanals,
- drehmoment- und schwingungsfeste Fixierung des Stators,
- Wärmeabfuhr des Stators,
- schwingungsdynamisch sichere und montagefreundliche Verbindung von Verbrennungsmotor und Getriebe,
- Einbringung der Rotor-Lagesensorik für die Maschinenregelung,
- Einbringung des Lagerschilds für die Rotor-Eigenlagerung und die Kupplungsbetätigung (Nehmerzylinder),
- Träger für Phasenanschlüsse, Sensorikanschlüsse, Kühlwasseranschlüsse und Anschluss der Kupplungshydraulik.

Das Basisdesign bildet dabei eine zweischalige Alu-Druckguss-Ausführung aus einem kundenspezifischen Außengehäuse mit passenden Lochbildern für Verbrennungsmotor und Getriebeglocke und einem weitgehend standardisierten Innengehäuse zur Aufnahme von Stator und Rotorlage-Sensorik.

Kühlung der IMG-E-Maschine

Die Kühlung der E-Maschine ist abhängig vom Einsatzprofil des Hybridantriebs zu wählen. Beim Mild Hybrid mit i. W. intermittierendem Betrieb kann auf eine eigenständige Kühlung weitgehend verzichtet werden. Durch das Innenläufer-Design der E-Maschine steht eine hohe Wärmeübergangsfläche zum Aluminiumgehäuse zur Verfügung.

Bei Vollhybridfahrzeugen mit hohen Dauerbetriebsanforderungen für den E-Antrieb sorgt ein zusätzlicher Wassermantel zwischen Innen- und Außengehäuse für intensivierte Wärmeabfuhr. Aufgrund der eingesetzten Materialien ist die Verwendung von Verbrennungsmotorkühlwasser mit bis zu 110 °C und einem Durchfluss von min. 8 *l*/min aus dem Vorlauf möglich.

Die Temperatur der Statorwicklung wird durch Temperatursensoren, die im Inverter-Steuergerät ausgewertet werden, überwacht. Auch im Rotor ist die Temperatur zu überwachen, da zu hohe Temperaturen zu einer irreversiblen Entmagnetisierung der Seltenerd-Permanentmagnete führen können. Diese Temperatur ist jedoch nicht direkt messbar. Ihre Überwachung erfolgt durch Beobachtersimulation in der Inverter-Software.

Von seiten der Trennkupplung ist nur ein geringer Wärmeeintrag zu erwarten, da hier nur kurzzeitiger reibungsbehafteter Betrieb stattfindet. Ein inniger Verbau der E-Maschine mit der Trennkupplung ist deshalb unkritisch. Ein kritischer Wärmeeintrag kann jedoch vom Anfahrelement am Getriebeeingang erfolgen, insbesondere wenn es sich um eine trockene Reibungskupplung handelt. Dieser Wärme-eintrag muss durch konstruktive Ansätze weitestgehend verhindert werden.

Die Leistungselektronik wird typischerweise über einen separaten Kühler entwärmt. Die maximale Kühlmitteltemperatur darf maximal 65 °C betragen und der Mindestdurchsatz beträgt auch hier 8 *l*/min. Auch hier kommt eine elektrische Zusatz-Kühlmittelpumpe zum Einsatz.

Rotorlage-Sensorik

Die maximale Drehmomentabgabe der Synchron-Maschine erfordert eine präzise berechnete Stromeinspeisung in die Statorwicklungen, abhängig vom Arbeitspunkt und von der augenblicklichen Rotorposi-tion. Da beim Parallelhybrid keine Drehmomentregelung im Stillstand der Maschine erforderlich ist, genügt hier i.d.R. eine weniger präzise, kostengünstige und robuste Sensorik.

Für die Anwendung beim Parallelhybrid wurde eine digitale Rotorlage-Sensorik entwickelt (Bild 6, Pos. 6; Bild 7). Sie basiert auf Hallsensoren, die ein auf der Rotornabe montiertes weichmagnetisches Geberrad abtasten. Das Geberrad besitzt abwechselnd Zähne und Zahnlücken. Diese werden durch die drei Hallsensoren jeweils digital als Eins oder Null erkannt

6 Aufbau des Triebstrangs mit Trennkupplung

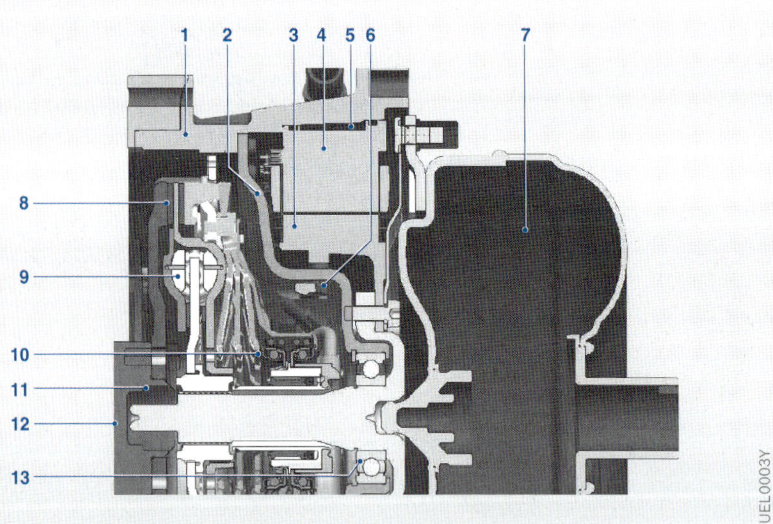

Bild 6
1 Außengehäuse
2 Lagerschild
3 Rotor
4 Stator
5 Kühlkanal
6 Rotorlage-Sensorik
7 Hydr. Wandler (Getriebe-Eingang)
8 Kupplungsbelag
9 Dämpfer
10 Hydr. Nehmerzylinder
11 Pilotlagerung
12 Kurbelwelle
13 Hauptlager

Quelle: LuK GmbH & Co. oHG, Bühl

7 Rotorlage-Sensorik

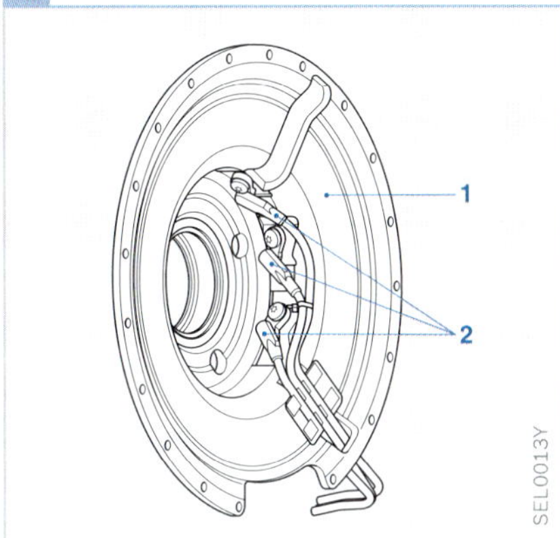

Bild 7
1 Lagerschild
2 Sensoren für die Rotorlage-Erkennung

(digitaler Lagegeber). Durch die Positionierung der Hallsensoren kann mit hinreichender Genauigkeit sowohl die Position des Rotors in Bezug zum Stator als auch eine Vor- und Rückwärtsdrehung erkannt werden. Eine Drehrichtungserkennung ist notwendig, um auch nach Auspendeln des Verbrennungsmotors im Stopp-Start-Betrieb eine exakte Kenntnis der Rotorlage zu erhalten. Die Anforderung an die Genauigkeit der Rotorlageerkennung ist so hoch, dass die Montagetoleranzen bei der Fertigung der E-Maschine nachträglich erkannt und ausgeglichen werden müssen. Dazu ist ein Einlernmodus in der Betriebssoftware des Inverters vorgesehen, der die wahre Lage der Sensoren bei einer Erst-Inbetriebnahme erfasst und softwareseitig Korrekturgrößen abspeichert.

Trennkupplung

Eine zusätzliche Trennkupplung zum Start und zur Drehmomentabkopplung des Verbrennungsmotors wird bei denjenigen Parallelhybridfahrzeugen eingesetzt, die auch rein elektrischen Fahrbetrieb ermöglichen. Der Kurbelwellenabgang ist hier drehmassenarm gestaltet (keine Schwungscheibe, kein Starterzahnkranz), um schnellstmöglichen Motor-Wiederstart zu ermöglichen. Dies hat zur Folge, dass auf die Trennkupplung wesentlich höhere maximale Drehmomente wirken als auf eine konventionelle Anfahrkupplung (ca. Faktor 2). Daher sind auch die Schließ- und

8 Prinzipschaltbild der Kupplungsbetätigung mit Spindelaktor

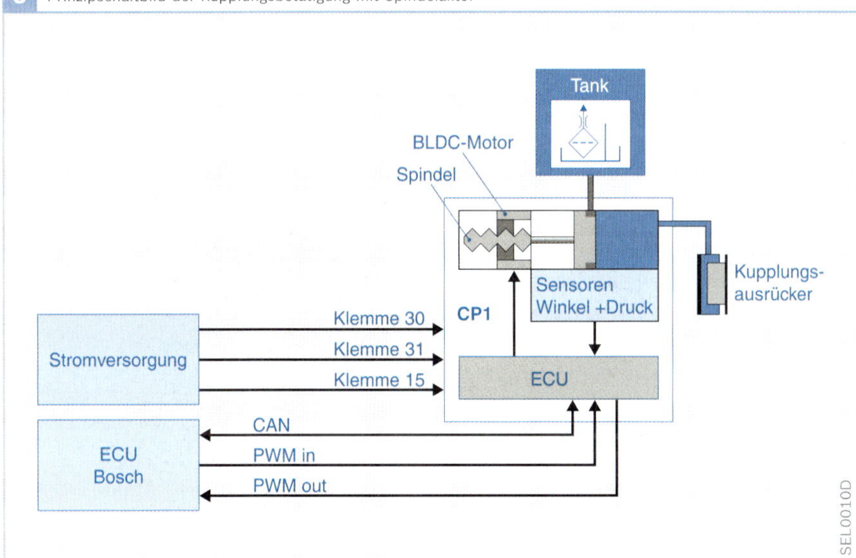

Bild 8
BLDC-Motor: brushless DC, bürstenloser Gleichstrommotor

Betätigungskräfte der Trennkupplung entsprechend höher.

Aus Platzgründen und für optimale Integrationsmöglichkeiten in die IMG-Maschine wird die Kupplung durch einen kompakten hydraulischen Nehmerzylinder betätigt. Dieser lässt sich zusammen mit der Läuferlagerung gut in den zentralen Bauraum des Läufers integrieren. Um einen komfortablen Start zu ermöglichen, muss die Kupplung drehmomentsteuerbar ausgeführt sein. Dabei wird aus der Stellung des Ausrückers über eine in der Triebstrangsteuerung abgelegte und betriebsabhängig nachgeführte Charakteristik auf das übertragene Drehmoment geschlossen. Ein so geregelter Betätigungsvorgang beim Warmstart dauert etwa 150 ms.

Die Anforderungen an die Kupplung (Momenten-Steuerbarkeit, Art des Reibbelags, Spitzendrehmoment, Dämpfung, mechanische Ausführung) sind in hohem Maße abhängig von den Eigenschaften und geometrischen Gegebenheiten an der Kurbelwelle des Verbrennungsmotors, der Baugröße der E-Maschine, der zulässigen axialen Triebstrangverlängerung durch den Hybridantrieb und von der Betriebsart bzw. Triebstrang-Topologie selbst.

Zur Öldruckversorgung des Kupplungsnehmers eignet sich der lineare Kolbenaktor (Spindelaktor) sehr gut. Er wirkt auf den Kupplungsnehmer über die Verschiebung einer hydrostatischen Flüssigkeitssäule. Der Weg der Säule wird dabei am Kolben gemessen oder über den Drehwinkelsensor des mit fester Übersetzung antreibenden Elektromotors.

Steuergerät für Hybridantriebe

Leistungselektronik

Phasenlage, Frequenz und Stromamplitude für die Speisung der E-Maschine werden durch die Antriebsregelung im Inverter entsprechend den Betriebsvorgaben für den Antrieb eingeprägt. Diese übergeordneten Betriebsvorgaben werden von der Hybrid-Fahrzeugsteuerung bereitgestellt, die alle am Triebstrang beteiligten Komponenten (Verbrennungsmotor, E-Antrieb, Getriebe, Bremse und Nebenaggregate) koordiniert.

Zur Einprägung der Wechselströme in den drei Phasen dienen Leistungstransistoren, die in genau berechneten Mustern die jeweilige Phasenklemme mit der Plus- oder Minus-Seite der speisenden Gleichspannung aus der Traktionsbatterie verbinden. Ziel ist es, gleiche sinus-ähnliche Stromverläufe in jeder der drei Phasen zu erzeugen.

Das Schalten der Ströme würde ohne Pufferung durch den Zwischenkreiskondensator zu starken Strom-Spitzenbelastungen der Batterie führen sowie zu hohen, die gesamte Fahrzeugelektronik störenden Störaussendungen. Der Zwischenkreiskondensator ist aufgrund seiner Lebensdauer- und Temperaturanforderungen als Folienkondensator ausgeführt. Ein weiteres Filternetzwerk am Inverter-DC-Eingang verhindert EMV-Störaussendung in die Fahrzeugumgebung (EMV: Elektromagnetische Verträglichkeit).

Der Hochspannungskreis (Batterie-Gleichspannung und Speisespannungen der E-Maschine) ist aus Sicherheitsgründen vollständig vom Potenzial der 12 V-

Bordnetzseite entkoppelt (Teil des Berührschutz-Sicherheitskonzepts eines Hybridfahrzeugs).

IGBT-Transistorschaltmodule

Als Leistungsschalter werden aufgrund der notwendigen Höhe der Gleichspannung der Traktionsbatterie (100 V...400 V) *Insulated Gate Bipolartransistoren* (IGBT-Transistoren) mit 600V Spannungsfestigkeit eingesetzt. Es sind jeweils ein Highside- (zum Pluspol der Gleichspannung) und ein Lowside-Schalter (zum Minuspol der Gleichspannung) zusammen mit den zugehörigen Freilaufdioden in einem Leistungsmodul von 100 A Stromtragfähigkeit kombiniert. Highside- und Lowside-Schalter sind ihrerseits aus mehreren Transistorchips zusammengesetzt. Das Leistungsmodul besitzt auf der einen Seite die Anschlüsse zu Steuerung und Überwachung, auf der anderen Seite die Leistungsanschlüsse zu Plus, Minus und Phase. Für gute mechanische Festigkeit und gute Wärmeverteilung sind die gebondeten Chips auf eine DBC-Verschaltplatte und diese wiederum auf einen Kupfer-Grundkörper gelötet (DBC: Direct Bonded Copper; beidseitig mit Kupfer beschichtetes Keramiksubstrat). Das Schaltelement wird anschließend mit einer hermetischen Hülle versehen, einer Moldverpackung aus duroplastischem Kunststoff, um die Lebensdauerstabilität zu gewährleisten. Zum Aufbau eines dreiphasigen Inverters mit 300 A Stromtragfähigkeit werden somit drei Phasen à 3 x 100 A, also 9 Module benötigt.

Zur Skalierung für kleinere Stromtragfähigkeiten, d. h. kleinere Bauleistungen des Inverters, können die Anzahl der eingesetzten Leistungsmodule und die Größe

9 Prinzipschaltbild des Inverters mit integriertem DC/DC-Wandler

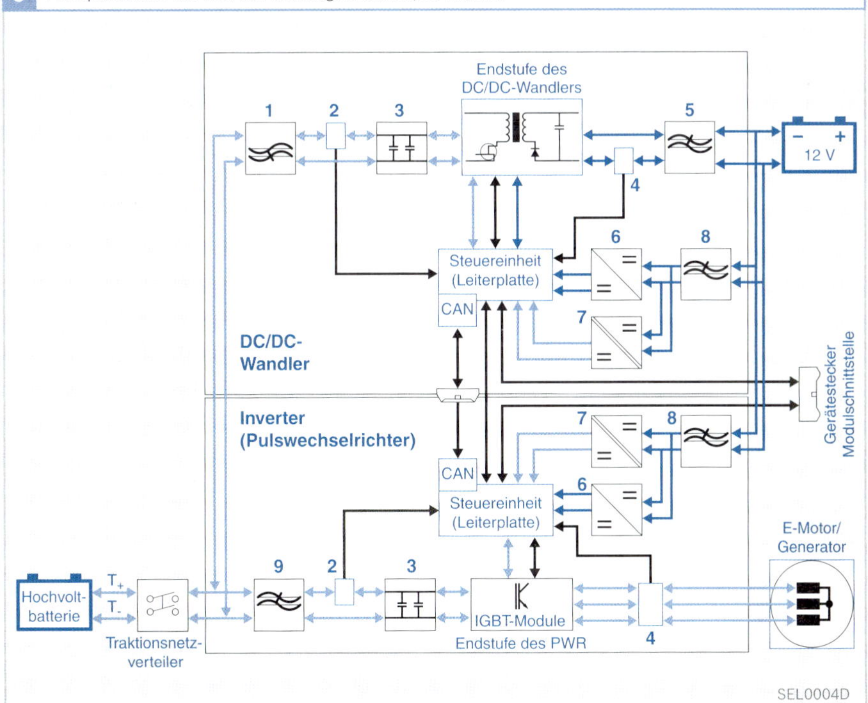

Bild 9

1 EMV-Filter-HVS DC/DC-Wandler
2 HV-Stromsensor
3 HV-Zwischenkreis-Kondensator
4 Stromsensor 300 A
5 EMV-Filter BNS DC/DC-Wandler
6 BNS-Vcc-Versorgung
7 HVS-Vcc-Versorgung
8 EMV-Filter
9 EMV-Filter-HVS PWR

des Zwischenkreiskondensators verringert und damit Kosten und Bauraum reduziert werden.

Mechanischer Aufbau des Inverters

Der gesamte Aufbau des Inverters ist in einem mehrteiligen Alu-Druckgussgehäuse mit Druckausgleichselement spritzwasserdicht untergebracht. Die Kühlung des Inverters erfolgt über eine Wasserkühlung (65 °C max.) des Gehäusebodens, auf dem die Leistungsmodule wärmeleitend direkt montiert sind. Die Leistungs-Anschlussklemmen sind schraub- oder steckbar in Anschlusskästen untergebracht.

Die Aufbau- und Verbindungstechnik (AVT), d. h. die Verschaltung der Anschlussklemmen mit den Leistungsmodulen sowie der Leistungsmodule untereinander, muss nach besonderen Gesetzmäßigkeiten für gute mechanische Festigkeit, geringe Eigen-induktivitäten und gute Fertigbarkeit konstruiert sein.

Die Mikrorechnersteuerung des Inverters befindet sich auf einer Leiterplatte nahe den Leistungsbausteinen. Als Steckanschlüsse für Sensoren, CAN und Steuerleitungen dienen Standard-Automotive-Stecksysteme. Je nach Anordnung der Haupt-Bauelemente Leistungsmodule, Zwischenkreiskondensator und EMV-Filter lassen sich unterschiedliche Hauptabmessungen des Inverters darstellen.

Steuerelektronik im Pulswechselrichter

Die Regelung und Überwachung des E-Antriebs, die Auswertung der Sensoren, die Kommunikation via CAN-Schnittstelle und die Steuerung der Leistungselemente leistet die Steuerelektronik im Inverter. Sie ist abgeleitet aus einer Standard-Verbrennungsmotorsteuerung. Die Ein- und Aus-

10 Software-Struktur des Inverter-Steuerteils

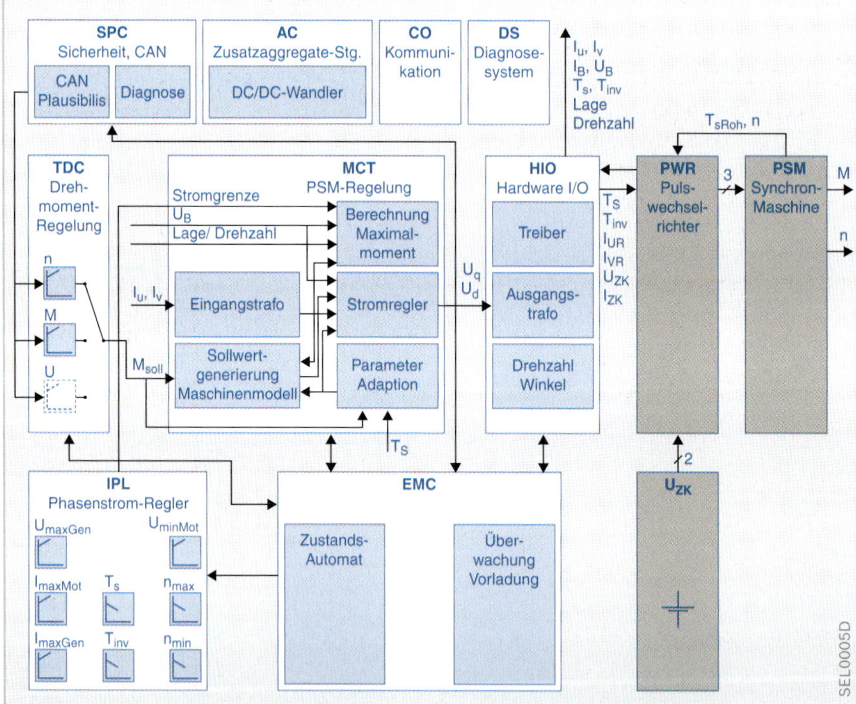

gangsschaltungen sind für den spezifischen Einsatz für Hybrid-E-Antriebe angepasst. Ergänzt wird die Steuerschaltung um spezialisierte, potenzialtrennende Ansteuerbausteine für die Leistungstransistoren, die *Gatetreiber*.

Für den geregelten Betrieb der Synchronmaschinen müssen verschiedene Größen durch Sensoren erfasst werden:

- Traktionsnetz-Gleichspannung,
- 12-V-Gleichspannung (Versorgungssicherheit der Steuerung),
- mindestens zwei der drei Phasenströme,
- DC-Traktionsnetz-Gleichstrom,
- Rotorlage der E-Maschine,
- Temperatur der E-Maschine.

Die wesentlichen Funktionsbausteine der Invertersteuerung zeigt Bild 9.

Steuersoftware im Inverter

Die Steuersoftware, die auf einem Mikrocomputer auf der Steuerplatine läuft, ermöglicht den Betrieb der Synchronmaschine nach der Methode der feldorientierten Regelung. Zusammen mit der Überwachung der kritischen Temperaturen in der Maschine ermöglicht diese eine größtmögliche Drehmoment- und Leistungsausnutzung der E-Maschine. Es kann sowohl ein (über den CAN-Bus von der übergeordneten Fahrzeugsteuerung angefordertes) Soll-Drehmoment als auch eine vorgebbare Drehzahl eingestellt werden. Während des Betriebs werden über den gleichen Pfad auch Zustandsgrößen und Diagnosesignale nach Bedarf an die Fahrzeugsteuerung gemeldet.

Der E-Antrieb in einem Hybridfahrzug hat unmittelbaren Einfluss auf den Triebstrang und ist deshalb (wie bei einem drive-by-wire-System im Kfz üblich) mit einem watchdog-getriggerten mehrstufigen Monitoring-System ausgerüstet. Dieses stellt sicher, dass der Mikrorechner des Steuergeräts plausibel arbeitet und keine sicherheitskritischen, gefährdenden Zustände eintreten können.

DC/DC-Wandler für die 12-V-Versorgung

Der DC/DC-Wandler versorgt das 12-V-Bordnetz des Hybridfahrzeugs. Er ist – bei hinreichend geladener Traktionsbatterie – in der Lage, das 12-V-Bordnetz kontinuierlich mit elektrischer Leistung zu versorgen. Die der Hochspannungsbatterie entnommene Leistung wird in einen hochfrequenten Wechselstrom gewandelt, über einen Hochfrequenz-Transformator potenzialgetrennt auf Niederspannung umgesetzt, anschließend gleichgerichtet und am 12-V-Ausgang als Gleichstromleistung zur Verfügung gestellt. Die Dauerleistung des DC/DC-Wandlers beträgt 3 kW. Die Prinzipschaltung ist Bild 9 zu entnehmen.

Bei der IMG-Leistungselektronik ist der DC/DC-Wandler auf das Gehäuse des Inverters integriert und nutzt dessen Kühlungseinrichtungen und Hochspannungsanschlüsse. Alternativ ist ein Design des DC/DC-Wandlers als stand-alone-Gerät möglich.

Funktionen des E-Antriebs

Im Normalbetrieb stellt der IMG-E-Antrieb das Drehmoment zur Verfügung, das von der übergeordneten Fahrzeugregelung als Soll-Drehmoment angefordert wird, soweit die Charakteristik des Antriebs und der Batterieladezustand dies zulassen.

Bei der Drehmomentcharakteristik des E-Antriebs (Bild 11) ist zu unterscheiden zwischen

- Maximalmoment-Kennlinie (kurzzeitig und bei kalter E-Maschine verfügbar),
- Dauermoment-Kennlinie (begrenzt durch die Randbedingungen der Kühlung).

Alle Drehmomente zwischen diesen Grenzkennlinien sind, abhängig vom Erwärmungszustand vor allem der E-Maschine, zeitlich eingeschränkt verfügbar. Die Leistung des Antriebs wird mit weicher Charakteristik auf thermisch zulässige Werte reduziert.

Für die Erstinbetriebnahme ist ein Sonderbetriebsmodus des Einlernens der Rotorlage-Sensorik vorgesehen. Montagetoleranzen in Umfangsrichtung des Rotors werden erkannt und als Korrekturgrößen für den späteren Betrieb abgespeichert. Damit ist eine größtmögliche Leistungsausbeute gewährleistet.

11 Dauer- und Kurzzeit-Drehmoment bei 90 °C Kühlwasser (beispielhaft)

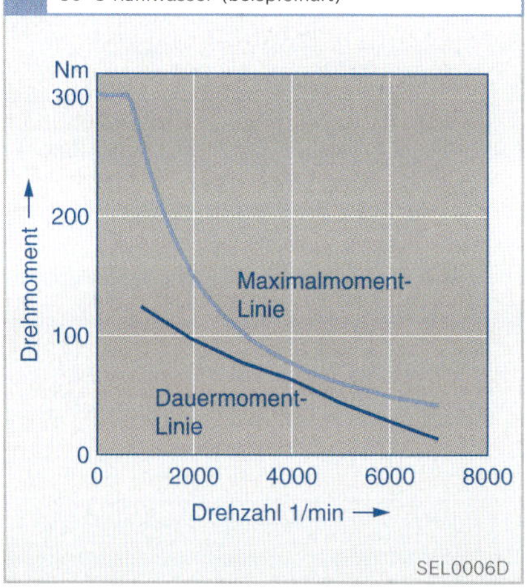

Im Falle eines unplausiblen Betriebszustands wird der Antrieb von der Batterie getrennt (alle plusseitigen Transistoren werden gesperrt) und die Synchronmaschine wird über das Durchschalten der minusseitigen Transistoren kurzgeschlossen. Durch die Dauermagnet-Erregung der Maschine könnten sonst unzulässig hohe Klemmenspannungen auftreten. Über den CAN-Bus wird die Fahrzeugsteuerung über den Fehlerzustand informiert und es werden dort übergeordnete Schritte wie Batterietrennung, Drehzahlbegrenzungen usw. veranlasst.

Skalierung von Drehmoment und Leistung

Generell lässt sich das Drehmoment einer elektrischen Maschine über die axiale Länge und den Durchmesser des Arbeitsluftspalts sowie über die Stärke der Statorströme und die Stärke der Permanentmagnete einstellen. Der Ständerstrombelastung sind Grenzen gesetzt über die Kühlung der E-Maschine und die Stromfähigkeit des speisenden Pulswechselrichters.

Bei den Permanentmagneten sind die Grenzen durch die Qualität der verfügbaren Magnetmaterialien gesetzt. Durchmesser und Länge der Maschine sind dagegen im Entwurfsprozess relativ frei gestaltbar, müssen jedoch der Einbausituation des zu hybridisierenden Triebstrangs Rechnung tragen.

Eine Änderung der Länge der E-Maschine ist in definierten Schritten möglich durch Hinzufügen weiterer Rotorpakete und entsprechende Verlängerung des Statoreisens. Diese Möglichkeit der Skalierung ist der am einfachsten zu beeinflussende Parameter und wird deshalb zur kundenindividuellen Anpassung der Antriebsauslegung als erstes optimiert. Um den E-Antrieb auf die Spannung unterschiedlicher Traktionsbatterien anzupassen, werden die Windungszahlen der Statorwicklungen variiert.

Eine Optimierung der Auslegung über das Drehzahl-Übersetzungsverhältnis kommt bei IMG nicht in Betracht, da dieser Maschinentyp fest an das Drehzahlniveau des Verbrennungsmotors gebunden ist.

Kühlung des IMG-E-Antriebs

Durch die zulässigen Kühlmitteltemperaturen bis zu 110 °C kann die E-Maschine direkt über das Kühlwasser am Einlass des Verbrennungsmotors gekühlt werden. Die Leistungselektronik wird typischerweise über einen separaten Kühler entwärmt. Die maximale Kühlmitteltemperatur darf 65 °C betragen. Um ein Kühlen auch bei rein elektrischem Fahrbetrieb zu gewährleisten, ist für E-Maschine und Inverter jeweils eine zusätzliche elektrische Kühlmittelpumpe notwendig, die einen Mindestdurchsatz von 8 *l*/min sicherstellt.

12 Kühlkreisläufe für die Komponenten des Hybrid-E-Antriebs (beispielhaft)

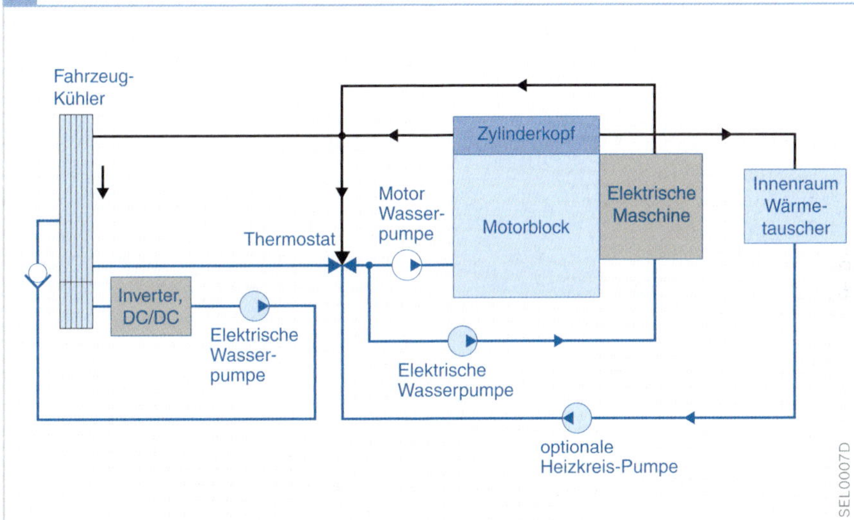

Bordnetze für Hybridfahrzeuge

Das Bordnetz eines Fahrzeugs mit Start/Stopp-System ist einem konventionellen Bordnetz sehr ähnlich. Bordnetze für Mild- oder Full-Hybridantriebe hingegen verfügen über eine Hochspannungsebene und unterscheiden sich damit deutlich vom Bordnetz eines konventionellen Fahrzeugs.

Das Bordnetz eines Hybridfahrzeugs hat i. W. folgende Aufgaben:

- Speicherung von überschüssiger elektrischer Energie aus dem Triebstrang,
- bei Bedarf Abgabe elektrischer Energie an den Triebstrang,
- sichere Versorgung der elektrischen Verbraucher.

Bordnetze für Fahrzeuge mit Start/Stopp-System

Um Kraftstoff zu sparen, wird bei Fahrzeugstillstand der betriebswarme Verbrennungsmotor abgeschaltet und beim Anfahren mit einem elektrischen Starter erneut gestartet. Diese Funktionalität bringt generell zwei Anforderungen an das Bordnetz mit sich:

- Sicherstellen eines schnellen Wiederstarts des Verbrennungsmotors unter allen Betriebsbedingungen,
- Sicherstellen eines störungsfreien und sicheren Betriebs der anderen Verbraucher während des Motorstopps und des Startvorgangs, d. h. die Versorgungsspannung ist in einem zulässigen Bereich zu halten.

Bei einem konventionellen Fahrzeug wird für den Start des Verbrennungsmotors dem Bordnetz kurzzeitig eine sehr große Leistung entnommen. Dadurch kann die Spannung im 14-V-Netz so stark einbrechen, dass das Licht flackert und das Radio kurzzeitig ausgeht. Dies ist beim Erststart tolerierbar, aber nicht bei häufigen Wiederstarts des Verbrennungsmotors während der Fahrt.

Die Startfähigkeit des Fahrzeugs kann durch die Verwendung eines Batteriesensors, der den Ladezustand und die Startfähigkeit der Batterie ermittelt, gewährleistet werden. Falls die Startfähigkeit aufgrund einer entladenen oder geschädigten Batterie nicht sichergestellt ist, wird der Verbrennungsmotor in Stopp-Phasen nicht abgestellt. Um einer Entladung der Batterie durch häufige Starts entgegenzuwirken, muss diese vom 14-V-Generator während des Betriebs des Verbrennungsmotors verstärkt geladen werden.

1 Mehrbatterien-Bordnetz

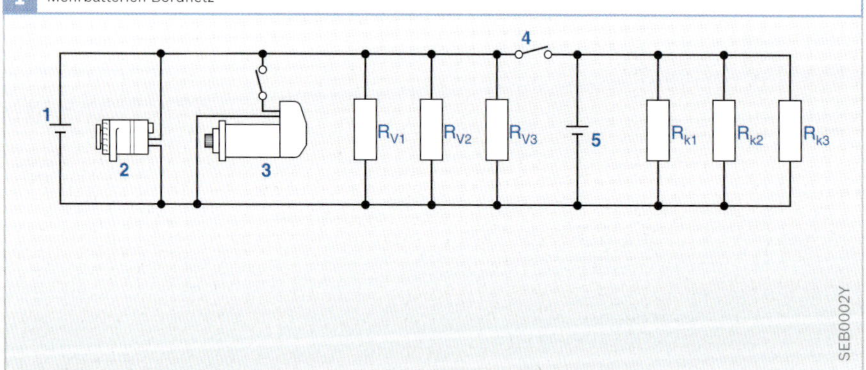

Bild 1
1 12-V-Starterbatterie
2 Generator
3 Starter
4 Trennschalter
5 Stützbatterie

R_V: Verbraucher
R_k: kritische Verbraucher

Aufgrund der erhöhten Zyklisierung (Lade- und Entladezyklen) empfiehlt sich der Einsatz einer zyklenfesteren Bleibatterie (z. B. Blei-Gel- oder AGM-Batterie).

Das Sicherstellen einer konstanten Spannungsversorgung für die Verbraucher während des Motorstarts ist aufwändig. Eine Möglichkeit hierzu ist die Verwendung einer kleinen Zusatzbatterie (z. B. einer Motorradbatterie) mit Trennschalter zur Versorgung der kritischen Verbraucher während des Starts (Bild 1).

Während des normalen Fahrbetriebs ist der Trennschalter zwischen den beiden Batterien geschlossen und beide Batterien werden vom Generator geladen. Beim Start des Verbrennungsmotors wird dieser Trennschalter kurzzeitig geöffnet, um die kritischen Verbraucher mit der Zusatzbatterie vom restlichen Bordnetz (einschließlich Starter) zu entkoppeln. Die Versorgungsspannung bricht so nur in dem Bordnetzteil ein, der den Starter enthält. Anstatt des Trennschalters kann auch eine Diode eingesetzt werden, die ein Nachladen der Zusatzbatterie ermöglicht, aber bei einem Einbruch der Starterbatteriespannung das zweite Bordnetz entkoppelt.

Vorteil dieser Lösung mit Zusatzbatterie ist der günstige Preis, allerdings verursacht die zweite Batterie zusätzliches Gewicht und zusätzlichen Bauraumbedarf.

Falls sicherheitsrelevante Verbraucher, z. B. eine elektrohydraulische Bremse, im Hybridfahrzeug eingesetzt werden, muss deren Versorgung - wie bei einem konventionellen Fahrzeug auch - über einen redundanten Energiespeicher gesichert werden.

Energiemanagement

Unabhängig von der Topologie des Bordnetzes ist über einen Eingriff in die Erregerregelung des 14-V-Generators ein Energiemanagement bei Fahrzeugen mit Start/Stopp-System möglich (Bild 2). Dies erfordert eine Schnittstelle zur Steuerung des Verbrennungsmotors sowie einen Batteriesensor. Sobald die Motorsteuerung einen Schleppbetrieb signalisiert, wird die Gene-

2 Energiemanagement für Fahrzeug mit Start/Stopp-System

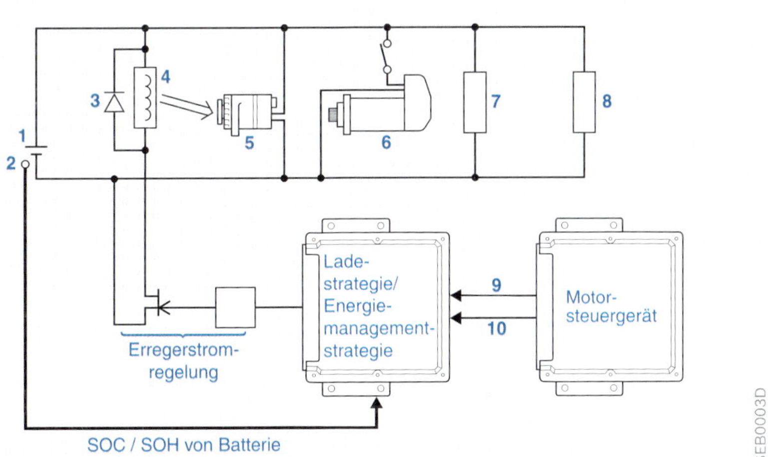

Bild 2
1 12-V-Batterie
2 Batteriesensor
3 Freilaufdiode
4 Erregerwicklung des Generators
5 Generator
6 Starter
7 Verbraucher
8 Verbraucher
9 Schleppbit
10 Boostbit

SOC: Batterie-Ladezustand
SOH: Batterie-Alterungszustand

ratorerregung erhöht, das Fahrzeug rekuperiert verstärkt und lädt die 12-V-Batterie. Die rekuperierte Bremsenergie kann zur Versorgung von elektrischen Bordnetzverbrauchern genutzt werden oder zur Unterstützung in Beschleunigungsphasen.

Bei ausreichender Batterieladung kann während der Beschleunigung die Generatorerregung zurückgenommen werden, somit nimmt der Generator nahezu keine mechanische Leistung vom Verbrennungsmotor auf und es stehen zirka 1...3 kW zusätzliche Leistung zum Vortrieb zur Verfügung. Die Lastverringerung des Generators beim Beschleunigen des Fahrzeugs wird vom Fahrer wie ein Boost wahrgenommen.

Diese Funktionalität erfordert einen Batteriesensor, der die Wiederstartfähigkeit der Batterie überwacht und die Energieaufnahme- und Abgabefähigkeit der Batterie ermittelt.

Ein intelligentes Energiemanagement mit einer verstärkten Generatorerregung im Schleppbetrieb und reduzierter Erregung in Beschleunigungsphasen ist auch bei konventionellen Fahrzeugen ohne Start-Stopp-Anwendung möglich.

Bordnetze für Mild- und Full-Hybridfahrzeuge

Die Funktionalität eines Mild- oder Full-Hybridfahrzeugs erfordert mit 8...60 kW eine große elektrische Leistung, die auf der 14-V-Spannungsebene nicht sinnvoll bereitgestellt werden kann. Daher wird zusätzlich ein Hochvolt-Bordnetz mit einer Spannung im Bereich von 42...750 V benötigt. Zur Versorgung der 14-V-Verbraucher im Fahrzeug kann jedoch auf das 14-V-Standard-Bordnetz nicht verzichtet werden. Je nach Leistungsanforderungen der einzelnen Verbraucher werden diese aus dem entsprechenden Bordnetz versorgt. Generell wird aus Kostengründen versucht, mit Standard-14-V-Komponenten auszukommen, da diese in großer Stückzahl günstig verfügbar sind.

Hochvolt-Bordnetz

Das Hochvolt-Bordnetz (HV-Bordnetz) besteht aus einer Hochleistungsbatterie, mindestens einem Pulswechselrichter (PWR) zur Ansteuerung der E-Maschine, sonstigen Hochleistungs- oder Hochvoltverbrauchern sowie einem DC/DC-Wandler zur Versorgung des 14-V-Bordnetzes. Der Pulswechselrichter in der Leistungsklasse von 10...200 kVA erzeugt aus einer Gleichspannung ein Drehstromsystem mit variabel einstellbarer Stromgröße und Drehfeldfrequenz für die elektrische Maschine. Ein DC/DC-Wandler überträgt elektrische Energie von einem Gleichspannungsniveau auf ein anderes.

Die Versorgung der Bordnetze erfolgt über den generatorischen Betrieb des E-Antriebs. Ein Generator wie im konventionellen Bordnetz ist nicht vorhanden. Die E-Maschine arbeitet im Mittel mehr im generatorischen Betrieb als im motorischen.

Das Bordnetz eines Mild-Hybrids kommt (im Vergleich zum Full-Hybrid) mit einer geringeren Energiespeicherfähigkeit und einer geringeren Leistungsfähigkeit aus, da das Fahrzeug allenfalls sehr kurzzeitig elektrisch kriechen kann. Daher kann ein kleinerer Energiespeicher eingesetzt werden. Ansonsten sind sich die Topologien der Bordnetze für Mild- und Full-Hybride mit je nur einem elektrischen Antrieb ähnlich.

Fahrzeuge mit zwei elektrischen Maschinen, die teilweise seriell betrieben werden (z. B. leistungsverzweigende Hybride), erfordern eine andere Bordnetz-Topologie.

HV-Bordnetz für parallele oder parallelähnliche Hybridantriebe

Über Schütze in der Hochvoltbatterie können der Batteriezellenblock und das restliche Bordnetz voneinander getrennt werden. Im ausgeschalteten Zustand des Fahrzeugs oder bei einem Unfall wird das HV-Bordnetz spannungslos geschaltet. Die Versorgung der nötigen Steuergeräte und Schütze muss daher über das 14-V-Bordnetz erfolgen. Ist das 14-V-Bordnetz nicht intakt, so kann auch das Hochvolt-Bordnetz nicht zugeschaltet werden.

Zusätzliche Komponente des Hochvolt-Bordnetzes kann z. B. ein elektrischer Klimakompressor sein (Bild 3). Dieser benötigt je nach Fahrzeug maximal 3...6 kW elektrische Leistung. Die Leistungsregelung des Kompressors erfolgt über die Kompressordrehzahl. Die Maximalleistung wird zum Cool-Down, d. h. zum Herunterkühlen eines durch die Sonne stark erhitzten Fahrzeugs, kurzzeitig benötigt. Im stationären Betrieb ist meist eine deutlich geringere Kühlleistung ausreichend. Vorteile des elektrischen Klimakompressors gegenüber einem konventionellen riemengetriebenen Kompressor sind die bedarfsgerechtere Regelung, das Vermeiden von Leerlaufverlusten sowie die Möglichkeit, auch im Stopp-Betrieb oder bei elektrischem Fahren zu kühlen. Aufgrund der begrenzten Energiespeicherkapazität der Batterie ist dies jedoch jeweils nur wenige Minuten möglich. Nachteile sind die höheren Kosten des elektrischen Aggregats, der schlechtere Wirkungsgrad bei Volllast und die zusätzliche Zyklisierung der Batterie.

Falls das Fahrzeug elektrisch fahren oder kriechen kann, müssen alle unterstützenden Funktionen, wie z. B. die Servolenkung, elektrisch betrieben werden, damit sie auch bei stehendem Verbrennungsmotor verfügbar sind.

3 Möglicher Aufbau des Hochvolt-Bordnetzes für einen parallelen Hybridantrieb

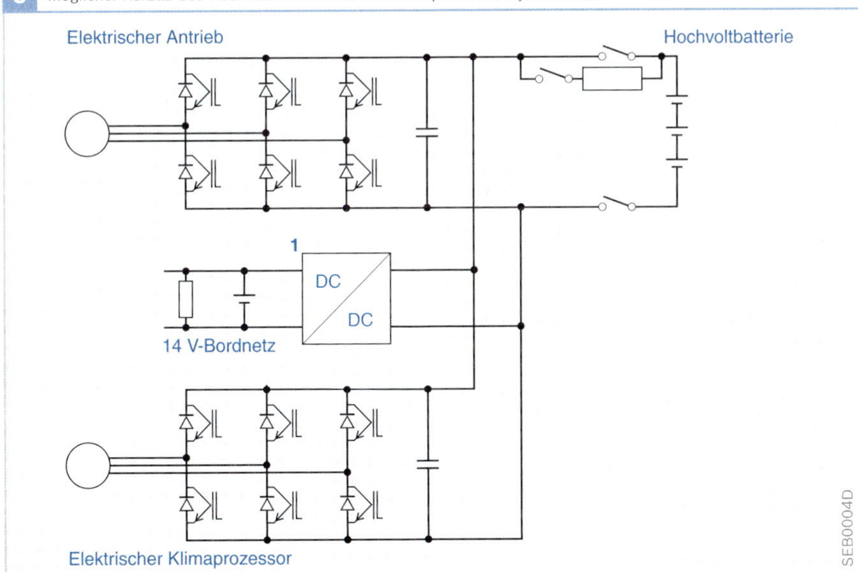

Bild 3
1 potenzialgetrennter DC/DC-Wandler

HV-Bordnetz für leistungsverzweigende oder teilweise serielle Hybridantriebe

Bei leistungsverzweigenden Hybridfahrzeugen oder bei Parallelhybrid-Fahrzeugen mit einer zweiten elektrischen Maschine zum Antrieb einer zusätzlichen Achse tritt serieller oder teilweise serieller Betrieb auf. Dies bedeutet, dass der eine E-Antrieb überwiegend generatorisch und der andere überwiegend motorisch betrieben wird. Aufgrund der hierbei auftretenden Übertragung großer Energie über die beiden Maschinen und Pulswechselrichter sollten diese Komponenten in ihrem optimalen Arbeitsbereich betrieben werden.

Die Batteriespannung ist bei definierter Leistung der Batterie festgelegt. Um die Zwischenkreisspannung von der Batteriespannung zu entkoppeln und eine größere Motorenleistung bei gegebener Batteriespannung zu ermöglichen, bietet sich der Einsatz eines Hochleistungs-DC/DC-Wandlers zwischen Batterie und Zwischenkreis an (Bild 4, Pos. 1). Damit kann die Zwischenkreisspannung bedarfsgerecht zwischen der Höhe der Batteriespannung und einem deutlich höheren Spannungswert (2...2,5-fache Batteriespannung) eingestellt werden. Die maximale Spannung wird über die benötigte maximale Leistung und die Auslegung der elektrischen

4 Beispiel für den Aufbau des Hochvolt-Bordnetzes für einen Hybridantrieb mit teilweise seriellem Betrieb

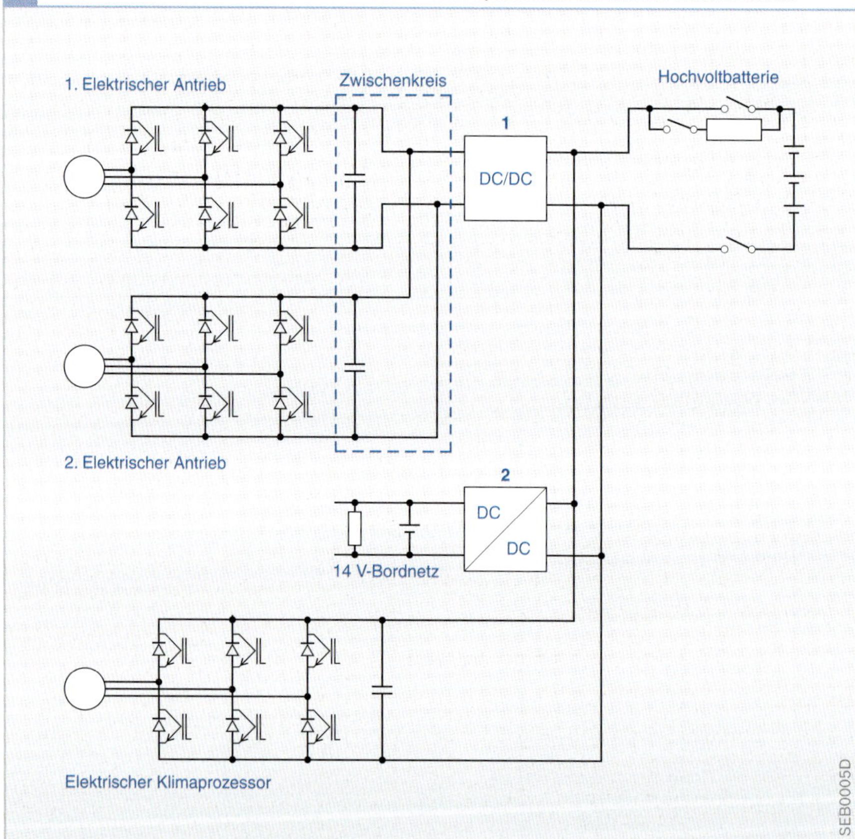

Bild 4
1 Hochleistungs-DC/DC-Wandler
2 potenzialgetrennter DC/DC-Wandler

Maschinen festgelegt. Die aktuell eingestellte Zwischenkreisspannung kann so gewählt werden, dass sie knapp über dem Maximalwert der gleichgerichteten induzierten Spannungen der elektrischen Maschinen liegt. Auf diese Art können die Schalthäufigkeit der Wechselrichterschalter und somit die elektrischen Wechselrichterverluste minimiert werden.

Niedervolt-Bordnetz

Das Niedervolt-Bordnetz ist für alle Hybridfahrzeuge, die sowohl Hoch- als auch Niedervolt-Bordnetz aufweisen, ähnlich aufgebaut. Es ist dem 14-V-Bordnetz eines konventionell angetriebenen Fahrzeugs sehr ähnlich mit dem Unterschied, dass meist kein Starter vorhanden ist und die Versorgung statt durch einen Generator über einen DC/DC-Wandler aus dem Hochvolt-Bordnetz erfolgt (Bild 5).

Aufbau des Batteriesystems

Das Batteriesystem von Mild- und Fullhybrid-Fahrzeugen besteht aus dem Batteriezellenblock, dem Batteriemanagementsystem, der Kühlung, einer Gasableitung und der Schütz- und Sicherungseinheit (Bild 6).

Das Batteriegehäuse dient nicht nur dem Zusammenhalt und Schutz der Zellen ge-

5 Aufbau des 14-V-Bordnetzes

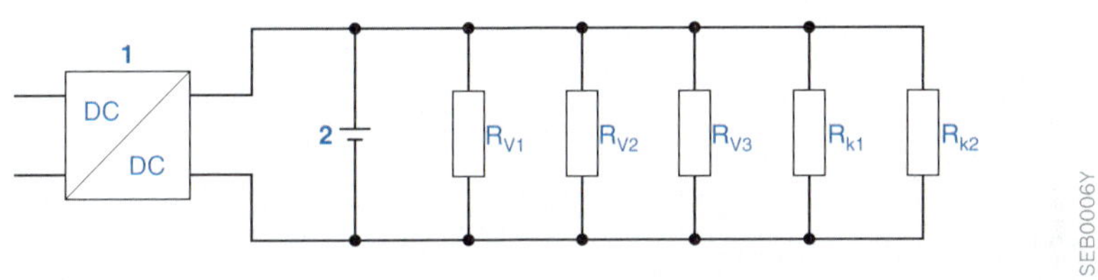

Bild 5
1 potenzialgetrennter DC/DC-Wandler
2 12-V-Batterie
R_V, R_k: 14-V-Verbraucher

6 Übersicht über das Batteriesystem (Blockschaltbild)

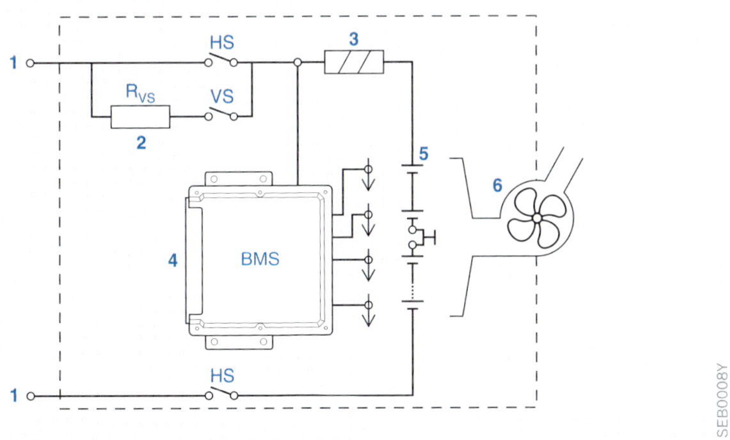

Bild 6
1 Batterieklemmen
2 Vorladewiderstand
3 Sicherung
4 Batteriemanagementsystem
5 Zellenblock
6 Kühlgebläse

HS: Hauptschütz
VS: Vorladeschütz

gen mechanische Belastungen, sondern auch dem Berührschutz gegen die Spannungen von 60...500 V, die für Traktionsanwendungen erforderlich sind. An den Zellklemmen liegt die Batteriespannung immer an, es ist keine Freischaltung möglich.

Um die Sicherheit bei der Montage im Werk oder beim Kfz-Service zu gewährleisten, wird der Zellenblock durch einen Sicherheitsstecker in zwei getrennte Blöcke geteilt. Dieser Stecker ist so ausge-führt, dass er vor jedem Öffnen des Batteriegehäuses entfernt werden muss. Bei entferntem Stecker liegt zwischen den beiden Batterieklemmen keine Spannung an. Außerdem wird die Maximalspannung des Zellenblocks bei entferntem Stecker durch die Aufteilung in zwei Blöcke reduziert (Bild 7).

Bei Zellsystemen, die im Fahrzeuginnenraum eingebaut sind und bei denen im Fehlerfall (zum Beispiel bei starker Überlastung oder Überhitzung) giftige, entzündliche oder ätzende Substanzen austreten können, muss durch eine Gas- oder Dampfableitung sichergestellt werden, dass die schädlichen Substanzen nicht in den Innenraum austreten können, sondern z. B. in einen Karosserieholm abgeleitet werden. Hierzu wird jede Zelle oder jedes Modul mit einem Überdruckventil versehen und der Auslass aus der Fahrzeugkabine geleitet.

Um das Bordnetz außerhalb des Batteriegehäuses spannungsfrei schalten zu können (z. B. um bei einem Unfall zu verhindern, dass an beschädigten Leitungen usw. eine gefährliche Spannung offen anliegt), wird durch eine Schützschaltung das Bordnetz vom Zellenblock getrennt. Die Schütze werden über eine Steuerlogik angesteuert, die im Batteriemanagementsystem (BMS) oder in einem anderen Fahrzeugsteuergerät integriert sein kann. Diese Steuerlogik öffnet die Schütze, wenn ein Crash-Sensor einen Unfall detektiert oder eine Isolationsüberwachung potenziell gefährliche Zustände erkennt. Diese Logik kann die Schütze auch öffnen, wenn das Batteriesystem überlastet ist (Bild 8).

Im ausgeschalteten Zustand des Fahrzeugs ist die Batterie ebenfalls vom Bordnetz getrennt, um zu vermeiden, dass Bordnetzruheströme die Batterie entladen. Eine Zuschaltung des Bordnetzes mit den

7 Verschaltung Sicherheitsstecker

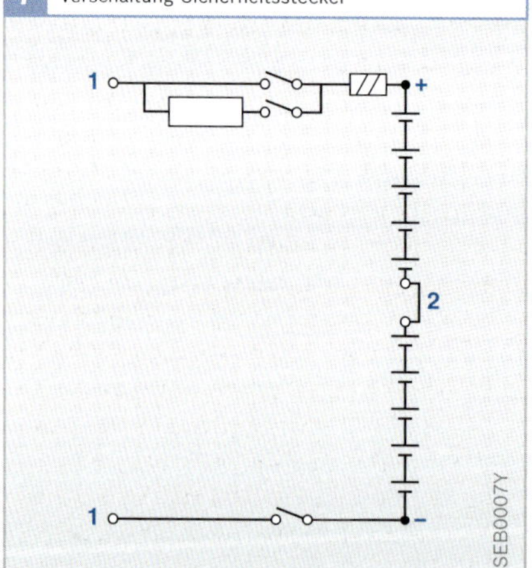

Bild 7
1 Batterieklemmen
2 Sicherheitsstecker

8 Schütz- und Sicherungseinheit

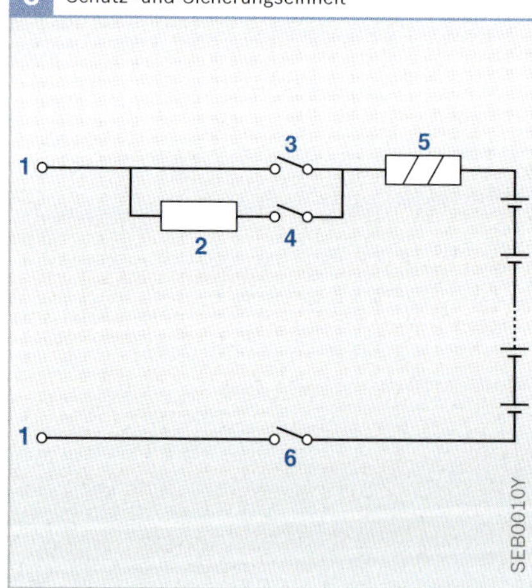

Bild 8
1 Batterieklemmen
2 Vorladewiderstand
3 positives Hauptschütz
4 Vorladeschütz
5 Sicherung
6 negatives Hauptschütz

Bordnetzkapazitäten beim Start des Fahrzeugs erfolgt über einen Ladeschütz und einen Vorladewiderstand. Hierbei wird die entladene Bordnetzkapazität über einen Vorladewiderstand aufgeladen, um einen zu großen Anfangsladestrom bei leerer Kapazität zu verhindern. Hat die Bordnetzkapazität eine bestimmte Spannung erreicht, so wird der Vorladewiderstand durch das positive Hauptschütz überbrückt. Im normalen Betrieb ist die Batterie über die Hauptschütze mit dem Bordnetz niederohmig verbunden (Bild 9).

9 Vorladevorgang

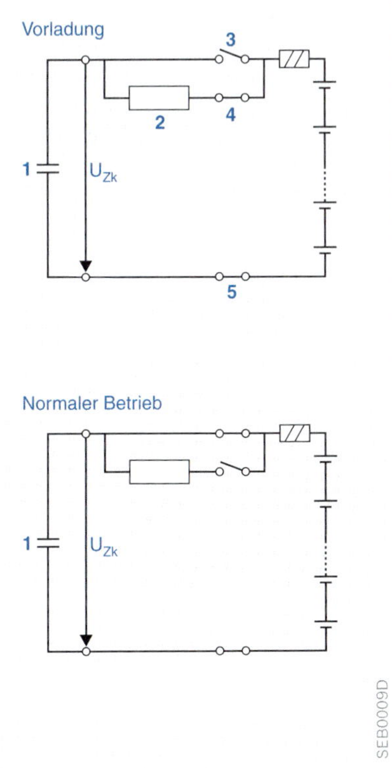

Bild 9

1 Bordnetz
2 Vorladewiderstand
3 positives Hauptschütz
4 Vorladeschütz
5 negatives Hauptschütz

Batteriemanagementsystem

Für einen sicheren und zuverlässigen Betrieb der Batterie sind die Bestimmung mehrerer Kenngrößen und die Überwachung verschiedener Grenzen des Batteriesystems sowie die Sicherstellung der Kühlung notwendig. Dies sind Aufgaben des Batteriemanagementsystems (BMS).

Aufgaben des BMS

Das BMS misst den Batteriestrom und die Spannung einzelner Zellen, einzelner Module oder der gesamten Batterie sowie deren Temperatur und ermittelt daraus den Ladezustand der Batteriezellen (SOC, State of Charge), den Schädigungszustand der Batteriezellen (SOH, State of Health) und die zulässige Batterieleistung. Bei Überlastung, bei Verlassen des SOC-Fensters oder bei Übertemperatur schützt es die Batteriezellen durch Abschalten des Systems oder Ausgabe einer Abschaltanweisung.

Das Batteriemanagementsystem kann den Ladestrom oder Ladezustand nicht direkt beeinflussen; es übermittelt über eine Busschnittstelle (CAN) lediglich den Batteriezustand an den Steuergeräteverbund und empfängt von diesem Ansteuerbefehle. Hierbei gibt es Lade- und Entladestrom- oder Leistungsgrenzen vor. Es ist Aufgabe der Lade- oder Betriebsstrategie, den SOC in einem vorgegebenen Fenster zu halten und die angegebenen Leistungsgrenzen des BMS nicht zu überschreiten (Ladezustandsregelung). Es gibt Systemkonfigurationen, bei denen das BMS bei gefährlichen Zuständen die Batteriezellen über Schütze vom restlichen Bordnetz trennen kann. Bei anderen Konfigurationen gibt das BMS nur Leistungsgrenzen aus, während ein anderes Steuergerät über die Abschaltung entscheiden muss.

Das BMS stellt darüber hinaus die Kühlung der Zellen und den Zellausgleich (SOC-Abgleich) sicher. Bei speziellen Batteriezelltypen können noch zusätzliche Aufgaben anfallen.

Kühlung

Um einen sicheren Betrieb der Batterie auch unter stark schwankender Belastung sicherzustellen, sollte diese eine Temperatur von 45...60 °C (je nach System) nicht überschreiten. Die Lebensdauer einer Batterie sinkt stark mit steigender mittlerer Batterietemperatur, da viele Alterungsprozesse temperaturabhängig sind. Daher sollte die Batterie im Mittel unter ca. 40 °C betrieben werden.

Die Kühlung der Batterie kann auf verschiedene Arten erfolgen. Eine Möglichkeit ist die Kühlung über die Klimaanlage. Hierbei wird ein Verdampfer der Klimaanlage in die Batterie integriert und die Kühlleistung wird über ein Ventil, das vom BMS angesteuert wird, eingestellt. Dies erfordert eine Zuleitung der Klimaanlage zur Batterie und einen häufigeren Betrieb der Klimaanlage (zur Batteriekühlung).

Eine andere gängige Methode ist die Kühlung der Batterie mit Innenraumluft (Bild 10). Dies bietet sich an, da sich Batteriesysteme bei ähnlichen Temperaturen „wohlfühlen" wie Menschen. Die Kabinenluft wird durch einen BMS-gesteuerten Lüfter angesaugt und durch die Batterie geblasen. Die Temperatur der angesaugten Luft wird gemessen; liegt sie höher als die Batterietemperatur, so wird die Lüftung der Batterie eingestellt.

Als weitere Möglichkeit zur Batteriekühlung kommt auch eine Flüssigkeitskühlung infrage.

Bestimmte Batteriezellsysteme haben bei tiefen Temperaturen eine eingeschränkte Leistungsfähigkeit. Dies kann zusätzliche Maßnahmen zur Aufwärmung der Zellen erforderlich machen.

SOC-Abgleich

Aufgrund von Nebenreaktionen, die von den Zellparametern und der Zelltemperatur abhängen, haben die einzelnen Zellen mit der Zeit einen unterschiedlichen Ladezustand. Dies ist problematisch, da die Zelle mit dem niedrigsten Ladezustand die Entladegrenze vorgibt und die Zelle mit dem höchsten Ladezustand die Ladegrenze. Im ungünstigsten Fall ist eine Zelle noch fast vollständig geladen, während eine andere Zelle fast vollständig entladen ist. In diesem Fall kann die Batterie praktisch weder geladen noch entladen werden, ohne eine Zelle unzulässig zu betreiben. Aus diesem Grund müssen die Zellen einer Batterie von Zeit zu Zeit equilibriert (ausgeglichen) werden.

10 Aufbau der Kühlung mit Innenraumluft

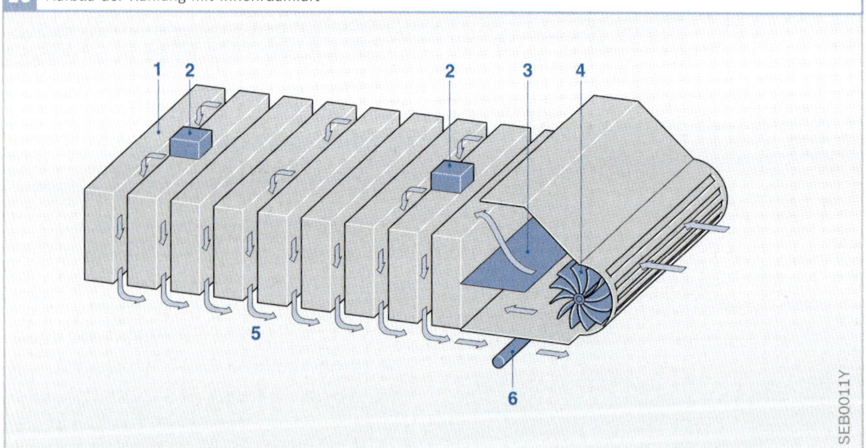

Bild 10
1 Zellen
2 Zelltemperatursensor
3 Ansauglufttemperatursensor
4 Lüfter
5 Luftfluss
6 Ablufttemperatursensor

Langsames Überladen

Nickel-Metallhydrid-Batterien (NiMH) sind Systeme mit ausgeprägten Nebenreaktionen, d. h. bei Überladung werden die überschüssigen Ladungen durch Nebenreaktionen abgebaut. Daher kann der Zellausgleich durch ein Überladen mit einem sehr geringen Überladestrom durchgeführt werden. Bei zu großem Überladestrom besteht allerdings die Gefahr, dass die Batterie ausgast oder überhitzt.

Entladen im Ruhezustand

Bei Lithium-Ionen-Batterien sind die Nebenreaktionen nicht ausgeprägt, sodass sich die Methode des langsamen Überladens verbietet. Zum Ausgleich des Ladezustands wird bei diesen Zellsystemen die Ruhespannung der einzelnen Zellen gemessen. Über einen parallelen Transistor und Widerstand werden die Zellen mit höherer Spannung (d. h. mit höherem Ladezustand) langsam entladen, bis die Spannungsdifferenz zwischen den Zellen einen festgelegten Wert unterschreitet (Bild 11).

Ladestrategie

Generell gilt, dass die Batterie durch Zyklisierung (zyklisches Laden und Entladen) geschädigt wird. Diese Schädigung ist umso größer, je größer die Zyklenhübe sind. Die Zyklisierung ist jedoch erforderlich, um den Wirkungsgrad des Triebstrangs z. B. durch elektrisches Fahren und anschließende Rekuperation zu erhöhen. Die Auslegung der Ladestrategie und die gewählte Größe der Batterie stellen somit einen Kompromiss dar zwischen Batterielebensdauer, Batteriekosten und Gewicht einerseits und einem guten Wirkungsgrad des Triebstrangs andererseits.

Normalerweise wird versucht, die Batterie in einem SOC-Fenster von ca. 50...70 % zu halten. Wird dieses Fenster nach oben überschritten, so findet keine Betriebspunktverschiebung des Verbrennungsmotors oder keine Rekuperation mehr statt; die Bremsenergie wird ggf. in der Verschleißbremse umgesetzt.

Bei Erreichen der unteren SOC-Grenze von ca. 50 % muss dafür gesorgt werden,

11 Zellabgleich mit Widerstandsschaltung

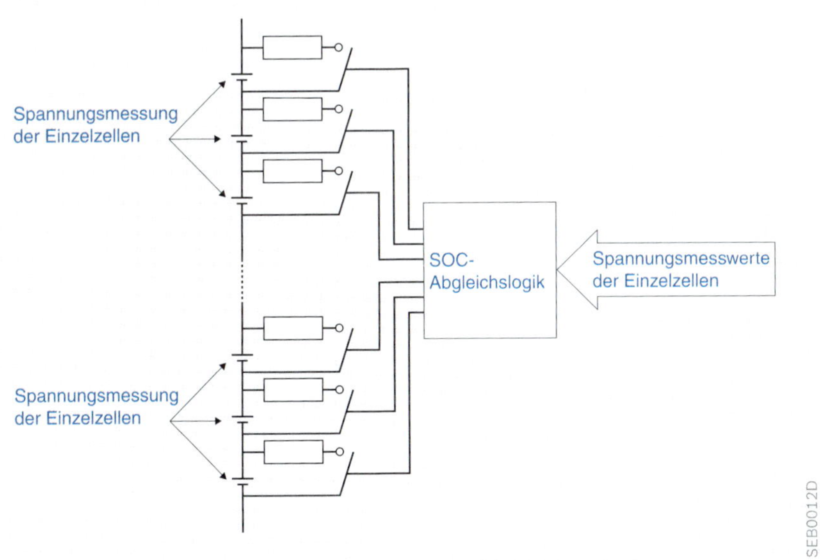

dass eine angemessene Batterieentladeleistung ermöglicht wird, da diese über den Boost und somit die Beschleunigungsfähigkeit des Fahrzeugs entscheidet. Daher wird bei Erreichen der unteren SOC-Grenze verstärkt die Batterie nachgeladen. Die Entladeleistung wird erst bei Erreichen einer viel tieferen SOC-Grenze langsam bis auf Null reduziert. Im normalen Fahrbe-trieb erreicht das Fahrzeug diese untere Entladegrenze praktisch nie und der Fahrer findet immer ein annähernd identisches Beschleunigungsverhalten vor. Lediglich nach einer länger dauernden Volllastfahrt mit Boost könnte es zu einer spürbaren Verringerung der Beschleunigungsfähigkeit kommen.

Die untere SOC-Grenze spielt auch für die sichere Erhaltung der Startfähigkeit und das Vermeiden einer lebensdauerschädlichen Tiefentladung eine wichtige Rolle. Die Sicherstellung der Startfähigkeit des Fahrzeugs erfordert je nach Zellsystem und Auslegung einen SOC von mindestens ca. 20 %. Die Funktionalität der Ladestrategie (Bild 12) wird meist im Motorsteuergerät oder in einem speziellen Hybridsteuergerät umgesetzt.

12 Einfache Laderegelung

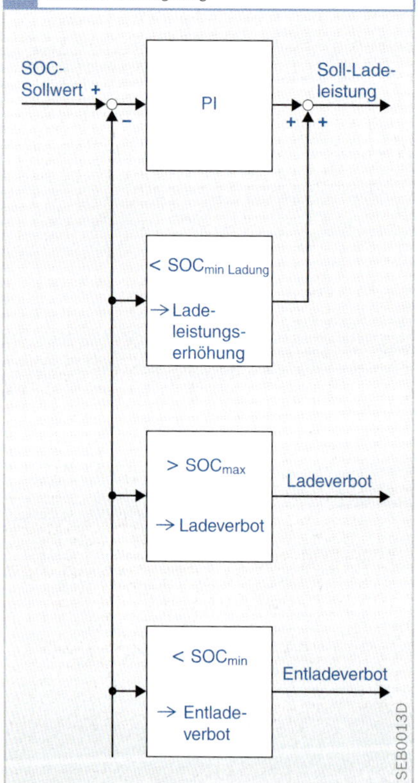

Elektrische Energiespeicher

Für Hybridfahrzeuge werden heute serienmäßig Nickel-Metallhydrid-Batterien (NiMH) eingesetzt. Nickel-Cadmium-Batterien werden aufgrund der Umweltschädlichkeit und Giftigkeit des Werkstoffes Cadmium für moderne Hybridfahrzeuge nicht in Betracht gezogen.

Lithium-Batterie-Systeme werden für den Einsatz in Hybridfahrzeugen entwickelt.

Nickel-Metallhydrid-Systeme (NiMH)

Für Hybridfahrzeuge sind Nickel-Metallhydrid-Batterien vor allem deshalb interessant, weil mit den verwendeten Materialien Konstruktionen mit hoher Leistungsdichte realisiert werden können. Der alkalische Elektrolyt (wässrige Kalilauge, KOH) nimmt an den Elektrodenreaktionen nicht teil (im Unterschied zu Blei/Säure-Systemen). Zudem hat ein Betrieb im teilgeladenen Zustand keine negativen Auswirkungen auf die Lebensdauer. In weiten Ladezustandsbereichen sind hohe Wirkungsgrade bei hohen Lade-/Entladeströmen erreichbar.

Nachteile des NiMH-Systems sind die hohe Selbstentladung und der starke Leistungsabfall bei tiefen Temperaturen. Ungünstig ist auch die relativ geringe Ruhespannung der NiMH-Zellen.

Als aktives Elektrodenmaterial wird Nickeloxidhydroxid verwendet sowie ein Wasserstoff speicherndes Material (Mischmetall). Mischmetall ist eine Legierung mit hohem Lanthan-, Cer- und Neodym-Gehalt.

Die Zelle wird bei leichtem Wasserstoffüberdruck betrieben und besitzt ein Überdruckventil oder eine Berstscheibe, um in kritischen Betriebszuständen Wasserstoff abblasen zu können. Im Betrieb muss darauf geachtet werden, dass keine zu hohen Überladungen stattfinden und dass Belüftungsmöglichkeiten gegeben sind.

Lithium-Ionen-Systeme (Li-Ionen)

Lithium-Systeme erlauben gegenüber NiMH-Systemen nochmals höhere Energie- und Leistungsdichten bei Zellspannungen von ca. 3,6 V. Daher haben sich solche Systeme vor allem im Bereich tragbarer elektrischer Systeme (Mobiltelefon, Laptop) durchgesetzt und dort NiMH-Batterien weitgehend verdrängt.

Zurzeit werden Anstrengungen zur Weiterentwicklung solcher Zellen zur Anwendung in Hybridfahrzeugen unternommen. Besonderes Augenmerk wird auf preiswerte und sichere Elektrodenmaterialien gelegt (z. B. $LiMn_2O_4$, $LiFePO_4$).

Durch den Einsatz des leichten Li-Metalls und die Eigenschaften der anderen beteiligten Materialien (Graphit als Anodenmaterial) lassen sich äußerst dünne Elektroden herstellen (< 0,5 mm), die Konstruktionen mit sehr hohen Leistungen erlauben (z. B. 3 kW/kg bei SOC 60 %, 25 °C und 10 s Pulsdauer). Wegen des hohen Energieinhalts der Elektrodenmaterialien und der hohen Zellspannung sind besondere Maßnahmen erforderlich:

- Einsatz organischer Elektrolyte mit speziellen Leitsalzen,
- Sicherheitskonstruktionen, die z. B. bei Beschädigung eine Explosion der Zelle verhindern,
- Überwachung der Einzelzellen zur Vermeidung von Überladung und Überhitzung.

Die positive Elektrode besteht aus speziellen Metalloxiden (Ni, Mn, Co oder Mischungen aus diesen), die Li-Ionen einlagern können. Diese Ionen können in einem reversiblen Mechanismus beim Entlade-/Ladevorgang zur Gegenelektrode und zurück wandern. Die Gegenelektrode besteht aus Graphit und kann durch ihre Schichtenstruktur ebenfalls Li-Ionen aufnehmen.

Lithium-Polymer-Batterien

Eine spezielle Ausführung der Li-Ionen-Batterie ist die Li-Polymer-Batterie. Sie enthält den Elektrolyt in nichtflüssiger Form. Diese Ausführung eignet sich besonders, um biegsame, flexible Zellen herzustellen. Zur Zeit wird untersucht, ob Li-Polymer-Batterien in Hybridfahrzeugen eingesetzt werden können.

13 Lebensdauer in Abhängigkeit von der Entladetiefe

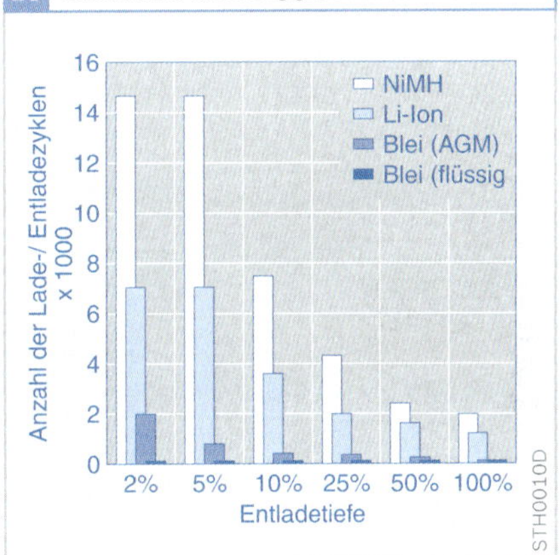

Bild 13
NiMH: Nickel-Metallhydrid-System
Li-Ion: Lithium-Ionen-System
AGM: Absorbent Glass Mat
Blei flüssig: Blei-Säure-System/Flüssigbatterie

14 Abschätzung der Leistungs- und Energiewerte

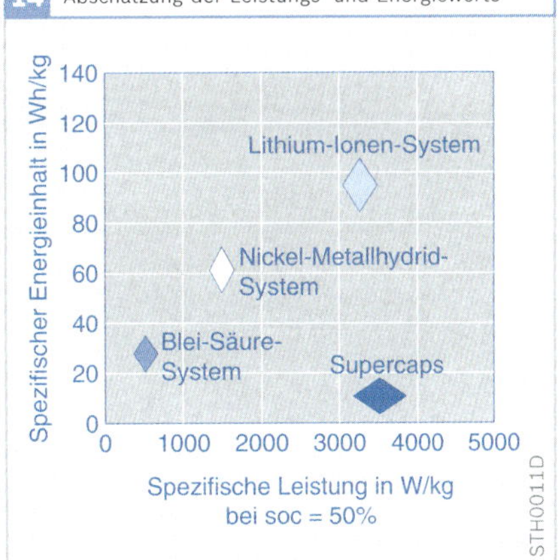

Bild 14
Der Vergleich gibt nur eine Abschätzung der prinzipiellen Möglichkeiten der verschiedenen Systeme an. Jedes elektrochemische System kann, innerhalb gewisser Grenzen, entweder in Richtung Energie oder in Richtung Leistung optimiert werden.

Systembild eines Parallelhybrids

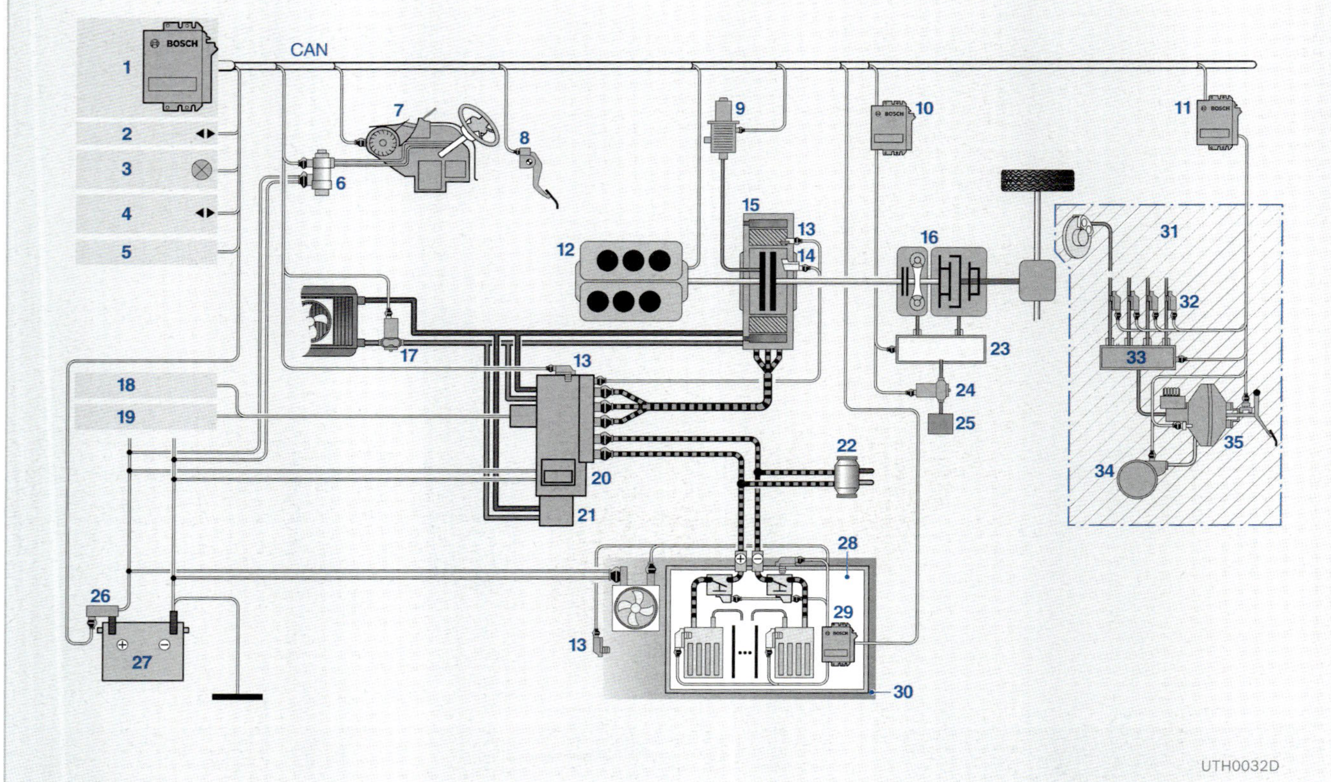

1 Hybrid-Motronic
2 CAN
3 Diagnoselampe
4 Diagnoseschnittstelle
5 Wegfahrsperre
6 Servopumpe
7 Ventilator
8 Fahrpedalmodul
9 Kupplungsaktuator
10 Steuergerät Getriebe
11 Steuergerät ESP
12 Verbrennungsmotor
13 Temperatursensor
14 Lagesensor
15 E-Maschine
16 Automatikgetriebe
17 Kühlmittelpumpe
18 E-Antriebssteuerung
19 Wegfahrsperre
20 Pulswechselrichter
21 DC/DC-Wandler
22 Hochspannungsverbraucher
23 Aktuatormodul
24 Elektrische Ölpumpe
25 Hydraulikölbehälter
26 EBS
27 Batterie 12 V
28 Traktionsbatterie
29 Batteriesteuergerät
30 Innenraumheizung
31 Bremse (optional)
32 Drucksensor
33 Hydraulik
34 Unterdruckpumpe
35 Bremskraftverstärker

Bordnetze

Das Bordnetz eines Kfz besteht aus dem Generator als Energiewandler, einer oder mehreren Batterien als Energiespeicher und den elektrischen Geräten als Verbraucher. Mithilfe der Energie aus der Batterie wird der Fahrzeugmotor über den Starter (Verbraucher) gestartet. Im Betrieb müssen Zünd- und Einspritzanlage, Steuergeräte, die Sicherheits- und Komfortelektronik, die Beleuchtung und weitere Geräte mit Strom versorgt werden.

Elektrische Energieversorgung im Pkw

Bei laufendem Motor liefert der Generator Strom, der je nach Spannungslage im Bordnetz (abhängig von Generatordrehzahl und zugeschalteten Verbrauchern) normalerweise ausreicht, um die Verbraucher zu versorgen und zusätzlich die Batterie zu laden. Ist der Verbraucherstrom I_V im Bordnetz größer als der Generatorstrom I_G (z. B. bei Motorleerlauf), so wird die Batterie entladen. Die Bordnetzspannung sinkt auf das Spannungsniveau der belasteten Batterie. Ist der Verbraucherstrom I_V kleiner als der Generatorstrom I_G, so fließt ein Teil des Stroms als Batterieladestrom I_B in die Batterie. Die Bordnetzspannung steigt bis auf den vom Generatorregler vorgegebenen Sollwert an.

Über die Auswahl von Batterie, Generator, Starter und der anderen Bordnetzverbraucher muss eine ausgeglichene Ladebilanz der Batterie sichergestellt werden, sodass
- immer ein Starten des Verbrennungsmotors möglich ist und
- im abgestellten Zustand bestimmte elektrische Verbraucher noch angemessene Zeit betrieben werden können.

Die Temperatur, bei der der Motor noch gestartet werden kann, ist u. a. abhängig von der Batterie (Kapazität, Kälteprüfstrom, Ladezustand, Innenwiderstand usw.) und dem Starter (Bauart, Baugröße und Leistung). Soll der Motor z. B. bei -20 °C gestartet werden können, so muss ein Mindestladezustand p der Batterie vorhanden sein.

Entscheidenden Einfluss auf die Ladebilanz der Batterie haben - neben der Batterie selbst - die Stromabgabe des Generators sowie die Leistung der Verbraucher.

Stromabgabe des Generators

Die Stromabgabe des Generators ist drehzahlabhängig. Bei Motorleerlaufdrehzahl n_L kann der Generator bei gängigen Übersetzungsverhältnissen (Kurbelwelle zu Generator) von 1:2 bis 1:3 nur einen Teil seines Nennstroms abgeben. Der Nennstrom wird definitionsgemäß bei der Generatordrehzahl 6000 min^{-1} abgegeben.

1 Mögliche Starttemperatur in Abhängigkeit vom Batterie-Ladezustand

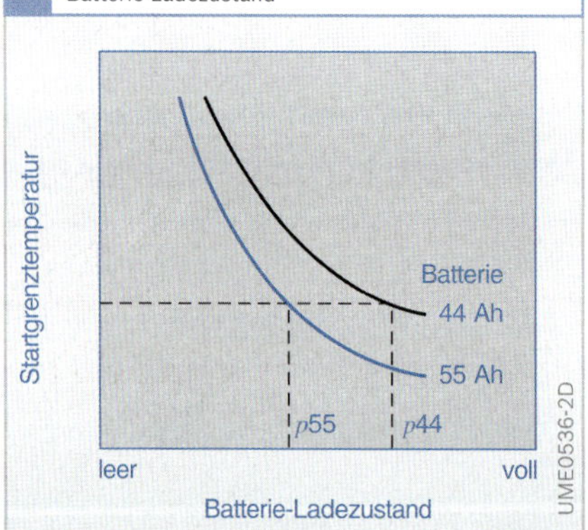

2 Generatorstromabgabe I_G in Abhängigkeit von der Generatordrehzahl

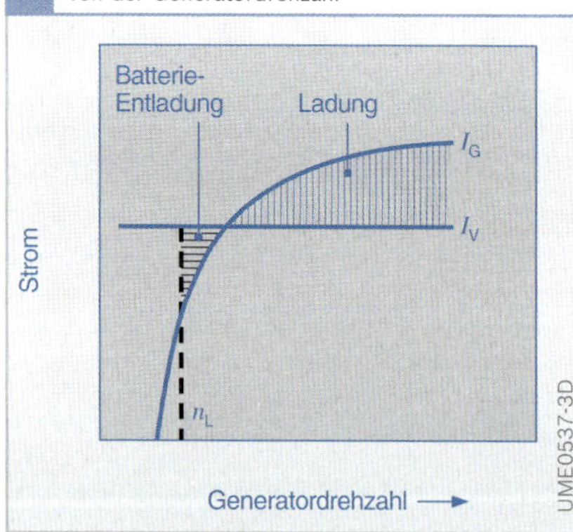

Bild 1
p Mindestladezustand

Bild 2
I_V Verbraucherstrom
n_L Motorleerlaufdrehzahl

Leistung der Verbraucher

Die elektrischen Verbraucher haben unterschiedliche Einschaltdauern. Man unterscheidet zwischen Dauerverbrauchern (Zündung, Kraftstoffeinspritzung usw.), Langzeitverbrauchern (Beleuchtung, Heckscheibenheizung usw.) und Kurzzeitverbrauchern (Blinklicht, Bremslicht usw.).

Die Benutzung mancher elektrischer Verbraucher hängt von der Jahreszeit ab (Klimaanlage, Sitzheizung). Die Einschalthäufigkeit elektrischer Kühlerventilatoren hängt von der Temperatur und vom Fahrbetrieb ab. Im Winter wird überwiegend mit Beleuchtung gefahren.

Die benötigte Verbraucherleistung ist während einer Fahrt nicht konstant. Sie ist insbesondere in den ersten Minuten nach dem Start sehr hoch und sinkt dann ab:

- Eine elektrische Frontscheibenheizung benötigt zum Abtauen der Scheibe für 1...3 Minuten nach dem Start bis zu 2 kW.
- Die Sekundärluftpumpe, die Luft direkt hinter dem Brennraum zum Nachverbrennen des Abgases einbläst, läuft bis zu 3 Minuten nach dem Start.
- Weitere Verbraucher wie Heizung (Heckscheibe, Sitze, Spiegel usw.), Gebläse und Beleuchtung sind je nach Situation kürzer oder länger eingeschaltet, während das Motormanagement ständig in Betrieb ist.

Laden der Batterie

Die Batterieladespannung muss aufgrund der chemischen Vorgänge in der Batterie bei Kälte höher, bei Wärme niedriger sein. Die Gasungsspannungskurve gibt die maximal zulässige Spannung an, bei der die Batterie nicht gast. Ein Regler begrenzt die Spannung, wenn der Generatorstrom I_G größer ist als die Summe aus benötigtem Verbraucherstrom I_V und dem temperaturabhängigen maximal zulässigen Batterieladestrom I_B. Regler sind üblicherweise an den Generator angebaut. Bei größeren Abweichungen zwischen Reglertemperatur und Batterie-Säure-Temperatur ist es von Vorteil, die Temperatur für die Spannungsregelung direkt an der Batterie zu erfassen. Der Spannungsfall auf der Ladeleitung Generator/Batterie kann durch einen Regler mit unmittelbarer Messung des Spannungs-Istwertes an der Batterie berücksichtigt werden.

Die Anordnung von Generator, Batterie und Verbrauchern beeinflusst den Spannungsfall auf der Ladeleitung und damit die Ladespannung. Sind alle Verbraucher batterieseitig angeschlossen, fließt auf der Ladeleitung der Gesamtstrom $I_G = I_B + I_V$. Durch den relativ hohen Spannungsfall sinkt die Ladespannung entsprechend stark ab.

1 Installierte Verbraucher mit Berücksichtigung der Einschaltdauer (Beispiele)

Verbraucher	Leistungsaufnahme	Mittlere Verbraucherleistung
Motronic, Elektrokraftstoffpumpe	250 W	250 W
Radio	20 W	20 W
Standlicht	8 W	7 W
Abblendlicht	110 W	90 W
Kennzeichenleuchte, Schlussleuchte	30 W	25 W
Kontrollleuchte, Instrumente	22 W	20 W
Beheizbare Heckscheibe	200 W	60 W
Innenraumheizung, Gebläse	120 W	50 W
Elektrischer Kühlerventilator	120 W	30 W
Scheibenwischer	50 W	10 W
Bremslicht	42 W	11 W
Blinklicht	42 W	5 W
Nebelscheinwerfer	110 W	20 W
Nebelschlussleuchte	21 W	2 W
Summe		
Installierte Verbraucherleistung	1145 W	
Mittlere Verbraucherleistung		600 W

Tabelle 1

Sind dagegen alle Verbraucher generatorseitig angeschlossen, ist der Spannungsfall kleiner, die Ladespannung höher. Dabei können Verbraucher, die empfindlich sind gegen Spannungsspitzen oder Spannungswelligkeit (Elektronik), beschädigt oder gestört werden. Es empfiehlt sich, spannungsunempfindliche Verbraucher mit höherer Leistungsaufnahme in Generatornähe und spannungsempfindliche Verbraucher mit kleinerer Leistungsaufnahme in Batterienähe anzuschließen.

Geeignete Leitungsquerschnitte und gute Verbindungsstellen, deren Übergangswiderstände sich auch nach längerer Betriebszeit nicht verschlechtern, halten Spannungsfälle klein.

Auslegung des Bordnetzes

Dynamische Systemkennlinie

Die dynamische Systemkennlinie stellt den Verlauf der Batteriespannung über dem Batteriestrom während eines Fahrzyklus dar. Die Hüllkurven geben das Zusammenwirken der Komponenten Batterie, Generator, Verbraucher, Temperatur, Drehzahl und Übersetzung Motor/Generator wieder. Eine große Fläche in der Hüllkurve bedeutet, dass bei dieser Bordnetzauslegung in dem gewählten Fahrzyklus starke Spannungsschwankungen auftreten und die Batterie stärker zyklisiert wird, d. h. dass ihr Ladezustand starke zeitliche Änderungen erfährt. Die Systemkennlinie ist spezifisch für jede Kombination und jede Betriebsbedingung und damit eine dynamische Angabe. Die dynamische Systemkennlinie kann an den Klemmen der Batterie gemessen und mit Messsystemen aufgezeichnet werden.

Ladebilanzrechnung

Anhand der Ladebilanzrechnung wird die Auslegung von Generator und Batterie festgelegt. Mithilfe eines Computerprogramms wird aus der Verbraucherlast und der Generatorleistung der Batterieladezustand am Ende eines vorgegebenen Fahrzyklus berechnet. Ein üblicher Zyklus für Pkw ist *Berufsverkehr* (niedriges Drehzahlangebot) kombiniert mit *Winterbetrieb* (geringe Ladestromaufnahme der Batterie und hoher elektrischer Verbrauch). Auch unter diesen für den Energiehaushalt des Bordnetzes sehr ungünstigen Bedingungen muss die Batterie eine ausgeglichene Ladebilanz aufweisen.

Fahrprofil

Das Fahrprofil als Eingangsgröße für die Ladebilanzrechnung wird durch die Summenhäufigkeitslinie der Motordrehzahl dargestellt. Sie gibt an, wie häufig eine bestimmte Motordrehzahl erreicht oder überschritten wird.

3 Dynamische Systemkennlinie (Hüllkurve bei Stadtfahrt)

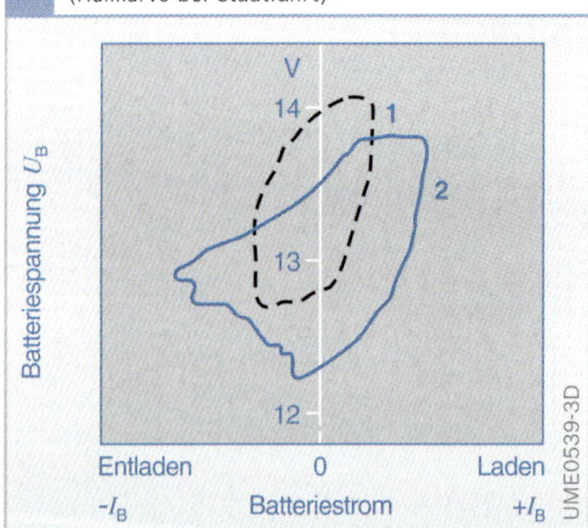

Bild 3
1 bei großem Generator und kleiner Batterie
2 bei kleinem Generator und großer Batterie

4 Summenhäufigkeit der Motordrehzahl bei Stadt- und Autobahnfahrt

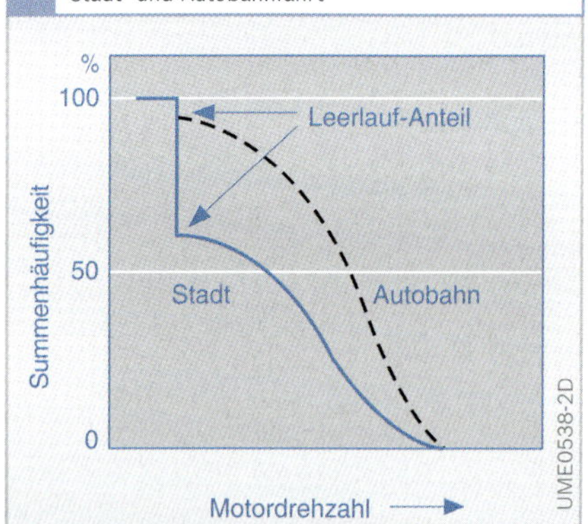

Ein Pkw hat bei Stadtfahrt im Berufsverkehr einen hohen Anteil an Motorleerlaufdrehzahl, bedingt durch häufigen Halt an Ampeln und infolge hoher Verkehrsdichte.

Ein Stadtbus im Linienverkehr hat zusätzliche Leerlaufanteile wegen der Fahrtunterbrechungen an Haltestellen. Auf die Ladebilanz der Batterie wirken sich außerdem Verbraucher negativ aus, die bei abgestelltem Motor betrieben werden. Omnibusse im Reiseverkehr haben im Allgemeinen nur einen geringen Leerlaufanteil, aber unter Umständen Stillstandsverbraucher mit hoher Leistungsaufnahme.

Bordnetzsimulation

Im Gegensatz zur summarischen Betrachtung bei Ladebilanzrechnungen lässt sich die Situation der Bordnetz-Energieversorgung mit modellgestützten Simulationen zu jedem Betriebszeitpunkt berechnen. Hier können auch Bordnetz-Managementsysteme mit einbezogen und in ihrer Auswirkung beurteilt werden.

Neben der reinen Batteriestrombilanzierung ist es möglich, den Bordnetzspannungsverlauf und die Batteriezyklisierung zu jedem Zeitpunkt einer Fahrt zu registrieren. Berechnungen mit Hilfe von Bordnetzsimulationen sind immer dann sinnvoll, wenn es um den Vergleich von Bordnetztopologien und um die Auswirkungen hochdynamischer oder nur kurzfristig eingeschalteter Verbraucher geht.

Kraftstoffverbrauch

Da der Kraftstoffverbrauch eines Fahrzeugs u. a. von dessen Masse abhängt, wirkt sich auch die Masse des Generators auf den Verbrauch aus.

Auch die Leistungserzeugung durch den Generator hat Einfluss auf den Kraftstoffverbrauch: Der Mehrverbrauch bei 100 W erzeugter elektrischer Leistung liegt in der Größenordnung von 0,17 *l* auf 100 km Fahrstrecke und ist abhängig vom Wirkungsgrad des Generators. Generatoren mit höherem Teillastwirkungsgrad leisten deshalb trotz eines geringen Mehrgewichts i. d. R. einen Beitrag zur Kraftstoffeinsparung.

Elektrisches Energiemanagement

Ein Elektrisches Energiemanagement (EEM) koordiniert während der Fahrt das Zusammenspiel von Generator, Spannungswandler, Batterien und elektrischen Verbrauchern. Bei abgestelltem Fahrzeug überwacht das EEM die Batterien und schaltet Stillstands- und Ruhestromverbraucher ab, sobald die Batterieladung eine kritische Grenze erreicht. Das EEM

5 Bordnetz mit Anschluss der Verbraucher an Generator und Batterie

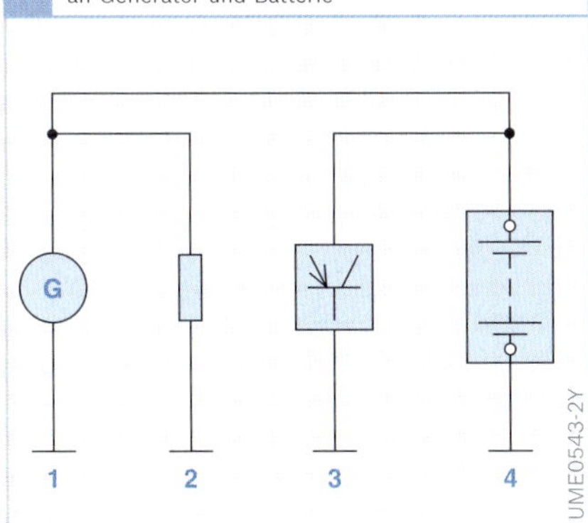

6 Verbraucherleistung in Abhängigkeit von der Fahrzeit

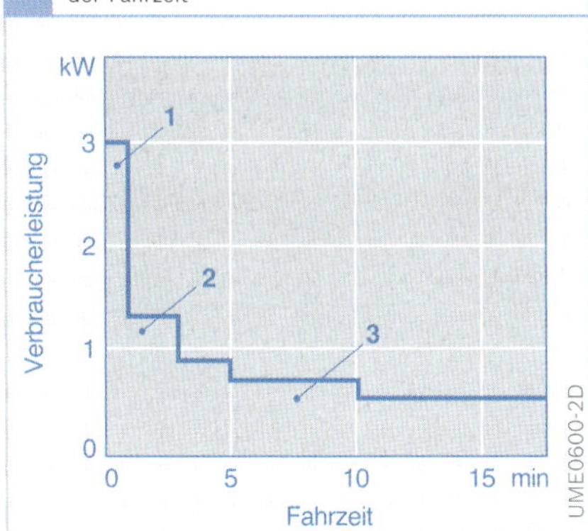

Bild 5
1 Generator
2 Verbraucher mit höherer Leistungsaufnahme
3 Verbraucher mit geringer Leistungsaufnahme
4 Batterie

Bild 6
1 Frontscheibenheizung
2 Sekundärluftpumpe
3 Heizung, Gebläse, Motormanagement usw.

regelt den gesamten elektrischen Energiehaushalt. Es vergleicht die Leistungsanforderung der Verbraucher mit dem Leistungsangebot des Bordnetzes und sichert im Mittel ein Gleichgewicht zwischen Leistungserzeugung und Leistungsabgabe.

Grundlage für das EEM ist das Batteriemanagement. Ziel des Batteriemanagements ist es, dem EEM Informationen über den aktuellen Zustand der Batterie und über das zukünftig erwartete elektrische Verhalten zu übermitteln. Mit Hilfe dieser Informationen lassen sich Betriebsstrategien zur Erhöhung der Fahrzeug-Verfügbarkeit sowie der Wirtschaftlichkeit umsetzen.

Das Batteriemanagement übermittelt dem EEM die batterierelevanten Größen wie z. B. den Ladezustand (state of charge, SOC), den Alterungszustand (state of health, SOH) und die Leistungsfähigkeit der Batterie (state of function, SOF). SOF gibt eine Vorhersage, wie die Batterie auf ein vorgegebenes Lastprofil reagieren wird, z. B. ob ein Start mit dem momentan gültigen Batteriezustand gelingen würde.

Diese Werte werden über komplexe modellbasierte Algorithmen aus der Messung von Batteriestrom, -spannung und -temperatur berechnet.

Mit Hilfe der Batteriedaten kann das EEM die optimale Ladespannung bestimmen und bei nachlassender Leistungsfähigkeit die Bordnetzlast reduzieren (Verbraucher abschalten) und/oder die Leistungserzeugung erhöhen (z. B. durch Leerlaufdrehzahlerhöhung).

Sinkt die Leistungsfähigkeit der Batterie trotz der durchgeführten Maßnahmen unter einen vorgegebenen Schwellwert, kann das EEM den Fahrer warnen, dass bestimmte Funktionalitäten (z. B. Motorstart) mit dem aktuellen Batteriezustand nicht verfügbar sein werden.

Batteriezustandserkennung

Das Steuergerät, das die Batteriezustandserkennung (BZE) ermöglicht, ist der elektronische Batteriesensor EBS (teilweise werden auch EEM-Funktionen auf diesem Steuergerät realisiert). Der Sensor mit integrierter Auswerteelektronik erfasst die elementaren Batteriegrößen Spannung, Strom und Temperatur. Daraus berechnet er mit Hilfe komplexer

7 Elektrisches Energiemanagement (EEM)

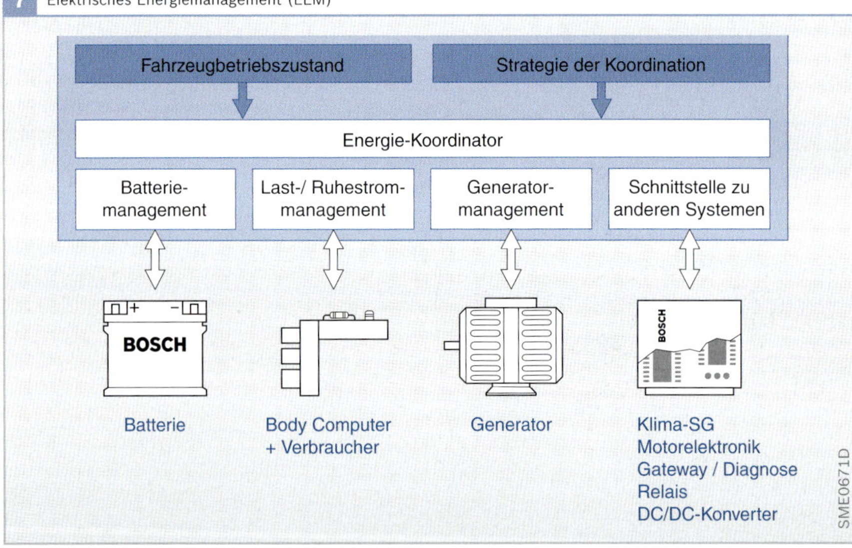

Software-Algorithmen die Größen, die den Zustand der Autobatterie beschreiben.

Der elektronische Batteriesensor besteht aus einem Chip, der die gesamte Elektronik beherbergt, und aus einem Widerstandselement zur Strommessung. Beides bildet gemeinsam mit der Polklemme eine Montageeinheit, die direkt an die Autobatterie angeschlossen werden kann und die in die Polnische üblicher Autobatterien passt.

Folgende Aufgaben des elektrischen Energiemanagements werden durch den Einsatz der Batteriezustandserkennung ermöglicht:

- Absicherung der Startfähigkeit (SOF) durch Einhaltung definierter Grenzwerte der Batterieleistungsfähigkeit und Erhöhung der Fahrzeugverfügbarkeit,
- Reduzierung des elektrischen Leistungsbedarfs und Verbrauchsreduzierung durch Generatormanagement mit Anpassung der Generatorspannung,
- größere Flexibilität bei der Auslegung von Batterie- und Generatorgröße durch übergeordnetes Energiemanagement (Optimierung der Wirtschaftlichkeit),
- Verlängerung der Batterielebensdauer (z. B. durch Vermeiden von Tiefentladung),
- Batteriewechsel-Indikation.

Bei Stopp-Start-Anwendungen können zudem folgende Funktionen erfüllt werden:

- Prädiktion der Startfähigkeit nach einem definierten Fahrzeugstillstand (Zeit, Temperatur, Ruhestrom, Stromverbrauch während der Stopp-Phase),
- Sicherstellung einer Ladungsreserve der Batterie in der Stopp-Phase (z. B. durch Abschalten von Verbrauchern).

Zwei-Batterien-Bordnetz

Bei der Auslegung einer Fahrzeugbatterie, die sowohl den Starter als auch die weiteren Verbraucher im Bordnetz versorgt, muss ein Kompromiss zwischen verschiedenen Anforderungen gefunden werden.

Während des Startvorganges wird die Batterie mit hohen Strömen (300...500 A) belastet. Der damit verbundene Spannungseinbruch wirkt sich nachteilig auf

8 Zwei-Batterien-Bordnetz (Ansicht)

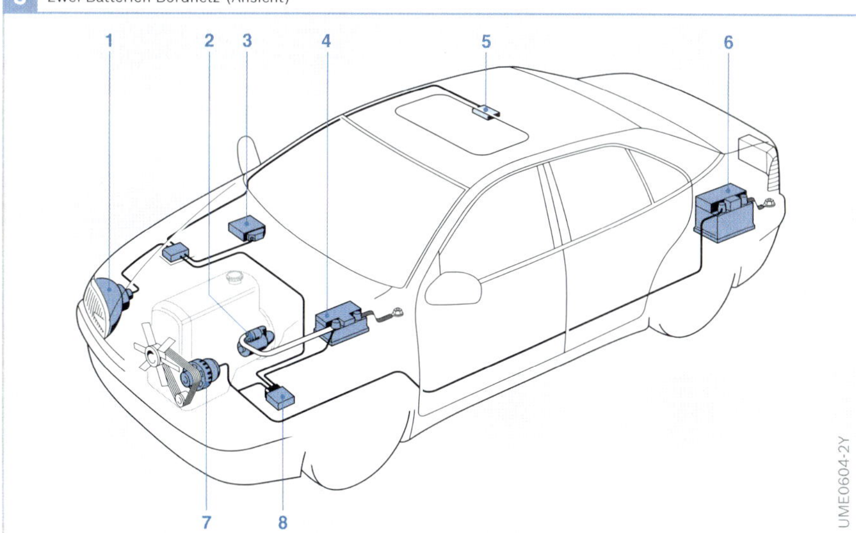

Bild 8
1 Lichtanlage (Bordnetz)
2 Starter
3 Motormanagement (Bordnetz)
4 Startbatterie
5 weitere Bordnetzverbraucher (z. B. Schiebedachbetätigung)
6 Versorgungsbatterie
7 Generator
8 Lade-/Trennmodul

bestimmte Verbraucher aus (z. B. Geräte mit Mikrocontroller) und sollte so gering wie möglich sein. Im Fahrbetrieb fließen dagegen nur noch vergleichsweise geringe Ströme; für eine zuverlässige Stromversorgung ist dabei die Kapazität der Batterie maßgebend. Beide Eigenschaften - Nennleistung und Kapazität - lassen sich nicht gleichzeitig optimieren.

Bei Bordnetzausführungen mit zwei Batterien (Startspeicher und Versorgungsbatterie) werden durch das Bordnetzsteuergerät die Batteriefunktionen „Bereitstellung hoher Leistung für den Startvorgang" und „Versorgung des Bordnetzes" getrennt, um den Spannungseinbruch im Bordnetz beim Start zu vermeiden und einen Kaltstart auch bei einem niedrigen Ladezustand der Versorgungsbatterie sicherzustellen.

Startspeicher

Der Startspeicher muss nur für eine begrenzte Zeit (Startvorgang) einen hohen Strom liefern. Er wird daher auf eine hohe Leistungsdichte (hohe Leistung bei geringem Gewicht) ausgelegt. Weil er ein kleines Volumen hat, kann er in der Nähe des Starters eingebaut und mit diesem über eine kurze Zuleitung verbunden sein. Die Kapazität ist reduziert.

Versorgungsbatterie

Die Versorgungsbatterie ist ausschließlich für das Bordnetz (ohne Starter) vorgesehen. Sie liefert Ströme zur Versorgung der Bordnetzverbraucher (z. B. ca. 20 A für das Motormanagement), ist aber stark zyklisierbar, d. h. sie kann große Energiemengen bereitstellen und speichern. Die Dimensionierung richtet sich im Wesentlichen nach der erforderlichen Kapazitätsreserve für eingeschaltete Verbraucher, den Verbrauchern bei stehendem Motor (Ruhestromverbaucher, z. B. Parklicht, Warnblinklicht, Wegfahrsperre) und der zulässigen Entladetiefe.

Bordnetz-Steuergerät

Das Bordnetz-Steuergerät (BN-SG) im Zwei-Batterien-Bordnetz trennt den Startspeicher und den Starter vom übrigen Bordnetz, solange dieses von der Versorgungsbatterie ausreichend versorgt werden kann. Es verhindert damit, dass sich der vom Startvorgang verursachte Spannungseinbruch im Bordnetz auswirkt. Bei abgestelltem Fahrzeug verhindert es eine Entladung des Startspeichers durch eingeschaltete Verbraucher bei Motorstillstand und durch Stillstandsverbraucher.

Durch die Trennung der Startseite vom übrigen Bordnetz besteht auf der Startspeicherseite prinzipiell keine Einschränkung für das Spannungsniveau. Damit kann die Ladespannung über DC/DC-Wandler optimal an die Starter-Batterie angepasst werden, sodass die Ladedauer minimiert wird.

9 Zwei-Batterien-Bordnetz (Schema)

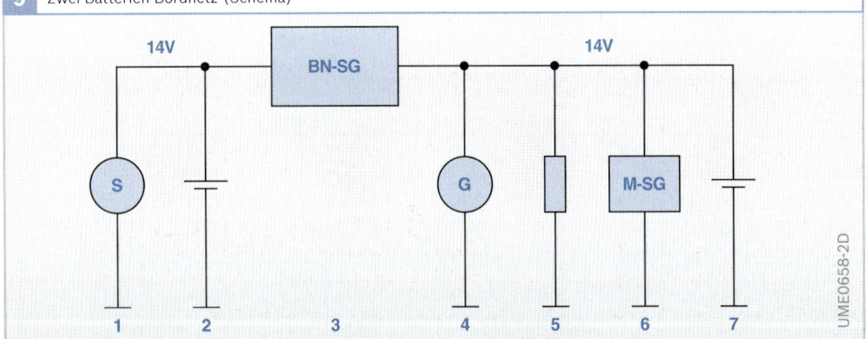

Bild 9
1 Starter
2 Startspeicher
3 Bordnetzsteuergerät
4 Generator
5 Verbraucher
6 Motorsteuergerät
7 Versorgungsbatterie

Bei leerer Versorgungsbatterie ist das Steuergerät in der Lage, beide Bordnetzbereiche vorübergehend zu verbinden und damit das Bordnetz über den vollen Startspeicher zu stützen. In einer weiteren möglichen Ausführung schaltet das Steuergerät für den Start nur die startrelevanten Verbraucher auf die jeweils volle Batterie.

Bordnetze für Nkw

Batterieumschaltung 12/24V

Verschiedene schwere Nutzfahrzeuge haben eine gemischte 12/24-V-Anlage, d. h. die Versorgungsspannung kann zwischen 12 und 24 V umgeschaltet werden. In diesen Anlagen sind der Generator zur Spannungserzeugung und die elektrischen Komponenten mit Ausnahme des Starters für die Nennspannung 12 V ausgelegt. Der Starter hingegen hat eine Nennspannung von 24 V. Damit wird die Leistungsabgabe erreicht, die z. B. zum Starten großer Dieselmotoren erforderlich ist.

Das System besteht aus zwei 12-V-Batterien, die im normalen Fahrbetrieb und bei stillstehendem Motor parallel geschaltet sind. Die Spannung verändert sich bei der Parallelschaltung nicht, das Bordnetz wird mit 12 V versorgt. Die Gesamt-Kapazität der beiden Batterien ist die Summe der Einzelkapazitäten.

Beim Betätigen des Zünd-Start-Schalters schaltet ein Batterieumschaltrelais die beiden Batterien automatisch in Reihe, sodass während des Startvorgangs an den Starterklemmen eine Spannung von 24 V anliegt. Alle anderen Verbraucher werden auch jetzt mit 12 V versorgt.

Nach Beendigung des Startvorgangs, d. h. nach Loslassen des Zünd-Start-Schal-

10 Schaltung einer Startanlage mit einem Batterieumschaltrelais

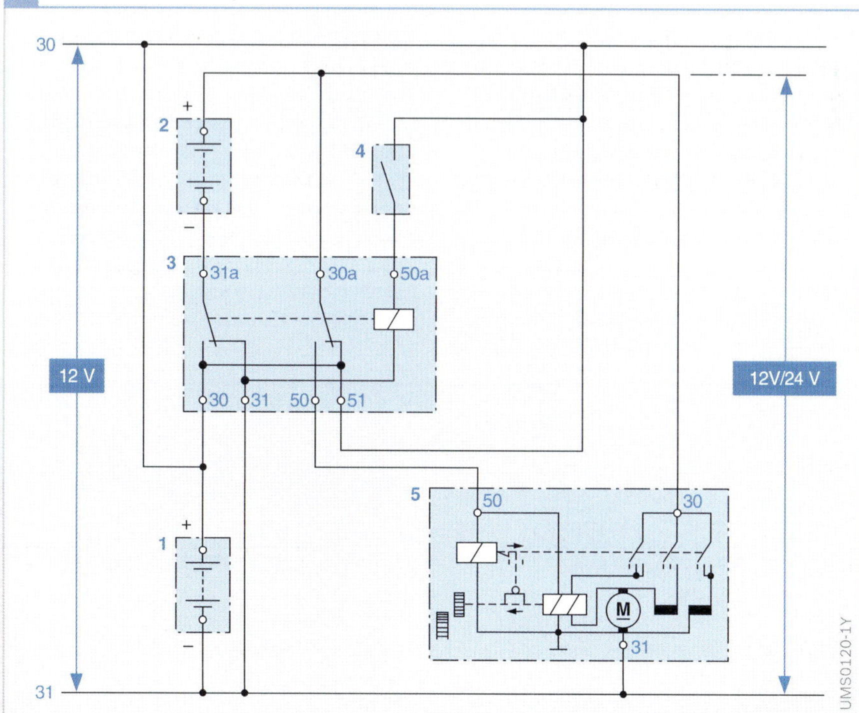

Bild 10
1 12-V-Batterie I
2 12-V-Batterie II
3 Batterieumschaltrelais
4 Zünd-Start-Schalter
5 24-V-Schalter

ters und Ausschalten des Starters, schaltet das Batterieumschaltrelais die Batterien wieder parallel. Während des Betriebs des Motors lädt der 12-V-Generator beide Batterien wieder auf.

Die Kapazitäten von zwei parallel geschalteten Batterien sollten gleich sein, um eine gleichmäßige Stromverteilung beim Laden und Entladen zu erreichen. Ebenso sollte die Schaltung der Batterien symmetrisch sein, d. h. die Anschlusskabel sollten die gleiche Länge und den gleichen Querschnitt haben.

Komponenten im Bordnetz

Die beschriebenen Komponenten sind z. T. auch in Pkw-Bordnetzen verwendbar. Dort werden sie jedoch nur selten und als Sonderausstattung eingesetzt.

Batterieschalter

Die elektrische Anlage im Kraftfahrzeug ist im Allgemeinen so ausgeführt, dass nach Abziehen des Schlüssels des Zünd-Start-Schalters die elektrischen Leitungen von diesem Schalter z. B. zu der Zündanlage, zu den Steuergeräten (Motronic, ABS), zu den Wischern usw. stromlos sind.

Die Leitungen zum Starter, zum Zünd-Start-Schalter und zum Lichtschalter stehen jedoch unter Spannung. Eine durchgescheuerte Stelle in diesen Leitungen kann die Isolationswiderstände verringern und Kriechströme oder einen Kurzschluss hervorrufen. Die Folgen sind eine entladene Batterie oder die Möglichkeit eines Brandes. Durch einen Batterieschalter lässt sich die Batterie vollständig vom Bordnetz trennen, um diese Gefahren zu unterbinden.

Der einpolige Batterieschalter wird in die Masseleitung (Minuspol) der Batterie eingebaut und zwar in unmittelbarer Nähe der Batterie. Der Schalter sollte vom Fahrer leicht bedienbar sein.

Bei Anlagen mit Drehstromgeneratoren ist ein Betrieb ohne Batterie wegen der Gefahr von Spannungsspitzen (Zerstörung elektronischer Komponenten) nicht zulässig. Deshalb darf der Batterieschalter bei solchen Anlagen nur bei stehendem Motor betätigt werden.

Batterierelais

Für elektrische Anlagen in Omnibussen, Tankwagen usw. ist ein Batterierelais als Hauptschalter vorgeschrieben, mit dem das Bordnetz von der Batterie getrennt werden kann. Dadurch lassen sich sowohl Kurzschlüsse (z. B. bei Reparaturen) als auch durch Kriechströme verursachte Zersetzungserscheinungen an spannungsführenden Teilen vermeiden.

11 Batterieschalter

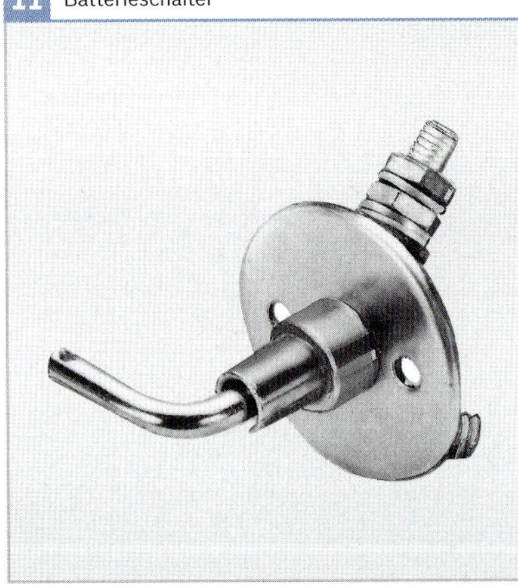

SKE0583-1Y

12 Batterierelais

SKE0159-1Y

Bei Anlagen dieser Art mit einem Drehstromgenerator ist, um unzulässige Spannungsüberhöhungen zu vermeiden, ein zweipoliger elektromagnetischer Batteriehauptschalter notwendig, der verhindert, dass der Generator bei laufendem Motor von der Batterie getrennt werden kann.

Batterietrennrelais

Das Batterietrennrelais (Schließer) eignet sich zur Trennung der Starterbatterie von einer zweiten Batterie für Zusatzausrüs-tun-gen. Es schützt die Starterbatterie vor Entladung, wenn der Drehstromgenerator keine Energie abgibt. Das Relais ist mit einer Diode für den Verpolungsschutz und mit einer Löschdiode zum Unterdrücken der induktiven Spannungsspitzen beim Schalten versehen.

Batterieladerelais

Das Batterieladerelais eignet sich zum Laden einer zusätzlich eingebauten 12-V-Batterie in Fahrzeugen mit 24-V-Bordnetzspannung. Es enthält Widerstände, an denen bei einem Ladestrom von 10 A ein Spannungsfall entsteht, sodass die Ladespannung auf 12 V herabgesetzt wird. Voraussetzung ist, dass der 24-V-Generator die zusätzliche Belastung von 10 A aufbringen kann.

13 Schaltbild Batterietrennrelais

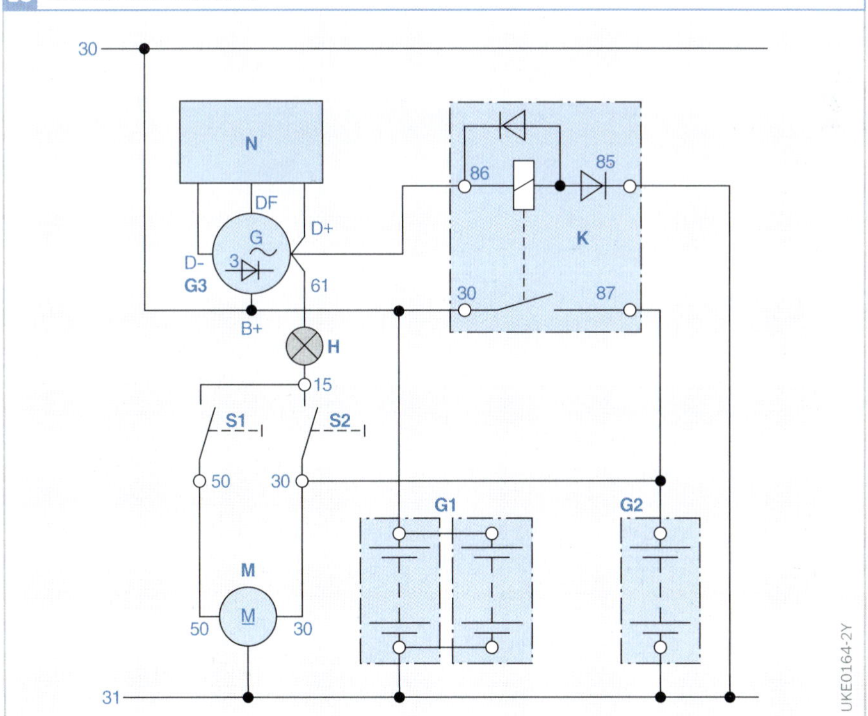

Bild 13

G1 Batterie für Zusatzausrüstung
G2 Starterbatterie
G3 Drehstromgenerator
H Ladekontrolllampe
K Batterietrennrelais
M Starter
N Generatorregler
S1 Zünd-Start-Schalter
S2 Fahrtschalter

Kabelbäume

Anforderungen

Der Kabelbaum stellt die Energie- und Signalverteilung innerhalb eines Kraftfahrzeugs sicher. Ein Kabelbaum im Mittelklasse-Pkw mit mittlerer Ausstattung hat heute ca. 750 verschiedene Leitungen mit einer Gesamtlänge von rund 1500 Metern. In den letzten Jahren hat sich aufgrund ständig steigender Funktionen im Kfz die Anzahl der Kontaktstellen in etwa verdoppelt. Unterschieden wird zwischen Motorraum- und Karosseriekabelbaum. Letztere unterliegen etwas geringeren Temperatur-, Schüttel-, Medien- und Dichtheitsanforderungen.

Kabelbäume haben einen erheblichen Einfluss auf Kosten und Qualität eines Automobils. Bei der Kabelbaumentwicklung müssen folgende Punkte betrachtet werden:

- Dichtheit,
- EMV-Kompatibilität,
- Temperaturen,
- Beschädigungsschutz der Leitungen,
- Leitungsauslegung,
- Belüftung des Kabelbaums.

Deshalb ist ein frühzeitiges Einbinden der Kabelbaumexperten bereits bei der Systemdefinition erforderlich. Bild 1 zeigt einen Kabelbaum, der als spezieller Ansaugmodulkabelbaum entwickelt wurde. Aufgrund der gemeinsam mit Motor- und Kabelbaumentwicklung optimierten Verlegung und Befestigung konnte ein erheblicher Qualitätsfortschritt sowie Kosten- und Gewichtsvorteile erzielt werden.

Dimensionierung und Werkstoffauswahl

Die wichtigsten Aufgaben für den Kabelbaumentwickler sind:

- Dimensionierung der Leitungsquerschnitte,
- Werkstoffauswahl,
- Auswahl geeigneter Steckverbinder,
- Verlegen der Leitungen unter Berücksichtigung von Umgebungstemperatur, Motorbewegungen, Beschleunigungen und EMV-Einfluss,
- Beachtung des Umfelds, in dem der Kabelbaum verlegt wird (Topologie, Montageschritte bei der Fahrzeugherstellung und Vorrichtungen am Montageband).

1 Kabelbaum (Beispiel)

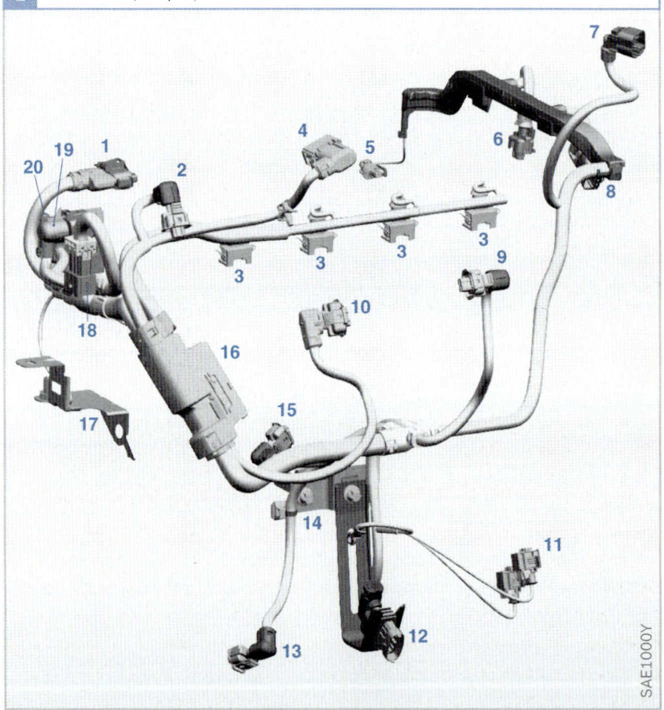

Bild 1
1 Zündspulenmodul
2 Kanalabschaltung
3 Einspritzventile
4 Drosselvorrichtung DV-E
5 Öldruckschalter
6 Motortemperatursensor
7 Ansauglufttemperatursensor
8 Nockenwellensensor
9 Tankentlüftungsventil
10 Saugrohrdrucksensor
11 Ladestromkontrollleuchte
12 Lambda-Sonde hinter Kat
13 Drehzahlsensor
14 Klemme 50, Starterschalter
15 Klopfsensor
16 Motorsteuergerät
17 Motormasse
18 Trennstecker für Motor- und Getriebekabelbaum
19 Lambda-Sonde vor Kat
20 Abgasrückführventil

Leitungsquerschnitte

Leitungsquerschnitte werden festgelegt aufgrund zulässiger Spannungsfälle. Die untere Querschnittsgrenze wird durch die Leitungsfestigkeit vorgegeben. Üblich ist es, keine Leitungen kleiner als 0,5 mm^2 einzusetzen. Mit Zusatzmaßnahmen (z. B. Abstützungen, Schutzrohre, Zugentlastungen) ist auch 0,35 mm^2 noch vertretbar.

Werkstoffe

Als Werkstoff für die Leiter wird in der Regel Kupfer eingesetzt. Die Isolationswerkstoffe der Leitungen werden festgelegt in Abhängigkeit von der Temperatur, der sie ausgesetzt sind. Es müssen Werkstoffe mit entsprechend hoher Dauergebrauchstemperatur ausgewählt werden. Hier muss die Umgebungstemperatur genauso berücksichtigt werden wie die Erwärmung durch den fließenden Strom. Als Werkstoffe werden Thermoplaste (z. B. PE, PA, PVC), Fluorpolymere (z. B. ETFE, FEP) und Elastomere (z. B. CSM, SIR) eingesetzt.

Falls die Leitungen innerhalb der Motortopologie nicht an besonders heißen Teilen (z. B. Abgasleitung) vorbeigeleitet werden, kann als Kriterium zur Auswahl des Isolationswerkstoffs und des Kabelquerschnitts die Deratingkurve des Kontakts mit zugehöriger Leitung herangezogen werden. Die Deratingkurve stellt die Beziehung zwischen Strom, der dadurch hervorgerufenen Temperaturerhöhung und der Umgebungstemperatur des Steckverbinders dar. Die in den Kontakten erzeugte Wärme kann üblicherweise nur über die Leitungen abgeführt werden.
Zu beachten ist auch, dass sich durch die Temperaturwechsel der Elastizitätsmodul des Kontaktmaterials ändert (Metallrelaxation). Beeinflusst werden können die geschilderten Zusammenhänge durch größere Leitungsquerschnitte und Einsatz von geeigneten Kontakttypen und edleren Oberflächen (z. B. Gold, Silber) und damit höheren Grenztemperaturen. Bei stark schwankenden Stromstärken ist eine Kontakttemperaturmessung oft sinnvoll.

Steckverbindungen und Kontakte

Die Auswahl der Steckverbindungen und Kontakte ist von verschiedenen Faktoren abhängig:

- Strömstärke,
- Umgebungstemperaturen,
- Schüttelbelastung,
- Medienbeständigkeit sowie
- Montagefreiraum.

Leitungsverlegung und EMV-Maßnahmen

Bei der Leitungsverlegung ist darauf zu achten, dass Beschädigungen und Leitungsbruch vermieden werden. Dies wird durch Befestigungen und Abstützungen erreicht. Schwingbelastungen auf Kontakte und Steckverbindungen werden reduziert durch Befestigungen des Kabelbaums möglichst nahe am Stecker und möglichst auf gleicher Schwinghöhe. Die Leitungsverlegung muss in enger Zusammenarbeit mit dem Motoren- oder Fahrzeugentwickler erfolgen.

Bei EMV-Problemen empfiehlt sich die getrennte Verlegung von empfindlichen Leitungen und Leitungen mit steilen Stromflanken. Geschirmte Leitungen sind in der Anfertigung aufwändig und damit teuer. Sie müssen außerdem geerdet werden. Eine kostengünstigere und wirksame Maßnahme ist das Verdrillen von Leitungen.

Leitungsschutz

Leitungen müssen gegen Scheuern und gegen Berührungen an scharfen Kanten und heißen Flächen geschützt werden. Hierzu kommen Tapebänder (Klebebänder) zum Einsatz. Der Wicklungsabstand und die Wicklungsdichte bestimmen den Schutz. Häufig werden Rillrohre (Materialeinsparung durch Rillen) mit den jeweiligen Verbindungsstücken zum Schutz der Leitungen verwendet. Es ist aber unerlässlich, dass eine Tapefixierung die Beweglichkeit von Einzelleitungen im Rillrohr verhindert. Den optimalen Schutz bieten Kabelkanäle.

Steckverbindungen

Aufgaben und Anforderungen

Der hohe Integrationsgrad von Elektronik im Kraftahrzeug stellt an die Automobil-Steckverbindungen hohe Anforderungen. Sie übertragen nicht nur hohe Ströme (z. B. Ansteuerung von Zündspulen), sondern auch analoge Signalströme mit geringer Spannung und Strömstärke (z. B. Signalspannung des Motortemperatursensors). Die Steckverbindungen müssen über die Lebensdauer des Fahrzeugs die Signalübertragung sowohl zwischen den Steuergeräten als auch zu den Sensoren unter Einhaltung der Toleranzen sicherstellen.

Steigende Anforderung der Abgasgesetzgebung und der aktiven Fahrzeugsicherheit erzwingen eine immer präzisere Übertragung der Signale über die Kontaktierstellen der Steckverbindungen. Für die Konzipierung, Auslegung und Erprobung der Steckverbindung müssen viele Parameter berücksichtigt werden (Bild 1).

Die häufigste Ausfallursache einer Steckverbindung ist der durch Vibrationen oder Temperaturwechsel verursachte Verschleiß an der Kontaktstelle. Der Verschleiß verursacht Oxidation. Dadurch steigt der ohmsche Widerstand, die Kontaktstelle wird z. B. bei hohen Strömen thermisch überlastet. Das Kontaktteil kann über den Schmelzpunkt der Kupferlegierung erhitzt werden. Bei hochohmigen Signalkontakten erkennt die Fahrzeugsteuerung häufig einen Plausibiltätsfehler im Vergleich zu anderen Signalen, die Steuerung geht dann in einen Fehlermodus. Durch die in der Abgasgesetzgebung geforderte On-Board-Diagnose (OBD) werden diese Schwachstellen in der Steckverbindung diagnostiziert. Die Fehlerdiagnose in den Service-Werkstätten ist jedoch schwierig, da dieser Defekt als Komponenteausfall angezeigt wird. Der fehlerhafte Kontakt kann nur indirekt erkannt werden.

Für die Konfektionierung der Steckverbindung sind verschiedene Funktionselemente am Steckergehäuse vorgesehen, die ein fehlerfreies und sicheres Fügen der Kabel mit den angeschlagenen Kontakten in die Steckverbindung sicherstellen. Moderne Steckverbindungen haben eine Fügekraft < 100 N, damit in der Fahrzeugmontage der Stecker mit der Komponente- bzw. Steuergeräteschnittstelle vom Montagemitarbeiter sicher gefügt werden kann. Bei zu hohen Steckkräften steigt der Anteil von nicht richtig auf die Schnittstelle aufgesteckten Steckverbindungen. Ein Lösen des Steckers während dem Fahrzeugbetrieb ist die Folge.

1 Parameter für die Konzeptionierung von Steckverbindern (Bild A)

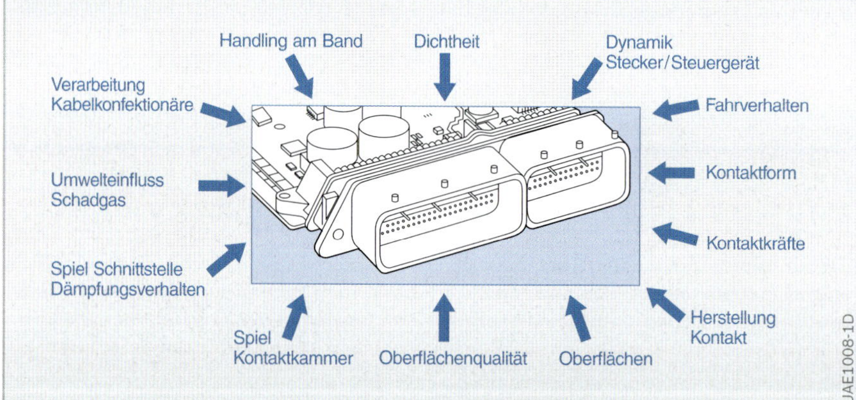

1 Einsatzgebiete von Steckverbindungen

	Polzahl	Besonderheiten	Anwendung
Niederpolig	1...10	Keine Fügekraftunterstützung	Sensoren und Aktoren (viele unterschiedliche Anforderungen)
Hochpolig	10...150	Fügekraftunterstützung durch Schieber, Hebel, Module	Steuergeräte (mehrere, ähnliche Anforderungen)
Sonderstecker	beliebig	z. B. integrierte Elektronik	Sonderanwendungen (einzelne, abgestimmte Anforderungen)

Tabelle 1

Aufbau und Bauarten

Steckverbindungen haben unterschiedliche Einsatzgebiete (Tabelle 1), die durch die Polzahl und die Umweltbedingungen gekennzeichnet sind. Es gibt drei verschiedene Klassen von Steckverbindungen, die als harter Motoranbau, weicher Motoranbau und Karosserieanbau bezeichnet werden. Ein weiterer Unterschied ist die Temperaturklasse des Einbauortes.

Hochpolige Steckverbindungen

Hochpolige Steckverbindungen werden bei allen Steuergeräten im Fahrzeug eingesetzt. Sie unterscheiden sich in der Polzahl und der Pin-Geometrie. Einen typischen Aufbau einer hochpoligen Steckverbindung zeigt Bild 2. Die gesamte Steckverbindung ist zur Stiftleiste des zugehörigen Steuergerätes durch eine umlaufende Radialdichtung im Steckergehäuse abgedichtet. Sie sorgt mit drei Dichtlippen für eine sichere Funktion am Dichtkragen des Steuergerätes.

Der Schutz der Kontaktstelle gegen eindringende Feuchtigkeit entlang des Kabels erfolgt durch eine Dichtplatte, durch die die Kontakte mit angecrimmter Leitung geführt werden. Hierfür wird eine Silikongelmatte oder Silikonmatte eingesetzt. Größere Kontakte und Leitungen können auch mit einer Einzeladerabdichtung gedichtet werden (vgl. niederpolige Steckverbindungen).

Bei der Montage des Steckers werden der Kontakt und die Leitung durch die im Stecker vormontierte Dichtplatte geschoben. Der Kontakt gleitet in seine Endposition im Kontaktträger. Der Kontakt verriegelt sich selbstständig durch eine Rastfeder, die in einen Hinterschnitt im Kunststoffgehäuse des Steckers verrastet. Sind alle Kontakte in der Endposition, wird

2 Hochpolige Steckverbindung (Bild B)

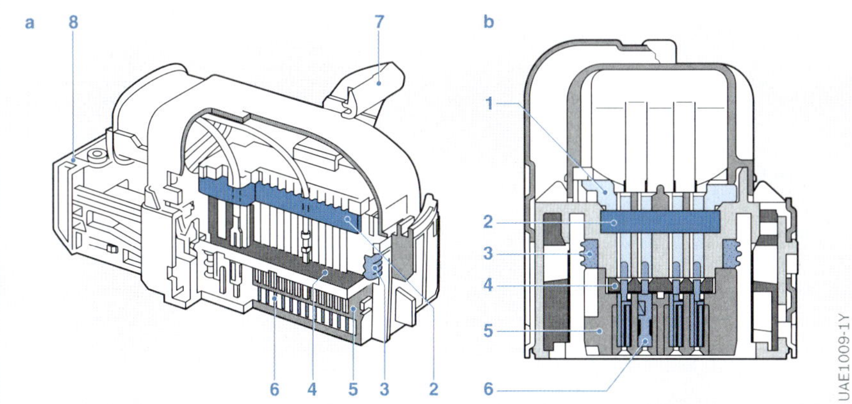

Bild 2
a Ansicht
b Schnitt

1 Druckplatte
2 Dichtplatte
3 Radialabdichtung
4 Schiebestift (Sekundärverriegelung)
5 Kontaktträger
6 Kontakt
7 Hebel
8 Schiebermechanismus

ein Schiebestift eingeschoben, der eine zweite Kontaktsicherung, auch Sekundärverriegelung genannt, sicherstellt. Dies ist eine zusätzliche Sicherung und erhöht die Haltekraft des Kontakts in der Steckverbindung. Weiterhin kann mit der Schiebebewegung die richtige Lage der Kontakte geprüft werden. Die Bedienkraft der Steckverbindung wird über einen Hebel und einen Schiebermechanismus reduziert.

Niederpolige Steckverbindungen

Niederpolige Steckverbindungen werden bei Aktoren (z. B. Einspritzventile) und Sensoren verwendet. Der prinzipielle Aufbau ist ähnlich einer hochpoligen Steckverbindung (Bild 3). Die Bedienkraft der Steckverbindung wird in den meisten Fällen nicht übersetzt.

Niederpolige Stecksysteme werden mit einer Radialdichtung zur Schnittstelle abgedichtet. Die Leitungen werden jedoch mit Einzeladerabdichtungen, die am Kontakt befestigt sind, im Kunststoffgehäuse abgedichtet.

Kontaktsysteme

Im Kraftfahrzeug werden zweiteilige Kontaktsysteme verwendet. Das Innenteil (Bild 4) – der stromführende Teil – wird aus einer hochwertigen Kupferlegierung gestanzt. Es wird durch eine Stahlüberfeder geschützt, gleichzeitig erhöht diese durch ein nach innen wirkendes Federelement die Kontaktkräfte des Kontakts. Durch eine ausgestellte Rastlanze aus der Stahlüberfeder wird der Kontakt in das Kunststoffgehäuseteil eingerastet. Kontakte werden je nach Anforderung mit Zinn, Silber oder Gold beschichtet. Zur Verbesserungen des Verschleißverhaltens der Kontaktstelle werden nicht nur verschiedene Kontaktbeschichtungen verwendet, sondern auch verschiedene Bauformen. Zur Entkoppelung der Kabelschwingungen zum Kontaktpunkt werden verschiedene Entkoppelungsmechanismen in das Kontaktteil integriert (z. B. mäanderförmige Gestaltung der Zuleitung).

Die Kabel werden über einen Crimpprozess an den Kontakt angeschlagen. Die Crimpgeometrie am Kontakt muss auf das jeweilige Kabel abgestimmt sein. Für den Crimpprozess werden Handzangen oder vollautomatische prozessüberwachte Crimppressen mit den kontaktspezifischen Werkzeugen angeboten.

3 Niederpolige Steckverbindung (Bild C)

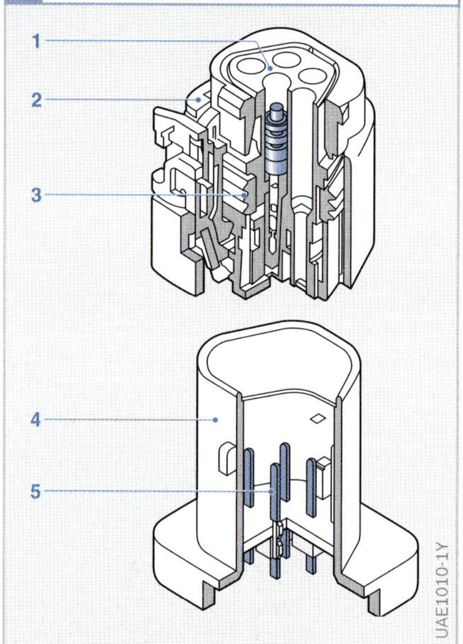

Bild 3
1 Kontaktträger
2 Gehäuse
3 Radialdichtung
4 Schnittstelle
5 Flachmesser

4 Kontakt (Bild D)

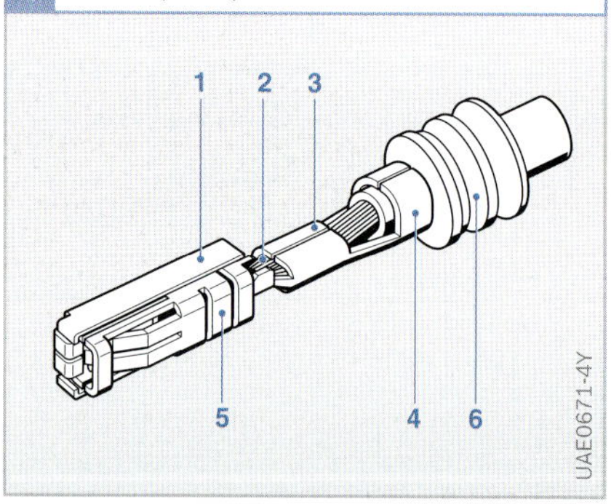

Bild 4
1 Stahlüberfeder
2 Einzelader (Litze)
3 Leitercrimp
4 Isolationscrimp
5 Mäander
6 Einzelader-abdichtung

Generator-Geschichte(n)

Die Einführung der elektrischen Beleuchtung anstelle der Kutschenbeleuchtung am Kraftfahrzeug der Jahrhundertwende hing von der Verfügbarkeit einer geeigneten Stromquelle ab. Die Batterie für sich allein kam auf die Dauer dafür nicht in Betracht, da sie – wenn entladen – erst nach dem Aufladen außerhalb des Wagens wieder betriebsfähig war. Etwa im Jahr 1902 entstand bei Robert Bosch das Muster einer „Lichtmaschine" (jetzt Generator genannt). Sie bestand hauptsächlich aus Dauermagneten als Ständer, einem Anker mit Kommutator und einem Unterbrecher für die Zündung (Bild). Die eigentliche Schwierigkeit lag aber darin, dass die erzeugte Spannung von der stark wechselnden Motordrehzahl abhing.

Die weiteren Bemühungen konzentrierten sich deshalb auf die Entwicklung einer Gleichstrom-Lichtmaschine mit Spannungsregelung. Schließlich führte die von der Maschinenspannung abhängige elektromagnetische Steuerung des Feldwiderstands auf den richtigen Weg. Mit diesem um 1909 erreichten Stand der Erkenntnisse ließ sich eine vollständige „Licht- und Anlasseranlage für Kraftfahrzeuge" realisieren. Sie kam 1913 auf den Markt und umfasste eine Lichtmaschine (spritzwasserdicht gekapselte 12-Volt-Gleichstrom-Dynamomaschine mit Nebenschlussregelung und 100 W Nennleistung), eine Batterie, einen Regler- und Schaltkasten, einen Freilaufanlasser mit Fußstufenschalter und verschiedene lichttechnische Komponenten.

UME0664Y

Starterbatterien

Die Starterbatterie ist ein elektrochemischer Speicher für die vom Generator während des Motorbetriebs erzeugte überschüssige elektrische Energie. Diese gespeicherte Energie wird im Fahrbetrieb in den Phasen benötigt, wenn der Energiebedarf der eingeschalteten Verbraucher größer als die vom Generator erzeugte Energie ist (z. B. im Leerlauf). Die Batterie liefert auch die Energie für die elektrischen Verbraucher bei Motorstillstand sowie für den Startvorgang. Sie ist nach ihrer Entladung immer wieder aufladbar. Es handelt sich also um einen Akkumulator, in diesem Fall um einem Blei-Akkumulator.

Aufgaben und Anforderungen

Die Starterbatterie ist im Bordnetz der Speicher für elektrische Energie. Ihre Aufgaben sind:

- Bereitstellung elektrischer Energie für den Starter.
- Deckung des Defizits zwischen Erzeugung und Verbrauch bei nicht ausreichender Energieversorgung des Bordnetzes durch den Generator (z. B. bei Leerlauf oder Motorstillstand).
- Dämpfung von Spannungsspitzen der Bordnetzspannung zum Schutz empfindlicher elektronischer und elektrischer Bauteile (z. B. Glühlampen, Halbleiter)

1 Aufbau einer Bleibatterie (Beispiel: wartungsfreie Batterie)

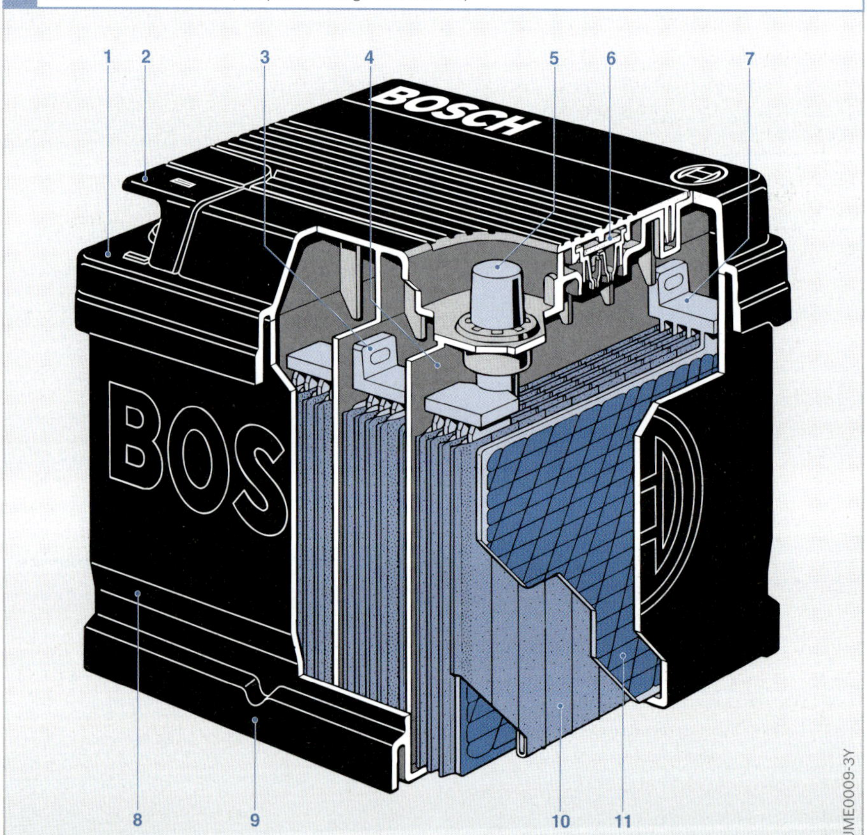

Bild 1
1 Blockdeckel
2 Polabdeckkappe
3 Direktzellenverbinder
4 Zellentrennwand
5 Endpol
6 Verschlussstopfen unter der Abdeckplatte
7 Plattenverbinder
8 Blockkasten
9 Bodenleiste
10 Plusplatten in Folienseparatoren eingetascht
11 Minusplatten

Der Starter ist zwar nur kurzzeitig eingeschaltet, er hat aber die größte Leistungsaufnahme aller elektrischen Verbraucher (Pkw mit Ottomotor: 0,7...2,0 kW; Pkw mit Dieselmotor: 1,4...2,6 kW; Busse, Nfz: 2,3...9,0 kW). Beim Startvorgang sinkt aufgrund des hohen Stroms die Batterieklemmenspannung. Sie darf aber ein gewisses Niveau nicht unterschreiten, damit die Funktion der verschiedenen Steuergeräte – z. B. Motormanagementsystem – gewährleistet bleibt. Diese können bei zu niedriger Versorgungsspannung nicht mehr arbeiten.

Im Fahrbetrieb müssen eine Vielzahl elektrischer Verbraucher mit Energie versorgt werden (z. B. Motormanagementsystem, Lichtanlage, Klimaanlage, Elektronisches Stabilitätsprogramm). Erzeugt der Generator – z. B. bei Leerlauf oder niedriger Motordrehzahl – nicht genug Strom, um alle eingeschalteten elektrischen Verbraucher versorgen zu können, sinkt die Bordnetzspannung auf Batteriespannungsniveau ab und der Batterie wird elektrische Energie entnommen. Die Batterie muss somit über begrenzte Zeit Komponenten des Bordnetzes teilweise oder – bei Motor- und damit Generatorstillstand – ganz mit elektrischer Energie versorgen können. Wird ausreichend Strom erzeugt, kann die Batterie über den Generatorregler wieder aufgeladen werden. Die beschriebenen Vorgänge bezeichnet man als Lade- und Entladezyklen.

Die Stromentnahmen aus einer Starterbatterie bewegen sich in sehr unterschiedlichen Größenordnungen. Der Strombedarf des Bordnetzes bei Motor- und Generatorstillstand beträgt ca 10...50 mA (z. B. für die Uhr, die Diebstahlwarnanlage oder die funkgesteuerte Zentralverriegelung). Im Motorleerlauf und bei langsamer Fahrt werden zeitweise 20...70 A aus der Batterie benötigt. Der Startvorgang des Motors erfordert ca. 300 A für eine Zeitdauer von 0,3...3 s, als Spitzenwerte können sogar Ströme bis 1000 A fließen. Bei tiefen Temperaturen sind Strombedarf und Dauer des Motorstarts deutlich höher (bis um den Faktor 2).

Der Energiebedarf, der aus den Verbraucherleistungen für ein bestimmtes Fahrzeug resultiert und nach den Betriebsbedingungen ermittelt wurde, ist maßgebend für die Dimensionierung der Batterie, aber auch des Generators.

Werden für ein Fahrzeug zusätzliche Ausrüstungen, z. B. Komfortsysteme mit Stellmotoren für Fenster- und Dachantriebe, Sitz und Lenkradverstellung, Sitzheizung, Klimaanlage oder Kühlgerät gewählt, können diese einen spürbaren zusätzlichen Energiebedarf zur Folge haben. Diese Verbraucherleistungen werden bei der Dimensionierung der elektrischen Komponenten im Fahrzeug vom Hersteller berücksichtigt. Das bedeutet, dass solch ein Fahrzeug mit einer stärkeren Batterie und möglicherweise mit einem größeren Generator geliefert wird. Ebenso werden je nach Einsatzart weitere mechanische, zyklische oder klimatische Beanspruchungen berücksichtigt. So werden z. B. häufig bei geländegängigen Nkw spezielle Batterien, die auf Rüttelfestigkeit ausgelegt sind und dafür u. a. unter Pressung eine Vliesauflage zwischen den Platten aufweisen, verwendet. Für besondere zyklische Beanspruchung sind z. B. AGM-Batterien sehr gut geeignet. Wärmere Klimate verlangen nach einer korrosionsfesten Bleilegierung.

Da Wohnwagen und Wohnmobile oft mit verschiedenen elektrischen Geräten wie Beleuchtung, Kühlschrank, Heizung, Rundfunk- und Fernsehgeräten ausgestattet sind, werden in diesen Fällen häufig zusätzliche Batterien mit einem getrennten Stromkreis eingebaut.

Den genannten Anforderungen genügt im Allgemeinen die Blei-Schwefelsäure-Batterie, die außerdem für diesen Zweck zurzeit das kostengünstigste Energiespeichersystem ist. Typische Spannungen sind 12 Volt bei Pkw (mit 14-Volt-Bordnetz) und 24 Volt bei Nkw (Reihenschaltung zweier 12-Volt-Batterien).

Aufbau

Klassifikation

Starterbatterien können in zwei Bauarten unterteilt werden:

- *Geschlossene Batterien:*
  Diese Bauart ist nach EN 50342 eine Batterie mit frei beweglichem Elektrolyten, in der durch Öffnungen im Deckel entstehende Gase entweichen können. Die geschlossenen Batterien stellen bisher den überwiegenden Anteil aller Starterbatterien.
- *Verschlossene Batterien:*
  Diese Bauart nach EN 50342 erlaubt einen Gasaustritt nur, wenn der Druck in der Batterie einen gewissen Wert überschreitet. Das Nachfüllen von Schwefelsäure ist nicht möglich. Der Elektrolyt ist festgelegt, d. h., er ist nicht mehr frei beweglich. Dies kann durch das Aufsaugen in einem Glasvlies (AGM-Batterie) oder durch Verwendung von einem gelierten Elektrolyten erfolgen.

Weiterhin gibt es noch die Unterscheidung

- Pkw-Batterien, deren Maße heute nach der Norm EN 60095-2 festgelegt werden, und
- Nkw-Batterien (hauptsächlich nach EN 60095-4).

Hinsichtlich der Wartung werden Starterbatterien unterteilt in

- Konventionelle sowie wartungsarme Batterien,
- wartungsfreie Batterien (nach EN) und
- absolut wartungsfreie Batterien.

Der prinzipielle Aufbau dieser Typen ist weitgehend identisch, sie unterscheiden sich im Wesentlichen durch die Legierung der Struktur- und Ableitermaterialien (Gitter) in den Elektroden-Platten.

Komponenten

Eine 12-Volt-Starterbatterie verfügt über sechs in Reihe geschaltete Zellen, die in einen durch Trennwände unterteilten Blockkasten aus Polypropylen eingebaut sind (Bild 1). Eine Zelle besteht aus einem Plattenblock (je ein Plus- und ein Minusplattensatz), aufgebaut aus Bleiplatten (Bleigitter und aktive Masse) sowie mikroporösem Isoliermaterial (Separatoren) zwischen den Platten verschiedener Polarität. Als Elektrolyt dient verdünnte Schwefelsäure, die den freien Zellenraum und die Poren von Platten und Separatoren ausfüllt. Endpole, Zellen- und Plattenverbinder bestehen aus Blei, die Zellenverbinder sind durch die Zellentrennwand dicht hindurchgeführt. Der Blockdeckel, im Heißsiegelverfahren auf den Blockkasten aufgebracht, verschließt die Batterie nach oben.

In konventionellen Batterien hat jede Zelle einen Verschlussstopfen, der der Erstfüllung, der Wartung und der Ableitung der beim Laden entstehenden Gase dient. Heutzutage werden ausschließlich wartungsfreie Batterien in neue Fahrzeuge eingebaut, weil diese keine regelmäßige Überprüfung des Elektrolyts durch den Fahrer mehr erfordern. Sie sind scheinbar völlig verschlossen. Trotzdem besitzen auch sie Entgasungsöffnungen, damit das Gas, das beim Ladevorgang durch den Generator in geringen Mengen entsteht, entweichen kann.

Blockkasten

Der Blockkasten (Bild 1, Pos. 8) – das Gehäuse der Batterie – besteht aus säurebeständigem Isoliermaterial (Polypropylen) und besitzt bei vielen Bauarten außenseitig Bodenleisten (9) zur Befestigung im Fahrzeug.

Der Blockkasten ist durch Trennwände in Zellen unterteilt. Diese Zellen sind das Grundelement einer Batterie. In ihnen befinden sich die Plattenblöcke (10, 11) mit den Plus- und Minusplatten sowie den zwischengefügten Separatoren. Die Reihenschaltung der Zellen erfolgt durch Direktzellenverbinder (3), die die Verbindung durch Öffnungen in den Zellenwänden herstellen.

Blockdeckel

Die Zellen mit den Plattenblöcken sind durch einen gemeinsamen Blockdeckel (Bild 1, Pos. 1) abgedeckt und verschlossen. Der Blockdeckel setzt sich zusammen aus Verschlussdeckel und Basisdeckel (Bild 2).

Plattenblöcke

Die Plattenblöcke bestehen aus parallel geschalteten Minus- und Plusplatten (Gitterplatten) sowie aus zwischengefügten Separatoren (Bild 1, Pos. 10 und Bild 3). Die Kapazität der Zellen hängt im Wesentlichen von der Anzahl und der Fläche dieser Platten ab. Ihre Dicke wird je nach Anwendung der Batterie gewählt und bewegt sich üblicherweise im Bereich zwischen 1 und 3 mm.

Die Platten - auch Gitterplatten genannt - bestehen aus Bleigittern und der aktiven Masse, mit der die Gitter eingestrichen (pastiert) werden. Die aktive Masse der Plusplatte enthält poröses Bleidioxid (PbO_2, Farbe braun-orange), die Minusplatte reines Blei (Pb, Farbe metallisch grau-grün) in Form von „Bleischwamm". Das heißt, auch das reine Blei liegt in stark poröser Form vor. Alle Minus- und alle Plusplatten werden jeweils durch eine Polbrücke (oder auch Plattenverbinder) verbunden, die in der Batterie oberhalb des Plattensatzes angeordnet ist. Diese Polbrücke besteht aus massivem Blei. Die Verbindung zwischen Platten und Polbrücke wird durch Anschmelzen gewährleistet. Jeder Plattenblock enthält meist eine Minusplatte mehr als Plusplatten.

Aktive Masse

Die aktive Masse ist derjenige Bestandteil der Gitterplatten, der bei Durchgang des Stroms, d.h. bei der Ladung und Entladung, chemischen Umsetzungen unterworfen ist (vgl. DIN 40 729). Die Masse ist porös und bildet dadurch eine große wirksame innere Oberfläche. So haben z.B. die Minusplatten einer Batterie mit 100A·h eine innere Oberfläche von etwa 2000 m^2, die Plusplatten etwa 30 000 m^2. Bei der Herstellung der aktiven Masse in der Batteriefabrikation wird aus Bleioxid (PbO), das noch 5...15 % fein verteiltes metallisches Blei (Grauoxid) enthält, im Mischer durch Zugabe von Wasser (H_2O), verdünnter Schwefelsäure (H_2SO_4) und gegebenenfalls weiteren Zusatzstoffen und kurzen Kunststofffasern eine teigartige Masse hergestellt. Dabei entstehen basische Bleisulfate. Bleioxid und metallisches Blei bleiben teilweise erhalten. Die noch teigartige Masse wird in die Bleigitter eingestrichen und härtet dort aus.

Beim anschließenden Formieren, der elektrochemischen Umwandlung dieser Masse bei der erstmaligen Aufladung, wird

2 Blockdeckel der Bosch Silver Batterie

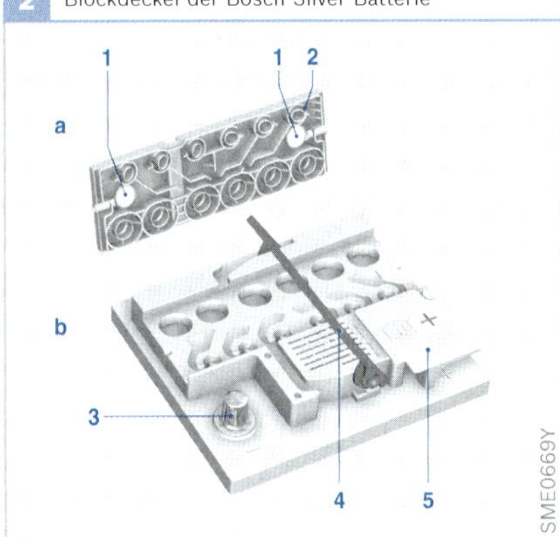

3 Plattenblock

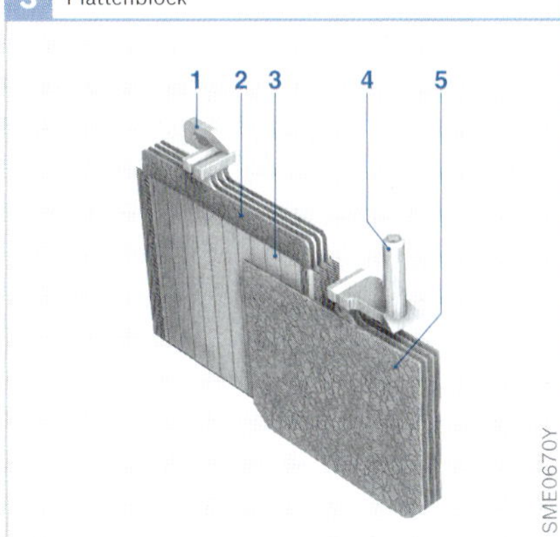

Bild 2
- a Verschlussdeckel
- b Basisdeckel

- 1 Integrierte Fritten
- 2 Labyrinth zur Gastrocknung und Rückführung der Säure
- 3 Endpol
- 4 Tragegriff
- 5 Polschutzkappe

Bild 3
- 1 Zellenverbinder
- 2 positive Platte
- 3 Separator
- 4 Endpol
- 5 negative Platte

hieraus die aktive Masse der nun fertigen Platte gebildet; dies geschieht ausschließlich beim Batteriehersteller.

Separatoren

Da Kraftfahrzeugbatterien Raum und Gewicht sparend sein müssen, stehen Plus- und Minusplatten sehr nahe, üblicherweise im Abstand von 0,8...1,5 mm zusammen. Sie dürfen sich allerdings weder beim Verbiegen noch beim Abbröckeln von Teilchen aus der Oberfläche berühren, da sonst die Batterie wegen des dann folgenden Kurzschlusses unmittelbar zerstört würde. Deshalb besaßen bis vor kurzem Batterien am Boden Rippen zur Fixierung der Platten. Zusätzlich wurden Scheidewände (*Separatoren*) zwischen die einzelnen Platten eines Plattenblocks eingelegt.

Die taschenartigen Separatoren (Bild 4) moderner Batterien sorgen dafür, dass Platten verschiedener Polarität einen genügend großen Abstand zueinander haben und elektrisch voneinander getrennt (galvanisch isoliert) bleiben. Dadurch sind die Bodenrippen überflüssig. Als Separatorenmaterial wird poröse oxidations- und säurebeständige Polyethylenfolie eingesetzt, die in Taschenform die Plus- oder Minusplatten des Plattenblocks umhüllt. Die Separatoren dürfen der Ionenwanderung im Elektrolyt (Schwefelsäure) keinen nennenswerten Widerstand entgegensetzen. Außerdem müssen sie aus einem säurefesten, aber durchlässigen (mikroporösen) Stoff bestehen, damit die Batteriesäure hindurchdringen kann. Die mikroporöse Struktur ist auch deshalb notwendig, weil feine Bleifäden, die die Separatoren durchdringen könnten, Kurzschlüsse hervorrufen würden und deshalb zurückgehalten werden müssen.

Zellenverbinder

Die einzelnen Zellen der Batterie sind durch die Zellenverbinder (Bild 1, Pos. 3 und Bild 3, Pos. 1) in Reihe geschaltet. Zur Verringerung des inneren Widerstands und des Gewichts werden bei hochwertigen Batterien Direktzellenverbinder verwendet. Die Plattenverbinder der einzelnen Batteriezellen sind dabei auf dem kürzesten Weg durch die Zellentrennwand hindurch miteinander verbunden. Damit wird auch die Kurzschlussgefahr durch äußeren Kontakt verhindert.

Endpole und Batterieklemmen

Der Plattenverbinder der Plusplatten der ersten Zelle ist mit dem Pluspol der Batterie, der Plattenverbinder der Minusplatten der letzten Zelle mit deren Minuspol verbunden (Bild 1, Pos. 5). Die beiden Endpole sind die Verbindungsglieder zwischen dem Bordnetz und der Batterie

4 Platte mit Taschenseparator

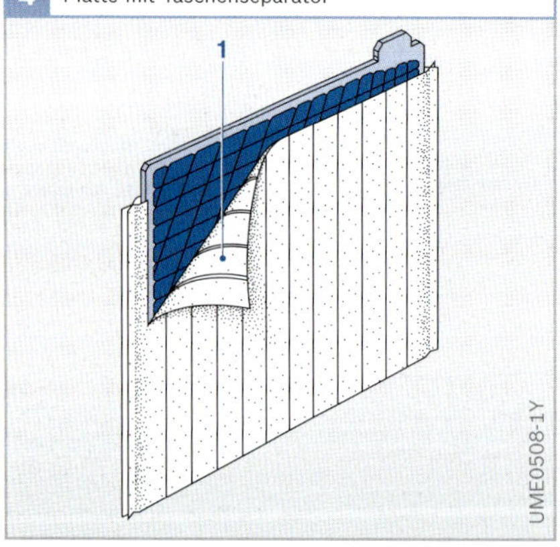

Bild 4
1 Taschenseparator aufgeschnitten

5 Endpole

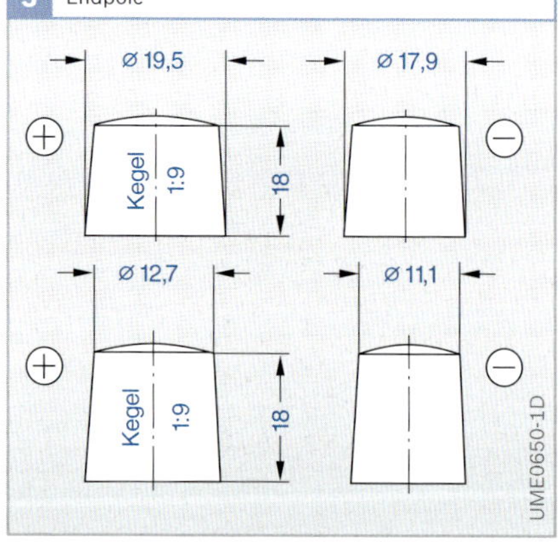

(Bilder 5 und 6) und bestehen aus einer Bleilegierung. Ihre konische Form gewährleistet einen festen Sitz und einen guten Kontakt mit den Batterieklemmen. Zwischen diesen beiden Endpolen herrscht die Klemmenspannung der Batterie, also ca. 12 Volt. An den Endpolen werden die Anschlussleitungen des Fahrzeugs mit besonderen Batterieklemmen angeschlossen. Um ein Verwechseln der beiden Pole (Verpolung) auszuschließen, sind diese besonders gekennzeichnet und zusätzlich unterschiedlich ausgeführt (Minuspol hat einen kleineren Durchmesser als Pluspol). Die zum Anschluss der Batterie ins Fahrzeug notwendigen Batterieklemmen gibt es in zwei Ausführungen (Bild 6):

- Schraubklemmen und
- Lötklemmen.

Bauformen

Alle Batterien sind in Normlisten beschrieben, die außer den elektrischen Werten auch Festlegungen für die geometrischen Abmessungen des Blockkastens und der Anschlusspole enthalten (für Pkw: EN 60 095-2). Außerdem sind darin die Befestigungsvarianten sowie die Anordnung der Zellen und deren Zusammenschaltung aufgeführt, um die herstellerübergreifende Austauschbarkeit zu gewährleisten. Auch das Handelsprogramm für die Batteriebestellungen enthält als Angebotsmerkmale diese Bauformen, die in den folgenden Abschnitten näher beschrieben werden.

Schaltungen

Je nach Raumangebot und Anordnung der Aggregate im Kfz werden Batterien mit den unterschiedlichsten Abmessungen und Anordnungen der Anschlusspole benötigt.

Die Größen können durch die Anordnung der Zellen (Längs- oder Quereinbau) sowie deren Verschaltung untereinander in weiten Grenzen variabel gestaltet sein. Eine Übersicht über die gängigsten Schaltungen zeigt Bild 7.

Batterieabdeckung

Pkw-Batterien

Je nach Batterietyp gibt es zwei Ausführungen der Batterieabdeckung für Pkw-Batterien (Bilder 8 und 9):

- Blockdeckel und
- Monodeckel.

Bei Blockdeckeln mit Gaskanal wird das bei Ladevorgängen entstehende Gas aus der Batterie zentral über einen Schlauch abgeführt. Blockdeckel haben pro Zelle einen Verschlussstopfen, der zum Einfüllen von Batteriesäure und zu Wartungszwecken abgenommen werden kann. Bei wartungsfreien Batterien gibt es häufig keine Verschlussstopfen mehr.

6 Batterieklemmen

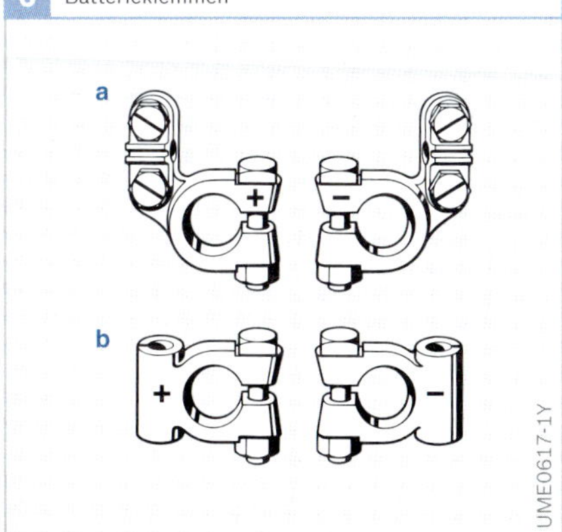

Bild 6
a Schraubklemmen
b Lötklemmen

7 Schaltungen der Batteriezellen

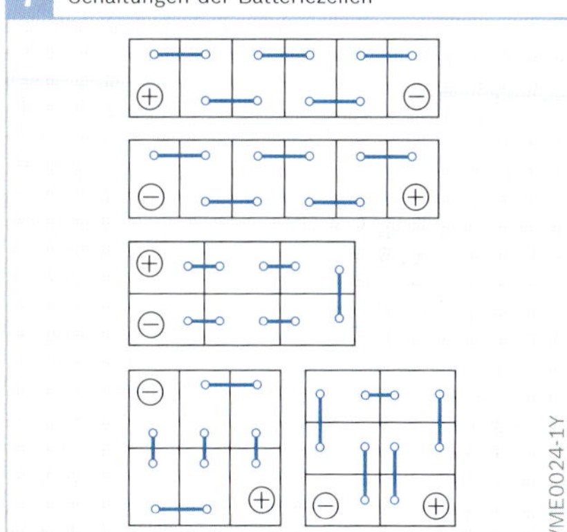

Der Blockdeckel einer wartungsfreien Bosch Silver Batterie weist folgende Merkmale auf:

- Geschlossene und glatte Deckeloberfläche (keine Stopfen).
- Tragegriffe zum einfachen Transport (Bild 11).
- Labyrinth zur Vermeidung von Wasserverlust durch Verdampfung.
- Fritten (gesinterte mikroporöse Körper aus Polyethylen) im Gaskanal zum Schutz vor Rückzündungen. Das heißt, falls in Batterienähe ein Funken oder eine Flamme entsteht, kann das Übergreifen in den Batterieinnenraum vermieden werden.
- Labyrinth und Fritten zur Erhöhung der Auslaufsicherheit.

Beim Monodeckel gibt es keinen Gaskanal und kein Labyrinth. Hier tritt das Gas durch Stopfen mit Entgasungsöffnungen aus.

8 Blockdeckel

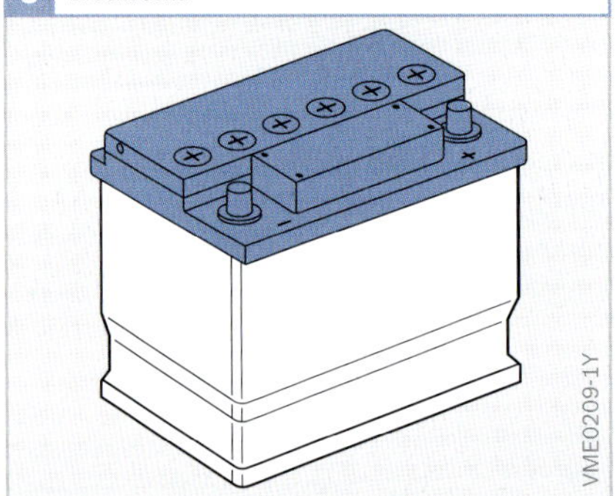

9 Monodeckel

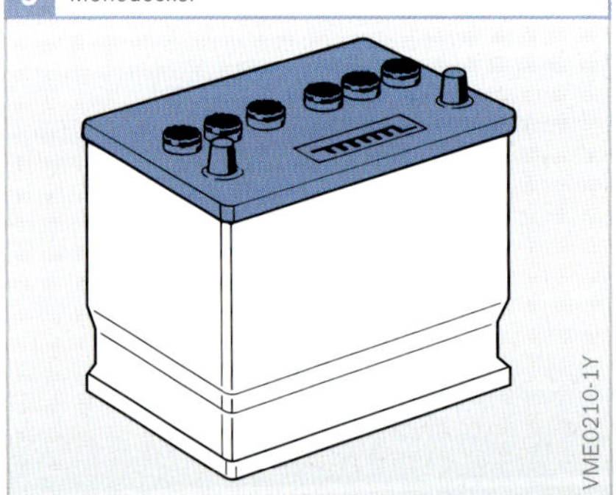

Nkw-Batterien

Bei den Nkw-Batterien gibt es ebenfalls zwei wesentliche Ausführungen:

- Monodeckel und
- Labyrinthdeckel.

Bei den Monodeckeln werden die beim Laden entstehenden Gase über Öffnungen im Stopfen abgeleitet. Fritten sind nicht vorhanden.

Der Labyrinthdeckel hat im Wesentlichen die Vorteile eines Pkw-Blockdeckels, nur ist hier das Labyrinth aufgrund der erforderlichen Außenabmaße einer Nkw-Batterie tief angeordnet. Die Vorteile sind im Wesentlichen die gleichen:

- Fritten zum Schutz vor Rückzündung,
- Labyrinth zur Erhöhung der Auslaufsicherheit und
- zentrale Entgasung.

Befestigung

Die Batterie muss so im Fahrzeug befestigt sein, dass jede Eigenbewegung ausgeschlossen ist. Deshalb wird die Batterie durch eine der folgenden Vorrichtungen auf eine Unterlage gespannt:

- Spannrahmen,
- Bügel, jeweils mit Spannschraube oder
- Bodenbefestigung, z. B. mit einer Spannpratze mit Spannschraube (Bild 10).

10 Batteriebefestigungen (Beispiele)

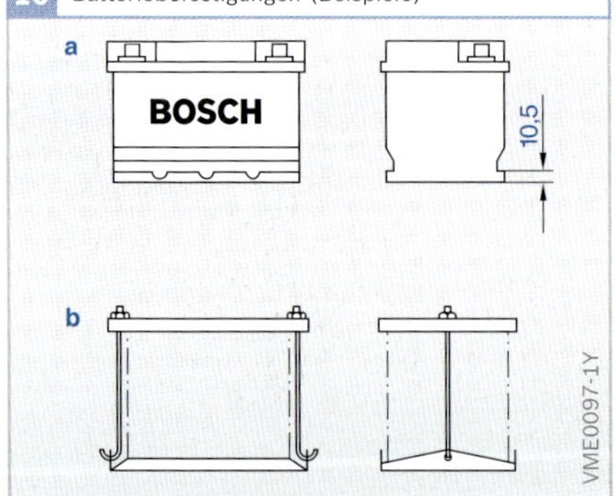

Bild 10
a Bodenbefestigung
b Spannrahmenbefestigung

Die hierzu notwendigen Ausbildungen am Batterieboden sind in verschiedenen Ausführungen gebräuchlich und deshalb ebenfalls Bestandteil der Normung.
Die Befestigung ist wichtig für die Sicherheit. Nicht richtig befestigte Batterien können bereits bei leichten Auffahrunfällen und sogar schon bei extremen Fahrsituationen in Bewegung geraten und durch einen dann möglichen Kurzschluss einen Brand verursachen.
Die vorhandene Befestigung erfüllt alle Sicherheitsanforderungen und sollte daher nicht verändert werden.

Arbeitsweise

Elektrochemische Vorgänge in der Bleizelle

Entstehung der Zellenspannung

Taucht eine Metallelektrode (z. B. aus Blei) in ein Elektrolyt (z. B. Schwefelsäure) ein, so lösen sich Metall-Ionen im Elektrolyt. Diese Metall-Ionen sind positiv geladen und haben Elektronen in der Elektrode zurückgelassen. Dadurch hat diese Elektrode ein elektrisches Potenzial. Dieses wirkt einer weiteren Lösung von Ionen entgegen, so dass sich ein Gleichgewicht ausbildet zwischen dem Lösen und dem

1 Vergleich der verschiedenen Batterieausführungen

		EN-Wasserverbrauch (g/Ah)	Batterie-Kasten	Deckel/Stopfen	Separator	Gitterlegierung Plus	Gitterlegierung Minus	Sonstiges
konventionelle Starterbatterie		> 4,0	Bodenrippen	Monodeckel und Entgasungsstopfen	Blattseparator	Blei/Antimon	Blei/Antimon	sehr zyklenfest; Nkw-Anwendung: Separator z. T. mit Glasmattenauflage
wartungsarm		meist < 4,0	glatter Boden		Taschenseparator	Antimon < 3,5 %	Blei/Antimon	
wartungsfrei nach EN		< 4,0, meist < 2,0	glatter Boden	Blockdeckel mit Zentralentgasung; Stopfen	Taschenseparator	Blei/Antimon	Blei/Kalzium	Hybridbatterie; OEM-Einsatz vernachlässigbar
absolut wartungsfrei	flüssiger Elektrolyt	< 1,0	glatter Boden	Blockdeckel 1) mit Zentralentgasung 7); Fritte 2)	Taschenseparator	Blei/Kalzium/Silber 4)	Blei/Kalzium	Stand der Technik 5) OEM und IAM
	AGM 3)	< 1,0	verstärkte Konstruktion glatter Boden	Blockdeckel mit Zentalentgasung; Ventil und Fritte	mikroporöser Glasvlies oder Gel 6) und Blattseparator	Blei/Kalzium/Silber	Blei/Kalzium	sehr zyklenfest; Oberklassenfahrzeuge und 2-Batt.-Bordnetze

1) häufig mit Labyrinth zum optimalen Säurerückhalt, 2) Fritte garantiert Rückzündschutz, 3) Absorbent Glass Mat,
4) bei Bosch-Batterien, 5) zunehmend auch für Nkw, 6) nicht als Starterbatterie im Pkw, 7) OEM mit Stopfen, Handel ohne Stopfen

11 Bosch Silver Batterie mit ihren Bestandteilen

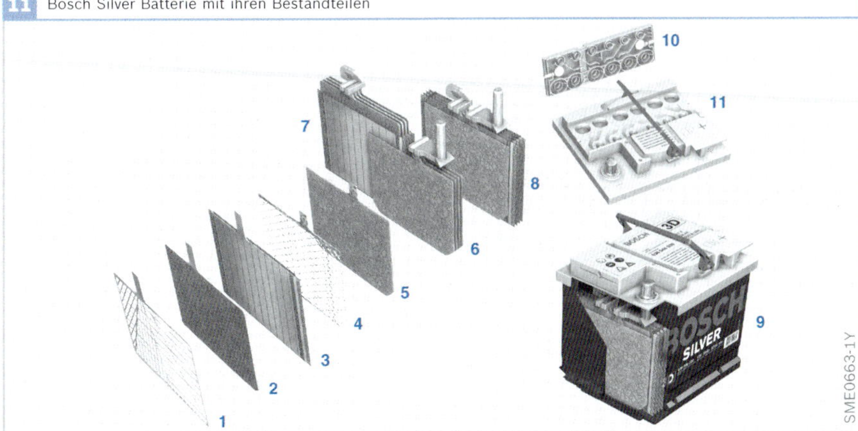

Bild 11
1 Positives Gitter
2 Positive Platte
3 Positive Platte im Plattenscheider (Separator)
4 Negatives Gitter
5 Negative Platte
6 Negativer Plattensatz
7 Positiver Plattensatz
8 Plattenblock
9 Blockkasten mit Bodenleisten
10 Verschlussdeckel
11 Basisdeckel

Abscheiden der Metall-Ionen unter Aufnahme von Elektronen.

Ähnlich verhält sich auch eine Elektrode aus PbO_2, nur dass hier eine Umwandlung von unterschiedlich geladenen Blei-Ionen stattfindet (Pb^{2+} und Pb^{4+}). Unterschiedliche Elektroden haben unterschiedliche Potentiale, so dass sich eine Zellspannung als Differenz dieser Potentiale ergibt. Bei einer geladenen Bleizelle (Bild 12) besteht die positive Elektrode im Wesentlichen aus Bleidioxid (PbO_2), die negative Elektrode aus reinem Blei (Pb). Als Elektrolyt dient verdünnte Schwefelsäure (H_2SO_4 plus H_2O). Durch den Schwefelsäureanteil wird das Wasser leitend und damit als Elektrolyt verwendbar.

Der Stromtransport erfolgt durch Ionenleitung. In der wässrigen Lösung spalten sich die Schwefelsäuremoleküle in positiv geladene Wasserstoff-Ionen (H+) und negativ geladene Säurerest-Ionen (SO_4^{2-}). Die Spaltung ist Voraussetzung für die Leitfähigkeit des Elektrolyts und damit auch für das Fließen eines Lade- oder Entladestroms.

Die beim Laden und Entladen der Zelle auftretenden Teilchenübergänge werden in den folgenden beiden Abschnitten erläutert.

Laden einer Batterie

Die Batterie wird im Fahrbetrieb aufgeladen, wenn der Generator genügend Ladestrom liefert. Eine entladene Batterie kann auch mit einem Batterieladegerät wieder aufgeladen werden.

Beim Ladevorgang ist die positive Elektrode der Bleizelle mit dem Pluspol, die negative Elektrode mit dem Minuspol der Gleichspannungsquelle (Generator bzw. Ladegerät) verbunden. Der Ladevorgang wird – im Gegensatz zum nachher beschriebenen Entladevorgang – durch die Zufuhr elektrischer Energie erzwungen, sodass alle Zellen nach der Ladung ein höheres Energieniveau erreichen. In den Bildern 12 bis 15 sind die Vorgänge, die sich zwischen den einzelnen Teilchen der Elektrodenmasse und des Elektrolyts abspielen, schematisch dargestellt.

Die Ladespannungsquelle sorgt in der Zelle für einen Ladungstransport von der Pluselektrode zur Minuselektrode. Sie zwingt die Elektronen der Minuselektrode auf, dadurch entsteht an dieser Elektrode aus dem zweiwertig positiven Blei (Pb^{2+}) – unter Auflösung der Bleisulfat-Moleküle – „nullwertiges" (metallisches) Blei (Pb). Gleichzeitig gehen die frei gewordenen negativ geladenen Säurerest-Ionen (SO_4^{2-}) von der Minuselektrode in den Elektrolyt über (Bild 12).

An der Pluselektrode wandelt sich durch den Wegtransport von Elektronen

12 Ladevorgang

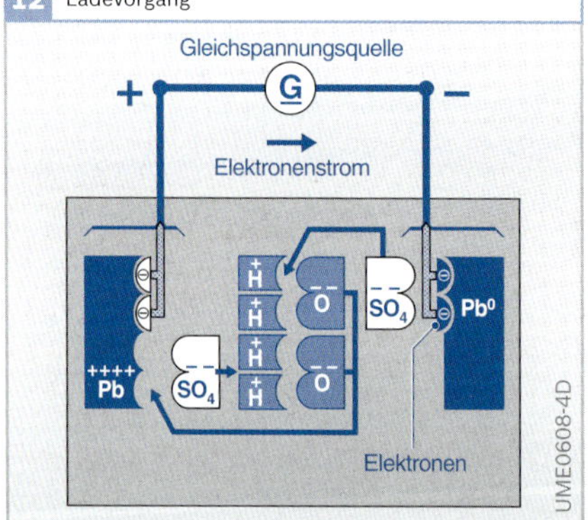

13 Geladene Zelle

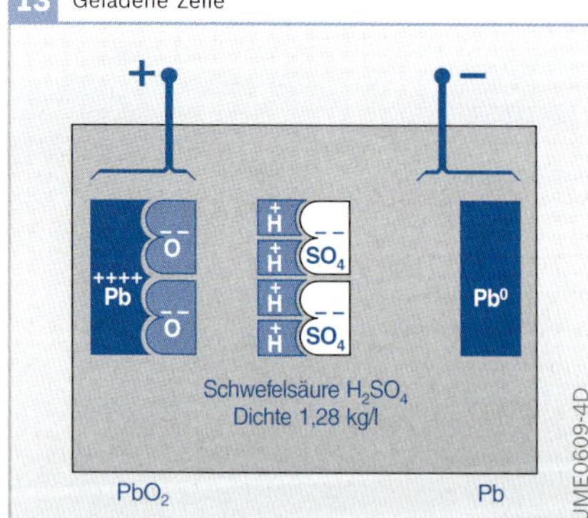

zweiwertig positives Blei (Pb^{2+}) in vierwertig positives Blei (Pb^{4+}) um. Dabei wird das Bleisulfat ($PbSO_4$) durch die angelegte Ladespannung elektrochemisch gespalten. Das vierwertig positive Blei verbindet sich mit dem aus dem Wasser (H_2O) entnommenen Sauerstoff zu Bleidioxid (PbO_2). Gleichzeitig treten die bei diesem Oxidationsvorgang an der Pluselektrode frei gewordenen Sulfat-Ionen (SO_4^{2-}, aus dem Bleisulfat $PbSO_4$) und Wasserstoff-Ionen (H^+, aus dem Wasser) in den Elektrolyt über. Die Reaktionsgleichung des Ladevorgangs lautet:

$$2PbSO_4 + 2H_2O \rightarrow PbO_2 + 2H_2SO_4 + Pb$$

Durch den Ladevorgang erhöht sich die Zahl der Wasserstoff-Ionen (H^+) und der Sulfat-Ionen (SO_4^{2-}) im Elektrolyt. Das heißt, es wird Schwefelsäure (H_2SO_4) neu gebildet, wobei die Dichte ρ des Elektrolyts zunimmt (bei geladener Zelle normalerweise $\rho = 1{,}28$ kg/*l*). Dies entspricht einem Schwefelsäuregehalt von ca. 37 %. Deshalb kann über eine Messung der Säuredichte der Ladezustand der Batterie ermittelt werden.

Die Ladung ist beendet (Bild 13), nachdem

- sich das Bleisulfat ($PbSO_4$) an der Pluselektrode in Bleidioxid (PbO_2) und
- das Bleisulfat ($PbSO_4$) an der Minuselektrode in metallisches Blei (Pb) umgewandelt hat,
- die Ladespannung sowie die Säuredichte ρ auch bei fortwährendem Laden nicht mehr weiter ansteigen.

Gasung

Durch den Ladeprozess wird die zugeführte elektrische Energie in chemische Energie umgewandelt und gespeichert. Wird nach vollständiger Ladung weiter geladen, findet nur noch eine elektrolytische Wasserzersetzung statt. An der Plusplatte bildet sich Sauerstoff (O_2), an der Minusplatte Wasserstoff (H_2). Dieser Vorgang wird als Gasung bezeichnet. Gegebenenfalls muss daraufhin Wasser nachgefüllt werden.

Eine Überladung kann dadurch reduziert werden, dass z. B. eine Begrenzung der Ladezeit eingeführt wird. Im Fahrzeug kann eine Überladung durch eine ladezustandsgeführte Ladung verhindert werden, die allerdings eine Batteriezustandserkennung voraussetzt.

Einfluss der Motordrehzahl

Die Ladung der Batterie hängt stark vom Fahrzeugbetrieb ab (z. B. Stau, Stop-and-go oder freie Fahrt). Der Generator wird vom Motor angetrieben, die Stromerzeugung des Generators nimmt mit steigender Motordrehzahl zu. Deshalb haben z. B. lange Wartezeiten bei Verkehrsstaus und vor Signalanlagen bei einer dem Motorleerlauf entsprechend niedrigen Generatordrehzahl auch einen niedrigen Ladestrom zur Folge. Fehlende längere Überlandfahrten wirken sich zusätzlich negativ auf die Ladebilanz aus. Ist dagegen eine längere freie Fahrt auf der Landstraße oder Autobahn möglich, liegt die Motordrehzahl im mittleren bis oberen Bereich und der Ladestrom ist entsprechend hoch.

Entladen (Stromentnahme)

Die Stromrichtung und die elektrochemischen Vorgänge kehren sich beim Entladen der Batterie gegenüber dem Ladevorgang um. Werden die beiden Pole

14 Entladevorgang

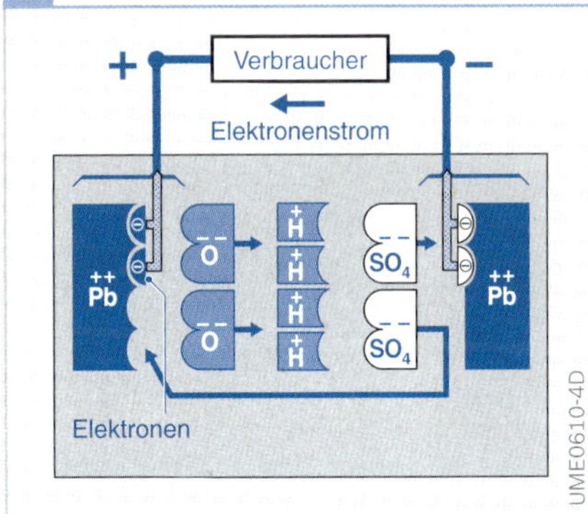

einer Batterie über einen Verbraucher (z. B. Glühlampe) miteinander verbunden, so fließen infolge der zwischen den Polen vorhandenen Potenzialdifferenz (der 6-fachen Zellenspannung) Elektronen von der Minuselektrode über den Verbraucher zur Pluselektrode.

Durch diesen Übergang von Elektronen wandelt sich das vierwertig positive Blei (Pb^{4+}) der Pluselektrode in zweiwertig positives Blei (Pb^{2+}) um, und die Bindung des zuvor vierwertig positiven Bleis an die Sauerstoffatome (O) wird aufgehoben (Bild 14). Die dadurch frei gewordenen Sauerstoffatome verbinden sich mit Wasserstoff-Ionen (H^+), die aus der Schwefelsäure (H_2SO_4) entnommen worden sind, zu Wasser (H_2O). Die Dichte des Elektrolyts nimmt hierdurch ab. Bei einer leeren Batterie beträgt sie - je nach Bauart - meist deutlich unter $\rho = 1{,}12$ kg/*l*. Dies entspricht einem Schwefelsäuregehalt von ca. 17 %.

15 Entladene Zelle

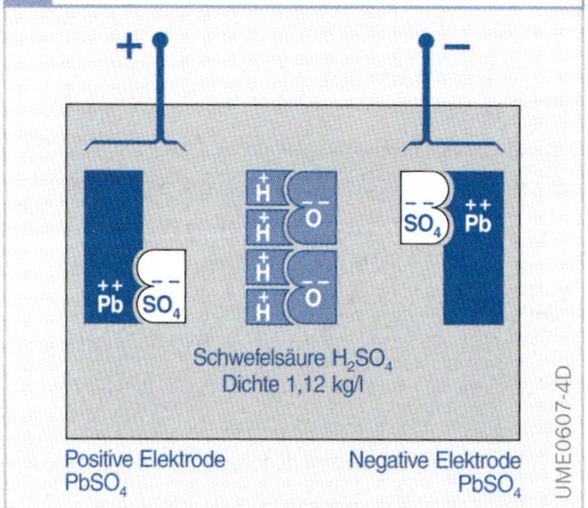

An der Minuselektrode bildet sich durch den Übergang von Elektronen aus dem metallischen Blei (Pb) zur Pluselektrode ebenfalls zweiwertig positives Blei (Pb^{2+}). Die zweifach negativ geladenen Säurerest-Ionen (SO_4^{2-}) aus der Schwefelsäure verbinden sich mit dem zweiwertig positiven Blei der beiden Elektroden, sodass als Entladeprodukt an beiden Elektroden Bleisulfat ($PbSO_4$) entsteht (Bild 15).

Die Reaktionsgleichung des Entladevorgangs lautet:

$$PbO_2 + 2H_2SO_4 + Pb \rightarrow 2PbSO_4 + 2H_2O$$

Beide Elektroden haben jetzt wieder den Ausgangszustand erreicht: Die in der Zelle gespeicherte chemische Energie wurde durch den Entladevorgang wieder in elektrische Energie umgewandelt.

Einen Überblick über die Vorgänge beim Entladen einer Batterie gibt Tabelle 2.

2 Übersicht über die Entladevorgänge

	Pluselektrode	**Elektrolyt**	**Minuselektrode**
Bleizelle geladen	Aktive Masse: Bleidioxid (PbO_2, braun)	Schwefelsäure hoher Dichte (H_2SO_4)	Aktive Masse: Blei (Pb, metallisch grau)
Strom-entnahme Elektronenstrom von der Minuselektrode (über Verbraucher) zur Pluselektrode	Elektronenaufnahme reduziert das vierwertige Bleidioxid ($Pb^{4+}O_2$) zu zweifach positiven Blei-Ionen (Pb^{++}), die sich mit dem Säurerest der Schwefelsäure (Sulfat-Ionen SO_4^{--}) zu dem hellen Bleisulfat ($PbSO_4$) verbinden.	Der Sauerstoff (O_2) des Bleidioxids (PbO_2) der Pluselektrode bildet Wasser mit den frei gewordenen positiv geladenen Wasserstoff-Ionen (H^+, H_3O^+) der Schwerfelsäure; sie wird verdünnt.	Elektronenabgabe oxidiert das neutrale metallische Blei (Pb) zu zweifach positiven Blei-Ionen (Pb^{++}), die sich mit dem Säurerest der Schwefelsäure (Sulfat-Ionen SO_4^{--}) zu dem hellen Bleisulfat ($PbSO_4$) verbinden.
Bleizelle entladen	Bleisulfat ($PbSO_4$) aus den Ionen $Pb^{++} + SO_4^{--}$	Schwefelsäure niedriger Dichte	Bleisulfat ($PbSO_4$) aus den Ionen $Pb^{++} + SO_4^{--}$

Tabelle 2

Batterieausführungen

Konventionelle und wartungsarme Batterien

Konventionelle Batterien werden heutzutage fast nicht mehr in Neufahrzeuge eingebaut, da sie nicht wartungsfrei sind und regelmäßig auf ihren Flüssigkeitsstand überprüft werden müssen. Da die Gasungsspannung (Spannung, bei der der Gasungsprozess einsetzt) niedriger ist als bei allen anderen gängigen Batterieausführungen, setzt der Gasungsprozess früher ein und es entweicht mehr Ladegas (siehe Abschnitt „Elektrochemische Vorgänge in der Bleizelle"). Deshalb muss regelmäßig Wasser durch die Verschlussstopfen nachgefüllt werden.

Wartungsarme Batterien bieten eine leichte Verbesserung. Durch den geringeren Wasserverbrauch (< 4 g/A · h) liegen die Wartungsintervalle höher, wobei diese vom Betrieb und dem Einbauort der Batterie abhängen.

Merkmale

Konventionelle Batterien

Konventionelle Batterien besitzen an der inneren Bodenfläche des Blockkastens Stege, auf denen die Platten mit den Plattenfüßen stehen. Der Raum zwischen den Stegen (Schlammraum) dient zur Aufnahme kleiner Masseteilchen, die sich im Laufe der Betriebszeit aus den Platten lösen und zu Boden sinken. In diesem Schlammraum kann sich der elektrisch leitende Bleischlamm absetzen, ohne dass er mit den Platten in Berührung kommt. Auf diese Weise werden Kurzschlüsse vermieden. Die Bauweise mit Stegen und Schlammraum ist bei konventionellen Batterien erforderlich, da Blattseparatoren zwischen den Platten sitzen, die diese unten nicht umschließen.

Wartungsarme Batterien

Bei wartungsarmen Batterien hingegen werden Taschenseparatoren verwendet. Durch die Taschenform umschließen sie die Plus- oder Minusplatte vollständig. Sich lösende Masseteilchen sinken innerhalb der Tasche zu Boden und können somit keinen Kurzschluss auslösen. Es werden daher keine Stege mehr am Batterieboden benötigt, der Kastenboden ist glatt. Dadurch kann die verfügbare Plattenoberfläche erhöht werden (höhere Stromentnahme möglich) und die Platten stehen auf ihrer kompletten Unterseite auf (höhere Stabilität).

Legierungswerkstoff des Plattengitters

Blei-Antimon-Legierung (PbSb)

Um die Gießbarkeit der dünnen Bleigitter zu verbessern (besonders wichtig bei Hochleistungs-Starterbatterien), die Aushärtung zu beschleunigen und den Bleiplatten die nötige Stabilität für den Fahrbetrieb (*Zyklenfestigkeit*) zu geben, besteht das Gitterblei aus einer Blei-Antimon-Legierung (PbSb). Antimon übernimmt die Funktion des Härters, wodurch sich auch die Bezeichnung „Hartblei" für Gitterblei ableitet. Allerdings wird das Antimon im Laufe der Batterielebensdauer durch Korrosion der Plusgitter zunehmend ausgeschieden, wandert quer durch den Elektrolyt und den Separator zur Minusplatte und „vergiftet" diese durch Bildung von Lokalelementen. Diese Lokalelemente erhöhen in erster Linie die Selbstentladung der Minusplatte und setzen die Gasungsspannung herab. Beides verursacht erhöhten Wasserverbrauch bei Überladung, die wiederum die Antimonfreisetzung fördert. Dieser Selbstverstärkungsmechanismus führt zu einer über die Gebrauchsdauer stetigen Verminderung der Leistungsfähigkeit. Vor allem im Winter führt der dann geringere Ladestrom zur Mangelladung. Die Batterie erreicht keine ausreichend hohen Ladezustände mehr und muss oft auf ihren Säurestand hin kontrolliert werden.

Die durch den Antimongehalt von 4...5 % im Gitterblei hervorgerufene Selbstentladung der Minusplatten ist somit eine der Hauptausfallursachen von konventionellen Starterbatterien. Der Wasserverbrauch (> 4 g/A·h) durch erhöhte Gasung bei gealterten Batterien machte je nach Fahrbedingungen ein Wartungsintervall von vier bis sechs Wochen erforderlich. Bei wartungsarmen Batterien ist der Antimonanteil in der Plusplatte geringer (< 3,5%). Hierdurch wird der Anstieg der Selbstentladung der Batterie mit zunehmender Lebensdauer verlangsamt.

Da Batterien mit Blei-Antimonlegierung sehr zyklenfest sind, werden sie vor allem in Nkw und Taxen eingesetzt. Auch Batterien für Motorräder basieren auf Antimontechnologie, da die häufige Verwendung bei schönem Wetter und lange Standzeiten im Winter eine besonders zyklenfeste Batterie bedingen.

Die Vorteile der Zyklenfestigkeit werden aber durch Nachteile bei der Korrosion der Gitter in der Lebensdauer häufig kompensiert. Ursache dafür ist, dass Gitter mit Blei-Antimon einem stärkeren korrosivem Angriff ausgesetzt sind als die weiter unten beschriebene Blei-Kalzium-Legierung oder die noch bessere Blei-Kalzium-Silber-Legierung.

Da für die meisten Pkw jedoch wartungsfreie und nicht extrem zyklenfeste Batterien gefordert werden, kommen in Neufahrzeugen so gut wie keine Antimonbatterien mehr zum Einsatz.

Wartungsfreie Batterie (nach EN)

Legierungswerkstoff des Plattengitters

Bei wartungsfreien Batterien (Hybridbatterien) besteht das Negativgitter aus einer Blei-Kalzium-Legierung (PbCa) – bei manchen Ausführungen mit Silberzusatz – und das Positivgitter aus einer Antimonlegierung (PbSb).

Die Funktion des Härters für die Minusplatten übernimmt das Element Kalzium an Stelle von Antimon. Kalzium ist unter den herrschenden Potenzialverhältnissen in Bleibatterien elektrochemisch inaktiv. Dadurch findet keine Vergiftung der Minusplatte statt und die Selbstentladung wird verhindert. Bedeutsamer ist jedoch die über die Gebrauchsdauer stabile Gasungsspannung auf hohem Niveau und der damit einhergehende gegenüber einer Blei-Antimon-Legierung reduzierte Wasserverbrauch.

Ein weiterer Vorteil einer Hybridbatterie ist die einfache Fertigung. Die Negativgitter mit Kalziumlegierung werden meist im einfachen Streckverfahren hergestellt, die durch Korrosion mechanisch stärker belasteten Positivgitter mit Antimonlegierung im aufwändigeren Gießverfahren. Wegen des Antimonanteils können allerdings auch Hybridbatterien im Pkw-Bereich die heutigen hohen Anforderungen nach niedrigem Wasserverbrauch (< 1 g/A·h) fast nie erfüllen. Hierzu sind nur absolut wartungsfreie Batterien in der Lage, bei denen beide Gitter aus der Blei-Kalziumlegierung bestehen.

Bei hoher zyklischer Belastung, z. B. bei Taxen in Ballungsräumen, Stadtlinienbussen und Lieferfahrzeugen, haben sich wartungsfreie Starterbatterien wegen ihres Separatorenkonzepts (Taschenseparatoren), das einen zuverlässigen Schutz gegen Ausfall bietet, bewährt.

Merkmale

Der Wasserverlust einer wartungsfreien Batterie ist über ihre Gesamtlebensdauer weitaus geringer als bei der konventionellen Batterie (< 4 g/A·h, meist < 2 g/A·h). Lediglich zu den normalen Serviceintervallen in der Werkstatt muss der Flüssigkeitsstand kontrolliert werden. Als Separatorenmaterial wird oxidations- und säurebeständige poröse Polyethylenfolie eingesetzt, die in Taschenform die Plus- oder Minusplatten des Plattenblocks umhüllt.

Weitere Merkmale sind:

- Labyrinthblockdeckel mit zentraler Gasableitung. Dies minimiert den Wasserverbrauch durch Verdunstung und verhindert Säureaustritt bei kurzzeitigem Umkippen der Batterie.

- Fritten schützen vor Rückzündung bei Funkenbildung: Das heißt, sie verhindern, dass sich austretendes Ladegas durch äußeren Einfluss entzündet (stehende Flamme) bzw. sich entzündet und in die Batterie zurückschlägt.
- Die Endpole sind durch Kappen gegen unbeabsichtigten Kurzschluss geschützt.
- Die Abdeckplatte über der Stopfenmulde verdeckt die Verschlussstopfen und verhindert die Ansammlung von Schmutz und Feuchtigkeit.
- Der Blockkastenboden ist aufgrund der Verwendung von Taschenseparatoren innen glatt. Die Platten reichen bis zum Kastenboden (größere Plattenoberfläche) und stehen dort auf ganzer Länge auf (höhere Stabilität).
- Mikroporöse Taschenseparatoren verhindern sowohl das Ausfallen von Masse als auch die Bildung von Kurzschlussbrücken an Unter- und Seitenkanten der Platten. Der mittlere Porendurchmesser der Taschenseparatoren ist um den Faktor 10 kleiner als bei den konventionellen Blattseparatoren; er verhindert damit wirkungsvoll Kurzschlüsse bei gleichzeitig niedrigem Durchgangswiderstand.

Eine wartungsfreie Starterbatterie von Bosch erfüllt neben den festgelegten Mindestleistungswerten der Norm noch folgende Anforderungen:

- Leistungsdaten und Ladeverhalten werden nicht durch Wasserverbrauch beeinträchtigt.
- Leistungsdaten und Ladeverhalten sind während der gesamten Gebrauchsdauer nahezu unverändert.
- Nach Tiefentladung und anschließender Standzeit unter Bordnetzbedingungen ist die Batterie wieder aufladbar.
- Bei Saisonbetrieb ohne Zwischenladung (bei abgeklemmtem Massekabel) ist kein Lebensdauerrückgang gegenüber Ganzjahresbetrieb zu erwarten.
- Eine langen Lagerfähigkeit der gefüllten Batterie muss gewährleistet sein.

Absolut wartungsfreie Batterie

Absolut wartungsfreie Batterien besitzen eine verlängerte Lebensdauer für extremen Langstreckenverkehr und sind widerstandsfähiger gegen Dauerüberladung. Dies wird durch eine Weiterentwicklung der Plattenlegierung erreicht.

Plattengitter

Blei-Kalzium-Silberlegierung (PbCaAg)

Die Leistungssteigerung bei neu entwickelten Pkw-Motoren in Verbindung mit kompakten und strömungsgünstigen Kfz-Karosserien führte zu einem Anstieg der mittleren Motorraumtemperatur. Dieser Umstand betrifft auch die Starterbatterie, deren nächste Entwicklungsstufe deshalb über eine verbesserte Bleilegierung für die Gitter der positiven Platten verfügt. Diese enthalten neben einem reduzierten Kalziumgehalt und einem erhöhten Zinnanteil auch das Element Silber (Ag). Diese Blei-Kalzium-Silberlegierung (PbCaAg) besitzt eine verfeinerte Gitterstruktur und hat sich selbst unter dem Einfluss hoher Temperaturen, die die korrosive Zerstörung beschleunigen, als sehr langlebig erwiesen. Dies gilt sowohl bei schädlicher Überladung bei hoher Säuredichte als auch während der (möglichst zu vermeidenden) Standzeit mit niedriger Säuredichte.

Der Legierungswerkstoff für die Minusplatten ist eine Blei-Kalzium-Legierung. Diese Batterien sind also antimonfrei.

Merkmale

Die optimierte Geometrie der Gitterstruktur mit optimierter elektrischer Leitfähigkeit erlaubt eine bessere Ausnutzung der aktiven Masse. Der für die Zellenverbinder mittig gelegte Anschluss (Mittelfahne) gewährleistet einen gleichmäßigen Halt der Gitterplatten im Batteriegehäuse. Diese Technik hat das Potenzial, die Platten gegenüber denen von wartungsfreien Batterien um etwa 30% dünner (aber stabiler) zu gestalten und damit ihre Anzahl zu erhöhen. Dies ermöglicht eine Steigerung der Kaltstartleistung ohne Qualitätseinbuße.

Ausführungen im „Robust-Design" haben kürzere und dickere Plusplatten mit stabilem Rahmen und dadurch bedingt ein erhöhtes Säurevolumen oberhalb der Platten. Diese sind dadurch stets von Batteriesäure bedeckt und vor Korrosion geschützt. Mit diesen Eigenschaften erweisen sich diese Batterien insgesamt robuster in der praktischen Anwendung.

Die absolut wartungsfreie Batterie erfordert keine Säurestandskontrolle und bietet dazu in der Regel auch keine Möglichkeit mehr. Sie ist bis auf zwei Entgasungsöffnungen dicht verschlossen. Unter den üblichen Bordnetzbedingungen (konstante, nach oben begrenzte Spannung) ist die Wasserzersetzung so weit reduziert (< 1 g/A·h), dass der Elektrolytvorrat über den Platten für die gesamte Lebensdauer ausreicht. Eine absolut wartungsfreie Batterie hat zusätzlich den Vorteil sehr geringer Selbstentladung. Dies ermöglicht nach Auslieferung der voll geladenen Batterie eine Lagerung über viele Monate.

Wegen der niedrigen Selbstentladung können alle absolut wartungsfreien Batterien bereits im Herstellerwerk mit Schwefelsäure gefüllt werden. Dadurch wird gefährliches Verschütten beim Mischen und Einfüllen in Werkstätten oder bei Händlern vermieden.

Sofern eine absolut wartungsfreie Batterie außerhalb des Bordnetzes nachgeladen wird, darf die Ladespannung 2,3...2,4 Volt pro Zelle nicht übersteigen, denn ein Überladen mit konstantem Strom oder mit Ladegeräten mit W-Kennlinie (Widerstand konstant) führt zu Wasserzersetzung (Gasung).

Die zurzeit am Markt befindlichen Ausführungen der absolut wartungsfreien Batterie besitzen einen Sicherheits-Labyrinthdeckel mit seitlichen Entgasungsöffnungen, der einen Säureaustritt bei Neigungswinkeln von bis zu 70° verhindert und durch die vorhandenen Fritten Rückzündschutz bietet. Verschlussstopfen sind nicht mehr erforderlich.

Die Bosch-Batterie mit Silberlegierung in den positiven Platten weist eine 20 % längere Lebensdauer gegenüber herkömmlichen Batterien auf. Wegen der dünnen Plattenausführungen ist die Plattenzahl pro Zelle höher. Die daraus resultierende größere Oberfläche erhöht die Startleistung gegenüber herkömmlichen Batterien um 30 %. Zudem verfügt diese Batterieausführung über ein „Power Control System", das sich oben im Blockdeckel der Batterie befindet und den aktuellen Ladezustand mit unterschiedlichen Farben anzeigt.

- Grün: Der Ladezustand ist in Ordnung.
- Dunkelgrau: Die Batterie sollte nachgeladen werden. Nach dem Laden zeigt die Anzeige wieder „Grün" an.
- Weiß: Die Batterie ist defekt, sie muss ausgetauscht werden.

Für Anwendungen im Nkw gibt es von Bosch Batterien mit Silberlegierung mit den Vorteilen der absolut wartungsfreien Pkw-Starterbatterie („Bosch TECMAXX"). Verbunden wird die absolute Wartungsfreiheit, die gerade für die Anwendung im Nkw einen nicht zu unterschätzenden Kostenvorteil bietet, mit einer neuen Technologie des Batteriedeckels: Durch einen neuartigen Labyrinthdeckel wird die Auslaufsicherheit gewährleistet. Durch die Verwendung einer Zentralentgasung anstatt einer Entgasung über die Stopfen kann eine Fritte eingebaut werden, sodass die Rückzündung von außen vorliegenden Flammen oder Funken in das Innere der Batterie verhindert wird.

In der Kraftfahrzeugerstausrüstung werden heutzutage nahezu ausschließlich absolut wartungsfreie Batterien eingesetzt. Sie erlauben eine Verlängerung des Wartungsintervalls und haben sich millionenfach bewährt.

AGM-Technik

Für weiter erhöhte Anforderungen an die Fahrzeugbatterie haben sich AGM-Batterien bewährt (Absorbent Glass Mat, d. h., Batterien mit in einem Glasvlies gebundenem Elektrolyt). Diese Batterien unterschieden sich von Batterien mit freiem Elektrolyten dadurch, dass die Schwefelsäure in einem Glasvlies gebunden ist, das sich anstelle der Separatoren zwischen den Plus- und Minusplatten befindet.

Die Batterie wird durch Ventile luftdicht von der Umgebung getrennt. Durch einen internen Kreislauf in der Batterie wird der bei der Gasung an der positiven Elektrode entstehende Sauerstoff an der negativen Elektrode wieder verbraucht, die Entstehung von Wasserstoff unterdrückt und damit der Wasserverlust sehr klein gehalten. Dieser Kreislauf wird erst dadurch möglich gemacht, dass sich zwischen positiver und negativer Platte kleine Gaskanäle bilden, über die der Sauerstoff transportiert wird. Die Ventile öffnen nur bei einem größeren Überdruck. Die verschlossene AGM-Batterie hat daher einen extrem geringen Wasserverlust und ist somit absolut wartungsfrei.

Diese Technologie bietet daneben weitere Vorteile. Das Vlies ist elastisch, deshalb kann der Plattensatz unter Druck eingebaut werden. Durch das Anpressen des Vlieses auf die Platten wird der Effekt der Abschlammung und Lockerung der aktiven Masse stark reduziert. Damit wird ein üblicherweise um bis zu dreimal größerer Ladungsdurchsatz gegenüber vergleichbaren Starterbatterien erzielt. Weiterhin bietet dieser Batterietyp den Vorteil, dass selbst bei Zerstörung des Batteriegehäuses, z. B. durch einen Unfall, i. Allg. keine Schwefelsäure austritt, da diese im Glasvlies gebunden ist. Bei einer 180°-Drehung tritt auch nach längerer Zeit kein Elektrolyt aus. Aufgrund der hohen Porosität des Glasvlieses werden hohe Kaltstartströme erzielt.

Ein weiterer Vorteil der AGM-Batterie besteht darin, dass Entstehung einer Säureschichtung verhindert wird. Beim zyklischen Lade- und Entladebetrieb einer Batterie mit freiem Elektrolyt baut sich nach und nach ein Gradient in der Säuredichte von oben nach unten auf. Grund hierfür ist, dass sich beim Laden der Batterie an den Platten Schwefelsäure hoher Konzentration bildet, die aufgrund der höheren spezifischen Dichte nach unten fällt und sich dort sammelt, während im oberen Teil der Batteriezelle die Schwefelsäure geringerer Konzentration verbleibt. Diese Säureschichtung reduziert unter anderem die Batteriekapazität sowie die Lebensdauer. Der Effekt der Säureschichtung tritt bei allen Batterien mit freiem Elektrolyt mehr oder weniger stark ausgeprägt auf. Bei AGM-Batterien hingegen wird Säureschichtung durch das Festlegen des Elektrolyts im Glasvlies verhindert.

Beim Einbauort der AGM-Batterie muss darauf geachtet werden, dass keine allzu hohen Temperaturen auftreten, da die Wärmekapazität kleiner als bei Batterien mit freiem Elektrolyt ist.

Gel-Technik

Eine andere Bauform der verschlossenen und somit absolut wartungsfreien Batterie verwendet statt des Glas-Vlieses ein Mehrkomponenten-Gel, in dem der Elektrolyt gebunden ist. Auch hier verhindert der interne Gaskreislauf die Gasung und somit den Wasserverbrauch. Damit ist diese Batterie ebenfalls absolut wartungsfrei.

Die Verschlussstopfen der Batteriezellen haben ein Sicherheitsventil, das im Fall einer dauerhaften Überladung öffnet. Mit dieser Gel-Technik beträgt die Selbstentladung bei 20 °C nur 2 % pro Monat.

Die kurzen, dicken Platten und der gelförmige Elektrolyt garantieren auch eine hohe Zyklenfestigkeit. Außerdem ist sie fest verschlossen und absolut kippsicher. Das heißt, selbst bei Drehungen von 180° läuft sie nicht aus.

Absolut wartungsfreie Batterien für Motorräder
Immer häufiger werden auslaufsichere Batterien mit Vlies-Technologie eingesetzt. Die Gel-Technik wird hier nicht angewendet. Die Batterie wird mit Hilfe beigefügter Säureflaschen zum gewünschten Zeitpunkt befüllt. Nach dem ersten Befüllen wird die Säure in vliesähnlichen Separatoren gebunden. Durch den Gaskreislauf in der Batterie wird eine Gasung verhindert. Bei einer fehlerhaften Überladung mit hohen Ladespannungen über einen langen Zeitraum könnte es trotz Vliestechnik zur Gasung kommen. In diesem Fall entweicht das Gas durch ein Sicherheitsventil. Nach dem ersten Befüllen wird die Batterie fest verschlossen, damit sie auch beim Neigen und sogar kurzzeitgen 180°-Drehungen absolut auslaufsicher ist.

Batterien für Sonderanwendungen
Es ist nicht möglich, mit nur einer Standardbatterie alle möglichen und völlig unterschiedlichen Einsatzbedingungen abzudecken. Die Standardbatterien wären dadurch für den Einsatz unter normalen Bedingungen überdimensioniert und zu teuer.

Für sehr tiefe Temperaturen in kalten Ländern sind Batterien mit höherer Startkraft erforderlich. Die Starttemperaturen liegen oft unterhalb -20 °C. Diese Batterien werden mit einer erhöhten Anzahl von dünneren Platten und Separatoren ausgerüstet.

Die Situation in tropischen Klimagebieten ist hingegen völlig anders, da hier durch den erhöhten Wasserverbrauch (Elektrolyse und Verdunstung) die Gefahr des „Eindickens“ der Säure besteht. Während für gemäßigte und kalte Zonen die Dichte der Batteriesäure mit einer Gefrierschwelle von -68 °C in voll geladenem Zustand gleich gehalten werden kann, muss die Säuredichte für tropische Länder also geringer sein.

Im gewerblichen Bereich (z. B. bei Bus, Taxi, Arztwagen und Lieferwagen) kommt es durch den häufigen Kurzstreckenverkehr mit entsprechend hoher Stromentnahme zu einer starken zyklischen Belastung der Batterie. Hinzu kommen weitere zyklische Belastungen bei hoher Stromentnahme im Stand. Sie entstehen z. B. durch Klimaanlage, Beleuchtung, Gebläse, elektrohydraulisch angetriebene Ladebordwand, Kühlaggregat, Standheizung usw.

Batterien in Geländefahrzeugen, Nutzfahrzeugen, Baumaschinen, Schleppern sowie in Fahrzeugen der Land- und Forstwirtschaft müssen zusätzlich zu der zyklischen Beanspruchung den Anforderungen einer hohen Schüttel- und Stoßbeanspruchung auf Pisten, Baustellen oder im Gelände genügen.

Zyklenfeste Batterie
Starterbatterien eignen sich aufgrund ihrer Bauweise nur bedingt für Einsatzfälle mit häufig wiederholten tiefen Entladungen (zyklische Belastung), da hierbei ein starker Verschleiß der Plusplatten durch Abschlammung und Lockerung der aktiven Masse eintritt. Im gewerblichen Bereich (z. B. Nkw) kommt es durch häufigen Kurzstreckenverkehr mit entsprechend hoher Stromentnahme zu einer starken Belastung der Batterie. Dabei kann die Batterie durch andauernde Stromentnahme weitgehend entladen und anschließend durch den Generator oft nicht genügend nachgeladen werden. Hinzu kommen zusätzliche Belastungen bei hoher Stromentnahme im Stand durch Gebläse, Klimaanlage, Standheizung, Beleuchtung, Autoradio, Funkgerät usw. Hier ist die AGM-Batterie häufig die erste Wahl. Kann eine AGM-Batterie nicht verwendet werden,
so stellt die zyklenfeste Starterbatterie mit freiem Elektrolyt eine Alternative dar. Sie kann häufiger tief entladen werden als eine normale Batterie, ohne dass die Lebensdauer darunter leidet.

In der zyklenfesten Starterbatterie stützen Separatoren mit einer zusätzlichen Glasmatte die Plusmasse ab und verhindern dadurch ein vorzeitiges Abschlammen. Die in Lade-/Entladezyklen gemessene Lebensdauer ist etwa doppelt so hoch wie bei der Standardbatterie.

Rüttelfeste Batterie

In der rüttelfesten Batterie hindert eine Fixierung mit Gießharz und/oder Kunststoff die Lockerung der Plattenblöcke in dem Blockkasten. Diese Batterie muss nach Normvorschrift eine 20-stündige Sinus-Rüttelprüfung (Frequenz 22 Hz) und eine Maximalbeschleunigung von 6 *g* bestehen. Damit liegen die Anforderungen etwa um den Faktor 10 höher als bei der Standardbatterie. Der Einsatz erfolgt hauptsächlich auf Baustellen und im Gelände in der Bau-, Land- und Forstwirtschaft bei Nutzfahrzeugen, Baumaschinen und Schleppern.

Heavy Duty Batterie

Nkw verfügen über eine hohe Anzahl elektrischer Zusatzverbraucher, z. B. Hebebühne, Funkgerät, Fernseher oder Kaffeemaschine. Die trocken geladene (d. h., die Batterie ist nach Befüllen mit Schwefelsäure einsatzbereit) Heavy Duty-Batterie (HD-Batterie) ist wartungsfrei nach EN und weist eine Kombination von Maßnahmen für zyklenfeste und rüttelfeste Batterien auf. Sie gewährleistet auch bei hoher Dauerbeanspruchung durch viele elektrische Verbraucher eine sichere Stromversorgung. Der Einsatz erfolgt in hoch beanspruchten Nutzfahrzeugen, bei denen hohe Rüttelbeanspruchungen und zyklische Belastungen auftreten.

Die HD-Extra-Batterie bietet noch zusätzliche Eigenschaften für außergewöhnliche Belastungen:

- extrem kaltstartsicher (bis zu 20 % mehr Startreserve),
- extrem langlebig,
- extra rüttelfest (100 % über EN),
- extra zyklenfest (viermal höher als Standardbatterien).

Batterie für Langzeit-Stromentnahme

Diese Batterie gleicht im Aufbau der zyklenfesten Batterie, verfügt jedoch über dickere, dafür aber über weniger Platten. Für diese Batterie wird kein Kälteprüfstrom angegeben, da sie für Startvorgänge nicht geeignet ist. Ihre Startleistung liegt deutlich niedriger (um ungefähr 35...40 %) gegenüber gleich großen Starterbatterien.

Die Anwendung erfolgt in Fällen mit sehr starker zyklischer Belastung, zum Teil sogar für Traktionszwecke (Antriebsbatterie). Ein Beispiel hierfür sind Gabelstapler, die keine Startleistung benötigen, dafür aber häufig nachgeladen werden müssen. Diese Batterie liefert außerdem die Antriebsenergie für Kleinantriebe (z. B. Krankenfahrstühle, Kehrmaschinen) und die Energie für Signalanlagen, Baustellenbeleuchtungen, Boote, Zusatzaggregate sowie für Anwendungen in der Freizeit.

Der Antimonanteil macht die Antriebs- und Beleuchtungsbatterien von Bosch mit flüssigem Elektrolyt besonders zyklenfest. Die negativen Einflüsse des Antimons bleiben auf ein vertretbares Maß reduziert.

Kenngrößen der Batterie

Die europäische Norm EN 50 342 und nationale Normen legen Kenngrößen und Prüfmethoden für Starterbatterien fest. Diese Prüfungen eignen sich zur Bestimmung und Überwachung der Qualität neuer Starterbatterien, erheben jedoch keinen Anspruch auf völlige Übereinstimmung mit den vielfältigen Beanspruchungen in der Praxis.

Eine Eigenschaft der chemischen Stromspeicher ist, dass die entnehmbare Strommenge (Kapazität) von der Größe des Entladestroms I_E abhängt. Das heißt, je höher der entnommene Strom ist, desto kleiner wird die verfügbare Kapazität bei definierter Endspannung. Um Starterbatterien überhaupt vergleichen zu können, bezieht man die Kapazität auf diejenige Entladestromstärke, die bei 20-stündiger Entladezeit und definierter Endspannung (10,5 V) möglich ist (Nennkapazität K_{20}).

Zellenspannung

Die Zellenspannung U_Z ist die Differenz der Potenziale, die zwischen den positiven und negativen Platten im Elektrolyt auftreten. Diese Potenziale hängen vom Material der Platten, vom Elektrolyt und dessen Konzentration ab. Die Zellenspannung ist keine konstante Größe, sondern vom Ladezustand (Säuredichte) und der Elektrolyttemperatur abhängig.

Nennspannung

Für Bleibatterien wurde die Nennspannung U_N einer Zelle durch Normen (DIN 40 729) auf einen Wert von 2 V festgelegt. Die Nennspannung der gesamten Batterie ergibt sich aus der Multiplikation der Nennspannung der einzelnen Zellen mit der Anzahl der in Reihe geschalteten Batteriezellen. Nach der Norm EN 50 342 beträgt die Nennspannung für Starterbatterien 12 V.

Leerlauf- und Ruhespannung

Die Leerlaufspannung ist die Spannung der unbelasteten Batterie. Sie verändert sich nach abgeschlossenen Lade- und Entladevorgängen aufgrund von Diffusions- und Polarisationsvorgängen bis hin zu einem Endwert, den man als Ruhespannung U_0 bezeichnet (Bild 16). Die Ruhespannung ist die Multiplikation der Anzahl der Zellen mit der Zellenruhespannung U_{Z0}. Bei sechs Zellen gilt:

$$U_0 = U_{Z01} + U_{Z02} + \ldots + U_{Z06} \approx 6 \cdot U_{Z0}$$

Die Ruhespannung ist wie die Zellenspannung eine von Ladezustand und Elektrolyttemperatur abhängige Größe. Aus einer Spannung, die direkt nach Lade- oder Entladevorgängen gemessen wurde, kann

16 Ruhespannung einer Batterie

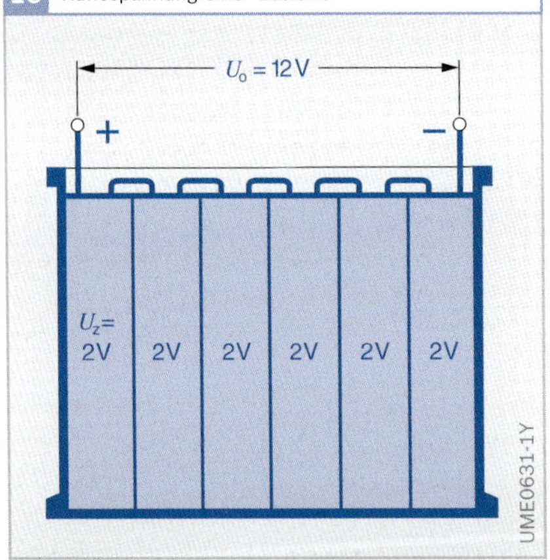

Bild 16
U_z Zellenspannung
U_0 Ruhespannung

17 Spannungen der Batterie

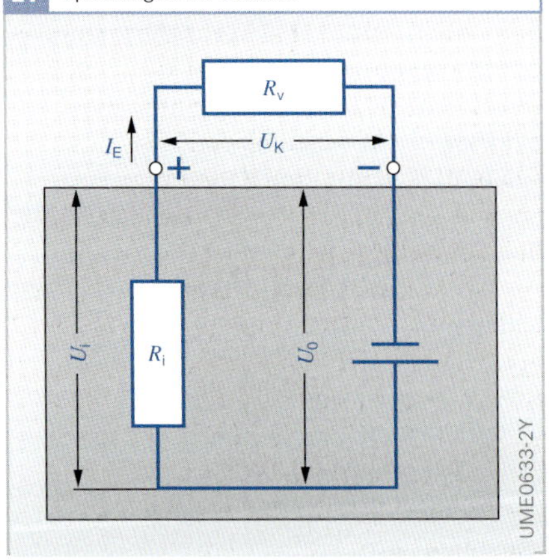

Bild 17
I_E Entladestrom
R_i Innenwiderstand
R_v Verbraucherwiderstand
U_0 Ruhespannung
U_K Klemmenspannung
U_i Spannungsfall am Innenwiderstand

nicht auf den Ladezustand geschlossen werden. Erst nach einer Wartezeit, die u. U. mehrere Tage dauern kann, stellt sich eine ausgeglichene Ruhespannung ein, die dann zur Bewertung des Ladezustands herangezogen werden kann. Geeigneter zur Ermittlung des Batterieladezustands ist das Messen der Säuredichte.

Innerer Widerstand R_i

Der innere Widerstand R_i einer Zelle setzt sich aus verschiedenen Teilwiderständen zusammen. Im Wesentlichen aus dem Übergangswiderstand R_{i1} zwischen den Elektroden und dem Elektrolyt (Polarisationswiderstand). Dazu kommen noch der Widerstand R_{i2}, den die Elektroden (Platten mit Separatoren) dem Elektronenstrom entgegensetzen sowie der Widerstand R_{i3}, den der Elektrolyt dem Ionenstrom bietet. Bei einer Reihenschaltung von mehreren Zellen muss noch der Widerstand der Zellenverbinder R_{i4} addiert werden. Damit ist $R_i = R_{i1} + R_{i2} + R_{i3} + R_{i4}$.

Mit zunehmender Plattenzahl (größere Fläche) verringert sich der innere Widerstand der Zelle. Das heißt, je größer die Kapazität einer Zelle ist, desto kleiner ist der innere Widerstand (bei gleicher Plattendicke). Mit fortschreitender Entladung und bei niedriger Temperatur (Schwefelsäure wird zähflüssiger) steigt R_i hingegen an.

Der Innenwiderstand einer 12-Volt-Starterbatterie setzt sich aus einer Reihenschaltung der inneren Widerstände der einzelnen Zellen sowie aus den Widerständen der inneren Verbindungsteile (Plattenverbinder und Zellenverbinder) zusammen. Bei einer voll geladenen 50-A · h-Batterie liegt er bei 20 °C in der Größenordnung von 5...10 mΩ; bei einem Ladestand von 50 % und –25 °C steigt er auf etwa 25 mΩ. Er ist eine kennzeichnende Größe für das Startverhalten. Der Innenwiderstand der Batterie bestimmt zusammen mit den übrigen Widerständen des Starterstromkreises die Durchdrehdrehzahl beim Start.

Klemmenspannung U_K

Die Klemmenspannung U_K ist die Spannung zwischen den beiden Endpolen einer Batterie. Sie ist abhängig von der Leerlaufspannung und dem Spannungsfall U_i am Innenwiderstand R_i der Batterie (Bild 17):
$U_K = U_0 - U_i$ mit $U_i = I_E \cdot R_i$

Wird einer Batterie über einen Verbraucher mit dem Lastwiderstand R_L ein Entladestrom I_E entnommen, so vermindert sich die Klemmenspannung bei Belastung gegenüber der Spannung in unbelastetem Zustand. Die Ursache hierfür ist der Innenwiderstand der Batterie. Fließt ein Strom I_E durch die Zelle, so entsteht an R_i ein Spannungsfall U_I, der mit wachsendem Strom zunimmt. Da der Innenwiderstand unter anderem von Temperatur und Ladezustand abhängig ist, sinkt die Klemmenspannung der belasteten Batterie bei tieferen Temperaturen und schlechterem Ladezustand.

Durch zusätzliches Messen der Klemmenspannung einer belasteten Batterie kann auf ihren Ladezustand und den Grad des Verschleißes geschlossen werden.

Gasungsspannung

Die Gasungsspannung ist nach DIN 40 729 die Ladespannung, bei deren Überschreiten eine Batterie deutlich zu gasen beginnt. Dies führt zu Wasserverlusten in der Batterie und es besteht die Gefahr der Knallgasbildung. Für die Gasungsspannung gilt nach DIN VDE 0510 je nach Bauart ein Richtwert von 2,40...2,45 Volt je Zelle. Bei 12-Volt-Batterien liegt diese Spannungsgrenze damit bei 14,4...14,7 Volt, je nach Elektrolyttemperatur. Um Wasserverlust im Fahrbetrieb zu reduzieren, aber gleichzeitig auch eine schnelle Wiederaufladung zu gewährleisten, sollten temperaturabhängige Reglerkennlinien verwendet werden. Diese sehen z. B. für absolut wartungsfreie geschlossene Batterien einen Maximalwert von 16 V bei Temperaturen deutlich unter 0 °C und etwa 13,5 V bei Temperaturen deutlich über 30 °C vor. Hiermit wird berücksichtigt, dass die Aufladbarkeit der Bleibatterie bei kleinen

Temperaturen gehemmt ist, so dass hier die Ladespannung angehoben werden muss. Bei hohen Temperaturen ist die Ladespannung geringer anzusetzen, um Wasserverlust und auch die Korrosion von Batterien zu begrenzen. Letztere wirkt verstärkt bei hohen Temperaturen und Spannungen.

Für wartungsfreie verschlossene Gel-Batterien wird eine Ladespannung von 14,1 V (2,35 V/Zelle) bei einer Ladezeit von maximal 48 Stunden angegeben.

Kapazität

Verfügbare Kapazität *K*

Die Kapazität *K* ist die unter bestimmten Bedingungen entnehmbare Strommenge, das Produkt aus Stromstärke und Zeit (Amperestunden, A · h). Die eingesetzte Menge an aktiver Masse und die Menge an Schwefelsäure bestimmt im Wesentlichen die Kapazität der Batterie. Für hohe Leistungen (z. B. hohe Stromentnahme beim Starten eines Verbrennungsmotors) müssen der aktiven Masse eine große innere und eine große äußere Oberfläche (große Plattenzahl und große geometrische Plattenabmessungen) zur Verfügung stehen. Die große innere Oberfläche wird während der elektrochemischen Vorbehandlung der Platten (Formieren) erzeugt. Die Kapazität ist jedoch keine konstante Größe, sondern hängt von folgenden Einflussgrößen ab (Bilder 18 und 19):

- Entladestromstärke,
- Dichte und Temperatur des Elektrolyts,
- zeitlicher Verlauf der Entladung (Kapazität ist bei Entladung mit einer Pause größer als bei einer ununterbrochenen Entladung),
- Alter der Batterie (Kapazitätsrückgang gegen Ende der Gebrauchsdauer infolge Masseverlust der Platten) und
- Grad der Säureschichtung der Batterie.

Besonders wichtig ist die Entladestromstärke. Je größer die Entladestromstärke, desto kleiner ist die verfügbare Kapazität. Im Beispiel in Bild 19 kann die verfügbare Kapazität von 44 A · h bei einem Entladestrom von 2,2 Ampere bis zu 20 Stunden genutzt werden. Bei einem mittleren Starterstrom von 150 Ampere und 20 °C sinkt die verfügbare Kapazität bei einer Entladezeit von ca. 8 Minuten auf ca. 20 A · h. Der Grund dafür ist, dass bei kleinem Entladestrom die elektrochemischen Vorgänge langsam bis tief in die Poren der Platten hinein vor sich gehen und dabei auch außerhalb der Platten befindliche Säure (ca. 50 %) genutzt werden kann, während bei Entladung mit größerem Strom die Umsetzung hauptsächlich an der Plattenoberfläche mit der dort in den Poren vorhandenen Säuremenge abläuft.

Temperatureinfluss auf die Kapazität

Kapazität und Entladespannung einer Batterie nehmen mit steigender Temperatur unter anderem wegen der geringeren Viskosität (Zähflüssigkeit) der Säure und des dadurch bedingten geringeren Innenwiderstands zu. Mit sinkender Temperatur dagegen nehmen sie ab, da die chemischen Vorgänge dann weniger effektiv verlaufen.

Die Kapazität einer Starterbatterie darf deshalb nicht zu knapp bemessen sein. Bei großer Kälte besteht sonst die Gefahr, dass der Verbrennungsmotor beim Starten nicht mit der erforderlichen Drehzahl und nicht lange genug durchgedreht wird. Bild 20 soll dies veranschaulichen:

18 Verfügbare Kapazität in Abhängigkeit von Temperatur und Entladestrom

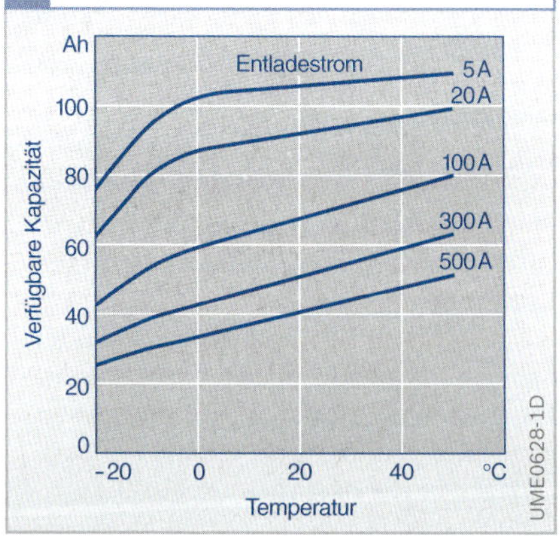

Bild 18
Batterie: 12 V, 100 A · h (bezogen auf Entladezeit 20 h und 100 % Ladezustand)

Kurve 1a zeigt – in Abhängigkeit von der Temperatur – die Drehzahlen des Starters bei einer um 20 % entladenen Batterie (Kurve 1b bei stark entladener Batterie), Kurve 2 zeigt die vom Verbrennungsmotor benötigte Mindestanfangsdrehzahl. Diese Drehzahl ist bei großer Kälte wegen der hohen Reibungswiderstände im Fahrzeugmotor und im Getriebe (z. B. höhere Zähigkeit des Schmieröls) relativ hoch.

Der Schnittpunkt S_1 der Kurven 1a und 2 ergibt die Kaltstartgrenze (Grenztemperatur) bei der um 20 % entladenen Batterie. Das heißt, bei noch niedrigeren Temperaturen oder geringerer Batterieladung ist ein Starten nicht mehr möglich, weil die von der Batterie bzw. dem Starter lieferbare Leistung kleiner ist als die vom Verbrennungsmotor benötigte Startleistung. Bei stark entladener Batterie verschiebt sich die Kaltstartgrenze (Schnittpunkt S_2) zu höheren Temperaturen hin.

Nennkapazität K_{20}

Die Nennkapazität K_{20} ist die einer Batterie zugeordnete Elektrizitätsmenge in Amperestunden (A·h). Diese Elektrizitätsmenge muss sich nach EN 50342 mit einem festgelegten Entladestrom I_{20} in 20 h bis zur festgelegten Entladeschlussspannung 10,5 V bei (25 ±2) °C entnehmen lassen. Der Entladestrom I_{20} ist derjenige Strom, der der Nennkapazität zugeordnet ist und während der festgelegten Entladedauer von der Batterie abgegeben wird: $I_{20} = K_{20}/20\ \text{h}$.

Die Nennkapazität ist ein Maß für die in der Batterie im Neuzustand speicherbaren Energie. Sie hängt von der Menge der eingesetzten aktiven Masse und dem Elektrolytangebot ab. Eine neue 44-A · h-Batterie kann beispielsweise mindestens 20 Stunden mit einem Strom von 2,2 A entladen werden (44 A · h/20 h = 2,2 A), bis die Entladeschlussspannung von 10,5 Volt erreicht ist. Die Nennkapazität muss bei der Auslegung der Dauerverbraucher

20 Temperatureinfluss auf Starterdrehzahl und Mindest-Anfangsdrehzahl des Motors

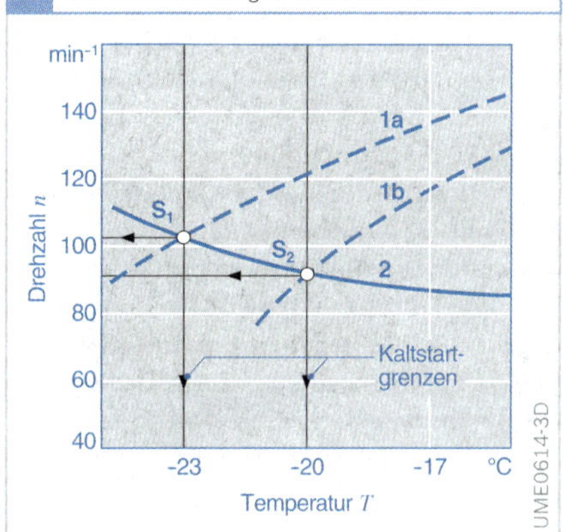

19 Abhängigkeit der Batteriekapazität von der Entladestromstärke (Batterie: 12 V 44 A·h)

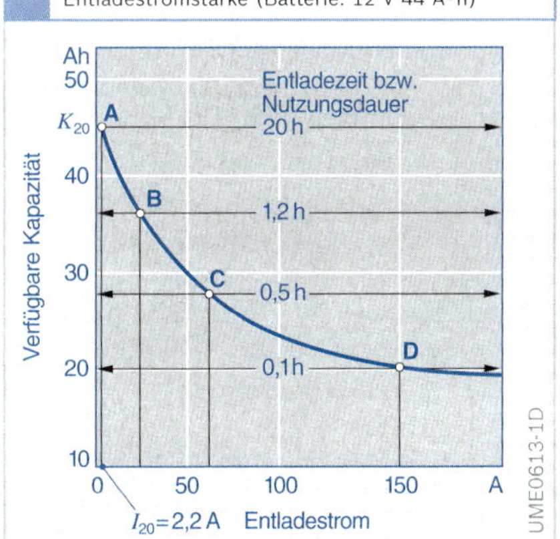

21 Entladung einer 12-Volt-Batterie mit dem Kälteprüfstrom I_{CC} bei −18 °C und bei 27 °C

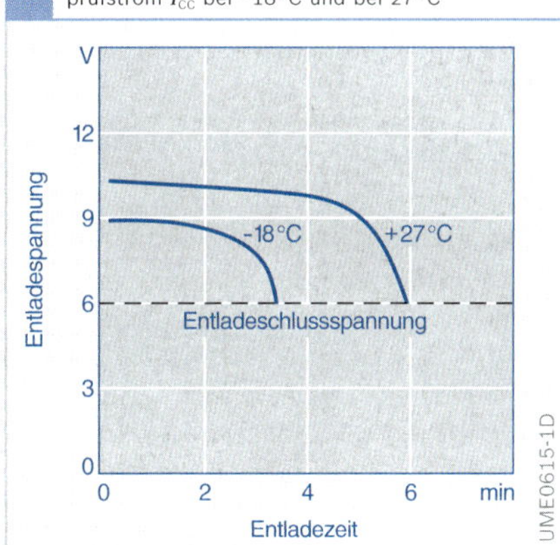

Bild 19
Strombedarf:
- A 20-stündige Entladung
- B Zündung und Beleuchtung
- C zusätzlich Gebläse, Scheibenheizung, Nebellicht, Wischer und Radio
- D mittlerer Starterstrom

Bild 20
Beispiel:
- 1a Starterdrehzahl Batterie um 20 % entladen
- 1b Starterdrehzahl Batterie stark entladen
- 2 Mindestanfangsdrehzahl des Motors
- S_1, S_2 Kaltstartgrenze

im Bordnetz eines Kraftfahrzeugs berücksichtigt werden (Bild 19).

Kälteprüfstrom I_{CC}

Der Kälteprüfstrom I_{CC} (früher I_{KP}) kennzeichnet die Stromabgabefähigkeit der Batterie bei Kälte. Nach EN 50 342 muss die Klemmenspannung bei Entladung mit I_{CC} und -18 °C sowie 10 Sekunden nach Entladebeginn mindestens 7,5 V (1,25 V pro Zelle) betragen. Weitere Einzelheiten zur Entladedauer sind dieser Norm zu entnehmen. Maßgeblich für das durch I_{CC} gekennzeichnete Kurzzeitverhalten sind die Plattenzahl, die Plattenfläche, der Plattenabstand und das Material der Separatoren.

Eine das Startverhalten kennzeichnende Größe ist der Innenwiderstand R_i. Für -18 °C und eine volle 12-V-Batterie gilt etwa: $R_i = 4000/I_{CC}$, wobei I_{CC} in Ampere einzusetzen ist. Der Innenwiderstand R_i ergibt sich in der Einheit mΩ.

Der Innenwiderstand der Batterie bestimmt zusammen mit den übrigen Widerständen des Starterstromkreises die Durchdrehdrehzahl beim Starten. Allerdings ist der Kälteprüfstrom in verschiedenen Staaten nach unterschiedlichen Prüfbedingungen festgelegt, sodass ein direkter Vergleich dieser Angabe nicht immer möglich ist.

Für eine Fahrzeugbatterie, die die elektrische Energie für den Starter liefern muss, ist die Startfähigkeit bei Kälte meist noch wichtiger als die Kapazität. Der Kälteprüfstrom ist damit ein Maß für die Startfähigkeit, da er sich auf eine Stromentnahme bei tiefer Temperatur bezieht. Er hängt stark von der gesamten Oberfläche (Plattenzahl und -fläche) der aktiven Masse ab. Denn je größer die Berührungsfläche zwischen Bleimasse und Batteriesäure ist, umso höher kann eine kurzzeitige Stromentnahme sein. Für einen schnellen Ablauf der chemischen Vorgänge im Elektrolyt sind der Plattenabstand und das Separatorenmaterial wichtige Einflussgrößen, die den Kälteprüfstrom ebenfalls bestimmen.

Typenbezeichnungen

Ausführungen und Bezeichnungen verschiedener Starterbatterien sind in Normen festgelegt, um die Produkte unterschiedlicher Hersteller gegeneinander austauschen zu können (Kompatibilität). Bosch-Batterien sind im Allgemeinen mit folgenden Informationen beschriftet:

- Kenngrößen nach EN-Norm,
- Europäische Typnummer ETN mit allgemeinen Sicherheitshinweisen zum Umgang mit Batterien,
- Typteilenummer TTNR,
- Kundensuchnummer KSN (speziell für Bosch Silver).

Kenngrößen

Die in der europäischen Norm EN 50 342 festgelegten Kenngrößen beschreiben die Standards bzw. Eigenschaften einer Starterbatterie. Die wichtigsten Kenngrößen einer Starterbatterie sind

- Nennspannung (z. B. 12 Volt),
- Nennkapazität (z. B. 44 A·h) und
- Kälteprüfstrom (z. B. 360 Ampere).

In den USA wird ein Code z. B. nach SAE (Society of Automotive Engineers) und in Japan z. B. nach JIS (Japanese Industrial Standard) benutzt.

Europäische Typnummer ETN

Die europäische Typnummer ETN ersetzt in Deutschland seit 1998 die DIN-Nummer. Sie gibt Aufschluss über Spannung, Kapazität und Kälteprüfstrom der jeweiligen Batterie.
Beispiel: 5 44 059 036

Kennziffer für den Batterietyp

Die Stelle 1 der ETN gibt die Batteriespannung an (im Beispiel „5“ für 12 Volt). Die jeweiligen Ziffern sagen Folgendes aus:

1...4:	6-Volt-Batterien
5...7:	12-Volt-Batterien
8:	Sonderbatterien
9:	Kleintraktionsbatterien

Kennziffer für die Kapazität
Die Stellen 2 und 3 der ETN geben die Kapazität (20-stündig) in A · h an (im Beispiel 44 für 44 A · h). Bei über 100 A · h erhöht sich die Stelle 1 um 1 je 100 A · h (im Bereich 5...7).

Zählnummer
Die Stellen 4, 5 und 6 der ETN geben eine Zählnummer an (im Beispiel 059). Anhand dieser Zählnummer können mit Hilfe einer Liste verschiedene weitere Informationen über die Batterie abgelesen werden (z. B Rüttelfestigkeit).

Kennziffer für Kälteprüfstrom
Die Stellen 7, 8 und 9 der ETN geben den Kälteprüfstrom nach EN an. Die Zahl gibt dabei ein Zehntel des Stroms wieder (im Beispiel 036 für 360 A).

Typteilenummer TTNR
Die alphanumerische Bosch-Typteilenummer TTNR besteht aus einer Bosch-Zahlenkombination für den Batterietyp und einer ETN mit Bosch-Codierung.
Beispiel: 0 093 S 544 1N

Kennziffer für den Batterietyp
Die Stellen 2 und 3 der TTNR geben an, ob es sich um eine antimonfreie oder eine antimonhaltige Batterie handelt. 09 entspricht antimonfreien, 18 antimonhaltigen Batterien.

Kennziffer für die Spannung und Kapazität
Die Stelle 6 der TTNR gibt die Batteriespannung an, die Stellen 7 und 8 die Kapazität. Es gilt die gleiche Kodierung wie bei der ETN für die Stellen 1...3.

Kundensuchnummer KSN
Für die Batterien Bosch Silver gibt es Kundensuchnummern (KSN), um dem Kunden die Suche nach der für sein Fahrzeug geeigneten Batterie zu erleichtern.

Praxis- und Labortests von Batterien

In der EN 50342 sind verschiedene Laborhaltbarkeitstests beschrieben. Zusätzlich werden Prüfungen zur Ladungsaufnahme, für den Wasserverbrauch und zur Rüttelfestigkeit beschrieben. Ergänzend hierzu werden von den Kfz-Herstellern häufig noch weitere Tests verlangt. So werden bei extremen Temperaturen Lade- und Entladezyklen der Batterie und ein anschließender Motorstart simuliert. Ein Beispiel ist der J240-Test, der sich an der amerikanischen SAE-Norm orientiert. Er testet die Lebensdauer einer Batterie bei hohen Temperaturen (75 °C).

Gebrauchsdauer
In Labortests kann eine Batterie hinsichtlich verschiedener geforderter Batterieeigenschaften geprüft werden. Das Zusammenspiel der Batterieeigenschaften zur Erzielung optimalen Nutzens im Fahrzeug kann dagegen nur in der Praxis getestet werden. Deshalb werden Batterien im Fahrbetrieb getestet. Ein Beispiel ist der Test in Taxis in Las Vegas. Hier werden besondere Anforderungen an die Batterie gestellt. Es liegen aufgrund des Klimas hohe Temperaturen vor und durch den Betrieb im Taxi ergibt sich auch eine hohe zyklische Belastung der Batterie. Hier zeigen Blei-Kalzium-Batterien eine um den Faktor 1,4, Blei-Kalzium-Silber-Legierung eine um den Faktor 3 längere Einsatzdauer verglichen mit herkömmlichen Batterien.

Selbstentladung
Das Prinzip der Blei-Akkumulatoren bedingt eine Selbstentladung der Plus- und Minusplatten. In Abhängigkeit von der Temperatur und weiteren Faktoren ist die Batterie nach einer bestimmten Zeit auch ohne äußeren Verbraucher elektrisch „leer". Bei konventionellen Starterbatterien bewirkt die Antimonvergiftung eine Steigerung der Selbstentladereaktion auf der Minusplatte; die Rate steigt mit der

Gebrauchsdauer deutlich an. In der Praxis bedeutet dies, dass neue konventionelle Starterbatterien in gefülltem Zustand nach sechs Monaten Standzeit bei Raumtemperatur nur noch einen Ladezustand von ca. 65 % besitzen. Dies entspricht einer Säuredichte von 1,20 kg/*l*. Gebrauchte Batterien erreichen diesen Wert unter Umständen schon nach wenigen Wochen Standzeit. Bei der wartungsfreien Starterbatterie beträgt der Ladezustand nach sechs Monaten 90 %. Die entsprechende Säuredichte beträgt 1,26 kg/*l*. Erst nach 18 Monaten werden 65 % Ladezustand (Säuredichte ρ = 1,20 kg/*l*) erreicht (Bild 22).

Wegen des reineren Legierungssystems der Blei-Kalzium-Gitter entlädt sich die absolut wartungsfreie Batterie wesentlich langsamer. Die niedrige Selbstentladerate von Plus- und Minusplatte bleibt dadurch während der gesamten Gebrauchsdauer konstant. Von besonderer Bedeutung ist die Selbstentladung für Fahrzeuge im Saisonbetrieb (z. B. in der Land-, Forst- und Bauwirtschaft), aber auch für Zweitwagen und Wohnmobile, die im Winter nicht oder selten gefahren werden. Dies trifft ebenso auf Fahrzeuge zu, die kontinuierlich gefertigt werden, jedoch wegen saisonalem Verkauf bzw. langen Stand- und Transportzeiten zwischen Herstellung und Inbetriebnahme still stehen (Exportfahrzeuge).

Startleistung

Die absolut wartungsfreie Starterbatterie mit Blei-Kalzium-Silber-Technologie weist eine um etwa 30 % höhere Startleistung auf als eine konventionelle Batterie. Das ist im Wesentlichen auf die Taschenseparatoren mit niedrigem spezifischem Durchgangswiderstand und auch auf die Vergrößerung der Plattenoberfläche wegen des Wegfalls des Schlammraums zurückzuführen.

Zusätzlich bleibt die Startleistung der wartungsfreien Batterie dank der Blei-Kalziumlegierung gegenüber der konventionellen Batterie über viele Jahre annähernd erhalten und fällt erst gegen Ende der Gebrauchsdauer unter den Sollwert der Norm für neue Batterien ab. Während die absolut wartungsfreie Starterbatterie nach 75 % der Gebrauchsdauer noch über dem Sollwert der Norm liegt, unterschreitet die konventionelle Batterie den Sollwert der Norm deutlich früher (bei 40 %) und hat in der Praxis nach 75 % der Gebrauchsdauer schon ca. ein Drittel der ursprünglichen Startleistung verloren (Bild 23).

Stromaufnahme

Antimonarme und antimonfreie Batterien verhalten sich bei der Prüfung der Stromaufnahme nach EN 50342 annähernd gleich. Beim Laden mit Reglern, die die Batterietemperatur berücksichtigen und

22 Säuredichte in Abhängigkeit von der Lagerzeit bei Raumtemperatur

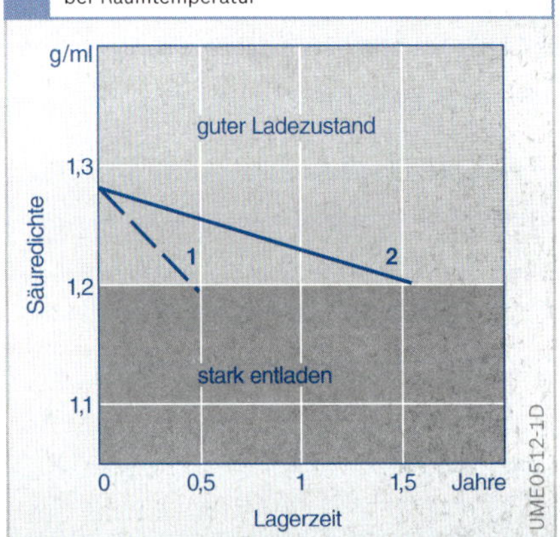

Bild 22
1 Konventionelle Starterbatterie (PbSb)
2 wartungsfreie Starterbatterie (PbCa)

23 Startleistung in Abhängigkeit von der Gebrauchsdauer

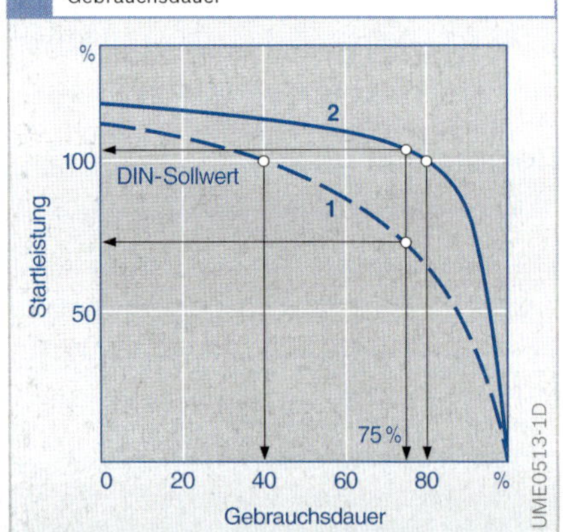

Bild 23
1 Konventionelle Starterbatterie (PbSb)
2 wartungsfreie Starterbatterie (PbCa)

die Spannung von 14,5 V überschreiten können, hat die absolut wartungsfreie Starterbatterie große Vorteile (höhere Gasungsspannung, geringerer Wasserverlust). In der Praxis sind die Unterschiede bei den gebräuchlichen Reglerkennlinien (siehe Abschnitt „Kenngrößen der Batterie/Gasungsspannung“) gering, abgesehen von einer besseren Stromaufnahme der wartungsfreien Batterie mit Blei-Kalziumlegierung bei Ladezustand unter 50 %. Denn bei Kälte benötigt jede Batterie zum Erreichen des gleichen Ladezustands eine höhere Ladespannung. Die absolut wartungsfreie Batterie speichert entsprechend ihrer höheren Gasungskennlinie den erhöhten Ladestrom auch ohne Gasungsverluste ab, erreicht also einen höheren Ladezustand und bietet damit bessere Startbedingungen.

Überladefestigkeit

Überladung als bestimmender Faktor für die Batterielebensdauer kommt z. B. bei Vielfahrern und Kurierfahrzeugen, aber auch bei landwirtschaftlichen Fahrzeugen, Baufahrzeugen sowie Lkw im Fernverkehr vor. In diesen Fällen ist die Batterie voll geladen, der Motor läuft mit hoher Drehzahl, und der Generator hat nur wenige Verbraucher zu versorgen. Der Ladestrom führt nun zu Überladung, Korrosion und Masseauflockerung. In einem Labortest bei einer Elektrolyttemperatur von 40 °C und einer Ladespannung von 14 bzw. 16 V zur Simulation dieser Bedingungen zeigt die wartungsfreie Starterbatterie eine deutlich längere Lebensdauer als eine antimonhaltige Batterie.

Tiefentladefestigkeit

Um die Tiefentladefestigkeit zu prüfen, wird die Batterie über eingeschaltete Lampen entladen und bleibt dann vier Wochen im Kurzschluss stehen. Die Batterie muss sich danach unter Bordnetzbedingungen wieder aufladen lassen. Sie muss noch funktionsfähig sein und darf nur bestimmte Leistungsrückgänge aufweisen. Zum Beispiel einen Verlust in Batteriekapazität, der kleiner als ein bestimmter Grenzwert ist.

Wasserverbrauch

Sowohl antimonfreie als auch antimonhaltige Starterbatterien unterschreiten als neue Batterien im Test deutlich die Forderung der Norm nach einem Wasserverbrauch von weniger als 6 $g/A \cdot h$. Die Blei-Kalziumbatterie kommt in der Regel auf Dauer mit 1 $g/A \cdot h$ aus.

Die Wasserverbrauchswerte der absolut wartungsfreien Starterbatterie sind deshalb so günstig, weil die Gasungsspannung während der gesamten Gebrauchsdauer auf ihrem hohen Anfangswert bleibt und somit nur eine minimale Wasserzersetzung stattfindet.

Eine Elektrolytkontrolle beschränkt sich

- bei wartungsarmer Batterie auf alle 15 Monate oder alle 25 000 km und
- bei absolut wartungsfreier Batterie (nach EN) auf alle 25 Monate oder alle 40 000 km.

Zusammenfassung

Für die absolut wartungsfreie Batterie ergeben sich folgende Vorteile.

- Die Ladespannung liegt nur bei hohen Temperaturen über der Gasungsspannung. Dadurch kommt es nur selten zur Gasung: das Nachfüllen von destilliertem Wasser entfällt somit während der gesamten Gebrauchsdauer.
- Wartungsfehler wie vergessenes Nachfüllen von destilliertem Wasser oder Einfüllen von verunreinigtem Wasser können nicht mehr vorkommen.
- Gefahren und Schäden durch Hautkontakt mit Schwefelsäure entfallen.
- Längere Lebensdauer und Haltbarkeit.
- Gleich bleibend hohe Startleistung.
- Höhere Kurzstreckenfestigkeit.
- Höhere Leistungsfähigkeit in allen Temperaturbereichen.
- Kosteneinsparung bei Wartung und Pflege.
- Möglichkeit der Unterbringung an schwer zugänglichen Stellen im Kfz.

Batterie-Geschichte(n)

In der Geschichte rund um die Entwicklung der Batterie haben sich viele Wissenschaftler und Erfinder verdient gemacht. Vor allem Männer wie Luigi Galvani (1789), Alessandro Graf Volta (um 1800), Johan Ritter (um 1800), Gaston Planté (1859) oder Camille Faure brachten die Entwicklung des Akkumulators auf den richtigen Weg.

Ende des 19. Jahrhunderts wurden schon Gitterplatten gefertigt, die ihrem Prinzip nach bis heute noch Bestandteile von Blei-Akkumulatoren sind. Demnach hat sich der Blei-Akkumulator von früher bis zum heutigen Tage grundsätzlich kaum verändert: immer noch Zellen, immer noch Platten, immer noch Schwefelsäure! Doch bei genauerem Hinsehen stellt man fest: die Energiedichte hat sich vervielfacht, das Material (früher z. T. noch Holz für Separatoren und Gehäuse) wurde weitgehend durch Kunststoff ersetzt, die absolute Wartungsfreiheit gehört heute zum Standard einer Starterbatterie, und die Lebensdauer erreicht in Ausnahmefällen schon ein ganzes „Fahrzeugleben".

Die Batteriegeschichte in Zahlen

- 1905 wurden die ersten Batterien in Kraftfahrzeuge eingebaut (zuerst nur für Beleuchtungszwecke).
- 1914 verrichtete erstmals eine Starterbatterie ihren Dienst in einem Kfz.
- 1922 gab es bereits die ersten Bosch-Motorradbatterien und vier Jahre später ein erstes Batterieladegerät.
- Ab 1927 entwickelte Bosch auch Autobatterien, und schon neun Jahre danach begann die Fertigung solcher Batterien am Fließband.

Nach dem 2. Weltkrieg war die Entwicklung der Bosch-Fahrzeugbatterie geprägt von der

- Einführung des Kunststoffs im Batteriebau (z. B. „Polystyrol", 1955; „Polypropylen", 1971),
- Verbesserung einzelner Batteriekomponenten (z. B. „Faltrippen-Separator", 1956; „Blockdeckel", für 6-V-Batterien 1964 und für 12-V-Batterien 1966; „Direktzellenverbinder", 1971; „Streckmetall-Technik für Minusgitter", 1985) und
- Herstellung spezieller Batterietypen (z. B. „zyklenfest", 1969; „wartungsarm", 1979; „rüttelfest", 1980; „wartungsfrei", 1982; „absolut wartungsfrei", 1988).

Starterbatterie aus dem Jahre 1951

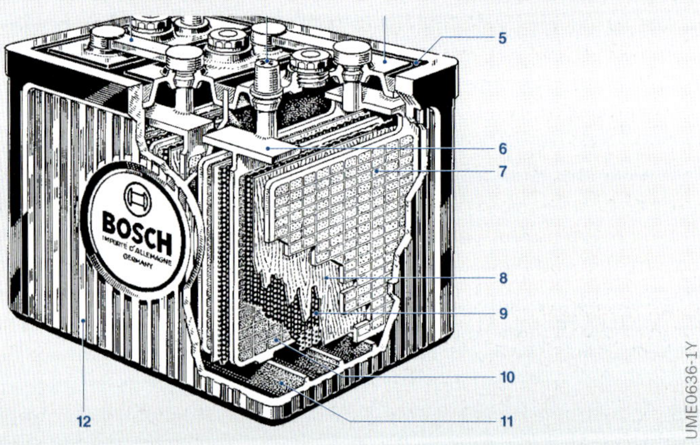

1 Verbindungsschiene
2 Verschlussstopfen
3 Polkopf
4 Zellendeckel
5 Vergussmasse
6 Polbrücke
7 Minusplatte
8 Holzseparator
9 Hartgummiseparator
10 Plusplatte
11 Steg
12 Batteriegehäuse

Batteriewartung

Wartung und Pflege von Batterien

Batterien werden üblicherweise in einem gefüllten Zustand ausgeliefert, d. h., eine Erstbefüllung mit Säure ist nicht mehr erforderlich. Nur bei einigen Batterietypen, wie z. B. Motorradbatterien oder Nkw-Batterien kann eine Befüllung noch notwendig sein. Hier muss dann nach Bedienungsanleitung vorgegangen werden.

Auch eine Wartung ist in vielen Fällen, z. B. bei absolut wartungsfreien Batterien wie der Bosch Silver, nicht mehr nötig und auch nicht mehr möglich. Diese Batterien haben einen so geringen Wasserverlust, dass ein Nachfüllen von destilliertem Wasser nicht erforderlich ist.

Batterien, bei denen die Wartung entfällt, sind üblicherweise daran zu erkennen, dass die Batteriestopfen nicht mehr zugänglich sind.

Säuredichte und Ladezustand

Die Säuredichte ist das Hauptmerkmal für den Ladezustand einer Batterie. Tabelle 1 zeigt einige Zahlenwerte für die Dichte der Batteriesäure und deren Gefrierschwelle (Erstarrungspunkt) bei verschiedenen Ladezuständen.

Säuredichte und Betriebstemperatur

Hohe Temperaturen haben eine Beschleunigung der chemischen Vorgänge in der Batterie zur Folge. Dadurch werden jedoch nicht nur die Leistung der Startanlage und die Kapazität vergrößert, sondern es werden auch die Platten stärker angegriffen (Masse fällt aus, Gitter korrodieren). Außerdem wird die Selbstentladung beschleunigt.

1 Säurewerte der verdünnten Schwefelsäure

Ladezustand	Säuredichte in kg/l [1]	Gefrierschwelle in °C
Geladen	1,28	–68
Halb geladen	1,16/1,20 [2]	–17...–27
Entladen	1,04/1,12 [2]	–3...–11

Säuredichte und Erstarrungstemperatur

Je tiefer die Entladung, desto mehr wird die Säure verdünnt. Damit verschiebt sich der Erstarrungspunkt zu höheren, ungünstigeren Temperaturen. Die Batteriesäure in einer geladenen Batterie mit einer spezifischen Dichte von 1,28 kg/l hat einen Erstarrungspunkt von -60...-68 °C. Eine entladene Batterie mit einer spezifischen Dichte von 1,04 kg/l hat dagegen einen Erstarrungspunkt von -3...-11 °C; sie kann bei tiefen Außentemperaturen gefrieren (s. Tabelle 1).

Eine Batterie mit gefrorenem Elektrolyt kann nur noch niedrige Ströme abgeben und ist zum Starten nicht verwendbar. Ein Batteriegehäuse aus Polypropylen bleibt auch bei gefrorenem Elektrolyt stabil. Die Wahrscheinlichkeit, dass das Gehäuse zerbricht, ist klein, da sich die Flüssigkeit nicht zu 100 % auskristallisiert. Eine gefrorene Batterie sollte nicht geladen werden, da die zähe Batteriesäure anfängt zu quellen. Die Batterie muss erst auftauen, bevor sie wieder geladen werden kann.

Messen der Säuredichte

Das Messen der Säuredichte wird in Werkstätten nur noch selten vorgenommen, weil in Fahrzeugen vorwiegend absolut wartungsfreie Batterien eingesetzt werden. Zur Prüfung der Säuredichte von herkömmlichen Batterien wird vereinzelt noch der Säureheber eingesetzt. Mit dessen Ansaugballon kann Säure in die Glasröhre angesaugt werden. Das Aräometer - ein Schwimmer mit Skala - bestimmt die Dichte der Säure, der Messwert kann an der Skala abgelesen werden.

Moderne Säurerefraktometer nutzen das Brechungsvermögen der Säure und schließen daraus auf die Dichte. Für diese Messung ist nur noch ein kleiner Tropfen Säure erforderlich. Dieses Gerät kann auch zur Frostschutzprüfung des Kühlmittels und des Wassers für die Waschanlage herangezogen werden.

Bei herkömmlichen Batterien sollte der Elektrolytstand regelmäßig kontrolliert

Tabelle 1

[1]) Bei 20 °C: Die Säuredichte sinkt bei steigender und steigt bei sinkender Temperatur um ca. 0,01kg/l je 14K Temperaturänderung

[2]) Niedriger Wert: hohe Säureausnutzung; hoher Wert: niedrige Säureausnutzung.

und bei Bedarf mit destilliertem Wasser bis zur angegebenen „Max-Marke" aufgefüllt werden. Vor Beginn der kalten Jahreszeit empfiehlt sich eine Kontrolle des Ladezustands durch Messung der Säuredichte. Liegt diese unter 1,20 kg/*l*, sollte die Batterie nachgeladen werden.

Bei absolut wartungsfreien Batterien ist keine Möglichkeit mehr zum Messen der Säuredichte gegeben, auch ist das Nachfüllen von destilliertem Wasser nicht mehr erforderlich. Bei der Bosch-Silver-Batterie bekommt man eine Information über die Säuredichte und damit über den Ladezustand über das „Power-Control-System" (Bild 1). Ist die Anzeige grün im transparenten Fenster, dann ist die Batterie ausreichend geladen. Ist die Anzeige schwarz, dann ist die Säuredichte und damit der Ladezustand zu niedrig, die Batterie muss nachgeladen werden. Wird das Fenster hell, dann hat der Elektrolytstand den Minimalwert unterschritten, die Batterie muss ausgetauscht werden.

Lagerung einer Batterie

Für den Handel sind für neue Batterien folgende Lagerzeiten vorgeschrieben:

- ungefüllt: unbegrenzt,
- gefüllt, konventionell: 3 (max. 6) Monate,
- gefüllt, absolut wartungsfrei: 18 Monate.

1 Power-Control-System der Bosch-Silver

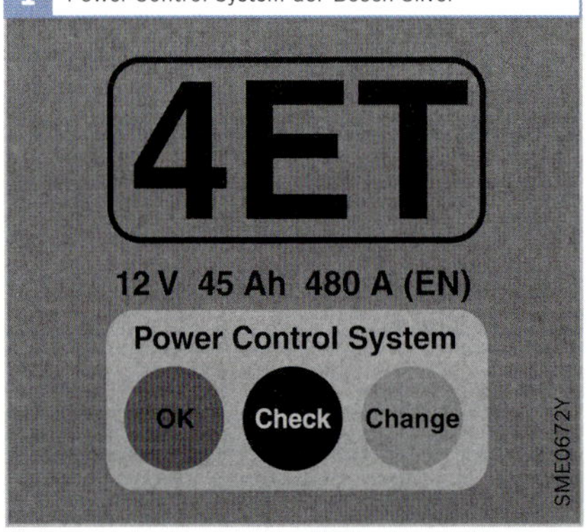

Bei längeren Lagerzeiten sind die Batterien in regelmäßigen Abständen entsprechend der Normalladung nachzuladen. Batterien müssen kühl und trocken nur in gutem Ladezustand gelagert werden. Bei gebrauchten Batterien verkürzen sich mit zunehmendem Alter die Lagerzeiten. Sofern möglich, ist die Batterie mit kleinem Strom dauernd zu laden. Falls die Batterie im Fahrzeug verbleibt, ist ihr Minuspol abzuklemmen.

Laden von Batterien

Wenn der Generator die Batterie nicht genügend laden kann, muss diese mit einem Ladegerät aufgeladen werden. Dies ist auch der Fall, wenn die Batterie längere Zeit nicht in Betrieb war oder bevor sie stillgelegt und eingelagert wird.

Lademethoden

Normalladung

Bei Normalladung wird allgemein mit dem Ladestrom I_{10} geladen, der 10 % der Batterienennkapazität entspricht:

$$I_{10} = 0{,}1 \cdot K_{20} \cdot A/A \cdot h.$$

Die Ladezeit kann je nach Verfahren bis zu 14 Stunden betragen.

Schnellladung

Mit der Schnellladung lassen sich entladene intakte Batterien in kurzer Zeit ohne Schaden auf ca. 80 % ihrer Nennkapazität aufladen und damit startbereit und fahrzeugtauglich machen. Unterhalb der Gasungsspannung ist ein hoher Ladestrom – z. B. in der Höhe des Zahlenwertes der Nennkapazität (relativer Ladestrom $I_1 = K_{20} \cdot A/A \cdot h$) – problemlos möglich. Bei Erreichen der Gasungsspannung ist die Schnellladung jedoch zu beenden oder auf Normalladung umzuschalten.

Die Gasungsspannung hängt von der Bauart, vom Alter der Batterie und von der Säuretemperatur ab. Überschreitet die Ladespannung während der Ladung diesen Wert, beginnt die Batterie zu gasen. Dies führt zu Wasserverlust in der Batterie

2 Ladekennlinien

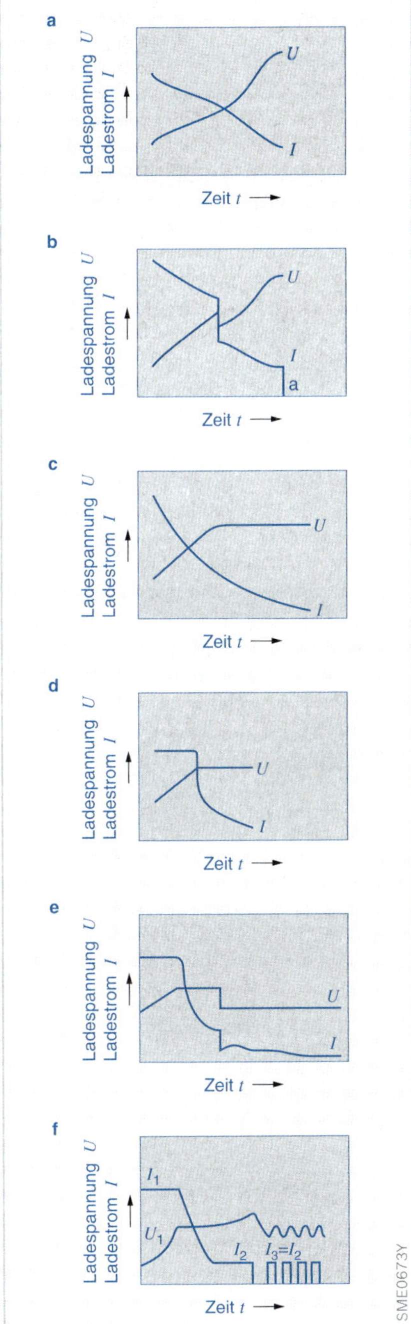

und zur Entstehung von Knallgas. Geregelte Ladegeräte begrenzen deshalb die Ladung auf typisch 14,4 V (2,4 V/Zelle) bei kalter Batterie und auf 13,8 V (2,3 V/Zelle) bei warmer Batterie.

Dauerladung

Um die Selbstentladungsverluste bei gelagerten Batterien auszugleichen (z. B. Überwintern von Wohnwagen- oder Wohnmobilbatterien), wird die Batterie über einen längeren Zeitraum an ein Ladegerät (mit Strombegrenzung auf 1 mA/A · h) angeschlossen.

Pufferbetrieb

Beim Pufferbetrieb sind Ladegerät und Verbraucher mit der Batterie verbunden. Das bedeutet, dass während des Ladevorgangs gleichzeitig durch Verbraucher Energie aus der Batterie entnommen wird. Die Elektronik des Ladegeräts verhindert dabei ein Überladen der Batterie.

Ladekennlinien

Das Laden kann mit verschiedenen Methoden erfolgen, für die bestimmte Ladekennlinien charakteristisch sind (DIN 41 772):

- *W* Widerstand konstant (Ladestrom sinkt, wenn die Ladespannung steigt).
- *U* Ladespannung konstant.
- *I* Ladestrom konstant.
- a Automatisch abschalten.
- e Automatisch neu einschalten.
- o Automatisch auf andere Kennlinie umschalten.

Dabei sind auch Kombinationen aus verschiedenen Kennlinien möglich, wie z. B.:

- WU Wie W-Kennlinie, jedoch bleibt Ladespannung ab einem bestimmten Wert konstant (z. B. knapp unterhalb der Gasungsspannung).
- IU Konstanter Ladestrom bis zu einem Wert, ab dem die Spannung konstant ist und der Ladestrom fällt.
- WoW Umschaltung von einer W-Kennlinie auf ein andere.

Bild 2
- a W-Ladekennlinie (Normalladung)
- b WoWa-Ladekennlinie
- c WU-Ladekennlinie
- d IU-Ladekennlinie (Schnellladung)
- e IUoU-Ladekennlinie
- f $I_1U_1I_2aI_3aI_3$...-Ladekennlinie

Bei der W-Ladekennlinie (Bild 2a) wird der Ladestrom bestimmt durch den Ladekreiswiderstand und die treibende Spannungsdifferenz gemäß dem Ohm'schen Gesetz ($I = \Delta U/R$). Da die Ladespannung bei der Ladung langsam ansteigt, wird die treibende Spannungsdifferenz kleiner und damit auch der Ladestrom.

Die W-Ladekennlinie ist am einfachsten zu realisieren, d. h., sie führt zu billigen Ladegeräten. Nachteilig ist jedoch das unkontrollierte Ladeende und die lange Ladezeit bis zur Vollladung. Der Ladestrom sinkt bereits lange bevor die Gasungsspannung erreicht ist.

Beide Nachteile vermeidet die IU-Ladekennlinie (Bild 2d). Ein konstant hoher Ladestrom I wird gehalten, bis die Lade-Endspannung U erreicht ist. Mit dieser Methode wird ein hoher Füllgrad in kurzer Zeit erreicht und eine Überladung verhindert.

Mit der IUoU-Ladekennlinie (Bild 2e) wird nach Erreichen der Lade-Endspannung U (2,3...2,4 V pro Zelle) dauerhaft auf eine niedrigere Spannung (2,23 V pro Zelle) umgeschaltet (Erhaltungsladung).

Eine Überladung der Batterie wird auch mit Geräten verhindert, deren Ladespannung begrenzt ist (WU-Kennlinie, Bild 2c) oder die beim Erreichen einer Grenzspannung selbsttätig auf schwächere W-Ladekennlinien umschalten (Bild 2b) oder die Ladung vollständig beenden (Wa-Kennlinie).

Die $I_1U_1I_2aI_3aI_3$...-Ladekennlinie (Bild 2f) beginnt wie die IU-Ladung. Sobald der Ladestrom in der U-Phase einen Grenzwert unterschreitet, wird auf Nachladen mit I_2 umgeschaltet. Dies ist zeitbegrenzt und auch spannungsmäßig begrenzt. Batterien mit festgelegter Batteriesäure (Vlies- oder Gel-Technologie) werden wirklich vollgeladen und übliche Starterbatterien mit freier Batteriesäure („nasse" Batterien) erleben eine definierte Gasungsphase mit Säuredurchmischung. Die abschließende Erhaltungsladung (I_3aI_3a...) lädt mit ca. 1A/100 A·h bis zu einer oberen Grenzspannung und schaltet dann ab. Sobald die Batteriespannung durch Selbstentladung eine untere Grenzspannung erreicht hat, startet der Nachladestrom I_3 erneut.

Sicherheitsanforderungen

Um Unfallrisiken zu vermeiden, muss das Ladegerät eine sichere Potenzialtrennung zwischen dem 230-V-Netz und den berührbaren Ladeklemmen aufweisen. Ein zusätzlicher Verpolungsschutz verhindert den Kurzschluss der Batterie und die Zerstörung des Batterieladegeräts bei falsch angeschlossenen Batterieklemmen.

Batterietester

Mit Batterietestern lässt sich der Zustand von Starterbatterien auch im eingebauten Zustand überprüfen. Sie messen und bewerten hauptsächlich die Hochstromfähigkeit der Batterie. Der Batterietester BAT121 von Bosch ermöglicht zudem den Ausdruck des Testergebnisses über den eingebautem Thermodrucker.

Der Batterietester wird über Kabel an die Batterie angeschlossen. Der Kälteprüfstrom der Batterie wird am Tester eingestellt, dann kann der Test gestartet werden. Die Digitalanzeige gibt am Ende des Tests folgende Informationen aus:

- die verfügbare Startleistung in Prozent des Eingabewerts,
- die Batteriespannung,
- die Bewertung „Gut" oder „Ersetzen",
- eine Ladeempfehlung, falls ein tiefer Ladezustand festgestellt wurde.

Ladegeräte

Hochempfindliche elektronische Komponenten (z. B. Airbag, Autotelefon, Autoradio und elektronische Steuergeräte) müssen beim Laden der Batterie vor Spannungsspitzen geschützt werden. Dafür musste früher die Batterie vom Bordnetz abgeklemmt werden. Bei Verwendung moderner elektronischer Ladegeräte hingegen kann die Batterie bei angeschlossenen Stromverbrauchern geladen werden

(Pufferbetrieb). Das bedeutet erheblich mehr Sicherheit und mehr Komfort für den Werkstatt-Service:

- der aufwändige Batterieausbau bzw. das Abklemmen der Batterie entfällt,
- Gespeicherte Daten von Autoradio, elektronischen Steuergeräten, Telefon, Bordcomputer u. ä. bleiben erhalten,
- elektrische Verbraucher (Airbag, Steuergeräte u. ä.) werden geschützt,
- keine Schäden durch Fehlbedienung.

Elektroniklader

Elektroniklader von Bosch liefern eine Ausgangsspannung, die frei von schädlichen Spannungsspitzen ist. Damit lassen sich Batterien im eingebauten Zustand laden. Die Geräte sind überladungssicher, überstromfest und haben einen Verpolschutz.

Der Elektroniklader BML2415 lädt die Batterie mit einer WU-Ladekennlinie. Der Ladestrom ist stufenlos einstellbar. Der Lader ist für Dauerladung und Pufferbetrieb geeignet. Tiefentladene Batterien werden schonend angeladen und mit höheren Strömen weitergeladen.

Der Elektroniklader BAT415 ist sowohl zum Laden von herkömmlichen Batterien als auch zum Laden von Batterien mit festgelegtem Elektrolyt (Gel-Batterie oder Vlies-Batterie) geeignet. Dies wird ermöglicht durch die mikroprozessorgesteuerte $I_1U_1I_2aI_3aI_3$...-Ladekennlinie. Durch Eingabe der Batteriekapazität in A · h werden die Ströme I_1, I_2 und I_3 der Batterie optimal angepasst.

Schnellstartlader

Der Schnellstartlader BSL2470 hat genügend Leistungsreserven, um ein rasches Laden von 12-V- und 24-V-Batterien sowie netzgespeiste Starthilfe zu ermöglichen. Elektrische Komponenten im Bordnetz werden beim Laden und Starten vor Beschädigung geschützt. Der Ladestrom ist stufenlos einstellbar, auch tiefentladene Batterien können geladen werden.

Der Schnellstartlader BSL2470 lädt mit der WU-, der SL24100E mit der WoWa-Ladekennlinie.

3 Batterieservicegeräte von Bosch

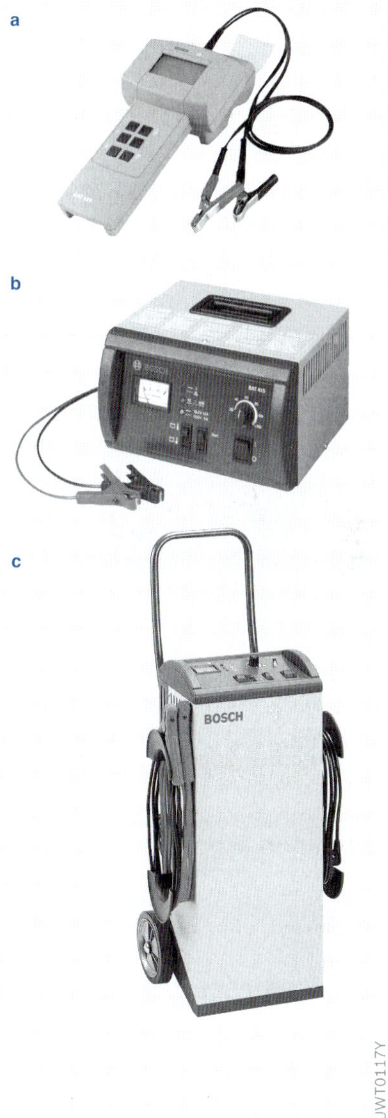

Bild 3
a Batterietester BAT121
b Elektroniklader BAT415
c Schnellstartlader BSL2470

Achtung! Starthilfe ist nur bei Fahrzeugen zulässig, bei denen dies nicht vom Hersteller in der Bedienungsanleitung eingeschränkt oder untersagt wird.

Starthilfe mit Starthilfekabel

Starthilfe können auch Fremdfahrzeuge geben. Dieses Verfahren darf nur bei beiderseits eingebauter Batterie und unter Beachtung der Herstellervorschriften angewendet werden. Um wirksame Starthilfe zu geben, sollten nur genormte Starthilfekabel (DIN 72 553) mit einem Leiterquerschnitt von mindestens 16 mm^2 bei Otto- und 25 mm^2 bei Dieselmotoren verwendet werden. Beide Batterien (bzw. Ladegerät) müssen die gleiche Nennspannung haben. Folgende Arbeitsschritte sind notwendig:

- Ursache der Batterieschwäche ermitteln. Bei Bordnetzfehlern keine Starthilfe geben, da die Batterie und der Generator (bzw. das Ladegerät) des Starthilfegebers beschädigt werden könnten.
- Pluspol der entladenen Batterie an den Pluspol der Fremdstromquelle anschließen.
- Minuspol der Fremdstromquelle mit einer von der Batterie entfernt liegenden, metallisch blanken Stelle (z. B. Masseband am Motor) des nicht fahrbereiten Fahrzeugs verbinden.
- Kontaktstellen der Starthilfekabel auf festen Sitz (guter Kontakt) prüfen.
- Starten des Fahrzeugs mit der intakten Batterie. Nach kurzer Pause das nicht fahrbereite Fahrzeug starten.
- Nach erfolgter Starthilfe die angeklemmten Kabel in umgekehrter Reihenfolge wieder trennen.

Störungen

Batteriefehler

Funktionsstörungen, deren Ursache Schäden im Innern der Batterie sind (z. B. Kurzschlüsse durch Separatorenverschleiß oder ausgefallene aktive Masse, Unterbrechung von Zellen- und Plattenverbindern), lassen sich nicht durch eine Reparatur, sondern lediglich durch Ersatz der Batterie beseitigen. Ein Zellenkurzschluss ist erkennbar an der um ca. 2 V zu niedrigen Batteriespannung. Bei Unterbrechung der Zellenverbinder kann die Batterie häufig noch mit kleinen Strömen entladen und auch geladen werden; beim Start jedoch bricht auch bei vollem Ladezustand die Spannung sofort zusammen.

Bordnetzfehler

Wenn kein Batteriedefekt feststellbar ist, die Batterie dennoch dauernd überladen wird (hoher Wasserverbrauch, ständig über 14,5 V liegende Batteriespannung bei Motorlauf) oder tief entladen ist (keine Startleistung, niedrige Säuredichte in allen Zellen, Batteriespannung unter ca. 12,3 V, ständig unter ca. 13,9 V liegende Batteriespannung bei Motorlauf), liegt ein Fehler im Bordnetz vor. Ursachen für Fehler können Defekte bzw. Störungen an folgenden Komponenten sein:

- Generator (dauernde Tiefentladung, kein Starten mehr möglich),
- Keilriemen (fehlender Generatorantrieb),
- Regler (Schwankung der Lichthelligkeit beim Gasgeben, Wasserverlust),
- Abschaltrelais (Verbraucher bleiben nach dem Abstellen eingeschaltet),
- Zubehör (z. B. Radio, Uhr, Alarmanlage) benötigt zu großen Ruhestrom.

Eine Überprüfung der Generatorspannung kann in vielen Fällen sinnvoll sein, wenn eine Batterie häufig einen niedrigen Ladezustand aufweist.

Sulfatierung

Lässt man eine Batterie längere Zeit in entladenem Zustand stehen, kann sich unter ungünstigen Umständen das bei der Entladung entstandene fein kristalline Bleisulfat in grob kristallines umwandeln. Das lässt sich nur noch schwer oder überhaupt nicht mehr zurückbilden. Die Batterie wird dann als „sulfatiert" bezeichnet.

Sulfatierung ist eine der Folgeerscheinungen von nachlässiger Pflege. Sie bewirkt eine Erhöhung des inneren Widerstandes und erschwert die chemischen Umsetzungen und damit auch den Ladevorgang.

Beim Laden einer sulfatierten Batterie mit einem Ladegerät mit W-Kennlinie erwärmt sich diese sehr stark. Die Ladespannung steigt nach Beginn der Ladung steil an. Ist der Grad der Sulfatierung gering, so wird das Bleisulfat langsam umgewandelt, wobei die Ladespannung stetig fällt. Sobald das Bleisulfat regeneriert ist, erhöht sich die Spannung wieder wie beim Laden einer nicht sulfatierten Batterie (Bild 4).

Fehlerermittlung

Das Versagen einer Starterbatterie kann durch ungenügende Aufladung, aber auch durch Defekte in der Batterie verursacht sein. Bei Ladezuständen unter 50 % ist bei sehr tiefen Temperaturen (-20 °C) die Startfähigkeit nicht mehr gegeben. Der aktuelle Ladezustand einer Batterie kann über die Säuredichte, aber auch durch Messung der Ruhespannung ermittelt werden. Damit kann schon recht gut zwischen einer schlecht geladenen und einer defekten, aber gut geladenen Batterie unterschieden werden. 50 % Ladezustand ist in etwa gleichbedeutend mit 12,3 V Ruhespannung. Hoher Wasserverlust sowie ein unmittelbar vor dem Test erfolgtes Laden

4 Verlauf von Ladestrom und Ladespannung beim Laden sulfatierter Batterien

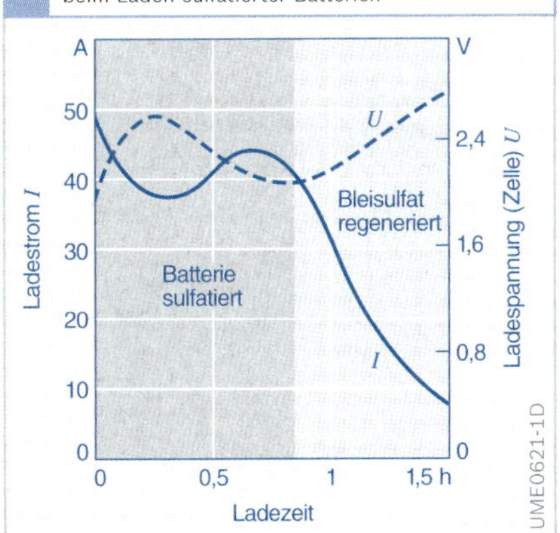

verfälschen das Ergebnis nach oben. Die das Ergebnis verfälschende Ladung an den Oberflächen der Platten kann durch eine kurze Entladung in der Größenordnung von 5 % der Nennkapazität abgebaut werden.

Sicherheitshinweise

Kurzschlüsse (z. B. mit dem Werkzeug) können Funken erzeugen und Verbrennungen verursachen. Deshalb ist vor Beginn von Arbeiten an der elektrischen Anlage oder in der Nähe der Batterie – nachdem alle Verbraucher abgeschaltet sind – das Massekabel zu lösen. Besondere Vorsicht ist beim An- und Abklemmen eines Lade- oder Starthilfekabels geboten, um einen Kurzschluss zu vermeiden. Es sollen folgende, die Sicherheit betreffende Grundsätze beim Arbeiten mit Batterien eingehalten werden:

- Beim Umgang mit Schwefelsäure bzw. beim Nachfüllen von Wasser bei nicht wartungsfreien Batterien vorsorglich Schutzbrille und Gummihandschuhe tragen.
- Säure nicht über Max-Marke einfüllen.
- Batterie nicht stark und lang anhaltend kippen.
- Wegen der Gefahr einer Knallgasverpuffung beim Laden sowohl offenes Feuer und Rauchen als auch Funkenbildung vermeiden (An- und Abklemmen in festgelegter Reihenfolge bei abgeschaltetem Ladegerät).
- Batterieladeräume gut belüften.

Generatoren

Kraftfahrzeuge besitzen zur Energieversorgung der elektrischen Verbraucher wie Starter, Zünd- und Einspritzanlage, Steuergeräte usw. einen Generator zur Stromerzeugung. Erzeugt der Generator mehr Strom, als die Verbraucher benötigen, so lädt er die Batterie. Generatorleistung, Batteriekapazität und der Leistungsbedarf der elektrischen Verbraucher müssen aufeinander abgestimmt sein, um sicherzustellen, dass bei allen Betriebsbedingungen genügend Strom an das Bordnetz geliefert wird und die Batterie immer ausreichend geladen ist.

Elektrische Energieerzeugung im Fahrzeug

Drehstromgeneratoren

Die Verfügbarkeit kostengünstiger Leistungsdioden (seit etwa 1963) war die Voraussetzung für die Serieneinführung von Drehstromgeneratoren bei Bosch. Durch seine höhere Ausnutzung (erzeugbare Energie pro Masse), seinen höheren Wirkungsgrad und durch seinen wesentlich größeren Drehzahlbereich im Vergleich zum Gleichstromgenerator ist der Drehstrom-Synchrongenerator in der Lage, bereits bei Leerlauf des Verbrennungsmotors Leistung abzugeben und den wachsenden Leistungsbedarf im Kraftfahrzeug zu decken. Der Drehstromgenerator gibt schon bei der Leerlaufdrehzahl des Motors mindestens ein Drittel seiner Nennleistung ab. Da Batterie und elektrische Verbraucher mit Gleichstrom versorgt werden müssen, wird die vom Drehstromgenerator erzeugte Wechselspannung gleichgerichtet.

Durch die Möglichkeit, die Generatordrehzahl durch eine Übersetzung an die Motordrehzahl anzupassen, kann die Batterie selbst bei ungünstigen Bedingungen (hoher Anteil an Leerlaufphasen, niedrige Außentemperaturen) in einem guten Ladezustand gehalten werden.

Um Batterie und Verbraucher mit einer konstanten Spannung versorgen zu können, ist der Generator mit einem Spannungsregler ausgestattet.

Drehstromgeneratoren sind für Ladespannungen von 14 V (für Pkw) und 28 V (für Nkw mit 24 V-Bordnetz) ausgelegt.

Einflussgrößen

Drehzahl

Die Ausnutzung eines Generators (erzeugbare Energie pro kg Masse) nimmt mit steigender Drehzahl zu. Daher ist ein möglichst hohes Übersetzungsverhältnis zwischen Kurbelwelle des Motors und Generator anzustreben. Zu beachten ist jedoch, dass bei maximaler Motordrehzahl die zulässige Maximaldrehzahl des Generators nicht überschritten wird. Typische Werte für das Übersetzungsverhältnis liegen im Pkw-Bereich zwischen 1:2,2 und 1:3, im Nkw-Bereich bis 1:5.

Temperatur

Die Verluste bei der Umwandlung von mechanischer in elektrische Energie führen zum Aufheizen der Komponenten des Generators. Frischluftzufuhr oder Flüssigkeitskühlung sind geeignete Maßnahmen zur Senkung der Bauteiletemperatur.

Schwingungen

Je nach Anbaubedingungen und Vibrations-Charakteristik des Motors kann der Generator Schwingbeschleunigungen von 500...800 m/s^2 ausgesetzt sein. Hierdurch werden die Befestigungen und die Komponenten des Generators mit hohen Kräften beansprucht. Kritische Eigenfrequenzen im Generatoraufbau sind unbedingt zu vermeiden.

Weitere Einflüsse

Zusätzlich ist der Generator Spritzwasser, Schmutz, Öl- und Kraftstoffnebel und ggf. Streusalz ausgesetzt. Der Generator ist entsprechend vor Korrosion zu schützen, damit sich keine Kriechwege zwischen spannungsführenden Teilen bilden können.

Anforderungen

Wesentliche Anforderungen an den Fahrzeuggenerator sind:

- Versorgung aller angeschlossenen Verbraucher mit Gleichspannung,
- Leistungsreserven zum schnellen Auf- bzw. Nachladen der Batterie, selbst bei eingeschalteten Dauerverbrauchern,
- Konstanthalten der Generatorspannung über den gesamten Drehzahlbereich des Fahrzeugmotors, unabhängig vom Lastzustand des Generators,
- robuster Aufbau, der allen äußeren Beanspruchungen standhält, z. B. Schwingungen, hohen Umgebungstemperaturen, Temperaturwechseln, Verschmutzung, Feuchtigkeit,
- hohe Gebrauchsdauer, die der des Fahrzeugmotors vergleichbar ist,
- geringes Gewicht,
- einbaugünstige Abmessungen,
- geringes Betriebsgeräusch,
- hoher Wirkungsgrad.

Funktionsweise des Generators

Elektromagnetische Induktion

Bewegt sich ein elektrischer Leiter relativ zu den Feldlinien eines Magnetfeldes, so wird in dem Leiter eine elektrische Spannung induziert. Entsprechend dem Induktionsgesetz ist die induzierte Spannung U_{ind} umso größer, je größer die Geschwindigkeit v der Bewegung senkrecht zu den Feldlinien ist und je höher der magnetische Fluss B ist, der den Leiterquerschnitt durchsetzt:

$$U_{\text{ind}} \sim |\vec{v} \times \vec{B}|$$

Zur Erzeugung eines Wechselstroms wird eine Leiterschleife zwischen Nord- und Südpol eines Dauermagneten gedreht. Bei einer gleichförmigen Drehung der Leiterschleife ist der Verlauf der induzierten Spannung sinusförmig. Die induzierte Spannung kann an den Enden der Leiterschleife über Schleifringe und Kohlebürsten abgenommen werden. Bei geschlossenem Stromkreis fließt ein Wechselstrom (Bild 1).

1 Induzierte Einphasen-Wechselspannung

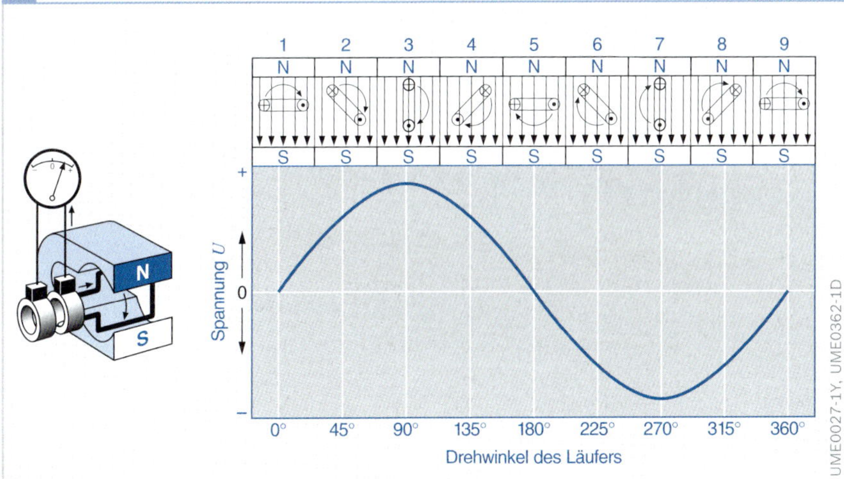

Bild 1
Spannungsverlauf bei einer sich im Magnetfeld drehenden Windung während einer Umdrehung.
Die Stellung des Läufers entspricht Position 3.

Erregermagnetfeld

Das Magnetfeld zur Erzeugung der induzierten Spannung (Erregermagnetfeld) kann durch Permanentmagnete erzeugt werden. Diese haben den Vorteil, dass sie durch ihre einfache Ausführung keinen großen technischen Aufwand erfordern. Bei kleinen Generatoren (z. B. Fahrraddynamos) wird diese Lösung angewandt.

Wesentlich höhere und zugleich regelbare Ströme können erzeugt werden, wenn das Erregermagnetfeld durch Elektromagnete aufgebaut wird. Der Elektromagnet besteht i. W. aus einer Wicklung (Erregerwicklung), die von einem Erregerstrom durchflossen wird; die Anzahl ihrer Windungen bestimmt zusammen mit der Höhe des Erregerstroms die magnetische Feldstärke. Das Magnetfeld kann mithilfe eines magnetisierbaren Eisenkerns im Elektromagneten verstärkt werden.

Durch Änderung des Erregerstroms kann das Magnetfeld und damit auch die Größe der induzierten Spannung geregelt werden.

Liefert eine äußere Energiequelle (z. B. eine Batterie) den Erregerstrom, so liegt eine Fremderregung vor. Von Selbsterregung spricht man, wenn der Erregerstrom von dem erzeugten Generatorstrom abgezweigt wird.

Drehstromgenerator

Wesentliche Bauteile eines Generators sind der feststehende Stator (Ständer; Bild 2, Pos. 4) und der im Stator rotierende Läufer oder Rotor (5). Die bisherigen Betrachtungen beziehen sich auf einen Generator mit ruhendem Erregermagnetfeld und rotierender Ankerwicklung, in der der Laststrom erzeugt wird. Im Gegensatz dazu liegt bei Drehstromgeneratoren für Kraftfahrzeuge das Wicklungssystem im feststehenden Ständer (deshalb „Ständerwicklung"). Auf dem sich drehenden Teil, dem Läufer, befinden sich die Magnetpole

2 Schnittbild eines Compact-Generators (Beispiel)

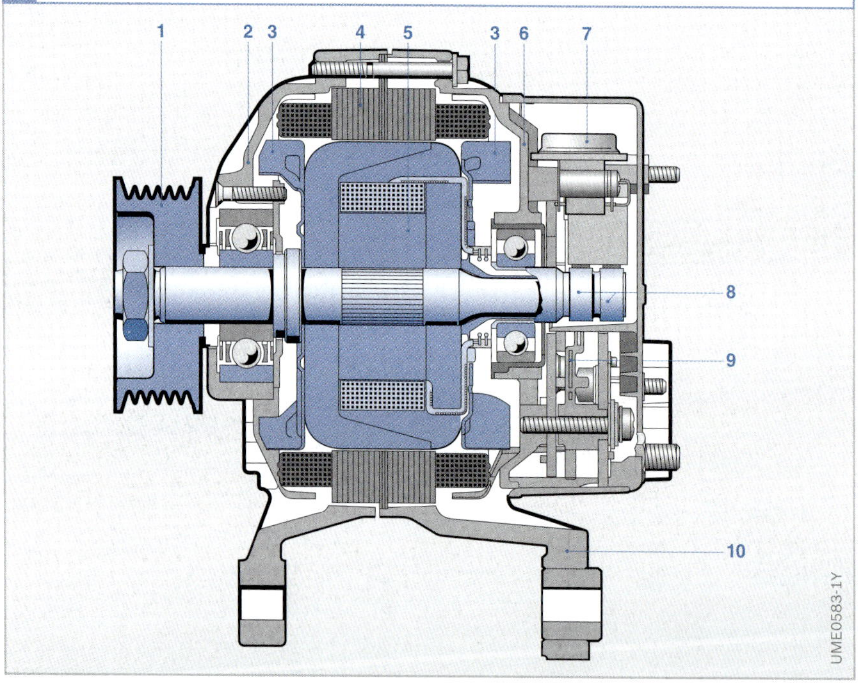

Bild 2
1 Riemenscheibe
2 Antriebslagerschild
3 innen liegender Lüfter
4 Ständer
5 Läufer
6 Schleifring-lagerschild
7 elektronischer Feldregler mit Bürstenhalter
8 Schleifringe
9 Gleichrichter
10 Schwenkarm

mit der Erregerwicklung. Sobald ein Erregerstrom durch diese Wicklung fließt, entsteht das Magnetfeld des Läufers.

Beim Drehstromgenerator sind im Anker drei gleiche Wicklungen vorhanden, die räumlich zueinander um 120° versetzt angeordnet sind. Die Wicklungsanfänge werden üblicherweise mit u, v, w und die Wicklungsenden mit x, y, z bezeichnet. Wegen der räumlichen Versetzung der Wicklungen um 120° sind die in ihnen erzeugten sinusförmigen Wechselspannungen ebenfalls um 120° zueinander phasenverschoben (zeitlich versetzt). Der daraus resultierende dreiphasige Wechselstrom wird Drehstrom genannt.

Bei nicht verbundenen Wicklungen wären sechs elektrische Anschlüsse für die Ständerwicklung erforderlich (Bild 3a). Durch Verkettung der drei Wicklungen in einer Sternschaltung (Bild 3b) oder in einer Dreieckschaltung (Bild 3c) wird die Anzahl der Stromleitungen auf drei reduziert.

Bei der Sternschaltung sind die Enden der drei Wicklungsstränge in einem Punkt, dem Sternpunkt, zusammengefasst. Ohne Sternpunktleiter ist die Summe der drei Ströme zum Sternpunkt hin in jedem Augenblick null.

Gleichrichten der Wechselspannung

Die vom Generator erzeugte Wechselspannung muss gleichgerichtet werden, da die Versorgung der Batterie und der Elektronik im Kfz-Bordnetz Gleichstrom erfordert.

Einweggleichrichtung

Eine Gleichrichterdiode lässt den elektrischen Strom nur in einer Richtung passieren, in der Gegenrichtung sperrt sie. Dadurch werden jeweils die negativen Halbwellen der induzierten Spannung unterdrückt und nur die positiven Halbwellen durchgelassen, sodass eine lückende Gleichspannung entsteht (Bild 4a).

Doppelweggleichrichtung

Um sowohl die positiven als auch die negativen Halbwellen für die Stromerzeugung auszunutzen, wird die Doppelweggleichrichtung eingesetzt (Bild 4b). Sie wird auch als Voll- oder Zweiweg-Gleichrichtung bezeichnet. Durch die gegensinnig gepolten Dioden an jedem der beiden Ständeranschlüsse (3) hat der Wechselstrom sowohl während der positiven als auch während der negativen Halbwelle jeweils eine leitende Diode zur Verfügung. Die Brückenschaltung mit vier Dioden richtet die Wechselspannung in eine pulsierende Gleichspannung (ohne Lücken) um.

3 Schaltungsarten der drei Wicklungen

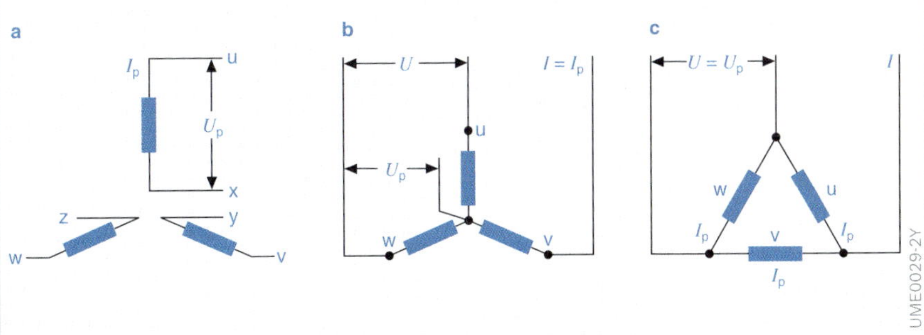

Bild 3
- a nicht verbundene Wicklungen
- b Sternschaltung; Generatorspannung U und Phasenspannung U_p (Teilspannung) unterscheiden sich um den Faktor $\sqrt{3} = 1{,}73$. Der Generatorstrom I ist gleich dem Phasenstrom I_p. $U = \sqrt{3} \cdot U_p$; $I = I_p$
- c Dreieckschaltung; Generatorspannung U ist gleich der Phasenspannung U_p. Der Generatorstrom I und der Phasenstrom I_p unterscheiden sich um den Faktor $\sqrt{3} = 1{,}73$. $U = U_p$; $I = \sqrt{3} \cdot I_p$

Gleichrichtung einer Dreiphasen-Wechselspannung

Die in den drei Wicklungen des Drehstromgenerators erzeugten Wechselspannungen (Bild 5a) werden durch sechs Dioden in einer Drehstrom-Brückenschaltung gleichgerichtet. An jeden Strang sind zwei Leistungsdioden angeschlossen, eine Diode auf der Plusseite (Plusdiode an Klemme B+) und eine Diode auf der Minusseite (Minusdiode an Klemme B–). Die positiven Halbwellen werden von den Dioden an der Plusseite durchgelassen, die negativen Halbwellen von den Dioden an der Minusseite (Bild 5b).

Die Vollweggleichrichtung der drei Phasen mit der sogenannten B6-Brückenschaltung bewirkt die Addition der positiven und negativen Hüllkurven dieser Halbwellen zu einer gleichgerichteten, leicht gewellten Generatorspannung (Bild 5c).

Der Gleichstrom, den der Generator bei elektrischer Belastung über die Klemmen B+ und B– an das Bordnetz abgibt, ist nicht glatt, sondern leicht gewellt. Diese Welligkeit wird durch die zum Generator parallel liegende Batterie und ggf. durch im Bordnetz vorhandene Kondensatoren weiter geglättet.

Rückstromsperre

Die Gleichrichterdioden im Generator dienen nicht nur der Gleichrichtung von Generatorspannung und Erregerspannung, sondern verhindern ein Entladen der Batterie über die Dreiphasenwicklung im Ständer.

4 Gleichrichterschaltungen

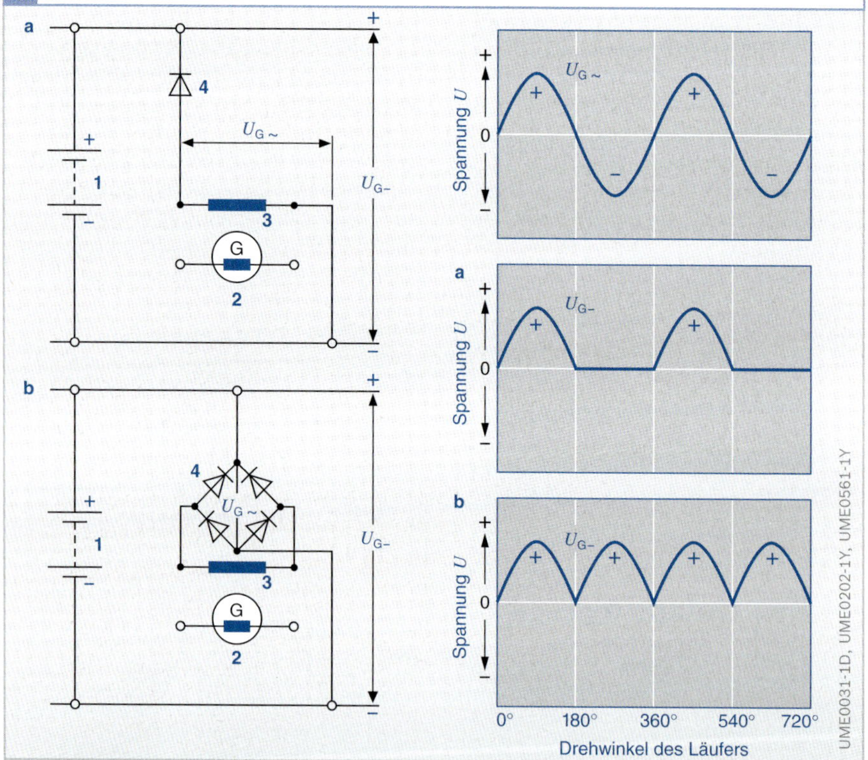

Bild 4
- a Einweggleichrichtung
- b Doppelweggleichrichtung
- $U_{G\sim}$ Wechselspannung vor den Dioden
- U_{G-} pulsierende Gleichspannung hinter den Dioden

1. Batterie
2. Erregerwicklung (G)
3. Ständerwicklung
4. Gleichrichterdioden

Steht der Motor oder wird er mit einer so kleinen Drehzahl (z. B. Startdrehzahl) betrieben, dass der Generator noch nicht selbsterregt ist, würde ohne Dioden ein Batteriestrom durch die Ständerwicklung fließen. Die Dioden sind in Bezug auf die Batteriespannung in Sperrrichtung gepolt, sodass kein Batterieentladestrom fließen kann. Der Strom kann nur vom Generator zur Batterie fließen.

Gleichrichterdioden

Die eingesetzten Plus- und Minusdioden stimmen in ihrer Funktion völlig überein. Das gerändelte Metallgehäuse der Plusdioden ist als Katode ausgeführt, das der Minusdiode als Anode. Die Plusdioden sind in den Pluskühlkörper eingepresst, der mit dem Batterieanschluss B+ leitend verbunden ist. Das in den Minuskühlkörper eingepresste Metallgehäuse der Minusdiode ist als Anode über den Kühlkörper elektrisch leitend mit der Masse verbunden (B–). Die Drahtanschlüsse der Dioden sind an die Enden der Ständerwicklung angeschlossen. Als Leistungsdioden werden heute überwiegend Zenerdioden (Z-Dioden) verwendet. Sie begrenzen auch die im Generator bei extremen Laständerungen auftretenden Spannungsspitzen (Load-Dump-Schutz).

Drehstromgeneratoren haben üblicherweise keinen Verpolungsschutz. Eine Verpolung der Batterie (z. B. Verwechseln der Batteriepole bei Starthilfe mit Fremdbatterie) führt zur Zerstörung der Dioden im Generator und gefährdet die Halbleiterbauelemente anderer Geräte.

5 Drehstrom-Brückenschaltung

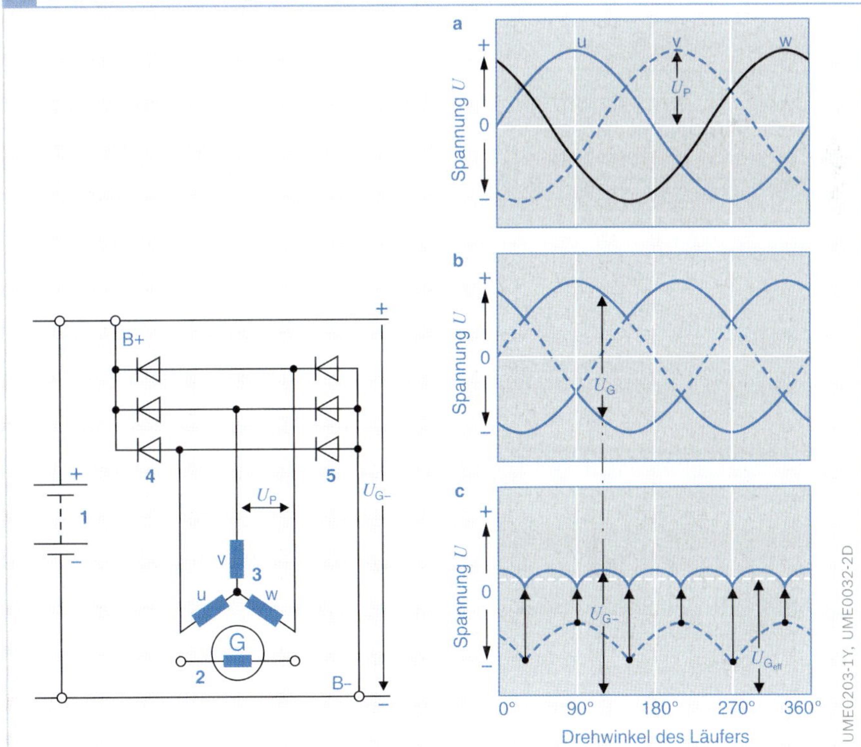

Bild 5
- a Dreiphasen-Wechselspannung
- b Generatorspannung, durch die Hüllkurven der positiven und negativen Halbwellen gebildet
- c gleichgerichtete Generatorspannung
- U_P Phasenspannung
- U_G Spannung am Gleichrichter (Minus nicht an Masse)
- U_{G-} Generator-Gleichspannung (Minus an Masse)
- U_{Geff} Effektivwert der Gleichspannung

1. Batterie
2. Erregerwicklung
3. Ständerwicklung
4. Plusdioden
5. Minusdioden

Stromkreise des Drehstromgenerators

Drehstromgeneratoren haben in der Standardausführung drei Stromkreise:

- Vorerregerstromkreis (Fremderregung durch Batteriestrom),
- Erregerstromkreis (Selbsterregung),
- Generator- oder Hauptstromkreis.

Vorerregerstromkreis für Generatoren mit Erregerdioden

Bevor die Selbsterregung des Generators einsetzen kann, muss im Ständer eine Spannung induziert werden, die den Erregerstrom treiben kann. Der Läufer hat zwar auch im unbestromten Zustand einen geringen Rest-Magnetismus (Remanenz), dieser reicht jedoch nicht für einen selbsterregten Betrieb aus. Daher muss der Generator zu Beginn des Betriebs fremderregt werden. Dies geschieht über den Vorerregerstromkreis, der aus der Batterie gespeist wird.

Nach dem Einschalten des Zünd- bzw. Fahrtschalters (Bild 6, Pos. 4) fließt der Batteriestrom I_B über die Generatorkontrolllampe (3), durch die Erregerwicklung im Läufer (1d) und über den Regler (2) zur Masse. Dieser Batteriestrom bewirkt im Läufer die Vorerregung des Generators.

Die Selbsterregung setzt ein, wenn die Generatorspannung größer ist als der Spannungsfall an den beiden Dioden, die sich im Erregerkreis befinden (jeweils eine leitende Erregerdiode sowie eine Leistungs-Minusdiode: 2 × 0,7 V = 1,4 V). Die Drehzahl, bei der die Selbsterregung einsetzt, heißt Angehdrehzahl. Sie liegt oberhalb der Null-Ampere-Drehzahl. Als Null-Ampere-Drehzahl wird die Drehzahl bezeichnet, bei der die induzierte Spannung des selbsterregten Generators genau so groß ist wie die Bordnetzspannung, so dass der Generatorstrom Null ist. Da die Ladekontrolllampe den Widerstand im Vorerregerkreis gegenüber dem im Erregerkreis (bei Selbsterregung) vergrößert, fließt im selbsterregten Betrieb ein größerer Erregerstrom, der (bei gleicher Drehzahl) eine höhere induzierte Spannung im Generatorständer hervorruft. Die Leistung der Ladekontrolllampe beeinflusst damit die Angehdrehzahl. Standard-Leistungen für die Generatorkontrolllampen sind 2 W für 12 V-Anlagen und 3 W für 24 V-Anlagen.

6 Vorerregerstromkreis

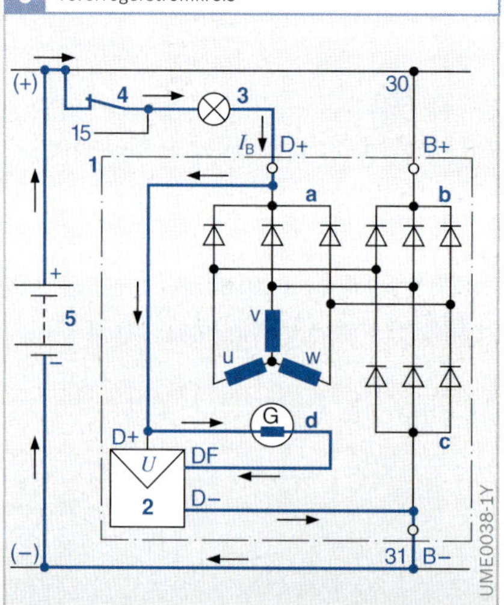

7 Erregerstromkreis mit Erregerdioden

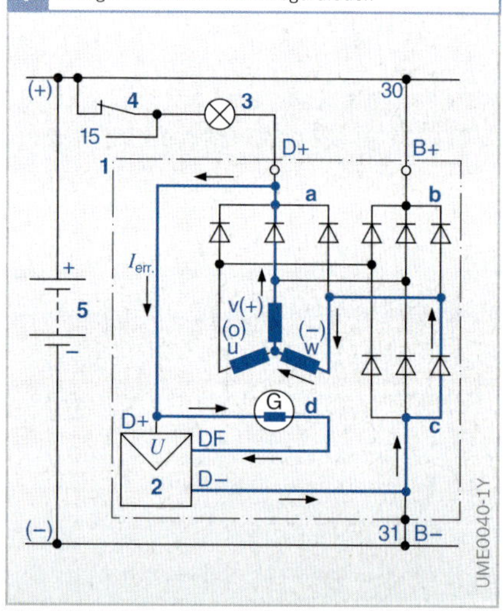

Bild 6 und Bild 7

1 Generator
1a Erregerdioden
1b Dioden in Plusplatte
1c Dioden in Minusplatte
1d Erregerwickung
2 Regler
3 Generatorkontrolllampe
4 Zündschalter
5 Batterie

Vorerregung bei Generatoren mit Multifunktionsregler (Generatoren ohne Erregerdioden)

Wenn der Multifunktionsregler (s. Abschnitt „Spannungsregelung") über den Anschluss L die Information „Zündung ein" erhält, schaltet er den Vorerregerstrom mit dem fest eingestellten Tastverhältnis (ca. 20 %, „gesteuerte Vorerregung") ein. Sobald sich der Läufer dreht, erfasst der Regler ein Spannungssignal am Phasenanschluss V, aus dessen Frequenz er die Generatordrehzahl ableiten kann. Beim Erreichen der im Regler eingestellten Einschaltdrehzahl schaltet der Regler die Endstufe komplett durch (Tastverhältnis 100 %), so dass der Generator beginnt, Strom für das Bordnetz zu liefern.

Erregerstromkreis

Der Erregerstrom I_{err} hat die Aufgabe, während der gesamten Betriebszeit des Generators in der Erregerwicklung des Läufers ein Magnetfeld zu erzeugen und damit in den Wicklungen des Ständers die geforderte Generatorspannung zu induzieren. Da Drehstromgeneratoren selbsterregte Generatoren sind, wird der Erregerstrom von der Ständerwicklung abgezweigt.

Generatoren mit Multifunktionsregler (ohne Erregerdioden; s. Abschnitt „Spannungsregelung") beziehen den Erregerstrom direkt von der Klemme B+ (Bild 8). Der Erregerstrom fließt durch die Leistungs-Plus-Dioden über den Multifunktionsregler, die Kohlebürsten, Schleifringe und die Erregerwicklung zur Masse (B–).

Generatoren älterer Bauart haben noch drei Erregerdioden an der Klemme D+, die mit den drei Minusdioden an der Klemme B– eine B6-Brückenschaltung zur Gleichrichtung des Erregerstroms bilden (Bild 7). Der Erregerstrom fließt durch die Erregerdioden über die Kohlebürsten und Schleifringe, durch die Erregerwicklung zur Klemme DF des Reglers, von der Klemme D– des Reglers zur Masse (B–).

Von B– fließt der Erregerstrom in beiden Fällen durch die Leistungs-Minus-Dioden zur Ständerwicklung zurück.

Fehleranzeige

Erlischt die Generatorkontrolllampe auch bei höheren Drehzahlen nicht, dann liegt ein Schaden am Generator selbst, am Regler, an der Leitung oder am Keilriemen vor. Durch den Einbau eines zusätzlichen

8 Erregerstromkreis ohne Erregerdioden für Generator mit Multifunktionsregler

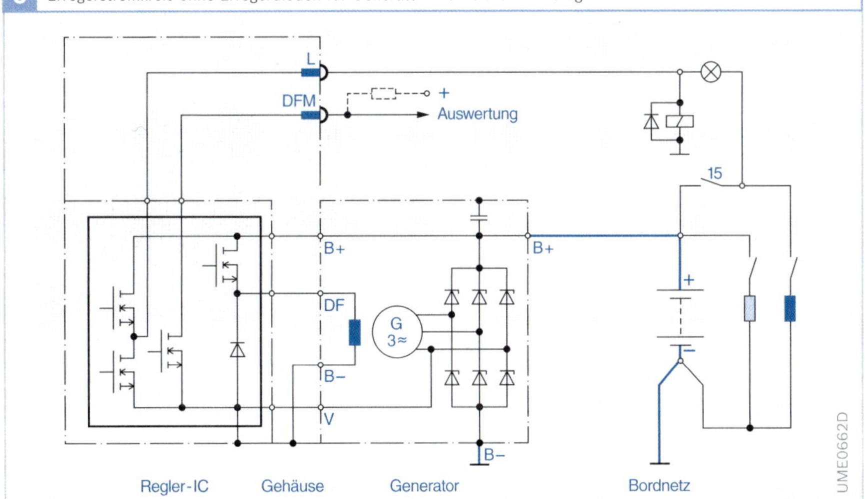

9 Fehleranzeige

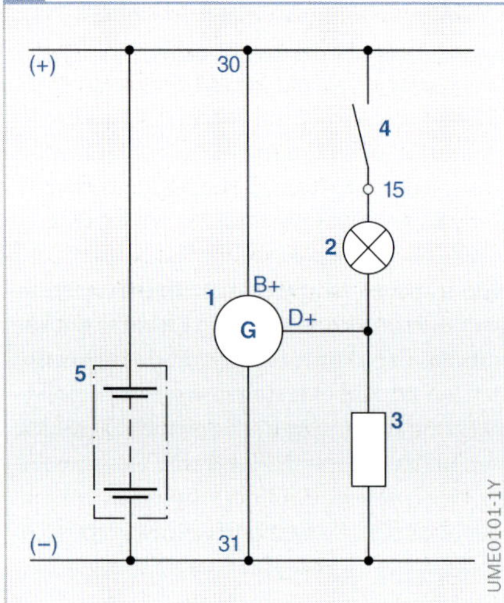

Bild 9
1 Generator
2 Generator-kontrolllampe
3 Widerstand
4 Zündschalter
5 Batterie

Widerstands (nur bei Generatoren mit Erregerdioden; Bild 9) wird erreicht, dass die Generatorkontrolllampe auch im Fall einer Unterbrechung des Erregerkreises aufleuchtet.

Generatorstromkreis

Die in den drei Phasen des Drehstromgenerators induzierte Wechselspannung muss durch die mit Leistungsdioden bestückte Brückenschaltung gleichgerichtet und an die Batterie und die Verbraucher weitergeleitet werden.

Der Generatorstrom I_G fließt von den drei Wicklungen über die Leistungsdioden zu der Batterie und zu den Verbrauchern im Bordnetz. Der Generatorstrom teilt sich in den Ladestrom der Batterie und in den Verbraucherstrom auf.

Den Verlauf der Spannungen der Ständerwicklungen in Abhängigkeit vom Drehwinkel des Läufers zeigt Bild 10 (hier für einen Läufer mit sechs Polpaaren): Bei einem Drehwinkel von 30° ist die Spannung gegenüber dem Sternpunkt am Wicklungsende v positiv, an w negativ und an u null. Der daraus resultierende Stromverlauf ist in Bild 11 dargestellt: Der Strom fließt vom Wicklungsende v über die Plusdioden zur Generatorklemme B+, über die Batterie bzw. die Verbraucher zur Masse (Generatorklemme B-) und über die Minusdioden zum Wicklungsende w. Bei einem Drehwinkel von 45° fließt ein Strom von den Wicklungsenden v und w über den gleichen Weg zum Wicklungsende u. In diesem Fall ist keine der Phasen spannungslos.

10 Spannungen in den Ständerwicklungen

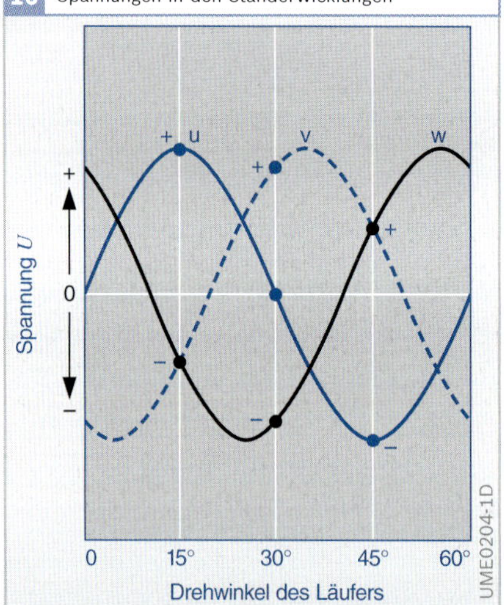

Bild 10
Verlauf in Abhängigkeit vom Drehwinkel eines Läufers mit sechs Polpaaren.

11 Generatorstromkreis

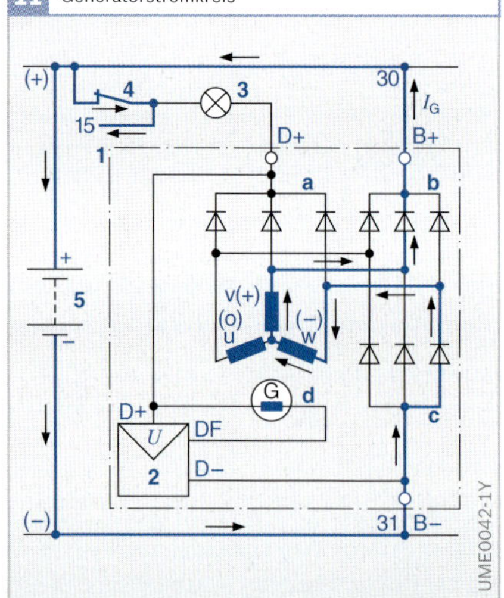

Bild 11
1 Generator
1a Erregerdioden
1b Dioden in Plusplatte
1c Dioden in Minus-platte
1d Erregerwicklung
2 Regler
3 Generator-kontrolllampe
4 Zündschalter
5 Batterie

Spannungsregelung

Aufgabe der Spannungsregelung

Bei konstantem Erregerstrom ist die Generatorspannung abhängig von der Drehzahl und der Belastung des Generators. Aufgabe der Spannungsregelung ist es, die Generatorspannung – und damit auch die Bordnetzspannung – über den gesamten Drehzahlbereich des Fahrzeugmotors konstant zu halten, unabhängig von der elektrischen Last. Dazu regelt der Spannungsregler die Höhe des Erregerstroms und damit die Größe des Magnetfelds im Läufer in Abhängigkeit von der im Generator erzeugten Spannung. Damit hält der Regler die Bordnetzspannung konstant, schützt die Spannungsregelung und verhindert, dass die Batterie während des Fahrzeugbetriebs überladen oder entladen wird. Kfz-Bordnetze mit 12 V Batteriespannung werden im 14 V-Toleranzfeld geregelt, solche mit 24 V Batteriespannung im 28 V-Toleranzfeld. Solange die vom Generator erzeugte Spannung unterhalb der Regelspannung liegt, schaltet der Spannungsregler nicht, die Reglerendstufe ist eingeschaltet (Tastverhältnis 100 %).

12 Reglerkennlinie

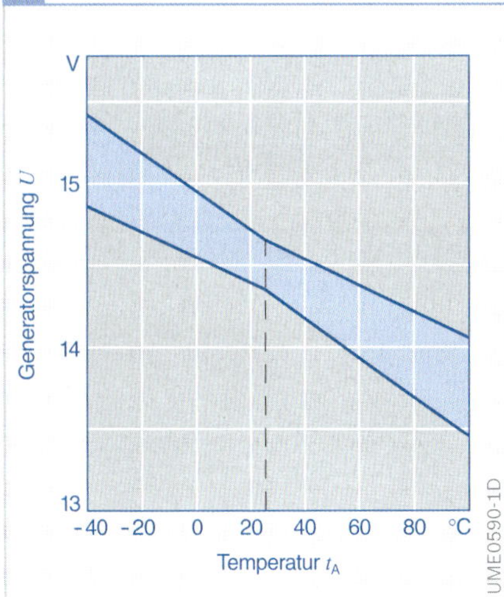

Bild 12
Zulässiges Toleranzband der Generatorspannung (14 V) in Abhängigkeit von der Generator-Ansaugluft-Temperatur.

Die Reglerkennlinie (Generatorspannung in Abhängigkeit von der Temperatur) ist den chemischen Eigenschaften der Batterie angepasst. Bei niedrigen Temperaturen liegt die Generatorspannung etwas höher, um die Batterieladung im Winter zu verbessern. Die Eingangsspannungen der elektronischen Geräte sind dabei berücksichtigt. Bei höheren Temperaturen liegt die Generatorspannung niedriger, um eine Überladung und Gasen der Batterie im Sommer zu vermeiden. Ein Beispiel für eine Kennlinie ist im Bild 12 dargestellt. Das Spannungsniveau beträgt 14,5 V mit einer Neigung von –10 mV/K (Temperaturkompensation).

Prinzip der Spannungsregelung

Übersteigt die Spannung den oberen Sollwert, schaltet der Regler die Endstufe ab (Bild 13). Durch die Induktivität der Erregerspule getrieben fließt der Erregerstrom über die Freilaufdiode zunächst weiter; die Erregung wird schwächer und infogedessen sinkt die Generatorspannung. Unterschreitet die Generatorspannung hierauf den unteren Sollwert, schaltet der Regler den Erregerstrom wieder ein. Die Erregung steigt und damit steigt auch die Generatorspannung. Überschreitet die Spannung den oberen Grenzwert wieder, beginnt der Regelzyklus erneut. Da die Regelzyklen im Bereich von Millisekunden liegen, wird der Mittelwert der Generatorspannung gut auf die vorgegebene Kennlinie eingeregelt.

Das Verhältnis der jeweiligen Ein- und Ausschaltzeiten ist maßgebend für die Größe des mittleren Erregerstroms. Bei niedrigen Drehzahlen ist die Einschaltzeit relativ lang und die Ausschaltzeit kurz. Der Erregerstrom wird nur kurze Zeit unterbrochen und sein Durchschnittswert ist hoch. Umgekehrt ist bei hohen Drehzahlen die Einschaltzeit kurz und die Ausschaltzeit lang. Es fließt ein niedriger Erregerstrom.

Beim Umschalten in den Regelzustand „Aus" entsteht bei der Unterbrechung des Erregerstroms durch Selbstinduktion in der Erregerwicklung eine Spannungsspitze. Um das Entstehen solcher Spannungsspitzen zu vermeiden, ist im Regler parallel zur Erregerwicklung eine Freilaufdiode geschaltet. Sie übernimmt den Erregerstrom im Moment der Unterbrechung und bewirkt das „Totlaufen" bzw. „Löschen" des Stroms.

Drehstromgeneratoren sind heute standardmäßig mit elektronischen Spannungsreglern ausgestattet. Der elektromagnetische Regler hingegen wird praktisch nur noch als Ersatzteil eingesetzt.

Elektromagnetische Spannungsregler

Die für Drehstromgeneratoren eingesetzten Kontaktregler sind Einelement-Regler (Bild 14 und 15), d.h. Regler mit einem Spannungsregelelement, das aus Elektromagnet (3), Regelanker und Regelkontakt (4) besteht. Der Elektromagnet wird vom Generatorstrom durchflossen und steuert den Regelanker, der seinerseits über den Regelkontakt den Erregerstromkreis schließt oder unterbricht.

Die Spannungsregelung erfolgt beim Einelement-Einkontaktregler (Bild 14) folgendermaßen: Auf den Regelanker wirkt einerseits die vom Generatorstrom abhängige Magnetkraft des Elektromagneten und andererseits die Federkraft einer Aufhänge- und Einstellfeder. Überschreitet die Generatorspannung den Sollwert, zieht die Magnetkraft den Anker an und öffnet den Kontakt (Schaltstellung *b*). Dadurch wird ein Widerstand in den Erregerstromkreis geschaltet, der ein Sinken des Erregerstroms bewirkt und damit ein Sinken der Generatorspannung zur Folge hat. Unterschreitet die Generatorspannung den Sollwert, wird die Magnetkraft wieder kleiner. Die Federkraft überwiegt und schließt den Kontakt (Schaltstellung *a*). Dieser Vorgang wiederholt sich ständig.

Der Einelement-Zweikontaktregler arbeitet mit einem zweiten Kontaktpaar, wodurch drei Schalterstellungen möglich sind (Bild 15). In der Schaltstellung *a* ist der Regelwiderstand kurzgeschlossen, es fließt ein hoher Erregerstrom. In der Schaltstellung *b* sind Regelwiderstand und Erregerwicklung in Reihe geschaltet und vermindern dadurch den Erregerstrom. In

13 Regelung des Erregerstroms I_{err}

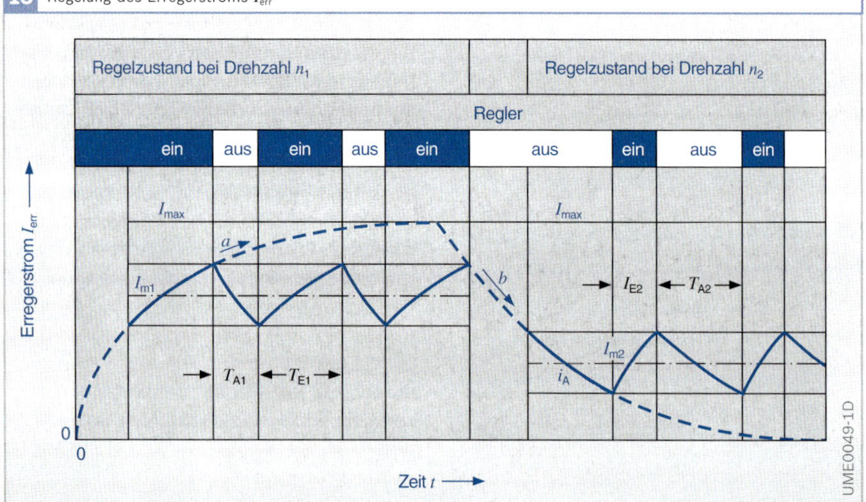

Bild 13
Das Verhältnis der Einschaltdauer T_E zur Ausschaltdauer T_A ist maßgebend für die Größe des mittleren Erregerstroms I_m. Der Anstieg des Erregerstroms erfolgt entlang der Kurve *a*, der Abfall entlang der Kurve *b*.

der Schaltstellung *c* wird die Erregerwicklung kurzgeschlossen, der Erregerstrom fällt schnell auf null (Zeitkonstante ist unabhängig von Induktivität und Widerstand der Erregerwicklung).

Elektronische Spannungsregler

Merkmale

Der elektronische Spannungsregler wird ausschließlich als Regler für Drehstromgeneratoren verwendet. Seine kleinen Abmessungen, sein geringes Gewicht und die Unempfindlichkeit gegenüber Erschütterungen erlauben es, ihn direkt in den Generator zu integrieren.

Während früher der Transistorregler aus diskreten Bauelementen aufgebaut war, werden nun ausschließlich Regler in Hybrid- und Monolithtechnik eingesetzt.

Die wesentlichen Vorteile des elektronischen Reglers sind:

- kurze Schaltzeiten, die geringe Regeltoleranzen ermöglichen,
- Wartungsfreiheit (kein Verschleiß),
- hohe Schaltströme,
- funkenfreies Schalten, das keine Funkstörungen verursacht,
- Unempfindlichkeit gegen Stoß, Vibration und klimatische Einflüsse,
- Temperaturkompensation,
- kleine Bauweise, die den Anbau am Generator auch bei größeren Generatortypen ermöglicht.

Funktionsweise

Das Funktionsprinzip des elektronischen Reglers ist bei den verschiedenen Ausführungen gleich. Es wird am Beispiel des Transistorreglers Typ EE erläutert.

Ein Spannungsteiler (Widerstände R1, R2 und R3) erfasst den Istwert der Generatorspannung zwischen den Klemmen D+ und D–. Parallel zu R3 ist eine Z-Diode als Sollwertgeber des Reglers geschaltet, die stets an einer der Generatorspannung proportionalen Teilspannung liegt.

Solange der Istwert der Generatorspannung kleiner ist als der Sollwert, liegt der Regelzustand „Ein" vor (Bild 16a). Die Durchbruchspannung der Z-Diode ist noch nicht erreicht, d. h. es fließt kein Strom durch den Zweig mit der Z-Diode zur Basis des Transistors T1. T1 ist im Sperrzustand. Bei gesperrtem Transistor T1 fließt ein Strom von den Erregerdioden über die Klemme D+ und den Widerstand R6 zur Basis des Transistors T2 und schaltet T2 ein. Der durchgeschaltete Transistor T2

14 Schaltbild eines Einelement-Einkontaktreglers

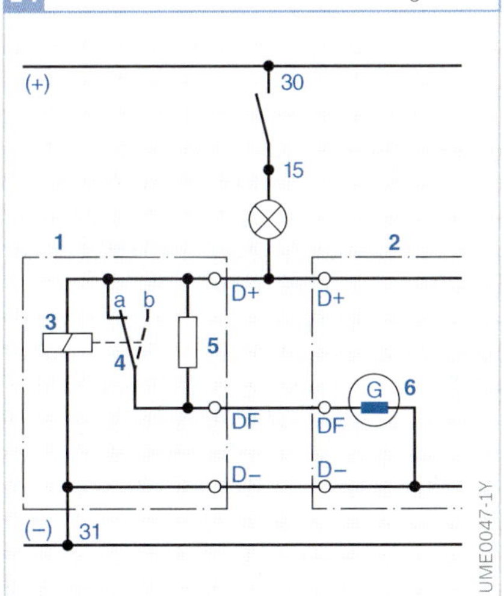

Bild 14
1 Regler
2 Generator
3 Elektromagnet
4 Regelkontakt
5 Regelwiderstand
6 Erregerwicklung (G)

15 Schaltbild eines Einelement-Zweikontaktreglers

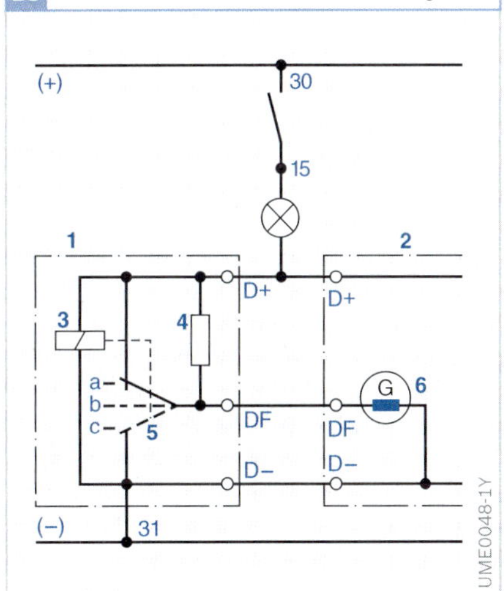

Bild 15
1 Regler
2 Generator
3 Elektromagnet
4 Regelwiderstand
5 Regelkontakt
6 Erregerwicklung (G)

verbindet die Klemme DF mit der Basis von T3. Somit ist mit T2 auch immer T3 leitend. Die Transistoren T2 und T3 sind als Darlington-Stufe ausgeführt und bilden die Leistungsstufe des Reglers. Durch T3 und die Erregerwicklung fließt der Erregerstrom I_{err}, der während der Einschaltdauer ansteigt und ein Ansteigen der Generatorspannung U_G bewirkt. Gleichzeitig steigt auch die Spannung am Sollwertgeber. Überschreitet der Istwert der Generatorspannung den Sollwert, liegt der Regelzustand „Aus“ vor (Bild 16b).

Die Z-Diode wird mit dem Erreichen der Durchbruchspannung leitend. Es fließt ein Strom von D+ über die Widerstände R1, R2 in den Stromzweig mit der Z-Diode zur Basis des Transistors T1. T1 wird damit ebenfalls leitend. Als Folge davon wird die Spannung an der Basis von T2 gegenüber dem Emitter praktisch null und die beiden Transistoren T2 und T3 als Leistungsstufe sperren. Der Erregerstromkreis wird unterbrochen, die Erregung klingt ab und die Generatorspannung sinkt. Sobald die Generatorspannung unter den Sollwert

16 Stromlaufplan eines Transistorreglers Typ EE

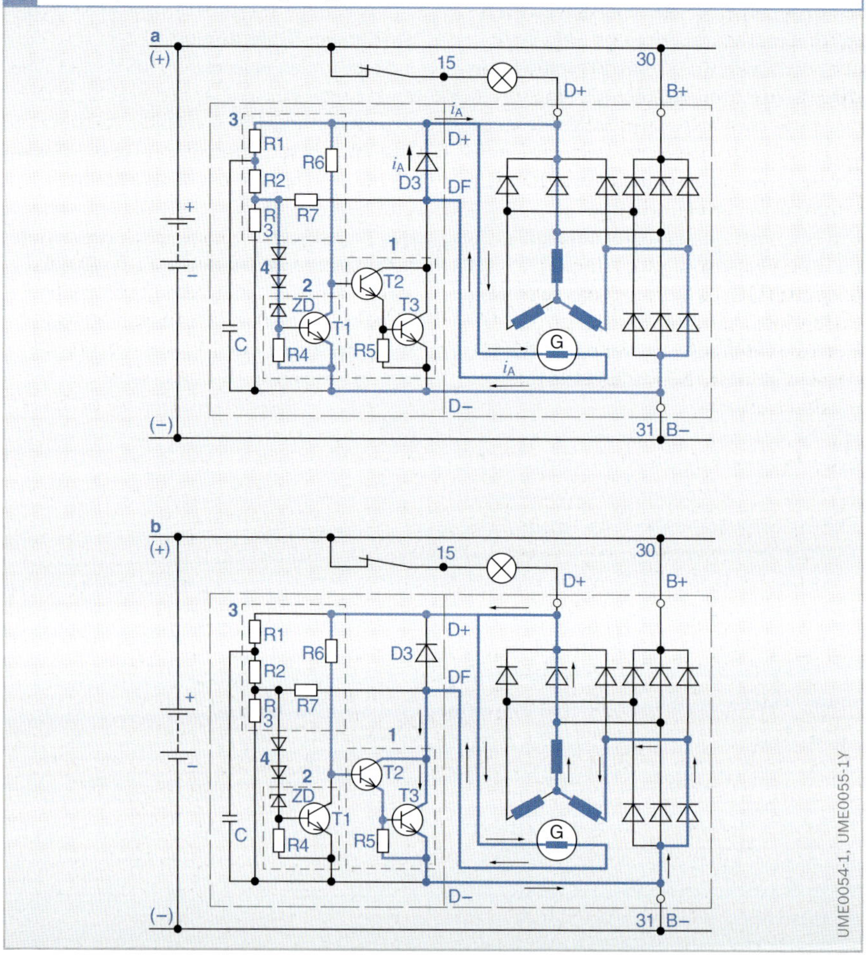

Bild 16
- a Erregerstrom durch T3 ausgeschaltet
- b Erregerstrom durch T3 eingeschaltet

1 Leistungsstufe
2 Steuerstufe
3 Spannungsteiler
4 Temperatur-Kompensations-Dioden

C Kondensator zur Spannungsglättung
D3 Freilaufdiode

gesunken ist und die Z-Diode sperrt, schaltet die Leistungsstufe den Erregerstrom wieder ein.

Bei der Unterbrechung des Erregerstroms würde infolge der Selbstinduktion in der Erregerwicklung eine Spannungsspitze entstehen, die die Transistoren T2 und T3 zerstören könnte. Um dies zu verhindern, ist parallel zur Erregerwicklung die Freilaufdiode D3 geschaltet. Die Freilaufdiode übernimmt den Erregerstrom im Moment der Unterbrechung und verhindert das Entstehen der Spannungsspitze.

Indem die Erregerwicklung abwechselnd an die Generatorspannung gelegt oder über die Freilaufdiode kurzgeschlossen wird, wiederholt sich der Regelzyklus vom Ein- und Ausschalten des Stromflusses periodisch. Das Tastverhältnis hängt von der Generatordrehzahl und von der Belastung ab.

Der Kondensator C glättet die wellige Generatorgleichspannung. Das schnelle, exakte Umschalten der Transistoren T2 und T3 wird durch den Widerstand R7 erreicht, ebenso die Verringerung der Umschaltverluste.

Regler in Hybridtechnik

Ein Transistorregler in Hybridtechnik enthält in einem hermetisch gekapselten Gehäuse eine Keramikplatte mit Schutzwiderständen in Dickschichttechnik und einem aufgeklebten integrierten Schaltkreis (IS bzw. IC), in dem alle Steuer- und Regelfunktionen vereinigt sind.

Die Leistungsbauelemente der Endstufe (Darlington-Transistoren und die Freilaufdiode) sind direkt auf dem Metallsockel aufgelötet, um eine gute Wärmeableitung zu gewährleisten. Die elektrischen Anschlüsse sind durch glasisolierte Metallstifte herausgeführt.

Der Regler ist auf einem angepassten Bürstenhalter montiert und ohne Verkabelung direkt am Generator befestigt. Bedingt durch die Darlingtonschaltung in der Leistungsendstufe (zwei Transistoren) ist der Spannungsfall in Flussrichtung etwa 1,5 V.

Bild 17 zeigt die Schaltung für einen Drehstromgenerator mit Spannungsregler in Hybridtechnik. Seine charakteristischen Eigenschaften sind eine kompakte Bauweise, geringes Gewicht, wenige Bauteile, wenige Verbindungsstellen und eine hohe Zuverlässigkeit im Fahrzeugeinsatz

17 Schaltbild eines Generators mit elektronischem Regler in Hybridtechnik Typ EL

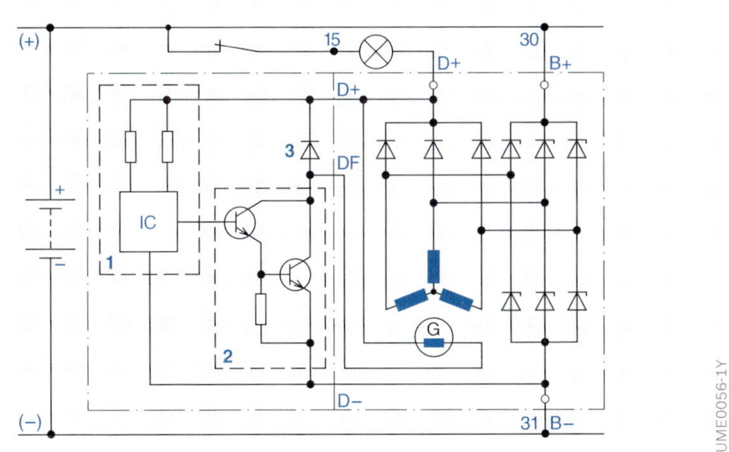

Bild 17
1 Steuerstufe in Dickschichttechnik mit Widerständen und IC
2 Leistungsstufe (Darlington-Schaltung)
3 Freilaufdiode

auch bei extremen Betriebsbedingungen. Der Regler in Hybridtechnik wird hauptsächlich in Generatoren in Topfbauart (s. Abschnitt „Generatorausführungen") verwendet.

Regler in Monolithtechnik

Der Regler in Monolithtechnik ist eine Weiterentwicklung des Hybridreglers. Die Funktionen des IC (Integrated Circuit), der Leistungsstufe und der Freilaufdiode des Hybridreglers sind in einem Chip integriert. Die Zuverlässigkeit ist aufgrund der kompakten Bauweise, d. h. weniger Bauelemente und weniger Verbindungen, weiter erhöht. Die Endstufe ist als einfache Leistungsstufe ausgeführt, weshalb der Spannungsfall in Flussrichtung nur 0,5 V beträgt.

Regler in Monolithtechnik in Kombination mit Gleichrichtern (mit Zener-Dioden) werden in Compact-Generatoren verwendet.

Multifunktionsregler

Monolithregler können mit zahlreichen weiteren Funktionen versehen werden. Diese Multifunktionsregler (MFR) werden heute in allen neuen Compact-Generatoren angebaut. Sie beziehen den Erregerstrom direkt von B+, so dass keine Erregerdioden erforderlich sind.

Zusätzliche Funktionen des Multifunktionsreglers gegenüber herkömmlichen Reglern sind:

- gesteuerte Vorerregung
- Erkennung „Generator dreht" mit Hilfe der Überwachung des Phasenanschlusses
- Notregelung bei Unterbrechung der Leitung an Anschluss L
- Übertemperaturschutz durch Abregeln des Erregerstroms beim Überschreiten der Grenztemperatur
- Load-Response-Funktionen: Langsames Nachregeln des Erregerstroms nach dem Zuschalten einer Bordnetzlast, damit der Motor im Leerlauf genügend Zeit hat, das steigende Antriebsmoment des Generators auszuregeln.

Die Verlustleistung der Generatorkontrolllampe im Instrumentenfeld ist häufig zu groß und störend. Sie kann z. B. durch Übergang auf eine LED-Anzeige reduziert werden. Multifunktions-Spannungsregler erlauben die Ansteuerung sowohl von Glühlampen als auch von LED als Anzeigeelemente.

Überspannungsschutz

Der niedrige Innenwiderstand der Starterbatterie dämpft i. d. R. alle im Bordnetz auftretenden Spannungsspitzen.

Als vorbeugende Maßnahme gegen Störungen im Bordnetz bei Gefahrguttransportern ist jedoch ein Überspannungsschutz oft sinnvoll.

Ursachen für Überspannungen

Überspannungen im Bordnetz können bei folgenden Situationen auftreten:

- Reglerausfall,
- ausgefallene oder abgeklemmte Batterie,
- Abschalten von Verbrauchern mit vorwiegend induktiver Last,
- Wackelkontakte.

Die Überspannungen sind Spannungsspitzen von kurzer Dauer im Bereich von Millisekunden. Die höchsten Spannungsspitzen liegen bei 350 V. Überspannungen entstehen auch, wenn bei laufendem Motor die Leitung zwischen Generator und Batterie unterbrochen ist (z. B. bei Start mit einer Fremdbatterie) und starke Verbraucher ausgeschaltet werden. Deshalb soll ein Generator im Kraftfahrzeug im normalen Fahrbetrieb nicht ohne angeschlossene Batterie betrieben werden.

Für bestimmte Situationen muss jedoch ein Kurzzeit- oder Notbetrieb ohne Batterie zugelassen werden. Derartige Situationen sind zum Beispiel:

- Fahren neu gefertigter Fahrzeuge vom Endmontageband zum Abstellplatz ohne Batterie,
- Bahn- oder Schiffsverladung ohne Batterie (die Batterie wird erst vor Lieferung des Fahrzeugs an den Kunden eingebaut),
- Kundendienstarbeiten usw.

Auch bei Schleppern und Traktoren ist ein Betrieb ohne Batterie nicht immer zu vermeiden.

Schutzarten

Der Überspannungsschutz kann durch verschiedene Maßnahmen realisiert werden.

Schutz durch Zener-Dioden (Z-Dioden)

Anstelle der Leistungsdioden des Gleichrichters können Z-Dioden eingesetzt werden. Sie begrenzen auftretende energiereiche Spannungsspitzen.

Z-Dioden bieten darüber hinaus einen zentralen Überspannungsschutz für weitere spannungsempfindliche Verbraucher im Bordnetz. Die Spannung eines mit Z-Dioden ausgerüsteten Gleichrichters beträgt bei einem Generator mit 14-V-Generatorspannung 25...30 V, bei einem Generator mit 28-V-Generatorspannung 50...55 V. Die Drehstromgeneratoren in Compactbauweise sind grundsätzlich mit Z-Dioden ausgestattet.

Generator und Regler in spannungsfester Ausführung

In diese Generatoren sind Halbleiterbauelemente mit höherer Spannungsfestigkeit eingebaut. Die Spannungsfestigkeit der Halbleiter liegt bei 14-V-Generatorspannung mindestens bei 200 V und bei 28-V-Generatorspannung bei 350 V.

Zusätzlich ist zwischen der Generatorklemme B+ und Masse ein Kondensator geschaltet, der gleichzeitig der Nahentstörung dient.

Spannungsfeste Generatoren und Regler haben nur Eigenschutzfunktionen. Sie bieten also keinen Fernschutz für andere spannungsempfindliche Verbraucher und Bauelemente im Bordnetz.

Überspannungsschutzgeräte

(nur für 28-V-Generatoren)
Überspannungsschutzgeräte sind Halbleiterschaltungen, die mit den Generatorklemmen D+ und D– (Masse) verbunden werden. Beim Auftreten von Spannungsspitzen wird der Generator über die

18 Schaltbild eines Überspannungsschutzgerätes (nicht automatisch) für 24-V-Bordnetz

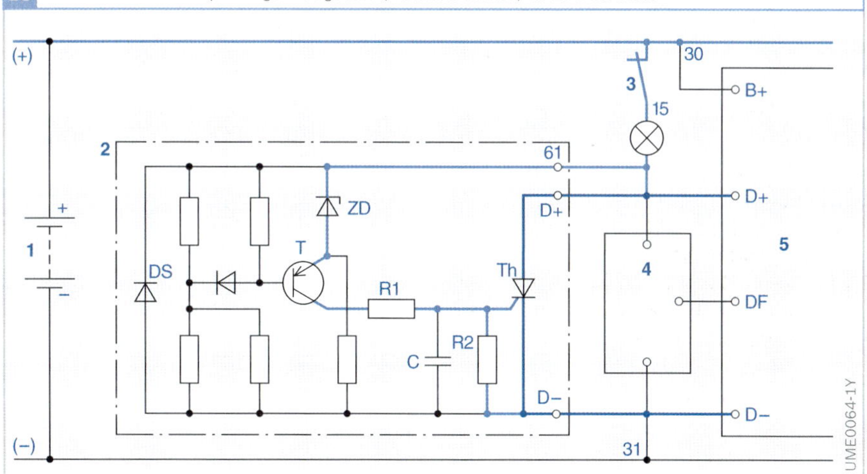

Bild 18
1 Batterie
2 Überspannungsschutzgerät
3 Fahrtschalter
4 Regler
5 Generator

Erregerwicklung kurzgeschlossen. Überspannungsschutzgeräte schützen primär Generator und Regler und erst in zweiter Linie spannungsempfindliche Verbraucher im Bordnetz.

Nicht-automatisches Überspannungsschutzgerät
Dieses Überspannungsschutzgerät wird direkt an die Klemmen D+ und D- der Generatoren der Baugröße T1, z. B. in Omnibussen oder Nkw, angeschlossen (Bild 18). Tritt an diesen Klemmen eine Spannungsspitze oder eine Überspannung auf, die über dem Ansprechwert des Geräts von 31 V liegt, wird der Thyristor Th leitfähig. Die Z-Diode ZD wirkt als Sollwertgeber. Die Widerstände R1, R2 und der Kondensator C bestimmen die erforderliche Ansprechverzögerung. Innerhalb von Millisekunden sind damit Regler und Generator über die Klemmen D+ und D- kurzgeschlossen. Der Thyristor übernimmt den Kurzschlussstrom. Durch den Batteriestrom leuchtet die Generatorkontrolllampe auf, der Fahrer wird gewarnt. Der Thyristor sperrt erst wieder, wenn der Kurzschlussstrom nicht mehr fließt, d. h. nach Ausschalten des Fahrtschalters oder bei Motor- bzw. Generatorstillstand.

Bei einem Vertauschen von D+ und D- beim Einbau des Geräts gewährt das Gerät keinen Überspannungsschutz.

Die Generatorkontrolllampe zeigt diesen Fehler nicht an. Um eine sichere Anzeige zu gewährleisten, wird eine Sicherheitsdiode DS zwischen die Klemmen D+ und D- geschaltet. Bei einem Vertauschen der Leitungen ist diese Diode in Durchlassrichtung gepolt. Die Generatorkontrolllampe leuchtet dauernd auf.

Überspannungsschutzgerät mit Einschaltautomatik
Dieses Schutzgerät ist für Generatoren der Baugröße T1 bestimmt (Bild 19). Das Gerät hat die zwei Eingänge D+ und B+, die auf unterschiedliche Spannungshöhen und Ansprechzeiten reagieren. Der Eingang D+ wirkt, wie bei dem oben beschriebenen Gerät, als schneller Überspannungsschutz.

Der Eingang B+ spricht nur an, wenn der Regler defekt ist. Dabei steigt die Spannung des Generators ungeregelt an, bis die Ansprechspannung des Geräts von 31 V erreicht ist und das Gerät schaltet. Der Generator bleibt bis zum Abstellen des Motors kurzgeschlossen. Der Eingang B+ arbeitet also als Folgeschadenschutz.

19 Vereinfachtes Schaltbild eines Überspannungsschutzgeräts mit Einschaltautomatik für den Generatortyp T1

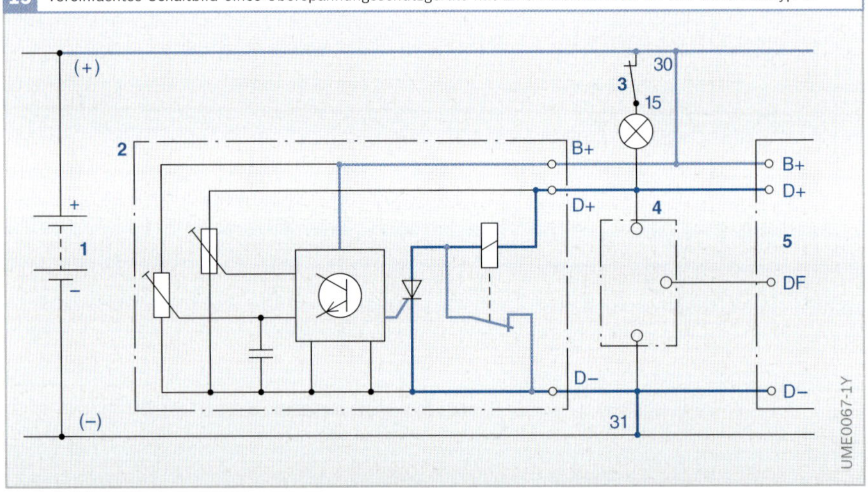

Bild 19
1 Batterie
2 Folgeschadenschutzgerät
3 Fahrtschalter
4 Regler
5 Generator

Spannungsspitzen, die durch Lastabschaltungen vom Generator selbst entstehen, können die anderen Verbraucher im Bordnetz durch Kurzschluss des Generators nicht beschädigen. Außerdem wird ein Schutz des Bordnetzes gegen Folgeschäden bei defektem Regler erreicht.

Folgeschadenschutzgerät

Das Folgeschadenschutzgerät ist für den Doppel-T1-Generator mit zwei Ständern und zwei Erregersystemen bestimmt (Bild 20). Während die Überspannungsschutzgeräte den Generator kurzschließen, übernimmt das Folgeschadenschutzgerät auch bei batterielosem Notbetrieb bis zu einem gewissen Grad eine Ersatzregelfunktion. Es hält im Rahmen der möglichen Generatorbelastung und in Abhängigkeit von der Generatordrehzahl eine mittlere Generatorspannung von ca. 24 V aufrecht und ermöglicht damit einen Notbetrieb.

Bei Betrieb mit Batterie und leitend defektem Regler unterbricht das Folgeschadenschutzgerät den Erregerstromkreis des Generators ca. 2 s nach Überschreiten der Ansprechschwelle von 30 V. Danach wirkt der Relaiskontakt des Geräts als Kontaktregler und übernimmt die Ersatzregelfunktion. Bei batterielosem Betrieb (Notbetrieb ohne Batterie) spricht das Gerät an, wenn eine Spannungsspitze von 60 V oder mehr länger als 1 ms ansteht.

Die Generatorkontrolllampe zeigt den Notbetrieb durch Blinken an. Da der Spannungsmittelwert sehr niedrig ist, wird bei diesem Betrieb die Batterie nicht geladen. Die maximale Betriebszeit der Ersatzregelfunktion beträgt ca. 10 Stunden. Danach muss das Folgeschadenschutzgerät ausgetauscht werden.

Kennlinien

Generatorverhalten

Kraftfahrzeug-Generatoren arbeiten durch das konstante Übersetzungsverhältnis zum Motor in einem großen Drehzahlbereich. Kennlinien geben das charakteristische Verhalten eines Generators wieder.

Die Generator-Volllastkennlinie bezieht sich dabei auf eine konstante Generatorspannung und auf eine definierte Umgebungstemperatur.

20 Schaltbild eines Folgeschadenschutzgeräts für Doppel-T1-Generator

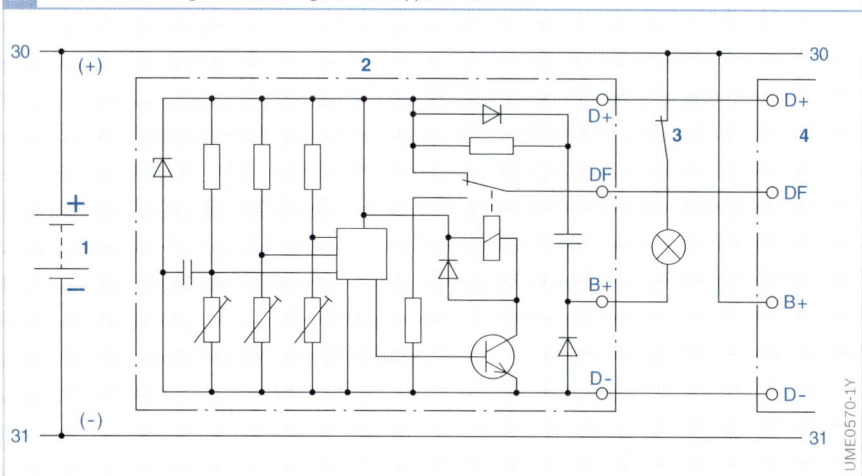

Bild 20
1 Batterie
2 Folgeschadenschutzgerät
3 Fahrtschalter
4 Generator mit Regler

Stromkennlinie

Zur Beschreibung der Stromkennlinie (Bild 21) werden definierte Drehzahlpunkte des Generators betrachtet.

Null-Ampere-Drehzahl (n_0)

Die Null-Ampere-Drehzahl ist die Drehzahl des Generators, bei der die Nennspannung erreicht wird, ohne Strom abzugeben (ca. 1000 min^{-1}). Erst bei höheren Drehzahlen kann der Generator Strom liefern.

Drehzahl bei Motorleerlauf (n_L), Strom bei Motorleerlauf (I_L)

Die Generatordrehzahl bei Motorleerlauf ist im Diagramm als Bereich angegeben, da ihr Wert vom Übersetzungsverhältnis des Generators zum Motor abhängt. Bei Topf-Generatoren ist sie auf n_L = 1500 min^{-1} festgelegt, bei Compact-Generatoren entsprechend dem üblicherweise höheren Übersetzungsverhältnis auf n_L = 1800 min^{-1}.

Der vom Generator bei Motorleerlaufdrehzahl erzeugte Strom (Leerlaufstrom) muss mindesten zur Versorgung der dauernd eingeschalteten Verbraucher ausreichen.

21 Typische Kennlinie eines Drehstromgenerators

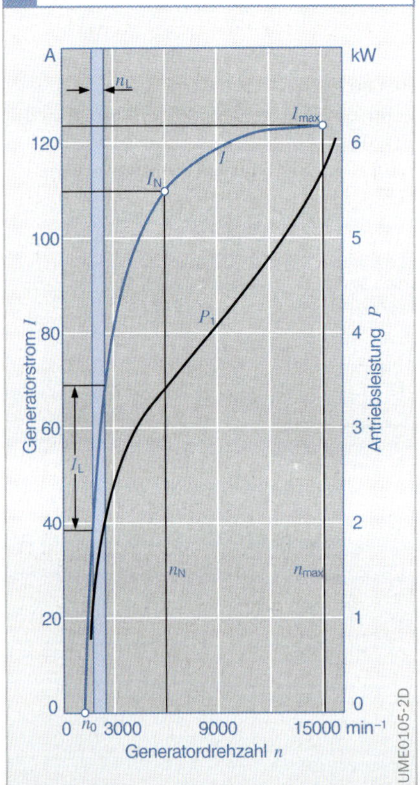

Nenndrehzahl (n_N), Nennstrom (I_N)

Als Nennstrom wird der Volllaststrom des Generators bezeichnet, den er bei Nenndrehzahl n_N = 6000 min^{-1}, bei Generatorspannung U_G = 13,5 V und bei Umgebungstemperatur T_U = 23 °C abgibt.

Höchstdrehzahl (n_{max}), Maximalstrom (I_{max})

Der Maximalstrom I_{max} ist der höchste vom Generator erzeugbare Strom. Bei höheren Drehzahlen steigt die Kennlinie durch die Wirkung des vom Laststrom erzeugten Gegenmagnetfeldes nicht weiter an. Die Drehzahl des Generators wird in erster Linie durch seine Bauart begrenzt. Die Höchstdrehzahl liegt bei Compact-Generatoren im Bereich von 18 000...22 000 min^{-1}, bei Topf-Generatoren im Bereich von 15 000...18 000 min^{-1} und bei Generatoren für Nkw zwischen 8000 und 15 000 min^{-1}.

Kennlinie der Antriebsleistung

Die Kennlinie der Antriebsleistung wird für die Auslegung des Antriebsriemens herangezogen. Die Kennlinie zeigt über den Drehzahlbereich des Motors, welche Leistung maximal vom Motor auf den Generator übertragen wird. Aus der Antriebsleistung und der abgegebenen Leistung des Generators kann darüber hinaus sein Wirkungsgrad bestimmt werden.

Die Kennlinie der Antriebsleistung zeigt im mittleren Drehzahlbereich einen flachen Verlauf und steigt bei höheren Drehzahlen beträchtlich an.

Leistungsverluste

Wirkungsgrad

Der maximale Wirkungsgrad eines modernen luftgekühlten Generators beträgt bei Volllast etwa 70 %. Im Kraftfahrzeugbetrieb arbeitet der Generator meist im Teillastbereich, in dem ein Wirkungsgrad von bis zu 75 % erreicht wird.

Der Einsatz eines größeren und schwereren Generators ermöglicht bei gleicher Belastung den Betrieb in einem günstigeren Bereich des Wirkungsgrad-Kennfeldes (Bild 22). Der höhere Wirkungsgrad bei einem größeren Generator kann den Einfluss des höheren Gewichts auf den Kraftstoffverbrauch aufwiegen.

Generatorschaltungen

Parallel geschaltete Leistungsdioden

Bei großen Generatoren mit Nennströmen über 180 A können die sechs Leistungsdioden der Drehstrom-Brückenschaltung durch zu große Erwärmung beschädigt werden. Deshalb sind bei großen Generatoren pro Phase zwei oder mehrere Leistungsdioden parallel geschaltet (Bild 24, Pos. 2, hier mit jeweils zwei Dioden). Der Generatorstrom teilt sich auf die parallel geschalteten Dioden auf, sodass die einzelnen Dioden von einem entsprechend schwächeren Strom durchflossen werden.

Zusatzdioden im Sternpunkt

Bei Drehstromgeneratoren mit Sternschaltung der Ständerwicklungen werden die Wicklungsenden in einem Punkt, dem Sternpunkt, zusammengefasst. Durch zwei weitere Dioden (Zusatzdioden), die als Leistungsdioden zwischen Sternpunkt und Plus- bzw. Minusklemme angeschlossen sind (Bild 24, Pos. 3), kann die in allen drei Strängen gleichphasig induzierte Spannung der dritten Oberwelle genutzt werden. Die induzierte Spannung der dritten Oberwelle erreicht ab einer Generatordrehzahl von etwa 3000 min^{-1} die Bordnetzspannung. Ab dieser Drehzahl tragen die Zusatzdioden zur Leistungs- und Wirkungsgradsteigerung bei. Dieser zusätzliche Anteil erhöhen jedoch auch die Welligkeit der Generatorspannung.

Parallelbetrieb von Generatoren

Zur Deckung eines großen Leistungsbedarfs können Generatoren gleicher Spannung parallel geschaltet werden. Voraussetzung für den Parallelbetrieb sind jedoch gleiche Regler-Charakteristiken und gleiche Reglerkennlinien der parallel zu schaltenden Generatoren.

22 Wirkungsgrad-Kennfeld für Generatoren K1 und N1

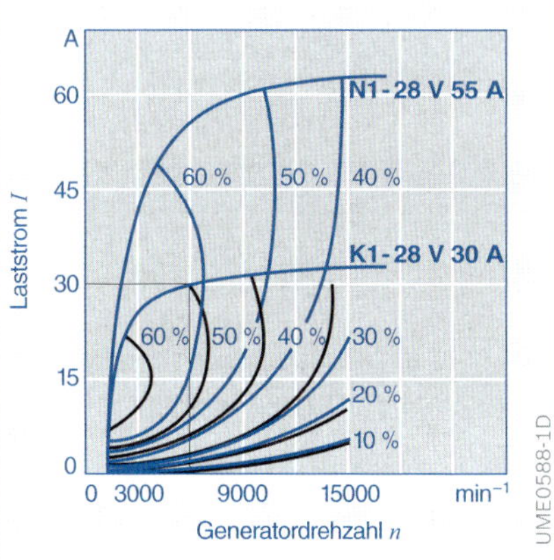

23 Verlustaufteilung bei Drehstromgeneratoren

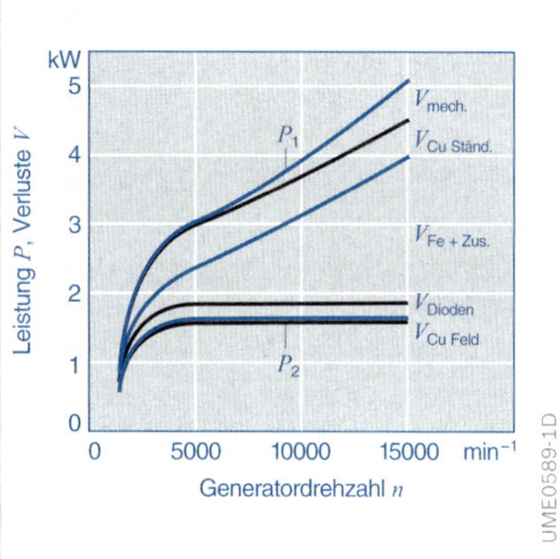

Bild 22
I = 30 A
U = 28 V
n = 6000 min^{-1}
η_{K1} = 50 % bei 5 kg Gewicht
η_{N1} = 62 % bei 6,15 kg Gewicht

Bild 23
P_1 aufgenommene Leistung
P_2 abgegebene Leistung
V_{mech} mechanische Verluste
$V_{Cu\ Stand}$ Kupferverluste im Ständer
V_{Fe+Zus} Eisen- und Zusatzverluste
V_{Dioden} Gleichrichterverluste
$V_{Cu\ Feld}$ Erregerverluste

Klemme W
Die Klemme W (Bild 24, Pos. 5) liefert eine pulsierende Gleichspannung (einweggleichgerichtete Wechselspannung), die für die Ermittlung der Motordrehzahl benutzt werden kann. Die Frequenz hängt von der Polpaarzahl und der Drehzahl des Generators ab.

f = p · n/60

f Frequenz (Impulse pro Sekunde),
p Polpaarzahl (6 z. B. bei den Baugrößen G, K und N; 8 z. B. bei der Baugröße T),
n Generatordrehzahl (min^{-1}).

Entstörmaßnahmen
Der Generator und auch andere elektrische Verbraucher eines Kfz können durch ihre elektromagnetischen Felder andere elektrische und elektronische Geräte stören.

Die Nahentstörung von Generatoren ist dann erforderlich, wenn in unmittelbarer Nähe oder im Fahrzeug selbst eine Funkanlage, ein Autotelefon, ein Autoradio usw. betrieben wird. Daher sind Generatoren i. d. R. mit einem Entstörkondensator ausgerüstet. Bei älteren Generatoren in Topfbauweise kann nachträglich ein Entstörkondensator an der Außenseite des Schleifringlagerschildes montiert werden. Bei Compact-Generatoren ist er bereits im Gleichrichter integriert.

Die Kontaktregler älterer Bauart werden mit einem Entstörfilter kombiniert oder durch eine entstörte Reglerausführung ersetzt. Elektronische Regler brauchen nicht zusätzlich entstört werden.

25 Spannung mit dritter Oberwelle

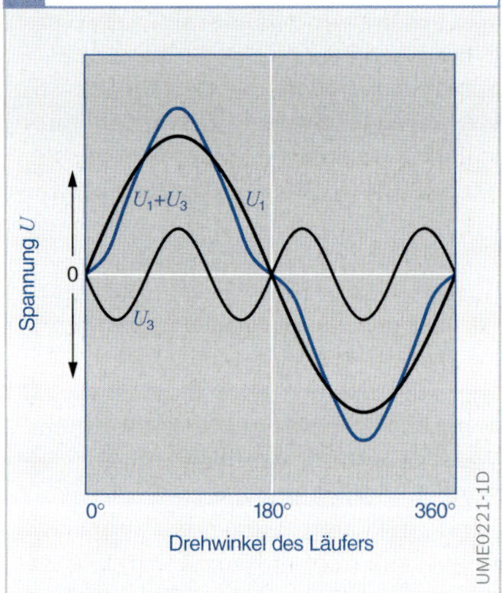

24 Schaltbild eines Generators Typ T1 mit speziellen Schaltungsvarianten

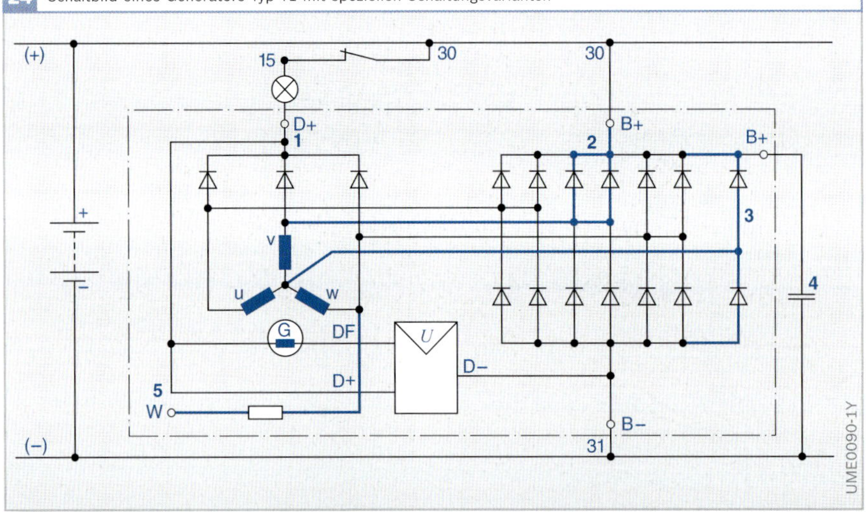

Bild 24
1 Erregerdioden
2 parallel geschaltete Leistungsdioden
3 Zusatzdioden am Sternpunkt
4 Entstörkondensator
5 entstörte Klemme W

Bild 25
U_1 Phasenspannung (Grundwelle)
U_3 Spannung der dritten Oberwelle

Generatorausführungen

Auslegungskriterien

Für die verschiedenen Einsatzbedingungen und Leistungsbereiche der jeweiligen Fahrzeugarten und deren Antriebsmotoren wurden verschiedene Grundausführungen entwickelt.

Folgende Kriterien sind für die Auswahl von Generatoren maßgebend:
- Fahrzeugart, Betriebsbedingungen,
- Drehzahlbereich des jeweiligen Verbrennungsmotors,
- Batteriespannung des Bordnetzes,
- Strombedarf der Verbraucher,
- Beanspruchung des Generators durch Umwelteinflüsse (Wärme, Schmutz usw.),
- Einbauverhältnisse, Abmessungen.

Aus diesen Kriterien ergibt sich die erforderliche elektrische Dimensionierung des Generators, d. h.
- die Generatorspannung (14 V / 28 V),
- die maximale Leistungsabgabe (Spannung × Stromstärke)
- der Maximalstrom.

Aufbau des Compact-Generators

Das Gehäuse des Generators besteht aus dem Antriebs- und dem Schleifringlagerschild (Bild 26), zwischen denen der Ständer eingespannt ist. In den beiden Lagerhälften ist die Läuferwelle gelagert.

Der Ständer (2) des Generators besteht aus mit Nuten versehenen Blechen, die zu einem festen Blechpaket zusammengepresst sind. In die Nuten sind die Windungen der dreiphasigen Ständerwicklung eingebettet.

Der Läufer gibt dem Klauenpolgenerator seinen Namen: Er besteht aus zwei gegensätzlich gepolten Polradhälften, deren klauenartig ausgebildeten Polfinger wech-

26 Aufbau eines Compact-Generators

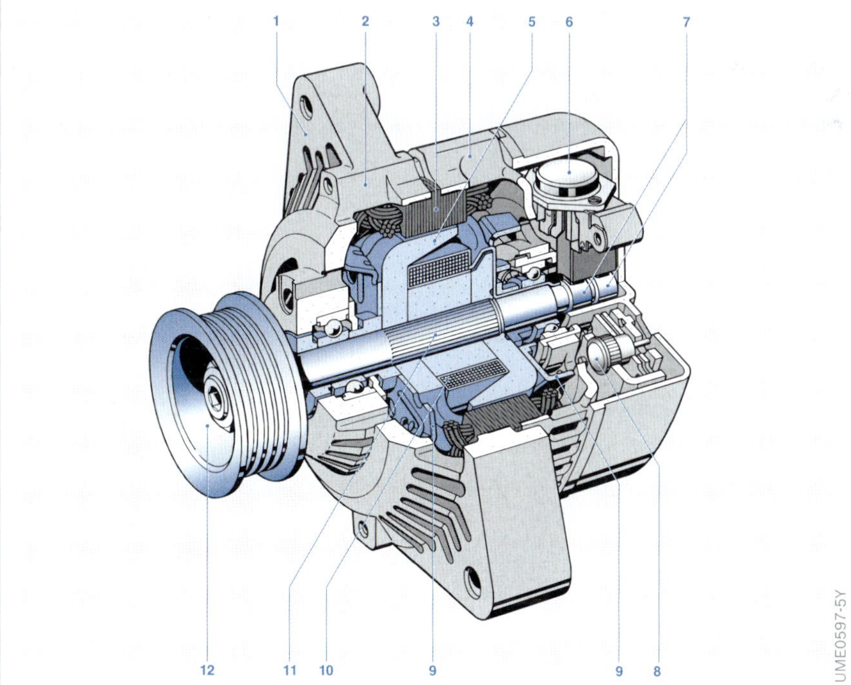

Bild 26
1 Gehäuse
2 Antriebslagerschild
3 Ständer
4 Schleifring-lagerschild
5 Magnetpol
6 elektronischer Spannungsregler mit Bürstenhalter
7 Schleifringe
8 Gleichrichter
9 Lüfter
10 Erregerwicklung
11 Läuferwelle
12 Riemenscheibe

selseitig als Süd- und Nordpole ineinander greifen (Bild 27).

Die realisierbare Polzahl ist begrenzt. Eine niedrige Polzahl hat eine geringe Maschinenausnutzung zur Folge, während eine hohe Polzahl die magnetischen Streuflussverluste stark erhöht. Daher sind diese Generatoren je nach Leistung als 12-polige oder 16-polige Maschinen ausgeführt.

Die Polradhälften überdecken die ringspulenförmige Erregerwicklung, die sich auf dem Polkern befindet (Bild 28). Die Erregerwicklung erhält den Erregerstrom über Kohlebürsten, die im Schleifringlagerschild montiert sind und mit Federn gegen die Schleifringe gedrückt werden.

Der magnetische Nutzfluss geht durch den Polkern, die linke Polhälfte und deren Finger, über den Luftspalt zum feststehenden Ständerblechpaket mit der Ständerwicklung und schließt sich durch die rechte Polradhälfte wieder im Polkern.

Die Kühlung des Compact-Generators erfolgt durch zwei Lüfter (Bild 26, Pos. 7), die antriebs- und schleifringseitig am Läufer montiert sind. Die Lüfter saugen die Kühlluft jeweils stirnseitig an und blasen die erwärmte Luft radial aus (zweiflutige Belüftung). Die zwei kleinen Lüfter produzieren erheblich weniger aerodynamisches Geräusch als der große Lüfter eines Topf-Generators. Außerdem sind sie für höhere Drehzahlen (Maximaldrehzahl: 18 000...22 000 min^{-1}) geeignet. Diese beiden Eigenschaften erlauben eine höhere Übersetzung zwischen Kurbelwelle und Generator, sodass Compact-Generatoren bis zu 25 % mehr Leistung bei gleicher Motordrehzahl und Baugröße abgeben können.

Auf der Läuferwelle ist auch die Riemenscheibe für den Antrieb befestigt. Die Läufer der Drehstromgeneratoren können in beiden Drehrichtungen betrieben werden. Entsprechend der Drehrichtung muss die Lüfterform für Rechts- oder Linkslauf ausgeführt werden.

Der elektronische Spannungsregler bildet mit dem Bürstenhalter eine Einheit (4), sofern er für den Anbau direkt am Generator vorgesehen ist. In einigen Fällen wird bei Nkw der elektronische Spannungsregler getrennt vom Generator an einer geschützten Stelle der Karosserie befestigt und über elektrische Steckverbindungen an den Bürstenhalter angeschlossen.

27 Aufbau eines Klauenpolgenerators mit Schleifringen

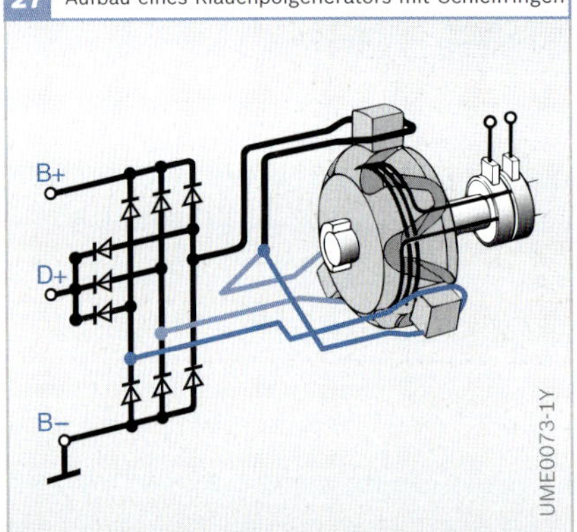

28 Aktivteile eines 12-poligen Klauenpolläufers

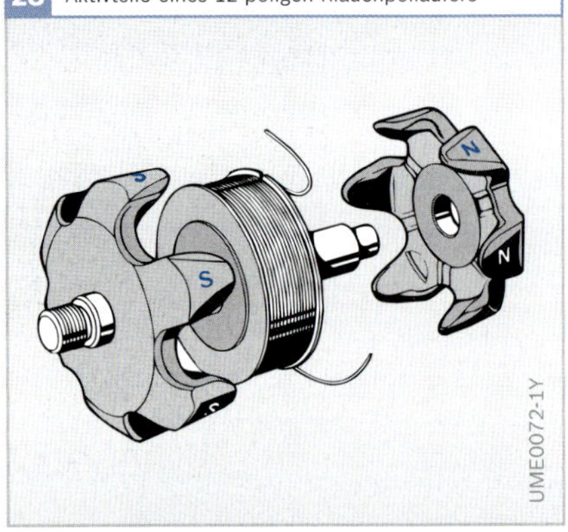

Aufbau des Topf-Generators

Der Klauenpol-Generator in Topf-Bauart (Bild 29) unterscheidet sich vom Compact-Generator in erster Linie durch den großen Lüfter (2), der zwischen Riemenscheibe (1) und topfförmigem Generatorgehäuse platziert ist. Der außen liegende Lüfter mit einer Maximaldrehzahl von 12 000...18 000 min^{-1} zieht die Kühlluft axial durch das Gehäuse (einflutige Belüftung).

Weitere Unterschiede sind die beim Topf-Generator größeren Schleifringe (7) und die Position des Gleichrichters innerhalb des Schleifringlagerschilds (6).

Der Doppel-T1-Generator

Der Doppel-T1-Generator besteht aus zwei elektrisch und mechanisch gekoppelten Generatoren der Baugröße T1 in einem gemeinsamen Gehäuse (Bild 31). Der elektronische Spannungsregler ist im Generator eingebaut. Die elektrische Schaltung der beiden Ständer und der beiden Erregersysteme ist in Bild 30 dargestellt. Zwischen D+ und D- befindet sich ein 100 Watt-Widerstand, der bewirkt, dass die Generatorkontrolllampe bei einer Feldunterbrechung aufleuchtet.

Der Doppel-T1-Generator wird in Bussen eingesetzt, die aufgrund steigender Komfortansprüche hohe Leistungsanforderungen an den Generator stellen.

Generatoren mit Leitstückläufer ohne Schleifringe

Charakteristisch für den Leitstückläufer (Bild 32) ist, dass neben dem Gehäuse mit dem Ständerpaket (4), den Kühlblechen mit den Leistungsdioden und dem angebauten Transistorregler (8) auch der Innenpol mit der Erregerwicklung (5) zum feststehenden Teil der Maschine gehört,

29 Schnittbild eines Klauenpolgenerators in Topfbauart

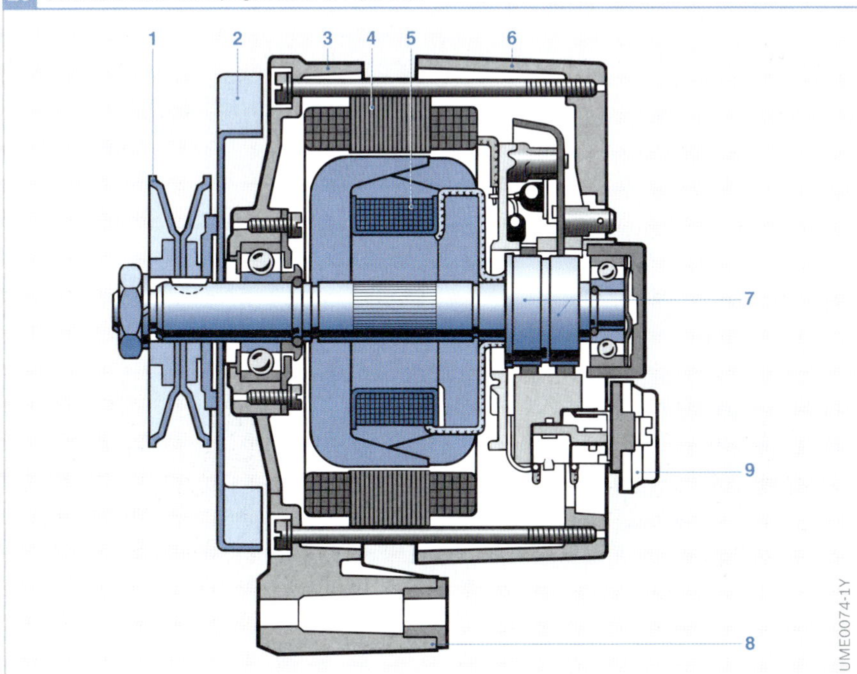

Bild 29
1 Riemenscheibe
2 Lüfter
3 Antriebslagerschild
4 Ständerpaket
5 Erregerwicklung
6 Schleifring-lagerschild
7 Schleifringe
8 Schwenkarm
9 Regler

deshalb sind keine Schleifkontakte erforderlich.

Das drehende Teil besteht lediglich aus dem Läufer (6) mit Polrad und Leitstück. Je sechs Polfinger gleicher Polarität bilden als Nord- bzw. Südpole je eine Polfingerkrone. Nur eine der beiden Polfingerkronen ist direkt mit der Läuferwelle verbunden. Ein unmagnetischer Haltering, der unter den ineinander greifenden Polfingern liegt, hält die beiden Kronen als Klauenpolhälften zusammen.

30 Schaltbild eines Doppel-T1-Generators mit zwei Ständern und zwei Erregersystemen

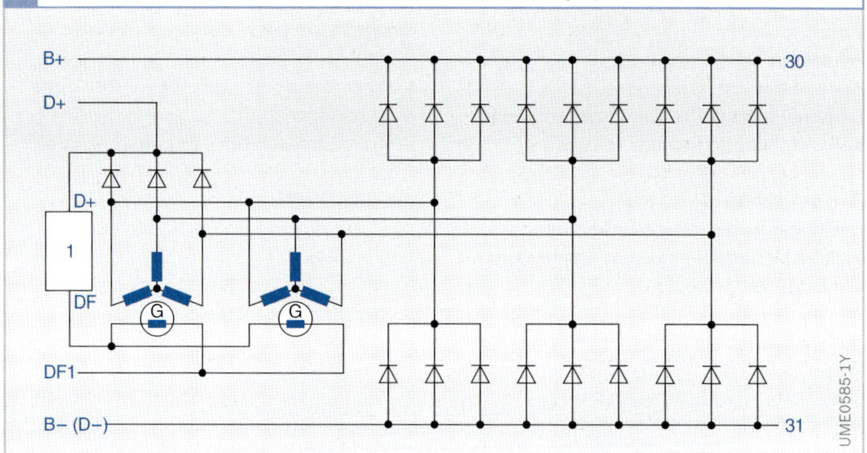

Bild 30
1 Regler

31 Schnittbild eines Doppel-T1-Generators DT1 mit zwei Ständern und zwei Erregersystemen

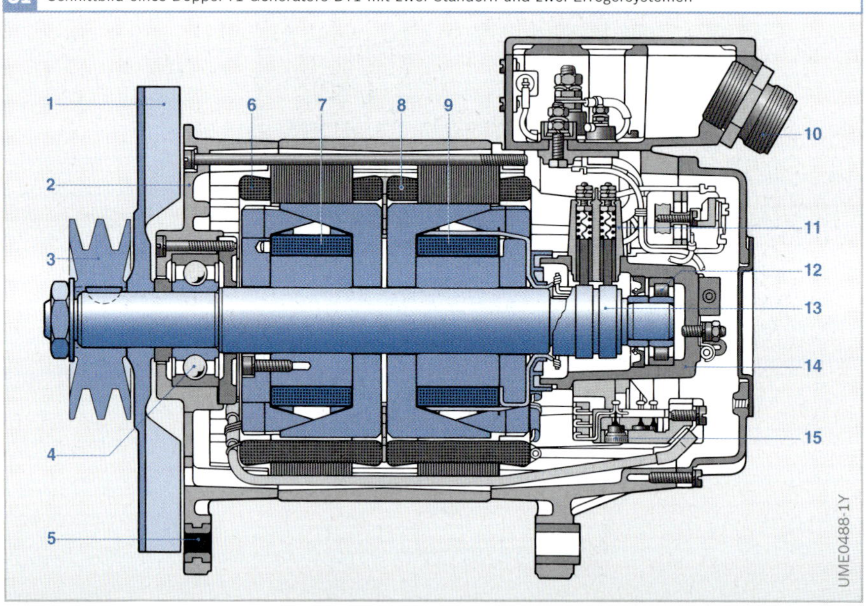

Bild 31
1 Lüfter
2 Antriebslagerschild
3 Riemenscheibe
4 Antriebskugellager
5 Schwenkarm
6 Ständerwicklung 1
7 Erregerwicklung 1 (Läufer)
8 Ständerwicklung 2
9 Erregerwicklung 2 (Läufer)
10 Kabeleinführstutzen
11 Bürstenhalter
12 Schleifringrollenlager
13 Schleifring
14 Schleifringlagerschild
15 Gleichrichterbaugruppe

Der Magnetfluss verläuft vom Polkern des rotierenden Läufers über den feststehenden Innenpol zum Leitstück, dann über dessen Polfinger zum feststehenden Ständerpaket. Über die entgegengesetzt gepolte Klauenhälfte schließt sich der magnetische Kreis im Polkern des Läufers. Der magnetische Fluss muss im Vergleich zum Schleifringläufer zwei zusätzliche Luftspalte zwischen dem umlaufenden Polrad und dem feststehenden Innenpol überwinden.

Durch den Wegfall der Verschleißkomponente Schleifring-Kohle-System sind diese Generatoren insbesondere für Anwendungen geeignet, die eine lange Lebensdauer bei starker Beanspruchung des Generators erfordern, z. B. für Baumaschinen oder Bahngeneratoren.

Der Generator mit Leitstückläufer wird auch in flüssigkeitsgekühlter Bauform ausgeführt. Dadurch wird eine deutliche Reduzierung des Geräusches gegenüber luftgekühlten Generatoren erreicht, da der Generator komplett gekapselt ist und kein Lüfter aerodynamisches Geräusch erzeugt. Das Generatorgehäuse ist an der Mantelfläche und der Rückseite komplett von Motorkühlflüssigkeit umspült. Die elektronischen Komponenten sind auf dem antriebsseitigen Lagerschild montiert.

32 Schnittbild eines Generators mit Leitstückläufer (Beispiel Typ N3)

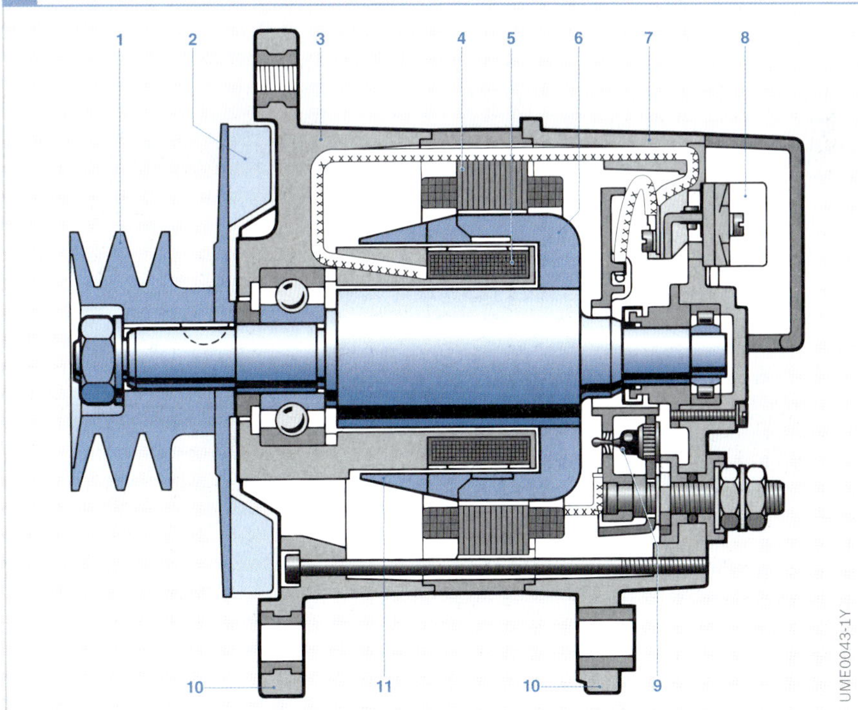

Bild 32
1 Zweirillige Riemenscheibe
2 Lüfter
3 Antriebslagerschild mit feststehendem Innenpol
4 Ständerpaket
5 feststehende Erregerwicklung
6 Leitstückläufer
7 hinteres Lagerschild
8 Anbautransistorregler
9 Leistungsdiode
10 Schwenkarm
11 Leitstück

Einzelpolgeneratoren

In Sonderfällen mit extrem hohem Leistungsbedarf (z. B. bei Reisebussen) ist der Einsatz von Generatoren in Einzelpolbauart erforderlich (Bild 33). Der Läufer hat einzelne, mit je einer Feldwicklung versehene Magnetpole. Diese Bauart ermöglicht eine deutlich größere Länge des Ständers (bezogen auf seinen Durchmesser) als beim Klauenpolgenerator. Dadurch lassen sich bei gleichem Durchmesser größere Leistungen verwirklichen. Die erreichbaren Höchstdrehzahlen sind jedoch gegenüber Klauenpolbauarten reduziert, weil die Läuferwicklungen nicht so gut gegen die Fliehkräfte geschützt sind wie beim Klauenpolprinzip.

Aufgrund des - im Vergleich zum Klauenpolgenerator - wesentlich größeren Erregerstroms sind die Verluste im Regler ebenfalls größer. Deshalb ist der Regler in einem gesonderten Gehäuse vom Generator weggebaut, wo er besser gekühlt werden kann.

33 Schnittbild eines Einzelpolgenerators Typ U2

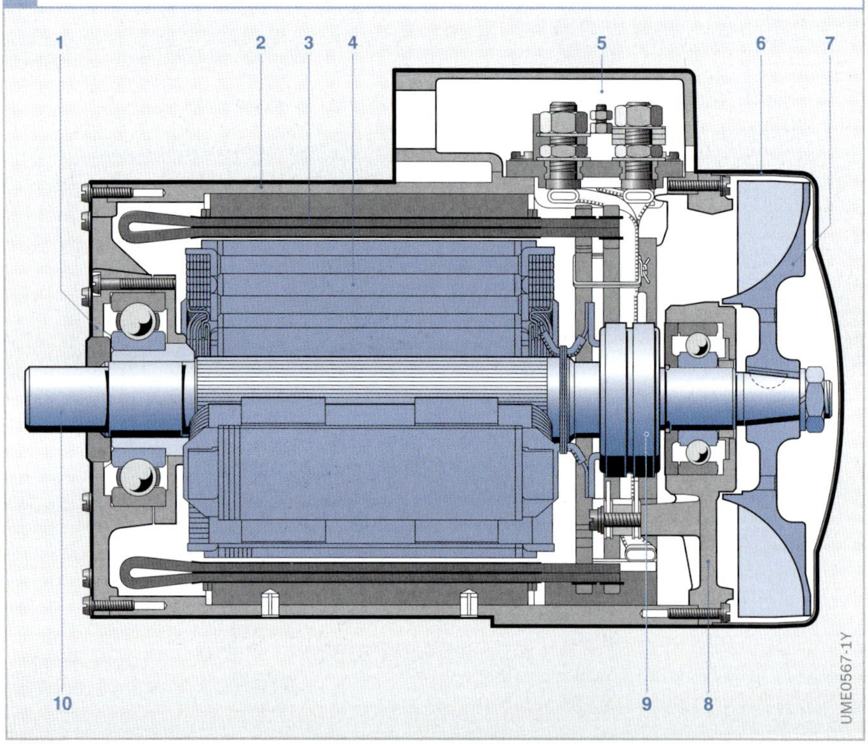

Bild 33
1 Antriebslagerschild
2 Gehäuse
3 Ständerwicklung
4 Läufer
5 Drehstromanschluss (Gleichrichter und Regler [extern])
6 Abdeckklappe
7 Lüfter
8 Schleifringlagerschild
9 Schleifring
10 Antriebswelle

34 Leistungsbedarf der elektrischen Verbraucher im Kfz (Durchschnittswerte)

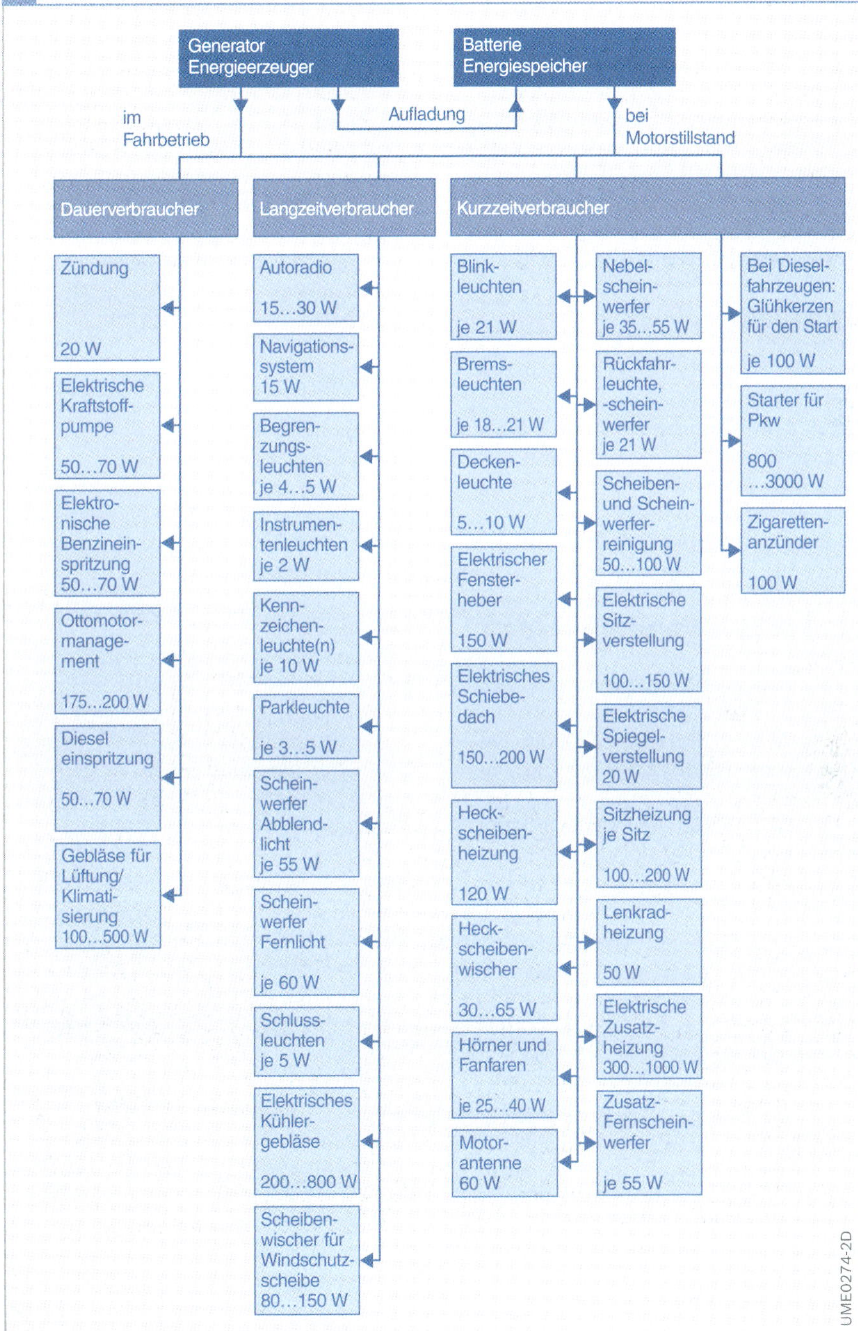

Startanlagen

Verbrennungsmotoren müssen von einem Starter mit einer Mindestdrehzahl angetrieben werden, bevor sie im Selbstlauf ausreichend Energie liefern können, um aus den Verbrennungszyklen den Momentenbedarf für die Kompressions- und Gaswechselzyklen zu decken. Dabei sind die Lagerstellen im Motor zunächst ungenügend geschmiert, sodass hohe Reibungswiderstände beim Drehen des Motors überwunden werden müssen.

Übersicht

Zum Starten von Verbrennungsmotoren werden Elektromotoren (Gleich-, Wechsel- und Drehstrommotoren), aber auch Hydraulik- und Pneumatikmotoren verwendet. Der elektrische Gleichstrom-Reihenschlussmotor ist besonders als Startermotor geeignet, da er das erforderliche hohe Anfangsdrehmoment zur Überwindung der Andrehwiderstände und zur Beschleunigung der Triebwerksmassen entwickelt.

Die für den Startvorgang benötigte Energie wird in der Regel aus der Batterie bezogen, die auch die anderen elektrischen Komponenten im Bordnetz des Fahrzeugs versorgt.

Das Drehmoment des Starters wird meist über ein Ritzel und einen Zahnkranz auf den Motor übertragen, zum Teil aber auch über Keilriemen, Zahnriemen, Ketten oder direkt auf die Kurbelwelle.

Zum Starten des Motors greift das Ritzel des Starters (Bild 1, Pos. 7) in den Zahnkranz des Motors (12) ein. Der Zahnkranz mit typischerweise ca. 130 Zähnen (bei Pkw 103...144, bei Nkw 110...160) befindet sich bei Fahrzeugen mit Handschaltgetriebe am Schwungrad des Motors, bei Fahrzeugen mit Automatikgetriebe am Wandlergehäuse. Das Ritzel des Starters mit typischerweise 10 Zähnen (bei Pkw 8...10, bei Nkw 9...13) steht wenige Millimeter vor dem Zahnkranz in Ruhelage. Dreht der Fahrer den Zündschlüssel in Startposition, so wird zunächst eine mechanische Verbindung zwischen Starter und Zahnkranz hergestellt (Einspuren), um das Drehmoment des dann anlaufenden Starters auf den Motor übertragen zu können.

Aufgrund der großen Übersetzung zwischen Starterritzel und Zahnkranz kann der Starter auf hohe Drehzahlen bei niedrigem Drehmoment ausgelegt werden. Dadurch können die Abmessungen und das Gewicht des Starters klein gehalten werden.

Starter

Arbeitsphasen des Schub-Schraubtrieb-Starters

Der Schub-Schraubtrieb-Starter hat sich als weltweiter Standard für Pkw durchgesetzt. Der Einspurweg besteht aus dem Schub- und dem Schraubweg.

Einspuren

Das Zündschloss schließt in Startposition den Zündstartschalter (Bild 1a, Pos. 1), der das Einrückrelais (2) ansteuert. Das in der Relaisspule aufgebaute Magnetfeld zieht den Relaisanker an, der dabei das Ritzel (7) über den Einrückhebel (5) nach vorn gegen den Zahnkranz (12) schiebt (Schubweg). Über ein Steilgewinde (10) auf der Welle wird das Ritzel beim Vorspuren leicht entgegen der Antriebsrichtung des Starters gedreht und so der Einspurvorgang erleichtert.

Im Idealfall trifft ein Zahn des Ritzels unmittelbar in eine Zahnlücke des Zahnkranzes, wodurch die Kopplung zwischen Starter und Verbrennungsmotor hergestellt ist (Bild 1b). Während der Bewegung des Ritzels in den Zahnkranz schließt der Anker des Einrückrelais über die Kontaktbrücke den Hauptstromkreis des Startermotors. Dieser beginnt sich zu drehen und treibt über die Antriebswelle und das Ritzel den Zahnkranz des Motors an, der somit ebenfalls zu drehen beginnt (Bild 1d).

1 Arbeitsphasen des Schub-Schraubtrieb-Starters

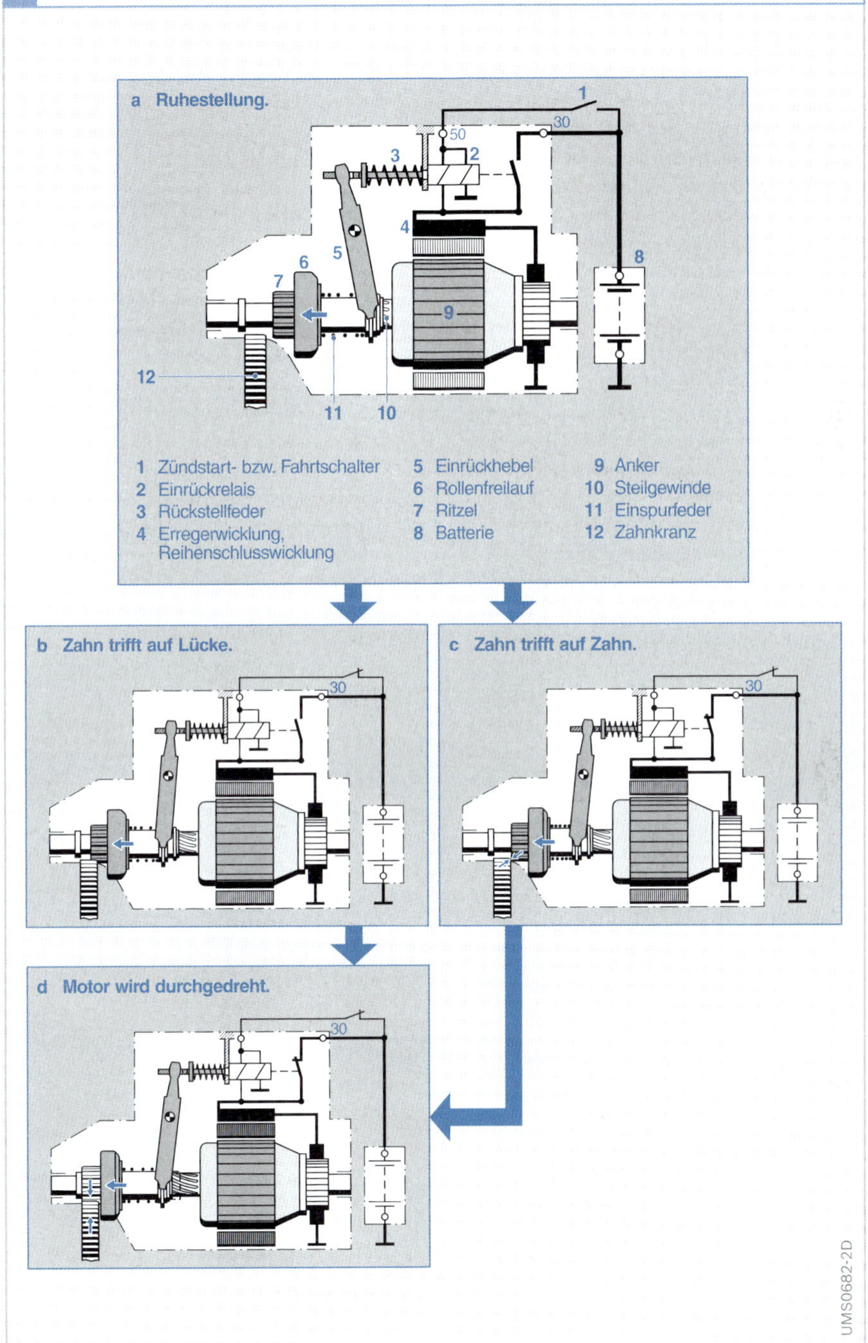

Dieses ideale Einspuren des Ritzels in den Zahnkranz ist allerdings nicht der Regelfall, denn das Zahnflankenspiel von typischerweise 0,4 mm lässt nur wenig Raum für ein kollisionsfreies Einspuren.

In vielen Fällen (ca. 50...80 % der Startvorgänge, je nach geometrischen Randbedingungen) ergibt sich eine Kollisionssituation, in der sich die Zähne von Ritzel und Zahnkranz gegenseitig blockieren (Bild 1c). Das Ritzel kann ohne Drehung nicht weiter nach vorn geschoben werden. Der Anker des Einrückrelais wird aber auch in diesem Fall weiter eingezogen und bewirkt nun über den Einrückhebel das Komprimieren der Einspurfeder (11). Das Ritzel wird so mit zunehmender Kraft gegen den Zahnkranz gedrückt.

Gegen Ende seines Wegs schließt das Einrückrelais den Hauptstromkontakt des Startermotors. Somit beginnt das Ritzel zu drehen, bis eine günstige Zahn-Lücke-Konstellation erreicht ist. Die vorgespannte Einspurfeder schiebt nun das Ritzel über das Steilgewinde nach vorn (Schraubweg), bis es vollständig in den Zahnkranz einspurt. Dabei wird das Ritzel durch die Schraubwirkung des Steilgewindes in Verbindung mit der Drehbewegung des Startermotors zusätzlich in den Zahnkranz gedrückt. Das Steilgewinde bewirkt, dass ein Drehmoment erst nach vollständigem Einspuren des Ritzels auf den Motor übertragen werden kann.

Bei Nutzfahrzeugen muss wegen der großen zu übertragenden Drehmomente eine Überlastung der Verzahnung vermieden werden. Geeignete Einspurprinzipien stellen eine ausreichende Überdeckung von Ritzel und Zahnkranz sicher, bevor der Startermotor mit voller Kraft anläuft.

Losbrechen und Durchdrehen

Nach dem Einspuren des Ritzels überträgt der Starter ein Drehmoment auf die Kurbelwelle des Motors.

Der Starter liefert beim Einschalten im Stillstand das höchste Drehmoment, das dann mit zunehmender Drehzahl stetig

2 Phasen des Startvorgangs

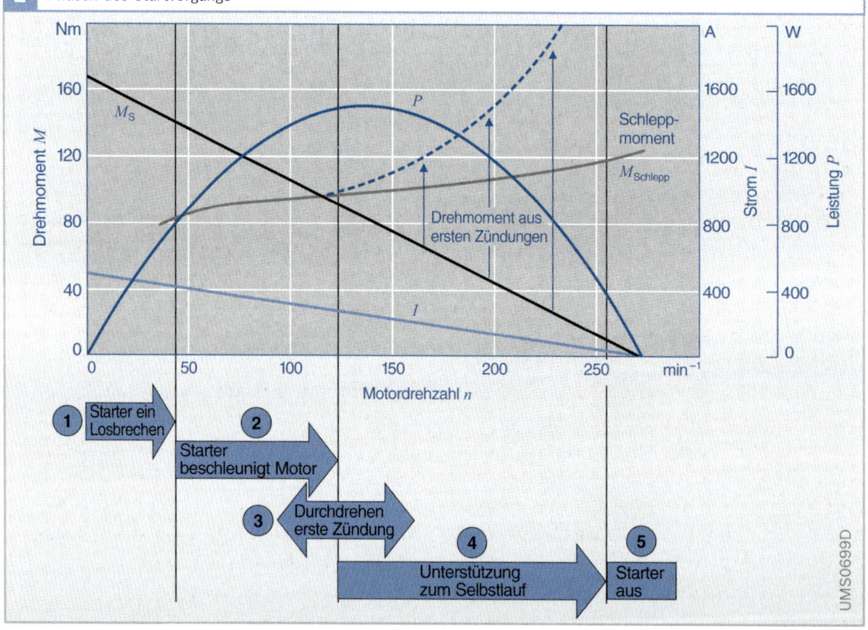

Bild 2
M_S Starterdrehmoment
$M_{Schlepp}$ Schleppmoment
P Leistung
I Strom
n Motordrehzahl

abnimmt. Der zu Beginn des Startvorgangs vorhandene Drehmomentüberschuss des Starters überwindet zunächst die Haftreibung in den Lagerstellen des Motors (Losbrechen) und beschleunigt die beweglichen Motormassen und Zusatzaggregate dann bis zur Durchdrehzahl. Diese ist durch den Schnittpunkt von Motor- und Starter-Drehmomentkurve charakterisiert (Bild 2), d. h. bei größeren Drehzahlen reicht das Starterdrehmoment nicht mehr aus, um den Motor weiterhin anzutreiben. Daher muss für einen erfolgreichen Start die Durchdrehzahl höher liegen als die Mindest-Startdrehzahl.

Starten und Überholen

Bei einem betriebswarmen Motor genügen normalerweise zwei Umdrehungen der Kurbelwelle bis zum Start. Bei Kälte kann ein etwas längeres Durchdrehen erforderlich sein (bis zu einer Minute ist keine Seltenheit). Zur Entlüftung eines Kraftstoffversorgungssystems kann ein Durchdrehen bis zum Start aber auch 20...30 s lang dauern.

Das Motormanagement erfasst über Sensoren die Stellung der Kurbelwelle schon bei den ersten beiden Umdrehungen (Initiierung des Einspritzsystems). Ihr Signal dient dazu, dass die Einspritzung gezielt auf den Zylinder mit der nächsten Verdichtung erfolgt. Dies führt zu einem schnellen und schadstoffarmen Start.

Mit der ersten Einspritzung bzw. Zündung beginnt der Verbrennungsmotor selbst Drehmoment zu erzeugen und damit die Drehzahl zu steigern, was jedoch nicht in allen Fällen zum Start genügt. Damit auch bei ungünstigen Bedingungen das beim Ottomotor zum Selbstlauf notwendige Luft-Kraftstoff-Gemisch gebildet wird bzw. beim Dieselmotor die Selbstzündungstemperatur erreicht wird, muss der Starter den Verbrennungsmotor beim Hochlaufen auf die Mindest-Selbstlaufdrehzahl ggf. weiter unterstützen. Bereits nach wenigen Zündungen beschleunigt er so stark, dass der Startermotor nicht folgen kann und überholt wird. In dieser Phase muss der Freilauf eine Entkopplung des Ritzels von der Antriebswelle herbeiführen. Er schützt damit den Startermotor vor Überdrehzahl und verhindert übermäßigen Verschleiß.

Mit dem Loslassen des Zündschlüssels wird schließlich der Relaisstromkreis unterbrochen. Die Rückstellfeder drückt den Relaisanker zurück, wodurch zunächst der Hauptstromkontakt öffnet. Die Ausspurfeder sorgt für die weitere Rückbewegung des Ritzels, das dadurch wieder aus dem Zahnkranz ausrückt. Dabei wird das Ausspuren durch die Drehbewegung des Ritzels beim Zurückfahren über das Steilgewinde unterstützt. Der Startermotor läuft aus und die gesamte Mechanik kehrt in die Ruhelage zurück.

Abschaltfunktion

Die Kopplung von Relaisanker und Einrückhebel ist mit Spiel, auch Leerweg genannt, versehen. Kommt der Motor (z. B. wegen fehlenden Kraftstoffs) nicht zum Selbstlauf, so muss der Start abgebrochen werden. Ritzel und Zahnkranz stehen beim Abbruch unter voller Last und das Ritzel ist voll vorgespurt.

Beim Abschalten des Relaisstroms muss nun ein ausreichender Leerweg für den Relaisanker zur Verfügung stehen, der das Öffnen der Hauptstromkontakte ermöglicht. Wäre dies nicht der Fall, so würde der Einrückhebel den Relaisanker festhalten. Der Hauptstromkontakt bliebe geschlossen und ein Startabbruch wäre nicht möglich.

Bei Nkw-Startern stellt wegen der geometrischen Verhältnisse nicht der zuvor beschriebene Leerweg die Abschaltfunktion sicher, sondern eine Abschaltfeder (Bild 3). Die Kraft dieser Feder in Ritzelruhelage übertrifft die Rückstellfederkraft des Relaisankers und drückt den Relaisanker bis zum Anschlag am Hebel zurück. Bei eingezogenem Relaisanker muss wiederum die Ankerrückstellfederkraft groß genug sein, um die Abschaltfeder so weit zusammenzudrücken, dass die Kontaktbrücke von den Kontaktbolzen abhebt.

Einrückrelais

Relais dienen dazu, einen hohen Strom mit einem verhältnismäßig niedrigen Steuerstrom zu schalten. Der Starterstrom beträgt bei Pkw bis zu 1500 A, bei Nkw bis zu 2500 A. Da Kontakte für derart hohe Ströme stark belastet sind, ist die Verwendung eines Leistungsrelais zwingend. Das Relais wird durch einen relativ niedrigen Steuerstrom (Relaisstrom) von ca. 30 A für Pkw und bis ca. 80 A bei Nkw betätigt. Zum Einschalten genügt dann ein mechanischer Schalter (Zündschlossschalter, Startknopf) oder ein einfaches Kleinrelais, das vom Motorsteuergerät betätigt wird.

Das im Starter eingebaute Einrückrelais (Bild 4) ist eine Kombination von Einrückmagnet und Relais. Es erfüllt zwei Funktionen:

- Vorschieben des Ritzels zum Einspuren in den Zahnkranz des Motors,
- Schließen der Kontaktbrücke zum Einschalten des Starterhauptstroms.

Der mit dem Gehäuse fest verbundene Magnetkern (4) ragt von einer Seite her in das Innere der Magnetwicklung (2, 3) hinein, der bewegliche Relaisanker (1) von der anderen Seite her. Der Abstand zwischen Magnetkern und Relaisanker entspricht dem Gesamthub des Ankers. Magnetgehäuse, Magnetkern und Relaisanker bilden zusammen den magnetischen Kreis.

Unter dem Einfluss der beim Einschalten des Stroms entstehenden Magnetkraft wird der Magnetanker in die Wicklung hineingezogen. Diese Ankerbewegung bewirkt einerseits die axiale Verschiebung des Ritzels über den Einrückhebel, andererseits das Andrücken der Kontaktbrücke (8) an die Hauptstromkontakte (6).

Die Wicklung des Relais besteht bei den meisten Ausführungen aus einer Einzugs- und einer Haltewicklung (Bild 4, Pos. 2 und 3 sowie Bild 5, Pos. 4a und 4b). Diese Aufteilung ist in Bezug auf die thermische Belastbarkeit und die erzielbaren magnetischen Kräfte sehr günstig.

In der Ausgangsposition (Relais nicht bestromt) ist der Luftspalt zwischen Anker und Magnetkern relativ groß. Nur eine hohe magnetische Durchflutung kann die Einrückwiderstände überwinden.

Mit der Verkleinerung des Luftspalts beim Einzug des Magnetankers nimmt die Magnetkraft deutlich zu. Bei vollständig eingezogenem Anker bleibt quasi kein

3 Abschaltfunktion mit Abschaltfeder

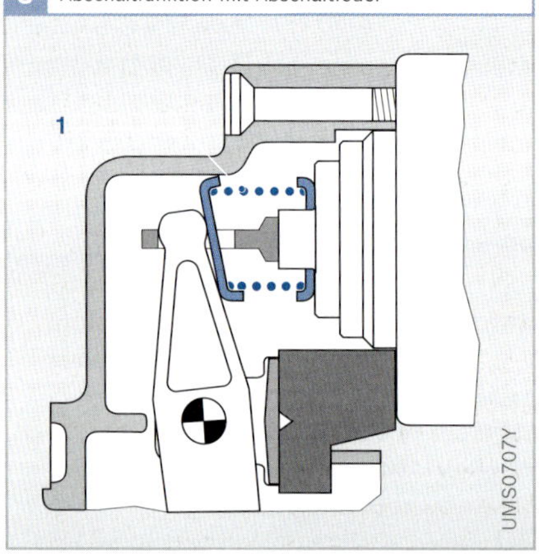

Bild 3
1 Relais mit Abschaltfeder

4 Einrückrelais

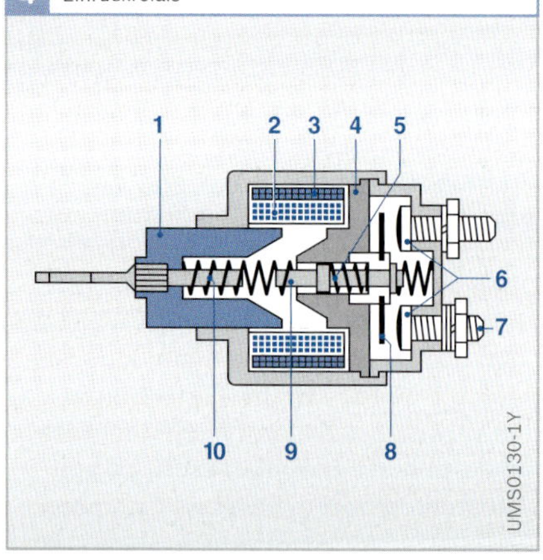

Bild 4
1 Relaisanker
2 Einzugswicklung
3 Haltewicklung
4 Magnetkern
5 Kontaktfeder
6 Kontakte
7 elektrischer Anschluss
8 Kontaktbrücke
9 Schaltachse (geteilt)
10 Rückstellfeder

Restluftspalt und es genügt die Magnetkraft der Haltewicklung, um den Relaisanker bis zum Beenden des Startvorgangs festzuhalten. Die Einzugswicklung wird bei eingezogenem Anker über den Hauptstromkontakt und das Zündschloss kurzgeschlossen.

Dabei ist wichtig, dass Einzugs- und Haltewicklungen gleiche Windungszahlen aufweisen. Anderenfalls könnte es bei dem Abschaltvorgang zu einer Selbsthaltung des Relais kommen, indem eine Versorgung der beiden dann hintereinander geschalteten Wicklungen rückwärts über Klemme 45 erfolgen würde. Die gleichen Windungszahlen gewährleisten, dass die Magnetfelder der nun gegensinnig durchflossenen Spulen sich gegenseitig aufheben und das Relais sicher abschaltet.

Da der Starter beim Einschalten des Hauptstroms einen starken Spannungseinbruch im gesamten Bordnetz verursacht, muss die Haltewicklung so ausgelegt sein, dass der Anker auch bei einer Versorgungsspannung deutlich unterhalb der halben Batterie-Nennspannung noch sicher gehalten wird. Anderenfalls könnte es zu einem mehrfachen schnellen Öffnen und Schließen des Relais kommen, was eine Schädigung der Kontakte nach sich ziehen würde.

5 Schaltung des Einrückrelais

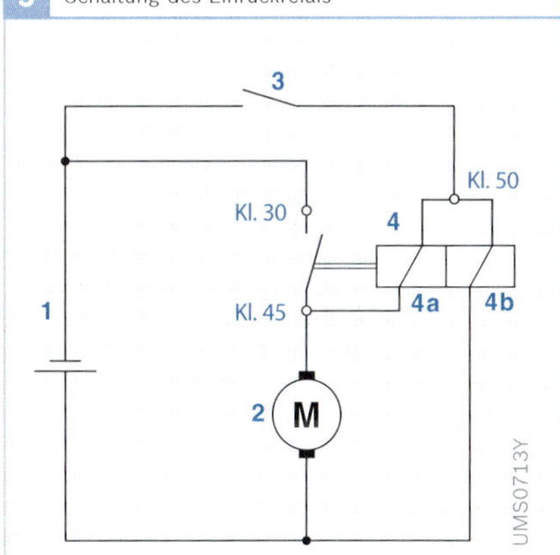

Rückstellfedern zwischen den einzelnen Bauelementen sorgen dafür, dass nach dem Ausschalten die Kontakte geöffnet werden und der Relaisanker wieder in seine Ausgangsposition zurückkehrt.

Am Relaisdeckel des Einrückrelais sind zweckmäßigerweise die elektrischen Anschlüsse des Starters (Kl. 50, Kl. 30 und Kl. 45) zu einer Baugruppe zusammengefasst. Der Relaisdeckel besteht üblicherweise aus einem Duroplastwerkstoff, der auch bei hohen thermischen Beanspruchungen (kurzzeitig bis zu 180 °C) die erforderliche mechanische Belastbarkeit sicherstellt und dadurch gewährleistet, dass das Einrückrelais mit all seinen Komponenten sicher zusammengehalten wird. Um auch bei hohen Temperaturen ein sicheres Einziehen und Schalten der Relais zu gewährleisten, gibt es besondere Wicklungsausführungen, die ebenfalls Temperaturen bis zu 180 °C standhalten.

Die Hauptstromkontakte sind bei Pkw-Startern üblicherweise aus Stahlbolzen mit einem eingenieteten Kupferkontakt gefertigt, der ein gutes Schaltverhalten und einen minimalen Kontaktwiderstand sichert. Relais für Nkw-Starter werden für eine besonders hohe Strombelastbarkeit einteilig aus einer hochfesten Kupferlegierung hergestellt. Um das Prellverhalten und damit den Kontaktverschleiß zu reduzieren, kommt bei Nkw-Startern vermehrt die konische Kontaktform zur Anwendung.

Die Ansteuerklemme 50 kann je nach Fahrzeugkabelbaum mit einem Schraubanschluss oder mit unterschiedlichen, z. T. abgedichteten Steckkontakten ausgeführt sein.

Beim Pkw-Einrückrelais verbindet normalerweise eine Rundsteckverbindung den Deckel mit der Relaiswicklung. Dies ermöglicht eine geschlossene Deckelkontur ohne Niet- oder Lötverbindungen und die damit erforderlichen Öffnungen. Außerdem ist hier der Deckel standardmäßig zum Relaisgehäuse hin abgedichtet.

Bild 5
1 Batterie
2 Starter
3 Zündschloss
4 Einrückrelais
4a Einzugswicklung
4b Haltewicklung

Für besondere Anforderungen an die Dichtheit kann der Relaisanker mit einer flexiblen Gummimembran (Gummibalg) versehen sein (Bild 6, Pos. 2), um das Eindringen von Feuchtigkeit aus dem Einspurtrieb des Starters zu verhindern. Diese Ausführung kommt hauptsächlich bei Anwendungen zum Einsatz, bei denen ein Wassereintritt in das Antriebslager nicht auszuschließen ist. Ein weiteres Einsatzgebiet sind außerdem Einbaulagen, bei denen das Einrückrelais nach unten weist und sich dadurch im Antriebslagerdom Feuchtigkeit ansammeln kann.

Bei einigen großen Nkw-Startern ist kein Einrückrelais eingebaut, sondern der Einrückmagnet für den Ritzelvorschub und das Steuerrelais für die elektrischen Schaltstufen sind voneinander getrennt.

Freilauf

Bei sämtlichen Starterausführungen überträgt ein Freilauf (Überholkupplung) das Drehmoment vom Startermotor auf das Ritzel. Der Freilauf hat die Aufgabe, das Ritzel bei antreibender Antriebswelle mitzunehmen und die Verbindung zwischen Ritzel und Antriebswelle bei schneller laufendem Ritzel zu lösen. Der Freilauf verhindert damit, dass der Anker des Startermotors beim Hochlauf des Motors auf eine unzulässig hohe Drehzahl beschleunigt wird.

Freiläufe für Starter sind kraftschlüssig (Rollen- und Lamellenfreilauf) oder formschlüssig (Stirnzahnfreilauf) ausgeführt.

Rollenfreilauf

Schub-Schraubtrieb-Starter verfügen üblicherweise über einen Rollenfreilauf (Bild 7). Der Mitnehmer mit Freilaufring (3) ist über ein Steilgewinde mit der Antriebs-
welle verbunden. Den Kraftschluss zwischen dem innen liegenden zylindrischen Schaft des Ritzels und dem außen umlaufenden Freilaufring des Mitnehmers stellen Zylinderrollen (5) her, die sich auf der Rollengleitkurve (4) bewegen können.

Im Ruhezustand drücken die Federn (7) die Rollen in den sich verengenden Teil zwischen der Gleitkurve des Freilaufrings und dem Ritzelschaft (6). Der sich an den Rollen bildende Klemmwinkel ist so klein gewählt, dass das Ritzel bei anlaufendem Startermotor sofort mitgedreht wird.

Tritt der Überholvorgang ein, so werden die Rollen durch die Reibung am Ritzelschaft gegen die Federkraft in den sich erweiternden Teil der Gleitkurve bewegt, wobei sich die Rollen aufgrund der Federkraft stets spielfrei an Ritzelschaft und Gleitkurve anlegen. Das entstehende

6 Relaisabdichtung mit Gummibalg

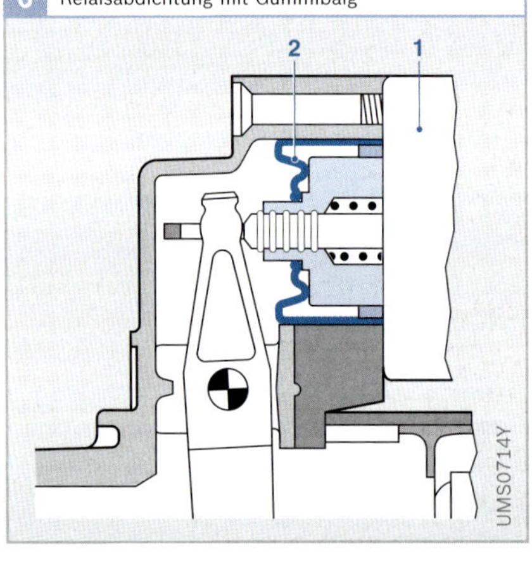

Bild 6
1 Einrückrelais
2 Gummibalg

7 Rollenfreilauf

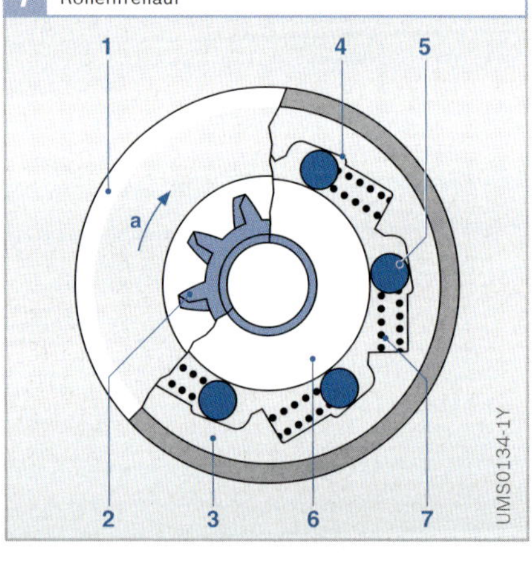

Bild 7
1 Verschlusskappe
2 Ritzel
3 Mitnehmer mit Freilaufring
4 Rollengleitkurve
5 Zylinderrolle
6 Ritzelschaft
7 Feder
a Kupplungsrichtung

Überholdrehmoment ist relativ klein und hat keine große Auswirkung auf die sich einstellende Leerlaufdrehzahl des Startermotorankers.

Stirnzahnfreilauf

Der Stirnzahnfreilauf (Bild 8) ist in Verbindung mit dem mechanisch zweistufigen Einspurtrieb bei den Schubtrieb-Startern der Typen JE und KE eingebaut. Dieser Freilauf überträgt das Drehmoment formschlüssig über eine Stirnverzahnung.

Sobald der Überholvorgang einsetzt, treibt der Zahnkranz des Motors das Ritzel (1) an, das über eine Stirnverzahnung mit dem Kupplungsteil (4) gekuppelt ist. Bedingt durch die sägezahnförmige Stirnverzahnung wird das Kupplungsteil beim Überholen des Ritzels auf der Schrägverzahnung nach innen in Richtung Startermotor gedrückt. Die Trennung von Ritzel und Kupplungsteil wird durch drei Fliehgewichte (2) unterstützt, die über einen konischen Druckring (3) eine axiale Kraft auf das Kupplungsteil ausüben.

Lamellenfreilauf

Der Lamellenfreilauf findet bei größeren Schubtrieb-Startern (KB, QB, QF, TB, TF) Anwendung. Der Kraftschluss zwischen Anker und Starterritzel erfolgt über ein ringförmiges Lamellenpaket (Bild 9, Pos. 3). Die Lamellen stehen durch Mitnehmernocken wechselweise mit dem Mitnehmerflansch (1) und mit dem Kuppelteil (4) im Eingriff. Die einzelnen Lamellen sind in Achsrichtung verschiebbar angeordnet, können radial aber nicht gegen Mitnehmerflansch bzw. Kuppelteil verdreht werden. Der außenliegende Mitnehmerflansch ist fest mit der Ankerwelle verbunden. Das Kuppelteil hingegen sitzt schraubenförmig verdrehbar auf dem Steilgewinde (7) der Getriebespindel.

Kraftschluss

Voraussetzung dafür, dass der Lamellenfreilauf durch Reibung kraftschlüssig werden kann, ist eine gewisse Pressung zwischen den Lamellen (Bild 9a). In der Ruhestellung wird das Lamellenpaket (3) durch eine geringe Vorspannfederkraft einer Wellfeder (bei K-Startern; 8) bzw. von Bolzen und Federn (bei Q und T-Startern) so zusammengedrückt, dass die vorhandene Reibung die Mitnahme des Kuppelteils (4) sichert.

Hat das Ritzel nach dem Einspuren seine Endstellung erreicht, muss der volle Kraftschluss zum Starten wirksam werden. Das Kuppelteil rückt auf dem Steilgewinde der Getriebespindel (7) bei festgehaltenem Ritzel und umlaufender Ankerwelle nach

8 Einspurgetriebe mit Stirnzahnfreilauf

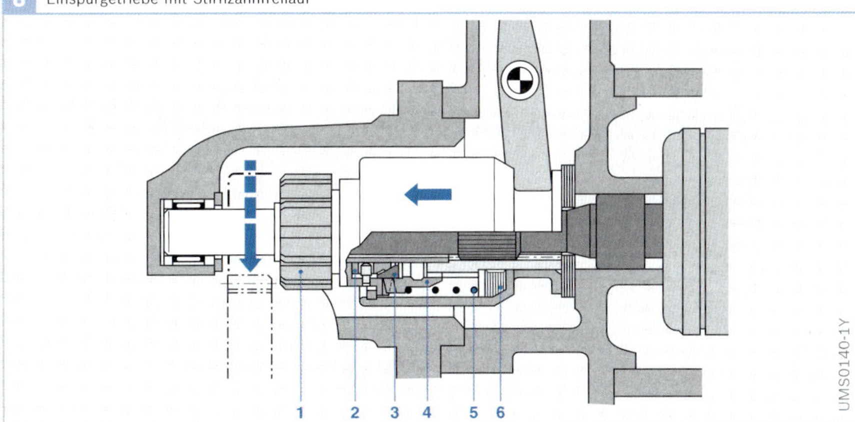

Bild 8
1 Ritzel mit Stirnverzahnung
2 Fliehgewichte
3 konischer Druckring
4 Kupplungsteil mit Stirnverzahnung
5 Feder
6 Gummipaket

9 Einspuren mit Lamellenfreilauf

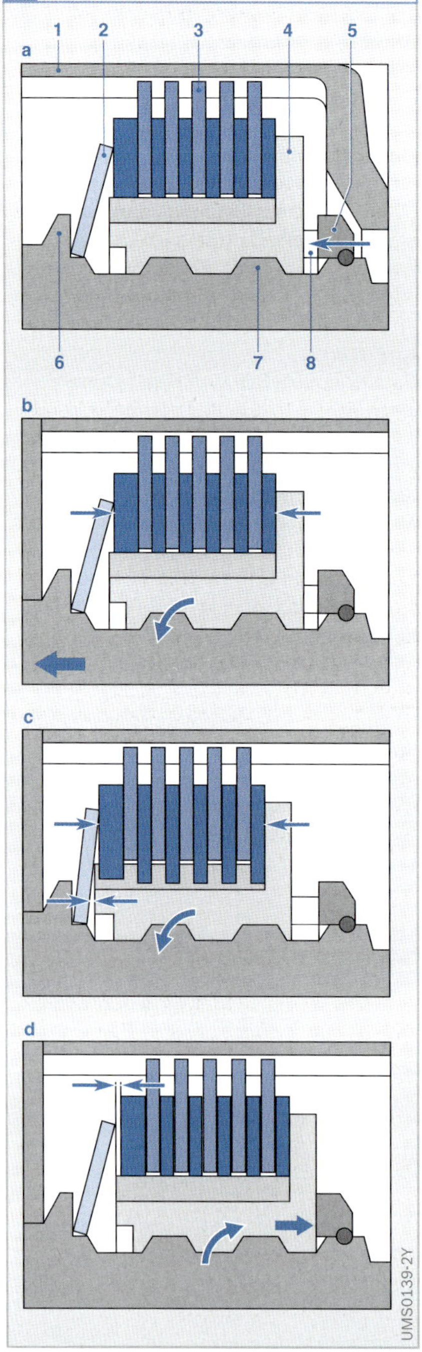

Bild 9
- a Ruhestellung
- b Kraftschluss
- c Drehmomentbegrenzung
- d Überholen

1. Mitnehmerflansch
2. Tellerfeder
3. Lamellenpaket
4. Kuppelteil
5. Anschlagring
6. Anschlagbund der Getriebespindel
7. Steilgewinde der Getriebespindel
8. Wellfeder (oder Federn und Bolzen)

außen gegen die Tellerfeder. Dadurch steigt die Pressung zwischen den Lamellen weiter an. Der Anstieg der Pressung hält an, bis die Reibung zwischen den Lamellen zur Übertragung des jeweils erforderlichen Startdrehmoments ausreicht. Der Kraftschluss läuft dabei auf folgende Weise ab: Anker - Mitnehmerflansch - Außenlamellen - Innenlamellen - Kuppelteil - Getriebespindel - Ritzel (Bild 9b).

Drehmomentbegrenzung
Die durch die Schraubwirkung des Kuppelteils zunehmende Lamellenpressung und damit das übertragene Drehmoment werden dadurch begrenzt, dass das Kuppelteil bei Erreichen der zulässigen Höchstbelastung innen an der Tellerfeder anläuft. Es drückt dabei mit seiner Stirnfläche die Tellerfeder gegen den Anschlagbund (6) der Getriebespindel (Bild 9c). Damit lässt sich die Lamellenpressung nicht mehr weiter erhöhen. Der Lamellenfreilauf wirkt in diesem Fall als Überlastkupplung, da die Lamellen bei der eingestellten Maximalkraft und dem daraus resultierenden Maximaldrehmoment durchrutschen.

Aufhebung des Kraftschlusses (Überholen)
Bei Beschleunigung des Motorschwungrades durch Zündimpulse oder beim Anspringen des Motors überholt das Ritzel den Startermotor. Dieser Kraftrichtungswechsel bewirkt, dass das Kuppelteil auf dem Steilgewinde bis zum Anschlagring (5) in Richtung Anker geschraubt wird (Bild 9d). Die Tellerfeder entspannt sich dabei vollständig; sie kann keinen Druck mehr ausüben. Die Lamellen lösen sich aus der Pressung und der Kraftschluss ist aufgehoben.

Direkt- und Vorgelegestarter
Beim Direktstarter wird das Starterritzel mit Ankerdrehzahl angetrieben. Freilauf und Ritzel sitzen hier direkt auf der Ankerwelle des Startermotors. Um die beim Kaltstart erforderlichen hohen Drehmomente abgeben zu können, muss der

Motorteil bei dieser Ausführung relativ groß und daher schwer ausgeführt sein. Für Pkw-Anwendungen ist diese Ausführung daher nur noch bei Leistungsgrößen < 1 kW gebräuchlich, bei Nkw-Anwendungen sind alle jüngeren Startertypen der RE/HE(F)-Baureihe Vorgelegestarter.

Beim Vorgelegestarter wird durch den Einsatz eines Planetengetriebes das gleiche Drehmoment mit einem kleineren und dafür schneller drehenden Elektromotor erzielt. Damit lässt sich je nach Ausführung eine Gewichtsersparnis von 30...40 % erreichen.

Planetengetriebe haben generell den Vorteil einer sehr kompakten Bauform bei großen Übersetzungsverhältnissen. Mit günstiger Zahneingriffsgeometrie lassen sich hohe Drehmomente mit geringer Geräuschentwicklung übertragen. Nach außen hin sind diese Getriebe frei von Querkraft, sodass die Lagerungen von Ankerwelle und Antriebswelle auch bei hohen Leistungen nur mit geringen Kräften belastet werden.

Das in Startern verwendete Planetengetriebe (Bild 10) besitzt ein fest stehendes Hohlrad (3). Der Antrieb erfolgt über das Sonnenrad (2), das mit der Ankerwelle des Elektromotors verbunden ist. Die Planetenritzel (1) stehen sowohl mit dem Sonnenrad als auch mit dem Hohlrad in Eingriff. Bei ihrer Umlaufbewegung treiben die Planetenritzel über ihre Lagerzapfen die Antriebswelle an, auf der das Steilgewinde mit dem Freilauf angeordnet ist.

Das Übersetzungsverhältnis zwischen Anker- und Ritzeldrehzahl lässt sich entsprechend der Auslegung des Planetengetriebes in einem weiten Bereich von ca. 3:1 bis zu 6:1 variieren. Dies ermöglicht die optimale Anpassung des Starters an die Charakteristik von Motor und Fahrzeugbordnetz.

Niedrige Übersetzungsverhältnisse gestatten hohe Warmstartdrehzahlen, wogegen eine hohe Übersetzung auch extreme Kaltstartanforderungen und niedrigen Stromverbrauch des Starters beim Durchdrehen zulässt.

Der Vorgelegestarter bietet weitere Vorteile. So wirkt der schnell drehende Anker durch die hohe Übersetzung als Schwungmasse, die den Verbrennungsmotor mit drehzahl-glättender Wirkung über den oberen Totpunkt der Zylinder hinweg schleppt. Der Motor hat dadurch im Moment der Einspritzung bzw. Zündung eine höhere Momentan-Drehzahl, was den Einspritzverlauf und damit auch die Startwilligkeit und die Abgaswerte günstig beeinflusst.

Bei Verbrennungsmotoren mit niedriger Zylinderzahl bietet dieser Schwungradeffekt zudem den Vorteil, dass die hohen Spitzenmomente der einzelnen Zylinder mit verhältnismäßig geringer Startleistung sicher überwunden werden können.

10 Planetengetriebe

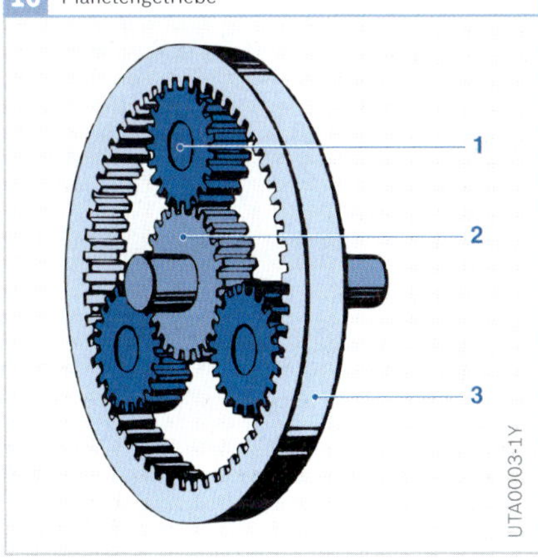

Bild 10
1 Planetenritzel
2 Sonnenrad
3 Hohlrad

Lagertyp

Die Lagerung des Ritzels kann auf zwei Arten erfolgen (Bild 11):

- Die meisten Starter haben ein Antriebslager, das im Bereich des Schwungrads des Motors ein „Maul" hat. Dieses Maul trägt die Lagernabe und hat im Bereich des Schwungrads eine Öffnung. Als Lagerelement dienen sowohl Gleit- als

auch Wälzlager (in manchen Fällen mit Dichtung). Das Einspurgetriebe (Ritzel und Freilauf) ist zum Zahnkranz hin offen.
- Für Anwendungen mit besonders hoher Beanspruchung des Einspurtriebes durch Staub, Wasser oder Kupplungsabrieb eignet sich vorzugsweise die freiausstoßende Bauform. Die ritzelseitigen Lagerstellen befinden sich komplett innerhalb des Antriebslagers. Wellendichtringe bieten einen so guten Schutz, dass sich diese Starter auch für ungünstigste Umgebungsverhältnisse eignen. Um die höheren Lagerlasten dieser Ausführung auch über die gesamte Lebensdauer verschleißfrei aufnehmen zu können, sind die ritzelseitigen Lagerstellen entsprechend verstärkt.

Frei ausstoßende Starter haben auch Einbauvorteile, weil sie keine dem Befestigungsflansch zugeordnete „Maulöffnung" haben. Dadurch bieten sich für die Einbauposition mehr Möglichkeiten, und der Platzbedarf im Schwungradgehäuse ist geringer.

Folgende Merkmale verhindern jedoch den generellen Einsatz dieser Bauform:
- Die im Antriebslager auftretende Stützkraft und der wirksame Reibradius sind gegenüber dem Maulstarter etwa doppelt so hoch, was zusätzliche Reibungs- und damit Leistungsverluste verursacht (Abhilfe kann ggf. ein Wälzlager schaffen, das auch das Verschleiß- und Geräuschverhalten verbessert).
- Lagerung, Dichtung und das lange Starterritzel verursachen erhöhte Kosten.
- Die Baulänge des Starters ist konstruktionsbedingt vergrößert.
- Die Verzahnungsverhältnisse und damit das Geräuschverhalten sind tendenziell etwas ungünstiger.

Weitere Startertypen

Starter für Nkw mit elektrisch zweistufigem Einspursystem

Verschiedene Starter im höheren Leistungsbereich für Nkw (Typ HEF95-L, HEF109-M) sind mit einem elektrisch zweistufigen Einspursystem (Bild 12) ausgerüstet, das ein sicheres und den Zahnkranz schonendes Einspuren ermöglicht. Die erste Schaltstufe unterstützt mit einem sanft andrehenden Startermotor lediglich das Einspuren des Starterritzels, der Starter dreht den Verbrennungsmotor jedoch noch nicht durch. Erst in der zweiten Stufe wird der Hauptstromkreis geschlossen. Das zweistufige Einspuren wird durch ein Vorsteuerrelais und ein Einrückrelais rea-

11 Ritzellagerung bei Startern mit Maul und bei frei ausstoßenden Startern

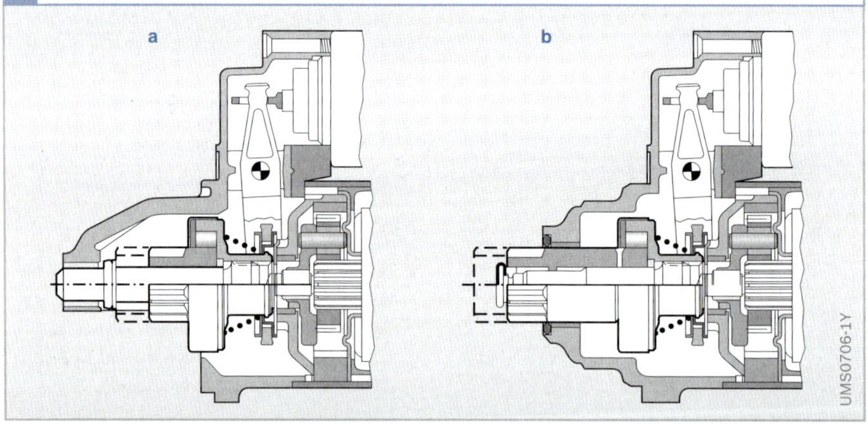

Bild 11
1 Starter mit Maul
2 freiausstoßender Starter

12 Elektrisch zweistufiges Einspursystem

Ruhestellung
Starter stromlos

Zahn trifft auf Lücke
Starter eingeschaltet, günstige Einspurstellung (1. Schaltstufe)

Zahn trifft auf Zahn oder Eck
Starter eingeschaltet, Einspuren erschwert (1. Schaltstufe).
Einspurfeder sorgt für das Einspuren.
Hauptstrom eingeschaltet.

Motor wird durchgedreht
Endstellung (2. Schaltstufe).
Starter hat volles Drehmoment.

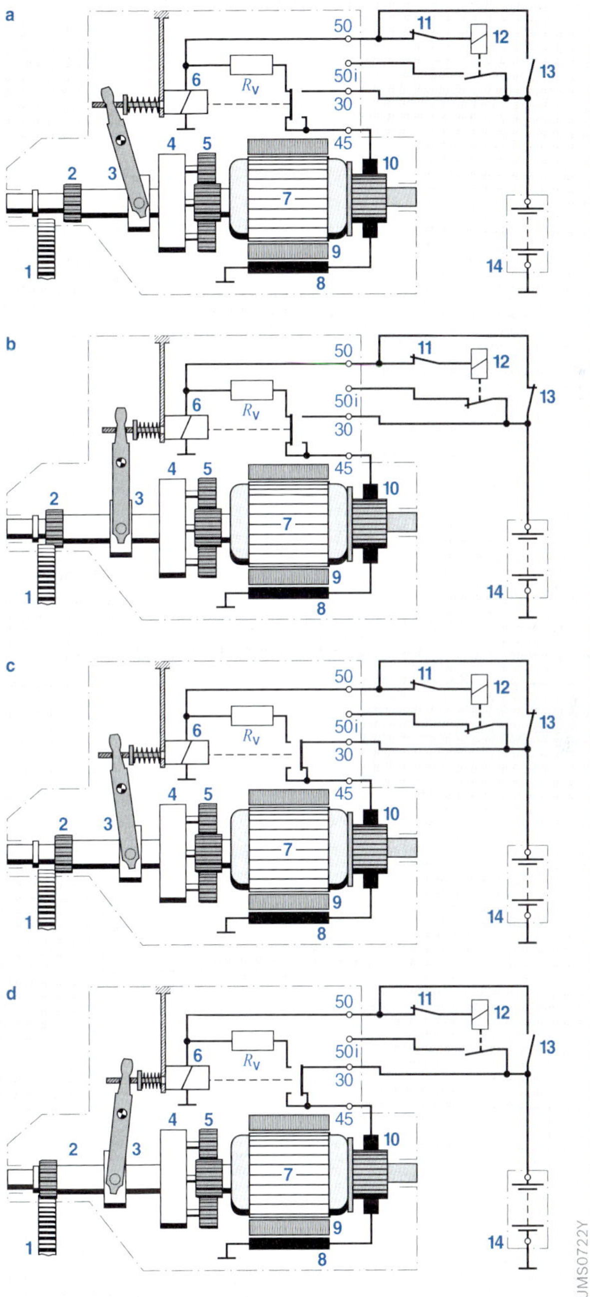

Bild 12
1 Zahnkranz
2 Ritzel
3 Einrückhebel
4 Rollenfreilauf
5 Planetengetriebe
6 Einrückrelais
7 Anker
8 Erregerwicklung
9 Polschuh
10 Kommutator
11 Thermoschalter
12 Vorsteuerrelais IMR
13 Startschalter
14 Batterie

R_V Vorwiderstand

lisiert. Die Einspurfeder ist im Einrückrelais integriert.

1. Schaltstufe (Vorstufe)
Das Spannungssignal vom Zündschloss oder von einem Steuergerät bewirkt zunächst das Schalten des Vorsteuerrelais, das den erforderlichen hohen Strom von ca. 180...200 A (bei 24 V-Startern) schalten kann.

Der Strom fließt durch einen Vorwiderstand bzw. durch eine Einzugs- und Haltewicklung. Zum einen wird dadurch über den Einrückhebel der Freilauf mit Ritzelwelle in Achsrichtung bewegt, zum anderen wird der Elektromotor sanft angedreht. Dadurch wird in der Regel ein vollständiges Einspuren des Ritzels in den Zahnkranz erreicht, bevor der Motor durch Schließen des Hauptstromkreises mit der vollen Stromstärke versorgt wird.

2. Schaltstufe (Hauptstufe)
Bei erfolgreichem Einspuren schaltet der Relaisanker den Strom durch den Vorwiderstand bzw. die Einzugswicklung kurz vor Erreichen des Endpunkts über seinen Öffnerkontakt ab. Einige Millisekunden danach wird der Hauptstrom eingeschaltet, und der Starter beginnt mit dem vollen Drehmoment zu drehen.

In einigen Fällen kann der Einspurvorgang wegen einer ungünstigen Lage von Ritzel zu Zahnkranz (Eck-auf-Eck) nicht erfolgen. Die Einspurfeder im Relaisanker sorgt in diesem Fall für das Einschalten des Hauptstroms vor dem vollständigen Einspuren des Ritzels in den Zahnkranz. Das Einspuren erfolgt dann einstufig.

Schubtrieb-Starter für Nkw mit elektromotorischer Ritzelverdrehung
Schubtrieb-Starter mit elektromotorischer Ritzelverdrehung (Typen KB, QB, QF, TB, TF; Bild 13) werden zum Starten von großen Verbrennungsmotoren verwendet. Sie arbeiten zur Schonung von Ritzel und Zahnkranz mit einem elektrisch zweistufigen Einspursystem.

1. Schaltstufe (Vorstufe)
In der 1. Stufe wird das Starterritzel in axialer Richtung vorgeschoben und gleichzeitig langsam verdreht, um ein sanftes Einspuren zu ermöglichen.

Mit Betätigen des Startschalters werden das Steuerrelais und die Haltewicklung des Einrückmagneten bestromt. Das Steuerrelais schließt dann sofort den Stromkreis der Einzugswicklung. Der einrückende Magnetanker schiebt über Einrückachse und Getriebespindel das Ritzel gegen den Zahnkranz des Motors.

Gleichzeitig wird die mit dem Starteranker zunächst in Reihe geschaltete Nebenschlusswicklung erregt. Sie wirkt zusammen mit der Einzugswicklung des Einrückmagneten als Vorwiderstand für die Starter-Ankerwicklung. Diese Schaltung begrenzt den Ankerstrom, sodass der Starteranker nur ein geringes Drehmoment entwickeln kann und nur langsam dreht.

Bei einer Zahn-auf-Zahn-Stellung von Ritzel und Zahnkranz wird das Ritzel in die nächste Zahnlücke des Zahnkranzes gedreht. Bei einer Eck-auf-Eck-Stellung („Blindschaltung“: Ritzel lässt sich weder in den Zahnkranz einschieben noch vor dem Zahnkranz verdrehen) muss der Startvorgang abgebrochen und wiederholt werden.

2. Schaltstufe (Hauptstufe)
Unmittelbar vor dem Ende des Ritzeleinspurweges hebt ein Auslösehebel eine Sperrklinke an und gibt die Kontaktbrücke des Steuerrelais frei. Eine gespannte Feder kann dadurch die Kontaktbrücke schlagartig gegen die Kontakte drücken. Der Startermotor erhält jetzt den vollen Strom und dreht den Verbrennungsmotor über den Lamellenfreilauf mit dem vollen Drehmoment durch.

13 Elektromotorische Ritzelverdrehung

Ruhestellung
Starter stromlos

Zahn trifft auf Lücke
Starter eingeschaltet, günstige Einspurstellung (1. Schaltstufe)

Zahn trifft auf Zahn oder Eck
Starter eingeschaltet, kein Einspuren möglich (1. Schaltstufe).
Startversuch muss wiederholt werden.

Motor wird durchgedreht
Endstellung (2. Schaltstufe).
Starter hat volles Drehmoment.

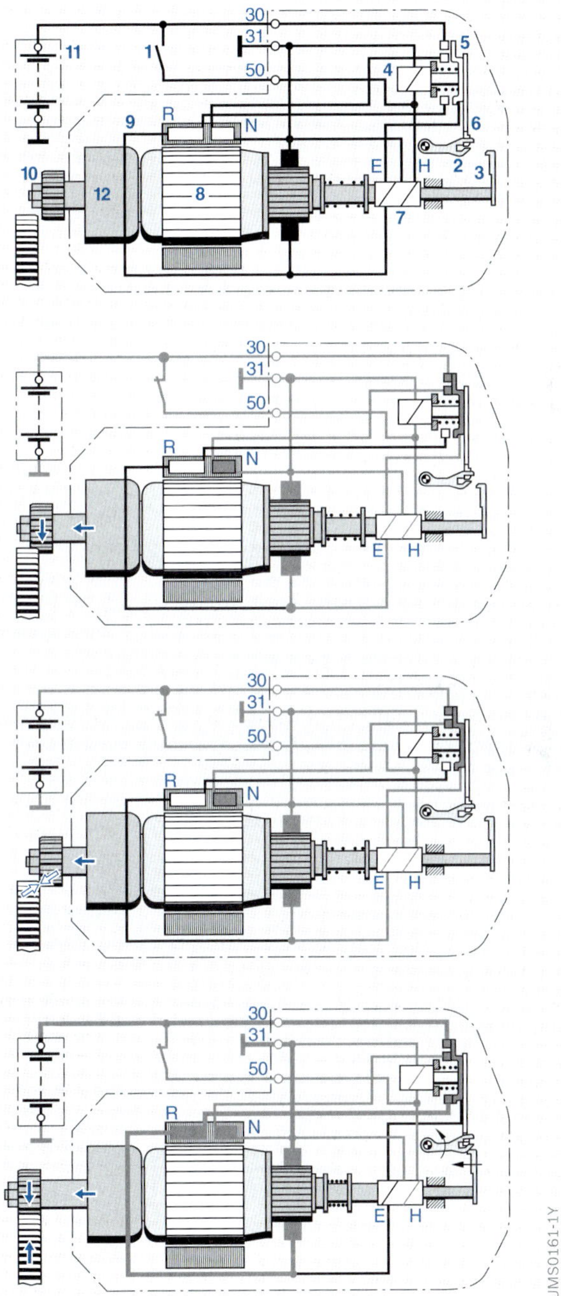

Bild 13
1 Zündstart- bzw. Fahrtschalter
2 Sperrklinke
3 Auslösehebel
4 Steuerrelais
5 Kontaktbrücke
6 Anschlag
7 Einrückmagnet
8 Anker
9 Erregerwicklung
10 Ritzel
11 Batterie
12 Lamellenfreilauf

E Einzugswicklung
H Haltewicklung
N Nebenschlusswicklung
R Reihenschlusswicklung

Schubtrieb-Starter für Nkw mit mechanischer Ritzelverdrehung
Schubtrieb-Starter mit mechanischer Ritzelverdrehung (Typen JE, KE) werden zum Starten von großen Verbrennungsmotoren verwendet. Sie arbeiten zur Schonung von Ritzel und Zahnkranz mechanisch zweistufig. Wichtiges Funktionselement dieser Starter ist der Stirnzahnfreilauf.

1. Einspurstufe
Mit Betätigen des Startschalters bewegt das Einrückrelais den Einrückhebel gegen die Rückstellfeder. Der Einrückhebel schiebt den Stirnzahnfreilauf über die Geradverzahnung geradlinig gegen den Zahnkranz. Gelangt dabei das Ritzel in eine Zahnlücke des Zahnkranzes, kann es den vollen Schubweg zurücklegen.

2. Einspurstufe
Stößt das Ritzel beim Vorschub auf einen Zahn des Zahnkranzes, so werden die weiteren Teile des Stirnzahnfreilaufs geradlinig in Richtung Zahnkranz weiter geschoben. Das Steilgewinde des stirnverzahnten Kupplungsteils bewirkt, dass das Ritzel in Arbeitsrichtung verdreht und gleichzeitig die Einspurfeder des Freilaufs gespannt wird. Der Ritzelzahn gleitet am Zahn des Zahnkranzes vorbei bis zur nächsten Lücke, in die das Ritzel unter dem Druck der gespannten Feder einspuren kann.

Bei einer Eck-auf-Eck-Stellung („Blindschaltung“: Ritzelzahn lässt sich weder in den Zahnkranz einschieben noch vor dem Zahnkranz verdrehen) muss der Startvorgang abgebrochen und wiederholt werden. In diesem Fall verdreht sich, während der Stirnzahnfreilauf durch den Einrückhebel verschoben wird, der Starteranker über das Steilgewinde entgegen der Arbeitsrichtung (Ankerrückverdrehung). Beim nächsten Startversuch hat das Ritzel eine günstigere Stellung zum Zahnkranz und kann einspuren.

Stirnzahnfreilauf und Relais sind so aufeinander abgestimmt, dass der Relaiskontakt (Hauptstromkontakt) erst nach dem Einspuren schließt. Der Starter kann dann erst sein volles Drehmoment auf den Zahnkranz übertragen.

Startanlagen

Startanlagen für Pkw
Pkw-Startanlagen sind i. d. R. mit Schub-Schraubtrieb-Startern bis zu einer Nennleistung von ca. 2,5 kW ausgerüstet. Als Nennspannung hat sich allgemein 12 V durchgesetzt. Damit können Ottomotoren bis ca. 7 Liter und Dieselmotoren bis ca. 3 Liter Hubraum gestartet werden. Der Startleistungsbereich hängt vom Verbrennungsverfahren ab: Bei gleichem Motorhubraum benötigt ein Dieselmotor einen Starter mit höherer Leistung als ein Ottomotor.

Die Schaltung von Pkw-Startanlagen ist meist relativ einfach aufgebaut. Der Verbrennungsmotor befindet sich im Nahbereich des Fahrers, der dadurch den Startvorgang meist akustisch verfolgen kann. Nach erfolgtem Starten ist der Motorlauf hörbar, sodass ein nochmaliges, unbeabsichtigtes Einschalten des Starters und Einspuren des Starterritzels in den bereits umlaufenden Motorzahnkranz nicht wahrscheinlich ist. Deshalb sind normalerweise bei Pkw keine Schutz- und Überwachungsgeräte für den Startvorgang erforderlich. Bei vielen Pkw-Modellen ist ein Zündstartschalter mit zusätzlicher Startwiederholsperre eingebaut, um eine versehentliche Starterbetätigung auszuschließen.

Bei neueren hochwertigen Pkw ist inzwischen die automatische Ansteuerung (Ein-/Ausschalten) über eine Drehzahlerkennung Standard.

Startanlagen für Pkw mit Ottomotor
Über zumeist mehrstufige Zünd-Start-Schalter wird unter anderem die Startanlage angesteuert. Vor der Schaltstellung „Starten“ wird schon die Zündanlage

eingeschaltet, da ohne ihr Mitwirken das Starten und der Selbstlauf des Ottomotors nicht möglich sind. Der Zündvorgang setzt sich nach dem Abschalten des Starters fort und ermöglicht den Selbstlauf des Ottomotors.

Startanlagen für Pkw mit Dieselmotor

Bevor der Startvorgang beginnen kann, muss die Vorglühanlage eingeschaltet werden. Die Vorglühanlage besitzt einen kombinierten Fahrt-Glühstartschalter, der nach beendeter Glühzeit direkt zum Starten weitergeschaltet werden kann. Nach beendetem Startvorgang wird die Vorglühanlage des Dieselmotors gemeinsam mit dem Starter abgeschaltet.

Startanlagen für Nkw

Mittelschwere Nkw mit Dieselmotoren bis ca. 12 Liter Hubraum haben Startanlagen mit 12 V oder 24 V Nennspannung.

Bei schweren Nkw mit Dieselmotoren bis ca. 24 Liter Hubraum kommen nur noch 24-V-Startanlagen vor, die von zwei hintereinander geschalteten 12-V-Batterien gespeist werden.

Zum Teil werden auch gemischte 12/24-V-Anlagen mit 12 V Bordspannung und 24 V Starterspannung eingesetzt.

Startanlagen mit Startsperreinrichtung

Startanlagen, bei denen der Startvorgang akustisch nicht eindeutig wahrgenommen werden kann (z. B. bei Omnibussen mit Heckmotor), erfordern einen höheren Schaltungsaufwand, denn sie benötigen einen wirksamen Schutz für Starter und Zahnkranz des Motors.

Eine Startanlage mit elektronischem Starsperr-Relais (Bild 14) schützt die Startanlage in mehrfacher Hinsicht:

- Abschalten nach erfolgtem Start,
- Sperre bei bereits laufendem Motor,
- Sperre bei noch auslaufendem Motor,
- Sperre nach Fehlstart, wenn kein Motorselbstlauf zustande gekommen ist.

In den letzten beiden Fällen kann ein erneuter Startversuch erst nach einer im Relais festgelegten Sperrzeit unternommen werden. Diese Funktion wird heute immer öfter in das Motorsteuergerät integriert.

14 Schaltung einer Startanlage mit elektronischem Startsperr-Relais

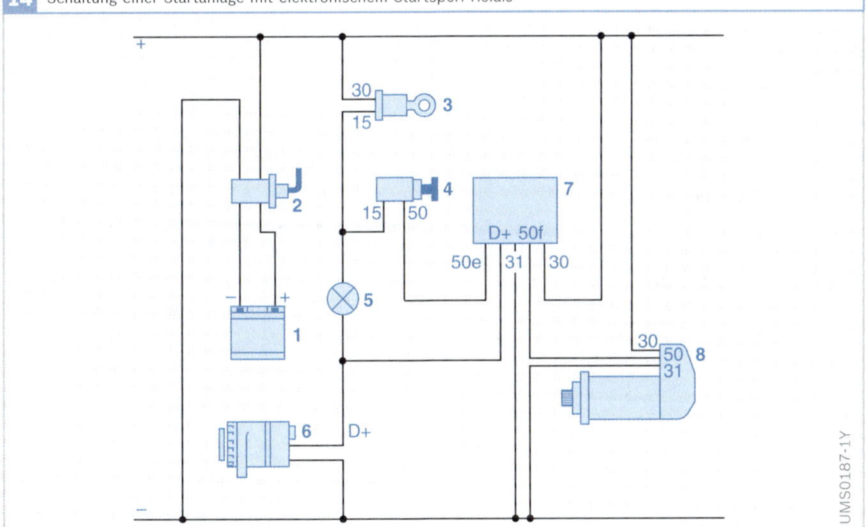

Bild 14
1 Batterie
2 Batterieschalter
3 Fahrtschalter
4 Startschalter
5 Generatorkontrolllampe
6 Generator
7 elektronisches Startsperrrelais
8 Starter

Startanlage mit Batterieumschaltung 12/24 V

Verschiedene Nkw besitzen eine gemischte 12/24-V-Anlage. In diesen Anlagen sind sämtliche elektrischen Komponenten - mit Ausnahme des Starters - und der Generator zur Spannungserzeugung für die Nennspannung von 12 V ausgelegt. Im Gegensatz dazu wird der Starter mit einer Nennspannung von 24 V betrieben. Damit wird die Leistungsabgabe zum Starten großer Motoren möglich.

Zu diesem Zweck sind 12/24-V-Anlagen mit einem Batterieumschaltrelais ausgestattet. Die beiden 12-V-Batterien des Bordnetzes sind im normalen Fahrbetrieb oder bei stillstehendem Motor zur Versorgung der Verbraucher parallel geschaltet und sorgen damit für eine Spannung von 12 V.

Nach Betätigen des Startschalters schaltet das Batterieumschaltrelais automatisch die beiden Batterien für den Startvorgang vorübergehend hintereinander, sodass an den Starterklemmen eine Spannung von 24 V anliegt. Alle anderen elektrischen Komponenten werden weiterhin mit 12 V versorgt.

Nach Loslassen des Startschalters wird der Starter ausgeschaltet und die Batterien werden wieder parallel geschaltet. Während der Verbrennungsmotor in Betrieb ist, lädt der 12-V-Generator (Anschluss B+) die Batterien auf.

Sonderstartanlagen für Nkw

Sonderstartanlagen werden z. B. in großen Nkw (große Reisebusse mit Heckmotor, Sonderfahrzeuge mit Unterflurmotor usw.), Dieseltriebwagen, Schiffen und stationären Aggregatmotoren eingesetzt. Die verschiedenen Betriebsbedingungen erfordern oft umfangreiche Startanlagen mit speziell abgestimmten und in unterschiedlicher Weise miteinander kombinierten Schutz- und Überwachungsrelais. Diese Relais steuern den Startvorgang und ermöglichen auch den gleichzeitigen Anlauf bei Parallelbetrieb von zwei Startern.
Bei vielen größeren elektrischen Anlagen von Nkw ist ein Batterie-Hauptschalter vorgeschrieben, mit dessen Hilfe das Bordnetz bei Motorstillstand von der Batterie getrennt werden kann.

Aus der Vielzahl der Sonderstartanlagen für verschiedene Anwendungen werden im Folgenden zwei wichtige Anlagen dargestellt.

15 Schaltung einer 12- bzw. 24-V-Startanlage für Einzelantrieb eines Schubtrieb-Starters Typ KB oder QB mit Startsperr- und Startwiederholeinrichtung

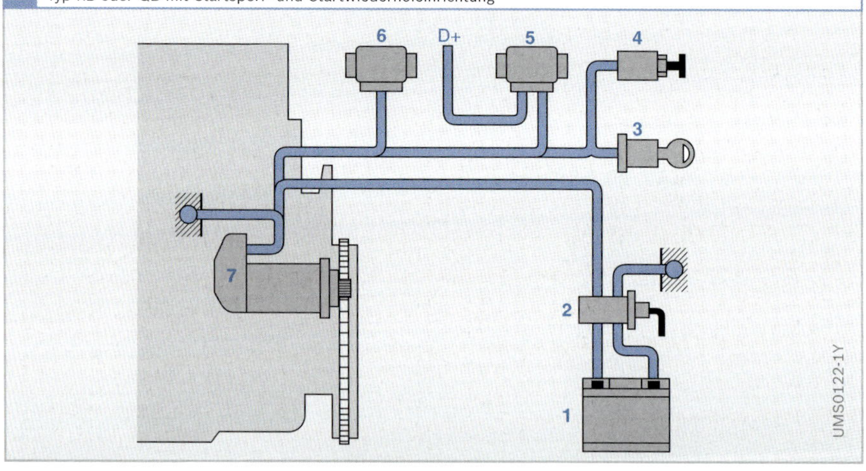

Bild 15
1 Batterie
2 Batterieschalter
3 Fahrtschalter
4 Startschalter
5 Startsperrrelais
6 Startwiederholrelais
7 Starter
D+ Anschluss an Generator

Startanlage mit Startwiederholeinrichtung

In Startanlagen mit Fernbedienung oder indirekter Starterbetätigung (z. B. in stationären Anlagen, in Dieseltriebwagen und in einzelnen Fällen auch in Nkw mit Heckmotor) wird mitunter ein Startwiederholrelais eingesetzt - insbesondere dann, wenn nicht direkt festgestellt werden kann, ob ein Startversuch erfolgreich verlaufen ist.

Das Startwiederholrelais spricht bei erfolgreichem Einspuren des Starterritzels nicht an. Bei einen Fehler (Blindschaltung) unterbricht es jedoch den erfolglosen Startversuch, um eine thermische Überlastung des Starters zu verhindern. Es wiederholt den Startvorgang automatisch, bis das Starterritzel in den Zahnkranz einspurt und der Kontakt für den Starterstrom eingeschaltet ist.

Das ebenfalls in den Schaltkreis einbezogene Startsperrrelais schützt den Starter gegen irrtümliches Starten bei bereits oder noch laufendem Motor. Diese Schaltung wird ausschließlich für Schubtrieb-Starter mit elektrisch zweistufiger Einschaltweise angewandt.

Startanlage (12 V oder 24 V) mit Startdoppelrelais für Parallelbetrieb

Zum Starten sehr großer Verbrennungsmotoren wären im Einzelbetrieb sehr große Starter erforderlich. Aus Platzgründen ist es günstiger, anstelle eines großen Starters zwei kleinere Starter zu verwenden. Damit der Motor die erforderliche Startdrehzahl erreicht, müssen beide Starter gleichzeitig im Parallelbetrieb den Zahnkranz antreiben. Bei ausreichender Stromversorgung ergibt sich bei Parallelschaltung von zwei Startern etwa die doppelte Starterleistung des Einzelgerätes.

Bei Parallelstartanlagen mit niedriger Spannung (12 V oder 24 V) wird der Startanlage neben dem Startsperrrelais und dem Startwiederholrelais auch ein Startdoppelrelais zugeschaltet. Das Startdoppelrelais bewirkt, dass erst nach dem vollständigen Einspuren beider Starter der volle Starterstrom eingeschaltet wird. Dadurch entwickeln beide Starter gleichzeitig ihr volles Drehmoment und werden gleichmäßig belastet.

Starter für Parallelbetrieb besitzen dafür eine zusätzliche Anschlussklemme.

16 Schaltung einer Parallelstartanlage der HEP109-Baureihe

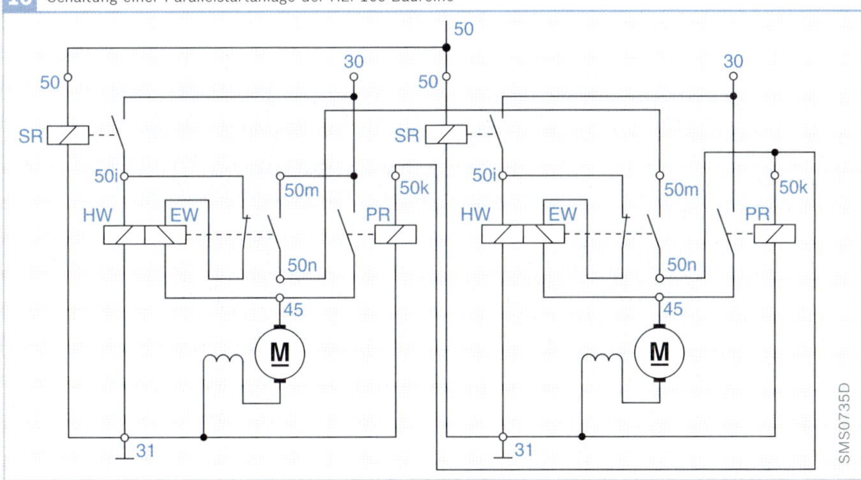

Bild 16
SR Startrelais
HW Haltewicklung
EW Einzugswicklung
PR Schaltrelais (Power Relay)
M Gleichstrommotor

Parallelstartanlage der HEP109-Baureihe
Für Verbrennungsmotoren mit einem Startleistungsbedarf von ca. 10... 25 kW wurde eine Parallelstartanlage für 24-Volt-Bordnetze entwickelt (Bild 16). Diese hohen Leistungen sind beispielsweise in Baumaschinen, großen Traktoren und bei Stationärmotoren notwendig. Je nach Umgebungstemperatur beim Kaltstart und der Größe der hydraulischen Zusatzlasten beim Motorstart kann die Anlage bereits bei Motoren ab 9 *l* Hubraum erforderlich sein. In der Standardapplikation bei einer Kaltstarttemperatur von -20 °C ist sie für Dieselmotoren bis 72 *l* Hubraum und Ottomotoren bis 144 *l* Hubraum ausgelegt.

Die Anlage basiert auf zwei oder drei miteinander gekoppelten Vorgelegestartern der HEP109-Baureihe, deren freiausstoßende Bauweise die Beständigkeit gegen Umwelteinflüsse erhöht.

Bei den Startern der HEP109-Baureihe treten Blindschaltungen konstruktionsbedingt nicht mehr auf. Daher entfällt der zusätzliche Schaltungsaufwand für ein Startwiederholrelais. Die Funktionalität des Startdoppelrelais ist in den Aufbau der einzelnen Parallelstarter integriert. Zudem werden in einer Doppel- oder Dreifachanlage nur baugleiche Starter des Typs HEP109 verwendet, da die entsprechende Codierung über einen fünfpoligen Systemstecker als Option erfolgen kann.

Durch die optimale Aufteilung der mechanischen und elektrischen Last ergibt sich - im Vergleich einem einzelnen Direktstarter - etwa die doppelte Lebensdauer.

Automatische Startsysteme

Die hohen Ansprüche an Fahrzeuge der neuesten Generation hinsichtlich Komfort, Sicherheit, Qualität und niedriger Geräuschemission führen zu einer zunehmenden Verbreitung von automatischen Startsystemen. Ein automatisches Startsystem unterscheidet sich von einem konventionellen Startsystem durch zwei zusätzliche Komponenten:

- ein Vorschaltrelais (Bild 17, Pos. 2),
- ein Steuergerät im Fahrzeug (z. B. ein Motorsteuergerät, Pos. 3), das für die Ablaufsteuerung des Starts sorgt.

Der Fahrer steuert nun nicht mehr direkt den Relaisstrom des Starters, sondern meldet mit dem Drehen des Zündschlüssels seinen Startwunsch dem Steuergerät, das vor der Einleitung des Starts eine Prüfung der Sicherheit durchführt. Dabei sind z. B. folgende Prüfungen möglich:

- Ist der Fahrer berechtigt, das Fahrzeug zu starten? (Diebstahlschutz)
- Befindet sich der Motor in Ruhe? (In leisen Fahrzeugen oder auch Bussen kann der Fahrer das Motorgeräusch im Innenraum kaum wahrnehmen.)
- Genügt der Batterieladezustand in Abhängigkeit von der Motortemperatur für den Startvorgang?
- Ist beim Automatikgetriebe die Neutralstellung eingelegt bzw. beim Handschaltgetriebe die Kupplung geöffnet, bzw. kein Gang eingelegt?

Nach erfolgreicher Prüfung leitet das Steuergerät den Start ein. Hierdurch wird die Wicklung des Vorschaltrelais bestromt.

17 Automatisches Startsystem

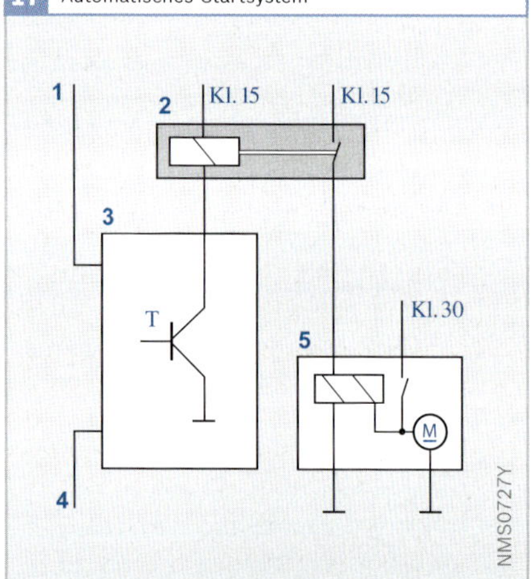

Bild 17
1 Startsignal vom Fahrer
2 Vorschaltrelais
3 Steuergerät
4 Park-Neutral-Stellung-/Kupplungssignal
5 Starter

Das Vorschaltrelais schließt die Verbindung zwischen Batterie (Klemme 30) und dem Starterrelais. Der Startvorgang läuft nun wie zuvor beschrieben ab.

Während des Starts wird die Motordrehzahl (die vom Steuergerät erfasst wird) mit einer Selbstlaufdrehzahl des Motors (die auch motortemperaturabhängig sein kann) verglichen. Hat der Motor die Selbstlaufdrehzahl erreicht, schaltet das Steuergerät den Starter ab. Hierdurch wird eine kurze Startzeit, eine Geräuschreduzierung und eine Schonung des Starters erreicht.

Auf dieser Basis lässt sich auch ein Start-Stopp-Betrieb realisieren. Dabei schaltet der Verbrennungsmotor bei Fahrzeugstillstand ab und startet bei Anforderung erneut automatisch. Vor allem im Stadtverkehr ist damit eine deutliche Kraftstoffeinsparung zu erzielen. Gegenwärtig erreichen Vorgelegestarter in diesem Betrieb in Verbindung mit einem hochwertigen Zahnkranz über 200 000 Starts.

Auslegung

Randbedingungen

Die wichtigsten Randbedingungen, die bei der Auslegung des Starters berücksichtigt werden müssen, sind:

- die Startgrenztemperatur, d. h. die tiefste Temperatur des Motors und der Batterie, bei der ein Start noch möglich sein muss,
- der Durchdrehwiderstand des Motors, d. h. das erforderliche Drehmoment an der Kurbelwelle einschließlich aller Zusatzlasten,
- die erforderliche Mindestdrehzahl des Motors bei Startgrenztemperatur,
- die Übersetzung zwischen Starter und Kurbelwelle,
- die Nennspannung der Startanlage,
- die Eigenschaften der Starterbatterie,
- der Widerstand der Zuleitungen zwischen Batterie und Starter sowie die Übergangswiderstände von Klemmstellen und Schaltelementen (Trennschalter usw.),
- die Drehzahl-/Drehmoment-Charakteristik des Starters,
- der maximal zulässige Spannungseinbruch im Bordnetz (die Funktionsfähigkeit der Motorelektronik muss gewährleistet sein).

Der Starter kann aufgrund dieser Randbedingungen nicht isoliert betrachtet werden. Als Bestandteil der Gesamtanlage aus Motor einschließlich seiner Zusatzaggregate, dem Bordnetz mit Batterie und Leitungsführung sowie dem Starter selbst muss dieser auf die anderen Komponenten abgestimmt werden.

Startgrenztemperatur

Die zu überwindenden Reibungswiderstände hängen stark von der Schmiermittelviskosität und damit von der Motortemperatur ab. Bei tiefen Temperaturen kann der Reibungswiderstand zwei bis drei mal so hoch sein wie bei betriebswarmem Motor. Mit fallender Temperatur steigt außerdem die Mindest-Startdrehzahl zum Erreichen der Selbstzündung beim Dieselmotor bzw. für eine ausreichende Gemischbildung beim Ottomotor an. Der Starter muss daher beim Kaltstart

18 Startgrenztemperatur

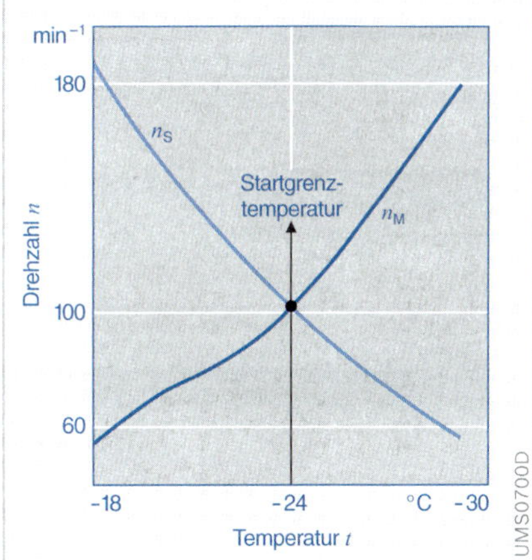

Bild 18
n_S mit dem Startsystem erreichte Motordrehzahl
n_M für den Start erforderliche Mindestdrehzahl

eine deutlich höhere Leistung erbringen als bei betriebswarmem Motor.

Andererseits stellt die Fahrzeugbatterie bei Kälte nur eine verringerte Spannung bzw. einen geringerer Strom zur Verfügung, da der Innenwiderstand der üblicherweise eingesetzten Blei-Akkumulatoren mit fallender Temperatur deutlich zunimmt. Damit fällt die Leistung der Startanlage mit der Temperatur ab.

Die steigenden Reibungswiderstände des Motors einerseits und die fallende Leistungsfähigkeit der Startanlage andererseits führen dazu, dass die erreichbare Drehzahl mit fallender Temperatur abnimmt und bei tiefen Temperaturen unter Umständen nicht zum Starten des Motors ausreicht. Deshalb kann ein Start nur oberhalb einer bestimmten Temperatur, der Start-Grenztemperatur, erfolgen (Bild 18).

In Europa werden Startanlagen im Allgemeinen für die in Tabelle 1 aufgeführten Startgrenztemperaturen ausgelegt, wobei die Werte die unterschiedlichen klimatischen Verhältnisse des jeweiligen Einsatzlandes berücksichtigen.

Tabelle 1

1 Startgrenztemperaturen

Motoren für	Startgrenztemperatur
Pkw	-18 °C...-28 °C
Lkw, Busse	-15 °C...-32 °C
Schlepper	-12 °C...-15 °C
Antriebs- und Aggregat-Motoren bei Schiffen	-5 °C
Diesellokomotiven	+5 °C

Tabelle 2

2 Erfahrungswerte für die Mindeststartdrehzahl bei -20 °C

Motor	Drehzahl
Ottomotor	$60\ min^{-1}...100\ min^{-1}$
Dieselmotor mit direkter Einspritzung ohne Starthilfe	$80\ min^{-1}...200\ min^{-1}$
Dieselmotor mit direkter Einspritzung mit Starthilfe	$60\ min^{-1}...120\ min^{-1}$

Durchdrehwiderstand

Der Durchdrehwiderstand, d. h. das zum Durchdrehen des Motors erforderliche Drehmoment, hängt in erster Linie vom Hubraum und von der Viskosität des Motorenöls (und damit von der Motortemperatur) ab. Auch Bauart und Zylinderzahl des Motors, Verhältnis von Hub zu Bohrung, Verdichtungsverhältnis, Masse der bewegten Triebwerksteile und deren Lagerung sowie zusätzliche Schlepplasten durch Kupplung, Getriebe und angebaute Aggregate haben Einfluss. Im Allgemeinen steigt der mittlere Durchdrehwiderstand bei Ottomotoren mit zunehmender Drehzahl an. Bei Dieselmotoren hingegen kann der Widerstand nach einem Maximum bei einer Motordrehzahl von $80...100\ min^{-1}$ aufgrund der Rückgewinnung der verhältnismäßig hohen Kompressionsarbeit wieder abnehmen.

Mindest-Startdrehzahl

Die Mindest-Startdrehzahl variiert je nach Motortyp, bei Dieselmotoren haben auch Starthilfen einen Einfluss. Tabelle 2 zeigt Erfahrungswerte.

Kriterien

Aus dem Drehmomentbedarf bei der Startgrenztemperatur und der Mindeststartdrehzahl ergibt sich die erforderliche Starterleistung als erstes Kriterium zur Auswahl eines Startertyps.

Nennleistung

Die Nennleistung des Starters ist eine am Prüfstand ermittelte Kenngröße, die von den Randbedingungen des Startvorgangs abhängt. Die Angaben von Bosch beziehen sich dabei auf einen Kaltstart bei Einsatz der größten zulässigen Batterie, die bei einer Temperatur von -20 °C den Ladezustand „20 % entladen“ aufweist. Der Zuleitungswiderstand der Starterhauptleitung beträgt 1 mΩ. Gemessen wird die Leistung am Motorzahnkranz.

Gebräuchlich sind auch Nennleistungsangaben, die sich auf deutlich andere Randbedingungen beziehen. Andere Messvorschriften und Normen sehen teilweise die Messung bei +20 °C und eine zentrische Momentenbeaufschlagung des Ritzels vor, sodass die Verluste am Motorzahnkranz unberücksichtigt bleiben. Schließlich sind auch die vorausgesetzten Batteriekennlinien unterschiedlich. Dadurch ergibt sich insgesamt ein uneinheitliches Bild heute gebräuchlicher Leistungsangaben für Starter.

Tatsächliche Leistung

Die tatsächliche Leistung einer Starteranlage hängt wesentlich vom Zuleitungs- und Batterie-Innenwiderstand ab. Je kleiner der Innenwiderstand der Batterie ist, desto größer ist ihre Leistung und damit auch die Starterleistung. Die Batterie muss so dimensioniert sein, dass sie bei der Startgrenztemperatur den erforderlichen Strom liefern kann und diesen auch bei ungünstigen Betriebsbedingungen ausreichend lange zur Verfügung stellt.

Die Auslegung von Batterie und Starter muss aufeinander abgestimmt sein. Starter werden für eine maximale und eine minimale Batteriegröße ausgelegt. Beim Betrieb an einer kleineren Batterie ist die tatsächliche Leistung der Startanlage geringer als die Nennleistung. Solange die Kaltstartanforderungen und die Funktionssicherheit der startrelevanten Baugruppen (Steuergeräte, Relais) erfüllt werden, ist dies technisch zulässig.

An einer größeren Batterie betrieben liegt die Leistung oberhalb des Nennwerts. Dies kann zu einer Überlastung der mechanischen Teile, zu erhöhtem Verschleiß und zu thermischer Überlastung führen. Bei permanentmagneterregten Startern kann es zu einer Teilentmagnetisierung der Permanentmagnete und damit zu einem irreversiblen Drehmomentverlust kommen. Die vorgesehene Batteriegröße darf daher nicht überschritten werden.

Getriebeübersetzung

Die Wahl der richtigen Starterleistung (als zusammengesetzte Größe aus Drehmoment und Drehzahl) reicht zur Auslegung des Starters nicht aus. Vielmehr muss der Starter bezüglich Drehzahl und Drehmoment an den Bedarf des Motors angepasst werden. Dazu wird die Getriebeübersetzung vom Starterritzel zur Motorkurbelwelle als weitere Anpassungsgröße herangezogen. In Grenzen kann dies durch Wahl unterschiedlicher Zähnezahlen am Starterritzel geschehen. Wesentlich mehr Spielraum bieten jedoch Starter mit internem Vorgelege, die eine flexible Kennlinienanpassung ermöglichen.

Nennspannung

Die Nennspannung von Startanlagen ist in der Regel vorgegeben. Bei Personenkraftwagen sind dies gegenwärtig durchgängig 12 V, bei großen Nutzfahrzeugen in Europa 24 V. In USA sind auch Nutzfahrzeuge überwiegend mit 12-V-Bordnetzen ausgestattet. Bei Transportern, Bau- und Bodenbearbeitungsfahrzeugen sowie kleinen Aggregat- und Bootsmotoren sind sowohl 12 V als auch 24 V gebräuchlich. Stationäre Anlagen, Lokomotiven und Spezialfahrzeuge werden teilweise auch mit Sonderanlagen mit 36...110 V ausgerüstet.

Startertypen im Überblick

Startertypen

Die Bilder 19, 20 und 21 geben einen Überblick über die einzelnen Startertypen.

19 Startertypen für Nkw (Großmotoren)

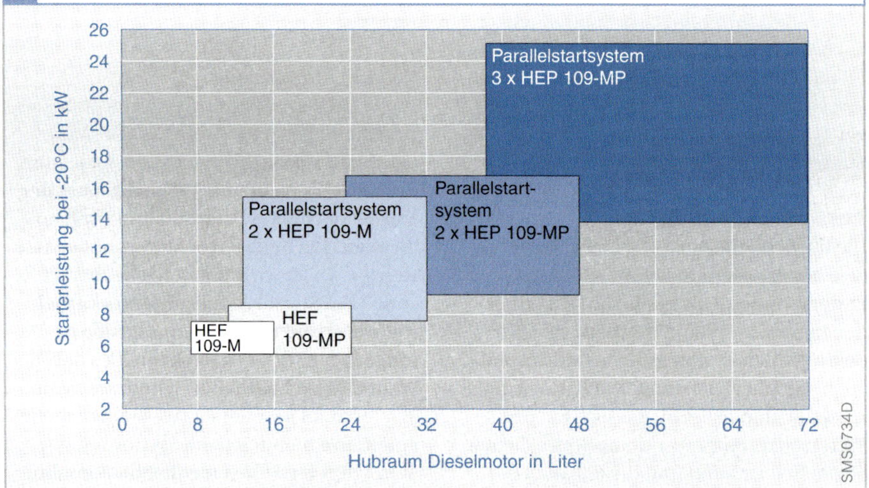

20 Startertypen für Nkw

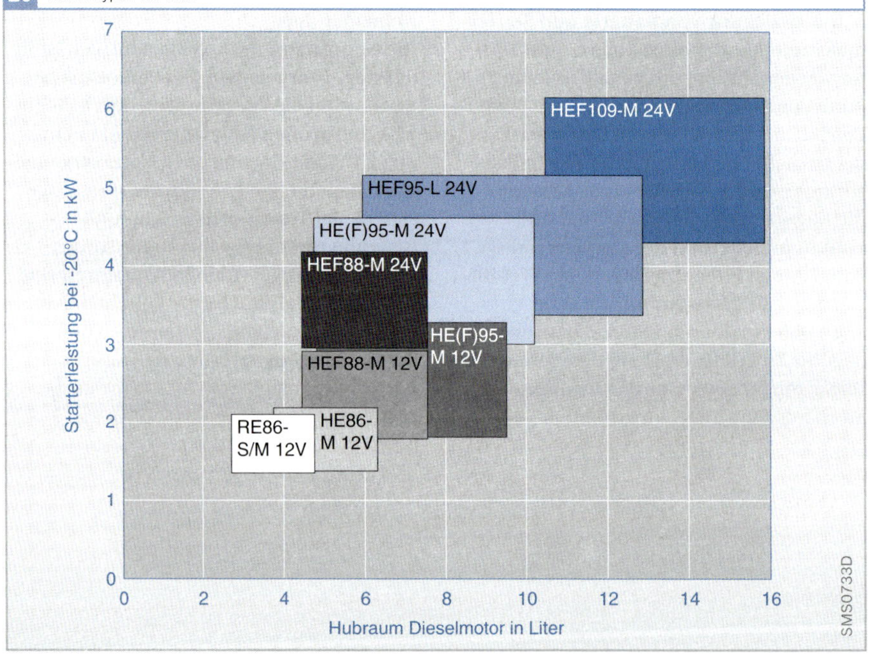

Systematik

Die Bezeichnung eines Starters gibt Auskunft über die Baureihe, das Erregersystem, den Lagertyp, den Polgehäusedurchmesser und die Anker-Eisenlänge. Starter von Bosch werden nach der in Bild 22 dargestellten Systematik bezeichnet.

21 Startertypen für Pkw

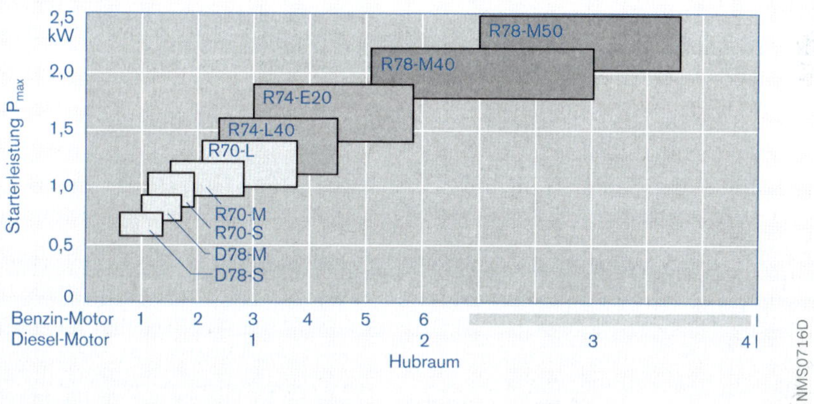

22 Bezeichnungen für Starter (Bosch)

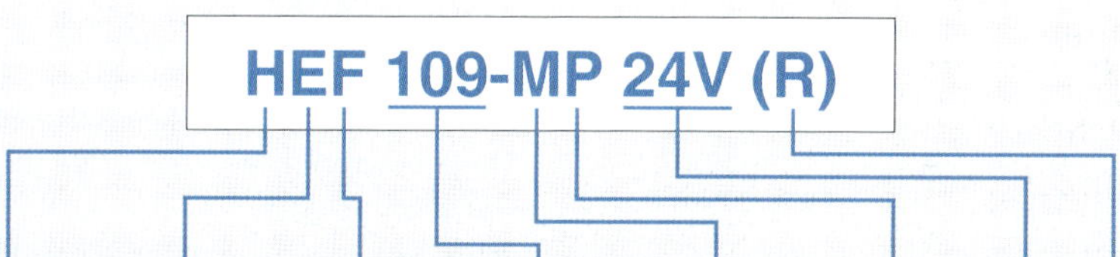

Baureihe	Erreger-system	Lagertyp	Polgehäuse Ø	Anker-Eisenlänge	Option	optional: Spannung, Drehrichtung	
R: Vorgelege bis Ø86	**-:** Permanent	**-:** Maul	86 / 88	**S:** kürzeste	**P:** Verstärkte Ausführung	12 V	(R)
H: Vorgelege ab Ø86	**E:** elektrisch 6-polig	**F:** FAS	95	**M:** mittlere		24V	(L)
D: Direkt	**X:** elektrisch 4-polig	**P:** FAS Parallelstarter	109	**L:** lange		36 V	
C: Compact				**E:** längste			

SMS0715-1D

Elektromagnetische Verträglichkeit (EMV) und Funkentstörung

Der Begriff Elektromagnetische Verträglichkeit (EMV) bedeutet, dass ein Gerät zuverlässig funktioniert, auch wenn es elektromagnetischen Feldern ausgesetzt ist. Andererseits dürfen die vom Gerät im Betrieb erzeugten elektromagnetischen Felder nur so stark sein, dass in dessen Umgebung u. a. ein ungestörter Funkempfang möglich ist.

Heutzutage enthält das Fahrzeug eine Vielzahl von Systemen, deren Funktionen von elektrischen oder elektronischen Komponenten ausgeführt werden. Sofern überhaupt vorhanden, wurden früher diese Funktionen ganz oder überwiegend mechanisch ausgeführt. Angesichts der zunehmenden Elektrifizierung im Fahrzeug muss der Elektromagnetischen Verträglichkeit eine immer wichtigere Bedeutung zugemessen werden.

Waren früher die einzigen Funkempfangsgeräte das Autoradio und vielleicht noch Sprechfunkgeräte, werden heute eine große Zahl weiterer Funkempfangsgeräte wie Autotelefone, Navigationssysteme, Diebstahlschutzsysteme mit Funkfernbedienung, Fernsehempfänger, Telefax und PC im Fahrzeug eingebaut und verwendet. Dadurch gewinnt auch die Funkentstörung, also die Sicherstellung des Funkempfangs im Fahrzeug, immer mehr Bedeutung.

EMV-Bereiche

Sender und Empfänger

Das Kraftfahrzeug insgesamt darf nicht durch externe Beeinflussung, z. B. durch die Einstrahlung leistungsstarker Rundfunksender, in seiner Funktion gestört werden. Das heißt, es dürfen keine Funktionsstörungen auftreten, die den sicheren Betrieb des Kraftfahrzeugs beeinträchtigen oder den Fahrer irritieren können. Andererseits darf der ortsfeste Funkempfang durch den Betrieb eines Kraftfahrzeugs nicht gestört werden. Für beide Anforderungen gibt es internationale und nationale Vorschriften (EU-Richtlinie, z. B. StVZO in Deutschland).

Elektrische und elektronische Komponenten

Die elektrischen und elektronischen Komponenten im Kraftfahrzeug, wie z. B. Verstell- und Lüftermotoren, Magnetventile, elektronische Sensoren und Steuergeräte mit Mikroprozessoren, werden in enger räumlicher Nähe zueinander ins Kraftfahrzeug eingebaut und aus einem gemeinsamen Bordnetz versorgt. Dabei muss sichergestellt werden, dass die Rückwirkung der Systeme untereinander nicht zu unzulässigen Fehlfunktionen führen.

Bordelektronik

Die Geräte der mobilen Kommunikation, wie das Autoradio, sind ebenfalls eng mit den Komponenten der Kraftfahrzeugelektronik gekoppelt. Sie werden über dasselbe Bordnetz versorgt, und ihre Empfangsantennen befinden sich unmittelbar in der Umgebung der möglichen Störquellen. Daher muss die Störaussendung der Bordnetzelektronik begrenzt werden. Die gesetzlichen Anforderungen müssen erfüllt werden, und es muss trotz ungünstiger Empfangssituation ein störungsfreier Empfang im Kraftfahrzeug möglich sein.

EMV zwischen verschiedenen Systemen im Kraftfahrzeug

Gemeinsames Bordnetz

Die Spannungsversorgung der verschiedenen elektrischen Systeme im Fahrzeug erfolgt aus einem gemeinsamen Bordnetz, wobei die einzelnen Leitungen der einzelnen Systeme häufig in einem gemeinsamen Kabelbaum geführt werden. Dadurch können Rückwirkungen von einem System unmittelbar an die Ein- bzw. Ausgänge eines anderen Systems gelangen (Bild 1).

Zu solchen Rückwirkungen gehören u.a. impulsförmige Signale (stoßartige steile Strom- und Spannungsanstiege), die beim Ein- und Ausschalten von elektrischen Komponenten wie Elektromotoren, elektromagnetischen Ventilen und Stellern, aber auch bei der Hochspannungszündung entstehen. Diese impulsförmigen Signale können sich ebenso wie andere Störsignale (z.B. Welligkeit der Spannungsversorgung) über den Kabelbaum ausbreiten und entweder leitungsgebunden über gemeinsame Stromleiter wie die Stromversorgung (galvanische Kopplung) oder durch kapazitive und induktive Kopplung zu den Ein- bzw. Ausgängen der benachbarten Systeme gelangen.

Galvanische Kopplung

Fließen die Ströme von zwei unterschiedlichen Stromkreisen (z.B. der Stromkreis zur Ansteuerung eines Magnetventils und der Stromkreis zur Auswertung eines Sensors) über gemeinsame Leiter, z.B. bei gemeinsamer Rückleitung über die Fahrzeugkarosserie, erzeugen beide Ströme in dem stets wirksamen Leitungswiderstand der gemeinsamen Leitung eine Spannung (Bild 2a, nächste Seite). Dadurch wirkt z.B. die von der Spannungsquelle u_1 (Störquelle) hervorgerufene Spannung wie eine zusätzliche Signalspannung im Signalkreis 2 und kann zu einer Fehlauswertung des Sensorsignals führen. Abhilfe kann dadurch erreicht werden, dass für jeden Stromkreis eine eigene Rückleitung vorgesehen wird (Bild 2b, nächste Seite).

1 Gegenseitige Beeinflussung zweier Systeme über das gemeinsame Bordnetz (A) und über den gemeinsamen Kabelbaum (B und C)

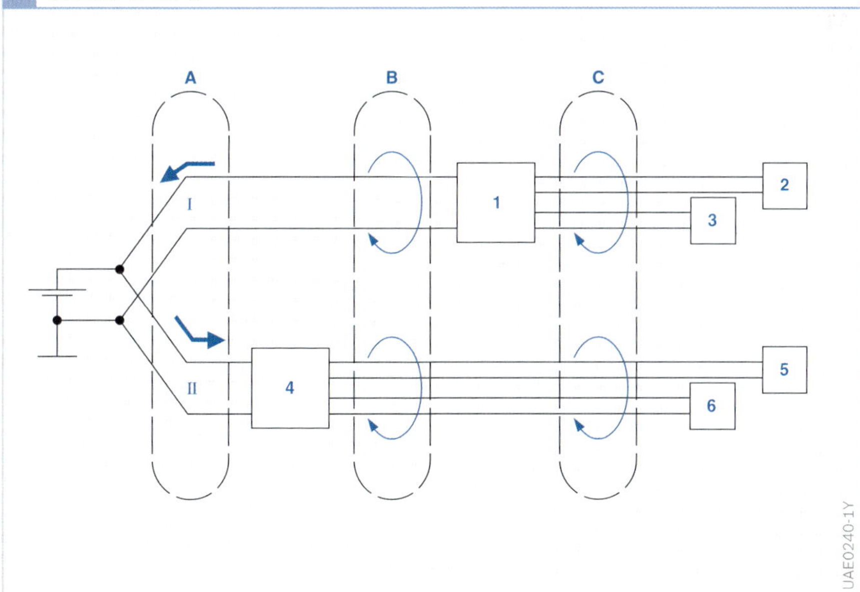

Bild 1

System I:
1 Steuergerät
2 Stellglied
3 Sensor

System II:
4 Steuergerät
5 Stellglied
6 Sensor

Kapazitive Kopplung

Zeitlich veränderliche Signale, wie Impulsspannungen und sinusförmige Wechselspannungen, können wegen der zwischen Leitern wirksamen Kapazitäten auch dann, wenn keine leitfähige Verbindung besteht, auf benachbarte Stromkreise überkoppeln (Bild 3). Je näher die Leiter beieinanderliegen und je steiler die impulsförmigen Spannungsänderungen verlaufen, bzw. je höher die Frequenz der Wechselspannung ist, desto höher ist die übergekoppelte (Stör-)Spannung. Abhilfe bringt daher in erster Linie, die Leiter voneinander zu trennen und die Signalanstiegs- und -abfallzeiten zu vergrößern, bzw. die Frequenzen der Wechselspannungen auf das für die Funktion notwendige Maß zu begrenzen.

Induktive Kopplung

Liegen zwei Stromschleifen nebeneinander, können zeitlich veränderliche Ströme in dem einen Kreis Spannungen im anderen Kreis induzieren. Diese Spannungen erzeugen in diesem Sekundärkreis wiederum Ströme (Bild 4). Nach diesem Prinzip funktioniert der Transformator. Maßgeblich für die Überkopplung sind zum einen – wie auch bei der kapazitiven Kopplung – die Signalanstiegs- und -abfallzeiten bzw. die Frequenz bei Wechselspannungen. Zum anderen spielt die wirksame Gegeninduktivität, die u. a. von der Größe der Schleifen und ihrer Lage zueinander abhängt, eine wichtige Rolle. Zur Abhilfe gegen die induktive Kopplung werden die Stromkreisschleifen klein gehalten, die kritischen Schleifen voneinander getrennt und parallele Schleifenführung vermieden. Die induktive Kopplung ist besonders auch im Bereich niederfrequenter Signale wirksam (z. B. bei der Einkopplung in Lautsprecherleitungen).

Bild 2
a Stromkreis mit gemeinsamen Rückleiter
b Stromkreis mit getrennten Rückleitern

u_1, u_2 Spannungsquelle
Z_i Innenwiderstand
Z_a Abschlusswiderstand

2 Galvanische Kopplung von Störsignalen

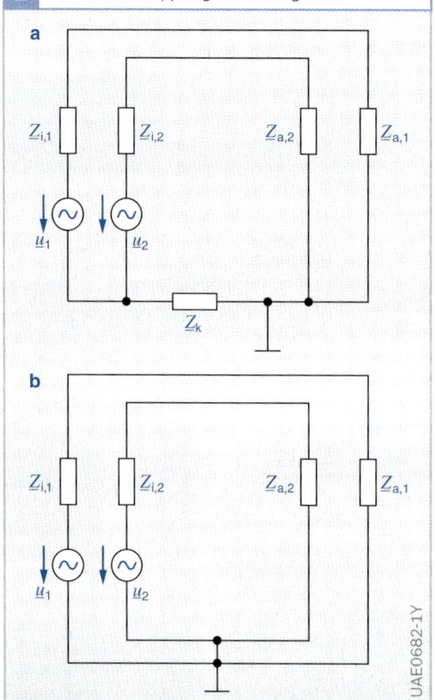

Bild 3
1 Stromkreis 1
2 Stromkreis 2

u_1 Spannungsquelle
Z_i Innenwiderstand
R_E Eingangswiderstand
C_E Eingangskapazität
$C_{1,2}$ Kapazität zwischen beiden Leitern
u_s Störspannung

3 Kapazitive Kopplung von Störsignalen

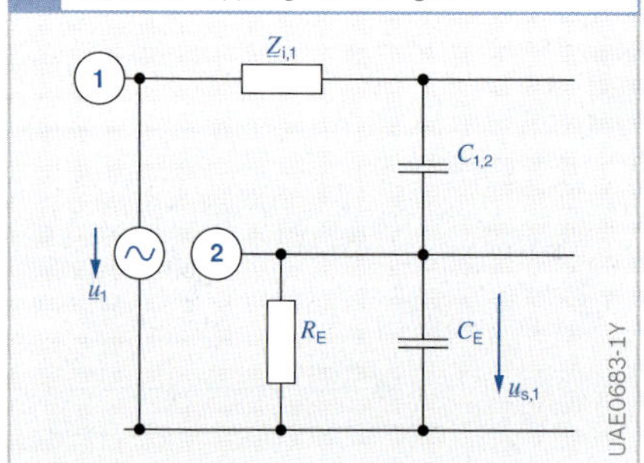

Bild 4
1 Stromkreis 1
2 Stromkreis 2

u_1 Spannungsquelle
u_2 Spannungsquelle
Z_i Innenwiderstand
Z_a Abschlusswiderstand
L_1, L_2 Induktivität der Leiter
$M_{1,2}$ induktive Kopplung
u_s Störspannung

4 Induktive Kopplung von Störsignalen

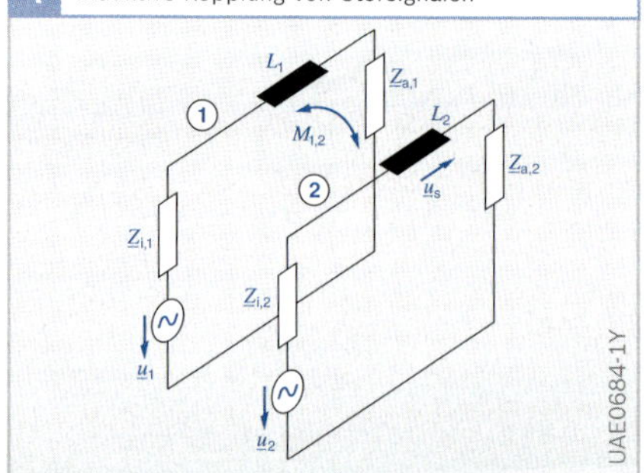

Impulse im Bordnetz

Zur Beherrschung der impulsförmigen Störungen im Bordnetz werden einerseits die von den Störquellen ausgesendeten Störamplituden begrenzt. Andererseits werden die Störsenken – also die elektronischen Komponenten – so ausgelegt, dass sie durch Impulse bestimmter Form und Amplitude nicht gestört werden können. Dazu wurden die im Kraftfahrzeugbordnetz auftretenden Impulse zusammengefasst und klassifiziert (Tabelle 1). Durch spezielle Prüfimpulsgeneratoren können die in Tabelle 1 beschriebenen Impulse erzeugt werden und somit die Störsenken auf ihre Störfestigkeit gegenüber diesen Impulsen überprüft werden. Die Störimpulse und die entsprechende Prüftechnik sind in Normen festgelegt (DIN 40 839, Teil 1; ISO 7637, part 1), in denen auch die Messtechnik für die Beurteilung der Störaussendung der impulsförmigen Störungen beschrieben wird. Die nach den Amplituden der Impulse gestaffelte Klasseneinteilung erlaubt die optimale Abstimmung von Störquellen und Störsenken für jedes Fahrzeug. Die Abstimmung kann beispielsweise so erfolgen, dass für alle Störquellen eines Fahrzeugs die Klasse II vorgeschrieben wird und alle Störsenken (z. B. Steuergeräte) – unter Einbeziehung eines Sicherheitsabstands – für Klasse III ausgelegt werden. Eine Verschiebung zu den Klassen I oder II ist dann angebracht, wenn die Entstörung der Quellen günstiger oder mit geringerem technischen Aufwand möglich ist, als die Verbesserung der Störfestigkeit der Senken. Sind umgekehrt Schutzmaßnahmen bei den Störsenken einfach und kostengünstig zu erreichen, so ist eine Verschiebung zu den Klassen III oder IV sinnvoll.

Wegen der Verlegung der verschiedenen Leitungen in einem gemeinsamen Kabelbaum kommt es zu induktiven und kapazitiven Überkopplungen. Die auf den Versorgungsleitungen auftretenden impulsförmigen Spannungen können dadurch in abgeschwächter Form auch an den Signaleingängen und Steuerausgängen der benachbarten Systeme wirksam werden. In der Prüftechnik (DIN 40 839, Teil 3; ISO 7637, part 3) wird die Überkopplung im Kabelbaum dadurch nachgebildet, dass in einer standardisierten Leitungsersatzanordnung (kapazitive Koppelzange) mit

1 Gegenseitige Beeinflussung der Spannungsversorgung

Prüfimpulse nach DIN 40839, Teil 1					Klassifizierung der zulässigen Impulsamplituden			
Impulsform		Ursache	Innenwiderstand	Impulsdauer	I	II	III	IY
1	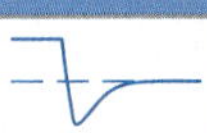	Abschalten induktiver Verbraucher	10 Ω	2 ms	–25 V	–50 V	–75 V	–100 V
2	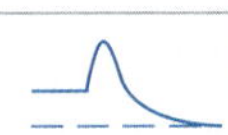	Abschalten motorischer Verbraucher	10 Ω	50 µs	+25 V	+50 V	+75 V	+100 V
3a		Steile Überspannungen	50 Ω	0,1 µs	–40 V	–75 V	–110 V	–150 V
3b					+25 V	+50 V	+75 V	+100 V
4		Spannungsverlauf während Startvorgangs	10 mΩ	bis 20 s	12 V –3 V	12 V –5 V	12 V –6 V	12 V –7 V
5	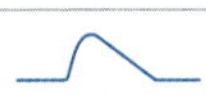	Lastabwurf des Generators [1])	1 Ω	bis 400 ms	+35 V	+50 V	+80 V	+120 V

Tabelle 1

[1]) „Lastabwurf" (engl.: load dump), d. h., der Generator lädt die Batterie mit großem Strom und die Verbindung zur Batterie bricht plötzlich ab.

definierter Leitungskapazität die entsprechenden Prüfimpulse eingekoppelt werden und über den Kabelbaum des Prüflings auf die Signal- und Steuerleitungen überkoppeln. Die Auswirkungen von niederfrequenten Bordnetzwelligkeiten können dadurch simuliert werden, dass die entsprechenden Signale mit Signalgeneratoren erzeugt und über Stromzangen induktiv auf den Kabelbaum eingekoppelt werden. Auch hierbei muss eine Abstimmung zwischen den zulässigen Störaussendungsamplituden und der Störfestigkeit der Störsenken, ähnlich wie zuvor beschrieben, vorgenommen werden.

Rückwirkung hochfrequenter Signale im Bordnetz auf den mobilen Funkempfang

Zu den unerwünschten Rückwirkungen im Bordnetz gehören, neben den Impulsen und anderen Störsignalen, die benachbarte elektronische Systeme stören können, auch hochfrequente Signale. Diese Signale können durch periodisch auftretende Schaltvorgänge, wie die Hochspannungszündung, die Kommutierung in Gleichstrommotoren und besonders auch durch die Taktsignale beim Betrieb eines Steuergeräts mit Mikroprozessoren entstehen. Diese Signale können in den Empfangsgeräten der mobilen Kommuni-

5 Abhängigkeit der Spannungsamplitude

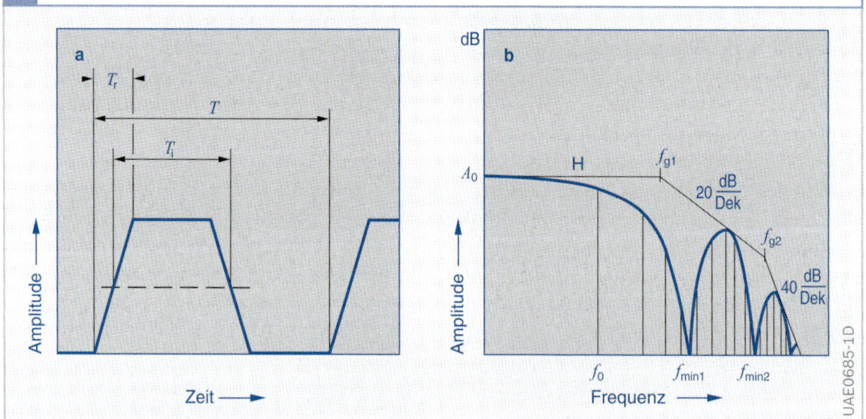

Bild 5
a Abhängigkeit von der Zeit
b Abhängigkeit von der Frequenz

T Periodendauer
T_r Anstiegszeit
T_i Impulsdauer
$f_0 = T^{-1}$ Grundwelle
f_g Eckfrequenzen
f_{min} Periodische Minima
H Hüllkurve

6 Spektrum eines Störsignals

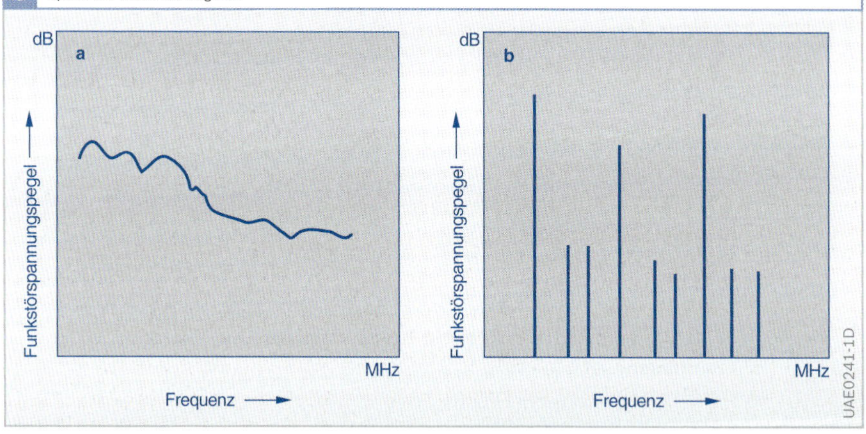

Bild 6
a Breitbandstörung
b Schmalbandstörung

kation Störungen hervorrufen, die einen Funkempfang stark beeinträchtigen oder gar unmöglich machen.

Spektrum

Bei der Betrachtung der Bordnetzimpulse wird meist das Verhalten von Strom oder Spannung in Abhängigkeit von der Zeit betrachtet (Bild 5a). Bei der Beurteilung der Störsignale in Bezug auf den Funkempfang wird meist die Amplitude des Störsignals bei einer bestimmten Frequenz betrachtet (Bild 5b). Allgemein gilt, dass es sich bei den im Kraftfahrzeug auftretenden Störsignalen meist nicht um einzelne sinusförmige Schwingungen handelt, die durch eine einzige Frequenz mit zugehöriger Amplitude zu beschreiben wären, sondern um die Überlagerung vieler Teilschwingungen unterschiedlicher Frequenz und Amplitude. Das „Spektrum" eines Störsignals ist die Darstellung der Amplitude in Abhängigkeit von der Frequenz und erlaubt die Beurteilung der Störwirkung in den verschiedenen Funkbereichen (Bild 6a und 6b). Die Tabelle 4 (s. Abschnitt „Entstörklassen") enthält die wichtigsten Funkbereiche, die im Fahrzeug Verwendung finden.

Die Störsignale werden in der Störmesstechnik bezüglich ihrer Signalcharakteristik in Breit- und Schmalbandstörungen unterschieden: Weist das Spektrum einen kontinuierlichen Verlauf auf (Bild 6a), spricht man von einer Breitbandstörung und bezeichnet die zugehörige Störquelle als Breitbandstörer. Treten hingegen einzelne Nadeln, also ein „Linienspektrum" auf, bezeichnet man die verursachenden Störquellen als Schmalbandstörer und dessen Störungen als Schmalbandstörungen (Bild 6b).

Die Unterteilung ist zunächst willkürlich. Ob eine Störquelle als Breitbandstörer oder Schmalbandstörer zu betrachten ist, hängt nämlich auch von den Empfangseigenschaften der Störsenken und damit auch von den Empfängereigenschaften des Messgeräts ab, mit dem die Störungen gemessen werden.

Zum Erfassen von Funkstörungen verwendet man einen selektiven Messempfänger oder Spektrumanalysator. Das bedeutet, dass durch das Messgerät in einem bestimmten engen Frequenzband (Bandbreite des Empfängers), ähnlich wie bei einem Rundfunkempfänger oder Funkgerät, die Signalamplitude gemessen wird. Der gesamte interessierende Frequenzbereich wird dadurch erfasst, dass der Messempfänger unter Beibehaltung der Eingangsbandbreite – wiederum ähnlich wie beim Abstimmvorgang (Sendersuchlauf) eines Rundfunkempfängers – entweder kontinuierlich oder Schritt für Schritt die Empfangsfrequenz verändert.

Ist nun die Wiederholfrequenz des Störsignals kleiner als die Messbandbreite, entsteht das kontinuierliche Signal der Breitbandstörung. Ist die Wiederholfrequenz hingegen höher als die Messbandbreite, so trifft der Messempfänger auf Lücken im Spektrum, und es entsteht das typische Linienspektrum eines Schmalbandstörers.

Elektromotoren sind zum Beispiel Breitbandstörer: die Kommutierungsvorgänge treten in Abhängigkeit von der Drehzahl und der Polzahl des Motors mit einer Wiederholfrequenz von wenigen 100 Hz auf. Das ergibt bei einer Messbandbreite von z. B. 120 kHz (Bandbreite entspricht der Empfängerbandbreite eines UKW-Rundfunkempfängers) ein kontinuierliches Spektrum. Ein Taktsignal mit 2 MHz Taktfrequenz, das z. B. in einem Steuergerät mit Mikroprozessor auftreten kann, erzeugt hingegen bei gleicher Messbandbreite das typische Linienspektrum der Schmalbandstörung (Wiederholfrequenz des Störsignals ist größer als Messbandbreite).

Typische Breitbandstörer sind alle Elektromotoren wie Lüftermotor, Scheibenwischermotor, Verstellmotor, Kraftstoffpumpe und der Bordnetzgenerator, aber auch die Hochspannungszündung. Daneben wirken sich aber auch niederfrequente Taktsignale von Schaltnetzteilen u. ä. wie Breitbandstörer aus. Zu den Schmalbandstörquellen gehören die Mikroprozessoren in den Steuergeräten und andere hochfrequent getaktete Signalquellen.

Auch die in den Funkempfängern wirksamen Störsignale können leitungsgebunden (z. B. über den Stromversorgungsanschluss des Empfängers) oder durch kapazitive und induktive Kopplung im Kabelbaum über die Signaleingänge und -ausgänge in das Empfangsteil gelangen. Meist aber erfolgt die Störbeeinflussung direkt über den Antenneneingang, entweder durch Einkopplung in das Antennenkabel oder dadurch, dass über die Antenne das von den Störquellen abgestrahlte elektromagnetische Feld empfangen wird. Als Sendeantenne wirkt besonders der Kabelbaum. Dabei haben auch die Karosseriestruktur sowie Typ und Einbauort der Antenne Einfluss auf die empfangenen Störsignalamplituden.

Messung der Störeinstrahlung

In der Messtechnik (DIN 57 879/VDE 0879 Teil 2 und 3; CISPR 25) werden die ausgesandten Störungen entweder leitungsgebunden oder über Antennen erfasst. Bei der Untersuchung einzelner Komponenten in Laboraufbauten werden diese in einem geeigneten Schirmraum in

7 Prinzipschaltplan der Kfz-Bordnetznachbildung

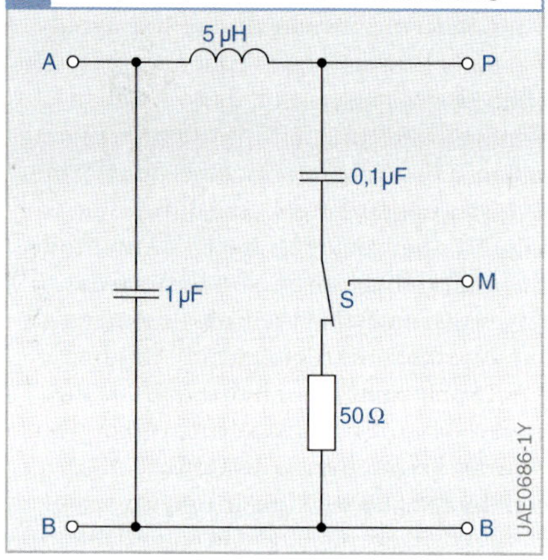

Bild 7
Anschlüsse:
P-B Prüfung
A-B Stromversorgung
M-B Funkstörmessempfänger
S Schalter
B Bezugsmasse (Bleckplatte, Schirmung der Bordnetznachbildung

Tabelle 2

2 Zulässige Funkstörspannung in dBµV der Entstörgrade in den einzelnen Frequenzbereichen nach CISPR 25 bzw. DIN/VDE 0879-2 für Breitbandstörungen (B) und Schmalbandstörungen (S)

Entstörgrade	Funkstörspannungspegel									
	0,15...0,3 MHz (LW)		0,53...2,0 MHz (MW)		5,9...6,2 MHz (KW)		30...54 MHz		70...108 MHz (UKW)	
	B	S	B	S	B	S	B	S	B	S
1	100	90	82	66	64	57	64	52	48	42
2	90	80	74	58	58	51	58	46	42	36
3	80	70	66	50	52	45	52	40	36	30
4	70	60	58	42	46	39	46	34	30	24
5	60	50	50	34	40	33	40	28	24	18

Tabelle 3

3 Zulässige Funkstörfeldstärke in dBµV/m der Entstörgrade in den einzelnen Frequenzbereichen nach DIN/VDE 0879, Teil 2 bzw. CISPR 25 für Breitbandstörer gemessen mit Quasi-Peak-Detektor (B) und Schmalbandstörungen mit Peak-Detektor (S).

Entstörgrade	Funkstörfeldstärkpegel																	
	0,15...0,3 MHz (LW)		0,53...2,0 MHz (MW)		5,9...6,2 MHz (KW)		30...54 MHz		68...87 MHz		76...108 MHz (UKW)		142...175 MHz		380...512 MHz		820...960 MHz	
	B	S	B	S	B	S	B	S	B	S	B	S	B	S	B	S	B	S
1	83	61	70	50	47	46	47	46	36	36	36	42	36	36	43	43	49	49
2	73	51	62	42	41	40	41	40	30	30	30	36	30	30	37	37	43	43
3	63	41	54	34	35	34	35	34	24	24	24	30	24	24	31	31	37	37
4	53	31	46	26	29	28	29	28	18	18	18	24	18	18	25	25	31	31
5	43	21	38	18	23	22	23	22	12	12	12	18	12	12	19	19	25	25

standardisierten Messaufbauten betrieben und die Störungen mit einem Messempfänger gemessen. Um reproduzierbare Messergebnisse zu erhalten, muss die Messanordnung genau definiert werden. Dazu werden Leitungslängen und andere geometrische Abmessungen festgelegt. Die Spannungsversorgung muss aus einem genau definierten Bordnetz erfolgen. Daher wird der Prüfling im Labor über eine Kfz-Bordnetznachbildung (Bild 7) versorgt.

Entstörklassen

Ähnlich wie bei den Bordnetzimpulsen wurde auch für die Schmal- und Breitbandstörungen eine Einteilung in verschiedene Entstörklassen vorgenommen. Diese Einteilung erlaubt eine Abstimmung auf den jeweiligen Anwendungsfall. So werden meist an Störquellen, die nur kurzzeitig und sehr selten betrieben werden, niedrigere Anforderungen gestellt als an dauernd betriebene Komponenten wie den Bordnetzgenerator. Die zulässigen Funkstörspannungspegel nach CISPR 25 bzw. DIN/VDE 0879-2 sind in Tabelle 2 zusammengestellt. Tabelle 3 gib die zulässigen Störfeldstärken für Abstrahlmessungen mit Antennen an.

Besonders unangenehm in Bezug auf den Funkempfang sind die schmalbandigen Störungen, wie sie durch die Taktsignale der Steuergeräte hervorgerufen werden. Diese Störsignale treten dauernd auf (Steuergeräte sind in der Regel ab dem Einschalten der Zündung in Betrieb) und können in einem Funkempfänger nicht von Nutzsignalen, die von Sendern herrühren, unterschieden werden. Sie machen dadurch den Empfang schwächerer Sender unmöglich. Das wurde auch bei der Festlegung der Entstörklassen berücksichtigt. Für Schmalbandstörungen werden für die gleiche Entstörklasse kleinere zulässige Störpegel als für Breitbandstörer angegeben.

Da auch die Fahrzeugkonfiguration einen erheblichen Einfluss auf den Empfang von Sendern im Autoradio und in anderen Funkempfängern hat, muss im Fahrzeug überprüft werden, ob die im Labor erreichte Entstörung im Fahrzeug ausreicht. Dazu wird die Antennenspannung am Ende des Antennenkabels gemessen, also dort, wo nachher der jeweilige Funkempfänger angeschlossen wird.

Auch für die mit dieser Messmethode gemessene Störspannung sind in CISPR 25 Grenzwerte angegeben (Tabelle 4). Die dort angegebenen Spannungspegel berücksichtigen die ungünstige Empfangssituation im Kraftfahrzeug. Die Nutzsignale betragen nur wenige µV und schwanken wegen der Bewegung des Fahrzeugs und wegen des Mehrwege-Empfangs infolge von Reflexionen sehr stark.

4 Grenzwerte für die zulässigen Störspannungen an der Fahrzeugantenne in dBµV

Frequenzband	Frequenz	kontinuierliche Breitbandstörung		kurzzeitige Breitbandstörung		Schmalbandstörung
	MHz	QP-B	B	QP-B	B	S
LW	0,14...0,30	9	22	15	28	6
MW	0,53...2,0	6	19	15	28	0
KW	5,9...6,2	6	19	6	19	0
Funkdienst	30...54	6 (15*)	28	15	28	0
Funkdienst	70...87	6 (15*)	28	15	28	0
UKW	87...108	6 (15*)	28	15	28	6
Funkdienst	144...172	6 (15*)	28	15	28	0
Autotelefon C-Nezt	420...512	6 (15*)	28	15	28	0
Autotelefon D-Netz	800...1000	6 (15*)	28	15	28	0

Tabelle 4
QP-B Quasi-Peak Detektor, gibt hörrichtigen Eindruck einer Störung wieder
B Breitbandstörer mit Peak-Detektor, gibt Maximalpegel an
S Schmalbandstörer mit Peak-Detektor, gibt Maximalpegel an
* Grenzwerte für die Hochspannungszündung

Störungen durch elektrostatische Aufladungen

Elektronische Bauelemente können durch die Entladung elektrostatischer Aufladungen (ESD, Electrostatic Discharge) gestört oder gar zerstört werden. Die bei solchen Entladevorgängen auftretenden Spannungen können einige tausend Volt betragen, wodurch auch sehr hohe impulsförmige Ströme auftreten. Daher müssen entsprechende Maßnahmen getroffen werden, die die zerstörende Auswirkung oder noch besser die Aufladungen verhindern. Besonders gefährdet sind elektronische Komponenten, die im Fahrzeug von Personen berührt werden können.

Zur Überprüfung der Auswirkung elektrostatischer Entladungen sind in der Norm ISO TR 10605 Messverfahren für die Prüfung der Störfestigkeit elektronischer Komponenten im Labor und im Fahrzeug angegeben. Dabei werden jeweils mit einem geeigneten ESD-Prüfimpulsgenerator, meist in Pistolenform, Hochspannungsimpulse erzeugt und auf die zu prüfende Komponente eingekoppelt.

1 Breitband- und Schmalbandgrenzwerte für Fahrzeuge bei einer Messentfernung von 10 m

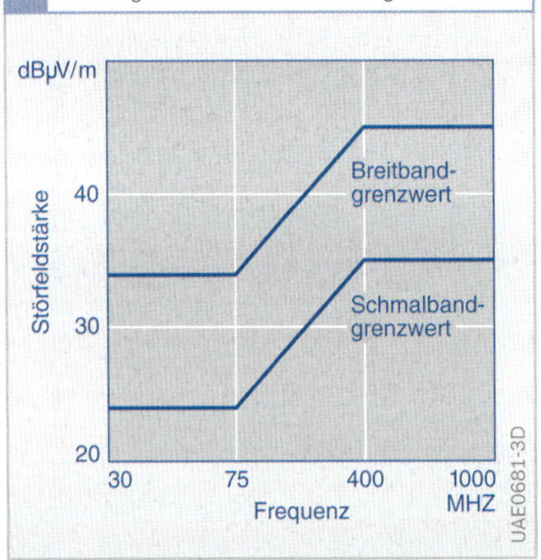

EMV zwischen Fahrzeug und Umgebung

Seit Anfang 1996 gilt eine gesetzliche Vorschrift, die für das Kraftfahrzeug die Anforderungen bezüglich der zulässigen Störaussendung im Hinblick auf den ortsfesten (Rund-)Funkempfang regelt und die erforderliche Störfestigkeit gegenüber externen elektromagnetischen Feldern festlegt. Diese Richtlinie (Europäische Richtlinie 95/54/EG) löste eine frühere Richtlinie ab, in der lediglich die zulässige Störaussendung geregelt war und legt die Vorgehensweise für die Typgenehmigung bezüglich EMV für Kraftfahrzeuge fest.

Störaussendung

Damit das Kraftfahrzeug die Übertragung von Rundfunk, Fernsehen und Funkdiensten nicht beeinträchtigt, darf die von ihm ausgesandte Strahlung (Abstrahlung) die Grenzwerte für schmal- und breitbandige Signale (Bild 1) nicht überschreiten. Die zulässigen Grenzwerte sind in der oben angegebenen Richtlinie 95/54/EG und in den Normen VDE 0879 Teil 1 bzw. CISPR 12 angegeben. Die Messung erfolgt in definierter Entfernung vom Fahrzeug (10 m bzw. 3 m) mit Antennen.

Die Einzelheiten des Messverfahrens sind in den zitierten Vorschriften beschrieben.

In der Praxis ist für die höchste Störabstrahlung meist die Zündanlage maßgeblich. Da jedoch zur Sicherstellung des Funkempfangs im Fahrzeug umfangreiche Maßnahmen getroffen werden, ist die Störaussendung bereits so weit begrenzt, dass die gesetzlich vorgeschriebenen Grenzwerte meist deutlich unterschritten werden.

Einstrahlung

Fährt ein Kraftfahrzeug durch das Nahfeld eines starken Senders, so dringt das Feld durch Schlitze und Öffnungen der Karosserie und wirkt auf die sich darunter befindlichen elektrischen Systeme ein. Die

Stärke dieser Einwirkung (Einstrahlung) hängt maßgeblich vom Einbauort der Komponenten, der Karosserie und dem Kabelbaum ab.

Fahrzeugmessungen

Um nachzuweisen, dass die elektronischen Systeme auch unter solchen Bedingungen störungsfrei funktionieren, musste früher mit dem Kraftfahrzeug die Umgebung verschiedener Sender aufgesucht werden. Jetzt stehen dafür auch speziell für diesen Zweck geeignete Messräume zur Verfügung.

Damit das elektromagnetische Feld, das innerhalb solcher Räume erzeugt wird, nicht nach außen dringt, muss der Raum mit einer metallischen Hülle versehen (geschirmt) sein. Um zu verhindern, dass sich dadurch im Innern stehende Wellen ausbilden, d. h. Schwingungsknoten und Schwingungsbäuche auftreten und dadurch die Feldstärke von Messpunkt zu Messpunkt stark schwankt, müssen die Räume darüber hinaus mit Absorbern ausgekleidet sein.

Das Verhalten der elektrischen Systeme am Kfz in ihrer Gesamtheit unter Praxisbedingungen wird in der Absorberhalle untersucht. In der Bosch-Absorberhalle (Bild 2) können Hochfrequenzfelder im Frequenzbereich von 10 kHz...18 GHz erzeugt werden. Die maximale Feldstärke liegt bei E_{max} = 200 V/m. Solche Feldstärken sind gesundheitsgefährdend; das Testfahrzeug wird daher von einem abgeschirmten Raum aus ferngesteuert und per Videokamera überwacht. Die Halle ist zur Schirmung mit Metallplatten verkleidet. Der Innenausbau der Halle besteht aus nicht leitfähigen Stoffen (Holz und Kunststoff), um die Messungen nicht durch metallische Teile zu beeinflussen. Die pyramidenförmigen Absorber aus grafitgefülltem Polyurethanschaum bedecken zudem Wände und Decke, um die Reflexionen und stehenden Wellen zu unterdrücken.

Das zu testende Fahrzeug wird auf einem Rollenprüfstand betrieben, der die Simulation von Fahrgeschwindigkeiten bis zu 200 km/h zulässt. Ein Gebläse kann bis

2 Messungen der Einstrahlfestigkeit elektrischer Systeme am Kraftfahrzeug in der EMV-Absorberhalle

zu 40000 m^3/h Luft über den Wagen leiten; dies entspricht einer Windgeschwindigkeit von ca. 80 km/h.

Gegenüber Messungen im Freien in der Nähe von Sendern bieten Messungen in der Halle u. a. den Vorteil, dass sich sowohl Frequenz als auch Feldstärke stark variieren lassen. Dadurch kann die Einstrahlfestigkeit eines Kfz nicht nur bei wenigen Frequenzen und Feldstärken beurteilt werden. Durch Aussteuern des Feldes bis an die Funktionsgrenze der Elektronik ist auch Aufschluss über Sicherheitsabstände zu den Grenzwerten zu erhalten.

Die Einzelheiten des Messverfahrens für die Störfestigkeit von gesamten Fahrzeugen werden in DIN 40 839 Teil 4 sowie neben weiteren Sondermessverfahren in ISO 11452 part 1-4 beschrieben.

Labormessungen

So aussagekräftig die Einstrahlmessungen am Fahrzeug auch sind, sie haben den Nachteil, dass sie erst durchgeführt werden können, wenn die Entwicklung des Fahrzeugs und seiner Elektronik sehr weit fortgeschritten ist. Sollte sich dann herausstellen, dass die Einstrahlfestigkeit nicht befriedigend ist, sind die Eingriffsmöglichkeiten stark eingeschränkt.

Deshalb will man schon in einem frühen Entwicklungsstadium eines elektronischen Systems wissen, wie sich dieses System später bei seinem Einsatz im Fahrzeug verhalten wird, um falls notwendig entsprechende Maßnahmen ergreifen zu können. Dafür haben sich verschiedene Testverfahren herauskristallisiert.

Mit den ersten drei im Folgenden beschriebenen Verfahren werden leitungsgeführte Störwellen auf den Kabelbaum eines zu untersuchenden Systems eingekoppelt. Für den Frequenzbereich > 400 MHz können diese Testanordnungen nur noch eingeschränkt verwendet werden. Daher wird für den Frequenzbereich > 400 MHz ein Verfahren eingesetzt, bei dem elektromagnetische Felder direkt über Antennen auf standardisierte Tischaufbauten eingestrahlt werden.

Die Einzelheiten der unten angegebenen Messmethoden sind in DIN 40839 Teil 4 und in ISO 11452 part 1-7 festgelegt (zusätzlich werden darin weitere Verfahren mit geringerer Verbreitung beschrieben).

Mit allen diesen Methoden wird ein genaues Bild der Einstrahlfestigkeit des zu beurteilenden Systems gewonnen, wodurch bereits während der Entwicklungsphase eine Verbesserung der Störfestigkeit erreicht werden kann. Wegen diesem Vorteil sind diese Labormessverfahren aus dem Entwicklungsprozess nicht mehr wegzudenken.

Da jedoch neben der Auslegung eines elektrischen Systems auch der Einbau der Komponenten im Fahrzeug und die Verlegung des Kabelbaums erheblichen Einfluss auf die Störfestigkeit haben können, muss abschließend das Ergebnis aus der Labormessung in der Absorberhalle am Serienfahrzeug bestätigt werden.

Stripline-Verfahren (Bilder 3 und 4)

Die Bezeichnung „Stripline“ bezieht sich auf den streifenförmigen Leiter. Dieser Leiter hat eine Länge von 4,1 m und eine Breite von 0,74 m. Er ist im Abstand von 0,15 m über einer leitfähigen Platte (Gegenelektrode) angeordnet. Zwischen dem Leiter und der Platte wird eine „transversale elektromagnetische Welle“ (transversal: quer verlaufend) erzeugt, die sich ausgehend vom Hochfrequenzgenerator hin zu einem Abschlusswiderstand ausbreitet. Dabei sind die Abmessungen der Streifenleitung so gewählt, dass möglichst keine Reflexionen bei der Wellenausbreitung auftreten und somit über der Frequenz eine konstante Amplitude der Feldstärken herrscht.

Das zu prüfende System, bestehend z. B. aus Steuergerät, Kabelbaum und Peripherie (Sensoren und Stellglieder), wird in halber Höhe zwischen beiden Platten (Grundplatte und Leiterstreifen) angeordnet. Der Kabelbaum zeigt dabei in Ausbreitungsrichtung der Welle.

Bei der Messung wird bei fester Frequenz die Feldstärke zwischen den Platten so lange gesteigert, bis das System Fehlfunktionen zeigt oder bis ein vorgegebener Maximalwert erreicht ist. Verändert man die Frequenz in hinreichend kleinen Schritten und wiederholt den Vorgang, erhält man ein Diagramm der Einstrahlfestigkeit in Abhängigkeit von der Frequenz (Bild 4).

Bulk-Current-Injection-Methode (Bild 5)
Der Begriff „Bulk-Current-Injection" (BCI) lässt sich mit „Summenstrom-Einkopplung" übersetzen. Bei diesem Verfahren wird das zu prüfende System, ähnlich wie beim Stripline-Verfahren, über einer leitfähigen Platte (Gegenelektrode) angeordnet. Mithilfe einer Stromzange, die um den Kabelbaum geklipst wird, werden auf den einzelnen Leitern transformatorisch Ströme eingeprägt. Die vektorielle Summe dieser Ströme entspricht dem in die Zange eingespeisten Strom. Im Gegensatz zum Stripline-Verfahren, bei dem die Feldstärke variiert, wird bei diesem Verfahren der eingespeiste Strom gesteigert, bis das System Fehlfunktionen zeigt, oder bis ein vorgegebener Maximalstrom erreicht ist.

TEM-Zelle (Bild 6)
Ähnlich wie beim Stripline-Verfahren wird in der TEM-Zelle zwischen einem streifenförmigen Leiter und einer Gegenelektrode ein Transversales elektromagnetisches Feld (TEM) erzeugt. Die Gegenelektrode ist in diesem Fall jedoch keine Platte, wie beim Stripline-Verfahren, sondern ein geschlossenes Gehäuse. Dadurch ist für diesen Prüfaufbau, anders als bei den anderen Einstrahlmessverfahren, kein geschirmter Messraum notwendig.

3 Stripline-Verfahren

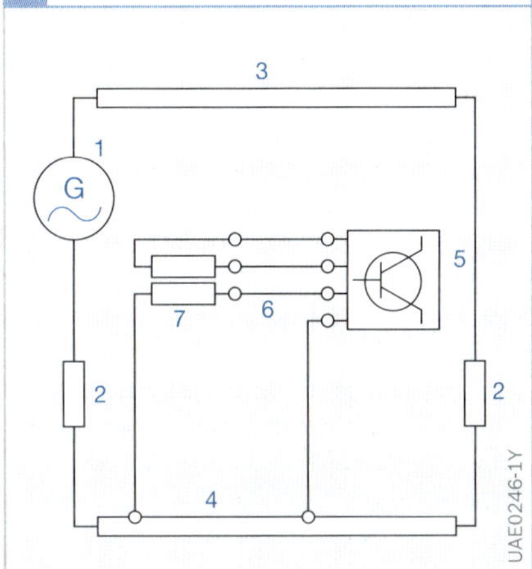

Bild 3
1 Hochfrequenzgenerator
2 Widerstand
3 streifenförmiger Leiter (Stripline)
4 Gegenelektrode (leitfähige Platte oder Zelle)
5 zu prüfendes System
6 Kabelbaum
7 Peripherie (Sensoren, Stellglieder)

4 Einstrahlfestigkeit

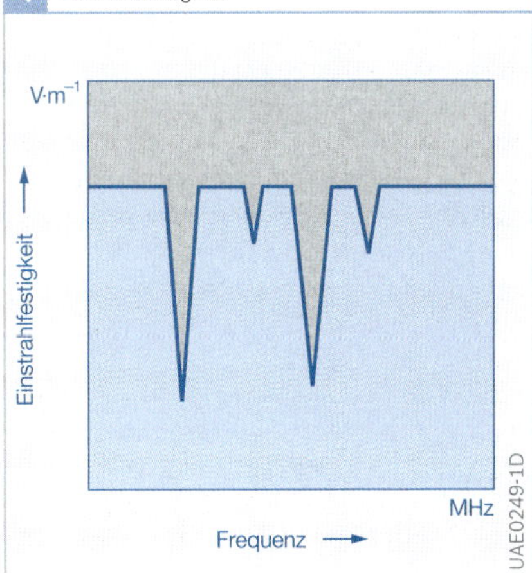

Bild 4
Ermittelt mit Stripline-Verfahren, BCI-Methode oder TEM-Zelle

5 BCI-Methode

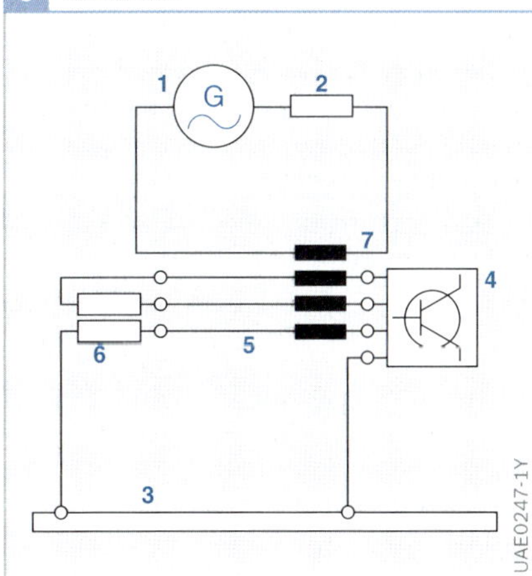

Bild 5
1 Hochfrequenzgenerator
2 Widerstand
3 Gegenelektrode (leitfähige Platte oder Zelle)
4 zu prüfendes System
5 Kabelbaum
6 Peripherie (Sensoren, Stellglieder)
7 Stromzange

Ein weiterer Unterschied zum Stripline-Verfahren besteht darin, dass nur der Prüfling selber, z. B. ein Steuergerät, dem elektromagnetischen Feld ausgesetzt wird. Die Peripherie befindet sich außerhalb der TEM-Zelle. Sie ist mit dem Prüfling über einen kleinen Rumpfkabelbaum verbunden, der quer zur Ausbreitungsrichtung der elektromagnetischen Welle verläuft.

Der Ablauf der Messung stimmt mit dem des Stripline-Verfahrens überein. Die Feldstärke wird auch hier so lange gesteigert, bis das System Fehlfunktionen zeigt, oder bis ein vorgegebener Maximalwert erreicht ist.

Antenneneinstrahlung
Bei diesem Verfahren wird der Prüfling auf einer Grundplatte - wiederum ähnlich wie beim Stripline-Verfahren - mit Steuergerät, Kabelbaum und Peripherie aufgebaut. Der Kabelbaum wird in definiertem Abstand zur Grundplatte geführt. In festgelegtem Abstand wird über eine Antenne ein elektromagnetisches Feld erzeugt und auf den gesamten Aufbau eingestrahlt. Der Ablauf der Messung erfolgt auch hier so, dass die Feldstärke so lange gesteigert wird, bis der Prüfling eine Fehlfunktion zeigt oder ein vorgegebener Maximalwert erreicht wird.

Sicherstellung der Störfestigkeit und Funkentstörung

Bereits in der Planungs- und Konzeptionsphase eines elektronischen Systems oder einer Komponente müssen die EMV-Anforderungen bezüglich der Störfestigkeit und Funkentstörung berücksichtigt werden. Bei der Realisierung der entsprechenden Geräte und Komponenten müssen EMV-Maßnahmen mit entwickelt und in die Geräte integriert werden.

EMV in elektronischen Steuergeräten
Für elektronische Steuergeräte bedeutet EMV-gerechte Auslegung zunächst, dass die für die Mikroprozessoren eingesetzten Taktfrequenzen möglichst niedrig gewählt werden und die Steilheit der Übergänge der Signale auf unbedingt erforderliche Werte begrenzt wird. Bei der Auswahl der Bauelemente (integrierte Schaltungen) muss neben der Funktionalität auch ihr EMV-Verhalten berücksichtigt werden. Dies bedeutet einerseits, dass sie möglichst störfest sein sollen, andererseits dürfen sie nur eine geringe Störaussendung aufweisen. Beim Layout der Leiterplatte bedeutet EMV-gerecht, dass Schaltungsteile, die besonders störempfindlich

6 Testverfahren mit TEM-Zelle

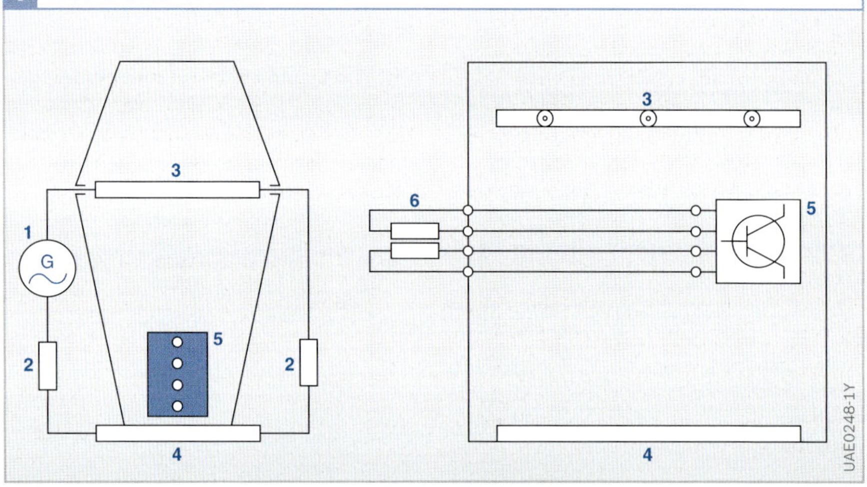

Bild 6
1 Hochfrequenzgenerator
2 Widerstand
3 streifenförmiger Leiter (Stripline)
4 Gegenelektrode (leitfähige Platte oder Zelle)
5 zu prüfendes System
6 Peripherie (Sensoren, Stellglieder)

sind oder potenzielle Störquellen darstellen, vom angeschlossenen Kabelbaum entkoppelt sind. Das erreicht man dadurch, dass diese Bauteile vom Steckerbereich weit entfernt platziert werden.

Entstörbauelemente, meist hochfrequenztaugliche Kondensatoren, begrenzen die Auswirkungen von Störungen auf das notwendige Maß. Diese Entstörkondensatoren werden entweder direkt an den integrierten Schaltungen oder im Steckerbereich platziert. Im Steckerbereich führen die Entstörelemente zusammen mit einem elektrisch möglichst gut leitfähigen Gehäuse (Schirmgehäuse) zu einer hochfrequenzmäßigen Trennung zwischen gestörter Umgebung und dem Geräteinnern. Damit ist sichergestellt, dass durch außerhalb des Geräts auftretende Signale keine Störungen im Gerät entstehen. Andererseits verursachen im Innern des Geräts auftretende hochfrequente Signale keine unerwünschten Störungen in der Umgebung.

Elektromotoren und andere elektromechanische Bauelemente

Ähnlich wie bei den elektronischen Steuergeräten und Sensoren werden auch bereits bei der Entwicklung von Elektromotoren Entstörmaßnahmen vorgesehen. Zum Beispiel treten bei Kommutatormotoren Störungen durch das Bürstenfeuer beim Kommutierungsvorgang auf. Das kann zu einer erheblichen Beeinträchtigung des Funkempfangs führen. Diese Störungen werden durch geeignete Entstörelemente (Kondensatoren und Drosseln) begrenzt. Bei der konstruktiven Gestaltung des Motors wird darauf geachtet, dass die Wirkung dieser Entstörelemente optimal ist.

Beim Einsatz von elektromagnetischen Stellern werden durch geeignete Schaltungsmaßnahmen, z. B. in Form von Löschwiderständen, die beim Schalten auftretenden impulsförmigen Spannungen auf ein zulässiges Maß begrenzt.

Hochspannungszündung

Durch die Hochspannungszündung können im Funkempfang erhebliche Störungen auftreten. Daher werden in der Praxis meist Zündkerzen mit integriertem Entstörwiderstand eingesetzt. Auch in den Zündkerzensteckern werden Entstörwiderstände eingebaut. Dies geschieht entweder am Ende der Zündkabel oder bei aktuellen Zündsystemen integriert in die Einzelfunkenzündspule, die für jeden Zylinder des Motors direkt auf die jeweilige Zündkerze aufgesteckt wird. Dabei muss ein geeigneter Kompromiss zwischen dem erforderlichen Zündspannungsangebot und der Entstörwirkung gefunden werden.

Nachträgliche Entstörung

Wie beschrieben müssen EMV-Maßnahmen und Funktionsanforderungen aufeinander abgestimmt sein. Eine nachträgliche Entstörung ist meist nur mit großem Aufwand möglich und für den Einsatz in Serienfahrzeugen zu vermeiden.

In einzelnen Fällen (z. B. für Behördenfahrzeuge) können dann, wenn die Entstörmaßnahmen in den elektrischen Komponenten nicht ausreichen, durch zusätzliche Entstörmaßnahmen weitere Verbesserungen erreicht werden. Möglichkeiten hierzu bieten der Einbau von Filtern oder eine zusätzliche Schirmung der Komponenten und Leitungen.

Beim Einsatz solcher zusätzlichen Entstörmaßnahmen muss sehr vorsichtig vorgegangen werden, da nachträgliche Veränderungen der elektronischen Komponenten zu Funktionsstörungen führen können.

Schaltzeichen und Schaltpläne

Die elektrischen Anlagen in Kraftfahrzeugen enthalten eine große Zahl von elektrischen und elektronischen Geräten für Steuerung und Regelung des Motors sowie für Sicherheits- und Komfortsysteme. Eine Übersicht über die komplexen Bordnetzschaltungen ist nur mit aussagefähigen Schaltzeichen und Schaltplänen möglich. Schaltpläne als Stromlaufpläne und Anschlusspläne helfen bei der Störungssuche, erleichtern den Einbau zusätzlicher Geräte und ermöglichen das fehlerfreie Anschließen beim Umrüsten oder Ändern der elektrischen Ausstattung von Fahrzeugen.

Schaltzeichen

Die in Tabelle 1 dargestellten Schaltzeichen bilden eine Auswahl genormter Schaltzeichen, die für die Kraftfahrzeugelektrik geeignet sind. Sie entsprechen bis auf wenige Ausnahmen den Normen der Internationalen Elektrotechnischen Kommission (IEC).

Die Europäische Norm „Grafische Symbole für Schaltpläne" EN 60 617 entspricht der Internationalen Norm IEC 617. Sie besteht in drei offiziellen Fassungen (Deutsch, Englisch und Französisch). Die Norm enthält Symbolelemente, Kenn-

1 Schaltplan eines Drehstromgenerators mit Regler

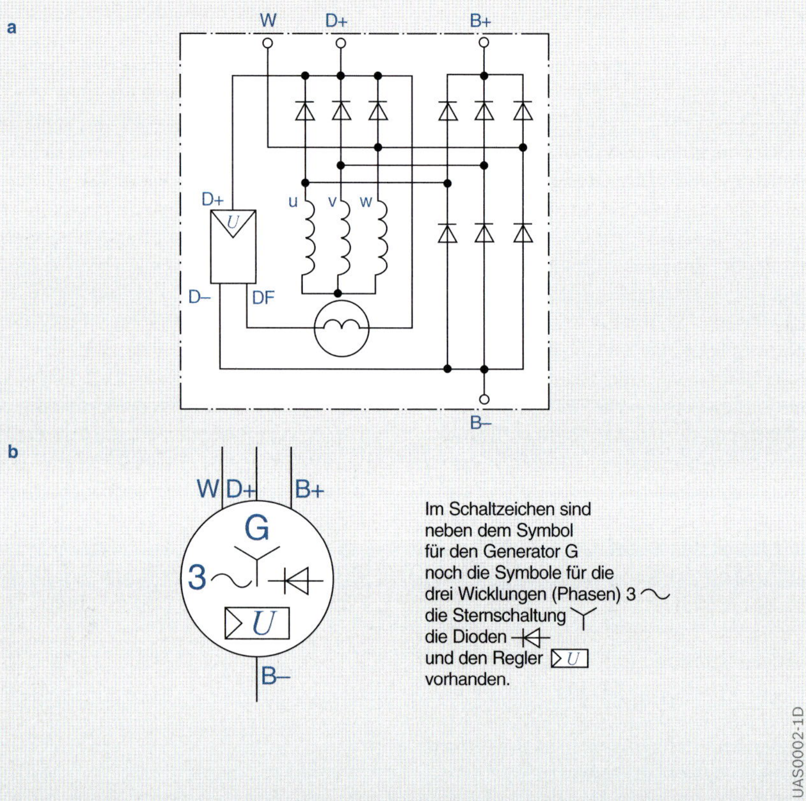

Bild 1
a mit Innenschaltung
b Schaltzeichen

zeichen und vor allem Schaltzeichen für folgende Bereiche:

Allgemeine Anwendungen	Teil 2
Leiter und Verbinder	Teil 3
Passive Bauelemente	Teil 4
Halbleiter und Elektronenröhren	Teil 5
Erzeugung und Umwandlung elektrischer Energie	Teil 6
Schalt- und Schutzeinrichtungen	Teil 7
Mess-, Melde- und Signaleinrichtungen	Teil 8
Nachrichtentechnik, Vermittlungs- und Endeinrichtungen	Teil 9
Nachrichtentechnik, Übertragungseinrichtungen	Teil 10
Gebäudebezogene und topografische Installationspläne und Schaltpläne	Teil 11
Binäre Elemente	Teil 12
Analoge Elemente	Teil 13

Anforderungen

Schaltzeichen sind die kleinsten Bausteine eines Schaltplans und die vereinfachte zeichnerische Darstellung eines elektrischen Geräts oder eines Teiles davon. Die Schaltzeichen lassen die Wirkungsweise eines Geräts erkennen und stellen in Schaltplänen die funktionellen Zusammenhänge eines technischen Ablaufs dar. Schaltzeichen berücksichtigen nicht die Form und Abmessungen des Geräts und die Lage der Anschlüsse am Gerät. Allein durch die Abstraktion ist eine aufgelöste Darstellung im Stromlaufplan möglich.

Ein Schaltzeichen soll folgende Eigenschaften besitzen: es soll einprägsam, leicht verständlich, unkompliziert in der zeichnerischen Darstellung und eindeutig innerhalb einer Sachgruppe sein.

Schaltzeichen bestehen aus Schaltzeichenelementen und Kennzeichen (Bild 2). Als Kennzeichen dienen Buchstaben, Ziffern, Symbole, mathematische Zeichen, Formelzeichen, Einheitenzeichen, Kennlinien u. Ä.

Wird ein Schaltplan durch die Darstellung der Innenschaltung eines Geräts zu umfangreich oder sind zum Erkennen der Funktion des Geräts nicht alle Details der Schaltung notwendig, so kann der Schaltplan für dieses spezielle Gerät durch ein einziges Schaltzeichen (ohne Innenschaltung) ersetzt werden (Bilder 1b und 2).

Bei integrierten Schaltkreisen, die einen hohen Grad von Raumausnutzung aufweisen (dies ist gleichbedeutend mit hohem Integrationsgrad von Funktionen in einem Bauteil), wird eine vereinfachte Schaltungsdarstellung bevorzugt.

2 Beispiel für den Aufbau eines Schaltzeichens: die Lambda-Sonde

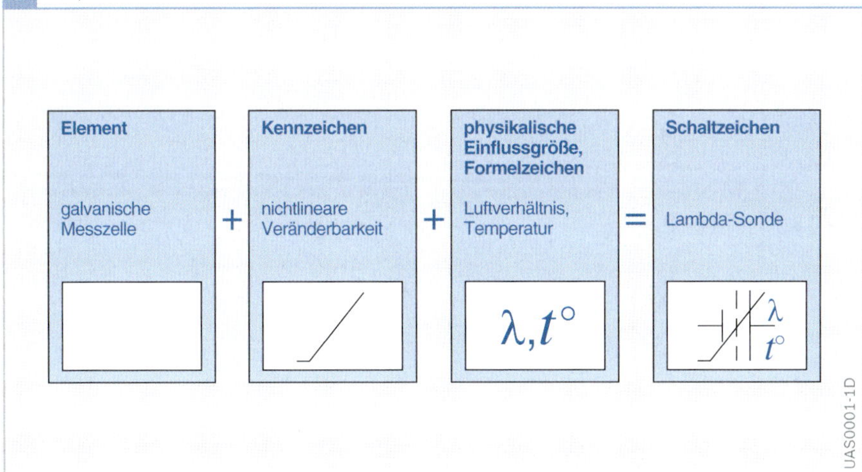

Darstellung

Die Schaltzeichen sind ohne Einwirkung einer physikalischen Größe, d. h. in strom- und spannungslosem und mechanisch nicht betätigtem Zustand dargestellt. Ein von dieser Regeldarstellung (Grundstellung) abweichender Betriebszustand eines Schaltzeichens wird durch einen danebengesetzten Doppelpfeil gekennzeichnet (Bild 3).

Schaltzeichen und Verbindungslinien (sie stellen elektrische Leitungen und mechanische Wirkverbindungen dar) haben die gleiche Linienbreite.

Um unnötige Knicke und Kreuzungen bei den Verbindungslinien zu vermeiden, können Schaltzeichen in Stufen von 90° gedreht oder spiegelbildlich angeordnet werden, sofern sie dadurch ihre Bedeutung nicht verändern. Die Richtung der weiterführenden Leitungen ist frei wählbar. Ausgenommen sind die Schaltzeichen für Widerstände (Anschlusszeichen sind hier nur an den Schmalseiten zugelassen) und Anschlüsse für elektromechanische Antriebe (hier dürfen sich Anschlusszeichen nur an den Breitseiten befinden, Bild 4).

Verzweigungen werden sowohl mit als auch ohne Punkt dargestellt. Bei Kreuzungen ohne Punkt ist keine elektrische Verbindung vorhanden (Bild 5). Anschlussstellen an Geräten sind meistens nicht besonders dargestellt. Nur an den für Ein- und Ausbau notwendigen Stellen werden Anschlussstelle, Stecker, Buchse oder Schraubverbindungen durch ein Schaltzeichen kenntlich gemacht. Sonstige Verbindungsstellen sind einheitlich als Punkt gekennzeichnet.

Schaltglieder mit gemeinsamem Antrieb sind bei zusammenhängender Darstellung so gezeichnet, dass sie beim Betätigen einer Bewegungsrichtung folgen, die durch die mechanische Wirkverbindung (- - -) festgelegt ist (Bild 6).

3 Von der Grundstellung abweichender Betriebszustand des Schaltzeichens

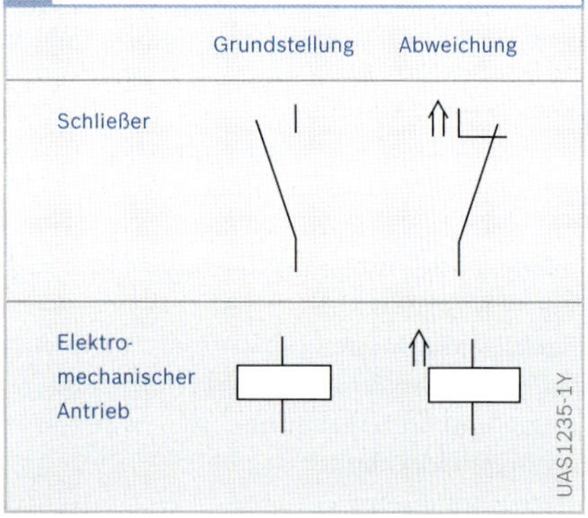

4 Anschlüsse

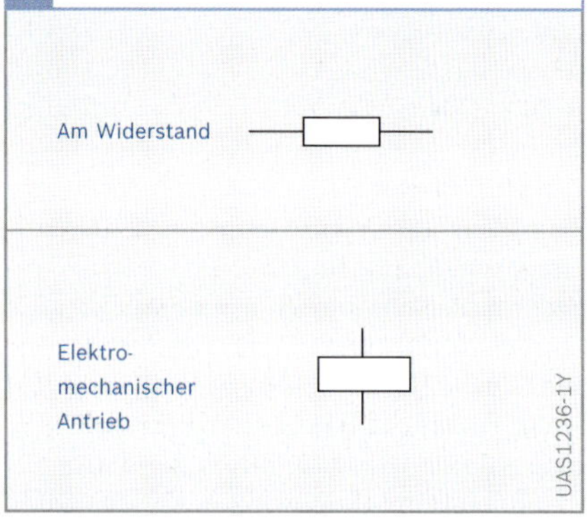

5 Verzweigung und Kreuzungen

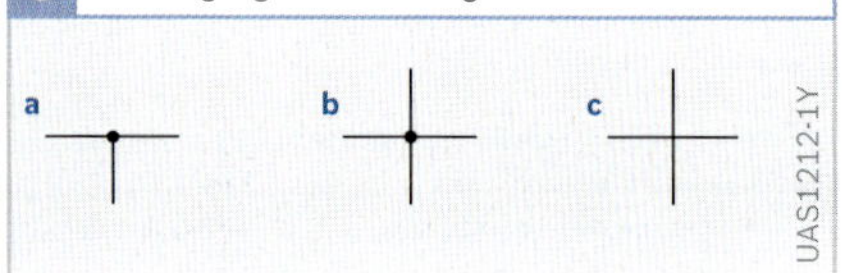

Bild 5
- a Verzweigung mit elektrischer Verbindung
- b Kreuzung mit elektrischer Verbindung
- c Kreuzung ohne elektrische Verbindung

6 Mechanische Wirkverbindung am Mehrstellenschalter

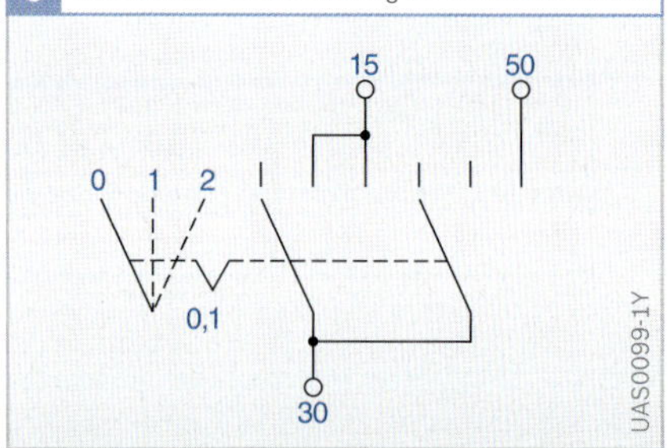

1 Auswahl von Schaltzeichen

Vebindungen	**Mechanische Funktion**	
Leitung; Leitungskreuzungen (ohne/mit Verbindung) 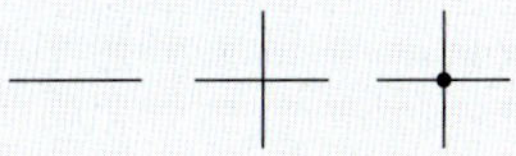	Schaltstellungen (Grundstellung: ausgezogene Linie) 	Veränderbarkeit, nicht eigen (von außen), allgemein 
Geschirmte Leitung 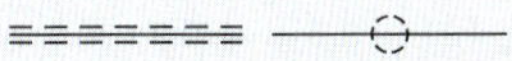		Veränderbarkeit eigen, unter dem Einfluss einer physik. Größe, linear/nichtlinear 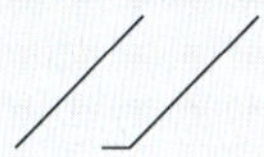
Mechanische Wirkverbindung; elektrische Leitung (nachträglich verlegt) 		Einstellbarkeit, allgemein 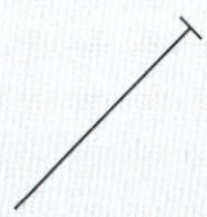
Kreuzungen (ohne/mit Verbindung) 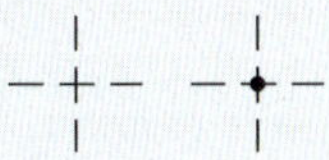	Betätigen von Hand, durch Fühler (Nocken), thermisch (Bimetall) 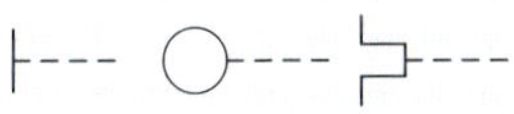	
		Schalter
Verbindung allgemein; lösbare Verbindung (wenn Darstellung notwendig) 	Raste; nicht selbsttätiger/selbsttätiger Rückgang in Pfeilrichtung (Taste) 	Tastschalter, Schließer/Öffner 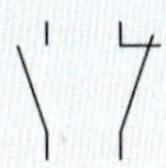
Steckverbindung; Buchse; Stecker; 3fach-Steckverbindung 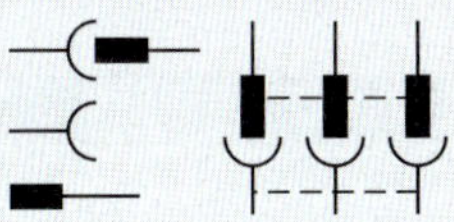	Betätigung, allgemein (mech., pneum., hydraul.); Kolbenantrieb 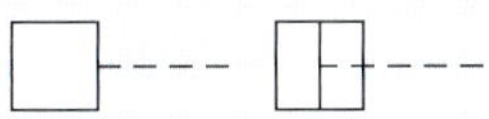	Stellschalter, Schließer/Öffner 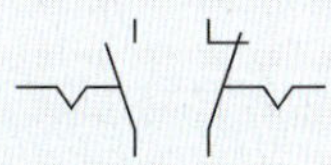
Masse (Gehäusemasse, Fahrzeugmasse) 	Betätigung durch Drehzahl n, Druck p, Menge Q, Zeit t, Temp. $t°$ 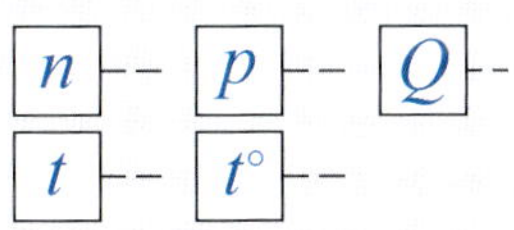	Wechsler, mit/ohne Unterbrechung schaltend 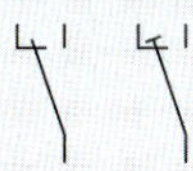

UAS1230-1D

Tabelle 1

1 Auswahl von Schaltzeichen (Fortsetzung)

Schalter	**Verschiedene Bauelemente**	
Zweiwegschließer mit drei Schaltstellungen (z. B. Blinkerschalter) 	Antriebe mit einer Wicklung 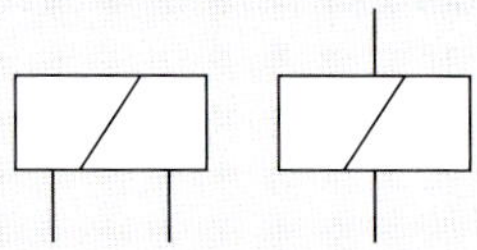	Widerstand 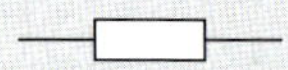
Schließer-Öffner 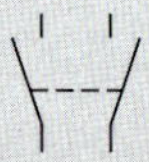	Antrieb mit zwei gleichsinnig wirkenden Wicklungen 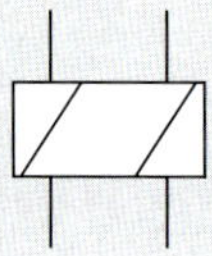	Potenziometer (mit drei Anschlüssen) 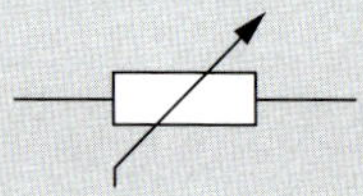
Zwillingsschließer 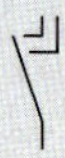	Antrieb mit zwei gegensinnig wirkenden Wicklungen 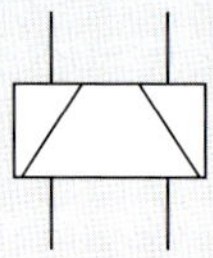	Heizwiderstand, Glühkerze, Flammkerze, Heizscheibe 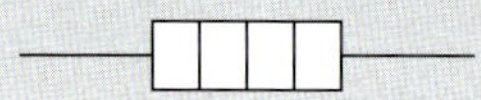
Mehrstellenschalter 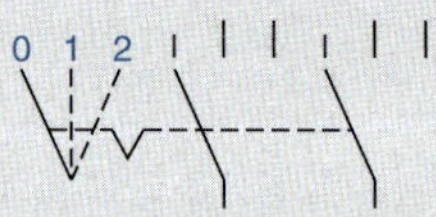	Elektrothermischer Antrieb, Thermorelais 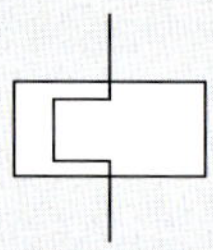	Antenne 
Nockenbetätigter Schalter (z. B. Unterbrecher) 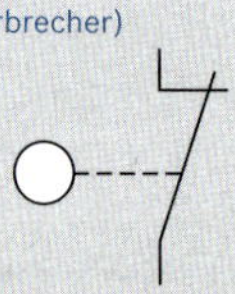	Elektrothermischer Antrieb, Hubmagnet 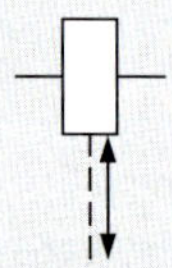	Sicherung 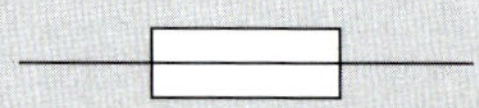
Thermoschalter 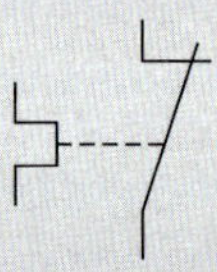	Magnetventil, geschlossen 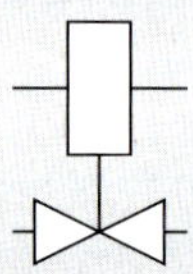	Dauermagnete 
Auslöser 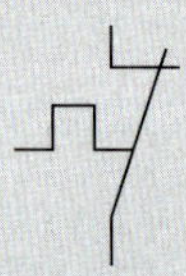	Relais (Antrieb und Schalter), Beispiel: unverzögerter Öffner und verzögerter Schließer 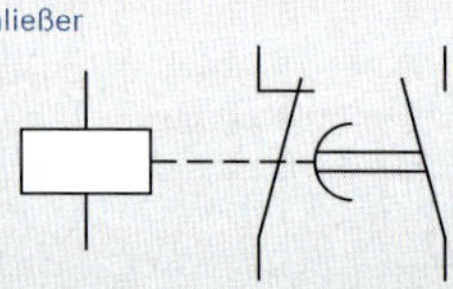	Wicklung, induktiv 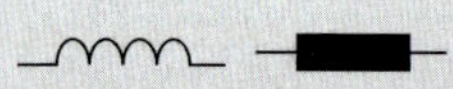

UAS1231-1D

Tabelle1
(Fortsetzung)

1 Auswahl von Schaltzeichen (Fortsetzung)

Verschiedene Bauelemente	**Geräte im Kraftfahrzeug**	
Kaltleiter-(PTC-)Widerstand 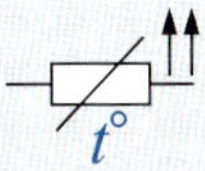	Strich-Punkt-Linie zur Abgrenzung oder Umrahmung zusammengehöriger Schaltungsteile 	Batterie 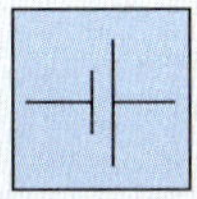
Heißleiter-(NTC-)Widerstand 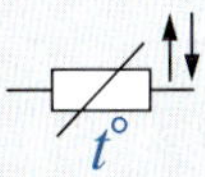		Steckanschluss 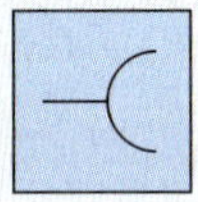
Diode, allgemein, Stromdurchlass in Richtung der Dreieckspitze 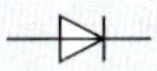	Geschirmtes Gerät, Umrahmung mit Masse verbunden 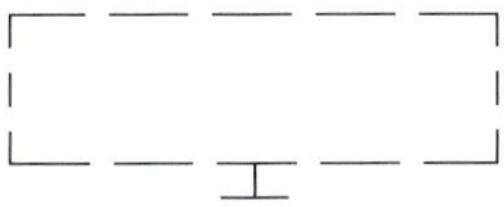	Leuchte, Scheinwerfer 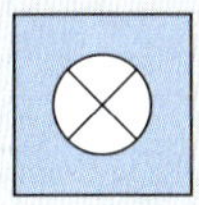
PNP-Transistor NPN-Transistor E = Emitter (Pfeil zeigt in Durchlassrichtung) C = Kollektor, positiv B = Basis (waagerecht), negativ 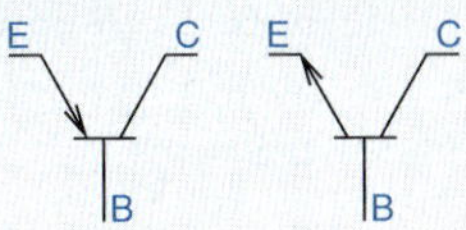	Regler, allgemein 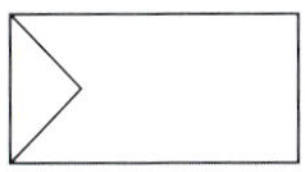	Signalhorn, Fanfare 
	Steuergeräte 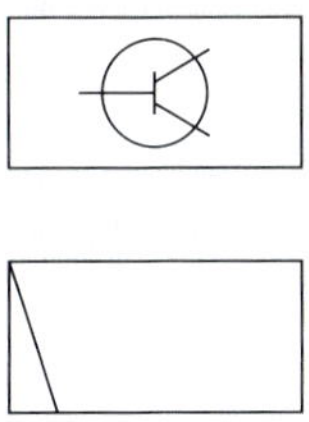	Heizbare Heckscheibe (allgemein Heizwiderstand) 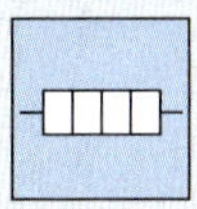
Leuchtdiode (LED) 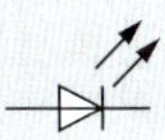	Anzeigeelement, allgemein; Spannungsmesser; Uhr 	Schalter, allgemein, ohne Anzeigelampe 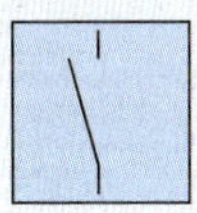
Hallgenerator 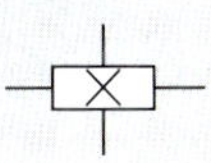	Drehzahlanzeige; Temperaturanzeige; Geschwindigkeitsanzeige 	Schalter, allgemein, mit Anzeigelampe 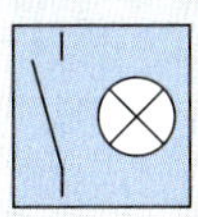

UAS1232-1D

Tabelle 1
(Fortsetzung)

1	Auswahl von Schaltzeichen (Fortsetzung)	
Geräte im Kraftfahrzeug		
Druckschalter 	Zündkerze 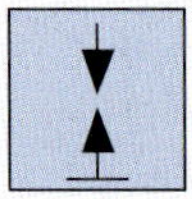	Motor mit Gebläse, Lüfter 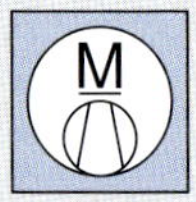
Relais, allgemein 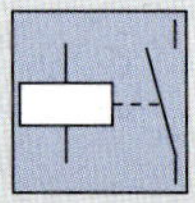	Zündspule 	Startermotor mit Einrückrelais (ohne/mit Innenschaltung) 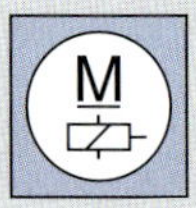 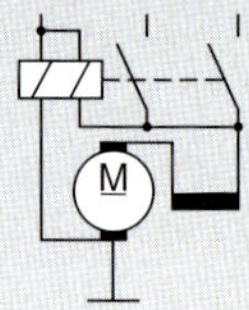
Magnet-, Einspritz-, Kaltstartventil 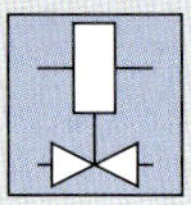	Zündverteiler, allgemein 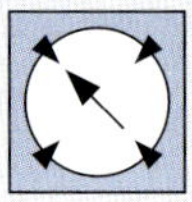	
Thermozeitschalter 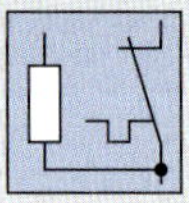	Spannungsregler 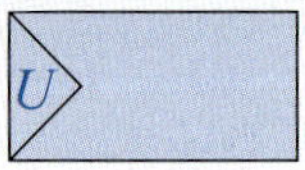	Wischermotor (eine/zwei Wischgeschwindigkeiten)  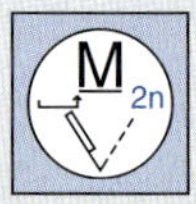
Drosselklappenschalter 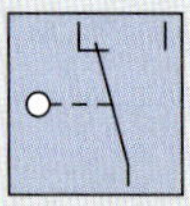	Drehstromgenerator mit Regler (ohne/mit Innenschaltung) 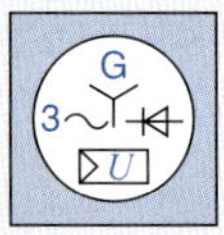  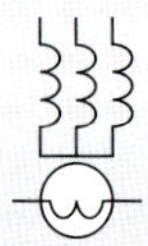	
Drehsteller 		Wischintervallrelais 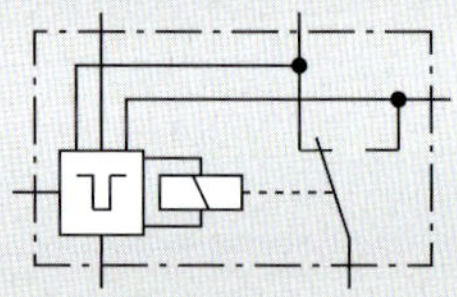
Zusatzluftventil mit elektrothermischem Antrieb 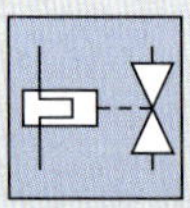	Elektrokraftstoffpumpe, Motorantrieb für Hydraulikpumpe 	Autoradiogerät 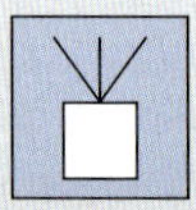

UAS1233-1D

Tabelle1
(Fortsetzung)

1 Auswahl von Schaltzeichen (Fortsetzung)

Geräte im Kraftfahrzeug		
Lautsprecher 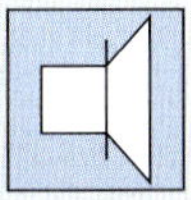	Piezoelektrischer Sensor 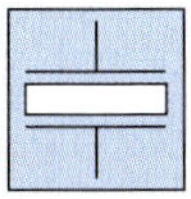	Geschwindigkeitssensor 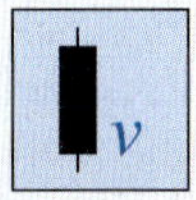
Spannungskonstanthalter, Stabilisator 	Widerstandsstellungsgeber 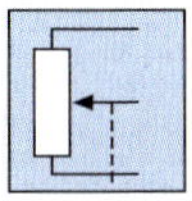	ABS-Drehzahlsensor 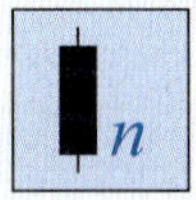
Induktiver Sensor, mit Bezugsmarke gesteuert 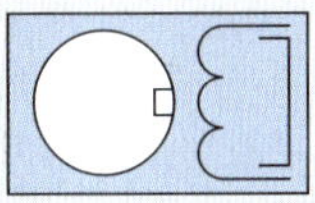	Luftmengenmesser 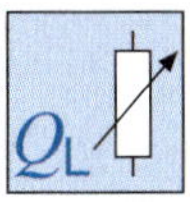	Hallgeber 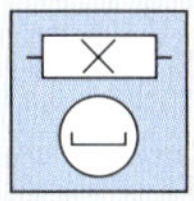
Blink-, Impulsgeber, Intervallrelais 	Luftmassenmesser 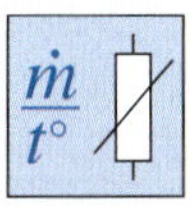	Umsetzer, Umformer (Menge, Spannung) 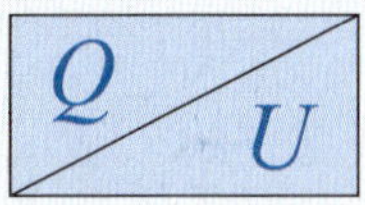
Lambda-Sonde (nicht beheizt/beheizt) 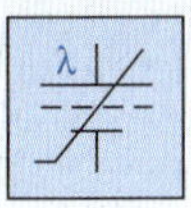	Mengensensor, Kraftstoffstandsensor 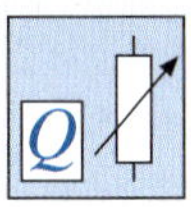	Induktiver Sensor 
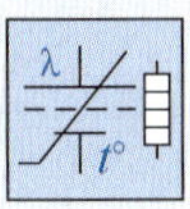	Temperaturschalter, Temperatursensor 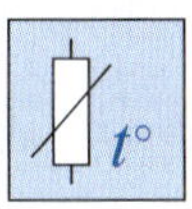	
Kombi-Gerät (Armaturenbrett) 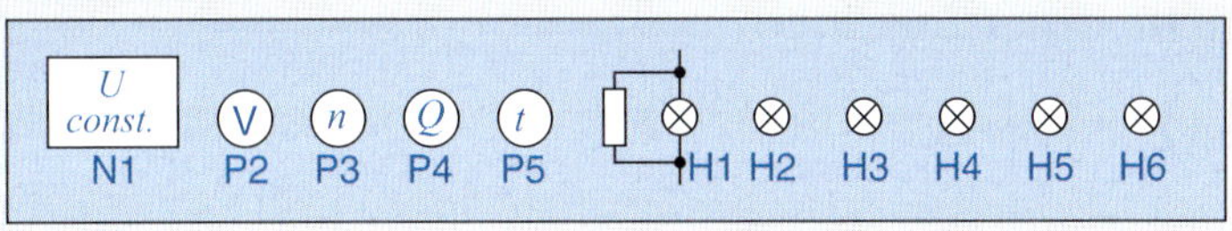		

UAS1234-1D

Tabelle 1
(Fortsetzung)

Schaltpläne

Der Schaltplan ist die zeichnerische Darstellung elektrischer Geräte durch Schaltzeichen, gegebenenfalls durch Abbildungen oder vereinfachte Konstruktionszeichnungen (Bild 7). Er zeigt die Art, in der verschiedene elektrische Geräte zueinander in Beziehung stehen und miteinander verbunden sind. Tabellen, Diagramme und Beschreibungen können den Plan ergänzen. Die Art des Schaltplanes wird bestimmt durch seinen Zweck (z. B. Darstellung der Funktion einer Anlage) und durch die Art der Darstellung.
Damit ein Schaltplan „lesbar" ist, muss er folgende Forderungen erfüllen:

- Er muss normgerecht dargestellt sein, Abweichungen sind zu erläutern.
- Die Stromwege müssen vorzugsweise so angeordnet sein, dass die Wirkung bzw. der Signalfluss von links nach rechts und/oder von oben nach unten verläuft.

In der Kraftfahrzeugelektrik dienen Übersichtsschaltpläne in meist einpoliger Darstellung ohne gezeichnete Innenschaltung dem schnellen Überblick über die Funktion einer Anlage oder eines Geräts. Der Stromlaufplan in verschiedenen Darstellungsarten (Anordnung der Schaltzeichen) ist die ausführliche Darstellung einer Schaltung zum Erkennen der Funktion und zur Ausführung von Reparaturen. Der Anschlussplan (mit Anschlusspunkten der Geräte) dient dem Kundendienst bei Austausch oder Nachrüstung von Geräten.

Nach Art der Darstellung wird unterschieden zwischen:

- ein- oder mehrpoliger Darstellung und (entsprechend der Anordnung der Schaltzeichen)
- zusammenhängender, halbzusammenhängender, aufgelöster und lagerichtiger Darstellung, die in ein und demselben Schaltplan kombiniert werden können.

7 Einteilung der Schaltpläne

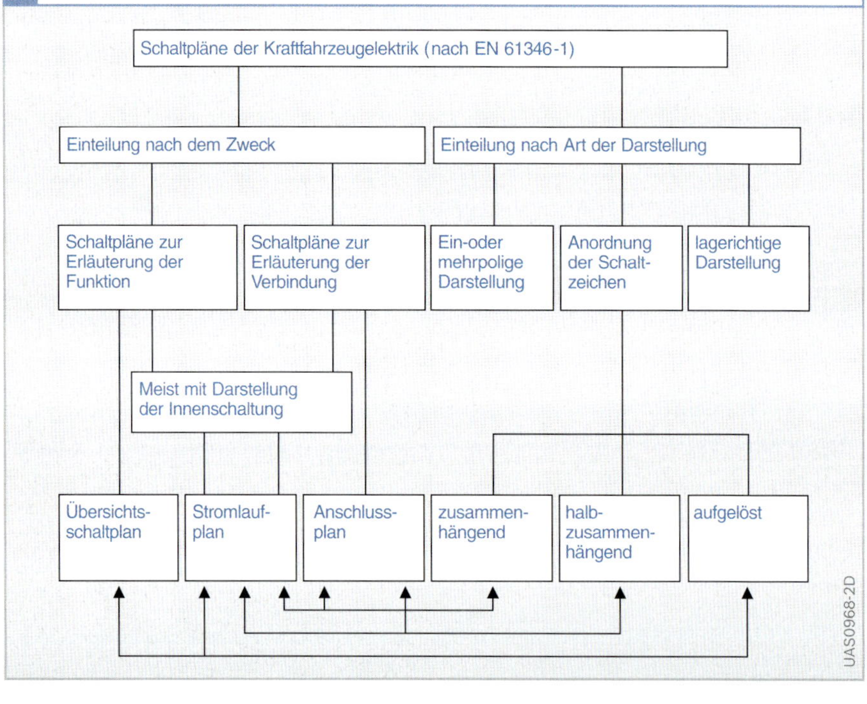

Übersichtsschaltplan

Der Übersichtsschaltplan, früher Blockdiagramm oder Blockschaltplan genannt, ist die vereinfachte Darstellung einer Schaltung, wobei nur die wesentlichen Teile berücksichtigt sind (Bild 8). Er soll einen schnellen Überblick über Aufgabe, Aufbau, Gliederung und Funktion einer elektrischen Anlage oder eines Teiles davon geben und als Wegweiser für ausführlichere Schaltungsunterlagen (Stromlaufplan) dienen.

Die Geräte sind dargestellt durch Quadrate, Rechtecke oder Kreise mit eingezeichneten Kennzeichen ähnlich EN 60 617, Teil 2, die Leitungen sind meist einpolig gezeichnet.

8 Übersichtsschaltplan Motronic-Steuergerät

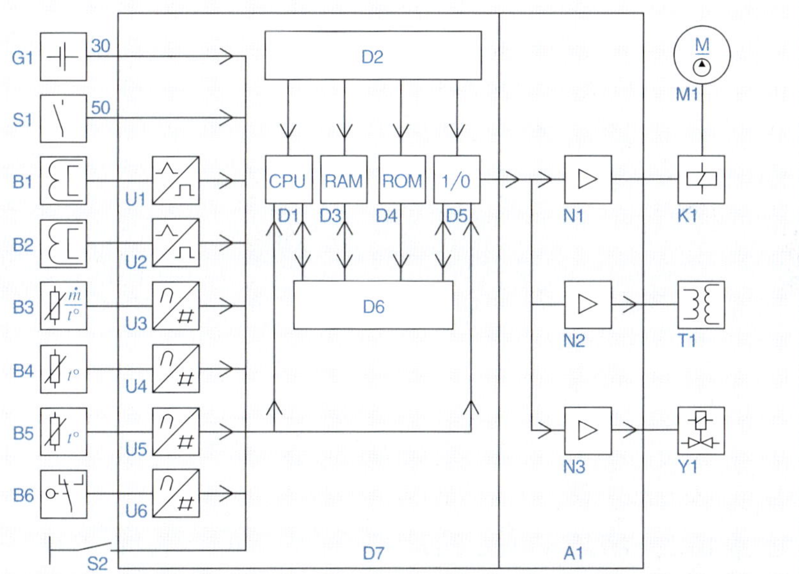

Bild 8
A1 Steuergerät
B1 Sensor für Drehzahl
B2 Sensor für Bezugsmarke
B3 Sensor für Luftmasse
B4 Sensor für Ansauglufttemperatur
B5 Sensor für Motortemperatur
B6 Drosselklappenschalter
D1 Recheneinheit (CPU)
D2 Adressbus
D3 Arbeitsspeicher (RAM)
D4 Programmdatenspeicher (ROM)
D5 Eingang – Ausgang
D6 Datenbus
D7 Mikrocomputer
G1 Batterie
K1 Pumpenrelais
M1 Elektrokraftstoffpumpe
N1...N3 Leistungsendstufen
S1 Zündstartschalter
S2 Kennfeldumschalter
T1 Zündspule
U1 und U2 Impulsformer
U3...U6 Analog-digital-Umsetzer
Y1 Einspritzventil

Stromlaufplan

Der Stromlaufplan ist die ausführliche Darstellung einer Schaltung in ihren Einzelheiten. Er zeigt durch übersichtliche Darstellung der einzelnen Stromwege die Wirkungsweise einer elektrischen Schaltung. Im Stromlaufplan darf die übersichtliche, das Lesen der Schaltung erleichternde Darstellung der Funktion durch die Wiedergabe gerätetechnischer und räumlicher Zusammenhänge nicht beeinträchtigt werden. Bild 9 zeigt den Stromlaufplan eines Startermotors in zusammenhängender und aufgelöster Darstellung.

Der Stromlaufplan muss enthalten:
- Schaltung,
- Gerätekennzeichnung (EN 61 346, Teil 2) und
- Anschlussbezeichnung bzw. Klemmenbezeichnung (DIN 72 552).

Der Stromlaufplan kann enthalten:
- Vollständige Darstellung mit Innenschaltung, um Prüfung, Fehlerortung, Wartung und Austausch (Nachrüstung) zu ermöglichen;
- Hinweisbezeichnungen dienen zum besseren Auffinden von Schaltzeichen und Zielorten, insbesondere bei aufgelöster Darstellung.

9 Stromlaufplan eines Startermotors Typ KB für Parallelbetrieb in zwei Darstellungsarten

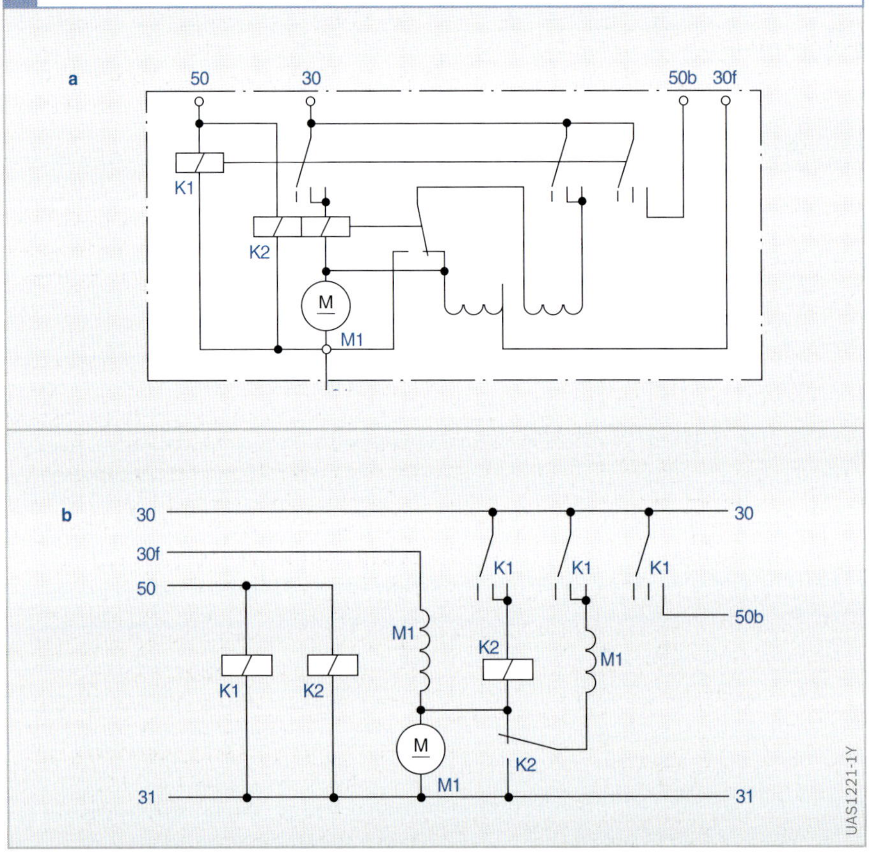

Bild 9
- a Zusammenhängende Darstellung
- b Aufgelöste Darstellung
- K1 Steuerrelais
- K2 Einrückrelais, Haltewicklung und Einzugswicklung
- M1 Startermotor mit Reihenschluss- und Nebenschlusswicklung

Darstellung der Schaltung

Im Stromlaufplan wird meist die mehrpolige Leitungsdarstellung verwendet. Für die Anordnung der Schaltzeichen gibt es nach EN 61 346, Teil 1 folgende Darstellungsarten, die im gleichen Schaltplan kombiniert werden können.

Zusammenhängende Darstellung

Alle Teile eines Geräts sind unmittelbar beieinander zusammenhängend dargestellt und durch Doppelstrich oder unterbrochene Verbindungslinien zur Kennzeichnung der mechanischen Wirkverbindung miteinander verbunden. Diese Darstellung kann für einfache, nicht sehr umfangreiche Schaltungen verwendet werden, ohne dass die Übersichtlichkeit verloren geht (Bild 9a).

10 Massedarstellung

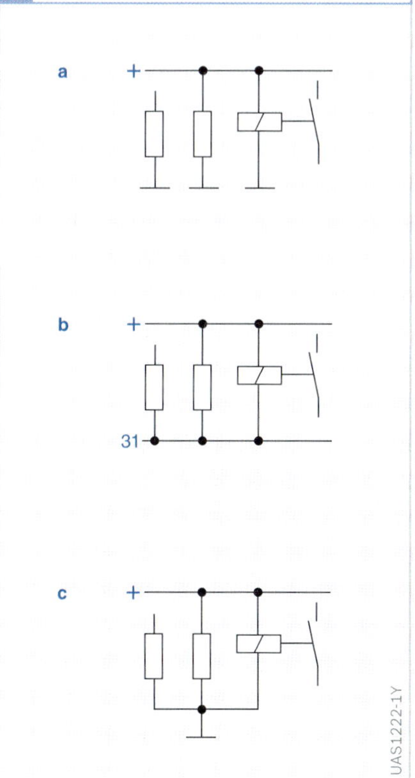

Bild 10
- a einzelne Massezeichen
- b durchgehende Masseverbindung
- c mit Massesammelpunkt

Aufgelöste Darstellung

Schaltzeichen von Teilen elektrischer Geräte sind getrennt dargestellt und so angeordnet, dass jeder Stromweg möglichst leicht zu verfolgen ist. Auf die räumliche Zusammengehörigkeit einzelner Geräte oder deren Teile wird keine Rücksicht genommen. Eine möglichst geradlinige, klare und kreuzungsfreie Anordnung der einzelnen Stromwege hat den Vorrang.

Hauptzweck: Erkennen der Funktion einer Schaltung.

Die Zusammengehörigkeit der einzelnen Teile ist mithilfe eines Kennzeichnungssystems nach EN 61 346, Teil 2 zu erkennen. An jedem einzelnen, getrennt dargestellten Schaltzeichen eines Geräts befindet sich die dem Gerät zugehörige Kennzeichnung. Aufgelöst dargestellte Geräte sind an einer Stelle des Schaltplanes einmal vollständig und zusammenhängend anzugeben (Bild 9b), wenn es zum Verständnis der Schaltung erforderlich ist.

Lagerichtige Darstellung

Bei dieser Darstellung entspricht die Lage des Schaltzeichens ganz oder teilweise der räumlichen Lage innerhalb des Geräts oder Teiles.

Massedarstellung

Im Kraftfahrzeug wird in den meisten Fällen das Einleitersystem, bei dem die Masse (Metallteile des Fahrzeugs) als Rückleitung dient, wegen seiner Einfachheit bevorzugt. Ist die Gewähr für einwandfrei leitende Verbindung der einzelnen Masseteile nicht gegeben oder handelt es sich um Spannungen über 42 V, so verlegt man auch die Rückleitung isoliert von Masse.

Alle in einer Schaltung dargestellten Massezeichen sind über die Geräte- oder Fahrzeugmasse elektrisch miteinander verbunden.

Sämtliche Geräte, die ein Massezeichen enthalten, müssen elektrisch leitend auf der Fahrzeugmasse montiert sein.

Bild 10 zeigt verschiedene Möglichkeiten der Massedarstellung.

Stromwege und Leitungen

Die Stromkreise sind so angeordnet, dass sich eine klare und übersichtliche Darstellung ergibt. Die einzelnen Stromwege, mit Wirkrichtung vorzugsweise von links nach rechts und/oder von oben nach unten, sollen möglichst geradlinig, kreuzungsfrei und ohne Richtungsänderung im Allgemeinen parallel zum Schaltplanrand verlaufen.

Bei einer Häufung paralleler Leitungen werden diese gruppiert, jeweils drei Linien zusammen, dann folgt ein Abstand zur nächsten Gruppe usw.

Begrenzungslinien, Umrahmungen

Strichpunktierte Trenn- oder Umrahmungslinien grenzen Teile von Schaltungen ab, um die funktionelle oder konstruktive Zusammengehörigkeit der Geräte oder Teile zu zeigen.

Diese Strich-Punkt-Linie stellt in der Kfz-Elektrik eine nicht leitende Umrahmung von Geräten oder Schaltungsteilen dar; sie entspricht nicht immer dem Schaltungsgehäuse und wird nicht als Gerätemasse verwendet. In der Starkstromelektrik wird diese Umrahmungslinie oft mit dem ebenfalls strichpunktierten Schutzleiter (PE) verbunden.

Abbruchstellen, Kennung, Zielhinweis

Verbindungslinien (Leitungen und mechanische Wirkverbindungen), die über eine größere Strecke des Stromlaufplanes verlaufen, können zur Verbesserung der Übersichtlichkeit unterbrochen werden. Es werden nur Anfang und Ende der Verbindungslinie dargestellt. Die Zusammengehörigkeit dieser Abbruchstellen muss eindeutig erkennbar sein. Hierzu dienen Kennung und / oder Zielhinweis.

Die Kennung an zusammengehörigen Abbruchstellen stimmt überein. Als Kennung dienen:

- Klemmenbezeichnungen (DIN 72 552), Bild 11a,
- Angabe der Wirkungsweise,
- Angaben in Form alphanumerischer Zeichen.

Der Zielhinweis wird in Klammern gesetzt, um eine Verwechslung mit der Kennung zu vermeiden; er besteht aus der Abschnittsnummer des Zieles (Bild 11b).

11 Kennzeichnung der Abbruchstellen

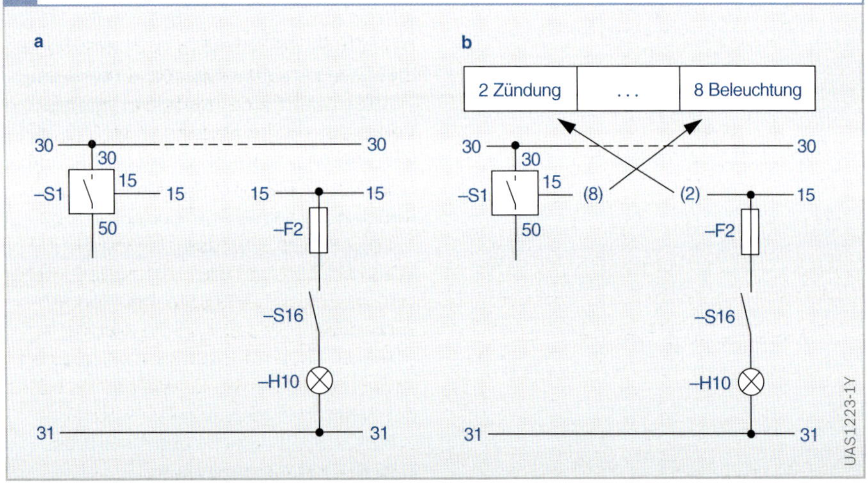

Bild 11
a durch Klemmenbezeichnung, z. B. Kl. 15
b durch Zielhinweis, z. B. in Abschnitt 8 und 2

Abschnittskennzeichnung

Zum Auffinden von Schaltungsteilen dient die am oberen Rand des Planes angegebene Abschnittskennzeichnung (früher Stromweg genannt). Für diese Kennzeichnung gibt es drei Möglichkeiten:

- Fortlaufende Zahlen in gleichen Abständen von links nach rechts (Bild 12a),
- Hinweise auf den Inhalt der Schaltungsabschnitte (Bild 12b),
- oder eine Kombination von beiden (Bild 12c).

Beschriftung

Geräte, Teile oder Schaltzeichen sind in Schaltplänen mit einem Buchstaben und einer Zählnummer nach EN 61 346, Teil 2 gekennzeichnet. Diese Kennzeichnung wird links bzw. unterhalb des Schaltzeichens angebracht.

Die in der Norm angegebenen Vorzeichen für die Art der Geräte kann entfallen, wenn sich dadurch keine Zweideutigkeit ergibt.

Bei geschachtelten Geräten ist ein Gerät Bestandteil eines anderen, z. B. Starter M1 mit eingebautem Einrückrelais K6. Das Gerätekennzeichen ist dann: - M1 - K6.

12 Möglichkeiten der Abschnittskennzeichnung

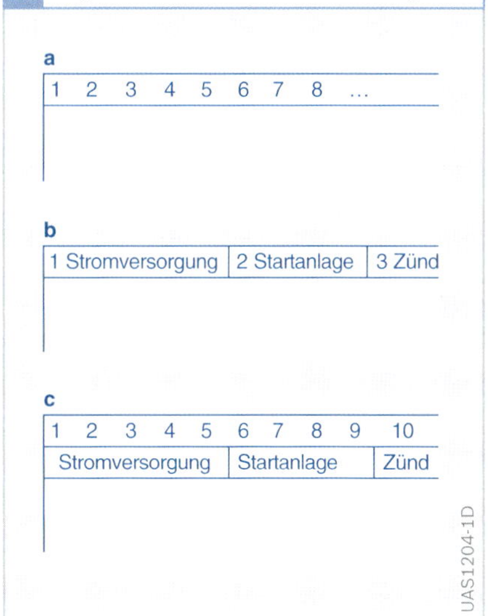

Bild 12
a mit umlaufenden Zahlen
b mit Hinweisen auf die Abschnitte
c mit einer Kombination aus a und b

Gerätekennzeichen

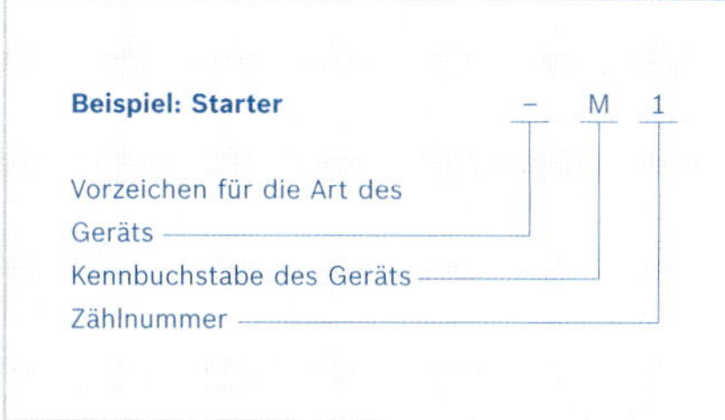

Anschlusskennzeichen

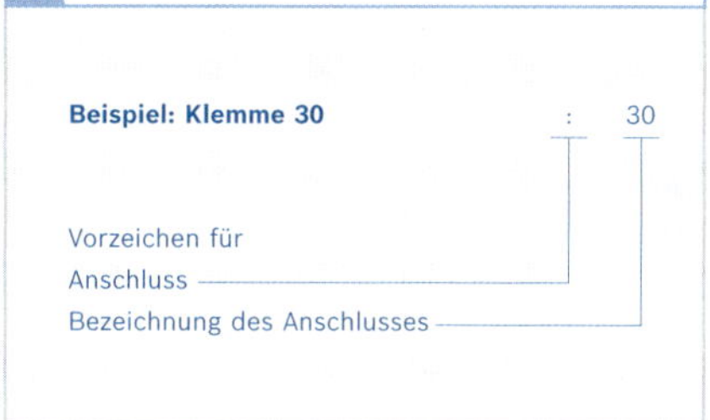

Kennzeichen von zusammengehörigen Schaltzeichen bei aufgelöster Darstellung: Jedes einzelne getrennt dargestellte Schaltzeichen eines Geräts erhält die dem Gerät gemeinsame Kennzeichnung.

Anschlussbezeichnungen (zum Beispiel nach DIN 72 552) sind außerhalb des Schaltzeichens, bei Umrahmungslinien vorzugsweise außerhalb der Umrahmung zu schreiben.

Bei horizontalem Verlauf der Stromwege gilt: Die den einzelnen Schaltzeichen zugeordneten Angaben werden unter die betreffenden Schaltzeichen geschrieben. Die Anschlusskennzeichnung steht unmittelbar außerhalb des eigentlichen Schaltzeichens oberhalb der Verbindungslinie.

Bei vertikalem Verlauf der Stromwege gilt: Die den einzelnen Schaltzeichen zugeordneten Angaben werden links neben die betreffenden Schaltzeichen geschrieben. Die Anschlusskennzeichnung steht unmittelbar außerhalb des eigentlichen Schaltzeichens, bei horizontaler Schreibweise rechts und bei vertikaler Schreibweise links neben der Verbindungslinie.

Anschlussplan

Der Anschlussplan zeigt die Anschlusspunkte elektrischer Geräte und die daran angeschlossenen äußeren und - wenn nötig - inneren leitenden Verbindungen (Leitungen).

Darstellung

Die einzelnen Geräte sind durch Quadrate, Rechtecke, Kreise und Schaltzeichen oder auch bildlich dargestellt und können lagerichtig angeordnet sein. Als Anschlussstellen dienen Kreis, Punkt, Steckverbindung oder nur die herangeführte Leitung. Folgende Darstellungsarten sind in der Kraftfahrzeugelektrik üblich:

- zusammenhängend, Schaltzeichen entsprechen EN 60617 (Bild 13a),
- zusammenhängend, bildliche Gerätedarstellung (Bild 13b),
- aufgelöst, Gerätedarstellung mit Schaltzeichen, Anschlüsse mit Zielhinweisen; Farbkennung der Leitungen möglich (Bild 14a bzw. Tabelle 2),
- aufgelöst, bildliche Gerätedarstellung, Anschlüsse mit Zielhinweisen; Farbkennung der Leitungen möglich (Bild 14b).

Tabelle 2

2 Farbkennung für elektrische Leitungen (nach DIN 47002)

bl	blau	gn	grün	sw	schwarz
br	braun	or	orange	tk	türkis
ge	gelb	rs	rosa	vi	violett
gr	grau	rt	rot	ws	weiß

Beschriftung

Kennzeichnung der Geräte nach EN 61346, Teil 2. Anschlussklemmen und Steckverbindungen werden mit den am Gerät vorhandenen Klemmenbezeichnungen bezeichnet (Bild 13).

Bei aufgelöster Darstellung entfallen die durchgehenden Verbindungsleitungen von Gerät zu Gerät. Alle von einem Gerät abgehenden Leitungen erhalten einen Zielhinweis (EN 61346, Teil 2), bestehend aus dem Kennzeichen des Zielgeräts und dessen Anschlussbezeichnung und - wenn notwendig - der Angabe der Leitungsfarbe nach DIN 47002 (Bild 15 bzw. Tabelle 1).

Gerätekennzeichen

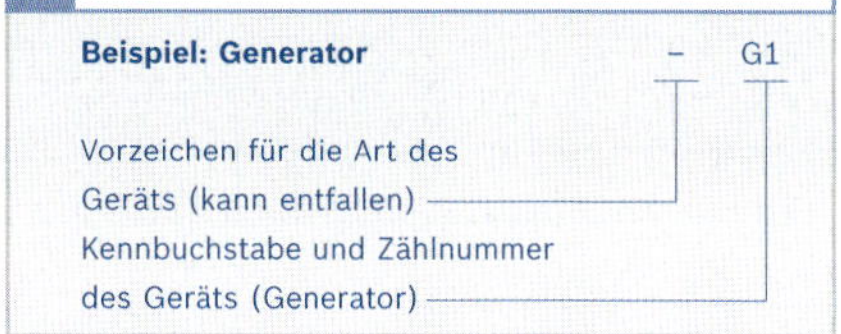

Zielhinweis

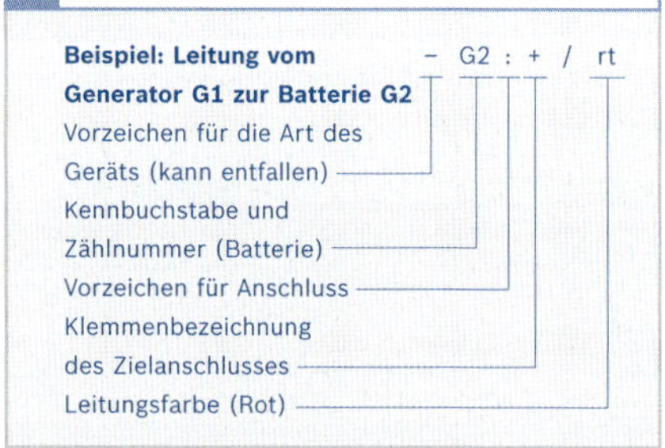

13 Anschlussplan (zusammenhängende Darstellung)

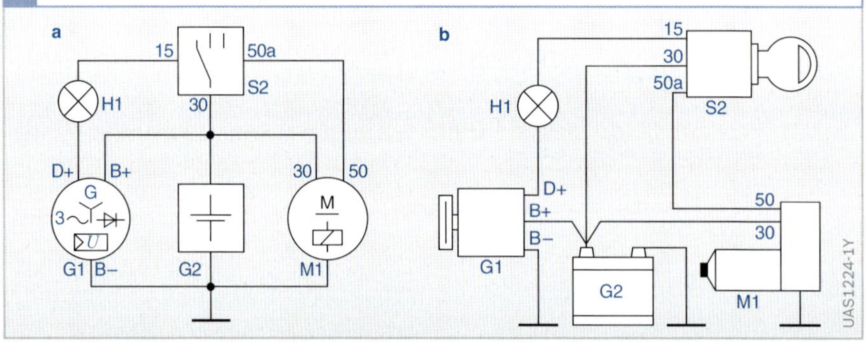

Bild 13
a mit Schaltzeichen
b mit Geräten

14 Anschlussplan (aufgelöste Darstellung)

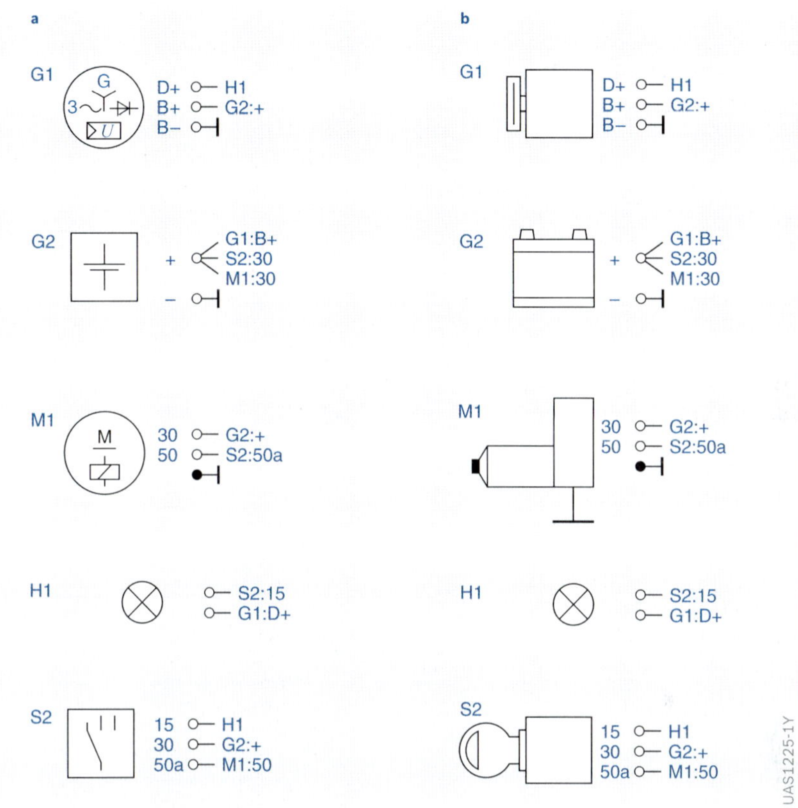

Bild 14

a Mit Schaltzeichen und Zielhinweisen
b mit Geräten und Zielhinweisen
G1 Drehstromgenerator mit Regler
G2 Batterie
H1 Generatorkontrollleuchte
M1 Startermotor
S2 Zündstartschalter
XX Gerätemasse auf Fahrzeugmasse
YY Anschlussklemme für Masseverbindung
:15 Leitungspotenzial, z.B. Klemme 15

15 Gerätekennzeichen (Beispiel: Generator)

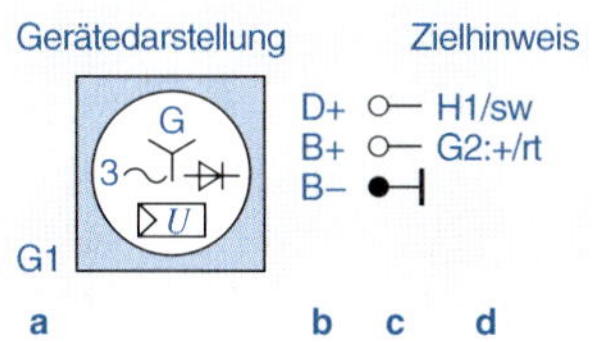

Bild 15

a Gerätekennzeichen (Kennbuchstabe und Zählnummer)
b Klemmenbezeichnung am Gerät
c Gerät an Masse
d Zielhinweis (Kennbuchstabe und Zählnummer/ Klemmenbezeichnung/ Leitungsfarbe)

Wirkschaltplan

Für die Fehlersuche bei komplexen und vielfach vernetzten Systemen mit Eigendiagnose-Funktion hat Bosch die systemspezifischen Stromlaufpläne entwickelt. Für weitere Systeme in einer Vielzahl von Kraftfahrzeugen stellt Bosch Wirkschaltpläne in ESI[tronic] (Elektronische Service Information) zur Verfügung. Damit haben Kfz-Werkstätten eine wertvolle Hilfe, um Fehler zu lokalisieren oder zusätzliche Einbauten sinnvoll anzuschließen. Bild 17 zeigt als Beispiel den Wirkschaltplan für ein Türverriegelungssystem.

Abweichend von den Stromlaufplänen enthalten die Wirkschaltpläne amerikanische Schaltsymbole, die durch zusätzliche Beschreibungen ergänzt werden (Bild 16). Hierzu gehören Komponentencodes – z. B. „A28“ (Diebstahlschutzsystem –, die in Tabelle 3 erläutert sind sowie die Erläuterung der Leitungsfarben (Tabelle 4). Beide Tabellen lassen sich in ESI[tronic] aufrufen.

Tabelle 3

3 Erläuterung der Komponentencodes

Position	Benennung
A1865	Elektrisch verstellbares Sitzsystem
A28	Diebstahlschutzsystem
A750	Sicherungs-/Relaiskasten
F53	Sicherung C
F70	Sicherung A
M334	Förderpumpe
S1178	Warnsummerschalter
Y157	Unterdruck-Stellglied
Y360	Stellglied, Tür, vorne, rechts
Y361	Stellglied, Tür, vorne, links
Y364	Stellglied, Tür, hinten, rechts
Y365	Stellglied, Tür, hinten, links
Y366	Stellglied, Tankdeckel
Y367	Stellglied, Schloss, Kofferraum, Heckklappe, Deckel

Tabelle 4

4 Erläuterung der Leitungsfarben

Position	Benennung
Position	Benennung
BLK	schwarz
BLU	blau
BRN	braun
CLR	transparent
DK BLU	dunkelblau
DK GRN	dunkelgrün
GRN	grün
GRY	grau
LT BLU	hellblau
LT GRN	hellgrün
NCA	Farbe nicht bekannt
ORG	orange
PNK	rosa
PPL	purpur
RED	rot
TAN	hautfarben
VIO	violett
WHT	weiß
YEL	gelb

16 Zusätzliche Beschreibungen in den Wirkschaltplänen

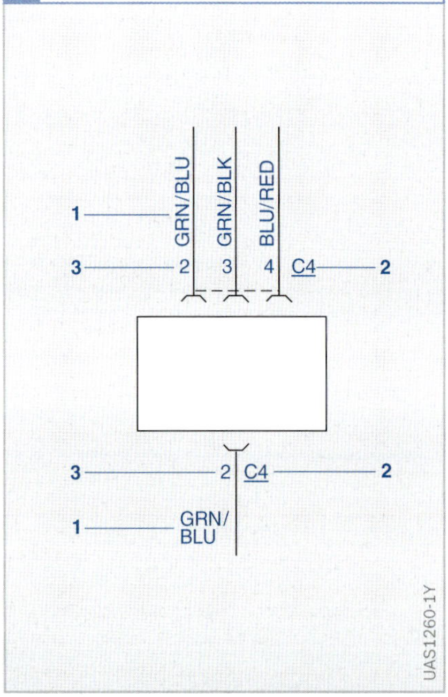

Bild 16
1 Leitungsfarbe
2 Verbindernummer
3 PIN-Nummer (eine gestrichelte Linie zwischen den PINs zeigt, dass alle PINs zu demselben Stecker gehören)

17 Wirkschaltplan eines Türverriegelungssystems (Beispiel)

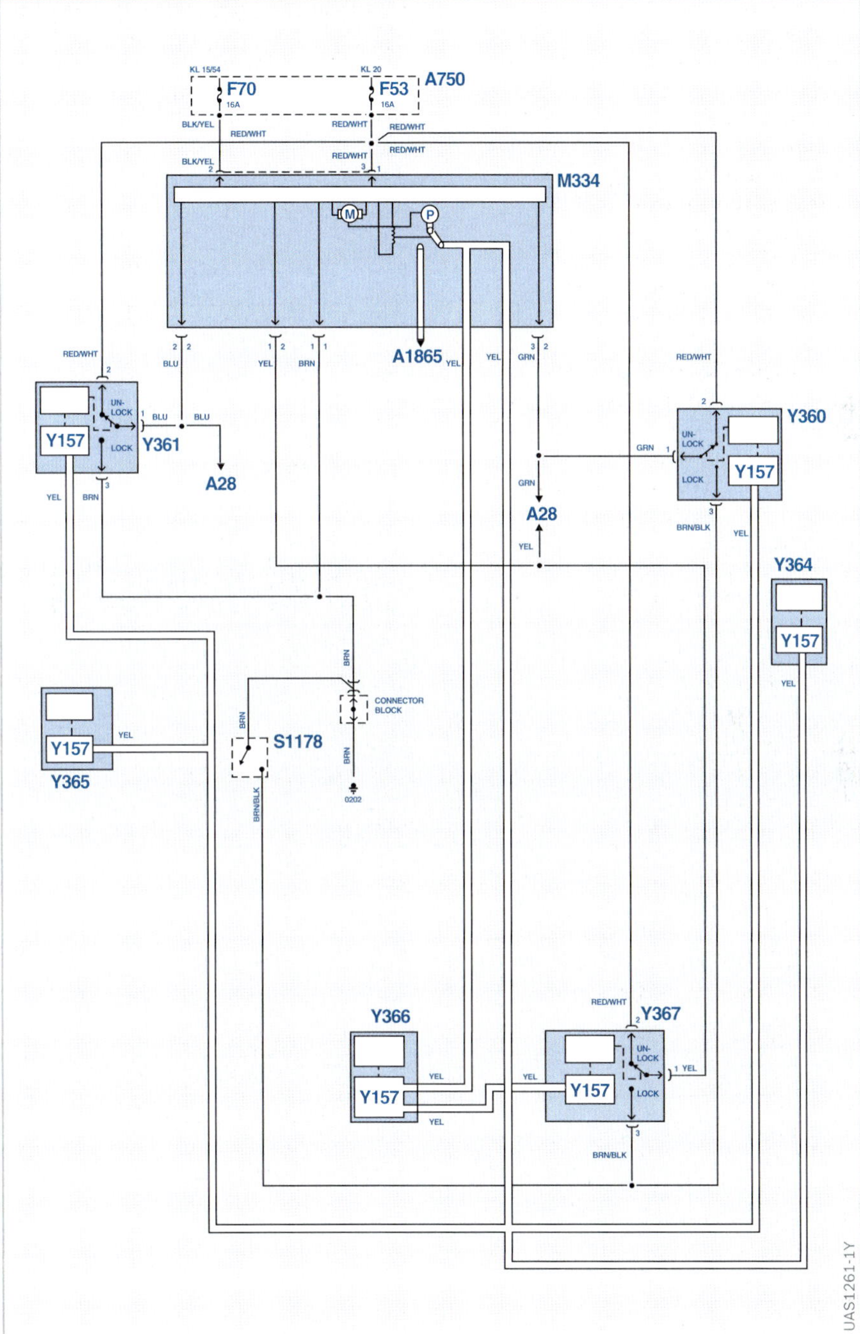

Die Wirkschaltpläne sind nach Systemkreisen und gegebenenfalls auch nach Subsystemen gegliedert (Tabelle 5). Wie bei anderen Systemen innerhalb ESI[tronic] gibt es auch bei den Systemkreisen eine Zuordnung zu vier Baugruppen:
- Motor,
- Karosserie,
- Fahrwerk und
- Triebstrang.

Tabelle 5

5	Systemkreise
1	Motorsteuerung
2	Starten/Laden
3	Klima/Heizung
4	Kühlergebläse
5	ABS
6	Tempomat
7	Fensterheber
8	Zentralverriegelung
9	Armaturenbrett
10	Wisch/Waschanlage
11	Scheinwerfer
12	Außenbeleuchtung
13	Stromversorgung
14	Masseverteilung
15	Datenleitung
16	Schaltsperre
17	Diebstahlsicherung
18	Passive Sicherheitssysteme
19	Elektrische Antenne
20	Warnanlage
21	Heizbare Scheibe/Spiegel
22	Zusätzliche Sicherheitssysteme
23	Innenbeleuchtung
24	Servolenkung
25	Spiegelverstellung
26	Verdeckbetätigung
27	Signalhorn
28	Kofferraum, Heckklappe
29	Sitzverstellung
30	Elektronische Dämpfung
31	Zigarettenanzünder, Steckdose
32	Navigation
33	Getriebe
34	Aktive Karosserieteile
35	Schwingungsdämpfung
36	Mobiltelefon
37	Autoradio/Hi-Fi
38	Wegfahrsperre

Besonders bei zusätzlichen Einbauten ist es wichtig, die Massepunkte zu kennen. Deshalb enthält ESI[tronic] als Ergänzung zu den Wirkschaltplänen für ein bestimmtes Kraftfahrzeug auch den fahrzeugspezifischen Lageplan der Massepunkte (Bild 18).

18 Massepunkte

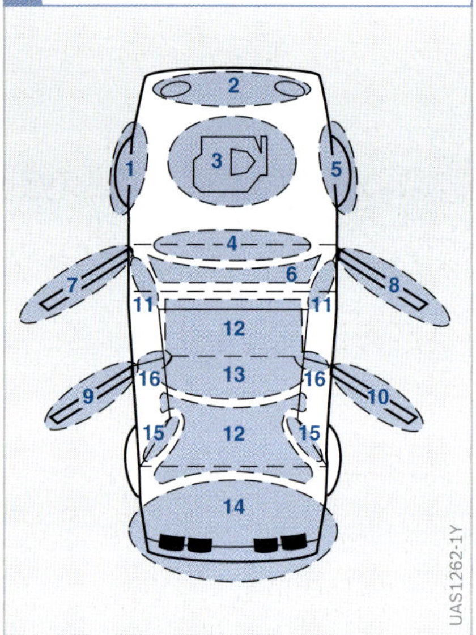

Bild 18
1 Kotflügel vorne links
2 Fahrzeugvorbau
3 Motor
4 Stirnwand
5 Kotflügel vorne rechts
6 Fußraumwand bzw. Armaturenbrett
7 Vordertür links
8 Vordertür rechts
9 Fondtür links
10 Fondtür rechts
11 A-Säulen
12 Fahrgastraum
13 Dach
14 Fahrzeug-Heckteil
15 C-Säulen
16 B-Säulen

Kennzeichnung von elektrischen Geräten

Die Kennzeichnung nach EN 61 346, Teil 2 (Tabelle 6) dient zur eindeutigen, international verständlichen Identifizierung von Anlagen, Teilen usw., die durch Schaltzeichen in einem Schaltplan dargestellt sind. Sie erscheint neben dem Schaltzeichen und besteht aus einer Folge von festgelegten Vorzeichen, Buchstaben und Zahlen.

Gerätekennzeichen

Beispiel: Generator G2, Klemme 15

Kennzeichnung laut Norm: – G 2 : 15

- Vorzeichen (kann entfallen, wenn keine Zweideutigkeit entsteht) → –
- Kennbuchstabe für Art (hier Generator) aus Tabelle 6 → G
- Zählnummer → 2
- Anschluss (hier Klemme 15) als genormte oder am Gerät angebrachte Bezeichnung → 15

6 Kennbuchstaben zur Kennzeichnung von elektrischen Geräten

Kennbuchstabe	Art	Beispiele
A	Anlage, Baugruppe, Teilegruppe	ABS-Steuergerät, Autoradio, Autosprechfunk, Autotelefon, Diebstahlalarmanlage, Gerätebaugruppe, Schaltgerät, Steuergerät, Tempomat
B	Umsetzer von nichtelektrischen auf elektrische Größen oder umgekehrt	Bezugsmarkengeber, Druckschalter, Fanfare, Horn, Lambda-Sonde, Lautsprecher, Luftmengenmesser, Mikrofon, Öldruckschalter, Sensoren aller Art, Zündauslöser
C	Kondensator	Kondensatoren aller Art
D	Binäres Element, Speicher	Bordcomputer, digitale Einrichtung, integrierter Schaltkreis, Impulszähler, Magnetbandgerät
E	Verschiedene Geräte und Einrichtungen	Heizeinrichtung, Klimaanlage, Leuchte, Scheinwerfer, Zündkerze, Zündverteiler
F	Schutzeinrichtung	Auslöser (Bimetall), Polaritätsschutzgerät, Sicherung, Stromschutzschaltung
G	Stromversorgung, Generator	Batterie, Generator, Ladegerät
H	Kontrollgerät, Meldegerät, Signalgerät	Akustisches Meldegerät, Anzeigelampe, Blinkkontrolle, Blinkleuchte, Bremsbelagkontrolle, Bremsleuchte, Fernlichtanzeige, Generatorkontrolle, Kontrolllampe, Meldegerät, Öldruckkontrolle, optisches Meldegerät, Signallampe, Warnsummer
K	Relais, Schütz	Batterierelais, Blinkgeber, Blinkrelais, Einrückrelais, Startrelais, Warnblinkgeber
L	Induktivität	Drosselspule, Spule, Wicklung
M	Motor	Gebläsemotor, Lüftermotor, Pumpenmotor für ABS-/ASR-/ESP-Hydroaggregate, Scheibenspüler-/Scheibenwischermotor, Startermotor, Stellmotor
N	Regler, Verstärker	Regler (elektronisch oder elektromechanisch), Spannungskonstanthalter

Tabelle 6

6 Kennbuchstaben zur Kennzeichnung von elektrischen Geräten (Fortsetzung)		
Kennbuchstabe	**Art**	**Beispiele**
P	Messgerät	Amperemeter, Diagnoseanschluss, Drehzahlmesser, Druckanzeige, Fahrtschreiber, Messpunkt, Prüfpunkt, Tachometer
R	Widerstand	Glühstiftkerze, Flammkerze, Heizwiderstand, Heißleiter, Kaltleiter, Potenziometer, Regelwiderstand, Vorwiderstand
S	Schalter	Schalter und Taster aller Art, Zündunterbrecher
T	Transformator	Zündspule, Zündtransformator
U	Modulator, Umsetzer	Gleichstromwandler
V	Halbleiter, Röhre	Darlington, Diode, Elektronenröhre, Gleichrichter, Halbleiter aller Art, Kapazitätsdiode, Transistor, Thyristor, Z-Diode
W	Übertragungsweg, Leitung, Antenne	Autoantenne, Abschirmteil, geschirmte Leitung, Leitungen aller Art, Leitungsbündel, Masse(sammel)leitung
X	Klemme, Stecker, Steckverbindung	Anschlussbolzen, elektrische Anschlüsse aller Art, Kerzenstecker, Klemme, Klemmenleiste, elektrische Leitungskupplung, Leitungsverbinder, Stecker, Steckdose, Steckerleiste, (Mehrfach-)Steckverbindung, Verteilerstecker
Y	elektrisch betätigte mechanische Einrichtung	Dauermagnet, Einspritz(magnet)ventil, Elektromagnetkupplung, elektromagnetische Bremse, Elektroluftschieber, Elektrokraftstoffpumpe, Elektromagnet, Elektrostartventil, Getriebesteuerung, Hubmagnet, Kick-down-Magnetventil, Leuchtweiteregler, Niveauregelventil, Schaltventil, Startventil, Türverriegelung, Zentralschließeinrichtung, Zusatzluftschieber
Z	elektrisches Filter	Entstörglied, Entstörfilter, Siebkette, Zeituhr

Tabelle 6 (Fortsetzung)

Klemmenbezeichnungen

Das in der Norm (DIN 72552) für die elektrische Anlage im Kraftfahrzeug festgelegte System der Klemmenbezeichnungen soll ein möglichst fehlerfreies Anschließen aller Leitungen an den Geräten, vor allem bei Reparaturen und Ersatzeinbauten, möglich machen.

Die Klemmenbezeichnungen (Tabelle 7) sind nicht gleichzeitig Leitungsbezeichnungen, da an beiden Enden einer Leitung Geräte mit unterschiedlicher Klemmenbezeichnung angeschlossen sein können. Die Klemmenbezeichnungen brauchen infolgedessen nicht an den Leitungen angebracht zu werden.

Neben den aufgeführten Klemmenbezeichnungen können auch Bezeichnungen nach DIN-VDE-Normen bei elektrischen Maschinen verwendet werden. Mehrfach-Steckverbindungen, bei denen die Klemmenbezeichnungen nach DIN 72552 nicht mehr ausreichend sind, erhalten fortlaufende Zahlen oder Buchstabenbezeichnungen, die keine durch die Norm festgelegte Funktionszuordnung haben.

7 Klemmenbezeichnungen nach DIN 72552

Klemme	Bedeutung
1	**Zündspule, Zündverteiler** Niederspannung
	Zündverteiler mit zwei getrennten Stromkreisen
1a	zum Zündunterbrecher I
1b	zum Zündunterbrecher II
2	Kurzschließklemme (Magnetzündung)
4	**Zündspule, Zündverteiler** Hochspannung
	Zündverteiler mit zwei getrennten Stromkreisen
4a	von Zündspule I, Klemme 4
4b	von Zündspule II, Klemme 4
15	Geschaltetes Plus hinter Batterie (Ausgang Zünd-[Fahrt]-Schalter)
15a	Ausgang am Vorwiderstand zur Zündspule und zum Starter
	Glühstartschalter
17	Starten
19	Vorglühen
30	Eingang von Batterie Plus (direkt)
	Batterieumschaltrelais 12/24 V
30a	Eingang von Batterie II Plus
31	Rückleitung ab Batterie Minus oder Masse (direkt)
31b	Rückleitung an Batterie Minus oder Masse über Schalter oder Relais (geschaltetes Minus)
	Batterieumschaltrelais 12/24 V
31a	Rückleitung an Batterie II Minus
31c	Rückleitung an Batterie I Minus
	Elektromotoren
32	Rückleitung [1])
33	Hauptanschluss [1])
33a	Endabstellung
33b	Nebenschlussfeld
33f	für zweite kleinere Drehzahlstufe
33g	für dritte kleinere Drehzahlstufe
33h	für vierte kleinere Drehzahlstufe
33L	Drehrichtung links
33R	Drehrichtung rechts
	Starter
45	Getrenntes Startrelais, Ausgang Starter: Eingang (Hauptstrom)
	Zwei-Starter-Parallelbetrieb **Startrelais für Einrückstrom**
45a	Ausgang Starter I Eingang Starter I und II
45b	Ausgang Starter II
48	Klemme am Starter und am Startwiederholrelais Überwachung des Startvorgangs
	Blinkgeber (Impulsgeber)
49	Eingang
49a	Ausgang
49b	Ausgang zweiter Blinkkreis
49c	Ausgang dritter Blinkkreis

Tabelle 7

[1]) Polaritätswechselklemme 32/33 möglich

7 Klemmenbezeichnungen nach DIN 72552 (Fortsetzung)

Klemme	Bedeutung
	Starter
50	Startersteuerung (direkt)
	Batterieumschaltrelais
50a	Ausgang für Startersteuerung
	Startersteuerung
50b	Parallelbetrieb von zwei Startern mit Folgesteuerung
	Startrelais für Folgesteuerung des Einrückstroms bei Parallelbetrieb von zwei Startern
50c	Eingang in Startrelais für Starter I
50d	Eingang in Startrelais für Starter II
	Startsperrrelais
50e	Eingang
50f	Ausgang
	Startwiederholrelais
50g	Eingang
50h	Ausgang
	Wechselstromgenerator
51	Gleichspannung am Gleichrichter
51e	Gleichspannung am Gleichrichter mit Drosselspule für Tagfahrt
	Anhängersignale
52	Weitere Signalgebung vom Anhänger zum Zugwagen
53	Wischermotor, Eingang (+)
53a	Wischer (+), Endabstellung
53b	Wischer (Nebenschlusswicklung)
53c	Elektr. Scheibenspülerpumpe
53e	Wischer (Bremswicklung)
53i	Wischermotor mit Permanentmagnet und dritter Bürste (für höhere Geschwindigkeit)
55	Nebelscheinwerfer
56	Scheinwerferlicht
56a	Fernlicht und Fernlichtkontrolle
56b	Abblendlicht
56d	Lichthupenkontakt
57	Standlicht für Krafträder (im Ausland auch für Pkw, Lkw usw.)
57a	Parklicht
57L	Parklicht links
57R	Parklicht rechts
58	Begrenzungs-, Schluss-, Kennzeichen- und Instrumentenleuchten
58b	Schlusslichtumschaltung bei Einachsschleppern
58c	Anhänger-Steckvorrichtung für einadrig verlegtes und im Anhänger abgesichertes Schlusslicht
58d	Regelbare Instrumentenbeleuchtung, Schluss- und Begrenzungsleuchte
58L	links
58R	rechts, Kennzeichenleuchte
	Wechselstromgenerator (Magnetzünder-Generator)
59	Ausgang Wechselspannung Eingang Gleichrichter
59a	Ausgang Ladeanker
59b	Ausgang Schlusslichtanker
59c	Ausgang Bremslichtanker
61	Generatorkontrolle
	Tonfolgeschaltgerät
71	Eingang
71a	Ausgang zu Horn 1 und 2 tief
71b	Ausgang zu Horn 1 und 2 hoch
72	Alarmschalter (Rundumkennleuchte)
75	Radio, Zigarettenanzünder
76	Lautsprecher
77	Türventilsteuerung
	Anhängersignale
54	Anhänger-Steckvorrichtungen und Leuchtenkombinationen Bremslicht
54g	Druckluftventil für Dauerbremse im Anhänger, elektromagnetisch betätigt
	Schalter, Öffner und Wechsler
81	Eingang
81a	erster Ausgang (Öffnerseite)
81b	zweiter Ausgang (Öffnerseite)
	Schließer
82	Eingang
82a	erster Ausgang
82b	zweiter Ausgang
82z	erster Eingang
82y	zweiter Eingang
	Mehrstellenschalter

Tabelle 7
(Fortsetzung)

7 Klemmenbezeichnungen nach DIN 72552 (Fortsetzung)

Klemme	Bedeutung
	Schalter, Öffner und Wechsler (Fortsetzung)
83	Eingang
83a	Ausgang (Stellung 1)
83b	Ausgang (Stellung 2)
83L	Ausgang (Stellung links)
83R	Ausgang (Stellung rechts)
	Stromrelais
84	Eingang Antrieb und Relaiskontakt
84a	Ausgang Antrieb
84b	Ausgang Relaiskontakt
	Schaltrelais
85	Ausgang Antrieb (Wicklungsende Minus oder Masse)
	Eingang Antrieb
86	Wicklungsanfang
86a	Wicklungsanfang oder erste Wicklung
86b	Wicklungsanzapfung oder zweite Wicklung
	Relaiskontakt bei Öffner und Wechsler
87	Eingang
87a	erster Ausgang (Öffnerseite)
87b	zweiter Ausgang
87c	dritter Ausgang
87z	erster Eingang
87y	zweiter Eingang
87x	dritter Eingang
	Relaiskontakt bei Schließer
88	Eingang
	Relaiskontakt bei Schließer und Wechsler (Schließerseite)
88a	erster Ausgang
88b	zweiter Ausgang
88c	dritter Ausgang
	Relaiskontakt bei Schließer
88z	erster Eingang
88y	zweiter Eingang
88x	dritter Eingang
	Generator und Generatorregler
B+	Batterie Plus
B−	Batterie Minus
D+	Dynamo Plus
D−	Dynamo Minus
DF	Dynamo Feld
DF1	Dynamo Feld 1
DF2	Dynamo Feld 2

Klemme	Bedeutung
	Drehstromgenerator
U, V, W	Drehstromklemmen
	Fahrtrichtungsanzeige (Blinkgeber)
C	erste Kontrolllampe
C0	Hauptanschluss für vom Blinkgeber getrennte Kontrolllampe
C2	zweite Kontrolllampe
C3	dritte Kontrolllampe (z. B. beim Zwei-Anhänger-Betrieb)
L	Blinkleuchten links
R	Blinkleuchten rechts

Tabelle 7
(Fortsetzung)

Sachwortverzeichnis

Sachworte

A

Abblendlicht 36f., 369
Abgasemissionen 122
Abgastemperatursensoren 349
Abgasturboaufladung 13
Abgleich 231f.
Abgleich eines Widerstandsfühlers 322
Abgleichvorgang, Sensoren 232
ABS-Ausführungen 52
Abschaltfunktion, Starter 521
Abschlammung 472
Abschlusswiderstände 95
Abschnittskennzeichnung 569
Absolute Drehgeschwindigkeitsmessung 291
Absolute Feuchte 317
Absolut wartungsfreie Batterie 469
Absorberhalle 551
ABS-Regelkreis 48
ABS-Regelung 50
Abstandmessung 278
Abstandsensor 54
Abstandsradar 57
Abweichung 240
ACC-Regelung 55
Achssensoren 357
ACK-Check 101
ACK Field (Quittungsfeld) 100
Adaptive Beleuchtungssysteme 42
Adaptive Fahrgeschwindigkeitsregelung 54
Adaptive Frequency Hopping 124
Adaptive Frontlighting System (AFS) 42
Adaptives Rückleuchten-System (ARS) 42
Adressierung 97
Adressierung, MOST 116
Adressierung, Netzwerk 74
Adressierungsarten 74
AGM-Batterie 471
AGM-Technik 471
Airbagauslösung 362
Aktive Drehzahlsensoren 332, 339
Aktive Masse 459
Aktiver Bereich 174
Aktive Sterne 72
Aktive Sterntopologie 133
Aktoren 376
Aktorkette 376
Akzeptanzprüfung 97
Alterungseffekte 241, 243
AMR-Brücken 274
AMR-Drehzahlsensor 289
AMR-Lenkwinkelsensor 352
AMR-Sensoren 270, 333
Analoge Eingangssignale 198
Anbremsvorgang 49
Anemometer 313
Anforderungen 207
Anforderungskomplexität 336
Anforderungsmanagement 159
Angehdrehzahl, Generator 496
Anisotropes Ätzen 248
Anisotrop magnetoresistive Sensoren 270
Anode 170
Ansauglufttemperatur 360
Anschlusskennzeichen 569
Anschlussplan 570
Antenneneinstrahlung 554
Antennenspannung 549
Antennensystem, ACC 59
Antiblockiersystem ABS 47
Antimonfreisetzung 467
Antimongehalt 467
Antriebsbatterie 473
Antriebskonfigurationen 394
Antriebskonzept 51
Antriebsmoment 51
Antriebsschlupfregelung ASR 50
Anwendungsschicht 96
Application Layer 96
Applikation 226
Applikationsgrößen 227
Applikationsprotokolle 146
Applikationsschicht 78
Äquivalenzwert 405
Arbitration Field 99
Arbitrierung 97, 149
Arbitrierungsphase 97
Arbitrierungsschema 97
Architektur 152
AS-HEV (Axle-Split-Parallelhybrid) 397
ASR-Stelleingriffe 51
Assembler 202
Asynchronmaschinen 384
Atkinson-Zyklus 408
Aufbauvarianten 193
Aufgelöste Darstellung 567
Aufprallerkennung 64
Aufprallschwereerkennung 64
Aufteilung des Antriebsmoments 404
Ausfallquote 241
Ausfallrate 241f.
Ausgangskennlinie 174, 176
Ausgangssignal 200, 239
Ausgangsstrom 176
Ausgangswiderstand 177, 181, 185
Auslassventil 48
Auslegung des Bordnetzes 442
Auslegung des Verbrennungsmotors 407
Auslegung einer Fahrzeugbatterie 445
Auswerteelektronik 358
Automatikgetriebe 355
Automatische Leuchtweitenregelung 41
Automatische Startsysteme 536
AUTOSAR 160, 212
AUTOSAR-Architektur 213
AUTOSAR-Schnittstelle 213
AUTOSAR-Standard 213
Axle-Split-Parallelhybrid 397

B

Back-bias-Magnet 336
Badewannenverlauf 243
Bahnwiderstand 171
Barberpol 272
Barberpol-Sensor 271
Barberpol-Struktur 271
Basic-CAN 102
Basic-CAN-Baustein 102
Basis B 173
Basis-Software 213
Basisstrom 173
Batterieabdeckung 461
Batterieausführungen 463, 467
Batteriebefestigung 462
Batterieentladeleistung 436
Batteriefehler 488
Batteriekapazität 477
Batterieklemmen 460f.
Batteriekühlung 434
Batterieladerelais, Nkw-Bordnetz 448f.
Batterieladespannung 441
Batterie-Ladezustand 440
Batteriemanagement 444
Batteriemanagementsystem 433
Batterien für Motorräder 472
Batterien für Sonderanwendungen 472
Batterieschalter, Nkw-Bordnetz 448
Batteriestrom 433
Batteriestrombilanzierung 443
Batteriesystem 431
Batterietester 486

Batterietrennrelais, Nkw-Bordnetz 449
Batterietyp 478
Batterieumschaltrelais 447
Batterieumschaltung 447
Batteriewartung 483
Batteriezustandserkennung 444
Batteriezyklisierung 443
Bauraummodell 157
BCD-Mischprozess 178
BCI-Methode 553
Beheizte Finger-Lambda-Sonde 371
Beleuchtungsstärke 35
Beleuchtungssysteme, adaptiv 42
Benzin-Direkteinspritzung 18
Bernoulli-Gleichung 312
Berührungslose Temperaturmessung 328
Berührungssensoren 321
Beschleunigung 293
Beschleunigungsmodul 344
Beschleunigungssensoren 68, 293
Beschreibungsdateien 222
Betriebsbedingungen, Sensoren 245
Betriebsbremse 413
Betriebsmodi 136, 389
Betriebsphase 232
Betriebspunktoptimierung 404
Betriebsstrategien 402, 405
Biegebalken 365f.
Biegeelement 365
Bildgebende Sensoren 330
Bildpunkte 330
Bildsensoren 329f.
Bi-Litronic Projektion 40
Bi-Litronic Reflexion 39
Bimorph 296
Binärzustände 77
Bipolare Transistoren 172
Bitstream 138
Bitstrom 77
Bitstuffing 101
Bitweise Arbitrierung 97
BLDC-Motoren 163
Blei 465
Blei-Antimon-Legierung 467
Bleibatterie 456
Bleidioxid 465
Bleigitter 459
Blei-Kalzium-Legierung 468
Blei-Kalzium-Silberlegierung 469
Bleioxid (PbO) 459
Bleisulfat 465
Bleizelle 463
Blockdeckel 459, 461f.
Blockkasten 458
Blockschaltbild 218
Bluetooth 81, 122
Bluetooth-Architektur 128
Bluetooth-Geräteadressen 128
Bluetooth-Versionen 123
Bolometer 328
Bolometrische Sensorarrays 328
Bonden 196
Boosten (Boost-Betrieb) 390
Bordnetze 440
Bordnetze für Hybridfahrzeuge 426, 428, 431 ff.
Bordnetze, Nkw 447
Bordnetzfehler 488
Bordnetzsimulation 443
Bordnetz-Steuergerät 446
Botschaftsformat 98
Botschaftsstruktur 147
Bottom-up-Ansatz 159
Boundary Descriptor 113
Brake by Wire 163
Breitbandgrenzwerte 550
Breitband-Lambda-Sonde 374
Breitbandstörer 547, 549
Breitbandstörungen 547
Bremskraftverteilung, regeneratives Bremsen 412
Bremsschlupf 50
Brom 32
Brückenschaltung 314, 347
BSW 213
Bulk-Current-Injection-Methode 553
Bulk-Mikromechanik 69, 248, 342
Bulk-Silizium-Beschleunigungssensoren 364
Busankopplung 94
Bus-Driver 134
Buspegel 77
Bussystem 92, 202
Bustopologie 71, 93, 133
Buswächter (Bus Guardian) 80, 135
Buszugriff 74, 97, 108
Buszustände 137
Bypass-Anwendungen 220
Bypass-Freischnitt 221
Bypass-Schnittstelle 221
Bypass-System 220

C
CAN-Botschaftsformat 98
CAN-Bus 92
CAN-Controller 102
CAN-Protokoll 96
CARB 145
CCD-Bildsensorstruktur 331
CCD-Prinzip 330
CCD-Sensoren 331
CD-Laufwerk 163
Central Processing Unit 202
Chips 190
CMOS-Bildsensor 331
CMOS-Inverter 178
CMOS-Technik 331
CMOS-Transistoren 178
CO_2-Reduzierung 403
Common-Rail-System 163
Communication-Controller 134
Compact-Generator 492, 511
Compiler 202
Complementary-MOS-Transistoren 178
Connection-Master 119
Continuous Variable Transmission 399
Control Field (Kontrollfeld) 99
Coriolis-Beschleunigung 292, 342, 343
Coriolis-Prinzip 344
CPU 202
CRC Field 100
CRC Field (Sicherungsfeld) 99
Crimppresse 454
Crimpprozess 454
CVT 399

D
Dämpfung 294
Darstellung der Schaltung 567
Data Field (Datenfeld) 99
Data Frame 98
Datenanforderungstelegramm (Remote Frame) 98
Datenfeld 99, 109, 120
Daten-Frames 115
Datenkommunikation 76
Datenpakete 127
Datenspeicher 202
Datenstand 227
Datentelegramm (Data Frame) 98
Datentransfer 89, 91
Datenübertragung 104
Datenübertragung, MOST 115
Datenübertragungsrate 83
Datenverarbeitung 198
Datenverarbeitung, EDC 26
Dauerladung 485
Dauermoment-Kennlinie (E-Maschine) 424
DBC 421

DC/DC-Wandler 421, 423
Dehnmessstreifen 299, 304
Dehnwiderstand 299
Determinierte Signale 239
Diagnoseanforderungen 207
Diagnosefunktionen 26
Diagnosekommunikation 145
Diagnoseprotokolle 145
Diagnoseschnittstelle 144
Diagnosestandards 214
Diagnosestecker 144
Dickschichtschaltungen 196
Dickschichttechnik 314
Dickschicht-Widerstände 324
Differenzdruckerfassung 313
Differenz-Eingangswiderstand 180 f.
Differenz-Hall-Prinzip 336
Differenzial-Barberpol 273
Differenzial-GPS 280
Differenzial-Hall-Sensor 264, 333
Diffusion 170, 189
Digitalbausteine 202
Digitale Eingangssignale 199
Digitalelektronik 360
Digitaler Hall-Winkelsensor 269
Digitale Signalaufbereitung 341
Dimensionierung, Kabelbäume 450
Diode 170 f.
Direct Bonded Copper 421
Direkte Druckmessung 298
Direktstarter 526
Diskrete Halbleiterbauelemente 171
Diskretes Ausgangssignal 239
DMOS-Technologie 178
DMS 304
DMS-Abgriff 299
DMS-Drehmomentsensor 307
DMS-Kraftsensoren 304
DMS-Prinzip 304, 306
Domänen 85, 154
Dominante Pegel 76
Doppel-Hall-Sensor 264
Doppelkupplungsgetriebe 398
Doppelring 72
Doppelschluss 384
Doppelweggleichrichtung 493
Doppler-Effekt 58
Dotieren 168
Dotiertes Silizium 169
Dotierverfahren 188
Downsizing 409
Drain 175
DRAM 205
Drehbewegung 291
Drehfeld 416
Drehfeldmaschine 416
Drehgeschwindigkeit 281
Drehmoment 424
Drehmomentbegrenzung 526
Drehmomentcharakteristik 424
Drehmomentmessung 306
Drehmomentsensoren 301, 306, 368
Drehmomentverlauf 30, 389
Drehrate 292
Drehratesensormodul 344
Drehschwinger 343
Drehstab 368
Drehstrom 493
Drehstrom-Brückenschaltung 495
Drehstromgenerator 490, 492
Drehstrommaschinen 384
Drehzahlerfassung 340
Drehzahlermittlung 209
Drehzahlsensoren 281, 335
Dreieckschaltung 493
Dreiphasen-Wechselspannung 494
Dreiphasige Ständerwicklung 511
Drift 241
Drosselklappe 15
Drosselklappensensor 257
Drosselklappenwinkelsensor 256
Drosselvorrichtung 15
Druckabfall 312
Druckmessung 298
Drucksensor 298, 346
Dünnschicht-Metallwiderstände 323
Dünnschichtschaltungen 196
Dünnschichtsensoren 271
Durchbruchspannung 170
Durchdrehen 520
Durchdrehwiderstand 538
Durchflussmesser 310
Durchlassrichtung 171
Durchsteckmontagetechnik 193
Dynamische RAM 205
Dynamisches Segment 139
Dynamische Systemkennlinie, Bordnetz 442

E

E/A 202
Echolotverfahren 278
Echtzeitanwendung 79, 85
Echtzeitfähigkeit 84
EC-Motoren 385
EDC, Funktionsübersicht 28
EDC-Systeme, momentengeführt 30
E/E-Architektur 152, 154
E/E-Architekturentwicklung 154
E/E-Architektur-Entwicklungsprozess 158
EEPROM 205
Effektive Rauschspannungsdichte 185
Eigenleitfähigkeit 169
Eigenleitung 169
Eindrahtleitung 94
Einelement-Einkontaktregler 500 f.
Einelement-Zweikontaktregler 500 f.
Eingangssignale 198
Eingangsströme 184
Eingangswiderstände 184
Einkristalline Stäbe 188
Einlassventil 48
Einphasen-Asynchronmotoren 386
Einphasen-Wechselspannung 491
Einphasen-Wechselstrommaschinen 386
Einrückrelais 520, 522
Einsatzbedingungen 198
Einspritzberechnung 28
Einspritzungberechnung, EDC 29
Einspritzventil 16
Einspritzzeitkorrektur 17
Einspuren 518
Einstrahlfestigkeit 553
Einstrahlung 550
Ein- und Ausgabeeinheiten 202
Einweggleichrichtung 493
Einwicklungsdrehsteller 378
Einzelfunken-Zündspulen 21
Einzellebensdauer 242
Einzelpolgeneratoren 516
Einzelpunktsensoren 329
Einzugswinklungen 523
Electrical EPROM 205
Elektrische Energieerzeugung 407, 490
Elektrische Energiespeicher 436
Elektrische Energieversorgung 440
Elektrische Hybridfahrzeuge 388
Elektrische Leitfähigkeit 168
Elektrische Maschine 382 f.
Elektrischer Achsantrieb 397
Elektrischer Klimakompressor 429
Elektrisches Energiemanagement 443 f.
Elektrisches Fahren 390
Elektrisches Potenzial 463
Elektrische Systeme 10
Elektroantrieb 414
Elektrochemische Vorgänge 463
Elektrode 463
Elektrodynamische Aktoren 379

Elektrodynamische Drehsteller 380
Elektrodynamischer Wandler 377
Elektrodynamisches Prinzip 377
Elektrolytkontrolle 481
Elektromagnetische Aktoren 378
Elektromagnetische Induktion, Generator 491
Elektromagnetischer Regler 500
Elektromagnetischer Wandler 377
Elektromagnetisches Einspritzventil 16
Elektromagnetische Spannungsregler 500
Elektromagnetisches Prinzip 377
Elektromagnetische Steller 377
Elektromagnetische Verträglichkeit 542
Elektromechanische Aktoren 376
Elektromechanische Wandler 376
Elektronenstrahllithographie 190
Elektronik 168
Elektronikentwicklung 206
Elektroniklader 487
Elektronische Bauelemente 168
Elektronische Dieselregelung 24, 27
Elektronische Dieselregelung (EDC) 25
Elektronischer Batteriesensor 445
Elektronischer Spannungsregler 500f.
Elektronisches Aufprallschutzsystem 62
Elektronisches Stabilitätsprogramm ESP 46
Elektronisches System 10, 12
Elektronisches Vorschaltgerät 38
Elektron-Loch-Paare 169, 172
E-Maschine 414
Emitter E 173
Emitterstrom 173
Empfangen 104
EMV-Bereiche 542
EMV-Maßnahme 451
Ende-Kennung 100
End of Frame (Ende-Kennung) 100
Endpole 460
Energieerzeugung im Kfz 490
Energiemanagement für Fahrzeuge mit Start/Stopp-System 427
Energiespeicher 436
Energieversorgung im Kfz 490
Energiewerte, Batterien 437
Entladegrenze 436
Entladene Zelle 466
Entladen im Ruhezustand 435
Entladetiefe 437
Entladevorgang 465
Entladevorgang, Reaktionsgleichung 466
Entladevorgang, Starterbatterie 465
Entscheidungsmatrixen 158
Entstörbauelemente 555
Entstörklassen 549
Entstörmaßnahmen 510, 555
Entwicklungsablauf 217
Entwicklungsmethodik, Mechatronik 164
Entwicklungsprozess 214, 237
Entwicklungsschritte 216
Entwicklungstendenz 244
Entwicklungswerkzeuge 160
Entwurfseinschränkung 159
EOL-Programmierung 200
EOL-Programmierung (End of Line) 200
Epitaxie 189
Epitaxieschicht 189
EPROM 202, 205
Erasable PROM 205
Ereignisgesteuerte Bussysteme 79
Ereignisgesteuerte Systeme 89
Ereignissteuerung 78
Erregerdioden, Generator 496
Erregermagnetfeld, Generator 492
Erregerstrom 492, 499
Erregerstrom, Generator 492
Erregerstromkreis, Generator 497
Erregerwicklung, Generator 492
Error Frame 98
Experimentiersysteme 219
Exponentialgesetz 322
Externe Abgasrückführung 13
Externe Momentanforderungen 31

F

Fahrdynamikregelung 46, 342
Fahrdynamikregler 46, 47
Fahrgeschwindigkeit 89
Fahrpedalmodul 351
Fahrpedalsensoren 350
Fahrprofil 442
Fahrzeug-Alarmanlagen 362
Fahrzeuge mit Start/Stopp-System 426ff.
Fahrzeugneigung 362
Fahrzeugsysteme mit Sensoren 230
Fahrzustände von Hybridfahrzeugen 404
Faseroptische Sensoren 246
Federgefesselte Masse 364
Feder-Masse-System 364
Fehlerarten, Sensoren 240
Fehlereingrenzung 101
Fehlerermittlung 489
Fehlerkurve 240
Fehlertelegramm (Error Frame) 98
Fehlertoleranter Mittelwert-Algorithmus 141
Feinauszählung 211
Feldeffekt-Transistoren 174
Feldplatte 269f.
Feldplatten-Differentialsensor 269
Feldplattensensoren 269
Feldplattenwiderstände 289
Feldrichtungsmodulation 274
Fernlicht 36f.
Festkörper 168
Festkörperelektrolyt 370
Festwertspeicher 205
Feuchtemessung 316, 318
Fiber Optic Transceiver 114
FiL 225
Fingersonde 371
Flächengalvanisierung 192
Flash-EEPROM 205
Flash-EPROM 202
Flexray 81, 132
FlexRay-Controller 134
FlexRay Group 143
FlexRay-Protokoll 136
FlexRay-Zyklus 138
Fließfertigung 193, 195
Fluidmechanische Aktoren 381
Fluidmechanische Stellantriebe 381
Fluidmechanische Steller 382
Fluidmechanische Verstärker 382
Fluss 284
FMCW-Radar 61
FMCW-Verfahren 57
Folgeschadenschutzgerät, Generator 507
FOT 114
Fotodiode 172
Fotodioden 330, 369
Fotolithographie 190
Fotovoltaik 172
Frame 108
Frame (Botschaftsrahmen) 98
Frame-Check 101
Frame-Format 142
Freilauf 524
Fremderregung, Generator 492
Frequency Modulated Continuous Wave 57
Frequensspprung 127

Frequenzband 123
Frequenzmodulation 57
Frequenzsprungverfahren 123
Frontairbag 63
Frühausfälle 243
Full-CAN 103
Full-CAN-Baustein 102
Full Hybrid 388, 393
Fullpass 220f.
Function-in-the-Loop 225
Funke 21
Funkentstörung 542, 554
Funkstörspannung 548
Funkstörspannungspegel 549
Funktionale Anforderungen 207
Funktionen 424
Funktionsbereiche 85
Funktionsblöcke 12
Funktionsblöcke eines elektronischen Systems 12
Funktionsblock (FBlock) 119
Funktionsklassen 121
Funktionsmodell 155
Funktionspartitionierung 158
Funktionsprinzip 208
Funktionsvias 197

G
Gabelform 282
Gage-Faktor 304
Galvanische Kopplung 543f.
Galvanomagnetische Effekte 262
Gasanalytische Verfahren 316
Gasentladung 33
Gasentladungslampe 33
Gasgeneratoren, Airbag 68
Gasmessung 316
Gassensoren 316
Gasung 465
Gasungsspannung 475
Gate 175
Gateway 87
Gateway-Strukturen 87
Gauß-Effekt 269
Gegenkopplung 177, 179f.
Gel-Technik 471
Gemischentflammung 20
Generatorausführungen 511
Generatorbetrieb 390
Generatoren 490
Generatorischer Betrieb 410
Generatorschaltungen 509
Generatorspannung 499
Generatorstromabgabe 440
Generatorstromkreis 498
Generatorverhalten 507
Gerätekennzeichen 569, 575
Gerätemodell 113
Gesamtfehler 240f.
Geschlossene Batterie 458
Geschwindigkeitssensoren 281
Getriebedrehzahlsensor 335, 337
Getriebesteuerung 335
Getriebeübersetzung 539
Gewichtsklassifizierung 366
Giant magnetoresistive (GMR-) Elemente 289
Giant Magnetoresistive Sensoren 275
Gierachse 292
Giergeschwindigkeitssensoren 342
Gitterplatten 459
Glasvlies 471
Gleichrichten 493
Gleichrichterdiode 171, 495
Gleichrichterschaltungen 494
Gleichstrommaschinen 383
Gleichtakt-Eingangswiderstand 180
Gleichtaktunterdrückungsverhältnis 181
Global Positioning System 279
Glühlampe 32
Glühwendel 32
GMR-Effekt 289, 290
GMR-Element 353
GMR-Multilagen 276
GMR-Sensor 290, 333
GMR-Spinvalves 276f., 290
GMR-Widerstandselemente 290
GMR-Winkelsensor 277
GPS 279
GPS-Antenne 280
GPS-Empfänger 280
Gradientensensor 288
Gradienten-Sensoren 288
Gradientensonde 289
Gray-Code 355
Grenzwerte 95
Grobauszählung 211
Gurtkraftbegrenzer 63
Gurtstraffer 62
Gyrometer 342

H
Halbdifferenzial-Kurzschlussringsensor 259
Halbleiter 168
Halbleiterbauelemente 188
Halbleiterschaltungen 171
Halbleiterspeicher 204
Halbleitersperrschichten 327
Halbleitertechnik 168
Hall-ASICs 335
Hall-Effekt 262, 357
Hall-IC 264, 341, 357, 366
Hallkoeffizient 262
Hall-Messelement 340
Hall-Phasensensoren 334
Hall-Schalter 262, 354
Hall-Schranke 263, 287
Hallsensor 262, 266, 288, 336
Hall-Stabsensoren 288, 334
Hall-Winkelsensor 265, 350f.
Hall-Winkelsensor ASR2 266
Halogenfüllung 32
Halogenlampe 32
Haltewicklungen 523
Hardware-in-the-Loop 225
Hardware-in-the-Loop-Testsystem 226
Hardwaremodell 157
Hardwarenahe Protokolle 129
Hauptanforderungen 244
Hauptscheinwerfer (Europa) 36
Hauptscheinwerfer (Nordamerika) 37
Hauptwicklung 386
Header 108
Header Segment 142
Heavy Duty Batterie 473
Heißfilm-Luftmassenmesser 15, 314f., 358f.
Heißleiter 322
Heizleistung 313
Heizregelkreis 315
Heizwiderstand 313, 358
Hella-Sensor 260
Herstellkosten 244
HEV, Hybrid Electric Vehicle 388
Hierarchische Reglerstruktur 46
High-Speed-CAN 81
Highspeed-CAN (CAN-C) 92
HiL 225
Hilfswicklung 386
Hintergrundprogramm 211
Hitzdraht/Heißfilm-Anemometer 313
Hitzdraht-Luftmassenmesser 314
Hochdruck-Einspritzventil 18
Hochdrucksensoren 348
Hochfrequenzteil des ACC-Sensors 58
Hochpolige Steckverbindungen 453
Hochspannungselektronik 34
Hochspannungszündung 555
Höchstdrehzahl, Generator 508

Hochvolt-Bordnetz 428
– für leistungsverzweigende oder teilweise serielle Hybridantriebe 430
– für parallele oder parallelähnliche Hybridantriebe 429
Hook'sches Gesetz 304
Host-Prozessor 134
Host-Stack 129
Hubmagnet 381
HV-Bordnetz 429
Hybridantrieb 388
Prinzip 388
Vorteile 388
Hybrid Electric Vehicle, HEV 388
Hybridisches Fahren 389
Hybridisierungsgrade 392
Hybridschaltungen 196 f.
Hybridsteuerung 401
Hybrid-Substratherstellung 196
Hybridsystem 393
Hybridtopologien 73, 133
Hydraulische Steller 381
Hydroaggregat 47
Hydrodynamische Wandler 381

I
Idealer Operationsverstärker 180
Identifier 109
IGBT 175
IGBT-Transistorschaltmodule 421
IMG (Integrierter Motor-Generator) 414
IMG-Synchronmaschine 415
Impedanzwandler 182
Implementierung 221
Implementierungsmodelle 156
Impulse im Bordnetz 545
Impulsräder 340
In-Circuit-Test 195
Indiumantimonid 269
Individualregelung, ESP 46
Induktionsgesetz 491
Induktive Drehzahlsensoren 332
Induktive Kopplung 544
Induktiver Drehzahlsensor 284, 338
induktive Sensoren 282 f.
Induktive Zündanlage 20
Induktivität 259
Informationsverteilung 158
Inhaltsbezogene Adressierung 96
Initialisierung 147
Innenraumsensierung 68
Innenwiderstand 475
Innere Momentanforderungen 31
Innerer Widerstand 475
Input/Output 202
Insassenschutzsysteme 62
Instrumentenverstärker 183
Insulated Gate Bipolartransistoren 175, 421
Integration 186
Integrationsgrad 186
Integrierter Motorgenerator 414
Integriertes Querbeschleunigungsmodul 344
Intelligente Airbagsysteme 64
Inter Frame Space (Rahmenpause) 100
Interrupts 208
Interruptsteuerung 208
In-the-Loop-Testsystem 224
Invertierender Eingang 179
Invertierender Verstärker 181 f.
I/O 202
Ionenimplantation 189
IR-Abbildungsoptik 329
Isolatoren 168
Isolierschicht-Feldeffekt-Transistoren 174
Ist-Kennlinie 240
Istwertaufnahme 232

J
JFET 174
Jod 32
Junction-FET 174

K
Kabelbäume 450
Käfigläufer 384
Kalibrierung 231 f.
Kalibrierwerkzeuge 228
Kälteprüfstrom 477 f.
Kammelektroden 318
Kammstrukturen 343
Kanal 175 f.
Kapazität der Batterie 476
Kapazitätsdiode 172
Kapazitive Kopplung 544
Kapazitiver Abgriff 299, 364
Kapazitiver Feuchtesensor 318
Kapazitives Sensorplättchen 318
Kaskadierte Sterntopologien 133
Kathode 170
Kaverne 347
Kenngrößen, Batterie 474
Kenngrößen einer Starterbatterie 478
Kenngrößen eines Motors 30
Kennlinie der Antriebsleistung 508
Kennlinien 240
Kennlinienart, Sensoren 238
Kennlinien, Generator 507
Kennzeichnung von elektrischen Geräten 575
Keramische Multilayersubstrate 196
K-Faktor 300, 304
Kfz-Gasentladungslampen 34
Kfz-Lampen, Daten 44
Kfz-Sensoren 237
Kickdown-Funktion 350
Klassifikation, Starterbatterien 458
Klassifizierung von Bussystemen 85
Klauenpolgenerator 511
K-Leitung 146
Klemmenbezeichnungen 577
Klemmenspannung 475
Klemme W 510
Klimasteuerung 110
Klopfen 361
Klopfsensoren 361
Knotenmodell 156
Kodierung 93, 137, 355
Kohlebürsten 384
Kollektor C 173
Kollektorstrom 173
Kommunikation 200
Kommunikationsschicht 78
Kommunikationszyklus 138 f.
Kommutator 384
Kompaktzündspule 22
Kompensationsprinzip 294
Komplementäre MOS-Technik 178
Komponentencodes 572
Komponentenmodelle 165
Kondensatormotor 386
Konfektionierung der Steckverbindung 452
Konfigurationsstatus 118
Kontakte 451
Kontaktstelle 453
Kontaktsysteme, Steckverbindungen 454
Kontaminationsschutz 360
Kontinuitätsgleichung 312
Kontrollfeld 99
Kontrollnachricht 119
Konventionelle Batterie 467
Konventionelle Batterien 467
Konzentrationssonden 316
Konzentrationszelle 374
Kooperative Bremsmanöver 411
Kooperativ regeneratives Bremssystem 411 f.

Kopplung von Netzwerken 87
Korrekturmodell 250
Korrekturparameter 232
Kraftschluss 525
Kraftsensoren 300, 301
Kraftsensor iBolt™ 366
Kraftstoffaustritt 17
Kraftstoffeinsparung
- Full Hybrid 393
- Mild Hybrid 392
- Start/Stopp-System 392
Kraftstoff-Regelkreis 27
Kraftstoffsystem, Motronic 15
Kraftstofftemperatursensoren 349
Kraftstoffverbrauch 443
Kraftstoffverdunstungs-Rückhaltesystem 13
Kristallwachstum 188
Kühlkreisläufe 425
Kühlmitteltemperatursensoren 349
Kühlung 425
Kühlung der Batterie 434
Kühlung der IMG-E-Maschine 417
Kumulierter Kraftstoffverbrauch 406
Kundensuchnummer 479
Kupplungsbetätigung 419
Kurbelwellengeberrad 209
Kurbelwellenposition 210
Kursbestimmung, ACC 54
Kurvenlicht (Europa) 43
Kurzhub-Linearmotor 379f.
Kurzschlussringsensoren 258
KWP 71 145
KWP 2000 145, 147

L

Labyrinth 462
Ladebilanzrechnung, Bordnetz 442
Ladegeräte 486
Ladekennlinien 485
Lademethoden, Starterbatterie 484
Laden einer Batterie 464, 484
Laderegelung 436
Ladespannungsquelle 464
Ladestrategie der Batterie 435
Ladevorgang 464f.
Ladezustand 483
Ladezustandsregelung 433
Lageregelung 294
Lagerichtige Darstellung 567
Lambda-Regelung 372
Lamellenfreilauf 525
Langsames Überladen 435
Langzeit-Stromentnahme 473
Lastmanagement 91
Läufer 385, 492
Laufzeitmessung 57
Lawinendurchbruch 170
Lebensdauer, Batterie 437
LED 172
Leerlaufspannung 474
Leerlaufverstärkung 181
Leistung einer Starteranlage 539
Leistungsbauelemente 503
Leistungsdioden 509
Leistungselektronik 418, 420
Leistungsklassen, Bluetooth 124
Leistungsverlauf 30
Leistungsverluste 509
Leistungsverzweigender Hybridantrieb 398
Leistungswerte, Batterien 437
Leiter 168
Leiterbahnen 191
Leiterbildgalvanisierung 192
Leiterplatten 191
Leiterplattentechnik 193
Leitstückläufer, Generator 513
Leitungsfarben 572
Leitungsquerschnitte 451
Leitungssatzmodell 157
Leitungsschutz 451
Leitungsverlegung 451
Lenkmoment 309
Lenkwinkel 352
Lenkwinkelsensor 309
Lenkwinkelsensoren 352
Leuchtdiode 35, 172
Leuchtweitenregelung 40
Lichtbogen 33
Lichtquellen 32
Lichtsensor 369
Lichtstärke 35
Lichtstrom 35
Lichttechnik 32
Lichttechnische Größen 35
Lichtverteilung 38
Light Emitting Diode 172
Li-Metall 437
LIN 81
LIN-Botschaftsformat 108
LIN-Bus 106
LIN Description-File 109
Lineare Bustopologie 71
Linearer Hallsensor 366
LIN-Protokoll 108
LIN-Vernetzung 111
Lithium-Ionen-Batterien 435
Lithium-Ionen-Systeme (Li-Ionen) 437
Lithium Polymer Batterien 437
Litronic 38
Logikschaltungen 202
Logische Buszustände 93
Logische Datenkanäle 127
Logische Modelle 155
Logische Systemarchitektur 217
Lokaler Bus Guardian 135
Longitudinaleffekt 295
Longitudinaler Widerstandseffekt 269
Lorentz-Kraft 343
Losbrechen 520
Lötklemmen 461
Lotpaste 194
Lowspeed-CAN (CAN-B) 92
LTCC 197
Luft-Kraftstoff-Gemisch 15
Luft-Kraftstoff-Verhältnis 370, 374
Luftmasse (Luftfüllung) 15
Luftmassenfluss 310
Luftspaltschwankungen 282f.
Luftsystem 15
Lufttemperatursensoren 349

M

Mäandrierung 272
Macrotick 141
Magnetischer Nutzfluss 512
Magnetisches Feld 377
Magnetisch induktive Sensoren 257
Magnetoelastischer Anisotropieeffekt 302
Magnetoelastischer Effekt 303
Magnetoelastisches Prinzip 302
Magnetostatische Sensoren 262, 287
Magnetostriktion 302
Magnetschlitten 355
Marktvolumen Elektrik/Elektronik 11
Maschentopologie 72f.
Maschinencode 202
Maske 190
Massedarstellung 567
Massendurchfluss 311
Master-Knoten 106
Master-Slave 75
Master-Slave-Verfahren 75
Materialpaarungen 326
Maximalmoment-Kennlinie (E-Maschine) 424
Maximalstrom, Generator 508
McMess 146
Mechanischer Aufbau des Inverters 422

Mechanische Ritzelverdrehung 532
Mechatronik 162
Mechatronische Komponenten 162
Mechatronische Systeme 162
Mehrbatterien-Bordnetz 426
Mehrfachumdrehungen 275
Mehrkomponenten-Gel 471
Membran 346, 348
Membranmaterial 299
Membransensoren 298
Message Scheduling 110
Messgröße 230
Messgrößenübersicht 255
Messkanal 358
Messprinzipien 294
Messwerkzeuge 228
Messwertinterpolation 233
Messwiderstände 346
Messzelle 346, 358
Metalle 168
Metall-Halbleiter-Übergang 172
Metallhalogenide 33
Microbending-Effekt 246
Microtick 140
Mikrocontroller 202 f.
Mikrohybride 196
Mikrohybridsubstrat 197
Mikromechanik 69, 164, 247
Mikromechanische Bulk-Silizium-Beschleunigungssensoren 364
Mikromechanische Drehratesensoren 342
Mikromechanische Drucksensoren 346
Mikromechanische Herstellung 247
Mikromechanischer Drehratesensor 164
Mikromechanischer Drucksensor 347
Mikromechanischer Heißfilm-Luftmassenmesser 315
Mikromechanisches Messelement 344
Mikromechanisches Thermopile-Array 329
Mikrostruktur 189
Mikrosysteme 164
Mikrosystemtechnik 247
MiL 225
Mild Hybrid 388, 392
Mild- und Full-Hybridfahrzeuge 428
Mindest-Startdrehzahl 538
Minislots 139
Minusdiode 495
Minuselektrode 466
Minusplatte 459
Mischmetall 436
Mitkopplung 179, 180
Mittlere Lebensdauer 242
Model-in-the-Loop 225
Modellbasierte Entwicklung 218
Modellbibliothek 164
Modellbildung 218
Modularer Aufbau 212
Modulationsverfahren, Bluetooth 124
Momentenaufteilung 404
Momentenbilanz 51
Momentenkoordinator 413
Momentensteuerung 30
Monitoring 101
Monodeckel 461 f.
Monolithische Integration 186
Monolithische integrierte Schaltungen 186
Monolithtechnik 504
MOS-Feldeffekt-Transistoren 175
MOSFET 175
MOST-Anwendungsschicht 119
MOST-Bus 81, 112
MOST-Cooperation 112
MOST-Gerät 113
MOST Network Service 114
MOS-Transistor 175
Motordrehzahl 90
Motordrehzahlsensoren 332
Motormanagement Motronic 13
Motoröltemperatursensoren 349
Motorsteuerung, EDC 31
Motronic 13
Movable Magnet 265
Multifunktionsregler 497, 504
Multilayer 191
Multimaster 75
Multimaster-Architektur 75
Multimaster-Prinzip 96
Multimedia-Anwendung 91
Multimediagerät 122
Multimedia-Vernetzung 86
Multiplex-Anwendungen 86
Multipol-Impulsgeber 340
Multipolrad 337
Multipolring 340
Multipol-Wechselfeld 261

N

Nachrichtenorientiertes Verfahren 74
Nachträgliche Entstörung 555
Nahentstörung 510
Navigationssysteme 345
N-Dotierung 169
Nebenschlusserregerwicklungen 384
Nebenschlussmaschine 383
Nebenschlussverhalten 383
Neigungssensor 273
Nennbetriebsarten 387
Nenndrehzahl, Generator 508
Nennkapazität, Batterie 477
Nennleistung 538
Nennleistung des Starters 538
Nennspannung 539
Nennspannung, Batterie 474
Nennspannung von Startanlagen 539
Nennstrom 440
Nennstrom, Generator 508
Nernst-Prinzip 370
NetBlock 118
Network-Idle-Time 140
Network-Master 118
Netzknoten 84, 93
Netzknoten-Struktur 134
Netzstörunterdrückungsverhältnis 181
Netzwerk-Management, LIN 110
Netzwerkmodell 157
Netzwerkorganisation 74
Netzwerktopologie 70
Netzwerktopologien 88
Nichtinvertierender Eingang 179
Nichtinvertierender Verstärker 182
Nichtleiter 168
Nickelantimonidnadeln 269
Nickel-Cadmium-Batterien 436
Nickel-Metallhydrid-Batterien 435
Nickel-Metallhydrid-Systeme (NiMH) 436
Nickeloxidhydroxid 436
Niederfrequenz-Blockschaltbild 60
Niederpolige Steckverbindungen 454
Niedervolt-Bordnetz 431
NiMH 436
N-Kanal-MOSFET 175, 176
NMOS-Transistoren 178
Noniusprinzip 308, 352
Normalladung 484
NOX-Reduzierung 402
Npn-Transistor 173
NTC-Widerstände 322
Null-Ampere-Drehzahl, Generator 508

O

Oberflächen-Mikromechanik (OMM) 69, 248
Oberflächenmikromechanische Beschleunigungssensoren 249, 362
Oberflächenmikromechanischer Drehratesensor 343
Oberflächenmikromechanischer Drucksensor 249
Oberflächenmontagetechnik 193
Oberwelle 510
Object Layer 96
Objekterkennung 56
Objektschicht 96
Offline-Applikation 227
Offset-Korrektur 141
Offsetspannung 181, 184
Offset-Spannung 184
OMM-Beschleunigungssensoren 362
Online-Applikation 228
Operationsverstärker 178
Operationsverstärker-Typen 179
Optimierungshorizont für den Äquivalenzwert 405
Optischer Abgriff 308
Optische Übertragung 115
Organisatorische Anforderungen 207
OSEK-VDX-OS-Standard 214
OSI-Referenzmodell 76
Oszillator 202
Ottomotor-Magerkonzepte 374
Overload Frame 98

P

P1-HEV (Parallelhybrid mit einer Kupplung) 395 f.
P2-HEV (Parallelhybrid mit zwei Kupplungen) 396
Packaging 297
Panel Plating 192
Parallelbetrieb von Generatoren 509
Paralleler Hybridantrieb 395, 429
– mit einer Kupplung 395
– mit zwei Kupplungen 396
Parallelhybrid 388, 438
Parallelhybrid-Fahrzeuge 414
Parallelschaltung 383
Parallelstartanlage 535
Parameter 231
Paritätbit 78
Passiver Drehzahlsensor 338 f.
Passive Sterne 72
Passive Sterntopologie 133
Pattern Plating 192
Payload-Segment 143
p-Dotierung 169
Pedalsimulator 413
Permeabilitätsänderung 302
Phasen des Startvorgangs 520
Phasensensor 334
Physical Layer 96
Physikalische Effekte 251
Physikalischer Datenkanal 126
Physikalische Schicht 76, 96, 137
Physikalische Verbindungen 127
Piconetz 124 f.
Piezo-Biegeelemente 365
Piezo-Effekt 319
Piezoelektrische Beschleunigungssensoren 365
Piezoelektrische Klopfsensoren 361
Piezoelektrischer Bimorph 296
Piezoelektrischer Effekt 295
Piezoelektrische Sensoren 296
Piezoelektrische Stimmgabel-Drehratesensoren 345
Pixel 330
Planare Breitband-Lambda-Sonde 374 f.
Planare Lambda-Sonde 372 f.
Planarkeramik 373
Planartechnik 186, 190
Planetengetriebe 398
Plastical Optical Fiber 113 f.
Plattenblöcke 459
Plattengitter 467, 469
Plug-In-Hybrid 393
Plusdiode 495
Pluselektrode 464, 466
Plusplatte 459
PMOS-Transistoren 178
Pneumatische Steller 381
pnp-Transistor 173
pn-Übergang 169
POF-Kabel 113 f.
Point-To-Point 133
Polpaarzahl 384
Polrad 282 f., 385
Polzahl 512
Positionserfassung 354
Positionsmultiplex 273
Positionssensoren 254, 356
– für Getriebesteuerung 354
Potenziometersensoren 255 f.
Potenziometrische Fahrpedalsensoren 350
Potenziometrische Tankfüllstandsensoren 256
Priorisierung 98
Programmierung 202
Programmspeicher 202
Programmstand 227
Projektionsscheinwerfer 40
PROM 202
Protokoll 136
Protokollschichten 78, 96, 136
Protokoll-Stack 128, 137
Prototypenfahrzeuge 223
Prototypentwicklung 221
Prozessbeschreibungsmodelle 215
Prüfimpulse 545
Pseudo-Hall-Sensoren 271 f.
PTC-Dünn/Dickschicht-Metallwiderstände 323
Pt-Widerstand 324
Pufferbetrieb 485
Pulsationen 310
Pulsförmige Eingangssignale 199
Pulsierender Luftmassenfluss 315
Pulswechselrichter 422
Pumpstrom 375
Pumpzelle 375
PWM-Signale 200
Pyrometrischer Sensor 328

Q

Qualität 243
Qualitätssicherung 215
Quantisierung 87
Quarz 188
Quarzglas 32
Quellcodeerzeugung 222
Quittungsfeld 100

R

Radar 53
Radarsensoren 54, 278
Radar-Signalverarbeitung 60
Radaufhängung 357
Raddrehzahlsensoren 338
Radlager 341
Rahmenformat-Überprüfung (Frame-Check) 101
Rahmenpause 100
RAM 205
Rapid Control Prototyping 219
Raumladungszone 170
Rauschen 185
Rauschspannung 185
Rauschspannungsdichte 185
Rauschstromdichte 185
Realer Operationsverstärker 180
Redundanz 243

Referenzluftkanal 373
Referenzvakuum 346
Reflexionsfreier Abschluss 95
Reflexionsscheinwerfer 39
Reflowofen 194
Regelalgorithmen, ACC 56
Regelgrößen, ABS 50
Regelspannung 499
Regelstrecke, ABS 49
Regelung der Einspritzung 28
Regelungssysteme 218
Regenerative Bremsung 410
Regeneratives Bremsen 390f., 410
Regeneratives Bremsmoment 411
Regeneratives Bremssystem 410
Regen-/Lichtsensoren 369
Regensensoren 369
Reglerendstufe 499
Regler in Hybridtechnik 503
Reglerkennlinie, Spannungsregelung 499
Reibbremsmoment 411
Reiboptimierung des Verbrennungsmotors 409
Reibwertausnutzung 412
Reichweite, Lichttechnik 35
Reihenschaltung 383
Reihenschlusserregerwicklungen 384
Reihenschlussmaschine 383
Reihenschlussverhalten 383
Rein elektrisches Fahren 390
Rekuperation 391, 410
Rekuperativer Momentenanteil 413
Rekuperatives Bremsen 391, 410
Relative Feuchte 317
Remote Frame 98
Resistiver Fühler 318
Resistive Sensoren 321
Resonanzkurven 295
Reynoldszahl 311
Rezessive Pegel 76
Richtungsblinken 90
Ringstruktur 113
Ringtopologie 72
Ritzel 518
Ritzelverdrehung 530
Rollenfreilauf 524
ROM 202
Röntgenstrahllithographie 190
Rotatorische Positionserfassung 355
Rotatorische Steller 379
Rotierbare Wechselfelder 260
Rotoren 283, 416, 492
Rotor-Lagerung 417
Rotorlage-Sensorik 418f.
Rotorpaket 417
RTE 213
Rückstromsperre 494
Ruhespannung 474
Run Time Environment 213
Rüttelfeste Batterie 473

S

Sättigungsbereich 174
Sauerstoffionen 370, 374
Sauerstoffkonzentration 375
Sauerstoff-Konzentrationszelle 370
Sauerstoff-Pumpzelle 374
Saugrohrdrucksensor 15
Saugrohreinspritzung 16
Säuredichte 480, 483
Säurewerte 483
Scatternetz 125f.
Schaltdiode 171
Schaltpläne 556, 564
Schaltsignale 200
Schaltung einer Startanlage 533
Schaltungen der Batteriezellen 461
Schaltzeichen 556f., 559
Scheibenwischer 369
Scheinwerfersysteme 37
Schichtschaltungen 196
Schichtstapel 290
Schichtsystem 276
Schleifpotenziometer 255
Schleppmoment 410
Schleppmomentenerhöhung 410
Schleppmomentensimulation 410
Schließzeit 210
Schlupf 384
Schmalbandgrenzwerte 550
Schmalbandige Störungen 549
Schmalbandstörer 547
Schmalbandstörungen 547, 549
Schnellladung 484
Schnellstartlader 487
Schottky-Diode 172
Schottky-Sperrschicht 172
Schraubklemmen 461
Schreib-Lese-Speicher 205
Schubeffekt 296
Schub-Schraubtrieb-Starter 518
Schubtrieb-Starter für Nkw 530
Schultergurtstraffer 62f.
Schutzarten, Generator 505
Schützschaltung 432
Schwenkwinkel 43
Schwingungsgyrometer 291f.
Seebeck-Effekt 325
Segmentierte Botschaften 150
Seismische Masse 363
Seitenairbag 64
Selbstentladung, Starterbatterien 479
Selbsterregung, Generator 492, 496
Selektives Bremsen 46
Senden 104
Senden und Empfangen 136
Senderinitiative 100
Sensorarray 329
Sensorausführungen 332
Sensorausgangssignal 230
Sensorbegleittechniken 245
Sensorcluster 344
Sensoreinsatzgebiete 231
Sensoren 230
Sensorentwicklung 233
Sensorgrundfunktion 231
Sensor-Integrationsstufen 250
Sensorklassifikation 238
Sensormarkt 236
Sensormessprinzipien 254
Sensormodell 231
Sensorsymbol 231
Sensortechnologien 253
Separater Motor-Generator 414
Separatoren 460
Serieller Hybridantrieb 394, 430
Seriell-paralleler Hybrid 395
Seriell-paralleler Hybridantrieb 394
S-HEV (serieller Hybridantrieb) 394
Sicherheitsgurte 62
Sicherheitshinweise 489
Sicherheitsstecker 432
Sicherungsfeld 99
Signalaufbereitung 199
– Steuergerät 199
Signalcharakteristik 547
Signalechos 57
Signalformen 239
Signalpegel 76
Signalübertragung 87
Signalverarbeitung 199
– Steuergerät 199
SiL 225
Silberlegierung 470
Silizium 168, 188
Silizium-Halbleiterwiderstände 324
Siliziumscheiben 186
Simultaneous Engineering 167
Sinterkeramische NTC-Widerstände 322
SiO_2 188

Sitzposition 367
Skalierbarkeit 158
Skalierung 424
Slave-Knoten 106
Sleep-Mode 103
Sleep-Modus 136
Slot-Counter 139
Smartsensor 231 f.
SMD-Bauteil 193
SMD-Bestückung 194
SMG (Separater Motor-Generator) 414
SMT 193
SOC-Abgleich 434
SOC-Grenze 435
Software 206
Software-Architektur 212
Software Component 213
Softwareentwicklung 216
Softwarefunktionen 219
Software-in-the-Loop 225
Softwarekomponenten 213
Softwaremodell 157
Software-Struktur 422
Solarzelle 172
Soll-Kennlinie 240
Sonderstartanlagen für Nkw 534
Source 175
Source-Schaltung 177
Spannungen der Ständerwicklungen 498
Spannungsanstiegsrate 185
Spannungsfolger 182
Spannungsmessende Kraftsensoren 302
Spannungspegel 95
Spannungsrauschen 185
Spannungsregelung, Generator 499
Spannungsspitzen 504
Spannungsverstärkung 177
Spannungsverteilung, Zündung 21
Sperrrichtung 171
Sperrschicht 170
Sperrschicht-Feldeffekt-Transistoren 174
Sperrschicht-FET 175
Sperrspannung 171
SP-HEV (seriell-paralleler Hybrid) 394 f.
Spindelaktor 419
Spinellschicht 371
Spinning-Current-Prinzip 263, 366
Spreading-Resistance-Prinzip 324
Spreading-Resistance-Sensor 325
Spurzuordnung 56
SRAM 205
Stabform 282
Stabilitätsregelung 413
Stabzündspule 23
Stahlmembran 348
Stahl-Triggerrad 337
Standardisierung 105, 143
Standard-Operationsverstärker 179
Startanlagen 532
– mit Batterieumschaltung 534
Starter 518
Starterbatterien 456
Startertypen 540
Startfähigkeit 426, 436
Startgrenztemperatur 537
Starthilfe 488
Starthilfekabel 488
Startleistung, Starterbatterien 480
Start of Frame 99
Startspeicher 446
Start/Stopp-Funktion 391
Start/Stopp-System 391, 426
Starttemperatur 440
Startup 136
Startvorgang 520
Startwiederholeinrichtung 535
Statische RAM 205
Statisches Segment 139
Stator 416, 492
Statorgehäuse 417
Staudruck-Durchflussmesser 312
Staudruck-Luftmengenmesser 312
Staudruckmesser 312
Stauklappen 312
Steckkräfte 452
Steckverbindungen 246, 451 f.
Steigungskorrektur 141
Steilheit 177
Stern-Bus-Topologie 73
Stern-Ring-Topologie 73
Sternschaltung 261, 385, 493
Sternstrukturen 72
Sterntopologie 71, 93, 133
Steuergeräte 198 f.
– für Hybridantriebe 420
Steuergeräteverbund 146
Steuersoftware im Inverter 423
Steuerungsmechanismen 78
Steuerungssysteme 218
– im Antriebsstrang 401
Stichprobe 242
Stirnzahnfreilauf 525
Stopp-Start-Anwendung 445
Störabstrahlung 550
Störaussendung 550
Störeinstrahlung 548
Störfestigkeit 554
Störquellen 545
Störsicherheit 83
Störspannungen 549
Störungen 94
Störungsbehandlung 101
Störungserkennung 100
Strahlengang 36
Stripline-Verfahren 552 f.
Stromabgabe 440
Stromentnahme 465
Stromerzeugung im Kfz 490
Stromgegenkopplung 177
Stromkennlinie, Drehstromgenerator 508
Stromlaufplan 566
Stromrauschen 185
Stromregelung 26
Strömungsprofile 311
Stromverstärker 179
Stromwege und Leitungen 568
Stufenlos einstellbare Übersetzung 399
Stützstellenkennfeld 233
Subtrahierverstärker 183
Sulfatierung 488
Summenhäufigkeit der Motordrehzahl 442
Surface Mounted Device 193
SWC 213
Symbol-Window 140
Synchrondrehzahl 384
Synchronisation 108
Synchronmaschinen 385
Synchroprogramm 210
Systematik der Sensoren 251
Systemblöcke (EDC) 24 f., 206, 212 ff.
Systemereignis 116
Systemübergreifende Funktionen 82

T

Taktgenerator 202
Tangentialfeldsonde 289
Tangential-Sensoren 289
Tankfüllstandsensor 256
Taschenseparator 460
Tauchankermagnet 380
Tauchspulensteller 380
Technische Systemarchitektur 217
Technologiemodell 155
Teilnehmerorientiertes Verfahren 74
Temperatur-/Feuchte-Diagramm 317
Temperaturkoeffizient 323

Temperatursensoren 320, 349
Temperaturstrahler 32
TEM-Zelle 553f.
Test 223
Thermische Beschleunigungssensoren 297
Thermische Bilderfassung 329
Thermischer Durchbruch 171
Thermische Vias 197
Thermistor 322
Thermoelemente 325f.
Thermoelement-Messanordnung 326
Thermopaare 326
Thermopile 326
Thermopile-Abgriff 328
Thermopile-Sensor 328
Thermosäule 326
Thermospannung 325
Tiefentladefestigkeit, Starterbatterien 481
Tiefpassverhalten 181
Time Division Multiple Access (TDMA) 75
Timing 140f.
– Datenübertragung 126
Toleranzanforderungen, Sensoren 240
Toleranzbänder 107
Top-down-Ansatz 159
Topf-Generator 513
Topologie 93, 113, 124, 133
Torquemotor 379
Torsionsstab 368
Torsionswinkel 307
Trailer Segment 143
Transceiver 103
Transimpedanz-Verstärker 179
Transkonduktanz-Verstärker 179
Transport Layer 96
Transversaleffekt 296
Trennkupplung 418f.
Triangulation 279
TTP 81
Tunneleffekt 171
Turbulenzgrad 311
Two Mode Hybrid 400
Typenbezeichnungen, Batterien 478
Typteilenummer 479

U

Überladefestigkeit, Starterbatterien 481
Überladung 465
Überlagerter Fahrdynamikregler 46
Überlasttelegramm (Overload Frame) 98
Überlebenswahrscheinlichkeit 242
Überrollerkennung 65, 342
Überrollschutzsysteme 65
Übersichtsschaltplan 565
Überspannungen 504
Überspannungsschutz, Generator 504
Überspannungsschutzgeräte 505
Übertragungskanäle 112
Übertragungskennlinien 175f.
Übertragungsmedium 94, 134
– MOST 114
Übertragungsorientiertes Verfahren 74
Übertragungsschicht 96
Übertragungssystem 95, 107
– Netzknoten 93
Übertragungstechnik 123
Übertragung
– von Multimediadaten 117
– von Paketdaten 117
– von Steuerbefehlen 116
ULSI 186
Ultraschall 279
Ultraschall-Sensoren 278
Unerwünschte Rückwirkungen 546
Universalmotoren 386
Unsegmentierte Botschaften 150

V

Vakuumlampe 32
Variable Nockenwellensteuerung 13
Variantenmanagement 227
Verbraucher 441
Verbraucherleistung 441, 443
Verbrennungsmotorisches Laden 407
Verbrennungssynchroner Interrupt 210
Verbundfunktionen 158
Vernetzte Fahrzeuge 87
Vernetzung 70, 92, 401
– im Kfz 82
Verpolung 461, 495
Verpolungsschutz 495
Verschiebung
– bei CO_2-Strategie 403
– bei NO_X-Strategie 402
– des Betriebsbereichs 402
– des Betriebspunkts 407
Verschleiß 452
Verschleißeffekte 243
Verschlossene Batterie 458
Verschlussstopfen 458
Versorgungsbatterie 446
Verstärkung 180
Verwaltungsfunktionen, MOST 118
Verzögerung 411
VFB 213
Vibrationsimmunität 337
Video 330
Vierfach-Hallsensor 268
Vier-Scheinwerfer-System 37
14-V-Bordnetz 431
14-V-Netz 426
Virtual Function Bus 213
Virtuelle Masse 181
Virtueller Kurzschluss 181
Vlies-Technologie, Batterien 472
VLSI 186
V-Modell 166f., 215
Voll-Gleichrichtung 493
Vollweggleichrichtung 494
Volumendurchfluss 311
Voraltern 243
Vorerregerstromkreis 496
– Generator 496
Vorerregung 496
– Generator 497
Vorgelegestarter 526f.
Vorladevorgang 433
Vorspannungen 367
Vortriebsmoment 31

W

Wafer 186, 188
Wafer-Bonden 69
Wafer-Prozess 190
Wakeup 136
Wakeup-Sequenz 136
Wämeleitwert 313
Wartungsarme Batterien 467
Wartungsfreie Batterien 468
Wasserverbrauch, Starterbatterien 481
Wasserverlust 468
Wechselstromzündung 68
– Airbag 68
Wegmessende Beschleunigungssensoren 293
Wegmessende Systeme 293
Wellenausbreitungssensoren 278
Wellenlöten 194
Werkstoffe 451
Wertekanal E/E am Automobil 11
Wertschöpfungsstruktur 11
Wicklungen 493
Wicklungstemperatur 387

Widerstands-/Spannungsumformung 321
Windschutzscheibe 369
Winkeldifferenzmessung 307
Winkelmessende Sensoren 307
Winkelmessung 275
Winkelsensor 273
Wirbelstrom 355, 378
Wirbelstrom-Drehmomentsensor 309
Wirbelstromprinzip 257, 356
Wirbelstromsensoren 257, 309
Wired And-Arbitrierungsschema 97
Wirkschaltplan 572
Wirkungsgrad 509
Wirtschaftliche Anforderungen 207
Wischen 91
Wolfram-Glühwendel 32

X
X by Wire-Systeme 79, 167
Xenon 33
Xenon-Gasentladungslampe 38

Z
Zahnkranz 518
Zahnlücke 210, 518
Z-Diode 171
Zeitgeber 208
Zeitraster 211
Zeitsteuerung 79 f., 140
Zeitsynchronisierung 141
Zellabgleich 435
Zellausgleich (= SOC-Abgleich) 434
Zellenspannung 463, 474
Zellenverbinder 460
Zenerdiode 171
Zenerdurchbruch 171
Zentraleinheit 202
Zentraler Bus-Guardian 135
Zündfunken 20
Zündkreis 20
Zündspulen 21 ff.
Zündung 20
Zündungsinterrupt 210
Zündzeit 210
Zündzeitpunkt 21
Zusammenhängende Darstellung 567
Zusatzbatterie 427
Zusatzdioden 509
Zustandsautomat 404
Zuverlässigkeit 241 ff.
Zuverlässigkeitsanforderungen 243
Zwei-Batterien-Bordnetz 445 f.
Zweidrahtleitung 94
Zweidraht-Stromschnittstelle 336
Zweifunken-Zündspulen 21
Zwei-Kanal-Topologien 133
Zweipunkt-Lambda-Sonden 370
Zwei-Scheinwerfer-System 37
Zweiwege-Antennendiagramm 59
Zweiweg-Gleichrichtung 493
Zweiwicklungsdrehsteller 379 f.
12-Volt-Starterbatterie 458
Zyklenfeste Batterie 472
Zyklenfestigkeit 467 f.
Zyklische Redundanzprüfung 100

Abkürzungen

A

ABC: Active Body Control (Fahrwerksregelung)
ABS: Antiblockiersystem
AC: Alternating Current
ACC: Adaptive Cruise Control
ACL: Asynchronous Connection Less
ADC: Analog Digital Converter
AFH: Adaptive Frequency Hopping
AFM: Antiferromagnet
AKSE: Automatische Kindersitzerkennung
ALE: Address Latch Enable
ALU: Arithmetisch-logische Einheit
ALWR: Automatische Leuchtweitenregulierung
AMA: Active Member Address
AMR: Anisotrop Magneto Resistive
AMS: Application Message Service
AOS: Automotive Occupancy Sensing
APB: Automated Parking Brake
ARS: Angle of Rotation Sensor
ASC: Active Suspension Control
ASG: Automatisches Schaltgetriebe
ASIC: Application Specific Integrated Circuit (Anwendungsbezogene Integrierte Schaltung)
ASIS: Active Shift Strategy
ASR: Antriebsschlupfregelung
ASSP: Application Specific Standard Product
AT: Attention Sequence
AT: Automatgetriebe
ATF: Automatic Transmission Fluid
Autosar: Automotive Open Systems Architecture
AWN: Asanetwork Werkstattnetz

B

BCI: Bulk-Current-Injection
BD: Bus-Driver
BG: Bus Guardian
BGE: Bus Guardian Enable
Bit: Binary Digit
BITE: Built In Test (Eigentest)
BKS: Bauteilkontrollsystem (Leiterplattenherstellung, Fertigungsablauf)
BLDC: Brushless DC Motor (Bürstenloser Gleichstrommotor)
BM: Bus Minus
BMK: Bosch-Mikro-Kontakt
BNEP: Bluetooth Network Encapsulation Protocol
BN-SG: Bordnetz-Steuergerät
BP: Bus Plus
BSK: Bosch-Sensor/Steller-Kontakt
BSS: Byte Start Sequence
BWN: Bosch-Werkstattnetz
BZE: Batteriezustandserkennung

C

CAC: Channel Acces Code
CAD: Computer Aided Design (Computerunterstütztes Entwerfen)
CAE: Computer Aided Engineering (Computerunterstützte Entwicklung)
CAL: Computer Aided Lighting
CAM: Computer Aided Manufacturing (Computerunterstützte Fertigung)
CAN: Controller Area Network
CAS: Collision Avoidance Symbol
CBG: Central Bus Guardian
CCD: Charge Coupled Device
CCFL: Kaltkathoden-Fluoreszenz-Lampen
CD: Compact Disc
CDM: Code Division Multiplex
CDMA: Code Division Multiple Access
CD-Technik: Converging-Diverging
CHI: Controller Host Interface
CHMSL: Center High-Mounted Stop Lamp
CISC: Complex-Instruction-Set-Computer
CISPR: Comité international spécial des perturbations (spezielles Komitee für elektromagnetische Störungen)
CMOS: Complementary Metal Oxide Semiconductor (Komplementäre MOS-Technik)
CMS: Control Message Service
COP: Coil on Plug
CPU: Central Processing Unit (Zentrale Recheneinheit des Mikrocontrollers)
CRC: Cyclic Redundancy Checksum
CVG: Coriolis Vibrating Gyros
CVSD: Continuous Variable Slope Delta Modulation
CVT: Continuously Variable Transmission

D

DAC: Device Access Code
DAC: Digital Analog Converter
DC: Direct Current
DF: Drehzahlfühler
DI: Direct Injection (Direkteinspritzung)
DIN: Deutsches Institut für Normung
DMA: Direct-Memory-I/O-Access
DMS: Dehnmessstreifen bzw. Dehnwiderstand
DPSK: Differential Phase Shift Keying
DRO: Dielectric Resonance Oscillator
DRS-MM: Drehratesensor, mikromechanisch
DSP: Digitaler Signalprozessor
DSTN-LCD: Doppelschicht-STN-LCD
DTS: Dynamic Trailing Sequence
DVD: Digital Versatile Disc
DWS: Drehwinkelsensor

E

EAS: Electronic Active Steering
EBS: Extended Byte Sequence
EBS: Elektronischer Batteriesensor
ECE: Economic Commission for Europe (Europäische Wirtschaftskommission der Vereinten Nationen UN)
ECU: Electronic Control Unit (Steuergerät)
EDC: Electronic Diesel Control (Elektronische Dieselregelung)
EDR: Enhanced Data Rate
EDV: Elektronische Datenverarbeitung
EE: Elektrik/Elektronik
EEM: Elektrisches Energie-Management
EEPROM (E^2PROM): Electrically Erasable Programmable Read Only Memory (elektrisch löschbarer programmierbarer Nur-Lese-Speicher)
EG: Europäische Gemeinschaft
EL: Elektrolumineszenz-Folien
EMM: Elektrisches Energie-Management
EMV: Elektromagnetische Verträglichkeit
EOL: End of Line
EPROM: Erasable Programmable Read Only Memory (Löschbarer programmierbarer Nur-Lese-Speicher)
ESD: Electrostatic Discharge
ESI: Elektronische Service-Informationen

ESP: Elektronisches Stabilitätsprogramm
ETN: Europäische Typnummer
EU: Europäische Union
EW: Endwert des Messbereichs
EWG: Europäische Wirtschaftsgemeinschaft

F

FEC: Forward Error Correction
FEM: Finite Elemente Methode
FES: Frame End Sequence
FET: Feldeffekttransistor
FFT: Fast Fourier Transformation
FH/TDD: Frequency Hop/Time Division Duplex
FHSS: Frequency Hopping Spread Spectrum
FIR-Filter: Finite Impulse Response-Filter (nichtrekursives oder Transversal-Filter)
Flash-EPROM: Flash-Erasable Programmable Read Only Memory (Elektrisch löschbarer programmierbarer Nur-Lese-Speicher)
FLL: Frequency Locked Loop
FMCW: Frequency Modulated Continuous Wave
FMEA: Fehlermöglichkeits- und Einflussanalyse
FMVSS: Federal Motor Vehicle Safety Standard
FOT: Fiber Optic Transceiver
FPK: Frei programmierbares Kombiinstrument
FSK: Frequency Shift Keying
FSR: Force Sensitive Resistance
FSS: Frame Start Sequence
FTDMA: Flexible Time Division Multiple Access
FTM: Fehlertoleranter Mittelwert

G

GAP: Generic Access Profile
GFSK: Gaussian Frequency Shift Keying
GMR: Giant Magneto Resistive
GOEP: Generic Object Exchange Profile
GP: Gedrehte Parabel
GPS: Global Positioning System

H

HCI: Host Controller Interface
HD: Heavy Duty
HDK: Halb-Differenzial-Kurzschlussringsensoren/-geber
HDL: Hardware Description Language
HE: Haupteinspritzung
HFM: Heißfilm-Luftmassenmesser
HHC: Hill Hold Control
HLM: Hitzdraht-Luftmassenmesser
HNS: Homogeneous Numerically calculated Surface
HUD: Head up Display

I

I/O-Ports: In/Out-Ports (Ein-/Ausgänge)
IAC: Inquiry Access Code
IC: Integrated Circuit (Integrierte Schaltung)
ICT: In-Circuit Test (Leiterplattenherstellung, Fertigungsablauf)
IDI: Indirect Injection (Indirekte Einspritzung)
IEEE: Institute of Electrical and Electronics Engineers
IMC: Integrated Magnetic Concentrator
INIC: Intelligent Network Interface Controller
ISG: Integrierter Kurbelwellen-Startergenerator
ISM: Industrial Scientific Medicine
ISO: International Organization for Standardization

K

KS: Klopfsensor
KSN: Kundensuchnummer

L

L2CAP: Logical Link Control and Adaptation Protocol
LAN: Local Area Network
LAP: Lower Address Part
LCD: Liquid Crystal Display
LDF: LIN Description File
LED: Leuchtdioden
LED: Light Emitting Diode
LIN: Local Interconnect Network
Litronic: Light-Electronics
LKS: Lagekontrollsystem (Leiterplattenherstellung, Fertigungsablauf)
LMM: Luftmengenmesser
LS: Lambda-Sonde, unbeheizt (Zweipunkt-Finger-Lambda-Sonde)
LSB: Least Significant Bit
LSF: Lambda-Sonde, Festelektrolyt (Planare Zweipunkt-Lambda-Sonde)
LSH: Lambda-Sonde, beheizt (Zweipunkt-Finger-Lambda-Sonde)
LSI: Large Scale Integration
LSU: Lambda-Sonde Universal (Planare Breitband-Lambda-Sonde)
LTCC: Low Temperature Cofired Ceramic
LWS: Lenkradwinkelsensor

M

MAC: Media Access Control
MAMAC: MOST Asynchronous Medium Access Control
MC, µC: Mikrocontroller
MFR: Multifunktionsregler (Generator)
MHP: MOST High Protocol
MM: Mikromechanik
MOS: Metal Oxide Semiconductor (Isolierschicht-Feldeffekt-Transistor)
MOST: Media Oriented Systems Transport
MSB: Most Significant Bit
MSC: Message Sequence Chart
M-SG: Motor-Steuergerät
MSI: Medium Scale Integration
MTS: Media Access Test Symbol

N

NAP: Non-significant Address Part
NBF: Nadelbewegungsfühler
NBS: Nadelbewegungssensor
NE: Nacheinspritzung
NIC: Network Interface Controller
NIT: Network Idle Time
NM: Network Management
NRZ: Non-Return to Zero
NTC: Negative Temperature Coefficient

O

OBEX: Object Exchange
OC: Occupant Classification
ODB: Offset Deformable Barrier Crash (Offset-Crash gegen weiche Barriere)
OFW: Oberflächenwellen
OMM: Oberflächenmikromechanik
OSI: Open System Interconnection

P

PAN: Personal Area Network
PAS: Peripheral Acceleration Sensor (außenliegender Beschleunigungssensor)
PC: Personal Computer
PCM: Pulse Code Modulation
PD2: Partition Design 2
PDA: Personal Digital Assistant
PES: Poly-Ellipsoid-System
PLC: Powerline communication
PMA: Parked Member Address
POC: Protocol Operation Control
POF: Plastic Optical Fiber
ppm: parts per million
PPP: Point-to-Point Protocol
PPS: Peripheral Pressure Sensor (peripherer Drucksensor)
PROM: Programmable Read Only Memory (Programmierbarer Nur-Lese-Speicher)
PSK: Phase Shift Keying
PTC: Positive Temperature Coefficient
PTFE: Polytetrafluorethylen
PVDF: Polyvinylidenflourid
PZT: Lead Zirconate Titanate (Blei-Zirkonat-Titanat)

R

RADAR: Radiation Detecting and Ranging
RAM: Random Access Memory (Schreib-Lese-Speicher)
RBH: Replaceable Bulb Headlamp
REM: Rasterelektronenmikroskop
RFCOMM: Radio Frequency Communication
RISC: Reduced-Instruction-Set-Computer
ROM: Read Only Memory (Nur-Lese-Speicher)
ROM: Roll Over Mitigation
RS: Rotational Speed Sensor
RWG: Regelweggeber

S

SAE: Society of Automotive Engineers
SAW: Surface Acoustic Wave (Oberflächenwelle)
SCO: Synchronous Connection Oriented
SCU: Sensor & Control Unit
SDAP: Service Discovery Application Protocol
SDP: Service Discovery Protocol
SEI: Software Engineering Institute
SIG: Special Interest Group (Bluetooth)
SiO_2: Silizium Dioxid
SMD: Surface Mounted Device (Oberflächenmontiertes Bauteil)
SMT: Surface Mount Technology (Oberflächenmontagetechnik)
SOC: state of charge (Ladezustand einer Batterie)
SoC: System on a chip
SOF: state of function (Leistungsfähigkeit einer Batterie)
SOH: state of health (Alterungszustand einer Batterie)
SPP: Serial Port Profile
SSI: Small Scale Integration
STN: Super Twisted Nematic
STP: Shielded Twisted Pair
StVO: Straßenverkehrs-Ordnung (Deutschland)
StVZO: Straßenverkehrs-Zulassungsordnung (Deutschland)

T

TA: Technische Anforderungen
TCS BIN: Telephony Control Protocol Specification - Binary
TDD: Time Division Duplex
TDMA: Time Division Multiple Access
TEM: Transversales Elektromagnetisches Feld
TFT-LCD: Thin Film Transistor-Liquid Crystal Display
TN-LCD: Twisted Nematic-Liquid Crystal Display
TSS: Transmission Start Sequence
TTNR: Typteilenummer

U

UAP: Upper Address Part
UART: Universal Asynchronous Receiver Transmitter
UTP: Unshielded Twisted Pair
UV: Ultraviolett
UVV: Unfallverhütungsvorschrift

V

VCSEL: Vertical Cavity Surface Emitting Laser
VDA: Verband der deutschen Automobilindustrie
VDE: Verband der Elektrotechnik Elektronik Informationstechnik
VE: Voreinspritzung
VFR: Variabler Focus-Reflektor
VHAD: Vehicle Headlamp Aiming Device
VHD: Vertical Hall Devices
VHDL: Visual Hardware Description Language
VLSI: Very Large Scale Integration

W

WAN: Wide Area Network
WLAN: Wireless Local Area Network
WPAN: Wireless Personal Area Network
WUP: Wakeup Pattern
WUS: Wakeup Symbol